# 水电可持续发展与碾压混凝土坝建设的技术进展

贾金生　姚福海　王仁坤　陈建康　主编

黄河水利出版社
·郑州·

**图书在版编目(CIP)数据**

水电可持续发展与碾压混凝土坝建设的技术进展:中国大坝协会2015学术年会论文集/贾金生等主编.—郑州:黄河水利出版社,2015.8

ISBN 978-7-5509-1219-9

Ⅰ.①水… Ⅱ.①贾… Ⅲ.①水利水电工程-可持续发展-中国-学术会议-文集②碾压土坝-混凝土坝-水利工程-学术会议-文集 Ⅳ.①TV-53

中国版本图书馆CIP数据核字(2015)第204488号

出 版 社:黄河水利出版社

地址:河南省郑州市顺河路黄委会综合楼14层 邮政编码:450003

发行单位:黄河水利出版社

发行部电话:0371-66026940、66020550、66028024、66022620(传真)

E-mail:hhslcbs@126.com

承印单位:河南省瑞光印务股份有限公司

开本:787 mm×1 092 mm 1/16

印张:38

字数:950千字 印数:1—1 000

版次:2015年9月第1版 印次:2015年9月第1次印刷

定价:180.00元

# 会议组织机构名单

## 一、主办、承办、协办单位

**主办单位:**中国大坝协会
西班牙大坝委员会

**承办单位:**国电大渡河流域水电开发有限公司
中国电建集团成都勘测设计研究院有限公司
中国水利水电第五工程局有限公司
中国水利水电第七工程局有限公司
中国水利水电第十工程局有限公司
中国水利水电科学研究院
四川大学

**协办单位:**国际大坝委员会
国家电网公司
中国长江三峡集团公司
中国华能集团公司
中国大唐集团公司
中国华电集团公司
雅砻江流域水电开发有限公司
中国电建集团昆明勘测设计研究院有限公司
黄河勘测规划设计有限公司
中国华电集团四川分公司

## 二、会议组织机构

### (一)组织委员会

**主　席:**

汪恕诚　水利部原部长

J. Polimón　国际大坝委员会副主席、西班牙大坝委员会主席

**副主席:**

匡尚富　中国水利水电科学研究院院长、中国大坝协会副理事长

贾金生　国际大坝委员会荣誉主席、中国大坝协会副理事长兼秘书长、中国水利水电科学研究院副院长

张启平　国家电网公司总工程师、中国大坝协会副理事长

周厚贵　中国能源建设集团有限公司副总经理、中国大坝协会副理事长

曲　波　中国大唐集团公司总工程师、中国大坝协会副理事长

**委员(按姓氏笔画排序):**

J. C. de Cea　西班牙大坝委员会秘书长

王仁坤　中国电建集团成都勘测设计研究院有限公司副总经理兼总工程师、中国大坝协会理事

王永祥　华能澜沧江水电有限公司董事长

张书军　中国国电集团公司工程建设部副主任、中国大坝协会理事

张志强　贵州乌江水电开发有限责任公司总经理

张国新　中国水利水电科学研究院结构材料研究所所长，中国大坝协会副秘书长、理事

李文学　黄河勘测规划设计有限公司董事长、中国大坝协会常务理事

任俊友　中国水利水电第五工程局有限公司总经理助理

向　建　中国水利水电第七工程局有限公司总工程师、中国大坝协会理事

吴世勇　雅砻江流域水电开发有限公司副总经理、中国大坝协会常务理事

严　军　国电大渡河流域水电开发公司副总经理

杨　骏　中国长江三峡集团公司新闻中心主任、中国大坝协会副秘书长、理事

邹丽春　中国电建集团昆明勘测设计研究院有限公司副总经理、中国大坝协会理事

陈　勇　中国水利水电第十工程局有限公司党委书记

陈建康　四川大学水利水电学院党委书记、中国大坝协会常务理事

罗小黔　中国华电集团四川分公司总经理

晏新春　中国华能集团公司基建部副主任、中国大坝协会理事

柴芳福　中国华电集团公司水电与新能源产业部副主任

（二）顾问委员会

**主　席：**

陆佑楣　中国工程院院士、中国大坝协会荣誉理事长

Adama Nombre　国际大坝委员会荣誉主席

**副主席：**

矫　勇　水利部副部长、中国大坝协会副理事长

张　野　国务院南水北调工程建设委员会办公室副主任、中国大坝协会副理事长

周大兵　中国水力发电工程学会名誉理事长、中国大坝协会副理事长

岳　曦　中国人民武警部队水电指挥部主任、中国大坝协会副理事长

晏志勇　中国电力建设集团有限公司董事长、总经理，中国大坝协会副理事长

林初学　中国长江三峡集团公司副总经理、中国大坝协会副理事长

寇　伟　中国华能集团公司副总经理、中国大坝协会副理事长

程念高　中国华电集团公司总经理、中国大坝协会副理事长

张宗富　中国国电集团公司总工程师、中国大坝协会副理事长

夏　忠　国家电力投资集团公司副总经理、中国大坝协会副理事长

谢和平　四川大学校长、中国工程院院士

**委　员**（按姓氏笔画排序）：

申茂夏　中国水利水电第七工程局有限公司总经理

冯峻林　中国电建集团昆明勘测设计研究院有限公司总经理

李文谱　中国大唐集团公司工程管理部副主任

陈云华　雅砻江流域水电开发有限公司总经理

何其刚　中国水利水电第十工程局有限公司总经理

贺鹏程　中国水利水电第五工程局有限公司总经理

涂扬举　国电大渡河流域水电开发有限公司总经理、中国大坝协会理事

章建跃　中国电建集团成都勘测设计研究院有限公司总经理

## (三)技术委员会

**主　席:**

陈厚群　中国工程院院士、中国大坝协会常务理事

Luis Berga　国际大坝委员会荣誉主席

**副主席:**

张建云　南京水利科学研究院院长、中国工程院院士、中国大坝协会副理事长

钮新强　长江勘测规划设计研究院院长、中国工程院院士、中国大坝协会副理事长

钟登华　天津大学副校长、中国工程院院士、中国大坝协会常务理事

魏山忠　长江水利委员会副主任、中国大坝协会副理事长

苏茂林　黄河水利委员会副主任、中国大坝协会副理事长

刘志明　水利水电规划设计总院副院长、中国大坝协会副理事长

李　昇　水电水利规划设计总院副院长、中国大坝协会副理事长

周建平　中国电力建设集团股份有限公司总工程师,中国大坝协会副秘书长、常务理事

**委　员**(按姓氏字母排序):

Brian Forbes　澳大利亚 GHD 公司项目经理

Brasil P. Machado　巴西大坝委员会主席

陈　茂　中国水利水电第十工程局有限公司副总经理兼总工程师

丁广鑫　国家电网公司基建部主任

ErsanYildizTemelsu　国际工程咨询公司项目经理

F. Ortega　西班牙 FOSCE 公司总裁

郭绪元　雅砻江流域水电开发有限公司规划发展部主任

姜长飞　中国大唐集团公司工程管理部水电处副处长

景来红　黄河勘测规划设计有限公司总工程师、中国大坝协会理事

Joji YANAGAWA　日本大坝中心主任、日本大坝委员会副主席

李　嘉　四川大学水利水电学院院长

林　鹏　中国华能集团公司基建部副处长、中国大坝协会理事

Malcolm. R. H. Dunstan　马尔科姆邓斯坦联合公司总裁

Michael ROGERS　国际大坝委员会副主席

Michel Lino　国际大坝委员会胶结颗粒料坝委员会副主席

R. Ibáñez De Aldecoa　DRAGADOS(美国)公司技术部主任

吴元东　中国华电集团公司水电与新能源产业部水电工程处处长

吴高见　中国水利水电第五工程局有限公司副总经理兼总工程师、中国大坝协会理事

吴　旭　中国水利水电第七工程局有限公司副总工程师

温续余　水利水电规划设计总院副总工程师、中国大坝协会副秘书长、理事

徐泽平　中国水利水电科学研究院教高,中国大坝协会副秘书长、理事

姚福海　国电大渡河流域水电开发公司副总工程师

余　挺　中国电建集团成都勘测设计研究院有限公司总工程师

张宗亮　中国电建集团昆明勘测设计研究院有限公司副总经理兼总工程师

钟国东　中国华电集团四川分公司副总经理

翟恩地　中国长江三峡集团公司专业总工程师

# 序

为了化解全世界面临的水、能源和粮食安全危机，积极应对全球气候变化，近年来世界上很多国家进一步加大了水库大坝建设力度，并对现有水库大坝进行除险加固。削减碳排放、增加清洁能源供给的呼声，进一步促进了世界水电发展，很多国家制定了新的规划和目标，加大了水电开发力度，以促进水电与区域经济社会协调发展。

新一届中国政府提出了新的治水思路和能源战略，要求落实节水优先方针，坚持人口、经济和资源环境相均衡，树立系统治理思想，发挥政府和市场协同作用，维护国家水安全；要求积极推动能源生产和消费革命，大力发展非煤能源，落实“节约、清洁、安全”的能源发展战略方针，保障国家能源安全。中国的水库大坝建设和水电发展迎来新的发展机遇，必将对保障水安全、能源安全和粮食安全，促进经济社会可持续发展做出更大贡献。

水库大坝工程具有防洪、发电、灌溉、航运、生态等功能，是一项复杂的系统工程，需要不断总结经验，推进新技术、新材料、新工艺的应用，不断提高水库大坝建设和管理水平。中国大坝协会每年都举办学术交流会议，力求在更大范围、更广领域和更高层次搭建行业交流平台，展示世界各国在坝工技术方面的最新进展，促进水库大坝建设技术进步，得到了各有关方面的高度赞扬和与会单位的充分肯定。

碾压混凝土坝由于建设速度快、造价低、质量可靠等特点，在很多国家得到了迅速发展。中国大坝协会和西班牙大坝委员会先后在中国北京（1991 年）、西班牙桑坦德（1995 年）、中国成都（1999 年）、西班牙马德里（2003 年）、中国贵阳（2007 年）、西班牙萨拉戈萨（2012 年）联合主办了六届碾压混凝土坝筑坝技术研讨会，为促进碾压混凝土坝建设技术进步发挥了重要作用。

2015 年 9 月，中国大坝协会 2015 学术年会暨第七届碾压混凝土坝国际研讨会在美丽的蓉城——四川省成都市召开，此次会议是系列学术会议的延续，国内、国际专家学者将共同分享和交流水库大坝可持续发展以及碾压混凝土坝建设方面的最新成果。

在各方面专家、学者及有关单位的大力支持下，经过有关专家的评审，本会议文集共收录来自国内外的 76 篇文章正式出版。此外，还有不少论文纳入了会议光盘文集。本论文集涉及的议题主要包括：

（1）高坝建设关键技术与管理：主要是高坝工程优化设计、施工管理、质量控制、运行监测和修补加固等新技术、新工艺，以及水电可持续发展方面的研究成果。

（2）碾压混凝土坝建设的技术进展：主要涉及碾压混凝土坝的材料、配合比、结构设计、安全运行、监测以及新技术应用等成果。

衷心希望本论文集的出版能为大会的成功召开奠定良好的基础，也能为水利水电行业的决策者、投资者、设计者、研究人员和工程师们提供有价值的参考。

这次会议由中国大坝协会和西班牙大坝委员会共同主办，国电大渡河流域水电开发有限公司、中国电建集团成都勘测设计研究院有限公司、中国水利水电第五工程局有限公司、中国水利水电第七工程局有限公司、中国水利水电第十工程局有限公司、中国水利水电科学研究院和四川大学共同承办，同时得到了国际大坝委员会、国家电网公司、中国长江三峡集团公司、中国华能集团公司、中国大唐集团公司、中国华电集团公司、雅砻江流域水电开发有限公司、中国电建集团昆明勘测设计研究院有限公司、黄河勘测规划设计有限公司、中国华电集团四川分公司等单位的协办支持。在此一并表示感谢！

大会组委会主席 汪恕诚

2015 年 9 月于北京

# 目录

## 第二篇　碾压混凝土坝建设的技术进展

# 第一篇　高坝建设关键技术与管理

# 高混凝土重力坝高压水劈裂试验新方法

贾金生[1]　汪　洋[2,1]　冯　玮[1]　刘中伟[1]　郑璀莹[1]

(1. 中国水利水电科学研究院　北京　100038；
2. 清华大学　北京　100083)

**摘要:**在考虑高压水劈裂的情况下,为了评价高混凝土重力坝的安全性,设计了一种新的混凝土高压水劈裂试验方法。该试验方法采用直径450 mm、高1 280 mm的圆柱形全级配混凝土大试件,在试件的中部预制裂缝(或软弱面),并且试件两端可以施加单轴的拉、压应力。试验时,高压水可以直接施加在试件中部的预设裂缝中。利用这一方法,进行了不同混凝土龄期和不同预加单轴应力状态下的高压水劈裂试验。基于试验统计结果,针对文中提出的这种混凝土试件结构,初步拟合了反映高压水劈裂与混凝土抗拉强度和外界预加应力状态之间关系的公式。

**关键词:**高压水劈裂,重力坝,混凝土裂缝,物理试验

## 1　前　言

一些混凝土坝的失事和事故是由水力劈裂引起的。例如,奥地利的Kolnbrein拱坝,坝高200 m,1978年当该坝蓄水至1 860 m高程时,其廊道漏水量猛增至200 L/s,而且数个河床坝段的坝基扬压力增至全水头。分析指出,由于温度应力等引起的表面裂缝在高水压的作用下变成了较严重的深裂缝,大坝在其坝踵部位发生劈裂[1]。Kolnbrein拱坝的修复费用非常高,几乎与它的建设费用相当。另一个水力劈裂的例子是中国的柘溪大头坝,其上游面产生的竖向表面裂缝在水压的劈裂作用下发生了扩展,导致大坝的结构安全受到严重威胁,不得不进行修复[2]。目前,已有很多研究水力劈裂问题的文章,但主要集中在计算分析方面[3-7]。

在设计重力坝时,中国的规范将坝体上游面的竖向应力不允许出现拉应力(无拉应力准则)作为一条重要的准则[8],目前这条设计准则对于不同高度的重力坝没有区别。该准则在大多数国家都类似,然而在应力控制指标方面,美国和瑞士的规定与其他国家有所不同。美国的相关规范规定,在不考虑扬压力的情况下,重力坝上游面的竖向压应力应该大于相应位置处的水压力减去混凝土的抗拉强度[9]。瑞士在设计Grand Dixence重力坝时则规定,在不考虑扬压力的情况下,坝体上游面的竖向压应力应该大于相应位置处水压力的85%[10]。以216.5 m高的龙滩碾压混凝土重力坝为例,进行对比分析可知,按照中国、美国和瑞士的设计准则设计的重力坝断面差异较大,中国准则设计的断面面积大约要小6%。

由于混凝土抗拉强度低,大体积混凝土容易产生裂缝,尤其是碾压混凝土,其本身即存在薄弱面[11,12]。裂缝和薄弱面在大坝上非常普遍,然而大坝的运行历史表明200 m以下的大坝能够长期带缝安全运行。然而,有两个问题亟需解决:

(1)当大坝高于200 m后,坝体上游面的裂缝和薄弱面会不会在高压水的作用下发生水力劈裂?

(2)对于重力坝,中国、美国和瑞士的设计准则,哪一个是更加安全且经济合理的呢?在这篇文章中,作者针对这些问题设计了模拟重力坝上游面的高压水劈裂试验,分析了重力坝上游面裂缝的水力劈裂问题,以期能够回答第一个问题,并为下一步研究更加合理的200 m以上重力坝的设计准则奠定基础。

Slowik and Saouma (2000)在考虑裂缝中施加静水压力的情况下进行了楔入劈拉试验的数学模拟;对地震工况下的混凝土重力坝的扬压力问题也进行了相关研究;通过人工控制裂缝的开合,他们研究了水压力在混凝土裂缝中的分布,试验结果显示,裂缝的张开速度与裂缝中水压的分布密切相关。为了研究混凝土结构的动力劈裂特性,已经开发了一些相关技术,如改进的Charpy冲击试验、劈裂Hopkinson应力杆试验、落重冲击试验、爆炸冲击试验[13,14]。关于重力坝坝踵混凝土水力劈裂的研究,目前仍主要基于数值方法。Silva and Einstein[15]采用数值方法模拟了已有裂缝面上的水压力及竖向荷载的比率对裂缝尖端应力场的影响,研究显示这一比率对裂缝尖端应力场的量级和形状具有重要影响。

混凝土重力坝经常被看成平面应力问题进行结构分析,因此对于大坝上游面的混凝土,尤其是当大坝上游面设计成垂直坡时,将主要承受垂直于坝面的水压力和与地面垂直的竖向应力。所以,如果上游坝面存在水平裂缝,裂缝将承受单轴的竖向应力和水压力的作用,水力劈裂可能会在单轴拉、压或无应力状态下发生。据此,本文设计了一种新的混凝土水力劈裂试验装置,并提出了相应的试验方法,可以用来研究混凝土试件受不同单轴拉或压作用力,以及混凝土强度不同时的水力劈裂问题。本文介绍了该试验装置和试验过程,给出了已取得的成果分析和初步结论。

## 2　水力劈裂试验装置

对于混凝土重力坝,有研究指出其裂缝的扩展是由于拉伸和剪切应力的复杂作用[11],然而该种情况是针对坝体内部的深裂缝。本文研究重点是坝体上游面的表面裂缝,按照材料力学平面应力情况,坝体上游面混凝土承受的剪应力占比小,因此可认为该处混凝土只受单轴的拉、压应力。

为了模拟重力坝坝踵处的表面裂缝,设计了如图1所示的试验方案,其核心是一个圆柱形的混凝土试件。设计的试验方案包含如下专门的混凝土试件浇筑及试验设备:一套成缝装置、一个单轴万能加载机、一套高压水加压系统。对这些设备的详细描述如下。

### 2.1　一套裂缝成缝装置

设计了一套专门的可在混凝土试件中制备裂缝的装置,如图2所示。其构成包括:一个高1 350 mm、内径450 mm的圆筒形钢模;一个起到支撑作用的钢圈,该钢圈内径180 mm、外径230 mm、高45 mm;一个圆形的钢板,其直径450 mm、板厚25 mm,中间有一个80 mm的圆洞;若干根长290 mm的锚杆(在单轴受拉试件中将用到锚杆,而单轴受压试件则无需锚杆);一些金属管和2个薄钢片,它们是用来在混凝土试件中形成预设裂缝和通水通道。

具体按照下面6个步骤,可以实现在混凝土试件中预设裂缝和通水管路:

(1)准备一个直径150 mm、厚15 mm的不锈钢圆板。如图3中所示,在这个圆板上钻两个直径2 mm的通道,命名为通道1和通道2;再钻一个直径为4 mm的通道3,并且通道3

为有内螺丝的通道。最后，在该圆板的周圈，钻4个螺丝孔，螺丝孔的目的是将该圆板固定在450 mm直径的圆形钢板上，如图2所示。

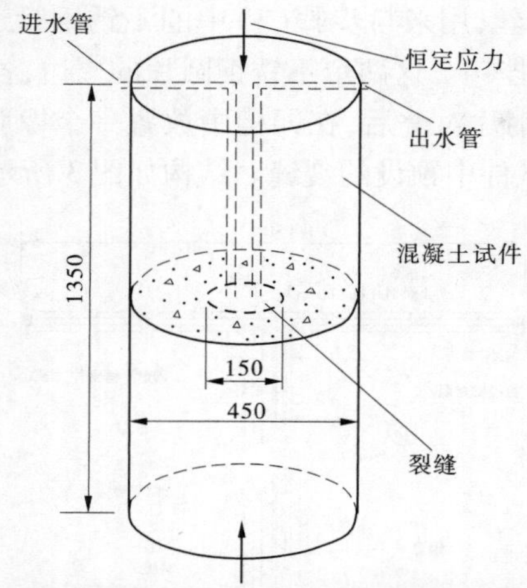


图1　单轴应力状态下的混凝土试件水力劈裂示意图　（单位：mm）

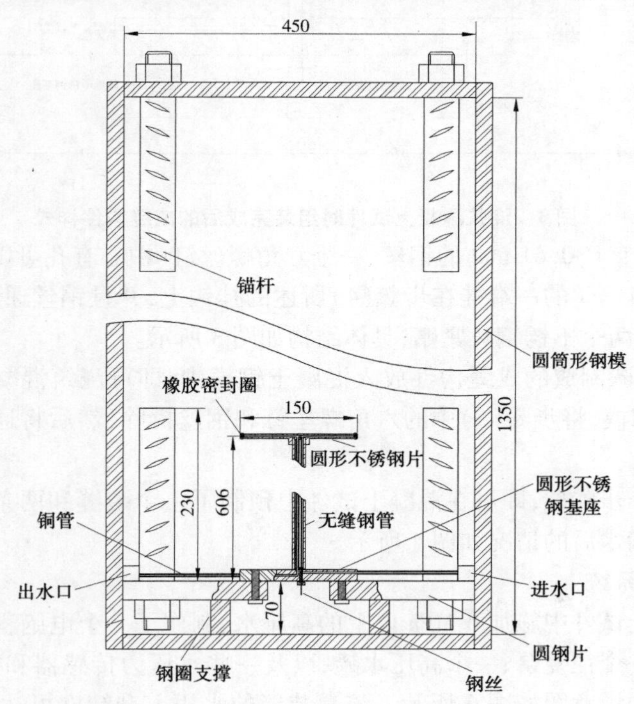


图2　制备裂缝的装置及圆柱形混凝土钢模

（2）准备一个直径11 mm、厚3 mm的不锈钢片，在其中间钻两个孔，直径分别为2 mm和4 mm。将一根长587 mm、直径4 mm的铜管与上述2 mm的孔焊接。而铜管的另一端，则与上述的通道1相互焊接。结构如图3所示。

（3）准备一根长590 mm、直径17 mm的不锈钢管，该钢管的其中一端应有螺丝。用该钢管将步骤（2）中的结构套住，其有螺丝的一端与步骤（2）中的不锈钢片焊接，其另一端与步骤(1)中的不锈钢圆板焊接。结构如图3所示。

(4)准备两个直径150 mm、厚2 mm的不锈钢圆片。其中一个圆片的中心有直径17 mm的圆孔,并且圆孔内有螺丝,用来与步骤(3)中的不锈钢管通过螺丝进行连接。在另一个不锈钢片的中间则有一个挂钩。这两个不锈钢圆片的周边,各有一个凹槽,凹槽的半径为2 mm,槽深1 mm,两个不锈钢片对叠后,在凹槽中放置一个橡胶密封圈。两个对叠的钢片之间的空隙,即为在混凝土试件中预设的裂缝。结构如图3所示。

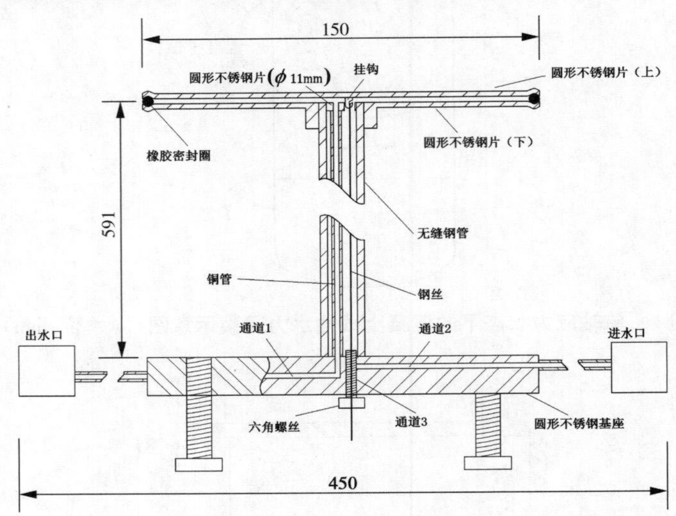


**图3　浇筑混凝土试件时组装完成后的成缝构件样式**

(5)准备一根直径0.61 mm的钢丝、一个六角螺丝钉(中心有孔可以使得钢丝穿过)、一个无帽螺丝钉。将钢丝的一端挂在步骤(4)所述的挂钩上,并且钢丝通过六角螺丝钉拉紧,使得步骤(4)中的两个不锈钢片紧贴,具体结构如图3所示。

(6)将上述步骤制成的成缝构件放入混凝土钢模中,即可浇筑混凝土。待混凝土静置7 d后,即可拆去钢模,将步骤(5)中的六角螺丝钉和钢丝拆除,然后将通道3用无帽螺丝钉封堵,如图4所示。

经过上述几个步骤后,即可在混凝土试件中预制了一个裂缝和两条通水管道。通水管道和预制裂缝充满水后的情况如图4所示。

### 2.2　高压水加压系统

为了在混凝土试件中施加6 MPa以上的高压水,制作了一个电脑程控的高压水加压系统。其结构包括一个往复泵、一个高压水罐,以及一些水压力传感器和控制装置,如图5所示。其中往复泵的示意图如图6所示。该套装置的水压上升精度可达0.1 MPa,可以满足试验过程中的梯级升压及稳压要求。

## 3　混凝土试件的制备

### 3.1　混凝土试件的结构形式

试验中采用的是全级配混凝土,混凝土骨料取自龙滩水电站工地。骨料的级配及其他相关材料的配比见表1,制成的相关混凝土的性能见表2。

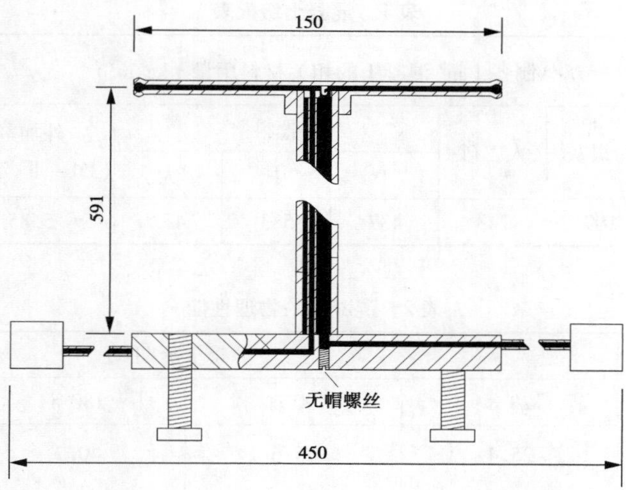


图4　混凝土试件硬化后留在试件中的成缝构件样式

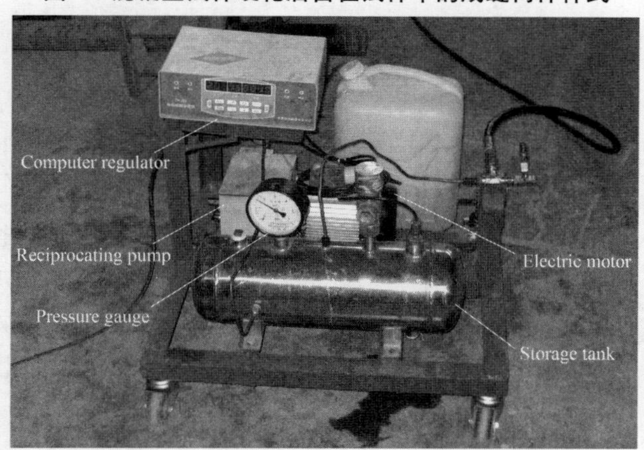


图5　高压水加压装置

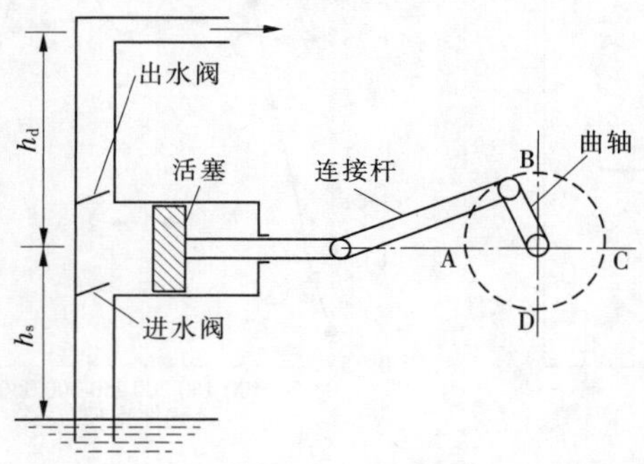


图6　往复泵结构示意图

表1 混凝土级配表

制备1 $m^3$ 混凝土的相关材料用量（$kg/m^3$）

| 水 | 水泥 | 粉煤灰 | 人工砂 | 骨料 | | | 外加剂（JM－Ⅱ,液态） | 外加剂（ZB－1G,液态） |
|---|---|---|---|---|---|---|---|---|
| | | | | 小 | 中 | 大 | | |
| 79 | 86 | 109 | 743 | 437 | 583 | 437 | 5.85 | 3.9 |

表2 混凝土的物理性能

| 项目 | 混凝土龄期 | | | |
|---|---|---|---|---|
| | 28 d | 90 d | 180 d | 365d |
| 抗压强度(MPa) | 25.4 | 35.6 | 40.7 | 42.6 |
| 劈拉强度(MPa) | 1.54 | 2.58 | 2.71 | 2.88 |
| 弹性模量(GPa) | 37.7 | 43.2 | 45.5 | |
| 抗拉强度（MPa） | 1.87 | 2.25 | 2.79 | |
| 最大拉伸应变( $\times10^{-6}$) | 63 | 76 | 85 | |

根据15 000 MN万能试验机的量程条件,混凝土试件设计成一个长1 280 mm、直径为450 mm的圆柱体试件。一方面满足了全级配混凝土的骨料粒径要求,另一方面对于如此长度的试件,根据圣维南原理,试件两端的锚杆引起的应力集中不会造成对中间裂缝的影响。针对锚杆应力集中影响的分析如图7所示,结果显示锚杆的应力集中几乎没有传递到试件中部。

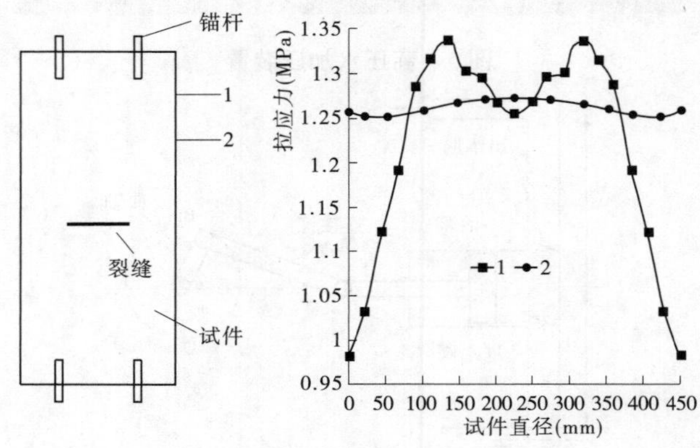


图7 锚杆引起的应力集中分析

### 3.2 试件的浇筑成型过程

在浇筑混凝土的时候,振捣棒的振捣作用将会对两个成缝片造成很大影响,应小心振捣,否则极易引起两个成缝片张开或错位。在试验的浇筑作业实践中,当混凝土浇筑到成缝片的高度时，采取在成缝片周围覆盖160 mm直径的薄壁铁筒的措施，是防止成缝片被振坏的有效方法，具体操作如图8所示。

图8　混凝土振捣

试件浇筑完毕后原地静置一周。然后将试件原地拆模，图3中所示的用于封堵通道3的六角螺丝和固定成缝构件的螺丝也被取下，然后将通道3用无帽螺丝封堵，效果如图4所示。随后从进水口向试件中注水，测试试件中的通道是否贯通。如果通畅，则将进、出水口封堵保护，并将试件两端的螺丝进行防锈保护。最后，将试件小心运至标准养护室，养护至相应龄期。

## 4　高压水劈裂试验过程

为了研究不同应力状态、不同混凝土强度下的高压水劈裂问题，进行了一系列的高压水劈裂试验，主要的试验步骤如下：试件的安装与调试、进行高压水劈裂试验、后期处理。详细的试验过程如下。

### 4.1　试件的安装与调试

将试件从养护室取出，除去所有的防护措施后，将试件安装在15 000 MN万能试验机的动力臂上。在安装试件时，应确保有水管进、出口的那端朝向下方，一方面可以保证之后对试件内的管路进行排气操作时，可以使空气全部排出，另一方面可以确保试件发生水力劈裂后，留在管路中的水不会涌入劈裂面，以至对结果的观察造成影响。试件安装完毕后，在试件上施加一个低值的荷载（如2 kN），将试件固定，避免在调试的过程中发生试件移动，避免造成伤害。将试件上的进水口与高压水加压装置连接，出水口则与一根1 m长的高压水管相连，且该管的末端与高压水表和止水阀串联。为了保证将试件中的空气排除干净，排气过程应严格按如下步骤操作：打开出水口处的阀门—启动高压水加压装置—保持往复泵一直工作直到阀门处有清水流出—关闭阀门同时停止高压水加压装置。

### 4.2　高压水劈裂试验过程

首先在混凝土试件两端施加一个恒定荷载，在本例中试件两端施加113 kN的拉荷载，如图9所示，相当于施加了0.7 MPa的拉应力，然后开启高压水加压装置，向试件内的预设裂缝中施加高压水。

水压采用梯级加载方式，水压小于1 MPa时，每过1小时增加0.5 MPa水压，水压为1 MPa至2 MPa时，每过1小时增加0.2 MPa的水压，水压大于2 MPa时，每过1小时增加0.1

图 9 试件两端施加恒定荷载

MPa 的水压。水压施加示意图如图 10 所示。

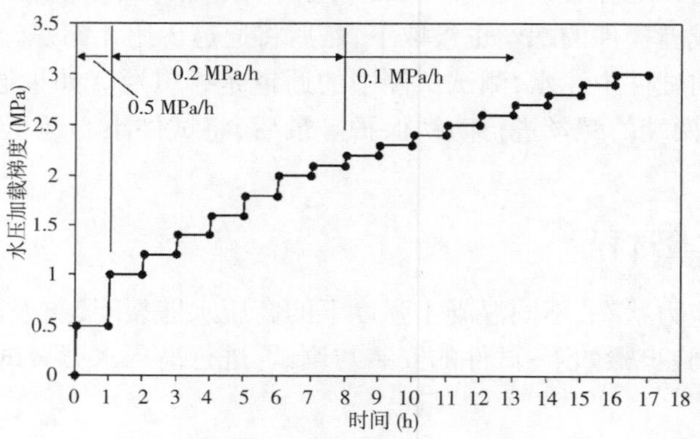


图 10 水压加载方式

当水压增长到高压水加压装置无法再维持其继续增长时,试件表面的渗漏量或涌水量将超过 1 mL/s,认为试件即发生了水力劈裂,此时往往会伴随着水压的急剧下降。在试验过程中,高压水加压装置所能达到的最大水压,即是试件的劈裂水压。

### 4.3 后期处理

试件发生高压水劈裂后,将试件从万能试验机上取下,将试件沿着劈裂面人工劈开。如果采用了染色法标记高压水劈裂裂缝的范围,则可以清楚地记录被高压水劈开的面积。

## 5 试验结果分析

针对不同的混凝土龄期和不同的应力状态,进行了一系列试验,从而研究水力劈裂与混凝土强度和应力状态之间的关系,试验总结见表 3。所有的试件都是由同一种混凝土(C25W10F100)制成的。

表3　无应力、单轴拉压状态下的高压水劈裂试验总结

| 试件编号 | 试件应力状态 | 混凝土龄期(d) | 单轴抗拉强度(MPa) | 施加在试件两端的应力(MPa) | 发生高压水劈裂时的水压(MPa) |
|---|---|---|---|---|---|
| Ⅰ | 无应力 | 7 | 2.15 | 0 | 1.5 |
| Ⅰ-R | 无应力 | 7 | 2.15 | 0 | 1.6 |
| Ⅱ | 无应力 | 28 | 3.4 | 0 | 2.4 |
| Ⅲ | 无应力 | 90 | 4.1 | 0 | 2.7 |
| Ⅳ | 单轴压 | 28 | 3.1 | 1.0 | 3.2 |
| Ⅴ | 单轴拉 | 180 | 4.4 | -0.71 | 2.3 |

## 5.1　混凝土试件高压水劈裂的一般特征

以试件Ⅳ为例，试件两端施加的压应力为1 MPa，如图11所示。当水压力增长到3.2 MPa时，开始有水从试件表面渗出，如图12所示，几分钟后大量的水从试件表面产生的裂缝中流出，同时水压力急剧下降。这意味着试件发生了高压水劈裂，该试件的劈裂水压为3.2 MPa。

图11　试件的高压水劈裂试验

图12　试件表面的渗水

高压水劈裂发生后，将试件进出水口的高压管撤除，并待试件内部的残留水排净后，将

试件取下,人工将其沿着水力劈裂面分成两半。观察可知,水力劈裂面与预设裂缝面基本共面,用染色法记录的本次试验的劈裂面面积为785 $cm^2$,占总面积的56%。

### 5.2　不同混凝土强度和不同应力状态下的高压水劈裂情况

混凝土裂缝的扩展与应力状态和材料强度存在密切的关系[16]。试件Ⅰ,Ⅱ,Ⅲ是在相同的应力条件,但不同的材料强度下进行的高压水劈裂试验。而试件Ⅳ,Ⅴ则是在不同的单轴应力条件下进行的高压水劈裂试验。结果显示,混凝土的强度与抗水力劈裂能力呈正相关性,随着单轴压应力的增加,劈裂水压呈线性增加[17]。

图13展示了5组试验的混凝土单轴抗拉强度与劈裂应力之间的关系。图中三角图标代表试件Ⅰ,Ⅱ,Ⅲ的结果,圆形图标代表试件Ⅳ,Ⅴ的结果。$Y$轴表示$p_w - p_0$,其中$p_w$表示试件发生高压水劈裂时的水压力,$p_0$表示试件两端施加的压应力。将这5组结果拟合成关系式可得

$$p_w - p_0 = 0.6f_t + a$$

式中:$p_w$为试件发生高压水劈裂时的水压力,MPa;$p_0$为试件两端施加的压应力,MPa;$f_t$为混凝土的单轴抗拉强度,MPa;$a$为常系数,MPa。

由本文中的5组试验结果可得$a$为0.32 MPa。该拟合公式得到的结果与一些学者的研究结果类似[18]。

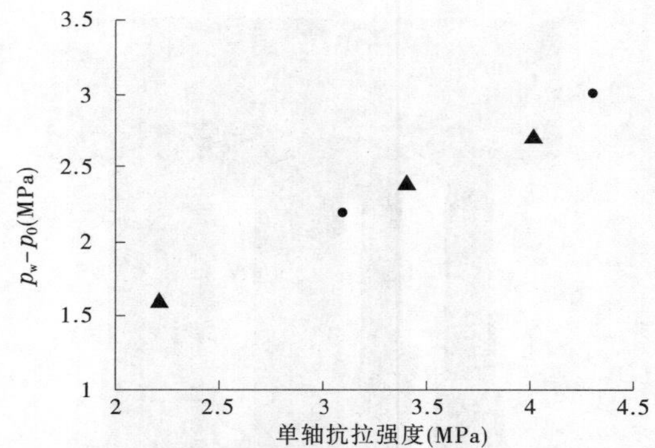


**图13　混凝土单轴抗拉强度与劈裂应力之间的关系**

高压水劈裂试验表明,混凝土结构,如混凝土坝的抗水力劈裂能力是很低的。本文中的试验工况是针对当前准则设计的混凝土重力坝的坝踵部位进行模拟的,结果显示如果该处混凝土处于无应力状态则很容易发生高压水劈裂。因此,对于200 m以上的混凝土重力坝,如果继续采用当前的无拉应力设计准则可能不安全。美国和瑞士的重力坝设计准则,虽然要求坝体上游面有一定的压应力,但在某些工况下,抗水力劈裂的安全度仍然不够。

## 6　结论及建议

为了研究混凝土重力坝上游面的水力劈裂问题,实现不同应力状态和不同混凝土强度下的高压水劈裂试验模拟,设计了一种新的高压水劈裂试件制备方法,及相应的高压水劈裂试验方法。

采用与龙滩大坝相同的混凝土并模拟重力坝坝踵处的应力状态,开展了一系列高压水劈裂模拟试验,研究了不同应力状态和不同强度下,试件的高压水劈裂情况。根据5组试验

结果拟合了高压水劈裂与应力状态和混凝土单轴抗拉强度之间的关系式 $p_w - p_0 = 0.6f_t + a$。该式初步揭示了重力坝坝踵处高压水劈裂的能力。由于高坝混凝土的抗拉强度提高极为有限，尤其是碾压混凝土坝，碾压层面可能使得材料的抗拉强度更低，因此在修建高坝时高压水劈裂可能成为影响坝体安全的一个重要因素，需要进一步深化研究 200 m 以上特高重力坝设计中的无拉应力准则的安全性问题。

## 参考文献


[1] Feng, L. M, Pekau, O. A., Zhang, C.. Cracking analysis of arch dams by 3D boundary element method [J]. Journal of Structural Engineering, 1996,122(6):691-699.

[2] Liang, W. H., Qiao, C. X., Tu, C. L.. A Summarized Study on Cracks in Zhexi Concrete Buttress Dam [J]. ShuiliXuebao/Journal of Hydraulic Engineering,1982(6):1-10.

[3] Chen, Z. H., Feng, J. J., Li, L., Xie, H. P.. Fracture analysis on the interface crack of concrete gravity dam[J]. Key Engineering Materials,2006,(324~325), 267-270.

[4] Utili, S., Yin, Z. Y., Jiang, M. J.. Influences of hydraulic uplift pressures on stability of gravity dam[J]. Yanshilixue Yu GongchengXuebao/Chinese Journal of Rock Mechanics and Engineering,2008,27(8):1554-1568.

[5] Jiang, Y. Z., Ren, Q. W., Xu, W., Liu, S.. Definition of the general initial water penetration fracture criterion for concrete and its engineering application[J]. Science China Technological Sciences,2011,54(6):1575-1580.

[6] Secchi, S., Schrefler, B. A.. A method for 3 - D hydraulic fracturing simulation[J]. International Journal of Fracture,2012,178(1,2):245-258.

[7] Guan, J. F., Li, Q. B., Wu, Z. M.. Determination of fully - graded hydraulic concrete fracture parameters by peak - load method[J]. Gong cheng Li xue/Engineering Mechanics,2014,31(8):8-13.

[8] Chinese standard. SL319—2005 Design specification for concrete gravity dams[S]. 2005.

[9] USBR. DESIGN OF GRAVITY DAMS - DESIGN MANUAL FOR CONCRETE GRAVITY DAM, A Water Resources Technical Publication, Denver, Colorado, 1976.

[10] SwissCOD. Swiss dams - Monitoring and Maintenance[J]. Swiss national committee on dams, 1985.

[11] Bhattacharjee, S. S., Léger, P.. Application of NLFM Models to Predict Cracking in Concrete Gravity Dams[J]. Journal of Structural Engineering,1994,120(4). 1255-1271.

[12] Zhu, B. F.. On Some Important Problems about Concrete Dams[J]. Engineering Science, 2006,8(7):21-29.

[13] ACI Committee 544. Measurement of properties of fiber reinforced concrete (Reapproved 2009), ACI Committee 544 report 544. 2R - 89. Detroit: American Concrete Institute,1989:6-8.

[14] Zhang, X. X., Ruiz, G., Yu, R. C.. A new drop - weight impact machine for studying fracture processes in structural concrete[J]. Strain 2010,2010,46(3):252-257.

[15] Silva, B. G., Einstein, H. H.. Finite Element study of fracture initiation in flaws subject to internal fluid pressure and vertical stress[J]. International Journal of Solids and Structures,2014(51):4122-4136.

[16] Ohlsson, U., Nyström, M., Olofsson, T. et al.. Influence of hydraulic pressure in fracture mechanics modelling of crack propagation in concrete[J]. Materials and Structures,1998(31): 203-208.

[17] Ito, T., Hayashi, K.. Analysis of crack reopening behavior for hydro - frac stress measurement, Haimson B. Rock mechanics in 1990 s: Pre - print proceedings of the 34th U. S. Symposium on Rock Mechanics [C], Madison: University of Wisconsin Madison, 1993: 335-338.

[18] Wang, X. Z. , Zou, H. F. , etc. . Finite element simulation and comparison of hydraulic splitting fracturing test of concrete[J]. Applied Mechanics and Materials, 2014(678): 551-555.

[19] Brooks, J. J. . Concrete and Masonry Movements[J]. Butterworth Heinemann, 2015: 281-348.

[20] Galouei, M. , Fakhimi, A. . Size effect, material ductility and shape of fracture process zone in quasi – brittle materials[J]. Computers and Geo – technics, 2015(65): 126-135.

[21] Janssen, D. J. , Snyder, M. B. . SHRP C – 391: Resistance of Concrete to Freezing and Thawing, (Washington, DC: Transportation Research Board)

[22] Li, V. C. , Joan, H. . Relation of concrete fracture toughness to its internal structure[J]. Engineering Fracture Mechanics, 1990, 35(1 ~ 3): 39-46.

[23] Liu, Z. G. , Zhou, Z. B. , Yuan, L. W. . Calculation of vertical crack propagation on the upstream face of the Zhexi single buttress dam[J]. ShuiliXuebao/Journal of Hydraulic Engineering, 1989(1): 29-36.

[24] Moseley, M. D. , Ojdrovic, R. P. , Petroski, H. J. . Influence of aggregate size on fracture toughness of concrete[J]. Theoretical and Applied Fracture Mechanics, 1987, 7(3): 207-210.

[25] Ojdrovic, R. P. , Stojimirovic, A. L. , Petroski, H. J. . Effect of age on splitting tensile strength and fracture resistance of concrete[J]. Cement and Concrete Research, 1987, 17(1): 70-76.

[26] Slowik, V. , Saouma, V. E. . Water Pressure in Propagating Concrete Cracks[J]. Journal of Structural Engineering. 2000, 126(2): 235-242.

# 锦屏一级大坝第四阶段蓄水工作性态分析

吴世勇　曹　薇

（雅砻江流域水电开发有限公司　四川　成都　610051）

**摘要**：锦屏一级水电站位于雅砻江下游，总装机容量 3 600 MW，双曲拱坝最大坝高 305 m，为已建世界第一高坝。水库正常蓄水位 1 880 m，死水位 1 800 m，属年调节水库。锦屏一级工程规模巨大，地质条件复杂，枢纽工程初期蓄水工作分为四个阶段进行。本文在前期三个阶段蓄水过程工作成果的基础上，着重对锦屏一级大坝第四阶段蓄水工作性态进行了分析，并对锦屏一级大坝蓄水工作性态进行了综合评价，对高坝安全运行研究具有借鉴作用。

**关键词**：锦屏一级水电站，大坝蓄水，工作性态

## 1　概　况

### 1.1　工程概况

锦屏一级水电站位于四川省凉山彝族自治州盐源县和木里县境内的雅砻江干流上，为雅砻江下游河段控制性水库，具有年调节能力，对下游梯级补偿调节效益显著。

工程采用堤坝式开发，由挡水、泄洪及消能、引水发电等建筑组成。电站总装机容量 6×600 MW，挡水建筑物为混凝土双曲拱坝，最大坝高 305 m，为世界第一高拱坝。大坝从左岸至右岸共 26 个坝段，拱坝采用通仓浇筑，不设纵缝，大坝基本体形见图 1。水库正常蓄水位 1 880 m，死水位 1 800 m，总库容 77.6 亿 $m^3$。项目于 2005 年开工建设，2013 年 8 月首台机组投产发电，2014 年 7 月全面投产。

### 1.2　蓄水历程

锦屏一级水电工程规模巨大，地质条件复杂，枢纽工程初期蓄水工作分为四个阶段进行。2012 年 11 月电站右岸导流洞下闸蓄水，2012 年 12 月导流底孔开闸转流，坝前水位达到1 706.77 m，实现第一阶段蓄水目标；2013 年 7 月水库初期蓄水至设计死水位 1 800 m，完成第二阶段蓄水；2013 年 9 月导流底孔下闸封堵，2013 年 10 月水库初期蓄水至1 839 m，完成第三阶段蓄水；2014 年 7 月开始第四阶段蓄水，2014 年 8 月蓄水至正常蓄水位 1 880 m；此后水位基本保持在 1 876 ~ 1 880 m 之间，接近正常蓄水位。下闸蓄水后大坝坝前水位高程变化情况见图 2。

### 1.3　大坝监测设计

高坝大库蓄水安全的关键技术问题包括大坝结构应力和变形、渗流控制等，为保证大坝

---

基金项目：国家科技支撑计划（2013BAB05B05）。

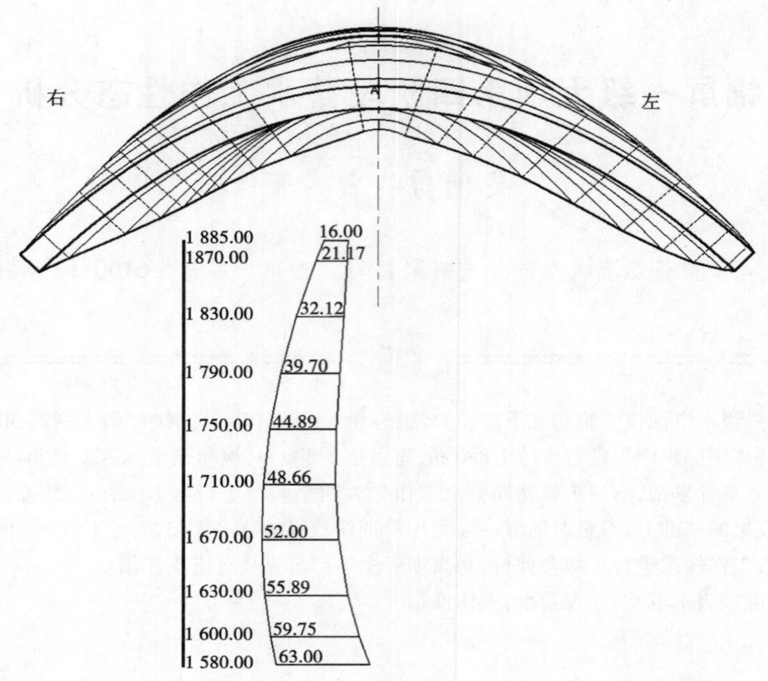


图1　拱坝基本体形图

图2　大坝蓄水过程示意图

初期蓄水的安全运行，锦屏一级大坝进行了全面的监测设计，监测范围涵盖了坝体及坝基、垫座、坝身泄水孔口、水垫塘及二道坝，主要监测设计内容包括变形监测、应力应变监测、渗流渗压监测、温度监测、环境量监测及专项监测等[1]。截至2014年11月30日，共布设监测仪器设施3 450套(4 355支)。

在此基础上，设计院根据施工情况及监测资料，开展了枢纽区水库初期蓄水及运行期渗流控制研究与安全性评价、初期蓄水大坝安全监测分析与反分析、初期蓄水大坝结构应力变形与安全性评价等专题研究工作，本文基于相关研究成果[2,3]，进行了锦屏一级大坝初期蓄水工作性态分析评价。

## 2　前三阶段蓄水大坝工作性态[1]

前三阶段蓄水大坝工作性态分析综合运用了监测分析和数值计算两种手段，综合相关监测成果和数值反馈分析成果，可知截至第三蓄水阶段，大坝变形、应力均在设计预测范围之内，渗压、渗漏量较小，大坝蓄水工作性态正常。同时，基于该阶段反演的变形模量，开展了第四阶段1 880 m水位下坝体应力及变形预测，预测结果显示坝体应力变形等主要指标均在设计控制范围之内。截至第三蓄水阶段的大坝相关分项检查项目评价情况见表1。

**表1　截至第三蓄水阶段大坝工作性态评价表**

| 项目 | | 蓄水前后变化 | 评价 |
|---|---|---|---|
| 监测分析 | 大坝及基础变形监测值 | 1. 坝基径向变形最大10.76 mm，切向变形最大1.6 mm；<br>2. 坝体径向变形最大26.49 mm，切向变形最大5.87 mm | 量值均在设计控制指标范围以内 |
| | 应力监测值 | 拱坝基本处于受压状态，压应力沿坝轴线由河床向两岸逐渐减小。坝踵压应力6.63 MPa、坝趾压应力3.27 MPa | 量值均在设计控制指标范围以内 |
| | 渗控工程 | 1. 帷幕后折减系数均小于0.4（除PDZ－2测点外），排水孔后折减系数均小于0.2；<br>2. 最大渗流量39.26 L/s，位于左岸坝基 | 总渗漏量小于设计抽排能力 |
| 数值计算 | 反馈分析算值 | 1. 坝体变形：径向变形最大值为27.8 mm，切向变形最大值为7.5 mm；<br>2. 大坝应力：坝体上下游面关键部位仍均处于受压状态。上游面最大梁向应力为8.7 MPa，拱向最大压应力5.2 MPa，最大拉应力一般都小于设计控制标准1.5 MPa，下游面最大梁向应力6 MPa，变化趋势符合一般规律 | 量值均在设计控制指标范围以内 |

## 3　第四阶段蓄水大坝工作性态分析

### 3.1　监测成果分析

本文采用的监测数据截至时间为2014年11月，监测物理量符号约定如下：径向水平变形以向下游为正、向上游为负；切向水平变形以向左岸为正、向右岸为负；弦长等变形伸长为正、缩短为负；垂直变形以沉降为正、抬升为负；缝开合度以张开为正、压缩为负；应力以压应力为正、拉应力为负。

监测成果表明，大坝完成初期蓄水后，在1 880 m高程水位下，拱坝、坝基及抗力体工作性态基本正常，渗控工程运行状态良好，大坝处于弹性工作状态。

#### 3.1.1　坝基和抗力体变形

##### 3.1.1.1　设计控制标准

以拱梁分载法计算成果作为参考控制标准。拱梁分载法计算的最大基础变形值为26.5 mm。

##### 3.1.1.2　监测成果

坝基顺河向变形向下游，左右岸变形量值相当，最大约3 mm；坝基横河向变形向河床，右岸坝基变形量值大于左岸，最大约 6 mm；坝基平面合位移最大值 6.94 mm，位于右岸 1 829 m 高程。

坝基面接缝处于压缩状态。蓄水至 1 880 m 高程期间，坝基接缝开度变化量小于 0.1 mm，完成初期蓄水后至今，坝基接缝开度变化量小于 0.2 mm，坝基接缝状态良好。

#### 3.1.2 坝体变形

##### 3.1.2.1 设计控制标准

以拱梁分载法计算成果作为参考控制标准。拱梁分载法计算的最大坝体变形值为 85.4 mm。

##### 3.1.2.2 监测成果

坝体变形包括水平变形、垂直变形、弦长变化和接缝开合度。

坝体水平变形表现为向下游、向两岸侧变形，坝体变形与库水位呈现良好相关性，且整体变形量级不大。坝体径向变形向下游，变形中部大，向两岸变形值依次减小，13#坝段 1 730 m高程变形最大，位移值 40.75 mm；坝体切向变形方向左岸向左、右岸向右，左岸 11#坝段 1 730 m 高程变形最大，位移值 8.31 mm，右岸 16#坝段 1 829 m 高程变形最大，变形值 -4.72 mm；坝体平面合位移方向指向下游平面几何中心，最大值 41.13 mm，位于11#坝段 1 778 m高程。

坝体垂直变形呈现拱冠大、向两岸逐渐减小的特征，目前最大垂直变形为 12.04 mm。

大坝弦长缩短，蓄水期缩短约 4 ~ 8 mm。第四阶段蓄水以来，大坝弦长有拉伸趋势，变化量较小，约 1 ~ 2 mm。

蓄水以来，坝体横缝处于压缩状态且变化小于 0.2 mm。

#### 3.1.3 大坝应力

##### 3.1.3.1 设计控制标准

按照现行拱坝设计规范，混凝土的强度控制标准采用分项系数确定，锦屏一级大坝坝体材料分为三区，各区混凝土的控制标准见表 2。

**表 2 坝体抗压、抗拉强度控制标准** （单位：MPa）

<table>
<tr><td colspan="3">混凝土抗压强度标准值</td><td colspan="2">$C_{180}30$<br>C 区</td><td colspan="2">$C_{180}35$<br>B 区</td><td colspan="2">$C_{180}40$<br>A 区</td></tr>
<tr><td colspan="2">设计状况</td><td>计算方法</td><td>主压应力</td><td>主拉应力</td><td>主压应力</td><td>主拉应力</td><td>主压应力</td><td>主拉应力</td></tr>
<tr><td colspan="2" rowspan="2">持久状况</td><td>拱梁分载法</td><td>6.82</td><td>1.20</td><td>7.95</td><td>1.20</td><td>9.09</td><td>1.20</td></tr>
<tr><td>有限元法</td><td>8.52</td><td>1.50</td><td>9.94</td><td>1.50</td><td>11.36</td><td>1.50</td></tr>
<tr><td colspan="2" rowspan="2">短暂状况</td><td>拱梁分载法</td><td>7.18</td><td>1.35</td><td>8.37</td><td>1.58</td><td>9.58</td><td>1.80</td></tr>
<tr><td>有限元法</td><td>8.97</td><td>1.77</td><td>10.47</td><td>2.06</td><td>11.96</td><td>2.36</td></tr>
<tr><td rowspan="3">偶然状况</td><td rowspan="2">校核洪水情况</td><td>拱梁分载法</td><td>8.02</td><td>1.51</td><td>9.36</td><td>1.76</td><td>10.70</td><td>2.01</td></tr>
<tr><td>有限元法</td><td>10.03</td><td>1.97</td><td>11.70</td><td>2.30</td><td>13.37</td><td>2.63</td></tr>
<tr><td>地震情况</td><td>拱梁分载法</td><td>14.13</td><td>2.62</td><td>16.49</td><td>3.06</td><td>18.84</td><td>3.50</td></tr>
</table>

注：1. 混凝土抗拉强度取抗压强度的 8%。

2. 混凝土动态抗压强度较其静态标准值提高 30%，动态抗拉强度为动态抗压强度的 10%。

#### 3.1.3.2 监测结果

坝踵、坝趾等近基础强约束区(A区)总体处于受压状态。垂向压应力最大值4.57 MPa,位于12#坝段坝踵部位,垂向拉应力最大值0.1 MPa,位于2#坝段坝踵部位;切向压应力最大值5.13 MPa,位于21#坝段坝址部位,切向拉应力最大值0.26 MPa,位于4#坝段坝趾部位;径向压应力最大值4.76 MPa,位于9#坝段坝址部位,径向拉应力最大值0.83 MPa,位于2#坝段坝踵部位。

坝体(B、C区)总体处于受压状态,无拉应力出现。坝体垂向压应力最大值5.93 MPa,位于11#坝段1 720 m高程中部;切向压应力最大值6.94 MPa,位于13#坝段1 684 m高程下游侧和11#坝段1 720 m高程中部部位;径向压应力最大值4.76 MPa,位于9#坝段1 648 m高程下游侧。

由监测成果可知,坝体应力状态基本正常,拱坝基本处于受压状态。

### 3.1.4 渗流渗压

#### 3.1.4.1 设计控制标准

大坝渗控工程相关设计控制标准如下:防渗帷幕处扬压力折减系数$\alpha_1 \leqslant 0.4$,坝基主排水幕处扬压力折减系数$\alpha_2 \leqslant 0.2$,深井泵房设计抽排能力为450 $m^3/h$。

#### 3.1.4.2 监测成果

拱坝基础帷幕防渗效果良好,防渗帷幕后折减系数最大值0.29,排水后折减系数最大值0.08,小于设计折减系数控制值。

大坝坝体、坝基廊道实测总渗漏量64.34 L/s,其中左岸坝基总渗流量54.36 L/s,右岸坝基中渗流量9.99 L/s。

由监测成果可知,大坝渗流控制工程运行良好,坝体、坝基渗压监测值基本正常,总渗漏量小于设计抽排能力,处于可控状态。

## 3.2 反馈分析

开展反馈分析的目的是通过对坝体及坝基变形模量等力学参数的反演,借由统计模型和有限元计算模型进行大坝变形及应力反馈计算,是实测成果分析的一种有效补充分析手段,两者的结合运用有助于更全面地评价大坝工作性态。

本阶段反馈分析的技术路线与前三阶段相同[1],依据本阶段反演的的坝体和坝基岩体变形模量,进行了拱坝变形及应力分析。坝体抗压、抗拉强度设计控制标准见表2。基于反馈参数的拱坝变形及应力分析成果如下。

### 3.2.1 大坝变形反馈分析

在正常蓄水位时,径向变形指向拱的内部,切向变形指向两岸。径向变形最大值为48.8 mm,位于12#坝段1 870 m高程,指向拱的内部;切向变形最大值为13.9 mm,位于18#坝段1 875 m高程,指向右岸。整体变形规律与监测成果基本一致。

### 3.2.2 结构应力反馈分析

在正常蓄水位时,坝体上下游面关键部位仍均处于受压状态,上游面最大梁向压应力5 MPa,拱向最大压应力8 MPa,最大拉应力一般都小于1.5 MPa,下游面最大梁向压应力9 MPa,变化趋势符合一般规律。除局部应力集中外,拉应力都满足设计要求。

综上所述,反馈分析成果说明拱坝变形及应力分布规律正常,拱坝在正常蓄水位时工作正常。

### 3.3 工作性态评价

与前三阶段蓄水大坝工作性态对比可知，锦屏一级水电站第四阶段蓄水以来，大坝各项主要控制指标较前一阶段变化量值不大，基本都在设计控制范围之内，综合各项目的分项检查评价情况可知，锦屏一级大坝完成四阶段的初期蓄水后，大坝工作性态正常，大坝初期蓄水工作顺利完成。相关分项检查项目评价情况见表3。

**表3 大坝初期蓄水工作性态评价表**

| 项目 | | 分项 | 评价 |
|---|---|---|---|
| 监测分析 | 坝体变形 | 径向位移 | 监测值低于设计值，分布规律符合设计预期 |
| | | 切向位移 | 监测值低于设计值，分布规律符合设计预期 |
| | | 垂直位移 | 监测值低于设计值，分布规律符合设计预期 |
| | 坝基变形 | 基础处理 | 进行了系统的固结灌浆等处理，施工质量满足设计要求 |
| | | 建基面 | 蓄水期间坝基接缝开度变化不明显 |
| | | 坝基变形 | 变形量不大，小于设计值 |
| | 渗流渗压 | 扬压力 | 渗压折减系数满足设计要求，表明防渗帷幕和排水系统工作正常 |
| | | 渗流量 | 坝基及抗力体总排水量低于预期排水量，小于深井泵房抽排能力 |
| | | 巡视检查 | 坝基及抗力体渗水清澈，无异常现象 |
| 数值计算 | 反馈分析算值 | 应力 | 计算结果显示大坝变形及应力分布规律正常，量值均在设计控制指标范围以内 |
| | | 变形 | |

## 4 结论与建议

锦屏一级大坝从2012年11月开始蓄水，历经四阶段蓄水过程，于2014年7月蓄至正常蓄水位，初期蓄水完成。综合各项指标，大坝工作性态正常。初期蓄水完成后，枢纽工程工作性态还有一个调整期，同时大坝蓄水安全是一个长期、持续的动态运行过程，需要加强监测、跟踪反馈，长期开展安全监测和分析工作，密切关注大坝工作性态，为工程长期安全运行提供可靠的技术保障。

### 参考文献

[1] 吴世勇，曹薇. 锦屏一级大坝初期蓄水工作性态分析[A]//高坝建设与运行管理的技术进展——中国大坝协会2014学术年会论文集[C]. 郑州：黄河水利出版社，2014：309-318.

[2] 中国电建集团成都勘测设计研究院有限公司. 锦屏一级水电站水库初期蓄水大坝及边坡安全监测分析与评价专题报告[R]，2014.

[3] 锦屏一级安全监测管理中心. 锦屏一级水电站第四阶段蓄水安全监测分析报告[R]，2014.

# 大岗山大坝数字化管理

吕鹏飞

（国电大渡河大岗山水电开发有限公司　四川　雅安　625409）

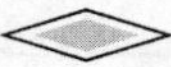

**摘要**：按照国电集团“一五五”战略要求，以及建设“智慧大渡河”的要求，为了适应大岗山水电站工程建设安全风险大、质量标准高、进度压力大、投资风险高等的需要，大岗山公司结合现场安全、质量、进度、投资等施工管理的重难点，建立了“数字化大岗山”信息管理系统。该系统通过对大坝混凝土浇筑过程、温控过程、基础处理过程、安全监测、缆机运行监控、拌和楼运行监控等过程的综合管理，实现了施工全过程的安全、质量、进度、计量等数据的综合监控与查询，达到了施工过程全面可控、施工质量全面管理、成果分析直观有效的管理目的，确保了工程建设的安全、质量、进度、投资等各项指标圆满完成，实现了提升管理水平、保障工程质量、加快工程进度以及增强投资效益的作用。

**关键词**：数字化，实时监控，动态预测，建设管理

## 1　水电工程数字化管理概述

### 1.1　工程数字化管理的概念

#### 1.1.1　定义

工程数字化管理是在项目全寿命过程或某个阶段中，在对项目参与各方产生的信息和知识进行集中管理的基础上，为项目参与各方在互联网平台提供一个获取个性化项目信息的单一入口，从而为项目参与各方提供一个高效率信息交流和共同工作的环境。

从内涵上看，工程数字化管理包含：设计数字化、管理信息化、装备自动化、施工过程数字化、设施运维智能化等五个方面。

#### 1.1.2　工程数字化管理的核心功能

（1）项目各参与方的信息交流。

（2）项目文档管理。

（3）项目各参与方的共同工作。

实时的项目管理、设施管理、协调与控制如图 1 所示。传统方式与信息化模式对比如图 2所示。

### 1.2　工程数字化管理的软硬件基础及相关技术

工程数字化管理强调知识共享与更新的机制及过程，注重将原始资料的实施采集、整理、统计与分析后变成信息，而信息经过充分运用及共享，则可转化为有用的知识。

### 1.3　水电工程数字化管理发展及应用概况

自 20 世纪 70 年代开始，随着信息技术的发展，国际国内信息技术在工程建设管理中的

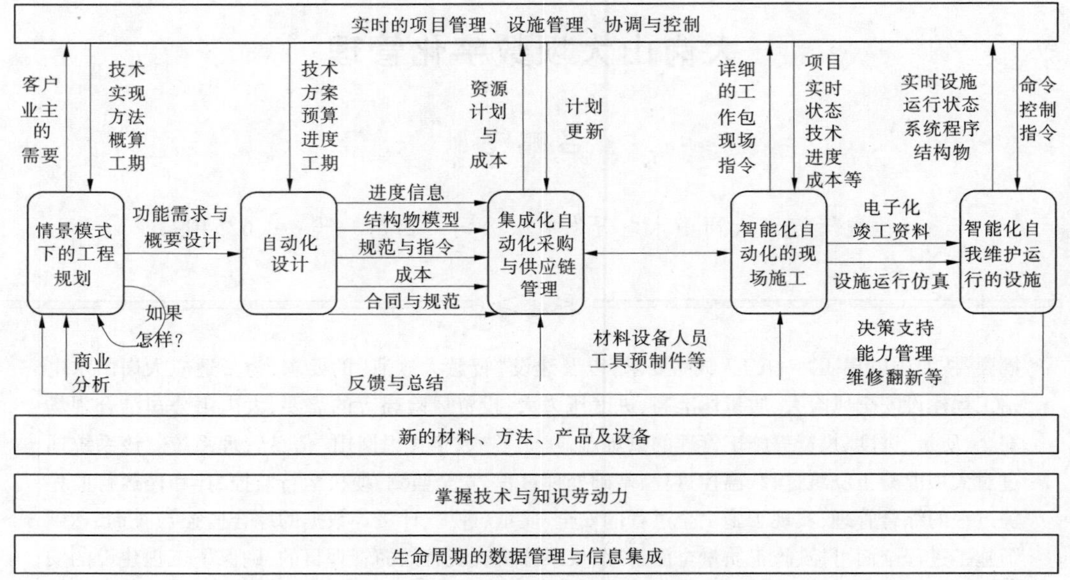


图1 实时的项目管理、设施管理、协调与控制图

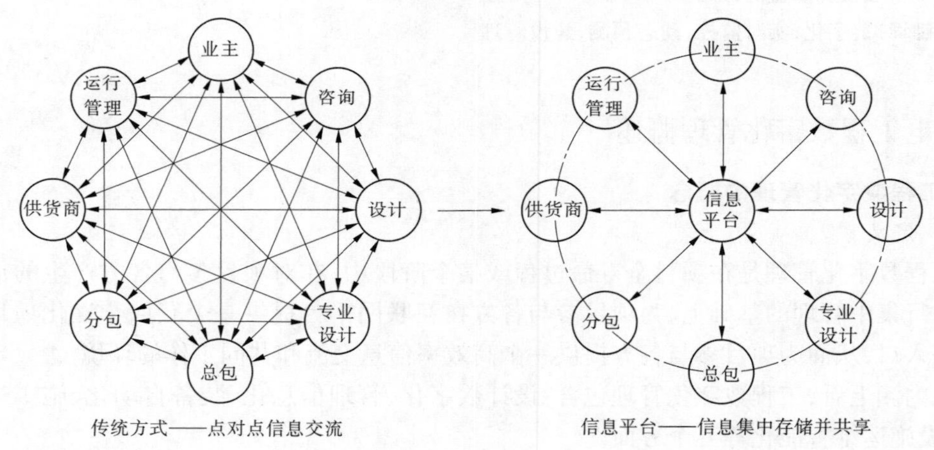


图2 传统方式与信息化模式对比

应用大致经历了3个阶段的发展:第1阶段:单项程序→第2阶段:程序系统及程序系统的集成→第3阶段:基于网络平台的工程管理。目前,工程数字化管理处于程序系统不断完善、基于网络平台的工程管理初步发展的阶段。

在水电工程建设领域,三峡总公司、中电投黄河水电建设公司和华能澜沧江水电开发有限公司等单位分别与多家科研单位、软件开发公司等合作,在水电工程数字化管理系统建设与应用上进行了较有成效的探索与实践。建成并投入应用的系统有:

(1)三峡工程管理信息系统。

(2)溪洛渡拱坝施工监测与仿真分析系统。

(3)糯扎渡水电站“数字大坝”。

（4）公伯峡工程管理信息系统。

## 2　高坝建设采用数字化管理的必要性

据有关资料的统计，传统建设工程中2/3的问题都与信息交流有关。建设工程中10%～33%的成本增加都与信息交流存在的问题有关。在大型建设工程中，信息交流问题导致的工程变更和错误约占工程总投资的3%～5%。据某国际网站预测，成功的信息管理手段的应用将可能节约10%～20%的建设总投资。水电工程具有鲜明的“个性”，不同的工程之间条件千差万别，规模和投资往往比较大，工期较长，季节性强，技术复杂，设计变更一般较多，需要协调的关系多，迫切需要借助工程数字化手段来进行管理。高坝建设采用数字化管理的必要性有：

（1）共享信息资源的需要；

（2）管理和决策时效性的需要；

（3）管理精细化和决策科学性的需要。

## 3　高坝建设数字化管理系统研究的主要内容和方法

### 3.1　概　述

大岗山工程数字化管理系统的定位为处于工程管理层和现场生产之间的执行层，主要负责生产管理和调度执行与质量监控。位于企业上层的项目管理信息系统（如PMS），强调的是管理的计划性；位于底层进行生产控制的是以先进控制、操作优化为代表的过程控制技术（PCS），PCS强调的是设备的控制，通过控制优化，减少人为因素的影响，提高产品的质量与系统的运行效率（如混凝土拌和站的控制系统）；为此，我们建立的将是连接计划管理层和底层控制层之间的施工过程执行系统（CES）。系统集成模型如图3所示。

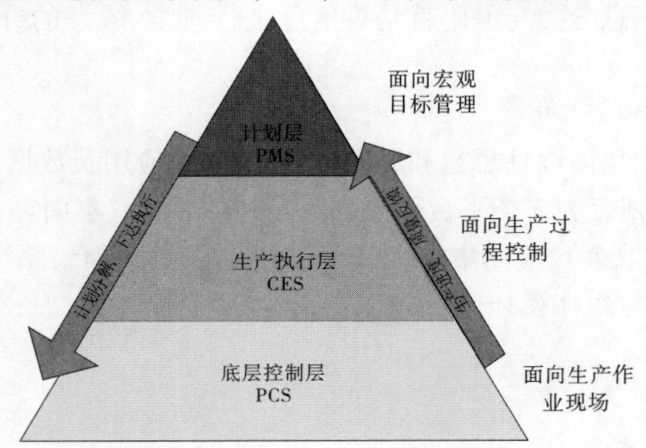


**图3　系统集成模型**

根据大岗山工程的特点，数字化管理系统平台分为4个层次，分别为业务处理与数据采集层、数据查询与单据输出层、综合查询与分析对比层、关键指标评价与预报警层。其中，前两个层属于操作执行层，可通过制定标准的规范与方法，采用固定的流程组织业务工作，采集相关数据；后两个层次为管理决策层，通过对现场采集的各类数据汇总、归类，实现查询分析、综合关键指标评价与预报警，进而实现对操作执行层的综合反馈、实施控制与工作指导。

系统整体规划组成如图4所示。

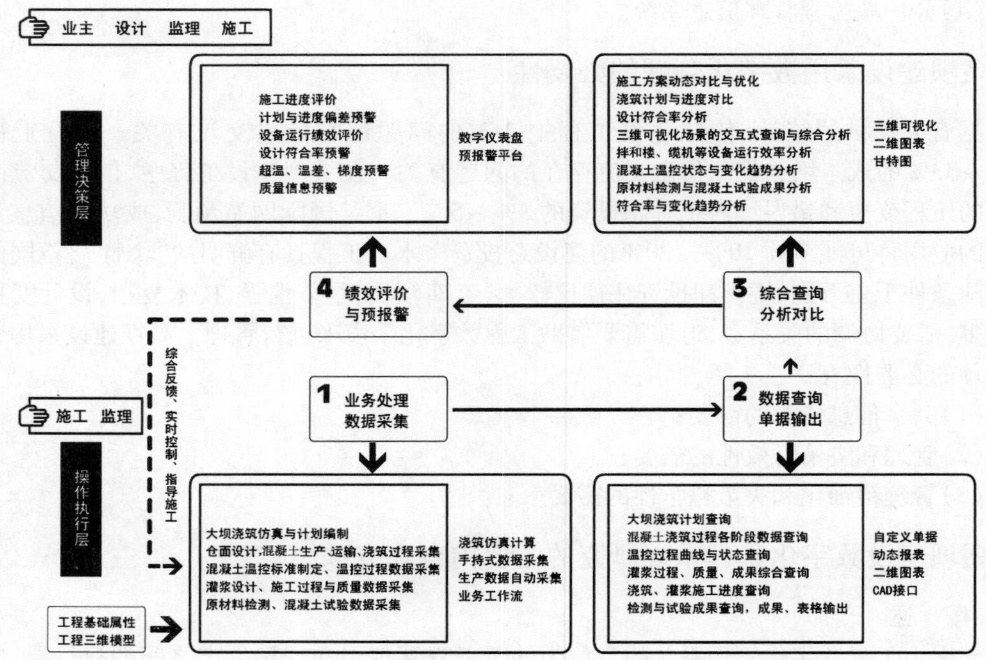


图4　系统整体规划组成

## 3.2　系统总体设计

### 3.2.1　通用数据编码规范

信息资源在计算机中的表现形式是信息代码，采用科学、统一、规范的信息代码是信息共享和交换的基础。信息分类与编码就是对信息进行科学、统一的分类并对分类结果赋予特定代码的过程。

### 3.2.2　应用系统总体构架

根据大岗山系统的总体设计思想和原则，结合分布式应用及数据库技术，系统采用三层C/S架构，将系统整体划分为5个平台部分，即服务器端平台、桌面客户端平台、手持终端平台（根据工程实际情况取舍）、应用集成接口平台与自动采集平台，系统结构图如图5所示。

### 3.2.3　关键技术方案与组件设计

（1）业务工作流。

（2）数据库技术。

（3）三维可视化技术。

（4）温控仿真计算技术。

（5）进度仿真计算技术。

## 3.3　大坝施工数字化业务流程梳理

大岗山数字化管理系统主要基于大坝工程而实施，业务覆盖范围包括大岗山水电站大坝工程的主体施工过程，大坝混凝土浇筑过程、大坝混凝土温控过程、大坝基础固结灌浆工程、大坝帷幕灌浆过程、大坝接缝灌浆过程、大坝施工期安全监测过程，以及各个施工过程之间的交叉环节。

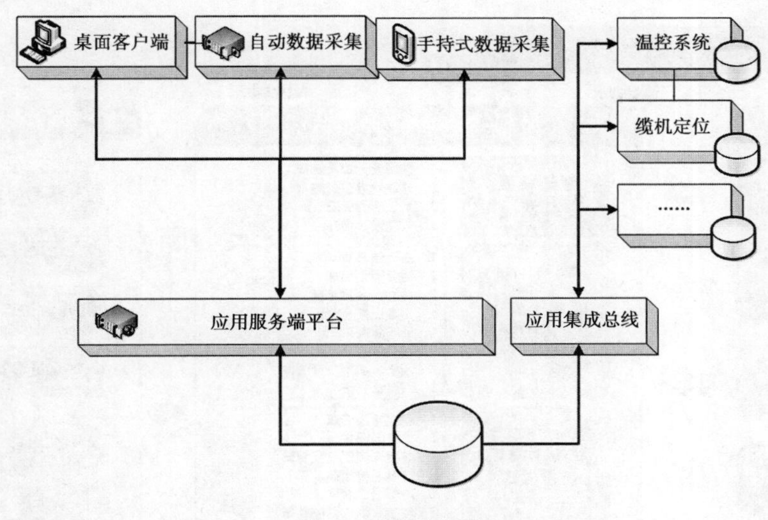


图5　系统结构图

# 4　数字化管理在大岗山高拱坝建设中的应用实践

## 4.1　统一平台+专项子系统的整体架构

### 4.1.1　枢纽工程三维数字化动态模型

枢纽工程三维模型是实现工程数字化管理的基础工作。三维模型不仅应用于枢纽工程的可视化展现,也是枢纽工程建筑物特征的重要描述要素,可以用来定义枢纽工程建筑物的几何特性,如部位、坐标、方量等信息,同时作为建筑物信息模型(BIM)的基础,用来定义并维护特征结构、材料、施工工艺参数、约束条件等信息,为数字化管理提供准确的边界条件。同时,通过将施工过程数据与三维模型关联,实现动态的工程数字化管理和展现。

### 4.1.2　综合数据采集平台

在拱坝施工过程管理中,有大量的数据来自于生产、施工一线,为了实现有效的数据采集,需要规划并建立符合现场施工特点的综合数据采集模式。

本项目通过建立施工区的无线网络覆盖、采用专用数据采集设备,实现移动式的数据采集模式。各类生产数据内容庞大,使用传统的桌面数据录入模式工作量特别大,同时会带来数据准确性低、及时性较差、实施困难等问题。为了尽可能有效地采集数据,系统针对各类数据的采集特点,实现了自动数据导入、手持式采集、桌面业务处理等多模式的数据采集手段。通过这种综合的数据采集方法,基本避免了人工干预与额外的操作,降低了人工的投入,同时保证了数据采集的准确性与及时性。

### 4.1.3　数据分析与预报警平台

本部分主要包括数据查询与单据输出、综合查询与分析对比、关键指标评价与预报警三个层次,相关功能已在3.1节介绍,在此不赘述。

### 4.1.4　专项子系统组成的综合数字化管理平台

在上述统一的基础平台的基础上,本项目根据大岗山工程的特点与管理要点。对大坝混凝土浇筑过程、大坝混凝土温控过程、灌浆施工过程管理、安全监测管理等方面建立了专项子系统并实现有机融合,形成最终的综合数字化管理平台,如图6所示。

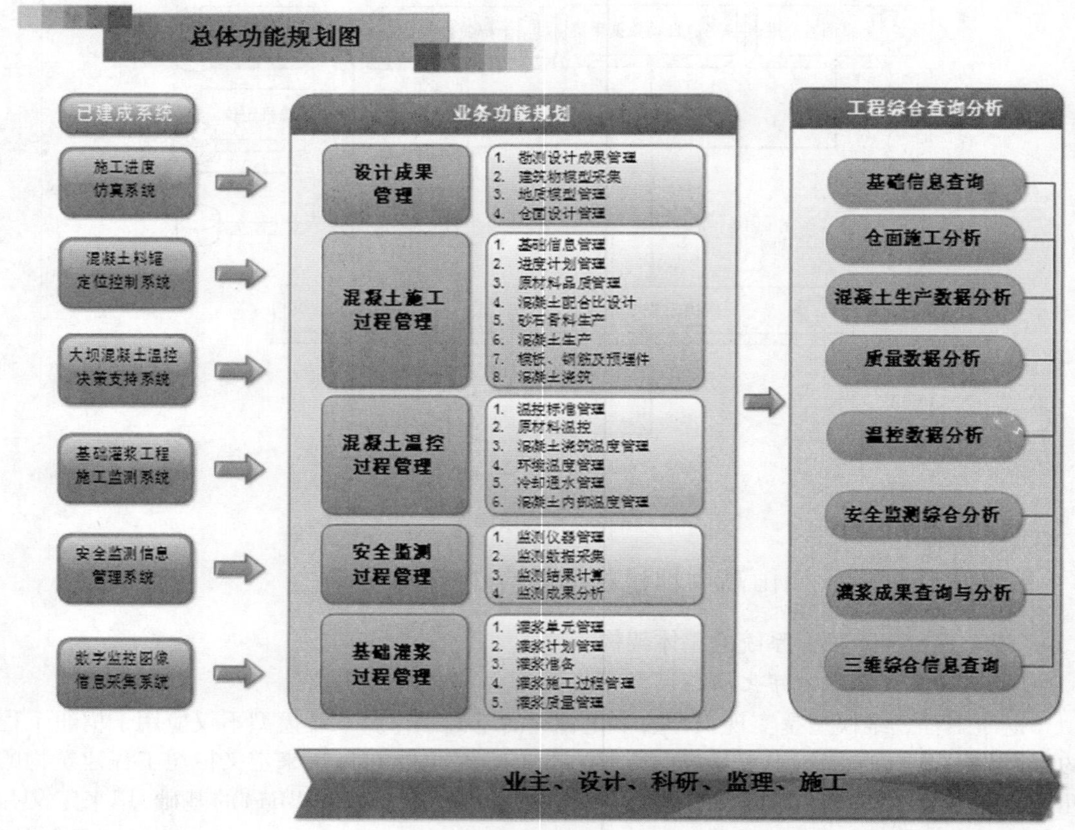


图6 大岗山数字化平台整体功能图

## 4.2 成果应用小结

### 4.2.1 主要成果分析

#### 4.2.1.1 提升管理水平的作用

(1)便于管理流程化。

(2)便于管理精细化。

(3)便于持续改进。

(4)便于成功的管理模式的移植、推广。

#### 4.2.1.2 保障工程质量的作用

大岗山工程数字化管理平台的建设与应用,对增强施工过程质量的控制,提高大坝混凝土质量、基础灌浆工程的质量起到较好的促进作用。

数字化管理平台提供了混凝土生产、运输、入仓、温控在内的完整的混凝土施工工艺过程的实时控制。

数字化管理平台通过建立灌浆监控子系统,实现大岗山灌浆工程的设计、施工过程的综合管理,从进度、质量、成本、成果等多个方面实现过程监控,保证和提高了基础处理工程的施工质量。

表1为各项目部分关键技术指标对比。

表1　各项目部分关键技术指标对比

| 项目 | 指标 | 传统模式 | 数字化管理模式 |
| --- | --- | --- | --- |
| 混凝土浇筑 | 混凝土生产 | 数据孤岛,人工总量统计 | 自动统计,精确到每一盘,每个部位、任意时间、配合比 |
| | 混凝土运输 | 人工抽查,无明细,不可追踪 | 自动统计,精确到每台设备,每运送一趟,可跟踪,可预测 |
| | 质量追踪 | 根据值班日志,粗略跟踪 | 支持单仓全过程、多环节、精细化跟踪 |
| 混凝土温控 | 数据采集 | 模拟温度计,人工录入整理;数据零散,人工干扰大,差错率高 | 数字式采集,自动导入,无需整理;效率提高50%;数据准确率99.9% |
| | 数据分析 | Excel人工分析与评断,效率低、时效性差 | 联网报表图表分析,实时预报警 |
| 灌浆管理 | 过程跟踪 | 人工监督、手工记录或现场记录导入,容易造假 | 无线自动化传输,远程过程实施监控,杜绝数据造假行为 |
| | 成果整理 | 人工统计,手工绘图,工作量大 | 标准报表,成果自动生成,CAD自动生成。准确性提高,工作量减少60%以上 |
| | 质量追踪 | 纸质记录,人工查询成果,过程数据缺失 | 全过程数据,精确到每个孔、段、工序与时段;支持三维跟踪分析 |

4.2.1.3　加快工程进度的作用

(1)结合实际情况进行全面的进度仿真分析,编排总体最优的进度计划。目前,实际进度与计划进度已十分吻合,初步分析已提前工期0.5个月左右,至项目完工至少能提前1个月以上。

(2)通过确保工程质量来保障工程进度。其他工程的经验表明,处理有危害性的拱坝裂缝至少要影响工程进度1个月以上,通过数字化管理可大大降低出现危害性裂缝的可能性,初步推算可节约工期1个月以上。

预计,通过数字化管理能够加快工程进度2个月以上。

4.2.1.4　增强投资效益的作用

(1)通过数字化管理,可以保障工程工期2个月以上,可以间接保障2个月的发电效益,按20%的贡献率计,可以产生2 000万元以上的投资效益。

(2)根据一般经验,处理一条危害性裂缝需要花费50万元以上,按数字化管理每个坝段避免一条裂缝计,可以产生1 500万元左右的投资效益。

大岗山数字化管理预计总共投入900万元,总体而言,采用数字化管理将产生2 600万元以上的投资效益。

4.2.2　创新点

4.2.2.1　缆机吊罐 GPS 定位及防碰撞系统

利用 GPS 设计嵌入式的雾天大坝混凝土吊罐施工实时监控硬件系统；借助现有 GPRS 无线网络通讯系统，建立实时防撞监测数据的通讯传输系统；基于组件式 GIS 技术，通过定制的空间分析和位置查询算法开发出具备对大坝工程混凝土浇筑过程的安全防撞预警监控系统，在保证大坝施工安全的同时提高信息化管理水平。

4.2.2.2　灌浆实时监控系统

灌浆实时监控系统通过搭建专用的灌浆无线网络将所有灌浆仪器的数据集中并收集发送到互联网上的专用数据库之中。用户可通过英特网实时访问该系统，方便、快捷、准确地监测现场数据，并通过强大灵活的数据监测预警体系准确地把握施工现场状态。

4.2.2.3　综合数字化施工监测技术

由于施工场地不固定、现场条件复杂、工作环境恶劣等特点，利用合理的技术手段，在基建工程施工现场实现全面、及时、便捷的数据采集模式，是本项目的又一创新点。主要包括：RFID 技术、ID/2D 条码技术、GNSS 定位技术、无线 Wi - Fi 技术、数据库技术及组态技术、无线数据采集终端及射频/条码识别技术、手持式多通道直读式温度采集器和在线式数字传感器等。

4.2.2.4　温控决策系统和施工进度仿真系统的改进

相比于其他工程，大岗山工程所采用的施工进度仿真系统增加了人工交互仿真功能和预警功能。

相比于其他工程，大岗山工程所采用的温控决策系统改善了图形显示技术和数据处理技术，增加了仿真信息共享的功能。

## 5　建议与展望

信息化是人类社会继农业革命、城镇化和工业化后迈入新的发展时期的重要标志，信息化在各个国家和各个产业中都呈现出蓬勃的发展趋势。在水电工程建设领域，信息化水平相比部分领域仍然处于较低的水平。按照中国国电集团公司“精细化、专业化、标准化、数字化”的要求和国电大渡河流域水电开发有限公司“夯实基础、弥补短板、打造亮点、创建标杆”的管理提升路径，通过充分吸取国内大型水电工程数字化管理方面的先进经验，大岗山工程建成数字化管理信息平台，即将发挥其巨大效益。

### 参考文献

[1] 纵向群. 沈诚大型水电工程项目管理信息系统建设的思路[J]. 云南水力发电，2005(4)：67-70.
[2] 郭武山. 水利水电工程管理信息系统构建方式讨论[J]. 南水北调与水力科技，2006(4)：59-61.
[3] 晏新春，杨平祥. 景洪水电站工程信息化建设的实践与思考[J]. 水力发电，2005(7)：77-79.
[4] 李有国. 大型水电建设工程管理信息系统组织实施方法探讨[J]. 中国三峡建设，2004(4)：56-57.

# 长河坝水电站高砾石土心墙堆石坝快速施工技术

吴高见

（中国水利水电第五工程局有限公司　四川　成都　610066）

**摘要**：长河坝水电站大坝工程施工中，采用了聚脲喷涂材料防渗、砾石土和反滤料精确掺配、堆石料智能加水及跨心墙运输、数字化大坝控制与数字化施工、质量快速检测、高陡边坡混凝土有轨液压滑模系统、无马道高陡边坡支护悬空排架体系、铜止水成型机、铜止水热熔焊接等一系列施工技术，目前大坝进度、质量、安全受控，正朝着2017年5月（提前15个月）首台机组发电的目标迈进。

**关键词**：长河坝水电站大坝，聚脲喷涂材料，精确掺配，智能加水及跨心墙运输，数字化，快速施工

## 1　工程概况

长河坝水电站位于中国四川省甘孜藏族自治州康定县境内，为大渡河流域干流水电梯级开发的第10级电站，是一座以发电为主，兼有防洪等综合利用效益的特大型水利水电枢纽工程，拦河大坝坝址位于大渡河金汤河口下游2.5 km处。枢纽建筑物主要由砾石土心墙堆石坝、首部式地下引水发电系统、泄洪系统共同组成，工程等级为一等大(1)型；砾石土心墙堆石坝最大坝高240 m，大坝总库容10.75亿 $m^3$，控制流域面积55 880 $km^2$；电站装机容量4×650(2 600)MW，年发电容量108.3亿kW·h。

坝址两岸自然边坡陡峻，呈"V"形河谷，临江坡高700 m左右，左岸1 590 m高程、右岸1 660 m高程以下坡角均介于60°~65°之间。坝址区岩体为晋宁—澄江期花岗岩和(石英)闪长岩，地质构造以小断层、长大节理为特征；河床覆盖层自下而上分别为漂卵砾石层、含泥漂卵沙砾石层（中部有含泥中—粉砂）和漂卵砾石层，具多层结构，局部架空，透水性较强，厚度达79.3 m。坝址位于青藏断块东部边缘地带，处于鲜水河断裂、乾宁—康定断裂、折多塘断裂、石棉断裂以及龙门山前山断裂等地质构造转折Y形交汇之北，区地震基本烈度8度，大坝地震设防烈度为9度。

长河坝水电站大坝砾石土填筑方量428万 $m^3$，堆石体填筑总量3 300万 $m^3$，大坝工程2010年12月1日开工，预计提前到2017年5月首台机组发电，2018年4月30日竣工。长河坝砾石土心墙坝集超高心墙堆石坝、河床深厚覆盖层、高地震烈度、陡窄河谷等四大难度于一体，坝体和基础的防渗处理、沉降变形、抗震安全等，尚无同等规模工程建成，无可借鉴成熟经验，给设计、施工和运行带来挑战性难题。

## 2　工程特点及技术挑战

### 2.1　坝体结构

长河坝水电站砾石土心墙堆石坝，坝顶高程1 697 m，最大坝高240 m，坝顶长度502.85

m，坝顶宽度 16 m，上游坝坡 1∶2，下游坝坡 1∶2；大坝心墙底高程 1 457 m，底宽 125.7m，心墙顶高程 1 696.4 m，顶宽 6 m，上、下游坡均为 1∶0.25；心墙上、下游分别设反滤料，上游反滤水平厚度 8 m，下游反滤层共两层，水平厚度各 6 m，总计厚度 12 m，上、下游反滤料与坝体堆石之间均设过渡层，上、下游过渡层水平厚度均为 20 m。大坝结构型式见图 1，大坝典型纵剖面见图 2。

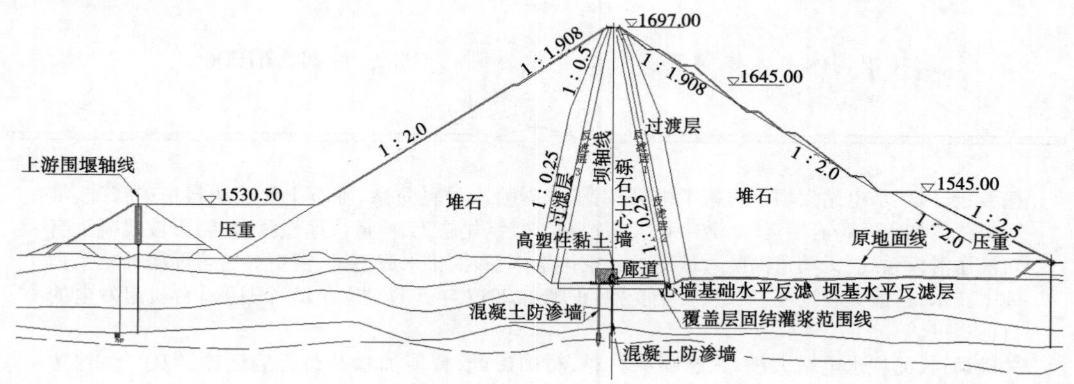


图 1　大坝结构形式图　（单位：m）

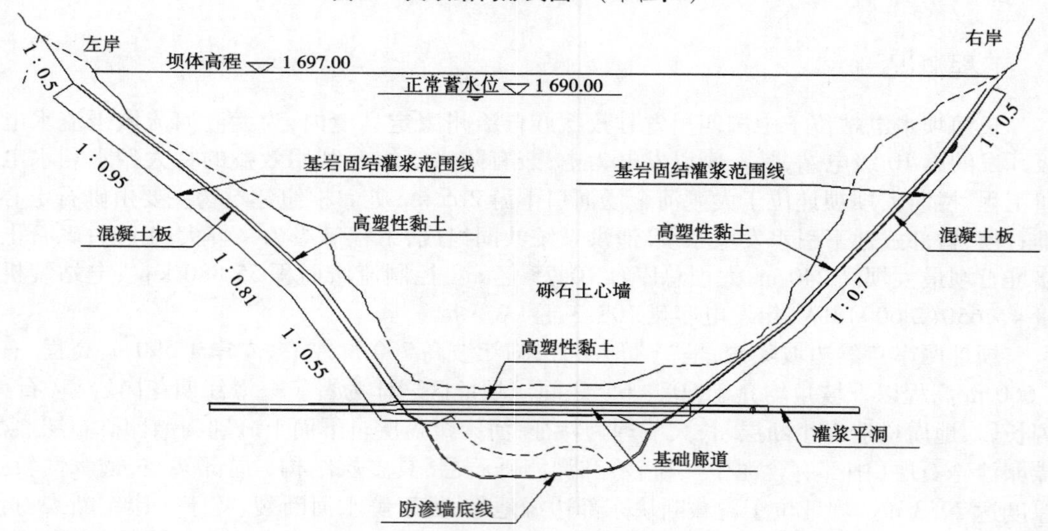


图 2　大坝典型纵剖面图　（单位：m）

## 2.2　基础处理

心墙下部河床覆盖层设置 2 道间隔 14 m 的混凝土防渗墙防渗，上游墙厚度 1.4 m，下游墙厚度 1.2 m，最大墙深约 53.8 m。上游防渗墙与心墙间采用整体扁担式灌浆廊道连接，防渗墙下接帷幕灌浆最低高程 1 290 m，最大深度约 117 m；下游防渗墙与心墙间采用混凝土刺墙结构插入式连接，刺墙插入心墙深度 15 m，下游防渗墙下接帷幕灌浆最低高程 1 397 m，最大深度约 10 m。心墙部分覆盖层基础深度 5 m 范围内进行固结灌浆；基础灌浆廊道及混凝土刺墙之间铺设厚度不少于 3 m 的高塑性黏土；心墙与两岸基岩接触面铺设高塑性黏土，左岸 1 597 m、右岸 1 610 m 高程以上为 3 m 厚，以下水平厚度为 4 m。上游坝基砂层透镜体进行高压旋喷灌浆，高压旋喷处理面积约 3 000 $m^2$。

坝肩左、右两岸分别在高程 1 697 m、1 640 m、1 580 m、1 520 m、1 460 m 处设置了 5 层帷幕灌浆平洞，各层平洞轴线位于同一竖直面内。左坝肩灌浆平洞与地下厂房灌浆平洞连为一体，右坝肩灌浆平洞轴线与坝轴线相同。

### 2.3　抗震加固

大坝抗震设计类别为甲类，抗震设计标准即基准期 100 年、超越概率 2% 相应的基岩水平地震动峰值加速度为 0.359$g$，抗震校核标准即基准期 100 年、超越概率 1% 相应的基岩水平地震动峰值加速度为 0.430$g$。抗震采取了挖除坝基大部分砂层并对坝基砂层透镜体采取高喷加固、对坝体坝顶以下 6～50 m 范围内坝坡采用土工格栅加筋加固、加宽坝体、放缓坝体边坡、加宽加高上下游坝脚压重、提高坝体各分区料压实标准、预留地震附加沉降等综合措施。

### 2.4　填料料源

#### 2.4.1　土料场

高塑性黏土料源开采自距坝址约 60 km 下游海子坪黏土料场，开采总量 22.1 万 $m^3$，一次开采后全部堆存于野坝堆场再二次开采上坝。

砾石土心墙料源开采自距坝址 22 km 左岸汤坝土料场（供应大坝 1 585 m 以下的心墙料）和距坝址 23 km 左岸新莲土料场（供应大坝 1 585 m 以上的心墙料），开采总量 428 万 $m^3$。

#### 2.4.2　反滤料生产场

上游反滤料 3、下游反滤料 1、下游反滤料 2、心墙基础水平反滤料（分为反滤料 1 和反滤料 2 两层）、下游坝基水平反滤料 4 均由骨料筛分系统生产掺配而来，人工骨料加工系统工程建于坝址下游约 6 km 大渡河左岸磨子沟沟口，系统主要进行大坝反滤料以及工程混凝土砂石骨料供应，系统处理能力为 1 000 t/h。反滤料毛料来自江嘴石料场及磨子沟明挖料回采场渣料，反滤料总量 166 万 $m^3$。

#### 2.4.3　石料场

堆石体料及上下游过渡料、上下游压重等料源开采自距坝址 3.5 km 的上游响水沟石料场和距坝址 6 km 的下游江嘴石料场；金汤河口料场作为备用料场，开采总量 3 300 万 $m^3$（过渡料总量 288 万 $m^3$）。

### 2.5　填料标准

#### 2.5.1　高塑性黏土及砾石土料

高塑性黏土采用堆存于野坝堆场的海子坪料场黏土，砾石土料采用汤坝土料场砾石土进行超径石筛除和砾石含量、含水率掺配调整后上坝。高塑性黏土及砾石土填料控制标准见表 1。

#### 2.5.2　反滤料

长河坝砾石土心墙坝设计心墙上、下游侧均设反滤层，上游反滤由 8 m 厚的反滤料 3 组成，下游反滤由各 6 m 厚的反滤料 1 及反滤料 2 组成，心墙基础水平反滤料由反滤料 1、反滤料 2 组成；下游坝基水平反滤由反滤料 4 组成，均由骨料筛分系统生产掺配而来。反滤料控制标准见表 3。

表 1 高塑性黏土及砾石土填料控制标准

| 土料控制指标 | | 高塑性黏土 | 砾石土料 | 备注 |
|---|---|---|---|---|
| 水溶盐含量 | | ≤1.5% | <3 | |
| 有机质含量 | | ≤1.0% | <2 | |
| 最大粒径(mm) | | <5 | ≤150 及 2/3$h$ | $h$ 为铺土厚度 |
| 超径含量(%) | | ≤5 | — | |
| 颗粒含量(%) | >5 mm | — | <50 | 级配连续 |
| | <0.075 mm | — | >8 | |
| 黏粒含量(%) | <0.005 mm | >25 | — | |
| 塑性指数 | | >15 | 10~20 | |
| 渗透系数($\times10^{-6}$cm/s) | | 1.0 | 10 | |
| 渗透破坏坡降 | | >12 | >5 | |
| 最大干密度(g/cm$^3$) | | 约 1.69 | — | |
| 压实干密度(g/cm$^3$) | <5 mm 细料 | — | >1.82 | |
| | P5 含量 30% | — | >2.07 | |
| | P5 含量 40% | — | >2.10 | |
| | P5 含量 50% | — | >2.14 | |
| 压实度 | <5 mm 全料 | 92%~95% | — | 592 kJ/m$^3$ |
| | <5 mm 细料 | — | 100% | 592 kJ/m$^3$ |
| | ≤150 mm 全料 | — | >97% | 2 688 kJ/m$^3$ |
| 填筑含水率(%) | | $\omega_{0p}+1\%\sim\omega_{0p}+4\%$ | $\omega_{0p}-1\%\sim\omega_{0p}+2\%$ | |

表 2 反滤料控制标准

| 反滤料控制指标 | | 反滤料 1 | 反滤料 2 | 反滤料 3 | 反滤料 4 | 备注 |
|---|---|---|---|---|---|---|
| 饱和抗压强度(MPa) | | >45 | >45 | >45 | >45 | |
| 最大粒径(mm) | | ≤20 | ≤80 | ≤40 | ≤100 | |
| 特征粒径(mm) | $D_{15}$ | 0.15~0.50 | 1.40~5.00 | 0.25~0.75 | 2.00~5.00 | |
| | $D_{85}$ | 2.80~7.80 | 15.00~46.00 | 8.00~19.00 | 34.00~52.00 | |
| 颗粒含量(%) | <5 mm | — | — | — | <8 | |
| | <0.075 mm | <5 | <2 | <5 | — | |
| 渗透系数($\times10^{-3}$cm/s) | | ≥1.0 | ≥10.0 | ≥2.0 | ≥10.0 | |
| 压实干密度(g/cm$^3$) | | ≥2.08 | ≥2.14 | ≥2.20 | ≥2.25 | |
| 压实相对密度 | | ≥0.85 | | | | |

### 2.5.3　过渡料及堆石料

过渡料为石料场开采，应避免采用软弱、片状、针状颗粒，耐风化且不易被水溶解。堆石料应级配连续良好，最大与最小边长比不超过4。过渡料及堆石料控制标准见表3。

表3　过渡料及堆石料控制标准

| 石料控制指标 | 过渡料 | 堆石料 | 备注 |
|---|---|---|---|
| 饱和抗压强度(MPa) | >45 | >45 | |
| 软化系数 | | >8 | |
| 冻融损失率(%) | | <1 | |
| 最大粒径(mm) | ≤400 | ≤900 | |
| 大小边长比 | | ≤4 | |
| 特征粒径 $D_{15}$(mm) | 200 | 29 | |
| 0.075 mm 颗粒含量(%) | ≤3 | ≤3 | |
| 5 mm 颗粒含量(%) | 4～17,≥10 | ≤20 | |
| 压实后渗透系数($\times10^{-2}$ cm/s) | 5 | 10 | |
| 相对密度 | ≥0.9 | | |
| 孔隙率(%) | ≤20 | ≤21 | |
| 压实干密度(g/cm$^3$) | ≥2.33 | ≥2.22 | |

## 2.6　填筑施工参数

经对各种坝料进行碾压试验确定的填筑参数如表4所示。

表4　坝料填筑参数

| 料种名称 | 铺料厚度(cm) | 铺料方式 | 碾压机械(自行式) | 行走速度(km/h) | 碾压遍数 |
|---|---|---|---|---|---|
| 堆石料 | 100 | 进占法 | 26 t 平碾 | 2.7±0.2 | 静2+振8 |
| 砾石土料 | 30 | 进占法 | 26 t 凸块碾 | 2.5±0.2 | 静2+振12 |
| 反滤料 | 30 | 后退法 | 26 t 平碾 | 2.7±0.2 | 静2+振8 |
| 过渡料 | 50 | 后退法 | 26 t 平碾 | 2.7±0.2 | 静2+振8 |
| 高塑性黏土 | 100 | 进占法 | 26 t 平碾 | 2.5±0.2 | 静2+振6 |

## 3 快速施工方法应用

### 3.1 基础廊道及刺墙混凝土防渗涂层与变形过渡区施工

长河坝大坝心墙下部河床覆盖层设置2道间隔14 m的混凝土防渗墙,上游墙厚度1.4 m,与心墙间采用混凝土基础灌浆廊道连接;下游墙厚度1.2 m,与心墙间采用混凝土刺墙结构插入式连接,刺墙插入心墙深度15 m。混凝土基础灌浆廊道及混凝土刺墙周围采用铺设厚度不少于3 m的高塑性黏土。基于深覆盖层地基上的廊道与刺墙处于坝基底部,受力情况复杂。三维非线性有限元计算表明,由于在河床段沿坝轴线均不设横缝,廊道横河向正应力值较大,且出现在左右岸1/4跨位置;廊道地板顺河向拉应力较大,易导致地板产生纵向裂缝(近年已有新建的高心墙坝基础廊道混凝土在大坝填筑过程及蓄水运行中存在不同程度的开裂情况)。为防止廊道、刺强在深覆盖地基不均匀沉降、施工期温度变化、施工期荷载变化、运行工况应力改变及地震应力等状态出现可能的裂缝时,不使裂缝形成涌水通道而破坏心墙,一般需封堵裂缝进行化学灌浆处理。长河坝大坝基础廊道采用“扁担式”不分缝整体结构,通长施工,混凝土强度等级高,泵送法施工水泥用量多,水化热大。施工中廊道内发现浅层裂缝,4·20芦山地震时,新浇待强混凝土又出现贯通裂缝。经详查分析,研究决定对贯通裂缝采用外表面封堵及廊道内化学灌浆的处理。对于封堵材料的选择,要求不利工况下廊道开裂时能承受230 m水头正向水压,化灌时又可起到止浆效果。其他类似工程廊道处理多采用外包改性沥青防水卷材、涂刷赛柏斯防水基材等进行封堵。由于防水卷材虽能满足高水头防渗要求,但其与混凝土面黏结力不强,接合部质量难以保证,不能满足化学灌浆封闭压力要求;赛柏斯防水基材属脆性材料,不能适应深覆盖层大坝变形要求。最终选择在廊道表面喷涂聚脲弹性体、在刺墙表面铺设特种沥青防渗膜的方案,以消除未来可能的安全隐患。

聚脲弹性体喷涂是一种新型的涂装型结构防水技术,具有高强度、高抗渗、耐老化、耐腐蚀、热稳定好、柔韧抗冲击、与混凝土附着力强、致密、无接缝、无溶剂、无污染、绿色喷涂等优点,可有效简化防水结构设计层数,降低厚度,工艺简单、施工便捷、施工效率高,显示出了传统防水、防护技术无可比拟的优越性。采用4 mm厚度的聚脲CW730型防渗涂料进行的高水头不透水性及接触渗透性试验检测,裂缝宽度5 mm时300 m水头下不渗漏,与高塑性黏土接触面渗透系数不大于$3\times10^{-7}$ cm/s,接触面渗透破坏坡降不小于13。主要物理性能指标为:固含量100%;硬度A30~D50(邵氏);断裂伸长率400%;28 d时的拉伸强度、撕裂强度、结结强度分别为10 MPa、30 MPa、3.5 MPa;胶凝时间5~30 s;施工采用混凝土基面打磨处理、环氧砂浆缺陷修补、底漆涂料涂刷和聚脲土层喷涂等流程,喷涂厚度4 mm,喷涂面积达3 150 $m^2$,是国内水电站建设防渗工程中的一大创新。

特种沥青防渗膜(CF-16水工改性沥青防渗卷材)具有抗老化、抗流淌性能,施工方便、速度快等优点,常用来修补混凝土面板裂缝。其规格性能为:厚度5 mm,宽度1.05 m,长度15 m;密度大于1.3 g/$cm^3$;伸长率大于20%;渗透系数小于$1\times10^{-9}$ cm/s;抗拉能力:纵向大于500 N/mm,横向大于400 N/mm;环境温度90 ℃及坡度1:0下不流淌;200次冻融循环无起泡、流淌、裂缝和起皱现象;-5 ℃下具有柔性,弯曲不脆裂。粘贴时对“先膏后膜”方式加以改进,采用“膜膏一体”的粘贴方式,即定尺裁减防渗卷材、定量涂抹融化的沥青膏、清理打磨混凝土表面、涂刷冷底子油、定点铺贴防渗膜,保证了沥青膜的粘贴质量。墙高、墙长时，可借助于移动作业台车和移动式脚手架。

为改善防渗墙的工作状态，降低其大主应力，混凝土廊道与刺墙周边采用高塑性黏土填筑过渡区，铺筑厚度 14 m；为防止高塑性黏土与坝基间接触性冲刷，大坝刺墙上游 30 m 范围内设计铺设土工膜。高塑性黏土在刺墙混凝土与留缺口进料，采用进占法铺料，铺料厚度 30 cm，采用 18 t 振动平碾静碾压 2 遍，振碾 6 遍。对高塑性黏土填筑压实度及含水率进行的系列试验研究，提出了临界压实度概念，建议压实度控制在 98% 及以上。提出了心墙接触黏土填筑采用“宁潮勿干”的原则，以增加心墙接触黏土的塑性和黏性、减小渗透及水库蓄水后大坝沉降、提高抗接触冲刷能力。

### 3.2　砾石土调整掺配施工技术

长河坝心墙土料场主要开采自汤坝土料场。汤坝土料场主要由冰积堆积、坡洪积堆积、坡积堆积形成，地形坡度多为 20°~30°，分布高程 2 050~2 260 m，总面积 57.5 万 $m^2$。

通过料场复勘，料场可根据成因不同分为冰积堆积区与坡洪积堆积区，不同分区土料物理力学指标见表 5。

**表 5　汤坝土料场不同分区土料物理力学指标**

| 物理力学指标 | | 冰积堆积区 | 坡洪积堆积区 | 备注 |
|---|---|---|---|---|
| 天然密度（$g/cm^3$） | | 2.06 | 2.12 | |
| 干密度（$g/cm^3$） | | 1.86 | 1.98 | |
| 天然含水率（%） | | 10.7 | 7.2 | |
| 孔隙比 | | 0.45 | 0.36 | |
| 塑性指数 | | 14.3 | 11.0 | |
| 黏粒含量（%） | 范围值 | 4~18 | 2~12 | |
| | 平均值 | 9.86 | 6.31 | |
| <5 mm 颗粒含量（%） | 范围值 | 35~74 | 25~55 | |
| | 平均值 | 53.17 | 37.15 | |
| 0.075 mm 颗粒含量（%） | 范围值 | 19~45 | 6~33 | |
| | 平均值 | 28.6 | 22.2 | |
| 不均匀系数 | | 1 800 | 2 473 | |
| 曲率系数 | | 0.2 | 16 | |
| 击实最大干密度（$g/cm^3$） | | 2.194 | | 2 000 $kJ/m^3$ 击实 |
| 最优含水率（%） | | 7.6 | | |
| 渗透系数（$\times 10^{-6}$） | | 0.86~1.05 | | |
| 有用层厚度（m） | 范围值 | 7~16 | 2~7 | |
| | 平均值 | 10.7 | 5.5 | |
| 面积（$m^2$） | | 45.7 | 11.8 | |
| 储量（$m^3$） | | 450 | 64.4 | |

坡洪积堆积区位于料场下游部分，由于该区料物理力学特性变化大，P5 含量大，粒径偏粗，有用料少，不利于集中开采，不具开采价值。

冰积堆积区位于料场中上游部分，土料具有较好的防渗及抗渗性能、较高的力学强度，质量满足规范要求。但由于料场土料形成成因不同，土料平面、空间分布不均，有用料、无用层相互夹杂，物理力学特性差异普遍。土料级配变化范围大，超径石含量不一，P5 含量大小分布不均(26% ~65%)，70% 土料含水率高于最优含水率，呈现出上层与下层、平面与立体的随机性、分散性等特点。砾石土心墙料料源的分布极不均匀，控制不好，极易成为高砾石土心墙施工质量及不均匀沉降的重要因素。

按照设计 P5 (30% ~50%)指标，料场在细部可分为：偏粗料(P5 >50%)、合格料 P5(30% ~50%)、偏细料 (P5 <30%)和弃料四个等级，按 P5 含量指标的等值线原理对勘探点在料场平面、剖面图上进行平滑连线，成为不同 P5 指标的等值线图，相同等值线围成的部分或等值线与边界线围成的部分即为该等级料的区域。通过对料场详查细分，汤坝土料场总体上可分为 4 个区(1、2、3、4 区)，又按地表 0 ~6 m、6 m 以下细分不同的亚区，主要形成 4 个粗料集中区和 3 个细料集中区，分别采用合格料直接上坝、偏粗料与偏细料掺拌等，以满足高堆石坝设计指标要求。汤坝土料场地质平面图见图 3，汤坝土料场不同 P5 含量分区平面图见图 4。

超径石及某一级配颗粒剔出采用棒条式振动条筛机械剔除法，安装了 5 座处理能力 2 500 t/h的筛分系统，直接剔除大于 150 mm 超径块石；偏粗料与偏细料掺拌，以偏粗料和偏细料试验检测 P5 含量、<5 mm 颗粒含量、0.075 mm 颗粒含量数据为依据，动态计算掺拌比例，并换算成体积比，采用铺层厚度控制法，按先粗后细的顺序铺料，要严格控制铺料厚度。铺料高度达到 3 ~4 层左右时，用正铲或装载机进行原地翻倒 4 遍，土料整体均匀后立采装车。

针对砾石土料绝大多数天然含水率高于最优含水率的问题，进行了常规晾晒、四铧犁翻晒、松土器翻晒等试验，最终采用改进型推土机松土器(五齿钩型倾斜式翻土板)翻晒方法进行含水量调整。

汤坝土料场砾石土料分布极其复杂，土料颗粒级配在平面、立面上分布不均匀，合格的料源仅占 1/3。通过采取有效的制备工艺利用粗料与细料，不但保证了质量，并且不同土料得到了充分的利用，具有环保效应。

### 3.3 反滤料精确掺配及精细施工

反滤层是防止土体渗透破坏的最直接、最有效的方式。防渗料在高水头作用下是否发生渗透破坏，在很大程度上取决于设置在其后的反滤料对防渗料的保护效果。反滤料设计除了要满足规范中滤土、排水、保护被保护土裂后自愈的要求外，还应能适应较大剪切变形，起到变形过渡的作用。

长河坝反滤料主要依托人工骨料系统进行生产配置，生产中采用控制立轴破碎机开口尺寸及洗砂机水流流量方式，调整反滤料级配颗粒大小、保证级配连续和减少石粉含量等。由系统成品料堆合格料采用计算机控制系统自动精确称量按不同配比配置而成，改变了传统的平铺立采体积掺配工艺，使得反滤料生产及掺配均匀、精确高效，并减少了占地面积。在反滤料堆存过程中，系统性采用分开堆存、缓降防分离、翻拌装车等措施，保证了反滤料的质量。

在反滤料现场填筑施工中,采用不同种类反滤料运输车辆识别系统、双料界限精确摊铺工艺等,避免了反滤料混装混卸、"先土后砂"法侵界及相互污染的难题,不仅料种摊铺尺寸精确,节省平料设备,减少物料分离,且施工干扰少、填筑效率高。

### 3.4 过渡料爆破开采及机械破碎工艺

长河坝砾石土心墙坝过渡料设计,总体上小于5 mm的细粒含量数量较大。为此,工程开展了花岗岩料场爆破直接开采过渡料的研究工作,通过对孔径、孔深、孔位间排距、药量及起爆方式等爆破参数调整,爆破单耗由0.75 $kg/m^3$增至2.5 $kg/m^3$,钻孔直径由120 mm调至90 mm,台阶高度由15 m调至10m,孔网面积由11.7 $m^2$减至1.3 $m^2$,炸药类型也对2[#]岩石、乳化炸药、铵油炸药进行了比试实验。结果表明:在花岗岩料场直接爆破开采过渡料,总体细粒料偏少,粗粒料偏多,各项指标及颗粒级配曲线不能满足设计要求。为此,施工采用料爆破及掺配相结合的反滤料生产工艺,采用1.85 $kg/m^3$单耗药量进行粗料爆破与补充掺配骨料系统生产的小颗粒骨料,并采用平铺立采方式掺拌装车上坝。

大坝填筑上升至1 536 m高程后,设计对心墙过渡料级配进行了调整,又经多次直采爆破试验,当单耗药量为2.2 $kg/m^3$时,剔出超径石及部分级配不连续物料后,可满足设计过渡料级配要求,利用率为73.5%,经济性较差。目前,正在进行整体移动式破碎系统就地生产过渡料所缺细料的研究工作。

### 3.5 堆石料智能加水及跨心墙运输

对堆石料进行加水碾压是提高压实效果的重要措施。适当加水可使石料浸湿、细料软化,降低粗粒的抗压强度,减少颗粒间的摩擦力和细小颗粒间的假凝聚力,同时可使颗粒棱角及薄弱部位软化破碎,以提高压实密度和效率,减少竣工后的后期沉降。长河坝堆石料加水采取坝外加水与坝内洒水相结合的方法进行。坝外加水采用智能加水系统,通过检测坝料运输车辆车载无线射频卡(RFID),自动识别的磅称重系统检测的车载坝料重量,按预设比例计算出加水量,利用液体流量传感器、电磁控制阀控制加水流量和时间,实现智能加水。

为保证高砾石土心墙坝的心墙质量,设计规定不允许重车从心墙穿行,而在工程施工中始终存在上下游堆石料料场强度不平衡、不同运距的经济性及车辆通过长隧道通风排烟不畅等问题,研究重车跨心墙运输技术成为急需面对的现实课题。通过研究对比单铺砾石土垫料、垫料加铺钢板、铺设陆地箱栈桥等三种过心墙措施对砾石土心墙应力应变影响并进行评价,选择采用了陆地箱栈桥原理设计制造了铰接式栈桥,解决了重车跨心墙运输技术的难题,为料源平衡,堆石料就近上坝,提高工程总体环境效益、经济效益,加快施工进度,提供了保障。调整规划后,运距6.3 km的响水沟料场供应大坝填筑石料总量的64%(原规划45%),运距10.4 km的江嘴料场供应总量的36%(原规划55%)。

### 3.6 数字化大坝控制与数字化施工

为保证高砾石土心墙坝的填筑质量,长河坝大坝工程综合运用3S技术(全球定位系统GPS、地理信息系统GIS和遥感RS技术)、海量数据库管理技术、网络技术、多媒体及虚拟现实(VR)技术等,构建了可以对长河坝水电站大坝设计、建设和运行过程中涉及的施工质量、工程进度等信息进行动态采集与数字化处理的大坝综合数字信息平台和三维虚拟模型,实现了各种工程信息整合和数据共享,并在工程整个生命周期里,实现综合信息的动态更新与维护,为工程决策与管理、大坝安全运行与健康诊断等提供信息应用和支撑平台。实现了对心墙堆石坝施工质量(料源开采运输、心墙料掺合、料源上坝、堆石料加水、坝面作业、基础灌浆作业等）和施工进度进行在线实时监测和反馈控制；实现了把大坝工程施工过程中的施工参数、质量检测和进度信息等进行集成管理，为大坝施工质量和进度控制，以及坝体安全诊断提供信息应用和支撑平台；具有业主和监理对工程施工质量和进度的深度参与，精细管理功能。通过系统的自动化监控，有效掌控施工质量和进度，实现对大坝施工质量和进度控制的快速反映；有效提升长河坝水电站大坝工程建设的管理水平，实现工程建设的创新化管理，为打造优质精品工程提供强有力的技术保障；为大坝枢纽的竣工验收、安全鉴定及今后的运行管理提供数据信息平台。

数字化大坝综合数字信息系统主要由料场料源开采、心墙料掺合及上坝运输实时监控分析系统、堆石坝填筑碾压质量自动监测与反馈控制系统和基于 PDA 的堆石坝施工信息采集与分析系统等组成，是利用 GPS 全球定位系统、无线网络传输技术和计算机实时分析技术，通过建立数控总站、网络中继站和随机 GPS 定位终端设备网络联系，对摊铺设备、碾压设备和坝料运输车辆精确定位（精度分别达到厘米、米），对大坝施工过程中摊铺设备的摊铺厚度和碾压设备的碾压轨迹、碾压遍数、行驶速度、激振力状况等碾压参数，以及上坝运输车辆的卸料信息实时在线监控和分析，当出现碾压状态超出预设的警戒限量、运输车辆卸料错误等情况时，监控系统就能够及时通知现场监理和施工人员对错误情况进行及时处理。

数字化施工是利用基于集合了激光引导、声纳控制、角度传感器、GNSS、全站仪等测控技术的土方机械控制产品与坝面机械控制产品，与工程机械完美结合，实现数字化施工。数字化施工颠覆了传统机械施工，达到机械指导操作者施工的效果。其中，机械控制产品功能包括：挖掘机挖掘作业中的大坝边坡修整、沟渠开挖、复杂造型，推土机坝料摊铺平整中的层厚控制、高程控制、坡度控制；平地机精细平整中的层厚控制、高程控制、坡度控制；振动压实设备压实控制中的轨迹监测、遍数监测、层厚监压实质量检测等。

振动压实设备的无人驾驶技术和摊铺平整设备的遥控操作技术，是长河坝工程正在开发研究数字化施工的又一创新，必将带来施工技术的巨大进步。

### 3.7 质量快速检测技术

针对特高心墙坝心墙的变形和防渗要求高，以及砾石土料颗粒粒径组成、分布极不均匀的特点，对砾石土心墙土料检测方法与评价标准进行了专项试验研究。提出了利用砾石饱和面干含水率代替砾石含水率，用于计算土料干密度中的砾石重量，加快了测试速度；提出了心墙压实度现场检测控制采用细料为主、全料为辅的施工质量双控方法，现场快速检测采用三点击实法检测，并开发了三点击实法实用软件，方便了现场的快速检测；研制了国内最大的 800 mm 直径的超大型电动击实仪进行全级配料压实度复核；开发研制了一次可烘干 50 kg 物料的大型微波烘干设备；自主研发设计了移动实验室，把大型微波烘干设备、车载控制机柜、灌水法检测所需高精度计量水箱及试验办公设备齐全的工作台联合布置在车厢内部，缩短了检测时间，方便现场快速检测；结合长河坝工程汤坝砾石土料进行了大量室内试验与现场碾压试验研究，分析提出了长河坝工程汤坝砾石土料的现场质量检测方法与评价标准。

### 3.8 其他施工技术

长河坝大坝工程还针对工程实际，开展了深防渗墙高土石围堰快速施工、高陡边坡混凝土有轨液压滑模系统、无马道高陡边坡支护悬空排架体系、铜止水成型机、铜止水热熔焊接技术、泥浆机械喷涂施工技术等诸多实用创新技术研究并应用于工程建设。目前正在研发的科研项目有:300 m 级砾石土心墙坝变形协调研究、生产调度辅助决策信息系统、筑坝机械优化配置系统、LNG 环保型车辆运输体系研究等,所有这些使得这座 300 m 级土石坝具有了较高的科技含量,工业化、信息化将使得"土石坝不土"成为现实。

## 4　评价与结论

长河坝砾石土心墙坝目前已经施工至 1 557 m 高程,累计上升 100 m(超过总坝高度 1/3),大坝累计填筑砾石土 206 万 $m^3$、堆石体 1 247 万 $m^3$。大坝进度、质量、安全受控,正朝着 2017 年 5 月(提前 15 个月)首台机组发电目标迈进。

### 参考文献

[1] 国家能源局. DL/T 5129—2013　碾压式土石坝施工规范[S]. 北京:中国电力出版社,2014.

# 猴子岩水电站面板堆石坝设计与施工关键技术

朱永国 李红心 张 岩 唐 珂

（国电大渡河猴子岩水电建设有限公司 四川 甘孜 626005）

**摘要**：猴子岩水电站面板堆石坝坝高 223.5 m，宽高比 1∶1.25，是深窄河谷上的世界第二高面板堆石坝。为此，在设计指标上采用了高标准和新思路，在施工手段上采用了新设备和新工艺。对此进行概括介绍，为深窄河谷高混凝土面板堆石坝的设计与施工提供参考和借鉴。

**关键词**：深窄河谷，混凝土面板堆石坝，设计，施工

## 1 概 述

猴子岩水电站位于四川省甘孜藏族自治州康定县境内，是大渡河干流水电规划调整推荐 22 级开发方案的第 9 个梯级电站，上游为丹巴水电站，下游为长河坝水电站。电站枢纽建筑物主要由拦河坝、两岸泄洪及放空建筑物、右岸地下引水发电系统等组成，电站装机容量为 1 700 MW。

拦河坝为混凝土面板堆石坝，坝顶高程为 1 848.50 m，坝顶长度 278.35 m，坝顶宽度 14.0 m，最大坝高 223.50 m。坝体自上游至下游依次为上游压重区、砾石土铺盖区、石粉铺盖区、混凝土面板、垫层料区、过渡料区、堆石料区、干砌石护坡及坝后压重区，设计填筑总量约 963 万 $m^3$（其中上游铺盖填筑量约 66 万 $m^3$）。为改善面板布置与河床基坑施工条件，河床深槽部位设置基础回填混凝土，基础回填混凝土顶高程为 1 635.00 m[1]。

## 2 面板堆石坝设计

### 2.1 坝体填筑设计参数

坝体填筑料分为垫层料、特殊垫层料、过渡料、堆石料、下游压重堆石料、下游弃渣压重、上游弃碴盖重、砾石土铺盖料、石粉铺盖料等。

#### 2.1.1 垫层料

垫层料的最大粒径采用 80 mm，小于 5 mm 颗粒的含量控制在 35% ~50%，小于 0.075 mm 的颗粒含量确定为 4% ~8%，渗透系数宜为 $1\times(10^{-3}\sim10^{-4})$ cm/s，孔隙率不大于 17%，相应干密度不小于 2.34 g/cm$^3$，相对密度 $D_r$ 不小于 0.90。

#### 2.1.2 特殊垫层料

特殊垫层料采用垫层料剔除 >40 mm 以上颗粒后剩余的部分，最大粒径 40 mm，<5 mm 颗粒的含量为 45.5% ~56%，<0.075 mm 颗粒的含量为 5.5% ~7%，孔隙率不大于 16.5%，相应干密度不小于 2.35 g/cm$^3$，相对密度 $D_r$ 不小于 0.90。

### 2.1.3　过渡料

过渡料的最大粒径采用300 mm,小于5 mm颗粒的含量控制在10%～30%,小于0.075 mm颗粒含量不超过5%,渗透系数宜为$i\times10^{-2}$ cm/s,孔隙率不大于18%,相应干密度不小于2.31 g/cm$^3$,相对密度$D_r$不小于0.90。

### 2.1.4　堆石料

堆石料最大粒径800 mm,小于5 mm粒径的颗粒含量不超过20%,小于0.075 mm粒径的颗粒含量小于5%,不均匀系数$Cu$大于5,曲率系数$C_c$介于1～3之间,级配连续,渗透系数宜为$i\times(10^{-1}\sim100)$cm/s。灰岩堆石料设计孔隙率不大于19%,干密度不小于2.28 g/cm$^3$;流纹岩堆石料设计孔隙率不大于19%,干密度不小于2.18 g/cm$^3$。

### 2.1.5　铺盖料

坝前铺盖分为粉煤灰铺盖区、石粉铺盖区和砾石土铺盖区。粉煤灰为Ⅱ级灰,石粉铺盖料利用大坝基坑②层黏质粉土开挖料,砾石土铺盖料利用以大坝基坑②层黏质粉土为主的开挖混合料,砾石土要求渗透系数不大于$1\times10^{-4}$ cm/s,大于5 mm颗粒含量不大于50%,小于0.075 mm颗粒含量应大于15%,最大粒径不大于100 mm,压实度宜大于90%。

### 2.1.6　下游压重料

下游坝后压重体由堆石料和弃渣料组成,压实后的孔隙率应不大于24%。弃渣压重采用砂砾石料填筑时,压实后的相对密度$D_r$不小于0.75。

## 2.2　趾板结构设计

趾板是混凝土面板堆石坝的重要组成部分,其既与面板一起形成大坝的防渗体,同时又是灌浆施工的平台,与经过固结灌浆、帷幕灌浆处理后的基岩连成整体,封闭趾板基础以下的渗流通道,从而形成一个完整的防渗体系。

对于狭窄河谷修建的混凝土面板堆石坝,趾板的布置和结构设计成为筑坝的关键技术之一。合理的布置和结构型式,不仅可以减少高陡边坡的开挖工程量,节约工程投资,而且对缩短工程建设周期、提高工程效益起到不可忽视的作用。

猴子岩水电站坝址区河谷狭窄,宽高比为1:1.25。为减少趾板基础开挖,采用两岸等宽窄趾板加内坡防渗板及喷锚混凝土的型式。左右岸趾板宽6 m,河床水平趾板宽10 m,标准板厚度0.6～1.0 m。

为防止连续趾板施工期出现收缩裂缝,趾板采用宽槽施工,宽槽底边长1 m,待龄期和两侧混凝土温度降到设计要求后再回填宽槽,并按施工缝面要求处理。

## 2.3　面板结构设计

大坝面板底部高程1 636 m,顶部高程1 845 m,上游坝坡1:1.4,面板最大斜长359.6 m,面板底部厚度1.05 m,顶部厚度0.4 m,中间厚度按公式$t=0.4+0.003\ 1H$($H$为计算断面到面板顶部的垂直高度)渐变,共分33块,两岸受拉区面板(左岸13块,右岸9块)垂直缝间距6 m,河床中部受压区面板(11块)垂直缝间距12 m。

为提高抗裂性能,面板混凝土采用低热水泥浇筑,同时外掺0.9 kg/m$^3$的PVA纤维。

## 2.4　抗震设计

猴子岩面板堆石坝坝址区50年超越概率10%基岩水平峰值加速度为141 gal(1 gal=1 cm/s$^2$),相应的地震基本烈度为7度,100年超越概率2%基岩场地水平峰值加速度为297 gal,大坝按基准期100年内超越概率1%的基岩水平峰值加速度401 gal进行校核,大坝抗震设计按照8度设防。

采取适当放缓下游坝坡并设置护坡、坝顶考虑地震超高、加宽坝顶宽度及采用整体式防浪墙结构、坝体顶部优选坝料、提高密实度、距坝顶40 m范围堆石体内设置抗震混凝土梁(或土工格栅)等综合设计方案,保证大坝在设计地震荷载工况下的抗震稳定和安全。

### 2.5　监测设计

猴子岩大坝坝体监测仪器主要有监测坝基变形的电位器式位移计、监测堆石体应力的土压力计、监测渗透压力的渗压计、监测堆石体分层压缩率的横梁式沉降仪。坝体垂直位移、水平位移监测采用了传统的水管式沉降仪和引张线式水平位移计,并增加了光纤陀螺仪监测系统和弦式沉降仪。其中,弦式沉降仪布置在坝体内部水位线以下(因水管式沉降仪难以在水位线以下监测),主要用于水库蓄水后坝体水位线以下的坝体沉降监测。弦式沉降仪由测头与储液罐组成,通过测头传感器感知液体压力获得位置变化。这种系统很好地解决了局部填料差异的沉降代表性问题,也便于实现自动化观测。总结弦式沉降仪在其他工程应用的经验、教训,猴子岩工程在埋入式储液罐上方通过增加钢管标的方式获得储液罐的绝对高程变化,克服了该系统在大坝施工期不能观测的弊端,保证了监测数据的连续性。

混凝土面板监测仪器主要有:固定式测斜仪、面板脱空计、周边缝三向测缝计、混凝土应变计等。面板周边缝渗流监测采用了光纤光栅渗流监测技术。针对面板板间缝的渗流监测,引进了分布式光纤渗流监测技术。

### 2.6　坝体施工期反向排水设计

猴子岩水电站坝体施工期反向排水系统由坝前穿过水平趾板的8根外径$D$300镀锌钢管、穿面板1 665 m高程的2口内径2 m的竖向排水井和坝后2口内径2 m的竖向排水井组成。

在上游铺盖回填前由8根排水管自由排水,排水管封堵施工及封堵后由坝前2口排水井抽排。待坝前铺盖填筑至1 660 m高程且上游基坑水位上升至1 655 m高程时进行坝前排水井封堵。上游排水井封堵施工及封堵后由坝后排水井抽排。待坝前铺盖填筑至1 690 m高程且上游基坑水位上升至1 688 m高程时进行坝后排水井封堵[3]。

## 3　面板堆石坝施工

### 3.1　主要项目施工

#### 3.1.1　深基坑开挖

猴子岩面板坝的基坑开挖深度约75 m,基坑底部高程1 625 m。上游围堰高度约40 m,建基面为河床覆盖层。上游围堰设计挡水水位1 742.5 m,深基坑施工期的最高水头约120 m,再加上河床覆盖层第②层黏质粉土层的存在,深基坑施工期的稳定问题是重大技术问题。可研设计阶段,设计单位通过深入的计算分析,通过提高围堰及围堰基础的防渗性能、放缓基坑开挖边坡、围堰堰脚与基坑开口线之间预留安全平台等措施,确保深基坑施工期的围堰与上游边坡稳定。

同时,针对狭窄河谷、深基坑的开挖,特别是河床第②层遇水易液化、透水性差,实现高强度开挖是本工程的关键技术问题与施工难点。根据施工计划安排,猴子岩深基坑开挖方量约450万$m^3$,开挖工期9个月,高峰期平均月强度约55.5万$m^3$,最高月强度将达到63.83万$m^3$。为满足深基坑开挖的高峰强度要求,经参建各方共同研究,针对深基坑开挖的道路布置、设备选择、河床第②层黏质粉土层的排水等，拟定了相应的措施[4]。

3.1.2　坝体填筑分期

根据坝体填筑实际进度，结合汛期临时挡水度汛、填筑高差不大于40 m、面板分期及面板以下坝体预沉降期不少于5个月等要求，坝体填筑分六期施工，分期施工规划见表1。

表1　坝体填筑分期

| 坝体分期 | 起迄时间 | 填筑高程(m) | 填筑高差(m) | 填筑量(万 m³) | | | 施工月(月) | 月填筑高度(m/月) | 填筑强度(万 m³/月) | 堆石区填筑强度(万 m³/月) |
|---|---|---|---|---|---|---|---|---|---|---|
| | | | | 堆石料 | 过渡料 | 垫层料 | | | | |
| Ⅰ期 | 2013年6月16日~2014年3月25日 | 1 628~1 700 | 72 | 200 | 25 | 7 | 9.3 | 7.7 | 24.9 | 21.5 |
| Ⅱ期 | 2014年3月26日~2014年5月31日 | 坝前1 738<br>坝后1 705 | 坝前38<br>坝后5 | 70.5 | 10 | 2 | 2.2 | 17.3 | 37.5 | 32 |
| Ⅲ期 | 2014年6月1日~2014年8月31日 | 坝前1 760<br>坝后1 721 | 坝前22<br>坝后16 | 87 | 5.8 | 1.2 | 3 | 7.3 | 31.3 | 29 |
| Ⅳ期 | 2014年9月1日~2015年1月31日 | 坝后1 760 | 坝后39 | 144.6 | | | 5 | 7.8 | 28.92 | 28.92 |
| Ⅴ期 | 2015年2月1日~2015年6月30日 | 坝前1 810<br>坝后1 775 | 坝前50<br>坝后15 | 112 | 11.5 | 4.5 | 5 | 10 | 22.4 | 25.6 |
| Ⅵ期 | 2015年7月1日~2015年11月30日 | 1 845 | 坝前35<br>坝后75 | 144.9 | 6.8 | 3.8 | 5 | 15 | 31.1 | 29 |
| 合计 | | | 216 | 759 | 59.1 | 18.5 | 27.5 | 7.9 | 30.4 | 27.6 |

3.1.3　面板施工分期

根据猴子岩水电站下闸蓄水与面板分期优化研究成果，大坝混凝土面板分三期施工。

考虑大坝施工实际进度、坝前铺盖设计填筑高度(1 735 m)、混凝土面板斜长等综合因素，确定一期面板顶部高程为1 738 m。

根据导流洞下闸后大坝死水位高程(1 802 m)、首台机组发电水位高程、混凝土面板斜长等综合因素，确定二期面板顶部高程为1 810 m。剩余三期面板到坝顶防浪墙底部高程1 845 m。

面板混凝土施工规划见表2。

## 3.2　主要施工设备选型与配置

根据碾压试验及坝体填筑强度需要，大坝填筑主要配置32 t振动碾5台，22 t振动碾1台，推土机6台，并配置液压夯板、液压破碎锤等辅助设备。挖装设备以1.6~2.2 m³反铲为主，运输设备以25 t自卸汽车为主。

## 3.3　坝体填筑碾压试验与碾压参数

猴子岩面板坝现场碾压试验是根据坝料的开挖及生产情况进行的，时间自2012年9月21日到2013年8月，共完成上游堆石料验证及复核碾压试验共39小场、下游堆石料验证及复核碾压试验共11小场、砂砾料验证及复核碾压试验共17小场、过渡料验证及复核碾压试验共20小场、垫层料验证及复核碾压试验共14小场。通过试验确定的填筑碾压参数见

表3。

表2 面板施工分期

| 面板分期 | 起讫年月 | 填筑高程（m） | 填筑高差（m） | 面板斜长（m） | 施工月（月） | 预沉降时间（月） |
|---|---|---|---|---|---|---|
| 一期 | 2014年11月～2015年1月 | 1 636～1 738 | 102 | 175.5 | 3 | 5～8 |
| 二期 | 2016年2月～2016年4月 | 1 738～1 810 | 72 | 123.9 | 3 | 5～8 |
| 三期 | 2016年10月～2016年12月 | 1 810～1 845 | 35 | 60.2 | 3 | 12 |
| 合计 | | | 209 | 359.6 | 9 | |

表3 碾压施工参数

| 填筑材料 | 碾压机具型号 | 碾压机具质量（t） | 行车速度（km/h） | 填筑层厚（cm） | 加水量（%） | 碾压遍数（遍） |
|---|---|---|---|---|---|---|
| 灰岩堆石料 | YZ32Y2 | 32 | 1～2 | 80 | 15 | 12 |
| 流纹岩堆石料 | YZ32Y2 | 32 | 1～2 | 80 | 15 | 10 |
| 过渡料 | YZ32Y2 | 32 | 1～2 | 40 | 5 | 10 |
| 垫层料 | YZ22 | 22 | 1～2 | 40 | 5 | 8 |

### 3.4 施工质量控制

#### 3.4.1 GPS质量监控系统的应用

为了适应猴子岩面板堆石坝填筑工程工期紧、施工强度大等特点，同时保证对大坝填筑过程实时、高效、精细化的管理，建立了猴子岩堆石坝填筑碾压过程实时监控系统。实现了对大坝坝面碾压包括碾压遍数、行车速度、激振力等参数的有效监控，并建立了实时控制和预警机制。

系统应用计算机图形等技术与手段，将碾压机行进的三维空间轨迹数据以平面图形的方式显示，即碾压轨迹的计算机数学建模，从而直观、形象、精确地描绘碾压机行进轨迹线，实时计算与显示碾压遍数、行进速度、振动状态、填筑层厚度等碾压控制参数指标，实现碾压施工监控成果的可视化查询与图形报告输出。

使用该系统可以实现远程、实时、高效地对大坝填筑过程进行管理与控制，解决了传统由现场工作人员控制碾压参数低效及存在人为因素的问题，确保猴子岩大坝填筑质量。

#### 3.4.2 附加质量法的应用

附加质量法是近年来广泛用于快速无损检测堆石体密度的方法，具有无损、快速、准确、成本低、可实时控制施工填筑质量等特点。与传统方法相比，该方法通过实时测试堆石体密度，在施工过程中对填筑质量进行实时跟踪检测和控制施工质量，现场检测后及时反馈检测信息，对不合格部位要求及时补碾，以达到控制施工质量和指导大坝施工填筑的目的。检测工作中获取了大量的关于堆石体内部质量有关信息，检测成果不仅较全面地控制了场地施工碾压质量，而且可为施工提供很多合理化的建议并及时指导施工工艺的改进。

通过202个测点的坑测法和附加质量法检测成果比对分析，附加质量法测试成果与实际的坑测成果比对结果相符，附加质量法测试结果与坑测值相比，测试密度误差最大值为0.05 g/cm$^3$，测试密度相对误差最大值为2.20%，测试密度平均相对误差为0.58%。

通过采用附加质量法，实现了每一个填筑单元质量验收评定的量化控制，可按规范下限控制挖坑检测数量，也有利于加快施工进度。

截至2015年6月底，猴子岩面板堆石坝坝前区填筑至1 800.3 m高程，坝体下游区填筑至1 772.4 m高程，最大坝高达175 m；累计完成坝体填筑约760万m$^3$，占设计填筑量85%（未计坝前铺盖）。实测坝体最大沉降量704 mm，约为坝高的0.4%。大坝一期面板于2015年1月4日浇筑完成，目前仅发现2个反向排水集水井进口周边面板共15条裂缝，一期面板其他部位仅发现21条裂缝。总体而言，坝体填筑碾压与一期面板混凝土质量较好。

## 4　结　语

猴子岩水电站大坝坝高223.5 m，宽高比1∶1.25，是深窄河谷上的世界第二高面板堆石坝，针对坝体填筑料小孔隙率的高技术指标质量控制要求，32 t大型振动碾与GPS监控系统、附加质量法等新技术的引用，提高了坝体填筑施工进度，有效保证了坝体填筑施工质量。

### 参考文献

[1] 四川省大渡河猴子岩水电站可行性研究设计报告[R]. 中国水电顾问集团成都勘测设计研究院，2009.

[2] 郦能惠. 高混凝土面板堆石坝新技术[M]. 北京：中国水利水电出版社，2007.

[3] 朱永国，张岩. 猴子岩面板堆石坝关键技术问题与建设进展[A]//水库大坝建设与管理中的技术进展[C]. 郑州：黄河水利出版社，2012：178-182.

[4] 黄发根，朱永国. 猴子岩面板堆石坝设计的关键技术问题与思考[J]. 四川水力发电，2008，5(10)：83.

[5] 大渡河猴子岩水电站高面板坝面板混凝土抗裂性能研究报告[R]. 长江水利委员会长江科学院，2014.

# 三峡百万移民系统工程管理的回顾及启示

梁福庆[1]　孙永平[1]　周恒勇[2]

(1. 国务院三峡办移民管理咨询中心　湖北　宜昌　443003；
2. 三峡大学　湖北　宜昌　443003)

**摘要**：在回顾三峡百万移民工程建设和管理辉煌成绩的基础上，归纳总结了百万移民系统工程管理的九条主要做法和基本经验：体制创新，确立了符合三峡实际的移民管理新体制；管理创新，不断提高移民系统管理效益；理论创新，丰富和完善开发性移民方针和理论；政策创新，保障移民安置效益；方法创新，坚持依法依规移民；方式创新，组织实施全国对口支援三峡库区移民工作；监管创新，加强移民全过程全方位监管工作；理念创新，推进构建移民和谐社会；科技创新，促进库区经济社会可持续发展；提出了做好百万移民系统工程管理的三条启示：坚持党和政府领导，加强顶层设计是根本保证；弘扬三峡移民精神，发挥移民主观能动性是动力源泉；整体改进，系统创新管理工作是重要关键。

**关键词**：三峡，移民系统工程，管理，回顾及启示

## 1　前　言

长江三峡工程是书写中华民族治水兴国的中国梦标志工程。三峡工程顺利建设的关键在于百万移民搬迁安置。三峡百万移民搬迁安置是一个复杂的巨型系统工程，淹没涉及湖北、重庆两省(市)20个区(县)，搬迁安置人口129.64万人，需要迁建12个城市(县城)、114个集镇、1 632个工厂以及众多专业设施项目，涉及移民搬迁安置、产业发展、环境保护、资金管理、项目管理、政策法规、移民权益保护、库区稳定等20多个方面，移民补偿投资高达529.01亿元(1993年5月静态价格)，移民时间长达17年(1993年至2009年)，移民管理异常艰巨繁重。为此，整体改进和系统创新移民工程管理，对于提高移民管理工作质量和效益，保障百万移民搬迁安置任务按时完成和三峡工程顺利建设，及时发挥三峡工程巨大效益，书写中国梦等有着十分重要的意义。

## 2　以开拓创新精神书写中国梦的壮丽三峡移民篇章

从1993年始，国家和库区各级政府坚持以邓小平理论、"三个代表"重要思想和科学发展观统领移民工作，带领广大移民干部群众不断开拓进取，并整体改进和系统创新百万移民工程管理，移民工程建设取得了辉煌成就，书写了中国梦的壮丽三峡移民篇章。至2009年底，三峡库区已全部完成移民投资和移民工程建设任务：库区129.64万城乡移民顺利搬迁安置，生产生活和住房条件明显改善，移民安置总体稳定；2个城市、10个县城、114个集镇完成迁建，各项专业设施项目完成复建，城集镇面貌和基础设施条件显著改善；1 632个工矿

企业完成迁建,31 万职工全部妥善安置;1 087 处文物保护项目保护及发掘任务完成;地质灾害治理、水污染防治、环境保护工作进一步加强,移民安置区地质安全和饮用水源安全,长江干流水质保持在Ⅱ—Ⅲ类标准;《三峡库区经济社会发展规划纲要》全面实施,库区产业调整优化,一批特色优势企业基本形成,库区经济社会发展呈良好态势;城乡移民培训就业、职业教育及后期扶持、社会保障工作全面开展,移民就业增收和基本生活保障条件不断改善;库区教育、卫生、文化等社会事业有了长足发展。1993 年至 2009 年底,库区 20 个移民区(县),一二三产业比重由 39:35:26 降为 12.5:54.5:33;地区生产总值由 204.40 亿元增长至 2 755.55 亿元,增长 13.5 倍;人均 GDP 增长至 19 734 元,增长近 10 倍;地方财政收入由 12.81 亿元增长至 189.71 亿元,增长 14.8 倍;城镇居民人均可支配收入达到 10 700 元,增长 6 倍多;库区农村人均纯收入由 616 元增长至 4 473 元,增长 7.26 倍。移民合法权益基本得到保证,库区社会总体稳定。[1]

同时,三峡百万移民系统工程管理也取得显著成绩,除确保百万移民搬迁安置任务顺利完成外,取得众多举世瞩目的创新成果,如建立完善中央"统一领导、分省(直辖市)负责、以县为基础"的移民工作管理新体制,建立健全"先咨询、后决策"的民主科学决策机制,创造性地运用和完善开发性移民方针,实施依法依规移民,改进和调整移民安置政策,创新实行"切块包干、限额规划"移民规划原则、移民资金和移民任务完成"双包干"管理方法、"静态控制、动态管理"移民投资管理模式,创造性组织实施全国对口支援三峡库区移民工作,引进和创新现代工程咨询和综合监理制度,建立全方位、全过程的移民工作监督网络体系,建立和实施国家标准的水库库底清理、移民资金价差管理、移民项目销号及移民工程阶段验收,率先推行三峡文物保护"先规划、后实施"和综合监理管理方式,坚持科学发展观、促进库区环境保护和经济社会可持续发展,全面维护移民合法权益,弘扬三峡移民精神等方面,都处于国际先进、国内领先的管理水平,并为国内外大型水库移民工作借鉴。

中国工程院组织并于 2010 年 9 月公开出版的《三峡工程阶段性评估报告:综合卷》,也充分肯定了三峡工程百万移民搬迁安置辉煌成就和移民管理工作。[2]

## 3　百万移民系统工程管理的主要做法和基本经验

### 3.1　体制创新,确立了符合三峡实际的移民管理新体制

党中央、国务院高度重视三峡移民工程管理,根据三峡移民工作实际,确立了中央"统一领导,分省(直辖市)负责,以县为基础"的移民管理新体制,建立完善了党委统一领导、政府全面负责以及移民部门综合管理、相关部门各负其责等管理机制,明确了中央和地方政府在三峡移民工作中的管理职责,极大地调动了库区地方各级政府搞好移民工作的积极性和主动性,确保了三峡百万移民任务按时完成。

### 3.2　管理创新,不断提高移民系统管理效益

一是建立"先咨询、后决策"的民主科学决策管理机制,重大决策、重大项目必须经过专家咨询或评审后才能进入决策程序;二是确立"投资包干、限额规划"的移民规划编制原则,妥善处理补偿与发展的关系;三是创新实施移民资金和移民任务完成"双包干"的管理办法,严格控制移民投资;四是实行"静态控制、动态管理、价差计算"的移民投资管理模式,保证移民资金使用效益和移民补偿权益;五是建立政府负责、移民参与、社会监督的移民安置管理运行机制,切实保障移民安置权益;六是建立健全乡镇移民资金管理的"村账乡管""乡

镇会计委派”“财务公开”等三项制度，自觉接受移民群众监督，保证移民资金使用安全；七是引进和创新现代工程咨询和综合监理制度，促进移民工程建设规范化；八是建立健全了移民工程稽察、移民资金审计、年度计划执行检查、工程建设质量检查等系列管理制度，保障移民工程建设质量和资金使用安全；九是三峡文物保护在全国率先创新推行“先规划、后实施”和综合监理的管理方式，有效提高了文物保护的质量和效益。

### 3.3 理论创新，丰富和完善开发性移民方针和理论

一是将环境容量分析引入移民安置规划工作，协调解决移民安置与资源环境承载力平衡问题，丰富完善了开发性移民理论；二是将可持续发展的理念融入移民实践，创造性应用和发展开发性移民方针，妥善处理移民安置、库区经济发展与生态环境保护的关系，为移民安置稳定和可持续发展创造条件；三是通过组织实践全国对口支援三峡库区移民工作，丰富了开发性移民方针和理论的内涵；四是通过三峡非志愿移民向志愿移民整体性转化的成功实践，体现了移民投入与投入效益的总体性统一，帮助完善了中国特色水利工程移民理论体系。

### 3.4 政策创新，保障移民安置效益

一是移民补偿实行“前期补偿，后期补助与生产扶持相结合”的政策，把补偿与发展有机结合起来，促进移民安置稳定。二是移民搬迁安置采取了多元、灵活的政策，农村移民安置实行本地安置与异地安置、集中安置与分散安置、政府安置与自找门路安置相结合，努力提高农村移民安置质量；企业搬迁则与经济结构调整和产业结构调整紧密结合，采取了搬迁、升级、关停等多种方式实现搬迁目标；城(集)镇迁建则走新型城镇化道路，把城市迁建与推进城镇化进程、提高城镇化质量相结合，形成城镇化水平与质量同步提高的良好局面。三是创造性地综合运用移民后期扶持、三峡产业发展基金、淹没工矿企业迁建优惠、耕地占用税返还、税费减免等多种扶持政策，促进移民顺利搬迁安置和库区经济可持续发展。四是根据库区实际，提出“两个调整”政策，鼓励农村移民大量外迁安置、工矿企业迁建进行结构调整。

### 3.5 方法创新，坚持依法依规移民

国家制定出台《长江三峡工程建设移民条例》，明确了三峡移民方针、补偿政策、安置方式和优惠政策等，为依法移民提供了法律支撑。国家还先后出台了移民补偿、规划设计、计划管理、资金管理、价差管理、项目管理、移民稽察、移民审计、工程验收、企业迁建、文物保护、地灾防治、环境保护、对口支援、水库管理、移民信访等近20个方面的数百个政策法规和管理制度，保障移民工作在法制轨道上有序进行。

### 3.6 方式创新，组织实施全国对口支援三峡库区移民工作

党和国家创造性组织和实施全国对口支援三峡库区移民工作，有力促进了百万移民顺利搬迁安置和库区可持续发展，充分展现了社会主义大协作的制度优越性。截至2009年底止，近17年来三峡库区累计引进各种资金694.63亿元，其中无偿援助社会公益类项目36.64亿元；对口支援项目安置移民29 142人次，安排移民劳务93 774人次，培训各类人才42 055人次，有力地促进了库区改革开放、人力资源提升、特色产业发展、基础设施建设和移民搬迁安置。同时，全国29个省(市)讲政治，顾大局，克服困难，帮助妥善安置了19.6万三峡外迁农村移民，促进了百万移民安置任务顺利完成。[3]

### 3.7　监管创新,加强移民全过程全方位监管工作

库区各地普遍建立健全以监察部门牵头,移民、审计、检察、财政、银行等部门和单位参加的移民工作监督网,以移民资金、移民工程质量管理为核心,对移民工作进行全方位、全过程的监督。同时,国家和库区地方政府还建立健全了移民工程建设质量安全监督网、移民资金监督网、移民安置质量监测网等移民监督网络体系,并形成了独具三峡特色的移民工作"四大监督"(即行政监督,财务监督及纪律监督,移民群众监督和新闻舆论监督),保证了移民搬迁安置效益、移民工程建设质量和移民资金使用安全。

### 3.8　理念创新,推进构建移民和谐社会

国家和库区政府坚持以人为本的理念,采取综合管理措施保障移民权益,促进库区移民和谐社会建设。一是坚持以移民为本,制定移民政策及移民安置规划兼顾国家、集体、个人利益,绝不损害移民合法权益。二是移民搬迁安置工作充分尊重移民的知情权、参与权和监督权,认真听取并采纳移民群众合理意见。三是对移民中的老人、妇女、儿童、残疾人等特殊人群在政策上适当倾斜,确保他们的合法权益。四是明确政策,落实措施,确保移民的选举、参军、上学、婚姻、福利、救济、文化等各种权利都与安置区原住居民同样对待,不受歧视。五是认真对待、及时处理移民群众申诉及上访,17 年来库区各地对移民 20 多万封(次)来信来访基本做到了认真答复和落实,确保了移民群众合法权益和社会安定。[4]

### 3.9　科技创新,促进库区经济社会可持续发展

一是建立三峡水库淹没实物指标调查大纲、移民安置规划编制大纲、水库库底清理技术要求、移民资金价差计算办法、移民工程销号办法,移民工程验收大纲等技术体系和技术规范,为加强移民管理,搞好移民搬迁安置和库区可持续发展提供了强大技术支撑。二是科技创新,综合运用技术、工程和生态方法进行库区环境保护,开展了改变传统生产方式、节能减排、水污染防治、水土流失治理、农村面源污染控制、生物多样性保护、人群健康保护与监测等科技研发和治理工作,促进了库区人与自然和谐相处。三是建立了三峡环境保护实施网络,组建了庞大监测系统全过程跟踪监测三峡工程生态和环境,据现已连续 18 年向国内外发布的年度监测公报:三峡库区社会、经济快速发展,移民安置、搬迁企业结构调整和环境保护工作进展顺利,库区水质、水土保持等生态环境基本良好[5]。

## 4　做好百万移民系统工程管理的启示

### 4.1　坚持党和政府领导,加强顶层设计是根本保证

党和政府始终坚持移民工作领导,加强顶层设计工作,不断指导和创新三峡移民管理,如颁布《长江三峡工程建设移民条例》,确立移民管理新体制和机制,组织动员全国对口支援三峡移民工作,提出"两个调整"(调整库区农村移民安置政策、企业搬迁政策)政策,加强"两个防治"(库区地质灾害防治、水污染防治)工作,出台发展库区优势产业、落实移民后期扶持、促进移民安置稳定等政策,提高移民管理效益,保障了百万移民任务顺利完成并取得辉煌成就。库区各级政府强化移民管理,逐级签署移民任务责任书,制定移民任务完成"倒计时",充分调动起广大干部的责任心和积极性。重庆市把三峡移民作为"立市之本",举全市之力搞好移民工作,有力推动了各期移民搬迁安置任务按时完成。

### 4.2　弘扬三峡移民精神,发挥移民主观能动性是动力源泉

在三峡百万移民伟大实践中,孕育出和弘扬了"顾全大局的爱国精神、舍己为公的奉献

精神、万众一心的协作精神、艰苦创业的拼搏精神”的三峡移民精神,成为了移民由非自愿移民转向自愿移民的动力源泉。129.64 万城乡移民发扬三峡移民精神,克服困难,按时搬迁,确保了三峡工程顺利建设,凸显了爱国主义的时代特色;56 万农村移民(其中外迁安置 19.6 万)搬迁安置后充分发挥自身主观能动性,谱写了一曲曲自力更生、艰苦创业的凯歌,逐步安置稳定,并诞生了一批安稳致富、劳动致富的典型,充分展示了移民群众的伟大自主能力,书写了中国梦的壮丽三峡移民篇章。

### 4.3 整体改进、系统创新管理工作是重要关键

三峡百万移民实践证明,整体改进、系统创新管理工作是提高移民系统工程管理质量和效益的关键。对于复杂的移民系统工程,注意整体优化管理系统结构,系统协调管理各要素关系,全面推进理念、决策、体制、机制、政策、法规、方法、方式、技术等管理工作的改进和创新,实行移民系统工程管理的统筹协调、整体联动,系统推进,协调发展,才能充分、整体地提高移民系统工程管理质量和效益,顺利实现移民系统工程管理最优化和确定的目标任务。

## 参考文献

[1] 梁福庆. 三峡工程百万移民搬迁世界难题初步破解[J]. 三峡大学学报(人社版). 2009(1):14-17.
[2] 中国工程院. 三峡工程阶段性评估报告:综合卷[M]. 北京:中国水利水电出版社,2010.
[3] 国务院三峡办. 对口支援概况[EB/OL]. 中国三峡网,2011.05.
[4] 梁福庆. 三峡工程移民信访工作研究[J]. 重庆三峡学院学报,2010(4):1-4.
[5] 国家环境保护部. 长江三峡工程生态与环境监测公报(1997-2014)[R]. 北京.

# 基于模型试验的硬填料坝结构特性研究

杨宝全 张 林 陈 媛 董建华 陈建叶

(四川大学 水力学与山区河流开发保护国家重点实验室 水利水电学院 四川 成都 610065)

**摘要**:Hardfill 坝是一种新坝型,其基本剖面是上下游坝坡基本对称的梯形,上游坝面设置防渗层,筑坝材料采用价格低廉的低强度胶凝砂砾石料。为了解 Hardfill 坝在正常工况下的结构性态,以及在超载过程中的破坏模式和机理,分析该坝型结构的优势和特点,促进新坝型的发展和应用,本文运用模型试验方法分别开展了典型 Hardfill 坝的应力模型试验与地质力学模型破坏试验。试验结果表明:与常规重力坝相比,在正常水荷载条件下 Hardfill 坝的坝体应力水平低,应力分布均匀,以压应力为主且无明显的应力集中,具有良好的工作性能;在水荷载超载的条件下 Hardfill 坝[2]表现出坝踵首先开裂,坝趾随即产生裂缝,最终坝体沿坝基面整体失稳的破坏模式;试验还获得了典型 Hardfill 坝的超载安全系数,其中坝踵、坝趾开裂超载安全系数 $K_1$ = 6.0 ~ 7.0,大变形超载安全系数 $K_2$ = 7.5 ~ 8.5,最终破坏超载安全系数 $K_3$ = 9.0 ~ 10.0。研究表明 Hardfill 坝结构性能好,极限承载能力强,超载安全系数大,是一种优质的坝型。

**关键词**:Hardfill 坝,结构特性,模型试验,破坏模式,超载安全系数

## 1 研究背景

在水利水电工程中,土石坝和重力坝是应用最为广泛的坝型。两者各有优缺点且一直沿着不同的路径发展,碾压混凝土材料的出现是这两种坝型的第一次结合,其采用土石坝碾压的施工方法去修建刚性混凝土坝,发挥各自的优势,发展较快,但由于其渗流控制、层面稳定性及温控措施复杂等方面的问题,使得坝工技术人员和研究者去探求更优的坝型,而优秀的坝型应当满足安全性高、造价低廉、施工快速、对环境的干扰和破坏小等要求。Hardfill 坝[1,2]正是在前人不断的探索和实践中提出来的,这种新坝型的基本剖面是上下游坝坡基本对称的梯形,上游坝面设置面板或其他设施防渗,筑坝材料采用价格低廉的低强度胶凝砂砾石料,该材料为在坝址附近易于得到的河床砂砾石或开挖弃渣等材料中加入水和少量水泥,经简单拌和而获得。自 20 世纪 90 年代起,这项新型大坝设计理念与筑坝技术在国外开始付诸实践,已建成多座大坝,如日本、希腊、法国、土耳其等都修建了该坝型的大坝。目前,最高的 Hardfill 坝为 107m 的土耳其 Cindere 坝[3];国内的 Hardfill 坝实践始于 2004 年,先后在贵州省道塘水库上游围堰[4]、福建省街面水电站下游围堰和洪口大坝的上游围堰[5],以及贵州沙沱水电站下游围堰[6]中得到采用。

虽然国外已经建了一批 Hardfill 坝,但其设计准则与安全标准往往部分或全部套用重力

基金项目:国家自然科学基金,资助项目(51409179;51379139;51109152)。

坝或者土石坝的相关设计理论,包括结构破坏模式也认为与重力坝相似,没有深入探讨[7]。国内的 Hardfill 坝实践起步较晚,目前主要在一些临时性建筑物围堰工程中采用,设计科研人员主要针对 Hardfill 材料的力学特性、Hardfill 坝的结构静动特性以及大坝的安全性等方面进行了分析研究[8-10],但 Hardfill 坝的大坝破坏模式、设计准则与安全标准以及结构设计方法的探讨仍处于摸索之中[11]。为了解 Hardfill 坝在正常工况下的结构性态,以及在超载过程中的破坏模式和机理,分析该坝型结构的优势和特点,促进新坝型的发展和应用,本文运用模型试验方法分别开展了典型 Hardfill 坝的应力模型试验与地质力学模型破坏试验,通过试验的方法获得 Hardfill 坝的应力分布状态和工作性能,以及变形特性、破坏过程和形态、提出超载安全系数,评价该坝型的安全性,为形成一套适合 Hardfill 坝的完善的设计方法提供参考。

## 2 试验原型概况及力学参数

为了使试验成果更具代表性,选取 Hardfill 坝的一个典型剖面进行试验模拟,其大坝坝高为70 m,坝坡的坡比按照土耳其 Oyuk 坝和 Cindere 坝取为1:0.7。主要荷载为坝体自重、静水压力和扬压力等,上游水位齐顶,下游无水,其中假定扬压力在坝踵排水孔幕处折减为水头的1/2,扬压力在坝底线性分布。

考虑到实际 Hardfill 材料的性质因骨料、水胶比以及施工工艺的影响而离散性较大,并且实际试验中加载能力与模型制作工艺对所能模拟的材料性质有一定限制,因此在实际可能的范围内拟订了 5 组参数供试验选取,并根据实际试验加载能力以及模型制作条件,最终选择其中的一组参数进行试验,同时选取了相应的坝基材料参数,如表 1 所示。坝体与坝基接合面的抗剪断强度参数为:$c$ 值范围在 0.5 ~0.6 MPa,$f$ 值在 0.65 ~0.8 之间。

表 1 典型 Hardfill 坝主要物理力学参数表(原型值)

| 材料 | 密度(kg/m$^3$) | 弹性模量(GPa) | 泊松比 | 抗压强度(MPa) | 抗拉强度(MPa) | 抗剪断强度 | |
|---|---|---|---|---|---|---|---|
| | | | | | | 黏聚力(MPa) | 摩擦角(°) |
| 坝基 | 2 400 | 15.0 | 0.2 | 8.0 | 1.0 | 1.0 | 50 |
| Hardfill – E | 2 350 | 16.0 | 0.2 | 9.0 | 0.8 | 1.0 | 50 |

## 3 Hardfill 坝应力模型试验

### 3.1 模型相似关系及模拟范围

应力模型主要研究的对象是处于弹性阶段的原型结构,因此原型与模型都应满足弹性力学的基本方程和边界条件,由弹性力学的平衡方程、几何方程、物理方程以及边界条件的方程式可推导出应力模型试验的主要相似指标[12]为:

$$C_\varepsilon = 1, C_\mu = 1, C_\rho = C_P C_L^{-3}, C_\sigma = C_E = C_L C_\rho$$

其中,$C_\varepsilon$、$C_\mu$、$C_\rho$、$C_P$、$C_\sigma$、$C_E$、$C_L$ 分别为原模型的应变比、泊松比、密度比、集中力比、应力比、变形模量比和几何比。

根据试验条件和要求,将应力模型几何比 $C_L$ 取为 280,并根据试验经验,本次试验所模拟的范围为:坝基面上游侧长度取 1 倍坝高以上,坝基下游侧长度取 1.5 倍坝高以上,坝基以下深度取 1 倍坝高以上。应力模型采用石膏材料来制作,水膏比根据相似关系换算得到的模型参数进行选配,模型制作完成后的照片如图 1 所示。

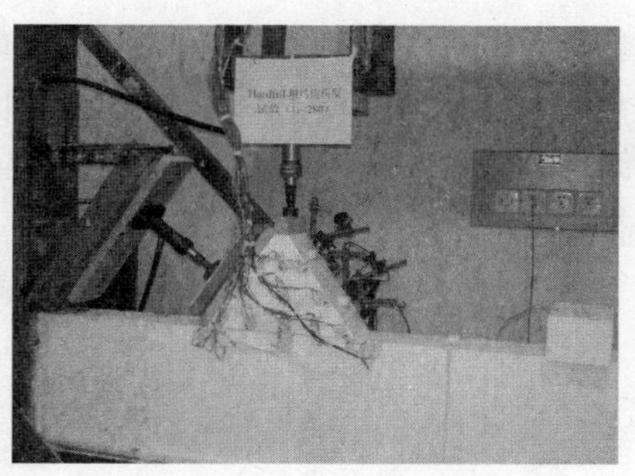

图 1　Hardfill 坝结构应力模型

### 3.2　模型加载与量测系统

试验所模拟的主要荷载为大坝自重、上游坝面水压力、坝底扬压力。由于石膏材料较轻,不能满足容重相似,需采用施加外力的方式来实现重力荷载相似,而扬压力则通过对坝体自重进行折减的方式进行等效模拟,两者叠加后的竖向荷载通过在坝顶设置千斤顶加载,上游坝面水荷载则根据相似原理换算得到模型值,并通过千斤顶垂直于坝面施加,千斤顶加载如图 1 所示,千斤顶由 WY－300/Ⅷ型 8 通道自控油压稳压装置供压。

结构应力模型主要通过量测应变来计算应力,本试验中分别在坝基面、1/3 坝高以及 2/3坝高布置三排应变测点,并在坝基上靠近建基面处也布置一排测点,每个测点布置三片互成 45°的直角式应变片,共布置 16 个应变测点,48 个应变片,应变采用 UCAM－8BL 万能数字测试装置进行测试,同时,设置了补偿片以消除温度效应。在 1/3 坝高以及坝顶附近的下游面分别在水平向与竖直向布置一个位移传感器测试坝体的表面位移,用 SP－10A 型数字显示仪监测变位,应变片与位移计的布置如图 2 所示。

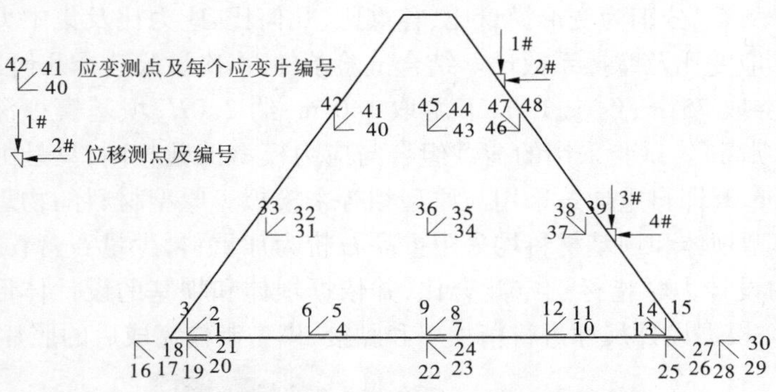


图 2　Hardfill 坝应变片及位移测点布置图

### 3.3　应力模型试验成果与分析

在正式进行试验之前,首先对模型进行预压以消除附加变形,之后采用逐级增量法加压,先施加竖向荷载,再施加水平荷载,直到达到设计荷载,卸载时先卸水平荷载再卸竖直荷载,在每级荷载的加载与卸载操作后保持 8～10 min,之后再记录加载与卸载过程中各测点的应变值与位移值,以获得自重及正常蓄水位下大坝的应力变形情况。

试验采用加权平均法消除误差,用多次读数的算术平均值作为每个测点的平均应变值,再按虎克定律和相似关系式将测得的应变值换算为原型大坝的应力,正常工况下 Hardfill 坝的主应力分布图如图 3 所示。由图可知,坝体总体上处于受压状态,随着坝高的增加,主压应力值减小,坝体下游面尤其是坝趾的压应力较大;由于千斤顶加载的影响,上游面及2/3坝高处的压应力有偏大的现象。同时,对比本实验室开展的相同坝高的重力坝结构模型试验成果[13]可知,与常规重力坝相比,在正常水荷载条件下Hardfill坝的坝体应力水平低,应力分布均匀,以压应力为主且无明显的应力集中,具有良好的工作性能。

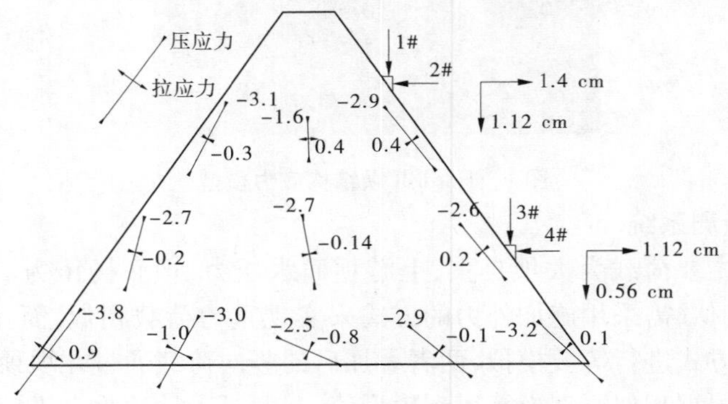


**图3　正常工况下Hardfill坝主应力分布图**

## 4　Hardfill坝地质力学模型破坏试验

### 4.1　模型设计

地质力学模型试验属于破坏试验,其通过不断的超载让结构超出弹性工作范围,从而研究大坝的破坏形态以及破坏的发生与发展过程,找出薄弱环节,其需要满足以下相似关系:$C_\gamma = 1$, $C_\varepsilon = 1$, $C_f = 1$, $C_\mu = 1$, $C_\sigma = C_\varepsilon C_E$, $C_\sigma = C_E = C_L$, $C_F = C_\sigma C_L^2 = C_\gamma C_L^3$。其中,$C_E$, $C_\gamma$, $C_L$, $C_\sigma$及$C_F$分别为变形模量比、容重比、几何比、应力比及集中力比;$C_\mu$, $C_\varepsilon$及$C_f$分别为泊松比、应变比及摩擦系数比。结合试验条件,本次试验选择几何比$C_L$为150,选择模拟范围为上游取75 m,约1.1 $H$,下游取140 m,约2.0$H$,坝基模拟深度取58 m,约0.83$H$(H为最大坝高)。试验采用的荷载组合与应力模型试验相同,只是由于地质力学模型的容重比$C_\gamma=1.0$,即自重通过采用与原型相等来模拟。原型材料的物理力学参数与应力模型相同,但模型坝体和坝基材料均采用重晶石粉为加重料,少量石膏粉为胶结剂,水为稀释剂,按材料的设计力学指标选定配合比,并依据坝体和坝基的设计体形分别浇制成毛坯,待自然风干后,根据设计尺寸进行精加工和黏接,模型制作完成后的照片如图4所示。

**图4　Hardfill坝地质力学模型**

模型上游水荷载的加载方法以及应变和位移量测系统的布置、测试仪器均与应力模型相似,可参见图4中的布置情况,本文不再详述。

### 4.2　试验成果与分析

本次Hardfill坝破坏试验采用超载法进行,具体的试验过程是:首先对模型进行预压,然后逐步加载至一倍正常荷载,在此基础上对水荷载进行超载,每级荷载以(0.3~0.4)$P_0$($P_0$为正常工况下的荷载)增长,直至坝基破坏、坝与地基出现整体失稳趋势。试验中记录各级荷载下的应变和位移数据,同时观测坝与地基的变形特征、破坏过程和破坏形态。试验获得的主要成果及分析如下文所示。

(1)大坝变形分布特征:由试验结果可知,Hardfill坝主要产生顺河向变位,竖直向变位较小且以沉降为主,当荷载较小时,坝体变位较小,之后,随着超载倍数的增加,顺河向变位开始逐步增大,且坝顶变位大于中下部变位,符合常规。当超载倍数$K_p \geq 4.0$后,坝体整体的变位开始加大;当超载倍数$K_p \geq 7.0$后,坝体变位进一步加大;当$K_p = 9.6$时,竖向变位开始减少,当$K_p > 11.0$后,坝体竖向变位反向,由下沉变为上抬,顺河向变位迅速增加,说明此时坝体已经失稳。坝体下游面3个典型高程表面变位测点的顺河向变形$\delta_L$与竖直向变形$\delta_V$的分布及发展过程曲线如图5所示。

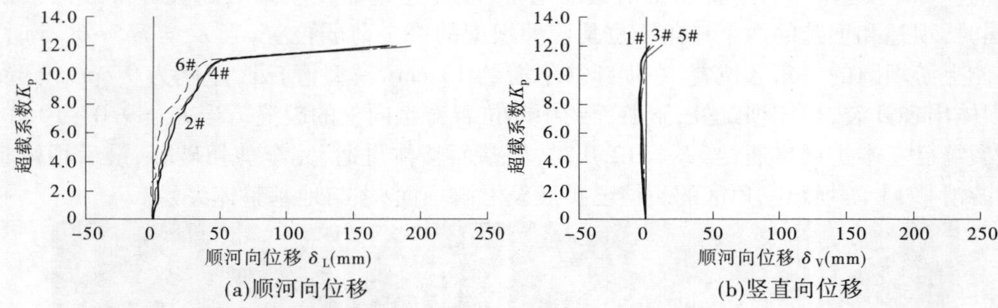


**图5　坝体下游面变位与超载系数关系曲线**

(2)大坝应变分布特征:由于坝体材料非线性特性的限制,不能用所测的应变值换算为坝体应力,但应变关系曲线可作为判定大坝稳定安全度的一个依据,通过分析应变曲线的波动、拐点、增长幅度、转向等超载特征,得到不同超载阶段的破坏过程和安全系数。坝体典型的应变与超载系数$\mu_\varepsilon \sim K_P$关系曲线如图6所示。

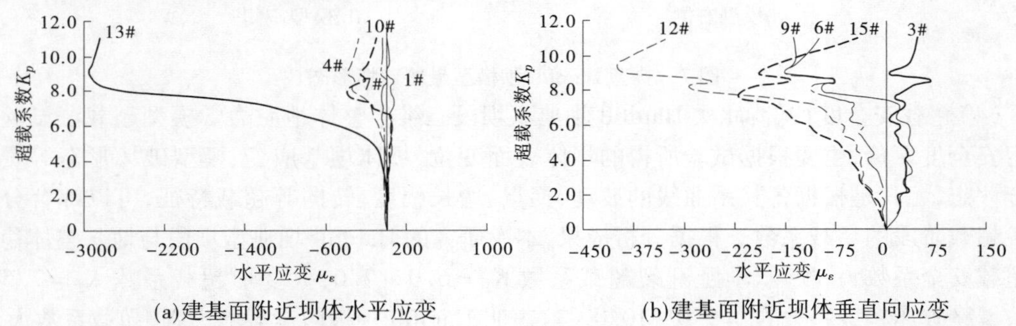


**图6　坝体典型测点应变与超载系数关系曲线**

由各测点应变曲线可知，在正常工况下，即 $K_p = 1.0$ 时，坝体应变总体较小；在超载阶段，坝体应变随着超载系数的增加而逐渐增大，当 $K_p = 1.3 \sim 4.0$ 时，很多测点的应变值较小且成线性增长；当 $K_p \geqslant 4.0$ 时，各测点的应变值开始出现非线性快速增加或者是反向，坝体出现了明显的坝踵受拉、坝趾受压的应力应变分布特征；当 $K_p = 6.0 \sim 7.0$ 时，坝体建基面附近的应变值增长幅度加大，大部分曲线出现波动和拐点，可以判定此时坝体建基面出现开裂；当 $K_p = 7.5 \sim 8.5$ 时，坝体应变整体出现较大的波动，形成较大的拐点，很多应变测点的应变出现大幅增加，结合模型开裂情况，可以判断此时坝体已经出现大变形失稳；当 $K_p = 9.0 \sim 10.0$ 时，坝体大多应变测点的应变值已基本保持不变或者减小，应变出现释放现象，坝踵拉剪的裂缝与坝趾压剪的裂缝以及坝体裂缝在局部扩展贯通，坝体逐步失去承载能力；当 $K_p = 12.0$ 时，坝踵拉剪的裂缝与坝趾压剪的裂缝已经完全贯通，坝体整体沿建基面向下游滑移，试验停止。

(3)模型破坏形态和机理：通过超载破坏试验，模型最终破坏形态如图 7 所示。模型的破坏区域主要发生在坝踵、坝趾及建基面上。首先，建基面随着超载的增加在坝踵发生拉剪破坏，当 $K_p = 6.0 \sim 7.0$ 时，坝体建基面在坝踵处出现开裂，当 $K_p = 7.6$ 时，坝段右侧(正面)坝体建基面从坝踵向下游开裂约 8 cm(模型值)，坝段左侧(背面)坝体建基面从坝踵向下游开裂约 6 cm(模型值)。随着超载倍数的增加，坝体建基面在坝踵处的裂缝继续向下游扩展，同时，坝踵和坝趾的两个三角区也是该种坝型的一个薄弱位置，当 $K_p = 7.5 \sim 8.5$ 时，坝段右侧上游坝踵的三角区位置，在坝踵往下游约 13 cm(模型值)处，左侧为 9 cm(模型值)处，坝体出现开裂，坝体坝趾处，下游面约中间位置产生向上的裂缝。当 $K_p = 9.0 \sim 10.0$ 时，这些裂缝已基本扩展贯通，当 $K_p = 12.0$ 时，坝基面整体贯通，完全剪切破坏，最后坝体整体向下游滑移，上游坝踵三角区的裂缝已扩展至上游坝面，坝与地基整体失稳。

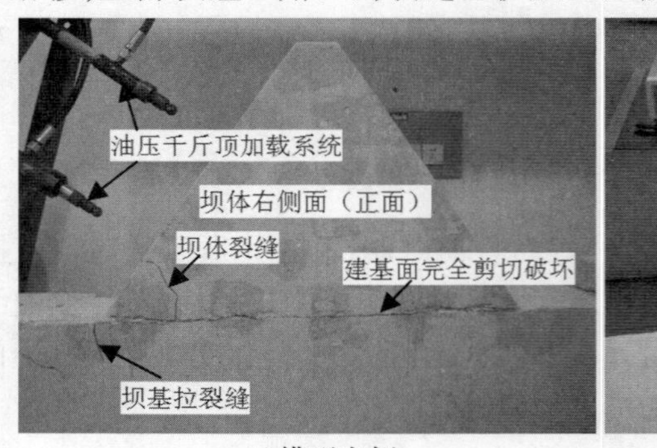


(a)模型右侧

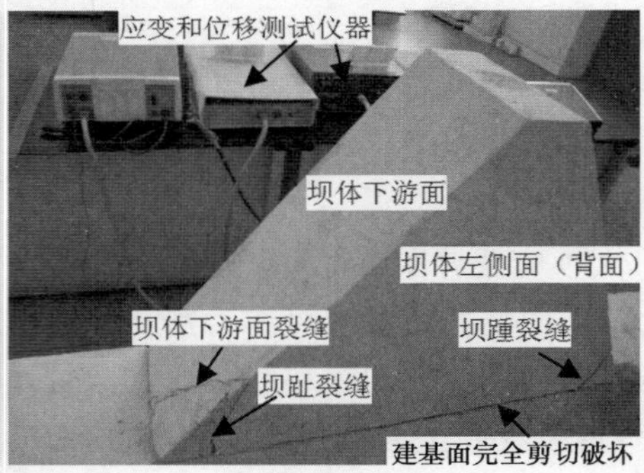


(b)模型左侧

**图 7　典型 Hardfill 坝模型最终破坏形态**

(4)超载安全度评价：此次 Hardfill 坝典型坝段三维半整体地质力学模型超载法试验的稳定安全度评价，主要根据试验所得的坝体表面变位、坝体坝基应变、模型破坏形态等资料综合评定，尤其是根据各关系曲线的波动、拐点、增长幅度、转向等超载特征，可以综合分析出各超载阶段的超载系数。根据分析成果，本次研究的 Hardfill 坝典型坝段与地基整体稳定的超载安全系数为：坝踵、坝趾开裂超载系数 $K_1 = 6.0 \sim 7.0$；大变形超载系数 $K_2 = 7.5 \sim 8.5$；最终破坏超载系数 $K_3 = 9.0 \sim 10.0$。这表明 Hardfill 坝极限承载能力强，超载系数大。

## 5 结 论

(1)典型 Hardfill 坝结构应力模型试验成果表明:在正常水荷载条件下,Hardfill 坝的坝体应力水平低,应力分布均匀,以压应力为主且无明显的应力集中,具有良好的工作性能。

(2)典型 Hardfill 坝地质力学模型破坏试验成果表明:在水荷载超载的条件下,Hardfill 坝表现出坝踵首先开裂,坝趾随即产生裂缝,最终坝体沿坝基面整体失稳的破坏模式;试验还获得了典型 Hardfill 坝的超载安全系数,其中坝踵、坝趾开裂超载安全系数 $K_1$ =6.0~7.0,大变形超载安全系数 $K_2$ =7.5~8.5,最终破坏超载安全系数 $K_3$ =9.0~10.0。

(3)以上试验表明 Hardfill 坝结构性能好,极限承载能力强,超载系数大,是一种优质的坝型。需要说明的是,本研究两个试验均对地基条件进行了简化,即仅考虑均质地基,且 Hardfill 材料具有较明显的非均匀性,但在模型试验中并未考虑,这些仍是今后需要进一步研究的问题。

## 参考文献

[1] Londe P, Lino M. The faced symmetrical hardfill dam: a new concept for RCC[J]. International Water Power & Dam Construction. 1992,44(2):19-24.

[2] 贾金生,马锋玲,李新宇,等. 胶凝砂砾石坝材料特性研究及工程应用[J]. 水利学报,2006,37(5):578-582.

[3] S. Batmaz. Cindere dam – 107 m high roller compacted Hardfill dam (RCHD) in Turkey[A]//Proceedings 4th International Symposium on Roller Compacted Concrete Dams[C]. Madrid. 2003: 121-126.

[4] 杨朝晖, 赵其兴, 符祥平,等. CSG 技术研究及其在道塘水库的应用[J]. 水利水电技术, 2007, 38(8): 46-49.

[5] 杨首龙. CSG 坝筑坝材料特性与抗荷载能力研究[J]. 土木工程学报, 2007, 40(2): 97-103.

[6] 魏建忠, 吴祖廷, 吴友旺, 等. 新型贫胶硬填料筑坝技术研究应用[A]// 中国碾压混凝土筑坝技术论文集[C]. 贵阳, 2010:164-171.

[7] Hirose T, Fujisawa T, Kawasaki H, et al . Design concept of trapezoid – shaped CSG dam[A]//Proceedings 4th Intional Symposium on Roller Compacted Concrete Dams[C]. Madrid, 2003:457-464.

[8] 李永新,何蕴龙,乐治济. 胶结砂砾石坝应力与稳定有限元分析[J]. 中国农村水利水电,2005(7):35-38.

[9] 何蕴龙, 彭云枫, 熊堃. Hardfill 坝结构特性分析[J]. 水力发电学报, 2008, 27(6):68-72.

[10] 熊堃,何蕴龙,刘俊林. Hardfill 坝的整体稳定安全度[J]. 河海大学学报(自然科学版),2011,39(5):550-555.

[11] 熊堃, 何蕴龙, 吴迪. Hardfill 坝结构破坏模型试验研究[J]. 水利学报,2012,43(10):1214-1222.

[12] 张林,陈建叶. 水工大坝与地基模型试验及工程应用[M]. 成都:四川大学出版社, 2009.

[13] 邓子谦,张林,陈媛,等. Hardfill 坝与重力坝结构特性对比分析[J]. 四川大学学报(工程科学版),2014,46(增1):63-68.

# 数字黄登·大坝施工管理信息化系统的研发与应用

向　弘[1]　杨　梅[1]　郑爱武[2]　龚永生[2]　邓拥军[2]

(1. 中国电建集团昆明勘测设计研究院有限公司　云南　昆明　650051；
2. 华能澜沧江水电股份有限公司　云南　昆明　650214)

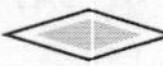

**摘要**：为有效解决黄登水电站大坝建设过程中的动态质量监控，智能温度控制，施工进度动态调整与控制，施工信息的综合集成与高效管理，远程、移动、实时、便捷的工程建设管理与控制等问题，提出了"数字黄登·大坝施工信息化系统"，由业主负责，主设计单位进行技术咨询，联合国内高校与科研单位共同进行，综合运用工程技术、计算机技术、无线网络技术、手持式数据采集技术、数据传感技术(物联网)、数据库技术等，开发出一套基于 Windows 平台的大坝施工质量智能控制及管理信息化系统，实现大坝混凝土从原材料、生产、运输、浇筑到运行的全面质量监控，并通过系统研制、现场试验、试运行等环节，最终应用于工程实际。

**关键词**：信息化，数字化，智能化，质量控制，黄登水电站

## 1　系统研发背景及意义

黄登水电站为澜沧江上游曲孜卡至苗尾河段规划八个梯级中的第六个梯级，以发电为主，兼有防洪、灌溉、供水、水土保持和旅游等综合效益的大型水利水电工程。枢纽主要由碾压混凝土重力坝、坝身泄洪放空建筑物、地下引水发电系统等建筑物组成，最大坝高 203 m，为在建的国内最高碾压混凝土重力坝。

黄登水电站建设规模大，工期紧，施工条件复杂，这给工程建设管理、施工质量和进度控制带来了相当困难：如何有效地进行动态施工质量监控？如何高效集成与分析大坝建设过程中的施工信息？如何实现远程、移动、实时、便捷的工程建设管理与控制？这些是黄登水电站工程建设能否实现高质量、高强度安全施工的关键技术问题。

为有效解决黄登水电站大坝建设过程中的动态质量监控，智能温度控制，施工进度动态调整与控制，施工信息的综合集成与高效管理，远程、移动、实时、便捷的工程建设管理与控制等问题，有必要开发一套具有实时性、连续性、自动化、高精度等特点的大坝施工质量自动监控系统，对大坝碾压和温控等环节进行有效监控，在确保规范规定的检测项目和有利于发挥依托技术潜力的条件下，建立质量和进度动态实时控制及预警机制，实现对施工方案和措施的及时调整与优化，实现大坝混凝土从原材料、生产、运输、浇筑到运行的全生命周期的全面质量监控，使黄登水电站大坝建设质量和进度始终处于受控状态；同时建立黄登水电站数字大坝综合信息集成系统，对工程设计、建设和运行过程中涉及的进度和施工质量等信息进行动态采集与数字化处理，构建综合数字信息平台和三维虚拟模型，实现各种工程信息整合和数据共享，并在工程整个生命周期里，实现综合信息的动态更新与维护，为工程决策与管

理、大坝安全运行与健康诊断等提供信息应用和支撑平台。

基于此，在水电工程建设数字管理和监控的发展趋势下，提出了“数字黄登·大坝施工信息化系统”（以下简称数字黄登）。本系统建设的意义在于研发出一套统一、规范、标准的科学管理体系，改变粗放、传统的管理模式，达到管理规范化、标准化，提升企业管理、规范企业生产经营活动，以科学经济的管理方式实现工程建设的安全、高效、和谐。

## 2　系统总体设计

数字黄登是基于 Windows 平台的混凝土重力坝施工质量智能控制及管理信息化系统，实现大坝混凝土从原材料、生产、运输、浇筑到运行的全面质量监控。系统采用模块化开发，根据不同性质的需求，按使用功能划分为系统综合管理平台及工程信息管理系统和施工过程智能监控及质量评价系统两大相对独立又相互关联的系统进行开发研究，每个系统再进一步细化为若干个子系统，并预留系统接口，方便使用过程中根据项目需求增添其他子系统，系统总体结构见图 1。

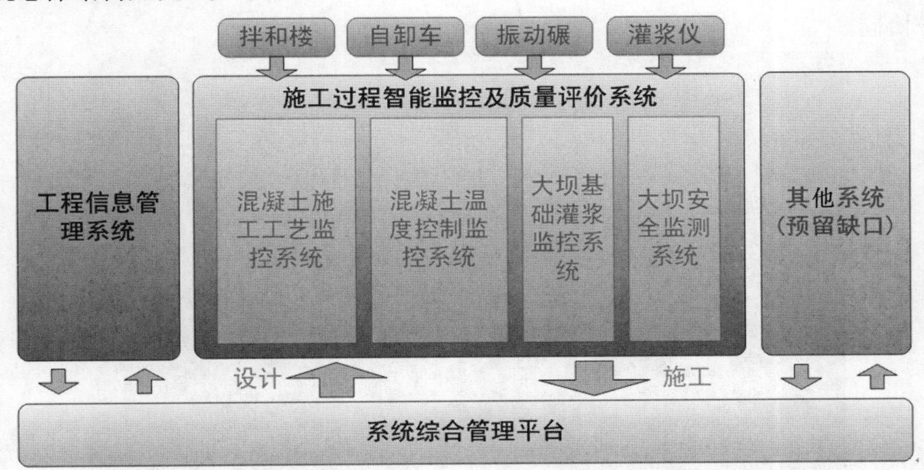


图 1　系统总体结构图

### 2.1　系统综合管理平台

各子系统分别针对不同的业务过程而建设，系统综合管理平台则成为各个业务应用系统交互的中介，使这些业务应用系统能够相互协调，共同形成一个信息化整体。

### 2.2　工程信息管理系统

工程信息管理系统是实现面向业主、设计、监理、科研、承包商等参建各方的信息采集和管理信息化，并通过全面继承设计成果、管理施工工艺过程形成完整的工程数字化档案，为工程的竣工验收与运营移交提供帮助。

### 2.3　施工过程智能监控及质量评价系统

就大坝施工各环节质量控制、施工期温度过程控制、基础灌浆质量控制和应力、变形控制等指标建立实时智能监控系统，在控制指标超出设定的预警指标时，可实时向相关人员发出警报，以及时发现现场施工存在的问题，提出具体的解决方法，保证大坝混凝土施工质量。包括四个子系统：

（1）大坝混凝土施工工艺监控系统；

(2)大坝混凝土温度控制监控系统;

(3)大坝基础灌浆监控系统;

(4)大坝安全监测管理系统。

### 2.4　其他系统(预留接口)

系统具有预留接口功能,可根据项目需求增添其他子系统,如大坝运行期后评价系统,基于大坝施工期结束后生成的BIM模型,建立大坝运行期后评价系统,通过运行BIM中布设的监测设备模型,实现监测信息的有效管理与可视化查询、分析等功能。

## 3　系统功能与实施

### 3.1　系统综合管理平台

系统综合管理平台是系统结构的核心,负责各子系统之间的数据交互、协调,采用统一入口,以导航功能为核心设计(如图2所示),用户登录平台后,可通过平铺式导航进入指定子系统进行业务功能操作。通过数据交换总线可使独立的、异构的各个子系统实现数据共享、业务协同。

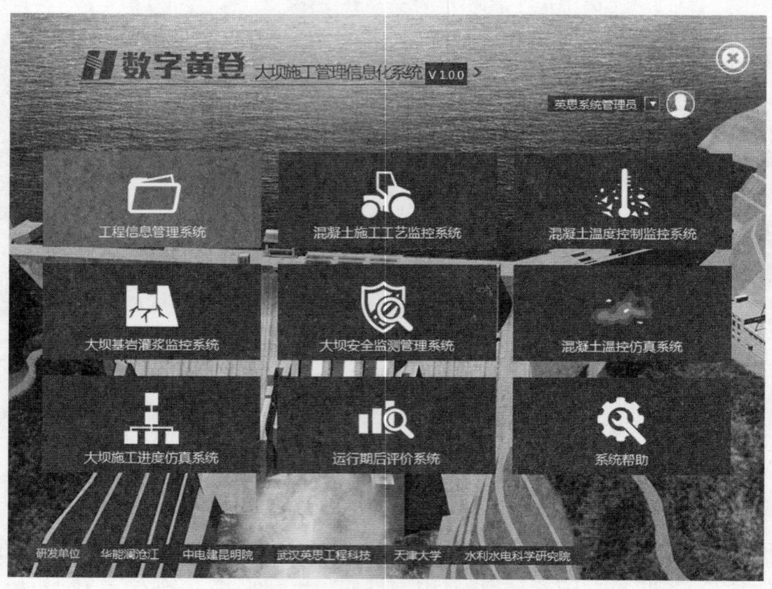


图2　系统入口界面

### 3.2　工程信息管理系统

工程信息管理系统功能框架如图3所示,包括设计成果管理、施工计划管理、施工设计管理、备仓与开仓管理、试验检测管理、质量评定管理、施工资料管理,实现自动、远程、移动、便捷的管理与控制,为大坝设计、施工、运行与建设管理等提供全面、快捷、准确的信息服务和决策支持。

### 3.3　大坝混凝土施工工艺监控系统

大坝混凝土施工工艺监控系统是对大坝混凝土的拌和、浇筑、碾压、加浆等环节进行有效监控,建立施工质量动态实时控制及预警机制,使大坝建设质量和进度始终处于受控状态;并将大坝碾压质量、加浆质量、热升层、仓面施工、坝面检测以及大坝施工进度等信息进

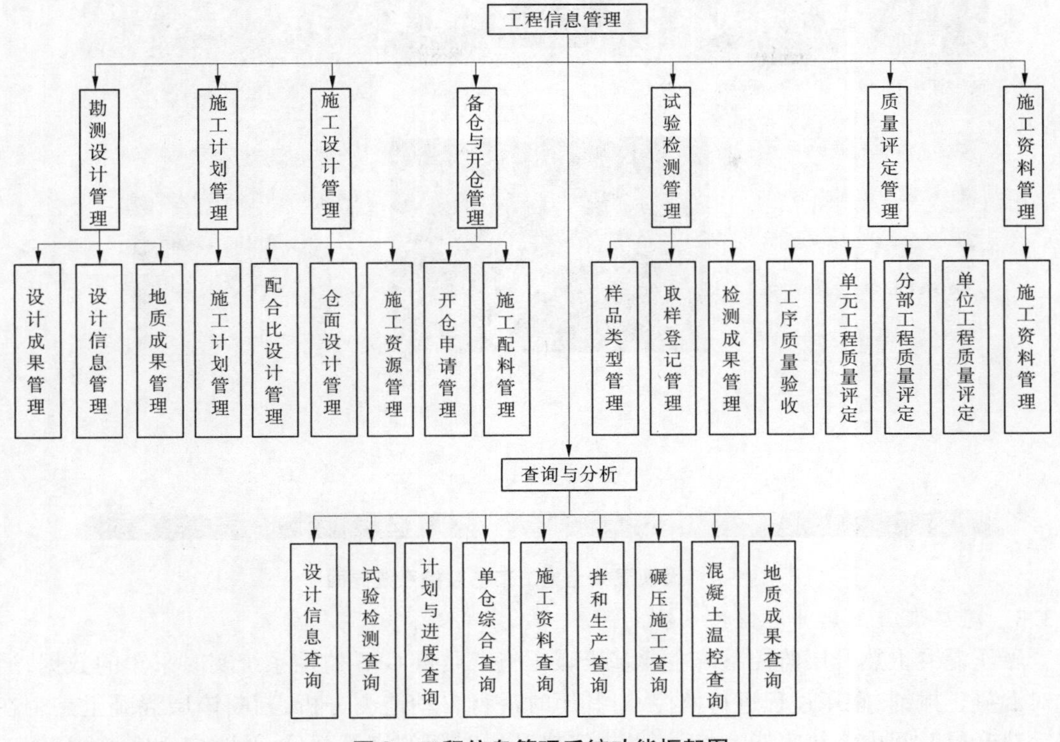


图3　工程信息管理系统功能框架图

行集成管理，实现施工信息可视化。其主要包括：

(1)混凝土拌和楼生产数据采集与分析系统；

(2)大坝混凝土碾压施工质量 GPS 监控系统；

(3)碾压混凝土热升层监控系统；

(4)防渗层加浆工艺实时监控系统；

(5)施工现场 PDA 采集系统；

(6)碾压混凝土施工实时仿真与控制系统；

(7)雨情信息实时采集与分析系统等。

系统界面见图4。

#### 3.3.1　混凝土拌和楼生产数据采集与分析系统

采用无线数据传输技术、数据库技术，实现对混凝土拌和楼生产数据的采集、传输和分析，当发现混凝土浇筑出现质量问题时，可实时查询混凝土生产配料单和实际各组分等信息，以确定原材料及拌和过程中是否存在问题，如有问题及时采取相应措施。

#### 3.3.2　大坝混凝土碾压施工质量 GPS 监控系统

采用卫星定位技术，实时动态差分技术，无线数据传输技术，数据库技术，实现对大坝碾压混凝土碾压过程的实时监控及预警：当碾压机械运行速度、振动状态不达标时，系统自动给车辆司机、现场监理和施工人员发送报警信息；当碾压遍数和压实厚度等不达标时，系统中自动醒目提示不达标的详细内容以及所在空间位置等；同时把该报警及提示信息写入施工异常数据库备查。

图4　大坝混凝土施工工艺监控系统界面

#### 3.3.3　碾压混凝土热升层监控系统

碾压混凝土热升层监控系统主要基于碾压施工质量GPS监控系统实时采集的数据，通过对混凝土摊铺、碾压过程进行监控，对其历时进行自动监测分析，判断该层混凝土是否在规定热升层时间内浇筑完毕；对于接近规定热升层时间的浇筑部位，及时向现场监理、施工管理人员发出提示，督促现场作业人员加紧施工，保证该层混凝土在热升层时间内浇筑完毕；对于已经超过热升层时间的浇筑部位，亦及时发出提示，提醒现场作业人员对该层混凝土按照温升层或冷升层进行处理。

#### 3.3.4　防渗层加浆工艺实时监控系统

防渗层加浆工艺实时监控系统通过对上游防渗层变态混凝土加浆过程进行监控与分析，实现对加浆设备作业的实时监控，并通过反馈机制对施工工艺和施工质量进行实时控制，从而保证防渗层变态混凝土加浆质量，为现场施工和监理提供有效管理控制平台。

#### 3.3.5　施工现场PDA采集系统

采用PDA技术、数据库技术，分级预警技术，实时采集大坝施工现场中难以进行自动采集的工程动态信息并进行动态分析，主要包括混凝土出机口检测信息、混凝土仓面检测信息和核子密度检测信息等，系统对录入数据进行自动判断，并建立分级预警机制。

#### 3.3.6　碾压混凝土施工实时仿真与控制系统

采用系统仿真技术、三维建模技术、数据库技术、控制论等，通过对大坝施工进行分解协调系统分析，实现对大坝施工进度的实时监测和反馈控制，为工程建设过程的进度控制与决策提供技术支撑和分析平台。

#### 3.3.7　雨情信息实时采集与分析系统

在坝区建立若干雨情信息监测站，采用无线数据传输技术、传感器技术、数据库技术，实时采集雨情信息监测站雨情信息，进行实时统计分析，并对影响大坝施工的降雨值进行报警。

### 3.4　大坝混凝土温度控制智能监控系统

大坝混凝土温控智能监控系统的功能有：一是实现出机口温度、入仓温度、浇筑温度等温控要素的全过程实时自动采集与监控，确保数据的实时和准确；二是实现全坝“无人工干预”智能化通水冷却，提高通水冷却施工质量；三是实现基于实时监测信息的自动预警，以及干预措施决策支持；四是实现温控施工、监测、评估、预警数据的共享，为现场施工管理提供依据。

#### 3.4.1　温控信息监测与采集系统

研发了专用采集设备（见图5）及其软件，实现骨料温度、出机口温度、入仓温度、浇筑温度、仓面小气候、混凝土内部温度过程、温度梯度、通水冷却进水水温、出水水温、通水流量、气温等温控要素的自动、半自动化实时采集，最大可能实现温控信息的自动获取，确保数据的实时和准确。

图5　混凝土机口、入仓、浇筑温度采集仪器

#### 3.4.2　智能通水系统

综合考虑绝热温升、温度梯度及降温速率以及混凝土热力学参数等多种因素，开发出混凝土智能通水冷却参数预测模型，根据冷却目标要求自动给出通水冷却流量参数，实现全坝“无人工干预”智能化通水冷却，提高通水冷却施工质量的同时降低施工差错率。智能通水逻辑原理如图6所示。

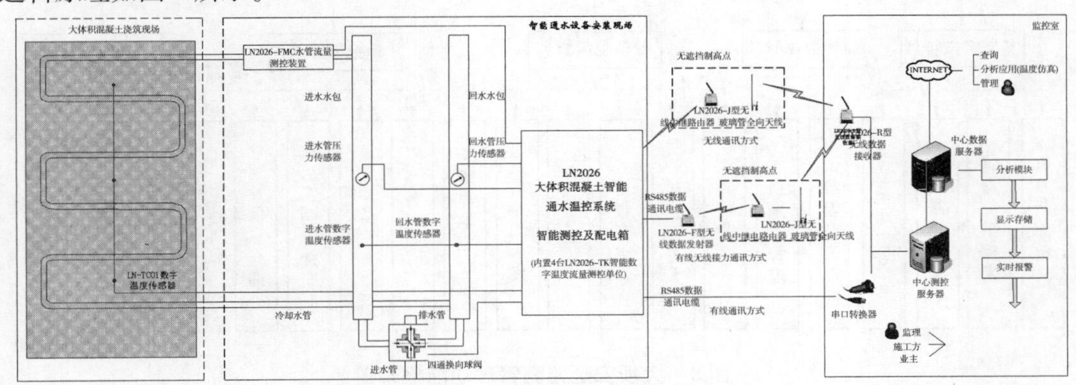


图6　智能通水逻辑原理图

### 3.5　大坝基础灌浆监控系统

大坝基础灌浆监控系统包括灌浆设计管理、施工过程管理、灌浆成果管理、物探检测管理4个部分，其功能框架见图7。实现管理基岩灌浆施工的设计、计划、施工、验收等各个阶段，从单元孔段的定义到施工过程数据、质量检测数据的采集，到最终的单孔验收、成果整理分析，提供全过程的单元、孔、段、灌次、时程数据管理和分析，保证设计、施工、检查等灌浆资料的完整性，并显著提高灌浆成果资料整理的工作效率。

### 3.6　大坝安全监测管理系统

大坝安全监测管理系统主要是对施工期、运行期的大坝安全监测仪器、监测数据进行管理，并通过系统进行监测数据的整编、统计、分析和预警，为进行温度、应力、位移等仿真计算

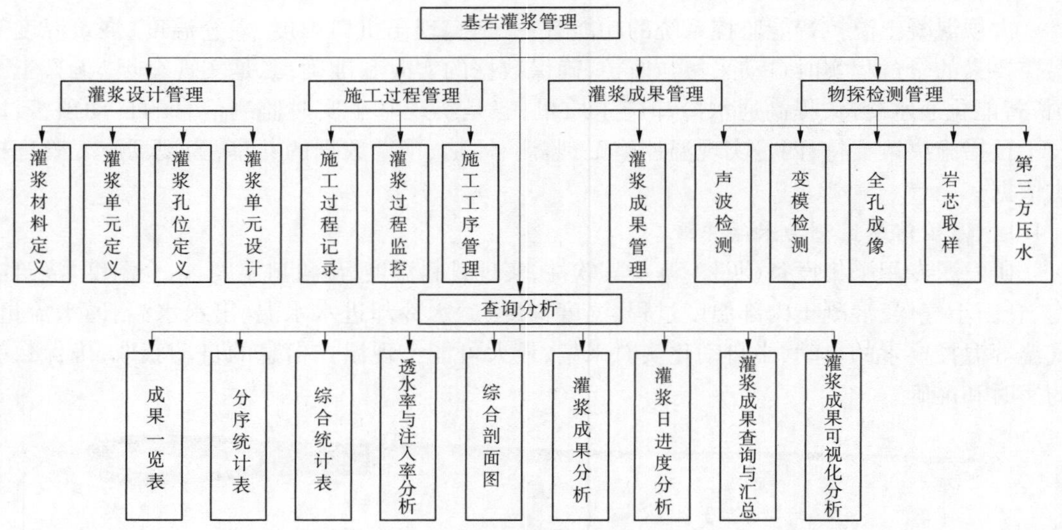


图7 大坝基础灌浆监控功能框架图

和反演分析提供可靠的数据基础，包括基础定义管理、监测数据管理、数据整编管理、预报警管理、查询分析5部分功能，功能框架图如图8所示。

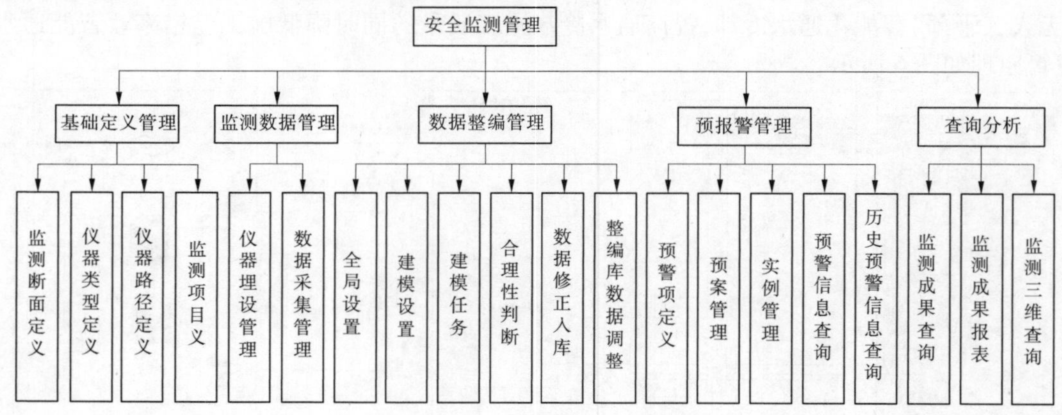


图8 大坝安全监测管理功能框架图

## 4 结 语

(1)数字黄登提出在大坝统一BIM模型的基础上，以结构风险评估为中心，以GIS为协同管理平台的水电工程全生命周期安全管理的思路，建立了黄登碾压混凝土坝三维平台，基于B/S模式的“数字大坝”综合信息动态集成管理系统，把大坝建设和运行过程中涉及的工程进度信息、施工质量信息等进行动态采集与数字化处理，构建黄登水电工程大坝综合数字信息平台和三维虚拟模型，以三维形式直观地表现出来，在虚拟的“数字大坝”环境下，实现各种工程信息的集成化、可视化管理，并在工程整个生命周期里，实现综合信息的动态更新与维护，为工程管理、大坝安全运行与健康诊断等提供全方位的信息支撑和分析平台。

(2)采用卫星定位技术、实时动态差分技术、无线数据传输技术、数据库技术、实时控制反馈技术、图形分析技术等，实现了大坝碾压混凝土碾压过程以及上游防渗层变态混凝土加浆作业的在线、实时监控，并通过反馈机制对施工工艺和施工质量进行实时控制，保证在大坝碾压混凝土施工过程中规范碾压施工和加浆作业，为碾压混凝土施工质量提供可靠保障，为现场施工和监理提供了有效的管理控制平台。

(3)首次实现对碾压混凝土热升层进行在线监控。通过在平仓机、碾压机上安装检测设备，对混凝土摊铺、碾压过程进行监控，自动监控某层混凝土从开始摊铺、平仓到碾压结束的历时，为保证碾压混凝土热升层施工条件提供支持。

(4)采用仿真技术、三维建模技术、数据库技术、控制论等，通过对大坝施工进行分解协调系统分析，实现对大坝施工进度的实时监测和反馈控制，在整个工程建设的生命周期里，实现进度信息的动态更新与维护，为黄登水电站工程建设过程的进度控制与决策提供技术支撑和分析平台。

(5)实现了混凝土骨料温度、出机口温度、入仓温度、浇筑温度、仓面小气候、混凝土内部温度过程、温度梯度、通水冷却进水水温、出水水温、通水流量等温控要素的自动采集及全过程实时监测，确保数据的实时和准确，为真实、全面地评估大坝温控施工情况提供直接依据，为大坝竣工验收提供强有力的技术支撑。

(6)通过温控智能监控系统的实施，实现对温控施工进行实时预警和干预，特别是智能通水的实施，可以实现无人工干预、个性化、智能化的通水冷却，提高温控施工水平。

(7)建立了一套大坝基础灌浆信息实时动态监控系统，监控大坝基础灌浆实施情况。通过采用具有数据无线发送功能的灌浆自动记录仪，实时采集大坝基础工程的灌浆信息，对不达标情况进行及时报警，及时采取相应措施。将采集到的灌浆信息进行信息管理及数据汇总，及时分析得到灌浆施工过程线、灌浆量柱状图、灌浆进度展示图等分析成果，作为基础灌浆验收的材料。

(8)黄登水电站已于2015年3月开始浇筑大坝混凝土，数字黄登已全面上线使用，各子系统运行正常，通过全面继承与管理设计成果，建立了大坝施工进度与质量信息动态采集、综合分析、实时反馈与决策支持平台，实现了黄登大坝混凝土原材料、生产、运输、浇筑、养护、质量检验等各个环节的全面监控与联合调度，对大坝浇筑碾压施工全过程、全天候、实时、在线监控，克服了常规质量控制手段受人为因素干扰大、管理粗放等弊端，有效地保证和提高了施工过程的质量监控水平和效率，使大坝建设质量始终处于真实受控状态，为混凝土坝建设质量控制提供了一条新途径，这也是今后水电建设提升科技与管理水平的重要发展方向。

# 瀑布沟大坝运行初期主要监测成果分析

熊 敏 江德军 黄会宝 柯 虎

（国电大渡河流域水电开发有限公司库坝管理中心 四川 乐山 614900）

**摘要**:本文通过对瀑布沟砾石土心墙堆石坝环境量、变形、渗流及应力应变等主要监测项目的监测数据分析,拦河坝表面呈向下游、向河床中心及沉降方向的位移,防渗墙变形主要发生在蓄水初期,目前变形速率逐渐减小;大坝总渗流量远小于设计值,下游反滤层及主防渗墙后渗压测值较小或为零,两岸山体帷幕及心墙防渗效果良好;各项监测指标均未发生异常变化,各监测项目物理量测值变化平稳,大坝安全运行性态良好。

**关键词**:瀑布沟,心墙堆石坝,变形,渗流,安全性态

## 1 工程概况

瀑布沟水电站位于四川省汉源和甘洛两县交界处,水库正常蓄水位850.00 m,死水位790.00 m,水库总库容53.37亿$m^3$,装机总容量3 600 MW。枢纽工程拦河坝为砾石土心墙堆石坝,坝顶高程856.00 m,最大坝高186 m,坝顶长540.5 m,上游坝坡1:2和1:2.25,下游坝坡1:1.8,坝顶宽度14 m。坝体断面主要分为砾石土心墙、反滤层、过渡层和堆石区四个区。

砾石土心墙顶高程854.00 m,顶宽4 m,上、下游侧坡度均为1:0.25,底高程670.00 m,底宽96.0 m。心墙上、下游侧各设两层反滤层,上游为4.0 m,下游为6.0 m。坝基防渗墙下游设厚度各1 m的两层反滤料与心墙下游反滤料连接。反滤层与坝壳堆石间设过渡层,过渡层与坝壳堆石接触面坡度为1:0.4。在心墙底部廊道和防渗墙周围填筑宽24.32 m、高15 m的高塑性黏土,另外心墙与两岸基岩接触面上铺设水平厚3 m的高塑性黏土。

河床覆盖层厚度一般为40~60 m,最厚处达70~80 m。由老到新堆积顺序为:第①层漂卵石层($Q_3^2$),第②层卵砾石层($Q_4^{1-1}$),第③层含漂卵石夹透镜状砂层($Q_4^{1-2}$),第④层漂(块)卵石层($Q_4^2$)。采用2道混凝土防渗墙全封闭防渗,墙厚1.2 m,中心间距14 m。上游墙(次防渗墙)高程670.00 m,以下最大深度76.85 m,顶部插入心墙10 m;下游墙(主防渗墙)高程670.00 m,以下最大深度75.55 m。顶部设3.5 m×4 m的灌浆兼观测廊道。

工程于2004年3月30日正式开工,2009年11月1日至2009年12月13日首期蓄水至死水位(790.00 m),2010年5月8日至2010年10月13日二期蓄水至正常水位(850.00 m),正常运行期水位变幅为60 m。

瀑布沟电站枢纽平面布置见图1。

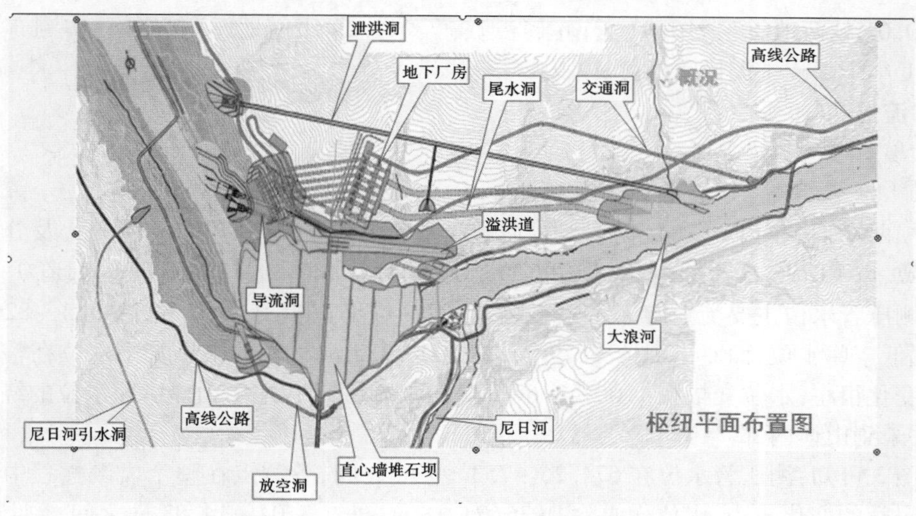


图1　瀑布沟电站枢纽平面布置图

## 2　监测设施布置

砾石土心墙堆石坝在桩号0+128.00 m、0+240.00 m、0+310.00 m、0+431.00 m共布设4个监测横断面，其中0+240.00 m、0+310.00 m为监测主断面。大坝布置了较为全面和先进的监测设施及仪器设备，渗流监测布置了绕渗孔、测压管、渗压计和量水堰；变形监测布置了表面观测墩、测斜管、沉降环、引张线式水平位移计、水管式沉降仪和真空激光变形观测系统、三向测缝计等；应力应变监测包含土压力计、位错计、土体位移计、应变计等。典型监测断面布置见图2。限于篇幅，本文仅对典型断面主要监测项目进行分析。

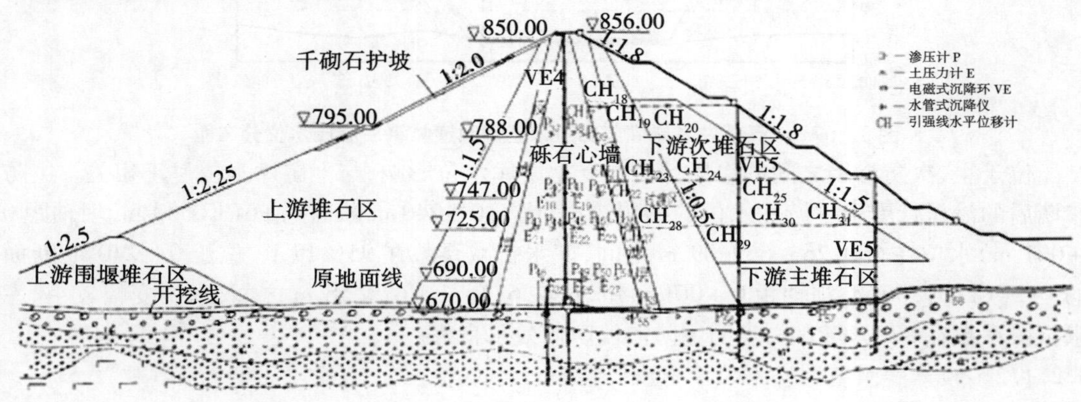


图2　砾石土心墙堆石坝0+310 m监测仪器布置

## 3　大坝安全监测成果分析

### 3.1　环境量监测

运行初期坝区气温在2.70～36.3 ℃之间，最大年变幅为31.4 ℃，多年平均值为19.4 ℃。日降雨量在0.5～77.0 mm之间，年降水量在409.5～969.5 mm之间，多年平均降雨量612.2 mm。水位年变幅在57.58～60.02 m之间。大坝投运后经历了“4.20芦山地震”、“10.01 越西地震”、“10.07 云南景谷地震”、“11.22 康定地震”等影响,实测有感地震最大烈度小于工程抗震设防烈度。

## 3.2　渗流监测

### 3.2.1　坝基渗流压力监测

#### 3.2.1.1　帷幕后及防渗墙后渗透压力监测

大坝两岸平洞内 EL731 m 防渗帷幕后渗压水位低于平洞 EL796 m,但变化及分布规律基本一致,以 EL796 m 为例,右岸 EL796 m 廊道测压管水位和左岸 EL796 m 廊道 0 ~ 332 m 以右的测压管水位主要受上游库水位影响,与库水位呈正相关,水位在 794.03 ~ 826.11 m 之间,远低于库水位;而左岸山体 EL796 m 廊道 0 ~ 332 m 以左的测压管中水位在整个监测过程中变化很小,水位变幅在 1.00 ~ 3.67 m 之间。这说明在左岸山体中库水位的绕渗只在浅层,并未到山体内部。

由图 3 可知:测压管水位在 674.26 ~ 753.99 m 之间,各测点在整个监测过程中测压管水位随时间的变化较小,水位变幅除 UP36(21.18 m)外在 3.04 ~ 14.83 m 之间,受上下游水位的影响较小,说明两岸山体防渗帷幕的防渗效果良好。河谷中部测压管的测值比两岸山体的测值要小得多,且在水位变化过程中其测值变化比两岸山体的小,在 674 ~ 679 m 之间,说明主防渗墙起到了良好的效果。

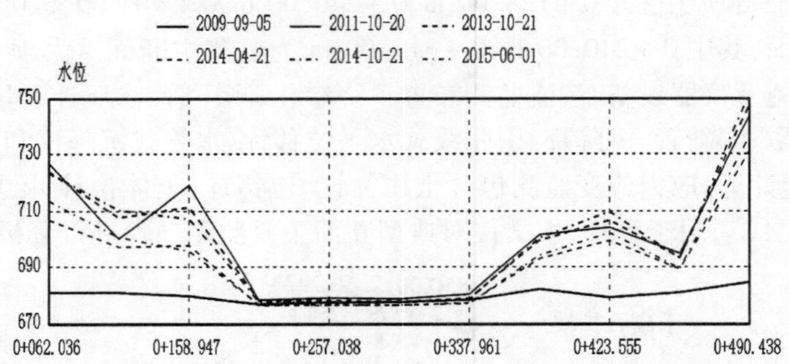


图 3　673 m 高程左右岸灌浆廊道和基础廊道帷幕后渗压水位分布图

位于主、次防渗墙之间的渗压计主要受上游库水位影响,与上游库水位呈正相关。主防渗墙后的渗压计受上下游库水位的影响较小,位于 0 + 240 m 断面的 P6(EL660 m,坝轴距 0 + 001 m)水位在 660.26 ~ 669.09 m 之间,库水折减系数在 95% 以上,位于 0 + 240 m 断面的 P12(EL659.00 m,坝轴距 0 + 001 m)水位在 673.71 ~ 679.58 m 之间,水位变幅较小,库水折减系数在 87.0% 以上,表明主防渗墙防渗效果良好。

#### 3.2.1.2　坝体和坝基结合部位渗透压力监测

以 0 + 240 m 断面为例进行分析,从上游至下游的测点 P29、P32、P33 所监测的水位过程线变化趋势基本相同,与上游水位的趋势一致,见图 4。接触面最大渗透压力在 118.38 ~ 142.99 kPa 之间,换算成渗压水位在 679.59 ~ 681.21 m 之间。从空间分布看,坝基与坝体结合部位接触渗透水位分布基本一致,总体呈现由上游向下游逐渐减小的趋势。

#### 3.2.1.3　坝基内部渗压监测

在坝基灌浆廊道 0 + 128 m 和 0 + 431 m 断面各钻孔埋设 3 支渗压计监测坝基覆盖层的分层渗水压力,P74 ~ P76 的监测水位在 749.73 ~ 792.74 m 之间,P77 ~ P79 的监测水位在 711.22

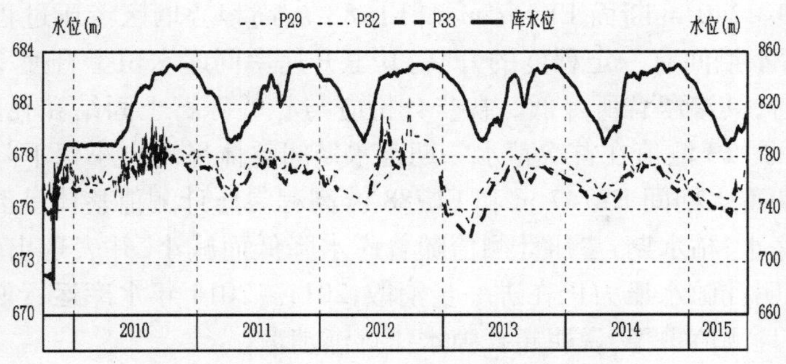


图4　0+240 m断面坝体与坝基接触面渗压水位过程线

~736.20 m之间,由过程线(见图5)可以看出,左右岸山体渗透水压变化与上游库水位的升降有一定的相关性,并且表现出同一断面渗压水位随着埋设高程的降低而增加的规律。

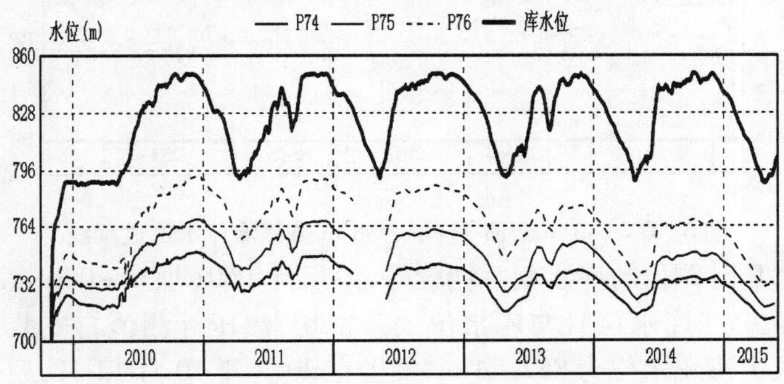


图5　0+128 m断面坝基覆盖层分层渗压水位过程线

3.2.2　坝体渗流压力监测

由表1可知:上游过渡层的P10渗压水位与库水位基本一致,测值在813.00~852.65 m之间;心墙区EL747 m和EL725 m均表现为上游侧渗压大于下游侧渗压,同时EL725 m渗压大于EL747 m渗压,这与填筑材料的含水量有关。下游反滤层测点P22在整个监测过程中渗压均为零,表明心墙防渗功能良好。

表1　0+240 m断面坝体渗压计监测成果表

| 测点 | 测点位置 | | 最大值/日期 | | | 最小值/日期 | | | 备注 |
|---|---|---|---|---|---|---|---|---|---|
| | X(坝) | Z | 渗压力(kPa) | 水位(m) | 发生日期 | 渗压力(kPa) | 水位(m) | 发生日期 | |
| P10 | 0-030.00 | 813 | 388.60 | 852.65 | 2011-11-30 | 0.00 | 813.00 | 2010-5-24 | 上游过渡层 |
| P13 | 0+000.00 | 788 | 376.47 | 826.42 | 2011-12-10 | 57.38 | 793.86 | 2010-5-9 | 心墙区 |
| P15 | 0-010.00 | 747 | 810.49 | 829.70 | 2010-10-14 | 74.85 | 754.64 | 2009-11-2 | 心墙区 |
| P16 | 0+000.00 | 747 | 547.02 | 802.82 | 2010-10-7 | 2.47 | 747.25 | 2009-11-2 | 心墙区 |
| P19 | 0-010.00 | 725 | 927.88 | 819.68 | 2010-10-14 | 92.77 | 734.47 | 2009-11-1 | 心墙区 |
| P20 | 0+000.00 | 725 | 833.78 | 810.08 | 2010-10-15 | 91.44 | 734.33 | 2009-11-1 | 心墙区 |
| P22 | 0+040.00 | 715 | 0.00 | 715.00 | 2011-5-16 | 0.00 | 715.00 | 2014-4-18 | 下游反滤层 |

图 6 给出了 0 + 240 m 断面 EL747 m 和 EL788 m 高程心墙区渗压过程线，从图中可以看出 EL 高程在蓄水期间有一定程度的升高，其上升速率同库水位上升速率相关，当水位稳定在 790 m 左右时，其渗压有所降低。初步分析应与心墙砾石土固结和孔隙水压力消散有关。而 EL788 m 的 P13 测值在首次蓄水一期蓄水期间整体呈现出小幅下降，即孔隙水压力以消散为主。二期蓄水期间 EL747 m 和 EL788 m 高程渗压计测值整体呈上升趋势，但整体渗压计测值小于库水；枯水期，渗压计测值随着库水降低而减小，并表现出较上升期同库水位有下降趋势，说明孔隙水压力仍在进一步消散；2011 ~ 2014 年水库运行期，渗压计测值明显小于首次蓄水，且测值平稳，说明超孔隙水压逐渐消散。

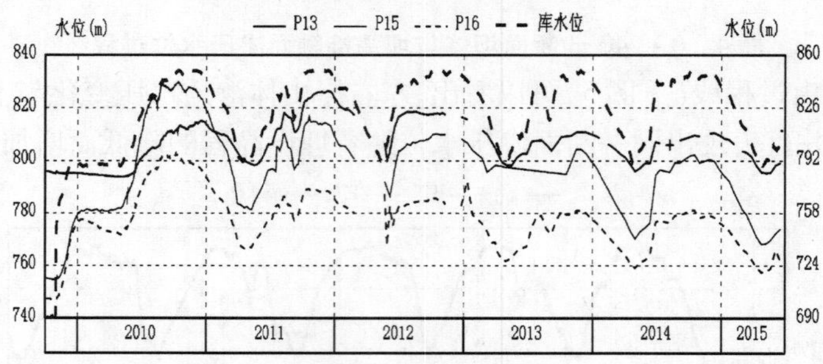


**图 6　0 + 240 m 断面 747 m、788 m 高程渗压水位过程线**

心墙区部分渗压计测值与库水相关性较好，渗压计 P60（坝 0 + 000 m，桩号 0 + 431 m，EL788 m）监测水位高于库水位且与库水位关系密切，渗压计测值自安装投运以来一直偏高，但测值稳定，最大渗压水位为 852.74 m，发生在 2012 年 10 月 12 日，超过库水位 850.00 m，最小值为 796.44 m 发生在 2015 年 5 月 8 日，超过当时库水位 792.70 m，对应消落期最低库水位为 788.83 m（2015 年 5 月 2 日）。对比分析该断面后期补埋渗压计 PB63（坝 0 + 000 m，桩号 0 + 431 m，EL752 m）的监测成果（见图 7），其渗压水位相对较低，分析认为主要由于 P60 渗压计埋设在测斜管旁，该部位采用人工夯实，密实度不足等因素造成渗压计实际安装位置较原设计高程差异较大，引起物理量计算基准值偏差，同时受孔隙水压力作用影响所致。此外，0 + 131 m、0 + 245 m、0 + 315 m、0 + 436 m 断面均有测点测值基本与库水一致，但坝后 B3 反滤料区的渗压水头极低，说明其保护砾石土、排渗功能良好，为大坝心墙渗透稳定起到了良好作用，后期运行应继续关注该部分测点。

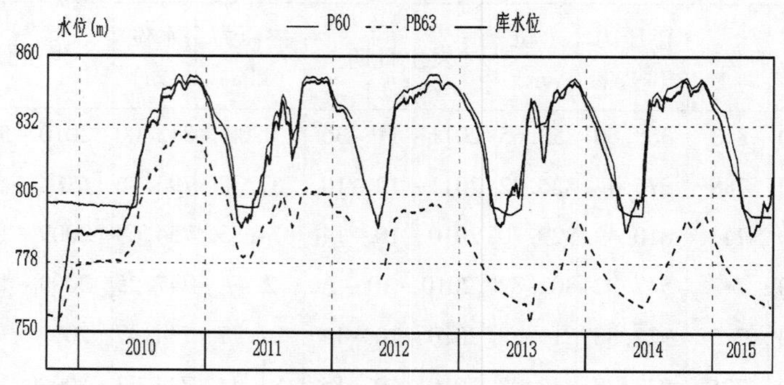


**图 7　0 + 431 m 断面 P60、PB63 水位过程线**

3.2.3　绕坝渗流监测

监测数据显示，绕渗水位在 858.57 ~ 675.98 m 之间，最大值出现在 RK15（防渗帷幕前），水位为 858.57 m（2012 年 8 月 16 日），最小值出现在 RK21X，水位为 675.98 m（2015 月 5 月 12 日）。绕渗情况大致可划分为三个区域：

（1）左岸平洞 856 m 高程、左岸下游河道边坡绕渗孔水位主要受上游库水位的影响，随着库水位的上升而上升，反之亦然；

（2）左岸溢洪道边坡和右岸坝后山体附近绕渗孔中水位受上游库水位的影响较小，在整个运行过程中其测值基本无变化，甚至出现干孔，说明在该处两岸山体的防渗效果较好，起到很好的防渗的作用；

（3）右岸山体坝轴线附近的绕渗孔测值的变化表现出不同的规律，其中位于防渗帷幕前的 RK15 的水位受上游库水位的影响，其测值与上游库水位的大小基本一致；而帷幕后 RK16 ~ RK18 的测值的变化较小，蓄水后小幅度的变化，见图 8。

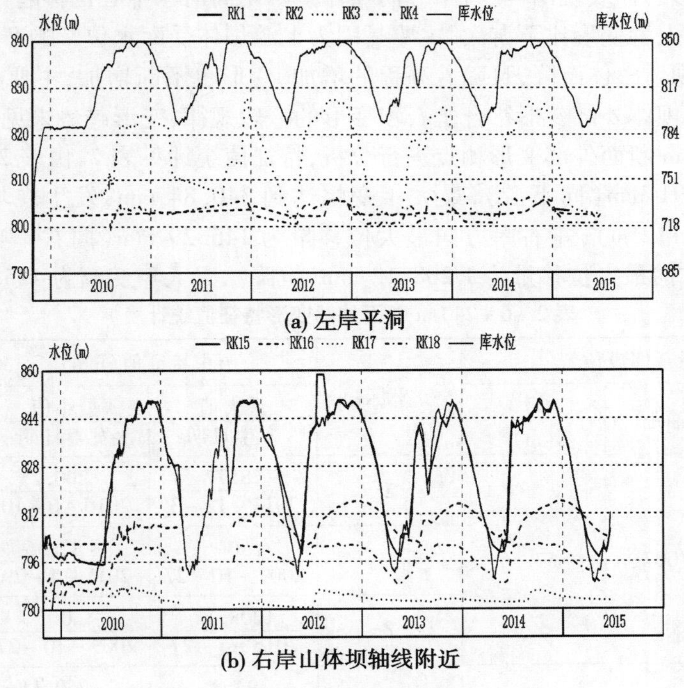


(a) 左岸平洞

(b) 右岸山体坝轴线附近

**图 8　绕渗孔水位过程线**

3.2.4　坝体渗流量监测

坝体渗流量采用 9 个量水堰监测大坝分区渗流量变化情况。坝体渗流量过程见图 9，可以看出，左岸总渗流量大于右岸，占到坝体总渗流的 66.38% ~ 73.43%，其中又以左岸 731 灌浆廊道为最，这与 2009 年 11 月对 731 灌浆廊道的进行补强灌浆效果有关，右岸在蓄水过程中山体渗压下降较大，补强灌浆效果明显。

左、右岸渗流量与库水位关系密切，随着库水位的上升而上升，反之亦然；同时坝体渗流量表现出时效减小的趋势，这对大坝的渗透稳定是有利的。截至 2015 年 5 月 30 日，坝体最大渗流量为 112.14 L/s，最小渗流量为 20.31 L/s，实测渗流量均小于设计渗流量（设计为 150.20 L/s），表明大坝防渗效果良好。

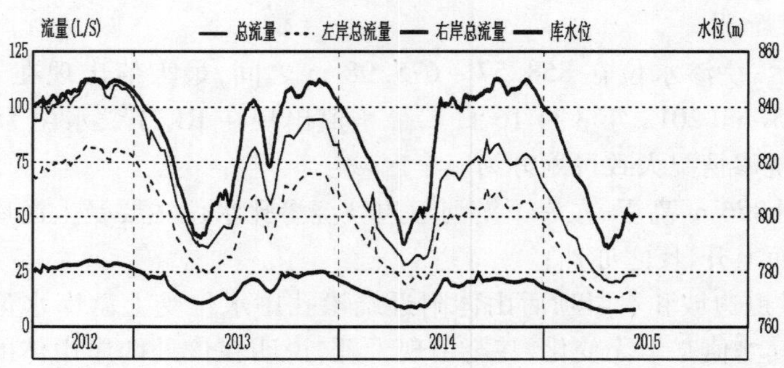


图9　瀑布沟大坝坝体渗流量过程线

## 3.3　变形监测

### 3.3.1　外部变形监测

大坝外部变形总体表现出：左右岸方向坝体呈两岸向河床中心位移趋势；顺河向坝体整体呈扩展变形，且上游变形比下游大，主要是因为上游坝体受库水位影响产生湿化变形引起的；铅直方向上，坝体整体沉降，且随着高程的增加，变形也不断增加，主要是坝高沉降累计所致。整体看来，坝体外部变形符合土石坝变形的一般规律，变形趋势未见异常。

选取 0+240 m 断面外部变形测点进行分析，特征值统计见表2，由表2可知：顺河向最大位移量为 515.91 mm（向下游），最大年变幅达到 340.84 mm，发生在坝轴线下游侧的 TP21（坝轴距 0+112 m）；左右岸方向最大位移量为 146.29 mm（向右岸），最大年变幅为 42.88 mm；竖直方向最大位移量为 1 208.12 mm（沉降），最大年变幅为 425.60 mm。

表2　0+240 m 断面外部变形特征值统计表

| 测点编号 | 埋设位置 | | 坐标 | 历史特征值(mm) | | 最大年变幅(mm) |
|---|---|---|---|---|---|---|
| | 坝轴距 | 高程(m) | | 最大值/发生日期 | 最小值/发生日期 | |
| TP4 | 0-007 | 857.36 | X | 78.77/2014-12-3 | -200.25/2010-6-10 | 271.09 |
| | | | Y | 0/2009-10-27 | -82.36/2015-4-29 | 40.64 |
| | | | Z | 1208.12/2015-5-27 | 0/2009-10-27 | 425.6 |
| TP13 | 0+007 | 857.4 | X | 94.8/2014-12-3 | -250.11/2010-6-10 | 294.41 |
| | | | Y | 0/2009-10-27 | -96.04/2015-3-18 | 42.88 |
| | | | Z | 821.09/2015-5-27 | 0/2009-10-27 | 362.97 |
| TP21 | 0+112 | 805.48 | X | 515.19/2014-12-4 | 0/2009-10-27 | 340.84 |
| | | | Y | 0/2009-10-27 | -30.54/2015-4-29 | 13.07 |
| | | | Z | 514.59/2015-5-14 | 0/2009-10-27 | 250.97 |

续表 2

| 测点编号 | 埋设位置 | | 坐标 | 历史特征值(mm) | | 最大年变幅(mm) |
|---|---|---|---|---|---|---|
| | 坝轴距 | 高程(m) | | 最大值/发生日期 | 最小值/发生日期 | |
| TP27 | 0+200 | 759.41 | $X$ | 195.57/2014-12-5 | 0/2009-10-27 | 127 |
| | | | $Y$ | 6.21/2011-3-15 | -2/2015-5-15 | 6.42 |
| | | | $Z$ | 218.03/2015-5-28 | 0/2009-10-27 | 106.49 |
| TP32 | 0+253 | 728.77 | $X$ | 6.7/2011-1-12 | -1.02/2010-5-30 | 7.72 |
| | | | $Y$ | 41.2/2015-5-30 | 0/2009-10-27 | 14.7 |
| | | | $Z$ | 38.96/2014-12-21 | 0/2009-10-27 | 18.19 |

图 10 为大坝 0+240 m 断面坝顶至坝后各外部变形测点顺河向及竖向位移过程线。从图中可以看出,一期蓄水后坝顶测点顺河向上整体呈现向上游位移;二期蓄水后随库水位升高,坝顶及下游坝坡在顺河向上整体呈现向下游位移,之后坝顶测点受卸荷回弹影响表现为高水位时向下游变形,低水位时小幅度向上游变形趋势,且其变形随库水位变化整体呈现周期性往复趋势,目前已逐渐趋于稳定。从各测点竖向位移过程线可以看出,坝体的沉降变形仍在继续,还未收敛,且受土体累计位移影响,其沉降变形随着高程的增加而不断增加。但值得注意的是,坝顶同高程上下游侧测点 TP4、TP13 位移表现出明显的不一致,存在水平位移差及沉降差。具体表现为:上游侧位移量大,下游侧位移量小,结合堆石坝变形特点分析,产生此变形性态主要由于上游堆石体受水荷载作用以及坝体材料的湿化变形引起,结合类似工程经验看,产生此变形现象属土石坝正常变化,但后期仍需加强监测。

图 11 为坝顶下游侧 0+007 m 桩号位移沿坝轴线方向位移空间分布图。从图中可以看出,在垂直方向,河床部位沉降变形大,两岸沉降变形小,这主要受各断面坝体的高度不同影响。顺河向上在蓄水初期坝体受库水浸泡软化,主要表现为向上游变形。蓄水后随库水位升高,坝顶在顺河向上整体呈现向下游位移,且随库水位变化坝顶变形在顺河向上整体呈现往复变形。空间分布上河床部位较两岸变形大。同时,对比左右岸大坝变形可知,大坝左岸主要表现为向上游变形,而右岸则表现为向下游变形,整体呈现出左上右下的扭曲状态,即存在大坝左右岸变形不同步的现象,产生此现象的原因仍需深入分析。

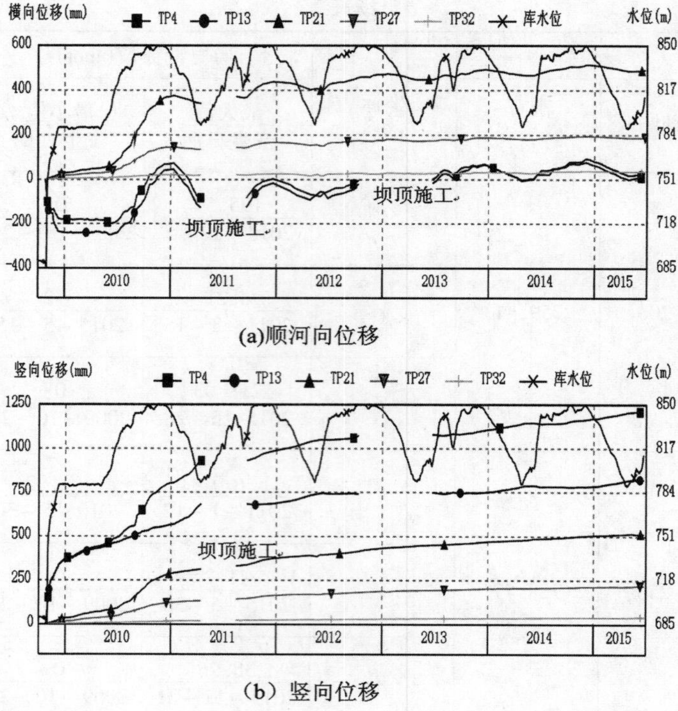


(a)顺河向位移



(b)竖向位移

图10 0+240 m断面顺河向及竖向位移过程线

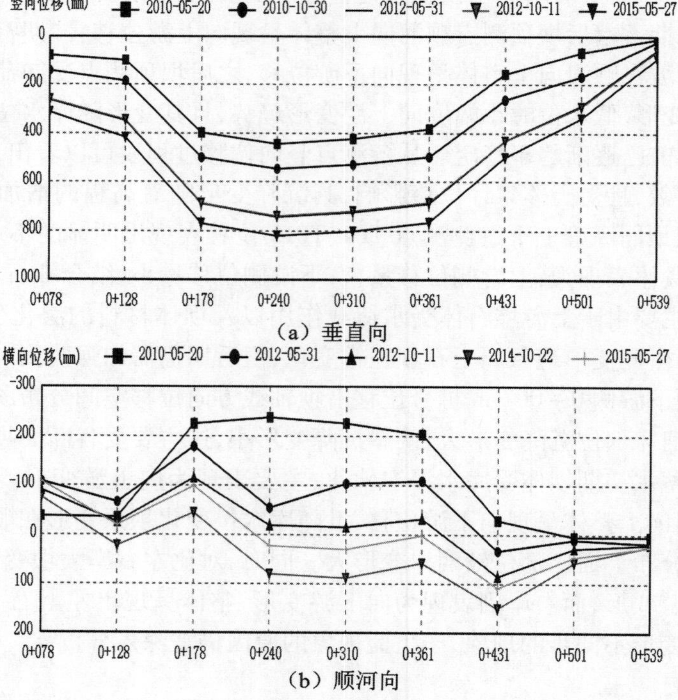


(a)垂直向



(b)顺河向

图11 坝顶0+007 m桩号位移空间分布图

### 3.3.2　内部变形分析

#### 3.3.2.1　沉降变形

典型断面(0＋240 m)堆石区不同高程沉降变形过程线如图11所示。从空间分布来看,沉降量随着高程的增加而增加,EL733 m以上的沉降量随着高程的增加而减小,说明坝体沉降量最大的部位位于坝体约1/3处(EL733 m);从时间过程来看,各测点沉降测值在填筑初期发展较快,填筑完成后沉降发展则相对缓慢,坝体中下部在蓄水前沉降已基本完成,即下游堆石区沉降变形主要发生在施工期和蓄水初期,蓄水后期沉降变形基本收敛,且与库水位变化关系不大;沉降变形量值则随时间逐渐趋于平缓,变形速率减小,趋于收敛,符合土石坝变形的一般规律。

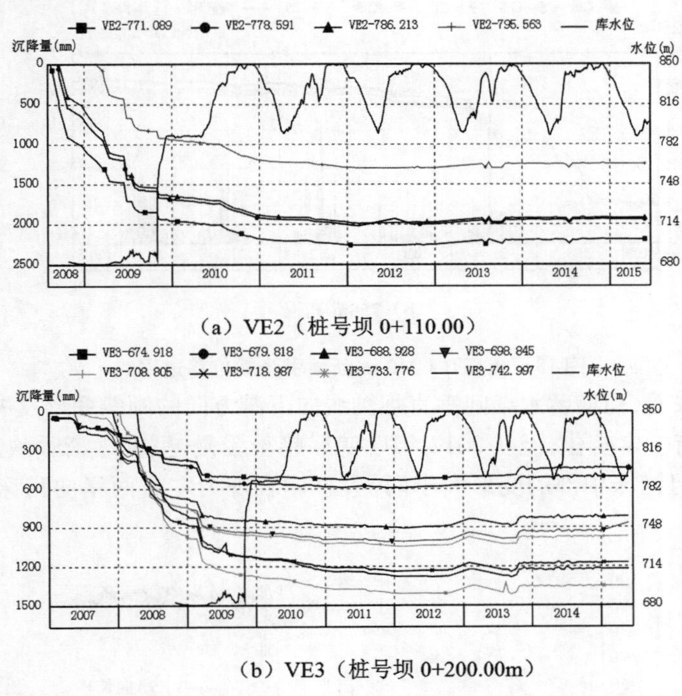

(a) VE2（桩号坝0+110.00）

(b) VE3（桩号坝0+200.00m）

图12　大坝0＋240 m断面电磁沉降环沉降过程线

#### 3.3.2.2　水平位移

典型断面(0＋240 m)各高程水平位移过程线如图13所示。典型断面各高程引张线式水平位移计观测成果显示,下游坝体整体向下游变形,反滤层部位在蓄水初期向上游变形,在二期蓄水以后也呈现向下游变形趋势。向下游的水平变形主要可以分成三时段,分别发生在施工期至一期蓄水末、二期蓄水水位上升期、二期蓄水高水位以后。第一部分,变形较为平稳,变形与时间基本呈线性关系,但其斜率较小;第二部分,变形速率加快,特别是在806 m高程处表现尤为明显,随着高程的降低变形量也减小;第三部分,蓄水后运行期,变形随时间逐渐趋于平缓,缓慢的增长。

### 3.3.3　坝基变形分析

#### 3.3.3.1　防渗墙测斜

在下游防渗墙桩号0＋200.0 m、0＋310.0 m和0＋350.0 m位置各布置测斜管,用于监测防渗墙的挠度变形。

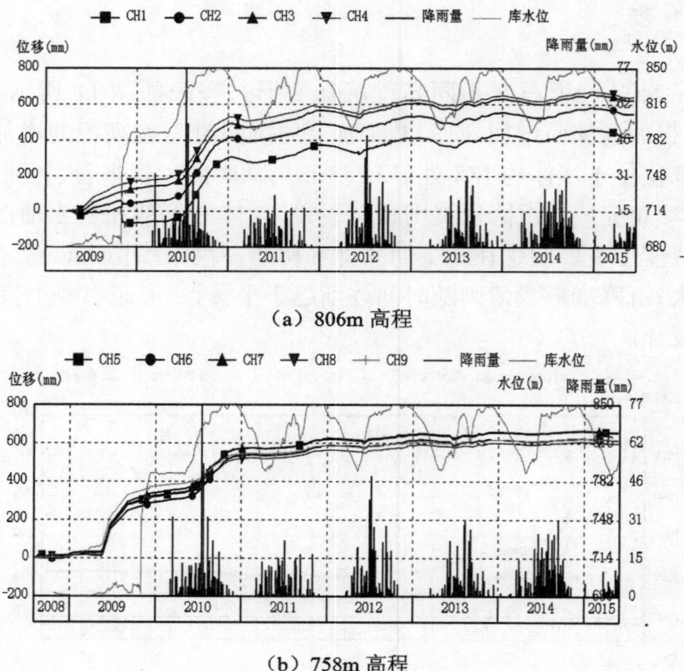


(a) 806m 高程

(b) 758m 高程

**图 13　大坝 0 + 240 m 断面引张线位移过程线**

从监测数据来看,初期蓄水期间垂直坝轴线向下游方向的倾斜变形发展比较明显,且受库水位变幅影响有一定变化,但从 2012 年后变形趋于缓慢,呈现逐渐收敛态势。最大变形在 100 mm 左右,且河床中部的变形大于两侧,总体表现为左右两岸向河床中心部位变形,符合一般规律。

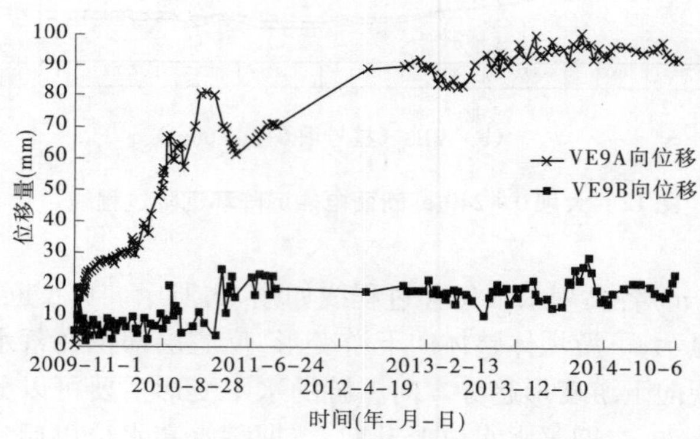


(a) VE9 管口累计位移过程线

**图 14　0 + 200 m 断面防渗墙倾斜变形分布**

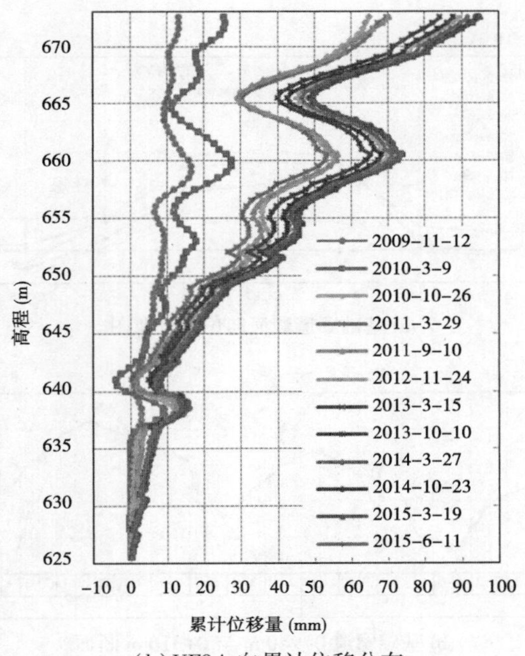


(b) VE9A 向累计位移分布

续图 14

3.3.3.2 基础廊道变形

大坝基础廊道由两部分构成,河床坝段灌浆廊道和两岸平洞内的灌浆廊道,两部分通过结构缝连接。如图 15 所示,从监测成果看,坝基廊道持续受外力作用,其变形量也在持续增加,廊道变形与库水位关系密切,在高水位下表现为向下游变形,低水位下表现为向上游方向变形,且整体仍呈现继续向下游发展趋势,但变形速率逐渐减小。自 2012 年 9 月投入运行的激光准直系统监测数据显示:大坝基础廊道顺河向最大位移测点在 0 + 280.00 m 位置,其累积位移量为 11.2 mm。

## 3.4 应力应变分析

大坝心墙部位共埋设了 32 支土压力计(E1 ~ E32),分布于心墙两主要监测断面(桩号 0 + 240.00 m 和桩号 0 + 310.00 m)的心墙与坝基接触部位、EL690 m、EL725 m 和 EL747 m 处心墙两侧及心墙内部,部分仪器在施工过程中损坏。

图 16 给出了 0 + 240 m 断面及 0 + 310 m 断面 EL747 m 处心墙两侧及内部土压力过程线。从时间过程来看,土压力计测值受上游水位变化的影响比较明显,库水位高则土压力计测值大,库水位低则土压力计测值减小,与库水位正相关。0 + 240 m 断面心墙上下游侧及中部 3 支土压力计测值相差不大,但 0 + 310 m 断面相同高程处上游侧土压力计测值明显偏高,产生这种现象的主要原因为拱效应,因为上游堆石体及反滤料等压缩模量大,沉降变形小,堆石料及反滤料的沉降速率远小于心墙的沉降速率,反滤料与心墙的变形不协调,从而产生拱效应;沉降较慢的堆石料及反滤料作为拱脚,导致交界处的应力增加,心墙中心处的应力减小。同时,在 0 + 310 m 断面上心墙中部的土压力计小于两侧土压力计,也是由于拱

效应引起的。

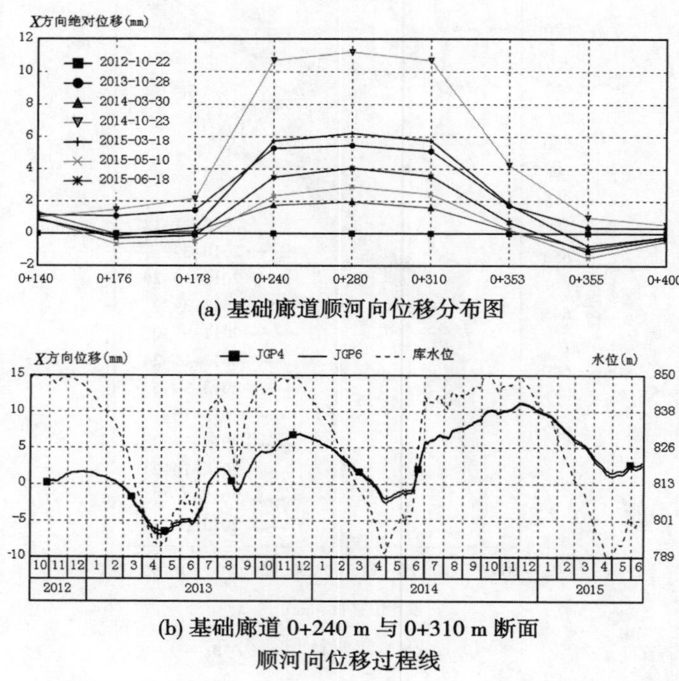


(a) 基础廊道顺河向位移分布图

(b) 基础廊道 0+240 m 与 0+310 m 断面顺河向位移过程线

图 15　基础廊道顺河向位移分布

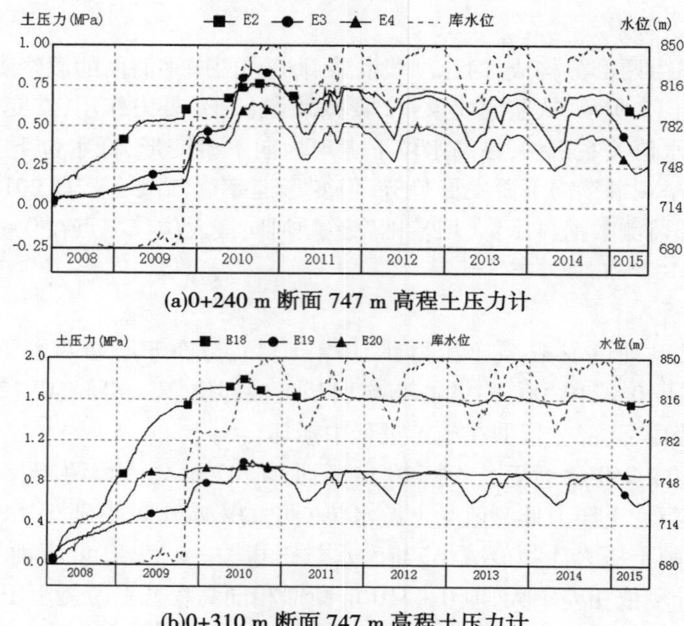


(a)0+240 m 断面 747 m 高程土压力计

(b)0+310 m 断面 747 m 高程土压力计

图 16　0 + 240 m 及 0 + 310 m 断面土压力过程线

表 3 给出了心墙内 0 + 240 m 断面及 0 + 310 m 断面上不同高程土压力测值及其拱效应系数 $R$。从表 3 中数据可以看出,0 + 240 m 及 0 + 310 m 断面上 EL747 m 与 EL725 m 上拱

效应系数最小,最小拱效应系数达到 12.21%,即约 1/3 坝高处拱效应最明显,与前文分析得出的下游堆石区在 1/3 坝高附近沉降位移最大相一致,符合一般规律。同一断面不同高程在竖向随着高度的增加土压力测值减小,主要是由于上覆土层厚度减小,导致上覆土压力减小,符合一般规律。

0 +310 m 断面 EL747 m 自心墙上游侧至下游侧拱效应系数分别为 67.91%、27.11%、40.85%,表现为心墙中部拱效应最明显的现象。产生此现象的原因除堆石区沉降小,心墙沉降大在接触部位所产生的拱效应外,还应考虑堆石坝坝体几何形态及地基情况。在心墙中部即坝轴线位置上覆土层最厚,不同的覆土层厚度沉降量也不同,沉降量最大的部位在坝轴线附近,越往坝坡的边缘沉降量将越小。同时,覆盖层本身受上覆土体的压缩也会沉降。顺河向,覆盖层的沉降大小取决于上覆土压力的大小,故可知在坝轴线附近沉降最大,心墙两侧相对较小。在此情况下,心墙中部与两侧就存在沉降差,会形成以心墙两侧为拱脚的新的拱效应,从而加剧了坝轴线附近的拱效应,导致心墙中部拱效应系数较小。

**表 3　心墙内各测点土压力及拱效应系数**

| 仪器编号 | 高程 | 坝轴距 | 初始蓄水测值(MPa) | 最大测值(MPa) | 出现时间 | 当前值(MPa) | 理论土压力(MPa) | 最小拱效应系数 | 当前拱效应系数 |
|---|---|---|---|---|---|---|---|---|---|
| | | | 2009 - 10 - 31 | | | 2015 - 6 - 6 | | | |
| E2 | | 0 - 014.00 | 0.544 | 0.77 | 2010 - 10 - 13 | 0.6 | 2.312 | 33.30% | 25.95% |
| E3 | 747 | 0 + 001.00 | 0.219 | 0.87 | 2010 - 8 - 25 | 0.39 | 2.398 | 36.28% | 16.26% |
| E4 | | 0 + 029.00 | 0.146 | 0.64 | 2010 - 8 - 29 | 0.26 | 2.13 | 30.05% | 12.21% |
| E6 | 725 | 0 + 001.00 | 0.68 | 1.17 | 2010 - 10 - 7 | 0.9 | 2.882 | 40.60% | 31.23% |
| E15 | 671 | 0 + 024.0 | 2.462 | 2.95 | 2014 - 12 - 12 | 2.94 | 3.884 | 75.95% | 75.70% |
| E16 | | 0 + 040.0 | 2.054 | 2.61 | 2014 - 12 - 12 | 2.5 | 3.689 | 70.75% | 67.77% |
| E18 | | 0 - 014.00 | 1.53 | 1.8 | 2010 - 7 - 9 | 1.57 | 2.312 | 77.85% | 67.91% |
| E19 | 747 | 0 + 001.00 | 0.542 | 1.01 | 2010 - 8 - 24 | 0.65 | 2.398 | 42.12% | 27.11% |
| E20 | | 0 + 029.00 | 0.845 | 0.97 | 2010 - 7 - 20 | 0.87 | 2.13 | 45.54% | 40.85% |
| E21 | 725 | 0 - 026.00 | 2.697 | 2.83 | 2009 - 11 - 2 | 2.22 | 2.65 | 106.79% | 83.77% |
| E23 | | 0 + 023.00 | 2.336 | 2.8 | 2010 - 10 - 17 | 2.67 | 2.686 | 104.24% | 99.40% |
| E31 | 671 | 0 + 024.00 | 2.274 | 3.09 | 2015 - 4 - 24 | 3.09 | 3.884 | 79.56% | 79.56% |
| E32 | | 0 + 040.00 | 2.092 | 2.63 | 2014 - 10 - 17 | 2.54 | 3.689 | 71.29% | 68.85% |

## 4　结论与建议

本文主要介绍了瀑布沟砾石土心墙堆石坝安全监测情况,经过对蓄水以来环境量、渗流、变形、、土压力等安全监测数据的分析,得到以下结论:

(1)防渗体系工况良好,渗流符合土石坝一般规律。坝体渗流量在 20.31 ~ 112.14 L/s 之间,小于设计值,总渗流量在可控的范围内,两岸防渗帷幕后测压管水位与库水相关,但远低于库水,表明两岸山体帷幕的防渗效果良好。坝体下游反滤料中渗压计测值自蓄水以来一直为零或渗压水头很低,表明心墙防渗效果良好。上游防渗墙分担水头比例偏小,但下游防渗墙折减系数达到 87% 以上,基础防渗墙运行未见异常。

(2)大坝变形符合土石坝变形一般规律,变形趋势未见异常,具体表现为:向下游、向河床中心沉降变形趋势，目前测值趋于收敛。内部变形沉降量最大的部位位于坝体约 1/3 坝高处，顺河向整体向下游变形，且主要发生在施工期和蓄水初期，防渗墙表现为向下游倾斜，且随库水位呈周期性变化。

（3）心墙土压力实测值小于理论值，表明心墙存在拱效应。心墙拱效应在约 1/3 坝高处最明显，且表现为心墙中部拱效应大于两侧的现象，其应力发展过程未见异常。

## 参考文献

[1] 成都勘测设计研究院. 四川省大渡河瀑布沟水电站枢纽工程竣工验收——监测成果分析总报告[R]. 2012.

[2] 陈飞，李璜. 黄河龙羊峡水电站的初期运行[J]. 水力发电学报，1998，60(1)：33-37.

[3] 晏祖江. 天生桥二级（坝索）水电站大坝初期运行情况分析[J]. 大坝观测与土工测试，1997，21(6)：12-16.

[4] 程展林，潘家军. 水布垭面板堆石坝应力变形监测资料分析[J]. 岩土工程学报，2012，34(12)：2299-2306.

[5] 张继宝，陈五一，李永红，等. 双江口土石坝心墙拱效应分析[J]. 岩土力学，2008，29(S)

[6] 胡万雨，陈向浩，林江，等. 瀑布沟水电站砾石土心墙初次蓄水期原位钻孔渗流试验研究[J]. 岩土力学，2013，34(5)：1259-1273.

[7] 成都勘测设计研究院. 四川省大渡河瀑布沟水电站枢纽工程蓄水安全鉴定、设计自检报告—水工设计部分[R]. 成都：成都勘测设计院，2009.

[8] 陈向浩. 瀑布沟砾石土心墙堆石坝初次蓄水期应力变形特征分析[D]. 成都：四川大学，2011.

# 新拌混凝土振捣质量状态的实时判定智能化方法

田正宏[1]　边　策[1]　向　建[2]

(1. 河海大学 水利水电学院　江苏　南京　210098;
2. 中国水利水电第七工程局有限公司　四川　成都　610081)

**摘要**:为实时图形化显示施工现场新拌混凝土振捣质量状态,研究开发了基于全球导航卫星系统(Global Navigation Satellite System,简称 GNSS)的可视化系统用以测定振捣棒运行轨迹和振动时间等工艺参数,进而可以量化评定混凝土浇筑过程中漏振、欠振及过振等问题,以便及时采取合适的修复措施。模拟试验和现场应用证明该系统稳定可行,能连续实时量化监测混凝土振捣作业质量。为此,开发了一种用于实时可视化显示作业位置和时间的新程序,解决了测试数据无线通信技术和质量判定模型建立难题,并对后续系统改进工作也进行了相应介绍。作为一种新的混凝土振捣密实过程监测方法,该智能方法能够使施工现场及时主动解决振捣相关质量问题。

**关键词**:可视化监测系统,混凝土密实,振捣轨迹,GNSS,实时定位

## 1　前　言

在混凝土浇筑过程中,必须采用振捣作业保证其密实性。漏振、欠振导致蜂窝麻面、气泡孔洞、钢筋外露等问题,而过振则造成骨料分布不均甚至离析[1,2]。

目前,插入式振捣是最常用的振捣方法[3,4]。虽然,相关研究和施工手册详细说明了如何将混凝土振捣密实并避免离析[5,6],但适宜的现场振捣量化控制方法却仍然缺失。换言之,混凝土浇筑后,其振捣棒插入位置、时刻及振动时间无法真正获知。该问题将造成振捣作业随意,且一旦不满足技术要求,则无法及时判断和处理而必然留下质量缺陷。所以,如何实时量化评价控制现场振捣质量是非常重要且意义重大的。

本文提出了一种全新的混凝土振捣可视化监测系统,该系统基于 GNSS 技术,将同时连续采集的振捣棒运行轨迹和振动时间无线传输、显示。此外,后续的系统改进也作了相应介绍。由于该系统能够实时三维可视化显示振捣作业状态的时空分布,因此能够显著地提高混凝土密实质量控制水平。

## 2　研究方法

### 2.1　工作原理

系统采用 GPS(Global Position System)和 GLONASS(Global Navigation Satellite System)双星接收机及 RTK(Real Time Kinematic)工作模式实时定位棒头坐标。同时,特制电极装

基金项目:国家自然基金面上项目(51279054)

置,并根据振捣棒插入、拔离拌和物时装置内电位值变化,计算插拔时间间隔,获取振捣时间。其次,单片机整合振捣棒振捣轨迹和振捣时间,实时发送给远程终端计算机。最后,编写可视化软件,连续计算、分析、图形化显示振捣混凝土状态。该系统有助于施工操作管理人员生动直观地获知浇筑质量状况,其工作原理如图1所示。

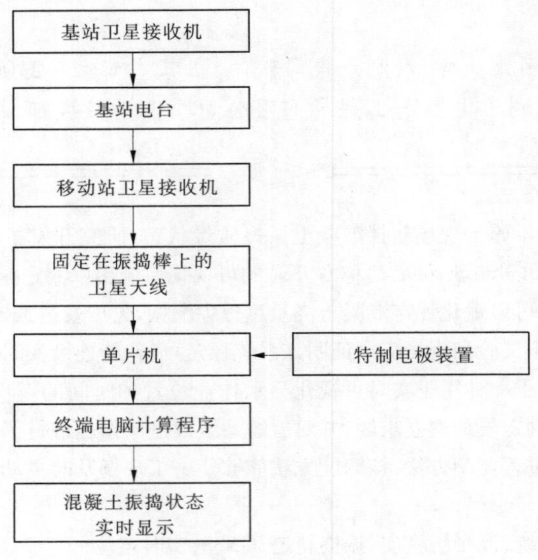


图1　工作原理示意图

### 2.2　系统组成

系统组成如图2所示,相关功能组件如图3、图5、图6、图7、图9所示,其中卫星基站、移动站、分析显示终端之间以无线电台通信。

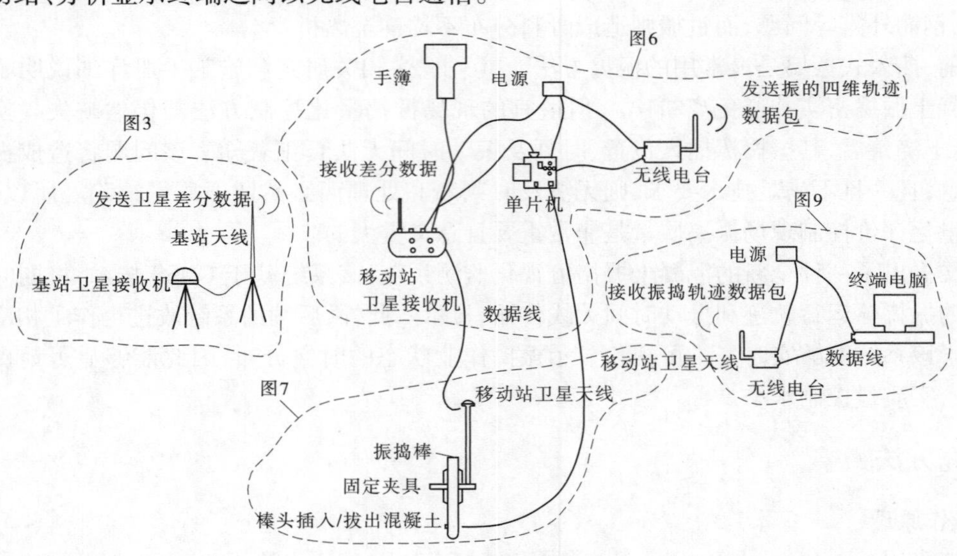


图2　系统组成示意图

#### 2.2.1　振捣轨迹采集子系统

振捣轨迹采集子系统由卫星基站(见图3)及移动站组成,其中移动站接收基站自身定位数据并通过差分算法实现高精度解算定位。

图3 卫星基站

为在峡谷或狭窄施工部位等不易接收卫星信号区域稳定获得高精度定位数据,系统采用GPS和GLONASS双星卫星接收机(见图4)及RTK工作模式。卫星天线拧紧于轻质碳纤维棒棒头,而碳棒通过夹具与振捣棒连接固定,并与其保持平行。天线至振捣棒棒头距离预先设定并在浇筑过程中不能改变(见图5)。振捣作业开始后,单片机(置于设备包中,见图6)实时将振捣轨迹与其他数据整合打包,并通过电台发送给监控终端。

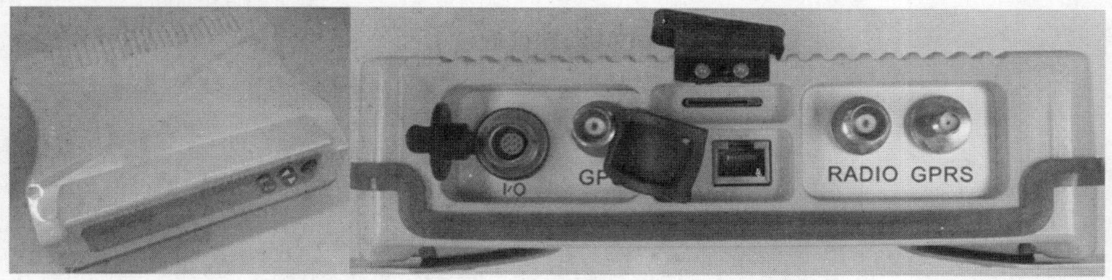


图4 双星卫星接收机

2.2.2 振捣时间采集子系统

振捣时间由固定于振捣棒棒头的特制电极装置采集(见图7)。电极根据振捣过程中振捣棒上混凝土残留浆液在插入和拔离振捣拌和物时电位值差异,从而计算获得振捣时间(见图8)。

2.2.3 数据处理子系统

设备包是数据处理系统的主要功能组件(见图6),将可编程控制器、电台、卫星接收机、电源整合并置于便捷背包中,由施工人员携带并利用控制手簿进行简单操作,以适应复杂的施工现场环境。

2.2.4 数据显示子系统

通过电台,计算机的开发程序接收移动站发来的数据包,并根据合理振捣时间、半径参

图 5　现场振捣作业

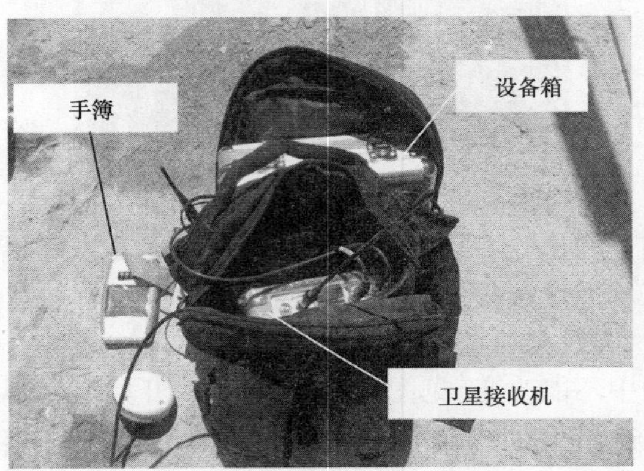


图 6　移动站设备包

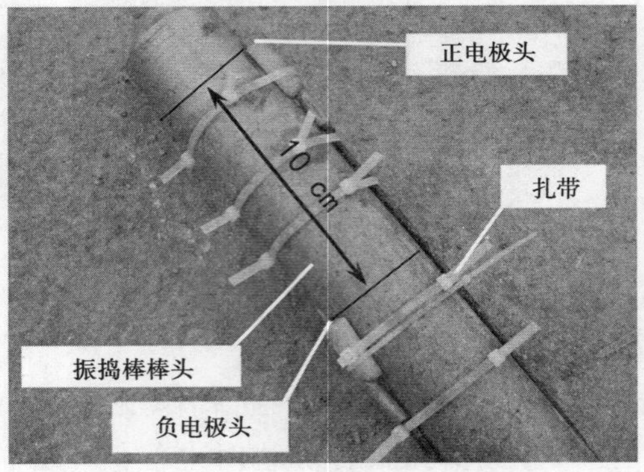


图 7　电极装置

数计算每个振捣点位置及作用范围,并以不同颜色标示处振捣质量(见图 9)。

## 3　系统验证

在 5 m×2.5 m×0.5 m 的混凝土浇筑作业面进行试验验证。其中,振捣棒有效作用半径及合理振动时间范围分别设定为 25 cm 和 20~40 s,振捣效果图(见图 10)表明质量状态(如合格振捣、欠振等)显示清晰,程序计算的振捣时间与秒表记录的真实时间平均误差在

1.5 s 内，说明电极装置灵敏可靠。

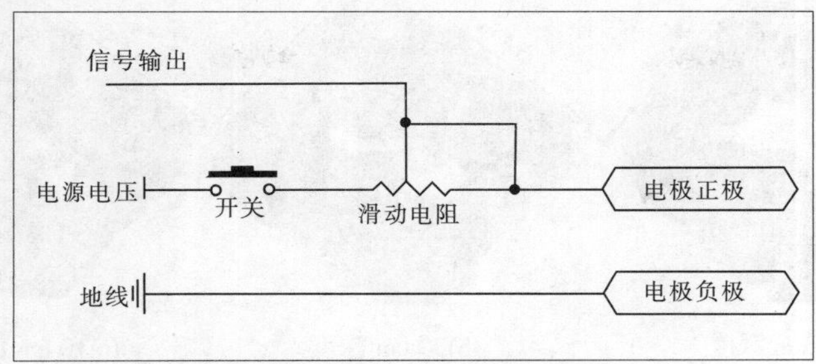


图 8　电极装置电路示意图

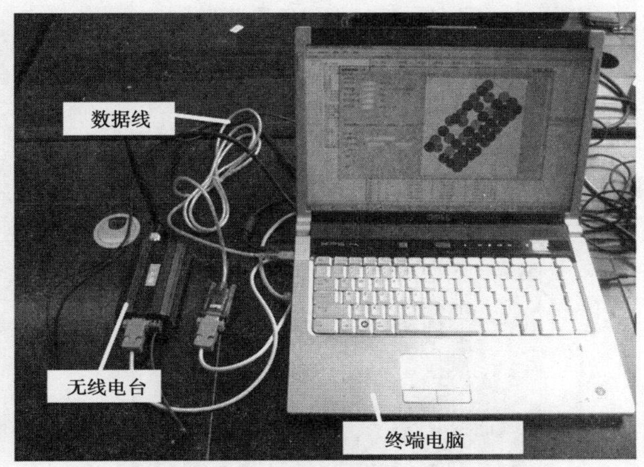


图 9　终端显示

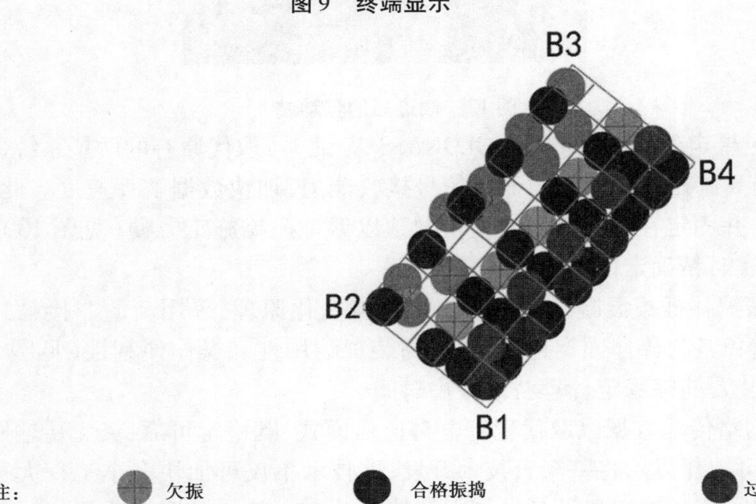


图 10　振捣效果图

此外，系统也成功应用于四川观音岩水电站新拌混凝土不同浇筑层施工质量监测中，同区域不同深度的振捣效果如图 11 所示。由图 11 可知受振混凝土质量易被识别，并可被量化评价。

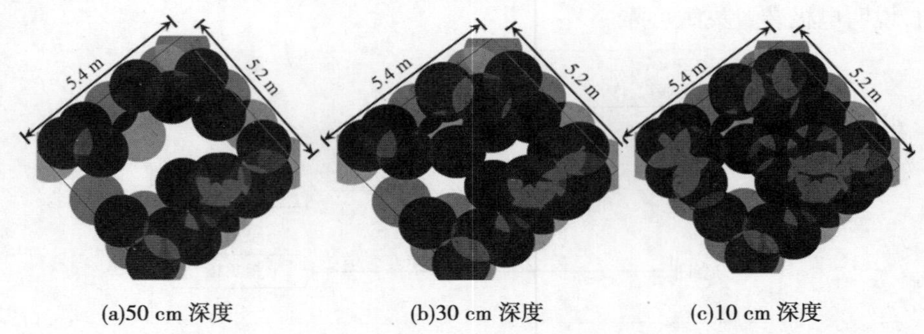


(a)50 cm 深度　(b)30 cm 深度　(c)10 cm 深度

图 11　现场振捣质量监测

## 4　系统改进

根据试验数据和使用效果,对目前系统进行了相关改进。

(1)考虑到施工便捷,移动站设备已更加集成简化,重量变轻,并有效减少设备接线(见图 12)。

图 12　改进后的移动站

(2)三星卫星定位系统(GPS 和 GLONASS 及 北斗)取代原有的两星系统(GPS 和 GLONASS),极大提高遮挡干扰地区的卫星信号接收能力,加快数据解算速度。此外,卫星天线更加小巧轻便,并固定在施工人员安全帽帽顶以保证振捣施工方便(见图 13)。目前,天线至棒头坐标的实时精确定位工作正在研究中。

(3)基于振捣棒插拔混凝土时内部工作电流变化原理,采用新的非接触式装置采集计算振捣时间,避免其与棒体固定连接,以提高装置耐用性和操作便利性(见图 14)。初步试验结果证明该装置能够稳定计算获取振捣时间。

(4)通过网络传输数据以取代现有电台通信模式,既稳定可靠,又无传输距离限制。数据存储、计算、可视化显示将基于云技术开发,该技术不仅可加快多个工程大数据的同步并行处理速度,也可实现工程建设各参与方的信息共享。其他如振捣质量实时反馈和界面更加简洁友好,且操作方便的软件开发等研发工作仍在进行中。尽管一些工作仍待完成,但初步现场试验结果表明改进后的系统能够实现振捣质量可视化显示(见图 15)。

## 5　结　论

可视化振捣监测系统能够实时精确采集混凝土浇筑过程中每个振捣点的空间轨迹和振

图 13　卫星小天线

图 14　振捣时间采集计算装备

图 15　改进系统振捣监测效果

动时间,并以彩色云图方式显示。因此,系统稳定可靠,其振捣质量状态数据可被连续便捷采集。为进一步提高施工工效及便利性,相应系统改进工作正在进行,其中部分已经完成并在初步试验中证明有效。

## 参考文献

[1] Domone P L. Self - compacting concrete: an analysis of 11 years of case studies [J]. Cement and Concrete Composites, 2006, 28 (2): 197-208.

[2] Supernant B. Concrete Vibration [M]. Concrete Construction Publications, 1988.

[3] Soutsos M, Bungey J, Brizell M. Vibration of fresh concrete: experimental set - up and preliminary results [C]// Proceedings of the International Seminar on Radical Design and Concrete Practices, University of Dundee, Scotland, 1999:91-101

[4] Davies R. D. Some experiments on the compaction of concrete by vibration [J]. Magazine of Concrete Research, 1951, 8(3):71-78.

[5] 刘洋.斜坡混凝土振动密实成型试验研究[D].山东科技大学,2010.

[6] ACI committee 309. Report on behavior of fresh concrete during vibration[R]. Farmington Hills :American Concrete Institute, 2008.

# 水下施工技术在遥田水电站新增检修门槽工程中的应用

单宇翥　陈　烨

（青岛太平洋海洋工程有限公司　山东　青岛　266100）

**摘要：**遥田水电站拦河坝中的溢流坝段设27孔溢流堰，现每孔弧形闸门前均增设一扇检修闸门，检修闸门为10 m×9 m平板门。青岛太平洋海洋工程有限公司于2014年8月承包并实施该项目，该项目为首例在国内通过水下施工的方式来新建门槽的项目。本工程采用潜水员水下施工，无需设置围堰来创造旱地施工条件，不受水库运行条件限制，无需导流，无需弃水施工，可节约水利和电力资源。在节约工期的同时也大幅度地降低了工程造价。潜水员水下作业时，配备管供式空气潜水装具、水下照明设备、水下摄像机、潜水电话和水下气动、液压设备等相关工具，按照水面上工作人员的指令，完成水下检查、水下钻孔、水下浇筑等各项工作。同时，水下摄像机和潜水电话这些先进设备能够把施工过程的每一画面连续传送到水面监控器，在水面以上的工程技术人员、工程监理和甲方人员可以通过这些设备直接监督、检查和指导水下作业，从而实现施工作业水上水下的统一和同步。在本项目中，混凝土闸墩水下整体开槽、水下混凝土的浇筑和门槽、底槛埋件的水下精确安装是本工程的施工关键点。本文通过对水下定位、闸墩整体开槽、底槛水下浇筑等主要先进施工技术、施工设备和关键工艺的详细描述，介绍了水下作业技术在遥田水电站新增检修门槽项目中的应用。

**关键词：**遥田水电站，闸墩整体开槽，水下定位，水下混凝土浇筑

## 1　工程概况

### 1.1　枢纽概况

遥田水电站位于湖南省耒水下游，距耒阳市26 km。为耒水梯级水能规划的第12个梯级，电站以发电为主，兼有航运、供水等综合效益的工程，全流域面积11 905 km$^2$，坝址以上积水面积10 470 km$^2$，多年平均年降水量1 580.3 mm，多年平均流量269 m$^3$/s。遥田水电站于1977年完成初设，同年10月正式施工。1988年12月31日第一台机组试投产发电，至1993年11月18日4台机组全部投产[1]。

枢纽主要水工建筑物有拦河坝、厂房、变电站、船闸、引水渠、尾水渠，工程属于属三等工程。枢纽中的永久性挡水建筑物属三级建筑物，次要建筑物属四级，临时建筑物属五级[1]。

拦河坝与厂房船闸坝线分开布置，拦河坝位于老河道上，而厂房船闸位于新开挖的引（尾）水渠上。拦河坝中的溢流坝段设27孔溢流堰（WES），表孔泄流，其中高堰24孔，装10 m×6 m钢弧门，堰顶高程67.0 m；低堰3孔，装10 m×9 m钢弧门，堰顶高程64.0 m，采用底流消能，设有消力池[1]。

### 1.2　工程内容

拦河坝中的溢流坝段设27孔溢流堰（WES），表孔泄流，其中高堰24孔，装10 m×6 m

钢弧门,堰顶高程67.0 m;低堰3孔,装10 m×9 m钢弧门,堰顶高程64.0 m,采用底流消能,设有消力池。现每孔弧形闸门前均增设一扇检修闸门门槽,检修闸门为10 m×9 m平板门。如图1所示。

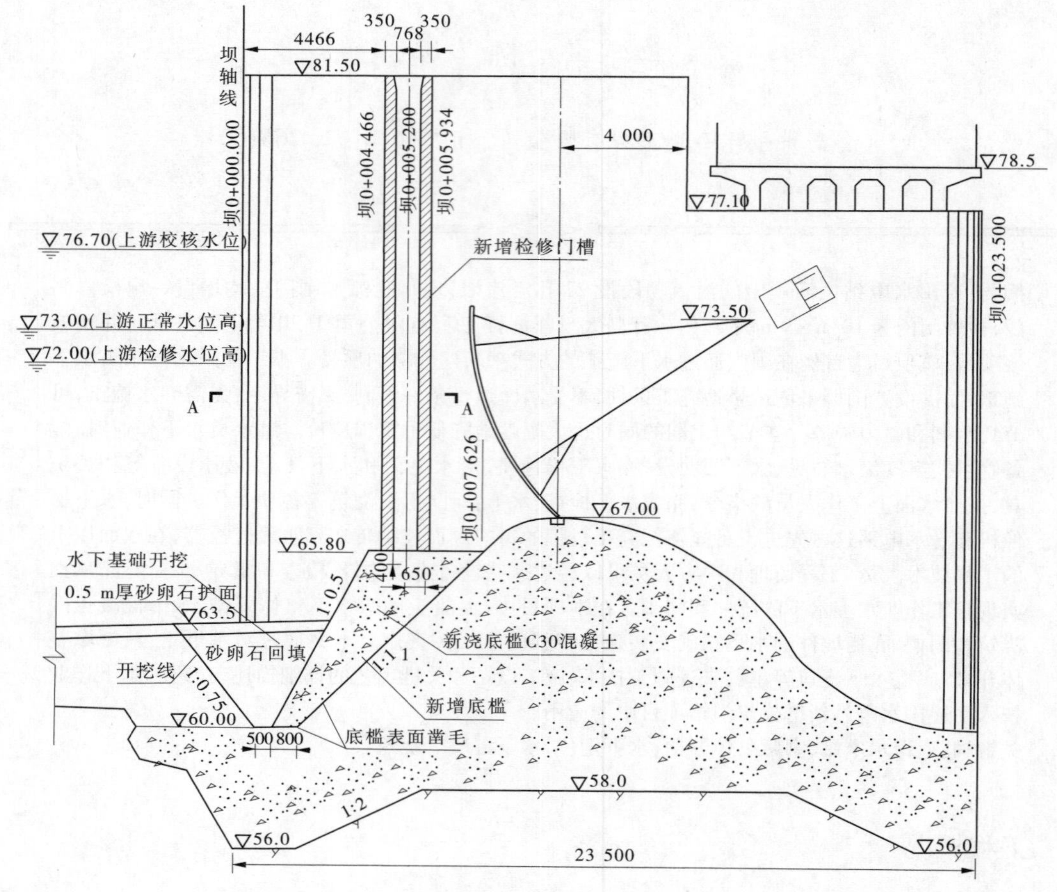


图1 遥田水电站高堰孔增设检修门槽示意图 (单位:mm)

本工程根据施工部位的不同,将主体工程分为三大分项工程:基础开挖和回填工程、底槛工程、门槽工程。

1.2.1 基础开挖和回填

首先按照设计图纸对闸墩处砌石护面和黏土铺盖进行水下开挖,开挖坡度1:1开挖深度至设计高程。水下开挖使用抓斗结合起重机进行清理(见图2)。

抓斗式开挖设备(见图3)是由12 t起重吊机、清淤抓斗、钢丝绳等组成,安装于开挖作业船上。开挖作业船是开挖设备的主体,是水上承载结构。开挖作业船的固定,采用四点锚泊定位。

在水下开挖过程中,实际施工的边坡坡度需适当留有修坡余量,再用人工修整,以满足施工图纸要求的坡度和平整度。

门槽工程结束后,根据设计图纸要求对闸墩前底板进行土方回填。

图2　抓斗开挖

图3　机械抓斗设备

1.2.2　底槛工程

底槛工程主要包括水下混凝土浇筑和埋件的水下安装(见图4)。

首先,在基础开挖后浇筑底槛混凝土,底槛新浇混凝土采用水下不分散混凝土,强度等级为C30,并根据设计要求在混凝土内安装底槛埋件。为了有效限制水下混凝土在浇筑过程中分散和离析,在混凝土中掺用抗分散剂;为确保新老混凝土有机结合,特别是与闸墩混凝土的有机结合,在混凝土中掺加微膨胀剂。在孔口中心线原结构缝处对新浇底槛混凝土进行结构分缝,缝宽10 mm,采用沥青杉木板填充。

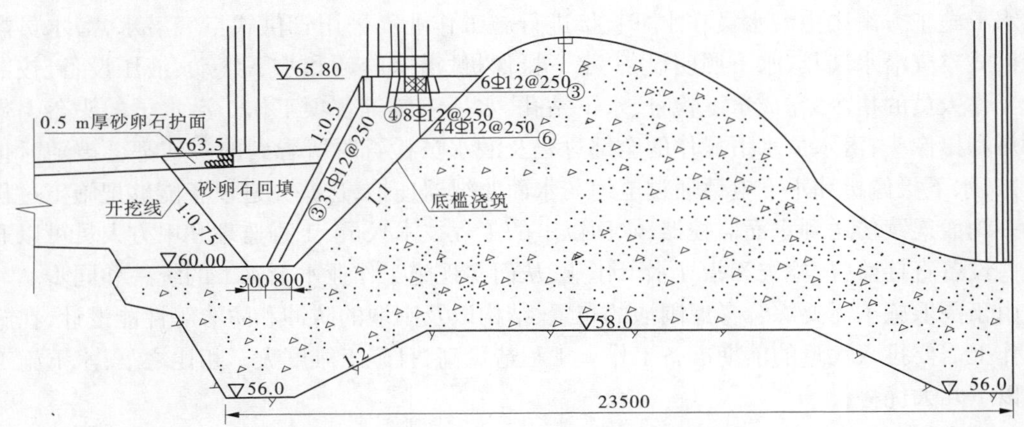


图4　底槛示意图

1.2.3　门槽工程

门槽工程主要包括闸墩整体开槽、门槽钢筋和埋件安装及门槽混凝土浇筑。首先对闸墩处混凝土进行整体切割开槽,按照设计图纸安装钢筋和埋件后,进行二期混凝土浇筑(见图5)。水下部分二期混凝土采用水下不分散细石混凝土,强度等级为C30;水上部分二期混凝土采用普通混凝土,强度等级为C25。

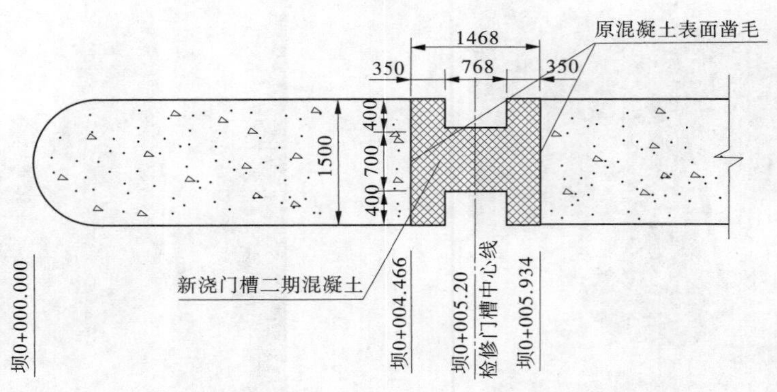


**图5 闸墩二期混凝土示意图**

## 2 工程特点及施工重难点

### 2.1 工程特点

该项目对围堰施工和水下施工两种方案进行了选比。

围堰方案拟在拦河闸闸墩前布置一排钢板桩围堰。每三孔为一期，每孔拦河闸检修闸门施工完成后，将钢板桩拔出并用于下一期的围堰工程中。每个钢板桩围堰重 145.7 t。首先将钢板桩围堰用振动锤逐片插打至设计标高并固定，插打之前需对溢流孔闸墩前底部进行清理。围堰安装完毕后，对围堰内进行抽水、吸泥、安装内部支撑并将基坑封底，从而为检修门槽施工创造干地条件。

水下施工方案则由潜水员在水下直接进行施工作业。采用管供式空气潜水，潜水员配备管供式空气潜水装具、水下照明设备、水下摄像机、潜水电话和水下气动、液压设备，按照水上工作人员的指令，完成水下检查、水下钻孔、水下浇筑等各项工作。潜水员的头盔上带有射灯和摄像头，潜水员水下操作的全部过程及潜水员检查时所看到的一切都会被随时拍摄下来；水下摄像机和水下电话通过电缆与水面监视器连接，这些先进设备能够把施工过程的每一画面连续传送到水面监控器，水面以上的工程技术人员、工程监理和甲方人员可以通过这些设备直接监督、检查和指导水下作业，从而实现施工作业水上水下的统一和同步。

由于围堰施工需要综合考虑围堰的布置、结构以及围堰的防冲和防渗等性能设计，在施工操作上需要投入大量的前期准备工作。工程造价高，且施工难度大。相比之下，水下施工具有以下几大优势：

(1)不受水库运行条件限制，无需导流，无需弃水施工，不影响水库和电站的正常运行，节约水利和电力资源；

(2)在汛期可正常泄洪，不影响安全度汛；

(3)相比于围堰施工，水下作业前期准备工作少，可最大限度地提高施工进度；

(4)水下直接作业，无需设置大型围堰来创造旱地施工条件，大幅度地降低了工程造价。

最终，通过各方面的综合比较，水下施工方案因其明显的优势，获得了业主方的最终认可。

## 2.2　施工重难点

遥田电站增设检修闸门工程,门槽埋件的精确安装是本工程的重中之重,因此最关键的部位为门槽施工和底槛施工。本文将重点对门槽施工和底槛施工的关键工艺进行详细阐述,包括闸墩整体的开槽、预埋件的精确安装、混凝土的水下浇筑。

# 3　闸墩整体开槽工艺

闸墩开槽是门槽施工过程中的首要步骤,也是关键工艺。由于需要开槽的闸墩一共有28个,工程量大,工期非常紧迫,因此如何快速、精确地对闸墩进行切割开槽是本项目的一大重点。在现场,我们试验了两种方法对闸墩同时进行开槽比对,以便选出适合遥田改造项目的最佳方案。

(1)方案一:采用绳锯结合静力破碎。

第一种方法,采用钻取破碎孔、灌注静力破碎剂的方式,对闸墩进行分节破碎拆除。首先对采用绳锯切割出门槽边缘线。切割完成后采用 $\phi$ 42 液压钻头,按照图 6 所示位置钻取静力爆破孔,并在孔内灌注静力破碎剂(见图 7),每次钻取深度为 2 m。当膨胀剂把闸墩混凝土胀碎(见图 8)后,采用人工凿除的方式对已经胀碎的混凝土进行凿除。

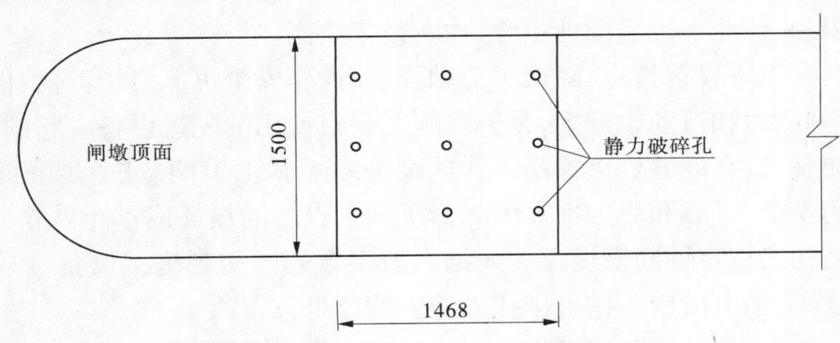


**图 6　静力爆破孔位置示意图**　(单位:mm)

**图 7　遥田现场静力破碎试验**

(2)方法二:采用绳锯对闸墩进行整体切割。

第二种方案,我们采用绳锯(见图 9)对闸墩进行整体切割(见图 10),根据现场的起吊

图8　静力破碎效果

能力，将闸墩切割成若干块后，用吊机将混凝土块整体吊出。

绳锯主要由绳锯驱动、飞轮、导向轮、金刚石绳锯链条组成[2]。绳锯对密排钢筋混凝土构筑物、厚砖墙，甚至水下切割作业都能胜任。绳锯可满足液压墙锯不及的切割深度。切割作业深度不受限制，作业环境适应性更强、作业效率更高。

液压绳锯具有以下显著特点：降低了劳动强度，操作安全可靠，具有过载保护功能，动力强劲，提高了切割能力和劳动生产率，是拆除施工项目使用的先进设备。它的线性切割可以使施工截面更加整齐；它能够成倍提高工作速度来缩短施工工期、进一步降低劳动力成本。液压系统自身的安全、可靠和稳定性大大降低了施工设备的损耗成本。另外，它可以最大程度上保存已有结构的稳定性和安全性。绳锯作为主导先进切割施工设备，广泛应用于加固改造的施工，替代了强击凿破或钻机排孔来施工的传统方式[3]。

图9　液压绳锯安装

图10　液压绳锯整体切割

(3)开槽方案的最终确定。

根据两种方案在各方面的客观选比，我们认为绳锯整体切割效率比静力破碎更快，并且耗费的人力资源远远低于静力破碎。但绳锯切割对起吊设备的起重能力要求较高。综合对比之后，为了保证遥田项目能够顺利、按期完工，我们决定采用绳锯对闸墩进行整体切割。

## 4　水下混凝土浇筑工艺

底槛部分混凝土采用水下施工的方法进行浇筑，水下混凝土的浇筑质量是该分部工程的施工关键点。

### 4.1　水下模板安装

底槛混凝土浇筑高度较大，低堰孔底槛浇筑高度约为3.6 m，高堰孔底槛浇筑高度为5.8 m。因此，浇筑时，考虑对模板进行分层安装，并对混凝土进行分层浇筑。每层浇筑高度为2.5 m。模板主要采用木模板结合型钢进行拼装，并通过锚筋固定。木模板重量轻，装拆方便灵活，施工性能好，非常便于水下施工。

### 4.2　水下不分散混凝土的材料性能

本工程水下部分均采用水下不分散混凝土，是用UWB－Ⅱ型絮凝剂配制的。UWB－Ⅱ型絮凝剂是粉末状物质，用其配制的混凝土有超强的抗分散性、适宜的流动性和满意的施工性能；从根本上解决了水下混凝土的抗分散性能、施工性能和力学性能三者之间的矛盾，真正实现了水下混凝土的自流平和自密实[4]。可用于码头、大坝、水库修补；沉井封底、围堰、沉箱、抛石灌浆、水下连续墙浇筑、水下基础找平及填充、RC板等水下大面积无施工缝工程；大口径灌注桩，排水口防水冲击补强底板、水下承台、海堤护岸、护坡，封桩堵漏以及普通混凝土较难施工的水下工程。

UWB型水下不分散混凝土的性能特点：

(1)抗分散性，既使受到水的冲刷作用仍具有很强的抗分散性，可有效抑制水下混凝土施工时产生的pH及浊度上升。

(2)优良的施工性，UWB型水下不分散混凝土、砂浆富于黏稠和塑性，具有优良的自流平性及填充性，可在密布的钢筋之间、骨架及模板的缝隙靠自重填充，无需振捣。

(3)较好的保水性，UWB型水下不分散混凝土可提高混凝土的保水性，不会出现泌水或浮浆。

(4)安全环保，UWB型水下不分散混凝土絮凝剂经卫生检疫部门检测，对人体无毒无害，可用于饮用水工程。

(5)本工程所采用的UWB型水下不分散混凝土，具有抗冲耐磨性能，适用于修补水下冲刷坑等水毁工程的补强加固工程。

### 4.3　混凝土的浇筑方式

水下不分散混凝土采用大型拌和站进行集中拌和。将水下不分散混凝土采用先进设备，严格按照规范和程序中预定比例混合成混凝土半成品，用罐车运输到浇筑现场，使其最大程度保证混凝土质量的稳定性。

水下不分散混凝土的浇筑部位主要为底槛混凝土浇筑和门槽水下部分混凝土浇筑。水下不分散混凝土浇筑主要采用泵送法(见图11和图12)。它具有施工速度快、浇筑质量好、节省人工、施工方便等特点，不仅提高了生产效率，施工进度也能得到很大的提高，有利于缩短施工周期。

图11　泵送底槛混凝土(一)

图12　泵送底槛混凝土(二)

## 5　埋件安装关键工艺——水下定位

底槛埋件的安装在门槽埋件安装完毕之后进行,因此在安装前,需先测量校核门槽埋件的安装精度。

### 5.1　测量放样

底槛埋件的安装,需测放出门槽中心线、孔口中心线、高程安装基准点。将底槛埋件的安装样点(孔口中心点、底槛安装轴线等)设置在底槛埋件上,并用黄色油漆明显标示。

基准点放样:在埋件安装前,首先在闸墩顶部根据施工图纸放出控制点。根据甲方提供的基准点、基准线和水准点,采用全站仪在左右闸墩顶部放出门槽中心线。采用重锤线法将控制点引至水下,重锤在水下稳定后需采取措施将重锤线固定。

安装控制点放样(见图13):底槛埋件安装轴线控制点可在水下进行细部放样,以门槽中心线和孔口中心线为基线,通过专用工具进行局部测量。为了确保测量精度,安装控制点的测量需在同一水平面进行。测量前,在重锤线上设置与门槽槽口尺寸相近的平面钢板,保证钢板水平后将钢板固定在底槛的安装高程处。钢板的安装高程可通过重锤线并结合专用钢尺量取。在埋件控制点测量时,以钢板为测量平面,根据施工图纸上底槛安装轴线的点位,用专用测量工具分别量出各安装控制点。

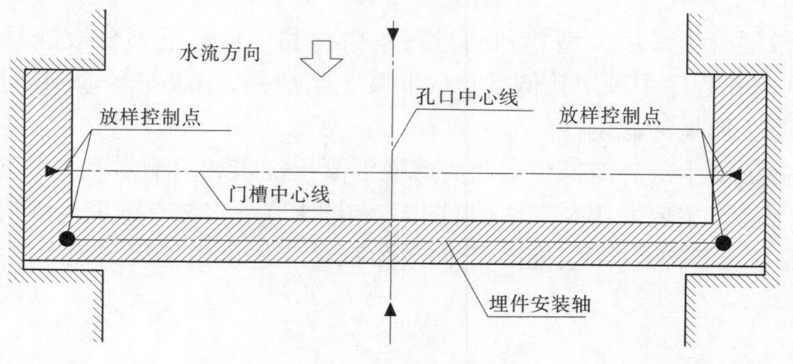

图13　放样控制点平面布置示意图

### 5.2　水下定位难点与措施

由于底槛安装需在水下进行，底槛在安装时，采用重锤投点法将陆上控制点引至水下，定出门槽、孔口中心线控制点。重锤投点法是陆上常用的建筑物垂直度的测量方法，它是利用重力的方向总是竖直向下的原理进行测量的。但是，当重锤法在水下安装使用时，容易受到水流、潜水员呼吸气泡等因素的干扰，使重锤不容易稳定，从而加大了操作难度。

因此，重锤线在水中的稳定和固定是重锤线安装的重点。为了使重锤在静水状态中慢慢稳定，并防止水流和潜水员呼吸气泡对重锤线造成扰动，在底槛安装无人水下摄像头，全程观察重锤的稳定情况，并在重锤下方的底板处固定特殊的定位板，使重锤尖部尽量接近定位板。水面监督人员通过摄像头观察并确定重锤稳定后，缓慢下放重锤，使重锤尖部与定位板接触，留下标记。之后由潜水员根据标记点的位置将重锤线固定。

## 6　结　语

在遥田项目中我们创新尝试并采用了各种先进设备和方法，包括在闸墩开槽中创新使用静力破碎和绳锯等方法，在底槛工程中使用先进的 UWB 水下不分散混凝土进行水下浇筑。通过这些先进的设备和创新的施工方法，使得遥田水电站溢流坝增设检修闸门项目在水下施工的条件下顺利进行。

水下施工具有以下几大优势：

(1)不受水库运行条件限制，无需导流，无需弃水施工，不影响水库和电站的正常运行，节约水利和电力资源；

(2)在汛期可正常泄洪，不影响安全度汛；

(3)相比于围堰施工，水下作业前期准备工作少，可最大限度地提高施工进度；

(4)水下直接作业，无需设置大型围堰来创造旱地施工条件，大幅度地降低了工程造价。

水下潜水施工技术目前在国内已经发展得比较成熟，但直接在水下新建门槽等结构物，在国内尚属首例。在今后的一段时期，随着经济建设的发展，我国的水利水电工程建设也将处在高峰期。而本次遥田电站水下新建门槽工程，也为今后港口码头、水利、桥梁等行业中的类似工程提供了技术可行、安全可靠、经济有效的新工艺、新方法，为水下新建工程提供了更多的方法选择。

### 参考文献

[1] 湖南省耒阳市遥田水电站增效扩容改造工程拦河闸检修闸门水下施工项目招标公告[EB/OL]. 中国采购与招标网，2014.

[2] 王站. 绳锯的组成[DB/OL]. 中国网，2009.

[3] 王站. 绳锯的用途和特点[DB/OL]. 中国网，2009.

[4] UWB－II 水下不分散混凝土絮凝剂不分散剂[J/OL]. 油气田地面工程.

# 瀑布沟砾石土心墙运行期拱效应分析

高志良　黄会宝

（国电大渡河公司库坝管理中心　四川　乐山　614900）

**摘要**：针对瀑布沟 186 m 高砾石土心墙堆石坝受拱效应影响，心墙内部竖向有效应力明显降低问题，采用孔隙水压力系数法、总应力图法以及修正的拱效应系数法，通过土压力计和渗压计实测值与理论值定量分析，建立了心墙拱效应系数实时监控方程，揭示了瀑布沟心墙运行期工作性态，为大坝安全运行提供了评判依据。

**关键词**：砾石土心墙坝，拱效应系数，监控方程

## 1　引　言

土石坝心墙拱效应是指心墙变形模量比坝壳低，心墙沉降变形大，坝壳沉降变形小，坝壳对心墙形成顶托作用，从而出现心墙内部应力减小、坝壳应力增加的现象。由于拱效应作用的结果将使心墙内的竖向应力降低，从而可能导致心墙内产生裂缝或心墙应力小于上游水压力导致水力劈裂。

综合国内外相关文献研究成果[1]，心墙的拱效应大小与心墙和坝壳两材料的变形模量、泊松比、内摩擦角和黏聚力、边界条件、施工方法等因素有关，但很少有文献提到运行期土石坝心墙拱效应发展。为了掌握瀑布沟砾石土心墙运行期受拱效应影响程度，在运用大量监测数据的基础上，采用孔隙水压力系数法、总应力图法以及修正的拱效应系数法，综合分析评判心墙运行状态。

## 2　工程概况及监测布置图

瀑布沟大坝为砾石土心墙堆石坝，坝顶高程为 856 m，最大坝高为 186 m。水库正常蓄水位为 850 m，校核洪水位为 853.78 m，死水位为 790 m，库水位升降在正常蓄水位与死水位之间，年变幅达 60 m。心墙顶高程为 854 m，顶宽为 4 m，上、下游坡度均为 1∶0.25，底高程为 670 m，底宽为 96 m。坝基为砂卵石覆盖层，最大厚度为 77.9 m。

大坝于 2009 年 10 月底填筑完成，于 2009 年 11 月 1 日上午 10 点开始蓄水，2009 年 12 月 10 日水库蓄至死水位 790 m 后，水位基本稳定在该高程，并于 2010 年 5 月初开始二期蓄水，2010 年 10 月 15 日第 1 次达到正常蓄水位 850 m。

仪器埋设情况见图 1，P 代表渗压计，E 代表土压力计，仪器脚标代表仪器编号[2,3]。

## 3　拱效应分析方法

### 3.1　总应力图法

总应力图法即采用大坝心墙埋设实测土压力绘制某一时刻应力分布图来反映心墙拱效

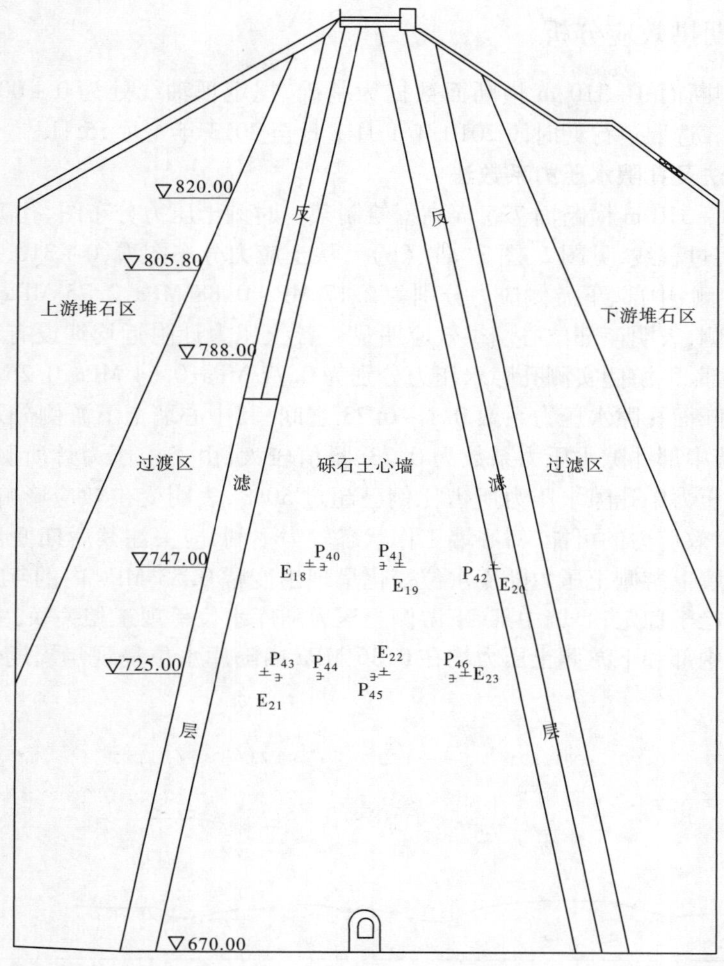


图1　心墙监测仪器布置图

应状态的方法。

### 3.2　孔隙水压力系数法

孔隙水压力系统法即采用心墙实测渗透压力与实测土压力的比值来判断心墙内部应力状况。

### 3.3　修正的拱效应系数法

林江[1]等对张继宝提出的心墙拱效应系数进行了修正,修正后的拱效应系数计算公式考虑了土体固结和渗透作用,大坝心墙拱效应在施工期和蓄水运行期是变化的,渗透压力在施工期能直接反映固结的影响,在蓄水期能有效反映库水入渗的影响。采用如下修正的拱效应系数计算公式:

$$R = \sigma/(\gamma h_Z + p) \tag{1}$$

式中:$R$ 为拱效应系数;$\sigma$ 为土压力计实测土压力;$\gamma h_Z$ 为理论土压力,$\gamma$ 取 22 kN/m$^3$;$p$ 为渗透压力。

## 4　心墙运行期拱效应分析

本文以典型断面 0 + 310 m 横断面数据为基础，规定坝轴线处为 0 + 000 m，向下游为正，向上游为负。选取运行期时段 2010 年 1 月 1 日至 2013 年 4 月 15 日。

### 4.1　总应力图法及孔隙水压力系数法

选取心墙 0 + 310 m 横断面 725 m 高程绘制某一时刻土压力分布图、孔隙应力分布图以及土压力—时间过程线，见图 2、图 3(a)、(b)。从土应力分布图看，0 + 310.00 m 断面高程 725 m 心墙上游侧、中部、下游侧应力分别为 2.17 MPa、0.88 MPa、2.75 MPa，心墙中部远小于心墙上、下游侧，表明该部位心墙拱效应明显。各土压力计附近均埋设有 1 支渗压计，其心墙上游侧、中部、下游侧实测孔隙水压力分别为 0.77 MPa、0.64 MPa、0.26 MPa。

经计算，该断面孔隙水压力系数 0.1 ~ 0.73 之间，其中心墙上下游侧分别为 0.35、0.1，量值较小。心墙中部孔隙水压力系数为 0.73，量值较大，由于土压力计所测应力为总土压力，该部位总土压力中孔隙水压力所占比例已超过 50%，表明受拱效应影响孔隙水压力有超过土颗粒间有效应力的可能，对心墙工作状态较为不利，应关注其后期变化情况。从图 2 和表 1 可知，心墙上游侧土压力随库水位变化呈现出变幅 0.53 MPa 内的年周期性变化，变幅较小，并逐年趋于稳定；心墙中部、下游侧土压力随库水位呈现正相关联，主要是水荷载引起的应力变化，中部和下游侧土压力均在 0.36 MPa 内随库水位呈现年周期性变化，变化幅度逐年减小。

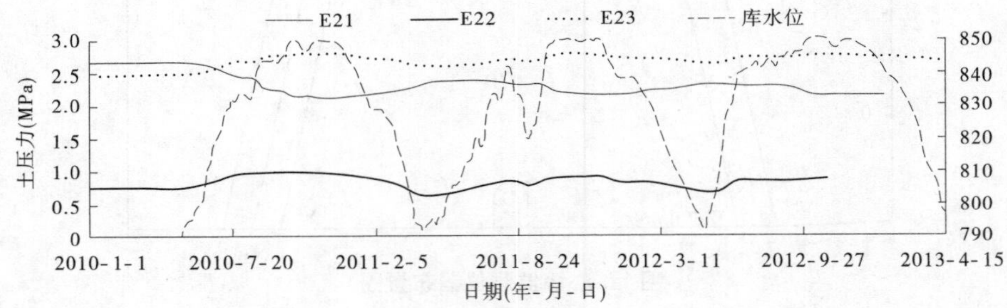


图 2　心墙 725 m 高程土压力—时间过程线

表 1　0 + 310 m 断面 725 m 高程土压力—孔隙水压力系数

| 高程(m) | 点名 | 桩号(m) | 孔隙应力(MPa) | | | 土压力(MPa) | | | 孔隙水压力系数(%) |
|---|---|---|---|---|---|---|---|---|---|
| | | | 最大值 | 最小值 | 2012-11-10 | 最大值 | 最小值 | 2012-11-10 | |
| 725 | E21 | 0 - 026 | 0.91 | 0.48 | 0.77 | 2.67 | 2.14 | 2.17 | 0.35 |
| | E22 | 0 + 001 | 0.78 | 0.38 | 0.64 | 1.00 | 0.64 | 0.88 | 0.73 |
| | E23 | 0 + 023 | 0.46 | 0.15 | 0.26 | 2.80 | 2.45 | 2.75 | 0.10 |

### 4.2　修正拱效应系数法

#### 4.2.1　修正拱效应系数分析

心墙上游(0 - 026 m)和下游(0 + 023 m)拱效应系数达 65% 以上，且其临近反滤层和过

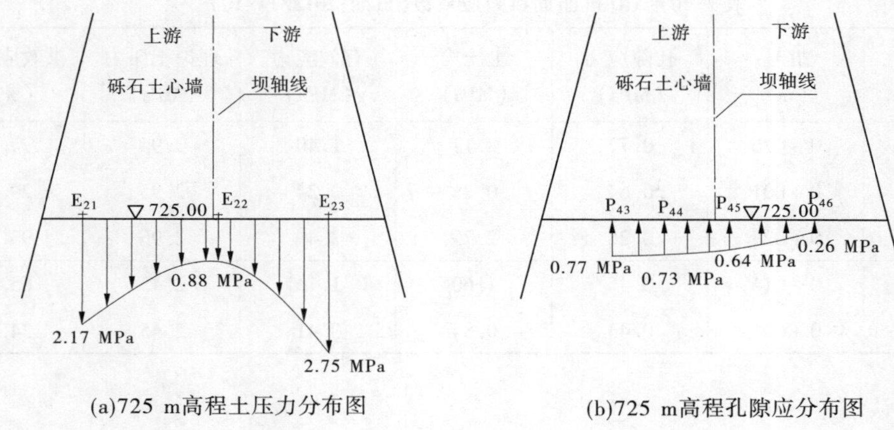


(a)725 m高程土压力分布图　　(b)725 m高程孔隙应分布图

**图3　心墙典型横断面应力分布图**

渡层,即靠近拱脚,拱效应影响较小。心墙中部(0+001 m)拱效应系数在35%以下,且拱效应系数与库水位变化呈正相关联,无明显的滞后性,其位于“拱冠”中心,应力很大一部分传递至拱脚,有效应力降低,拱效应最严重。由图4可知,心墙上游侧拱效应系数与库水位变化反相关联,但存在一定的滞后性。堆石区和反滤料的渗透系数远大于心墙料的渗透系数。水位上升期[1],上游库水快速地进入,堆石料的湿化变形起到主要作用,变形增大,使得拱效应在一定时间内保持不变,甚至使拱效应减小;这个时间较短,水位的上升导致堆石区和反滤料有效应力减小,沉降速度减慢,拱效应系数增加;水位消落期反之。

采用修正的拱效应系数法,考虑了运行期孔隙水压力作用,通过实测土压力和孔隙水压力能够定量反映心墙拱效应发展情况,拱效应系数越小表明拱效应越明显,拱效应系数越大表明受拱效应影响就越小。通过联立心墙内部土压力计和渗压计实测值,将修正的拱效应系数公式作为拱效应状态的监控方程,借助自动化监测手段,能够实时监控大坝心墙各个部位的拱效应状况。

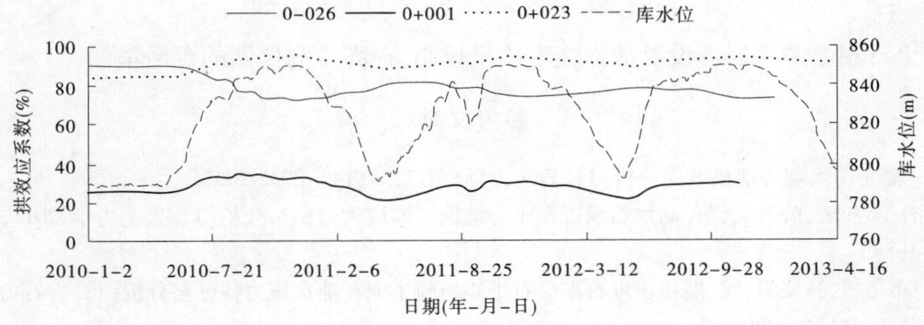


**图4　心墙725 m高程拱效应系数—时间过程线**

表2　0+310 m 断面拱效应系数(日期:2012/11/10)

| 高程(m) | 桩号(m) | 孔隙应力(MPa) | 土压力(MPa) | 有效应力(MPa) | 理论土压力(MPa) | 拱效应系数(%) |
|---|---|---|---|---|---|---|
| 725 | 0-026 | 0.77 | 2.17 | 1.40 | 2.95 | 73.7 |
| | 0+001 | 0.64 | 0.88 | 0.24 | 2.95 | 29.8 |
| | 0+023 | 0.26 | 2.75 | 2.49 | 2.95 | 93.3 |
| 747 | 0-014 | 0.46 | 1.60 | 1.14 | 2.45 | 65.3 |
| | 0+001 | 0.43 | 0.84 | 0.41 | 2.45 | 34.2 |

### 4.3　三点认识

(1)土石坝心墙拱效应主要形成于施工期,在运行期随着库水位的变化会不断调整,而且砾石土心墙自愈性较好,监测数据未发生异常突变时,发生水力劈裂的可能性较小。

(2)控制水位升降速率,主要是延长库水和心墙的渗入和渗出的时间,降低心墙内外压差,因为一旦在心墙存在渗透弱面,就有产生水力劈裂的可能。

(3)在高水位运行时,水位的波动变化对心墙近坝顶区影响最大,有产生坝顶裂缝的可能,坝体与岸坡接触部位也是风险最大区域,需重点关注。

## 5　结　论

(1)瀑布沟大坝同一高程心墙中部拱效应较为明显,主要形成于施工期,且拱效应主要集中在心墙1/3~2/3坝高范围内,心墙上下游侧受拱效应影响较小,运行期随着坝体沉降变形的稳定,逐年呈现减弱趋势。

(2)修正的拱效应系数公式 $R=\sigma/(\gamma h_Z+p)$ 能够较好地反映大坝心墙各个部位的拱效应状况,作为运行期拱效应发展的状态监控方程,能够为运行决策提供有力的技术支持。

(3)严格控制库水位升降速率,降低心墙内外压差,避免发生水力劈裂。

(4)瀑布沟大坝建立在深厚覆盖层,坝体沉降变形逐年趋稳但未收敛,心墙拱效应仍是关注的重点。

(5)土石坝监测仪器埋设要加强施工质量控制,提高监测仪器的存活率。

## 参考文献

[1] 林江. 瀑布沟大坝心墙拱效应分析[J]. 岩土力学,2013,34(14):2032-2035.
[2] 陈向浩,邓建辉,陈科文,等. 高堆石坝砾石土心墙施工期应力监测与分析[J]. 岩土力学,2011,32(4):1083-1088.
[3] 郑俊,邓建辉,杨晓娟,等. 瀑布沟堆石坝砾石土心墙施工期孔隙水压力特征与分析[J]. 岩石力学与工程报,2011,30(4):709-717.
[4] 殷宗泽,朱俊高,袁俊平,等. 心墙堆石坝的水力劈裂分析[J]. 水利学报,2006,37(11):1348-1353.
[5] 张继宝,陈五一,李永红,等. 双江口土石坝心墙拱效应分析[J]. 岩土力学, 2008, 29[S]:185-188.
[6] 殷宗泽. 土工原理 [M]. 北京:中国水利水电出版社,2007.

# 重庆长江小南海枢纽运用后坝下游近坝段水位变化研究

黄建成　黄　悦

（长江水利委员会 长江科学院河流所　湖北　武汉　430010）

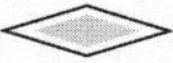

**摘要**:为了分析小南海枢纽运用后坝下游近坝段河道水位的变化特性,基于物理模型试验和一维泥沙数学模型计算,研究了小南海枢纽运用初期和运用20年末,不同特征流量条件下,坝下游近坝段河道水位的变化过程,以及引起水位变化的主要原因。研究表明,小南海枢纽运用后,坝下游约4 km河段范围内,水位较建坝前水位有不同程度下降,坝下游0.4 km处水位最大下降约1.47 m,出现在枢纽运用初期的枯水流量;坝下游4 km以下河段水位,在枢纽运用初期下降甚少,隧着三峡水库运行年限增加,库区泥沙淤积增多,水位逐渐高出初期水位,在枢纽运用20年末,坝下游8.2 km处水位较初期水位最大升高约0.6 m;引起坝下游近坝段河道水位变化的主要原因是施工期坝下游河床的开挖和三峡水库调度及泥沙淤积。

**关键词**:小南海枢纽,坝下游近坝段,水位,物理模型,数学模型

## 1　引　言

拟建的小南海枢纽工程位于长江上游宜宾至重庆主城区河段,是《长江流域综合利用规划报告》推荐梯级开发方案的重要枢纽,是三峡水利枢纽的上游衔接梯级。坝址位于珞璜镇下游约1.0 km处,上距江津区约28.5 km,下距重庆主城区约40 km。枢纽正常蓄水位197 m,死水位195 m,库区防洪控制水位193 m,总库容13亿$m^3$,总装机容量2 030 MW。枢纽主要建筑物分别布置在大中坝江心洲两侧,从左至右依次为:左岸连接段+船闸坝段+左溢流坝段+左电厂坝段+右电厂坝段+右溢流坝段+右岸连接段[1](图1)。

在河道上修建水利枢纽后,坝下游近坝段河道中、枯水期同流量的水位较建坝前有不同程度的降低,如丹江口枢纽下游6.0 km处黄家港站水位下降1.3 m(1960年~1967年,相应流量1 000 $m^3/s$),万安枢纽下游2.3 km处西门站水位下降1.04 m(1986年~1996年,相应流量165 $m^3/s$),葛洲坝枢纽下游6.0 km处宜昌站水位下降0.8 m(1981年~1992年,相应流量4 000 $m^3/s$),水位下降幅度与近坝段河道的河床开挖、采砂、坝下游河道局部冲刷和长距离冲刷等因素有关[2-4]。由于小南海枢纽处于三峡水库变动回水区的上段,枢纽运用后同流量坝下游水位不仅受上述因素的影响,同时受三峡水库调度和库区泥沙淤积的影响,水位问题十分复杂。因此,在小南海枢纽可研阶段开展对枢纽运用后坝下游近坝段水位的研究,搞清楚水位变化规律,对确定船闸下闸首门槛设计高程,保证坝下游中、枯水期航道船舶航行安全,充分发挥枢纽的航运效益具有重要的意义。

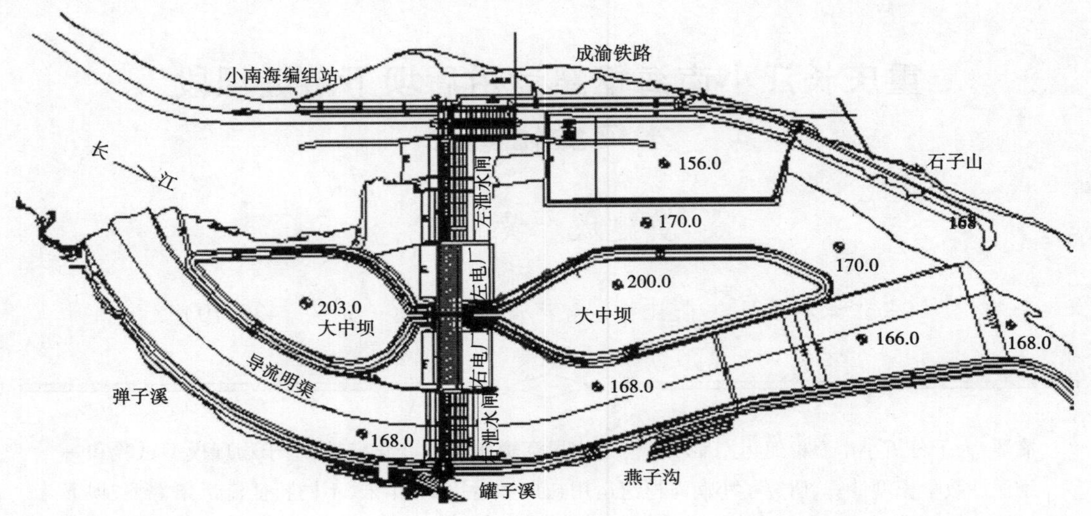


图 1　小南海枢纽平面布置示意图

## 2　河道概况

小南海枢纽坝区河段上起大猫峡进口，下至渔洞溪，全长约 14 km。河道平面形态微弯，大中坝沙洲将长江分为左汊和右汊，左汊为主汊，宽约 900 m，右汊为支河，宽约 350 m，小南海坝址位于大中坝中偏上部（见图 2）。该河段洪水时江面最窄处约 300 m（大猫峡段），最宽处可达 2 000 m（大中坝分汊段）；河道两岸多为低山丘陵和阶地组成，岸线稳定，河床则多为砂卵石覆盖，抗冲性较好，多年来河道滩槽位置相对固定，年际间河床冲淤变化较小，河势较稳定。

图 2　小南海枢纽坝区河段河势图

据该河段上游约 100 km 处的朱沱水文站多年水沙资料统计（1954 ~ 2004 年），该站多年平均流量 8 610 $m^3/s$，多年平均径流量 2 687 亿 $m^3$，其中 5 ~ 10 月径流量 2 120 亿 $m^3$，为年径流量的 79%，实测最大流量为 53 400 $m^3/s$（1966 年 9 月），最小流量为 1 910 $m^3/s$（1999 年 3 月）；朱沱站多年平均输沙量为 3.03 亿 t，含沙量为 1.13 $kg/m^3$，中值粒径为 0.012 mm，沙卵石推移质输沙量为 26.4 万 t，卵石推移质中值粒径为 52.1 mm。1991 年以后，朱沱站径流来量变化不大，但泥沙来量有所减少，1991～2004 年平均输沙量较多年平均减少了 9%。

## 3　研究方法

### 3.1　物理模型

利用小南海枢纽坝区河工模型研究枢纽运用后坝下游近坝段水位变化，该模型模拟的河段范围全长约 18.5 km，模型上起铜罐驿河段的猫港（坝址上游 10.0 km），下至鱼洞河段的王家溪（坝址下游 8.5 km）。模型按几何相似、水流运动相似、泥沙运动相似和河床冲淤变形相似准则进行设计。模型平面比尺 $a_L=150$，垂直比尺 $a_h=150$，为几何正态。模型沙选用株洲精煤，其密度为 1 330 $kg/m^3$。

模型采用 2007 年 4 月该河段实测地形制模，进行了水面线、断面流速分布和河床冲淤变化的验证。结果表明，各项验证指标均符合《河工模型试验规程》（SL 99—2012）要求，模型设计，选沙及各项比尺的确定基本合理，能够保证正式试验成果的可靠性[5]。

### 3.2　数学模型

为配合物理模型试验，需进行三峡水库泥沙淤积和回水水位的长系列年计算，为物理模型试验提供出口边界条件。三峡水库泥沙冲淤计算采用以不平衡输沙理论为基础建立的一维水沙数学模型，该模型经过实测资料的验证，在三峡工程论证和设计阶段发挥了重要作用。本次数学模型计算采用 1991～2000 年典型系列年长江干流朱沱站、嘉陵江北碚站、乌江武隆站的水沙资料作为三峡入库控制条件，同时考虑上游干流溪洛渡、向家坝水库蓄水拦沙的影响，支流嘉陵江亭子口水库拦沙的影响；出库流量及坝前水位按三峡枢纽调度原则控制[6-8]。

### 3.3　试验条件

#### 3.3.1　试验流量

为研究枢纽运用后坝下游近坝段水位变化，试验共选取洪、中、枯 9 级典型流量作为试验特征流量，分别是 2 300 $m^3/s$（最低通航流量）、4 000 $m^3/s$（枯期流量）、8 610 $m^3/s$（多年平均流量）、14 320 $m^3/s$（电站额定流量）、20 000 $m^3/s$（汛期流量）、25 000 $m^3/s$（汛期流量）、35 000 $m^3/s$（最大发电流量）、42 600 $m^3/s$（最大通航流量）、526 000 $m^3/s$（20 年一遇洪水流量）。

#### 3.3.2　试验控制水位

坝前控制水位及枢纽开启方式按设计提供的枢纽调度原则控制。模型出口（尾门）水位由三峡水库一维水沙数学模型提供的计算成果控制。

#### 3.3.3　试验河床地形

小南海枢纽运用初期试验河床地形，采用长江委水文局 2007 年 4 月该河段实测地形；枢纽运用 20 年末试验河床地形，采用小南海枢纽运用 20 年系列河工模型试验成果，以枢纽运用至 20 年末坝区河段模型测量地形作为试验地形。

### 3.4　试验方案

根据小南海枢纽设计方案，工程建设中将对大中坝洲体及坝址下游 2.6 km 长河段河床进行较大范围的开挖（见图 1），其中大中坝左汊原河床高程 165～173 m，枯水期河宽 550 m，开挖后河床高程降为 156～170 m，枯水期河宽扩展至 700 m，大中坝右汊开挖成导流明渠原河床高程 170～173 m，枯水期河宽 200 m，开挖后河床高程降为 166～168 m，枯水期河宽扩展至 350 m[1]。

根据小南海枢纽坝区河工模型试验成果，枢纽运用 20 年末，水库排沙比已达 98.0%，坝区河段河床基本达到冲淤平衡，坝下游 8.5 km 河段范围内河床累积冲刷量为 686.7 万 $m^3$。其中，大中坝左汊段累积冲刷量 162.3 万 $m^3$，右汊段累积淤积量 11.4 万 $m^3$，大中坝洲尾—王家溪浅滩段累积冲刷量 535.8 万 $m^3$[5]。

鉴于上述情况，在模型试验中拟定了 2 个不同控制水位与河床地形方案来研究坝下游近坝段水位的变化，分别是小南海枢纽运用初期河床地形及相应的模型出口控制水位方案，小南海枢纽运用 20 年末河床地形和相应的模型出口控制水位方案。

## 4 坝下游水位变化成果分析

### 4.1 坝下游 0.4 km 处水位变化

在枢纽船闸设计中，下闸首门槛高程的确定与坝下游 0.4 km 处水位变化关系密切，它直接影响到船闸的通行能力。试验结果表明（见表 1），小南海水库运用初期，坝下游 0.4 km 处，枯水期流量 2 300 ~ 4 000 $m^3/s$ 时，水位较建坝前最大下降 1.23 ~ 1.47 m，出现在三峡水库消落期；中水期流量 8 610 ~ 14 320 $m^3/s$ 时，水位较建坝前最大下降 0.86 ~ 0.93 m，出现在三峡水库消落期；洪水期流量 20 000 ~ 52 600 $m^3/s$ 时，水位较建坝前下降 0.22 ~ 0.76 m。

**表 1 坝下游 0.4 km 处水位变化**

| 流量（$m^3/s$） | 三峡水库运用工况 | 建坝前水位（m） | 初期水位（m） | 20 年末水位（m） | 初期水位 - 建坝前水位（m） | 20 年末水位 - 建坝前水位（m） |
|---|---|---|---|---|---|---|
| 2 300 | 蓄水期 | 176.31 | 176.24 | 176.27 | -0.07 | -0.04 |
| | 消落期 | 173.85 | 172.38 | 172.46 | -1.47 | -1.39 |
| 4 000 | 蓄水期 | 176.48 | 176.02 | 176.11 | -0.46 | -0.37 |
| | 消落期 | 175.08 | 173.85 | 173.94 | -1.23 | -1.14 |
| 8 610 | 蓄水期 | 179.17 | 178.55 | 178.68 | -0.62 | -0.49 |
| | 消落期 | 177.84 | 176.91 | 177.03 | -0.93 | -0.81 |
| 14 320 | 蓄水期 | 181.58 | 180.91 | 181.05 | -0.67 | -0.53 |
| | 消落期 | 180.61 | 179.75 | 179.93 | -0.86 | -0.68 |
| | 汛期 | 180.56 | 179.72 | 180.11 | -0.84 | -0.45 |
| 20 000 | 汛期 | 182.91 | 182.15 | 182.59 | -0.76 | -0.32 |
| 25 000 | 汛期 | 184.78 | 184.11 | 184.50 | -0.67 | -0.28 |
| 35 000 | 汛期 | 188.75 | 188.23 | 188.54 | -0.52 | -0.21 |
| 42 600 | 汛期 | 191.11 | 190.58 | 190.95 | -0.53 | -0.16 |
| 52 600 | 汛期 | 193.95 | 193.73 | 193.93 | -0.22 | -0.02 |

小南海水库运用 20 年末，坝下游 0.4 km 处水位变化规律与水库运用初期相似，但水位下降幅度小于水库运用初期，枯水期流量 2 300 ~ 4 000 $m^3/s$ 时，水位较建坝前最大下降 1.14 ~ 1.39 m；中水期流量 8 610 ~ 14 320 $m^3/s$ 时，水位较建坝前最大下降 0.68 ~ 0.81 m；

洪水期流量 20 000 ~ 52 600 $m^3/s$ 时，水位较建坝前下降 0.02 ~ 0.32 m。

由于坝下游 2.6 km 河段是枢纽工程建设中河床开挖的主要区域，因此坝下游 0.4 km 处水位的下降主要是由于河床开挖所至。

### 4.2　坝下游 3.3 km 处水位变化

小南海枢纽坝区河段为卵石夹砂河床，床沙粒径范围 0.25 ~ 250 mm，中值粒径 $d_{50}$ 为 70.2 mm，河床抗水流冲刷能力较强。根据物理模型试验结果，枢纽运用 20 年末，坝下游 8.5 km 河段范围内河床累积冲刷量仅为 686.7 万 $m^3$，主要冲刷段在大中坝洲尾—王家溪长 6.0 km 河段[3]。因此，坝下游 3.3 km 处水位变化主要是受三峡水库回水的影响，试验结果表明（见表 2），小南海水库运用初期，坝下游 3.3 km 处，枯水期流量 2 300 ~ 4 000 $m^3/s$ 时，水位较建坝前最大下降 0.09 ~ 0.12 m，出现在三峡水库消落期；中水期流量 8 610 ~ 14 320 $m^3/s$ 时，水位较建坝前最大下降 0.05 ~ 0.11 m，仍出现在三峡水库消落期；洪水期流量 20 000 ~ 52 600 $m^3/s$ 时，水位较建坝前下降 0.04 ~ 0.09 m。

**表 2　坝下游 3.3 km 处水位变化**

| 流量 ($m^3/s$) | 三峡水库运用工况 | 建坝前水位 (m) | 初期水位 (m) | 20 年末水位 (m) | 初期水位 - 建坝前水位 (m) | 20 年末水位 - 建坝前水位 (m) |
|---|---|---|---|---|---|---|
| 2 300 | 蓄水期 | 176.12 | 176.06 | 176.09 | -0.06 | -0.03 |
| | 消落期 | 172.32 | 172.2 | 172.25 | -0.12 | -0.07 |
| 4 000 | 蓄水期 | 175.97 | 175.92 | 175.95 | -0.05 | -0.02 |
| | 消落期 | 173.73 | 173.64 | 173.68 | -0.09 | -0.05 |
| 8 610 | 蓄水期 | 178.33 | 178.27 | 178.38 | -0.06 | 0.05 |
| | 消落期 | 176.78 | 176.67 | 176.8 | -0.11 | 0.02 |
| 14 320 | 蓄水期 | 180.39 | 180.35 | 180.54 | -0.04 | 0.15 |
| | 消落期 | 179.45 | 179.4 | 179.64 | -0.05 | 0.19 |
| | 汛期 | 179.42 | 179.33 | 179.78 | -0.09 | 0.36 |
| 20 000 | 汛期 | 181.68 | 181.64 | 182.05 | -0.04 | 0.37 |
| 25 000 | 汛期 | 183.65 | 183.59 | 183.99 | -0.06 | 0.34 |
| 35 000 | 汛期 | 187.63 | 187.59 | 187.96 | -0.04 | 0.33 |
| 42 600 | 汛期 | 190.22 | 190.13 | 190.45 | -0.09 | 0.23 |
| 52 600 | 汛期 | 193.08 | 192.99 | 193.28 | -0.09 | 0.2 |

小南海水库运用 20 年末，坝下游 3.3 km 处，枯水期水位下降值较水库运用初期有所减小，流量 2 300 ~ 4 000 $m^3/s$ 时，水位较建坝前最大下降 0.05 ~ 0.07 m；中、洪水期水位较建坝前有不同程度的升高，流量 8 610 ~ 14 320 $m^3/s$ 时，水位较建坝前升高 0.02 ~ 0.36 m；流量 20 000 ~ 52 600 $m^3/s$ 时，水位较建坝前升高 0.20 ~ 0.37 m。主要原因是小南海枢纽运用 20 年末，相应三峡水库运行 40 年末（枢纽工程按 2015 年开工建设，施工总工期 7.5 年计算[1]，三峡工程运行时间按 2003 年初期蓄水开始计算），三峡水库库尾水位受库区泥沙淤

积增加的影响较初期有不同程度的上升。

### 4.3　坝下游 8.2 km 处水位变化

小南海枢纽坝下游 8.2 km 处水位是本次试验中模型出口的控制水位，由三峡水库一维长系列年泥沙数学模型计算提供，计算中考虑了三峡水库调度和库区泥沙淤积对小南海枢纽坝下游水位的影响。计算结果表明（见表 3），小南海枢纽运用 20 年末，坝下游 8.2 km 处水位较枢纽运用初期有不同程度的升高，枯水期流量 2 300 ~ 4 000 $m^3/s$ 时，在三峡水库消落期，水位升高 0.12 ~ 0.14 m，蓄水期水位变化不大；中水期流量 8 610 ~ 14 320 $m^3/s$ 时，在三峡水库消落期水位升高 0.24 ~ 0.48 m、蓄水期水位升高 0.20 ~ 0.32 m，汛期水位升高 0.63 m；洪水期流量 20 000 ~ 52 600 $m^3/s$ 时，水位升高 0.31 ~ 0.68 m。可见，受三峡水库调度和库区泥沙淤积影响，小南海枢纽运用 20 年末坝下游 8.2 km 处水位较枢纽运用初期有不同程度升高，其中汛期升幅最大，中水期次之，枯水期影响最小。

表 3　坝下游 8.2 km 处水位变化

| 流量（$m^3/s$） | 三峡水库运用工况 | 初期水位（m） | 20 年末水位（m） | 20 年末水位 - 初期水位（m） |
|---|---|---|---|---|
| 2 300 | 蓄水期 | 175.95 | 176.04 | 0.09 |
| | 消落期 | 171.24 | 171.36 | 0.12 |
| 4 000 | 蓄水期 | 175.86 | 175.92 | 0.06 |
| | 消落期 | 172.61 | 172.75 | 0.14 |
| 8 610 | 蓄水期 | 177.54 | 177.74 | 0.20 |
| | 消落期 | 175.52 | 175.76 | 0.24 |
| 14 320 | 蓄水期 | 179.51 | 179.83 | 0.32 |
| | 消落期 | 178.16 | 178.64 | 0.48 |
| | 汛期 | 178.33 | 178.96 | 0.63 |
| 20 000 | 汛期 | 180.65 | 181.33 | 0.68 |
| 25 000 | 汛期 | 182.55 | 183.12 | 0.57 |
| 35 000 | 汛期 | 186.85 | 187.32 | 0.47 |
| 42 600 | 汛期 | 189.31 | 189.69 | 0.38 |
| 52 600 | 汛期 | 192.37 | 192.68 | 0.31 |

综上所述，小南海枢纽坝下游近坝段水位的变化，主要受坝下游河床开挖和三峡水库回水变化的影响。在坝下游约 4.0 km 范围内，水位以下降为主，最大下降值出现在枢纽运用初期枯水流量，隧着三峡水库运行年限的增加，水库泥沙淤积增多，水库回水位有所升高，该河段内水位降幅有所减小；坝下游 3.3 km 以下河段，枢纽运用初期水位较建坝前有所下降，随着三峡水库泥沙淤积的增加，水库回水位的上升，该处水位将逐渐升高，并高于枢纽运用初期水位。因此，小南海枢纽坝运用后，坝下游河段同流量下水位的降低主要出现在坝下游约 4.0 km 长的河段范围内。

## 5　结论与建议

(1)小南海枢纽修建后,坝下游近坝段水位较建坝前发生一定程度的变化,其变化幅度与施工期坝下游河床开挖、三峡水库调度与泥沙淤积、枢纽清水下泄河床冲刷等因素有关,其中前两个因素是造成坝下游近坝段水位变化的主要原因。

(2)小南海枢纽运用后,坝下游约 4 km 河段范围内,水位较建坝前有不同程度下降,坝下游 0.4 km 处水位最大下降为 1.47 m;坝下游 4 km 以下河段水位,在枢纽运用初期水位下降甚少,随着三峡水库运行年限增加,库区泥沙淤积的增多,河段水位逐渐升高并高于枢纽运用初期水位,坝下游 8.2 km 处枢纽运用 20 年末水位较初期最大升高约 0.6 m。

(3)鉴于问题的复杂性和敏感性,建议下一阶段应加强对小南海枢纽河段原型水位观测,进一步分析三峡水库运用对该河段水位的影响。

### 参考文献

[1] 重庆长江小南海水电站可行性研究报告[R]. 长江水利委员会长江勘测规划设计研究院,2011.

[2] 潘庆燊. 长江水利枢纽工程泥沙研究[M]. 北京:中国水利水电出版社, 2003.

[3] 彭君山. 葛洲坝水利枢纽坝区河床冲淤特性分析[J]. 中国三峡建设,2000(增刊).

[4] 潘庆燊,曾静贤,欧阳履泰. 丹江口水库下游河道演变及其对航道的影响[J]. 水利学报,1982.

[5] 黄建成,马秀琴,陈义武,等. 重庆小南海水利枢纽可研阶段坝区泥沙模型试验研究报告[R]. 长江水利委员会长江科学院,2012.

[6] 黄悦,万建蓉. 上游建库后三峡水库泥沙淤积和回水计算分析报告[R]. 长江水利委员会长江科学院,2012.

[7] 黄悦,王敏. 小南海枢纽模型下边界条件复核分析报告[R]. 长江水利委员会长江科学院,2012.

[8] 长江水利委员会. 三峡工程泥沙研究[M]. 武汉:湖北科学技术出版社, 1997.

# 龙开口泄流中孔坝段温度与应力仿真分析

卢　吉[1]　潘坚文[2]　徐小蓉[2]　杨　剑[3]　王进廷[2]

(1. 华能澜沧江水电股份有限公司　云南　昆明　650214；
2. 清华大学 水沙科学与水利水电工程国家重点实验室　北京　100084；
3. 华能集团清洁能源技术研究院有限公司　北京　102209)

**摘要**:龙开口碾压混凝土坝施工期的坝体混凝土实测最高温度超温范围、超温率和超温幅度均较大,蓄水后混凝土内部较高温度可能产生不利的坝体应力,对该问题应十分重视。因此,对坝体温度场和应力变形进行仿真计算分析,确保大坝安全稳定性,是十分必要的。本文采用有限单元法对龙开口碾压混凝土坝9#泄流中孔坝段的施工期和运行期的温度场、应力场进行了全过程仿真分析。应力计算考虑了坝体自重、静水压力、温度荷载、随龄期而变化的混凝土弹性模量、混凝土徐变等因素。仿真结果表明,坝体泄流孔口在施工期形成了3~4 MPa的高拉应力,但运行期后应力减小至2 MPa;坝体上部由于在夏季浇筑温度较高,温降后形成的大温差产生了较高拉应力,但十年后应力状态改善;大坝除坝踵处出现应力集中外,整体压应力水平小于2 MPa。因此孔口附近及大坝整体的应力状态是基本安全的。

**关键词**:碾压混凝土坝,有限元,温度仿真,应力仿真

龙开口水电站位于云南省大理州鹤庆县内,是金沙江中游8个梯级水电站的第6级,坝址地处干热河谷气候区。大坝正常蓄水位为1 298.00 m,水库总库容5.07亿$m^3$。拦河大坝为碾压混凝土重力坝,最大坝高119.00 m,坝顶长768.00 m[1]。坝后式厂房共布置5台混流式水轮发电机组,单机容量360 MW,总装机1 800 MW。该工程施工过程中克服了停工、深槽处理[2]等重大困难,于2012年11月25日实现下闸蓄水,2013年5月30日顺利实现坝前水位抬升至正常蓄水位。《蓄水安全鉴定报告》中明确指出"坝体混凝土实测最高温度超温范围、超温率和超温幅度均较大,蓄水后混凝土内部较高温度可能导致坝体出现裂缝"。

由于龙开口水电站是典型的碾压混凝土(RCC)重力坝,RCC坝是一种以分层填筑、振动碾压方式密实的混凝土坝[3],具有水泥用量少、绝热温升较低的优点,但大量掺用粉煤灰,后期水化热温升持续时间长[4]。RCC坝分层浇筑上升速度快,因而施工过程中层面散热不够[5]。另外,气候季节的变化[6]、寒潮[3]等也是引发裂缝的重要原因。因此,应十分重视温度应力和温度控制问题,对坝体温度场和应力变形进行仿真计算分析是十分必要的。自1968年Edward L. Wilson把有限元时间过程分析法引入到混凝土温度应力分析[7]以来,碾压混凝土坝的温度场、应力场仿真计算方法不断发展,相关的三维有限元分析软件也不断涌现。其中有以美国为代表的有限元时间过程分析法和以日本为代表的约束系数矩阵法,英国和法国一般采用ANSYS、ADINA和AB-ACUS等专用程序[8]。我国近年来也做了大量开创性研究工作,朱伯芳院士在温度应力和温度控制领域发表了诸多著作和论文,提出了

并层复合单元、并层坝块接缝单元、应力场和温度场分区异步长解法[9]、考虑水管冷却效果的混凝土等效热传导方程[10]等混凝土坝温度应力计算方法，并研制出相应计算程序。西安理工大学结合碾压混凝土坝施工特点提出了三维有限元浮动网格法[11]，能够模拟碾压混凝土坝薄层浇筑的施工过程，并可根据设计要求计算出任意时刻的坝体温度场和应力场。河海大学提出了碾压混凝土坝温度控制设计的广义约束系数矩阵法[12]，能反映温度和应力沿坝高方向和水平方向的变化规律，并用来研究防止贯穿性裂缝、深层裂缝以及表面裂缝。清华大学基于有限元软件及其二次开发，建立了混凝土坝分层浇筑的温度仿真和考虑徐变效应的应力计算平台，并成功应用于乌江彭水[3]、石门子[13]等碾压混凝土坝。本文采用通用软件 MSC - Patran 进行前处理，ABAQUS 进行计算和后处理，实现了龙开口坝体在施工期温度场和应力场的三维有限元精细仿真，并预测了 10 年运行期的温度和应力分布，分析了大坝的安全稳定性。

## 1　计算模型

### 1.1　有限元网格

本文针对 9#泄流中孔坝段进行全过程温度和应力场仿真分析，其建基面高程 1 212.5 m，坝顶高程 1 303 m，坝高 90.5 m。坝体有限元网格尺寸 0.5 ~ 2.5 m，共划分了 162 353 个单元，127 022 个节点，如图 1 所示。

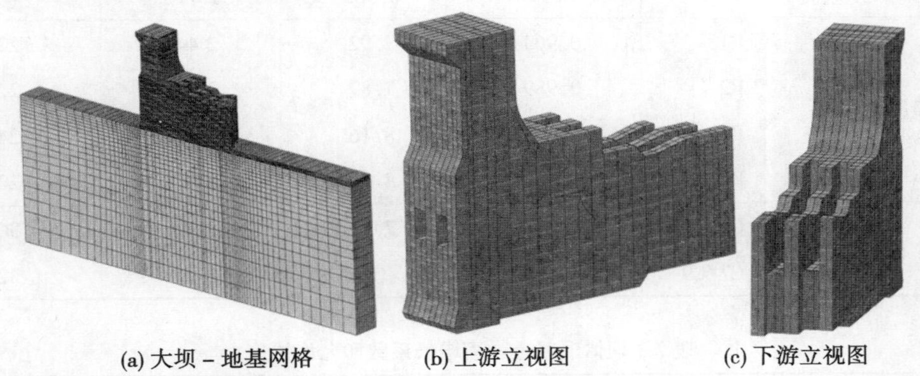

(a) 大坝 - 地基网格　(b) 上游立视图　(c) 下游立视图

图 1　9#泄流中孔坝段有限元模型

### 1.2　混凝土应力计算公式

应力仿真考虑了混凝土弹性模量随时间的增长及徐变度。混凝土弹性模量增长公式[14]见式(1)：

$$E = E_0(1 - e^{-at^b}) \tag{1}$$

式中：$E_0$ 为最终弹性模量，$a$ 为待定系数，$b$ 为时间指数。

根据试验分析结果，混凝土徐变度 $C(t,\tau)$ 与持荷龄期 t − τ 的关系用式(2)[4,14]表达：

$$C(t,\tau) = C_1(\tau)(1 - e^{-k_1(t-\tau)}) + C_2(\tau)(1 - e^{-k_2(t-\tau)}) \tag{2}$$

$$C_1(\tau) = C_1 + D_1/\tau^{m_1} \tag{3}$$

$$C_2(\tau) = C_2 + D_2/\tau^{m_2} \tag{4}$$

式中 $C_1$、$C_2$、$D_1$、$D_2$、$m_1$、$m_2$、$k_1$、$k_2$ 为碾压或常态混凝土的 8 个徐变拟合系数。

允许拉应力采用式(5)[4]估算：

$$[\sigma] = k\varepsilon_p E_c/(\gamma_d \gamma_0) \tag{5}$$

式中 $k$ 为考虑混凝土极限拉伸试验离散性的折减系数,分析中取 0.75；$\gamma_0$ 为结构重要性系数,取 1.1；$\gamma_d$ 为正常使用极限状态短期组合结构系数,取 1.5；$\varepsilon_p$ 为混凝土极限拉伸值；$E_c$ 为混凝土弹模。

### 1.3 温度仿真方法

在大坝施工期和运行期温度仿真中,混凝土绝热温升过程采用单指数模型[15]。考虑分时段冷却水管通水冷却效果[15,16],与冷却水管布置、冷却水温、通水流量和时长等因素有关。与空气接触的混凝土仓面和迎水面分别考虑环境温度和水温的变化。9#坝段按照实际施工情况分 45 仓逐仓浇筑,基于坝体混凝土实际观测温度数据进行大坝温度场反演。

### 1.4 混凝土材料参数

坝体分碾压混凝土 R 和常态混凝土 C,详细分区如图 2 所示(未考虑薄层变态混凝土)。表 1 为坝体混凝土与地基岩体的材料热力学参数,表 2 为坝体混凝土弹模增长系数和允许拉应力,表 3 为坝体碾压和常态混凝土徐变拟合系数。

**表 1　坝体混凝土与地基岩体材料热力学参数**

| 混凝土类型 | | 比热容(J/(kg·K)) | 热导率(W/(m·K)) | 密度($kg/m^3$) | 绝热温升 $\theta_0$(℃) |
|---|---|---|---|---|---|
| 基岩 | | 0.97 | 8.385 | 2 710 | — |
| 碾压 | R1 | 0.964 | 7.92 | 2 447 | 22 |
| | R2 | 0.989 | 7.87 | 2 448 | 22 |
| | R3 | 0.975 | 8.16 | 2 454 | 24 |
| | R4 | 0.975 | 8.16 | 2 454 | 20 |
| 常态 | C1 | 0.917 | 7.75 | 2 514 | 30 |
| | C5/C7/C9 | 0.895 | 7 | 2 464 | 32 |

**表 2　坝体混凝土弹模增长系数和允许拉应力**

| 混凝土类型 | | $E_0$(GPa) | $a$ | $b$ | 允许拉应力(MPa) |
|---|---|---|---|---|---|
| 基岩 | | 24 | — | — | — |
| 碾压 | R1 | 41.4 | 0.191 1 | 0.541 6 | 1.49 |
| | R2 | 43.6 | 0.210 6 | 0.57 | 1.72 |
| | R3/R4 | 48.1 | 0.329 6 | 0.431 3 | 1.99 |
| 常态 | C1 | 42.8 | 0.491 1 | 0.464 4 | 1.72 |
| | C5/C5/C7/C9 | 46.2 | 0.733 5 | 0.386 4 | 2.49 |

表 3　坝体碾压和常态混凝土徐变拟合系数

| 混凝土类型 | | $C_1$ | $D_1$ | $m_1$ | $K_1$ | $C_2$ | $D_2$ | $m_2$ | $K_2$ |
|---|---|---|---|---|---|---|---|---|---|
| 碾压 | R1 | 0.27 | 82.04 | 0.7 | 1.02 | 1.21 | 85.17 | 0.60 | 0.03 |
| | R2/R3/R4 | 0.18 | 102.24 | 0.8 | 0.9 | 2.15 | 71.57 | 0.63 | 0.03 |
| 常态 | C1 | 0.37 | 95.10 | 0.8 | 0.7 | 8.07 | 29.44 | 0.70 | 0.03 |
| | C5/C7/C9 | 0.84 | 28.24 | 0.6 | 1.06 | 1.44 | 44.32 | 0.40 | 0.03 |

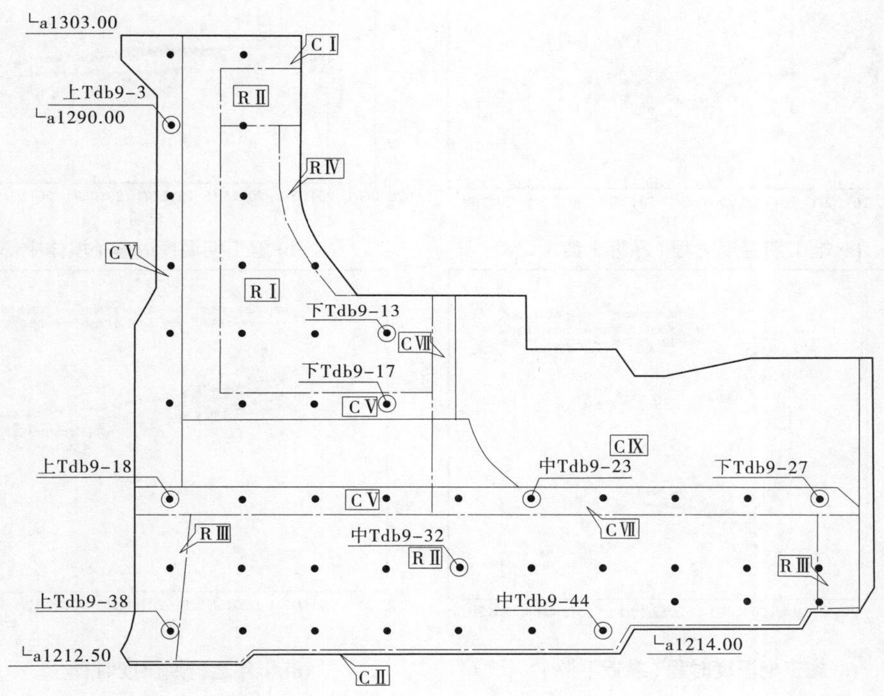


图 2　混凝土分区图及温度计埋设分布图

### 1.5　计算荷载

坝体应力计算主要考虑了坝体自重、库水水压、温度荷载三项荷载。自重根据大坝的浇筑过程动态加载，水压根据水库水位的变化动态施加，温度场反演结果作为温度荷载输入。应力计算按照坝体实际浇筑过程进行温度－应力顺序耦合计算，其中混凝土弹性模量随时间变化，并考虑大坝坝体在运行期的长期徐变变形。

## 2　计算结果和分析

### 2.1　温度场反演结果

9#坝段在 10 个高程共埋设了 47 支温度计（图 2），分别取靠近坝面上游、下游、坝体内三处典型位置，作施工期反演温度时程与实测温度对比曲线（图 3）。从温度变化趋势、最高温、温降时长等多方面，可看出温度场反演结果与实测数据吻合良好。在浇筑过程中，夏季部分测点最高温超 50 ℃，后在冷却水、层面散热等作用，下降到约 25 ℃，温差较大。坝体内部混凝土在一段时间内保持较高温(图 3(b))。浇筑完成一个月后,坝体中上部仍存在 33.3 ℃的高温区域(图 4(a))。但浇筑完一年后(图 4(b)),坝体内温度明显降下来,最高温仅为 25.9 ℃。运行 10 年后,即 2022 年 12 月,整个坝体温度场趋于稳定,且温度都将降到 20 ~22℃(图 3(d)、图 4(c))。

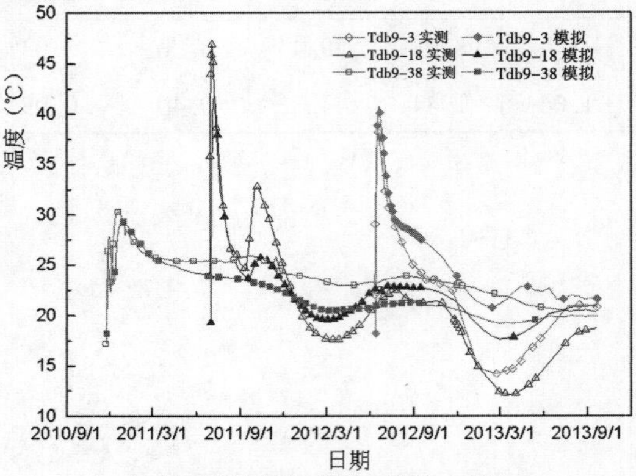

(a) 施工期温度时程(靠近上游) 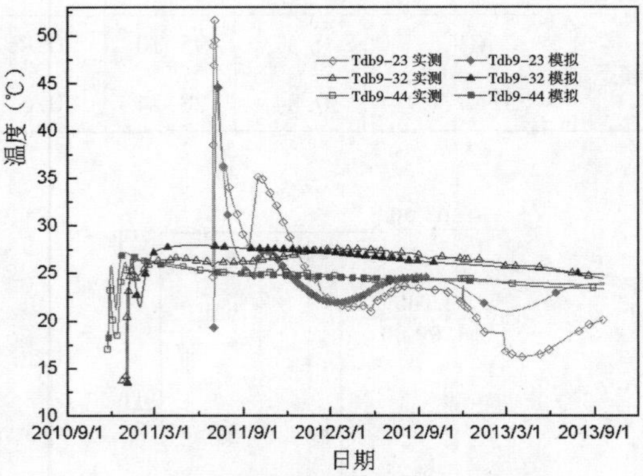　(b) 施工期温度时程(坝体中部)

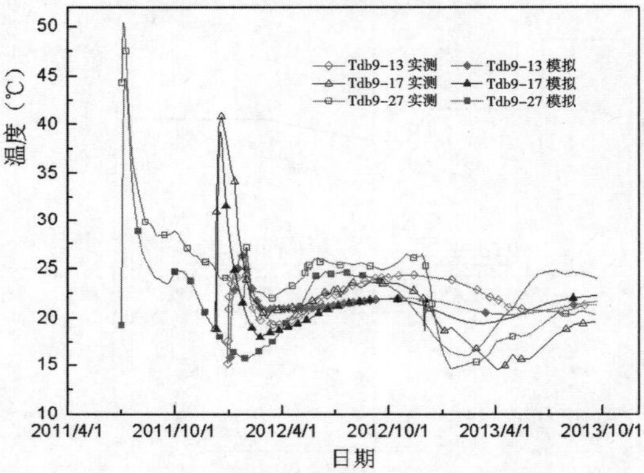

(c) 施工期温度时程(靠近下游) 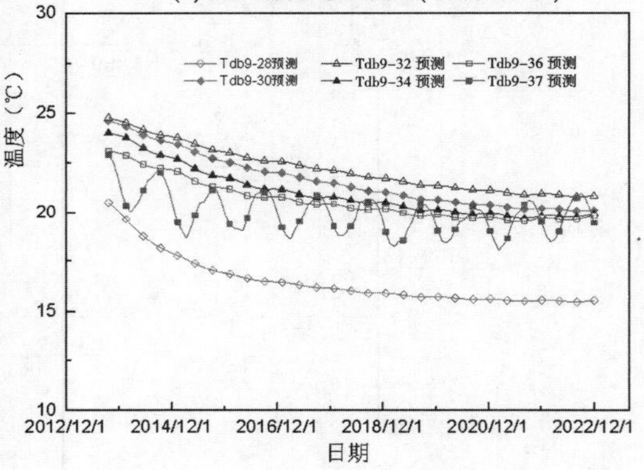　(d) 十年运行期温度时程

图 3　施工期和运行期温度时程反演与实测对比结果

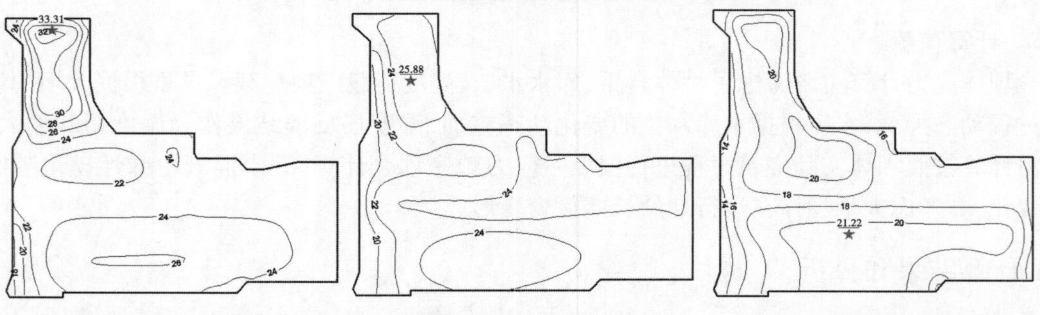


(a) 浇筑完一个月 (2012 年 9 月)　(b) 浇筑完一年后 (2013 年 9 月)　(c) 运行 10 年后 (2022 年 12 月)

图 4　9#坝段温度等值线分布图　(单位:MPa)

## 2.2　应力场结果及分析

9#坝段于 2010 年 11 月 19 日开始浇筑,2012 年 8 月 15 日浇筑到坝顶。由于其为泄流

中孔坝段,因此特别关注孔口附近的应力状态。通过观察施工浇筑时应力云图演化过程,发现其于 2012 年 3 月浇筑到 1 271.5 m 高程时,孔口附近出现较大拉应力(图 5),约 3.8 MPa,超过了混凝土允许拉应力 1.99 MPa。取该坝段上游面作为投影断面,得到孔口附近的最大主应力等值线演变过程,如图 6 所示。待浇筑到坝顶时孔口附近仍有较大的拉应力,约 3.4 MPa。但是施工期结束后,应力值缓慢减小,10 年后孔口处应力约 2 MPa,应力状态显著改善。孔口附近虽然在施工期出现超过 3 MPa 主拉应力,但该区域未检测到裂缝,这可能由于孔口配置了加强钢筋,钢筋混凝土的强度较高,拉应力水平并未达到材料的强度而不产生裂缝。

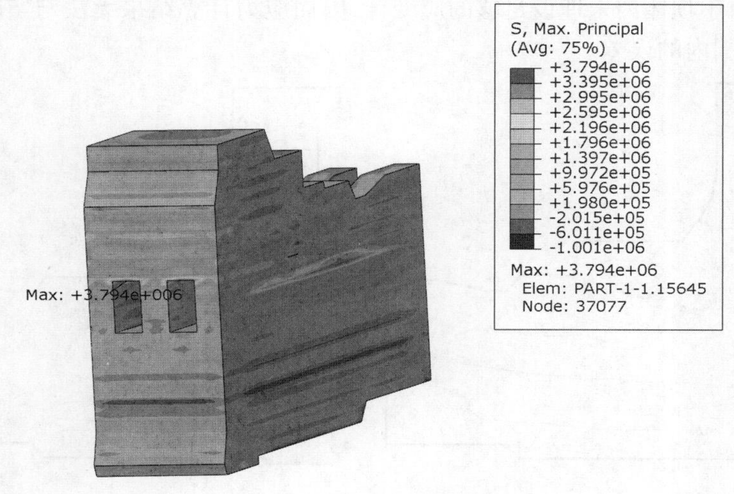


图 5　9#坝段浇筑过程中的最大主应力云图　(单位:Pa)

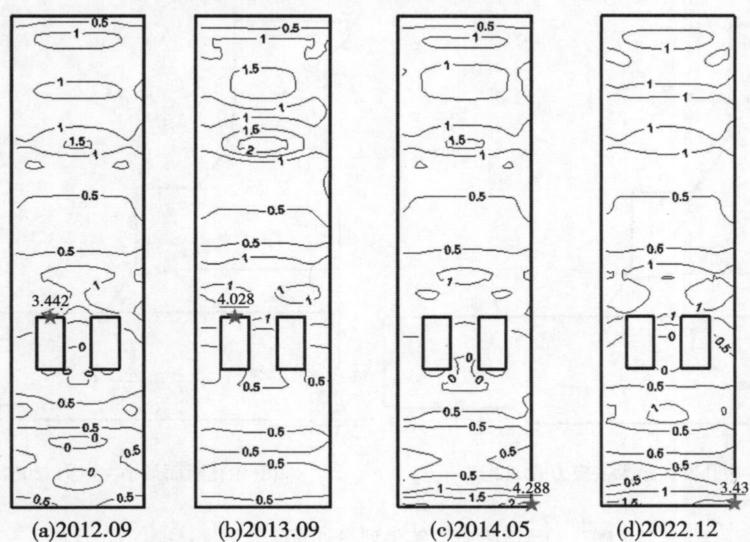


图 6　9#坝段上游孔口附近的最大主应力演变过程　(单位:MPa)

另取坝体中间断面作大坝刚浇筑完成时的最大和最小主应力图(图 7(a)、图 7(b)),可看到施工刚结束时坝体上部的拉应力较大,最高超过 3 MPa。坝体上半部分浇筑时间为夏季，浇筑温度较高，出现 50 ℃以上的高温，此时短期温降后混凝土内部仍 30 ℃左右。该部位形成的高拉应力可能主要是温度荷载产生的。再取穿过左孔的中间断面作大坝运行十年后的最大和最小主应力分布图（见图 7（c）、图 7（d）），可看到坝体上部十年后仍存在 2.6 MPa 的小范围高应力区。这是因为上部坝体的高温尽管由于通水冷却迅速降低，但温差达 15～25 ℃，残余温度应力无法得到释放。通过最小主应力图，可看出，除坝踵处应力集中产生了 6～7 MPa 的较大压应力外，大坝整体压应力水平小于 2 MPa，满足大坝混凝土压应力要求。根据工程实际，龙开口在建设运行过程中未检测到泄流孔口附近和坝体上部出现明显的裂缝，混凝土高温产生的微裂缝均已得到及时处理。本文的温度仿真基于实测数据已得到验证，但由于坝体内未埋设足够的应变计，因而应力计算结果无法与实际情况对比，存在一定允许范围内的误差。

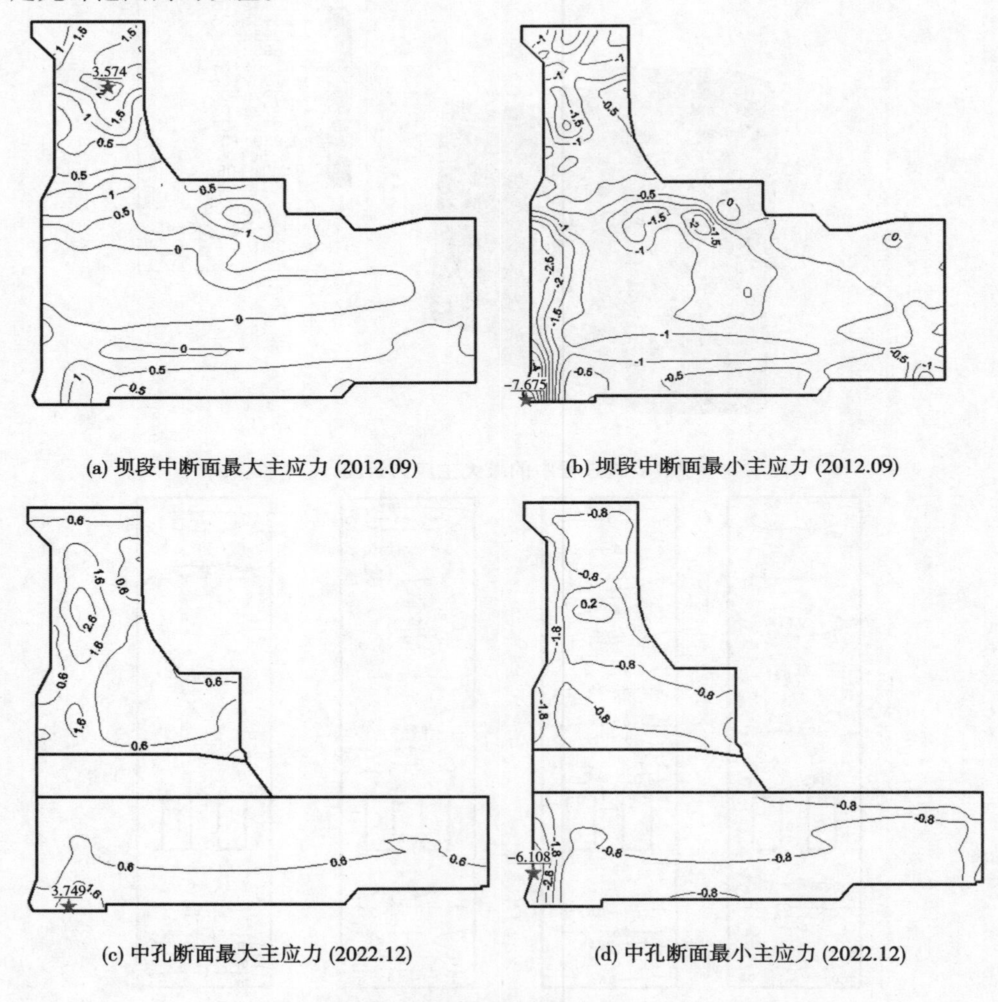


(a) 坝段中断面最大主应力 (2012.09)

(b) 坝段中断面最小主应力 (2012.09)

(c) 中孔断面最大主应力 (2022.12)

(d) 中孔断面最小主应力 (2022.12)

图 7　9#坝段应力等值线分布图　（单位：MPa）

## 3　结　语

龙开口碾压混凝土坝 9#泄流中孔坝段在施工期的温度场反演结果与实际监测资料吻

合良好,刚浇筑完成时上部形成33.3 ℃的高温区,但十年后坝体内部温度趋于稳定,下降到约22 ℃。泄流孔口附近在施工期存在3～4 MPa的拉应力,运行期之后应力状态显著改善,高拉应力消失。由于坝体上部在夏季浇筑温度过高,混凝土温度达到50 ℃以上,形成了小范围较高的拉应力区,十年后减小至2.6 MPa。大坝除坝踵处应力集中产生了6～7 MPa的较高压应力外,整体压应力水平较低,小于2 MPa。因此,由温度场和应力场仿真结果分析,9#坝段在运行期是较安全的。

## 参考文献


[1] 张之平,任成功. 龙开口水电站工程建设综述[J]. 水力发电, 2013,39(2):1-4.

[2] 叶建群,熊立刚,陈国良,等. 龙开口水电站坝基深槽处理设计[J]. 水力发电, 2013,39(2):28-31.

[3] 唐欣薇,李鹏辉,张楚汉. 碾压混凝土重力坝温度场与应力场全过程仿真分析[J]. 长江科学院院报, 2007,24(3):50-53.

[4] 朱伯芳. 大体积混凝土温度应力与温度控制[M]. 北京: 中国电力出版社, 1999.

[5] 朱伯芳,许平. 碾压混凝土重力坝的温度应力与温度控制[J]. 水利水电技术, 1996,(4):18-25.

[6] 黄淑萍,胡平,岳耀真. 观音阁水库碾压混凝土大坝温度应力仿真计算研究[J]. 水力发电, 1996,(7):40-44.

[7] Edward L. Wilson. The Determination of Temperatures within Mass Concrete Structures[R]. UCB/SESM Report No. 68/17a, University of California, Berkeley, 1968.

[8] 李守义,张金凯,张晓飞. 碾压混凝土坝温度应力仿真计算研究[M]. 北京: 中国水利水电出版社, 2010.

[9] 朱伯芳,许平. 混凝土坝仿真计算的并层算法和分区异步长算法[J]. 水力发电, 1996,(1):38-43.

[10] 朱伯芳. 考虑水管冷却效果的混凝土等效热传导方程[J]. 水利学报, 1991,(3):28-34.

[11] 陈尧隆,何劲. 用三维有限元浮动网格法进行碾压混凝土重力坝施工期温度场和温度应力仿真分析[J]. 水利学报, 1998(增):1-5.

[12] 姜冬菊,张子明,王德信. 计算温度应力的广义约束矩阵法[J]. 河海大学学报, 2003, 31(1):29-32.

[13] 刘光廷,胡昱,王恩志,等. 石门子碾压混凝土拱坝温度场实测与仿真计算[J]. 清华大学学报(自然科学版), 2002, 42(4):539-542.

[14] 朱伯芳. 混凝土的弹性模量、徐变度与应力松弛系数[J]. 水利学报, 1985,(9):55-61.

[15] 杨剑. 基于"数字大坝"的高拱坝真实形态研究[D]. 北京: 清华大学, 2011.

# 变态混凝土施工技术发展方向探讨

张振宇

（葛洲坝集团试验检测有限公司 湖北 宜昌 443002）

**摘要**：本文概述了我国变态混凝土发展历程；分析了变态混凝土施工现状；指出了目前存在的问题；最后提出了发展变态混凝土施工技术的以下四点建议：提高本体混凝土性能、研究提高浆液性能、发展加浆及振捣一体化设备和完善施工工法及标准。

**关键词**：变态混凝土，施工技术，现状，问题，建议

## 1 引 言

变态混凝土是指在碾压混凝土拌和物中加入适量的水泥灰浆（一般为变态混凝土总量的4%～7%之间），再用插入式振捣器振动密实，形成一种具有常规混凝土特征的混凝土，主要运用于大坝防渗区表面部位。自20个世纪80年代在广西岩滩水电站首创以来，经过近30年的不断发展，施工工艺逐步成熟，在国内已完全取代传统碾压混凝土大坝“金包银”的防渗结构，在上游面、下游面及其他细部结构部位使用变态混凝土显示出了其独特的优越性。变态混凝土解决了异种混凝土结合部胶结和压实差的问题，保证了变态部位层面结合质量、接触模板部位混凝土的密实和拆模后混凝土表面平滑，简化了仓面的管理并加快了施工速度，使碾压混凝土通仓薄层连续上升的快速筑坝施工工艺得到了充分发挥。

## 2 变态混凝土施工技术现状

### 2.1 浆液配合比设计

变态混凝土是在工作仓面已摊铺碾压混凝土物料部位通过加入流动性良好的浆液，使所形成的变态混凝土具有饱满、可振性、黏结性和较好的强度、抗渗防裂性能等，因此变态浆液材料是保证变态混凝土质量的关键之一。现有规范对变态浆液配合比设计规定不多，仅规定浆液所用原材料应与混凝土相同，浆液水胶比不能大于本体碾压混凝土水胶比，对浆液其他方面则未作规定。因此，目前不同工程变态浆液配合比存在较大差异，对浆液自身性能的研究较少。

### 2.2 加浆方式及加浆量

目前，变态混凝土加浆方式主要有三种：表面洒浆、挖槽加浆和插孔加浆。使用较多的是挖槽加浆和插孔加浆。由于加浆方式以及浆液配合比不同，加浆量也存在较大差异，波动范围一般在4%～6%。

### 2.3 施工手段

变态混凝土目前均采用坝外集中制浆，通过管路向仓面供浆，采用小型装载机还其他容

器盛装浆液，然后靠人工将浆液掺入到碾压混凝土中，人工振捣密实。有些单位自制了一些造孔及加浆计量装置用于加浆控制，但整体使用效果均不太理想，工作效率仍较为低下。

## 3　变态混凝土施工技术存在的问题

### 3.1　对变态混凝土所用浆液性能指标不明确

变态浆液材料是保证变态混凝土质量的关键之一，但目前规范对变态浆液材料及配合比设计规定较少，对浆液本身性能则未作规定，导致在进行浆液配合比设计时没有统一依据，各单位设计的浆液配合比千差万别，浆液自身性能较低，导致变态混凝土性能也不高，影响到人们对变态混凝土防渗能力及其他能力的认同，制约了变态混凝土的推广使用。国内部分工程变态混凝土灰浆配合比统计表见表1。

表1　国内部分工程变态混凝土灰浆配合比统计表

| 序号 | 工程名称 | 碾压混凝土设计指标 | 浆液配合比参数 | | | | 灰浆密度（$kg/m^3$） |
|---|---|---|---|---|---|---|---|
| | | | 水胶比 | 粉煤灰（%） | 减水剂（%） | 引气剂（%） | |
| 1 | 棉花滩 | $R_{180}$200 | 0.50 | 55 | 0.6 | — | 1 567 |
| 2 | 龙首 | $C_{90}$20F300W8 | 0.45 | 40 | 0.7 | — | 1 598 |
| 3 | 蔺河口 | $R_{90}$200D50S8 | 0.51 | 50 | 0.7 | 0.007 | 1 755 |
| 4 | 百色 | $R_{90}$200D50S10 | 0.50 | 58 | 0.6 | 0.03 | 1 656 |
| 5 | 招徕河 | $C_{90}$20F150W8 | 0.48 | 50 | 0.6 | — | 1 613 |
| 6 | 宜兴副坝 | $C_{90}$20F100W8 | 0.45 | 50 | 0.6 | — | 1 634 |
| 7 | 龙滩 | $C_{90}$25F150W12 | 0.40 | 50（Ⅰ级灰） | 0.4 | — | 1 744 |
| 8 | 光照 | $C_{90}$25F150W12 | 0.45 | 50 | 0.7 | — | 1 693 |
| 9 | | $C_{90}$20F100W10 | 0.50 | 55 | 0.7 | — | 1730 |
| 10 | 金安桥 | $C_{90}$20F100W10 | 0.52 | 50 | 0.5 | — | 1 683 |
| 11 | 戈兰滩 | $C_{90}$20F100W8 | 0.43 | 40（矿渣石粉） | 0.8 | — | 1 805 |
| 12 | 功果桥 | $C_{180}$20F100W10 | 0.46 | 40 | 0.7 | — | 1 780 |
| 13 | 官地 | $C_{90}$25F100W6 | 0.45 | 50 | 0.7 | — | 1 618 |
| 14 | | $C_{90}$20F50W6 | 0.48 | 50 | 0.7 | — | 1 549 |
| 15 | 莲花台 | $C_{180}$20F200W6 | 0.47 | 60 | 0.6 | — | 1 572 |
| 16 | 向家坝 | $C_{180}$25F150W10 | 0.42 | 50（Ⅰ级灰） | 0.4 | — | 1 685 |

### 3.2　变态混凝土自身性能较低

目前，碾压混凝土使用材料较为单一，基本是水泥＋粉煤灰组合模式。由于要限制混凝土的内部温升，混凝土能达到的强度等级也较低，一般均为 C20 及以下。由于碾压混凝土本身性能较低，加入自身性能较低的浆液，变态混凝土性能提升有限，基本只能在本体混凝土的基础上提高一个等级。在坝体较高时,为保证坝体的防渗能力,不得不增大变态混凝土的厚度,增大了工作量及出现裂缝的风险。少量工程变态混凝土强度等级虽达到C25,但粉煤灰掺量基本在50%以下,施工时不得不采用其他措施来降低混凝土温升,如埋设冷却水管等,背离了采用碾压混凝土和变态混凝土的初衷。

### 3.3　人工操作无法保证加浆量的准确性及加浆的均匀性

目前,变态混凝土施工仍采用人工进行,无法保证加浆量的准确性和加浆的均匀性,以及振捣的质量,造成变态混凝土质量得不到有效保障,坝体常出现渗水现象,严重制约了碾压混凝土和变态混凝土的推广使用。有些工程为保证变态混凝土的均匀性,采用在拌和楼拌制变态混凝土,到仓面采用人工振捣的方法,但无法避免以前采用“金包银”结构施工时的问题,施工方法值得商榷。

## 4　变态混凝土施工技术发展方向探讨

### 4.1　提高碾压混凝土本身性能,减少变态浆液的种类

采用新的原材料和设计方法,提高碾压混凝土本身性能,避免单纯依靠变态混凝土来保障坝体的防渗性和耐久性。现有研究表明,采用不同种类或不同细度的矿物掺合料复合使用,利用各种矿物掺合料的不同特性,相互取长补短,可产生超叠加效应(即1+1>2),可克服单一品种的性能缺陷,较大幅度提高掺合料掺量,降低成本,同时使混凝土性能更优越。因此,应打破目前普遍采用的水泥+粉煤灰单一胶凝材料体系模式,研究能有效提高碾压混凝土性能的复合胶凝材料体系及材料,设计出具有良好抗渗性能和层面结合性能等性能优良的超低热碾压混凝土,逐步改变目前三级配碾压混凝土+二级配碾压混凝土+变态混凝土的坝体结构为三级配碾压混凝土+变态混凝土或二级配碾压混凝土+变态混凝土的坝体结构,从而减少不同级配混凝土施工过程中的干扰,减少变态浆液的种类,大幅提高碾压混凝土的施工效率和施工质量。

### 4.2　提高变态混凝土浆液材料的性能,减小变态混凝土厚度

常规水泥浆体流动性大时稳定性较差,容易出现泌水、沉降,此现象随水灰比的增加将更加明显,因此需要对变态混凝土用水泥浆液进行改性研究,降低析水率,延长失水时间和析水稳定时间,尽量减小水泥悬浮液静态时的泌水离析问题,以获得流动性和稳定性良好的浆液,使浆料更容易实现浇灌、渗透和振捣。通过研究应对浆液性能提出明确要求,对浆液的配合比设计方法进行规范,切实提高变态混凝土浆液材料的性能,从而减小变态混凝土厚度,减少变态工程量和裂缝产生。

### 4.3　研究变态混凝土一体化施工机械,提高变态混凝土施工速度和施工质量

目前,无论是变态浆液的掺加还是变态混凝土的振捣,基本均是人工来完成的,由于缺乏有效的岗前培训和监管,无法保证加浆量的准确性和加浆的均匀性,以及混凝土的振捣质量,坝体常出现渗水现象。同时,由于人工操作的效率低下,变态混凝土施工常常影响和牵制碾压混凝土的快速浇筑,严重制约了碾压混凝土和变态混凝土的推广使用。因此,研究能准确计量加浆量、保证加浆均匀性及同步均匀振捣的变态混凝土一体化施工机械迫在眉睫。目前,有些单位已经在做这方面的尝试,但由于各种原因还未大范围的推广使用。

### 4.4　完善相关标准和规范,确保各环节质量可控

目前,规范对变态浆液材料及配合比设计规定较少,对浆液本身性能则未作规定,导致

在进行浆液配合比设计时没有统一依据。应制定详细的变态混凝土浆液配合比设计方法，明确浆液性能指标，规范变态混凝土室内拌制方法，补充和完善现有质量标准和施工工法，确保各环节质量可控，以保证变态混凝土施工质量。

## 5 结　语

变态混凝土自20个世纪80年代在广西岩滩水电站首创以来，经过近30年的不断发展，变态混凝土施工技术已取得长足的进步，但由于筑坝技术的复杂性，以及人们对问题、事物认识的不断发展，有不少技术问题尚有待优化提高，在材料选用、配合比设计、施工设备研究和标准规范制定等方面仍需进一步研究和完善。

# 官地水电站工程安全监测系统设计与实践

曹　薇　吴世勇　马志峰

(雅砻江流域水电开发有限公司　四川　成都　610051)

**摘要**:官地水电站位于雅砻江下游,总装机容量 2 400 MW。电站采用堤坝式开发,枢纽工程主要包括碾压混凝土重力坝、泄洪消能建筑物、引水发电系统。项目于 2004 年开始筹建,2012 年 3 月首台机组投产发电,2013 年 3 月机组全部投运。官地大坝最大坝高 168 m,工程规模巨大、工程区地质条件复杂、建筑物多且分散,枢纽工程监测范围广、测点数量多,单独采用人工监测难以保证监测频次及精度,为此工程构建了一套可靠的安全监测自动化系统。本文对官地水电站工程安全监测系统的规划设计、建设及运行成果进行了分析总结,并结合电站集中管理模式与信息技术发展趋势,对水电工程安全监测发展方向进行了展望,对高坝工程安全监测自动化工作具有借鉴作用。

**关键词**:官地水电站,安全监测系统,设计,应用

## 1　工程概况

雅砻江是长江上游金沙江的最大支流,干流全长 1 571 km,分为上、中、下游三个河段,初拟 21 级水电站开发方案。

官地水电站位于四川省凉山州西昌市和盐源县境内的雅砻江下游河段上,主要开发任务为发电。工程枢纽建筑物由挡水建筑物、泄洪消能建筑物及引水发电系统组成,总装机容量 2 400 MW。电站挡水建筑物为碾压混凝土重力坝,最大坝高 168 m。水库正常蓄水位 1 330.00 m,总库容 7.6 亿 $m^3$,具有日调节能力。工程位于高山峡谷区,谷坡陡峻,地质构造相对复杂,两岸山体浑厚,河谷呈不对称的“V”字型,坝址区基本地震烈度为 VII 度。

项目于 2004 年开始筹建,2012 年 3 月首台机组投产发电,2013 年 3 月机组全部投运。

## 2　系统设计

官地水电站工程安全监测系统由人工监测系统、自动监测系统两大系统构成,两者相辅相成,互为补充。结合工程实际,安全监测按照“突出重点,兼顾全面,统一规划,分期分项实施”的原则布设合理的监测断面和监测项目,通过监测数据获得工程建筑物运行安全信息。

### 2.1　监测设计原则

与常态混凝土坝相比,碾压混凝土坝具有施工工艺程序简单,水泥和模板用量少,温控措施简化,施工速度快,工程造价低等优点。由于碾压混凝土坝施工采用薄层浇筑、通仓碾压、连续上升的工艺,在常规的安全监测设计原则之外,针对其工程特点进行的安全监测设

计如下[1]：

(1)监测设计、仪器类型、仪器布设方法等需与碾压混凝土的筑坝特点相适应。

(2)测点布置需考虑碾压混凝土分层浇筑、施工速度快等特点。坝体变形测点尽量布置在坝体边缘或采用预埋等形式以减少对坝体快速施工的干扰。

(3)加强坝体渗流渗压,尤其是沿碾压层面的渗透观测。

## 2.2　监测范围

依据官地水电工程特性,为确保工程安全建设和运行,电站安全监测工作范围主要包括挡水建筑物、引水发电建筑物、泄水建筑物、近坝库岸变形体、导流洞堵头、运行期泄洪雾化影响边坡、导流洞和围堰等临时建筑物。与之对应的安全监测设计的主要范围包括9项:环境量监测、地表变形监测控制网、近坝库岸变形体监测、挡水建筑物监测、引水发电建筑物监测、泄洪建筑物监测、导流洞及上下游围堰监测、巡视检查、自动化监测规划。

## 2.3　监测项目

工程安全监测系统的仪器监测项目分为常规监测项目和专项监测项目两大类,以及各种巡视检查项目。常规监测项目主要包括变形、渗流渗压、应力应变和环境量;专项监测项目主要包括水力学、结构动态(包括地震、结构振动等)、泄洪雾化监测。具体如下所述。

(1)挡水建筑物:变形监测、渗流渗压监测、应力应变监测、环境量监测、地震监测、巡视检查。

(2)引水发电系统建筑物:变形监测、渗流渗压监测、应力应变监测、巡视检查。

(3)泄洪建筑物:变形监测、渗流渗压监测、水力学监测、结构动态监测、巡视检查。

(4)临时建筑物:变形监测、渗流渗压监测、应力监测、巡视检查。

(5)近坝库区边坡变形体:变形监测、应力应变监测、渗流渗压监测、巡视检查。

(6)安全监测自动化系统规划。

依据规划设计,官地水电站安全监测仪器设计量为3 841支(套),截至2014年10月,已全部布设完成,其中永久监测仪器安装2 946支(套),施工期监测仪器安装923支(套)。

## 2.4　监测自动化系统

### 2.4.1　实施必要性

官地水电站枢纽工程监测范围广、测点数量多,由于人工观测同步性差,单独采用人工监测难以保证监测频次及精度,同时也无法适应电厂“无人值班,少人值守”的现代化管理需求。因此,实施安全监测自动化系统是人工监测系统的有效补充,两者的结合应用,可实现工程安全监测的全面化、系统化和信息化。

### 2.4.2　自动化系统设计

#### 2.4.2.1　监测部位

依据工程安全的关注重点和自动化监测需求的必要性,官地水电站自动化监测部位主要包括四部分,分别为大坝、堵头及枢纽区边坡,消力池,地下引水发电系统,尾水出口。其中,大坝和引水发电系统为自动化系统的重点监测部位。

#### 2.4.2.2　系统规划设计

官地水电站安全监测自动化系统主要包括自动化数据采集系统和安全监测信息管理及综合分析系统[2]。

自动化数据采集系统由监测站、监测管理站、监测中心站三级构成,通过网络拓扑结构,在此基础上实现流域安全监测监控中心对现场监测中心站的远程管理。依据官地水电站枢纽建筑物布置特点和监测站设置在监测仪器相对集中部位的布置原则，同时考虑到监测站的环境要求，官地水电站共设置了 27 个测站，其中大坝、堵头及边坡设置 14 个测站，消力池设置 1 个测站、地下引水发电系统设置 10 个测站，尾水出口 2 个测站。监测管理站包括大坝监测管理站和地下厂房洞室群监测管理站（简称厂房监测管理站）两个。其中大坝监测管理站位于大坝坝顶，厂房监测管理站位于第一副厂房。电站监测管理中心站与厂房监测管理站拟合并设置。

安全监测信息管理及综合分析系统对采集到的数据进行高效的管理和分析，从而大大提高工程安全管理的效率和质量。官地水电站安全监测信息管理及分析系统由信息管理系统、监测成果综合分析评价系统、远程服务系统三部分组成[1]。信息管理系统的工作内容包括数据录入和监测资料的管理，综合分析评价系统在监测管理中心站对枢纽区各部位监测成果进行统一整编分析，实现监测成果以图形报表、曲线绘制等各种类型的分析评价，远程服务系统将安全监测信息上报至流域安全监控监测中心，实现流域安全监控监测中心的远程数据管理。

根据监测仪器的布置及自动化接入情况，纳入安全监测自动化系统的测点数约为 3 293 支（套），监测项目基本涵盖了变形、应力应变、渗流渗压、环境量等水工建筑物所有监测项目。官地水电站工程安全监测自动化系统网络结构见图 1。

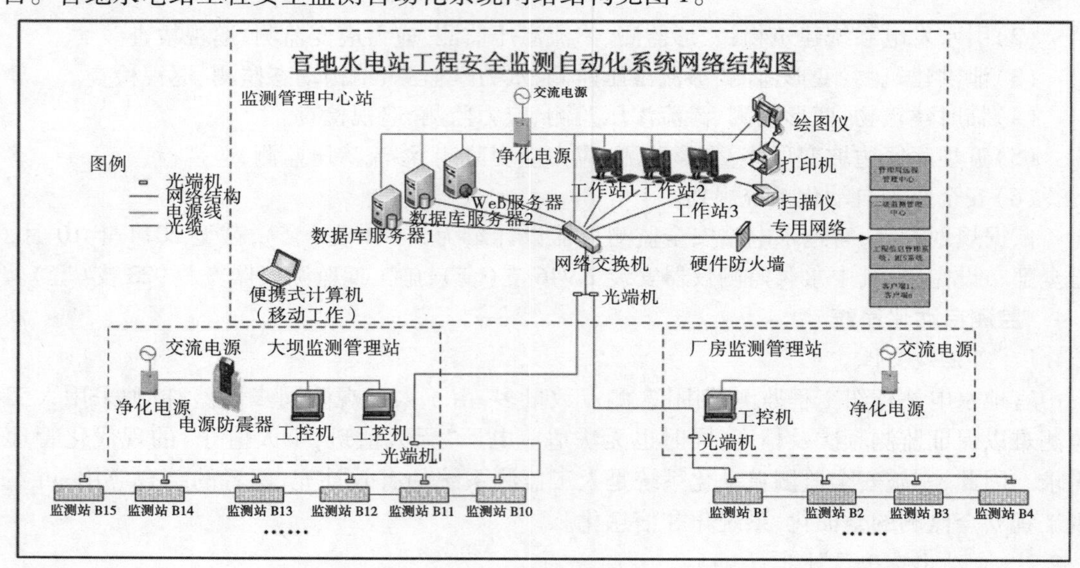


**图 1　官地水电站工程安全监测自动化系统网络结构**

## 3　系统实施

### 3.1　系统建设[3]

大型水电工程规模巨大，建设周期长，水电站工程安全监测作为一个多学科交叉的技术密集型系统工程贯穿水电工程全生命周期。同时工程安全监测工作有别于一般的土建施工，其专业性较强，因此在现场实施中，一般对工程安全监测系统单独成标，依据工程建设进度分阶段、分批次统筹实施，以确保监测系统的可靠实施和有效运行。

根据官地水电站工程土建施工分标规划和施工进度，以及监测技术专业特点，官地水电站工程安全监测系统针对工程施工期、运行期两个阶段，共分为6个标段通过公开招标确定实施单位。

#### 3.1.1　施工期安全监测系统建设

施工期安全监测系统分为监测仪器设备采购标、大坝工程监测标、地下厂房工程监测标、前期导流洞及坝顶高程以上边坡监测标、左右岸导流洞洞身段施工期监测标5个标段实施。

监测仪器设备采购标依据监测项目类型分为变形监测、渗流渗压监测、变形监测（外部安装部分）、应力应变及温度、其他类监测仪器设备5个包实施。

大坝工程监测标由中国电建集团成都勘测设计研究院有限公司负责实施，主要工作范围包括碾压混凝土重力坝、左右岸坝肩边坡、施工区料场边坡、开关站边坡、库岸边坡、尾水出口边坡、电站进水口1 334 m以下边坡、上下游围堰、左右岸导流洞堵头等。

地下厂房工程标监测标由中国电建集团昆明勘测设计研究院有限公司负责实施。主要工作范围包括电站进水塔、引水隧洞、压力管道、主副厂房、主变室、尾水管、尾闸室、尾水洞，以及左岸坝前单薄分水岭的渗水观测等。

前期导流洞及坝顶高程以上边坡监测标由中国电建集团集团贵阳勘测设计研究院有限公司负责实施，主要工作范围包括左右岸坝顶以上坝肩边坡、电站进水口1334m以上边坡、拉裂体边坡、左右岸导流洞进出口边坡等。

左右岸导流洞洞身段施工期监测包含在土建标内一并实施，分别由水电三局和水电五局承担。该部位后期观测工作在合同期完后移交给大坝监测标继续观测。

#### 3.1.2　蓄水及运行期监测工作概述

官地水电站工程蓄水及运行期安全监测工作，主要由施工期的监测施工单位继续负责实施，同时在此阶段招标实施自动化监测系统工作。

成都勘测设计研究院和昆明勘测设计研究院分别负责大坝工程、地下厂房工程的监测仪器设备的观测维护、资料整编等工作。

南京南瑞集团公司在电站运行初期，在前期人工监测相关成果的基础上，实施工程安全监测自动化系统建设。

由此分阶段、分批次地完成了官地水电站工程安全监测系统的全面建设。

### 3.2　系统运行情况

官地水电站于2004年开始筹建，2011年11月大坝正式下闸蓄水，2013年3月全面投产发电。从施工期、大坝蓄水及电站运行初期各部位建筑物变形、渗流、应力等监测成果看，观测数据稳定正常，观测误差在设计值允许范围内，监测成果真实可信，基本反映了各主要建筑物的运行状态，能够有效监控主要建筑物的运行工况，实现了工程安全监测系统的设计目标。

## 4　结论与展望

官地水电站工程安全监测系统综合运用人工监测、自动化监测两种手段，为高坝工程的安全建设、运行提供了可靠的技术参考和保障。与此同时，雅砻江流域水电开发有限公司是目前国内唯一一家由一个主体完整开发一个流域的企业，具有梯级统筹、集中管理的优势。

2011 年 11 月,由多家单位联合申报的雅砻江流域"数字流域关键技术" 通过项目可行性研究论证,正式进入国家"十二五"科技支撑计划项目库。其中,雅砻江公司牵头承担项目课题 5"雅砻江流域数字化平台建设及示范应用",计划今年完成平台基本建设工作。下阶段,在雅砻江流域各投运电站安全监测自动化系统的运行成果基础上,通过雅砻江流域数字化平台的实施,将实现工程安全运行的三维化、可视化、自动化,对于国内水电行业数字流域的发展具有积极的推动和示范作用。

## 参考文献


[1] 刘莉莉. 碾压混凝土土重力坝安全监侧设计[J]. 湖南水利水电,2002(4):7.

[2] 董瑜斐,王界雄等. 官地水电站安全监测自动化系统规划[J]. 水电站设计,2012,28(4):77-79.

[3] 四川省雅砻江官地水电站枢纽工程竣工安全鉴定施工期及初期运行阶段监测成果分析报告[R]. 中国电建集团集团成都勘测设计研究院有限公司,2014,12.

# 某水电站库首拉裂变形体稳定性及变形失稳模式研究

江德军　黄会宝　柯　虎　熊　敏

（国电大渡河流域水电开发有限公司库坝管理中心　四川　乐山　614900）

**摘要：**某水电站库首拉裂变形体地质结构复杂，对其变形破坏机制、失稳模式及其稳定性的研究是关系库坝及电站安全稳定运行的关键。首先基于拉裂体安全监测资料对其稳定性及变形过程进行了分析，监测成果表明：拉裂体中下部一、二期加固区域变形尚未收敛，但位移增量逐年减小，表明该区域整体处于稳定状态；拉裂体上部未加固区域变形较大，且逐年增大趋势明显，有局部滑动可能。地质结构及数值模拟结果显示，边坡安全系数在1左右，最危险滑动面位于拉裂体上部，且其破坏形态表现为表层以小规模滑塌为主的后退式逐步发展，可能的失稳方式主要是浅表部的牵引式滑塌及其破坏后引起的上部坡体的滑动破坏。

**关键词：**稳定性，变形失稳模式，监测，数值模拟，拉裂体

## 1　引　言

某水电站库首右岸拉裂体位于该电站右岸坝轴线上游约780 m处，该处自然谷坡大致走向为近SN向，谷坡总体呈折线状，地形上呈陡—缓—陡—缓（下陡上缓）的变化，地貌上呈现出槽脊（沟梁）相间的梳状地貌形态。谷坡坡度在980 m高程以下近50°，980 m高程以上近40°。由于受右岸低线公路施工（采用硐室大爆破方式开挖）的影响，同时路堑边坡严重超挖形成岸坡切脚，加之坡体特有的地质条件，岸坡出现坡体松弛变形和表层覆盖层（松散堆积体）的失稳，地质上定为右岸拉裂变形体（以下简称拉裂体）。鉴于库首右岸拉裂体距大坝较近、方量较大、位置较高，故其破坏方式、稳定状况、发展趋势等直接影响电站运行期间厂房进水口和大坝的安全。因此，在电站设计时在边坡上布置了系统的安全监控预测方案，并实施了一期、二期工程治理。一期处理工程范围主要为底部至中上部，重点为790.00～850.00 m水位变幅带，治理措施兼顾浅部和深部，采用锚杆、锚筋束和锚索相结合的综合治理措施，坡脚锁固区采用贴坡混凝土和锚索支护。二期工程加固范围主要分两部分：855 m高程以下的补加1区、补加2区和855 m高程以上（980 m高程以下）的F1区、F2区、F3区和F4区，主要采用了深层锚索、浅层锚杆、表层喷护、框格梁、勘探硐改建的监测兼排水洞、深层排水孔、表层排水孔等加固措施，对不同区域采用不同的支护措施进行了分区综合治理。

边坡治理完成后，经过长期的监控显示其变形并未收敛，且上部970～1 130 m高程未治理区域（原计划三期治理）变形发展趋势仍较明显，且后缘拉裂缝有张开的迹象。因此，本文在已有监测资料的基础上，结合有限单元法探究该边坡的变形失稳模式及稳定性，为后期加固治理提供参考依据。

## 2　研究区工程地质条件

拉裂体岸坡出露地层主要为中前震旦系前变质玄武岩(Anzb)和震旦系下统苏雄组上段(Zas)凝灰岩。震旦系下统苏雄组上段主要为一套深灰色、绿灰色、暗绿色为主的中基性火山岩,夹多层凝灰质砂砾岩,凝灰岩节理裂隙发育,呈镶嵌—碎裂结构,似层面产状为NW/SW∠50°~75°(倾坡内)。

根据岩体结构和风化卸荷特征,拉裂体的岩体由表及里,可以划分为:碎裂—散体结构带(松动带)、倾倒拉裂变形带、滑移拉裂或滑移压致拉裂变形带和深拉裂缝区四个带,如图1所示。

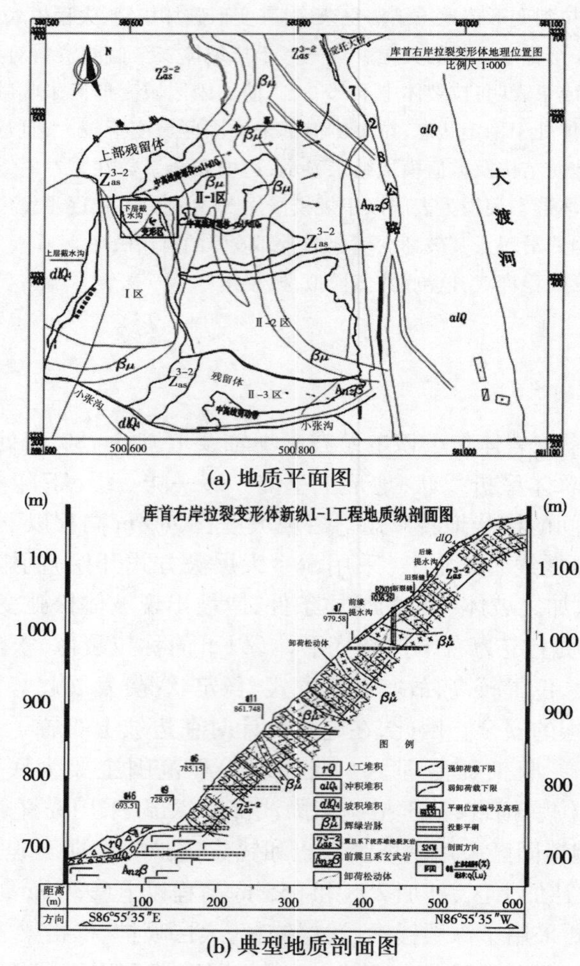


图1　拉裂体平面及典型地质剖面图

## 3　拉裂体稳定性的监测成果分析

### 3.1　监测设置布置

拉裂体安全监测主要包括拉裂体内部变形监测、外部变形监测、渗透压力和支护体应力监测,如表1所示。限于篇幅本文仅对主要监测断面上的外部变形、测斜孔及锚索测力计监测成果进行分析。

表1　拉裂体主要监测项目

| 监测项目 | 仪器名称 | 设计数量 | 物理量 | 单位 | 正负号规定 |
|---|---|---|---|---|---|
| 变形监测 | 垂直测斜孔 | 10个 | 主滑方向位移<br>上下游方向位移 | mm<br>mm | 向河谷、溪沟为正,反之为负<br>向下游方向位移为正,反之为负 |
| | 变形观测标墩 | 17个 | 上下游($X$)位移<br>左右岸($Y$)位移 | mm<br>mm | 向下游方向位移为正,反之为负<br>向临空面为正,反之为负 |
| | 垂直位移测点 | 3个 | 竖向($Z$)位移 | mm | 沉降为正,抬升为负 |
| | 多点位移计 | 4套 | 坡体变形 | mm | 向河谷、溪沟为正,反之为负 |
| 应力应变监测 | 锚索测力计<br>锚筋束测力计 | 48套<br>36套 | 锚固力<br>锚筋束应力 | kN<br>MPa | 拉应力正,压应力为负<br>拉应力正,压应力为负 |
| 渗压监测 | 渗压计 | 3支 | 渗透压力 | kPa | 渗透水压或者孔隙水压力 |

## 3.2　变形监测成果分析

### 3.2.1　外部变形

从拉裂体各外部变形观测墩监测成果看,各测点变形整体呈现增加趋势,拉裂体中下部(一、二期加固区域)自2013年以后变形增加趋势逐渐减弱,变化趋于平缓,970 m高程以上变形增加趋势仍较明显。从变形量大小看,拉裂体中下部变形较小,上部变形较大。截至2015年6月,各外部变形测点过程线未见明显的突变现象。

限于篇幅,选择位于同一个纵断面上的T17、T03、T07进行分析,其中T07、T03位于拉裂体中下部的一、二期加固区域,T17位于拉裂体上部未加固区域。由图3(a)中T17、T03、T07的纵向位移过程线可以看出,在该段面上T17向临空面的位移最大,且其位移过程线呈现逐年增大的趋势;T07、T03向临空面的位移量较小,且在经过支护后两点的位移量虽仍有增加的趋势,但其变化速率缓慢。截至2015年,T17、T03、T07纵向累计位移量分别为62.01 mm、36.50 mm和7.75 mm,表现为下部位移小、上部位移大的态势。

由图3(b)中T17、T03、T07的竖向位移过程线可以看出三个测点$Z$向与$Y$向的变化趋势相似,三点均表现为下沉,其中T17下沉位移量最大,且逐年增大的趋势明显。T03处于二期治理区域的上缘,竖向位移也有缓慢增大的趋势;位于下部的T07位移量很小,其变化趋势已逐渐趋于稳定,表明边坡加固起到了良好的作用。截至目前,T17、T03、T07竖向位移量分别为65.25 mm、25.73 mm和0.38 mm,未见明显突变。

### 3.2.2　垂直测斜孔

拉裂体875 m高程公路库岸附近坡体上布置有测斜孔IN05～IN07,970 m高程布置有测斜孔IN09、IN10,970～1 130 m高程(上部未加固区域)布置有测斜孔IN01～IN04。875 m高程及970 m高程各测斜孔位移整体呈现缓慢增加趋势,且存在不同深度错动现象,但各测孔位移值随时间的增加趋势缓慢,未发生突变现象,说明该区域未发生大的形变。970～1 130 m高程由于未进行工程加固,且表层多为松散堆积体,受降雨等影响导致该区4个测

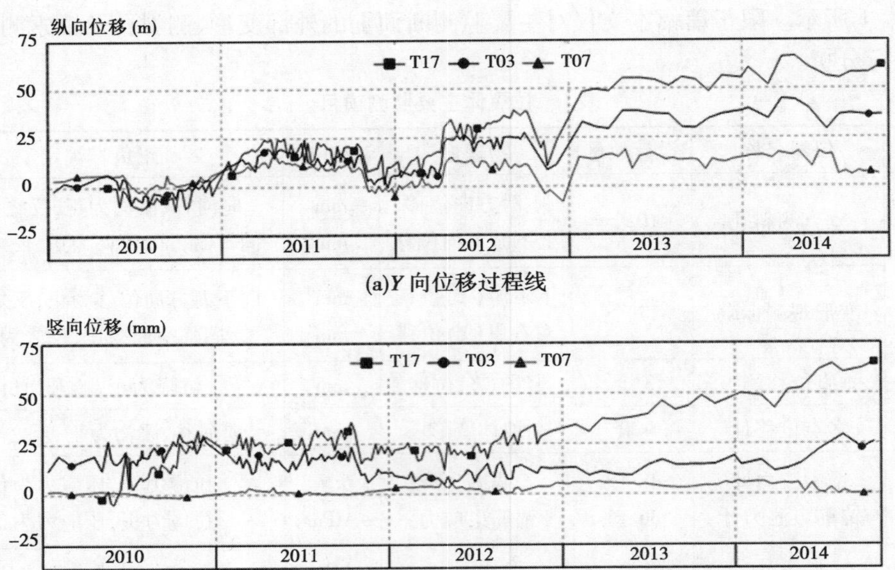


(a)$Y$向位移过程线

(b)$Z$向位移过程线

图3　拉裂体变形监测过程线

斜孔变形较大。A向表现为向坡外发展,B向表现为向上游发展,且有逐年增大的趋势。对比相应高程变形观测墩及测斜孔不同深度临空面方向位移,虽变形参照基准点不同,但位移趋势是一致的,且位移量较大。

取与T17、T03、T07这3个外部变形观测墩同断面的IN01与IN10进行分析,其中IN01(临近T17)位于上部未加固区域,IN10(临近T03)位于二期加固区域的上部。从图4可以看出IN01在孔深24 m范围内A向发生较大向临空面的位移,最大为孔口处,累计位移量为84.33 mm;B向24 m范围内发生向上游方向的位移,目前最大累计位移为-12.84 mm(孔深14.5 m处);24 m以下有向下游运动的趋势,目前最大累计位移为11.74 mm(孔深25 m处),在该部位上下两层有较大的错动。综合A、B向位移,IN01测孔孔深24 m范围内累计位移量较大,而且呈现逐渐增加趋势,增加速率较快,说明该部位孔深24 m范围内存在地质薄弱带,滑坡带经过该部位。同时,IN01测孔以上边坡陡峭,地勘情况表明该区域表层多为残积或坡积堆积体,易产生变形,故导致其浅表层产生较大位移。

测斜孔IN10 A向发生向临空面方向的位移,累计位移为52.20 mm,发生在孔口处,变形深度范围分别为0~60 m。B向发生向下游方向的位移,最大累计位移量为18.91 mm,发生在孔深76 m处,较大变形深度范围为0~85 m。从图6可以看出,IN10处边坡出现了多个错动带,即在不同条件的诱因下,边坡可能出现不同深度的滑动。但从历年的位移曲线看,边坡在经过加固治理后,位移增量逐渐减小,虽仍有向下滑动趋势,但已在逐步收敛,说明该区域加固处理起到了较好的作用。

### 3.3　应力应变监测成果分析

拉裂体一、二期加固区域共安装48套锚索测力计,其中一期加固区共安装25套,编号为DP01~DP25,二期加固区共安装24套,编号为Dps1~Dps4及DP31~DP49。

根据一期加固区锚索监测成果,目前所有锚索测力计成果均表现为锚固力松弛。按锚

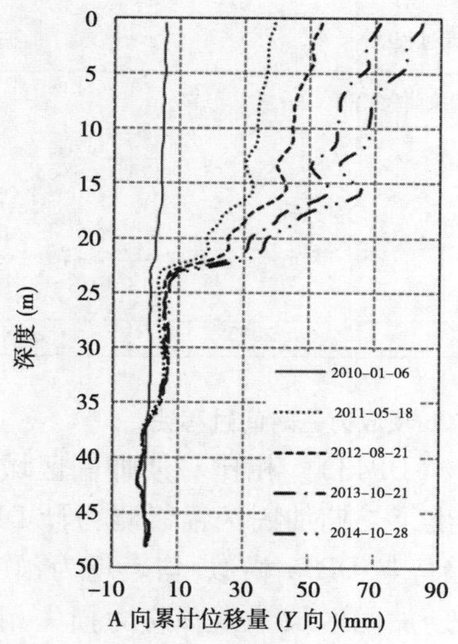


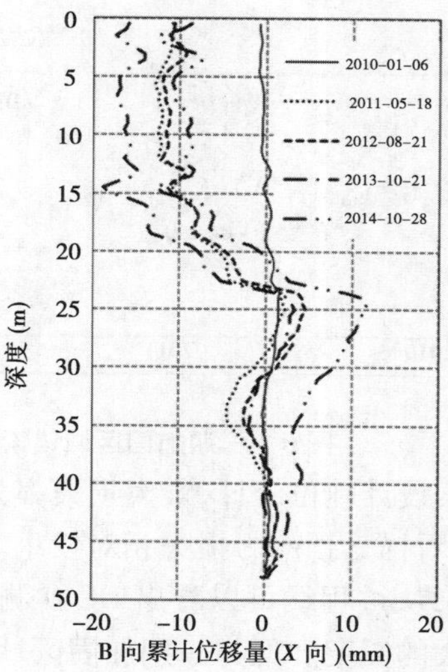


图 4　拉裂体测斜孔 IN01(A 向、B 向)累计位移—孔深曲线

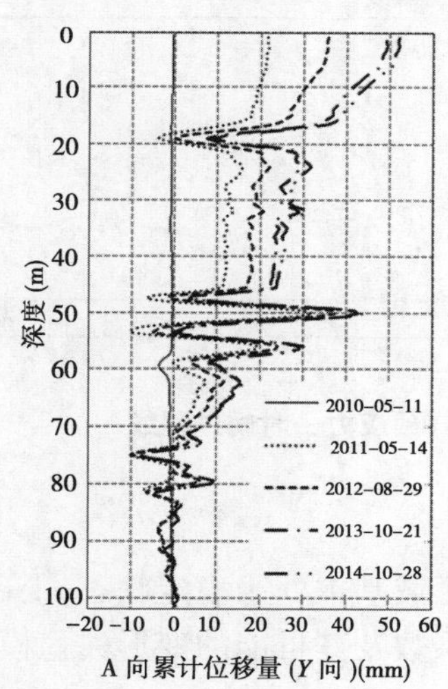


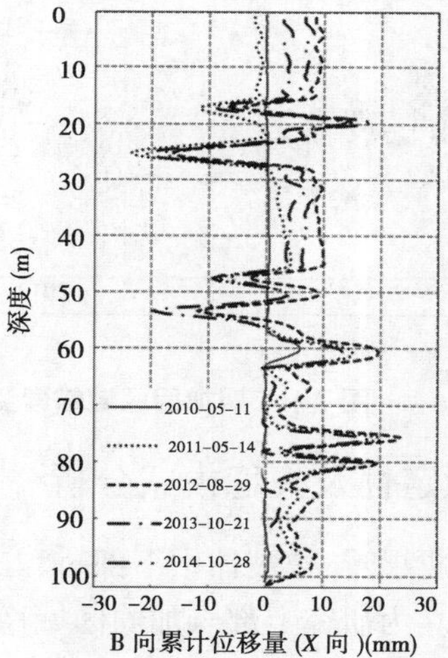


图 5　拉裂体测斜孔 IN10(A 向、B 向)累计位移—孔深曲线

索设计吨位统计，所有锚索测力计的荷载损失率均超过 10%，最大损失率为 50.73%(DP13)，最小损失率为 4.97%(DP18)。整体来看，该区锚索预应力损失问题比较严重，且随时间推移有发展趋势。

图 6 给出了一期加固区锚索测力计 DP06 锚固力时间过程线。从过程线可以看出，一期加固区锚索均表现出锚固力松弛，锚索预应力损失问题比较严重，且随时间推移呈现发展趋势，但无大的突变，截至目前为止尚未收敛。同时，也表明一期加固区域未发生大的变形，因为若该区域有大的滑动趋势或变形，则相应的锚索承受的拉应力会显著提高，锚固力会呈现整体增加趋势。

根据二期治理区锚索监测成果分析，截至目前有 14 支锚索测力计的荷载损失率超过

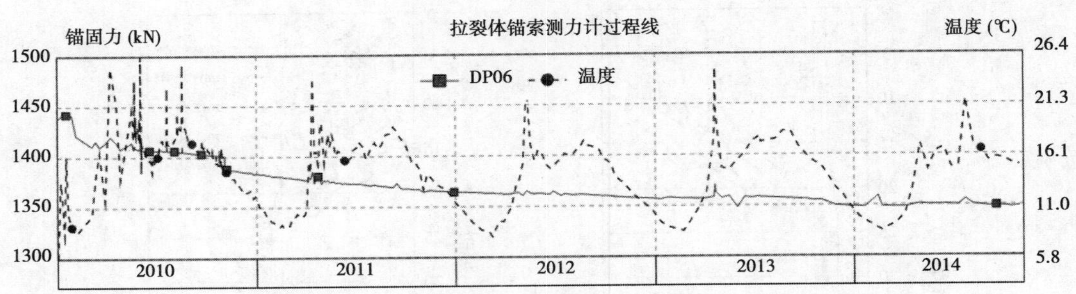


图 6　一期加固区域锚索测力计 DP06 预应力—时间过程线

10%，按锚索设计吨位统计，最大损失率为 28.39%（DP43）。相比一期加固区域，二期加固区域整体来看锚索预应力损失相对较小。图 7 给出了二期加固区锚索测力计 DP40 锚固力时间过程线，从过程线可以看出 DP40 测值变化趋势与 DP06 相似，均表现为预应力的松弛现象，且无大的突变。但与一期加固区域相比，二期加固区域锚索预应力损失相对较小，表明该区目前处于稳定状态，二期治理起到了加固边坡的作用。

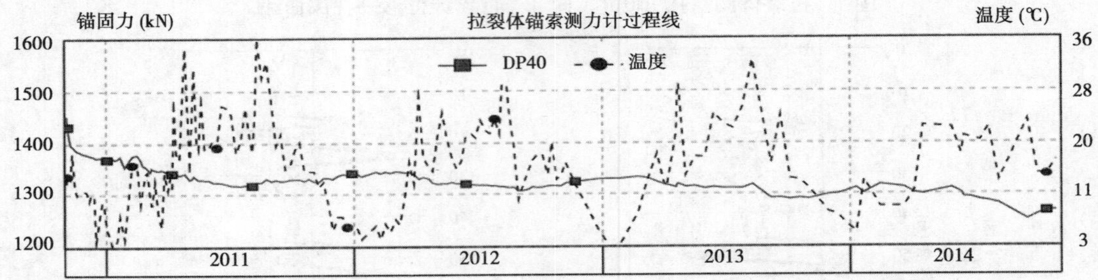


图 7　二期加固区域锚索测力计 DP40 预应力—时间过程线

## 4　拉裂体稳定性及失稳模式分析

根据监测成果看，拉裂体中下部一、二期加固区域基本处于稳定状态，上部未加固区域滑动趋势明显。为研究上部未加固区域稳定安全系数及其可能的变形失稳模式，本文采用数值模拟的方法对边坡的安全系数进行计算。

### 4.1　计算模型及参数

考虑到模拟研究以分析拉裂体内应力、变形场的变化规律为主[1,2]，为消除边界效应对重点研究区域的影响，计算模型的总体尺寸为：宽（临空面方向）为 420 m，高为 460 m，选择与前文监测成果分析的相同断面，模型底部设为固定边界，高程为 690 m；左侧约束 $X$ 向位移，顶部最高高程为 1 150 m。模型中 $X$ 轴指向临空面，$Y$ 轴为竖直方向。本构模型及材料参数见表 2 所示。

### 4.2　边坡稳定分析

分别采用极限平衡法及强度折减法计算边坡的稳定性[7-9]，统计结果如表 3 所示。限于篇幅，此处仅给出采用强度折减法计算得出的最危险滑动面形状，其他各计算方法下拉裂体滑动面位置与采用强度折减法计算结果基本一致，不再赘述。

表2　数值模型计算参数表

| 岩体类别 | 本构模型 | 容重（kN/m³） | 弹模（GPa） | 泊松比 $\mu$ | 岩体抗剪指标 |  |
|---|---|---|---|---|---|---|
|  |  |  |  |  | $C$（MPa） | $\varphi$（°） |
| 坡残积 | M－C | 22.5 |  | >0.35 | 0.08 | 26 |
| 松动变形岩体（上部） | M－C | 24.5 | 1～2 | 0.33 | 0.15 | 29 |
| 强风化岩体（下部） | M－C | 24.5 | 1.5 | 0.33 | 0.15 | 29 |
| 强卸荷岩体 | M－C | 26 | 2～4 | 0.30 | 0.30～0.35 | 33 |
| 弱卸荷岩体 | M－C | 27 | 5～6 | 0.27 | 0.50～0.70 | 37.5 |
| 人工堆积 | M－C | 22.5 |  | >0.35 |  | 32 |

表3　拉裂体安全系数统计表

| 计算理论 | 计算方法 | 安全系数 |
|---|---|---|
| 极限平衡理论 | Bishop 法 | 1.08 |
|  | M－P 法 | 1.04 |
|  | Janbu 法 | 1.12 |
| 强度折减法 | 强度折减 | 0.963 |

从表3数据可以看出，拉裂体上部安全系数均在1左右，表明其处于临界稳定状态，且各不同的方法计算得出的安全系数大小相近，滑动面位置相同，最大滑动深度在20～30 m之间，与监测数据吻合。同时从剪应变云图可以看出，拉裂体最危险滑动面不唯一，可能产生20～30 m深度范围内的滑动，也可能仅为表层松散堆积体的滑动。

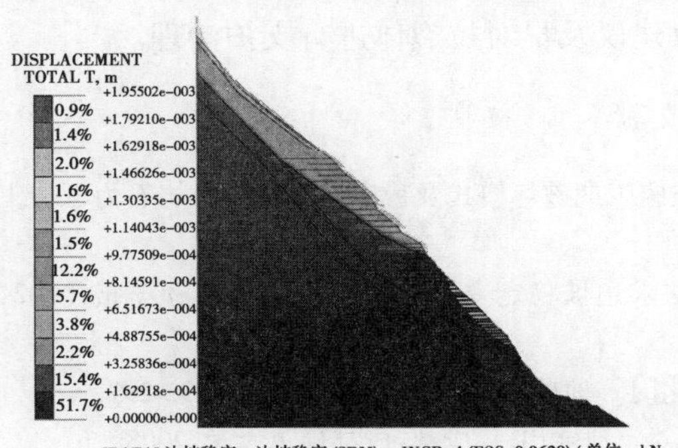


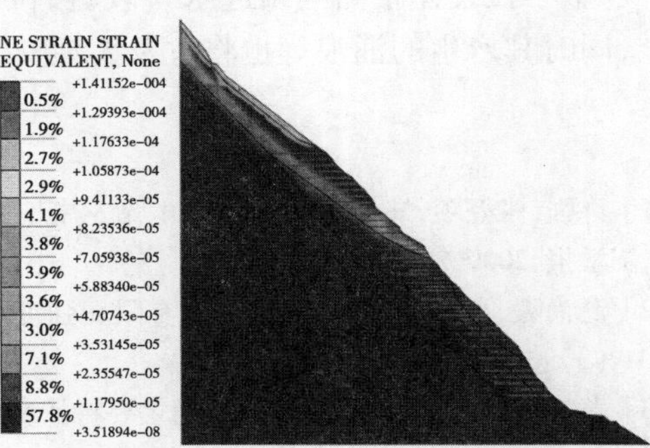


图8　拉裂体数值模拟结果

### 4.3　边坡变形失稳模式分析

由于岩土体的失稳（特别是滑动失稳）都是沿着剪应变增量最大的部位产生滑动。数值计算可以通过最大剪应变增量云图直观的反映出边坡滑动的薄弱部位[3-6]。根据数值模拟计算结果可以看出，受一、二期支护的影响，拉裂体边坡最危险的滑动面主要出现在边坡中上部未支护的区域，且表现为浅表层的滑动，滑动深度范围基本在浅层的20～30 m范围内，这与测斜孔IN01监测到的成果吻合。同时结合地质剖面图看，在拉裂体中上部浅表层多为坡积体或松动变形岩体，其本身的稳定较差，易产生变形，为可能的滑动区域。

根据数值分析结果，结合监测数据及拉裂体目前实际情况看，其中下部支护区域仍在产生向临空面的位移，从而导致上部边坡出现牵引式向下变形态势。同时上部边坡受本身地质条件的影响，变形较大，基本处于临界稳定状态。

根据地勘成果，拉裂体坡体范围内无区域性断裂，控制坡体岩体结构的结构面为断层错动带和基本裂隙等。岩体结构和变形破坏的表现形式为槽状滑塌变形，是一种后退牵引式的破坏形式；同时也可出现滑移拉裂变形，主要由倾角为30°~35°倾坡外略倾向上游的长大结构面(NW/NE)构成滑移面，陡倾坡内(或坡外)裂隙面构成后缘拉裂面。

由于岩体结构空间变形的复杂性，拉裂体变形特征可能呈现出多种滑移模式的组合。综合分析拉裂体可能的变形失稳模式主要表现为上部表层小规模滑塌为主的后退式逐步发展，可能的失稳方式主要为浅表部的牵引式滑塌及其破坏后引起的上部坡体的滑动破坏。

## 5　结论与建议

从拉裂体监测资料及数值模拟分析结果可以得出以下几点结论：

(1)拉裂体中下部一、二期加固区域变形尚未收敛，但位移增量逐年减小，表明该区域整体处于稳定状态；

(2)拉裂体上部未加固区域变形较大，且逐年增大趋势明显，有局部滑动可能。

(3)根据监测数据及数值模拟分析，拉裂体的破坏形态表现为：表层以小规模滑塌为主的后退式逐步发展，可能的失稳方式主要是浅表部的牵引式滑塌及其破坏后引起的上部坡体滑动破坏。

(4)数值分析结果显示，边坡最小安全系数在1附近，处于临界稳定状态，且最危险滑动面位于拉裂体上部。

鉴于拉裂体距离电站进水口较近，位置较高，若产生滑坡破坏将直接影响进水口的安全，同时其产生的涌浪等也将危及大坝安全，故建议及早对拉裂体进行支护治理。

## 参考文献

[1] 许强，张登项，郑光. 锦屏Ⅰ级水电站左岸坝肩边坡施工期破坏模式及稳定性分析[J]. 岩石力学与工程学报，2009，28(6)：1183-1192.

[2] 赵尚毅，郑颖人，时卫民，等. 用有限元强度折减法求边坡稳定安全系数[J]. 岩土工程学报，2002，24(3)：343-346.

[3] 黄润秋. 中国西南岩石高边坡的主要特征及其演化[J]. 地球科学进展，2005，20(3)：292-297.

[4] 刘卫华. 高陡边坡危岩体稳定性、运动特征及防治对策研究[D]. 成都：成都理工大学，2008.

[5] 周维垣，等. 岩石高边坡的稳定与治理一岩土工程的回顾与前瞻[M]. 北京：人民交通出版社，2001.

[6] 曹兴松. 碎裂岩体路堑高边坡失稳机理及防治技术研究[D]. 成都：西南交通大学，2006.

[7] 叶海林，黄润秋，郑颖人，等. 岩质边坡锚杆支护参数地震敏感性分析[J]. 岩土工程学报，2010，32(9)：1374-1379.

[8] 郭院成，陈涛，钱辉. 基于强度折减的边坡动力安全系数确定方法研究[J]. 土木工程学报，2012，45(增2)：117-120.

[9] 许强，董秀军. 汶川地震大型滑坡成因模式[J]. 地球科学(中国地质大学学报)，2011，36(6)：1134-1142.

# *I* 指数及其在水利水电工程风险监测中的应用

张翔宇

（贵州乌江水电开发有限责任公司东风发电厂　贵州　清镇　551408）

**摘要**：本文在简要介绍水利水电工程风险特性、国际大坝委员会（ICOLD）第41期会刊所推风险指数并对其存在不足作简分析的基础上，为促进水利水电工程风险管理，进一步介绍了作者根据水利水电工程特性，结合20多年来一直在基层一线从事水利水电工程建设、运行的风险监测、分析、管理与研究经验提出的 *I* 指数法；最后结合该方法近年来在《混凝土大坝安全监测技术规范》（DL/T 5178—2003）、《混凝土大坝安全监测技术规范》（SL 601—2013）等水电、水利行业大坝安全监测技术规范完善探讨中的应用情况，对 *I* 指数法在水利水电工程风险监测中的应用进行了探讨、总结。

**关键词**：*I* 指数法，水利水电工程，风险监测，应用

## 1　前　言

目前，世界各国水利、水电工程风险管理水平差距较大，大部分发展中国家正处于水库、大坝（以下称“库坝”）工程的建设期，在大坝风险管理方面尚未进行系统、深入的研究与实践；而大部分发达国家在库坝风险管理方面进行了较为深入的研究，处于领先水平，尤其是在美国、加拿大、澳大利亚和西欧等发达国家和地区发展迅速。2013年8月在美国西雅图召开了国际大坝委员会第81届年会，其间举办了主题为“时代的变迁——基础设施的开发与管理”的国际研讨会，作者有幸到场耳闻目睹了有关专家的研讨发言，聆听到智慧的原声，特别是来自加拿大的国际大坝委员会大坝安全专委会主席 Zielinski 先生对国际大坝安全管理风险评估主要实践经验的回顾与评价。本文作者根据20多年来一直在基层一线从事水利水电工程建设、运行的风险监测、分析、管理与研究经验，根据国家、行业及地方现行法规、水利水电工程风险特性，参考2012年中国大坝协会年会、2013年国际大坝委员会年会、中国大坝协会2013学术年会暨第三届堆石坝国际研讨会的相关信息及文献，为促进水利、水电工程发展，针对国际大坝委员会（ICOLD）第41期会刊所推荐风险指数存在的不足进行了创新、补充和完善，提出了 *I* 指数法；该方法的部分内容已在2014年6月作为国际大坝委员会第82届年会交流材料[1]，本文在此做进一步探讨。

## 2　水利、水电工程风险特性

水利、水电工程风险存在于工程规划、勘察、设计、施工、首蓄期、运行期等各阶段，各阶段风险特性不同，且每座大坝在结构、地质、运行工况和周边环境等方面存在差异，即使同一工程等级的大坝或同一座大坝不同时期失事概率和失事后的损失都明显不同，因此工程风

险具有动态变化特性。影响库坝风险的因素有传统和非传统两种:传统因素包括由于设计、施工安装、结构、闸门控制等设备设施原因及气候、地质、高边坡、运行、工程投资及社会和经济效益、失事后的社会和经济影响、运行管理规章制度和人员素质、上下游风险区人口分布及素质、紧急预案与抗灾救灾措施等;非传统因素包括上游库坝失事、战争、恐怖袭击等。工程安全风险严格按照荷载、结构和地质条件的概率分布及功能函数,并在此基础上考虑失事损失的风险分析方法过程比较复杂,且许多损失难以采用定量的方式加以描述,因此考虑结构体系失效及其损失的风险分析方法目前尚缺乏实用性。此外,中国已建各类库坝总数已达 87 000 多座,虽然先后颁布了《职业健康安全管理体系规范》(GB/T 28001—2001)[2]《中华人民共和国安全生产法》《水库大坝安全管理条例》《贵州省安全生产条例》、《中华人民共和国水法》等法律法规,但与蓬勃发展的经济建设和库坝风险管理的实际需要相比,中国在库坝风险管理面还有很大差距,需不断努力提高。

## 3　风险指数法及其存在的不足

### 3.1　风险指数法

对大坝风险监测,国际大坝委员会第 41 期会刊推荐了风险指数法,该方法考虑的大坝风险因素如表 1 所示,从环境、库容及大坝设计、施工、运行和下游情况等方面评价大坝风险,基本上考虑到库坝失事的潜在因素和损失两个方面。

**表 1　大坝风险指数估算表**

| 建议的危险状态评价 | | | | | | | | | | | |
|---|---|---|---|---|---|---|---|---|---|---|---|
| 分项指标 $a_i$ | 外部的或环境的条件(指数 $E$) | | | | | 坝的状态/可靠性(指数 $F$) | | | | 居民/经济方面的潜在危险(指数 $R$) | |
| | 地震强度 $v$ (cm/s) | 库岸坍滑的危险 | 超设计洪水的危险 | 水库功用(蓄水类型与管理) | 侵蚀性环境作用(气候、水) | 结构的配置 | 基础 | 泄洪设施 | 维护状态 | 水库的库容 $W$ ($\times 10^4\ m^3$) | 下游设施 |
| | (1) | (2) | (3) | (4) | (5) | (6) | (7) | (8) | (9) | (10) | (11) |
| 1 | $v<4$ | 最小 | 很小(混凝土坝) | 多年、年调节 | 很弱 | 适当 | 很好 | 可靠 | 很好 | $W<10$ | 无经济价值、无居民 |
| ⋮ | ⋮ | ⋮ | ⋮ | ⋮ | ⋮ | ⋮ | ⋮ | ⋮ | ⋮ | ⋮ | ⋮ |
| 6 | | 大滑坡 | 可能性大 | | | 不适当 | 差或坏 | 不足或无用 | 不良 | | |

根据表 1 中各因素的不同程度，$a_i$取值为 1～6，由式(1)～式(3)分别计算 $E$、$F$、$R$ 等分项风险指数，再由式(4)计算建筑物总风险指数：

$$E = 1/5 \times (\sum a_i)(i = 1 \sim 5) \tag{1}$$

$$F = 1/4 \times (\sum a_i)(i = 6 \sim 9) \tag{2}$$

$$R = 1/2 \times (\sum a_i)(i = 10 \sim 11) \tag{3}$$

$$\text{总指数 } a_g = EFR \tag{4}$$

根据式(4)计算的风险指数 $a_g$可以得出大坝整体的风险，在此基础上对大坝风险进行分级评价，依据不同风险等级选择不同的监测项目、测次。

### 3.2　风险指数法存在的不足

首先，前述方法在计算 $E$、$F$、$R$ 时采用的是算术平均法，不能正确表达水利、水电工程危险源、潜在危险越多，风险越大的特性，也未考虑各阶段、各风险因素不确定性的相互影响与作用。其次，如上所述，库坝等水利、水电工程风险具有动态特征，该方法对风险因素(表 1 中的 $E$、$F$)、潜在危险的识别未全面体现水利、水电工程风险固有的这一特性。最后，该方法对风险因素(表 1 中的 $E$、$F$)、潜在危险的识别不够全面，也未考虑风险监测、应急救援体系建设与管理对库坝、电站等水利、水电工程风险的影响；同时，该方法分项指标 $a_i$使用的六段分度也不尽科学。所以，该方法及风险因素、潜在危险的识别等存在不足，需进一步完善。

## 4　*I* 指数法

如上所述，上述方法在计算方法、危险源(含指数 $E$、$F$)识别、潜在危险(如电网事故)等均需进一步完善，结合水利、水电工程风险特性，对该方法进行创新、补充和完善并命名为 *I* 指数法。*I* 指数法所考虑的水利、水电工程风险因素如表 2 所示，除原有因素外，还从规划、环境再造、风险监控、电网事故等方面，从水、陆、空全方位评价工程风险，更科学地考虑到库坝、航运、竹木流放等水利、水电工程失事的潜在因素和损失两个方面。

根据表 2 中各因素的不同程度，$a_i$取值为 1～$q$，由式(5)～式(9)分别计算 $E$、$S$、$H$、$M$、$R$ 等分项风险指数，再由式(10)计算建筑物总风险指数：

$$E = K_e a_i^{\max} \times (\prod (1 + a_i/\sum a_i)) \quad (i = 1 \sim m,\ a_i \text{ 值降序排列}) \tag{5}$$

$$S = K_S a_i^{\max} \times (\prod (1 + a_i/\sum a_i)) \quad (i = m+1 \sim n, a_i \text{ 值降序排列}) \tag{6}$$

$$H = K_h a_i^{\max} \times (\prod (1 + a_i/\sum a_i)) \quad (i = n+1 \sim o, a_i \text{ 值降序排列}) \tag{7}$$

$$M = K_m a_i^{\max} \times (\prod (1 + a_i/\sum a_i)) \quad (i = o+1 \sim p, a_i \text{ 值降序排列}) \tag{8}$$

$$R = K_r a_i^{\max} \times (\prod (1 + a_i/\sum a_i)) \quad (i = p+1 \sim q, a_i \text{ 值降序排列}) \tag{9}$$

$$I \text{ 指数 } a_g = ESHMR \tag{10}$$

上式中，$K_e$、$K_s$、$K_h$、$K_m$、$K_r$分别为 $E$、$S$、$H$、$M$、$R$ 等分项风险指数相应的各因子影响系数，根据各因子对分项风险指数影响与作用确定；根据式(10)计算的 *I* 指数 $a_g$可以得出工程的整体风险，在此基础上对大坝风险进行分级评价，依据不同风险等级选择不同的方案及风险监测项目、测次，限于篇幅，本文不再详述，可参见文献[3]。

表 2　*I* 指数估算

| 建议的风险状态评价(注:表中风险监控、应急救援、泄放水风险值为概化值,实际计算值除泄放水为表中值的 1/3 外,其余为 1/9;无相关项取 0) | | | | | | | | | | | | | | | | | | | | | | | | | | | | |
|---|---|---|---|---|---|---|---|---|---|---|---|---|---|---|---|---|---|---|---|---|---|---|---|---|---|---|---|---|
| | 外部的或环境的条件(指数 $E$) | | | | | | | | | | 库坝、电站的状态/可靠性(指数 $S$) | | | | | | | 潜在危险(指数 $H$) | | | | 风险监控(指数 $M$) | | | | 应急救援(指数 $R$) | | |
| 分项指标 | 水域风险 | 陆域风险 | 空域风险 | 泄放水风险 | 渗控系统衰减 | 枢纽布置 | 勘察规划设计条件 | 库坝溃决 | … | 进出线、电网结构 | 结构的配置与质量 | 基础 | 泄洪设施 | 维护状态 | 防人物破坏 | … | 相对容量、黑启动 | 水库库容 $W$ | 风险区 | … | 电网事故 | 外部情况 | 库坝电站 | … | 潜在危险 | 体系建设 | … | 预案、演练 |
| $a_i$ | 1 | 2 | 3 | 4 | 5 | 6 | 7 | 8 | … | $m$ | $m+1$ | $m+2$ | $m+3$ | $m+4$ | $m+5$ | … | $n$ | $n+1$ | $n+2$ | … | $o$ | $o+1$ | $o+2$ | … | $p$ | $p+1$ | … | $q$ |
| 1 | 措施可靠、风险极小 | 措施可靠、风险极小 | 措施可靠、风险极小 | 风险极小 | 很弱 | 无隐患 | 可靠且未发生变化 | 风险极小 | … | 合理可靠不需黑启 | 适当且经校核工况 | 很好 | 可靠 | 很好 | 强 | … | <1%,黑启动能力强 | $W<10$ 万 $m^3$ | 无价值、人 | … | 不会解裂 | 齐全可靠 | 齐全可靠 | … | 齐全可靠 | | … | 预案可靠且实练 |
| … | … | … | … | … | … | … | … | … | … | … | … | … | … | … | … | … | … | … | … | … | … | … | … | … | … | … | … | … |
| 9 | 不可靠,风险极大 | 风险极大 | 风险极大 | 风险极大 | 极强 | 主体结构变更 | 恶化且风险大 | 风险极大 | … | 黑启易至机端过压 | 不适当未经正常工况 | 坏或异常变形 | 无用 | 主体异常变形 | 极差 | … | <3.5%,无黑启能力 | $W>40$ 亿 $m^3$ | 城市梯级库坝 | … | 大面积停电 | 系统不可靠 | 系统不可靠 | … | 系统不可靠 | 体系未建设或流于形式 | … | 无预案或可行性差且未演练 |

### 4.1　风险监测

#### 4.1.1　风险监测测次

从时间上讲,大坝失事概率较高的两个时期分别是首次蓄水期和老化期,在这两个时期,结构存在的风险较高。对于前者,由于新建工程处于首次运用期,特别是人们对真实结构的安全状况缺乏了解,增加了建筑物、库岸的风险;对于后者,由于材料老化、库坝运行环境与条件及风险区人口、资源、环境等的变化,也将引起风险产生变化,其余将在《基于可持续发展理念的现行安全监测规范与风险控制探讨》(待发表)中详述。

#### 4.1.2　测点布设的可靠性

现行通用规范对测点布设规定较少,一般只规定测点"间距"和"重要部位",因此在测点布设方面更需借助于风险分析的相关理论,以减少重要安全信息的遗漏,避免不必要的重复。通过有限测点实现对整个建筑物安全信息的采集,要求测点必须具备代表性、最大风险显示性和最敏感性3个条件。测点布设没有必要一定均匀布置,在监测物理量梯度较大和风险较高的部位则密,在监测物理量空间变化率较小和风险较低的地方可较稀;对典型代表部位和敏感性部位,特别是风险最大部位需考虑测点布设的冗余和相互验证,以提高风险监测系统的可靠性。此外,为提高风险监测系统的可靠性,测点布置还需考虑其功能性、匹配性问题。

#### 4.1.3　监测系统自动化设计与实施

如上所述,大坝失事概率较高的两个时期分别是首次蓄水期和老化期。从监测自动化工程实施时间上,可分成新坝监测自动化和老坝监测系统自动化改造两类。对于前者,由于新坝风险高,此时自动化监测项目和测点应多些,对于目前条件(更多的是由于监测仪器不可靠的原因)不成熟的监测项目,测点可暂缓实现自动化;对于后者,可通过包括对人工观测资料进行分析在内的建筑物风险状况评估,对监测项目设置和测点布置进行优化,若建筑物安全风险很小,可减少自动化监测项目和测点,但对于安全风险较大的大坝,除采取必要的工程加固措施外,还需要增加必要的自动化监测项目和测点。此外,自动化遥测站应设置不受大坝、涡壳等震动或振动影响的地方,以防当大坝、涡壳等发生震动或振动时无法及时采集到相应的资料。

## 5　结论与展望

(1)本文对国际大坝委员会第41期会刊所推荐风险指数法存在的不足进行了探讨,并根据电气工程设计可靠性原理,结合水利、水电工程风险特性,提出了$I$指数法。

(2)限于篇幅,本文仅简要介绍了$I$指数法,未进行详细论述,也未给出该方法的运用实例,作者将在后续的相关文章中做进一步介绍。

(3)$I$指数法除可运用于水利水电工程、工业与民用建筑工程等土木工程领域的风险研究、评估与方案优选外,还可应用在其他领域的风险研究、评估中;$I$指数法不仅可用于已建库坝运行的风险评估,还可将其运用于水利、水电工程建设研究、评估与方案优选中。此外,目前国内在相关领域的风险设计尚未展开,本文也是一种新的尝试。

## 参考文献

[1] Zhang Xiangyu. *I* index innovation and application in risk control of water conservancy and hydropower engineering[C]//International symposium on dams ina global environmental challenges. Indonesia. 2014.

[2] GB/T 28001—2001 职业健康安全管理体系规范[S]. 北京:中国标准出版社,2001.

[3] 张翔宇,田应富. 基于可持续发展理念的现行规范完善与风险预控探讨[J]. 贵州电力技术,2014.

[4] 张翔宇. Hagen 风险指数创新及其在水电站大坝处理方案研究中的运用[A]//李菊根,贾金生,艾永平,等. 中国大坝协会丛书——堆石坝建设和水电开发的技术进展[C]. 郑州:黄河水利出版社,2013. 526-535.

[5] 贾金生,张基尧,马琪洪,等. 水电 2006 国际研讨会论文集[C]. 北京:中国水利水电出版社,2006. 326-328.

# 浅议水电工程项目管理中业主的质量管理

张金水　陈　萌　吴广庆

（水利部小浪底水利枢纽管理中心　河南　郑州　450000）

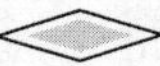

**摘要：**大型水电站属于国家重大基础设施，在开发建设管理中，普遍实施业主负责制、招投标制、工程建设监理制、项目合同管理制，在此情况下，业主对整个工程的质量管理面临新的课题，本文对此进行了讨论。工程开工前，业主应做好质量管理规划，质量规划的内容应包括确定质量管理目标、制定质量方针、建立质量管理机构等。工程开工后落实好质量规划的内容。笔者认为业主的质量管理主要是要形成一套机制与体系，形成全员参与质量管理、全员精品意识、全过程科学管理、创建优质工程的理念，形成质量的持续改进与提高体系。

**关键词：**水电工程，项目，业主，质量管理

## 1　业主加强质量管理的必要性与重要性

### 1.1　工程质量的重要性

大型水电站投资巨大，项目繁多，施工过程复杂，若质量出现问题，将会给国家和社会造成不可估量的损失。业主作为电站的建设管理方，保证工程的达标投产是电站建设期间管理的最终目标，质量目标是其中最重要的因素之一。因此，质量管理在业主的建设管理中，成为项目管理中的一项重要内容。

### 1.2　质量管理的体制变化

在计划经济体制下，大型水电站的建设，在资金方面实行财政拨款，建设实施由国家组建工程建设指挥部，指挥部全面负责电站的设计、施工和资金使用。在质量管理方面，指挥部专门设置质量管理部门，直接行使质量管理职责。自鲁布革水电站建设体制创新以来，国家的大型设施建设包括水电站的建设，普遍实施了业主负责制、招投标制、工程建设监理制、项目合同管理制。业主对项目负总责，在具体项目实施过程中，主要依靠监理单位进行质量控制和管理，业主通过监理单位进行工程的质量管理工作。工程建设体制的变化，要求业主的质量管理方式作相应的变化和调整，以适应新形势下质量管理的需要。

### 1.3　质量管理形势

近年来，电力行业开始蓬勃发展。水电开发也进入了一个黄金时期。目前全国各地的水电资源特别是中国西南部的水电资源，开始大面积开发和建设。使国内的水电建设规模空前高涨，大量的电源点开始开发建设。在给各水电施工企业带来巨大商机的同时，也带来了管理上的挑战，在大量的中标额和完成产值的背后，企业的管理和人力资源未能及时跟上。而工程质量是靠这些施工企业干出来的，施工企业上述问题的出现，给工程建设的质量管理带来了更大的难度。

## 2 业主质量管理的主要内容

根据大型水电站业主质量管理的特点,业主质量管理主要应做好以下几个方面的工作。

### 2.1 工程开工前做好质量管理规划

在电站建设管理机构组建后,首先要进行质量规划。内容主要包括:

(1)确定质量管理目标。业主单位应根据电站项目自身特点和设计、施工技术难度,确定明确的电站质量管理目标。质量管理目标分具体指标和宏观目标,具体指标如优良率、合格率、验收1次通过率等,宏观目标如达标投产、创精品工程、创鲁班奖或其他地方奖项等。电站的整体质量目标应该符合实际,具有可实现性,避免制定过高、不可实现的质量目标。符合实际的质量管理目标才具有现实指导性,并在整个质量管理过程中对各参建单位起到激励作用。

(2)制定质量方针。质量方针是由组织的最高管理者正式发布的该组织总的质量宗旨和方向,是管理者对质量的指导思想和承诺,是质量文化的具体体现,集中反映了管理者对质量的总的管理思想与管理理念。它贯穿于整个水电站建设生命期,指导参与水电站建设的全体人员进行日常质量管理和质量建设的行动指南。最高管理者的质量意识,往往决定着企业的质量意识水平,而最高管理者的质量意识正是通过质量方针进行反映的,质量方针的大旗举多高,质量意识水平就会有多高。

(3)明确质量管理体系。质量规划中还应根据电站的特点和规模,选择用于本电站的质量标准体系。质量标准是在电站建设过程中,适用于各个专业、各个参建单位的统一标准,它是进行各种质量管理活动的依据,也是控制建设成本的重要因素。每个水电站的建设特别是大型水电站建设都有其独有的特点,且在目前水电站的开发热潮下,各项全国纪录甚至是世界纪录被不断打破,因此在质量标准的选用中,应选用相应的国家标准或规范,但对于大型项目或特殊的项目,在必要的情况下要制定适用于自己的质量标准体系。对于创纪录的大型水电站,必要时在个别项目上也要有自己的质量标准。但每个电站自身的质量标准不得低于相应的国家标准。质量标准定得过高,增加施工难度,增加建设成本和施工工期,质量标准定得过低,对工程建设后的长期运行不利。

(4)建立质量管理机构。质量管理规划还要对质量管理的组织进行规划,业主要根据水电站的整体管理规划和管理思路,明确质量管理组织机构,界定质量管理机构职责范围,并对质量管理的经费来源进行安排。目前,在国内大中型水电站的建设中,业主单位普遍设立了质量管理委员会,委员会成员由各参建单位人员组成,委员会主任一般由业主单位主管生产的副总经理担任,它是业主质量管理的最高决策机构。委员会下设质量管理办公室,通常挂靠在工程技术部,负责质量管理委员会的日常事务,代表业主执行质量管理委员会的相关决策。有的业主单位,为体现对质量的重视并加强对质量的管理工作,质量管理办公室独立设置,且有一定的人员编制。

(5)质量管理经费保障。开展日常的质量管理活动需要经费,在目前的国家预算体制中,没有质量管理费用,业主单位可通过在合同中明确或在业主的管理费用中单列来解决。质量管理规划中需要明确经费的来源及经费的使用方向和重点。

质量管理规划中除上述内容外,还应结合自身工程实际,明确质量管理的重点和质量控制的措施等。

### 2.2　工程开工后落实好质量规划的内容

在施工期，质量管理活动中最重要的就是按照质量管理规划中的要求，执行质量管理规划中的内容，通过预先控制、过程控制、质量问题处理、质量后评价等一系列质量管理活动，实现质量管理规划中的质量管理目标。质量管理活动主要有以下内容：

(1)水电站是多专业、多项目的综合，在质量管理中，也要根据各专业和各项目特点，通过对项目质量的影响敏感性分析，按照各质量控制点对整体电站和各项目自身的影响程度，制定整个电站和各项目的质量分级管理体系，针对不同级别的质量控制点，进行分类管理、分层次管理。质量分级管理体系应该贯穿从质量预先控制、质量过程控制、质量问题处理、质量后评价等质量管理的全过程。

(2)质量控制重在预控。针对确定的质量分级和对电站或项目质量的影响，确定质量控制重点，对影响质量的各种因素进行分析，努力加强质量问题的预控工作。影响质量的因素主要有人的因素、设备的因素、环境的因素、所采用的原料的因素和施工的方法等，分析可能影响质量的因素时从这几个方面入手，在项目计划中和分部位计划中对上述各环节做好审查，做到预控的程序化和规范化。

(3)充分发挥监理的作用。在过程中主要加强对几个环节的控制和管理，严格履行工序签认制度，实行监理旁站制度和平行检查制度，通过确保每道工序的质量来保证项目每个产品和项目的质量。业主单位对监理单位在质量管理上充分授权，在现场主动树立监理在质量管理上的权威，为监理在过程中的质量控制管理创造良好的条件。

(4)正确处理质量问题。对于已出现的质量问题，首先要分析原因并按照质量分级管理体系，按程序确定质量处理方案。一般的质量问题须经监理确认，较大的质量问题的处理方案须经质量管理委员会确认，重大的质量问题须经地方政府和上级主管部门批准确认。在处理方案确认后，处理方案的实施也要纳入质量管理的范围。质量问题处理完成并检测合格后，要形成质量问题处理报告，报告中除对造成质量问题的原因、质量问题处理方案和处理结果进行陈述外，最重要的是对此类问题的思考和经验教训的总结，分析对下一步质量控制和管理的意义和指导作用。

(5)利用新技术，提高质量管理水平。随着社会各企业对产品质量的日益重视和信息技术的发展，质量管理技术也得到了迅速发展，很多实用的质量管理技术和质量管理工具应运而生，比如质量控制图、帕累托图、抽样检测等，全面质量管理的新概念等也在施工企业中得到推广和应用。在质量管理过程中，要充分利用各质量管理工具，加强质量管理的科学性，做到动态化管理。

## 3　业主质量管理体系的建立和健全

质量管理是整个水电站建设管理系统里的一个子系统，与其他子系统相比，有自身的特点和相对的独立性。所以，质量管理可以形成一个相对完善的质量管理体系。

### 3.1　三级质量管理体系

水电站业主单位的质量管理，要在组织上建立一个包括项目业主单位自身、监理单位、项目承包商在内的三级质量管理体系。水电站业主单位的质量管理体系是立足于整个项目宏观层面的管理，主要内容包括执行上级对项目的质量目标要求、对监理单位和项目承包商的质量部门的管理和水电站宏观上的质量管理等，质量管理的单元以合同标段为准或以整个专业组成进行划分。监理单位的质量管理体系是立足于所监理项目的质量管理,主要内容包括执行水电站业主单位的质量管理目标和质量管理决定、对所监理项目的日常质量管理等。质量管理的单元包括两个层面:①以项目专业划分或以工作面划分的次宏观的质量管理;②以单元工程或工序为基础的全面质量管理。项目承包商的质量管理体系是最基础、最根本的体系,主要包括执行项目业主单位和监理单位的质量目标和质量管理决定、本项目范围内的各层次质量管理等,管理的单元从各工作面、各专业到各工序、各环节的所有层面。

### 3.2 质量管理的组织保障和投入保障

组织保障主要是指在各级管理体系中,都要设立与管理强度相适应的专职的质量管理机构和质量管理人员,质量管理机构还要有一定的独立性,在质量管理上能够做到质量一票否决。比如项目业主单位设立质量委员会和办公室、监理单位设立质量总监、项目承包商设立质量管理部等。投入保障是指各级体系中应有质量管理的资金投入,并做好质量管理资金的规划,用于日常的质量管理活动和质量激励。

### 3.3 质量的评价与激励机制

在各级质量管理体系中,还要建立质量的评价与激励机制。项目业主单位以各标段为单位,根据项目大小设定质量基金额度,交业主单位建立质量管理统筹基金。如果一个单位质量做得不好,这部分钱将会奖励给其他做得好的单位,在更大层面上强化物质方面的激励机制。各项目承包商的质量管理体系中要以工区或施工队为单位建立类似的机制,并且将每个月的基金使用情况报业主单位备案,从外部监督来强化各项目承包商内部的质量管理,确保质量管理的投入。

## 4 业主质量管理的具体措施

水电建设项目从决策到验收交付使用,业主要针对不同时期的不同重点,采取相应的质量手段和管理措施,来最终完成对建设项目的质量控制,达到预期的质量目标。作为业主单位的质量管理,管理措施主要有以下几个方面。

### 4.1 对设计的质量控制

设计工作是工程建设的基础,及时准确地提供设计图纸、处理工程重大技术问题,对保证工程质量具有重要意义。业主对设计的质量目标要求是:应本着"统一规划、合理布局、因地制宜、综合开发、配套建设"的方针,做到适用、合理、经济、防灾、安全。为达到这一目标,应采取以下措施对设计质量进行控制。

(1)根据项目建设要求有关批文、资料,编制出设计大纲或方案竞争文件,组织设计招标或方案竞争,评定设计方案。

(2)进行勘察、设计、科研单位的资质审查,优选勘察、设计、科研单位,签订合同和按合同实施,并加强对合同实施过程的质量控制。

(3)设计方案审查。控制设计质量,审查设计方案,以保证项目设计符合设计大纲要求,符合国家有关工程建设的方针政策,符合现行设计规范、标准,符合国情,工艺合理,技术先进,能充分发挥工程项目的社会效益、经济效益、环境效益。

(4)设计图纸的审核。设计图纸是设计工作的成果,又是施工的直接依据。所以,设计阶段质量控制最终要体现在设计图纸的审查上。

①初步设计图纸审核。初步设计是决定工程采取何种技术方案。审查重点是:所采用

的技术方案是否符合总体方案的要求，是否达到项目决策阶段的质量标准。

②技术设计图纸审核。技术设计是初步设计技术方案的具体化。审查重点是：各专业设计是否符合预定的质量标准和要求。

③施工图设计审查。施工图是对设备、设施、建筑物、管线等工程对象的尺寸、布置、选材、构造、相互关系、施工及安装质量要求的详细图纸和说明，是指导施工的直接依据，从而也是设计阶段质量控制的一个重点。审查重点是：使用功能是否满足质量目标和水平。

(5)施工配合和竣工验收。业主组织设计单位进行配合施工，任务有两个方面：一是施工过程中发生的设计问题，解决施工单位、业主提出的质量问题；二是设计变更和处理预算修改。竣工验收既是对施工质量的最后考核，也是对设计质量的最后审定。验收期发现的设计或施工质量问题，有一个质量问题消除期，限定设计与施工单位消除质量问题的期限，限期完成。

### 4.2　对监理的质量控制

水电工程项目建设监理的主要内容之一就是对工程建设进行质量控制。为了能够保证项目的正确实施，以及监理单位能够有效地对实施过程进行质量控制，业主应将委托的监理工作内容具体化，并赋予监理相应权力。就质量控制而言，应委托监理以下内容：

(1)督促承建单位建立、健全施工管理制度和质量保证体系，并监督实施。

(2)检查工程使用的原材料、半成品、成品、构配件和设备的质量，并进行必要的测试和监控。

(3)监督承建单位严格按技术标准和设计文件施工，控制工程质量。重要工程要督促承建单位实施预控措施。

(4)抽查工程施工质量，对隐蔽工程进行复验签证，参与工程质量事故的分析及处理。

(5)组织工程阶段验收及竣工验收的预验收，并对工程施工质量提出评估意见。

为确保监理单位有能力履行监理合同，业主必须对监理单位进行资质审查，优选监理单位。在此基础上，业主通过对以上委托内容具体实施过程的监督控制，使监理工程师较好地履行监理委托合同所规定的各项职责，达到对工程建设质量进行控制的目的。

业主对监理的监督控制，主要通过监理工作月报和进行现场监督。监理工作月报主要反映的内容之一就是对工程建设质量的控制情况。它包括：单元工程验收情况；本期单元工程一次验收合格率统计；单元工程优良率控制图；分部工程验收情况；施工试验情况；质量事故；暂停施工指令；本期工程质量分析（包括产生工程质量问题的原因和质量对策一览表）。现场监督就是业主派驻现场管理人员，根据监理月报反映的质量情况，通过现场勘察，来督促监理和施工单位对有关质量问题采取相应措施，共同搞好质量控制，达到质量控制的预期目标。

### 4.3　对施工的质量控制

项目业主在开工前，应公开招标，选定与工程建设任务相适应的承包商，并签订工程承包合同。业主对施工的具体质量控制主要是委托监理进行。监理依据项目业主与承包商签订的工程承包合同，对建设项目进行全面监理，使承包商的工程质量活动完全处在监理的控制之中，有效地开展质量控制。但是，在实际工作中，有些问题不是监理和施工单位就能解决的，还需要业主做大量的工作。业主在施工阶段的质量控制主要有以下几个方面：

(1)确定工程质量控制流程中主动控制影响质量的因素（包括人员、材料、机具、设备、施工顺序和方法等）。工程质量控制流程明确后，进一步完善质量监督组织，如业主可设质量管理部门，直接负责监督监理和施工单位的质量行为，并协调二者关系。

（2）抓好质量检验、落实检验方法。质量检验方法包括：操作者的自检、班组内的互检、各工序间的交接检、质检员的巡检，以及业主、监理、设计及政府质量监督部门的检查。

（3）对分部工程、隐蔽工程组织验收。对不同类型的分部工程及隐蔽工程，应及时组织有关部门进行验收。不同类型的分部工程因工程内容不一，质量检验评定标准也不同，应严格按照国家标准、部颁标准及行业标准组织验收。

（4）审查质量问题（事故）报告，参与现场质量监理会议。当施工中出现质量问题（事故）时，应及时引起重视，防止诱发重大的质量事故，组织专人调查分析原因及特点，并审查监理、施工单位填写的工程问题（事故）报告单及处理方案报审单。

## 5　结　语

大型水电站的质量管理，是水电站建设期间业主管理的重要内容，在目前大型水电站纷纷上马的情况下，各项目业主如何加强对工程建设质量的管理是一个新的课题。本文认为业主的质量管理主要是要形成一套机制与体系，形成领导高度重视工程质量、全员参与质量管理、全过程严格控制和科学管理，形成质量的持续改进与提高体系并保证其正常运行。

# 大体积混凝土温度与冷却通水参数关系研究

谭恺炎[1]　段绍辉[2]　余　意[3]　胡书红[2]　燕乔[3]　张治奎[1]

(1. 葛洲坝集团试验检测有限公司　湖北　宜昌　443002；
2. 雅砻江流域水电开发有限公司锦屏建设管理局　四川　成都　610021；
3. 三峡大学水利与环境学院　湖北　宜昌　443002)

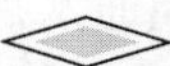

**摘要：**通水冷却措施是水电工程大体积混凝土采用的一种十分有效的温控措施。但是，冷却通水也是一把双刃剑，控制不好，也会损伤混凝土而开裂。在工程中，通常是根据数值计算、工程经验和实测的混凝土内部温度、冷却水的温度来调整通水量。目前，尚无一套简单易行的实施方案，温控过程中容易出现温控参数超标的情况，影响混凝土质量。因此，研究混凝土内部温度与通水量之间的关系以确保工程质量显得尤为重要。本文以热量守恒定律为基础，结合对工程实测数据的分析归纳，总结出了一套相对简单、实用、高效的公式，可指导编制通水方案，对保证工程质量起着积极的作用。

**关键词：**二期冷却通水，混凝土，温控

## 1　概　述

水利水电工程中大量使用大体积混凝土，特别是混凝土坝。但大体积混凝土施工过程中，对其温度的控制十分重要，且复杂和难以控制[1]。自20世纪30年代胡佛拱坝首次采用冷却通水技术以来，该技术被坝工建设者沿用至今，对防止温度应力裂缝起到了良好的作用。为了更好地进行工程应用，国内外都进行了水管冷却的研究。美国垦务局研究了二期冷却的计算方法，用分离变量法得到了无热源平面问题的严格解答和空间问题的近似解答[2]。朱伯芳院士研究了一期冷却的计算方法，用积分变换得到了有热源平面问题的严格解答和空间问题的近似解答，提出了水管冷却的有限元分析方法，非金属水管冷却计算方法及考虑水管冷却的等效热源传导方程[3]。朱伯芳又提出了考虑水管冷却效果的复合算法：在坝段上部用较精细方法计算一期水管冷却的效果，在坝段下部的广大范围内，以常规稀疏网格用等效热传导方程进行二期和三期水管冷却的计算[4]。目前，对于冷却通水参数与混凝土温度关系之间的研究偏少，通水冷却的通水水温和流量与混凝土温度的关系密切而又十分复杂，它与浇筑混凝土的配合比、龄期、温控过程、通水过程及通水参数有关。本文将对二期冷却通水的通水量与混凝土内部温度关系进行研究并引用某工程的实测数据进行说明。

## 2　通水冷却基本情况

在当前混凝土坝建设中，混凝土冷却水管广泛采用的是高密度聚乙烯 HDPE 管，支管规

格为:外径 32 mm,内径 28 mm。相对于钢管来说,其重量轻,运输方便,接头少、施工便捷,使用技术较为成熟;缺点是水管热阻相对较大。通常的布置方式是垂直方向等间距的分层铺设,各层水管之间的垂直间距通常为 1.5 m,在一层水管中水平方向呈蛇形铺设,水平间距为 1.0 m 或 1.5 m,采用 U 形卡固定。

混凝土内部温度使用温度计进行监测,其布置在距离水管 0.7 ~ 0.8 m(约上下两层水管中间)处,其测值基本可以反映相应的冷却水管的冷却效果。

## 3 公式推导

### 3.1 条件假定

#### 3.1.1 约束条件假定

一般地,在混凝土进行二期通水时,距离浇筑日期 2 ~ 4 个月。其相邻坝块都已浇筑,临空面也贴上了隔热保温板,并且在经过中期通水后,就同一灌区而言,其内部温度已相差不大。此时,就单一坝块而言,受相邻坝块以及环境影响较小。因此,本文中假定单一坝块不受气候条件以及坝块之间的相互影响。

另外,二期冷却通水是一个长时间、累积冷却的过程,暂不考虑冷却水管的热阻。水管的流量传感器和温度传感器均安装在坝后离浇筑仓较近的位置,故对于沿程的热量损失和热量交换忽略不计。

#### 3.1.2 冷却水管假定

本文所选取部分坝块的厚度为 1.5 m。冷却水管贴着旧仓的仓面铺设,在二期通水时,其实际控制的是旧仓的上部分和新仓下部分的混凝土。就相邻的坝块而言,其通水情况基本相同,为了计算方便,假定单一坝块内的冷却水管通水只对该坝块起作用。等效图如图 1 所示。

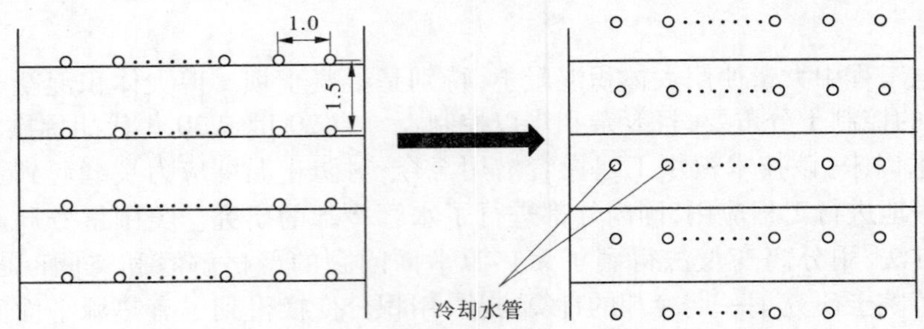


**图 1 水管等效图** (单位:m)

### 3.2 公式推导

由热量平衡公式 $Q_1 = Q_2$ 可知,混凝土内部损失的热量即冷却通水所带走的热量等于水增加的热量。

#### 3.2.1 $T \sim \sum q_i t_i \Delta T_i$ 关系公式推导

(1)混凝土内部损失的热量:

$$Q_1 = C_1 m_1 \Delta T_1 = C_1 \rho_1 V_1 \Delta T_1$$

式中:$C_1$ 为混凝土比热容,C40 混凝土取 $0.931 \times 10^3$ J/(kg · ℃);$\rho_1$ 为混凝土密度,取 $2.4 \times 10^3$ kg/m³;$V_1$ 为坝块浇筑方量,m³;$\Delta T_1$ 为混凝土通水始末温度差,℃。

(2)水增加的热量：

$$Q_2 = C_2 m_2 \Delta T_2 = C_2 \sum m_i \Delta T_i = C_2 \rho_2 \sum V_i \Delta T_i = C_2 \rho_2 \sum (q_i t_i) \Delta T_i$$

式中：$C_2$ 为水的比热容，取 $4.183 \times 10^3$ J/(kg·℃)；$\rho_2$ 为水的密度，取 $1 \times 10^3$ kg/m$^3$；$q_i$ 为流量，m$^3$/h；$t_i$ 为流量 $q_i$ 所对应的通水时间，h；$\Delta T_i$ 为通水时间 $t_i$ 所对应的进出水口温差，℃；$\sum q_i t_i$ 为通水总量，m$^3$。

(3)由 $Q_1 = Q_2$ 可得：

$$C_1 \rho_1 V_1 \Delta T = C_2 \rho_2 \sum (q_i t_i) \Delta T_i$$

整理得：

$$\frac{\Delta T_1}{\sum (q_i t_i) \Delta T_i} = \frac{C_2 \rho_2}{C_1 \rho_1 V_1}$$

令 $\frac{C_2 \rho_2}{C_1 \rho_1 V_1} = k$，得混凝土二期通水其内部温度与通水关系为：

$$T = -k \sum (q_i t_i) \Delta T_i + T_0 \tag{1}$$

式中：$\sum q_i t_i \Delta T_i = \sum V_i \Delta T_i$；$\sum V_i$ 为二期通水量，m$^3$；$T_0$ 为二期通水初始温度，℃。

3.2.2　$T \sim \sum q_i t_i$ 关系公式推导

$T \sim \sum q_i t_i$ 关系即为混凝土内部温度与通水总量之间的关系，笔者通过对多组实测数据的研究发现，在二期冷却通水降温阶段，进出水口温度差值 $\Delta T_i$ 基本不会有太大差异，现列出某一坝段一定高程范围内的所有冷却水管在二期通水降温阶段进出水口温度差的平均值数据如图 2 所示。

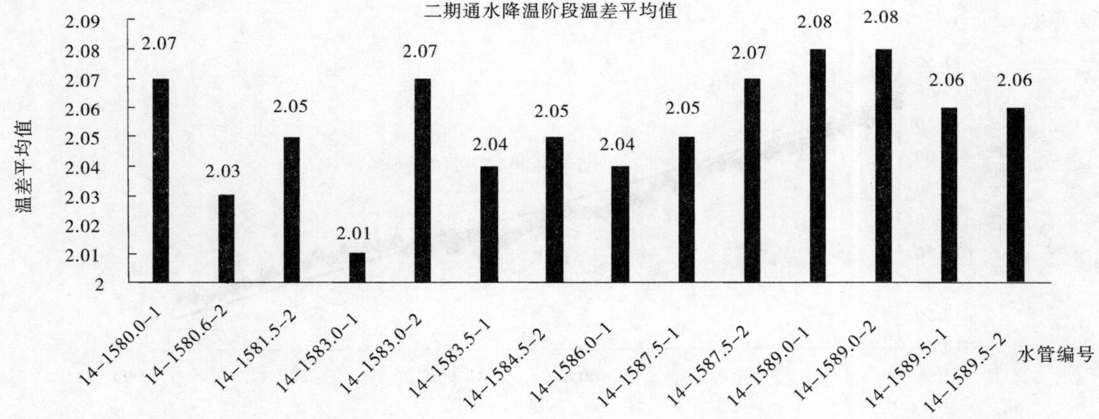


**图 2　温差均值图**

在图 2 中，列出了进出水口温差的关系，从图中可发现：二期通水的进出水口温差 $\Delta T_i$ 基本稳定在 2.05 ℃左右。通过对于多组实测数据的研究发现 $\Delta T_i$ 的平均值的取值范围基本在 2.0～2.1 ℃之间，因此在计算的时候，可把 $\Delta T_i$ 视为一个常量，令 $\Delta T_i = l$，代入式(1)中，即可得出二期通水时降温阶段混凝土内部温度与通水总量之间的关系式：

$$T = -kl \sum (q_i t_i) + T_0 \tag{2}$$

需要指出的是,对于不同工程而言,由于地域差异、气候等条件的影响,$l$ 的取值有可能会出现波动,为了保证计算的准确性,需对该工程的实测数据进行分析,对 $l$ 的取值进行校正。

### 3.3 实例计算

某工程为混凝土拱坝,其中一个坝块(编号为①)的基本情况为:浇筑时间为 2009 年 12 月 8 日 15:35 到 2009 年 12 月 9 日 5:20,高程 EL1589 ~ EL1590.5 m,浇筑方量为 2 782.8 $m^3$,冷却通水水管有两根,分别为前半坝块的 14 – 1589.0 – 1 水管和后半坝块 14 – 1 589.0 – 2 水管,两只水管通水情况基本相同,可视为各控制一半的坝块,即各控制方量为 $2\ 782.8 \times \frac{1}{2} = 1\ 391.4$ $m^3$。混凝土强度为 C40,比热容为 $0.931 \times 10^3$ J/(kg · ℃),密度为 $2.4 \times 10^3$ kg/$m^3$。二期通水温度初始值为 16.8 ℃,即 $T_0 = 16.8$ ℃。

#### 3.3.1 计算过程

(1)计算 $k$ 值可得:

$$k = \frac{C_2\rho_2}{C_1\rho_1 V_1} = \frac{4.2 \times 10^3 \times 1 \times 10^3}{0.931 \times 10^3 \times 2.4 \times 10^3 \times 1\ 391.4} = 0.001\ 35$$

代入公式(1),有:

$$T = -k\sum(q_i t_i)\Delta T_i + T_0 = -0.001\ 35\sum(q_i t_i)\Delta T_i + 16.8$$

(2)令 $\Delta T_i = l = 2.05$(取中间值),带入公式(3)中,即可得到内部温度与通水总量之间的关系式:

$$T = -0.002\ 77\sum(q_i t_i) + 16.8$$

实测数据如图 3 所示。

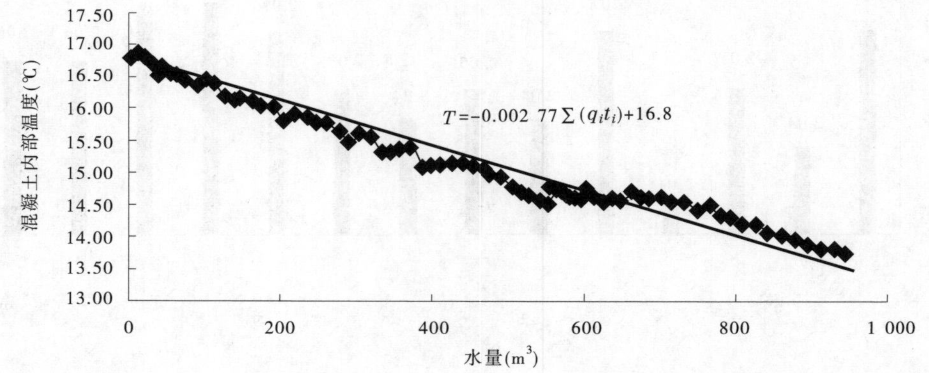


**图 3 ①号坝块混凝土内部温度—通水总量图**

注:图中直线为理论计算结果。

根据上述方法选取另外 4 个坝块进行分析,其编号、浇筑方量、计算得到的内部温度与通水总量之间的关系式分别列入表 1。

表1　$T$—水量关系式表

| 编号 | 浇筑方量($m^3$) | 关系式 |
|---|---|---|
| ② | 2 398.2×1/2=1 199.1 | $T=-0.003\,21\sum(q_it_i)+16.35$ |
| ③ | 2 356.8×1/2=1 179.3 | $T=-0.003\,3\sum(q_it_i)+17$ |
| ④ | 4 295.5×1/2×1/2=1 073.9 | $T=-0.003\,6\sum(q_it_i)+15.95$ |
| ⑤ | 1 489.5×1/2=744.8 | $T=-0.005\sum(q_it_i)+17.2$ |

实测数据图和理论计算结果图如图4所示。

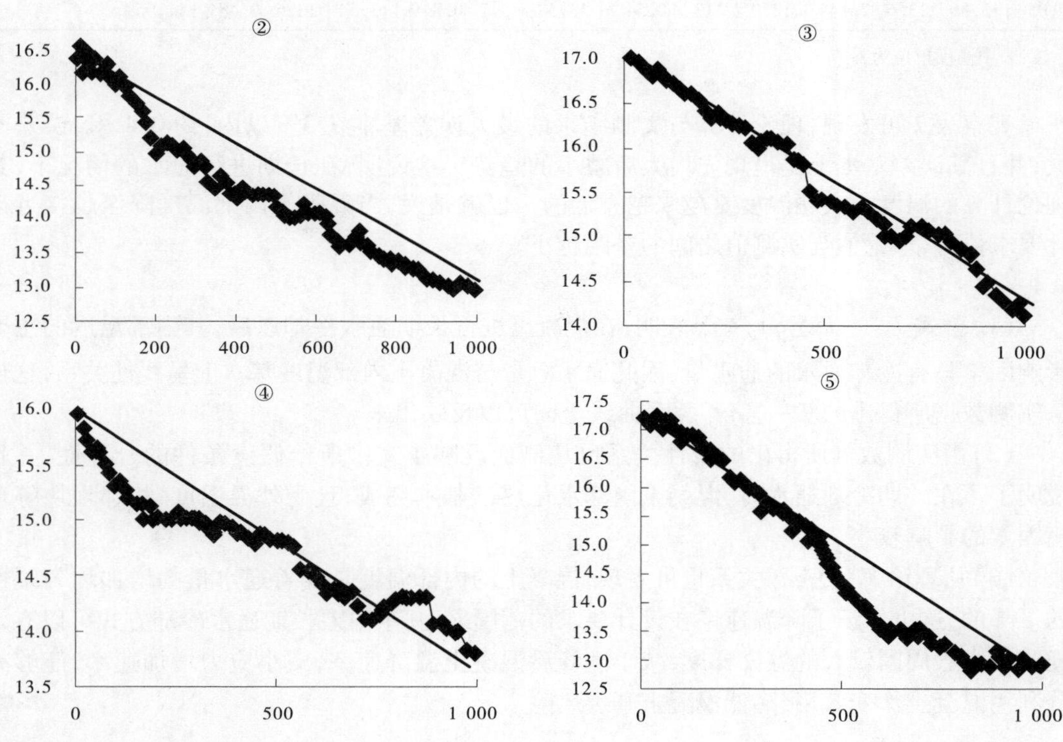


**图4　②③④⑤号坝块混凝土内部温度—通水总量图**

注:图中直线为理论计算结果;横轴代表水量,单位为$m^3$;纵轴代表温度,单位为℃。

由图4可得,实际测得的内部温度数据同水量$\sum q_it_i$的关系呈线性关系,并且实测结果同理论计算的拟合较好。

### 3.3.2　误差分析

现在分别取$\sum q_it_i=0,150,300,450,600,750,900,1\,050$,将计算的理论结果和实际所测得的结果列在表2中,并计算误差。

**表 2 误差分析表**

| 水量($m^3$) | ① | | | ② | | | ③ | | | ④ | | | ⑤ | | |
|---|---|---|---|---|---|---|---|---|---|---|---|---|---|---|---|
| | 理论温度 | 实测温度 | 误差 | 理论温度 | 实测温度 | 误差 | 理论温度 | 实测温度 | 误差 | 理论温度 | 实测温度 | 误差 | 理论温度 | 实测温度 | 误差 |
| 0 | 16.8 | 16.8 | 0.00% | 16.3 | 16.3 | 0.00% | 17 | 17 | 0.00% | 15.95 | 15.95 | 0.00% | 17.2 | 17.2 | 0.00% |
| 150 | 16.38 | 16.15 | 1.45% | 15.8 | 15.7 | 1.08% | 16.5 | 16.6 | 0.57% | 15.61 | 15.2 | 2.66% | 16.45 | 16.75 | 1.79% |
| 300 | 15.97 | 15.6 | 2.37% | 15.3 | 14.8 | 3.63% | 16 | 16.2 | 1.17% | 15.26 | 15 | 1.73% | 15.7 | 15.65 | 0.32% |
| 450 | 15.55 | 15.15 | 2.66% | 14.9 | 14.5 | 2.45% | 15.5 | 15.8 | 1.80% | 14.92 | 14.8 | 0.78% | 14.95 | 14.9 | 0.34% |
| 600 | 15.14 | 14.7 | 2.98% | 14.4 | 14.1 | 2.31% | 15 | 15.3 | 1.51% | 14.57 | 14.5 | 0.48% | 14.2 | 13.8 | 2.90% |
| 750 | 14.72 | 14.4 | 2.24% | 13.9 | 13.5 | 2.91% | 14.5 | 15 | 3.17% | 14.23 | 14.15 | 0.53% | 13.45 | 13.2 | 1.89% |
| 900 | 14.31 | 13.9 | 2.93% | 13.4 | 13.1 | 2.37% | 14 | 14.5 | 2.91% | 13.88 | 14.05 | 1.21% | 12.7 | 12.9 | 1.55% |
| 1 050 | 13.89 | 13.6 | 2.14% | 12.9 | 13 | 0.54% | 13.5 | 13.7 | 0.84% | 13.54 | 13.6 | 0.48% | 11.95 | — | — |

**注**:表中温度单位为℃。

观察表 2 可发现,理论计算与实测结果的最大误差基本在 3% 以内,约 0.4 ℃,误差不大,并且其误差基本上是呈现先增大后减小的趋势。这说明,在长期进行通水的情况下,其理论计算的温度与实测温度是越来越靠近的。也就是说,当混凝土内部温度降至越接近设计要求值时,理论值与实测值之间的差距越小。

### 3.4 结 论

(1)公式 $T = -kl\sum q_i t_i + T_0$ 表明:在混凝土进行长期通水冷却以后,其内部温度的主要影响因素只有冷却通水的通水量,因此通水总量与混凝土内部温度基本上呈线性关系,这也从实测数据所得出的 $T \sim \sum q_i t_i$ 关系曲线上面可以反映出来。

(2)由实测数据所得出的线性关系也从侧面反映了文中所给假设条件的合理性,并且说明了了在二期冷却通水时,混凝土内部水化热已基本完成,且受外界温度、相邻坝块等环境因素的影响较小。

(3)从理论 $T \sim \sum q_i t_i$ 关系也可发现,混凝土的内部温度是随着通水量的增加均匀缓慢的下降的,这也保证了降温速率在设计要求的范围之内,小温差长期通水冷却方式可以有效地减小水管周围较大的温度梯度,减小削峰后混凝土温降速率,减小应力增加速率,能够充分利用混凝土徐变效用,降低混凝土开裂风险[5]。

## 4 结 语

混凝土的温控是一个复杂的、系统的问题,随着对大体积混凝土温控研究的不断发展,现代水利工程施工中对混凝土温度控制逐渐向无纸化作业发展,计算机自动化技术的应用越来越多。本文通过简化边界条件和从热量守恒的角度研究并分析了大体积混凝土二期冷却通水时其内部温度与通水之间的关系,并得出一定结论。朱伯芳提出:小温差早冷却缓慢冷却是混凝土坝水管冷却的新方向[6]。本结论对冷却速率、降温幅度等问题控制都具有一定的指导作用,可降低混凝土产生的温度应力,有助于提高混凝土的强度。本文对混凝土的二期通水提供了一个相对简单的计算方法,并且该方法对于温控自动化的研究具有一定的参考价值。

## 参考文献

[1] 袁光裕,胡志根,等.水利工程施工[M].北京:中国水利水电出版社,2005.
[2] 朱伯芳.大体积混凝土温度应力与温度控制[M].北京:中国电力出版社,1999.
[3] 朱伯芳.考虑水管冷却效果的混凝土等效热传导方程[J].水利学报,1991(3):28-34.
[4] 朱伯芳.考虑外界温度影响的水管冷却等效热传导方程[J].水利学报,2003(3):49-54.
[5] 刘俊,黄玮,周伟,等.大体积混凝土小温差的长期通水冷却[J].武汉大学学报,2011(5):549-553.
[6] 朱伯芳.小温差早冷却缓慢冷却是混凝土坝水管冷却的新方向[J].水利水电技术,2009,40(1):44-50.

# 西霞院电站发电机推力/下导轴承甩油及油雾的对策研究与处理

邓自辉 李 芳 王 璐 鲁 锋 于 跃 刘 耀

（小浪底水力发电厂 河南 济源 459071）

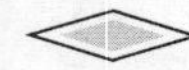

**摘要**：文章通过分析发电机推力下导轴承结构、油位、渗漏、内部循环情况，指出了轴承甩油的原因，对甩油和油雾采取降低轴承油位、改进轴承结构、增加密封装置三种有效措施，有效解决了轴承甩油和油雾问题。

**关键词**：推力，下导，轴承，甩油，油雾，密封装置

## 1 前 言

西霞院反调节水库，上距小浪底水利枢纽 16 km，是黄河小浪底水利枢纽的配套工程。西霞院电站设有 4 台 3.5 万 kW 轴流转桨式水轮发电机组，发电机型号为 SF－J35－80/10 470，额定转速为 75 r/min。四台机组采用三导悬式结构，装有推力轴承、下导轴承和水导轴承，推力轴承与下导轴承共用一个下机架油槽（即推力/下导一体式结构），油槽内共有 3 个冷却器，推力瓦由 16 块扇形弹性塑料瓦组成，采用弹簧支承结构；下导由 22 块扇形巴氏合金瓦组成，采用支柱螺栓支承结构。

自 2008 年投运以来，西霞院电站发电机推力/下导轴承一直存在内甩油和外甩油现象，设备表面油污凝结严重，对发电设备和现场环境造成了污染和影响，无疑成为了安全隐患。鉴于此，本文分析了发电机轴承甩油和油雾产生的原因，并制定了一系列合理有效的治理措施，为彻底解决长期困扰机组运行的发电机轴承甩油和油雾问题提供了有效的途径和方案。

## 2 原因诊断

西霞院电站发电机推力/下导轴承甩油分为内甩和外甩两部分，由于机组的旋转和轴承温度的升高产生油雾。内甩油是由于内挡油圈不够高，导致油翻过挡油圈，甩向水车室。外甩油，也就是我们所说的风洞内甩油。从油槽盖板的结构、推力轴承的油路循环以及油槽的油位，当时的初步诊断为：不仅是一般的油槽密封盖板甩油，还可能是推力头和转子的接缝处甩油，曾通过试验予以证实。试验过程如下：在推力/下导油槽盖板上在 $+x$、$+y$ 方向的各安装了一个固定测架，并在测架上安装了垂直测纸和水平测纸。垂直测纸用以监测推力头与转子中心体接缝处甩油；水平测纸用以监测油槽密封盖板环缝处甩油。两次测量结果相同：贴在立面测板上的测纸中部有一道（约 45 mm 宽）被润滑油浸透，而平面测纸中部略有一道油雾痕迹。试验表明：除油槽盖板轻微的油雾逸出外，大量的油是从推力头与转子中

心体接缝处甩出。

## 3　原因分析

从图1可以看出，内挡油圈壁上没有设置密封装置，上部也没设置密封装置，更重要的是推力头和转子接缝处没设置密封盘根。可见发电机的原设计并未考虑到内挡油圈甩油的严重性，更没考虑到大量甩油的位置在接力头和转子的接缝处，经试验和现场的观察以及轴承结构分析，内挡油圈的两路甩油：一路沿挡油圈上行，翻过挡油圈，向挡油圈内侧甩出，污染水车室和下机架中心体；另一路沿挡油圈上行至推力头内侧水平台阶后，在此堆积，并在离心力的作用下，再上行至推力头和转子的接缝处，然后通过接缝，向发电机内部甩出，这部分油在通风作用下直按污染整个发电机。

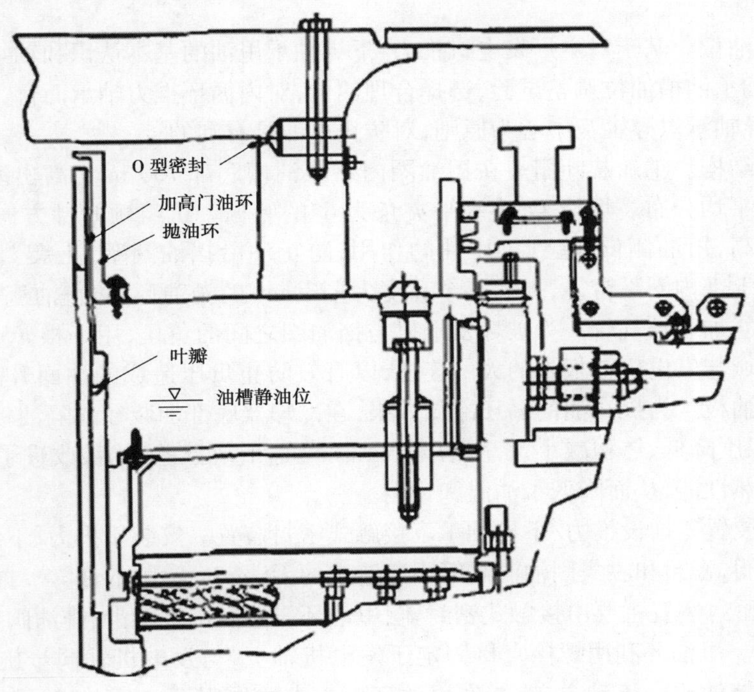


图1　轴承结构图

在机组运行过程中，由于轴承转动部分的高速旋转，轴承动、静部件在工作中产生摩擦热，从而导致油温升高，促使油雾的形成和扩散。透平油受热膨胀后不仅油位相应增高（约2～3 cm），且油槽内也会有少许正压。冷态透平油既可吸收一定量的水分，同时亦可溶解一定量的空气，随机组的运转、油温的升高，使冷态时溶入油中的水分及空气汽化，造成部分油被带出，形成油雾。

由于机组运行时转子旋转鼓风，推力头及滑转子内下侧至油面之间容易形成局部负压，其作用相当于一台吸风泵，从而导致油面被吸高或涌溢。此外，由于安装原因，机组的主轴与挡油圈不同心，当机组转子旋转时同样形成了泵效应。

水轮发电机在低转速运行时，油槽内挡油管与镜板之间的油或挡油管与导轴承滑转子之间的油尚能保持在层流状态下运动，但当速度达到一定时，其流动状态转为紊流，从而造成油的扰动,使油面上的空气混入油中,油内形成大量气泡,气泡上升到油面形成厚厚的一层油沫,油沫积聚形成了挡油管溢油。

冷却器下部未设置隔油板,这就造成冷热油混淆,使经推力瓦循环后的热油有一部分未经冷却器直接短路循环,从而导致油湿整体升高,油体积膨胀增大,黏度降低,为油雾形成及甩油创造了有利条件。

影响轴承甩油的因素既多又复杂,根本原因是由于油槽内油面之上的空间过小,机组在旋转的状态下造成油的飞溅而导致甩油,另外此空间的气体压力大也会造成油雾外逸,且这些原因相互牵连和影响,如安装和制造上的误差,测油温引线、油管法兰渗油,油槽合缝面漏油,油槽底部密封面渗油,都对轴承甩油有很大影响。

## 4　治理措施

选择合理油位。基于对本厂发电机推力/下导轴承甩油的基本认识和轴承结构特点,通过推力/下导轴承油槽油位调整试验,选择合理油位,对内循环推力轴承而言,油面不宜高过镜板上平面,导轴承以导轴瓦中心为原则,对防止甩油是有利的。

改进轴承结构。①加装叶栅。在挡油圈内壁距油槽底部700 mm(高出静止油位约10 mm)的圆周上平均分布。焊接47块水平夹角为6°的叶栅。机组顺时针方向转动,叶栅迎着油流方向侧高,出油侧低,起到了压油的作用,防止油沿挡油圈壁“上爬”。②加装抛油环。在推力头上部内圈平台上,加装一个高度为223 mm的抛油环,防止油流在推力头内侧平台处堆积。③加装补气管。为破坏发电机与挡油圈之间的负压,用一根$\phi$50的钢管将挡油管的下端区域与发电机盖板外的大气连通,以有效防止负压造成的油面升高并甩油的现象。④加装隔油板。为提高油的循环冷却效果,在冷却器底部加装径向隔油板。这样,油流过冷却器后,温度降低、体积减小、密度增大、冷油下沉,形成温差对流,改进了油循环,提高了冷却器的换热性能,从而降低了油温和瓦温。

加装密封装置。增设推力/下导轴承下接触式密封装置。安装于推力/下导轴承挡油管与发电机轴之间,密封和收集因油温高等因素造成的无法彻底消除的油雾。推力/下导轴承下接触式油雾密封装置主要由接触式密封盖、甩油环、过渡板、接触齿、排油阀和观察窗等部件组成,见图2。甩油环利用螺栓直接固定于发电机轴上,与发电机轴同步旋转,使发电机轴上流下的凝结油改变流动方向,并在甩油环离心力的作用下,流入接触式密封盖内腔底面,避免油沿发电机轴向下流。接触齿在弹簧片的径向作用下,确保与发电机轴的连续紧密接触,保证与发电机轴在任意情况下均处于无间隙运行状态,防止油和油雾从下接触式密封装置与发电机轴之间溢出。

## 5　实际效果

采取上述治理措施后,从现场运行检验情况看,效果非常好,发电机推力/下导轴承密封盖及挡油管处均未发现明显油雾溢出现象,风洞和水车室内设备表面干净整洁。除夏季高温时推力/下导轴承下接触式密封盖收集的凝结油量明显增多外,其他大多数时间内推力/下导轴承下接触式密封盖收集的凝结油油量很少,排油工作量很小。采取的治理措施成功削减和收集了发电机轴承油雾,避免了油雾对发电设备和现场环境的污染和影响,成功解决了发电机推力/下导轴承油雾这一长期困扰机组运行的疑难问题。

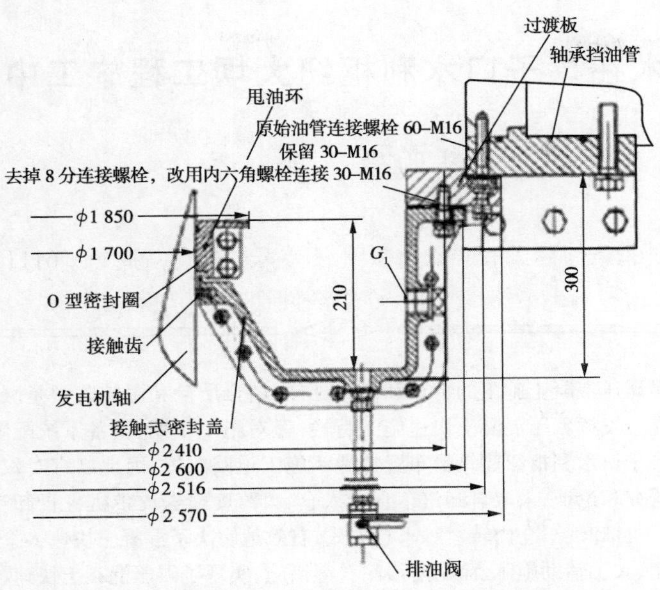


图 2　推力/下导轴承下接触式密封装置结构围　(单位:mm)

## 6　结束语

针对西霞院电站发电机推力/下导轴承甩油及油雾问题，在深入分析发电机推力/下导轴承结构和运行状况的基础上，采取合理降低油槽油位、改进轴承结构、增加下接触式密封装置等一系列措施，成功地解决了推力/下导轴承甩油及油雾问题。

### 参考文献

[1] 黄河水利水电开发总公司. Q/HKF－JS 002—2013　西霞院工程发电系统运行规程.

[2] 李凌华，张全磊. 云南红河南沙水电厂下导轴承油雾治理[J]. 湖南电力，2010.

[3] 肖明，马新红，张宏杰，等. 发电机推力轴承甩渗油原因及处理[J]. 水力发电. 2006.

# 快速筑坝技术在亭子口水利枢纽大坝工程施工中的实际运用

孔西康　刘　辉

（四川二滩国际工程咨询有限责任公司　四川　成都　611130）

**摘要**：快速施工是碾压混凝土施工的特点和优势，层间结合质量和温控防裂是碾压混凝土施工的关键技术，为充分发挥碾压混凝土快速施工特性，经对施工工期、设备系统配置、施工强度等进行分析，结合亭子口水利枢纽建筑物布置特性和施工道路布置，因地制宜对碾压混凝土入仓手段加以优化、研究和论证，采取自卸汽车直接入仓、大跨度输送皮带机+自卸汽车仓内转料、缓降式满管溜管+自卸汽车仓内转料等入仓方式，有效地解决了混凝土快速入仓问题。通过采取$V_C$值动态控制、人工辅助施工、涂刷防渗涂料等措施，实现了碾压混凝土快速、连续施工并为层间结合质量、温控防裂控制提供了有力保障。

本文主要阐述亭子口水利枢纽碾压混凝土入仓道路规划、入仓方式设计、层间结合质量控制和温控防裂技术，介绍碾压混凝土快速筑坝技术在亭子口水利枢纽碾压混凝土施工中的实际运用情况和实施效果。

**关键词**：亭子口水利枢纽工程，施工配合比，入仓方案优化，层间结合控制，温控防裂

## 1　工程概况

### 1.1　工程概述

亭子口水利枢纽位于四川省广元市苍溪县境内，是嘉陵江干流开发中唯一的控制性工程，以防洪、灌溉及城乡供水、发电为主，兼顾航运，并具有拦沙减淤等效益的综合利用工程。水库正常蓄水位高程458 m，死水位高程438 m，设计洪水位高程461.3 m，校核洪水位高程463.07 m，总库容40.67亿$m^3$。水库预留防洪库容10.6亿$m^3$（非常运用时为14.4亿$m^3$），可灌溉农田292.14万亩，电站装机1 100 MW，通航建筑物为2×500 t级垂直升船机。工程等别为Ⅰ等，工程规模为大(1)型。

大坝轴线总长995.4 m，坝顶高程465 m，最大坝高116 m，顺水流最大坝宽107.18 m。河床坝段布置8孔表孔、5孔底孔及消能建筑物，河床左侧布置坝后式电站厂房，右侧布置垂直升船机，两岸布置非溢流坝段。大坝混凝土共约450万$m^3$，其中碾压混凝土约253万$m^3$，主要分布在左右岸非溢流坝段、表孔坝段EL.435 m以下、底孔及底孔门库坝段EL.370 m以下、厂房坝段EL.410 m以下等部位。

### 1.2　气象条件

坝址多年平均降水量为995.8 mm，历年最大月、日降水量分别为477.8 mm、204.3 mm，5～9月各月平均降水量均在100 mm以上，占全年的78.7%；多年平均气温16.6 ℃，其中以7、8月平均气温26.3 ℃为最高，1月平均气温5.8 ℃为最低。多年平均风速为1.9 m/s，最多风向NNW，多年平均最大风速13.2 m/s；多年平均水面蒸发1 318.6 mm；多年平均日照百

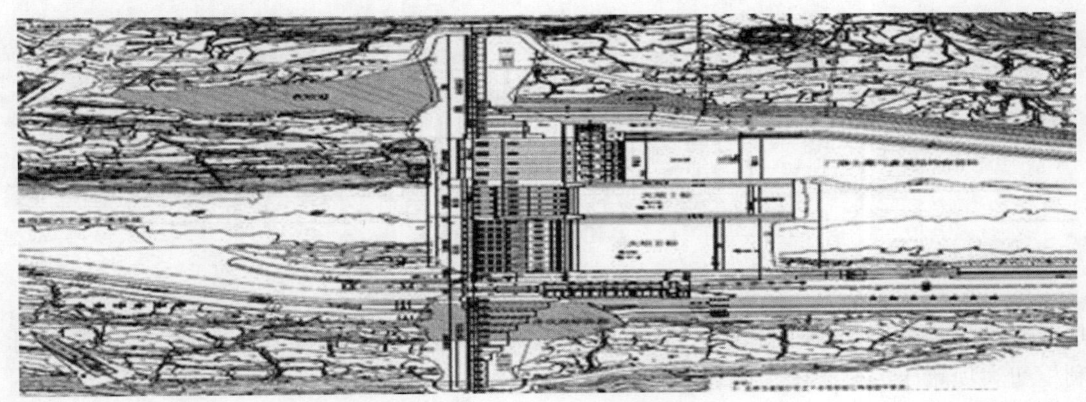

图1　亭子口水利枢纽布置图

分数为35%，多年平均相对湿度为73%；多年平均地面温度为19.2 ℃。

### 1.3　砂石生产和混凝土拌和系统配置

左岸设有一座处理能力为2 000 t/h、成品骨料加工能力为1 600 t/h的天然砂石系统，可为工程提供满足高峰混凝土浇筑强度25万$m^3$/月的成品砂石骨料。

左、右岸各布置一座混凝土生产系统，距坝轴线直线距离约为1.5 km，共配置2座2×4.5 $m^3$（设计生产能力320 $m^3$/h）、1座2×6.0 $m^3$/h（设计生产能力320 $m^3$/h）、1座2×3.0 $m^3$/h（设计生产能力240 $m^3$/h）的强制式拌和楼，常温混凝土生产能力约为960 $m^3$/h，预冷混凝土生产能力约为750 $m^3$/h。

## 2　施工特点

（1）在结构布置方面，亭子口水利枢纽采用坝后式厂房设计，布置4条引水钢管，河床坝段布置5孔底孔及8孔表孔，碾压混凝土施工区域内布置4层廊道，坝基部位横向布置4条排水廊道群，廊道距离上游面最小间距仅为4m，结构密集，部分坝段碾压混凝土与常态混凝土同步上升，上述结构特点不利于碾压混凝土快速施工，是碾压混凝土施工中的重、难点。

（2）根据施工工期安排，碾压混凝土施工时段为2010年10月至2012年底，跨越两个高温季节三个低温季节，期间碾压混凝土施工不停，“层间结合、温控防裂”技术是施工质量控制重、难点，也是影响碾压混凝土快速施工的因素之一。

（3）亭子口碾压混凝土砂石料采自坝址下游嘉陵江河床天然砂砾石料，天然料场的毛料品质变化比较大，影响成品骨料的稳定性，成品骨料的超逊径比及级配连续性、天然砂细度模数和石粉含量，直接影响碾压混凝土性能。成品粗骨料多呈片状卵石，表面光滑，比表面积小，表面砂浆包裹率差，天然砂细度模数小、含泥量高，施工中容易造成骨料表面快速失水发干，如何保证原材料及混凝土工作性能和可碾性，是施工中的重、难点。

## 3　施工配合比

亭子口水利枢纽砂石骨料全部采自嘉陵江河床的天然砂砾石料，石粉含量低，且该骨料均具有碱活性，为防止混凝土发生破坏，设计要求混凝土碱含量不大于2.5 kg/$m^3$。通过掺和选用一级粉煤灰，同时控制水泥碱含量不超过0.6%，使混凝土中总碱含量保持在0.6～0.8 kg/$m^3$范围，一级粉煤灰掺量最高达60%，减少了混凝土用水量，改善和易性，降低水化

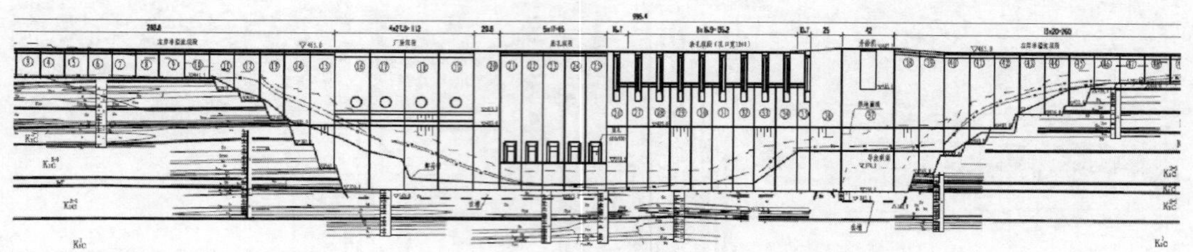

图2 亭子口水利枢纽大坝上游立视图

热温升，提高混凝土的强度和耐久性，同时外掺石粉代砂，石粉掺量16%～18%。亭子口水利枢纽大坝碾压混凝土施工配合比见表1。

表1 亭子口水利枢纽大坝碾压混凝土施工配合比

| 设计强度 | 级配 | 粉煤灰掺量(%) | 水胶比 | 材料用量(kg/m³) | | | | | 外加剂(%) | |
|---|---|---|---|---|---|---|---|---|---|---|
| | | | | 水 | 水泥 | 粉煤灰 | 砂 | 石 | 减水剂 Jm-2 | 引气剂 Jm2000 |
| $R_{90}150$ | 三 | 60 | 0.5 | 75 | 60 | 90 | 661 | 1 584 | 0.9 | 0.09 |
| $R_{90}200$ | 二 | 55 | 0.5 | 90 | 99 | 81 | 728 | 1452 | 1.08 | 0.108 |

注：减水剂为萘系类缓凝高效减水剂，引气剂为改性松香酸盐类非离子型树脂表面活性剂，粉煤灰为优质Ⅰ级粉煤灰。

## 4 入仓方案优化

碾压混凝土快速施工，入仓运输方式是关键因素之一，根据大量施工经验，自卸汽车入仓可极大减少中间环节，加快施工进度，同时也能减少混凝土温度回升倒灌，是快速施工最有效的方式。

亭子口水利枢纽大坝工程开工伊始，对原投标入仓方案进行了优化和改进，因地制宜，选择了以自卸汽车直接入仓为主、满管负压溜管和皮带机运输为辅的入仓方案，通过采用自卸汽车直接入仓、大跨度皮带机+仓内汽车转料、满管溜管+仓内汽车转料等入仓手段，有效的解决了混凝土入仓问题，为大坝碾压混凝土快速施工、层间结合质量控制、温控防裂等工作提供了有力保障。

### 4.1 左、右岸非溢流坝段

原施工方案：左岸非溢流坝段1#～11#坝段采取自卸汽车+布料机的入仓方式，12#～16#坝段444.5 m高程以下采取满管溜管+自卸汽车仓内转运、以上自卸汽车+布料机的入仓方式；右岸非溢流坝段39#～43#坝段采用上游或下游填筑施工道路，自卸汽车直接入仓，44#～46#坝段主要采取自卸汽车+布料机的入仓方式，47#～50#坝段采取自卸汽车直接入仓。该方案存在的问题为：左岸非溢流坝段规划最大仓面面积1 600 m²，拟投入布料机(TB105)1台，输送能力80～100 m³/h。受坝型影响，非溢流坝段均无仓内自卸车转运的条件，多坝段并仓浇筑时，超出布料机布料范围必须移动布料机的位置。考虑到自卸车卸料和布料机移位的影响，实际入仓强度约50 m³/h左右，仓面面积限制在1 000 m²以下，影响施工进度；且一但布料机故障，无备用设备替代，将直接影响混凝土正常施工。左岸非溢流坝段1#～10#及右岸非溢流坝段47#～50#下游布置有缆机受料平台，须尽快形成后用于河床坝段常态混凝土浇筑，采用布料机入仓，施工进度慢，且左岸非溢流坝段 1# ~ 11#坝后地形开阔，具备在坝后填筑施工道路、自卸汽车直接入仓的条件。44# ~ 46#坝段通过暂缓施工待 39# ~ 43#坝段上升后具备并仓施工和自卸汽车直接入仓的条件。采用自卸汽车入仓时的入仓强度仅受入仓口布置和预留数量的限制，单入仓口时入仓强度可控制在 200 $m^3$/h 左右，完全满足仓面规划和施工进度要求。

因此，上述方案调整为：左岸非溢流坝段 1# ~ 11#、右岸非溢流坝段 39# ~ 50#均采取自卸汽车直接入仓的方式施工。12# ~ 16#坝段为陡坡坝段，受地形限制采用厢式满管溜管 + 汽车仓内转运的方式施工，溜管入仓是比较成熟的工艺，入仓强度及施工质量均易得到保障。该部位自下而上并仓施工，最大仓面面积 3 000 $m^2$，入仓强度要求不小于 200 $m^3$/h，计算溜管断面尺寸不小于 486 mm × 486 mm，实际采用的厢式满管溜管断面尺寸为 700 mm × 700 mm，完全满足入仓强度要求。经施工实践，通过方案的调整，左右岸非溢流坝段施工均按时或提前完成，入仓强度、施工进度和质量均得到了保障。

### 4.2　厂房坝段

原施工方案：415.00 m 高程以下碾压混凝土全部采用自卸车从上游二期土石围堰临时填筑入仓道路直接入仓，415.00 m 高程以上常态混凝土采用缆机浇筑。该方案中的碾压混凝土尽管入仓方式较为简单，但由于受实际地形限制，当高差过大时，会出现入仓道路填筑工程量大、影响施工安全和施工进度的问题；施工至上游 397.00 m 高程以上大牛腿时，自卸汽车直接入仓受牛腿钢筋限制很难实现，且无法保证施工安全和质量；受缆机布置和自卸汽车选型影响，单台缆机入仓强度约为 60 $m^3$/h，既要用于厂房坝段、底孔坝段混凝土浇筑，又要用于底孔坝段金属结构安装，无法全面保证常态混凝土浇筑的需要。

在实施阶段，施工方案调整为：①350 ~ 397 m 高程范围碾压混凝土浇筑方案采用由上游围堰下基坑道路自坝体间填筑入仓道路、自卸汽车通过钢栈桥跨越上游防渗区直接进入仓内铺料；②415 m 高程以下混凝土采用在坝前布置皮带机，通过皮带机输送进入仓面，由自卸汽车在仓内转料；③在 18# ~ 19#坝段间的下游侧增设一台 M900 固定式塔机，配合缆机浇筑厂房坝段压力钢管外包混凝土及 415 m 以上常态混凝土。

### 4.3　底孔坝段

原施工方案：357 m 高程以下碾压混凝土从下游侧填筑入仓道路，自卸汽车直接入仓，357 ~ 371 m 高程间碾压混凝土从上游围堰下基坑道路至坝面间填筑入仓道路，自卸汽车直接入仓。该方案存在的问题为：从下游入仓要穿过底孔消力池填筑入仓道路，影响底孔消力池的正常施工。

为此，实施阶段将碾压混凝土施工方案调整为：371 m 高程以下碾压混凝土全部从上游围堰填筑施工道路，采用钢栈桥跨过上游防渗区进入仓面，自卸车直接入仓。调整后的方案既不影响底孔消力池的施工，又利于将底孔坝段与厂房坝段施工作业面统一进行施工规划和并仓施工，根据拌和生产能力划分仓位面积实施跳仓浇筑，减少主施工道路填筑工程量，促进碾压混凝土快速施工。

### 4.4　表孔坝段

原施工方案：①379 m 高程以下混凝土从下游侧表孔消力池填筑入仓道路，采用自卸车入仓；②379 ~ 423 m 高程范围内混凝土，采用 1#皮带机 + 满管流槽的方式入仓，该皮带机布置在导流明渠右导墙 402 m 高程平台上，总长约 140 m。③423 ~ 434.5 m 高程范围的混凝土,采用2#跨明渠皮带机+满管流槽的方式入仓,2#皮带机受料口布置在右岸44#坝段上游侧434 m高程平台上,下料口布置在36#坝段439 m高程,底部采用混凝土支墩(409~439 m)支撑,皮带机总长约170 m;④410 m高程以下溢流面混凝土通过一台C7050塔机吊运入仓,410 m高程以上溢流面和闸墩混凝土通过2台泵机入仓。该方案存在的问题:379 m高程以下混凝土自消力池填筑入仓道路,占压表孔消力池施工工作面,且道路填筑量较大;配置的皮带机理论输送量约为240 $m^3/h$,考虑受自卸汽车卸料、坡度和长度等因素影响,实际输送量不足200 $m^3/h$,该部位规划并仓后仓面面积最大5 000 $m^2$,输送量不能满足施工需求,且无备用手段,设备故障后影响正常施工;1#皮带机受料口布置在坝体下游导流明渠右侧墙402 m高程平台,总长140 m,溜槽长达50 m,2#皮带机通过塔架式索桥跨越明渠,总长170 m,造价高且安全系数低,同时皮带机影响36#坝段409 m高程以上混凝土正常施工;采用混凝土泵施工闸墩及溢流面时,泵管长度最大达200 m,容易堵管且不易清理,泵送混凝土水化热大,混凝土容易产生裂缝等质量问题。

调整后的方案:①第一阶段自上游土石围堰下基坑道路至坝面间填筑入仓道路,自卸汽车通过钢栈桥跨越防渗区直接入仓铺料,由基础施工至409 m高程;②第二阶段在右导墙及表孔门库坝段上填筑施工便道,由自卸汽车跨越横缝直接入仓铺料,施工至420 m高程;③第三阶段420 m高程以上由于自卸汽车无法直接入仓,采用跨河皮带机+自卸汽车仓内转料的方式施工,跨河皮带机长78.9 m,横跨导流明渠,受料点在右岸非溢流39#坝段,出料口在36#坝段,施工至434.5 m高程,碾压混凝土施工结束;④增设两台D1100塔机,分别布置在28#、33#坝段,用于表孔坝段闸墩及410 m以上溢流面常态混凝土施工。方案调整后有效解决了占压表孔消力池工作面的问题,采用自卸车入仓保证了碾压混凝土的入仓强度,同时保障了表孔坝段施工进度和质量。

### 4.5 上闸首施工方案

原施工方案:①第一阶段,387 m以下混凝土在三期截流后,从明渠填筑道路自卸车入仓;387 m高程至410 m高程碾压混凝土浇筑,采用自卸车经387 m高程马道和修筑的施工道路直接入仓,道路坡度不大于10%。②第二阶段,410 m高程以上,由于自卸车无法入仓,采用皮带机+自卸汽车仓内转料的方式施工。皮带机受料口布置在2-2#道路上,受料口435 m高程,皮带机长度140 m,坝体由410 m高程施工至427 m高程。427 m高程以上常态混凝土采用缆机入仓。该方案存在的问题为:①若从387 m高程马道填筑道路施工至410 m高程,填筑方量过大,且受387m马道宽度影响,道路势必占压航运工程标船厢室工作面。由于道路放坡,安全系数低,安全隐患大。②410 m高程以上混凝土采用皮带机入仓,皮带机长度过长,安全性不高,故障率相对较高,影响施工进度和施工质量,无法保障上闸首碾压混凝土连续高强度入仓施工需求。③2013年1~5月是表孔闸墩和弧门安装高峰期,缆机不能完全满足427 m高程以上常态混凝土浇筑需求,可利用率低。

因此,施工方案调整为:①上闸首及38#坝段370~380 m高程范围混凝土在坝后的明渠内填筑施工道路,自卸汽车直接入仓;②380~392 m高程范围碾压混凝土通过明渠387 m马道搭设钢栈桥,在仓内预先浇筑混凝土块和预留入仓斜坡道路,自卸汽车直接入仓,392~427 m高程范围采用垂直真空溜管+自卸汽车仓内转运的方式,真空溜管直径800 mm/600 mm,小时入仓强度500~800 $m^3$。通过调整,减小了道路填筑方量,安全系数进一步提高,且不影响船厢室施工,又保障了混凝土入仓强度,为上闸首连续浇筑上升创造了有利条件,两个月内上闸首碾压混凝土连续上升了47 m。427 m高程以上常态选择了缆机+D1100塔机+HBT80C混凝土地泵联合入仓,并制定了一系列保障措施来确保上闸首混凝土快速浇筑,于2013年6月顺利浇筑至要求的454 m高程,满足了工程下闸蓄水要求。

## 5　层间结合控制

碾压混凝土为薄胚层连续施工,层间结合质量在碾压混凝土施工中尤为重要,关系到大坝混凝土防渗效果、抗滑稳定和整体性能,是快速筑坝技术的关键。亭子口水利枢纽碾压混凝土施工主要通过充分的施工准备、层间间歇时间控制,$V_C$值动态控制和人工辅助等措施来提高碾压混凝土层间结合质量,主要方法如下文所示。

### 5.1　施工准备充分

充分的施工准备工作,是确保碾压混凝土快速施工的前提。碾压混凝土施工前,均编制了详细的仓面设计和施工策划,仓内采用红油漆醒目标注分层线和混凝土分区线;明确各施工班组、各设备操作手的工作任务和工作区域,充分预估施工中可能出现的各种问题并提前做好预案;混凝土生产运输系统、仓内施工设备(振动碾、平仓机、切缝机、振捣器、核子密度仪、$V_C$值测定仪器等)及高温时段的喷雾设施等均应保持良好的工作状态,施工工器具及保温保湿、防雨材料准备就绪,逐一检查、确保工器具完备率、设备完好率及保证率;预冷混凝土生产时,提前4 h开启预冷系统,对骨料进行充分冷却,并检查一、二次风冷仓内骨料及拌和用水是否降至预定温度。

### 5.2　及时摊铺碾压,控制层间间歇时间

碾压混凝土上下层碾压层间间隔时间越短,连续铺筑层面的层间结合质量和层间黏聚力越好,亭子口大坝碾压混凝土初凝时间一般为6~8 h,高温季节通过调整外加剂配方和混凝土配合比适当延长至8~10 h,层间间歇时间按比初凝时间缩短1~2 h控制,以确保上下层碾压混凝土啮合效果和层间黏结力。

大坝碾压混凝土采用大仓面薄层连续或间歇铺筑,平层法施工,摊铺厚度按松铺35 cm控制,压实后胚层厚度约为30 cm。根据入仓口位置和条带铺筑顺序、冷却水管影响等,采用退铺法或进占铺法叠加式卸料,按梅花形依次堆卸;卸料后及时进行摊铺碾压,保证下层混凝土在允许的层间间隔时间内得到覆盖。由于亭子口水利枢纽采用天然骨料,骨料外观光滑,比表面积较小,遇高温或多风季节易造成骨料泛白现象,摊铺完成后不具备立即碾压的条带,首先进行全条带静碾两遍保水,防止骨料泛白、快速失水,同时也有减少温度倒灌的保温效果。

错层布置冷却水管:根据拌和系统生产能力,大坝碾压混凝土一般为多坝段并仓连续施工,为解决因冷却水管铺设影响混凝土摊铺碾压的现象,在施工中采用了错层布置的方式,每一个坝段为一冷却水管进出单元,根据具体层间间歇时间长短,优先铺设下层的早碾坝段冷却水管,铺设完成后进料摊铺碾压,尽量避免因冷却水管铺设造成的影响。

### 5.3　层间施工处理

(1)混凝土施工缝(工作缝)进行冲毛处理,控制标准为露粗砂,小石微露,开仓前进行缝面冲洗和清理,清除仓面积水和积渣等杂物,并均匀铺设一层1.5 cm厚高一强度等级的砂浆层,铺设后立即覆盖新混凝土,防止砂浆失水而变成薄弱夹层,影响层间结合质量。

(2)正常的碾压过程中严禁喷水或洒水,在混凝土失水发干的情况下,可以适当喷雾保

湿,避免 $V_C$ 值损失过快导致可碾性差,减小对层间结合质量的影响。碾压混凝土从出机至碾压完毕,要求在 2 h 内完成,热升层(层间间歇时间内未初凝层面)一般不做处理,高温降雨影响时,视情况决定在层面铺设胶凝材料净浆或砂浆。一般不允许出现初凝现象,如出现小面积初凝,采取铺设砂浆或胶凝材料净浆进行处理。

(3)碾压混凝土施工时,根据实际仓位情况规划运输车辆行走路线和行走速度,尽量避免出现施工层面污染和汽车反复轮压起壳等不利层间结合质量的现象。

### 5.4 $V_C$ 值动态控制

在确定的施工工艺和环境条件下,碾压混凝土拌和物的 $V_C$ 值是影响施工效率和质量的重要因素,是碾压混凝土拌和物性能极为重要的指标,是保证碾压混凝土可碾性和层间结合质量的关键。最佳的 $V_C$ 值可以改善混凝土拌和物的孔隙结构,减小骨料间的摩擦力,易于传导激振力,使骨料分离和架空限制在很小的范围,碾压混凝土可碾性好,易达到设计容重,有利于提高混凝土整体抗剪强度,层面泛浆效果好,有利于层间结合。因此,$V_C$ 值的大小对碾压混凝土的性能有着显著的影响,$V_C$ 值动态控制是碾压混凝土压实必备的重要条件,是保证碾压混凝土可碾性和层间结合的关键。亭子口大坝碾压混凝土施工时,$V_C$ 值根据不同的施工季节、时段、温度、湿度、风力风向等周边环境的变化随时调整,一般时段以3~5 s 左右为宜;高温多风时段,调整 $V_C$ 值至 1~3 s,尽量将 $V_C$ 值降低,以施工现场不陷碾为准,在保证配合比参数不变的情况下,提高外加剂掺量,在外加剂减水和缓凝的双重叠加作用下,降低了 $V_C$ 值,延缓了初凝时间,确保仓面可碾性和泛浆效果。

施工实践证明,通过实测气温、相对湿度、碾压停滞时间和降雨情况、风力风向等相关数据,对碾压混凝土 $V_C$ 实行动态控制,有效提高了碾压混凝土可碾性、液化泛浆和层间结合质量。

### 5.5 人工辅助施工

在卸料和平仓过程中,粗骨料往往分离并集聚在料堆周边和摊铺条带边缘,造成层间结合部位骨料架空,影响胶凝材料对骨料的填充和包裹,是碾压混凝土出现渗漏和层间结合质量缺陷的主要因素之一。碾压层混凝土按规定的碾压参数进行控制,及时检测,并根据混凝土表面泛浆情况和核子密度仪的检测结果决定是否增加碾压遍数,对于碾压层出现泛浆差、麻面、骨料集中等情况,采用人工辅助的方式及时清除并加浆补碾进行处理,确保碾压混凝土层间结合质量。

为保证碾压混凝土液化泛浆效果,在振动碾碾压时,每台振动碾配一名工人,对出现麻面或泛浆效果不好的部位,进行骨料分散或填充细骨料,对麻面部位洒适量胶凝材料净浆然后补碾,直至表面泛浆并具有弹性,达到碾压混凝土结束标准。每层碾压完毕后采用核子密度仪进行压实度检测,按 1 点/100 $m^2$ 进行检测。根据检测结果对不合格的部位进行补碾,全部检测合格后方可进行下一胚层施工。

## 6 温控防裂

(1)混凝土配合比优化,降低混凝土水化热:主要采用高掺粉煤灰、提高外加剂减水率,降低用水量和石粉代砂的方案,碾压混凝土粉煤灰掺量提高至 60%,外加剂减水率提高 25%~30%,三级配和二级配碾压混凝土用水量分别降至 75 $kg/m^3$ 和 90 $kg/m^3$,同时外掺 16%~18% 石粉代砂,有效降低了水化热温升,并改善了混凝土性能。

(2)碾压混凝土入仓温度和浇筑温度是影响坝体内部温度的重要因素，碾压混凝土入仓温度越高，浇筑温度随之亦高，坝段内部温度达到最高温度的时间越早，越不利与采用冷却通水的方式降低峰值。①控制出机口温度是重点，在经过骨料一次风冷二次风冷，加制冷水拌和及加冰等方式拌和后，出机口温度控制在12 ℃以内，应特别注意粗骨料内部温度检查，防止粗骨料未冷透造成碾压混凝土温度回升过快现象；②运输和摊铺过程中温度回升控制是关键，合理配置自卸车数量，减少运输和待料时间，避免混凝土长时间不卸料，自卸车运输时增设防晒遮阳棚防止暴露暴晒；③高温时段对自卸车车厢周边贴保温隔热材料，对车身洒水降温，减小因自卸车车厢温度过高而增大了碾压混凝土温度；④仓面喷雾营造小气候进行降温保湿，在白天干燥和高温时段，采用喷雾机和喷雾枪喷洒水雾改善仓面小气候，一般可降低仓面温度4～6 ℃，必要时喷制冷水效果更佳；⑤及时覆盖保温材料减少温度倒灌，在碾压混凝土平仓碾压结束后，采用聚氯乙烯卷材覆盖，可降低混凝土温度1～2 ℃。

(3)通水冷却是降低坝体混凝土内部温度峰值和温度裂缝产生的重要手段之一。亭子口水利枢纽冷却水管采用内径25 mm的HDPE聚乙烯管材，铺设间距为1.5 m×1.5 m或1.5 m×2.0 m，单根管路总长度不大于250 m。碾压混凝土施工升层为3～6 m，单仓浇筑时间为2～4 d，为有效削减坝体内部温度峰值，实行浇筑过程中通水冷却，在冷却水管铺设层，碾压混凝土平仓碾压结束后立即通水冷却，削弱浇筑温度带来的不利影响，延迟温升速率，降低温度峰值。按照设计要求，各坝段实行8～10 ℃制冷水通水15 d后，再通7～10 d常温水延长通水时间，保证坝体碾压混凝土内外温差满足要求，有效抑制坝体温度裂缝产生的几率。

(4)混凝土防裂控制重在预防，碾压混凝土坝出现的裂缝多为表面裂缝，一般碾压混凝土坝不设表面抗裂钢筋，在一定条件下表面裂缝易发展为深层裂缝，影响混凝土坝抗渗指标和整体性能且很难处理，因此加强混凝土坝表面保护工作尤为重要。亭子口水利枢纽施工期间对此尤为重视，采取了如下措施进行保护：①低温季节拆模后对龄期内混凝土表面铺设泡沫保温卷材进行表面保温，高温季节采用表面洒水或流水养护，防止混凝土内外温差过大产生裂缝；②在厂房、底孔及表孔坝段上游面352 m高程以下填筑黏土进行保护，同时增强基础部位碾压混凝土防渗性能；③大坝上游面死水位438 m高程以下涂刷水泥基渗透结晶型材料形成防渗涂层，既可以防渗、保湿、防裂，又可以增强混凝土耐久性；④在底孔，厂房，表孔等河床坝段重点部位敷设苯板进行永久保温，防止后期混凝土产生裂缝。

## 7　结　语

(1)碾压混凝土施工可进行流水化作业、大面积连续浇筑，提高混凝土施工强度，最大限度发挥配套设备系统的工作能力，提高设备利用率和机械化施工程度，快速施工是其最大特点和优势。合理规划入仓道路和入仓方式，尽可能采取自卸车直接运输入仓浇筑，减少中间转运带来的影响，是保证其快速施工的重要手段之一，亭子口水利枢纽碾压混凝土施工中，通过优化碾压混凝土施工道路布置和入仓方案，以自卸车入仓为主，皮带机入仓为辅，充分发挥了碾压混凝土快速施工的特点和优势；层间结合施工质量控制和温控防裂是碾压混凝土关键施工技术和保证连续快速施工的重要条件，通过配合比优化设计、层间间歇时间控制、$V_C$值动态控制等手段，有效解决碾压混凝土的工作性能，保证了混凝土可碾性、液化泛浆效果和层间结合质量，实现了碾压混凝土施工进度和施工质量双目标。

(2)实践证明,快速施工技术在亭子口水利枢纽大坝碾压混凝土施工中的运用效果是明显的,充分体现了碾压混凝土快速施工的特点,碾压混凝土单日单仓最大施工强度 15 840 $m^3$,最大入仓强度 924 $m^3/h$,最大连续施工升层 27 m,持续 5 个月完成碾压混凝土 20 万 $m^3$ 以上的月产量,2011 年为碾压混凝土施工高峰年,全年完成碾压混凝土施工 135.3 万 $m^3$,工程综合效益指标是可观的。施工完成后进行混凝土质量取芯检查,分别在 20#、35#、43#坝段取出了$\phi$190 mm,长度分别为 15.88 m、18.88 m、19.95 m 的三级配和二级配天然骨料碾压混凝土完整长芯样,经四川省水利工程质量检测中心站鉴定,芯样表面光滑致密,骨料分布均匀,无明显分层,整体性及连续性较好,刷新了国内天然骨料碾压混凝土长芯样纪录,表明亭子口水利枢纽大坝碾压混凝土层间结合施工质量控制效果良好。

(3)采用钢栈桥自大坝上游面跨越防渗区施工,如何解决对防渗区的质量的影响是关键。跨越防渗区时,预先浇筑的混凝土斜坡道不得占压防渗区,亭子口水利枢纽施工时预留防渗区宽度一般为 6 m 左右,钢栈桥下部混凝土采用变态或常态混凝土浇筑,斜坡道设置键槽和插筋,表面全部凿毛处理,解决了自上游面自卸汽车入仓对防渗区质量的影响等难题,确保了防渗区的防渗效果和施工质量。

(4)碾压混凝土的快速施工还有很多方面值得探索和研究,除选择合适的入仓道路和入仓手段提高入仓强度、层间结合质量控制和温控防裂技术保证施工连续性和施工质量外,适应碾压混凝土施工特点的枢纽布置和结构设计、提高碾压混凝土层厚、减少混凝土温控环节和翻转模板设计等对快速施工的影响,值得各位同仁共同关注。

# 基于突变评价法的大坝施工期风险分析

葛 巍 李宗坤 李 巍 关宏艳

(郑州大学 水利与环境学院 河南 郑州 450001)

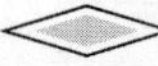

**摘要**:针对大坝施工期事故多发,安全、质量、进度和成本等建设目标难以综合控制,以及传统风险评价中主观确定风险因子的权重容易对评价结果造成不利影响的问题,在构建大坝施工期综合评价指标体系的基础上,采用突变评价法计算各单项目标及综合目标风险值,实现客观综合评价。将该方法应用于燕山水库施工期各施工方案的风险评价,与工程实际相符合,说明该方法具有较好的准确性与实用性。

**关键词**:大坝,风险,突变评价法,施工,目标

## 1 前 言

相比于其他大型土建工程,大坝工程投资大、工期长、工程量大、所处的施工条件复杂,因而其安全、质量、进度和成本等目标综合控制的难度较大。研究人员针对各施工目标的风险分析开展了大量研究,取得了显著的成绩。但存在两个主要问题:一是大多只针对一个或者两个目标进行分析,不利于研究成果的实际应用;二是大多根据专家主观经验对影响各施工目标的风险因子的权重进行赋值,其研究成果的客观性值得商榷。

突变理论根据各目标在归一公式中的内在矛盾和机制来量化其相对重要性[1-3],可有效减少评价中的主观因素,以其为基础的突变评价法可有效应用于多目标评价和多目标决策。因此,在构建大坝施工期综合评价指标体系的基础上,采用突变评价法进行多目标风险分析,具有一定的理论与现实意义。

## 2 突变评价法的基本原理

### 2.1 突变理论

法国数学家 Rene Thom 于 1972 年在《结构稳定性和形态发生学》中系统阐述了突变理论,标志着突变理论的正式诞生[2]。突变理论考察控制变量改变时,某些系统或过程从一个稳定状态到另一种稳定状态的跃进。通过研究描述系统状态的函数(势函数)F(x)的极小值变化问题,确定临界点附近非连续变化状态的特征。突变理论的基础涉及微积分、拓扑学、奇点理论和结构稳定性等非常深奥的数学知识,但其应用模型较为简单,在环境、灾害、岩土等领域得到了广泛的应用[4,5]。

基金项目:国家自然科学基金(51379192)

## 2.2 突变评价法

### 2.2.1 突变模型

突变评价法按照系统内在作用机理，确定若干评价指标，利用归一公式对状态变量($X$,$Y$)进行量化，得到类似于模糊隶属度函数的突变模糊隶属度值，再通过势函数进行递归计算即可求出系统综合评价值[6]。其最大优点在于只需定性确定评价指标的相对重要性，无需对其进行准确的权重赋值，可有效避免主观因素对评价客观性带来的负面影响。

Rene Thom 证明，控制变量不大于 4 时，势函数最多有 7 种形式，这 7 种突变类型被统称为初等突变[2]。常用的 3 种突变模型见表 1。

**表 1 常用的 3 种突变模型**

| 类型 | 势函数 | 归一公式 | 样式 |
|---|---|---|---|
| 尖点突变 | $x^4/4 + ax^2/2 + bx$ | $x_a = a^{1/2}, x_b = b^{1/3}$ | |
| 燕尾突变 | $x^5/5 + ax^3/3 + bx^2/2 + cx$ | $x_a = a^{1/2}, x_b = b^{1/3}, x_c = c^{1/4}$ | |
| 蝴蝶突变 | $x^6/6 + ax^4/4 + bx^3/3 + cx^2/2 + dx$ | $x_a = a^{1/2}, x_b = b^{1/3}, x_c = c^{1/4}, x_d = d^{1/5}$ | |

### 2.2.2 指标的标准化处理

填料质量、洪水过程等定量风险指标的量纲不同，施工技术、现场管理等定性风险指标在风险计算与评价的过程中也需采用数学方法对其进行分析，因此需对指标进行标准化处理。为便于风险值的计算，可根据“越大越好”原则采用以下方法对指标进行处理。

对于定量指标，

越大越优型指标，采用式(1)进行标准化处理：

$$R_i = \frac{r_i - r_{\min}}{r_{\max} - r_{\min}} \tag{1}$$

越小越优型指标，采用式(2)进行标准化处理：

$$R_i = \frac{r_{\max} - r_i}{r_{\max} - r_{\min}} \tag{2}$$

对于定性指标可根据评分法则确定，如表 2 所示。

**表 2 定性指标取值范围**

| 优劣程度 | 差 | 较差 | 中等 | 较好 | 好 |
|---|---|---|---|---|---|
| 指标值域 | [0,0.2] | (0.2,0.4] | (0.4,0.6] | (0.6,0.8] | (0.8,1.0] |

### 2.2.3 突变评价值计算方法

突变评价法计算综合评价值采用递归原则(从下至上)，其计算流程如下：

(1)构架评价指标体系。

(2)采用 2.2.2 中的方法对指标进行标准化处理，得到底层指标隶属度值。

(3)采用表 1 中的归一公式对底层指标隶属度值进行归一处理。

(4)采用递归计算，分层计算突变评价值：同一对象的各控制变量之间若存在明显的相互关联作用，则采用“互补”原则，取其平均数；各控制变量之间若无明显的相互关联作用，则采用“大中取小”原则。

## 2　大坝施工期风险评价指标体系

大坝工程建设目标受多种因素的影响,主要包括两个方面:一是按照设计方案,既定工程量和施工时间等条件所确定的工程建设目标;二是水文、水力、天气、施工管理等不确定因素对工程建设目标不确定性造成的影响,即本文所指的风险。

### 2.1　安全风险

大坝施工期可能发生的事故主要包括漫顶失事和结构破坏。漫顶失事[7,8]主要取决于洪水位与挡水建筑物顶部高程的关系,结构破坏[9-11]主要取决于基础处理质量、坝身的材料特性及力学性能和上下游水位差等。

### 2.2　质量风险

大坝施工期的质量[12,13]主要取决于填料质量、现场管理、施工技术以及施工机械等。

### 2.3　进度风险

大坝施工期的进度[14,15]不确定性主要受上游洪水过程、天气状况及料场、资金供应等因素的影响。

### 2.4　成本风险

大坝施工的成本风险[16,17]可分为应急成本和修复成本。应急成本主要取决于洪水过程超过设计标准时,在其来临之前的临时加固措施。修复成本主要取决于事故造成的损失程度,需根据具体工程的设计方案做出判断。

基于上述分析,根据工程建设目标的相对重要性,构建大坝施工期多目标综合评价指标体系,如图1所示。

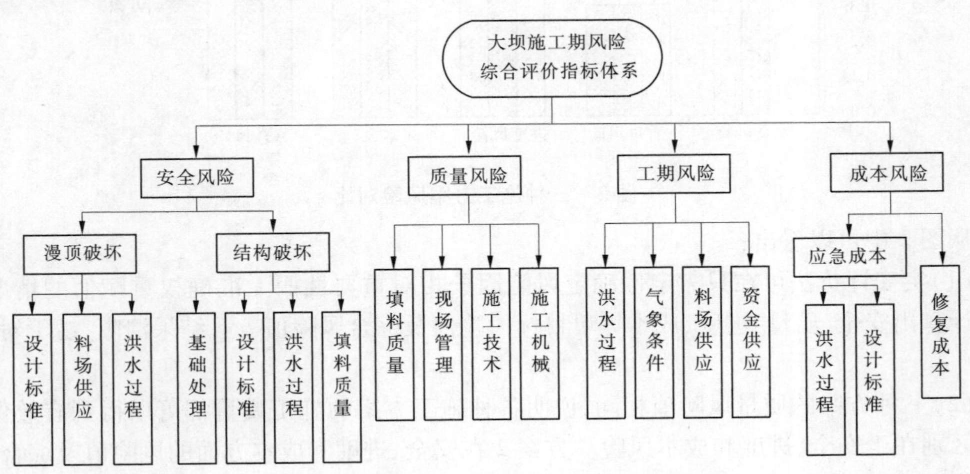


**图1　大坝施工期综合风险评价指标体系**

## 4　实例分析

燕山水库枢纽工程位于河南省叶县境内(沙颍河上游),是国务院确定的19项治淮骨干工程之一,2006年11月截流,2008年6月下闸蓄水[1]。在施工过程中,按照国务院的总体治淮目标,基本完成主体工程建设的时间节点从2008年底提前至2007年底。根据新的建设目标,设计单位提供了新的施工方案:方案1,汛期20年一遇围堰挡水方案;方案2,汛期高程91.00 m坝面过流方案;方案3:汛期100年一遇坝体挡水方案。

## 4.1 风险值计算

采用2.2.3中突变评价值计算方法分别计算三种施工方案的风险值,计算结果如表3所示(计算过程略)。

**表3 三种施工方案风险值**

| 方案 | 安全风险 | 质量风险 | 进度风险 | 成本风险 | 综合风险 |
|---|---|---|---|---|---|
| 方案1 | 0.956 8 | 0.316 2 | 0.951 5 | 0.563 1 | 0.884 7 |
| 方案2 | 0.974 4 | 0.316 2 | 0.962 5 | 0.647 6 | 0.893 9 |
| 方案3 | 0.874 6 | 0.316 2 | 0.907 5 | 0.580 7 | 0.872 4 |

## 4.2 结果分析

将三种施工方案的风险计算结果进行对比分析,如图2所示。

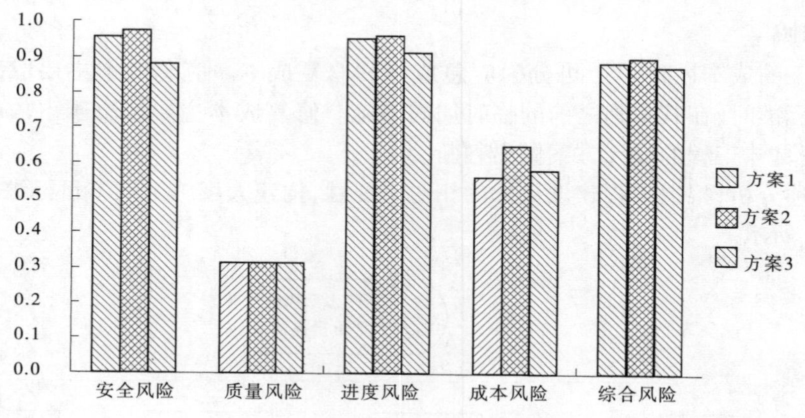


**图2 三种施工方案风险对比**

从图2中可以看出:

(1)突变评价法可在只需定性确定风险因子相对重要性而无准确权重赋值的情况下,有效计算出安全、质量、进度、成本等单目标风险值及综合风险值。且结果清晰,易于对比分析。

(2)三种方案的质量风险值相同,说明各种施工方案的施工质量都可以得到有效保障,主要区别在于安全、进度和成本风险。方案2在安全、进度和成本方面的风险值及综合风险值均最大,方案最劣;方案3与方案一相比,成本风险值较大,但是安全及进度风险值较小,综合风险值较低。综合考虑可知,从优到劣的方案排序为:方案3 > 方案1 > 方案2。燕山水库实际建设中采用了方案3,在按期完成工程建设任务的同时,有效的保障了工程安全并合理的控制了工程投资,获得了良好的经济和社会效益。

# 4 结 语

大坝施工期安全、质量、进度和成本等建设目标的综合控制难度较大,且各风险因子的权重难以确定。本研究在分析影响工程建设目标的风险因素,并构建综合评价指标体系的基础上,采用突变评价法计算各建设目标风险及综合风险。将该方法应用于燕山水库施工方案的综合比选,与专家论证结果及实际工程建设情况相一致,说明该方法具有良好的准确性与实用性,为大坝工程施工期风险分析提供了一种新的思路。

## 参考文献

[1] 李宗坤, 葛巍, 王娟, 等. 改进的突变评价法在土石坝施工期风险评价中的应用[J]. 水利学报, 2014, 45(10): 1256-1260.

[2] Nabivach V E. Catastrophe Theory and Risk Control: ConceptialFramework [J]. Journal of Automation and Information Sciences, 2013, 45(5): 13-24.

[3] Murnane R J. Catastrophe risk models for wildfires in the wildland - urban interface: What insurersneed [J]. Natural Hazards Review, 2006, 7(4): 150-156.

[4] Zhao Z, Ling W, Zillante G. An evaluation of Chinese Wind Turbine Manufacturers using the enterprise nichetheory[J]. Renewable and Sustainable Energy Reviews, 2012, 16(1): 725-734.

[5] Su S, Zhang Z, Xiao R, et al. Geospatial assessment of agroecosystem health: development of an integrated index based on catastrophe theory[J]. Stochastic Environmental Research and Risk Assessment, 2012, 26(3): 321-334.

[6] Michel - Kerjan E, Hochrainer - Stigler S, Kunreuther H, et al. Catastrophe risk models for evaluating disaster risk reduction investments in developing countries [J]. Risk Analysis, 2013, 33(6): 984-999.

[7] Goodarzi E, Shui L T, Ziaei M. Risk and uncertainty analysis for dam overtopping - Case study: The Doroudzan Dam, Iran [J]. Journal of Hydro - environment Research, 2014, 8(1):50-61.

[8] Marengo H, Arreguin F, Aldama A, et al.. Case study: Risk analysis by overtopping of diversion works during dam construction: The La Yesca hydroelectric project, Mexico [J]. Structural Safety, 2013, 42:26-34.

[9] Peyras L, Carvajal C, Felix H, et al.. Probability - based assessment of dam safety using combined risk analysis and reliability methods - application to hazards studies[J]. European Journal of Environmental and Civil Engineering, 2012, 16(7): 795-817.

[10] Zhong D H, Sun Y F, Li M C. Dam break threshold value and risk probability assessment for an earth dam [J]. Natural Hazards, 2011, 59(1): 129-147.

[11] Lienhart D A. Long - Term Geological Challenges of Dam Construction in a Carbonate Terrane[J]. Environmental & Engineering Geoscience, 2013, 19(1): 1-25.

[12] 何海清, 黄声享, 伍根. 碾压施工质量监控的径向神经网络拟合高程研究[J]. 武汉大学学报:信息科学版, 2012, 37(5): 594-597.

[13] Liu D, Sun J, Zhong D, et al. Compaction quality control of earth - rock dam construction using real - time field operationdata [J]. Journal of Construction Engineering and Management, 2011, 138(9): 1085-1094.

[14] 钟登华, 常昊天, 刘宁, 等. 高堆石坝施工过程的仿真与优化[J]. 水利学报, 2013, 44 ( 7): 863-872.

[15] Xu Y, Wang L, Xia G. Modeling and Visualization of Dam Construction Process Based on VirtualReality [J]. Advances in Information Sciences and Service Sciences, 2011, 3(4).

[16] 王卓甫, 刘俊艳, 丁继勇. 考虑进度不确定的土石坝填筑施工成本风险分析[J]. 水力发电学报, 2011, 30(5):229-233.

[17] Hattori A, Fujikura R. Estimating the indirect costs of resettlement due to dam construction: A Japanese casestudy [J]. Water Resources Development, 2009, 25(3): 441-457.

# 黄河小浪底库区底泥对磷的吸附释放特性研究

邓从响[1] 赵 青[2] 吴广庆[1] 李小兵[3]

（1. 水利部小浪底水利枢纽管理中心 河南 郑州 450000；
2. 河南黄河河务局 河南 郑州 450000；
3. 阿里地区水利局 西藏 阿里 859000）

**摘要**：磷是水库富营养化的关键影响因素之一。本文基于小浪底水库独有的特殊性和代表性，详细介绍了小浪底库区底泥对磷的吸附释放特性试验研究方法和内容，同时提供了试验研究结果，力求通过本文的介绍对其他同类问题研究提供借鉴。

**关键词**：库区底泥，磷吸附，磷释放，特性

## 1 小浪底水库工程概况

黄河小浪底水利枢纽工程位于河南省洛阳市西北约 40 km 处的黄河干流，坝址上距三门峡水利枢纽大坝 130 km，下距郑州花园口 128 km，控制流域面积 69.4 万 $km^2$，占黄河流域总面积的 92.2%，是黄河中下游最后一座较大库容的峡谷型水库工程。

小浪底水利枢纽工程为高坝、河段一级开发工程。枢纽为一等工程，主要建筑物为一级建筑物，采用千年一遇洪水设计，万年一遇洪水校核。水库呈狭长状，水库面积 272 $km^2$，水库最高蓄水位为 275 m，最大坝高 154 m，原始总库容 126.5 亿 $m^3$，其中库区干流库容 85.8 亿 $m^3$，支流库容 40.7 亿 $m^3$，后期有效库容 51 亿 $m^3$。

## 2 小浪底水库氮磷情况

小浪底水库氮磷比在 104~472 之间，远大于藻类生长所要求的理论氮磷比值，因此可认为小浪底水库内藻类生长的限制性营养元素为磷。

## 3 小浪底库区底质情况

小浪底水库来水来沙较多，多年平均径流量 433.2 亿 $m^3$，平均输沙量 13.51 亿 t，来水中的悬移质和泥沙在库区大量沉淀形成库区底泥，底泥颗粒表面具有很强的亲和性，起着磷酸盐缓冲剂的作用，在库区各种介质之间形成一个动态磷循环。

经监测，小浪底库区底泥颗粒较细，粒径 $<0.02$ mm 的占 80% 以上，其中有机质含量在 1%~2%，水分含量在 2%~3%，全氮含量在 1 000 mg/kg 数量级，全磷含量在 600 mg/kg 左右，pH 值相对水体偏高，在 8.4~8.7 之间。

## 4 试验方法

根据小浪底水库水体和底质磷的存在形式和含量，用实验室模拟自然环境的方式取得

数据,后将所得数据通过一系列计算、换算并绘图得到一系列成果。

# 5　试验方案及结果

## 5.1　库区底泥对磷的吸附试验方法及结果

### 5.1.1　库区底泥对磷的吸附动力学试验

选取含沙量2.0 g/L,含磷量为2.0 mg/L的200 mL一系列试验溶液,置于恒温(20 ℃)振荡箱中,静止条件下试验,结果如图1所示。

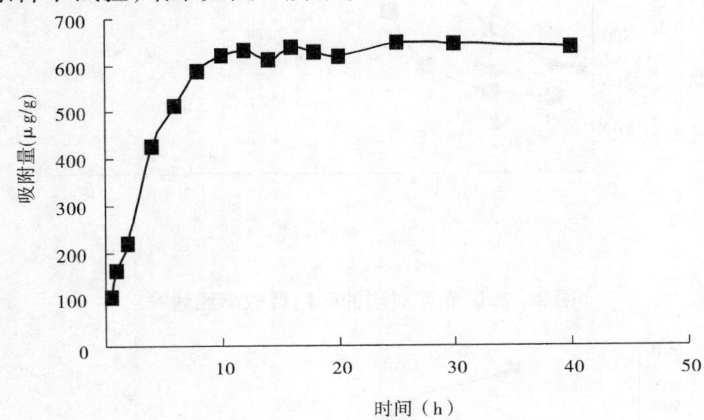


**图1　库区底泥对磷的吸附动力学曲线**

由图1可知,磷在库区底泥上平衡吸附时间为10 h。

### 5.1.2　库区底泥对磷的等温吸附试验

选取含沙量为2.0 kg/m³的试验溶液,其磷的初始浓度分别为0.4 mg/L、0.6 mg/L、0.8 mg/L、1.0 mg/L、1.2 mg/L、1.4 mg/L、1.6 mg/L、1.8 mg/L和2.0 mg/L共9个200 mL水样,置于恒温振荡器中试验,试验结果如图2所示。

### 5.1.3　环境条件对磷在库区底泥上平衡吸附量的影响

#### 5.1.3.1　环境温度对底泥吸附磷的影响

选择温度为5 ℃、10 ℃、15 ℃、20 ℃的环境条件进行吸附试验,实验结果如图3所示。

#### 5.1.3.2　含沙量对底泥吸附磷的影响

选择温度为20 ℃,含沙量为0.1 g/L、0.2 g/L、0.5 g/L、1.0 g/L、2.0 g/L、3.0g/L条件进行试验,试验结果如图4所示。

#### 5.1.3.3　水体扰动对磷的底泥吸附的影响

选用温度为20 ℃,扰动速度为0.5 r/s、1.0 r/s、1.5 r/s、2.0 r/s的条件进行试验,试验结果如图5所示。

## 5.2　库区底泥对磷的释放特性试验方法及结果

### 5.2.1　库区底泥对磷的等温释放试验

采用等温吸附后的底泥进行释放,将吸附磷后的底泥在高速离心机下分离后,加入200 mL蒸馏水进行释放,10 h后对液相中释放出的磷进行测试,并换算出底泥中磷的含量,从而得到底泥对磷的释放等温曲线。

为了便于比较,将试验结果与吸附等温曲线绘制于同一个坐标系中,具体见图2。

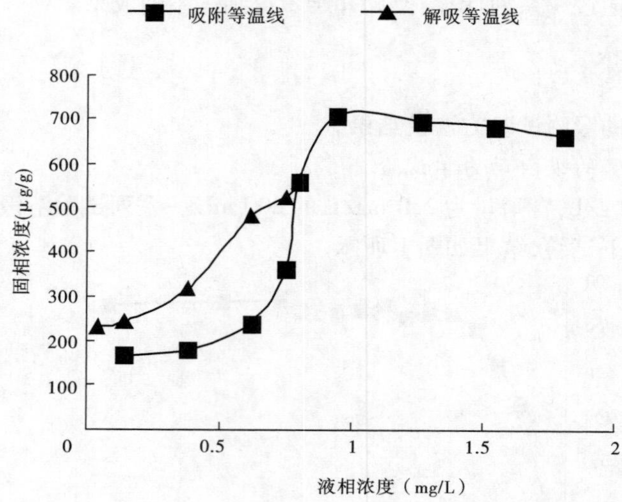


图 2　库区底泥对磷的吸附释放等温线

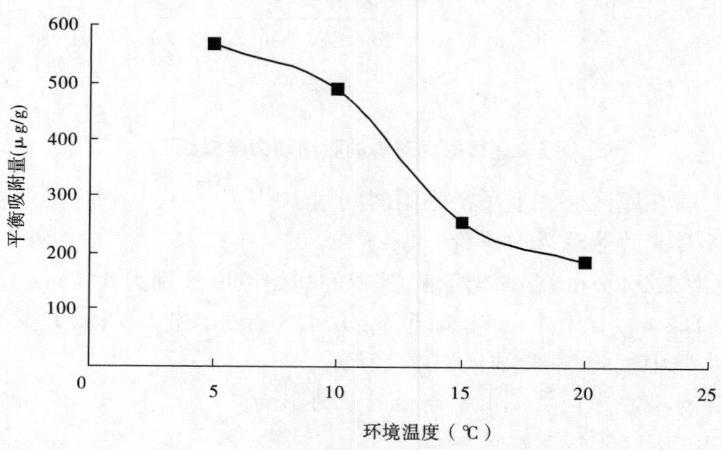


图 3　环境温度对底泥吸附磷的影响

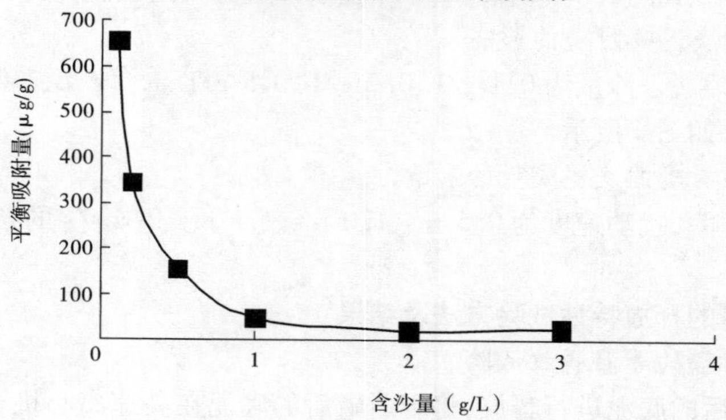


图 4　不同含沙量对磷的底泥吸附影响

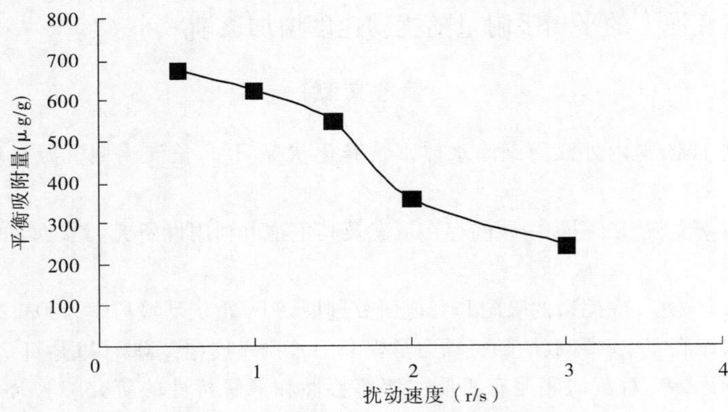


图5　水体的扰动对磷吸附的影响

5.2.2　环境条件对库区底泥释放磷的影响

配制一系列底泥含量为2.0 g/L、磷含量为2.0 mg/L的试验溶液，分别在好氧、厌氧和不同的温度条件下进行释放试验。

5.2.2.1　溶解氧的影响

测算得知，达到平衡时的释放量好氧条件为448.2 μg/g，厌氧条件为216.7 μg/g，好氧抑制磷的释放，厌氧加速底泥中磷的释放。

5.2.2.2　温度的影响

选用5.0 ℃、10.0 ℃、15.0 ℃、20.0 ℃条件进行释放试验，结果如图6所示。

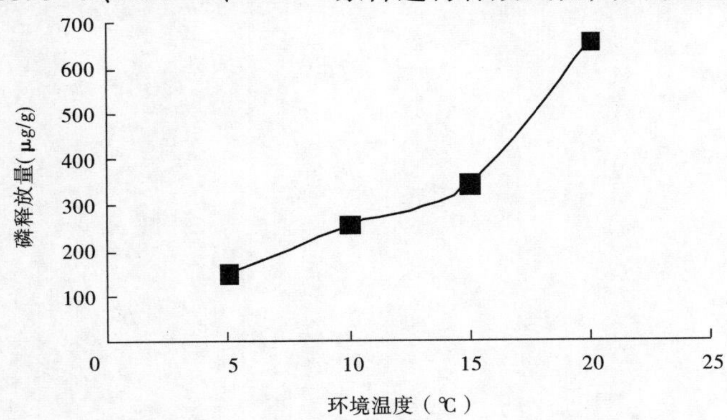


图6　环境温度对底泥释放磷的影响

## 6　主要结论

(1)小浪底库区底泥对磷的吸附速度较快，磷在底泥上的吸附可在10 h内达到吸附平衡。

(2)Freundlich等温式能很好地描述小浪底库区底泥对磷的解吸过程，数学拟合的相关系数可达0.989，底泥对磷释放表现出解吸迟和极限残留量现象，磷在小浪底库区底泥上的极限残留量为218.6 μg/g。

(3)温度对库区底泥磷的吸附和释放有影响，影响结果为相反方向。

(4)在水相磷初始浓度和其他试验条件相同的条件下，单位质量底泥平衡吸附量都随含沙量的增大而减小。

(5)磷在库区底泥上的平衡吸附量随扰动速度增加逐渐减小。

## 参考文献

[1] 马经安,李红清. 浅谈国内外江河湖库水体富营养化状况[J]. 长江流域资源与环境,2002,11(6):575-578.

[2] 郑爱榕,沈海维,李文权. 沉积物中磷的存在形态及其生物可利用性研究[J]. 海洋学报,2004,26(4):49-57.

[3] 徐轶事,熊慧欣,赵秀兰. 底泥磷的吸附与释放研究进展[J]. 重庆环境科学,2003,25(11):147-149.

[4] 王颖,郭世花. 水库底泥中磷释放的随机动力学模型[J]. 水利学报,2003(11):71-77,84.

[5] 陈静生,张宇,于涛,等. 对黄河底泥有机质的溶解特性和降解特性的研究[J]. 环境科学学报,2001.24(1):1-5.

[6] 林荣根,吴景阳. 黄河沉积物对磷酸盐的吸附和释放[J]. 海洋学报,1994,16(4):82-90.

# 振动法在线监测黄河小浪底排沙洞高速水流含沙量

宋书克　张金水　马志华　辛星召

（水利部小浪底水利枢纽管理中心　河南　郑州　450000）

**摘要**：黄河小浪底水利枢纽排沙洞高速水流含沙量最高时近 1 000 $kg/m^3$，沙的颗粒级配较细，水流是水沙气三相流速度，高达 40 m/s，给含沙量的在线监测带来巨大挑战。

本文介绍采用振动法实现在线监测高含沙水流的泥沙含量。将高速水流取样装置取得的试样导入到固定的钢管中，通过监测钢管固有频率的变化实现了在线测量高含沙高速水流的含沙量，为黄河调水调沙、水库减淤和调度提供了非常重要的监测信息。

**关键词**：高速水流，含沙量，振动法，在线监测

黄河小浪底水利枢纽位于黄河中游最后一个峡谷的出口处，是三门峡以下唯一能取得较大库容的控制性工程，控制黄河流域面积的 92.3% 和近 100% 的含沙量。大量的泥沙淤积在库区，主要在每年的调水调沙和汛期期间通过 3 条排沙洞排到下游河道。因此，小浪底工程排沙洞泄流泥沙含量监测是调水调沙、水库减淤和水库调度等方面的基础性数据，对开展调水调沙和流域防洪运用意义重大。

## 1　含沙量在线监测方法

### 1.1　小浪底排沙洞水流特点

小浪底水利枢纽共有三条排沙洞，洞中有弧形闸门控制浑水流，弧形门之前是压力水流，之后是明流，明流通过 35 m 的水道排出。压力水流是水沙二相流，明流是水沙气三相流，速度高达 40 m/s，水中气体是防止气蚀人为加气和表面渗气造成。小浪底排沙洞水流含沙量高，根据实测，最高时近 1 000 $kg/m^3$，沙的颗粒级配较细，这些特点给含沙量的在线监测带来巨大挑战。

### 1.2　含沙量监测方法

根据测量原理的不同，含沙量测量方法可分为直接测量方法和间接方法。直接测量方法包括烘干法和比重法，特点是取样测量，精度高，但不能实时在线测量。间接方法有红外线法、分光光度法、电容法、振动法 、超声波法、激光法和 γ 射线法等。间接测量法中 γ 射线法和振动法是目前现场应用中能较好实现含沙量快捷、简便、准确可靠测量的方法，其他间接测量方法只适合于低含沙溶液的测量。

γ 射线法依据 γ 射线在含沙溶液中经泥沙颗粒的折射、散射和吸收作用其透射强度将减小的原理测定含沙量。γ 射线法能较好实现含沙量快捷、简便、准确可靠测量的方法，但在实现动态测量方面还存在一定的局限性，颗粒级配变化和环境防护要求等也限制该方法在小浪底水利枢纽中的应用。

振动法利用振动学原理，根据谐振棒在不同含沙量的泥水中的振动周期不同来推求含沙量。在泥沙比重、粒径组成一定，泥沙颗粒运动速度相同时，谐振棒振动周期 $T$(s)与含沙量 $\rho$ 近似呈线性正比关系为：$\rho = aT + b$ 。其中：$a$, $b$ 为常数，可通过试验事先确定。试验证实对于材料一定的谐振棒，棒体密度与其振动周期的平方成正比。由于实际测量中棒体的运动受水深、水流速度影响较大，测量设备一般采用金属空管代替谐振棒，当含沙水流进入管体时由于管子材料和体积一定，测量管的密度完全由管中液体的密度决定。如果水流中的含沙量发生变化，相当于整个管体的密度发生了变化，则管体的振动周期也随之发生变化，此时测量出泥水的密度，由管体密度与振动周期间的关系，可计算出泥水含沙量。云南大学和云南省水文总站合作研制了 ZN－1 型振动式含沙量测量仪，其振动管安装在铅鱼腹体内，而使水流能自由通过振动管，主要用于低流速环境下的测量，当含沙量为 10～830 kg/m$^3$ 时，相对误差小于 ±5% 的测点累积频率为 85%。黄委会水科院高新工程技术研究开发中心在三门峡工程长期泥沙含量实时监测的基础上，研发出 MDS51 型在线监测设备，该设备采用取样测量，测量范围 0～1 000 kg/m$^3$，分辨率为 0.1 kg/m$^3$，更适合高速、高含沙量水流的在线测量。

## 2　含沙量在线监测实现

### 2.1　在线监测系统组成

MDS51 型在线监测设备由含沙量测量仪、取水装置、水气分离和测量装置三部分组成，见图 1，技术关键是进行合理的水流采样。

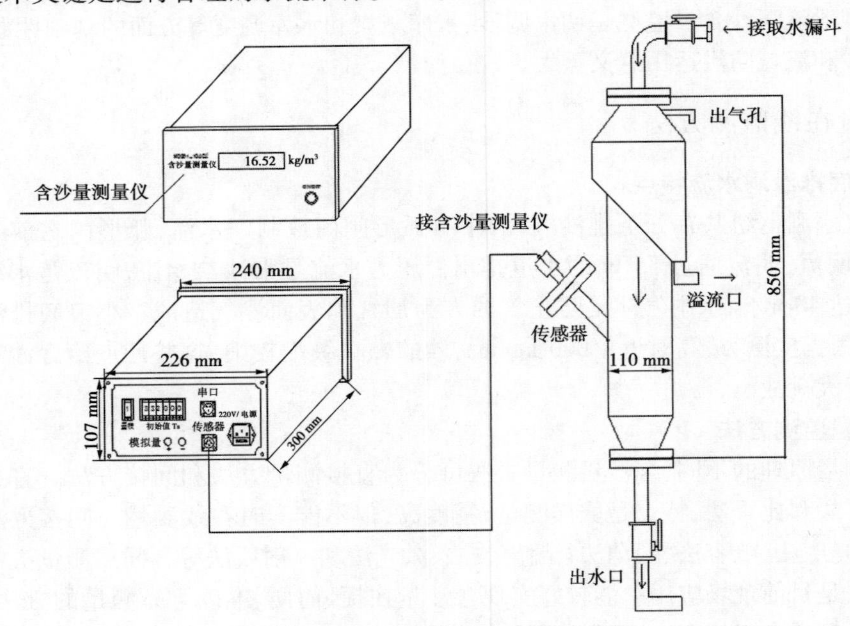


**图 1　排沙洞含沙量在线测量系统示意图**

被测含沙水流通过取水装置，经管道输送到水气分离和测量装置，含沙量测量仪安装在监测中心内，通过电缆与安装在排沙洞出口边壁南测下方垂直坝壁位置的含沙量测量装置相连。传感器输出频率信号进入测量仪，经光电隔离，送到计算机，准确地检测频率并把信号处理、计算得到含沙量,含沙量信号一方面传送到 D/A 变换器,输出 4 ~ 20 mA 电流信号(或 0 ~ 5 V 电压信号)上监控;另一方面送往数码显示器,显示含沙量值。测量仪配有数字开关,用于测量和标定,含沙量的测量范围 0 ~ 1 000 kg/m³,精度可达到 ±1% FS。

## 2.2 取水和水气分离装置

取水装置安装排沙洞出口位置,由弹性扰流和漏斗组成。排沙洞的高速含沙水流在出口位置除形成主流外,还形成分散流,为稳定取水流量,加装扰动装置(图 2),其作用把高速水流变向、减速、消能使之成为低速水流,落入设计的漏斗中,漏斗把浑水汇集到管道中,通过导流管引到气水分离装置中。由于流速降低,气体上升溢出,实现水气分离。分离后的气体通过出气孔排出,含沙水流进入装置中进行测量后流出,当取水流量大时多余的浑水经溢流孔流出。

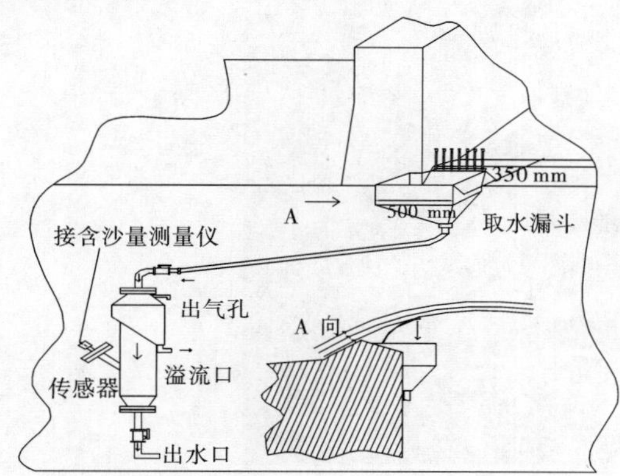

图 2 安装方案示意图和取水装置现场照片

感测装置由测量容器和传感器组成如图 3 所示。测量容器上部口径大,下部口径小,上部顶部安装有排气孔,下部安装传感器,当取的浑水进入感测装置,在同一流量下,口径大,其流速进一步降低,更有利于气泡上升并排出;当取水流量大于排水管的流量时,排气孔排出水和气,下部安装的传感器能测出浑水含沙量。经过漏斗和感测装置的两次水气分离,得到不含气体的浑水,实现含沙量的在线监测。

图 3 感测装置现场照片

### 2.3　取水装置试验和改进

用虹吸方法把洞槽中滞留的水引入取水漏斗，经 10 m 引管引入感测装置再流入排水管排出，含沙量测量仪显示正常稳定，观察排气孔，水气分离正常。将配好的泥沙约 700 $kg/m^3$，桶倒入漏斗，观察 10 m 引管有无淤积现象，测量仪显示数据和取样（置换法）算出的含沙量值比较，基本一致，从漏斗到感测装置产生约 20 s 的延迟。

3 号排沙洞 2014 年 6 月 26 日进行了泄水试验，根据现场实际，泄流的开始期和结束期弹性扰流装置可以正常取水。但当泄流进入中期，流速增大时弹性扰流效果差，取出的水量极少，经实验室模拟，调整为管状扰流与漏斗组成取水装置，见图 4，扰流管直径分别为 50 mm 和 80 mm，呈 30°夹角布置。

图 4　取水漏斗的管状扰流装置（泄流前）

在 6 月 30 日 ~7 月 4 日期间泄流为清水，经观察管状扰流和漏斗组成取水装置工作正常，感测装置排气口出水正常，但传数据有时会出现 0 值。分析判断认为排水阀门全开后，取水流量与尾部排水流量处于临界状态，当取水流量不足时会产生气泡，测量仪远传数值为 0，经过改进与完善，能够满足排沙洞泄流泥沙含量在线监测的需要，可以投入正式运行。

7 月 9 日排沙过流结束后，现场检查发现安装的 4 根管状扰流体，剩余 3 根，见图 5。冲走的 1 根，经检查不是螺杆、螺母的松动造成的，而是设计阶段为了加大弹性扰流效果，植筋时预留一根 40 cm 长的螺杆，在高速水流长时间冲击下螺杆频繁摇动，造成螺杆根部疲劳，折断损坏造成的。而其他螺杆小于 10 cm，经受高速水流冲击没有损坏。

图 5　取水漏斗的管状扰流装置（泄流后）

### 2.4　监测效果

2014 年度黄河调水调沙自 2014 年 6 月 28 日开始至 7 月 9 日结束,历时 12 天。通过安装管状扰流和漏斗相配合的取水方式,可以长期在高速水流中稳定取水。传感器测量稳定,测量仪工作正常,并可以进行远距离数据传输。从 7 月 5 日晚 23 点开始到 7 月 9 日,安排人工取样 8 次进行对比观测,结果如表 1 所示。从表 1 可以看出与人工置换法取样监测结果一致,说明采用振动法在线监测高速含沙水流的泥沙含量是成功的。

**表 1　3 号排沙洞泄流含沙量测量值**　　(单位:$kg/m^3$)

| 时间<br>(年-月-日 时:分) | 测量值 | 置换法取样值 | 偏差 |
|---|---|---|---|
| 2014-7-5 10:02 | 4.9 | 4.7 | 0.2 |
| 2014-7-5 12:20 | 11.9 | 7.9 | 4 |
| 2014-7-5 15:00 | 31.4 | 31.8 | -0.4 |
| 2014-7-5 16:10 | 64.4 | 68.1 | -3.7 |
| 2014-7-5 17:03 | 99.2 | 103.4 | -4.2 |
| 2014-7-6 10:35 | 78.5 | 74.2 | 4.3 |
| 2014-7-7 08:50 | 75.3 | 73.8 | 1.5 |
| 2014-7-9 09:10 | 29.5 | 30.7 | -1.2 |

## 3　结　语

将高速水流取样实时导入到固定的钢管中,通过监测钢管固有频率的变化实现了在线测量高含沙高速水流的含沙量。通过实践,将取水装置中的弹性扰流方式更改为管状扰流方式,解决了关键的高速水流条件下的采样难题,漏斗和感测装置的气体分离功能良好,适应测量需要,经验证含沙量测量仪的显示数值和模拟输出数据准确、可靠,可以为黄河调水调沙、水库减淤和调度提供非常重要的在线监测信息。

# 大体积混凝土智能通水温控系统的研制

李小平　赵恩国　郭　晨

（北京木联能工程科技有限公司　北京　100120）

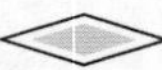

**摘要**：为提高大体积混凝土冷却通水效率，保证工程质量，本文研制了一套具有结构简单、安装容易、功耗低、抗干扰能力强、规约开放、数据通信稳定可靠等一系列特点的大体积混凝土智能通水温控系统。在无人干预的情况下，实现了对混凝土内部温度、冷却水水温、冷却水流量等信息的实时采集以及冷却水流量的自动控制，并在实际工程中开展了应用研究，取得了良好的温控效果，对提高我国大体积混凝土温控技术的智能化水平具有重要意义。

**关键词**：大体积混凝土，冷却通水，温控系统，智能化

## 1　研究背景

为了有效预防大体积混凝土结构危害性裂缝的产生，在混凝土施工中需要对其温度和温差进行有效控制与调节。目前，在混凝土中预埋冷却水管，用循环冷却水带走混凝土硬化过程中产生的水化热，降低大体积混凝土的温升，是最为常用的一项关键混凝土温控防裂措施[1,2]。但同时也是一把双刃剑，如果控制不好，不但不能控制混凝土裂缝，反而会使混凝土受到冷击而损害混凝土结构。

对于大体积混凝土温度的监测，传统方法中主要由人工每1～2 h采用标准温度计在预留孔的不同深度进行测温并记录或者在大体积混凝土设计部位埋设温度传感器由专人定时巡回读取各点温度并记录，然后在室内进行数据处理、分析，得出流量调节方案，通过人工手动调节流量[3]。该方法存在效率低、劳动强度大、温控数据不足、准确性和实时性差等缺点，很难满足现代水利水电、土木工程等行业内的大体积混凝土高质量快速施工的要求。

近几年人们通过对大体积混凝土冷却通水温控技术不断地研究，取得了一定的研究成果：林鹏等[4]建立了一套大体积混凝土通水冷却智能温度控制方法与系统，实现了实时、在线复杂通水信息的自动采集与反馈控制；陈志远等[5]提出了一种大体积混凝土冷却通水智能控制新方法，该方法通过预设温度变化过程线和实测混凝土温度进行冷却水流的通断决策，通过无线方式发送指令控制冷却水管上电动阀门的开关，实现对冷却通水的自动控制。但目前大部分研究成果还处于研究试验阶段，在工程上未见到大规模的应用。

结合目前国内大体积混凝土冷却通水温控技术发展现状，本文研制了一套具有结构简单、安装容易、功耗低、抗干扰能力强、规约开放、数据通信稳定可靠、经济性好、实用性广等一系列特点的大体积混凝土智能通水温控系统，实现了大体积混凝土内部温度、冷却水水温、冷却水流量等信息的实时采集以及冷却水流量、流向的自动控制，对防止大体积混凝土

结构施工期混凝土开裂具有重要意义。

## 2　系统简介

大体积混凝土智能通水温控系统主要由数字温度传感器、水管流量测控装置、四通换向阀门、智能数字温度流量测控单元、无线通信设备、服务器、温控分析软件平台、动态温控专用电缆等设备组成。系统原理图如图1所示。

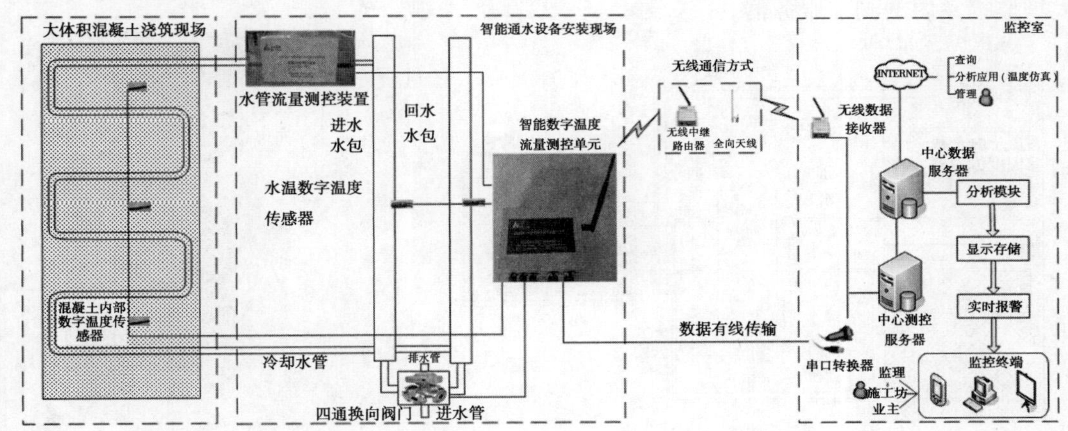


图1　大体积混凝土智能通水温控系统原理图

(1)数字温度传感器:分为混凝土内部数字温度传感器和水温数字温度传感器,分别用于测量混凝土温度和冷却水管进、出口水温。

(2)水管流量测控装置:由流量计和可调谐电动球阀组成,用于测量和控制冷却水的流量。

(3)四通换向阀门:安装在进水水包和回水水包之间,用于调整冷却水流向。

(4)智能数字温度流量测控单元:为本系统的核心设备,可同时测量20路数字温度传感器数据和4路流量计流量数据;可同时对4路可调谐电动球阀和4路四通换向阀门进行控制。此外,测控单元内部嵌有流量调节程序,可根据上位机指令,自动调节流量,并具有有线和无线数据传输等功能。

数字温度传感器、水管流量测控装置和四通换向阀门均通过动态温控专用电缆及专用信号传输电缆与测控单元连接,测控单元将获得的温度和流量数据经无线或有线传输方式实时传输至服务器,由服务器上的温控分析软件平台进行数据处理、分析,得出流量调整信息后,给测控单元下达流量调节指令,测控单元根据指令,控制水管流量测控装置进行流量动态调节,整个过程无人干预,实现了对大体积混凝土温度的智能闭环控制。

此外,工程人员及工程参建各方可对实测数据、调节结果、预警信息等进行实时访问、查询、发布指令等操作。

## 3　工程实际应用研究

本系统依托国内某一大型水电站开展了碾压混凝土坝温控防裂试验应用研究,图2为大体积混凝土智能通水温控系统设备现场安装示意图。碾压混凝土试验块尺寸为:40 m×

20 m×1.5 m,在其内部设计位置处埋设一层冷却水管和 11 支数字温度传感器;2 支水温数字温度传感器分别安装在进水水包和回水水包上;1 套智能测控及配电箱(内置 4 台智能数字温度流量测控单元)和 2 套水管流量测控装置安装于现场分控站内,其中智能测控及配电箱为测控单元提供电源和仪器接口,现场所有监测设备均通过带有航空插头的专用电缆与智能测控及配电箱中的测控单元连接;1 台电动四通换向阀门和水包置于分控站外;现场所有的温控数据均通过 1 根无线天线和 1 台无线中继路由器传输至距离约 600 m 外的数字大坝监控室内的测控服务器。

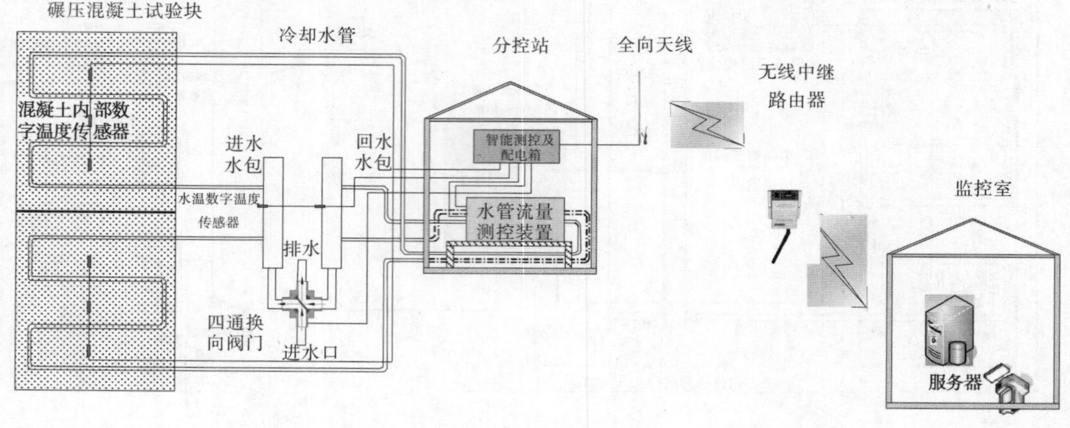


图 2　大体积混凝土智能通水温控系统设备现场安装示意图

碾压混凝土温控防裂试验于 2014 年 10 月 19 ~ 29 日进行,设备现场安装实物图如图 3 ~ 图 6所示。

图 3　智能测控及配电箱(分控站内)

图 4　水管流量测控装置(分控站内)

图 7 ~ 图 8 为本次试验得出的实测流量、预测流量过程线及实测温度、目标温度过程线图,由图可知:实测流量在 10 月 22 日、10 月 26 日、10 月 27 日,较预测流量偏小,经分析,10 月 22 日系统调控导致部分时段未通水,10 月 26 ~ 27 日现场工人用水导致部分时段未通水,因此,除人为因素外,实测流量、预测流量基本一致,温度过程线吻合情况良好,达到了大坝大体积混凝土温控的预期效果。

图5　四通换向阀门及水包

图6　无线中继路由器

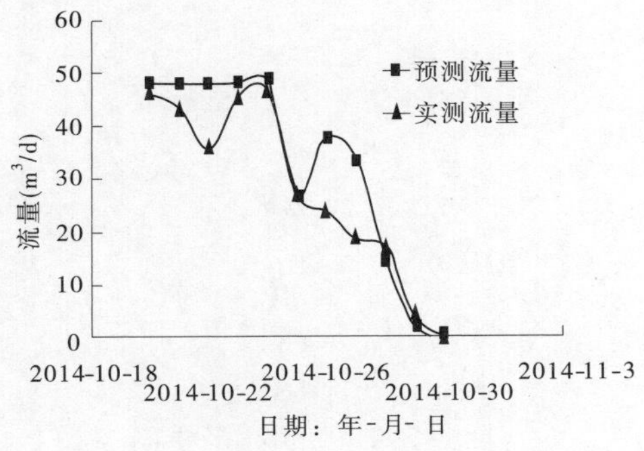


图7　实测流量与预测流量过程线图

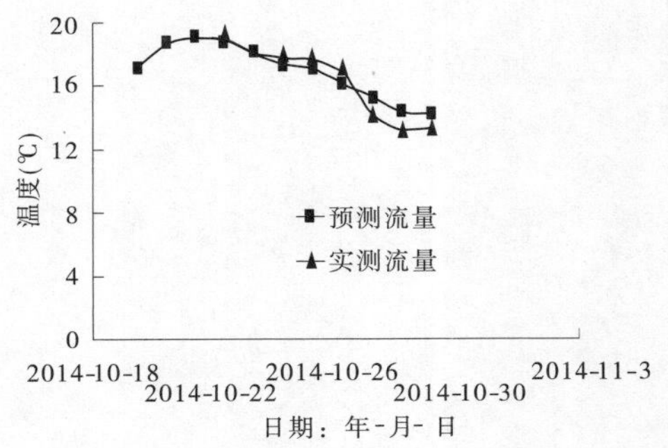


图8　实测温度与目标温度过程线图

综上所述，大体积混凝土智能通水温控系统在应用中取得了良好的温控效果，碾压混凝土温控信息实现了自动测量、无线传输、自动入库、自动分析以及冷却水流量的自动控制，为本系统大规模应用奠定了坚实基础。

## 4　结束语

本文以我国水利水电等行业的大体积混凝土内部温度控制和裂缝防治为目标，开发了一套具有结构简单、安装容易、功耗低、抗干扰能力强、规约开放、数据通讯稳定可靠、经济性好、实用性广等一系列特点的大体积混凝土智能通水温控系统，已经实现了混凝土内部温度、冷却水水温以及流量等信息的实时采集、无线传输、自动入库、自动分析以及冷却水流量的自动控制，整个过程无人工干预，实现了混凝土温控信息的智能化闭环控制，可为大体积混凝土的温控施工质量控制提供直接技术支撑和安全保障，对我国进入以信息化、数字化为手段的大坝大体积混凝土施工管控时代具有里程碑意义。

大体积混凝土智能通水温控系统可广泛应用于水利水电、土木工程（桥梁、铁路、隧道等）、石油化工、电力、航空航天、核工业等行业内的大体积混凝土的温控场合。

## 参考文献


[1] 朱伯芳. 大体积混凝土温度应力与温度控制[M]. 北京:中国电力出版社,1999.

[2] 龚召熊. 水工混凝土的温控与防裂[M]. 北京:中国水利水电出版社,1999.

[3] 谢朝晖. 大体积混凝土温控集成系统开发与应用[D]. 大连:大连理工大学,2014.

[4] 林鹏,李庆斌,周绍武,等. 大体积混凝土通水冷却智能温度控制方法与系统[J]. 水利学报,2013,44(8):950-951.

[5] 陈志远,谭恺炎,王振振. 大体积混凝土冷却通水智能控制方法的应用[J]. 水利发电,2014,2,40(7):57-59.

# 纤维增强引气粉煤灰混凝土耐久性试验

张金水　陈　萌　杨晶亮

（水利部小浪底水利枢纽管理中心　河南　郑州　450000）

**摘要**：本文开展了普通引气粉煤灰混凝土和掺加聚丙烯纤维、纤维素纤维引气粉煤灰混凝土的抗压强度、电阻率测定和氯离子扩散系数测定对比试验。试验结果表明：掺入纤维素纤维可提高混凝土的电阻率，而掺加聚丙烯纤维对混凝土电阻率的影响不显著。不同类型混凝土的电阻率均随立方体抗压强度增加而增加，且均呈显著的线性相关关系。普通引气粉煤灰混凝土和纤维素引气粉煤灰混凝土的氯离子扩散系数随立方体抗压强度增加而下降，并呈显著的线性相关关系。

**关键词**：纤维增强引气粉煤灰混凝土，立方体抗压强度，电阻率，氯离子扩散系数，相关关系

混凝土耐久性能是混凝土暴露在使用环境下抵抗各种物理和化学作用的能力，为提高混凝土耐久性能，近年来学者们研究的热点是在混凝土中掺入不同纤维增强材料。因纤维具有优良的阻裂效应和强化作用，不仅可以大大减少混凝土结构原生裂缝并能有效阻止裂缝的引发和扩展，显著提高断裂韧性和抗冲击性能，变脆性破坏为近似于延性断裂[1]。

目前，国内外学者对纤维混凝土已做了不少试验研究和理论分析，较多集中于对纤维混凝土的物理力学性能[2-4]和对早期抗裂[5-8]的研究，而对纤维混凝土长期性能和耐久性能[9-10]的研究也做了一些工作，但仍相对较少、需进一步的深化。

本文开展了普通引气粉煤灰混凝土和掺加聚丙烯纤维、纤维素纤维引气粉煤灰混凝土的抗压强度、电阻率测定和氯离子扩散系数测定对比试验，以研究电阻率和氯离子扩散系数等耐久性能指标随龄期的变化规律，并分析力学和宏观耐久性能指标间的相关关系。

## 1　试验方案

### 1.1　试验原材料

水泥：P·O 42.5 级普通硅酸盐水泥，比表面积 354 $m^2/kg$。细骨料：河砂，细度模数 2.8，表观密度 2 630 $kg/m^3$；粗骨料：碎石，粒径 5～20 mm 连续级配碎石，表观密度 2 708 $kg/m^3$。水：饮用水。粉煤灰：F 类Ⅱ级，细度 19%。减水剂：液态 HT－HPC 聚羧酸系高效减水剂，减水率 25%。引气剂：粉末状引气剂为 YF－HQ。聚丙烯纤维的物化性能如表 1 所示，纤维素纤维的物化性能如表 2 所示。

**表 1　聚丙烯纤维的物化性能**

| 项目 | 性能 | 项目 | 性能 |
| --- | --- | --- | --- |
| 纤维类型 | | 抗拉强度(MPa) | ≥500 |
| 耐酸碱性 | ≥96% | 断裂延伸率(%) | ≥15 |
| 当量直径(μm) | 15～45 | 弹性模量(MPa) | ≥3 850 |
| 比重 | 0.91～0.93 | 熔点(℃) | 160～180 |
| 长度(mm) | 20 | 吸水性(g/cm³) | ≤0.000 1 |

**表 2　纤维素纤维的物化性能**

| 项目 | 性能 | 项目 | 性能 |
| --- | --- | --- | --- |
| 比重 | 1.0～1.2 | 直径(μm) | 15～20 |
| 长度(mm) | 2～3 | 抗拉强度(MPa) | 500～1 000 |
| 弹性模量(GPa) | 8～10 | 比表面积(cm²/g) | 20 000～30 000 |
| 纤维间距(μm) | 500～700<br>(掺量按 0.9 kg/m³) | 纤维根数(亿) | 12～15<br>(掺量按 0.9 kg/m³) |
| 耐酸碱性 | ≥95% | 握裹力 | 强 |

### 1.2　混凝土配合比

依据《普通混凝土配合比设计规程》(JGJ 55—2011)[12],掺加纤维和不掺纤维的引气粉煤灰混凝土配合比如表 3 所示。其中 N1 表示普通引气粉煤灰混凝土,N2 表示掺加聚丙烯纤维引气粉煤灰混凝土,N3 表示掺加纤维素纤维引气粉煤灰混凝土。

**表 3　掺与不掺纤维的引气粉煤灰混凝土配合比**　(单位:kg/m³)

| 试件编号 | 水泥 | 细骨料 | 粗骨料 | 水 | 粉煤灰 | 减水剂 | 引气剂 | 聚丙烯纤维 | 纤维素纤维 |
| --- | --- | --- | --- | --- | --- | --- | --- | --- | --- |
| N1 | 250 | 765 | 1 148 | 140 | 63 | 3.432 | 0.1 | — | — |
| N2 | 250 | 765 | 1 148 | 140 | 63 | 3.432 | 0.1 | 0.9 | — |
| N3 | 250 | 765 | 1 148 | 140 | 63 | 3.432 | 0.1 | — | 0.9 |

### 1.3　试验内容

混凝土的立方体抗压强度试验依据《普通混凝土力学性能试验方法标准》(GB/T 50081—2002)[13]开展。

混凝土电阻率的测试基于 Wenner 法[14],探头间距 50 mm。

混凝土的氯离子扩散系数依据《公路工程混凝土结构防腐技术规范》(JTG/T B07—01—2006)[15]采用 RCM 法测试。

## 2　分析与讨论

### 2.1　立方体抗压强度

N1、N2 和 N3 的立方体抗压强度试验结果如表 4 所示。

表4　混凝土立方体抗压强度　　（单位：MPa）

| 试件编号 | 7 d | 14 d | 28 d | 56 d | 84 d |
|---|---|---|---|---|---|
| N1 | 20.5 | 25.5 | 27.4 | 28.2 | 33.1 |
| N2 | 19.6 | 24.7 | 26.7 | 27.0 | 31.3 |
| N3 | 22.5 | 29.3 | 30 | 31.3 | 37.9 |

## 2.2　电阻率

N1、N2 和 N3 的电阻率试验结果如表 5 所示。

表5　混凝土电阻率　　（单位：kΩ·cm）

| 试件编号 | 7 d | 14 d | 28 d | 56 d | 84 d |
|---|---|---|---|---|---|
| N1 | 7.97 | 9.63 | 17.57 | 31.13 | 56.90 |
| N2 | 6.00 | 9.47 | 13.33 | 35.13 | 53.30 |
| N3 | 8.40 | 12.33 | 16.87 | 34.37 | 63.43 |

N1、N2 和 N3 电阻率随龄期的变化曲线如图 1 所示。

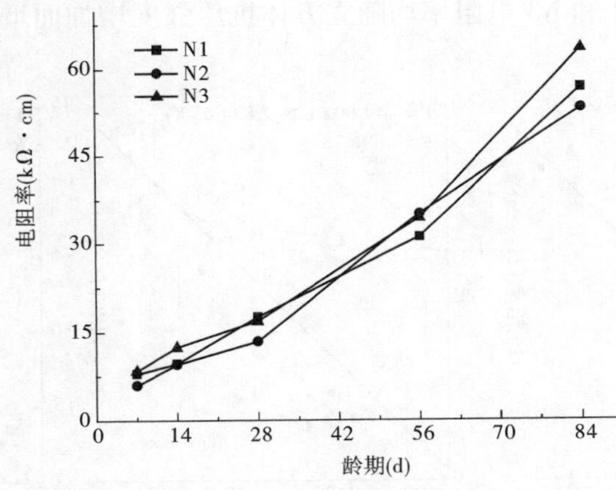


图1　电阻率的时变曲线

由表 5 和图 1 可知：N1、N2 和 N3 电阻率均随龄期的增加而增大，增长趋势基本一致。掺加纤维素纤维的 N3 电阻率大于基准混凝土 N1，说明掺入纤维素纤维可提高混凝土的电阻率。而掺加聚丙烯纤维对混凝土电阻率的影响不显著，部分龄期有下降现象。

## 2.3　氯离子扩散系数

N1、N2 和 N3 氯离子扩散系数试验结果如表 6 所示。

表6　混凝土氯离子扩散系数　　（单位：$10^{-11}$ $m^2/s$）

| 试件编号 | 28 d | 56 d | 84 d |
|---|---|---|---|
| N1 | 1.79 | 0.90 | 0.55 |
| N2 | 1.97 | 1.12 | 0.66 |
| N3 | 1.78 | 1.11 | 0.71 |

N1、N2 和 N3 氯离子扩散系数随龄期的变化曲线，如图 2 所示。

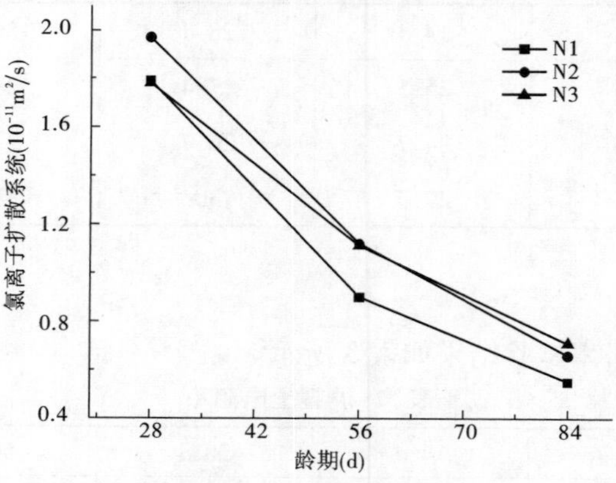

图 2　氯离子扩散系数的时变曲线

由表 6 和图 2 可知：N1、N2 和 N3 氯离子扩散系数随龄期的增加而下降，下降速率基本一致。

## 2.4　立方体抗压强度与电阻率的回归关系

N1、N2 和 N3 立方体抗压强度与电阻率回归关系，如图 3 所示。

由图 3 可知：N1、N2 和 N3 电阻率均随立方体抗压强度增加而增加，并均呈显著的线性相关关系。

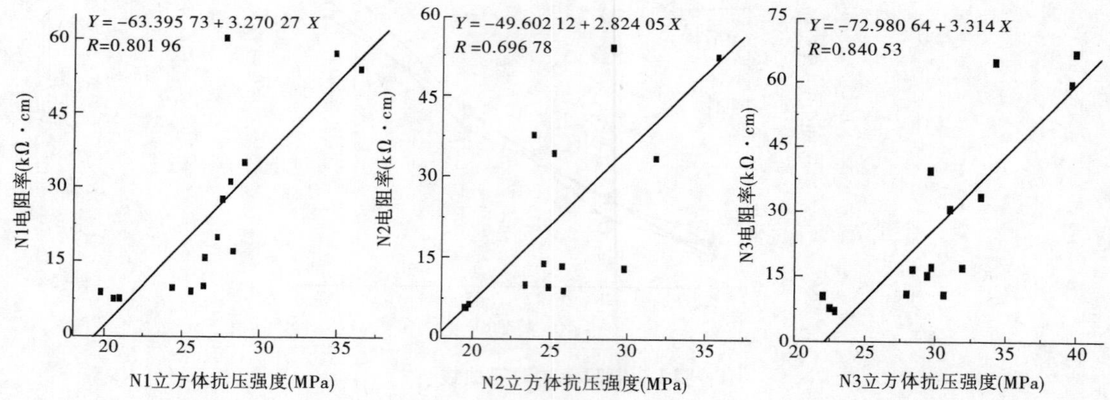


图 3　N1、N2 和 N3 立方体抗压强度与电阻率回归关系

## 2.5　立方体抗压强度与氯离子扩散系数的回归关系

N1 和 N3 立方体抗压强度与氯离子扩散系数回归关系，如图 4 所示。

由图 4 可知：N1 和 N3 氯离子扩散系数随立方体抗压强度增加而下降，均呈显著的线性负相关。立方体抗压强度越大，混凝土就越密实及混凝土孔隙率也就越低，所以氯离子扩散系数也就越小。

# 3　结　论

(1)不同类型混凝土的电阻率均随龄期的增加而增大，且增长趋势基本一致。掺入纤维素纤维可提高混凝土的电阻率，而掺加聚丙烯纤维对混凝土电阻率的影响不显著。

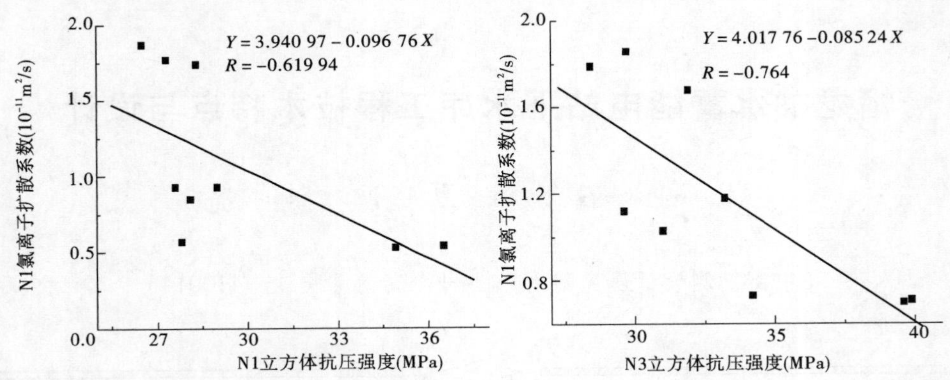


图4　N1 和 N3 立方体抗压强度与氯离子扩散系数回归关系

(2)不同类型混凝土的电阻率均随立方体抗压强度增加而增加,且均呈显著的线性相关关系。

(3)不同类型混凝土的氯离子扩散系数随龄期的增加而下降,且下降速率基本一致。普通引气粉煤灰混凝土和纤维素引气粉煤灰混凝土的氯离子扩散系数随立方体抗压强度增加而下降,并呈显著的线性相关关系。

## 参考文献

[1] 陈润锋,等. 我国合成纤维混凝土研究与应用现状[J]. 建筑材料学报,2001,4(2):167-173.

[2] 韦金峰,等. 混合纤维混凝土力学性能试验研究[J]. 混凝土,2010(3):67-70.

[3] 祝云华. 聚丙烯纤维对混凝土力学性能的影响[J]. 水运工程,2011(5):63-66.

[4] 邓宗才,等. 纤维素纤维增强高韧性水泥基复合材料的拉伸力学性能[J]. 北京工业大学学报,2009,35(8):1069-1073.

[5] 钱红萍,等. 纤维混凝土抗裂性能及其工程应用研究[J]. 混凝土,2011(6):128-130.

[6] 李东,等. 聚丙烯纤维混凝土早期抗裂性能试验研究[J]. 混凝土与水泥制品,2009(6):39-42.

[7] 张鹏,等. 粉煤灰与聚丙烯纤维对混凝土抗裂性能的影响[J]. 建筑科学,2007,23(6):80-83.

[8] 董芸,等. 纤维混凝土抗裂性能研究[J]. 人民长江,2006,37(8):89 –90.

[9] 王凯,等. S–P 混杂纤维对混凝土长期性能与耐久性影响[J]. 哈尔滨工业大学学报,2009,41(10):206-209.

[10] 杨成蛟,等. 混杂纤维混凝土的力学性能及抗渗性能[J]. 建筑材料学报,2008,11(1):89-93.

[11] 王晨飞,等. 聚丙烯纤维混凝土的耐久性试验研究[J]. 混凝土,2011(10):82-84.

[12] JGJ 55—2011　普通混凝土配合比设计规程[S].

[13] GB/T 50081—2002　普通混凝土力学性能试验方法标准[S].

[14] 赵卓,等. 受腐蚀混凝土结构耐久性检测诊断[M]. 郑州:黄河水利出版社,2006.

[15] JTG/T B07—01—2006　公路工程混凝土结构防腐蚀技术规范[S].

# 蟠龙抽水蓄能电站下水库工程技术特点与设计

刘　纯　石含鑫　夏越谊　谢　亮

（中南勘测设计研究院有限公司　湖南　长沙　410014）

**摘要**：蟠龙抽水蓄能电站下水库坝址区工程地质条件较差，大坝填筑料源复杂，溢洪道出口下游河道狭窄，下泄洪水归槽条件较差，存在直接冲刷对岸山体可能。本文重点阐述大坝坝体填筑分区和泄水建筑物下游消能防冲等关键技术问题。

**关键词**：蟠龙抽水蓄能电站，下水库，坝体填筑分区，消能防冲

## 1　工程概况

重庆蟠龙抽水蓄能电站位于重庆市綦江区中峰镇境内，距重庆市渝中区直线距离约 80 km，距綦江城区约 50 km。电站装机规模 1 200 MW，为一等大(1)型工程。

枢纽建筑物主要由上水库建筑物、下水库建筑物、输水系统及发电厂房四部分组成，永久性主要建筑物按 1 级建筑物设计，次要建筑物按 3 级建筑物设计。

上水库正常蓄水位 995.50 m，主要建筑物由主坝、主坝右岸防渗体、大环沟副坝和小环沟防渗副坝组成。下水库正常蓄水位 549.00 m，主要建筑物由混凝土面板堆石坝、左岸泄洪洞和右岸溢洪道组成。

## 2　下水库建筑物布置及主要技术特点

### 2.1　下水库工程地质条件

下水库位于石家沟上游河段，平面上呈“丫”形展布，在两河口下游约 400 m 处“V”形河谷中筑坝成库。库周山体雄厚，无低矮垭口，地形封闭条件较好。两岸岸坡覆盖层较薄，全风化及以上岩土体厚度小于 10 m。坝区河床基岩为蓬莱镇组顶部（$J_{3p}^{2-3}$）紫灰、灰绿色砂岩、粉砂岩、泥岩，两岸岸坡为夹关组第一段（$K_{2j}^{1}$）中—细粒砂岩、砾岩与粉砂岩，砂岩、砾岩占 70% 以上。

泄洪洞进口段基岩裸露，地层岩性为夹关组（$K_{2J}^{1-1}$ ~ $K_{2J}^{1-2}$）紫红色中细粒砂岩、砾岩、含砾粗砂岩、粉砂岩、泥岩等。沿线地质构造简单，未发现断层通过。

溢洪道基岩以砂岩为主，夹泥质粉砂岩与粉砂质泥岩、泥岩，呈弱风化状。

### 2.2　水工建筑物布置及主要技术特点

下水库主要建筑物由大坝、左岸泄洪洞和右岸岸边式溢洪道组成。下水库工程开挖量大，为实现挖填平衡同时兼顾抽水蓄能电站水位变幅大的特点，大坝坝型选择混凝土面板堆石坝，坝顶高程 552.30 m，最大坝高 79.30 m。

下水库坝址处集雨面积约 100 km²,综合泄洪、排沙等要求,采用溢洪道和泄洪洞联合泄洪。泄洪洞位于大坝左岸,利用施工导流洞改建而成,孔口尺寸 4.5 m×4.5 m,无压隧洞段衬砌后净空尺寸为 6 m×8 m(宽×高)。溢洪道布置于大坝右岸,溢流净宽 10 m,为减少右岸边坡开挖,溢洪道紧邻大坝布置,控制段左边墙兼作大坝趾墙。

下水库坝址区工程地质条件较差,大坝填筑料源复杂,溢洪道出口下游河道狭窄,下泄洪水归槽条件差,存在直接冲刷对岸山体可能,下水库需解决的难点主要有大坝的坝料填筑分区和泄水建筑物的下游消能防冲问题。

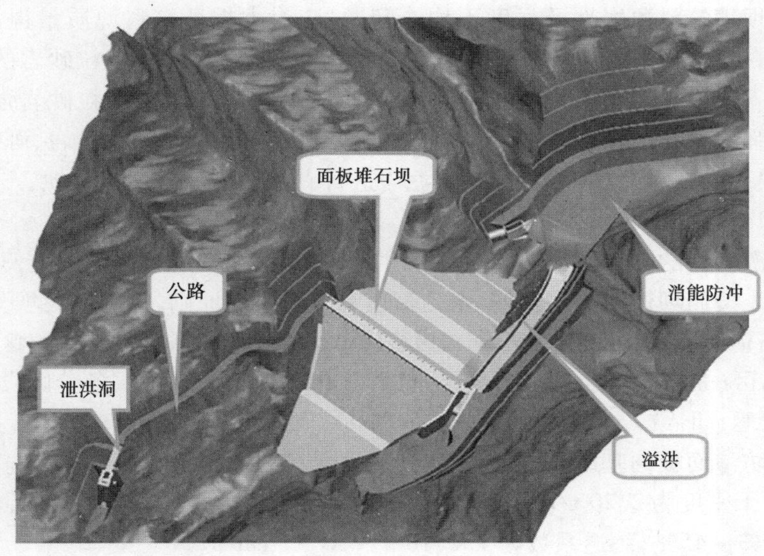


图 1　下水库建筑物平面布置

## 3　大坝设计特点与设计

### 3.1　大坝结构布置

下水库大坝采用混凝土面板堆石坝,坝顶高程 552.30 m。大坝趾板河床建基面高程 473.00 m,最大坝高 79.30m,坝顶宽度 10 m,上游坝坡 1∶1.4,下游坝坡综合坡比 1∶2.256,坝顶长度 162.10 m,最大坝底宽为 280 m。坝顶设“L”型防浪墙,墙顶高程 553.60 m,防浪墙上游设 0.7 m 宽检修平台。

### 3.2　工程技术特点

#### 3.2.1　坝料岩性复杂,强度不均一,透水性差

下水库大坝坝体填筑量约 85 万 m³,坝料主要来自主体建筑物及溢洪道出口对岸山体开挖料,按“以挖定填”原则,对坝体进行设计。下水库岩性为砂岩、泥岩互层,根据岩石物理力学试验成果,中粗粒砂岩的饱和抗压强度 21.8～45.3 MPa,软化系数平均值 0.49,干密度为 2.45～2.61 g/cm³;中细粒砂岩饱和抗压强度 42.2～60.6 MPa,软化系数平均值 0.58,干密度为 2.43～2.52 g/cm³。由于中粗粒砂岩中有部分软岩(小于 30 MPa),且泥岩无法完全剔除,碾压后,在碾压层面可能形成层状隔水层,透水性差。根据坝料情况,对坝体进行合理分区,是本工程大坝设计的重点之一。

3.2.2 坝后堆渣填筑的排水问题

为解决下水库无合适弃渣场地问题和减少征地范围，需在大坝下游坝坡进行堆渣，由于弃渣的弱透水性，在坝体分区设计时，应考虑排水问题。

### 3.3 设计控制

根据料源和筑坝材料的工程力学特性，针对下水库大坝设计中存在的技术难点，采取了以下设计控制措施。

3.3.1 对大坝填筑料源质量提出严格要求

为解决大坝填筑料源岩性及强度不均一问题，应对大坝填筑料源质量提出严格要求。根据坝址区及料场工程地质条件和室内岩石物理力学试验成果，中粗粒砂岩的饱和抗压强度平均值31.5 MPa，中细粒砂岩饱和抗压强度平均值48.7 MPa，中细粒砂岩强度值可满足大坝堆石料对强度的要求，故选择开采料源中弱风化及以下的中细粒砂岩、砾岩、含砾砂岩等作为堆石料、块石料源，且开采料源需将泥岩进行剥离和剔除后才能上坝。

3.3.2 对大坝结构进行合理分区

为解决料源岩性的多样性和填筑料透水性差的问题，在常规分区基础上，对坝体结构分区增设排水区。按照坝体内排水通畅、水力过渡和变形协调原则，下水库大坝分区从上游至下游依次为：石渣盖重区（ⅠB）、黏土铺盖区（ⅠA）、垫层区（ⅡA）、特殊垫层区（ⅡB）、过渡区（ⅢA）、排水区（ⅢBA）、上游主堆石区（ⅢBB）、下游堆石区（ⅢC），各分区设计如下。

3.3.2.1 垫层区（ⅡA）

垫层料是防渗面板的基础，兼具传递水压力和防渗的第二道防线的作用。垫层区水平宽度3 m，设计干密度为2.20 t/m$^3$，相应孔隙率16% ~18%，最大粒径80 mm，小于5 mm的细粒含量为30% ~45%，渗透系数为$1\times(10^{-3}\sim10^{-4})$ cm/s。

3.3.2.2 特殊垫层小区（ⅡB）

在可能产生集中渗漏的薄弱部位周边缝附近设置特殊细料填筑区。设计干密度为2.20 t/m$^3$，最大粒径20 mm，小于5 mm的细粒含量为35% ~60%，并掺入5%左右的42.5 MPa的普通水泥，每层铺厚20 cm，用蛙式打夯机人工压实，渗透系数为$(1\sim5)\times10^{-3}$ cm/s，与上游粘土铺盖形成反滤自愈系统。

3.3.2.3 过渡区（ⅢA）

过渡区的主要作用为防止垫层区的细颗粒流失，级配按反滤原则设计。过渡区水平宽度4 m，用新鲜及微风化岩石填筑。设计干容重2.15 t/m$^3$，相应孔隙率18% ~20%，最大粒径300 mm，不均匀系数$C_u>15$。填筑层厚40 cm，洒水量25%，用26 t振动碾碾压8 ~10遍。

3.3.2.4 排水区（ⅢBA）

试验成果表明，岩石的孔隙率较高，饱和抗压强度和软化系数偏低，料场的砂岩强度偏低，现场碾压时，部分堆石料会被二次破碎，层间接触面附近可能形成层状隔水层，透水性差。因此，在堆石区上游部位，紧靠过渡区设竖向排水区（顶部水平厚度3.0 m，上游面坡比1:1.4，下游面坡比1:1.2），河床部位494.50 m以下设水平排水区（高出下游校核洪水位1.2 m），采用生基岗料场强度较高的微风化—新鲜细粒砂岩料或建筑物开挖料中的微风化—新鲜细粒砂岩料填筑（饱和抗压强度≥40 MPa），其级配、设计指标要求不低于上游堆石区。

3.3.2.5　主堆石区(ⅢBB)

上游主堆石区是坝体承受水压的主要部位,亦是受压后变形的敏感部位,要求石料级配优良,具有低压缩性。采用料场和主体建筑物开挖料的弱风化—新鲜中、细砂岩填筑(饱和抗压强度≥30 MPa)。设计干容重2.10 t/m$^3$,相应孔隙率20% ~22%,最大粒径600 mm,不均匀系数 $C_u>10$。填筑层厚800 mm,洒水量25%,用26 t振动碾碾压6~8遍。

3.3.2.6　下游堆石区(ⅢC)

下游堆石区承受的水压荷载相对较小,对面板变形的影响小,填筑要求稍低。分区顶面高程533.80 m,上游以坝轴线为基准,上游坡比1∶0.3,下游坡比1∶1.2,下游堆石区采用料场和主体建筑物开挖微风化和部分分散的弱风化料填筑(饱和抗压强度≥30 MPa)。要求级配优良,具有低压缩性。设计干容重2.05 t/m$^3$,相应孔隙率23% ~25%,最大粒径800 mm,均匀系数 $C_u>10$,填筑层厚120 cm。洒水量25%,用26t振动碾碾压6~8遍。

3.3.2.7　上游黏土铺盖区(1A)

在面板上游高程509.00 m以下,设置铺盖(以粉细沙、沙壤土、黏土为主)起辅助防渗作用,铺盖顶宽4.0 m,上游坡1∶1.6。

3.3.2.8　石渣盖重区(1B)

覆盖于黏土铺盖上,维持上游铺盖区的稳定,并起保护作用,高程与黏土铺盖相同,顶宽6 m,上游坡比1∶2.5。

3.3.3　在下游堆渣区加设反滤层及排水棱体

综合考虑本工程石方开挖较多的特点,本阶段在面板堆石坝基本剖面的基础上增设下游堆渣区,以减少工程弃渣。主要填筑洞内开挖和溢洪道开挖的强、弱风化的软岩料,允许饱和抗压强度在5 MPa以上的各类岩石上坝碾压填筑,最大填筑层厚1.2 m,最大粒径800 mm,设计孔隙率25% ~28%,设计干密度1.9 t/m$^3$,弃渣填筑约20万m$^3$。

为防止下游堆石软弱岩石碾压降低坝基底部水平排水体的透水性能,在下游堆石区底部与水平排水体接触面设置反滤层,反滤层厚3 m,级配应满足反滤要求。同时,在排水体下游增设排水棱体,排水棱体顶部高程495.300 m,高于下游校核洪水位。下水库面板堆石坝典型剖面如图2所示。

## 4　泄水建筑物主要技术特点与设计

### 4.1　下水库泄水建筑物布置

下水库坝址处集水面积约100 km$^2$,多年平均年悬移质输沙模数500 t/km$^2$,集雨面积及泥沙含量均较大。综合考虑泄洪、排沙及运行调度要求,下水库泄水建筑物由右岸岸边开敞式溢洪道和左岸泄洪洞组成。

溢洪道采用有闸门控制式溢洪道,由进水渠段、闸室段、泄槽段和下游消能设施四部分组成。溢洪道进水渠底板高程533.00 m,堰型采用WES实用堰,堰宽10m,堰顶高程539.00 m。泄槽净宽10 m,底坡1∶1.4,采用挑流鼻坎消能。

泄洪洞布置于左岸,由导流洞改造而成,泄洪兼放空及排沙洞,由进水渠段、闸室段、洞身段、出口明渠段组成。泄洪洞进水口底板高程518.00 m,采用岸塔式,进水口为有压短管进口,孔口尺寸4.5 m×4.5 m。进水塔后接城门洞型无压隧洞,出口采用挑流鼻坎消能。

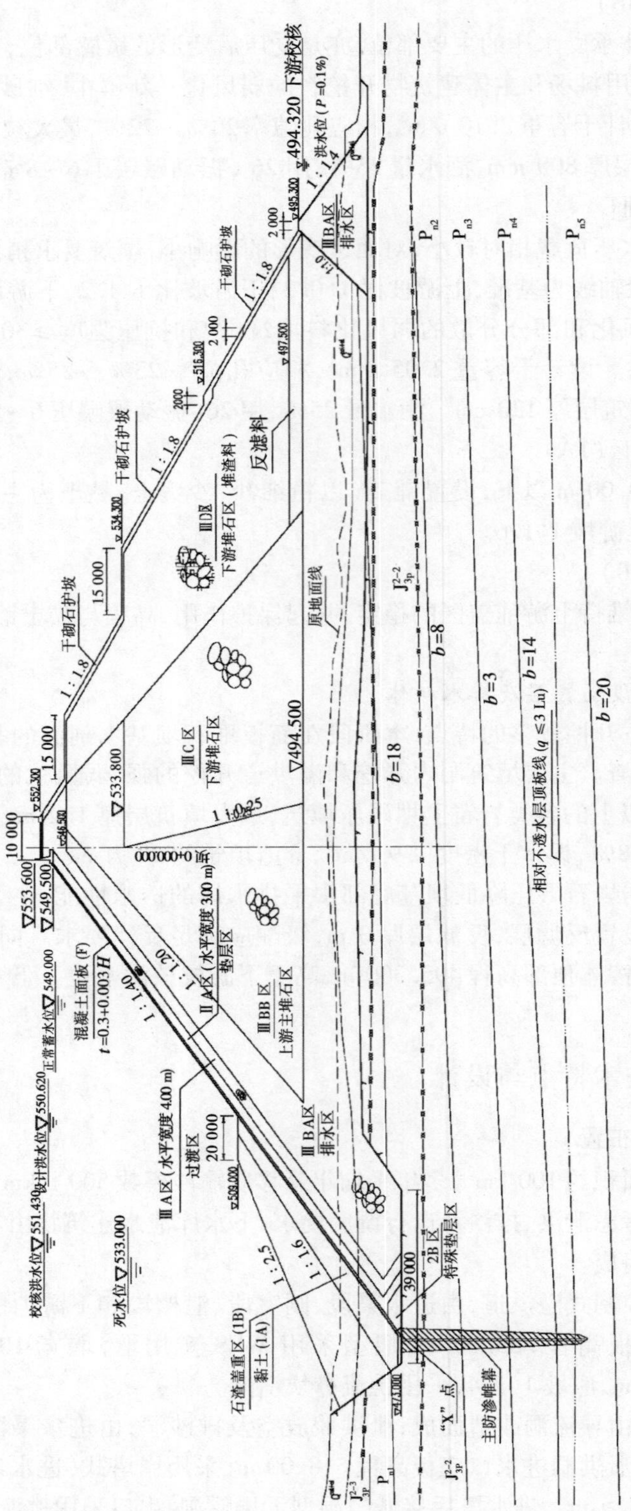


图2　面板堆石坝典型剖面图

### 4.2 主要工程技术特点

受地形限制，溢洪道出口河道狭窄，河道岩石抗冲流速较低（3～5 m/s），轴线与下游河道平面交角较小，水流归槽条件较差，在泄洪时水流冲击下，易对下游河床形成冲刷和大面积回流，对两岸边坡形成淘刷。此外，泄洪洞出口与溢洪道出口分别布置于左右岸，且相距较近，出口水流存在空中交叉接触消能现象。因此，溢洪道出口的消能防冲问题是下水库泄水建筑物设计的主要问题之一。

### 4.3 设计控制

#### 4.3.1 溢洪道采用不等宽挑坎

经多方案水工模型试验论证，溢洪道挑流鼻坎采用不等宽挑坎。鼻坎顶高程497.69 m，反弧半径为25 m，挑坎左边墙末端挑射角16.2°，右边墙末端挑射角34°，且挑坎末端底部设齿墙。本方案使下泄水流水舌入水总长度明显增加，能量更为分散，冲坑最深点位于河中，使水舌中间落点距离两岸边坡较远。

#### 4.3.2 对下游河道进行拓宽及防护

经过对溢洪道布置和消能防冲措施的研究比较，对下游河道适当拓宽挖深形成水垫塘，以解决河床及岸坡的冲刷问题。

##### 4.3.2.1 出口左岸边坡防护

左岸边坡开挖坡比1∶0.25～1∶0.75，且清除表面覆盖层。对下游校核洪水位以下范围内边坡，采用贴坡混凝土＋系统锚杆支护；对下游校核洪水位以上边坡，采用系统锚喷（锚筋桩）支护＋系统排水孔；中上部边坡采用系统锚索支护。

##### 4.3.2.2 河床底部防护

距坝轴线下游220～320 m范围内的河床，开挖至高程476.00 m，平均开挖宽度50 m，距坝轴线下游320 m下游约80 m范围内的河床，按1∶2的边坡开挖至高程482.00 m，底板采用钢筋混凝土底板，并设置抗浮锚杆和排水孔，以降低底板扬压力。

##### 4.3.2.3 右岸边坡防护

对右岸边坡，从溢洪道出口沿河床顺势开挖，边坡采用1∶1开挖坡比，最大边坡高度25 m。为防止水流冲刷，对下游校核洪水位以下范围边坡，采用贴坡混凝土＋系统锚杆支护，对下游校核洪水位以上至开挖边坡，采用喷混凝土支护。

##### 4.3.2.4 模型试验成果

从各工况试验成果分析，动床主冲坑基本位于溢洪道中心线方向，河床中间位置，冲坑坡比均缓于1∶6。

## 5 结　语

本工程下水库工程区岩性主要为中—细粒砂岩、含砾粗砂岩、粉砂岩、粉砂质泥岩、泥质粉砂岩与泥岩等，岩石的软化系数较低，孔隙率大，筑坝材料主要来源于建筑物及边坡开挖料，料源质量较差。根据地质条件，结合“以挖定填”原则，对坝体结构进行合理设计，并通过对坝料填筑碾压技术参数进行要求，基本解决了筑坝料尽可能利用工程开挖料上坝的问题，同时也减少了弃渣外运问题，做到了对工程建设周边环境的影响和移民征地影响减少到最低的要求。此外，对泄水建筑物，采取了斜鼻坎、将溢洪道出口体型进行选型设计并经模型试验验证，并对溢洪道及泄洪洞出口下游河道适当拓宽及挖深等综合措施，将出口左岸一定范围内的边坡进行开挖及支护处理，基本解决了狭窄河谷泄水建筑物的消能防冲问题，为类似工程设计提供了有益借鉴。

## 参考文献

[1] 曙光. 蟠龙抽水蓄能电站下库溢洪道消能工优化试验研究[J]. 中南水力发电，2005(3).

[2] 宁永升. 溧阳抽水蓄能电站上水库面板堆石坝关键技术研究[J]. 水力发电，2013.

# 小浪底水轮发电机组一次调频功能在河南电网中的作用

李银铛　郑　炜　李一丁　成　超　周　明

（小浪底水力发电厂　河南　济源　459017）

**摘要：**电网频率是电力系统运行最重要的参数之一，而一次调频是水轮发电机组调速系统通过自身的静态和动态特性对电网频率进行调节的一种功能。小浪底水电厂机组一次调频功能因其本身的诸多优点，其在河南电网中起着举足轻重的作用，但该功能的实现还存在着一些诸如"以水定电"调度原则、调速器自身特性等制约因素。本文并据此提出自己的一些改进建议。

**关键词：**一次调频，调速器，频率响应，制约因素，河南电网

## 1　小浪底水电站概况

小浪底水电站位于河南省洛阳市以北 40 km 的黄河干流上，是集防洪、防凌、减淤、灌溉、供水、发电 6 大功能于一体的综合性大型水利枢纽工程。装有 6 台 30 万 kW 混流式水轮发电机组，额定水头 112 m，由七回 220 kV 线路并入河南电力主干网，在河南电网中担负着调峰调频任务，是河南电网的主调峰调频厂。

小浪底电厂总装机容量占河南电网总装机容量的 4.2%，占水电总装机容量的 49%，占河南省网当前可调水电装机容量的 70%。所以，在目前情况下，小浪底水电站担任河南电网主调峰调频厂的任务是其他电厂所无法替代的。

## 2　一次调频在电网中的作用及电网对水电机组一次调频的技术要求

一次调频是调速器根据频率偏差大小自动对机组出力进行调整，使机组出力与系统负荷保持平衡。一次调频能快速响应电网负荷和频率的变化，保持电网频率在一定范围之内。水电机组在电力系统中主要承担调频、调峰任务，与火电机组相比，具有调节过程简单、负荷调节速率高、调节幅度大等优点。一次调频可以在电网突发大负荷变化时快速提供功率支援，提高电力系统可靠性；对于短时间负荷波动的调节，可以减少二次调频的动作，优化系统的调度。可以说，发电机组的一次调频性能直接影响到电力系统的安全、稳定、经济运行。

水轮发电机组的一次调频功能是通过调速器实现的，其一次调频性能也主要受调速器的影响。华中电网电力调度中心对水电机组一次调频的技术要求是：一次调频的人工死区控制在 ±0.05 Hz 内；永态转差率≤4%；负荷变化限制幅度为额定负荷的 ±10%；调速器的转速死区 <0.04%；额定水头在 50 m 及以上的水电机组，其一次调频的负荷响应滞后时间应小于 4 s；所有机组一次调频的负荷调整幅度应在 15 s 内达到理论计算的一次调频的最大负荷调整幅度的 90%；在电网频率变化超过机组一次调频死区时开始的 45 s 内，机组实际出力与响应目标偏差的平均值应在理论计算的调整幅度的 ±5% 内。

当频率偏离 50 Hz 时,按式(1)调整出力:

$$\Delta P = \frac{\Delta f^*}{b_p} P_{\max} \tag{1}$$

式中:$\Delta f^*$ 为频率偏差,按百分比计算,$\Delta f^* = \Delta f / f_0$;$b_p$ 为永态转差系数;$P_{\max}$ 为按开度限制折算机组的最大功率。

其响应速率取决于调速器暂态转差率和接力器速率,一般水轮发电机组全开全关导叶时间不超过 20 s,但水电机组一次调频参数的整定,如导叶全关时间、永态转差率、暂态转差率受调保计算的限制,不可能任意选择;并且为避免接力器频繁动作,调速器必须设置转速死区,在小范围的频率波动时,机组出力不予响应;当频率变化超过某一设定值,调速器按预先整定的斜率调整机组出力。

小浪底水电厂机组参数为:人工死区是 ±0.02 Hz;永态转差率是 4%;负荷变化限制幅度为额定负荷的 5%;调速器的转速死区小于 0.04%;负荷响应滞后时间是 0.15 s,导叶全开全关时间为 17 s。以上数据标准远远高于于电网规定的技术指标。

## 3　一次调频功能的实现

小浪底水电站 VGCR211 型数字调速器设计了比较完善的频率调整方式,适用于各种复杂的电力系统负荷工况,能够很好地改善电力系统的稳定运行条件。

电站调速系统采用 VGCR211 双微机调速器,其作为水轮机主要的辅助设备,整套系统由美国 VOITH 公司引进,采用传统的调节器加液压随动系统,结构包括测量单元、双微机调节器、综合输出放大单元(VCA1 卡)、电气位置反馈、动圈式电液伺服阀和液压随动系统等。接力器及主配压阀位置采用电气反馈回路,功率的反馈取自机组 LCU 功率传感器。采用由两台相互独立又互有联系 PLC 的双微机调节器。两台 PLC 拥有相同的硬件和基于同样算法的控制软件,如果 PLC1 出现故障,则由 WATCHDOG(看门狗)切换至 PLC2 运行。每台 PLC 都有两个 CPU,分别用于转速控制、功率和开度控制(开度限制)。三种控制模式之间可任意无扰动切换,并且可以选择并网运行和孤网运行两种方式,电网频率的采集可以在是否受频率影响之间切换。三种控制方式分别应用在机组运行的不同阶段,在开机过程中,主要是开度控制功能起作用,当机组转速达到额定转速时,转速控制开始起作用并跟踪系统频率,调速器进行无差调节。当机组并网时,调速器自动切换到功率控制,自动跟踪功率给定值。

在开度、转速、功率三种方式的任一种方式下运行,均遵循最小化原则,即开度、转速、负荷的限制哪一个最小哪一个即为各方式下实际限制值。机组空载和负载情况下都可采取转速控制,转速控制采用并联 PID 调节规律,永态转差系数 $b_p$ 取自积分环节之后以便有效消除积分环节引起的静差。转速控制共有三套 PID 参数,分别用于空载运行、孤网和并网运行。当系统频率超过 2% $n_r$(额定频率)的变化范围或当机组从系统解列时以及调速器在值班员干预下,调速器均可从并网状态切换为孤网状态运行,如果系统频率又回到允许的范围内,则必须在值班员的干预下调速器方可从孤网切换回并网状态运行。

## 4　一次调频功能的影响过程

正常情况下,系统频率一般都处于 98% ~102% 额定频率范围之内,所以调速器转速控制方式一般选择并列运行方式，当系统负荷突然增大或者其他电源厂站出口断路器跳开时，系统频率将下降，这时，小浪底水电站调速器将自动进行一次调频，增加发电机出力，进而是系统频率增加。如果系统频率与额定频率的偏差仍然较大，这时运行值班员可通过增大转速设定值来增大导叶开度从而进一步增加机组出力，直至系统频率满足要求，但这就属于二次调频的范畴了。

一般情况下，在机组并网运行时，调速器采取功率控制方式，保持机组出力的大小尽量满足功率给定。小浪底水电站 VGCR211 调速器可以在机组采取功率控制时引进系统频率信号（图 1）。系统频率可以影响机组出力的大小。频率响应（Frequency Influence）功能的设计使机组在功率控制方式下同样可以参与系统频率的调整。图 1 中功率－频率闭环即为频率影响环节，可见频率偏差也可以对水轮机导叶开度产生影响，即对机组出力产生影响，其中 $R_S$ 为频率影响功能的转速调差率，它是与转速控制中的永态转差率 $b_p$ 不一样的值，当调速器频率影响功能投入时，有如下关系：

$$P_{\text{Totolset}} = P_{\text{Set}} + \frac{(n_r - n_{\text{Actul}})}{n_r R_s} \times P \tag{2}$$

式中：$P_{\text{Totolset}}$ 为总的功率给定值，$P_{\text{Set}}$ 为人为功率给定值，$P$ 为机组额定出力，$n_r$ 为额定转速，$n_{\text{Actul}}$ 为实际转速。

根据公式(2)在功率控制方式下，当系统频率影响功能投入时，发电机组的出力将随系统频率的偏高或偏低自动减少或者增加。

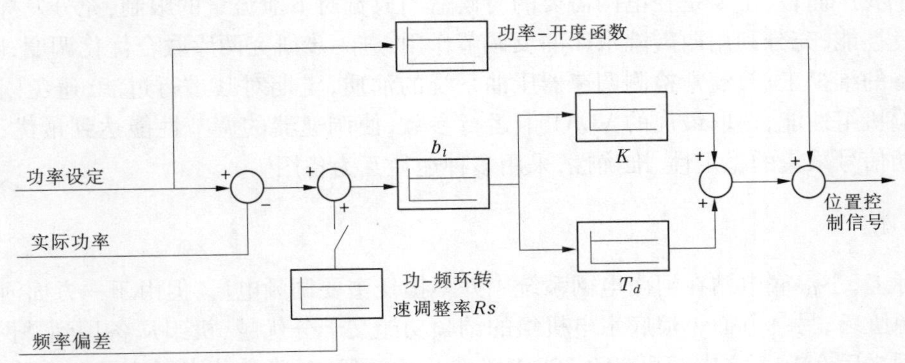


**图 1　小浪底电站 VGCR211 调速器功率控制方式原理**

频率响应功能按功频特性增减机组出力，功率控制方式下功频特性转差率 $R_S = 6\%$，这样当系统实际频率偏低或者偏高额定频率 1% 时，机组就将增加或者减少 75 MW 出力。当 $\frac{n_r - n_{\text{Actul}}}{n_r} \leqslant 0.1\%$ 时，即认为 $n_r = n_{\text{Actul}}$，也就是人为设定一个 0.1% 的人工失灵区，以保证系统频率波动很小时维持机组出力和调速系统的稳定。当系统频率偏差超过调频死区时频率影响功能根据系统频率增减而自动减少和增加出力，以保证系统频率稳定。由于频率影响功能是调速器本身根据系统频率变化自动实现的，并不需要操作人员干预，所以功率控制方式下的频率调整也属于一次调频范畴，但是该功能可以在上位机的“人工频带”按钮和现地调速器控制面板上的频率响应（Frequency Influence）按钮实现手动投退。

## 5　制约一次调频功能充分发挥的因素

随着电网装机容量的不断扩大,小浪底电站以其水电机组特有的优势,在电网中的调频作用越来越明显,地位也越来越重要,但也受到很多条件的制约。

由于小浪底水利枢纽的主要任务并不是发电,并且实行的是"以水定电"的水电调度原则,也就是由下泄流量大小决定全天的发电量,由于下泄水量等条件的限制,其开机方式受到较大的制约,同时由于河南电网火电机组装机容量越来越大,对于水电的需求越来越明显,所以目前水调和电调的矛盾越来越突出。这在某种程度上也限制了我厂调频作用的充分发挥。

一次调频主要是靠调速器来实现的,因此调速器的性能在很大程度上决定了一次调频的效果。我厂调速器自机组投运以来,经常由于油质问题导致调速器抽动而被迫停机。

同时,调速器很多参数的设定即 VCA1 卡参数设定、机组有功功率信号采集等因素对机组一次调频性能的影响也比较大。

## 6　解决制约一次调频功能充分发挥的因素的一些建议

对于电网方面,主要是加强电网稳定性建设,进一步加强各区域电网的互联。同时,建设适当容量的抽水蓄能电站,充分发挥其调峰填谷的作用,以维持电网负荷和频率的稳定。大力加强火电机组一次调频性能的探索研究,大力发展大容量、高性能的火电机组。

对于我厂而言,主要是在电网需要的时候适当放宽对下泄流量的限制,充分发挥水电机组的优良性能;充分利用西霞院水库的反调节作用,进一步研究两库联合优化调度;同时,加强对设备的维护工作,经常检测调速器压油系统的油质,定期对其进行过滤,避免因油质问题而影响机组性能;选取最优的 VCA1 卡运行参数,使调速器的调节性能达到最优;进一步提高有功信号采集的稳定性、准确性,采用多种途径互为备用。

## 7　结　语

实际上,小浪底电站在河南电网系统中并不担任主要调频电厂,但由于一方面河南电网水电资源匮乏,另一方面小浪底水电机组的调频功能又十分优越,机组从备用到并网仅需 3 min,并网之后在 10 s 之内即可带至 300 MW 满出力运行,升降负荷率可达到 30 MW/s,而省网内调节性能较好的 600 MW 火电机组其升降负荷率最高仅能达到 15 MW/min,可以说小浪底水电厂具备条件、也最适合承担河南电网主要的调峰、调频任务。2010 年黄河第九次调水调沙期间,为深入贯彻落实国家节能发电调度原则,充分利用黄河水利资源,河南省电力调度中心安排小浪底全天高出力运行,为此,河南电网投入了 37 台总容量 1 520 万 kW 的火电机组 AGC 功能跟踪联络线,但仍然不及小浪底单台机组的调峰调频效果和速度。根据近几年运行的实际情况,小浪底电厂对于河南电网的作用越来越重要,并且成功应对了 2006 年的"7 · 1"电网振荡等一系列异常情况,所以提高小浪底电厂的运行稳定性以及机组调频性能的进一步改善对于河南电网的安全稳定运行都是举足轻重的。

# 浅析西霞院电站7#机组推力/下导油槽油位对油温瓦温的影响

邓自辉 董鹏飞 陈 磊 赵 润 田武慧

（小浪底水力发电厂 河南 济源 459071）

**摘要**:在机组出力和推力、下导冷却水流量不变的条件下,通过调整7#机组推力、下导轴承油槽油位,观察低油位、设计油位、高油位三种工况下推力、下导的油温、瓦温变化情况。记录在这三种工况下机组稳定运行后的油温、瓦温数据,确定合理的运行油位,根据试验数据分析推力、下导轴承油槽油位对油温瓦温的影响。

**关键词**:推力,下导,油位,油温,瓦温,影响

## 1 引 言

西霞院反调节水库,上距小浪底水利枢纽16 km,是黄河小浪底水利枢纽的配套工程。西霞院电站设有4台3.5万kW轴流转桨式水轮发电机组,发电机型号为SF－J35－80/10470,额定转速为75 r/min。四台机组采用三导悬式结构,装有推力轴承、下导轴承和水导轴承,推力轴承与下导轴承共用一个下机架油槽(即推导一体式结构),油槽内共有3个冷却器.推力瓦由16块扇形弹性塑料瓦组成,采用弹簧支承结构;下导由22块扇形巴氏合金瓦组成,采用支柱螺栓支承结构。

近几年,西霞院机组推力瓦和下导瓦温度高通过改善冷却系统,已得到了好的改善,但是推导轴承一直存在甩油现象,长时间造成油槽油位下降,导致推力瓦和下导瓦温度逐渐上升。机组推导轴承油温、瓦温接近报警值,设备运行存在安全隐患,为了确认推导油槽油位对瓦温的影响,消除安全隐患,通过油位调整试验,根据试验数据进一步分析解决这一问题。

## 2 总体思路

选择西霞院7#号机组为试验机组,针对推导轴承油位进行调整试验,在机组额定出力、供水方式、冷却水流量和环境条件相同的情况下,分别选择低油位、设计油位、高油位三种工况,并记录机组稳定运行后的推导油槽油温瓦温的数据,最终分析数据得到油位对油温瓦温的影响程度。

## 3 实测数据

机组推力瓦温定值参数设定,见表1。机组推力瓦温高保护出口条件:当机组推力或下导相邻两块瓦温均达到跳闸值(60 ℃或75 ℃)时,保护出口跳机。

表1 机组推导瓦温定值参数

| 项目 | 推力 | 下导 | 油温 |
| --- | --- | --- | --- |
| 报警值(℃) | 55 | 65 | 60 |
| 跳闸值(℃) | 60 | 75 | — |

7#机组在停机稳态下,将7#机组推力油槽降至低油位(设计静止油面线位置以下10 mm)。7#机组开机并网,待机组温度稳定后,记录相关数据,见表2。

表2 推导油槽低油位实测表

| 项目 | 测点1 | 测点2 | 测点3 | 测点4 | 测点5 | 测点6 | 测点7 |
| --- | --- | --- | --- | --- | --- | --- | --- |
| 推力瓦温(℃) | 46.9 | 46.9 | 46.8 | 47.4 | 46.8 | 47.6 | 47.2 |
| 下导瓦温(℃) | 64.6 | 65.4 | 65 | 65.1 | 64.8 | 64.8 | 64.7 |
| 油温(℃) | 42.3 | 42.8 | — | — | — | — | — |
| 油位(mm) | 790 | — | — | — | — | — | — |

7#机组在停机稳态下,将7#机组推力油槽油位加至设计油位(设计静止油面线位置)。加油结束后,7#机组开机并网,待机组温度稳定后,记录相关数据,见表3。

表3 推导油槽设计油位实测表

| 项目 | 测点1 | 测点2 | 测点3 | 测点4 | 测点5 | 测点6 | 测点7 |
| --- | --- | --- | --- | --- | --- | --- | --- |
| 推力瓦温(℃) | 46.2 | 46.1 | 46.3 | 46.8 | 45.1 | 46.5 | 46.8 |
| 下导瓦温(℃) | 59.5 | 59.4 | 57.6 | 58.5 | 58.6 | 58.1 | 59.5 |
| 油温(℃) | 40.4 | 40.6 | — | — | — | — | — |
| 油位(mm) | 800 | — | — | — | — | — | — |

7#机组在停机稳态下,将7#机组推力油槽油位加至高油位(设计静止油面线位置以上5 mm)。7#机组开机并网,待机组温度稳定后,记录相关数据,见表4。

表4 推导油槽高油位实测表

| 项目 | 测点1 | 测点2 | 测点3 | 测点4 | 测点5 | 测点6 | 测点7 |
| --- | --- | --- | --- | --- | --- | --- | --- |
| 推力瓦温(℃) | 47 | 46.7 | 46.3 | 47.1 | 47 | 46.9 | 47 |
| 下导瓦温(℃) | 59.1 | 59.3 | 57.9 | 59.1 | 57.8 | 58.7 | 60.5 |
| 油温(℃) | 41 | 41.4 | — | — | — | — | — |
| 油位(mm) | 805 | — | — | — | — | — | — |

## 4 数据分析

为了找出推导油槽油位对油温、瓦温的影响程度,采取数据统计分析、曲线对比分析两种方法,对实测数据进行了分析。

## 4.1　数据统计分析

数据统计分析是取7个推力瓦温、下导瓦温的测点值和2个油温测点值中的最大值、最小值进行分析，见表5。

表5　实测数据统计分析表

| 油槽油位 | 推力瓦温(℃) | | 下导瓦温(℃) | | 油温(℃) | |
|---|---|---|---|---|---|---|
| | 最小 | 最大 | 最小 | 最大 | 最小 | 最大 |
| 低油位790 mm | 46.8 | 47.6 | 64.6 | 65.4 | 42.3 | 42.8 |
| 设计油位800 mm | 46.1 | 46.8 | 57.6 | 60.5 | 40.4 | 40.6 |
| 高油位805 mm | 46.3 | 47.1 | 57.8 | 59.3 | 41 | 41.4 |

通过对实测数据进行分析，可以看出推导油槽油位在低油位情况下，下导瓦温已达到报警值。

## 4.2　曲线对比分析

以数据统计分析为基础，分别对推力瓦温、下导瓦温、油温在低油位、设计油位、高油位三种工况下的变化情况绘制曲线，然后进行分析，见图1、图2、图3。

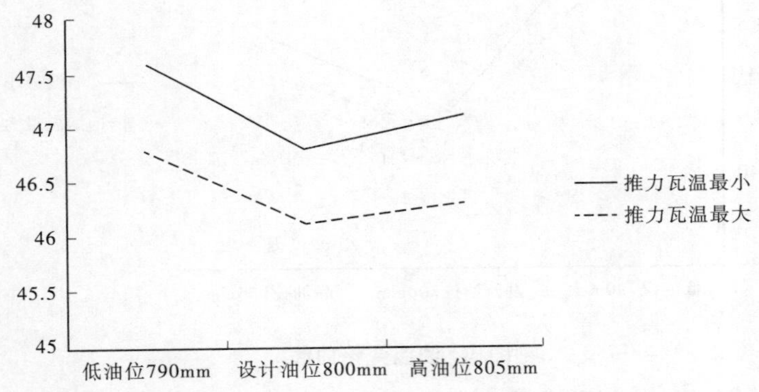


图1　推力瓦温变化曲线

从图中曲线上可以看出，推导油槽低油位时对油温、瓦温影响很大，低油位时推导油温、瓦温温升较快，下导瓦温很容易达到报警值。高油位时下导瓦温变化不大，下导瓦温略低于设计油位下导瓦温；推导油槽高油位时瓦温不高，而油温高于设计油位油温。

结合机组推导温度整定参数和试验曲线，综合分析可以得出：机组推导油槽油位在设计油位时，推导油温、瓦温运行在合理温度范围之内。试验结果也验证了机组推导油槽最初的设计油位是正确的，考虑到推导油槽油位高时会产生甩油想象，低油位造成温度过高等因素，最终确定机组推导油槽油位在应保持在设计油位运行，这也符合机组运行规程的规定，保证推导油槽瓦温、油温稳定在合理范围内，确保机组安全稳定运行。

# 5　结　语

通过机组推导油槽油位调整试验，观察和跟踪试验期间机组推导油温瓦温变化情况，并

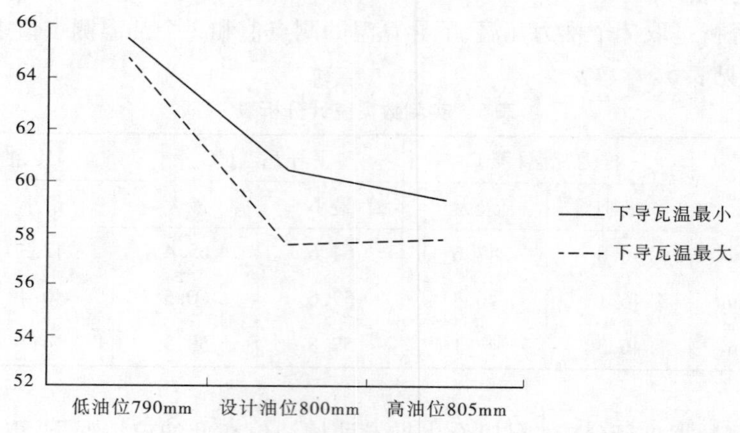


**图2　下导瓦温变化曲线**

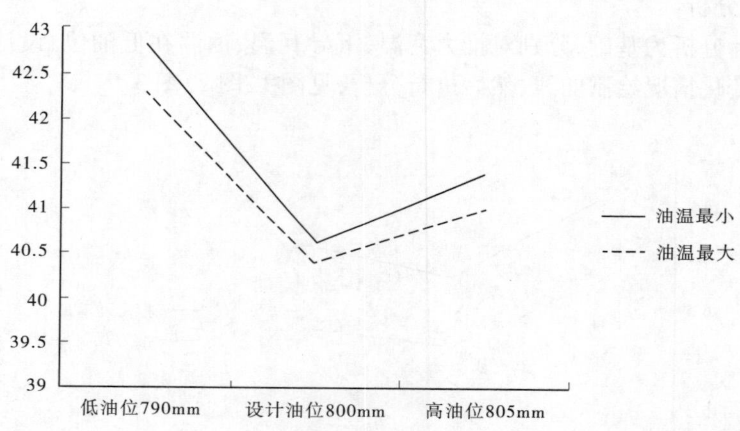


**图3　油温变化曲线**

对实测数据进行了分析,验证了推导油槽油位对推导油温、瓦温的影响程度,为进一步解决西霞院电站机组推力和下导瓦温高,影响机组运行甚至跳机的安全隐患奠定了数据基础。我们认识到在电厂运行工作中,要转变就事论事、事后补救的工作思路,积极开展广泛的运行分析工作,变被动安全为主动安全。根据对设备运行参数的跟踪记录,分析其发展趋势,及时发现设备安全隐患,积极采取科学合理的应对措施,将事故隐患消灭在萌芽状态。采用人为干预、事先预测的方式,避免事故的发生,保证设备安全稳定运行。

## 参考文献

[1] Q/HKF－JS002—2013,黄河水利水电开发总公司企业管理标准:西霞院工程发电系统运行规程.

# 水电工程变态混凝土配合比设计探讨

朱圣敏

（葛洲坝集团试验检测有限公司　湖北　宜昌　443002）

**摘要**：本文结合某大型水电站工程，通过正交试验，并结合碾压混凝土、净浆及变态混凝土三者之间的关系来探讨变态混凝土配合比设计。考虑了净浆水胶比、掺合料掺量、加浆量及外加剂掺量对变态混凝土的影响，以保证碾压与加浆变态两类混凝土在强度、变形等性能上匹配性，满足坝体材料及结构的要求，旨在探索和完善变态混凝土的应用技术基础，以指导现场施工。

**关键词**：变态混凝土，净浆，正交试验，配合比设计

## 1　概　述

水利水电工程中运用碾压混凝土筑坝技术迅速发展迅速。目前，我国水利水电工程中对碾压混凝土技术的运用范围已经从重力坝阶段发展至拱坝阶段，甚至是薄拱坝，筑坝质量越来受到重视。对采用加浆变态混凝土作为防渗层的碾压混凝土坝，全碾压面层加浆混凝土坝，加浆变态混凝土性能的优劣，决定了该类防渗结构的整体效能，而净浆特性又是决定加浆变态混凝土品质的关键因素。其中，碾压混凝土工程除迎水面防渗层外，以及碾压混凝土坝体与岩体、坝体内廊道的结合部位等均采用变态混凝土，这已经是当今目前碾压混凝土工程普遍采用的施工技术。其变态混凝土性能的优劣，决定了该类结构能否具有理想的抗裂防渗效能。通过浆材配合比设计，可制取抗裂性好的变态混凝土，大幅度提高面层防渗结构的整体耐久性。

现有行业标准中无变态混凝土配合比设计规范，施工规范中仅对变态混凝土的掺合料掺量、外加掺量、水胶比的大小提出要求；掺合料种类、外加剂的具体掺量及水胶比的选取等无任何说明，实际可指导性差。本文结合某大型水电站工程，通过碾压混凝土、净浆及变态混凝土三者之间的关系，来探讨变态混凝土配合比设计。考虑到净浆水胶比、掺合料掺量、加浆量及外加剂掺量对变态混凝土的影响，采取正交设计方法进行试验，以保证碾压与加浆变态两类混凝土在强度、变形等性能上匹配性，满足坝体材料及结构的要求，以指导现场施工。

## 2　变态混凝土的特点

从坝体结构分析，全碾压坝横缝较少，因而对防渗体的变形性能提出较高的要求。从材料特性看，碾压与加浆变态两类混凝土在变形性能上匹配性较差，前者胶体含量少，变形量小；后者胶体含量高，变形量较大。基于上述原因，增大了该类防渗体产生裂缝的可能性。

一旦裂缝产生，必然影响大坝的整体性及抗冻防渗效果，甚至会影响到建筑物的正常运行，造成难以估量的重大损失。

变态混凝土的加浆是一道极其关键的施工工序，直接影响到变态混凝土的质量。因此，需对变态混凝土所用净浆进行试验，设计出净浆的配合比参数及加浆量等参数。优选原材料并优化配合比设计，可制取高性能加浆变态混凝土。通过在净浆中掺加合适掺量的UEA膨胀剂和粉煤灰掺合料，使之具备了良好的补缩效应，对加浆变态混凝土起到了显著的改性作用，有效降低混凝土早期收缩，提高混凝土耐久性。

## 3 变态混凝土配合比设计

变态混凝土试验包括基材（碾压混凝土和变态浆液）和碾压混凝土后加浆液变态过程两部分。碾压混凝土已有相应的试验和施工规范可供参考，变态浆液及加浆变态过程尚无相关的试验和规范可供参考。本文通过某大型水电工程为例，探讨变态混凝土配合比设计方法。

### 3.1 碾压及变态混凝土设计要求

碾压和变态混凝土设计指标见表1。

**表1 碾压和变态混凝土设计指标**

| 设计技术指标 | | 坝体部位 | | |
|---|---|---|---|---|
| | | 坝体内部（1 063 m以上） | 坝体内部（1 063 m以下） | 变态混凝土 |
| 设计强度等级 | | $C_{90}15$ | $C_{180}20$ | $C_{90}15$、$C_{180}20$ |
| 强度保证率 | | 80% | 80% | 80% |
| 抗渗等级，90 d | | W6 | W6 | W8 |
| 抗冻等级，90 d | | F100 | F100 | F100 |
| 极限拉伸值（$\times10^{-4}$） | 28 d | ≥0.60 | — | ≥0.60 |
| | 90 d | ≥0.75 | ≥0.75 | ≥0.75 |
| | 180 d | — | ≥0.80 | — |
| 最大水胶比 | | 0.55 | 0.60 | 0.50 |
| 容重（$kg/m^3$） | | ≥2 400 | ≥2 400 | ≥2 400 |
| 相对压实度 | | ≥98% | ≥98% | ≥98% |
| 级配 | | 三 | 三 | 三 |
| $V_C$值（坍落度） | | 3～7 s | 3～7 s | 10～30 mm |

### 3.2 变态混凝土配合比试验

变态混凝土是在已经摊铺的碾压混凝土中，掺加一定比例的净浆后振捣密实的混凝土。根据《水工碾压混凝土施工规范》（DL/T 5112）要求，变态混凝土的水胶比应不大于同种碾压混凝土的水胶比，粉煤灰掺量不宜大于拟变态的碾压混凝土，通过变态混凝土性能试验来确定浆液配合比及适宜的加浆量，使变态混凝土获得良好的可施工性，并与碾压混凝土的性能相匹配。

3.2.1　碾压混凝土配合比及试验成果

本体碾压混凝土配合比及试验成果见表2～表4。

**表2　碾压混凝土配合比材料用量表**

| 设计强度等级 | 级配 | 水胶比 | 粉煤灰掺量(%) | 砂率(%) | 材料用量(kg/m³) | | | | | | | | |
|---|---|---|---|---|---|---|---|---|---|---|---|---|---|
| | | | | | 水 | 水泥 | 粉煤灰 | 砂 | 小石 | 中石 | 大石 | 减水剂 | 引气剂 |
| $C_{90}$15W6 F100 $C_{180}$20W6 F100 | 三 | 0.55 | 60 | 34 | 90 | 65 | 98 | 736 | 433 | 578 | 433 | 0.978 | 0.408 |

注：$V_C$ 值取3～7 s。

**表3　碾压混凝土强度试验成果表**

| 配合比编号 | 胶材品种掺量 | 外加剂掺量(%) | | 级配 | 水胶比 | 抗压强度(MPa) | | | | 劈拉强度(MPa) | | | |
|---|---|---|---|---|---|---|---|---|---|---|---|---|---|
| | | ZB－1RCC | ZB－1G | | | 7 d | 28 d | 90 d | 180 d | 7 d | 28 d | 90 d | 180 d |
| GY－N3 | 丽江中热42.5＋60%利源Ⅱ级 | 0.6 | 0.25 | 三 | 0.55 | 8.6 | 18.0 | 26.5 | 34.1 | 0.69 | 1.44 | 2.40 | 3.28 |

**表4　碾压混凝土极限拉伸值试验成果表**

| 配合比编号 | 胶材品种掺量 | 级配 | 水胶比 | 极限拉伸值($\times10^{-4}$) | | | 轴心抗拉强度(MPa) | | | 抗冻等级 | 抗渗等级 |
|---|---|---|---|---|---|---|---|---|---|---|---|
| | | | | 28 d | 90 d | 180 d | 28 d | 90 d | 180 d | 90 d | 90 d |
| GY－N3 | 丽江中热42.5＋60%利源Ⅱ级 | 三 | 0.55 | 0.62 | 0.82 | 0.89 | 2.02 | 2.77 | 3.29 | ＞F100 | ≥W8 |

3.2.2　净浆配合比设计

采用中热42.5水泥，减水剂掺量为0.6%，Ⅱ级粉煤灰，ZB－1RCC15减水剂，UEA膨胀剂进行净浆配合比设计。试验方案采用正交设计法，选用正交表见表5。通过净浆水胶比、粉煤灰掺量、膨胀剂掺量、加浆量4个影响因素进行变态性能试验研究。

3.2.2.1　水胶比的选择

水胶比增大，净浆泌水率显著增大，黏度、结石强度均大幅降低。综合各项指标的影响及规范要求，认为不超过同种碾压混凝土的水胶比为宜，这样变态混凝土的强度能满足设计要求。故选用0.40、0.45、0.50三个水胶比。

3.2.2.2　粉煤灰的掺量选择

根据DL/T 5112规范要求，变态混凝土的净浆粉煤灰掺量不宜大于拟变态的碾压混凝土,可适当减小。粉煤灰掺量可根据浆液的流动性其强度来确定,满足设计强度要求的掺量。根据碾压混凝土的掺量选择 0%、25%、50%。

3.2.2.3　减水剂的掺量选择

根据 DL/T 5433 规范要求,变态混凝土浆液所用的减水剂掺量应与拟变态的碾压混凝土相同,不掺加引气剂。减水剂掺量为 0.6%。

3.2.2.4　膨胀剂掺量选择

在浆液中添加一定的膨胀剂,使水泥在水化期间能够依靠膨胀剂的作用过程中而发生产生一定量的膨胀,从而弥补了水泥石的收缩,达到防治裂缝,提高变态混凝土抗裂性能的作用。膨胀剂掺量超过 10%,净浆结石强度明显降低,由此可见,加浆变态混凝土中的膨胀剂掺量以不超过 10% 为宜。故选择三个掺量 0%、4%、8%。

3.2.2.5　加浆量选择

以加浆后变态混凝土的坍落度满足 10 ~ 30 mm 来控制。净浆掺入量分别采用 4%、5% 和 6% 进行试验。

3.2.3　变态混凝土性能试验成果

3.2.3.1　不同净浆配比拌制变态混凝土性能

按表 5、表 6 的正交试验方案,将不同配方的净浆掺入到原碾压混凝土本体中,进行不同净浆配合比配制出的变态混凝土拌和物性能和硬化混凝土性能试验,通过浆液及变态混凝土性能试验,优选出变态混凝土净浆配合比及加浆量,其具体各项试验成果见表 7、表 8。

**表 5　净浆配合比正交试验 $L_9(3^4)$ 因素水平表**

| 因素 / 水平 | 1 | 2 | 3 | 4 |
|---|---|---|---|---|
| | 水胶比 | 粉煤灰(%) | 加浆量(%) | 膨胀剂(%) |
| 1 | 0.40 | 0 | 4 | 0 |
| 2 | 0.45 | 25 | 5 | 4 |
| 3 | 0.50 | 50 | 6 | 8 |

**表 6　$L_9(3^4)$ 组合方案表**

| 因素 / 试验号 | 1(水胶比) | 2(粉煤灰) | 3(加浆量) | 4(膨胀剂) |
|---|---|---|---|---|
| 1 | 1(0.40) | 1(0) | 1(4) | 1(0) |
| 2 | 1(0.40) | 2(25) | 2(5) | 2(4) |
| 3 | 1(0.40) | 3(50) | 3(6) | 3(8) |
| 4 | 2(0.45) | 1(0) | 2(5) | 3(8) |
| 5 | 2(0.45) | 2(25) | 3(6) | 1(0) |
| 6 | 2(0.45) | 3(50) | 1(4) | 2(4) |
| 7 | 3(0.50) | 1(0) | 3(6) | 2(4) |
| 8 | 3(0.50) | 2(25) | 1(4) | 3(8) |
| 9 | 3(0.50) | 3(50) | 2(5) | 1(8) |

**表7　变态混凝土拌和物性能试验成果表**

| 序号 | 碾压混凝土基本参数 | | | | | | | 净浆配合比 | | | | | 加浆量（%） | 坍落度（mm） | 含气量（%） | 凝结时间（min） | | 密度（kg/m³） |
|---|---|---|---|---|---|---|---|---|---|---|---|---|---|---|---|---|---|---|
| | 级配 | 水胶比 | 用水量（kg/m³） | 砂率（%） | 粉煤灰掺量（%） | ZB－1RCC % | ZB－1G（%） | 水胶比 | 水（kg/m³） | 水泥（kg/m³） | 粉煤灰（kg/m³） | ZB－1RCC（%） | | | | 初凝 | 终凝 | |
| 1 | 三 | 0.55 | 90 | 34 | 60 | 0.60 | 0.18 | 0.50 | 541 | 541 | 541 | 0.60 | 4 | 7 | 4.0 | — | — | — |
| 2 | | | | | | | | 0.50 | 541 | 541 | 541 | 0.60 | 5 | 10 | 4.8 | — | — | — |
| 3 | | | | | | | | 0.50 | 541 | 541 | 541 | 0.60 | 6 | 28 | 5.8 | — | — | — |
| 5 | | | | | | | | 0.40 | 489 | 611 | 611 | 0.60 | 6 | 25 | 5.2 | 2 548 | 2 723 | 2 410 |
| 6 | | | | | | | | 0.45 | 517 | 574 | 574 | 0.60 | 6 | 27 | 5.6 | — | — | — |
| 7 | | | | | | | | 0.50 | 541 | 541 | 541 | 0.60 | 6 | 28 | 5.8 | — | — | — |

**表8　变态混凝土正交试验 $L_9(3^4)$ 性能成果表**

| 配合比编号 | 水泥品种 | 净浆配合比 | | | | 减水剂掺量（%） | 净浆密度（25 kg/m³） | 变态混凝土泌水率（%） | 变态混凝土抗压强度（MPa） | | 极限拉伸值（$\times10^{-4}$） | |
|---|---|---|---|---|---|---|---|---|---|---|---|---|
| | | 水胶比 | 粉煤灰掺量（%） | 加浆量（%） | 膨胀剂掺量（%） | | | | 28 d | 90 d | 28 d | 90 d |
| | | 1 | 2 | 3 | 4 | | | | | | | |
| 1 | 丽江中热42.5 | 0.40 | 0 | 4 | 0 | 0.6 | 1 786 | 0.7 | 23.1 | 36.6 | 0.71 | 0.82 |
| 2 | | 0.40 | 25 | 5 | 4 | | 1 798 | 0.5 | 19.8 | 31.4 | 0.66 | 0.77 |
| 3 | | 0.40 | 50 | 6 | 8 | | 1 805 | 0.6 | 18.2 | 27.1 | 0.69 | 0.83 |
| 4 | | 0.45 | 0 | 5 | 8 | | 1 792 | 1.5 | 18.3 | 27.0 | 0.67 | 0.79 |
| 5 | | 0.45 | 25 | 6 | 0 | | 1 785 | 0.9 | 17.2 | 26.6 | 0.63 | 0.78 |
| 6 | | 0.45 | 50 | 4 | 4 | | 1 778 | 0.8 | 16.8 | 25.9 | 0.67 | 0.74 |
| 7 | | 0.50 | 0 | 6 | 4 | | 1 776 | 1.6 | 16.8 | 25.8 | 0.61 | 0.74 |
| 8 | | 0.50 | 25 | 4 | 8 | | 1 797 | 1.1 | 15.8 | 23.6 | 0.63 | 0.71 |
| 9 | | 0.50 | 50 | 5 | 0 | | 1 782 | 0.8 | 14.8 | 22.6 | 0.58 | 0.69 |

续表 8

| 配合比编号 | 水泥品种 | 净浆配合比 | | | | 减水剂掺量(%) | 净浆密度(25 kg/m³) | 变态混凝土泌水率(%) | 变态混凝土抗压强度(MPa) | | 变态混凝土极限拉伸值($\times10^{-4}$) | |
|---|---|---|---|---|---|---|---|---|---|---|---|---|
| | | 水胶比 | 粉煤灰掺量(%) | 加浆量(%) | 膨胀剂掺量(%) | | | | 28 d | 90 d | 28 d | 90 d |
| | | 1 | 2 | 3 | 4 | | | | | | | |
| 泌水率 | K1 | 1.8 | 3.8 | 2.6 | 2.4 | | | | | | | |
| | K2 | 3.2 | 2.5 | 2.8 | 2.8 | | | | | | | |
| | K3 | 3.5 | 2.2 | 3.1 | 3.3 | | | | | | | |
| | R | 1.7 | 1.6 | 0.5 | 0.9 | | | | | | | |
| 抗压强度 | K1 | 95.1 | 89.4 | 86.1 | 85.8 | | | | | | | |
| | K2 | 79.5 | 81.6 | 81.0 | 83.1 | — | — | 总和=8.5 | — | 总和=244.6 | — | 总和=6.87 |
| | K3 | 72.0 | 75.6 | 79.5 | 77.7 | | | | | | | |
| | R | 23.0 | 13.8 | 6.6 | 8.1 | | | | | | | |
| 极限拉伸 | K1 | 2.42 | 2.35 | 2.27 | 2.29 | | | | | | | |
| | K2 | 2.31 | 2.26 | 2.25 | 2.25 | | | | | | | |
| | K3 | 2.14 | 2.26 | 2.35 | 2.33 | | | | | | | |
| | R | 0.28 | 0.09 | 0.10 | 0.08 | | | | | | | |

注:K1 是 1、2、3、4 因素 1 水平的三次试验之和;K2 是 1、2、3、4 因素 2 水平的三次试验之和;K3 是 1、2、3、4 因素 3 水平的三次试验之和;R 是各因素 1、2、3 水平的极差。

极差 R 的大小用来衡量试验中相应因素作用的大小。极差大的因素,说明它的三个水平对其指标所造成的差别大,通常是重要因素。从上述试验结果可以看出,影响泌水率的因素大小顺序为:水胶比 > 粉煤灰掺量 > 膨胀剂掺量 > 加浆量;影响抗压强度因素大小顺序为:水胶比 > 粉煤灰掺量 > 膨胀剂掺量 > 加浆量;影响极限拉伸因素大小顺序为:水胶比 > 加浆量 > 粉煤灰掺量 > 膨胀剂掺量。

从表 6 试验成果可以看出,当净浆加入量为 6% 时,变态混凝土坍落度在 10 ~ 30 mm 范围内,混凝土含气量在 5% ~ 6% 之间。因此,三级配变态混凝土合适加浆量为 6%。

从表 7 试验成果可以看出,随着净浆水胶比的降低,变态混凝土抗压强度提高。当加浆量为 6%,净浆水胶比采用 0.40,粉煤灰掺量 50%,膨胀剂掺量 8% 时,净浆泌水率较小,其对应的变态混凝土 28 d、90 d 抗压强度、极限拉伸值与原三级配碾压混凝土强度接近,且都满足变态混凝土设计要求,故采用此净浆配合比配制三级配变态混凝土。

3.2.3.2 变态混凝土抗冻、抗渗性能

采用净浆水胶比采用 0.40 时,粉煤灰掺量 50%,膨胀剂掺量 8%,进行变态混凝土抗冻和抗渗试验,具体试验成果见表 9。

表 9　变态混凝土抗冻和抗渗性能试验成果表

| 配合比编号 | 碾压混凝土 | | 净浆水胶比 | 粉煤灰掺量(%) | 膨胀剂掺量(%) | 抗冻等级 | 抗渗等级 |
|---|---|---|---|---|---|---|---|
| | 级配 | 水胶比 | | | | 90 d | 90 d |
| 3 | 三 | 0.55 | 0.40 | 50 | 8 | >F100 | ≥W10 |

从试验成果看，三级配变态混凝土 90 d 龄期抗冻等级和抗渗等级均达到设计要求，且抗冻抗渗性能良好。

3.2.3.3　混凝土自生体积变形

采用净浆水胶比采用 0.40 时，粉煤灰掺量 50%，膨胀剂掺量 8%，进行变态混凝土自生体积变形试验，试验成果见图 1。

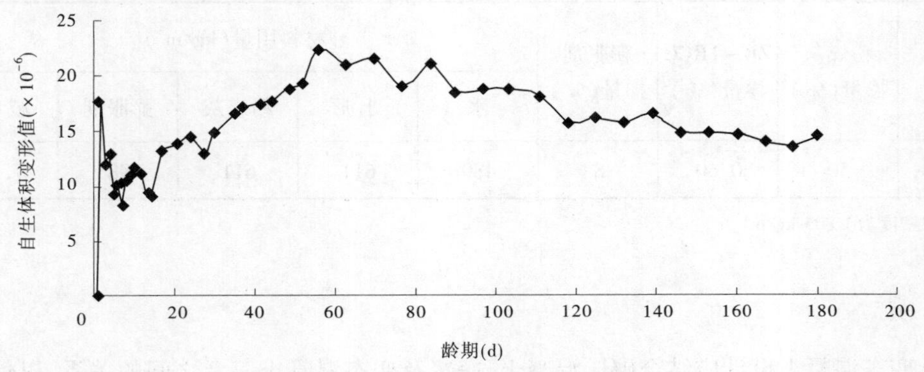


图 1　变态混凝土自生体积变形与龄期关系曲线

从试验成果看，三级配变态混凝土自生体积变形呈膨胀趋势，最大变形值为 $22\times10^{-6}$，能很好地补偿混凝土收缩，预防混凝土开裂。

3.2.3.4　混凝土绝热温升

采用净浆水胶比采用 0.40 时，粉煤灰掺量 50%，膨胀剂掺量 8%，进行变态混凝土绝热温升试验，具体成果见表 10，混凝土绝热温升与龄期关系见图 2。

表 10　变态混凝土绝热温升公式表

| 配合比编号 | 碾压混凝土 | 净浆水胶比 | 绝热温升(℃) | | |
|---|---|---|---|---|---|
| | 级配 | | $m$ | $n$ | 相关系数 $R^2$ |
| 3 | 三 | 0.40 | 18.21 | 2.649 6 | 0.986 1 |

注：绝热温升公式：$T=\frac{mt}{n+t}$；$T$ 为绝热温升值；$t$ 为龄期，d；$m$、$n$ 为常数。

从上述试验成果可以看出，三级配变态混凝土的温升值较低，远远小于设计要求，有利于大体积混凝土温控。

## 3.3　推荐变态混凝土净浆配合比

根据上述试验成果，推荐变态混凝土净浆配合比见表 11。净浆加入量为 6%。

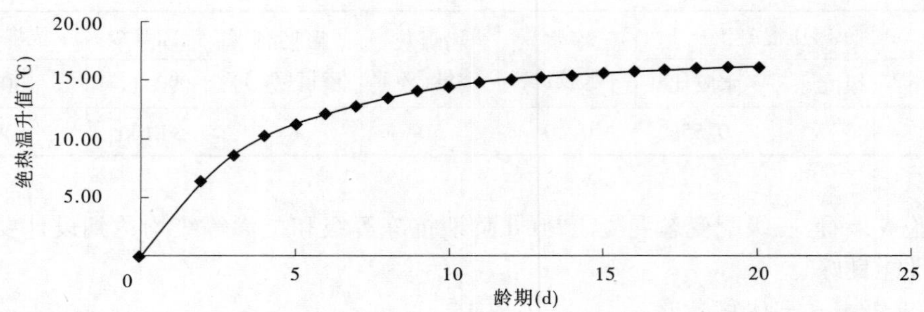


**图 2 变态混凝土绝热温升值与龄期关系图**

**表 11 推荐变态混凝土净浆配合比表**

| 水胶比 | 粉煤灰掺量(%) | ZB-1RCC掺量(%) | 膨胀剂掺量(%) | 材料用量(kg/m³) | | | | |
|---|---|---|---|---|---|---|---|---|
| | | | | 水 | 水泥 | 粉煤灰 | 膨胀剂 | 减水剂 |
| 0.40 | 50 | 0.60 | 8 | 489 | 611 | 611 | 98 | 7.335 |

注:净浆密度为 1 805 kg/m³。

## 4 结 语

(1)变态混凝土设计应结合碾压混凝土、净浆及变态混凝土三者之间的关系,以保证碾压与加浆变态两类混凝土在强度、变形等性能上匹配性,满足坝体材料及结构的要求。

(2)变态混凝土净浆性能是决定变态混凝土品质的关键因素,因此净浆配合比设计可采取正交设计方法进行试验。

(3)优选原材料并优化配合比,可制取高性能加浆变态混凝土。通过在净浆中掺加适量 UEA 膨胀剂及粉煤灰,使之具备了良好的补缩效应,对加浆变态混凝土起到了显著的改性作用,有效降低了混凝土早期收缩,温升较小,能提高混凝土的耐久性。

**参考文献**

[1] 河北省水利工程局. 全碾压面层加浆混凝土坝耐久性研究报告[D]. 1998.
[2] 李鹤龄,王泽秀. 高性能加浆变态混凝土研究[J]. 水科学与工程技术,2010(3).
[3] DL/T 5112—2009 水工碾压混凝土施工规范[S].
[4] DL/T 5443—2009 水工碾压混凝土试验规程[S].

# 浅析小浪底水利枢纽6号主变压器温度偏高

崔培磊　鲁　锋　张　阳　陈　萌　贲旭鹏

（黄河水利水电开发总公司　河南　济源　459017）

**摘要**：针对小浪底水利枢纽6号主变压器在运行过程中出现同比温度偏高的现象，进行了一系列试验和研究，对该问题进行全面详细分析，找出原因所在，并采取有效措施予以解决。进而利用机组检修的机会对6台主变压器油冷却器进行彻底的清理和修复，保证其良好的冷却效果，保证主变压器安全稳定运行。

**关键词**：小浪底，主变冷却，温度偏高，检修

## 1　概　述

小浪底水利枢纽现由小浪底站和西霞院反调节站两个电站组成，共安装10台水轮发电机组，其中小浪底电站为6×300 MW混流式水轮机组、西霞院反调节电站为4×35 MW轴流转桨式水轮机组。从调度隶属关系上来说，小浪底站和西霞院站由河南省调调度，是河南电网中非常重要的调峰调频电厂，并承担一定的事故备用任务。小浪底站6台主变选用容量360 MVA的油浸式变压器，采用一机一变的单元接线方式，将发电机出口母线电压从18 kV升至220 kV后，通过220 kV干式电缆送至户外黄河变电站。主变压器冷却方式为强迫油循环水冷，运行时油温不能高于90 ℃。主变压器共安装冷却器三组，通常为一组主用，一组备用，一组辅助，定期进行轮换运行。

## 2　背　景

小浪底水利枢纽6号主变压器于2000年1月9日正式投入商业运行，在2013年6月调水调沙大流量下泄大发电期间，6号主变压器运行正常，温度与往年相比没有出现异常。2013年9月小浪底下泄流量加大机组大发电期间，发现6号主变压器油温相对其他主变压器高出大约10 ℃。为找出6号主变压器温度升高原因，进行了一系列的调查、试验。

## 3　主变压器温度偏高检查及原因分析

根据主变压器的结构及运行状况，主变压器温度升高，主要存在两种可能性：一是变压器内部出现故障，主要有电气主回路故障、绝缘材料故障和铁芯多点接地等本体故障；二是变压器外部出现故障，主要有变压器油冷却水流量不够、冷却系统阀门开度不够、冷却系统管路堵塞。

### 3.1　6号主变压器色谱数据分析

6号主变压器于2005年安装了绝缘油在线色谱监测装置，可实时监测油色谱的各项数

据,如有异常会有报警信号发出。同时,按照《变压器油中溶解气体分析和判断导则》(DL/T 722—2014)主变压器绝缘油色谱试验每半年进行一次实验室色谱试验,并与在线监测数据进行比对,2013 年 7 ~ 10 月主变压器绝缘油色谱试验情况如表 1 所示。

**表 1　7 ~ 10 月主变压器绝缘油色谱试验数据**　　(单位:μL/L)

| 序号 | 试验时间 | 氢气 $H_2$ | 一氧化碳 CO | 甲烷 $CH_4$ | 乙烯 $C_2H_4$ | 乙烷 $C_2H_6$ | 乙炔 $C_2H_2$ | 二氧化碳 $CO_2$ | 总烃 |
|---|---|---|---|---|---|---|---|---|---|
| 1 | 2013 年 10 月 | 8.9 | 774.2 | 62.8 | 16.1 | 11.5 | 0.4 | 3 986.9 | 90.8 |
| 2 | 2013 年 9 月 | 7.9 | 771 | 63.2 | 16.2 | 11.9 | 0.2 | 3 706 | 91.5 |
| 3 | 2013 年 8 月 | 7.9 | 770.8 | 63.6 | 16.2 | 11.6 | 0.2 | 3 596.8 | 91.6 |
| 4 | 2013 年 7 月 | 8.3 | 768.1 | 63.1 | 16.3 | 11.2 | 0.3 | 3 585.9 | 90.6 |

根据《变压器油中溶解气体分析和判断导则》(DL/T 722—2014)规定,运行中变压器绝缘油氢气含量不大于 150 μL/L 、总烃(甲烷、乙烷、乙烯、乙炔)含量不大于 150 μL/L 、乙炔含量不大于 5 μL/L 、二氧化碳与一氧化碳的比值 $<7$,超过上述之后将采用三比值法进行综合分析和判断。目前,6 号主变压器氢气含量最大值为 8.9 μL/L、总烃(甲烷、乙烷、乙烯、乙炔)含量最大值为 91.6 μL/L、乙炔含量最大值为 0.4 μL/L 、二氧化碳与一氧化碳比值最大值为 5.14,各项试验结果全部满足国标。试验数据对比,除去试验仪器误差和试验人员测试误差外,各项试验数据基本保持不变。各项试验数据表明,6 号主变压器内部没有出现局部放电情况和受潮情况,高低压绕组和铁芯没有出现局部过热情况,固体绝缘材料没有出现热分解情况。

### 3.2　6 号主变器铁芯接地电流测试及分析

变压器铁芯出现两点或多点接地,铁芯内部将会形成电流环流,致使主变器温度升高。经测量 6 号主变器和 4 号主变压器铁芯接地电流,两台主变压器铁芯接地电流均为 1 mA,且 4 号主变压器温度并不高,因此可以判定 6 号主变压器不存在铁芯接地的故障。

### 3.3　6 号主变压器潜油泵检查情况及分析

主变压器冷却方式为强迫油循环水冷,通过对 6 号和 4 号主变压器三台潜油泵进行起停试验,检查潜油泵出口油流量,6 号和 4 号主变压器潜油泵出口油流量相同,可以判定 6 号主变压器潜油泵运行正常。

### 3.4　6 号主变压器冷却水系统检查及分析

通过比较 6 号主变压器和 4 号主变压器的冷却水流量,两台主变压器冷却水流量基本相同,每小时约为 300 L/h,对各阀门进行开关试验,流量变化情况基本一致,检查 6 号主变压器冷却水排沙箱,进水和出水的压差在 0.02 MPa,没有超过设计允许的 0.06 MPa 范围。经检查、对照和分析,主变压器冷却水系统阀门、管路没有堵塞现象,可判定 6 号主变压器冷却水系统运行正常。

### 3.5　6 号主变压器冷却器热交换器检查及分析

通过对 6 号主变压器和 4 号主变压器冷却器热交换器进口和出口油管路温度进行测量,发现 6 号主变压器冷却器进口和出口油管路温差约为 2 ℃,4 号主变压器冷却器进口和出口油管路温差为约4 ℃,初步判定是由于6号主变压器冷却器热交换效率降低,冷却效果不好,导致6号主变压器温度高于其他主变压器的温度。

## 4　6号主变压器温度偏高处理

主变油冷却器共有三组,正常情况下为1组主用、1组备用、1组辅助的运行方式。通过对6号主变压器1号冷却器进行分解检查,6号主变压器冷却器铜管没有杂物堵塞,但在铜管内壁附着了非常细的黄泥,经对冷却器铜管内壁清理后恢复运行,测量冷却器热进口和出口油管路温度,温差约为5 ℃,随即又对2号和3号冷却器铜管进行了清理,三组冷却器全部清理完成后,6号主变压器温度明显降低(详见表2),温度下降约10 ℃,6号主变压器温度偏高问题得到解决。

**表2　6号主变冷却器处理后与4号主变对比**

| 序号 | 日期（月·日） | 4号主变压器 | | | 6号主变压器 | | |
|---|---|---|---|---|---|---|---|
| | | 冷却器运行方式 | 负荷（MW） | 油温（℃） | 冷却器运行方式 | 负荷（MW） | 油温（℃） |
| 1 | 10.30 | 一主用、一辅助、一备用 | 296 | 47 | 一主用、一辅助、一备用 | 289 | 44 |
| 2 | 10.31 | 一主用、一辅助、一备用 | 320 | 40 | 一主用、一辅助、一备用 | 296 | 43 |
| 3 | 11.01 | 一主用、一辅助、一备用 | 230 | 45 | 一主用、一辅助、一备用 | 230 | 39 |
| 4 | 11.02 | 一主用、一辅助、一备用 | 193 | 47 | 一主用、一辅助、一备用 | 200 | 41 |

## 5　补充措施

(1)6号主变压器冷却器经处理后,变压器温度明显降低,下一步电厂将安排对其他主变压器冷却器进行清理。

(2)加强设备运行管理,修订检修维护规程,将主变压器冷却器清理纳入检修维护规程中,定期进行清理。

(3)在冷却器进出油管路加装测温装置。

(4)开展技术改造,研究在线进行清理主变油冷却器的装置,开展在线清理。

## 6　结　语

小浪底水利枢组6台主变压器已连续运行10余年,但一直未进行彻底解体检修,受黄河水多泥沙、管路锈蚀、管壁结垢等因素影响,主变油冷却器热交换效果降低,存在较大的安全隐患,为保证主变压器的安全可靠运行,将利用机组A级检修的机会对6台主变压器油冷却器进行彻底的清理和修复,保证其良好的冷却效果,保证主变压器安全运行。

# 小浪底反调节电站厂用400 V联络开关误跳分析与启示

李银铛 李一丁 成超 周明

（小浪底水力发电厂 河南 济源 459017）

**摘要**:浪底反调节电站是黄河小浪底水利枢纽的配套工程,位于小浪底工程下游16 km处。工程开发任务以反调节为主,结合发电,兼顾供水、灌溉等综合利用。装有4台35 MW轴流转桨水轮发电机组,采用两机一变扩大单元接线升压至220 kV接入电网,总装机容量140 MW,年发电量5.83亿kW·h。2007年在小浪底反调节电站投产初期进行厂用10 kV开关调试工作时,发生一起厂用400 V联络开关误跳事件,运行值班人员迅速启动预案,及时处理,避免了全厂失电和机组非计划停运等不良后果。事后对照小浪底反调节电站厂用400 V联络开关控制回路图,对联络开关误跳的各种可能的原因进行查找,包括备自投装置动作条件、上位机或者公用系统LCU、手动分闸按钮、保护动作等,并逐一进行分析,排除其他一些不可能的因素,最终查找出是开关保护装置存在问题,总结经验教训,对于今后的设计、施工、调试安装、运行管理、试验操作等工作都有一定的指导和借鉴意义。

**关键词**:小浪底反调节,厂用电,开关误跳,分析与启示,上位机

## 1 小浪底反调节电站概况

小浪底反调节电站是黄河小浪底水利枢纽的配套工程,位于小浪底工程下游16 km处。工程开发任务以反调节为主,结合发电,兼顾供水、灌溉等综合利用。装有4台35 MW轴流转桨水轮发电机组,采用两机一变扩大单元接线升压至220 kV接入电网,总装机容量140 MW,年发电量5.83亿kW·h。

## 2 运行方式

厂用电接线情况如图1所示。

电站厂用电系统包括35 kV、10.5 kV、400 V三个电压等级。其中,35 kV电源引自110 kV东河清变电站的35 kV母线,电站完全投运后,该电源经FT21变压器连接至7#、8#机出口共箱母线上,但因当时电站未竣工,所以临时接在厂用10.5 kV Ⅱ段的一个备用开关上,处于热备用状态。

10.5 kV系统由2段组成,Ⅰ段经隔离变压器FT11连接至7#、8#机出口共箱母线上,II段经隔离变压器FT12连接至9#、10#机出口共箱母线上,两段之间独立运行,设置带有备自投功能的联络开关F121G。由于当时只有10#机投产发电,10.5 kV Ⅰ段尚未形成,所以只有10.5 kV Ⅱ段带电运行,并且10.5 kV下所带的400 V厂用电(包括厂用400 V和坝用400 V)也是由Ⅱ段通过联络开关联络Ⅰ段运行。

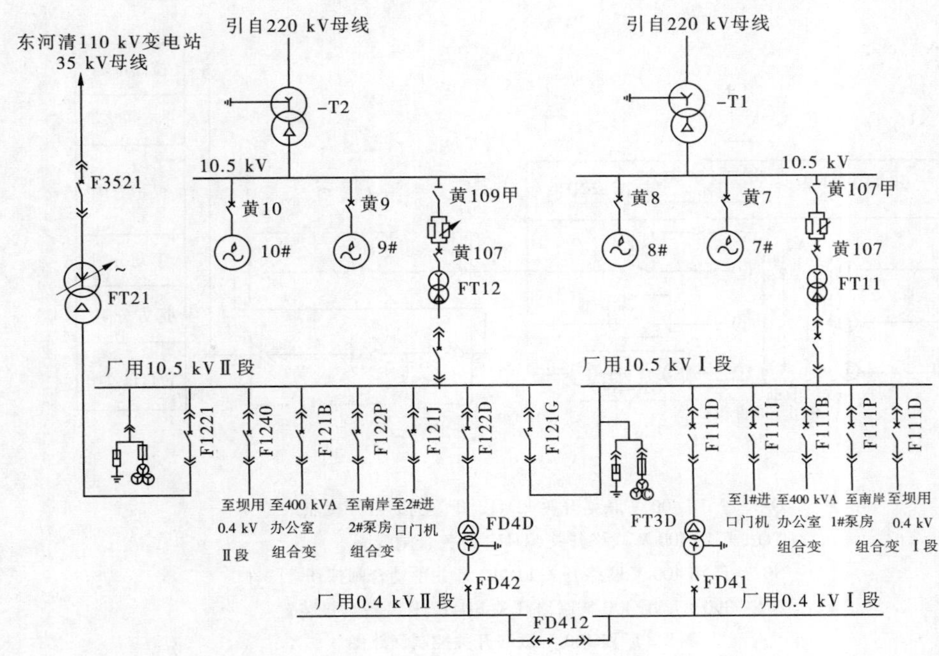


**图1　厂用电接线图**

## 3　问题出现

2007 年 7 月 17 日 16 时 05 分监控系统调试人员进行 10.5 kV 一段 F111B、F111P、F111D 开关调试工作。16 时 29 分监控系统上位机突然出现大量厂用电和公用系统报警信号。值班人员到达厂用 400 V 配电室查看，发现厂用 400 V 联络开关 FD412 已跳闸，厂用 400 V Ⅰ段母线失电，但联络开关 FD412 无任何异常，保护装置上无任何报警信号，并且其控制方式在“手动”位。现地手动合上厂用 400 V 联络开关 FD412 恢复对厂用 400 V Ⅰ段母线供电，随即厂用 400 V Ⅰ段母线所带负荷恢复正常，所有相关报警复归。

根据厂用 400 V 联络开关控制图（见图 2）可分析得出的原因有：备自投动作或者有保护装置等开出分闸命令。

## 4　问题查找

对可能的原因进行逐一分析：

(1)满足联络开关备自投装置动作条件，备自投装置输出分闸命令。

厂用 400V 联络开关 FD412 开关备自投装置要启动分闸，其控制方式须在“备自投”位，但在此期间厂用 400 V 联络开关 FD412 控制方式在“现地”位而并未在“备自投”位，且厂用 400 V Ⅱ段进线带电，厂用 400 V 一段进线不带电，也不符合备自投装置分闸条件，该合闸回路在软件和硬件上都不能导通。

(2)上位机或者公用 LCU 向其发出分闸命令。

如果是上位机或者公用 LCU 向其发出合闸命令，厂用 400 V 联络开关 FD412 控制方式须在“远方”，但 FD412 与监控系统的控制点当时并未接入，上位机和公用 LCU 二者均无法

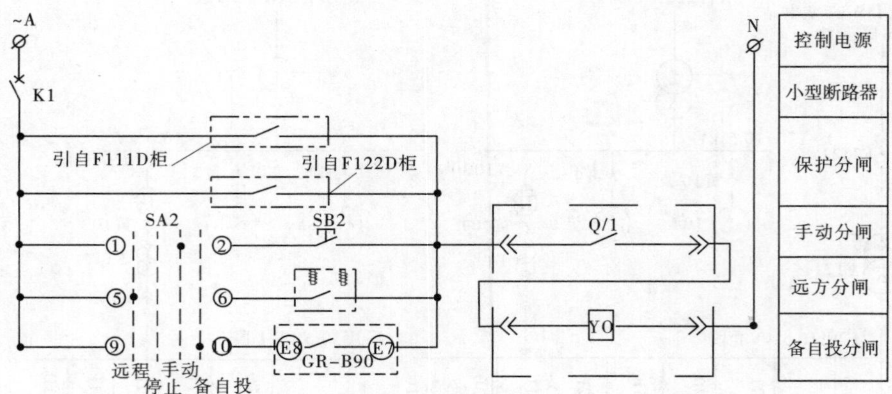


Q/1　厂用 400 V 联络开关 FD412 开关辅助常开接点
YO　厂用 400 V 联络开关 FD412 开关合闸线圈
SB2　厂用 400 V 联络开关 FD412 开关手动合闸按钮
GR－B90　厂用 400 V 联络开关 FD412 开关备自投装置

**图 2　厂用 400 V 联络开关控制回路图**

实现对该开关的控制，期间又无任何人在上位机或者公用 LCU 上做任何与该联络开关相关的操作，同时厂用 400 V 联络开关 FD412 控制方式在“现地”位。

（3）手动将厂用 400 V 联络开关 FD412 开关分闸。

期间，工程虽然处于施工期，出入人员比较复杂，但厂用高低压配电室及相关房间均已按相关安全生产规定上锁，并无任何无关人员进入厂用 400 V 配电室，同时值班人员也并未在此期间进入配电室做任何操作，所以也不可能是手动分闸。

（4）10.5 kV Ⅱ段至厂用 400 V Ⅱ段进线开关 F122D 开关保护动作启动分闸。

事后检查，F122D 开关保护装置上并未有任何保护动作和异常报警信号，并且 F122D 开关保护装置已经传动试验正常，并且在此期间并无任何人进行与 F122D 开关有关的工作，所以也不可能是 F122D 开关保护动作使厂用 400 V 联络开关 FD412 开关分闸。

（5）10.5 kV Ⅰ段至厂用 400 V 一段进线开关 F111D 保护动作启动分闸。

10.5 kV Ⅰ段所有开关包括 F111D 开关并未投入使用，且与 10.5 kV Ⅰ段至厂用 400 V Ⅰ段进线开关 F111D 相连的厂用 400 V Ⅰ段进线开关 FD41 并未合闸投入使用，不符合 F111D 开关保护动作条件。期间，监控系统调试人员正在对 F111D 开关进行调试，经调查询问得知，监控系统调试人员正在调试 F111D 开关与上位机之间的通信，同时，检查保护动作跳开 F111D 开关后上位机出现的报警信号等相关工作。

## 5　结　语

从上述分析可知，（1）、（2）、（3）均因控制方式在“手动”位加以排除；（4）因已做过调试及保护校验正常并且在此期间 F122D 开关并无任何工作，也可加以排除；（5）的可能性最大，当时 F111D 开关正在进行保护、控制、通信的调试工作，很有可能是在调试过程中程序发出了分闸命令。事后经联合检查发现确是 F111D 保护程序存在缺陷,导致在做 F111D 开关调试时误跳厂用 400V 联络开关 FD412。在更新优化 F111D 开关保护程序后,经多次试验均动作正常,且未再次出现误跳厂用 400 V 联络开关及其他开关的异常情况。

## 6 启 示

(1)用户在设备选型时应采用成熟的、经多次试验合格的设备,摒弃不成熟的设备。

(2)用户应严格审核设计图纸,杜绝设计缺陷。

(3)值班人员严格审核试验方案,确保各项措施全面、安全、准确、可靠。

(4)值班人员应根据设备运行情况合理安排试验程序,确保未经试验检验合格的设备不得投入运行。在做类似厂用电等对全厂安全稳定运行有较大影响的试验时要做好危险点预控,编制好事故处理预案,并与各方积极协调,以应对各种突发事件。

(5)值班人员在做设备试验时要通知相关工作部门,如遇异常情况无论是否与本工作有关均应立即停止工作,保护现场,待查明原因后再继续工作。

(6)值班人员在试验结束后应做好数据分析,并在设备试验数据合格后方可投入运行,并将各设备状态、接线等恢复到正常状态,同时应将该设备的注意事项做详细交代和说明。

(7)值班人员在设备试运或投运过程中应掌握该设备的投运注意事项,熟悉投运方案,密切注意设备各特征参数的变化,以确保人身、设备、电网的安全。

# 水利水电复杂环境下水下清理技术的应用

胡　洋[1]　王大江[2]　姜骏骏[1]

（1. 杭州华能大坝安全工程技术有限公司　浙江　杭州　310014；
2. 长江勘测规划设计研究有限责任公司水利水电病险工程治理咨询研究中心　湖北　武汉　430010）

**摘要**：水利水电工程中进行的水下清淤工程与常见的河道清淤及整治工程在边界条件上有巨大差异，因此，水利水电工程中进行的清理工程需要应用更多更复杂的相关技术才能成功实施。本文针对几种常见的水下复杂环境条件，阐述水利水电工程中清淤技术应用应注意的技术问题，并结合相应工程案例，介绍几种具有针对性的障碍物及淤积物清理方法，为后续类似工程提供一定的借鉴。

**关键词**：水利水电工程，水下清淤，潜水作业

## 1　引　言

水利水电工程所涉及到的清淤工程，往往关系到水库及各水工建筑物的安全正常运行，进而影响到水利水电枢纽能否完全发挥其设计的效益。尽管为应对建成水库的泥沙问题，水利水电枢纽大多设有冲沙、排沙建筑物，且会根据所处河流泥沙环境进行相应的冲排沙、拉沙操作，但在遇到意料之外或特殊的障碍物、淤积物时，必须进行专项的清淤作业。

河道疏浚及整治工程中的水下清淤作业，采用的清淤方法通常包括：形成干地施工条件的土石方直接开挖法、利用挖掘机直接水下开挖法、水力冲挖结合泥浆泵抽排法等。这些清淤方法中，又以挖泥船应用最为普遍。例如：耙吸式挖泥船，它通过置于船体两舷或尾部的耙头吸入泥浆，以边吸泥、边航行的方式工作。耙吸式挖泥船适宜在沿海港口、宽阔的江面和船舶锚地作业；链斗式挖泥船是利用一连串带有挖斗的斗链，借助导轮的带动，在斗桥上连续转动，使泥斗在水下挖泥并提升至水面以上，同进收放前、后、左、右所抛的锚缆，使船体前移或左右摆动来进行挖泥工作；绞吸式挖泥船是在疏滩工程中运用较广泛的一种船舶，它是利用吸水管前端围绕吸水管装设旋转绞刀装置，将河底泥沙进行切割和搅动，再经吸泥管将绞起的泥沙物料，借助强大的泵力输送到泥沙物料堆积场。上述清理方法，往往适合于淤积物成分简单、水深较浅的环境。水利水电工程中往往由于其自身的工程特点，清淤水深很容易就超过了挖泥船的作业极限，加上水下环境特别复杂，因此必须采用适应环境特点的清淤方法才能达到预期效果。

水利水电工程降低水位运行造成的经济损失及社会影响巨大，许多工程也并不具备放空条件，障碍物及淤积物清理工作无法创造干地施工条件，必须在水下进行。水工建筑物附近水下结构物及水流条件复杂，而且水下情况无法直接观察，障碍物、淤积物的类型也差别

很大，因此，清理工作需要结合这些特点科学地制定针对性强的清淤方案。

## 2　水利水电工程水下清淤的特点

水利水电工程水下清淤的深度较大。由于水工建筑物拦、蓄、泄水的作用，工程周围的水深往往大于自然状态下河流的水深。由于水轮机吸出高度、部分消能建筑物设计要求等限制，大型水利水电工程挡水建筑物下游水深可达数十米；挡水建筑物上游更是很容易就达到一两百米的水深，部分超高坝的上游水深甚至可达近300 m。挖掘机直接水下开挖法等常规河道清淤方法显然已不能直接应用。

需要清理的障碍物、淤积物的类型和组成复杂。除自然河道里常见的粒径大小不一的悬移质、推移质外，还有体积很大的障碍物会在水流急剧变化的条件下堆积在水工建筑物附近。若工程处于建设期或是水库首次蓄水，水下还经常存在如竹跳板、脚手架钢管、木模板等建筑垃圾以及河岸首次淹没带来的木桩等自然垃圾或生活垃圾。

水下障碍物、淤积物清理工程按照工程所处时间阶段，可分为工程建设期的水下清淤和工程运行期的水下清淤。工程建设期清淤的特点是清淤目标类型和组成复杂、技术难度大、工期要求紧。工程运行期的水下清淤工作清淤目标类型和组成相对单一，但可能由于未能完全摸清河流泥沙冲淤特性或准确预测工程附近水流流态，在建成工程的特定部位形成了模式固定的淤积情况，淤积量十分巨大甚至影响到水库的有效库容。在一些无法从根本上解决这一问题的工程上，需要定期进行清淤作业。上述条件构成了复杂的水下作业环境。下文针对三种各具特点的水下环境，结合工程实例进行相关高难度清淤技术的介绍。

## 3　大方量复杂淤积物的清理

向家坝水电站是金沙江水电基地最后一级水电站，电站总装机容量640万kW，多年平均发电量308.8亿kW·h，是我国“西电东送”的骨干电源点。向家坝左岸坝后厂房设尾水出口共8孔，每孔设置1道检修闸门门槽，每槽设置1扇平面滑动检修闸门，其孔口宽度12.5 m，孔口高度13.2 m，底板高程233.25 m，下游平段底板高程261 m。

2013年7月22日对坝后厂房尾水闸闸门门顶及底槛水下淤积情况进行检查发现，闸门顶及闸门下游侧淤积情况严重，闸门基本被淤积物覆盖，闸门下游侧淤积与闸门顶齐平（见图1）。后经测量队复测，闸门下游侧平均淤积厚度在15 m左右。水下淤积物的主要类型有混凝土块、钢管、脚手架管件、竹跳板、沙石等。向家坝电厂已定于2013年9月15日提1号机组左、右孔尾水闸门进行机组有水调试，因此该水下清理工程必须在9月10日前完成。

该工程的技术难度主要包括：

（1）淤积物成分复杂：潜水探摸结果表明，闸门前淤积物中除泥沙外，还含有混凝土块、钢管、脚手架管件、竹跳板等建筑垃圾，无法采用单一的手段进行清淤作业，大大降低了清淤的工效。

（2）施工水域涌浪影响：汛期泄水闸每天下泄10 000 $m^3/s$的流量。由于坝后尾水闸门下游侧与外界相连，下泄流量回水造成坝后厂房尾水闸2～3 m的高涌浪，水下7～8 m仍有暗涌，给水面作业平台提出了更高的抗浪要求，也给潜水员的下水作业、水下减压等带来很大困难（图2）。

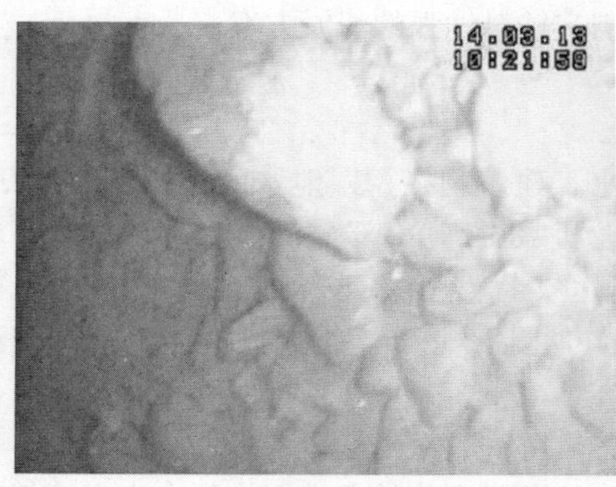


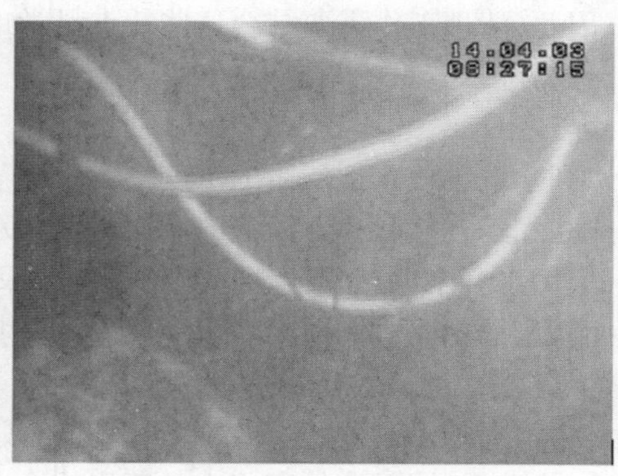


图1　水下检查发现大量类型复杂的淤积物

(3)水下作业水深较大:本项目作业水深在20～37 m,金沙江、长江中游等常见的抓扬式、绞吸式等机械挖泥船难以应用。

(4)现场施工布置困难:受到拆除港机作业影响,现场2台300 t履带吊占据很大空间,水下清理作业开始后现场施工布置协调难度较大。

(5)淤积方量巨大、工期要求紧:水电站下游在较短时间内有如此大的淤积方量和淤积厚度,国内外均属罕见。施工开始时距1#机组调试发电约25 d,作业时间特别紧张。

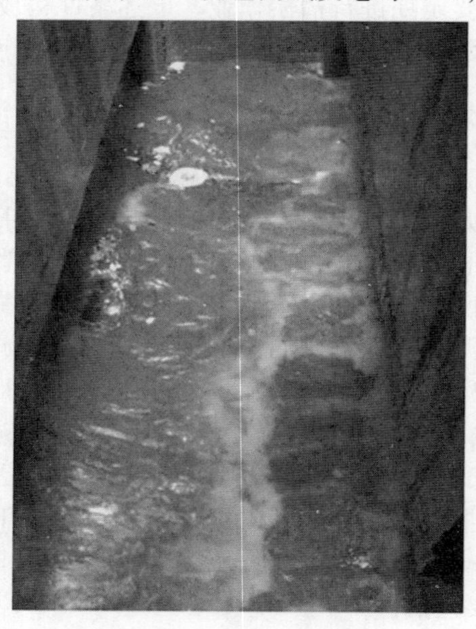

图2　向家坝尾水口涌浪情况

由于上述施工边界条件十分复杂,技术人员反复讨论后编制了针对性强的技术方案,决定采用大功率高效深水清淤系统协同气力提升清淤系统,同时辅以大容量深水抓斗清理夹杂的建筑垃圾的方式进行施工。具体的水下清淤作业的总体思路是:先组织抓斗清渣将较大杂物清理干净,然后由潜水员配合,水下操控气力提升清淤系统和深水清淤机在下游侧外围跟进清理。气力提升清淤系统适用于清理中等粒径大小的杂物,而清淤机则能够以较高效率清理颗粒较细的碎石、泥沙淤积物。为提高工作效率，清淤机采用自上游而下游的方向进行作业，将清淤区域划分成若干条带进行移动清淤。针对板结的土体或清淤机无法进入的死角，通过设置在泵端的高压射水枪对板结层进行松动、对死角淤积物进行扰动，最大可能地清除淤积物。但是由于清淤机的尺寸较大，无法保证局部死角部位泥沙能够彻底清理干净。

面对不利施工条件，施工中采取了各专项措施保障清淤作业能够高效顺利进行。为减少涌浪对作业平台的影响，采用钢桁架和起重设备将作业平台进行悬挂，钢桁架底部设置小车。使平台及深水清淤机能够移位。同时，在闸门槽顶部混凝土构筑物设置地锚对桁架进行锁定，通过布置在平台的卷扬机进行固定，平台上安装扒杆，用于清淤机的提升与下放。为减少涌浪对潜水作业的影响，潜水员随吊笼直接下至水面以下，确保潜水员进出水面及水下作业的安全。针对淤积物类型复杂的情况，在尽量清除较大杂物的前提下，万一发生清淤机堵管的问题则立即按照制定好的应急预案予以排除。正常情况下管道内泥沙浓度可达到10%～30%（体积比），可通过进料管的进水量、入土深度来进行调节，遇有轻微堵塞时还可通过反转倒抽、提升泵体等多种办法进行排堵。在上述方法还不能排堵时，需将管路重新拆装排除堵塞。

清理过程中发现，水下淤积物在其成分及水流的作用下呈现分层的特征。其分层结构为：最深处的1～2 m为板结层，其密度较大，相互胶粘不易打散；往上为5～7 m的淤泥层，其自稳性差，水下稳定坡度很缓；再往上为约0.5～1 m的不透水粉砂层，其透水性差，整体硬度较大；然后是4～5 m的土渣层，其结构较松散，成团块状，其中夹杂部分杂物；最顶层1～2 m是以树枝、混凝土块、竹跳板及钢管等建筑垃圾相互混杂的杂物层。这种分层结构不仅给清淤方式的适用性提出了挑战，必须适时调整采用合适的设备和方法进行清淤，而且使水下淤积物的稳定坡比变得难以确定（图3）。

**图3　淤积物局部取样呈现分层结构**

由于水下清淤过程中必须保证潜水员水下作业的安全，同时要尽量减少淤积物的回淤量，清理淤积物放坡的坡度应尽量平缓防止边坡垮塌，但坡度过于平缓又会大幅增加清淤工作量。因此，合适的水下清理放坡坡比应该稍缓于该类型淤积物的自稳坡比。水下淤积物的自稳坡比在各类标准规范内均无涉及。相关的《建筑边坡工程技术规范》（GB 50330—2013）中，有水上干地条件下的坡率法可供计算，但其最差工况为黏性土（硬塑），而本项目实际工况为淤泥质沉积物与建筑垃圾等杂物的分层堆积体,其自稳能力更差。规范中坡率允许值是在“土质均匀良好、地下水贫乏、无不良地质作用和地质环境条件简单时”取得的,而本项目工况环境为淤积层顶部位于水下20至37 m,显然无法直接应用,且水域浪高2~3 m对水下边坡稳定的扰动作用,也无法定量确定。实际施工时,在清淤由浅及深的过程中采用由陡至缓逐渐削坡的方式进行控制,同时潜水员在坡顶观察边坡的稳定情况,不发生较大范围垮塌时即接近稳定坡比,进一步适当削坡后即可基本保证边坡稳定。当日工作结束前,潜水员测量水下边坡坡比,次日工作前再进行一次复测,若坡比未发生改变则可确定该坡比为稳定坡比,若发生轻微滑坡坡比变缓则以较缓坡比作为稳定坡比。这种方法较好的保障了潜水员水下作业的安全,同时能够相对高效地确定坡比参数。

最终清淤作业完成后发现此分层状态下的淤积物回淤比例约为25%,自稳平均坡比约为1∶3.8,这也与过往工程经验得到的沙、泥、土类淤积物水下稳定坡比在1∶3~1∶5之间相符合。水下淤积物的自稳坡比应进行更多的实验及理论研究,找出一个更加科学的计算方法,以便在类似项目开始施工前进行相关预估。

经过20余天的连续作业,该工程在1#机组有水调试前完成了规定的清淤,保障了机组按时并网发电。1#机组顺利投产以后,又进行了2#~4#机尾水的清淤工作,取得了良好的效果(图4)。

图4　清理完成后水下录像

## 4　单块大体积堆积物的清理

溪洛渡水电站是一座以发电为主,兼有拦沙、防洪和改善下游航运条件等综合利用效益的巨型水电站。挡水建筑物为混凝土双曲拱坝,坝顶高程610 m,最大坝高278 m,坝顶弧长698.07 m。水库正常蓄水位600 m,死水位540 m,水电站总装机1 260万千瓦,年发电量571.2~640亿kW·h。

溪洛渡水电站1~6号导流洞尾水门下闸封堵前,发现门槽区淤积深度超过3 m,泥砂中夹杂着大量大体积块石,单块重达17.5 t的块石被卡住门槽内。采用气力提升清淤系统结合水下钻孔等技术进行清淤。气力提升清淤系统的基本工作原理是,运用高压空气管(U型管)往清淤管吸浆管口加压(回旋),使水下清淤管内产生负压,从而使水流带动泥砂及小粒径杂物至清淤管出口排出。采用上述施工方法使清淤施工效率大幅提高,工期和成本大幅下降，颠覆了传统施工技术筑围堰抽水排干施工的方法，极大地降低了施工工期和工程投资。

根据水下检查情况，潜水员使用高压水枪将密实的淤积物冲散后，对于人力能搬动的大粒径块石（杂物），由潜水员搬至吊笼，集中吊出；对于较大块石，分别采取：

（1）由吊机下钢丝绳至水中，潜水员下水绑住块石，然后由吊机吊出；通过安装定滑轮，保证起吊平稳，方便洞内吊装（图5）；

（2）钢丝绳无法绑住的特大块石，则由潜水员水下打钻孔，安装吊环，然后由吊机吊出；

（3）对于较厚的泥砂淤积，采用空气气力提升法清淤。

图5　安装定滑轮方便提吊大块石

导流洞清理工作分两个阶段进行：第一阶段自2011年10月22日至12月24日，完成1#、4#、5#及6#导流洞检查及清理；第二阶段自2012年2月25日至4月9日，完成2#及3#导流洞较大块石清理，其中2#清理出127块，3#清理出27块（图6）。

图6　清理出的较大块石

## 5　大深度淤积物的清理

三峡地下电站位于三峡右岸大坝“白石尖”山体内，安装6台70万kW的水轮发电机组，机组一旦全部启动，将“吃掉”水库汛期“弃水”，多产出37亿度电量，使三峡水量利用系数超过90%。

在地下电站发电机组过水发电之前，需对地电进水口处的淤积物进行全面清理，保证水轮机组正常引水发电。自2009年7月8日开始，实施了为期38 d的水下清淤工程，潜水员水下作业累计 13 469 min 清淤工程量接近 3 000 $m^3$。此清淤工程最大作业水深达 57 m。

2014 年,为实现三峡地下电站机组进水口拦污栅正常运行工况,需要将放置于后一道备用栅槽内的 34 扇拦污栅提出,放入前一道的工作栅栅槽中。由于拦污栅在水下停放时间较久,有大量杂物卡阻在拦污栅栅格上,部分位置还有渔网等杂物。拦污栅底槛上也淤积了包括大树干、树枝、渔网、建筑垃圾等大量的杂物。在栅体提起及下落过程中由于栅槽有异物、拦污栅水生物附着严重、淤积物等原因,容易产生卡阻现象。因此,在三峡地下电站六个进水口拦污栅倒栅过程中,需实施水下淤积清理项目。该作业水深达 53 m,清淤量达 6 000 $m^3$。

上述两项清淤工程,作业深度已接近国标规定的空气潜水极限,必须采用特殊的技术及安全措施,保证工程的顺利进行。

大深度潜水作业水下作业时间短、功效低。为提高整体清淤效率,采用的清淤方法为:对于一般杂物,潜水员直接将其移动至上游库底;对于不能迅速清理的树干及渔网,潜水员先携带细绳将树干或渔网绑住,绳子另一端绑在坝顶的汽车吊上,然后通过汽车吊将树干或渔网吊出水面。

大深度潜水作业水下作业安全风险高,需要严格执行合理的减压程序。为此配备了减压舱。为了最大限度利用工作时间,同时考虑到潜水作业的安全,采用水下工作 20 min,水下减压 30 min,减压舱减压 30 min 的施工方案进行施工。施工中每天在潜水员下水前进行专项的工作任务技术交底和应急脱险措施技术交底,确保清淤工作安全顺利开展(图 7)。

图 7 潜水员下水前进行专项安全及技术交底

第二次水下清淤工程自 2014 年 2 月 20 日正式开工,2 月 21 日开始潜水作业。为使潜水员更好地适应深水作业环境,开始阶段人为控制清理速度。2 月份完成清理 28#机组拦污栅 4 扇。3 月,潜水员已完全适应深水作业环境并熟悉各个工序,每天可清理一个拦污栅。3 月份完成清理 28#、29#、30#、31#、32#机组拦污栅 25 扇。由于 4 月三峡电厂受国调统一安排进行发电,原本定于 4 月 8 日开始的 27#机组拦污栅清理工作延后到 4 月 24 日。4 月份完成清理 27#机组拦污栅 5 扇。至 4 月 28 日完成全部工程,共计 34 扇拦污栅。

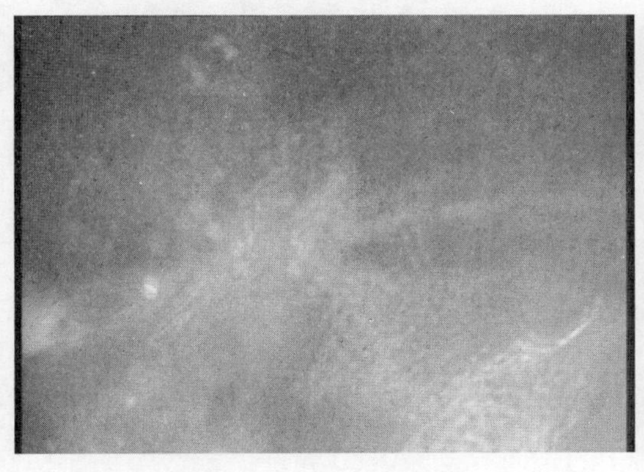

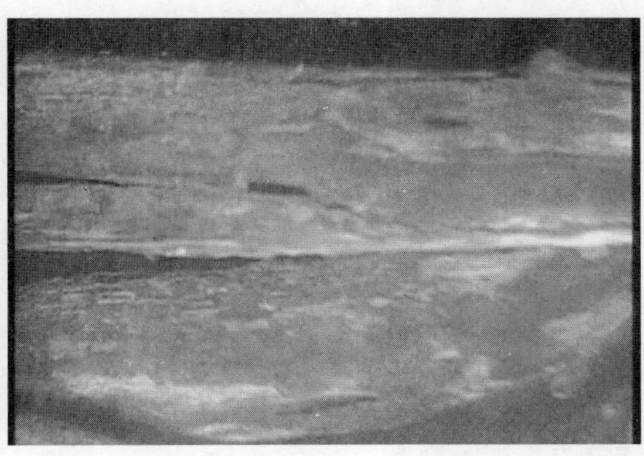

图8　清理前拦污栅底槛上的渔网、树干等杂物

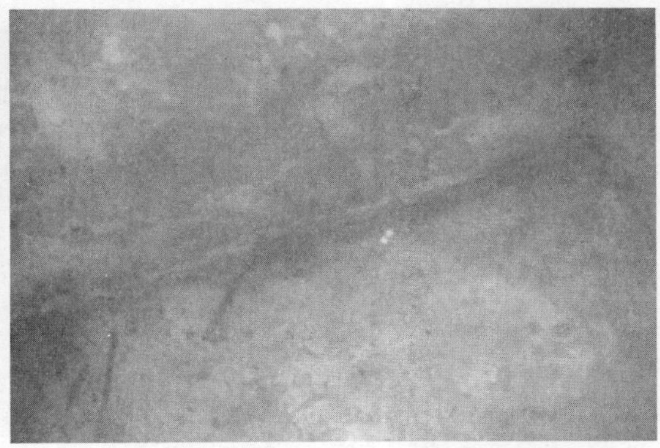

图9　清理后的底槛、栅槽部位情况

## 6　结　语

水利水电工程由于其复杂的环境条件,各清淤工程情况差异很大,采用任何单一的方式均无法达到良好的清淤效果。本文结合3个工程实例,介绍了不同条件下水下障碍物、淤积物清理过程中应该注意的技术问题。上述工程案例说明,清淤方法是否很好地适应水下施工作业环境是清淤工程能否达到理想效果的关键,类似工程在选择清淤方法时可借鉴相关思路。同时,随着国内高坝大库建设如火如荼,例如超过常规普通空气潜水极限的大深度清淤、超大淤积方量的高效快速清淤、水下不同类型淤积物稳定坡比的确定等高难度清淤技术相关课题也亟待研究。

### 参考文献

[1] 封光寅,等. 丹江口水库排沙清淤方法探讨[J]. 南水北调与水利科技, 2003(05):36-38.

[2] 黄树友, 藤显华,王显彦. 新安江水电站尾水河道清淤试验与研究[J]. 长春工程学院学报(自然科学版), 2004(04): 16-18,48.

[3] 李兆峰,杨小卉. 太平湾水电站尾水渠清淤工程管理及效益分析[J]. 大坝与安全, 2005(01): 67-69.

[4] 何亮,龚涛. 中小型水库清淤措施研究进展[J]. 黑龙江科技信息, 2008(04):46.

[5]. 张壮志,刘畅快. 多波束测深系统在葛洲坝导沙底坎清淤中的应用[J]. 大坝与安全, 2011(06): 13-

16.
[6]. 董先勇,等. 小湾水电站施工期坝下游河道淤积及清淤研究[J]. 泥沙研究, 2010(05): 41 - 47.
[7] 王述前,范峥. 江阴 SJS 系列气力泵为三峡水库清淤[N]. 江阴日报,2005:1.
[8] 郭玉志. 科研创新破解世界深水清淤难题[N]. 中国企业报,2009:8.

# 守口堡水库胶凝砂砾石坝防渗和排水体系研究

杨晋营　燕荷叶　王晋瑛　张海龙

（山西省水利水电勘测设计研究院　山西　太原　030024）

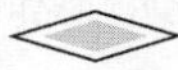

**摘要：**通过对比分析，借鉴碾压混凝土坝和混凝土面板堆石坝的设计，确定了守口堡胶凝砂砾石坝的防渗排水体系。防渗体系由常态混凝土面板和坝基灌浆帷幕构成，排水体系由坝体竖向无砂混凝土管和坝基排水孔幕、排水廊道构成。采用的防渗、排水结构，满足了守口堡胶凝砂砾石坝防渗和耐久性要求，可为胶凝砂砾石坝设计提供借鉴经验。

**关键词：**守口堡水库，胶凝砂砾石坝，防渗排水体系

## 1　引　言

守口堡水库位于山西大同阳高县黑水河上游，水库总库容980万$m^3$。采用胶凝砂砾石筑坝，是我国第一座应用胶凝砂砾石筑坝技术的永久性建筑物，最大坝高61.6 m，最大坝长366 m，坝顶宽6 m，坝体断面型式为梯形，上、下游坝面坡比1:0.6。

根据守口堡水库胶凝砂砾石试验，未掺外加剂的胶凝砂砾石抗渗等级可达到W8，抗冰冻性能差，不足F25；掺外加剂后，胶凝砂砾石抗渗等级可达W12，但抗冰冻指标低于F75[1]。表明胶凝砂砾石具一定的抗渗能力，但抗冰冻性能差。为了保障大坝长期运行安全，守口堡胶凝砂砾石坝上、下游坝面设置了防渗保护层，形成了类似RCD工法的“金包银”防渗结构[2]。本文通过面板堆石坝、碾压混凝土坝等坝型的防渗排水体系对比分析，就守口堡胶凝砂砾石坝防渗排水体系设置进行了研究。

## 2　几种坝工的防渗排水体系比较

### 2.1　碾压混凝土坝

据统计，国内外已建成的碾压混凝土重力坝主防渗体系由坝体防渗结构和坝基灌浆帷幕构成。坝体防渗结构主要有混凝土防渗结构和高分子材料防渗结构两大类，而常用的是混凝土防渗结构。视坝高不同，混凝土防渗层的横缝设置一道、两道或两道以上止水，材料包括止水铜片和橡胶止水带。

排水系统则是由设置在坝体防渗层后的排水孔幕和坝基排水孔幕组成。

### 2.2　面板堆石坝

面板堆石坝的主防渗体系由趾板、面板、坝基灌浆帷幕（或防渗墙）等构成。其中，混凝土面板是设置在坝体垫层上的主要防渗结构，为适应坝体变形、气温变化为了防止这些应力对混凝土面板产生危害，而对面板及其周边进行合理的分缝形成接缝，所有接缝必须按照不

同接缝的特点设置相应的止水,防止产生渗漏,保证防渗体的连续性。视坝高的不同,分设顶止水、中止水和底止水。

混凝土面板堆石坝排水系统与碾压混凝土坝不同,对渗透性不满足自由排水要求的砂砾石、软岩坝体,通过设置排水区和反滤体来实现坝体自由排水的。

### 2.3 堆石混凝土坝

堆石混凝土坝作为胶结颗粒料的一种筑坝技术,目前正在逐步推广应用。材料试验表明,堆石混凝土具有较好的抗渗能力,但目前仍缺少这种材料的长期耐久性指标,为保证工程安全,上、下游面水下部分宜设置防渗层[3]。从山西省几座已建堆石混凝土坝来看,堆石混凝土坝多采用混凝土防渗面板和基础灌浆帷幕的防渗体系。混凝土防渗面板横缝止水采用"铜片止水+橡胶止水"结构型式。

和碾压混凝土坝类似,排水系统由设置在坝体防渗层后的排水孔幕和坝基排水孔幕组成。

## 3 守口堡水库大坝防渗体系研究

### 3.1 防渗体系方案

#### 3.1.1 守口堡胶凝砂砾石坝基本条件

守口堡胶凝砂砾石坝所处地区属于寒冷地区,极端最低气温达-29.9 ℃,最大冻土深度为1.43 m。大坝上游正常蓄水位为1 240 m,校核洪水位为1 243.1 m,坝体最大承压水头61 m。坝后河道水位很低(基本接近河底),且发生在汛期,下游坝面长期处于干燥状态。

利用胶凝砂砾石坝对基础条件可放宽的优点,守口堡胶凝砂砾石坝基础设置在弱风化层上部。根据地质资料,坝基岩体比较破碎,透水率一般为3.92~19.10 Lu,平均值8.61 Lu,大值平均值11.81 Lu,属弱~中等透水岩体。坝基工程地质条件适宜于设置防渗帷幕防渗。

#### 3.1.2 防渗体系方案

胶凝砂砾石坝是结合碾压混凝土坝和混凝土面板堆石坝的优点发展起来的一种新坝型,系采用碾压设备进行填筑的。坝体防渗可借鉴碾压混凝土坝和混凝土面板堆石坝的防渗结构。据统计,这两种坝型常采用坝面防渗与坝基防渗帷幕相结合的防渗体系。参照这两种坝型的防渗体系做法,结合守口堡水库胶凝砂砾石坝材料性能及工程地质条件,建立了与这两种坝型相类似的防渗体系,即坝面防渗和坝基灌浆帷幕防渗相结合的防渗体系。

### 3.2 防渗体系设计标准

防渗体系设计标准确定如下:

(1)大坝上游面多处于水位变化区,承压水头较大,坝面结构易产生冻融破坏,防渗结构的抗渗等级确定为W6,抗冰冻等级确定为F250。

(2)下游坝面地面以上(1 204 m高程以上)部分不受河道水位影响,长期处于干燥状态;以下部分置于地面以下,尽管受汛期洪水和地下水的影响,但坝后回填物具有保温保护作用。为此确定下游坝面防渗结构的抗渗等级为W4,抗冰冻等级为F150。

(3)坝基防渗帷幕透水率小于或等于5 Lu。

### 3.3　坝面防渗结构的确定

#### 3.3.1　几种防渗结构的比较

从已建工程来看，碾压混凝土坝、混凝土面板堆石坝、堆石混凝土坝坝面防渗采用混凝土防渗结构的比较多。这些混凝土防渗结构主要有常态混凝土和富胶二级配碾压混凝土、沥青混凝土。目前，国外已建胶凝砂砾石坝多数采用混凝土面板防渗，希腊的 Mykonos Ⅰ大坝、土耳其的 Cindere 大坝、日本的亿首(Okukubi)大坝等，均采用了混凝土面板防渗[4]。

守口堡水库胶凝砂砾石坝所处地区属于寒冷地区，多年平均气温 7.1 ℃，极端最低气温达 -29.9 ℃，最大冻土深度为 1.43 m。由于胶凝砂砾石的抗冻耐久性差，需将防渗、保护层结合起来考虑，厚度根据耐久性要求和施工要求确定。因此，在确定坝面混凝土防渗结构时，进行了常态混凝土和二级配碾压混凝土防渗、沥青混凝土防渗结构的比较，同时还研究了变态胶凝砂砾石和富浆胶凝砂砾石防渗层的可行性。

##### 3.3.1.1　常态混凝土防渗

在碾压混凝土坝发展的早期，大多数采用常态混凝土防渗结构，常态混凝土又分厚常态和薄常态两种，厚度分别为 2.5 ~ 3 m 和 0.3 ~ 1.0 m，这种防渗结构与日本采用 RCD 工法建造的碾压混凝土坝的防渗结构相同。目前，国外已建的几座胶凝砂砾石围堰多采用该种防渗结构形式，这种防渗结构具有很好的防渗效果，并且能够对胶凝砂砾石起到保护作用。

胶凝砂砾石坝采用常态混凝土面板防渗，需要处理好交叉施工问题。采用常态混凝土与胶凝砂砾石同时施工的方法，胶凝砂砾石碾压设备的振动力可能会影响未达强度的常态混凝土；如待常态混凝土达到强度时，则会影响胶凝砂砾石的填筑进度，而且由于混凝土形成的施工缝多，加大了施工缝处理的工作量，也不利于面板防渗。但当胶凝砂砾石坝体铺筑完成或填筑到一定高度时，再进行常态混凝土面板浇筑，一定程度上可减少施工干扰，甚至可采用滑模施工。

##### 3.3.1.2　二级配碾压混凝土防渗

采用二级配碾压混凝土防渗，结构简单、施工方便，可实现通仓碾压，适应胶凝砂砾石快速施工，防渗层与内部胶凝砂砾石之间的结合质量容易保证，并可以减少坝面混凝土的水泥用量，减小温度应力。近年来国内碾压混凝土坝防渗层普遍采用二级配碾压混凝土。如汾河二库、普定、江垭、棉花滩、沙牌等，取得了丰富实践经验和试验成果，而且汾河二库、普定、江垭等碾压混凝土坝钻孔压水试验的渗透系数均达到 $10^{-10}$ ~ $10^{-9}$ cm/s，能满足高坝的防渗要求。但二级配碾压混凝土离散性较大，为了防止部分碾压混凝土渗透层面直接与水库连通，则要求设置另一防渗结构以封闭碾压混凝土层面，同时要求该防渗结构具有良好的抗渗性和均一性[5]，也就是二级配碾压混凝土与变态混凝土组合防渗。

##### 3.3.1.3　沥青混凝土防渗

用于坝工防渗的沥青混凝土按施工方法分，有浇筑式沥青混凝土和碾压式沥青混凝土。浇筑式是在胶凝砂砾石坝上游面和护面板之间浇筑沥青混凝土作防渗层，浇筑式沥青混凝土防渗面板的厚度在 5 ~ 12 cm 范围内为宜[6]，常用于碾压混凝土坝、混凝土坝或砌石坝上游面的防渗。我国第一座碾压混凝土坝——福建坑口碾压混凝土坝就采用这种防渗结构。这种防渗结构适应变形能力大、防渗效果好、与坝体碾压混凝土施工互不干扰。碾压式沥青混凝土面板多用于土石坝，根据工程经验和目前施工技术水平，沥青混凝土面板坡度一般不宜陡于 1∶1.70，简式断面厚度一般在 12 ~ 20 cm，复式断面厚度一般在 20 ~ 40 cm[7]。

从已建工程经验来看，无论采用浇筑式还是碾压式，利用沥青混凝土作为防渗面板的厚度都不大，只能起到防渗层作用，就守口堡水库的气温条件，对胶凝砂砾石是起不到保护作用的。而且沥青混合料必须高温拌合、高温浇筑，且机械化施工程度低，浇筑时还须严格控制沥青混合料的流动性，操作不慎易形成渗漏通道。如我国第一座碾压混凝土坝——坑口重力坝就是采用这种防渗结构，但由于施工原因，致坝体某些结合部位产生渗漏[8]。

可见，沥青混凝土防渗结构在守口堡水库胶凝砂砾石坝是不适用的。

#### 3.3.1.4 变态胶凝砂砾石或富浆胶凝砂砾石防渗层

变态胶凝砂砾石为在铺筑胶凝砂砾石过程中，在上游面一定范围内的胶凝砂砾石中加入定量的灰浆，随后用振捣棒进行振捣。变态胶凝砂砾石的厚度和加入灰浆的配合比需要通过试验确定。这种防渗方式的好处是避免了对胶凝砂砾石坝体施工的干扰。富浆胶凝砂砾石指的是增加胶凝材料用量的胶凝砂砾石，工作性可以是干硬性或者是低流态塑性，有利于现场碾压施工的连续性和便利性。

在守口堡胶凝砂砾石坝坝体防渗研究中，对变态胶凝砂砾石和富浆胶凝砂砾石的力学性能和耐久性进行了试验研究[9]。试验结果表明，变态胶凝砂砾石 180 天龄期的变态胶凝砂砾石抗压强度为24.9MPa，轴拉强度为2.28 MPa，极限拉伸为$79\times10^{-6}$，弹性模量为32.2 GPa。富浆胶凝砂砾石 90 天龄期抗渗能达到 W10 以上，抗冻能抵抗 300 个循环，具有较好的抗冻、抗渗性能。

尽管变态胶凝砂砾石和富浆胶凝砂砾石的抗冻、抗渗性能的试验结果表明，能满足守口堡胶凝砂砾石坝的防渗保护要求，但仅仅是一个室内试验的初步成果，对其耐久性的认识还属于初级阶段，需进一步试验验证。

除此之外，变态胶凝砂砾石施工质量控制也是一个问题，例如加浆的均匀性以及砂砾石粒径对振捣的影响性等。事实上，在守口堡胶凝砂砾石坝基础富浆胶凝砂砾石垫层的施工中，这个问题就显现出来了。在靠近坝体廊道常态混凝土与垫层结合部位的富浆胶凝砂砾石采用加浆振捣的施工方式，结果出现了加浆困难和振捣不密实的问题，最后不得已将结合部位的材料变为二级配变态混凝土。

### 3.3.2 坝体防渗结构的选定

经对以上几种防渗结构的对比分析，认为守口堡胶凝砂砾石坝利用沥青混凝土、变态胶凝砂砾石或富浆胶凝砂砾石作为防渗结可靠性差，常态混凝土面板和二级配变态碾压混凝土均可作守口堡胶凝砂砾石防渗体。因此，在最终选定守口堡胶凝砂砾石坝的防渗结构时，又重点比较了常态混凝土和二级配碾压混凝土两种防渗结构。

#### 3.3.2.1 常态混凝土面板防渗结构

对于守口堡胶凝砂砾石坝，就常态混凝土面板来说，如单方面从防渗角度来考虑，其厚度可小些，可按《胶结颗粒料筑坝技术导则》(SL 678—2014)5.5.2 条规定“混凝土防渗层底部厚度宜为最大水头的1/30 ~1/60，顶部厚度不应小于0.3 m”确定，实际上这条规定与《砌石坝设计规范》(SL 25—2006)规定是相同的。由于受气温的影响，其厚度还需考虑胶凝砂砾石坝体防冻要求，厚度不应小于当地最大冻土深度，这样就使得正常水位以下面板厚度比单一防渗层要厚点。守口堡水库所处地区最大冻土深度 1.43 m，为此常态混凝土面板厚度取 1.5 m。

3.3.2.2　二级配碾压混凝土防渗结构

按《碾压混凝土坝设计规范》二级配碾压混凝土防渗要求，防渗层厚度为水头的1/15～1/30，厚度为2～4 m，本工程厚度按3 m考虑。由于二级配碾压混凝土离散性较大，为了防止部分碾压混凝土渗透层面直接与水库连通，则需设置另一防渗结构以封闭碾压混凝土层面，同时要求该防渗结构具有良好的抗渗性和均一性[5]，通常的做法是靠近表面一定厚度范围内的二级配混凝土采用加浆振捣的方式，也就是所谓的二级配碾压混凝土与变态混凝土组合防渗。对于守口堡胶凝砂砾石坝，坝体结构及断面型式和碾压混凝土坝还是有差别的，这样做坝体材料分区多，使得结构和施工更复杂化了。

3.3.2.3　实际采用的防渗结构

经研究比较，守口堡胶凝砂砾石坝防渗结构最终采用了常态混凝土面板防渗结构。上游水位比较高，且变化范围和作用水头比较大，为满足抗渗和抗冻要求，上游防渗保护层厚度取1.5 m；根据调节计算，坝后河道水位很低（基本接近河底），且发生在汛期，下游坝面长期处于干燥状态，因此，为节省混凝土工程量，下游坝面防渗保护层厚度按1.0 m设计。为防止混凝土裂缝，防渗保护层设伸缩缝（间距15 m），内设止水；表面设置温度钢筋。

为解决守口堡胶凝砂砾石坝常态混凝土浇筑和胶凝砂砾石填筑交叉问题，结合现场生产性试验，经研究采用了如下施工工序：

首先进行胶凝砂砾石碾压，待完成一个填筑高度200 cm后（1个碾压层厚度约40 cm，5个碾压层厚度为一个填筑高度），再进行常态混凝土浇筑，一次浇筑高度200 cm，其中200 cm是依据现场试验的碾压厚度和定制的混凝土模板高度综合确定的。胶凝砂砾石碾压层的边坡1∶0.6由特殊制作的、带有震动板的异形固坡机形成。

### 3.3.3　防渗面板伸缩缝止水结构研究

为保证坝坝体上、下游混凝土防渗保护层分缝止水结构安全，设计中参照砌石坝、混凝土面板堆石坝、碾压混凝土坝及堆石混凝土坝防渗结构的止水型式，研究了守口堡胶凝砂砾石坝的止水结构。

从砌石坝、碾压混凝土坝及堆石混凝土坝的止水结构来看，止水设置在防渗层内部，中低坝采用一道或两道止水；混凝土面板堆石坝接缝则采用顶、底部两道止水。它们之间的差别在于止水的部位不同。混凝土面板堆石坝接缝止水在面板的顶、底部，其他三种坝型则在面板内部。综合这几种坝型的止水结构特点，守口堡胶凝砂砾石坝比较了防渗层内设“铜片止水＋橡胶止水”的结构和“表面止水＋铜片止水”的结构。

“表面止水＋铜片止水”结构见图1，表面止水具有适应变形能力强、止水效果好、后期处理方便等优点。但守口堡胶凝砂砾石坝接近于刚性坝，作用水头比较小，在设计荷载作用下基本不存在变形问题，表面止水适应变形能力强的优势不明显。同时，防渗面板横缝预留企口，复杂止水结构增加了施工难度，而且造价较“铜片止水＋橡胶止水”的结构增加260多万元。此外，止水填缝材料形成的坝面线型凸起物在一定程度上影响了坝体的外观。

“铜片止水＋橡胶止水”结构见图2，基本符合《胶结颗粒料筑坝技术导则》（SL 678—2014）规定，从国内外已建工程运行经验来看，这种止水结构是可靠的。综合胶凝砂砾石坝变形特点及守口堡水库工程的经济条件，认为采用“铜片止水＋橡胶止水”的结构是适宜的。为此，守口堡胶凝砂砾石坝上游防渗层面板伸缩缝止水采用了“铜片止水＋橡胶止水”的结构。考虑坝后水位条件，下游混凝土面板在水位以下仅设一道橡胶止水，水位以上部分不设止水,仅设填缝材料。

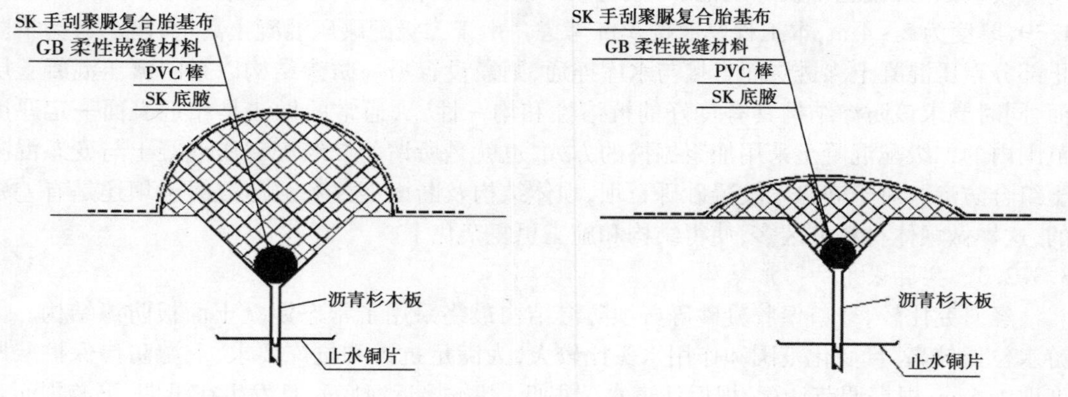


图1 “表面止水 + 铜片止水”结构

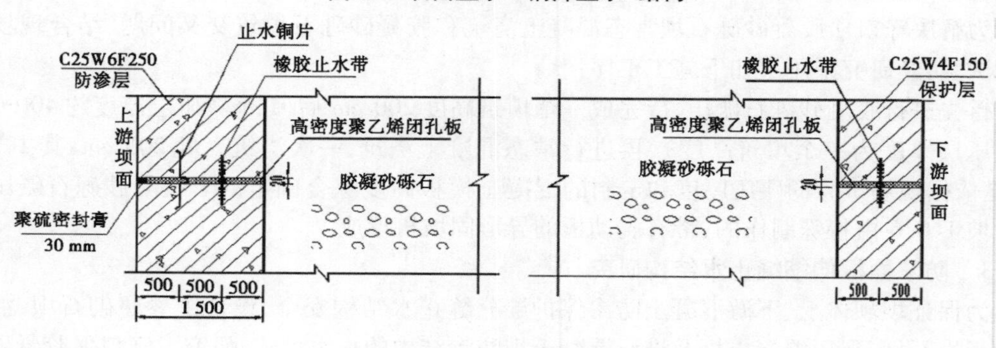


图2 “铜片止水 + 橡胶止水”结构

## 4 排水系统研究

### 4.1 坝体排水

为减小渗水对坝体的不利影响,降低坝体扬压力,按照《胶结颗粒料筑坝技术导则》(SL 678—2014)规定,坝内应设竖向排水孔,竖向排水孔应设在上游防渗层下游侧,孔距为 2 ~ 3 m,孔径为 76 ~ 102 mm。目前,碾压混凝土坝、砌石坝及堆石混凝土坝防渗层后多采用铅直竖向排水孔幕,利用钻孔、埋设透水管和拔管等方法成孔,而且为了不影响施工,尤其是碾压混凝土坝,采用钻孔的方法比较多。

对于守口堡胶凝砂砾石坝来说,坝体上游坝坡为 1∶0.6,最大坝高 61.3 m,如采用钻孔方式成孔,孔斜难以控制,施工难度很大,不易形成斜孔,只能形成距离防渗层较远的铅直孔,渗水通过近 1/3 的胶凝砂砾石坝体进入排水孔内,不利于保护胶凝砂砾石坝体。因此,守口堡胶凝砂砾石坝体排水管幕采用埋设透水管比较可靠。

除此之外,在确定守口堡胶凝砂砾石坝的坝体排水系统时,还研究了在防渗层后设挤压式半砂混凝土作为上游坝面排水结构,并做了现场挤压和透水性试验。从设计角度来说,在常态混凝土防渗层及胶凝砂砾石坝体之间增设一层强度和弹模介于两层之间的透水材料既有利于应力过渡,也可解决坝体排水问题。从半砂混凝土现场挤压试验情况来看,其透水率比较大,但抗压强度很低,低于胶凝砂砾石的强度 6 MPa。从国内已建面板堆石坝全砂混凝土挤压边墙施工情况来看,全砂混凝土的抗压强度最大也达不到 5 MPa(28 天龄期)。如将强度低的半砂混凝土设置在强度较高的常态混凝土和胶凝砂砾石之间,是不利于坝体结构安全的。而且用半砂混凝土挤压边墙代替排水孔幕,投资增加约 130 多万元。

因此,经综合比较,最终确定选用埋设竖向无砂混凝土管作为坝体的排水管。无砂混凝土排水管内径 150 mm,间距 3 m。渗水由排水管进入廊道,然后汇入集水井,排向坝体下游河道。

### 4.2　坝基排水

为了降低坝基渗透压力,参照碾压混凝土、堆石混凝土等坝型的坝基排水设计,守口堡水库胶凝砂砾石坝设置了坝基排水孔幕。坝基排水孔距帷幕轴线 2 m,伸入基岩 22 m,孔距 2 m。坝体、坝基排水经廊道汇入集水井,排向坝体下游河道。

## 5　结束语

守口堡水库大坝作为我国第一座永久性胶凝砂砾石坝,其防渗排水体系设计研究,具有十分重要的意义。通过对比分析研究,坝借鉴碾压混凝土坝和混凝土面板堆石坝的设计,形成了守口堡胶凝砂砾石坝的防渗、排水体系。守口堡胶凝砂砾石坝防渗体系由坝体常态混凝土防渗面板和坝基灌浆帷幕构成,排水体系由坝体竖向无砂混凝土管和坝基排水孔幕、排水廊道构成。采用的防渗、排水结构,满足了胶凝砂砾石坝防渗和耐久性要求,可为胶凝砂砾石坝设计提供借鉴经验。

## 参考文献


[1] 冯炜,贾金生,马锋玲. 胶凝砂砾石坝筑坝材料耐久性能研究及新型防护材料的研发[J]. 水力学报,2013(4).

[2] 杨晋营,燕荷叶,王晋瑛. 守口堡水库胶凝砂砾石坝设计[A]// 中国大坝协会 2014 年学术年会论文集[C]. 郑州:黄河水利出版社,2014.

[3] SL678—2014　胶结颗粒料筑坝技术导则[S]. 北京:中国水利水电出版社,2014.

[4] 郑璀莹,贾金生,等. 守口堡胶凝砂砾石坝防渗保护方案研究[A]// 第四届水库大坝新技术推广研讨会论文集[C]. 2015.

[5] 周建平,党林才. 水工设计手册(第 5 卷,混凝土坝)[M]. 北京:中国水利水电出版社,2011.

[6] 王为标,杨全民,等. 碾压混凝土坝的沥青混合料防渗结构[J]. 水利水电技术,2000(11).

[7] 关志成,等. 水工设计手册(第 6 卷,土石坝) [M]. 北京:中国水利水电出版社,2014.

[8] 朱岳明, 储小钊,等. 碾压混凝土坝防渗结构型式的工程实践[J]. 河海大学学报( 自然科学版),2003,(1).

[9] 冯炜,马峰玲,等. 山西守口堡胶凝砂砾石坝材料试验研究报告[R]. 中国水利水电科学研究院,2014.

# 第二篇　碾压混凝土坝建设的技术进展

# 西班牙碾压混凝土坝:发展、创新和国际经验

De Cea, J. C. [1], Ibáñez, R. [2], Polimón, J. [3], Yagüe. J. [4], Berga, L. [5]

(1. 西班牙大坝委员会,西班牙;2. 美国 DRAGADOS 公司,美国;
3. 西班牙大坝委员会主席和国际大坝委员会副主席,西班牙;
4. 水、农业、事务和环境部,西班牙;5. 国际大坝委员会名誉主席,西班牙)

**摘要:**西班牙是 RCC 坝建筑的先驱国家之一,CastillblancodelosArroyos 坝建于 1985 年。从那时起,西班牙就是欧洲 RCC 坝数量最多的的国家。至今已有 27 座 RCC 坝投入运行,1 座坝处于在建中。坝所有者以及西班牙工程和建筑公司在过去 30 年所积累的丰富 RCC 经验具有极大的价值且已被其他国家所接受。

本文回顾了西班牙 RCC 坝的主要特征以及长期的运行状况,总结了设计观点、施工方法以及基本特点:坝体剖面、主要结构以及混凝土拌和物。基于这些经验使现代 RCC 坝筑坝技术带来了极大的效率和质量方面的创新和改善。西班牙《大坝委员会出版的大坝安全性技术指导原则》在 2012 年进行了更新,包含了 RCC 坝设计和施工的最新创新和建议。本文总结了这些更新的内容,并介绍了西班牙经验在其他国家的应用。

**关键词:**西班牙 RCC,专门技能,创新,指导原则,国际经验

## 1　介　绍

西班牙大坝建设始于罗马时期。Proserpina 坝和 Cornalvo 坝(A. C. 第 2 世纪)至今仍旧在运行中。而今在西班牙有 1 087 座坝,16 座处于施工中,总库容达到大约 61 000 $hm^3$,使得西班牙的大坝数量成为欧洲第一和世界第七。在西班牙,大部分坝是混凝土坝(占 72%),主要是由于坝基质量良好。当 20 世纪 80 年代初开始 RCC 坝建设之时,西班牙正处于建坝高峰,因此这项技术很快应用于这个国家,且在 1984 年,Erizana 坝的左坝肩成为首个完成的 RCC 结构。到 1990 年和 1994 年,共建成 14 座 RCC 坝。目前,已建成 27 座 RCC 坝,一座坝——Enciso 坝处于施工中。图 1 展示了西班牙 RCC 坝的位置,表 1 列出了其主要工程特性。

与其他坝相比,RCC 坝的优点包括施工经济和快速。因此,与其他传统混凝土坝相比,RCC 坝技术在西班牙变得非常流行。施工经济的主要原因在于其施工周期短。Cenza 坝(1993)的施工以及最近的 La Breña Ⅱ 坝(2009)的施工就是很好的例子,其与混凝土坝相比缩短了施工时间。

表 1　西班牙 RCC 坝主要工程特型

| 完成年份 | 坝名 | 高度（m） | 坝顶长（m） | 蓄水量（$\times 10^6$ $m^3$） | 坡度（$H:V$） | | 合计 | 混凝土方量（$\times 10^3$ $m^3$） | | 速度 |
|---|---|---|---|---|---|---|---|---|---|---|
| | | | | | 上游 | 下游 | | CC | RCC | RCC/总（%） |
| 1984 | Erizana（Bayona） | 12.0 | 115.0 | 0.48 | 0.10 | 0.60 | 0.70 | 2.0 | 9.7 | 82.9 |
| 1985 | Castilblanco | 25.0 | 124.0 | 0.87 | 0.00 | 0.75 | 0.75 | 6.0 | 14.0 | 70.0 |
| 1988 | Los Morales | 28.0 | 200.0 | 2.84 | 0.00 | 0.75 | 0.75 | 3.5 | 22.0 | 86.3 |
| 1988 | Sta. Eugenia | 83.0 | 280.0 | 16.60 | 0.05 | 0.75 | 0.80 | 29.0 | 225.0 | 88.6 |
| 1990 | Maroño | 53.0 | 182.0 | 2.23 | 0.05 | 0.75 | 0.80 | 11.0 | 80.0 | 87.9 |
| 1990 | Hervas | 33.0 | 210.0 | 0.22 | 0.15 | 0.70 | 0.85 | 19.0 | 24.0 | 55.8 |
| 1991 | Los Canchales | 32.0 | 240.0 | 15.00 | 0.00 | 0.50～0.80 | 0.50～0.80 | 29.0 | 25.0 | 46.3 |
| 1991 | Burguillo del Cerro | 24.0 | 167.0 | 2.50 | 0.00 | 0.60 | 0.60 | 8.0 | 25.0 | 75.8 |
| 1991 | Belen Gato | 34.0 | 158.0 | 0.25 | 0.25 | 0.75 | 1.00 | 5.0 | 38.0 | 88.4 |
| 1992 | Puebla de Cazalla | 71.0 | 220.0 | 7.40 | 0.00～0.20 | 0.80 | 0.80～1.00 | 15.0 | 205.0 | 93.2 |
| 1992 | Belen－Cagüela | 31.0 | 167.0 | 0.20 | 0.05 | 0.75 | 0.80 | 5.0 | 24.0 | 82.8 |
| 1992 | Belen Flores | 27.0 | 87.0 | 0.30 | 0.05 | 0.75 | 0.80 | 2.0 | 10.0 | 83.3 |
| 1992 | Caballars | 16.0 | 98.0 | 0.03 | 0.05 | 0.75 | 0.80 | 1.0 | 6.0 | 85.7 |
| 1992 | Amatisteros Ⅰ | 11.0 | 91.0 | 0.03 | 0.05 | 0.75 | 0.80 | 0.5 | 3.0 | 85.7 |
| 1992 | Amatisteros Ⅲ | 15.0 | 78.0 | 0.01 | 0.05 | 0.75 | 0.80 | 1.0 | 5.0 | 83.3 |
| 1993 | Urdalur | 58.0 | 396.0 | 5.40 | 0.00 | 0.75 | 0.75 | 90.0 | 150.0 | 62.5 |
| 1993 | Arriaran | 58.0 | 206.0 | 3.20 | 0.05 | 0.70 | 0.75 | 13.0 | 110.0 | 89.4 |
| 1993 | Cenza | 49.0 | 608.0 | 4.30 | 0.00 | 0.75 | 0.75 | 8.5 | 215.0 | 96.2 |
| 1994 | Sierra Brava | 53.0 | 800.0 | 232.00 | 0.05 | 0.75 | 0.80 | 63.0 | 277.0 | 81.5 |
| 1994 | Guadalemar | 13.0 | 400.0 | 4.00 | 1.00 | 1.00 | 2.00 | 5.0 | 50.0 | 90.9 |
| 1997 | Boquerón | 58.0 | 290.0 | 15.00 | 0.05 | 0.73 | 0.78 | 8.0 | 150.0 | 94.9 |
| 1998 | Val | 94.0 | 379.0 | 25.30 | 0.00～0.02 | 0.80 | 0.80～1.00 | 120.0 | 630.0 | 84.0 |
| 1998 | Atance | 45.0 | 185.0 | 35.30 | 0.00 | 0.80 | 0.80 | 6.5 | 63.0 | 90.6 |
| 2000 | Rialb | 101.0 | 604.0 | 402.00 | 0.15～0.35 | 0.40～0.65 | 0.55～1.00 | 150.0 | 1050.0 | 87.5 |
| 2003 | Esparragal | 20.7 | 390.5 | 4.00 | 0.30 | 0.90 | 1.20 | 5.0 | 125.0 | 96.2 |
| 2009 | La Breña Ⅱ | 119.0 | 685.0 | 823.00 | 0.05～0.30 | 0.75 | 0.80～1.05 | 200.0 | 1438.0 | 87.8 |
| 2011 | Puente de Santolea | 35.0 | 203.0 | 17.70 | 0.20 | 0.60 | 0.80 | 5.0 | 65.0 | 92.9 |
| 施工中 | Enciso | 103.1 | 375.6 | 46.50 | 0.00 | 0.80 | 0.80 | 77.0 | 641.0 | 89.3 |

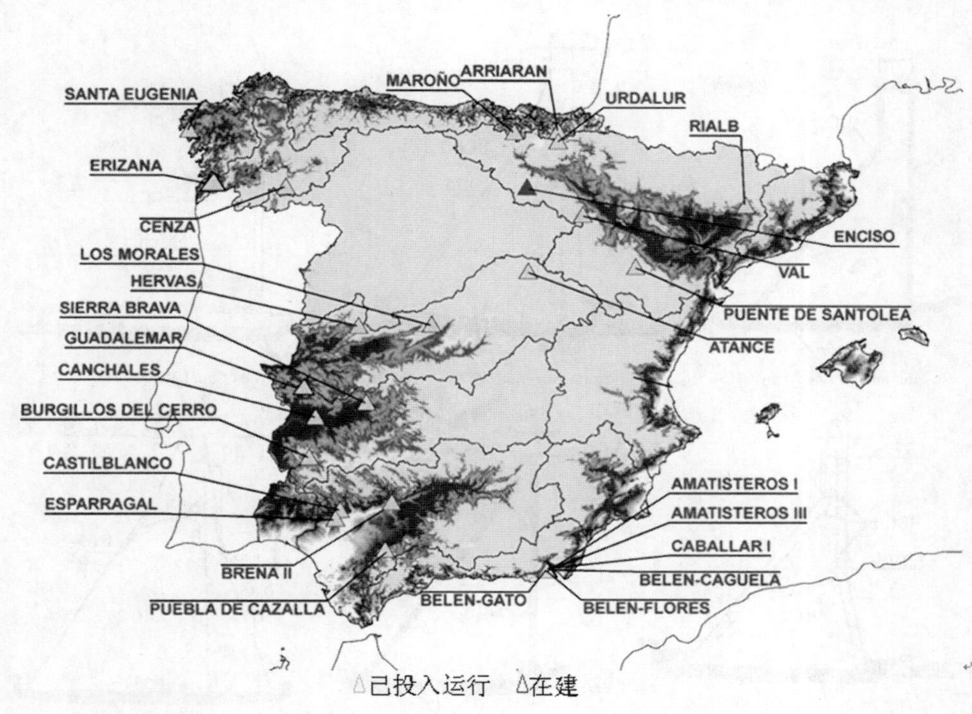


图1　西班牙境内大坝位置

## 2　典型坝体剖面

至今所有西班牙坝都是重力坝,具有标准的剖面设计以利于混凝土的连续浇筑,仅少数是三角形截面代替梯形。西班牙公司曾在国外建筑过硬填充坝和 RCC 拱坝(分别是 Moncion 坝(多明尼加共和国)和 ElPortugués 坝(波多黎各)),但没有一座是在西班牙境内。

一些最典型的坝体剖面以及一些新型 RCC 剖面见图 2。西班牙在过去 30 年有关 RCC 坝的筑坝经验表明,坝体的设计应该尽可能简单且满足以下几点(RCC－适应设计):

(1)在施工速度方面,最好整个剖面都用凝胶含量高的 RCC(水泥加上煤粉灰和水);也就是说要实现真正的全部 RCC 坝(ElAtance 坝,LaBreña Ⅱ坝,Puente de Santolea 坝和 Enciso 坝)。

(2)坝的下游面设计成阶梯状,阶梯高度应等于混凝土施工层厚度的整数倍,这更能适应施工过程及模板的架设。

(3)引水口、泄水口以及导流设施可集中在一个坝段。

(4)坝内廊道数量应限制在最低限度,且不应干扰混凝土施工过程。在廊道基础需要进行基础处理、进行固结及防渗灌浆,或者需要进行排水帷幕施工时,能确保坝体内廊道整个周边得到适当的处理,以防需要修复基础部位或加固防渗或排水帷幕。

(5)增加坝顶宽度使施工车辆和机器运输不受干扰。总宽度大于 8 m(规模大的坝通常为 10 m),将助于施工。

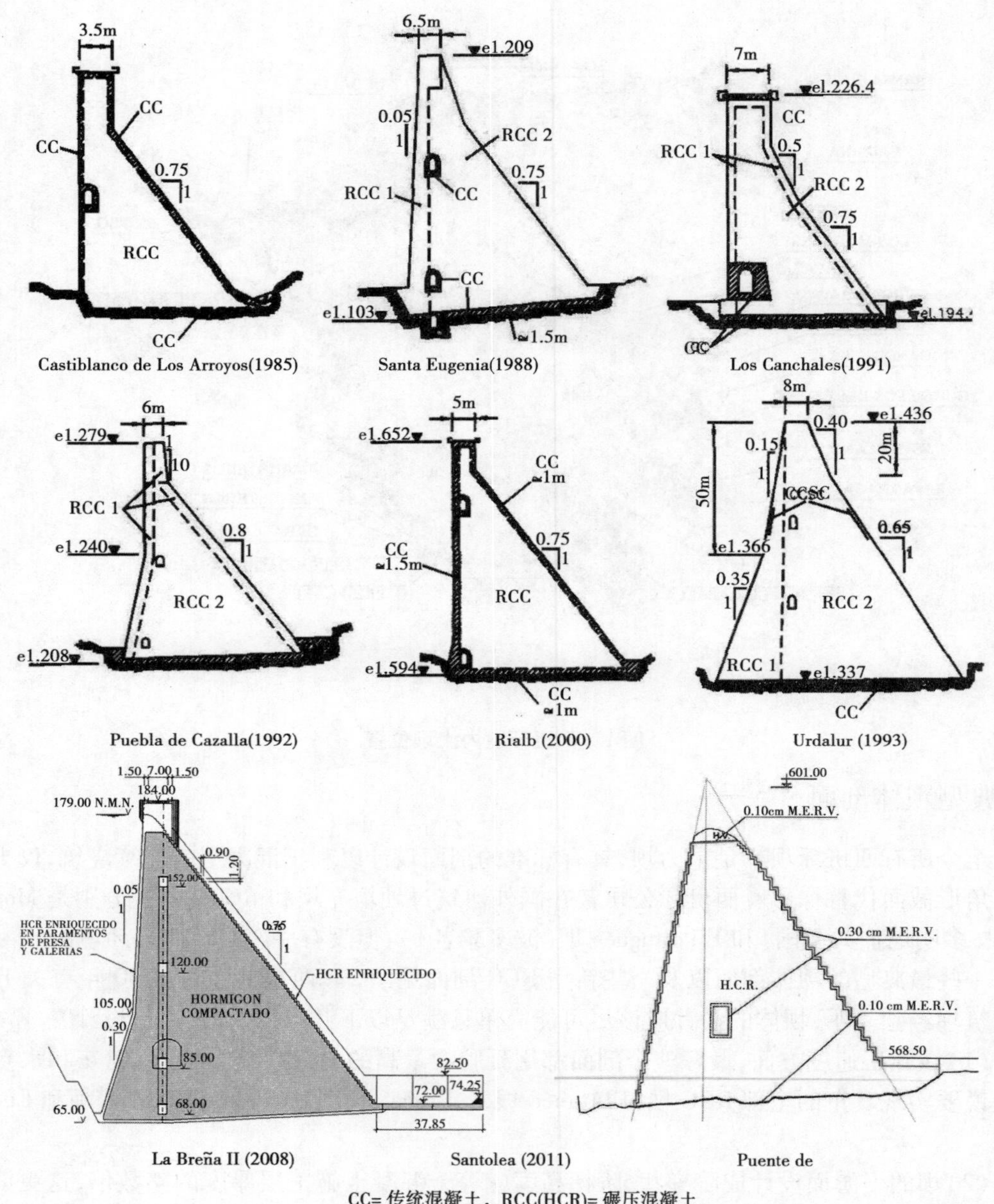


**图 2　西班牙 RCC 坝的典型剖面**

坝名(建筑年份)

## 3　防　渗

西班牙 RCC 坝的防渗主要依靠坝体防渗,尤其是坝体的上游部位。直到 2000 年,出现了两种趋势:

(1)第一座 RCC 坝,在上游面使用了传统的高质量混凝土,最小厚度 1.5 m 的混凝土用来包裹"止水"带。

(2)使用了两种不同类型的RCC,一种用于上游坡(在通常情况下,最小厚度为3 m,并随着水头的增加而增加),这种RCC质量好、具有防渗性和耐久性,具有较高的凝胶含量,骨料的最大粒径(M. S. A.)较小。

同样,一些坝(Puebla de Cazalla坝,Cenza坝和Atance坝),在上游部位两层之间铺设80 cm厚的垫层砂浆。按照这个方法,通常全坝仅使用一种RCC(有16座坝按此施工)。这个方法可以使用高浆含量的混凝土以及骨料的最大粒径有限制。其优势在于:施工快、成本低以及层间连接无任何问题。

在最近数十年间,变态混凝土GEVR被使用。在西班牙,GEVR首次用于Esparragal坝。它是在先前的一层上再额外加一层,在面板模板附近有50 cm厚,以6 L/m的剂量进行灌浆,使RCC具有可振动性。GEVR提高了面板的防渗性和最终性能。对于性能良好的RCC,过量的混凝土可从面板轻松流出。在La Breña Ⅱ坝,Mortar - Enriched Vibratable RCC (MEVR加浆振捣碾压混凝土)代替了GEVR,效果同样很好。Enciso坝在施工过程中采用了新的方法,使用了一种非常切实可行的拌和材料,有一样的8～12 s的Vebe(维勃稠度)时间。在这种情况下,RCC可以直接振动无需任何提前浓缩。最初进行的初步试验表明这项新技术是成功的。

## 4　材料和拌和

表2列出西班牙RCC坝使用的骨料和拌和物的特性。

### 4.1　骨　料

在一般情况下,最大粒径为80 mm,仅Erizana坝,Sta. Eugenia坝和Rialb dams坝大于80 mm,为100 mm。但是从2000年起,为适应现在的发展趋势,与前些年习惯做法不同,为改善施工性能以更好进行坝体面板施工,人工碎石骨料的最大粒径减小到50～60 mm,天然砂砾石骨料最大粒径减小到40～50 mm。

### 4.2　胶结含量和辅料

西班牙RCC坝使用的拌和物具有很高的胶结含量(高凝胶含量),平均180 $kg/m^3$,最大210 $kg/m^3$。胶结材料一般为普通水泥和F级粉煤灰(二氧化硅 - 铝类型)的拌和物,粉煤灰含量高于水泥(平均高出1.8倍)。石粉填料是RCC中含量较高的一种成分,目的是改善孔隙填料,在一些场合被使用,如La Breña Ⅱ坝在施工时使用了46kg(占全部的20%)的具有胶结性能的高品质石灰岩填料。此外,如细粒高炉矿渣,被用于Urdalur坝。在Puebla de Cazalla坝和La Breña Ⅱ坝,缓冲剂被成功使用。如今,缓冲剂、增塑剂以及减水剂均被广泛应用。

### 4.3　拌　和

在西班牙,混凝土工艺用于RCC拌和。结果是将具有很小空隙的粗骨料分级,随后用泥浆充填,决定了凝胶含量,这个量需要超过沙子空隙的量。该工艺很好地将骨料进行分级且可用修正的Vebe法测量混凝土的稠度。一般来讲,建议凝胶/水泥比值应高于碾压沙空隙量(一般在0.25和0.30中间)的10%～15%,因此常见的拌和设计是凝胶/水泥比在0.35和0.45之间。为改善连续层之间的结合性,一旦压实混凝土,多余的凝胶会从面板挤出。

大多数坝的强度龄期为90 d,但是在最近的一些工程中(La Breña Ⅱ坝),龄期延长到180 d。此外,最近的工程(Esparragal坝和La Breña Ⅱ坝),采用的极限设计标准为浇筑横接缝核心区的直接抗拉强度。

表2　西班牙 RCC 拌和物

| 完成年份 | 坝名 | 类型 | M. S. A（mm） | 粗粒数 | 细粒数 | 粗骨料（kg/m³混凝土） | 砂含量（kg/m³混凝土） | 含水量（kg/m³混凝土） | 胶结材料（kg/m³ 混凝土） C | F | F/C | C+F | F/(C+F)（%） | W/(C+F) |
|---|---|---|---|---|---|---|---|---|---|---|---|---|---|---|
| 1985 | Erizana（Bayona） | | 100.0 | 3 | 1 | 1 668 | 532.0 | 115.0 | 90.0 | 90.0 | 1.0 | 180.0 | 50.0 | 0.60 |
| 1985 | Castilblanco | | 40.0 | | | 1 452 | 628.0 | 102.0 | 102.0 | 86.0 | 0.8 | 188.0 | 45.7 | 0.54 |
| 1988 | Los Morales | RCC1 | 40.0 | 2 | 1 | 1 415 | 616.0 | 108.0 | 81.0 | 140.0 | 1.7 | 221.0 | 63.3 | 0.46 |
| | | 63.8 | 0.49 | RCC2 | 80.0 | 3 | 1 | 1 519 | 560.0 | 98.0 | 72.0 | 127.0 | 1.7 | 199.0 |
| 1988 | Sta. Eugenia | RCC1 | 70.0 | 3 | 1 | 1 635 | 552.0 | 100.0 | 88.0 | 152.0 | 1.7 | 240.0 | 63.3 | 0.42 |
| | | 66.5 | 0.40 | RCC2 | 100.0 | 4 | 1 | 1 830 | 430.0 | 90.0 | 72.0 | 143.0 | 2.0 | 215.0 |
| 1990 | Maroño | RCC1 | 70.0 | 3 | 1 | 1 575 | 670.0 | 100.0 | 80.0 | 160.0 | 2.0 | 240.0 | 66.7 | 0.42 |
| | | 72.3 | 0.42 | RCC2 | 70.0 | 3 | 1 | 1 575 | 670.0 | 98.0 | 65.0 | 170.0 | 2.6 | 235.0 |
| 1990 | Hervas | | 80.0 | | | 1 540 | 540.0 | 95.0 | 80.0 | 155.0 | 1.9 | 235.0 | 66.0 | 0.40 |
| 1991 | Los Canchales | RCC1 | 40.0 | 3 | 1 | 1 490 | 620.0 | 105.0 | 84.0 | 156.0 | 1.9 | 240.0 | 65.0 | 0.44 |
| | | RCC2 | 80.0 | 4 | 1 | 1 650 | 585.0 | 100.0 | 70.0 | 145.0 | 2.1 | 215.0 | 67.4 | 0.46 |
| 1991 | Burguillo del Cerro | | 60.0 | | | 1 662 | 593.0 | 85.0 | 75.0 | 135.0 | 1.8 | 210.0 | 64.3 | 0.40 |
| 1992 | Puebla de Cazalla | RCC1 | 40.0 | 2 | 1 | 1 409 | 720.0 | 127.0 | 85.0 | 137.0 | 1.6 | 222.0 | 61.7 | 0.57 |
| | | RCC2 | 80.0 | 3 | 1 | 1 512 | 688.0 | 113.0 | 80.0 | 130.0 | 1.6 | 210.0 | 61.9 | 0.51 |
| 1992 | Belen – Cagüela | | 40.0 | | | 1 450 | 660.0 | 110.0 | 75.0 | 109.0 | 1.5 | 184.0 | 59.2 | 0.60 |
| 1992 | Amatisteros I | | 40.0 | | | 1 364 | 800.0 | 105.0 | 73.0 | 109.0 | 1.5 | 182.0 | 59.9 | 0.60 |
| 1993 | Urdalur | | 80.0 | 3 | 1 | 1 524 | 691.0 | 90.0 | 72.0 | 108.0 | 1.5 | 180.0 | 60.0 | 0.50 |
| 1993 | Arriaran | | 80.0 | 3 | 1 | 1 730 | 550.0 | 100.0 | 85.0 | 135.0 | 1.6 | 220.0 | 61.4 | 0.45 |
| 1993 | Cenza | | 60.0 | 3 | 1 | 1 564 | 689.0 | 95.0 | 70.0 | 130.0 | 1.9 | 200.0 | 65.0 | 0.47 |
| 1994 | Sierra Brava | | 80.0 | 3 | 1 | 1 590 | 610.0 | 95.0 | 80.0 | 140.0 | 1.8 | 220.0 | 63.6 | 0.43 |
| 1994 | Guadalemar | | 80.0 | 2 | 1 | 1 364 | 836.0 | 100.0 | 60.0 | 125.0 | 2.1 | 185.0 | 67.6 | 0.54 |
| 1997 | Boquerón | | 80.0 | 3 | 2 | 1 568 | 615.0 | 94.0 | 55.0 | 130.0 | 2.4 | 185.0 | 70.3 | 0.51 |
| 1998 | Val | | 80.0 | 4 | 2 | 1 552 | 660.0 | 110.0 | 80.0 | 146.0 | 1.8 | 226.0 | 64.6 | 0.50 |
| 1998 | Atance | | 40.0 | 3 | 1 | 1 384 | 712.0 | 109.0 | 57.0 | 133.0 | 2.3 | 190.0 | 70.0 | 0.57 |
| 2000 | Rialb | RCC1 | 70.0 | 3 | 1 | 1 582 | 575.0 | 95.0 | 70.0 | 130.0 | 1.9 | 200.0 | 65.0 | 0.43 |
| | | RCC2 | 100.0 | 4 | 1 | 1 660 | 514.0 | 90.0 | 65.0 | 130.0 | 2.0 | 195.0 | 66.7 | 0.47 |
| 2003 | Esparragal | | 50.0 | 3 | 1 | 1 390 | 739.0 | 110.0 | 67.5 | 157.5 | 2.3 | 225.0 | 70.0 | 0.51 |
| 2009 | La Breña II | | 50.0 | 3 | 1 | 1 364 | 734.0 | 110.0 | 69.0 | 161.0 | 2.3 | 230.0 | 70.0 | 0.48 |
| 2011 | Puente de Santolea | | 50.0 | 3 | 1 | 1 482 | 661.0 | 110.0 | 66.0 | 154.0 | 2.3 | 220.0 | 70.0 | 0.50 |

# 5 施　工

## 5.1 拌和、运输和浇筑

混凝土在拌和楼拌和，在有些工程中采用连续式拌和楼，如 Rialb 坝。

通常，混凝土输送方法为传统的气压轮胎式卡车、高速传送带或者二者相结合。Sierra-Brava 坝、Maroño 坝、Cenza 坝、Val 坝、Boquerón 坝、Atance 坝和 La Breña Ⅱ 坝采用的是高速传送带和卡车内部配送。Los Canchales 坝、Puebla de Cazalla 坝和 Santa Eugenia 坝仅采用卡车。Rialb 坝采用的是整套传送带。最近的一项工程（Puente de Santolea 坝）首次在西班牙成功使用真空溜槽，真空溜槽适用于高凝胶含量的拌和物以避免产生分离。混凝土运输是需要考虑的重要的决定性因素，由于它影响到工程质量和最终成本。运输方式应取决于施工地点的地形、混凝土方量以及施工速率。

在西班牙，一般使用 10 ~ 16 t 的串联振动压路机振实混凝土。一些坝使用单一的转鼓振动压路机（如 La BreñaII 坝）。其他的一些较轻的 3 t 的压路机或气动装置以及夯土机用于外部面板附近以及与坝内廊道和管道相连处。为达到一般层厚（振实时大约 30 cm 厚），正常情况下，前后需 4 ~ 6 次，首次和末次不振捣，其余振捣。

## 5.2 面板 – 模板

通常，西班牙 RCC 坝上游为平整面板，下游为阶梯式坝面。Esparragal 坝（2003 年）是西班牙首座上游面阶梯式坝面的坝。在那之后，Santolea 坝上游坝面也采用了阶梯式。

西班牙第一座 RCC 坝使用的是传统爬坡式模板，详细设计根据接缝的数量和类型、施工进度以及暴露时间而定。高度为层厚（2 ~ 2.4 m）的数倍，在其上游边形成一冷接缝。这种类型的模板特别适用于分段立模的情况，当模板随某一坝段上升时，混凝土浇筑随之而上。在 Cenza 坝施工中，使用了一种特殊的爬坡式模板，可加速施工速度，通过这个方法，浇筑层可以持续从一边到另一边且可有效避免冷接缝的产生。La Breña Ⅱ 坝也采用了这种形式的模板。此外，Sierra Brava 坝和 Burguillo 坝还设置了防止混凝土滑塌的设施。Guadalemar 坝使用了无模板的面板（梯形横截面）。在 Los Canchales 坝由于下游面有堤阻挡因此未使用模板。

## 5.3 接　缝

### 5.3.1 横　缝

西班牙首座 RCC 坝的所有接缝都是模板产生的接缝，接缝间距 40 ~ 60 m。坝段可置于其中任一模板的表面，其他正在进行 RCC 浇筑。后来可浇筑更长的坝段，且根据混凝土的生产及最高温度持续从一边施工到另一边。El Esparragal 坝有三个超大坝段（宽度分别为 100 m、130 m 和 150 m），连续施工从基础部位一直到坝顶。La Breña Ⅱ 坝的左坝肩也以相同的方式施工（见图 3）。但是，所有的坝段均再被分为小段以避免因水力和热收缩产生裂缝。如今这种进一步分段导致的层间裂缝可采用通过振动将合成薄膜或镀锌板插入裂缝的设备进行处理。

无论是何种类型的横缝，紧挨上游坝的横缝均应是防渗的，要有一个或两个“止水带”。直至 20 世纪 90 年代末，在止水带之间接缝间通道都是铸造的，其中一个与检修通道和排水廊道相连。在 Atance 坝，在上游坝安装了一个额外的止水带，这无疑加快了 RCC 的浇筑时间，提高了施工质量。现在的这些接缝类型与传统的混凝土坝的接缝类型没有不同（15 ~

20 m 宽)。

图 3　Esparragal 坝和 La Breña Ⅱ坝超大型坝段

### 5.3.2　层间水平施工缝

这些缝位于 RCC 坝最受关注的薄弱区域。通常,这些缝有 0.30 m(层厚),数量很大。这些缝被分为热缝(无需处理)、冷缝(需处理)和暖缝(按需求处理)。判断接缝是冷缝、热缝还是暖缝有几个标准。其中之一是成熟度(M.F.)。成熟度是指平均每小时产生的温度,以摄氏温度为单位按小时计算,在两个连续岩层表面测定:$T(h) \times t(℃)$为 M.F.,M.F. 初始值固定在(150~250)℃×$h$。根据初始值,在某些情况下有必要依据设备尺寸和气候条件将坝按照施工缝分为若干坝段块。西班牙的经验表明,应灵活采用这种方法。每座坝的 M.F. 值与温度及相对湿度的环境条件有关,且随时间而变化。因此,由试验混凝土块获得的 M.F. 试验数据,在施工过程的实际控制中得到应用。根据不同的情况,M.F. 在 80~300 之间变化,缺乏均一性。暴露时间(ET)为 6~9 h(例如 Esparragal 坝在 $T>30$ ℃时为 8 h),尽管如此,Puebla de Cazalla 坝和 LaBre ña Ⅱ坝由于使用了缓凝剂,其暴露时间达到 16~20 h。

RCC 坝的一个常见问题是是否有必要在两层富凝胶的 RCC 混凝土层之间使用黏结胶浆。对于这方面的问题,西班牙的经验表明,M.F. 应作为需要考虑的一个重要方向。它将成为决定暴露时间的惯例;在试验混凝土块表面上钻孔获得的数据以及工作中获得的数据将提供有用的接缝质量信息。

## 6　测试断面

在 RCC 坝施工前进行混凝土块试验似乎是强制性的,并且所有的西班牙 RCC 坝都照做了。在开始浇筑混凝土之前,需进行很全面的试验,并对试验测试所得数据进行验证,根据更新的技术条例进行验证优化。在测试截面,浇筑条件需被测试:面板、层厚、骨料、两层间接缝处理等。这也为施工现场工作人员提供经验。La Breña Ⅱ坝设立了一个测试断面,有 12 层,方量为 3 000 $m^3$。从测试断面得出,通过钻孔测量混凝土密实度、两层结合试验以及通过钻孔进行充水原样防渗测试。

## 7　西班牙 RCC 坝运行状况

通过超过 30 年的 RCC 坝的设计施工,西班牙工程师获得了许多这种类型的坝的运行状况的珍贵经验。发现的一些问题主要是混凝土浇筑和坝体的众多接缝。主要发现的缺陷为裂缝,基本是由于气温突变造成的。但是收缩、冷却以及重力因素也可造成这些裂缝的产生。表3列出了某些RCC坝运行状况及渗漏和裂缝数据。应注意到,在一般情况下,这些坝面裂缝主要是表面裂缝,由于混凝土长时间停用冷却产生的。这些裂缝不是很深(数十厘米)且通常继续浇筑混凝土即可阻止其发展。在一般情况下,经过认真深入的研究和热力学分析,我们认为这些坝的使用状况是令人满意的。RCC,总体来讲,被认为是高防渗的,但是由于两层间结合不良、离析、固化缺陷或长期暴露于环境,局部易渗漏。然而除此之外,与这些缺陷有关的渗漏通常是很小的。而且,首次蓄水期间渗漏较大,但当渗流通道自然关闭后,渗漏将大大减小。

**表3 西班牙的一些RCC坝的基本表现**

| 完成年份 | 坝名 | 坝高(m) | 渗漏(L/sg) | 附注 |
|---|---|---|---|---|
| 1988 | Sta. Eugenia | 83.0 | 1.5 | 一些裂缝 |
| 1990 | Maroño | 53.0 | < 1 | 一些裂缝:已修复 |
| 1991 | Belen Gato (*) | 34.0 | — | |
| 1992 | Puebla de Cazalla | 71.0 | 20 | 已修复,坝体灌浆 |
| 1992 | Belen - Cagüela (*) | 31.0 | — | |
| 1992 | Belen Flores (*) | 27.0 | — | |
| 1992 | Caballars (*) | 16.0 | — | |
| 1993 | Urdalur | 58.0 | 17 | 一些裂缝,已修复,量相当于单个排水孔的 |
| 1993 | Arriaran | 58.0 | <1 | 一些裂缝 |
| 1993 | Cenza | 49.0 | > 45 | 使用环氧基树脂对上游坝进行防渗处理,已修复 |
| 1994 | Sierra Brava | 53.0 | 1.7 | 无任何裂缝 |
| 1994 | Guadalemar | 13.0 | 1.5 | 每30~40 m一个裂缝 |
| 1997 | Boquerón (*) | 58.0 | - | |
| 1998 | Val | 94.0 | 4.5 | 一些裂缝 |
| 1998 | Atance | 45.0 | 1.7~0.56 | 已修复,坝体灌注 |
| 2000 | Rialb | 101.0 | 7.5 | 一个裂缝,已修复 |
| 2003 | Esparragal | 20.7 | 0.1 | 无任何裂缝 |
| 2009 | La Breña Ⅱ | 119.0 | >50 | 一些裂缝,已修复 |
| 2011 | Puente de Santolea | 35.0 | 0.25 | 无任何裂缝 |

**注:**(*)防洪坝(空坝)。

## 8 近年来西班牙RCC坝的技术创新

过去西班牙使用的高胶凝材料比的RCC拌和物,与更切实可行且发展缓慢的拌和物相比,给最近完成的RCC坝(El Esparragal坝、Puente de Santolea坝)在质量方面带来了毋庸置疑的好处。在Puente de Santolea坝中,首次使用了制定的标准来设计混凝土层的缓凝度,使坝层处于热的环境、暴漏时间为16 h。这个标准代替了传统的M. F. 标准。该坝未见接缝,表现出杰出的RCC质量。坝没有渗漏,且坝面极好(见图4)。

表4 西班牙承包商在国外建筑的 RCC 坝经验

| 坝 | 完成年份 | 国家 | 目的 | 西班牙承包商 | 规模 | | | | 坝面 | | | | 胶结材料（kg/m³） | |
|---|---|---|---|---|---|---|---|---|---|---|---|---|---|---|
| | | | | | 高（m） | 长（m） | 方量（×10³m³） | | 上游 | | 下游 | | | |
| | | | | | | | RCC | 总计 | 坡度 | 类型 | 坡度 | 类型 | 水泥 | 火山灰 |
| San Rafael | 1994 | México | F/H | Acciona | 48 | 168 | 85 | 110 | V | 7 | 0.66/0.8 | (3)* | 90 | 18 |
| Pangue | 1996 | Chile | H | Dragados | 115 | 410 | 670 | 740 | V | 1 | 0.8 | (3)* | 80 | 100 |
| Beni Haroun | 2000 | Algeria | W/I | Dragados | 118 | 714 | 1 690 | 1 900 | V | 1 | 0.8 | (1)* | 82 | 143 |
| Contraembalse Monción | 2000 | Dominican Republic | I/W/H | Ferrovial Agroman | 28 | 273 | 130 | 175 | 0.7 | 14/12 | 0.7 | (14)* | 80 | 0 |
| Porce II | 2001 | Colombia | H | Dragados | 123 | 425 | 1 305 | 1 445 | 0.1 | 14 | 0.75 | (14)* | 132 | 88 |
| Villarpando | 2007 | Dominican republic | I | Ferrovial Agroman | 6.5 | 563 | 20 | 31 | V | 14 | 0.75 | (14)* | 90 | 0 |
| Portugués | 2013 | Puerto Rico (USA) | F | Dragados | 67 | 375 | 280 | 300 | V | 3** | 0.35 | (3**)* | 114 | 51 |
| Zapotillo | UC | México | W | FCC | 134 | 395 | 1 456 | 1 542 | V | 1 | 0.8 | (3)* | 65 / 85 | 45/65 |
| Bajo Frío | UC | Panamá | H | FCC | 56 | 238 | 86 | 223 | 0.2 | 3 | 0.85 | (1)* | | |

| 坝面形成方法 | |
|---|---|
| * =梯段式工祖<br>** =GEVR | 12 RCC 浇筑后加固传统混凝土 |
| 1 传统浇筑对比模板 | 13 加固混凝土成型浇筑对比预制单元或滑料成型 |
| 3 RCC 对比模板 | |
| 7 传统浇筑对比面板 | 14 滑料成型/挤压 |

注：目的，H：水力发电；I：灌溉；W：供水；F：防洪。

Puente de Santolea 坝施工期间，Enciso 坝（坝高 103.1m）的拌和物设计有了新的发展。这是继 La Breña Ⅱ 坝后西班牙第二高的 RCC 坝。在 2015 年 6 月末，超过 50% 的 RCC 总方量已完成（近 400 000 $m^3$），这仅仅用了不到 6 个月（见图 5）。

图 4　Puente de Santolea RCC 坝（2011）完成概貌

图 5　施工中的 Enciso RCC 坝（2015）

Enciso 坝施工开始之前，拌和设计的最新发展就在 2012 年 Zaragoza 举办的上一次 RCC 坝国际研讨会上介绍过。非常切实可行的 VeBe 时间为 7 ~ 12 s 的 RCC 拌和用于这个坝。此外，延缓了设定时间至 20 h。粗骨料大小均匀、用量限制的改善成为减小分离的一种极其有效的方法。拌和设计进行了优化，细骨料的质量是减少用水量的关键因素。由于该优化，达到了所需的均匀性和一个较低的 93 L/$m^3$ 的含水量。对试验断面和坝取岩芯样本，不同龄期的抗压和抗拉强度值与设计值相吻合。大部分这些样本包含了具有 15 ~ 20 h 暴露时间的层间接缝及没有经过处理的水平施工缝，且它们表明接缝完全不可见，且上层和下层的骨料和凝胶材料胶接良好。

另一项 Encis 坝的创新经验是浸没式振动 RCC（IV – RCC）作为面层混凝土的应用，取代了 GEVR 和 MEVR 法。这个技术已被研究测试，且已开始应用，在这个工程获得了成功，尽管 RCC 拌和物的含水量较低，但相对较短的 VeBe 时间也成为可能（见图 6）。在 Enciso 坝，与 RCC 唯一不同的拌和物是将砂浆作为冷接缝的垫层拌和物。

IV – RCC 的引入提供了很大程度的简化，由于只需制作、运输和浇筑一种拌和物。它可达到快速且高质量浇筑的目的。由于混凝土缓凝程度很高，因此浸没式振动极大程度上

图6 Enciso 坝中相同 RCC 拌和物的浸没式振动图和碾压图

增加了层厚,至少超出以前的一半。这个过程为坝体(不仅在碾压区域而且在浸没式振动区域)的整块垂直施工提供保障。

## 9 西班牙大坝委员最新的技术指导原则

西班牙大坝委员发布的西班牙大坝安全性指导原则中有关 RCC 部分的最新内容在2012 年颁布执行,旨在与最新 RCC 坝设计和施工的创新和建议相结合。最值得注意的有以下几点:

(1)在狭窄的河谷区施工,尽可能使用高速传输带自升系统。当 RCC 拌和物为黏附力强的高凝胶含量拌和物时,真空溜槽是一经济的选择。

(2)建议将泄水设施(底孔、中孔和进水口)安排在 RCC 之外的区域,以避免 RCC 持续浇筑带来的干扰。

(3)坝顶至少为 8 m 宽,在大的坝中甚至为 10 m,以满足非溢洪坝段上游部分的施工。

(4)在低胶凝量的 RCC 坝中,RCC 层之间的良好结合不能保证,上游防渗膜解决了渗漏性问题。但是在地震区域,层间良好的结合是绝对必要的。

(5)上游 CVC 层的使用在功能上和施工方面都有其弊端。建议用新型 GEVR 或 GERCC 技术代替。

(6)对于 RCC 坝,坝面使用 GEVR(或 MEVR)或 GERCC 技术更为可取,这也与“整体 RCC 坝”概念一致。

(7)当两层间水平施工缝需要高防渗性和高强度时,RCC 拌和物的凝胶/砂浆比应超过振实砂孔隙比 5% 以上,最好达到 10% 以上。

(8)热缝 M. F. 限度可增加至 500 ℃ ×$h$,当使用缓凝剂时可以更高。

(9)对较宽的 U 形峡谷,滑模是好的解决方法。

(10)从坝内廊道到上游坝面最好至少 6 m 或 8 m 以满足关键部位的运行。

(11)检修通道的预制板、金属管等隐蔽在 RCC 内,不应采用这种方法施工。

(12)阶梯式溢洪道的单宽流量应限制在 20 $m^3/(s \cdot m)$。

(13)拌和设计师必须时刻熟悉现场的各种问题,特别是两层间的水平施工缝,这是非常重要的问题,而且是实验室无法模拟出来的。

(14)建议振实 Vebe 一致性时间为 10 ~ 15 s。

(15)砂应具有高的非塑性细粒含量;建议范围为 5% ~ 18%。

(16)骨料的最大粒径 MSA 建议为 50 ~ 60 mm,一般为 40 ~ 50 mm。

(17)水泥成分中应含有高比例矿物掺合料,建议范围为60%～70%。

(18)含有高比例矿物混掺合料的 RCC 拌和物中,设计龄期至少应在 180 d 或最好为 365 d。

(19)尤其是在地震区和/或潜在的热源高应力区,RCC 坝的关键设计标准是水平施工缝间的现场垂直抗拉伸强度。

此外,包含两个新的章节:一章为 RCC 拱坝,另一章是 RCC 在大坝建设中的其他用途。

## 10　西班牙公司在国外建筑的 RCC 坝小结

许多西班牙承包商与国外有合作,通常使用他们自己的技术,建筑了大量的坝。自 20 世纪 70 年代以来,西班牙公司已在国外建筑了 60 多座坝,一些为 RCC 坝,且他们以西班牙公司的方式宣传技术诀窍以及技术发展最新水平。表 4 收集了西班牙公司在国外建筑的 RCC 坝的主要工程特征,一些工程就其技术特性方面被视为极其重要的项目。

### 参考文献

[1] Alonso－Franco,M.. 西班牙碾压混凝土坝. 创新和施工细节[C]//第二届碾压混凝土坝国际研讨会,桑坦德(西班牙),1995.

[2] Alonso－Franco,M.,Yagüe,J.. 西班牙碾压混凝土大坝工程方法[J]. 水利大坝国际杂志,1995(5).

[3] Alonso－Franco,M.,Yagüe,J.,Berga,L. 西班牙 RCC 坝[C]//第三届碾压混凝土坝国际研讨会,成都(中国),2003.

[4] Alonso－Franco,M.,Jofré,C. 西班牙 RCC 坝:现在与未来[C]//第四届碾压混凝土坝国际研讨会,马德里(西班牙),2003.

[5] De Cea,J. C.,Berga,L.,Yagüe,J.,et al.. 西班牙 RCC 坝[C]//第五届碾压混凝土坝国际研讨会,贵阳(中国),2007.

[6] DeCea,J. C.,Ibañez de Aldecoa,R.,Polimón,J.,西班牙近 30 年建筑的 RCC 坝[C]//第六届碾压混凝土坝国际研讨会,萨拉戈萨(西班牙),2012.

[7] Ortega,F.. RCC 坝经验教训及效率创新[C]//第六届碾压混凝土坝国际研讨会,萨拉戈萨(西班牙),2012.

# 胶凝砂砾石抗剪强度试验研究

贾金生　刘中伟　冯炜　马锋玲

（中国水利水电科学研究院　北京　100038）

**摘要**：抗剪强度是胶凝砂砾石坝设计中重要的参数，目前国内外有关这方面的研究很少。本文对两种不同配合比的胶凝砂砾石进行了抗剪断试验研究，试验包括本体材料抗剪和间隔 4 h 的层面抗剪。试验发现，胶凝砂砾石的抗剪断和纯磨试验曲线，线性度很好，相关系数达到97%以上。胶凝砂砾石的摩擦系数与 C10 碾压混凝土相近，但黏聚力小于碾压混凝土。如不掺用缓凝外加剂，即使层面间隔 4 h，直接铺筑的胶凝砂砾石层面抗剪强度也下降 40%以上。因此，建议胶凝砂砾石采用缓凝外加剂，以延长初凝时间，增加直接铺筑层面的黏合性能，提高抗剪强度。

**关键词**：胶凝砂砾石，抗剪强度，摩擦系数，黏聚力，层面

## 1　前　言

胶凝砂砾石坝是结合碾压混凝土重力坝和混凝土面板堆石坝的优点发展起来的一种新坝型。坝体的抗滑稳定是胶凝砂砾石坝设计中的关键方面，其中抗剪断参数（摩擦系数、黏聚力等）直接影响坝体体型优选。胶凝砂砾石坝抗剪断参数确定可参考的方法有以下几类：①RCD 工法：这是日本发展的技术，其施工方法基本沿袭常态混凝土坝柱状施工法，施工缝面停歇养护、刮毛、清洗铺砂浆。胶材用量 120 $kg/m^3$ 左右，层间抗剪黏聚力 2.5～3.0 MPa，典型坝例有岛地川坝和大川坝[2]。②贫 RCC 坝：采用土石坝施工概念，层面不处理，胶材用量 60～120 $kg/m^3$，层间抗剪黏聚力 0.5～1.0 MPa，典型坝例有美国柳溪坝、蒙克斯维尔坝等。③富浆 RCC 坝：以美国上静水坝为代表，胶材用量 250 $kg/m^3$ 以上，粉煤灰掺量 70%，设计原则是使得混凝土高度密实，层面不处理，层面黏聚力 2.2 MPa 以上[3]。④中等灰浆量 RCC 坝：胶材用量 140～160 $kg/m^3$，层间黏聚力 0.8～1.4 MPa[4]。

胶凝砂砾石坝的施工特点是通仓、连续浇筑，水平层面要比常规混凝土坝多，层面厚度也比碾压混凝土坝大[5]。胶凝砂砾石坝类似于贫 RCC 坝，但施工为 RCC 工法，对不满足要求的层面需进行处理。RCC 坝层面垫层料一般采用砂浆、水泥浆或一级配碾压混凝土。关于胶凝砂砾石坝适合的层面间隔时间控制等措施研究，国内外还很少，尚处于探索性试验阶段。基于碾压混凝土坝抗剪断参数和层面结合物成果经验，研究胶凝砂砾石坝的抗剪断参数测试及评估具有重要价值。

胶凝砂砾石抗剪强度的试验方法可以借鉴碾压混凝土抗剪强度的测定。常态混凝土坝和碾压混凝土坝抗剪强度的测试方法有很多，国内外最通用的是直剪试验方法[6-9]。

基金项目：国家重点基础研究发展计划（973）（2013CB035903）；国家科技支撑计划（2013BAB06B02）

直剪试验方法又分为平推法、斜推法和楔形法三种，前两种最为常见，可用于混凝土与基岩胶结面、岩体内软弱层、混凝土层面和混凝土本体的抗剪试验。

测试抗剪强度的仪器容易出现两类问题：一是由于剪切荷载下混凝土试件的剪胀作用导致恒定垂直压应力的变化；二是剪切仪滚轴排摩擦系数校正的不精确。这些方面都会造成实测数据的不准确。本文采用的仪器为新开发的抗剪断试验仪，可避免以上问题的出现，从而保证试验的精度。

## 2　材料与方法

### 2.1　试验材料

胶凝砂砾石材料本体抗剪试验选用两种材料配合比如表1所示，其抗压强度试验结果如表2所示。

第一组命名为A1，水泥和粉煤灰各40 kg/m³。试验选用北京太行前景42.5普通硅酸盐水泥和宣威Ⅱ级粉煤灰，砂砾石料为北京永定河周边河卵石料。

第二组命名为A2，水泥50 kg/m³、粉煤灰30 kg/m³。试验选用冀东42.5普通硅酸盐水泥和大同热电二厂Ⅱ级灰，砂砾石料为山西守口堡胶凝砂砾石坝工程现场砂砾石料。

根据试验得知，两种配比胶凝砂砾石初凝时间均为7 h，贯入阻力约为14 MPa，而当贯入阻力降至6 MPa时，对应的时间约为5 h。因此，参照碾压混凝土施工经验，层面直接铺筑允许时间不宜取初凝时间，应控制在贯入阻力在5～6 MPa以下的相应时间，不掺外加剂的胶凝砂砾石层面直接铺筑允许时间建议在4 h以内。

因此，在进行试验组A2的本体抗剪强度的基础之上，继续开展胶凝砂砾石层面抗剪强度测试试验。选用试验组A2的配合比。层面工况为间隔4 h。

表1　胶凝砂砾石配合比参数

| 编号 | 水胶比 | 水灰比 | 用水量(kg/m³) | 胶凝材料(kg/m³) | 砂(kg/m³) | 石(kg/m³) | $V_C$(s) | 全级配试件容重(kg/m³) | 湿筛试件容重(kg/m³) | 相对密实度(%) |
|---|---|---|---|---|---|---|---|---|---|---|
| A1 | 0.9 | 1.8 | 72 | 80 | 584 | 1 816 | 7 | 2 543 | 2 479 | 99.6 |
| A2 | 1.68 | 3.35 | 134 | 80 | 934 | 1 292 | — | 2 441 | — | — |

表2　胶凝砂砾石抗压强度试验结果

| 编号 | 立方体试件抗压强度(MPa) | | | | | | | | |
|---|---|---|---|---|---|---|---|---|---|
| | 150 mm | | | 300 mm | | | 450 mm | | |
| | 28 d | 90 d | 180 d | 28 d | 90 d | 180 d | 28 d | 90 d | 180 d |
| A1 | 6.7 | 10.2 | 14.1 | 6.2 | 9.8 | 11.9 | 6.0 | 9.2 | 11.1 |
| A2 | 3.6 | 5.2 | 7.1 | 3.2 | 4.6 | 5.8 | 2.7 | 4.1 | 5.3 |

### 2.2 试验设计

胶凝砂砾石抗剪强度试验试件取尺寸为150 mm立方体，本体材料的抗剪强度试件一次成型；层间结合的抗剪试件，尺寸为150 mm立方体，分两次成型。按表3所示试验组A2

配合比拌制胶凝砂砾石,取试件 1/2 高度 75 mm 所需的胶凝砂砾石装入试模(振实后应为试模高度的 1/2),放入养护室养护间隔 4 h 后成型另外的 1/2,取出试模进行层面处理。处理方式:采用风枪清理层面浮渣后打毛砂浆至露出骨料,再成型上半部,并养护 170 d,以 15 个试件为一组进行试验。

试验装置选用中国水利水电科学研究院自主开发设计的 WHY－500/1000 型混凝土抗剪试验仪,见图 1。通过计算分析优化剪磨过程中水平荷载和垂直荷载分布,实现了两向荷载作用于一个断面上,有效消除抗剪过程中的压剪破坏现象,确保试验数据的可靠。

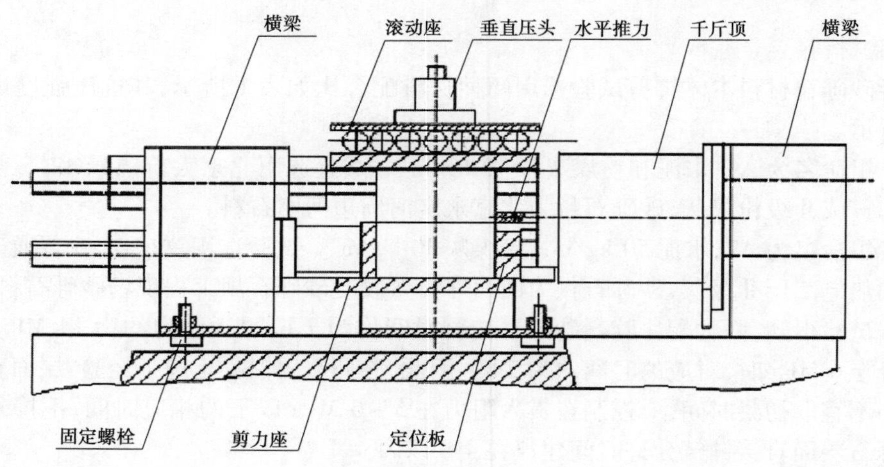


图 1　抗剪试验水平加荷装置结构图

两种配合比的胶凝砂砾石材料本体的抗剪试验和试验组 A2 的层面抗剪试验中,均确定试验的最大法向应力为 2.0 MPa,等分四级施加,每级荷载试验 3 个试件。

抗剪强度计算见式(1):

$$\tau = \sigma f' + c' \tag{1}$$

式中:$\tau$ 为极限抗剪强度,MPa;$\sigma$ 为法向应力,MPa;$f'$为摩擦系数;$c'$为黏聚力,MPa。$f'$、$c'$通过材料剪切试验求得,$f' = \tan\alpha$(直线斜率),$c'$为直线截距。

## 3　结果与分析

### 3.1　胶凝砂砾石材料本体的抗剪强度

采用的抗剪试验机精度高,在施剪过程中,保持法向应力为一常数,并使法向力和剪力作用点通过剪切面中心,可有效消除压剪破坏,因而提高测试精度。由图 2 可知,抗剪试件的抗剪断位置都在其 1/2 处,且粗骨料劈裂的情况很少,断面起伏差在 10 ~ 20 mm。整体上,随着法向应力的增大,剪切破坏应力随之增加。抗剪断和纯磨试验测试结果见表 3,试验曲线见图 3。

(a) 胶凝砂砾石抗剪强度测试

(b) 胶凝砂砾石本体抗剪断面起伏差测量

图 2　胶凝砂砾石抗剪强度测试

表 3　胶凝砂砾石本体抗剪强度试验结果

| 编号 | 初凝时间(h) | 龄期(d) | 抗剪断试验 | | 纯磨试验 | |
|---|---|---|---|---|---|---|
| | | | 摩擦系数 $f'$ | 黏聚力 $c'$(MPa) | 摩擦系数 $f'$ | 黏聚力 $c'$(MPa) |
| A1 | 7 | 120 | 1.45 | 1.44 | 1.16 | 0.64 |
| A2 | 7 | 90 | 0.89 | 0.82 | 0.62 | 0.64 |

试验组 A1 的胶凝砂砾石对应龄期的 150 mm 立方体抗压强度为 11 MPa，劈裂抗拉强度为 0.8 MPa。抗剪断和纯磨试验中不同法向应力对应的剪应力曲线相关度很好，相关系数在 97% 以上。抗剪断试验中摩擦系数 1.45，黏聚力为 1.44 MPa。其中，黏聚力约为抗压强度的 14%，劈拉强度的 1.8 倍；纯磨试验中摩擦系数 1.16，下降 20%，黏聚力为 0.64 MPa，下降 55%。其中，黏聚力约为抗压强度的 5.8%，劈拉强度的 0.8 倍；试验组 A2 的胶凝砂砾石对应龄期的 150 mm 立方体抗压强度为 4.9 MPa，劈裂抗拉强度为 0.4 MPa。抗剪断和纯磨试验曲线线性相关性非常好，相关系数在 99.8% 以上，抗剪断试验中摩擦系数为 0.89，黏聚力为 0.82 MPa。其中黏聚力约为抗压强度的 17%，劈拉强度的 2.0 倍；纯磨试验中摩擦系数为 0.62，下降 30%，黏聚力为 0.64 MPa，下降 22%。其中，黏聚力约为抗压强度的 13%，劈拉强度的 1.6 倍。

### 3.2　胶凝砂砾石层面的抗剪强度

胶凝砂砾石坝在分层摊铺碾压施工过程中，由于间歇或停工等因素不可避免地会产生不同工况的层面，研究层面的抗剪强度，指导施工合理控制间隔时间和层面处理措施等是十分重要的。

层面抗剪断和纯磨试验测试曲线见图 4。

在碾压混凝土施工中，为了延长层面间隔允许时间，增加层面结合力等因素，往往使用缓凝型高效减水剂。而本次试验的胶凝砂砾石未使用外加剂，初凝时间较短，因此层面即使只间隔 4 h，上下层面结合仍较薄弱。

胶凝砂砾石间隔 4 h，编号 A2－4 的胶凝砂砾石对应龄期的湿筛 150 mm 立方体抗压强

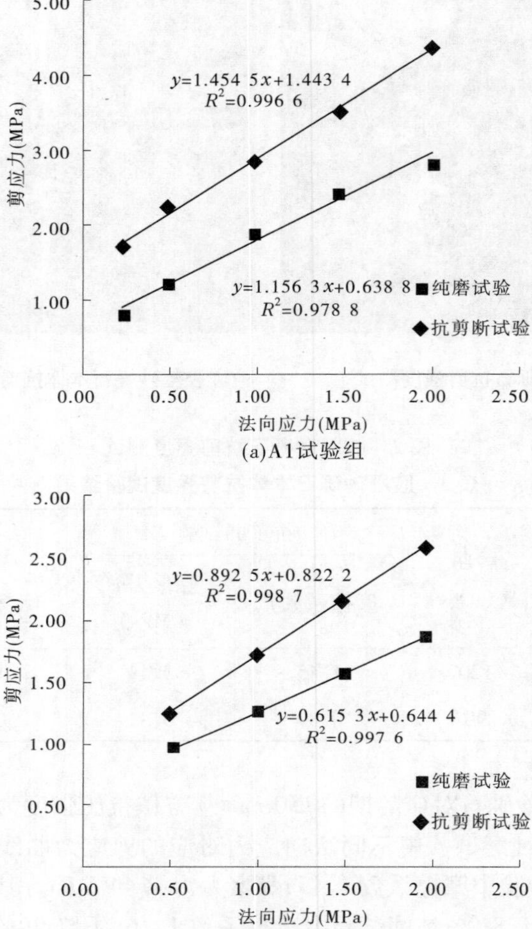


图3　胶凝砂砾石本体抗剪断和纯磨试验曲线

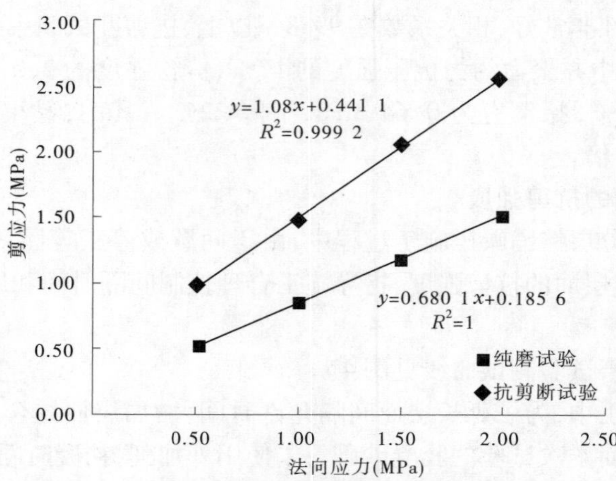


图4　A2-4胶凝砂砾石抗剪断和纯磨试验曲线

度为6.5 MPa,层面劈裂抗拉强度为0.4 MPa。抗剪断和纯磨试验曲线线性相关性非常好,抗剪断试验中摩擦系数1.08,黏聚力为0.44 MPa。其中,黏聚力约为抗压强度的7%,劈拉强度的1.1倍;纯磨试验中摩擦系数为0.68,下降37%,黏聚力为0.19 MPa,下降57%。其中,黏聚力约为抗压强度的3%,劈拉强度的0.5倍。与胶凝砂砾石本体相比,间隔4 h的胶凝砂砾石,由于龄期增长的因素,抗压强度增加25%,摩擦系数增加了21%,但黏聚力下降了46%。

碾压混凝土层面的抗拉、抗剪强度较低,属于碾压混凝土材料的弱面,抗剪断强度参数受胶凝材料用量、层面间歇时间长短、层面是否处理以及龄期长短的影响较大,目前主要是通过试验方法进行统计分析综合确定。通过对国内外已建的碾压混凝土坝的层面抗剪断试验研究资料的分析比较,并结合常态混凝土在接缝面处抗剪断参数的统计数据,《混凝土重力坝设计规范》(DL 5108—1999)给出了混凝土层面的抗剪断参数如表5所示。对比表4和表5,胶凝砂砾石的摩擦系数接近于C10碾压混凝土和常态混凝土,但黏聚力要低于碾压混凝土和常态混凝土[10]。

**表4　胶凝砂砾石层面抗剪试验结果**

| 编号 | 层面间隔时间(h) | 龄期(d) | 抗剪断试验 | | 纯磨试验 | |
|---|---|---|---|---|---|---|
| | | | 摩擦系数 $f'$ | 黏聚力 $c'$(MPa) | 摩擦系数 $f'$ | 黏聚力 $c'$(MPa) |
| A2-4 | 4 | 170 | 1.08 | 0.44 | 0.68 | 0.19 |

**表5　混凝土层面抗剪断参数表[10]**

| 类别名称 | 特征 | 均值 $\mu'_f$ | 变异系数 $\delta'_f$ | 标准值 $f'$ | 均值 $\mu'_c$(MPa) | 变异系数 $\delta'_c$ | 标准值(MPa) $c'$ |
|---|---|---|---|---|---|---|---|
| 碾压混凝土 | 胶凝材料配比180 d龄期 | 1.1~1.3 | 0.21 | 0.91~1.07 | 1.73~1.96 | 0.36 | 1.21~1.37 |
| 常态混凝土(层面黏结) | 90 d龄期C10~C20 | 1.3~1.5 | 0.20 | 1.08~1.25 | 1.60~2.00 | 0.33 | 1.16~1.45 |

注:胶凝材料配比大于150 kg/m$^3$。

已有研究表明,含层面的碾压混凝土性能都低于本体值,间隔时间愈长,抗剪性能愈差,胶凝砂砾石材料也呈现出同样的规律[11-12]。

从胶凝砂砾石层面剪断破坏状态观察,间隔时间4 h,剪断破坏面起伏差大。层面抗剪试验表明,碾压后层面浮出部分砂浆的塑性程度与层面嵌固和胶结的效果密切相关。随着碾压遍数的增加,拌和物逐步液化,胶材浆体上浮,形成塑性层面。如果在浆层凝结前,其上铺筑胶凝砂砾石,再次被碾压时,由于液化作用上层胶凝砂砾石中的骨料下沉,与层面接触会有较好的胶结、嵌固和啮合作用,使得本体和层面有较好的连续性;当浆层凝结后,在其上铺筑胶凝砂砾石,再次被碾压时,在垂直振动力作用下,不可能使骨料沉入到浆层中,本体和层面连续性较差。因此,层面浆体凝结状态将直接影响层面胶结性能。从以上不同层面间隔时间抗剪性能的试验发现,如果不掺缓凝型外加剂,即使间隔4 h,层面抗剪强度也下降

40%以上。

从施工便利性上出发,建议胶凝砂砾石掺用缓凝型外加剂,以延长层面允许时间,同时保证层面保持潮湿状态,必要时在上层摊铺前对层面采用喷雾、进行层面处理打毛等手段,以进一步增强层面结合性能。

## 4 结 论

通过两种不同配合比的胶凝砂砾石抗剪断性能试验,表明中国水科院新研制的设备满足试验要求。山西守口堡水库大坝的胶凝砂砾石本体材料的摩擦系数0.89,黏聚力为0.82 MPa;纯磨试验中摩擦系数0.62,下降30%,黏聚力为0.64 MPa,下降22%。胶凝砂砾石摩擦系数与碾压混凝土相近,但黏聚力小于碾压混凝土。

胶凝砂砾石层面间隔4 h,摩擦系数,1.08,黏聚力为0.44 MPa;纯磨试验中摩擦系数0.68,下降30%,黏聚力为0.19 MPa,下降57%。层面浆体凝结状态将直接影响层面胶结性能。试验发现,如果不掺用缓凝型外加剂,即使间隔4 h,层面抗剪强度也下降40%以上。建议胶凝砂砾石掺用缓凝型外加剂,必要时在上层摊铺前给层面采用喷雾等手段,以增强层面结合性能。

### 参考文献

[1] 潘罗生,王进攻,王述银.龙滩碾压混凝土室内外抗剪试验结果对比分析[J].水力发电,2007,33(4):54-58.

[2] 俞介刚. 碾压混凝土 RCD 工法特点与问题[J]. 东北水利水电,1994(3):2-6.

[3] 夏云翔. 美国上静水碾压混凝土坝的施工[J]. 珠江水电情报,1990(4):10-14.

[4] 姜长全. 碾压混凝土斜层平推铺筑法[J]. 华东工程技术,1999,20(3):46-49.

[5] SL 678-2014,胶结颗粒料筑坝技术导则[S].

[6] 汪小刚,董育坚.岩基抗剪参数强度参数[M].北京:中国水利水电出版社,2010.

[7] 肖峰,王红斌.龙滩碾压混凝土原位抗剪断试验成果分析[C]//第五届碾压混凝土坝国际研讨会论文集.贵阳,中国大坝委员会,2007:398-402.

[8] 马玉平,胡志平,周天华,等. 混凝土剪切强度参数试验研究[J].混凝土,2009(9):40-52.

[9] 古兴伟,李伟,钱东宏,等. 鹿马登水电站混凝土与岩体接触面抗剪特性研究[J]. 昆明理工大学学报(理工版),2009,34(2):53-57.

[10] 周建平,党林才. 水工设计手册[J]. 第5卷混凝土坝,2011.

[11] 宋玉普,闻伟,王怀亮. 碾压混凝土压剪强度分析[J].水利与建筑工程学报,2012,10(6):44-47.

[12] 袁从华,周健,闵弘,等. 碾压混凝土抗剪试验研究[J].土工基础,2005,19(5):68-71.

# 土耳其碾压混凝土坝综述

Dr. Ersan YILDIZ[1], Dinçer AYDǑGAN[2]

(1. Temelsu Int. Eng. Services Inc.,土耳其;2. DSİ 26. Bölge Müdürlü ğü
(26. Reg. Dir. of State Hydraulic Works),土耳其)

**摘要**:本文旨在介绍土耳其碾压混凝土(RCC)坝的设计、施工方法和主要特征。随着水电项目的开发,近年来土耳其 RCC 的坝数量显著增多。当前,有 22 座 RCC 坝投入运行,24 座在建。本文简要介绍了这些坝的主要特征,包括坝高、RCC 方量、横剖面、几何结构、RCC 材料、基础特性、上游面防渗、接缝、浇筑层接缝、浇筑程序、基础部位与 RCC 接触面和观测仪器。除此之外,本文还详细介绍了土耳其的两座重要大坝(运行中)的设计和施工:Cindere 坝(高 107 m),世界上最高的硬填坝,也是土耳其首座硬填坝;以及 Ayvaı 坝(高 177 m),欧洲最高的 RCC 坝。

**关键词**:RCC,硬土石填筑,土耳其,Cindere 坝,Ayvaı 坝

## 1　介　绍

在土耳其,碾压混凝土(RCC)技术在坝体建筑的应用始于 1998 年的 Cine 坝工程(高 137 m),继而低胶结含量的 RCC 材料(即硬填)在 2000 年 Cindere 坝工程(高 107 m)中的使用。在最近 15 年中,需水量的增加以及水电工程的开发导致坝数量急剧增加,同时 RCC 法也因其施工快速、实用及经济的优点被广泛应用。目前,有 22 座 RCC 坝已投入使用,24 座在建,这使得土耳其成为 RCC 技术的佼佼者之一。

本文对土耳其 RCC 坝的特征进行大概汇总(见表 1)。除此之外,也对世界最高的硬填坝——Cindere 坝,以及欧洲最高的 RCC 坝——Ayvaı 坝进行了更为详细的描述。

## 2　一般特征

运行中的 RCC 坝坝高在 36 ~ 177 m 之间,其中有 4 座高度超过 100 m。在建坝中有 4 座高度超过 100 m,总体高度在 29 ~ 150 m 之间。关于已建和在建 RCC 坝的基本信息见论文最后的表格。

### 2.1　坝几何结构和 RCC 体积

RCC 坝的横剖面以及上游面和下游面的坡度有显著不同,没有一个共同的横剖面。根据变化较大的基岩地震和地质特征以及所选择的强度,为 RCC 坝面设计了宽泛的坡度。上游面坡度范围从垂直水平面到 0.7∶1(水平∶垂直)不等,而下游面坡度变化范围较窄,一般在 0.7∶1(水平∶垂直)到 0.8∶1(水平∶垂直)之间。尤其在一些地震高发区域,面板对称几何结构常用于 RCC 坝(常见于硬填坝)。

土耳其2008年投入使用的高度为96 m的Beydağ坝,总混凝土和RCC的最大方量分别为2 650 000 $m^3$和2 350 000 $m^3$。土耳其有6个RCC坝的RCC的方量超过1 500 000 $m^3$。对于一些大工程,RCC方量在总混凝土量中的百分比在80%~95%之间。

表1 土耳其部分RCC坝(部分)

| 名称 | 状态 | 目的 | 河流 | 高度 | 长度 | RCC量 | 总混凝土量 | 上游面坡度 | 下游面坡度 | 水泥 | 白榴石灰石 | 白榴石灰石类型 |
|---|---|---|---|---|---|---|---|---|---|---|---|---|
| Ayval ş | 运行 | H | Oltu | 177 | 405 | 1 650 | 1 900 | V | 0.75 | 50 | 115 | F |
| Çine | 运行 | HWI | Çine | 137 | 300 | 1 560 | 1 650 | 0.1 | 0.85 | 85 | 105 | F |
| Cindere | 运行 | HWI | B. Menderes | 107 | 280 | 1 500 | 1 685 | 0.7 | 0.7 | 50 | 20 | F |
| Köprü | 运行 | H | Göksu | 103 | 413 | 880 | 1 050 | 0.6~V | 0.8~1.0 | 85 | 45 | FB |
| Beyhan-1 | 运行 | H | Murat | 97 | 361 | 1 480 | 1 661 | 0.7 | 0.7 | 130 | 0 | M |
| Beydağ | 运行 | HWI | K. Menderes | 96 | 800 | 2 350 | 2 650 | 0.35 | 0.8 | 60 | 30 | F |
| Menge | 运行 | H | Göksu | 73 | 304 | 321 | 384 | 0.25 | 0.80 | 80 | 40 | F |
| Güllübağ | ln运行 | H | Çoruh | 72 | 97 | 160 | 175 | V | 0.5~0.7 | 70 | 70 | F |
| Feke Ⅱ | 运行 | H | Göksu | 71 | 256 | 194 | 227 | 0.07 | 0.8 | 60 | 60 | F |
| Gökkaya | 运行 | H | Göksu | 69 | 118 | 96 | 122 | 0.07 | 0.8 | 55 | 55 | F |
| şlrnak | 运行 | H | Ortasu | 67 | 198 | 245 | 265 | 0.1 | 0.8~1.0 | 95 | 0 | — |
| Akköy Ⅱ(Aladereçam) | 运行 | H | Karaovaclk | 60 | 260 | 101 | 196 | V | 0.8 | 85 | 85 | N |
| Akköy | 运行 | H | Har şit | 53 | 146 | 46 | 101 | 0.1 | 0.8 | 100 | 100 | N |
| Çamllca 3 HES | 运行 | H | Zamantl | 52 | 186 | 160 | 182 | 0.7 | 0.7 | 88 | 37 | F |
| Su Çatl | 运行 | H | Güredin | 36 | 192 | 55 | 60 | V | 0.8 | 50 | 100 | S |
| Yukarl Kaleköy | 在建 | H | Murat | 150 | 404 | | | 0.25 | 0.8 | | | |
| Göktas | 在建 | H | Zamantl | 135 | 200 | | | 0.3 | 0.6 | | | |
| Melen | 在建 | HWI | Melen | 124 | 944 | | | 0.7 | 0.7 | | | |
| Ergenli | 在建 | I | $ll_1$ca | 107 | 540 | | | 0.2 | 0.7 | | | |
| Kargl | 在建 | H | Sakarya | 95 | 270 | | | 0.1 | 0.8 | | | |
| Naras | 在建 | HWI | Manavgat | 78 | 448 | | | 0.15 | 0.7 | | | |
| Kav şaktepe | 在建 | H | Robozik | 71 | 268 | | | 0.1 | 0.8 | | | |
| Musatepe | 在建 | H | Robozik | 66 | 165 | | | 0.1 | 0.8 | | | |
| Akçakoca | 在建 | W | Sarma | 66 | 148 | | | 0.1 | 0.8 | | | |
| Kelebek | 在建 | I | Kelebek | 60 | 193 | | | 0.1 | 0.8 | | | |
| Ardll | 在建 | HWI | Ardll | 54 | 246 | | | V | 0.8 | | | |
| Ergani | 在建 | I | Gölkum | 54 | 229 | | | 0.1 | 08 | | | |
| Gölgeliyamaç | 在建 | H | Güzeldere | 52 | 150 | | | V | 0.8 | | | |
| $Ball_1$ | 在建 | H | Robozik | 51 | 188 | | | 0.1 | 0.8 | | | |
| Karareis | 在建 | HWI | Camibo ğazl | 50 | 298 | | | 0.05 | 0.8 | | | |
| Çetintepe | 在建 | H | Robozik | 39 | 173 | | | 0.1 | 0.8 | | | |
| Gümü şören | 在建 | HWI | Zamantl | 37 | 842 | | | 0.7 | 0.75 | | | |
| Devecikonağl | 在建 | H | Emet | 29 | 313 | | | 0.1 | 0.75 | | | |

## 2.2　RCC 材料

RCC 材料的设计强度一般为 10～16 MPa 之间。在 RCC 中掺入白榴石火灰以增强工作性能、减少混凝土的水合热,增加长期强度和持久性。胶结材料通常是普通水泥和粉煤灰(F 级)的拌和物。粉煤灰的含量与普通水泥相比有所不同,但是一般少于普通水泥。尽管白榴石火灰的使用在 RCC 拌和物中很常见,但是在许多工程中,胶结物含量仅有普通水泥而没有白榴石火灰。RCC 骨料的选择和加工与传统混凝土相似。根据实用性和成本也会使用天然沉积或者碎石。

## 2.3　基础部位特性

由于 RCC 可视为大体积混凝土材料,因此适合大体积混凝土的基础也适合 RCC 坝。就这一点而言,一般的方法是在具有充分强度和刚性的岩石材料上建筑 RCC 坝。为此,基础部位的最终高程和布置需依据详细的地质和岩土技术勘查确定。

坝体稳定性需要岩石材料具有更高的抗剪强度,典型的坝面破坏要么是坝与基础的接触面,要么是坝体内的浇筑横缝。因此,需特别关注坝与基础的接触面,并且需仔细清扫岩石的暴露表面,并将垫层砂浆用于整个接触区域。基础的刚度是另一个重要指标,基岩的特性应能满足足够小的变形,保证在施工末期或运行期满库水位时不会导致坝体出现裂缝。

可以说,所有土耳其的 RCC 坝都是在岩石基础上建造的,它作为一个大的混凝土结构可保证足够的强度和刚度。通过灌浆或齿挖以及局部不良区域的混凝土回填进行改善也应用于一些工程中。没有任何一座 RCC 坝是在部分或全部软弱的岩石或软土基础部位上建筑的(包括相对低强度和刚度的硬填坝)。

## 2.3　防渗

坝的防渗主要由上游坡面提供。最常见的技术是上游面采用带模板的传统振实混凝土(CVC)带(通常大约 1 m)进行防渗。第二种最常见的方法是使用富含泥浆的 RCC。在包括 Cindere 坝和 Beydağ坝在内的许多工程中,预制的 PVC 面板也用于上游坝面以防止渗漏。

除了 CVC 或富含泥浆的 RCC,在许多工程中,也会采用一种条状区域(大概 10 m),即在两个浇筑层之间敷设垫层砂浆,来减少可能的渗漏,同时也为应力的关键部位提供一个具有较高的拉力和的抗剪强度的区域。Menge 坝的典型剖面图见图 1,垫层砂浆区位于 CVC 面之后。

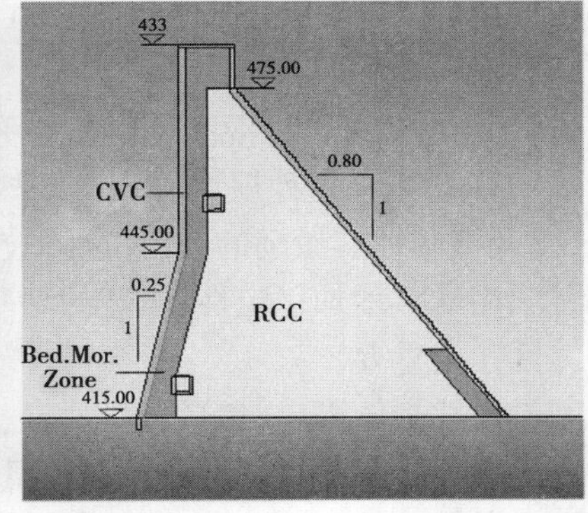


**图 1　Menge 坝的典型剖面**

**注:**Bed. Mor、Zone 为热层砂浆区域。

### 2.5　接缝、浇筑层接缝和浇筑程序

在土耳其所有 RCC 坝体都被施工纵缝分成数块，以避免由热收缩引起的开裂。纵缝的间距由热分析决定并需考虑材料热力学性质以及浇筑程序。常见的分块过程是将一块金属板或者薄片推进连续敷设和压实的 RCC 层。一层或两层止水带被安装在上游面附近的接缝之间，防止这些接缝渗漏。

评估纵缝的位置也需要考虑基岩内的变化。增加额外的接缝或者调整接缝间距使纵缝定位于基岩刚度突变的位置，以防止基础的不同沉降引起的潜在开裂。

RCC 连续层之间的横缝（浇筑层横接缝）对坝体的渗漏特性和稳定性至关重要。浇筑层表面的处理与接缝的状况息息相关，可界定为"热"或"冷"。该界定主要依据两个连续浇筑层间搭接的时间（以小时计算）。在热缝中，如果坝面干净且潮湿，就无需做任何处理。

对于冷缝，坝面的处理包括使用加压空气或水，用真空装置清扫以及使用垫层砂浆。在一些工程中，在防渗和强度性能方面，垫层砂浆的应用在上游面有限的宽度内（大约 10 m）是强制性的。

RCC 的拌和在拌和厂进行，其容量可根据填筑速度满足持续填筑需要。RCC 可通过输送系统、传统的卡车或二者结合从拌和厂运送到现场。在现代工程中，常见的方法是使用传送带将 RCC 从拌和厂运送出来，在现场装车，进行内部分配。

使用推土机将倾倒在坝点的混凝土拌和物推平。使用标准的 10 ~ 15 t 振动碾将 RCC 压实。其他较轻吨位的碾压机（3 t）或压实设备用于坝面、廊道或结构单元附近区域。标准厚度为 30 cm。

### 2.6　仪　表

所有 RCC 坝均依据 DSI（国家水利工程公司）惯例使用仪表监测。典型的 RCC 坝的仪表包括：压力传感器、压强计、应变计、伸缩仪、侧缝计、温度传感器、加速度计和正立摆或倒立摆。这些仪表设备的数量、类型和位置应根据坝的性质决定，如坝尺寸、目的、地震活动、基础条件等。

## 3　Cindere 坝

Cindere 坝是土耳其首座硬填坝，位于 Denizli 省。基础以上最大坝高 107 m，是世界上最高的硬填坝。坝顶长和宽分别为 280 m 和 10 m。总填筑量为 1 500 000 $m^3$，总混凝土量为 1 685 000 $m^3$。

Cindere 坝被设计为混凝土面板对称硬填坝，坡度比为 0.7∶1。硬填指的是具有较低胶结含量的贫 RCC。这种坝型的几何结构具有以下特性：更高的稳定性、对不同沉降的低灵敏性、以及抵制地震激励的高阻抗性；较低的弹性模量有利于更好地适应沉降；较平的上游坡通过利用水重增加稳定性，较宽的坝基减少基础压力和沉降，增强了抗滑稳定性，这在地震多发区尤为重要。

基岩由片岩体组成，包括云母片岩、钙质片岩、绢云母片岩和石墨片岩。根据岩体分类进行岩土工程评价得出基岩的弹性模量为 5 000 MPa，这对于硬填坝已经足够。

RCC 的强度为 6 MPa（180 d 龄期抗压强度）。在尝试按照不同水泥比率拌和后，达到了这个强度，胶结材料为 50 $kg/m^3$ 的普通水泥和 20 $kg/m^3$ 粉煤灰。采用了三种不同良好级配的骨料达到最大密度，55% 的骨料为 0 ~ 10 mm，25% 为 10 ~ 25 mm，20% 为 25 ~ 75

mm。RCC 拌和物由卡车输送,由推土机推平至 30 cm 厚,并由碾压机压实。

上游坝面由混凝土预制板形成。粘贴在预制混凝土板内部的 PVC 膜为上游坝面提供防渗。预制板可作为硬土石填筑的的模板,并为防渗膜提供保护。

该坝施工期为 2002 ~ 2009 年。最大日工程量和月工程量分别为 6 620 $m^3$ 和 140 000 $m^3$。图 2 为 Cindere 坝下游视图。

图 2　Cindere 坝下游视图

## 4　Ayvalı 坝

Ayvalı 坝是一座位于埃尔祖鲁姆(Erzurum)省的 RCC 坝。基础以上最大坝高为 177 m,是欧洲最高的 RCC 坝。坡顶长和宽分别为 390 m 和 8 m。RCC 总方量为 1 650 000 $m^3$,混凝土总方量为 1 900 000 $m^3$。

该坝的上游面坡度是垂直的,下游面坡度为 0.7∶1(水平∶垂直)。坝的剖面图如图 3 所示。

该坝建筑在火山岩体上,具有足够强度和刚度作为 RCC 坝的基础。

Ayvalı 坝使用了两种不同强度的 RCC。坝体的较低区域设计为 15 MPa 的抗压强度,而坝体的上部区域为 24 MPa,如图 3 所示,15 MPa 强度和 24 MPa 强度的 PCC 拌和物的胶结材料分别为 50 kg/$m^3$ 普通水泥掺和 110 kg/$m^3$ F 型粉煤灰和 100 kg/$m^3$ 普通水泥掺和 110 kg/$m^3$ F 型粉煤灰。

上游坝面为紧贴模板的富含水泥浆的 RCC,可提供防渗。在富含水泥浆区域的施工纵缝安装两层 PVC 止水。

坝体 RCC 骨料来自上游河床的冲刷和破碎石料。骨料采用保护措施储存以防分离,并用 900 m 长的传输带输送至 RCC 拌和厂。RCC 拌和厂包括 2 个单元和 4 个拌和器。制备的 RCC 拌和物通过一个 350 m 长的传输系统运输至大坝现场并装载到卡车上供内部配送。推土机和震动碾(18 t 和 22 t)将 RCC 层铺平并压实至 30 cm 厚。

RCC 连续浇筑期间不使用垫层砂浆,仅仅对于冷缝处的升程面进行清扫且使用垫层砂浆。在岩石与 RCC 连接处,岩石表面被认真清扫且整个界面均使用垫层砂浆。

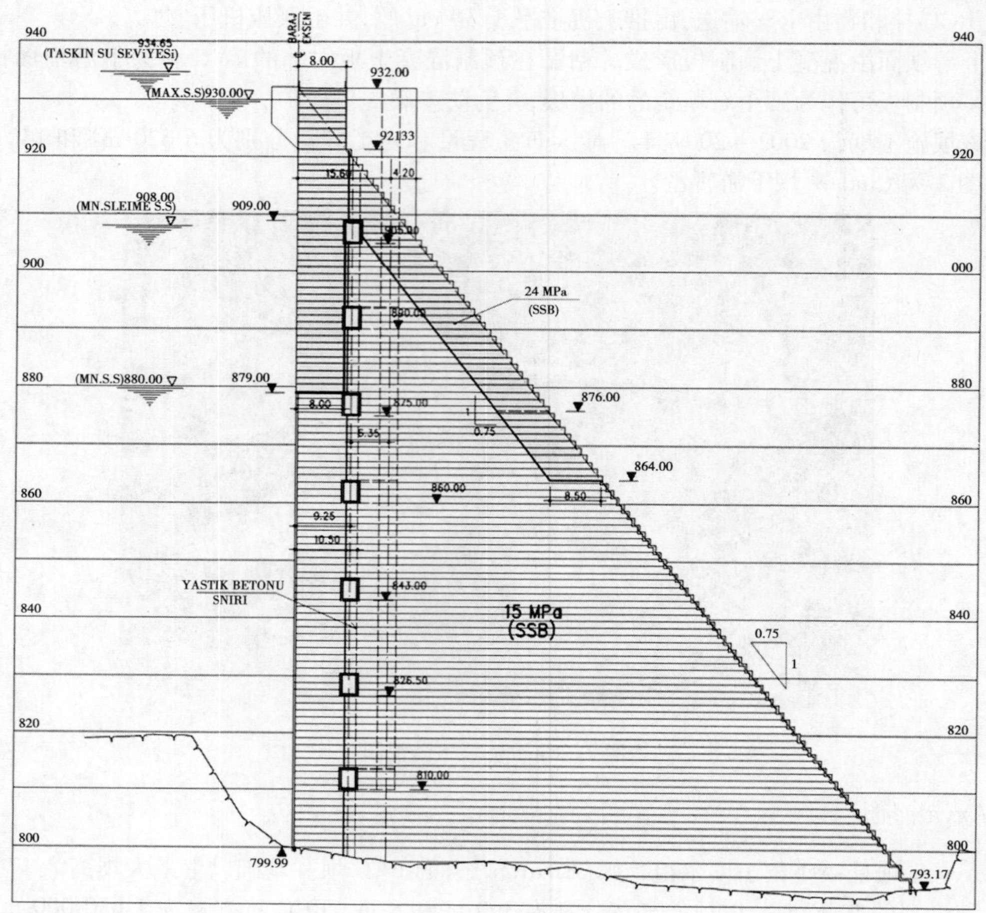


图 3　Ayvalı 坝横剖面

RCC 的浇筑应在酷热与寒冷气候条件下分别在白天和晚上停止施工。RCC 拌和物的温度在冷天应保持在 10 ℃以上，在热天保持在 28 ℃以下。RCC 升程面在热天应保持潮湿，在冷天覆盖保温层。

Ayvalı 坝的 RCC 于 2012 年 12 月 1 日开始施工，于 2014 年 12 月 31 日结束。最大的 RCC 工程量记录是 6 000 $m^3$/d 及 130 000 $m^3$/月。

图 4 为 Ayvalı 坝的下游视图。

图4　Ayvalı 坝下游视图

## 致　谢

作者对 Özkar 建筑公司的 CelayirŞahin 先生提供 Ayvalı 坝资料表达诚挚的谢意。

作者对 Temelsu 公司的 FikretGürdil 博士和 NejatDemirörs 先生提供 Cindere 坝资料表达诚挚的谢意。

## 参考文献

[1] BatmazS. ,Cindere 坝 – 107 m 高的碾压混凝土硬填坝(RCHD)[C]//第四届碾压混凝土(RCC)坝国际研讨会论文集. 马德里. 2003:121-126.

# 中国碾压混凝土快速筑坝关键技术分析

田育功[1] 贾金生[2] 党林才[3]

(1. 汉能控股集团云南汉能投资有限公司 云南 临沧 677506;
2. 中国水利水电科学研究院 北京 100038;
3. 中国电建集团水电水利规划设计总院 北京 100120)

**摘要:**中国自1986年建成第一座坑口碾压混凝土坝以来,截至2014年底,中国已建或在建的碾压混凝土坝已达200多座(含碾压混凝土围堰)。2006年龙滩和2012年光照碾压混凝土坝分获"国际碾压混凝土坝里程碑奖",2015年4月正在浇筑的203 m黄登碾压混凝土重力坝,标志着中国是世界建成碾压混凝土坝最高、最多的国家。本文通过碾压混凝土快速筑坝关键技术分析,从枢纽布置、设计指标、原材料选择、配合比设计、运输入仓、垫层碾压混凝土、层间结合质量、碾压层厚度、变态混凝土、温控防裂等方面进行总结,使碾压混凝土快速筑坝技术优势不断向更高水平发展。

**关键词:**碾压混凝土定义,石粉,浆砂比,$V_C$值,满管层厚,加浆振捣混凝土

## 1 前 言

中国自1986年建成第一座坑口碾压混凝土重力坝以来,至2014年底,已建和在建的碾压混凝土坝(包括围堰等临时工程)已达200多座,特别是近10年来碾压混凝土筑坝技术在中国越来越成熟。2007年龙滩(192 m)和2012年光照(200.5 m)碾压混凝土重力坝分获"国际碾压混凝土坝里程碑奖"。2015年4月正在浇筑的203 m黄登碾压混凝土重力坝,标志着中国是世界建成碾压混凝土坝最高、最多的国家。近10年来已建成的金安桥、官地、龙开口、观音岩、阿海、鲁地拉、戈兰滩、景洪、天花板等大型水电站工程,坝高库大,其主坝均采用全断面碾压混凝土筑坝技术。

30多年来,中国的碾压混凝土筑坝技术先后经历了早期的探索期、20世纪90年代的过渡期到21世纪初的成熟期,碾压混凝土也从干硬性混凝土过渡到无坍落度的亚塑性混凝土,碾压混凝土技术在筑坝过程中不断的交流、碰撞、融合和创新。实践证明,修建碾压混凝土坝,已经不受气候条件和地域条件限制,在适合的地质、地形条件下,均可采用碾压混凝土筑坝技术。

"快速"是碾压混凝土筑坝技术的最大优势,是其具有强大的生命力。碾压混凝土筑坝技术最大的魅力是它的兼容性,碾压混凝土既有混凝土的特性,符合水胶比定则,不论是碾压混凝土重力坝还是拱坝,其坝体断面设计与常态混凝土大坝相同;同时又具有土石坝快速施工的特点。大量的工程实践证明,碾压混凝土坝已成为最具有竞争力的坝型之一。采用碾压混凝土筑坝技术,豪迈大气、实实在在,大坝内部质量良好,外观质量美观,其质量毫不

逊色于常态混凝土坝。碾压混凝土筑坝虽然大气，但施工并不粗糙，筑坝技术十分细腻，具有条理清晰的规范化施工，施工现场人员稀少，碾压混凝土从运输、入仓、摊铺、碾压到切缝、喷雾、保湿等工序都有条不紊地进行。

最能体现碾压混凝土快速筑坝特点的是通仓薄层浇筑，由于筑坝技术的改变，改变了枢纽布置从和坝工结构的设计理念。枢纽布置设计不但要从满足碾压混凝土快速施工、简化大坝布置考虑，还需要从大坝结构、温度应力、整体性能等方面进行深化研究。碾压混凝土筑坝技术是集科研、设计、施工、质控及管理等的多方面的系统工程，碾压混凝土筑坝技术单纯，越简单其优势越明显。采用碾压混凝土筑坝对设计是一种促进，设计理念必须超先，在大坝的布置上要与常态混凝土坝有所区别，设计要结合碾压混凝土自身特点，从全断面上升、通仓薄层碾压、简单快速施工出发，大坝的结构布置越简单越好。

本文通过碾压混凝土快速筑坝关键技术分析，从枢纽布置、设计指标、原材料选择、配合比设计、运输入仓、垫层碾压混凝土、层间结合质量、碾压层厚度、变态混凝土、温控防裂等方面，对碾压混凝土快速筑坝技术成功的经验和不足之处进行总结，使碾压混凝土快速筑坝技术优势不断向更高水平发展。

## 2　碾压混凝土坝设计关键技术

### 2.1　枢纽布置与快速施工关键技术

采用碾压混凝土快速筑坝技术，枢纽布置显得尤为重要。碾压混凝土坝需要特殊的设计，采用碾压混凝土筑坝技术的目的就是要简化施工，与常态混凝土的主要区别，只是改变了混凝土材料的配合比和施工工艺而已，而碾压混凝土材料性能与常态混凝土性能基本相同，设计并未因是碾压混凝土而降低大坝的设计标准，所以碾压混凝土坝设计断面与常态混凝土坝相同。大坝是枢纽建筑物中最为重要的组成部分，在布置碾压混凝土坝时，设计要千方百计考虑碾压混凝土通仓薄层快速施工的技术特点，合理安排枢纽其它各类建筑物的布置。碾压混凝土坝最理想的枢纽布置是借鉴土石坝枢纽布置设计原则，尽量把其它各类建筑物布置在大坝以外。碾压混凝土坝与发电建筑物和泄水建筑物尽可能分开布置，坝体碾压混凝土部位应相对集中，减少坝内孔洞，简化坝体结构，尽量扩大坝体采用碾压混凝土的范围，最大限度地减少对碾压混凝土快速施工干扰。

中国的碾压混凝土坝不论是在狭谷河段还是宽阔河段，发电建筑物基本上以引水式或地下厂房为主，这样减少了对碾压混凝土施工干扰，十分有利碾压混凝土大型机械化快速施工，并且可以均衡枢纽各建筑物的工程量，同时利用碾压混凝土坝体自身泄流的特点，导流标准和防洪渡汛标准可以大大降低。

例如：百色水电站碾压混凝土重力坝，主坝坝轴线为折线，坝顶长 720 m，共分 24 个坝段，最大坝高 130 m，大坝混凝土共计 258 万 $m^3$，其中碾压混凝土 212 万 $m^3$。枢纽布置发电建筑物为左岸地下厂房，进水口布置在大坝左岸上游，坝身 $4A^{\#}\sim5^{\#}$集中布置 3 个中孔和 4 个表孔，高温季节碾压混凝土不施工，汛期利用碾压混凝土坝体自身泄水。这样导流标准较低，导流洞仅布置了一条，有效降低了工程造价，同时均衡枢纽各建筑物的工程量，发挥了碾压混凝土快速筑坝技术优势。

也有个别碾压混凝土坝枢纽布置不尽合理，发电厂房布置为坝后式，在坝体中布置了引水钢管、进水口以及底孔、中孔等泄水建筑物，给碾压混凝土快速施工带来了较大的困难和障碍。其不利方面是施工期泄水建筑物未形成,坝后式厂房不允许坝体泄流,从而提高了导流标准和防洪渡汛标准,增加了工程投资,同时也影响了碾压混凝土快速施工。

### 2.2　碾压混凝土设计指标关键技术

碾压混凝土由于大量使用掺合料,有效延缓了水化热温升及早期混凝土强度的发展,因此,有必要采用 180 d 或 360 d 设计龄期。《碾压混凝土坝设计规范》(SL 314—2004)中规定:碾压混凝土的抗压强度宜采用 180 d(或 90 d)龄期抗压强度。由于碾压混凝土水泥用量少、高掺粉煤灰等活性掺合料,其后期强度增长显著,其后期强度增长与水泥、掺合料、外加剂等品种及掺量有关,大量工程试验研究结果表明,一般碾压混凝土的 28 d、90 d、180 d 龄期抗压强度增长率大致为 1:(1.5~1.7):(1.8~2.0)。同时,抗渗、抗冻、抗拉、极限拉伸值等指标,也宜采用与抗压强度相同的设计龄期。

水工混凝土的抗压强度、设计龄期、抗冻等级、极限拉伸值等设计指标不相匹配问题由来已久。从 1997 年三峡二期工程开始,设计将抗冻等级作为评价大坝混凝土耐久性重要指标,此后中国在南方等温和地区均把抗冻等级列为混凝土耐久性主要设计指标,特别是近几年来不论是在大坝外部、内部混凝土,抗冻等级设计指标向越来越高的趋势发展,实际对大坝硬化混凝土,混凝土芯样的抗冻等级低于机口取样的混凝土抗冻等级,把单一的抗冻等级作为评价混凝土耐久性指标,还需要不断进行深化试验研究。

比如温和地区的某碾压混凝土重力坝,坝体内部碾压混凝土设计指标:强度 15 MPa、龄期 90 d、抗冻 F100。碾压混凝土坝内部与外部防渗区均采用 F100 相同抗冻等级,理由是否充分,是耐久性要求还是抗裂要求目的性不清楚。为了满足坝体内部碾压混凝土 F100 抗冻要求,需要掺入大量的引气剂,由于内部碾压混凝土设计强度等级低、含气量大,结果影响极限拉伸值下降,要么就以大量超强来满足抗冻要求。混凝土大量超强,就得多用水泥,反而增加温升和温度应力,对温控和抗裂十分不利。所以,设计一定要采用整体协调的思路进行设计,使大坝碾压混凝土设计指标科学合理、切合实际,相互匹配。

## 3　碾压混凝土原材料关键技术分析

### 3.1　水泥内部控制关键指标与工程实例

中国的碾压混凝土主要使用中热硅酸盐水泥或普通硅酸盐水泥,这种水泥的各项性能除满足国家标准外,大型工程根据工程的具体使用情况还提出一些特殊的指标要求。

如水泥的细度对水泥的水化速率影响很大,水泥的细度主要采用比表面积表示。水泥熟料的颗粒细,水化快,水化放热亦随之加快,故过细的水泥会明显增加早期的水化热。为此,大型水利水电工程对中热硅酸盐水泥的细度即比表面积提出了具体的要求。大量的试验研究及工程实践经验表明,水泥的细度对混凝土的抗裂性有着极其重要的影响,为了获得抗裂性能良好的混凝土,水泥应稍粗一些,为此,要求水泥的比表面积控制在 280~320 $m^2/kg$为宜。

关于中热硅酸盐水泥的矿物组成,为了降低水泥的水化热,要求硅酸三钙($C_3S$)的含量在 50%左右,铝酸三钙($C_3A$)含量小于 6%,铁铝酸四钙($C_4AF$)含量大于 16%。而且,由于硅酸三钙和铝酸三钙含量降低,水化较为平缓,对裂缝的愈合有利。关于水泥的碱含量,为了避免产生碱骨料反应,水泥熟料的碱含量应控制在 0.6%以内。关于氧化镁(MgO)的含量,为了使硬化混凝土体积产生膨胀,补偿混凝土在降温过程中的收缩,一般要求中热水泥熟料中 MgO 含量控制在 3.5% ~4.5% 范围内。同时,对到工地进场水泥温度要求 <65 ℃。

例如金沙江金安桥水电站工程,大坝为碾压混凝土重力坝,碾压混凝土采用丽江永保中热硅酸盐水泥。合同签订中对中热水泥提出了特殊的内部控制指标要求,金安桥中热水泥内控指标见表 1。内控指标对中热水泥的细度、MgO 含量、水化热以及 28 d 的抗压强度、抗折强度等指标要求更为严格。同时对到工地的水泥温度作了专门要求,进场水泥入罐温度不得大于 60 ℃,实际检测进场水泥的温度控制在 39 ~48 ℃。水泥内控指标有效地保证了金安桥大坝碾压混凝土的质量稳定,对温度控制和防止大坝裂缝起到了十分关键的作用。

表 1　金安桥工程中热水泥内部控制指标

| 序号 | 检验项目 | | GB 200—2003<br>中热水泥标准要求 | 金安桥工程中热水泥<br>内部控制指标要求 |
|---|---|---|---|---|
| 1 | 比表面积($m^2$/kg) | | ≥250 | ≤310 |
| 2 | 氧化镁含量(%) | | ≤5.0 | 3.5 ~5.0 |
| 3 | 碱含量(%) | | ≤0.6 | ≤0.6 |
| 4 | $SO_3$含量(%) | | ≤3.5 | ≤3.0 |
| 5 | 水泥到工地温度(℃) | | ≤65 | ≤60 |
| 6 | 抗压强度(MPa) | 3 d | ≥12.0 | ≥12.0 |
| | | 7 d | ≥22.0 | ≥22.0 |
| | | 28 d | ≥42.5 | 47.5 ±2.5 |
| 7 | 抗折强度(MPa) | 3 d | ≥3.0 | ≥3.0 |
| | | 7 d | ≥4.5 | ≥4.5 |
| | | 28 d | ≥6.5 | ≥8.0 |
| 8 | 水化热(kJ/kg) | 3 d | ≤251 | ≤230 |
| | | 7 d | ≤293 | ≤281 |

### 3.2　掺合料关键技术

碾压混凝土自身特点是掺合料掺量大,水泥用量少。掺合料是碾压混凝土胶凝材料的主要组成部分,中国的碾压混凝土中掺合料掺量一般占到胶凝材料的 50% ~65%。碾压混凝土中的掺合料一般具有活性,也有非活性。掺合料主要为粉煤灰、铁矿渣、磷矿渣、火山灰、凝灰岩、石灰岩粉、硅粉及铜矿渣等。掺合料可以单掺,也可以混合复掺。

粉煤灰作为掺合料在水工混凝土中始终占主导地位,粉煤灰在碾压混凝土中的应用研究是成熟的,粉煤灰不但掺量大、应用广泛,其性能也是掺合料中最优的。我国具有丰富的粉煤灰资源优势,但由于地域辽阔,粉煤灰资源的分布极不平衡。比如云南的大朝山、景洪、居浦渡、戈兰滩、等壳、腊寨等碾压混凝土坝工程,由于所需粉煤灰距离产地很远,使用很不经济。加之近年来水电站工程大量开工,导致了粉煤灰货源紧缺。为此,本着就地取材的原则,比如大朝山工程,从 20 世纪 90 年代初开始,科研和施工单位经过大量反复的试验研究,开发出利用磷矿渣(P)与当地的凝灰岩(T)混合磨制成新型掺合料(即 PT 掺合料),其性能、掺量均与二级粉煤灰相近,使用效果也相似,这一创举拓宽了碾压混凝土掺合料的料源和对掺合料的进一步认识。近年来,景洪、戈兰滩、居甫度、土卡河等工程采用锰铁矿渣+石灰岩粉各50%的复合掺合料,简称SL掺合料;等壳、腊寨等工程采用火山灰作为掺合料。磷矿渣与凝灰岩(PT)、铁矿渣与石灰岩(SL)、粉煤灰与磷矿渣(FP)混合磨制成以及火山灰单独磨制成型的掺合料,使用效果良好,对提高碾压混凝土工作性能、降低温度应力非常有利。

## 3.3　石粉在碾压混凝土中的关键技术

### 3.3.1　石粉在碾压混凝土重要作用

碾压混凝土胶凝材料主要由水泥+掺合料+0.08 mm微石粉组成,所以石粉已成为碾压混凝土中必不可少的组成材料之一。石粉是指颗粒小于0.16 mm的经机械加工的岩石微细颗粒(国外指小于0.075 mm颗粒),它包括人工砂中粒径小于0.16 mm的细颗粒和专门磨细的岩石粉末。

碾压混凝土配合比设计中,石粉含量一般是指石粉占人工砂质量的百分数。由于碾压混凝土中胶凝材料和水的用量较少,当人工砂中含有适量的石粉时,因其与掺合料的细度基本相当,石粉在砂浆中能够起到部分掺合料作用,即相当于增加了胶凝材料浆体。石粉最大贡献是提高了碾压混凝土浆砂体积比,可以显著改善灰浆量较少的碾压混凝土拌和物工作性,增进混凝土的匀质性、密实抗渗性,提高混凝土的强度及断裂韧性,改善施工层面的胶黏性能减少胶凝材料用量,降低绝热温升。

碾压混凝土灰浆含量远低于常态混凝土,为保证其可碾性、液化泛浆、层间结合、密实性及其它一系列性能,提高砂中的石粉含量是非常有效的措施。大量的试验研究和工程实践表明,人工砂石粉含量为18%左右时,碾压混凝土拌和物性能明显改善。2009年修订的《水工碾压混凝土施工规范》(DL/T 5112—2009)规定人工砂石粉($d \leqslant 0.16$ mm颗粒)含量宜控制在12%~22%,最佳石粉含量应通过试验确定。研究结果表明,石粉含量可以进一步提高到22%,甚至可以突破22%上限限制。石粉中特别是小于0.08 mm微石粉在碾压混凝土中的作用十分显著。

比如百色水利枢纽碾压混凝土主坝工程采用辉绿岩骨料,受生产工艺、生产设备和岩石种类的影响,人工砂石粉含量大,占20%~24%,其中小于0.08 mm微石粉占石粉的40%~60%;江垭大坝混凝土骨料生产采用意大利产的碎石机,石质为灰质白云岩、灰岩及白云质灰岩,所生产的人工砂中石粉含量约占人工砂18.9%,其中小于0.075 mm微粒约占13.9%;索风营水电站工程采用PL-8500立轴式破碎机生产骨粒,骨料为石灰岩,石粉含量为17%~21.8%,平均18.3%,小于0.08 mm的石粉含量为11.6%~14.4%,平均12.8%。

### 3.3.2　石粉含量对碾压混凝土性能影响

碾压混凝土随着石粉含量的提高,对改善碾压混凝土的工作性、液化泛浆、层间结合和硬化混凝土性能作用显著。大量的试验研究表明,不管石粉是内掺,还是外掺,碾压混凝土单位用水量随着石粉含量的增加也相应增加,一般石粉每增加1%,单位用水量相应增加约2 kg/m$^3$;试验研究表明,保持水泥用量不变,采用石粉取代部分粉煤灰,在一定的范围内对碾压混凝土工作性的影响不大。百色工程实践表明,当采用辉绿岩石粉取代粉煤灰20~40 kg/m$^3$,对硬化混凝土性能影响不大,但辉绿岩石粉取代量超过40 kg/m$^3$粉煤灰时,碾压混凝土强度等性能明显下降,说明石粉取代粉煤灰量过大对混凝土性能是不利的。

碾压混凝土随着石粉含量的提高和采用小的 $V_C$ 值，可以明显提高碾压混凝土的密实性，掺入适量石粉，都有利于提高碾压混凝土的强度、抗渗性能，特别是对提高抗冻性能、极限拉伸值和降低弹性模量效果明显。研究结果同时表明：高石粉含量也有不利的一面，当石粉含量从18%逐步提高到24%时随着石粉含量的增加，混凝土各龄期的干缩值增加，其干缩值随龄期延长也逐步增大，说明过高的石粉含量对碾压混凝土干缩是不利的。

### 3.4　外加剂关键技术

近年来，水利水电工程不论是常态混凝土还是碾压混凝土，设计对其耐久性均提出了更高的要求，抗冻等级是耐久性极为重要的指标。同时，碾压混凝土施工具有铺筑仓面大、浇筑强度高、层间结合以及温控要求严等特点。为了适应碾压混凝土施工特点，改善碾压混凝土的拌和物性能，降低单位用水量，减少水泥用量和水化热温升，提高抗裂性及耐久性，碾压混凝土中必须掺用外加剂。目前主要使用缓凝高效减水剂和引气剂，这两种外加剂复合使用，要求其具有高的减水率和缓凝效果，且保持一定的含气量，使碾压混凝土拌和物满足施工要求的可碾性、液化泛浆、层间结合和耐久性等质量要求。为此，大型工程对外加剂的减水率提出具体指标要求。

例如百色、金安桥工程，针对碾压混凝土采用辉绿岩、玄武岩骨料密度大，分别达到3.0 g/cm$^3$及2.95 g/cm$^3$的特性，导致混凝土单位用水量高、凝结时间短、液化泛浆差等施工难题，对外加剂制定了比标准高的内部控制指标，要求缓凝高效减水剂及引气剂减水率分别>18%和>7%，在减水剂和引气剂联合减水的作用下，有效降低了辉绿岩、玄武岩骨料碾压混凝土单位用水量，改善了碾压混凝土工作性。

## 4　碾压混凝土配合比设计关键技术

### 4.1　水工碾压混凝土定义

水工碾压混凝土是指将无坍落度的亚塑性混凝土拌和物分薄层摊铺并经振动碾碾压密实且层面全面泛浆的混凝土。

水工碾压混凝土定义与早期的碾压混凝土和干硬性混凝土定义完全不同，事物的发展都是从实践—理论—实践不断发展变化的过程，这也是碾压混凝土快速筑坝技术发展过程的必然结果。

20世纪90年代后期中国的碾压混凝土采用全断面筑坝技术以来，彻底改变了传统的"金包银"施工方式和防渗结构，坝体防渗依靠碾压混凝土自身完成，这样要求碾压混凝土要有足够长的初凝时间，经振动碾碾压密实后必须是表面全面泛浆，有弹性，保证上层骨料嵌入已经碾压完成的下层碾压混凝土中，彻底改变碾压混凝土层面多、易形成"千层饼"渗水通道的薄弱层缝面，所以碾压混凝土也从干硬性混凝土逐渐过渡到亚塑性混凝土。

采用无坍落度的亚塑性碾压混凝土施工，实践证明碾压混凝土层间结合质量良好。2007年国内已经从龙滩、光照、戈兰滩、景洪、金安桥等碾压混凝土大坝中分别取出15~17 m的超长芯样；2010年之后的阿海、沙沱、向家坝、观音岩、洪屏等碾压混凝土大坝更是分别取出大于20~22 m的更长芯样。大多数碾压混凝土坝钻孔取芯及压水试验总体评价，透水率小于设计要求1.0 Lu，摩擦系数 $f'$ 和黏聚强度 $c'$ 大于设计控制指标，芯样外观光滑、致密、骨料分布均匀，不论是连续摊铺热层缝或施工冷层缝的层间结合良好，无明显层缝，碾压混凝土表观密度与现场核子密度仪检测成果相符，碾压混凝土坝质量满足设计要求。

### 4.2　拌和物性能是碾压混凝土配合比试验的重点

碾压混凝土与常态混凝土在配合比设计中既有共性又有一定区别,试验表明:碾压混凝土本体的强度、防渗、抗冻、抗剪等物理力学性能并不逊色于常态混凝土。但是碾压混凝土施工采用薄层通仓浇筑,靠坝体自身防渗,配合比设计应完全满足大坝层缝面结合的特性要求,而不仅是满足本体强度、抗渗等性能的要求,所以碾压混凝土配合比设计应以拌和物性能试验为重点。要改变以往常态混凝土配合比设计重视硬化混凝土性能、轻视拌和物性能的设计理念,这是碾压混凝土与常态混凝土配合比设计的最大区别。

如何满足层间结合质量是碾压混凝土配合比设计关键。配合比试验必须紧紧围绕层间结合质量,以拌和物性能试验为重点,使新拌碾压混凝土拌和物的工作性能满足现场碾压混凝土抗骨料分离、可碾性、液化泛浆、层间结合等施工质量要求。

### 4.3　浆砂比是配合比设计关键技术

水工碾压混凝土经过 30 年大量的试验研究和筑坝实践,碾压混凝土配合比设计已经趋于成熟,形成了一套比较完整的理论体系,其中浆砂比是碾压混凝土配合比设计的关键技术,已成为配合比设计的重要参数之一,其具有与水胶比、砂率、单位用水量等参数同等重要的作用。

浆砂比是灰浆体积(包括粒径小于 0.08 mm 的颗粒体积)与砂浆体积的比值,即浆砂体积比,简称"浆砂比"(符号 "PV" 表示)。根据全断面碾压混凝土筑坝实践经验,当人工砂石粉含量控制在 18% 左右时,一般浆砂比值不低于 0.42。由此可见,浆砂比从直观上体现了碾压混凝土材料之间的一种比例关系,是评价碾压混凝土拌和物性能的重要指标。

大坝内部碾压混凝土胶凝材料用量一般在 150 ~ 170 $kg/m^3$,大坝外部在 190 ~ 210 $kg/m^3$ 范围,如果不考虑石粉含量,经计算浆砂比 $PV$ 仅为 0.33 ~ 0.37,将无法保证碾压混凝土层面泛浆和大坝防渗性能。由于大坝温控防裂要求,在不可能提高胶凝材料用量的前提下,石粉在碾压混凝土中的作用就显得十分重要,特别是小于 0.08 mm 微石粉,可以起到增加胶凝材料的效果,石粉最大的贡献是提高了浆砂体积比,保证了层间结合质量。

例如光照工程。光照水电站碾压混凝土重力坝为 200.5 m 的世界级高坝,碾压混凝土采用石灰岩人工砂石骨料,由于工期安排十分紧张,2005 年 8 月下旬在进行碾压混凝土工艺试验时,采用了常态混凝土用砂,人工砂石粉含量仅为 7% ~ 13%。由于人工砂采用湿法生产,致使宝贵的 0.08 mm 微石粉大量随水流失。在进行第一次碾压混凝土工艺试验时,采用碾压混凝土配合比为:大坝防渗区二级配 $C_{90}$25F100W10、水胶比 0.45、水 86 $kg/m^3$、粉煤灰 45%;大坝内部三级配 $C_{90}$20F100W10、水胶比 0.48、水 77 $kg/m^3$、粉煤灰 50%、骨料级配小石: 中石: 大石 = 30: 35: 35。由于采用了常态混凝土用砂,人工砂石粉很低,经计算碾压混凝土浆砂比 PV 值仅为 0.35。同时人工砂含水率大大超过 6% 的控制指标。因此,第一次现场工艺试验的碾压混凝土拌和物严重泌水、骨料分离、可碾性、层间结合很差。第一次碾压混凝土 90 d 龄期时进行钻孔取芯,芯样蜂窝麻面,层间热缝结合部位断层明显,造成第一次碾压混凝土工艺试验失败。

为此,2005 年 12 月中旬又进行了第二次碾压混凝土工艺试验。试验之前,对第一次碾压混凝土工艺试验失败存在的问题进行了认真分析。首先对碾压混凝土配合比进行了调整,在保持原有配合比水胶比不变条件下,大坝防渗区和内部碾压混凝土粉煤灰掺量分别提高到 50% 和 55%,针对采用常态混凝土用砂石粉偏低的情况,采用粉煤灰代砂 4% 方案,骨料级配调整为小石∶中石∶大石＝30∶40∶30，调整后的二级配、三级配实际用水量分别为96 kg/m$^3$和86 kg/m$^3$，$V_C$值控制在3～5 s范围，并严格把砂的含水率控制在3%以内。这样碾压混凝土的浆砂比$PV$值从原来的0.35提高到0.44。第二次碾压混凝土工艺试验十分成功，仓面碾压混凝土液化泛浆充分，可碾性、层间结合良好。碾压混凝土10 d龄期即进行了钻孔取芯，碾压混凝土芯样表面光滑致密，层间结合无法辨认，得到咨询专家一致好评认可，保证了光照大坝碾压混凝土于2006年2月按期施工浇筑。

## 5　碾压混凝土施工关键技术

### 5.1　汽车+满管+仓面汽车联合运输关键技术

碾压混凝土入仓运输历来是制约快速施工的关键因素之一。碾压混凝土入仓运输经过汽车运输、皮带机输送、负压溜槽、集料斗周转、缆机或塔机垂直运输等多种入仓运输方案的应用，大量的工程施工实践证明，汽车直接入仓是快速施工最有效的方式，可以极大的减少中间环节，减少混凝土温度回升，提高层间结合质量。一般拌和楼距大坝仓面运距时间多在15～30 min范围，自卸车厢顶部设置自动苫布进行遮阳防晒保护，碾压混凝土入仓温度回升一般在0.4～0.9 ℃范围。

目前碾压混凝土坝的高度越来越高，狭窄河谷的坝体，上坝道路高差很大，汽车将无法直接入仓，碾压混凝土中间环节垂直运输可以采用满管溜槽进行，即仓外汽车+满管溜槽+仓面汽车联合运输。由于满管溜槽尺寸的增大，完全替代了以往传统的负压溜槽。目前满管溜槽的断面尺寸已经达到80 cm×80 cm，满管溜槽下倾角一般40°～50°，仓外汽车通过卸料斗经满管溜槽直接把料卸入仓面汽车中，倒运十分简捷快速。目前的碾压混凝土均为高石粉含量、低$V_C$值的亚塑性混凝土，令人担忧的骨料分离问题也迎刃而解。

例如坝高200.5 m的光照水电站大坝，满管溜槽最大高度达105 m。坝高160 m的金安桥水电站大坝，采用汽车+满管溜槽+仓面汽车运输方案，满管溜槽下倾角41°，最大高差达70 m，载重9 m$^3$碾压混凝土自卸汽车通过满管溜槽卸料到仓面汽车，一般卸料用时仅15～25 s，十分快捷，极大地加快了碾压混凝土运输入仓速度。

### 5.2　垫层碾压混凝土快速施工关键技术

对于碾压混凝土坝而言，由于不设纵缝，其底宽较大，基础约束范围亦较高，为了防止基础混凝土裂缝，应对基础容许温度进行控制。大坝的基础在凹凸不平的基岩面上，因此碾压混凝土铺筑前均设计一定厚度的垫层混凝土，达到找平和固结灌浆的目的，然后才开始碾压混凝土施工。由于垫层采用常态混凝土浇筑，一是垫层混凝土强度高（一般≥C25），水泥用量大，对温控不利；二是垫层混凝土浇筑仓面小，模板量大，施工强度低，往往垫层混凝土的浇筑成为制约碾压混凝土坝快速施工的关键因素之一。

近年来的施工实践表明，碾压混凝土完全可以达到与常态混凝土相同的质量和性能，因此采用低坍落度常态混凝土找平基岩面后，立即采用碾压混凝土跟进浇筑，可明显加快基础垫层混凝土施工。一般基础垫层混凝土大都选择冬季或低温时期浇筑，取消基础垫层常态混凝土，在低温时期采用碾压混凝土快速浇筑垫层混凝土，可以有效加快固结灌浆进度，控制基础温差，防止坝基混凝土发生深层裂缝，对温控和施工进度十分有利。

例如百色水电站大坝基础垫层就是采用碾压混凝土快速施工技术。2002年12月28日，百色碾压混凝土重力坝基础垫层采用常态混凝土找平后，碾压混凝土立即同步跟进浇筑，由于碾压混凝土高强度快速施工，利用了最佳的低温季节很快完成基础约束区垫层混凝土浇筑，温控措施大为简化。基础固结灌浆则安排在 6 ~ 8 月高温期大坝碾压混凝土不施工的时段进行，仅仅只是增加了部分钻孔费用。2003 年 8 月钻孔取芯样至基岩，芯样中基岩、常态混凝土、碾压混凝土层间结合紧密，强度满足设计要求。目前 3 根大于 11 m 的长芯样仍然完整无缺，缝面无法辩认。

## 6 提高层间结合质量关键技术分析

### 6.1 $V_C$ 值动态控制是保证可碾性的关键

$V_C$ 值的大小对碾压混凝土的性能有着显著的影响，近年来大量工程实践证明，碾压混凝土现场控制的重点是拌和物 $V_C$ 值和凝结时间，$V_C$ 值动态控制是保证碾压混凝土可碾性和层间结合的关键。$V_C$ 值动态控制是根据气温变化随时调整出机口 $V_C$ 值，出机口 $V_C$ 值一般控制在 1 ~ 3 s，现场 $V_C$ 值一般控制在 3 ~ 5 s 比较适宜，在满足现场正常碾压的条件下，以不陷碾为原则，现场 $V_C$ 值可采用低值。

喷雾只是改变仓面小气候，达到保湿降温的目的，碾压混凝土液化泛浆是在振动碾碾压作用下从混凝土液化中提出的浆体，这层薄薄的表面浆体是保证层间结合质量的关键所在，液化泛浆已作为评价碾压混凝土可碾性的重要标准。碾压混凝土配合比在满足可碾性前提下，影响液化泛浆主要因素是入仓后是否及时碾压以及气温导致的 $V_C$ 值经时损失。

提高液化泛浆最有效的技术措施，是保持配合比参数不变，根据不同时段温度采用不同的外加剂掺量，在外加剂减水和缓凝的双层叠加作用下，降低了 $V_C$ 值，延缓了凝结时间，可以有效提高碾压混凝土可碾性、液化泛浆和层间结合质量。

### 6.2 及时碾压是保证层间结合质量的关键

碾压混凝土浇筑特点是薄层、通仓摊铺碾压施工，碾压混凝土摊铺后及时碾压是保证层间结合质量的关键。碾压混凝土坝是层缝结构，其层缝面极易成为渗漏水的通道，目前传统的碾压层厚度一般为 30 cm，这样一个 100 m 高度的碾压混凝土坝，就有 333 个层缝面，这样多的缝面对大坝的防渗性能、层间抗剪以及整体性能十分不利。层间结合的质量问题一直是业内多年来研究的主要课题，层间接缝的抗拉、抗剪强度在碾压湿凝土坝的设计中起主导作用，尤其是在地震烈度高的区域，所以设计已经将碾压混凝土坝层间缝面的最小摩擦系数 $f'$ 和黏聚强度 $c'$ 作为设计控制指标。

碾压混凝土坝层间结合质量优劣与配合比设计关系密切，精心设计的配合比对层间结合起着举足轻重作用，优良的施工配合比经振动碾碾压 2 ~ 5 遍，层面就可以全面泛浆。当碾压混凝土配合比符合要求后，碾压混凝土经拌和、运输、入仓后，必须要做到及时摊铺、碾压、喷雾保湿及覆盖，即人们常说的碾压混凝土施工越快越好。由于及时碾压和喷雾保湿改变小气候，保证了碾压混凝土可碾性、液化泛浆和层间结合质量，所以加快碾压混凝土浇筑速度和及时碾压，是保证碾压混凝土层间结合质量的关键所在。

### 6.3 提高碾压层厚度、取消密实度检测技术创新

#### 6.3.1 提高碾压层厚度技术创新

碾压混凝土坝层缝多、碾压费时费工，严重制约碾压混凝土快速施工和层间结合质量，所以对碾压层厚和碾压遍数通过试验研究、进行技术创新十分必要。《水工碾压混凝土施工规范》(DL/T 112—2009) 对碾压层厚明确规定，碾压层的厚度通过试验进行确定。所以

碾压层厚度从传统的30 cm提高至40 cm、50 cm、60 cm甚至更厚的碾压厚度，一般3 m升层提高至6 m甚至更高升层是有可能的。由于碾压混凝土本体防渗性能并不逊色于常态混凝土，如果把碾压层厚度提高到50 cm，这样一个100 m高度的碾压混凝土坝，就仅有200个层缝面，潜在的渗水通道将大为减少，不但可以有效减少碾压混凝土坝层缝面数量，而且还可以显著提高筑坝效率。

提高碾压层厚度技术创新，贵州黄花寨碾压混凝土双曲拱坝已于2006年10月进行了现场50 cm、75 cm、100 cm不同层厚度现场试验；2008年11月下旬，云南马堵山碾压混凝土坝又进行了不同层厚现场碾压试验。现场试验带来如下启示：

(1)碾压混凝土碾压层厚度完全可以突破传统的30 cm规定。

(2)碾压层厚度可以提高至40 cm、50 cm、60 cm的层厚。

(3)碾压层厚度可以按照大坝的下部、中部、上部实行不同的碾压厚度。

(4)碾压层厚度的提高，对模板刚度及稳定性、振动碾质量及激振力相匹配等课题需要深化研究。

随着碾压混凝土层厚度的增加，变态混凝土插孔、注浆、振捣将成为施工难点。笔者根据百色、光照、金安桥等碾压混凝土坝的实践经验，采用机拌变态混凝土就可以解决层厚的施工难题。机拌变态混凝土是在拌和楼拌制碾压混凝土时，在碾压混凝土中加入规定比例的水泥粉煤灰浆液，而制成一种低坍落度混凝土。机拌变态混凝土入仓与碾压混凝土入仓方式相同，入仓后混凝土采用振捣器进行振捣，不仅简化了变态混凝土的操作程序，而且对大体积变态混凝土的质量更有保证。

目前，为了加快碾压混凝土施工速度，几个甚至数十个坝段连成一个大仓面，碾压混凝土摊铺碾压基本采用斜层平推法施工，实际斜层碾压摊铺往往已经突破30 cm规范限制，40～50 cm层厚已经屡见不鲜。

#### 6.3.2　取消密实度检测创新分析

制约碾压层厚度的另一个因素是现场表观密度检测。《水工碾压混凝土施工规范》(DL/T 5112—2009)规范规定，坝体防渗区碾压混凝土相对密实度不应小于98%。内部碾压混凝土相对密实度不应小于97%。碾压混凝土现场表观密度的检测主要采用核子水分密度仪测试，以其测试结果作为表观密度判定依据。

核子水分密度仪一般测试深度为30 cm，如果碾压层厚度提高至40 cm、50 cm、60 cm，则核子水分密度仪将无法进行检测。采用全断面碾压混凝土筑坝技术，碾压混凝土也从干硬性混凝土过渡到无坍落度的亚塑性混凝土，其实质只是改变了混凝土配合比和施工工艺而已，碾压混凝土仍然符合混凝土水胶比定则。所以，水工碾压混凝土是否有必要采用核子水分密度仪进行表观密度检测值得研究。核子水分密度仪检测是针对早期“金包银”散粒体的碾压混凝土材料而言的。

## 7　加浆振捣混凝土施工技术创新

### 7.1　加浆振捣混凝土造孔技术创新

加浆振捣混凝土是中国采用全断面碾压混凝土筑坝技术的一项重大技术创新，是在碾压混凝土摊铺施工中，铺洒灰浆而形成的富浆混凝土，采用振捣器的方法振捣密实，主要运用于大坝防渗区表面部位、模板周边、岸坡、廊道、孔洞、及设有钢筋的部位等。采用加浆振捣混凝土可以明显减少对碾压混凝土施工干扰,但其施工质量优劣直接关系到大坝防渗性能,所以备受人们关注。

影响施工质量关键是造孔质量。加浆振捣混凝土注浆方式,先后经历了顶部、分层、掏槽和插孔等多种注浆方式,大量的工程实践表明,目前插孔注浆法已成为主流方式。插孔注浆法是在摊铺好的碾压混凝土面上采用$\phi$40~60 直径的插孔器进行造孔,目前造孔均采用人工脚踩插孔器进行,由于人工造孔费力、费时,效果差,孔深难于达到≥25 cm 深度的要求,孔内灰浆往往渗透不到底部和周边,所以造孔深度是影响施工质量的关键。

笔者根据多年的施工经验,需要技术创新研究机械化的插孔器。机械化的插孔器可以借鉴手提式振动夯原理,把振动夯端部改造为插孔器,在夯头端部安装单杆或多杆插孔器,这样可以有效的提高造孔深度和造孔效率,减轻劳动强度,明显改善施工质量。

### 7.2　灰浆浓度均匀性技术创新

造孔满足要求后,灰浆均匀性和注浆是影响质量的一道极其关键的施工工艺。加浆振捣混凝土使用的灰浆在制浆站制好后,灰浆通过管路输送到仓面的灰浆车中,由于灰浆自身的特性,容易产生沉淀,导致灰浆浓度不均匀。在加浆振捣混凝土中注入浓度不均匀的灰浆,会引起水胶比变化,直接影响质量。

为了防止灰浆沉淀,保证灰浆均匀性,需要对传统灰浆车进行技术创新,研究在灰浆车中安装搅拌器的可行性,灰浆车要按照搅拌器工作原理进行技术改造。每次注浆前先用搅拌器对灰浆车中的灰浆进行搅拌,使灰浆浓度均匀,再对已造好孔的碾压混凝土进行注浆。目前注浆方式主要是人工现场洒浆,无法达到像拌和楼拌制混凝土那样准确的注浆量和均匀性,因此现场注浆作业要做到专人负责注浆,注浆量严格按照面积注浆铺洒。注浆完成后振捣一般在 10 min 后进行,振捣器应插入下层混凝土中,保证上下层混凝土层面结合质量。

## 8　简化温控措施技术路线分析

碾压混凝土的优势之一就是简化温控或取消温控,早期碾压混凝土坝高度较低,充分利用低温季节和低温时段施工,大都不采取温控措施。但是近年来,由于碾压混凝土坝高度和体积的增加,为了赶工或缩短工期,高温季节和高温时段连续浇筑碾压混凝土已成惯例,这样温控措施越来越严,有的碾压混凝土坝温控措施已经和常态混凝土坝没有什么区别,碾压混凝土坝温控措施呈日趋复杂的趋势,对碾压混凝土简单快速施工带来一定负面影响。

仓面埋设冷却水管对碾压混凝土快速施工干扰大,减少冷却水管埋设量或取消坝体冷却水管将是对目前碾压混凝土温控的挑战。减少或取消冷却水管并非对碾压混凝土不进行温控,而是温控措施技术路线重点不同,把温控措施主要放在碾压混凝土入仓前、碾压过程的温控中,严格控制浇筑温度不超标准。取消冷却水管温控措施主要技术路线:

一是高温季节和高温时段不浇碾压混凝土,尽量利用低温季节或低温时段浇筑碾压混凝土,可以有效降低坝体混凝土的最高温升。

二是严格控制碾压混凝土出机口温度是关键。出机口温度控制采用常规温控方法,即控制水泥、粉煤灰入罐温度,预冷骨料,冷水或加冰拌和。虽然控制出机口碾压混凝土温度要投入一定的费用,但可以明显减少对现场碾压混凝土快速施工干扰。

三是要严格控制碾压混凝土温度回升,防止温度回升关键是及时碾压,仓面喷雾保湿改变小气候,碾压后的混凝土及时覆盖保温材料。

大量工程实践证明,仓面喷雾保湿改变小气候效果明显,可以显著降低温度 4～6 ℃。金安桥观测资料表明:如果仓面不进行或不及时进行喷雾保湿覆盖,在高温时段或经太阳暴晒的碾压混凝土蓄热量很大,导致浇筑温度上升很快,严重超标。观测数据显示,超过浇筑温度的碾压混凝土坝内温度比低温时期或喷雾保湿后的碾压混凝土温度约高出 3～5 ℃。

温控已经成为制约碾压混凝土快速施工的关键因素之一,对碾压混凝土坝的温控标准、温控技术路线需要认真进行研究分析,打破温控僵局的被动局面,如何使温控标准和快速施工有一个最佳结合点,是面临解决的一个新课题。

## 9　结　语

(1)碾压混凝土坝最理想的枢纽布置是借鉴土石坝枢纽布置设计原则,尽量把其他各类建筑物布置在大坝以外。

(2)针对碾压混凝土水化热温升较慢,早期强度低的特点,应该充分利用碾压混凝土的后期强度,设计龄期宜采用 180 d 或 360 d,同时设计指标尽量匹配。

(3)原材料质量直接关系到碾压混凝土性能。水泥的细度对混凝土的抗裂性有着极其重要的影响,应严格控制水泥的细度,制定内控指标。

(4)浆砂比是碾压混凝土配合比设计关键技术,具有与三大参数同等重要的作用。碾压混凝土拌和物性能是配合比试验的重点。

(5)汽车 + 满管 + 仓面汽车联合运输是碾压混凝土入仓最简捷快速的有效方案,可以有效防止温度回升,提高层间结合质量。

(6)采用碾压混凝土快速浇筑基础垫层混凝土,可以有效加快固结灌浆进度,控制基础温差,防止基础混凝土发生裂缝。

(7)$V_C$ 值动态控制与及时碾压是保证层间结合质量的关键。采用不同的外加剂掺量,可以有效对 $V_C$ 值进行动态控制。

(8)提高碾压层厚度,不但可以有效减少碾压混凝土坝层缝面,而且还可以显著提高筑坝效率。

(9)变态混凝土造孔技术和灰浆车搅拌器的技术创新研究,可以明显改善变态混凝土的质量。

(10)碾压混凝土的优势之一就是简化温控或取消温控,如何使温控标准和快速施工有一个最佳结合点,是面临解决的一个新课题。

# 碾压混凝土坝的前30年

Malcolm Dunstan

（Malcolm Dunstan及合伙人，英国）

**摘要：**在1991年（北京）举办的第一次碾压混凝土RCC大坝会议上，提出了一篇与之前被大大忽略的沈重阳博士相关的论文，题为“世界碾压混凝土RCC大坝的发展”。在1995年（桑坦德）碾压混凝土RCC会议上，作出了有关“世界碾压混凝土RCC大坝的扩张与采用的建设方法”的综合报告。在1999年（成都）碾压混凝土RCC会议上，提出了一篇题为“碾压混凝土RCC大坝的最新发展”的综合论文。在2003年（马德里）碾压混凝土RCC会议期间，进行了题为“2003年碾压混凝土RCC大坝目前工艺水平——国际大坝委员会ICOLD公报No125的更新”的讲座。在2007年（贵阳）碾压混凝土RCC会议中，进行了一个题为“2006年年末碾压混凝土RCC综述”的讲座而且在2012年（萨拉戈萨）碾压混凝土RCC会议上，进行了有关“碾压混凝土RCC大坝的新进展”的更为深入的讲座。该论文是以上系列论文的延伸和更新，且追溯了过去30年来碾压混凝土RCC大坝的发展。在该阶段，60多个国家中接近700座碾压混凝土RCC大坝已经建成，或者正在建设中。这些大坝在各种类型条件下为各种各样的目的而建，且已基本取代了传统的混凝土大坝。本文描述了当前用于大坝中的碾压混凝土RCC类型多年来所发生的变化、发展以及已经引入的各种新技术。

**关键词：**碾压混凝土RCC，大坝，历史，设计，建设

## 1　简　介

本文基于MD&A碾压混凝土RCC大坝数据库中的数据，该数据库保存了世界上大多数碾压混凝土RCC大坝的详细资料。数据库的摘要信息每年在世界地图集水力发电和大坝[1]中发布。摘要的可搜索副本保存在MD&A网站www. RCCcdams. com上。数据在每年的6月/8月世界地图集发布期间及时更新。遗憾的是，在本文起草期间，2014年的更新还没有完成，因此本文基于2013年末的数据。不过等到2015碾压混凝土RCC会议，2014年的更新将已经完成，在大会所作的介绍将以最新数据为基础。

## 2　碾压混凝土RCC大坝的数量

在2013年末，已完成的碾压混凝土RCC大坝至少有554座（平均高度63 m，平均体积506 000 $m^3$，其中356 000 $m^3$为碾压混凝土RCC），而且还有86座或以上大坝正在建设中（平均高度86 m，平均体积1 166 000 $m^3$，其中988 000 $m^3$为碾压混凝土RCC）。图1中显示了每年完成碾压混凝土RCC大坝的数量，也显示了这些数量的五点移动平均线。

从图1中可以看出大约1983年之前为碾压混凝土RCC大坝开发的“试验”阶段，从

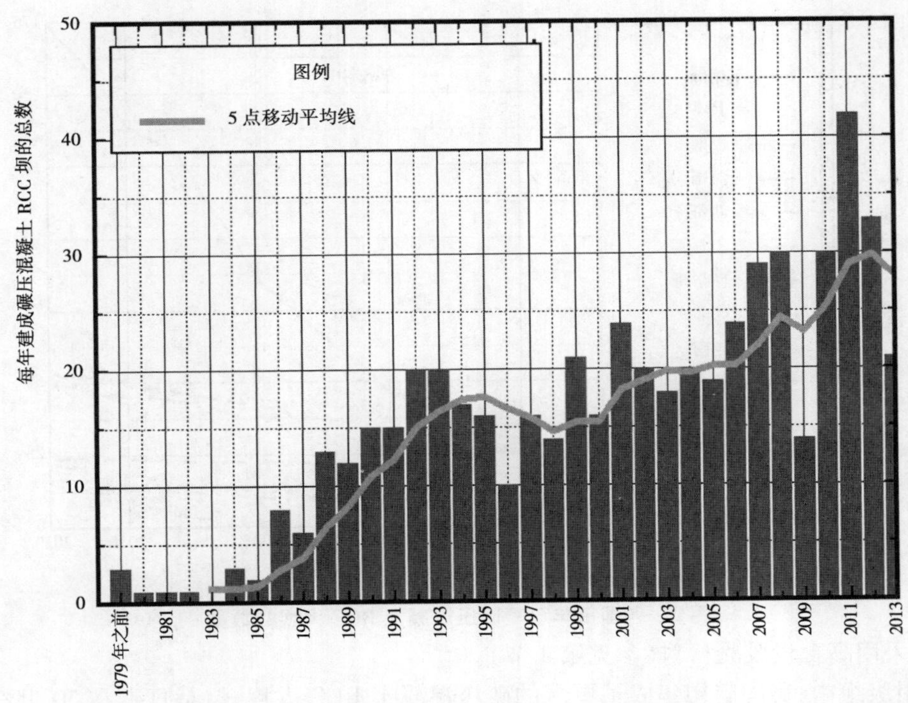


图1　每年建成碾压混凝土 RCC 大坝的总数量

1983 年起的 10 年碾压混凝土 RCC 大坝数量快速增长。大约从 1993 年到 2003 年为巩固阶段,对于建设方法已经建立起了信心。自从 2003 年之后为所建碾压混凝土 RCC 大坝数量的进一步快速增长,而且现在每年平均约 30 座碾压混凝土 RCC 大坝被建成——建设方法真正开始之后的大约 30 年。鉴于在 2013 年末,至少有 86 座碾压混凝土 RCC 大坝仍在建设中,所以很可能每年所建的碾压混凝土 RCC 大坝的数量的快速增长在至少今后几年内仍将持续。

据估计,已经建成或者正在建设中的碾压混凝土 RCC 大坝的总体积大约为 304 $Mm^3$,其中 223 $Mm^3$ 为碾压混凝土 RCC。所有这些大坝的平均配合比为 82 $kg/m^3$ 的硅酸盐水泥含量和 65 $kg/m^3$ 的火山灰含量,即总的胶凝材料含量为 147 $kg/m^3$。

## 3　碾压混凝土 RCC 大坝在世界上的分配

中国目前已建成的碾压混凝土 RCC 大坝数量最多,为 174 座,因此可以被认为是碾压混凝土 RCC 国家超级组的唯一成员。日本、巴西和美国三国中,每个国家都有 45 ~ 55 座已建成的碾压混凝土 RCC 大坝。它们可能被认为处于碾压混凝土 RCC 大坝国家甲级组中。另有 7 个国家,西班牙、土耳其、摩洛哥、南非、越南、澳大利亚和墨西哥,每个国家拥有 15 ~ 25 座碾压混凝土 RCC 大坝。这些国家处于乙级组。最后丙级组中还有 4 个国家,包括希腊、法国、伊朗和秘鲁,其碾压混凝土 RCC 大坝数量为 5 ~ 10 座。超级、甲级和乙级组中每年建成的大坝数量标绘在图 2 中。很明显,中国建成的大坝数量比任何其他国家都多得多。

实际上,中国所建成的碾压混凝土 RCC 大坝比甲级组中的三个国家所建的总数还要多。有趣的是中国已经确定,对于其所有碾压混凝土 RCC 大坝的最好解决方案是碾压混凝

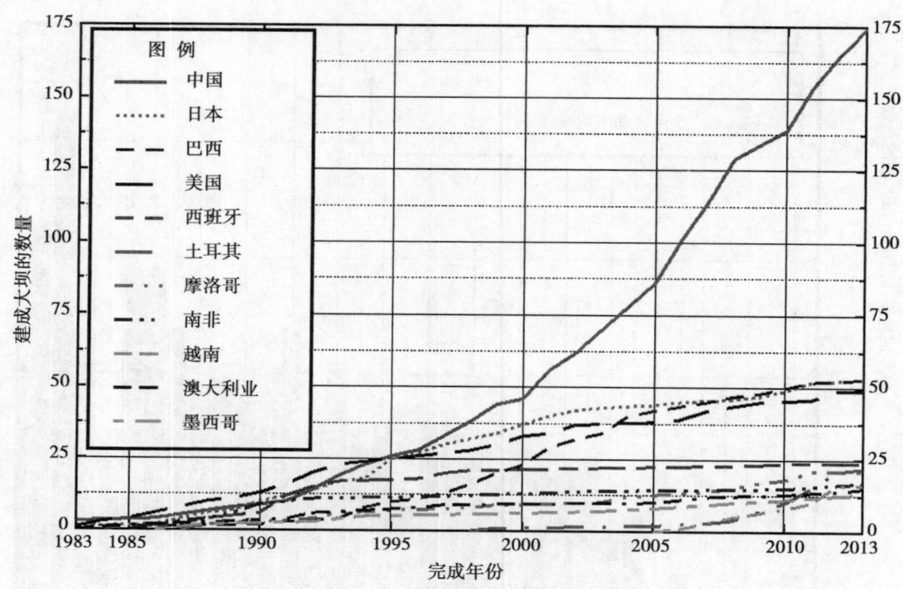


图 2　各国每年已建碾压混凝土 RCC 大坝的数量

土 RCC 采用高含量胶凝材料(参见第 4 节)。

在甲级组中,美国起初建成了更多的碾压混凝土 RCC 大坝,但是日本在 20 世纪 90 年代中期赶超并且在以后的时间里一直处于该组中的领先地位。巴西比其他两个国家都起步较晚,但是在 21 世纪初的中期赶了上来而且现在可能前进到总体第二名,仅次于中国。

在乙组中也出现类似的情况;起初西班牙领先但是被墨西哥赶超,之后南非、澳大利亚和墨西哥三国齐头并进。然而更有趣的是,两个国家土耳其和越南,两国都起步较晚而且现在碾压混凝土 RCC 大坝的数量都极其迅速地增长,两国尤其是土耳其很有可能从乙组进入甲组。

## 4　碾压混凝土 RCC 大坝的设计原理

### 4.1　设计原理

到 2013 年末已建成或正在建设的所有碾压混凝土 RCC 大坝已经被归类为以下任一类型:

(1)硬填方坝(在日本也称为 CSG(胶凝砂砾石)大坝,在中国称为 CMD(胶凝材料坝))——这些大坝都有对称的(或近似对称的)上游和下游坡,通常在 0.60:1 和 1.20:1($H$:$V$)之间。这些大坝比其他形式的碾压混凝土 RCC 大坝需要相对较低的质量控制而且不受层间水平接缝性能的限制。

(2)倾斜碾压混凝土 RCC 大坝——这些大坝总的胶凝含量为 99 kg/m$^3$ 或以下而且通常具有某种形式的上游障碍物以提高水密性。

(3)RCDs(碾压坝)——这些大坝是日本独有,且覆盖碾压混凝土 RCC 坝体自身的上游和下游面具有相对较厚的传统面板混凝土。

(4)中等胶凝材料含量碾压混凝土 RCC 大坝——这些大坝的总胶凝材料含量在 100 ~ 149 kg/m$^3$ 之间而且实质上是倾斜碾压混凝土 RCC 大坝和富胶凝材料含量碾压混凝土 RCC

大坝之间的过渡类型。

(5)富胶凝材料含量碾压混凝土 RCC 大坝——这些大坝的总胶凝含量为 150 kg/m³ 或以上而且被设计为完全不可渗透,无需任何形式的上游膜,而且在水平层之间的接缝处有很好的性能。

表 1 显示了这些碾压混凝土 RCC 大坝形式中每种形式的平均配合比。

**表 1　碾压混凝土 RCC 大坝各种形式的浆体的平均配合比**

| 项目 | 浆体的配合比(kg/m³) | | | | 水/胶比 |
|---|---|---|---|---|---|
| | 水泥 | 火山灰 | 胶结物 | 水 | |
| 硬填方 | 66 | 9 | 75 | 132 | 1.76 |
| 倾斜碾压混凝土 RCC | 72 | 9 | 81 | 122 | 1.51 |
| 碾压坝 RCD | 86 | 36 | 123 | 94 | 0.76 |
| 中等浆体含量碾压混凝土 RCC | 80 | 37 | 117 | 114 | 0.98 |
| 高浆体含量碾压混凝土 RCC | 87 | 109 | 196 | 111 | 0.57 |

从表 1 中可以看出不同设计原理的平均硅酸盐水泥含量没有显著变化,通常是在 65 ~ 85 kg/m³ 之间。通过使用迥然不同含量的火山灰,获取不同的总胶结物含量。同样有趣的是,尽管富胶凝材料含量碾压混凝土 RCC 是非常切实可行的,但是平均水含量明显低于硬填方和倾斜碾压混凝土 RCC 大坝。这是使用高配比火山灰起的作用,通常为低钙粉煤灰,充当更加可行的生产碾压混凝土 RCC 的滚珠轴承。此外,富胶凝材料的碾压混凝土 RCC 中采用受可控性更好的骨料也减少了水的需求。因此,更高胶凝材料含量和更低水含量导致了迥然不同的水/胶比,倾斜碾压混凝土 RCC 大坝水胶比的平均值为高浆体含量碾压混凝土 RCC 的平均值的 2.5 倍,这也导致了每种不同形式得碾压混凝土 RCC 有迥然不同的强度。

### 4.2　不同形式碾压混凝土 RCC 的使用

图 3 显示了截至 2013 年末利用上述不同设计原理建成的或在建的碾压混凝土 RCC 大坝的数量比例。

大约有一半的碾压混凝土 RCC 大坝含有较高含量的胶凝材料,大约 15% 碾压混凝土 RCC 采用中等含量的胶凝材料,大约 10% 为倾斜碾压混凝土 RCC 且只有 2.7% 为硬填坝,其余大约 15% 大坝的设计原理还是未知。

## 5　最高、最大和最快的碾压混凝土 RCC 大坝

### 5.1　最高的碾压混凝土 RCC 大坝完成于 2013 年末

表 2 显示了 10 个已建成最高的碾压混凝土 RCC 大坝。除万家口子是最高的碾压混凝土 RCC 拱坝外,其余都是重力坝。在这 10 个最高坝之中,5 个在中国,10 个中有 8 个在亚洲。若要成为前 10 名最高碾压混凝土 RCC 坝,大坝的高度必须超过 140 m。

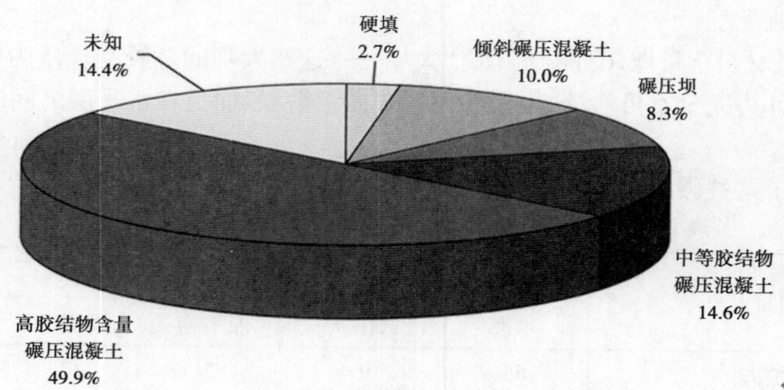


图 3　各种设计原理的碾压混凝土 RCC 大坝的数量比例

表 2　世界十大最高碾压混凝土 RCC 大坝

| 大坝 | 国家 | 高度（m） | 体积（$\times10^3$ $m^3$） | | 胶结物含量（$kg/m^3$） | | 火山灰类型 |
|---|---|---|---|---|---|---|---|
| | | | 碾压混凝土 RCC | 总计 | 水泥 | 火山灰 | |
| 龙滩 | 中国 | 217 | 4 952 | 7 458 | 99 | 121 | （F） |
| 光照 | 中国 | 201 | 2 420 | 2 870 | 71 | 87 | （F） |
| 米耶尔 I | 哥伦比亚 | 188 | 1 669 | 1 730 | 85～160 | 0 | （–） |
| 关帝 | 中国 | 168 | 2 970 | 4 710 | | | （F） |
| 万家口子 | 中国 | 161 | | | | | |
| 金安桥 | 中国 | 160 | 2 400 | 3 920 | 96 | 117 | （F） |
| 宫赖 | 日本 | 156 | 1 537 | 2 060 | 91 | 39 | （F） |
| 浦山 | 日本 | 156 | 1 294 | 1 750 | 91 | 39 | （F） |
| 瑞尔可 | 智利 | 155 | 1 596 | 1 640 | 133 | 57 | （N） |
| 姆仑 | 马来西亚 | 141 | | | | | |

## 5.2　至 2013 年末建成的最大碾压混凝土 RCC 大坝

表 3 给出了拥有最大体积的 10 个碾压混凝土 RCC 大坝。这些坝中有 6 个在中国而且 10 个中有 9 个在亚洲，唯一一个例外为托姆索克，美国的硬填坝。若想成为拥有最大体积的 10 个碾压混凝土 RCC 大坝之一，体积必须超过 2.40 $Mm^3$。

表3 世界十大碾压混凝土大坝(根据碾压混凝土 RCC 体积)

| 大坝 | 国家 | 高度(m) | 体积(×10³ m³) | | 胶结物含量(kg/m³) | | 火山灰类型 |
|---|---|---|---|---|---|---|---|
| | | | 碾压混凝土RCC | 总计 | 水泥 | 火山灰 | |
| 龙滩 | 中国 | 217 | 4 952 | 7 458 | 99 | 121 | (F) |
| 泰国丹 | 泰国 | 95 | 4 900 | 5 400 | 90 | 100 | (F) |
| 关帝 | 中国 | 168 | 2 970 | 4 710 | | | (F) |
| 龙开口 | 中国 | 116 | 2 840 | 3 853 | 83 | 101 | (F) |
| 山萝 | 越南 | 138 | 2 677 | 4 800 | 60 | 160 | (F) |
| 卡拉苏克 | 中国 | 122 | 2 520 | 2 890 | | | (F) |
| 耶瓦 | 缅甸 | 135 | 2 473 | 2 843 | 75 | 145 | (N) |
| 托姆索克 | 美国 | 49 | 2 448 | 2 500 | 59 | 59 | (F) |
| 光照 | 中国 | 201 | 2 420 | 2 870 | 71 | 87 | (F) |
| 金安桥 | 中国 | 160 | 2 400 | 3 920 | 96 | 117 | (F) |

## 5.3 至2013年末最快建成的碾压混凝土RCC大坝

表4中显示了具有最高平均浇筑速度的10个碾压混凝土RCC重力坝,连同两个硬填坝,土耳其贝伊山和美国的托姆索克,从而组成了表4中的12个大坝。硬填坝已经被突出,因为其浇筑速度实际上不能与碾压混凝土RCC重力坝相提并论,由于重力坝所需的质量控制远远要严格于硬填坝,且后者通常不需要关注水平接缝的任何性能。若想进入前十名最快碾压混凝土RCC坝,碾压混凝土RCC的平均浇筑速度需要超过76 500 m³/月。

表4 最快平均浇筑速度的十个(12)碾压混凝土RCC大坝

| 大坝 | 国家 | 高度(m) | 碾压混凝土RCC体积(×10³ m³) | 浇筑时间(月) | 月浇筑量(m³) | | 最大日浇筑量(m³) |
|---|---|---|---|---|---|---|---|
| | | | | | 平均值 | 峰值 | |
| 龙滩 | 中国 | 217 | 4 623 | 32.4 | 142 758 | 400 755 | 18 475 |
| 斯蒂尔沃特 | 美国 | 91 | 1 125 | 9.0 | 125 324 | 204 430 | 8 415 |
| 泰国丹 | 泰国 | 95 | 4 900 | 40.1 | 122 266 | 201 490 | 13 280 |
| 奥利文海恩 | 美国 | 97 | 1 070 | 8.8 | 121 895 | 224 675 | 12 250 |
| 贝伊山 | 土耳其 | 96 | 2 350 | 20.9 | 112 566 | 165 000 | |
| 贝尼哈龙 | 阿尔及利亚 | 121 | 1 690 | 16.4 | 102 860 | 175 000 | 9 100 |
| 托姆索克 | 美国 | 49 | 2 448 | 24.9 | 98 492 | 189 470 | 11 330 |
| 光照 | 中国 | 201 | 2 420 | 27.9 | 86 598 | | |
| 山萝 | 越南 | 138 | 2 677 | 31.5 | 84 995 | 200 075 | 9 980 |
| 关帝 | 中国 | 168 | 2 970 | 36.0 | 82 500 | | |
| 瓦伊特尔纳 | 印度 | 103 | 1 202 | 15.5 | 77 548 | 134 125 | 7 536 |
| 瑞尔可 | 智利 | 155 | 1 596 | 20.9 | 76 449 | 147 600 | 6 860 |

位于美国的上斯蒂尔沃特和奥利文海恩大坝与相似体积的其他碾压混凝土 RCC 大坝相比具有极快的浇筑平均速度。仅仅具有相似(或更快)浇筑速度的其他两个大坝,就是龙滩大坝和泰国丹坝,其体积都超过上斯蒂尔沃特和奥利文海恩大坝的 4 倍。

# 6 用于碾压混凝土 RCC 大坝中的胶结材料

## 6.1 硅酸盐水泥

图 4 给出了至 2013 年末已建成或在建的碾压混凝土 RCC 大坝中使用的不同类型的硅酸盐水泥。

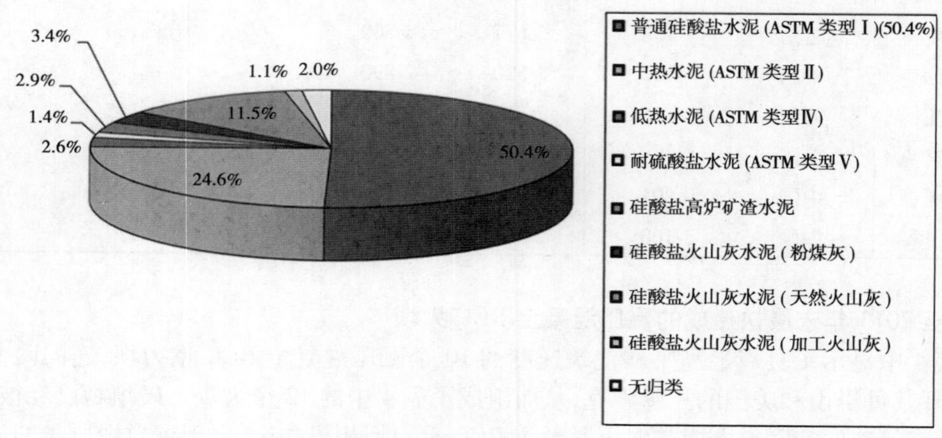


图 4 碾压混凝土 RCC 大坝中使用的硅酸盐水泥

从图 4 中可以看出普通硅酸盐水泥(ASTM C150[2]类型 I)已经在大约 50% 的碾压混凝土 RCC 大坝中使用,中热水泥(ASTM C150 Type II)大约用在 25% 的大坝中,而各种其他类型水泥用在余下的 25% 的大坝中。后者大约有一半为含有天然火山灰的硅酸盐火山灰水泥。

## 6.2 火山灰

图 5 显示了至 2013 年末已建成或在建的碾压混凝土 RCC 大坝中使用的各种火山灰,包括制成的和天然的。

从图 5 中可以看出,到目前为止,最普遍的火山灰是低钙粉煤灰(ASTM C618[3]类型 F),用于稍高于 60% 的碾压混凝土 RCC 大坝中。所有碾压混凝土 RCC 大坝中大约 15% 在胶结物含量中使用了天然火山灰,大约 15% 使用不含火山灰的硅酸盐水泥,而剩余的 10% 包含了所有其他类型的火山灰(包括不含有任何硅酸盐水泥的火山灰的组合——虽然只有 1.5%)。最近的一项创新是适于处理和干燥的“条件性”灰的使用(即在热力发电站的泻湖中获取的灰)[4]。

普通硅酸盐水泥和低钙粉煤灰结合用于大部分碾压混凝土 RCC 大坝中而且似乎是胶凝材料理想的选择。

# 7 大坝碾压混凝土 RCC 的浇筑

最初认为碾压混凝土 RCC 大坝为混凝土坝的建设提供了简单而快速的方法,其碾压混

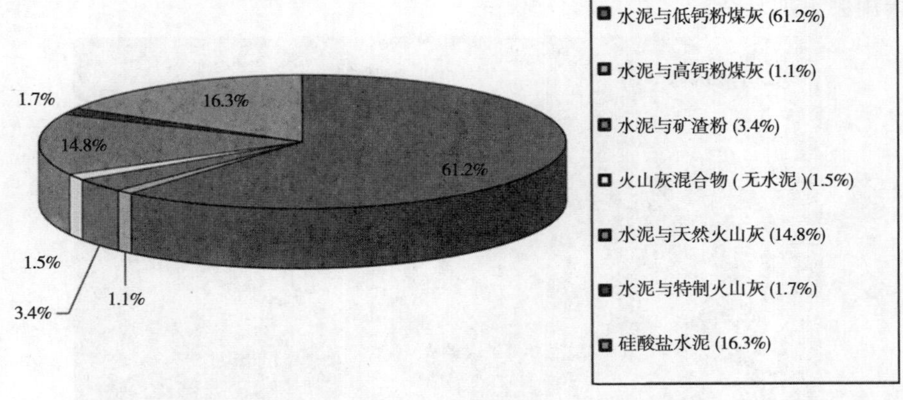


**图5　碾压混凝土 RCC 大坝中使用的火山灰**

凝土 RCC 层被水平浇筑，彼此邻接（尽管起初在建设方法开发开始时，一些实践者以稍微向下朝向上游面的斜坡方式浇筑碾压混凝土 RCC 以便既能排掉多余的水（来自降雨和/或养护）还能尽力增加接缝处的抗剪强度）。水平浇筑仍然是浇筑碾压混凝土 RCC 的最简单方式。然而，如果发现碾压混凝土 RCC 大坝的混凝土机械设备的摊铺能力不足，则其他浇筑碾压混凝土 RCC 的方法被开发出来。基本上大坝碾压混凝土 RCC 浇筑的方法有以下四种。

（1）水平浇筑（参见图 6）——最简单并且是最佳的方法，只要各层能够足够快速地浇筑；

**图6　美国上斯蒂尔沃特大坝的水平浇铸**

（2）倾斜层浇筑（参见图 7）——当发现混凝土机械没有足够的能力在合理时间段内从一个邻接处到另一个邻接处浇筑碾压混凝土 RCC 时，在中国的江垭大坝开发了该方法。碾压混凝土 RCC 浇筑在斜率大约为 1∶10（$H$∶$V$），从 1.2 m 上升到 3.0 m 的 300 mm 层中。其优点是减小了碾压混凝土 RCC“工作面”的大小，从而使碾压混凝土 RCC 能够“一层接一层”地浇筑。除非下游面的台阶与起重机具有相同的高度，否则倾斜浇筑与水平台阶之间的相互作用会更加复杂。

图7　约旦/叙利亚边界处 Al Wehdah 大坝的倾斜层浇筑

(3)错层式浇筑(参见图8)——该方法被引入了阿尔及利亚贝尼哈龙的大型碾压混凝土 RCC 大坝中,在此地由于山谷的形状,水平层的体积暂时非常大而且超出了混凝土机械的能力。因此,大坝被分成两段并且 14.4 m 起重机放置在大坝的一半或者另一半上。该方法的较大优势是廊道的模板可以在一半大坝上架起(参见图8),同时碾压混凝土 RCC 在大坝的另一半浇筑。

图8　印度 Ghatghar 低坝错层式浇筑

(注意模板在大坝的右半部分而浇筑位于左半部分)

(4)分块浇筑(参见图9)——在超大型大坝上(体积通常超过 2 $Mm^3$),浇筑可以被分成块而且每块被水平浇筑(注意碾压混凝土 RCC 的浇筑不一定在邻近块中)。

## 8　碾压混凝土 RCC 大坝表面的形成

直到 20 世纪 90 年代早期,碾压混凝土 RCC 大坝表面构成的最普遍方法是利用传统面

图9　中国龙滩大坝的分块浇筑

板混凝土。其缺点是需要架设不同的混凝土机械(或者如果使用相同的机械,则需停止碾压混凝土 RCC 的生产),而且混凝土需要分别运输到大坝上的浇筑区域。存在的另一个问题是两种混凝土具有完全不同的性质,从而由于面板混凝土比大坝体中的碾压混凝土 RCC 需要的伸缩横缝间距更小而产生热裂解的可能。

在 20 世纪 90 年代早期,欧洲(GEVR(浆液浓缩振动碾压混凝土 RCC))和中国(GE－RCC(浆液浓缩碾压混凝土 RCC))在相互独立而且彼此不知情的情况下分别开发了两种不同的形成面板方法。二者具有相同的理念,为浇筑的碾压混凝土 RCC 添加薄浆以使其适于插入式振动。然而两种理念之间存在根本区别,对于 GEVR(参见第 8.1 节),薄浆是添加到层的底部,而对于 GE－RCC(参见第 8.2 节),薄浆是添加到层的顶部。从那以后,进行了进一步的开发,即将碾压混凝土 RCC 设计成更加切实可行,这样利用插入式振动器便可以加固而无需添加薄浆,这被称为 IVRCC(插入振动式碾压混凝土 RCC)(参见第 8.3 节)。

### 8.1　GEVR

薄浆比碾压混凝土 RCC 轻,因此向上振动薄浆穿过碾压混凝土 RCC 相对容易些,而且这是 GEVR 的原理。其水/胶结物比与碾压混凝土 RCC 相似的薄浆,在浇铸新一层的碾压混凝土 RCC 之前首先被涂抹到前一层的顶部。之后碾压混凝土 RCC 覆盖在薄浆上而且后者利用插入式振动器进行振动。之后使用一小型振动碾巩固 RCC 与 GEVR 通常为 400～600 mm 宽)之间的接触面。最后使用一振动平板完成 GEVR 的表面。

### 8.2　GE－RCC

GE－RCC 的理念是在碾压混凝土 RCC 被铺开之后将薄浆铺开在 RCC 的表面,使其渗透到未压实的碾压混凝土 RCC 上,之后振动薄浆穿透整个厚层。薄浆就其本身而言必须具有相对高的水/胶结物比,而且如果不使用超级增塑剂,可能导致 GE－RCC 比碾压混凝土 RCC 自身具有更低的原位强度。

### 8.3　IVRCC

随着大多数现代碾压混凝土 RCC 的施工性能不断提高(有负载 VeBe 时间从 20 世纪 80 年代的大约 30～40 s 下降到现代碾压混凝土 RCC 中的 8～12 s),设计出一种不仅能够利用大型振动压路机加固而且能够利用插入式振动器在表面加固的碾压混凝土 RCC[5] 仅一步之遥。

## 8.4 碾压混凝土 RCC 大坝上游面的形成

图 10 给出截至 2013 年末已建成或在建的碾压混凝土 RCC 大坝上游面形成的各种方法。

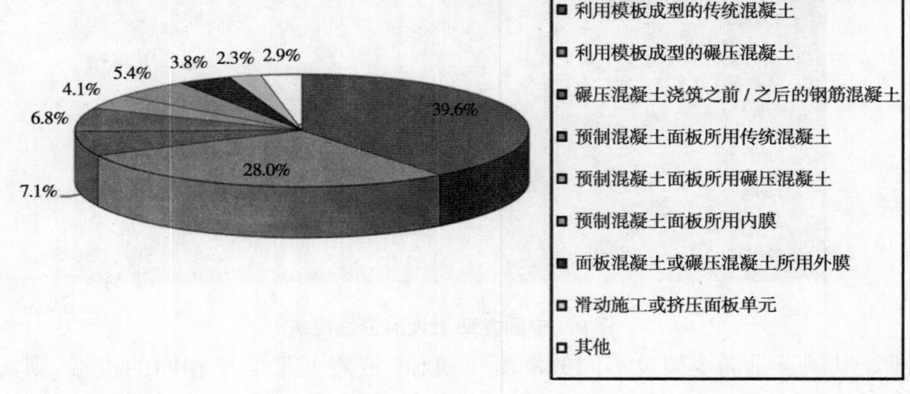


**图 10　碾压混凝土 RCC 大坝上游面的形成方法**

从图 10 中可以看出所有碾压混凝土 RCC 大坝中有 40% 仍然在上游面使用传统面板混凝土。然而这个比例是从 10 年前 55% 开始下降到现在。现在几乎 30% 都使用模板浇筑碾压混凝土 RCC（实际上都使用 GEVR 或者 GE – RCC），从 10 年前的 13% 涨到现在。坝面其他的形成方法发生少量的变化，占碾压混凝土 RCC 大坝的大约 30%。碾压混凝土 RCC 大坝的近 10%（通常为倾斜碾压混凝土 RCC 大坝）利用上游薄膜（或者在预制混凝土面板的内部或外部）保持其水密性。

## 8.5 碾压混凝土 RCC 大坝下游面的形成

图 11 显示截至 2013 年末已建成或在建的碾压混凝土 RCC 大坝下游面形成的各种方法。正如上游面一样，在过去 10 年，直接就模板来说传统面板混凝土的使用有所下降（从大约 48% 到 40%），而碾压混凝土 RCC 的使用有所增加（通常再次使用 GEVR 或 GE – RCC）（从大约 24% 到 38%）。两图的区别是在预制混凝土块中碾压混凝土 RCC 使用的减少（减少了 2%）以及使用未成形面板的碾压混凝土 RCC 大坝数量的减少（减少了 4%）。后图可能意思是考虑到过去 10 年建成的大坝数量的增加，该方法几乎没有用在现代碾压混凝土 RCC 大坝中。

## 8.6 碾压混凝土 RCC 大坝泄洪道的形成

图 12 显示截至 2013 年末已建成或在建的碾压混凝土 RCC 大坝泄洪道形成的各种方法。

正如上游和下游面一样，在过去 10 年，用于形成泄洪道的传统混凝土的使用有所下降（从大约 60% 到稍高于 50%），而且直接用于模板中的碾压混凝土 RCC 有所增加（再次使用 GEVR 或 GE – RCC）（从 8.5% 到 12.5%）。然而增加最多的是碾压混凝土 RCC 坝体浇筑之后所浇筑的钢筋混凝土的使用；从 10 年前略低于 17% 至 2013 年的 25%。原因很简单，即碾压混凝土 RCC 大坝规模的增加，从而那些大坝所需的泄洪道的容量也增加。其他的唯

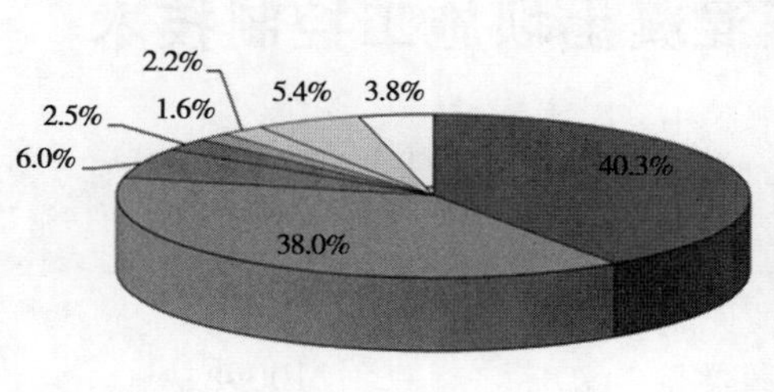


图 11　碾压混凝土 RCC 大坝下游面的形成方法

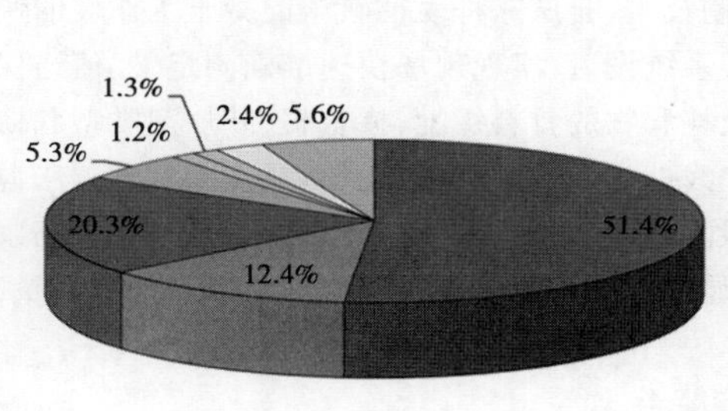


图 12　碾压混凝土 RCC 大坝泄洪道形成的方法

——一个显著变化是具有独立或没有泄洪道的大坝的减半；同样这也可能是碾压混凝土 RCC 大坝规模增加的作用。

## 致　谢

必须向每年都友善地更新碾压混凝土 RCC 大坝数据库的多位工程师们表示感谢。没有他们的输入，尤其是那些长年如一日的工程师们，就不会存在数据库中现在所包含的庞大的数据。

### 参考文献

[1] M. R. H. 邓斯坦．世界碾压混凝土 RCC 大坝，世界地图集与产业导航[J]．水力发电与大坝，2014.8.

[2] 美国材料与测试协会．硅酸盐水泥，标准规范 C150，ASTM，费城.

[3] 美国材料与测试协会．作为矿物外加剂用于硅酸盐水泥混凝土中的粉煤灰和未加工或焙烧天然火山灰，标准规范 C618，ASTM，费城.

[4] M. R. H. 邓斯坦，N. H. Ha，D. 莫里斯．泻湖灰在碾压混凝土 RCC 大坝中的主要用途[C]//第七届碾压混凝土(RCC)大坝国际研讨会会议记录，成都，中国，2015.9.

[5] F. 奥尔特加．插入式振动碾压混凝土 RCC 的关键设计与施工观点[J]．水力发电与大坝，2014，21(3).

# 高寒高海拔地区碾压混凝土坝施工控制技术

田正宏[1] 刘 英[2] 蔡博文[1] 刘建波[1] 周兰庭[1]

(1. 河海大学 水利水电工程学院 江苏 南京 210098;
2. 中国水利水电第七工程局有限公司 四川 成都 610081)

**摘要**:高寒地区施工碾压混凝土坝施工控制困难多,质量保证难度大。结合西藏果多水电站施工,探索了高寒高海拔地区碾压混凝土施工控制技术,尝试一种表征碾压混凝土工作性的快速测量新方法与一种便携式变态混凝土高压喷浆系统设备,实现现场快速准确测定 $V_C$ 值与保证变态混凝土加浆效率与效果。基于碾压混凝土拌和物的骨料级配、掺合料、外加剂类型和掺量确定的条件下,建立了施工现场 $V_C$ 值与含湿率线性量化模型公式,为快速、准确判定碾压混凝土施工质量指标提供了条件;利用手提式喷浆管喷射压力在碾压混凝土内的振冲作用提高浆液注入分布均匀性,现场应用效果表明该系统明显改善了变态混凝土的施工工效和成型质量,有效节省了加浆量,提升了施工工艺水平。

**关键词**:高寒高海拔,碾压混凝土,$V_C$ 值,变态混凝土,注浆

## 1 研究背景

高寒地区施工碾压混凝土坝施工控制困难多,质量保证难度大。高寒高海拔施工面临的典型难题为:第一,现场气温、湿度和风速变化大,拌和物生产、运输和入仓碾压的工作性变化快、差异性强,采用传统 $V_C$ 值检测精确性差、功效低,无法准确判定正常碾压施工工艺参数要求是否满足,导致碾压质量控制难度极大;第二,现场人工机械降效严重,生产调度协调困难,施工投入显著增加;第三,碾压坝上下游面变态混凝土防渗层施工,采用传统加浆拌和方法很难经济有效地保证工程质量。

针对高寒高海拔地区的上述施工困难特点,开展碾压混凝土坝施工关键环节质量控制的创新技术研究,提出合理的拌和物工作性指标理论控制方法和可靠快捷的技术控制手段,提升拌和物入仓碾压参数控制效率和实时监控水平,确保混凝土碾压施工质量;开发便携式自动加浆方法,改变传统人工加浆法变态混凝土施工方法,提高变态混凝土质量的均匀性和密实性,有效节约工程成本和提升作业功效,具有现实应用意义。

## 2 表征碾压混凝土工作性的快速测量新方法

目前,干硬性混凝土拌和物的工作性检测通常使用维勃稠度法($V_C$ 值法)。$V_C$ 值是现场控制碾压混凝土施工时拌和物质量的主要指标。由于采用维勃稠度法用料量大、时间长、

基金项目:国家自然科学基金青年项目(51209078)

步骤多、设备移动困难和人为因素影响不确定等原因，导致高寒高海拔地区无法快速准确检测。因此，维勃稠度法现场应用存在一定缺陷。改进测试方法是现场快速准确测定 $V_C$ 值的有效手段。为此，本文研究采用测试含湿率替代 $V_C$ 值表征碾压混凝土的可施工性。

$V_C$ 值随单位体积用水量的减少而变大。因此，合理而有实际意义的 $V_C$ 值，应该是相对于最优单位体积用水量而言的[1]。事实上，混凝土在一定配比条件下，$V_C$ 值与含湿率变化存在互反关系，这为用含湿率代替 $V_C$ 值提供了理论基础。笔者通过现场测定碾压混凝土料的介电常数，利用介电常数与含湿率之间关系来计算拌和物含湿率[2-4]；再结合现场环境因素，推求出特定条件下施工适用的计算模型。通过现场试验验证含湿率与 $V_C$ 值的一致性关系，提出方便快捷的含湿率指标控制手段，确立一种碾压混凝土施工质量指标判定的新方法，为有效控制施工质量指标提供了新途径。

## 2.1　碾压混凝土含湿率测试仪开发

通常现场所用碾压混凝土，其砂率、掺合料、外加剂和水泥用量可视为不变量，$V_C$ 值变化只受拌和物自由水的影响，因此可以直接测量碾压混凝土含湿率来表征拌和物质量指标，并得出相对应的范式。为此，开发一种碾压混凝土含湿率测试仪，利用混凝土拌和物中各自组分的不同体积分量与形成介电常数的关系，推求不同介电常数所反映的拌和物中自由含水率的差别，进而获取体积含湿率指标。利用测试仪探针构成电极，当探针插入混凝土拌和物后形成电容，其间的填充物充当电介质，电容和振荡器组成一个调谐电路。调谐电路可发射电磁波，利用探头接收电磁波，通过电信号传输到智能模块测得电磁波的传播频率，进而推出波速，最后得到被测拌和物的介电常数，通过分析计算得出拌和物的含湿率。

碾压混凝土含湿率测试仪构成如图 1 所示，由四部分组成，包括：容量筒、铁制压实圆盘、探头、智能模块与手持仪表。容量筒用来取料测量，铁制圆盘将容量筒内的测试料拍实至表面泛浆，确保每次测量时容量筒内混凝土达到相近密实度以减小测量误差，探针插入测试料中发射和接受电磁波并将电信号传输到智能模块，智能模块接收电信号计算探针间物料介电常数并进一步计算出碾压混凝土的含湿率，最终显示在手持仪表上。

1 L 容量筒

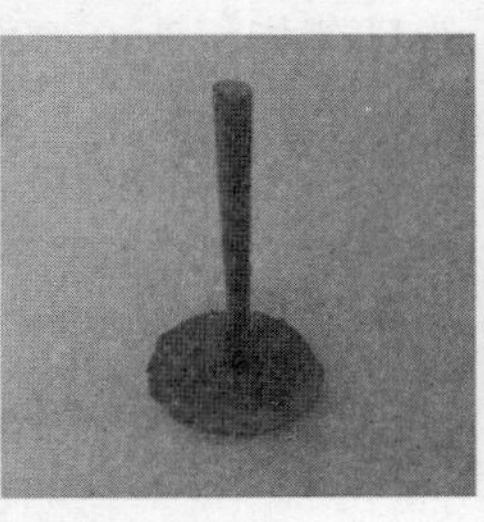

铁制圆盘

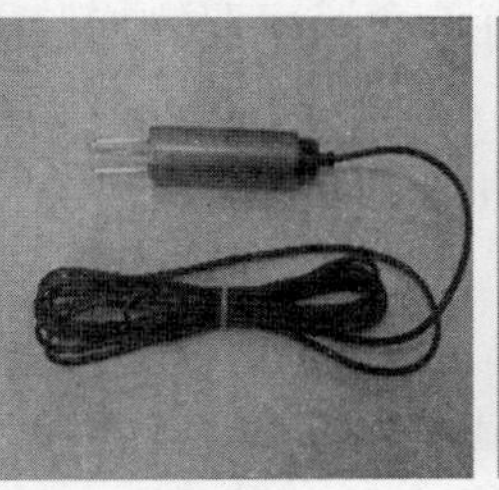

探头

智能模块与手持仪表

图 1　仪器设备构成示意图

操作方法为：

(1)将拌和物分三次等量装入容量筒内；

(2)用铁制重圆盘将容量筒中混凝土拍打压实至表面泛浆；

(3)用含湿率测试仪均匀缓慢插入测试样，探针必须抵紧测试料，不得留有空隙，读数仪稳定后记录含湿率；

(4)每次拌和物测量样含湿率沿试样容器的中心、边缘和次边缘各测试一次，求其均值,由所求均值表征碾压混凝土的工作性。

## 2.2　现场应用检验

本测试方法应用于西藏昌都果多水电站,根据现场所采取的相关参数数据,利用 SPSS 软件分析含湿率与 $V_C$ 值关系。首先利用相关性检验含湿率与 $V_C$ 值之间是否存在显著相关性,然后对回归模型进行检验。根据果多水电站测得的现场 $V_C$ 值数据,绘制碾压混凝土 $V_C$ 值和含湿率 P - P 图分别如图 2 和图 3 所示。

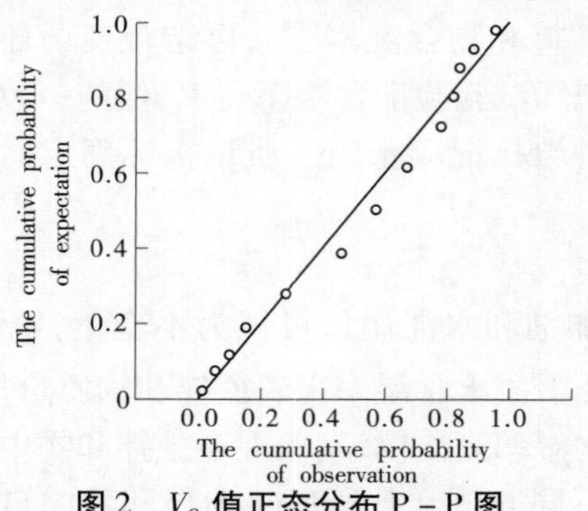


图 2　$V_C$ 值正态分布 P - P 图

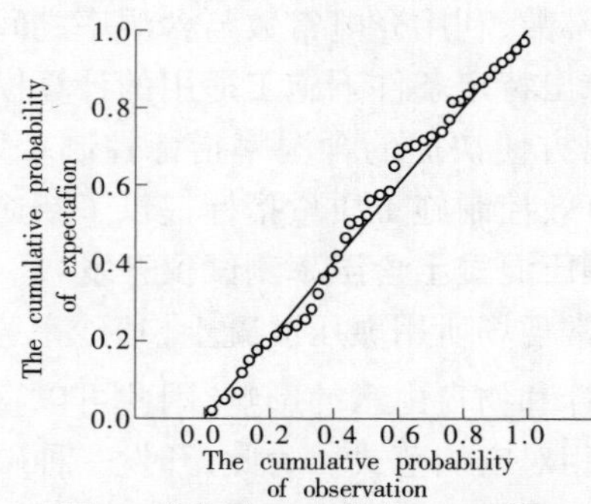


图 3　含湿率正态分布 P - P 图

由图 2 和图 3 可以看出,$V_C$ 值和含湿率都近似呈现正态分布,因此 $V_C$ 值与含湿率相关关系可选用 Pearson 相关系数法。相关性分析结果如表 1 所示。

表 1　$V_C$ 值和含湿率的相关性分析

| 项目 | $V_C$ 值 | 含湿率 |
|---|---|---|
| Pearson 相关性 | 1 | -0.836 |
| 显著性(双侧) | | 0.000 |
| $N$ | 47 | 47 |

表 1 结果表明:$V_C$ 值与含湿率双侧检验下的显著指标为 0.000,小于 0.01。由此说明,在 0.01 的显著性水平上,初步得出 $V_C$ 值与含湿率存在很强相关性的结论。由回归系数分析表得 $V_C$ 值与含湿率之间回归方程为:

模型 1:
$$y = -0.29x + 0.029T + 7.476 \tag{1}$$

模型 2:
$$y = -0.178x + 0.027T + 6.186 \tag{2}$$

式中:$y$ 为 $V_C$ 值;$x$ 为含湿率,%;$T$ 为温度。

模型 1 为二级配,模型 2 为三级配。

从式(1)和式(2)可以得出:含湿率与 $V_C$ 值成反相关关系,温度与 $V_C$ 值之间成正相关关系。影响 $V_C$ 值的其他因素如砂率、掺合料、外加剂等在工程中是唯一确定的,在式中用常数表示。如计入砂率、掺合料、外加剂等因素改变,则需要对式(1)和式(2)中影响因子重新分类回归来进行修正,以满足不同条件下的要求。

对比现场测试中用上述模型计算的 $V_C$ 值与实测 $V_C$ 值,结果表明相对误差绝对值在 8% 以内,计算值与实测值之间误差在 0.25 s 以内,说明该计算模型精度能够满足工程要求。由此可知,将 $V_C$ 值影响关键因素——自由水含量,通过所测介电常数转换为体积含湿率是可行的,满足现场施工精度与可行性要求。实际运用时,针对某一固定配比拌和物,可

通过预先建立 $V_C$ 值与含湿率关系模型。一旦关系模型确定,就可以运用含湿率快速测试方法,使现场节省大量的时间和人力,且更加方便准确。

## 3　高海拔高寒条件下变态混凝土加浆质量控制

变态混凝土施工质量控制的核心环节是加浆与振捣控制[5,6]。为方便施工,目前加浆方式仍以人工加浆为主,该加浆方法工效较低、施工随意性大,现场作业加浆量往往偏高,既增加施工成本,又会导致浆液在碾压混凝土铺摊料中分布不均,严重影响变态混凝土成型的均匀密实性。针对上述问题,尝试开发了一种便携式变态混凝土高压喷浆系统设备,利用料浆泵泵送高压水泥浆液,通过花管式喷头,实现自动化加浆作业。

### 3.1　系统组成

加浆系统构成如图 4 所示。依据功能不同,系统分为三个子系统:液压动力子系统、浆液泵送子系统以及手提式喷浆子系统。

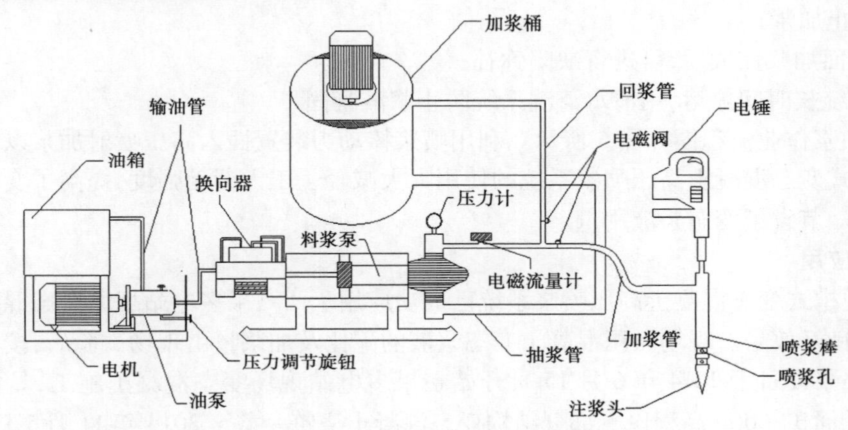


**图 4　便携式变态混凝土高喷浆系统构成**

液压动力子系统主要目的是为高压料浆泵提供动力,包括油箱、油泵、电机、压力调节旋钮、液压换向器几个部件。各部件作用为:油箱储备液压油;油泵将油箱内液压油送至液压换向器;电机带动油泵运转,油压推动泵机轴塞运动,为浆液泵送提供动力;压力调节旋钮控制液压换向器油压,间接控制水泥浆液泵送压力,实现浆液压力在 2.0 ~ 5.0 MPa 之间可调。

浆液泵送子系统是为了控制浆液顺畅流通,保证加浆量及时可控的子系统,包括加浆桶、料浆泵、电磁阀、流量计、浆液压力计、加浆管、抽浆管、回浆管几个部件。各部件作用为:加浆桶用于储蓄制浆站拌制水泥浆液,以及系统回浆功能打开时回流的浆液;加浆桶配橡皮刮板搅拌轴,搅拌轴由定速电机带动旋转,确保水泥浆液不沉淀;料浆泵的作用是将水泥浆液从加浆桶内抽送至手提式喷浆子系统;浆液压力计与浆液流量计的功能为分别测量浆液压力与浆液流量;电磁阀用于控制浆液流通方向,当浆液流量达到设定值后,利用遥控控制电磁阀完成回浆控制动作。

手提式喷浆子系统为实现浆液注入铺摊碾压混凝土,主要包括冲击电锤、喷浆棒、喷头等几个部件。各部件功能要点为:冲击电锤与喷浆棒相连,作业时利用冲击电锤激振力将喷浆棒振入铺摊碾压混凝土内;喷浆棒长度为 40 cm,可确保每层混凝土注浆时,工人作业喷浆棒插入混凝土深度不超过 35 ~ 40 cm;喷头上开喷浆孔,喷浆孔开口向下,控制浆液向地面出射；喷浆孔下方棱台打磨为倒圆弧形，阻止高压浆液反向喷射，确保出浆朝向混凝土；高弹橡皮环包裹在喷浆孔外，实现高压浆液均匀环向膜状喷射。

### 3.2 系统工作流程

进行加浆作业共需 2 名工人，工人 A 负责注浆操作，工人 B 负责遥控系统和喷浆管线整理。在完成上述准备工作后，便可开始加浆作业：

（1）工人 B 将管线移至待加浆位置，按下遥控“加浆”按钮控制电磁阀动作，回浆阀关闭、加浆阀打开、系统停止回浆，浆液即刻到达喷浆头；

（2）工人 A 手持电锤，利用电锤击震力将喷浆棒插入混凝土内部，高压水泥浆通过喷浆棒从喷浆孔注入碾压混凝土；

（3）单点加浆量达到额定加浆量时，定时蜂鸣装置发出报警，工人 A 听到报警音后移动喷浆棒插入另一点继续加浆；

（4）流量计水泥浆总量达到设定值后自动发出开关信号，则电磁阀控制浆液回流加浆桶，现场停止加浆；

（5）仓面加浆完成后，可进行缺陷弥补；

（6）系统长时间停运，用清水清洗系统防止浆液凝固。

仓面加浆作业流程图如图 5 所示。利用喷浆棒动力装置插入高压喷射加浆以及自动化控制，便携式变态混凝土高压喷浆系统的使用大大减轻了工人劳动强度，提高了变态混凝土的施工效率、节省了变态浆液用量。

### 3.3 现场应用

上述便携式变态混凝土高压喷浆系统已成功应用于西藏果多电站坝面变态混凝土施工中，并取得良好效果。现场碾压混凝土变态浆液的配比及加浆量由现场试验后，按设计值调整确定。喷浆设备于 2014 年 6 月 15 日开始在果多电站现场变态混凝土施工，具体位置为坝体左岸仓面 3 360 m 高程以上部分结构变态混凝土浇筑。截至 2014 年 11 月 5 日，坝体左岸仓面浇至 3 400 m 高程，累计使用喷浆系统作业变态混凝土体积超过 3 000 $m^3$。相比于传统人工加浆方式，喷浆系统作业优点显著：

（1）单位时间内加浆量大；

（2）单位体积用浆量节省经济；

（3）所需工人数量少，效率高，仅需 2 名工人便可控制喷浆系统设备运转。

对喷浆系统加浆方式和人工加浆方式工作参数进行统计对比，得到喷浆系统的工作参数如表 2 所示。由此可以明显看出，研制的喷浆设备有效提高了变态混凝土施工效率，减少了工人劳动强度，也为现场施工带来极大便利。

**表 2 喷浆系统工作参数**

| 项目 | 传统方式加浆 | 便携式高压喷浆系统加浆 |
|---|---|---|
| 单位时间加浆量 | 30 L/min | 40 L/ min |
| 单位体积用浆量 | 90 L/$m^3$ | 60 L/$m^3$ |
| 工人效率 | 10 L/(人 · min) | 20 L/(人 · min) |

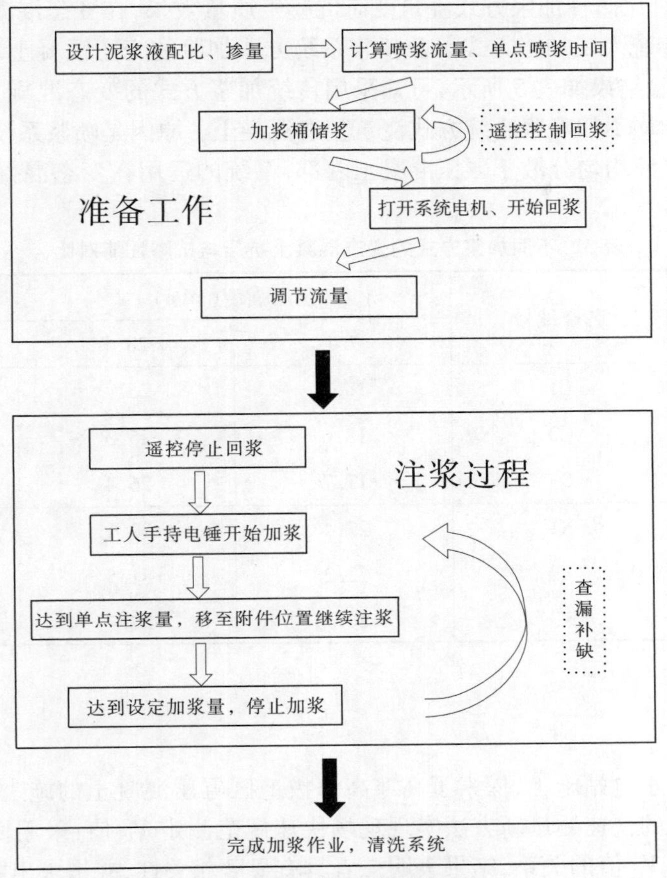


图5　仓面加浆作业流程

喷浆系统作业的使用可明显提高变态混凝土质量控制。图6为使用两种不同方式加浆振捣后的变态施工区域对比图。图6(a)为采用传统人工铺浆方式加浆的效果；由于人工加浆量随机操作，浆液渗透不均匀，造成人工铺浆区域振捣后混凝土严重离析、泌水。图6(b)为采用压力喷浆系统方式加浆的效果；由于喷浆系统流量可控，同时高压喷浆保证了浆液快速均匀渗透，振捣后混凝土均匀效果较好。

(a) 传统铺浆方式加浆效果　　(b) 喷浆系统加浆效果

图6　加浆效果对比

为了进一步对比两种加浆方式浇筑变态混凝土质量效果，在变态混凝土浇筑后 7 d 与 28 d 分别对采用传统人工加浆方式以及喷浆系统方式加浆的变态混凝土取芯，对芯样做抗压、抗渗试验。试验结果如表 3 所示，可知采用传统加浆方式的变态混凝土的三组芯样，其强度以及抗渗性能均不如喷浆系统方式浇筑变态混凝土。原因是喷浆系统采用插入式高压加浆方式可保证浆液均匀分散于碾压混凝土内部，系统的运用在变态混凝土质量控制上具有明显效果。

**表 3　不同加浆方式的变态混凝土抗压与抗渗性能对比**

| 加浆方式 | 芯样编号 | 抗压强度(MPa) | | 抗渗等级 |
|---|---|---|---|---|
| | | 7 d | 28 d | 28 d |
| 传统方式加浆 | C1 | 18.2 | 25.7 | W8 |
| | C2 | 18.6 | 25.3 | W10 |
| | C3 | 17.7 | 26.4 | W8 |
| 系统方式加浆 | X1 | 23.4 | 32.1 | W14 |
| | X2 | 22.2 | 31.5 | W10 |
| | X3 | 20.7 | 32.7 | W12 |

## 4　结　论

结合西藏果多水电站施工，探索了高寒高海拔地区碾压混凝土的施工控制技术。利用碾压混凝土工作性的快速测量新方法实现现场快速规范测定 $V_C$ 值：采用回归分析方法，分析得到了含湿率与 $V_C$ 值的关系，结果表明二者具有显著相关性，并推求出特定的关系模型，给出的测试仪器和方法在工程现场具有较高的准确性和更快的测试速度，能够满足现场快速规范测定 $V_C$ 值的要求。研发便携式变态混凝土高压喷浆系统，满足施工现场高效自动均匀注浆且准确计量浆量的要求。现场试验与验证充分证明：便携式变态混凝土高压喷浆系统提高了施工效率，节省了水泥浆液用量，改善了传统变态混凝土施工方法的浇筑质量，改进了变态混凝土施工技术水平。

### 参考文献

[1] 王忠诚. 碾压混凝土中有关 $V_C$ 值的探讨[J]. 工业技术经济，1997(01)：117-124.

[2] 陈伟，李远，水中和. 基于超声波与介电性能的硅酸盐水泥早期水化过程连续监测技术[J]. 硅酸盐通报，2010，29(2)：1190-1196.

[3] 张建国. 汾河二库碾压混凝土 $V_C$ 值的事前控制[J]. 山西水利科技，2002(4)：48-49.

[4] 冯微，钟少全，李红强. $V_C$ 值在台山核电淡水水源拦河坝工程中的控制应用[J]. 广东水利水电，2012(6)：43-47.

[5] 邵力群，王志刚，李泽民. 碾压混凝土坝中变态混凝土施工研究[J]. 人民黄河. 2004(06)：44-45.

[6] 林长农. 变态混凝土试验研究[J]. 水力发电. 2001(02)：51-53.

# 国际大坝委员会 126 号公告的更新——碾压混凝土坝

Shaw QHW

（ARQ（PTY）Ltd，南非）

**摘要**：原始版本的 2003 年国际大坝委员会 126 号公告“碾压混凝土坝”被证明是迄今为止最成功的国际大坝委员会公告，与先前的任何国际大坝委员会公告相比，126 号公告的印刷数量最多，被翻译成的语言数量也最多。在过去的 10 年左右，世界上碾压混凝土坝的数量基本上已经翻番，现在约有 700 座碾压混凝土坝已竣工或正在建设中。更重要的是，用于大坝的碾压混凝土技术已经出现了多方面的显著进步，为了确保当前的国际大坝委员会公告可反映最新的技术水平，我们认为有必要对 126 号公告进行更新。因此，在西雅图召开的 2013 年国际大坝委员会年会通过了对该公告进行更新的决议。

自从 126 号公告出版以来，碾压混凝土坝工程的许多发展都是相辅相成的，来自于尺寸和高度不断增加的碾压混凝土坝的施工经验促成了这种发展，我们所知的几个关键发展影响着碾压混凝土坝的设计和建造。

国际大坝委员会 126 号公告的更新由国际大坝委员会混凝土坝委员会的一个工作组进行，其负责人为 Quentin Shaw，成员包括 Rafael Ibanez de Aldecoa，John Berthelsen，Marco Conrad，Tim Dolen，Marco Conrad，Malcolm Dunstan，Francisco Ortega，Mike Rogers，Ernie Schrader，Del Shannon 和 Tsuneo Uesaka.

在本文中，笔者将描述纳入 126 号公告更新的一些发展，并讨论 126 号公告更新的新发布方式。

**关键词**：国际大坝委员会，碾压混凝土，126 号公告

## 1　背景和简介

碾压混凝土坝的建设已有 30 多年的历史，截至 2015 年，全球已经有 700 座碾压混凝土坝已经竣工或正在建设中。尽管在这段时间中，该技术已经达到一定程度的成熟，但是其仍然在发展中，随着经验的积累，某些方面正在进行细化，在其他方面，当前实践表明在被接受的过程中很有必要变更。

1989 年出版的国际大坝委员会 75 号公告“碾压混凝土重力坝”首次描述了碾压混凝土坝技术[1]。随后，2003 出版的年 126 号公告“碾压混凝土坝：最新技术和历史案例”也对该技术进行了阐述[2]。虽然后者获得了更广泛的成功应用，但是近期出现了很多重要发展，需要在该公告中进行描述，以确保当前的国际大坝委员会出版物能够实事求是地反映最新技术。由于 126 号公告的大部分内容仍然是有效的，所以我们认为应当通过公告更新来描述重要的发展，而不是出版新的公告。

需要在126号公告中进行更新的重要碾压混凝土坝技术发展包括：

(1)可影响设计和施工的不同碾压混凝土早期性能的新理解；

(2)与传统振捣混凝土(CVC)坝的垂直施工相比,与碾压混凝土坝施工相关的重要设计差异；

(3)混合料设计和施工技术的发展,尤其与超缓凝、高和易性碾压混凝土相关的发展(见图1)；

(4)碾压混凝土拱坝设计和施工的发展；

(5)在较极端环境下使用碾压混凝土的发展。

**图1 碾压混凝土坝的施工**

(现代的、凝聚性的,非分离的、高和易性碾压混凝土示意图)

在本文中,笔者将广泛且详细地概述本更新所描述且纳入的碾压混凝土技术发展,这些发展出现于原始版本的126号公告出版之后。

## 2 公告目的

国际大坝委员会碾压混凝土公告旨在为所有工程师提供关于碾压混凝土坝的当前最佳实践概要。因此,本公告的更新将全面审查碾压混凝土坝的最新设计和施工技术(截至2015年)。一般而言,该更新为原文件的修订,将涵盖某些方面的改善,通过经验获得的知识和技术发展,同时本更新将添加大量新的章节,在这些章节中,重大知识进步已经更改了基本方式和方法,尤其是大坝设计方面。

本公告将描述碾压混凝土坝的所有方面,包括从规划到设计、施工和运行的各个方面。另外,还将描述材料选择、混凝土混合料配比和质量控制。关于材料选择,本文提供的细节较少,可参考近期公布的国际大坝委员会165公告"混凝土坝材料的选择"[3],从而获得关于材料选择要求的更详尽综述。

在126号公告的更新过程中,硬填料章节将被删除,因为国际大坝委员会指派了一个新的委员会(胶凝材料大坝委员会)正在对相关技术进行总结,预期将发布一个针对此类大坝的公告。

## 3　公告重要性

关于碾压混凝土坝的设计和施工,人们已经使用了各种不同的方法,成功并不总是那么容易。因此,国际大坝委员会碾压混凝土公告是一个非常有用且重要的文件,可提供关于最佳实践和最成功应用方法的信息。碾压混凝土 126 号公告的特殊意义可通过以下事实看出:据报告,相比于任何其他国际大坝委员会公告,碾压混凝土 126 号公告是迄今为止印刷数量最多,翻译成其他语言数量最多的国际大坝委员会公告。

## 4　2003 年以来碾压混凝土坝技术的发展

### 4.1　碾压混凝土早期性能知识的发展

很多碾压混凝土坝已经全面仪表化,所以关于碾压混凝土性能和表现的知识和理解可以获得显著的发展,包括新鲜状态下、水化作用期间以及成熟后的碾压混凝土。有了这些知识,显而易见的是,只有成熟状态的碾压混凝土与传统振捣混凝土的性能基本类似。研究者已经证明,用于定义传统振捣混凝土在水化过程中应力松弛蠕变的通用规则不适用于碾压混凝土,某些低水泥含量碾压混凝土表现出远远更高的应力松弛蠕变,而某些高水泥含量碾压混凝土(尤其是当含有粉煤灰时)表现出远远更低的应力松弛蠕变。此外,与预制接缝相反,有诱导缝的水平施工能够增加结构性能的灵敏性,到达适用的应力松弛蠕变水平;相比于在独立垂直坝段中施工的传统振捣混凝土,低应力松弛蠕变碾压混凝土中更可能实现狭窄峡谷的结构桥接。

研究已经表明,高和易性、富粉煤灰碾压混凝土在水化作用期间可出现如此低的应力松弛蠕变水平,使得施工期间在弯曲大坝上出现了上溯运动(见图 2),然而,在测量表面区域逐渐增大的压缩应力时,少灰碾压混凝土坝中出现过高水平的应力松弛蠕变[4]。不同类型碾压混凝土的该参数的明显且广泛变化意味着以下一点:只有当不存在对应力松弛蠕变水平的设计灵敏性时,传统振捣混凝土有效的传统假设才适用于碾压混凝土。

**图 2　昌金努拉 1 拱形重力坝**

(其设计基于早期碾压混凝土性能知识的进步)

以上内容表明，当为特定大坝设计和开发碾压混凝土混合料时，应考虑一个额外的特征或设计参数。在这方面，低或高应力松弛蠕变会在某些情况下成为积极特征，在其他情况下成为消极特征。如果大坝结构对水化循环应力松弛蠕变的实际水平存在设计敏感性，则在碾压混凝土混合料开发过程中有必要进行仔细的考虑、研究和实验室测试。

### 4.2　水平施工相关的设计差异

迄今为止，在碾压混凝土的发展历史中，在很多方面，人们都使用类似于处理传统振捣混凝土的方式来处理碾压混凝土，而且有人假设，很多适用于传统振捣混凝土坝的“经验法则”也同样适用于碾压混凝土坝。但是，上文所述的不同碾压混凝土混合料早期性能知识的发展强调了碾压混凝土与传统振捣混凝土之间的重要结构性能差异。因此，碾压混凝土可设计用于多种性能，而单一特征往往用于传统振捣混凝土。富粉煤灰碾压混凝土的早期应力松弛蠕变较低，这也证明非常有利于更高效碾压混凝土拱坝的设计和施工[4]。但是，相同的效果可导致狭窄峡谷中高碾压混凝土重力坝产生不利的三维桥接[5]。

此外，当与连续横向施工相结合时，我们当前在碾压混凝土中设计诱导缝的方法意味着以下一点：实际上，我们往往正在构造三维结构。由于传统振捣混凝土坝技术中二维设计方法的传承，碾压混凝土重力坝一般使用二维设计，此次公告更新将首次描述连续横向施工相关的设计差异（与传统振捣混凝土坝的独立垂直坝段施工的差异）。

### 4.3　碾压混凝土混合料设计的发展

自从第一代碾压混凝土坝以来（见图3），高水泥含量碾压混凝土坝的总趋势逐渐明显，很可能是以下因素的结果：

**图3　较“老”的碾压混凝土技术**

（黏合性较弱，分离较多、无缓凝剂、混凝土浆流动性差）

（1）尽管碾压混凝土最初被认为是一种低强度大体积混凝土，与传统重力坝相比，用于设计变更可能更适用，但是该技术的发展表明，碾压混凝土技术可用于生产高质量的大坝混凝土。

（2）人们认为高水泥含量碾压混凝土可建造出完全等同于传统大体积混凝土坝的重力坝。

（3）与传统大体积混凝土坝相比，人们认为少灰碾压混凝土需要更改大坝设计。

(4)大型水坝具有较长的设计寿命,设计师往往比较保守,可能采取被视为风险最低的方案,往往不喜欢土工膜防渗方案,或"分离"式的设计方案(碾压混凝土坝可根据"总体"方法设计,即碾压混凝土创造防渗屏障,也可通过"分离"方法设计,即在上游面上创建单独的防渗屏障,通常为聚氯乙烯土工膜的形式)。

(5)高水泥含量、超缓凝、全碾压混凝土坝的建设发展促进一种方法的产生,该方法可以保障修建高效、快速、低成本和高质量的碾压混凝土坝。尽管这种碾压混凝土坝的类型需要比较经济的途径来获取水泥材料、火山灰、优质骨料,并需要合适的基础条件,但是毫无疑问的是,该方法为当前最有效的建设大型高强度重力坝的方法。

上述最后一条表明,除非站点条件特殊而影响效率(例如水泥材料的来源问题),否则人们往往倾向于使用高水泥含量碾压混凝土。尽管如此,所列的所有碾压混凝土类型代表着每个具体坝址固有的限制和条件内应考虑的可行解决方案。

在碾压混凝土设计和施工技术的早期发展阶段,不同设计者青睐使用明显不同的方法,这导致少灰碾压混凝土和高浆碾压混凝土出现了两极化。尽管当采用"分离"式设计方案(可渗透碾压混凝土和上游面防渗屏障)或"总体"设计方案(不可渗透的碾压混凝土)时出现了明显的差异,尽管各个碾压混凝土方法有许多独特特点,但是水泥浆中无塑性细骨料的增加导致各种碾压混凝土之间出现了更多的共同性。

因此,126 号公告中将引入修改后的术语,先前采用的"高浆"碾压混凝土一词将改为"高水泥含量"碾压混凝土。此外,"水泥浆"一词将被用来定义水泥材料和水的组合,而"总浆"一词将指混合料中所有能够通过 75 μm 筛的材料。尽管碾压混凝土一般术语表明水泥材料含量需超过 150 kg/m$^3$,但是现代的、超缓凝的、高水泥含量碾压混凝土实际上通常需要水泥含量超过 190 kg/m$^3$,从而产生足够的水泥浆,使高和易性改良振动时间约为 8 s。尽管所有此类混合料含有高比例的火山灰,但是这种黏结材料通常产生的一年龄期碾压混凝土抗压强度超过 35 MPa。重力坝通常不需要如此高的混凝土强度,除非需承载高地震荷载,有一个明显趋势为非塑性细骨料与略低水泥含量碾压混凝土( >160 kg/m$^3$)结合,目的为获得高和易性超缓凝碾压混凝土,同时降低水泥材料成本(见图 4)。

根据骨料的外形和分级,通常需要超过 200 L 水泥浆来生产 1 m$^3$ 的高和易性碾压混凝土。单独考虑水泥材料,只有当含量超过 200 kg/m$^3$ 时这种水泥浆体积才可能实现。但是,当使用非塑性细骨料来提高水泥浆体积时,高和易性超缓凝碾压混凝土施工的益处已经成功延伸至低强度混合料。

无论是高灰含量还是少灰含量的碾压混凝土,现代碾压混凝土一般都更具黏合性,不容易分离,而且更容易压实。相比于原来的碾压混凝土材料,现代碾压混凝土通常有较软的或不太骨感的外观,在高水泥含量碾压混凝土中,这种特点最为显著,在压实过程中,其水泥浆会上升到顶部表面(图 4 和图 5)。

"全碾压混凝土"坝的应用仍在持续增加,其饰面和交界处由 GERCC(浆液浓缩碾压混凝土)、GEVR(变态混凝土——底部灌浆)和 IVRCC(浸没式振实碾压混凝土)形成。GERCC 和 GEVR 是浆液浓缩碾压混凝土的变体,能够使用浸没式振动器压实碾压混凝土,IVRCC 是含有足够流动性(和水泥浆)的碾压混凝土,无需添加水泥浆就可通过浸没式振动器压实。根据骨料和碾压混凝土的性质,GERCC 和 GEVR 可能需要添加 50 ~ 80 L 的水泥浆,从而可通过浸没式振动器压实,然而,在原则上,IVRCC 通常需要 230 ~ 250 L 的水泥浆

图 4　现代碾压混凝土施工

（高和易性、非分离、高流动性碾压混凝土、中等水泥材料含量）

图 5　现代非分离碾压混凝土

含量以支持振动器压实，除非使用了外形特别好、等级特别高的骨料。

碾压混凝土坝设计的另一个趋势为更严格的骨料规格，包括外形和空隙度。只有当所有空隙都被填充时，碾压混凝土才可能实现不渗透性和致密性，需要流动性和额外水泥浆的高和易性碾压混凝土在压实过程中会上升到表面，使用比传统振捣混凝土更严格的骨料规格特别有助于降低总体水泥浆需求，从而降低水泥材料含量。因此，对骨料加工厂的额外投入和支出通常被证明可降低水泥和火山灰含量，从而降低总体的碾压混凝土净单位成本。

使用不太受欢迎的"中等水泥含量"碾压混凝土的"总体"设计方案也获得了成功。当水泥材料含量介于 100 ~ 149 $kg/m^3$ 时，通常水泥浆不足以产生不渗透性。因此，增加水泥材料（尤其是火山灰含量）通常为更经济的方法，或采用"分离"设计方案，使用上游面土工膜，并降低水泥材料含量。但是，在某些情况下，尤其当火山灰成本过高时，使用非塑性细骨料或研磨岩石粉末的"中等水泥含量"碾压混凝土可产生充足的不渗透性。

现在,各种碾压混凝土方案可供使用,类似的原则和方法现在可用于各种水泥材料含量的碾压混凝土混合料的设计和施工应用。

### 4.4　碾压混凝土拱坝的发展

2003 年 126 号公告仅仅展示了中国的碾压混凝土拱坝技术。从 2003 年起,巴拿马(见图 6)、巴基斯坦、波多黎各和土耳其也完成了碾压混凝土拱坝。此次公告更新将更全面地总结目前为止碾压混凝土拱坝的整体发展。

图 6　巴拿马昌金努拉 1 碾压混凝土拱形/重力坝

有一点需要注意,迄今为止,所有中国以外的碾压混凝土拱坝都是拱形重力坝结构,而中国建造的大部分碾压混凝土拱坝为薄拱坝。之所以出现这种情况,可能是以下事实造成的:中国有明显更多的坝址适合建造薄拱坝,对于道路难行且混凝土体积较小的坝址,碾压混凝土施工的速度优势无法有效发挥,因此碾压混凝土失去了相比于传统振捣混凝土的优势。

近期,几座碾压混凝土拱形重力坝的设计出现了一个共同点,形成该共同点的原因为一个令人感兴趣的益处,即将静水荷载设计为重力式结构的概念,并专门依赖拱圈作用来维持地震荷载中的稳定性。

### 4.5　碾压混凝土施工速度的第二个优点

人们已经在水电项目中证实了碾压混凝土坝施工的另一个独特优势,即碾压混凝土坝施工通常可提前完成施工方案。如果使用碾压混凝土坝技术能够使 500 MW 的水电站项目缩短 6 个月的施工期,则项目净效益可能超过 5 000 万美元。碾压混凝土坝的这种益处可能会对大坝类型的选择产生重大影响,是日益增多的碾压混凝土坝应用的重要促成因素。

## 5　碾压混凝土技术的一般讨论

当相关大容量生产、运输和填筑设备及车间的优点被充分利用时,就可实现碾压混凝土施工的最大益处。为了实现这一点，需要将简便性作为设计、施工和后勤规划的核心要素，对所有工作和活动进行配置，从而确保所有车间能够连续维持最大产量。

相比于传统大体积混凝土坝，碾压混凝土坝的设计和设计发展以及碾压混凝土混合料的优化需要更多的精力和时间。相比于传统大体积混凝土坝的设计，碾压混凝土坝的设计是一个反复迭代的过程，更类似于堆积坝的设计。在该设计中，材料设计（水泥和骨料）和结构设计同步进行，以寻找最佳解决方案。在某些情况下，碾压混凝土材料设计很耗费时间，因此，在投标前就开始该步骤可能比较有利，这意味着需要提前进行规划。

通常情况下，碾压混凝土坝的上升速度可超过每月 10 m，或每日超过 300 mm。碾压混凝土填筑层之间的黏合会影响大坝混凝土块的结构和渗透性能，根据特定大坝设计所要求的性能水平，应使用不同的施工方法和碾压混凝土混合料类型。

尽管人们在早期普遍关注碾压混凝土填筑层之间的明显较低的抗剪强度，但是之后的施工技术发展更注重填筑层之间的高黏合性。但是，需要良好的碾压混凝土混合料和严格的施工控制来共同确保层间水平拉伸强度超过 1.5 MPa，因此，填筑层之间的垂直拉伸强度一直是碾压混凝土坝高度的关键限制因素。

在碾压混凝土的发展历程中，碾压混凝土已经从一种低强度大体积填充材料演变为一种具备多种能力的材料，既可以是低强度、低变形模量、高蠕变的混凝土，也可以是极高强度、高变形模量、高密度、低蠕变性和抗渗性混凝土。现在生产的碾压混凝土强度范围可介于 2 至 40 MPa 以上。通过使用合适的施工技术和高和易性高强度碾压混凝土，有可能实现填筑层之间的良好黏合，从而实现良好的垂直拉伸强度。因此，碾压混凝土现在用于建造各种碾压混凝土坝，包括低应力柱状重力坝和相对较高的拱坝。

## 6 公告更新的出版

经过超过 10 年的准备之后，原始版本的 126 号公告最终在 2003 年才出版。随着碾压混凝土技术的持续发展，我们认为有一点至关重要，就是要采取所有可能的措施，来避免当前公告更新也需要花费这么长的准备时间。事实上，正是因为这个目标，我们才决定对现有公告进行更新，而不是制作一个全新的公告。

因此，国际大坝委员会的混凝土坝委员会提出了一种更先进的方法来更快速地发布本公告更新。经过国际大坝委员会的批准之后，126 号公告的更新被分成相应的章节，每个章节在完成后公布在国际大坝委员会网站上。只有在所有章节都完成之后，才会对完整版更新进行硬拷贝。此次公告更新所有章节的初稿预计在 2015 年年底完成。

## 参考文献


[1] 国际大坝委员会(1989). 碾压混凝土重力坝，公告 75，巴黎 ICOLD/CIGB.

[2] 国际大坝委员会(2003). 碾压混凝土坝：最新技术和历史案例，126 号公告，巴黎 ICOLD/CIGB.

[3] 国际大坝委员会(2014). 混凝土坝材料选择，公告 165，巴黎 ICOLD/CIGB.

[4] Shaw, QHW. 昌金努拉 1 拱形/重力坝所展示的富粉煤灰碾压混凝土的良好性能特征. 用于可持续水资源管理的创新大坝与堤坝设计与施工，美国新奥尔良，2012.

[5] Shaw, QHW. 低应力松弛蠕变对大型碾压混凝土拱坝和重力坝设计的影响[C]//第六届碾压混凝土坝研讨会，西班牙萨拉戈萨，2012.

# 立洲碾压混凝土拱坝整体稳定三维地质力学模型试验研究

陈　媛[1]　张　林[1]　杨庚鑫[2]　杨宝全[1]

（1. 四川大学 水力学与山区河流开发保护国家重点实验室 水利水电学院　四川　成都　610065；
2. 国电大渡河沙坪水电建设有限公司　四川　乐山　614300）

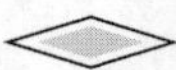

**摘要**：立洲水电站位于雅砻江支流木里河上，拱坝坝高 132 m，为世界级高碾压混凝土拱坝。坝址区河谷狭窄具备修建高拱坝的优越条件，但两岸坝肩地质条件较复杂，坝肩抗力体内发育有断层、层间剪切带、裂隙密集带及长大裂隙等多种不良地质构造，严重影响拱坝与坝肩的整体稳定安全性，对上述问题需开展深入研究。针对上述工程问题，本文采用三维地质力学模型试验方法，全面模拟坝址区的地质构造，通过超载法破坏试验，研究了拱坝与坝肩的变形特征、破坏形态与破坏机理，揭示了影响稳定的控制性因素和工程薄弱部位，确定了拱坝与坝肩在各阶段的超载安全系数：$K_1 = 1.4 \sim 2.2$，$K_2 = 3.4 \sim 4.3$，$K_3 = 6.3 \sim 6.6$，并针对坝肩薄弱环节提出了加固处理措施建议。

**关键词**：碾压混凝土高拱坝，复杂地质构造，整体稳定性，超载法模型试验，破坏机理，安全系数

## 1　前　言

随着我国国民经济的快速发展以及西部大开发战略的深入，一大批高坝工程相继进入规划、设计和建设阶段，如澜沧江的小湾拱坝（坝高 294.5 m）、雅砻江锦屏一级拱坝（坝高 305 m）、金沙江溪洛渡拱坝（285.5 m）和白鹤滩拱坝（289 m）、大渡河大岗山拱坝（坝高 210 m）等。这些高坝大都建设在我国西部的高山峡谷地区，坝址区地质条件复杂[1]，坝肩稳定和高程安全问题突出，成为目前学术界和工程界最关心的问题[2,3]。地质力学模型试验是解决上述问题的重要方法之一[4]。地质力学模型试验是一种破坏试验方法，是将原型工程按相似关系缩小后进行缩尺模拟，开展工程和地质问题的研究。其显著特点是在模型中能较真实地模拟复杂地质构造，并获得直观形象的试验结果[5-10]。

立洲碾压混凝土拱坝坝高 132 m，是世界级高碾压混凝土拱坝。坝址区地质条件复杂，拱坝与地基的整体稳定性问题十分严峻。本文采用三维地质力学模型超载法试验，对立洲拱坝与地基的整体稳定问题进行研究。通过破坏试验，获得拱坝与坝肩坝基变形分布特征、破坏形态与破坏机理，确定拱坝与地基在不同破坏阶段的超载安全系数。根据试验结果，综合评价立洲拱坝的安全性，为工程设计、施工和加固提供科学依据。

## 2　工程概况

立洲水电站位于四川省凉山彝族自治州，是木里河干流水电规划“一库六级”的第六个梯级，开发任务以发电为主，拦河大坝为抛物线双曲拱坝，库容 18 970 万 $m^3$，电站装机容量

355 MW。坝址区河谷狭窄,具备修建高拱坝的地形条件。

坝址区出露的地层主要为灰岩,岩层自右岸倾向左岸,层面倾斜较缓,倾角为15°～25°。两岸坝肩地质条件较复杂,发育有断层、层间剪切带、裂隙密集带与长大裂隙等多种地质构造。左坝肩主要发育有:断层f4、f5,裂隙密集带L1、L2与长大裂隙Lp285,层间剪切带fj1～fj4;右坝肩主要发育有:断层f4、f5,层间剪切带fj1～fj4。坝址区工程地质构造见图1、图2。由图可见,立洲工程两岸地质条件存在明显的不对称性:左坝肩地质条件较差,而右坝肩相对较好。这种地质构造的复杂性和不对称性给坝与地基的整体稳定性带来较大的影响,十分必要对立洲拱坝与地基的整体稳定性进行研究。

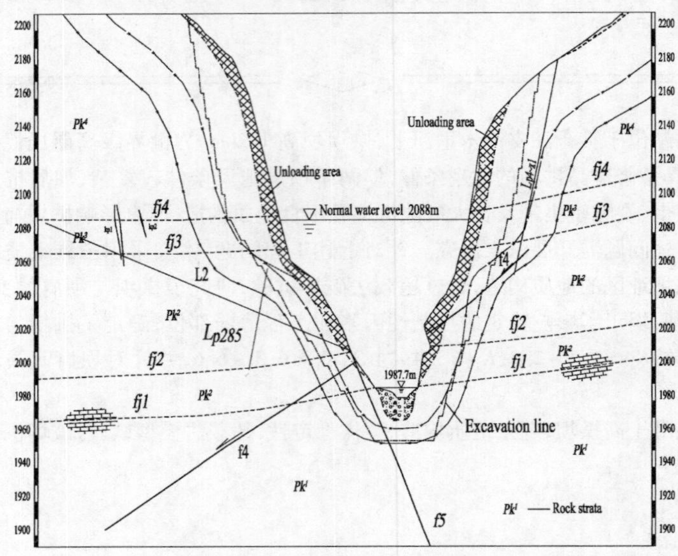


图1　立洲水电站工程地质剖面图

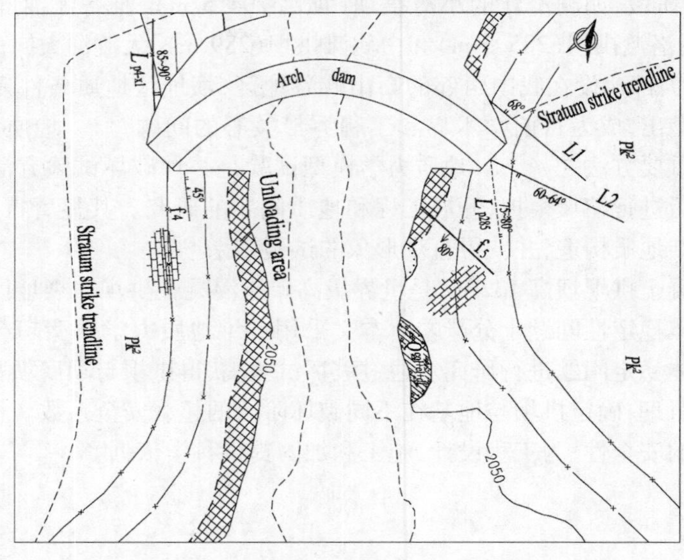


图2　立洲水电站▽2 050 m工程地质平切图

## 3　地质力学模型试验

### 3.1　试验方法

地质力学模型试验是建立在模型相似理论的基础上，可将模型中测试的物理量按照相似关系换算为原型物理量，从而达到用模型来研究原型的目的。因此，地质力学模型试验需要满足几何尺寸、物理变化过程、作用力、边界条件、初始条件等相似条件，主要的相似关系如下[11]：$C_\gamma=1$，$C_\varepsilon=1$，$C_f=1$，$C_\mu=1$，$C_\sigma=C_\varepsilon C_E$，$C_\sigma=C_C=C_E=C_L$，$C_F=C_\sigma C_L^2=C_\gamma C_L^3$。其中，$C_E$，$C_\gamma$，$C_L$，$C_\sigma$、$C_\varepsilon$ 及 $C_F$ 分别为变形模量比、容重比、几何比、应力比、应变比及荷载比；$C_\mu$、$C_f$ 及 $C_c$ 分别为泊松比、摩擦系数及黏聚力的相似比。

地质力学模型试验方法主要有超载法、降强法及综合法三种[12,13]，三种方法所考虑的影响因素和安全度的定义各自不同。超载法和降强法分别考虑了超标洪水、岩体与结构面力学参数逐步降低对工程安全度的影响。综合法结合超载法和降强法，反映了多种因素对工程稳定性的影响。其中，超载法是一种常规的地质力学模型试验方法，在多年的工程实践中得以广泛应用。试验中通过不断增加上游水压力，测试坝与地基在超载过程中的变位发展过程，分析超载因素对坝与地基工作性态和安全度的影响，研究坝与地基的超载能力，揭示影响工程安全的薄弱部位。因此，本文采用了超载法试验来研究天然坝基条件下立洲拱坝与地基的整体稳定性。

对于拱坝与地基整体稳定地质力学模型试验，其超载安全系数可依据《混凝土拱坝设计规范》（SL 282—2003）与《混凝土拱坝设计规范》（DL/T 5346—2006），采用3个“水压力超载系数”$K_1$、$K_2$、$K_3$ 进行综合评价[14,15]，其中：$K_1$ 为起裂超载安全系数，由坝踵开始出现裂缝时的水压力超载系数确定；$K_2$ 为非线性变形超载安全系数，由下游坝面开始出现裂缝时的水压力超载系数确定；$K_3$ 为极限承载能力超载安全系数，由坝与坝基丧失承载能力时水压力超载系数确定。

### 3.2　试验研究方案

#### 3.2.1　模拟范围

根据立洲拱坝工程的地形地质特点以及试验精度的要求，模型几何比选用 $C_L=150$，材料容重比为 $C_\gamma=1$，应力比和变形模量比为 $C_\sigma=C_E=150$。模型尺寸为2.6 m×2.8 m×2 m（顺河向×横河向×竖直向），相应的原型尺寸 390 m×420 m×300 m。三维地质力学模型砌筑完成时的全貌见图3。

#### 3.2.2　模拟材料与模拟技术

模型相似材料应根据相似理论将设计参数换算为模型参数，由此进行模型相似材料的研制，材料的主要参数见表1。地质力学模型材料主要有3种类型：混凝土材料、岩体材料和结构面材料。模型材料主要由重晶石粉、水泥、石膏粉、石蜡、机油和其他添加剂组成。重晶石粉为主要原料，使原、模型材料的容重相等，即满足容重比 $C_\gamma=1.0$ 的要求。水泥和石膏粉作为胶凝材料。通过调整成分与比例，可以配置出不同物理力学参数的模型材料。

图 3 立洲拱坝三维地质力学模型

表 1 原型和模型材料主要物理力学参数表

| 材料名称 | 原型材料设计参数 | | | 模型材料按相似关系要求的参数 | | | 模型材料实际参数 | | |
|---|---|---|---|---|---|---|---|---|---|
| | $E_p$ (GPa) | $f_p$ | $c_p$ (MPa) | $E_m$ (MPa) | $f_m$ | $c_m$ ($\times10^{-3}$ MPa) | $E_m$ (MPa) | $f_m$ | $c_m$ ($\times10^{-3}$ MPa) |
| 坝体混凝土 | 24 | 1.2 | 1.6 | 160 | 1.2 | 10.67 | 155.4 | 1.15 | 9.85 |
| 灰岩(Pk)(弱风化下部) | 8 | 0.8 | 0.6 | 53.33 | 0.8 | 4.0 | 50.2 | 0.74 | 3.83 |
| 灰岩(Pk)(微新) | 12 | 1.2 | 1.0 | 80 | 1.2 | 6.7 | 78.5 | 1.25 | 6.36 |
| 层间剪切带 fj1、fj2 | — | 0.65 | 0.08 | — | 0.65 | 0.53 | — | 0.59 | 0.57 |
| 层间剪切带 fj3、fj4 | — | 0.45 | 0.03 | — | 0.45 | 0.20 | — | 0.42 | 0.23 |
| 断层 f4、f5 | 3~4 | 0.45 | 0.05 | 20~26.7 | 0.45 | 0.33 | 23.5 | 0.46 | 0.35 |
| 裂隙密集带 L1、L2 | 3~4 | 0.65 | 0.06 | 20~26.7 | 0.65 | 0.4 | 25.2 | 0.61 | 0.42 |
| 长大裂隙 L285 | — | 0.2 | 0.005 | — | 0.2 | 0.033 | — | 0.18 | 0.05 |

注:下标 p 表示原型参数,m 表示模型参数,下同。

在地质力学模型中,三种模型材料采用不同方法进行加工:

(1)坝体材料:坝体模型整体浇注成形。液态原材料浇入模具制成坝坯,等坝坯完全干燥后,再按设计体型和尺寸进行精雕加工,最后将坝体准确定位并粘接在坝基上。

(2)岩体材料:粉状原材料压制成小块体,模型砌筑时根据岩层产状和节理连通率进行坝基制作。

(3)结构面材料:采用一种软料和不同摩擦系数的薄膜来模拟软弱结构面,通过调整这种软料的配比和薄膜类型可以模拟不同抗剪强度参数。模型制作时,先将软料敷填在结构面上,然后铺上一层薄膜。

3.2.3　试验程序

根据工程实际运行条件，拟定立洲拱坝模型的试验程序：首先将荷载逐步加载至一倍正常荷载，测试在正常工况下坝与地基的工作性态，然后对上游水荷载按$(0.2 \sim 0.3)P_0$($P_0$为正常工况下的水荷载)的步长进行逐级超载，直至坝与地基出现整体失稳趋势，则停止加载、终止试验。

## 4　试验成果分析

### 4.1　坝体变位及应变

坝体上部变位大于下部变位，拱冠变位大于拱端变位，径向变位大于切向变位，符合常规。在正常工况下，坝体变位对称性较好，最大径向变位出现在▽ 2 092 m拱冠处，变位值为21.5 mm(原型值)。在超载阶段，随着超载系数的增加，左岸径向变位逐渐大于右岸径向变位(见图4)，最终呈现出左拱端变位明显大于右拱端变位的不对称现象，说明坝体在向下游变位的同时伴随着有顺时针向的转动变位。这种变位特征主要是由于两岸地质条件不对称、左坝肩抗力体完整性较差所致。

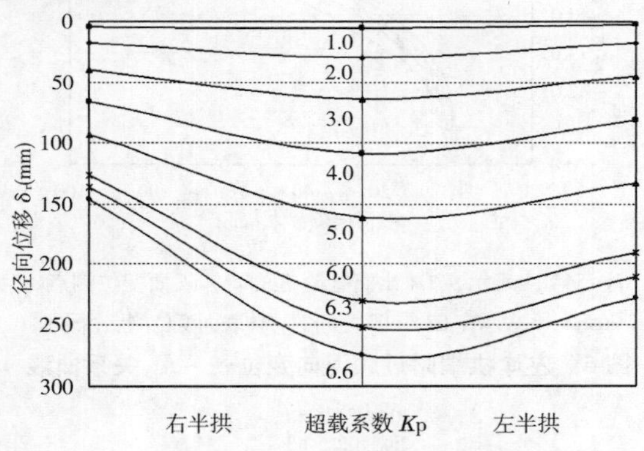


**图4　▽ 2 000 m拱圈下游坝面径向变位$\delta_r$分布曲线**

坝体下游面水平应变$\mu_\varepsilon$与超载系数$K_p$的典型关系曲线如图5所示，图中标号表示测点编号。由图可见，坝体下游面应变主要受压，在正常工况下，即$K_p=1.0$时，坝体应变总体较小；在超载阶段，坝体应变随超载系数的增加而逐渐增大，当$K_p=1.4 \sim 2.2$时，应变曲线出现一定的波动，此时上游坝踵附近发生初裂；当$K_p=3.4 \sim 4.3$时，坝体应变整体出现较大的波动，形成较大的拐点，应变的变化幅度显著增大，此时观测到坝体左半拱发生开裂；此后，应变曲线进一步发展，陆续出现波动或转向，表明坝体裂缝不断扩展；当$K_p=6.3 \sim 6.6$时，坝体裂纹贯通至坝顶，坝体产生明显的应力释放，坝体逐渐失去承载能力。

### 4.2　坝肩抗力体表面变位分布特征

坝肩抗力体表面变位$\delta_p$与超载系数$K_p$的典型关系曲线见图6、图7。在正常工况下，两坝肩抗力体的变位均较小，呈现出顺河向变位向下游、横河向变位向河谷、左岸变位大于右岸变位的规律。在超载阶段，变位逐步增大，位移值在拱端附近最大，向下游延伸逐步递减。两坝肩表面变位沿高程方向的分布规律为：左坝肩以fj2、fj3及坝肩中部高程的岩体表面变位较大；右坝肩以坝肩上部高程fj3、fj4附近的岩体表面变位值较大。由此可见，层间剪切带fj2、fj3、fj4及发育在左坝肩中部的断层、裂隙对坝肩的变形有较大的影响。

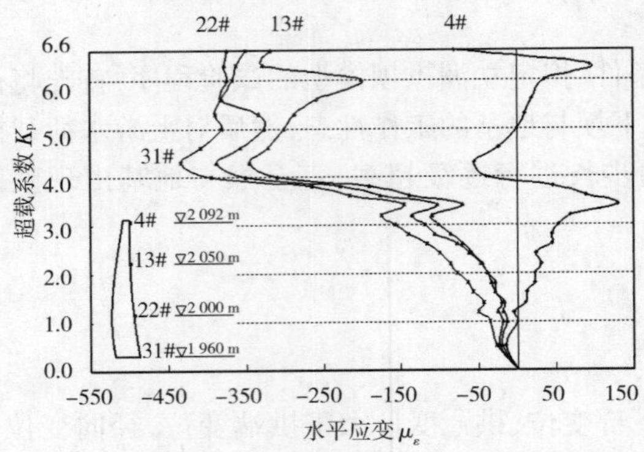


图5 拱冠梁下游坝面水平应变 $\mu_\varepsilon \sim K_p$ 关系曲线

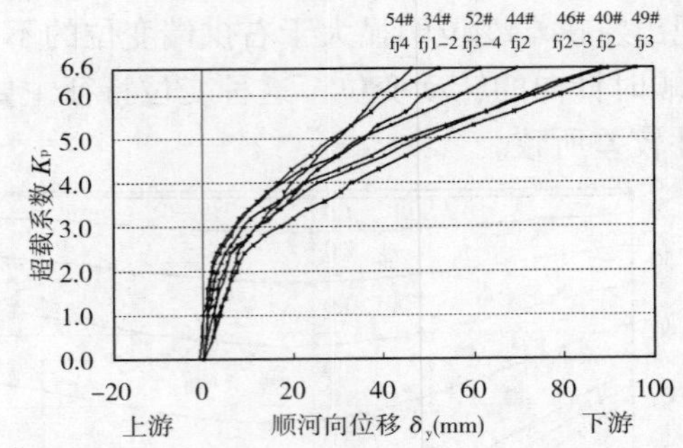


注:54#fj4 表示在 fj4 出露处附近的岩体表面变位测点,46#fj2-3 表示在 fj2 与 fj3 之间的岩体表面变位测点,下同。

图6 左岸拱端附近顺河向变位 $\delta_y \sim K_p$ 关系曲线

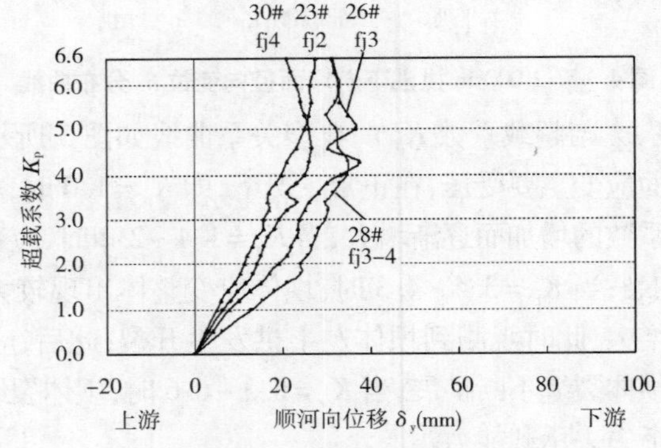


图7 右岸拱端附近顺河向变位 $\delta_y \sim K_p$ 关系曲线

### 4.3 结构面对坝肩稳定的影响

左右岸典型结构面的相对变位 $\Delta\delta \sim K_p$ 关系曲线如图 8 所示。根据结构面出露处的表面变位及内部相对变位,影响左坝肩稳定的主要结构面有 f5、Lp285、L2、fj2、fj3、fj4,影响右坝肩稳定的主要结构面有 fj3、fj4、f4。其中,左坝肩软弱结构面的发育相对较集中,并相互切割使坝肩抗力体完整性较差,是坝肩变形和稳定的控制性因素。

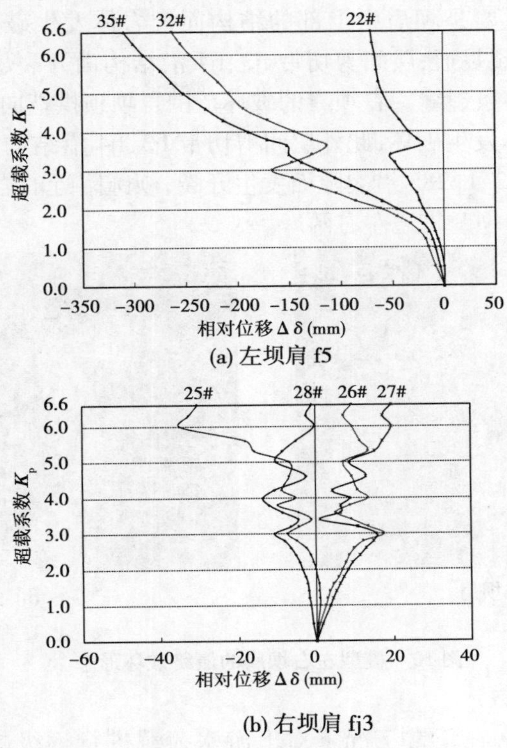


图 8　结构面相对变位 $\Delta\delta \sim K_p$ 关系曲线

## 4.4　破坏形态及破坏特征

在试验超载阶段，坝体先后出现了 2 条裂缝：当 $K_p = 3.4 \sim 4.3$ 时，左半拱在下游坝面 ▽2 040 m拱端处发生开裂，裂缝最终向上扩展至坝顶，并从下游坝面贯穿至上游坝面，这条裂缝的开裂主要是由于该部位抗力体内发育有多条相互切割的软弱结构面；在超载阶段后期，即 $K_p = 5.0 \sim 6.3$ 时，右半拱在建基面坝趾处出现另一条裂缝，并最终向上扩展至▽2 043 m，这条裂缝主要是受断层 f5 的影响所致。坝体的最终破坏形态见图 9。

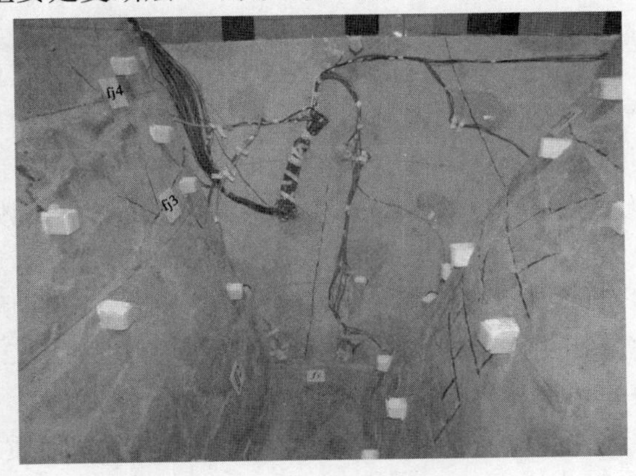


图 9　模型坝体最终破坏形态

由于两岸地质条件的不对称性，左右坝肩的破坏形态及破坏特征也呈现出明显的不对称性，左坝肩破坏程度相对于右坝肩要大，见图 10。左坝肩的破坏范围自坝顶拱端向下游延伸约 81 m(原型值),主要是坝肩中上部的结构面及岩体发生破坏:断层 f5 沿结构面开裂,从河床到坝顶完全开裂贯通;层间剪切带 fj3、fj4 沿结构面开裂、扩展;坝肩中部 fj2 ~ fj4 之间的岩体表面出现了多条裂缝。右坝肩的破坏范围自坝顶拱端向下游延伸约 57 m(原型值),主要是坝肩上部岩体发生破坏,此外层间剪切带 fj3、fj4 沿结构面发生了局部开裂。在拱坝上游侧,左岸的 L1、L2、Lp285 沿裂隙面发生开裂,坝踵附近的岩体被拉裂,这些裂缝不断扩展、相互交汇,最终沿坝踵贯通左右两岸。

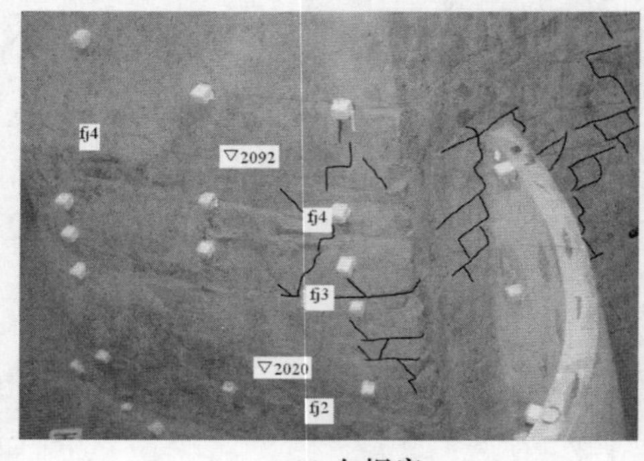


(a) 左坝肩　(b) 右坝肩

图 10　模型左右坝肩的最终破坏形态

### 4.5 整体稳定超载安全系数

本次超载法破坏试验,在正常工况下对上游水荷载进行逐级超载,当超载系数 $K_p$ = 1.4 ~2.2 时,上游坝踵附近发生初裂;当超载系数 $K_p$ =3.4 ~4.3 时,左半拱发生开裂,坝肩岩体表面裂缝明显增多,结构面相继发生开裂;当超载系数 $K_p$ =6.3 ~6.6 时,坝体裂缝贯通至坝顶,坝肩岩体表面裂缝相互交汇、贯通,坝体、坝肩岩体及结构面出现变形不稳状态,拱坝与地基逐渐呈现出整体失稳的趋势。根据试验成果综合分析得出,立洲拱坝与地基在各阶段的超载安全系数为:起裂超载安全系数 $K_1$ =1.4 ~2.2,非线性变形超载安全系数 $K_2$ = 3.4 ~4.3,极限超载安全系数 $K_3$=6.3 ~6.6。

## 5　工程类比分析

四川省汶川县草坡河上的沙牌碾压混凝土拱坝(坝高 132 m)的工程规模与立洲拱坝相当,但其地质条件相对较好,坝址区内无顺河断层和贯穿性软弱结构面发育,坝肩稳定主要受多组不同产状节理裂隙控制。

根据沙牌拱坝的超载法地质力学模型试验成果,其超载安全系数 $K_2$ =4.6 ~5.0[16],大于立洲拱坝的稳定安全系数。试验结果表明,左、右坝肩中上部破坏形态较严重,是影响坝肩稳定的薄弱部位。因而,在工程施工过程中,在这两个部位进行了大量的预应力锚索加固处理,使拱坝与地基具有超强的整体稳定性和抗震性,从而在"5 · 12"地震中经受住考验,为工程安全提供了有力的保障。

考虑到立洲工程坝址区的地质条件比较复杂,存在大量不利地质构造,稳定安全系数相对较低,因此十分必要对影响坝肩变形与稳定的软弱结构面及坝肩薄弱部位进行加固处理,以进一步提高拱坝与地基的整体稳定性,确保工程的安全运行。

## 6 结　论

(1)根据立洲碾压混凝土拱坝的地形、地质特征,建立三维地质力学模型进行超载法破坏试验,对拱坝与地基的整体稳定性进行研究,综合分析试验成果得出各阶段的超载安全系数为:起裂超载安全系数 $K_1=1.4\sim2.2$,非线性变形超载安全系数 $K_2=3.4\sim4.3$,极限超载安全系数 $K_3=6.3\sim6.6$。

(2)模型试验结果表明,立洲拱坝左坝肩中上部及右坝肩上部的岩体及结构面变形较大、开裂破坏较严重,是影响坝肩变形与稳定的薄弱部位,可采用混凝土置换、预应力锚索、固结灌浆等措施进行加固处理,以提高拱坝与地基的整体稳定性。

(3)通过与同等规模的沙牌碾压混凝土拱坝进行对比,立洲拱坝的坝肩地质条件较复杂,超载安全系数较低,且坝肩局部区域破坏较严重,因此必须重视对立洲拱坝坝肩的加固处理。

## 致　谢

本文研究是在国家自然科学基金(No. 51109152,51379139&51409179)的资助下完成,全体作者衷心感谢四川大学的谢和平院士、李朝国教授与陈建康教授,感谢他们长期以来对项目组给予大力支持和提出宝贵建议。

### 参考文献

[1] 贾金生. 中国大坝建设60年[M]. 北京:中国水利水电出版社,2013.

[2] 王毓泰,周维垣,毛健全,等. 拱坝坝肩岩体稳定分析[M]. 贵阳:贵州人民出版社,1983.

[3] QingwenRen, LanyuXu, YunhuiWan. Research advance in safety analysis methods for high concrete dam[J]. Science in China(Series E:Technological Sciences),2007,50(S1):62-78.

[4] 王汉鹏,李术才,郑学芬,等. 地质力学模型试验新技术研究进展及工程应用[J]. 岩石力学与工程学报,2009,28(S1):2765-2771.

[5] LiuJian, FengXiating, DingXiuli. Stability assessment of the Three - Gorges Dam foundation, China, using physical and numerical modeling—Part I:physical model tests[J]. International journal of rock mechanics and mining sciences,2003,40(5):609-631.

[6] GuanFuhai, LiuYaoru, YangQiang, et al. Analysis of stability and reinforcement of faults of Baihetan arch dam[J]. Advanced materials research,2011(243 ~ 249):4506-4510.

[7] 周维垣,杨若琼,刘耀儒,等. 高拱坝整体稳定地质力学模型试验研究[J]. 水力发电学报,2005,24(1):53-58,64.

[8] 姜小兰,陈进,孙绍文. 锦屏一级高拱坝物理模型试验研究[J]. 人民长江,2009,40(19):76-78.

[9] 董建华,谢和平,张林,等. 大岗山双曲拱坝整体稳定三维地质力学模型试验研究[J]. 岩石力学与工程学报,2007,26(10):2027-2033.

[10] 杨宝全,张林,陈建叶,等. 小湾高拱坝整体稳定三维地质力学模型试验研究[J]. 岩石力学与工程学报,2010,29(10):2086-2093.

[11] 陈兴华. 脆性材料结构模型试验[M]. 北京:水利电力出版社,1984.

[12] 张林,陈建叶. 水工大坝与地基模型试验及工程应用[M]. 成都:四川大学出版社,2009.

[13] ChenYuan, ZhangLin, YangBaoquan, et al.. Geomechanical model test on dam stability and application to Jinping High arch dam[J]. International Journal of Rock Mechanics&Mining Sciences,2015,76(6):1-9.

[14] 中华人民共和国行业标准编写组 . SL 282—2003　混凝土拱坝设计规范[S]. 北京:中国水利水电出版社,2003.

[15] 中华人民共和国行业标准编写组 . DL/T 5346—2006　混凝土拱坝设计规范[S]. 北京:中国电力出版社,2006.

[16] 张立勇,张林,李朝国,等 . 沙牌 RCC 拱坝坝肩稳定三维地质力学模型试验研究[J]. 水电站设计,2003,19(4):20-23.

# 波多黎各波图格斯碾压混凝土重力拱坝的施工难题

Rafael Ibáñez – de – Aldecoa, David Hernández, Eskil Carlsson

(美国 DRAGADOS 公司,美国)

**摘要**:2013 年末,美国 DRAGADOS 建筑公司在波多黎各庞塞附近完成了波图格斯坝的施工。该项目由美国陆军工程兵团设计和采购,其拥有者为美国陆军工程兵团和波多黎各自然与环境资源部。完工后,该坝能够保护庞塞居民在暴雨雨季免遭洪水灾害,有时还包括热带风暴和飓风灾害。该工程包括建造一个 67 m 高的碾压混凝土单中心重力拱坝,坝顶长度为 375 m,碾压混凝土体积约 27 万 $m^3$。附属结构包括整体式溢洪道、进水结构、一个控制室和开关室,位于 18 000 $m^3$ 碾压混凝土支座顶部。该项目还包括坝基岩开挖、坝基处理工作、建造现场采石场以生产骨料、建造通往坝顶和开关室的通路。波图格斯坝是在美国建造的第一个碾压混凝土重力拱坝(美国陆军工程兵团设计师更喜欢用"厚拱坝"这个名称),该坝也是波多黎各的第一座碾压混凝土坝。因此,其面临着独特的设计和施工难题。本文重点关注施工过程,探讨了不得不克服的不同性质的特殊限制,其中包括:当地缺乏具有碾压混凝土相关经验的工作人员;某些材料、设备、分包和管理所需的资源比较有限;季节性炎热和潮湿气候非常明显,雨季经常河水泛滥(因此,只有冬季窗口期能够实施碾压混凝土填筑,所以工作人员难以稳定,在整个大坝结构建设期需要对工作人员进行再培训)。即使在冬季窗口,填筑混凝土时的温度也较高;坝基地质情况复杂,所以需要广泛的坝基处理等。

**关键词**:重力拱坝,防洪,碾压混凝土填筑窗口,知识转移

## 1　引　言

波图格斯坝是波多黎各建造的第一座碾压混凝土(RCC)坝,是美国的第一座单中心碾压混凝土厚拱坝。该项目在 2008 年被授予美国 Dragados 公司,完工于 2013 年 12 月,竣工仪式实施于 2014 年 2 月。

该坝完成了波图格斯和布卡那河项目的最后阶段,以保护庞塞市预防洪水。庞塞市频繁地受到反复暴雨、热带风暴和飓风所带来的严重洪水侵袭,尤其是当此类降雨出现在城市以北山岭区时更是如此。这种复杂的气候也极大地影响了大坝的建设。

作为波多黎各的第一个碾压混凝土项目,该坝的本地工作人员没有相关经验,需要实施高强度的碾压混凝土相关培训项目,才能够建设该坝,满足多重要求并实现项目目标。

该项目的实际位置在一座小岛上,这一点很大程度地限制了所有物资的供应(材料、备件等),该岛上无法获得的物资必须从岛外运输。

下面总结了该站点的主要难题。

图 1　从下游拍摄的已完工大坝夜景图

## 2　背　景

### 2.1　项目地点

波图格斯坝位于波多黎各中部地区，临近加勒比海南海岸，距离波图格斯河口不足 8 英里，位于庞塞市西北方向约 3 英里。庞塞市是波多黎各人口第二多的城市。

### 2.2　项目历史

庞塞市以北山岭区的现有河流常常有突然且急速的径流，导致下游城市地区频频遭受洪水侵袭。这些洪水经常给庞塞居民带来大量财产损失，一些居民甚至失去生命。

波图格斯坝原本由美国陆军工程兵团(USACE)设计，作为其第一座三中心双曲薄拱坝，即传统的混凝土拱坝。21 世纪初，单一施工投标方的成本远远超出了政府的成本估算，美国陆军工程兵团决定修改其原有设计，改为更具经济效益的替代方案，最终选择了当前的碾压混凝土设计。

波图格斯坝于 2013 年 12 月竣工，是 1970 年批准的波图格斯和布卡那河洪水控制工程中两座大坝的最后一座。第一座大坝为塞里约斯坝，竣工于 1992 年。整个项目包括两个多功能水库，从大坝至河口的下游河道得到了改善，如图 2 所示。波多黎各自然和环境资源部(DNER)是该项目的最终拥有者。

### 2.3　项目介绍

波图格斯坝建设目的是防洪。波图格斯坝为一座高 67 m 的单中心碾压混凝土厚拱坝，坝顶长度为 375 m。大坝的碾压混凝土体积超过 27 万 $m^3$，溢洪道、入水口和坝顶的传统混凝土体积超过 7 600 $m^3$，坝基和找平混凝土的大体积混凝土体积接近 15 000 $m^3$，开关室坝基支墩的碾压混凝土体积超过 18 000 $m^3$。该坝的上游面是垂直的，下游面呈阶梯状。下游阶梯为 1.2 m 高(4 层，每层 0.3 m 厚)，产生了坡度相当于 0.35∶1($H$∶$V$)的下游坡。虽然碾压混凝土层是同时建造的，但是通过安装间距为 21.3 m 的收缩缝，坝体被分为 18 个部分。设计坝基水平上方约 6 m 处的碾压混凝土内建有一个内部廊道(2.1 m 宽，3.7 m 高)。廊道内部布置有上游倾斜灌浆帷幕和垂直坝基排水孔。该坝有一个 42.7 m 宽的闭塞 S 形顶部挑流鼻坎溢洪道，使用传统混凝土建造，位于大坝的中心部分，在原有河道上方。

图2　项目位置图

永久排水设施包括两根直径为1.5 m的调节排水管，通过坝基和碾压混凝土结构之间建造的传统混凝土坝段而穿过该坝。该排水管从大坝上游进水建筑物的水闸延伸至大坝下游阀室处的固定锥形阀。

碾压混凝土中使用强度缓慢发展的火山灰水泥，其一年后的设计强度为31 MPa，但一般都超过41 MPa。强度缓慢发展的碾压混凝土可保证在“热缝”表面(即比较“新鲜”的混凝土表面)上连续进行碾压混凝土填筑，两层之间的时间间隔最长达24 h。对于部分硬化的混凝土表面或“暖缝”表面(层歇间隔最不超过72 h)和“冷缝”表面(层歇超过72 h)，需要特殊的接缝面处理，然后才能填筑下一层。

## 2.4　施工设施

该项目需要安装一些设施来支持该坝的建设。主要支持性设施(见图4)包括：

(1)一个骨料生产厂，生产三种粗骨料(名义最大骨料尺寸NMAS：50 mm、20 mm和10 mm)和细骨料(砂)。不同尺寸的骨料可生产各种各样不同的混凝土。

(2)一个洗砂厂，洗去处理后砂的过细粉末。

(3)一个现场双混凝土拌和厂，能够生产最高达每批4 $m^3$ 的碾压混凝土、传统混凝土或砂浆，其支持设备包括：

①两个1 000 t水泥筒仓；

②一个1 000 t粉煤灰筒仓；

③三个2 000 t粗骨料筒仓；

④两个1 000 t细骨料筒仓(一个用于水洗砂，另一个用于未洗砂)；

⑤一个制冰厂，每天可生产200 t冰片；

**图 3　正在建设的大坝和碾压混凝土拌和楼鸟瞰图**

⑥一个水冷装置，用于"湿带"隧道及冷冻混合水；

⑦两个 120 m 长"湿皮带"，位于骨料冷却隧道内部，以降低粗骨料温度至 10 ℃以下，并有助于满足最大平均碾压混凝土填筑温度（15.5 ℃）。

（4）场外可移动式混凝土搅拌设备，用于生产传统混凝土和砂浆。

（5）长达 298 m 的传送带系统，可将混凝土从配料厂运输至大坝中心地带。

（6）其他配套设施，如机械、电子、焊接和木工车间。

波图格斯坝的施工无法连入电网系统，所以所有现场设施都通过发电机供电。

## 3　项目建设的挑战

### 3.1　位置和地下条件

该项目位于有严重裂缝的地带，在该区域，高度风化的砂岩、粉砂岩和变质火山砾岩与闪长岩岩脉相互交错。高度断裂的坝基地质情况使得很难获得整齐的坝基表面。骨料挖自坝址以北 1 英里处的一个采石场。

根据合同，重型挖掘设备被允许使用在最高理论坝基水平以下，因此很大一部分的最终清理工作需要广泛使用手工工具进行，偶尔需要轻型挖掘设备（见图 5）。这导致找平工作需要大量的劳动力，并耗费大量的时间，而且经常受到暴雨和突发洪水的影响。

施工地点为山岭区，很难布置配套设施，骨料不得不保存在不同的位置。同样地，很难部署通往大坝不同高度的临时施工通道。

### 3.2　碾压混凝土填筑要求和供应限制

波图格斯坝的建设有一系列非常严格的要求。对于许多碾压混凝土项目来说，这些要求是不寻常的，许多要求是美国陆军工程兵团和美国的常见标准，这些要求为该项目的建设带来的特殊挑战。如前所述，该项目为波多黎各的第一座碾压混凝土坝，因此很多此类要求先前未在波多黎各使用过。这一点对服务、材料和设备产生了很大影响。因为这些要求，岛

图4　碾压混凝土拌和设备和预冷设施鸟瞰图

图5　坝基准备工作需要大量的劳动力

上的许多本地企业无法为该项目提供服务、材料和设备，许多材料和服务不得不由选定的合格本地供应商或岛外企业提供。

碾压混凝土的生产基本上是一个工业过程，连续的碾压混凝土制备对于产品的一致性非常重要。小问题和小故障可能会导致代价高昂的中断,甚至导致生产停工,由于对备件运输的依赖性,一旦停工,数百人将被闲置。

图 6 碾压混凝土施工全视图

波多黎各是一座小岛,没有用于建造该坝的类似设施,所以大部分专用备件和其他设备不得不从岛外供应商购买,这对后勤工作提出了严重挑战,我们需设法减小运输、维护和维修延迟所带来的影响。为了降低此类风险,美国 Dragados 公司建立了一个特殊项目来现场储存大量备件和长周期生产物品,与其他项目的常规储存方式不同,其目的是减小此类物品短缺对施工进度的可能影响。尽管如此,在多个场合,备件和材料不得不从美国大陆空运。此外,美国 Dragados 公司的工资单上有一个超过普通规模的机械和电气人员团队,每天工作 24 h,每周工作 7 d。虽然这些措施增加了项目成本,但是对于该项目的正常运行十分重要。

碾压混凝土填筑的部分合同要求包括:

(1)填筑碾压混凝土的平均温度低于 15.5 ℃。

(2)只允许把一年中较冷的月份作为碾压混凝土填筑窗口。

(3)在 24 h 内(两层之间的最大暴露时间)使用新层覆盖已填筑的碾压混凝土;否则,两层之间需要特殊的接触面处理,并铺垫层砂浆(处理暖缝)。

(4)在 45 min 窗口内生产、运输、填筑和压实碾压混凝土。

(5)两层之间需要广泛且大量人员参与的碾压混凝土表面清理工作。

### 3.3 两坝肩顶部的通道有限

通往坝顶的唯一固定通道从下游侧通往右坝肩。为了将该通道与坝顶连接,需要建造一座桥梁,但是从逻辑上讲,只有在右坝肩上部完成之后才能建造该桥梁。

因此,我们在右坝肩上游侧布置了一条难度较大的临时道路,从而能够在填筑碾压混凝土时将辅助设备运往右坝肩上部近端,能够从坝顶移出碾压混凝土填筑设备,并能运输该设备来建造左坝肩上部。

同样,由于左坝肩没有固定的通道,在下游侧必须建造另一条难度很大的临时道路,便于将碾压混凝土填筑设备运输至左坝肩,以建造左坝肩上部,并便于在中央溢洪道左侧的大坝部分完成后移出所有设备,该道路的施工难度很大,因为峡谷左岸的天然坡度很陡。

这两条通道都不是项目计划的一部分,在完成其使命后都被拆除。

### 3.4　恶劣天气

波多黎各是将加勒比海与大西洋分开的岛屿之一,很容易遭受高强度热带风暴和飓风的侵袭。正如前面所指出的,该项目的建造是为了保护庞塞市免受频繁且危险的洪水袭击。该项目本身位于一个坡度陡峭的狭窄山谷中,位于庞塞市以北的山岭区。波图格斯河分水岭地区的年平均降雨量超过 2 000 mm。频繁的热带雨往往十分突然而且雨量很大,几乎没有时间来保护施工区域、移出设备或将工作人员从即将到来的洪水区域安全转移。由于地势陡峭,需要设计临时导流系统,以避免漫顶情况。如果出现漫顶情况,施工不得不暂停,直至被淹没通道和下方施工区的水退去。在早期建设阶段,洪水一直是一个威胁,需要时刻警惕天气变化。如果在碾压混凝土填筑期间出现降雨,通常没有足够的时间来保护正在进行的工作。这导致了频繁的维修作业和停工现象,停工时间超出了正常填筑时两层碾压混凝土的允许时间间隔,需要大量的接缝处理后才能重新开工。

暴雨期间的导流围堰漫顶情况将导致施工现场被分隔,使通往采石场、碾压混凝土配料厂和右坝肩的通道受阻。

频繁的降雨还会导致细骨料的水分含量不断变化,而且不均匀。碾压混凝土对水分变化十分敏感,细微的水分变化都会对碾压混凝土的一致性产生影响。因此,部分砂需要储存起来,并在覆盖棚中进行 2 ~ 3 次处理,以维持较一致的水分含量,从而制造出最佳的碾压混凝土。

合同要求碾压混凝土应当在日平均气温低于 15.5 ℃时填筑。即使在冬季,庞塞的平均气温也高于 24 ℃。为了满足项目要求,用于生产碾压混凝土的所有粗骨料都进行了冷却,将其温度降低至 10 ℃以下,冰片被用来替代大部分拌和水,以降低碾压混凝土温度。频繁降雨导致细骨料的水分含量较高,而且离开冷却隧道的粗骨料是湿润的,所以用来冷却碾压混凝土的冰片量受到了限制。因此,对于低温填筑来说,保持细骨料干燥十分重要。

### 3.5　可用的劳动力及其经验

碾压混凝土坝的建设需要连续施工,维持每天 24 h、每周 7 d 的工作时间十分重要。这需要大量熟练的施工人员。在施工高峰时期,波图格斯坝的工作人员多达 800 人。庞塞及其附近区域无法提供足够的经验丰富的现场工作人员,所以很大一部分工作人员的施工经验比较有限,或无施工经验。

此外,如前文所述,波图格斯坝是波多黎各建造的第一个碾压混凝土项目,因此无法在本地找到碾压混凝土技术经验丰富的工作人员,而且从岛外引入经验丰富的工作人员也受到了成本预算的限制。因此,大部分工作人员不得不在本地接受碾压混凝土制备和填筑技术的培训。

大部分碾压混凝土的施工工序都对时间敏感,所以需要专门人员对所有活动进行认真协调,才能成功完成该项目;如果超出了碾压混凝土制备和填筑之间的时间间隔,以及相邻

图 7　大坝施工期间经历的一次洪水

图 8　典型的碾压混凝土填筑工作

两层之间的最大允许时间间隔，都需要特殊的层面处理工作。不同人员需要完成的特殊工作包括：

（1）混凝土找平处理；

（2）钻孔和灌浆；

（3）碾压混凝土制造；

（4）碾压混凝土运输；

（5）碾压混凝土填筑和固结；

(6)碾压混凝土表面清理和处理;

(7)碾压混凝土表面水分控制;

(8)模板升高和准备;

(9)富浆碾压混凝土暴露面附近的固结;

(10)收缩缝切割;

(11)仪表安装与监控;

(12)检验与试验;

(13)设备维修。

如果上述任何活动执行不佳或延误,则很大程度上会造成碾压混凝土填筑停工风险,需要耗费很多的时间和金钱进行补救工作,在"热"或"冷"接缝处理之后恢复施工工作。因此,可靠而训练有素的团队是必不可少的。

大部分可用的工作人员没有所需的施工经验,不能轻松适应连续轮班工作。这种轮班工作通常要求很高,导致工作人员经常出现失误,不得不进行更换和再培训。

碾压混凝土填筑工作仅限于6个月的冬季窗口,这进一步阻碍了工作人员的经验保留,因为大部分碾压混凝土工作人员不得不在夏季被解雇。在下一填筑窗口来临之前,我们尝试重新雇佣相同的工作人员;但是大部分工作人员没有返回该项目,先前获取的知识已经丢失,所以不得不重新培训新的工作人员,该项目不得不接受现场工作人员的另一条学习曲线。

### 3.6　施工安全

美国陆军工程兵团和美国 Dragados 公司最看重的就是施工安全。我们在该项目中采用了一个广泛的安全方案,在施工期间的所有时间点,该项目都配备专门的安全工作人员。

由于碾压混凝土施工时间敏感性很强,所以需要设备和工作人员快速工作,以降低严重的安全风险。此外,碾压混凝土坝施工期间使用的混凝土运输系统不得不随着大坝高度的上升而定期抬高,所以需要工作人员在不断增高的海拔上工作。

由于工作人员不断变化,加上该项目雇佣的部分工作人员的施工经验比较有限,而且施工要求比较苛刻,所以现场工作人员有很大的严重受伤风险,施工期间应尽量减少此类风险。

美国陆军工程兵团和美国 Dragados 公司对该项目的安全要求和期望十分严格,比该区域建设项目的标准安全要求更为严格。这使得安全计划的执行更具挑战性,促使美国 Dragados 公司通过持续的安全培训和安全文化项目来培养广泛的安全意识。需要注意的是,即使该项目经历了一系列轻微的事故,但是也没有出现死亡或其他严重事故。

### 3.7　质量计划

大坝的整体安全性在很大程度上取决于其施工质量。波图格斯坝根据最高的质量标准建造。美国 Dragados 公司负责质量控制(QC),美国陆军工程兵团负责质量保证(QA)。在高峰施工时段,该项目的质量工作团队有超过30名质量控制人员和20名质量保证人员。

在施工过程中,我们采集并分析了很多信息。下面展示了部分质量检查要点:

(1)文件提交过程:通过提交过程,所有活动都得到完整记录。本项目制作了超过4 500份提交文件。

(2)施工容许误差:非常苛刻。例如,溢洪道要求 42.7 m 宽 S 形溜槽和挑流鼻坎的完工等级在 3.2 mm 以内。

(3)测试频率:Vebe 一致性、碾压混凝土填筑温度、碾压混凝土密度、抗压强度和骨料等级仅仅是众多测试的一部分,该坝施工期间还采集了其他质量数据点。许多此类测试的实施频率很高,例如,运输至该大坝的超过 2 000 个常规混凝土货车荷载中,大部分都接受了坍落度、含气量、温度和单位重量检测。

图 9　美国陆军工程兵团和美国 Dragados 公司的工作人员庆祝碾压混凝土填筑完成

大坝采用美国工程师兵团的三步质量控制和保证程序,美国 Dragados 公司在丰富的 RCC 大坝施工经验的基础上对该程序进行了加强。第一步,项目工序所有可明确的特征在执行之前需要经过一个正式的规划环节,在该环节,它的执行计划,以及所有的安全、质量、环保要求等方面经由美国 Dragados 施工和质量团队全面审核和规划,然后由美国工程师兵团批准。然后,在任何活动开始前,负责人与施工队伍就安全、质量和施工要求进行全面的评审,确保无误。最后,工序的执行要连续检查和验证,以确保符合要求。

在开始填筑碾压混凝土之前,美国 Dragados 公司使用初始碾压混凝土测试坝段和其他碾压混凝土测试条带来培训不同的现场工作人员、选择最佳的碾压混凝土填筑设备并优化填筑方法。对于第二个碾压混凝土填筑窗口,美国 Dragados 公司修建了第二个测试坝段来更新现有员工的知识,从先前的填筑环节中吸取经验,帮助培训新员工。为了保证第二窗口期间碾压混凝土的填筑质量,第二测试坝段十分关键。

## 4　碾压混凝土技术知识转移

正如前文所指出的,波图格斯坝是美国设计和建造的第一座单中心碾压混凝土厚拱坝,是波多黎各的第一座碾压混凝土坝。在"大坝安全学院"项目中,该坝成为下一代美国陆军工程兵团大坝工程师的训练场。通过该项目,美国陆军工程兵团培训了许多工程师,服务于水坝工程研讨会和临时外勤任务。通过研讨会和临时调遣,该项目还用来将碾压混凝土技术知识转移至当地工程技术团体。

## 5　结　论

波图格斯坝在 2013 年 12 月竣工。然而,该项目所处区域的材料运输受到很多限制,专业仪器备件的可用性十分有限,而且缺乏碾压混凝土技术方面经验丰富的工作人员,所以如果没有充分的规划,即使是碾压混凝土施工技术经验十分丰富的强大团队,以上因素也会带

图 10　竣工的波图格斯坝鸟瞰图

来极大的挑战。

为了解决上述难题，必须实施广泛的培训计划，确保所有工作人员能够安全有效地工作，无数很耗费时间的工作活动必须进行协调，从而保证碾压混凝土坝的质量。

最后，有一点十分重要，就是拥有者、设计者和承包商团队应当协同工作，以解决类似波图格斯坝这样的复杂项目施工过程中必然出现的难题。

## 致　谢

我们非常感谢波图格斯坝项目的设计者和临时拥有者——杰克逊维尔区美国陆军工程兵团允许本文的发表。然而，本文所述内容并非美国陆军工程兵团的观点，其完全为笔者的观点。

笔者还希望公开感谢美国大坝协会允许我们使用 2015 年 4 月在肯塔基州路易斯维尔举行的第 35 届美国大坝协会年会会议记录中公布的信息和数据。

## 参考文献

[1] 美国大坝协会. 美国大坝工程成就和进步，2013.

[2] P. Vázquez，A. González. 波图格斯坝从传统混凝土坝向碾压混凝土坝的成功转变[C]//第六届碾压混凝土坝国际研讨会会议记录，西班牙萨拉戈萨，2012. 10.

[3] R. Ibáñez－de－Aldecoa，D. Hernández，E. Carlsson. 波多黎各波图格斯厚拱形碾压混凝土坝建设的亮点和挑战[C]//第 35 届美国大坝协会年会会议记录，美国肯塔基州路易斯维尔，2015. 4.

# 叙永县倒流河水库碾压混凝土配合比设计

谭小军　杨树仁　周贤成

（中国水利水电第五工程局有限公司科研咨询公司　四川 成都　610225）

**摘要**：本文着重从倒流河碾压混凝土所用原材料的品质检测，碾压混凝土配合比参数选择，外加剂掺量、碾压混凝土单位用水量与 $V_C$ 值关系、最优砂率的选择、粉煤灰掺量等参数的确定，根据碾压混凝土设计要求，选取不同的水胶比，在满足混凝土的工作度、强度、耐久性及尽可能经济的条件下，合理地确定水泥、粉煤灰、水、砂和石子材料之间的关系，从而确定设计等级混凝土的水胶比。根据确定的混凝土配合比进行热学性能试验，最终提出满足设计及工程施工指标要求的碾压混凝土配合比。

**关键词**：碾压混凝土，配合比设计，最优砂率，$V_C$ 值

## 1　前　言

### 1.1　工程概况

叙永县倒流河水库工程位于距叙永县城 83 km 的观兴乡海水村倒流河墨鱼尖处。首部枢纽混凝土拱坝方案主要建筑物由左岸非溢流坝段、溢流坝段、右岸非溢流坝段和坝下护坦组成。坝顶高程 1 043 m，坝顶宽度 5 m，坝顶弧长 191. 26 m，最大坝高 60 m，坝底宽度 20 m，建基高程 983 m。坝基采用灌浆帷幕防渗。

取水闸为单孔进水，取水闸为岸塔式，由进口段、取水闸室、闸后渐变段、交通桥等部分组成。

### 1.2　试验依据及设计要求

受倒流河水库工程项目部委托，对该工程使用碾压混凝土配合比设计进行试验工作。配合比试验主要依据：

《水工混凝土试验规程》（SL 352—2006）；

《水工碾压混凝土施工规范》（DL/T 5112—2009）；

《水工碾压混凝土试验规程》（DL/T 5433—2009）；

《水工混凝土掺用粉煤灰技术规范》（DL/T 5055—2007）；

《水工混凝土外加剂技术规程》（DL/T 5100—1999）；

《混凝土外加剂》（GB 8076—2008）；

《通用硅酸盐水泥》（GB 175—2007）；

《水泥胶砂强度检验方法》（ISO 法）（GB/ 17671—1999）；

《水泥标准稠度用水量、凝结时间、安定性检验方法》（GB/ 1346—2011）；

《叙永县倒流河水库工程招标文件》；

《叙永县倒流河水库枢纽工程质量检测计划专家评审会》(2013 年 4 月 11 日)；

《叙永县倒流河水库碾压混凝土试验专题咨询意见》(2014 年 5 月 17 日)；

《叙永县倒流河水库工程混凝土配合比试验大纲》(监理〔2013〕批复 04 号)等。

混凝土配合比设计技术指标见表 1。

**表 1　碾压混凝土强度等级及主要设计指标**

| 混凝土等级 | 抗渗等级 | 抗冻等级 | 极限拉伸值($\times10^{-6}$) | 相对密实度不小于 | 设计容重($\geq t/m^3$) | 强度保证率 $P$ | 使用部位 |
|---|---|---|---|---|---|---|---|
| $C_{180}20$(三级配) | W4 | F50 | ≥80 | 98% | 2.45 | 80% | 坝体内 |

## 2　原材料试验

### 2.1　水泥

水泥采用四川宜宾瑞兴实业有限公司重龙山牌 P·O 42.5 普通硅酸盐水泥，检测结果表明：水泥所检测指标均满足《通用硅酸盐水泥》(GB 175—2007)中 P·O 42.5 普通硅酸盐水泥的技术要求。其物理力学及化学试验结果见表 2、表 3。

**表 2　水泥物理力学性能检测结果**

| 水泥品种 | 比表面积($m^2$/kg) | 标准稠度用水量(%) | 安定性 | 凝结时间(min) | | 抗压强度(MPa) | | 抗折强度(MPa) | |
|---|---|---|---|---|---|---|---|---|---|
| | | | | 初凝 | 终凝 | 3 d | 28 d | 3 d | 28 d |
| 重龙山 P·O 42.5 | 363 | 23.2 | 合格 | 192 | 261 | 27.0 | 49.5 | 5.9 | 7.8 |
| GB 175—2007 规范要求 | ≥300 | — | 合格 | ≥45 | ≤600 | ≥17.0 | ≥42.5 | ≥3.5 | ≥6.5 |

**表 3　水泥化学检测结果**

| 水泥品种 | Loss(%) | $SO_3$(%) | MgO(%) | $Cl^-$(%) | 碱含量(%) |
|---|---|---|---|---|---|
| 重龙山 P·O 42.5 | 4.7 | 2.7 | 0.9 | 0.02 | 0.48 |
| GB 175—2007 要求 | ≤5.0 | ≤3.5 | ≤5.0 | ≤0.06 | ≤0.6 |

### 2.2　粉煤灰

试验所用的粉煤灰为四川泸州地博粉煤灰开发有限公司生产的Ⅱ级粉煤灰，检测结果表明：粉煤灰的所检测的指标满足《水工混凝土掺用粉煤灰技术规范》(DL/T 5055—2007)Ⅱ级粉煤灰技术指标。检测结果见表 4。

### 2.3　骨料

#### 2.3.1　细骨料

试验所用细骨料为倒流河墨鱼尖筛分拌和场加工的人工砂，检测结果表明：人工砂所检测指标满足《水工碾压混凝土施工规范》(DL/T 5112—2009)的要求。砂品质检测结果及砂颗粒级配检测结果见表 5、表 6。

表4　粉煤灰检测结果

| 试验项目 | 细度(%) | 烧失量(%) | 需水量比(%) | 含水量(%) | $SO_3$(%) | fCaO(%) | | 活性指数(%) |
|---|---|---|---|---|---|---|---|---|
| Ⅱ级灰性能指标 | ≤25 | ≤8.0 | ≤105 | ≤1.0 | ≤3.0 | F类≤1.0 | C类≤4.0 | ≥70 |
| 地博粉煤灰 | 23.2 | 5.9 | 103 | 0.2 | 1.18 | 0.13 | — | 73 |

表5　人工砂品质检测结果

| 检测项目 | 检测结果 | 规范要求 |
|---|---|---|
| 表观密度($kg/m^3$) | 2 630 | ≥2 500 |
| 石粉含量(%) | 21.4 | 12～22 |
| 0.08 mm以下颗粒含量(%) | 19.8 | ≥5 |
| 饱和面干吸水率(%) | 1.4 | — |
| 有机质含量 | 浅于标准色 | 浅于标准色 |
| 坚固性(%) | 3.6 | 有抗冻要求的混凝土≤8%；无抗冻要求的混凝土≤10% |
| 硫化物及硫酸盐含量(%) | 0.15 | ≤1% |
| 云母含量(%) | 0 | ≤2% |
| 轻物质含量(%) | 0.1 | — |

表6　人工砂颗粒级配检测结果

| 筛孔尺寸(mm) | | | 10.0 | 5.0 | 2.5 | 1.25 | 0.63 | 0.315 | 0.16 | 检测结果 |
|---|---|---|---|---|---|---|---|---|---|---|
| 累计筛余(%) | 标准范围 | 1区 | 0 | 10～0 | 35～5 | 65～35 | 85～71 | 95～80 | 100～90 | 细度模数 $F.M=2.74$ |
| | | 2区 | 0 | 10～0 | 25～0 | 50～10 | 70～41 | 92～70 | 100～90 | |
| | | 3区 | 0 | 10～0 | 15～0 | 25～0 | 40～16 | 85～55 | 100～90 | |
| | 实测值 | | 0 | 3.9 | 24.7 | 45.3 | 60.5 | 70.5 | 81.4 | |

碾压混凝土用砂对石粉有一定的要求，适当的石粉含量，不仅能够改善混凝土的工作性能、可碾性及抗分离性，可提高碾压混凝土的抗压强度及抗渗、抗冻等耐久性能。但砂中的石粉含量过高碾压混凝土工作性能变差，导致 $V_C$ 值增大，混凝土的干缩会增大，对混凝土性能产生不良的影响，《水工碾压混凝土施工规范》(DL/T 5112—2009)中要求碾压混凝土用砂石粉含量宜控制在12%～22%。此次试验结果砂石粉含量21.4%，细度模数($F.M$)为2.74，属中砂。

2.3.2　粗骨料

试验所用粗骨料为倒流河墨鱼尖筛分拌和场加工生产的碎石，检测结果表明：所检测指标均满足《水工混凝土施工规范》(DL/T 5144—2001)的要求。检测结果见表7。

表7　粗骨料品质检测结果

| 检测项目 | 粒径范围(mm) | | | DL/T 5144—2001 规范要求 |
|---|---|---|---|---|
| | 5～20 | 20～40 | 40～80 | |
| 表观密度($kg/m^3$) | 2 710 | 2 690 | 2 670 | ≥2 550 |
| 饱和面干吸水率(%) | 0.4 | 0.2 | 0.1 | ≤2.5 |
| 有机质含量 | 浅于标准色 | 浅于标准色 | 浅于标准色 | 浅于标准色 |
| 含泥量(%) | 0.3 | 0.6 | 0.3 | D20、D40 粒径级≤1<br>D80 粒径级≤0.5 |
| 泥块含量(%) | 0 | 0 | 0 | 不允许 |
| 针片状颗粒含量(%) | 13.9 | 6.4 | 12.6 | ≤15 |
| 坚固性(%) | 2.8 | 1.9 | 0.7 | 有抗冻要求≤5<br>无抗冻要求≤12 |
| 压碎指标(%) | 8.1 | — | — | $C_{90}55 \sim C_{90}40 \leq 10$ |

## 2.4　外加剂

本次试验采用的外加剂为山西凯迪建材有限公司生产的 KDNOF－2 型缓凝高效减水剂,KDSF 型引气剂。外加剂按厂家推荐掺量范围内试验,均按胶凝材料的质量的百分比计。检验按《混凝土外加剂》(GB 8076—2008)及《水工混凝土外加剂技术规程》(DL/T 5100—1999)进行,所检测指标均满足规范要求。试验结果见表8。

表8　外加剂品质检验结果

| 外加剂品种 | 掺量(%) | 减水率(%) | 含气量(%) | 泌水率比(%) | 凝结时间(min) | | 抗压强度比(%) | | |
|---|---|---|---|---|---|---|---|---|---|
| | | | | | 初凝 | 终凝 | 3 d | 7 d | 28 d |
| KDNOF－2 减水剂 | 0.8 | 28.6 | 1.9 | 79 | +504 | +498 | 126 | 137 | 132 |
| KDSF 引气剂 | 0.005 | 6.1 | 4.7 | 64 | －17 | +39 | — | 104 | 100 |
| GB 8076—2008 缓凝高效减水剂 | | ≥14 | ≤4.5 | ≤100 | ≥＋90 | — | — | ≥125 | ≥120 |
| GB 8076—2008 引气剂 | | ≥6 | ≥3.0 | ≤70 | －90～＋120 | | ≥95 | ≥95 | ≥90 |

## 2.5　拌和用水

本次混凝土配合比拌和试验用水采用生活饮用水。

# 3　碾压混凝土配合比设计

## 3.1　试验基本条件

(1)骨料采用水电五局倒流河墨鱼尖筛分拌和系统生产的人工砂石骨料,骨料均以饱和面干状态计量。

(2)外加剂:由于倒流河水库大坝工程混凝土施工环境特点和混凝土耐久性设计要求,采用 KDNOF－2 缓凝高效减水剂与 KDSF 引气剂联掺方式进行试验,根据《水工混凝土施工规范》(DL/T5144—2001)5.4.4 节≤F150 混凝土,最大粒径 40 mm 的含气量为 4.0%,最大粒径 80 mm 的含气量为 3.5%,结合本工程混凝土的抗冻要求,混凝土含气量宜控制在 3% ~5%。

(3)混凝土配合比计算采用假定质量法。

(4)混凝土室内拌合采用60 L强制式搅拌机,混凝土拌和时间150 s。

(5)混凝土原材料投料顺序:大石、中石、小石、胶凝材料、砂、外加剂和水;外加剂均溶于水后投入。

### 3.2 碾压混凝土配合比参数选择试验

#### 3.2.1 骨料级配试验

不同比例的骨料级配与振实密度有直接关系,一般密度越大,孔隙率越小,所需填充包裹的砂浆越少,所以常把紧密密度最大的骨料级配作为最佳级配。从试验结果得出三级配(5 ~20):(20 ~40):(40 ~80) =30:40:30 为最佳级配比例。骨料级配与紧密密度关系试验结果见表9。

表9 粗骨料与紧密堆积密度关系试验结果

| 级配 | 骨料粒径(mm)(%) | | | 紧密堆积密度(kg/m³) |
|---|---|---|---|---|
| | 5 ~20 | 20 ~40 | 40 ~80 | |
| 三 | 20 | 30 | 50 | 1 780 |
| | 30 | 40 | 30 | 1 810 |
| | 30 | 30 | 40 | 1 790 |

#### 3.2.2 外加剂掺量选择

在一定范围内,混凝土随外加剂掺量的提高,单位用水量与胶凝材料用量显著降低,对碾压混凝土而言,外加剂掺量过高,可出现超凝问题,胶凝材料用量过少使混凝土的可碾性变差,极限拉伸值也难以达到设计技术要求。根据以往工程的应用经验,本工程碾压混凝土缓凝高效减水剂掺量为 0.8%,引气剂掺量按控制混凝土含气量 3% ~5% 确定。

#### 3.2.3 碾压混凝土单位用水量与 $V_C$ 值关系

混凝土单位用水量对 $V_C$ 值有直接影响。在水胶比不变的情况下,随着单位用水量的增大,拌和物中骨料颗粒周围浆层增厚,游离浆体增多,导致混凝土拌和物的 $V_C$ 值减小。室内试验采用三级配骨料、固定水胶比 0.50、变换用水量的方法对 $V_C$ 值进行测定,找出 $V_C$ 值与用水量的变化关系。试验结果表明:当 $V_C$ 值每增减 1 s,用水量相应减增 2 kg/m³。试验结果见表 10 和图 1。

#### 3.2.4 最优砂率的选择

混凝土砂率是否合适直接影响混凝土单位用水量的高低,以及拌和物和易性和硬化后的混凝土的各项性能。在设定条件下通过试验选择碾压混凝土拌和物液化泛浆好、骨料挂浆充分、单位用水量最小时的砂率。本次试验采用固定水胶比、粉煤灰掺量,选择合适的单位用水量、变动砂率的方法,对碾压混凝土拌和物和 $V_C$ 值进行综合评定。试验结果表明:当水胶比为 0.50 时,碾压混凝土三级配最佳砂率为 34%。碾压混凝土最佳砂率选择试验结果见表 11。

表 10　碾压混凝土 $V_C$ 值与用水量的关系试验结果

| 水胶比 | 粉煤灰(%) | 减水剂(%) | 引气剂(%) | 级配 | 砂率(%) | 用水量(kg/m³) | 胶材总量(kg/m³) | $V_C$ 值(s) | |
|---|---|---|---|---|---|---|---|---|---|
| | | | | | | | | 实测 | 减少值 |
| 0.50 | 55 | 0.8 | 0.03 | 三 | 34 | 81 | 162 | 5.8 | 0 |
| | | | | | | 83 | 166 | 4.7 | 1.1 |
| | | | | | | 85 | 170 | 3.4 | 1.3 |

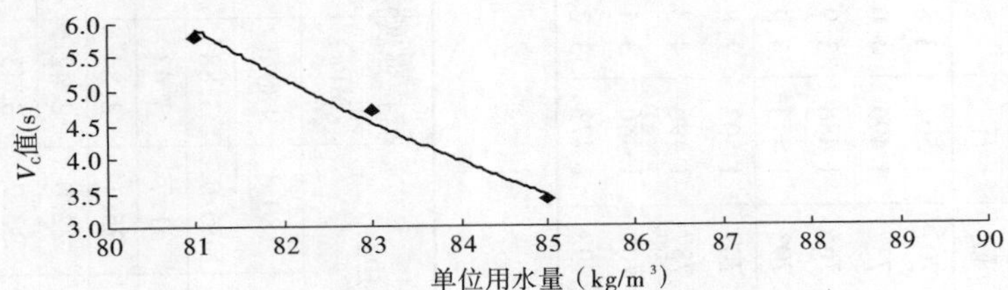


图 1　三级配混凝土单位用水量与 $V_C$ 值关系曲线

表 11　不同砂率混凝土性能试验成果

| 级配 | 水胶比 | KDNOF－2(%) | KDSF(%) | 煤灰(%) | 用水量(kg/m³) | 砂率(%) | $V_C$ 值(s) | 含气量(%) | 混凝土湿密度(kg/m³) | 外观描述 |
|---|---|---|---|---|---|---|---|---|---|---|
| 三 | 0.50 | 0.8 | 0.03 | 55 | 83 | 32 | 3.4 | 3.9 | 2 502 | 液化一般，浆体不足 |
| | | | | | | 34 | 3.9 | 3.8 | 2 508 | 液化泛浆好，挂浆充足 |
| | | | | | | 36 | 4.5 | 3.5 | 2 504 | 液化泛浆好，浆体充足 |

## 4　碾压混凝土配合比试验

根据选定的试验参数，按照《水工混凝土试验规程》（SL 352—2006）《水工碾压混凝土试验规程》（DL/T 5433—2009）进行混凝土配合比拌和物及硬化混凝土性能试验，为确保碾压混凝土拌和物质量，严格控制出机口 $V_C$ 值为 3～5 s。试验结果见表 12、表 13；根据表 13 的抗压试验结果进行回归分析，可得出混凝土强度与水胶比的关系式见表 14、图 2、图 3。试验结果表明：对于不同水胶比和粉煤灰掺量，混凝土胶水比与抗压强度呈良好的线性关系；当水胶比相同时，混凝土强度随粉煤灰掺量的增加而降低；混凝土容重均满足设计要求。

表12　碾压混凝土拌和物性能试验结果

| 编号 | 级配 | 水胶比 | 砂率（%） | 粉煤灰（%） | KDNOF－2（%） | KDSF（%） | 混凝土材料用量（kg/m³） | | | | | 含气量（%） | 凝结时间（h:min） | | 实测 $V_C$ 值（s） | 实测湿容重（kg/m³） |
|---|---|---|---|---|---|---|---|---|---|---|---|---|---|---|---|---|
| | | | | | | | 水 | 水泥 | 粉煤灰 | 砂 | 石 | | 初凝 | 终凝 | | |
| DLHY3－01 | 三 | 0.40 | 32 | 55 | 0.8 | 0.03 | 83 | 94 | 114 | 707 | 1 502 | 3.8 | — | — | 3.4 | 2 504 |
| DLHY3－02 | | 0.45 | 33 | | | | | 83 | 101 | 737 | 1 496 | 4.0 | — | — | 3.9 | 2 505 |
| DLHY3－03 | | 0.50 | 34 | | | | | 75 | 91 | 765 | 1 486 | 3.9 | 16:53 | 21:20 | 4.1 | 2 505 |
| DLHY3－04 | | 0.55 | 35 | | | | | 68 | 83 | 793 | 1 473 | 3.9 | — | — | 4.3 | 2 453 |
| DLHY3－05 | | 0.40 | 32 | 60 | 0.8 | 0.03 | 83 | 83 | 125 | 707 | 1 502 | 3.8 | — | — | 3.8 | 2 505 |
| DLHY3－06 | | 0.45 | 33 | | | | | 74 | 110 | 737 | 1 496 | 4.3 | — | — | 4.5 | 2 507 |
| DLHY3－07 | | 0.50 | 34 | | | | | 66 | 100 | 765 | 1 486 | 3.4 | 15:42 | 20:13 | 3.7 | 2 458 |
| DLHY3－08 | | 0.55 | 35 | | | | | 60 | 91 | 793 | 1 473 | 3.2 | — | — | 4.0 | 2 502 |

表13　硬化碾压混凝土试验结果

| 编号 | 级配 | 水胶比 | 砂率（%） | 粉煤灰（%） | KDNOF－2（%） | KDSF（%） | $V_C$ 值（s） | 抗压强度（MPa） | | | 劈拉强度（MPa） | 抗压弹模（GPa） | 抗渗等级 | 抗冻等级 | 极限拉伸（×10⁻⁶） |
|---|---|---|---|---|---|---|---|---|---|---|---|---|---|---|---|
| | | | | | | | | 28 d | 90 d | 180 d | 180 d | 90 d | | | |
| DLHY3－01 | 三 | 0.40 | 32 | 55 | 0.8 | 0.03 | 3～5 | 18.5 | 26.8 | 36.0 | 3.88 | 33.8 | — | — | 89 |
| DLHY3－02 | | 0.45 | 33 | | | | | 16.2 | 21.6 | 31.7 | 3.43 | 29.7 | ≥W4 | ≥F50 | 86 |
| DLHY3－03 | | 0.50 | 34 | | | | | 12.5 | 17.6 | 25.1 | 2.84 | 26.4 | ≥W4 | ≥F50 | 85 |
| DLHY3－04 | | 0.55 | 35 | | | | | 10.7 | 15.4 | 22.0 | 2.42 | 23.3 | ≥W4 | ≥F50 | 77 |
| DLHY3－05 | | 0.40 | 32 | 60 | 0.8 | 0.03 | 3～5 | 17.3 | 25.3 | 33.7 | 3.43 | 30.8 | — | — | 88 |
| DLHY3－06 | | 0.45 | 33 | | | | | 13.2 | 19.0 | 29.0 | 3.28 | 28.6 | — | — | 84 |
| DLHY3－07 | | 0.50 | 34 | | | | | 10.3 | 15.0 | 22.6 | 3.04 | 21.2 | ≥W4 | ≥F50 | 80 |
| DLHY3－08 | | 0.55 | 35 | | | | | 8.3 | 13.1 | 18.7 | 2.95 | 17.5 | — | — | 76 |

表14　碾压混凝土180 d抗压强度与胶水比关系

| 级配 | 试件编号 | 180 d回归关系方程式 | 相关系数$R$ | 备注 |
|---|---|---|---|---|
| 三 | DLHY3－01～DLHY3－04 | $y=21.335x-16.853$ | $R^2=0.9829$ | 图2 |
| 三 | DLHY3－05～DLHY3－08 | $y=22.527x-22.096$ | $R^2=0.9887$ | 图3 |

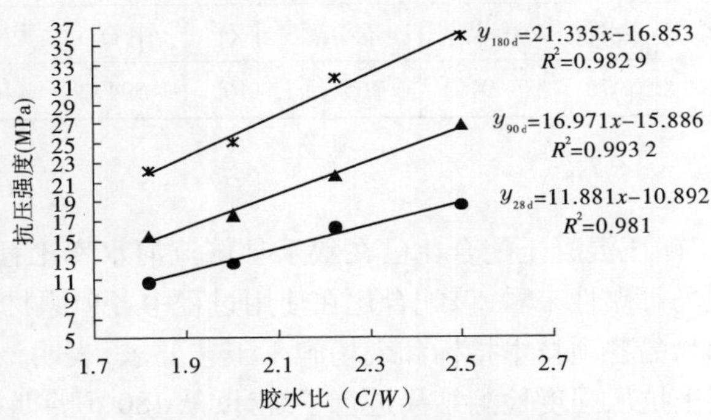


图2　180 d强度与胶水比关系(F掺55%)

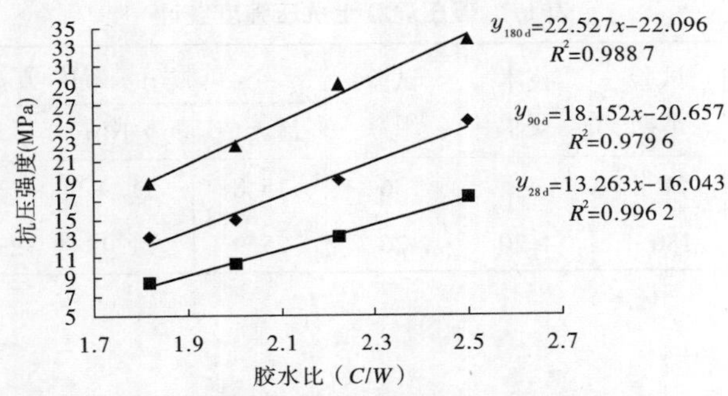


图3　180 d强度与胶水比关系(F掺60%)

## 5　碾压混凝土施工配合比

### 5.1　混凝土水胶比的确定

根据混凝土的配制强度，结合表14碾压混凝土180 d抗压强度与胶水比关系计算出对应的水胶比，并给出相应的建议水胶比，见表15。

表15　碾压混凝土水胶比结果

| 设计等级 | 强度保证率$P$（%） | 配制强度（MPa） | 煤灰掺量（%） | 回归关系方程式 | 水胶比 | |
|---|---|---|---|---|---|---|
| | | | | | 计算值 | 建议取值 |
| $C_{180}20W4F50$ | 80 | 23.4 | 55 | $y=21.335x-16.853$ | 0.530 | 0.50 |
| | | | 60 | $y=22.527x-22.096$ | 0.495 | 0.47 |

### 5.2　推荐配合比

根据以上试验结果，确定的碾压混凝土配合比主要参数如下：

碾压混凝土等级 $C_{180}$20W4F50，三级配，水胶比 0.50，粉煤灰掺量 55%，单方用水量 83 kg。

根据确定的碾压混凝土配合比参数，进行碾压混凝土的热学性能试验，试验结果满足设计要求。最终推荐的混凝土配合比单方材料用量见表 16。

表 16 倒流河水库工程推荐施工碾压混凝土配合比

| 设计等级 | 每立方米混凝土材料用量(kg/m³) | | | | | | | | |
|---|---|---|---|---|---|---|---|---|---|
| | 水 | 水泥 | 粉煤灰 | 砂 | 小石 | 中石 | 大石 | KDNOF－2 | KDSF |
| $C_{180}$20W4F50 | 83 | 75 | 91 | 765 | 446 | 594 | 446 | 1.328 | 0.049 8 |

## 5.3 实际应用检测

目前，推荐的施工碾压混凝土配合比已在叙永县倒流河水库工程中使用。从碾压混凝土拌和物和易性及现场可碾性来看，该配合比在使用过程中各项原材料的相融性较好，能够满足碾压混凝土拌和物的各项技术指标和现场施工工艺要求，表明该配合比具有较高的可行性。对出机口混凝土抗压强度检测结果进行了统计，从 180 d 龄期抗压强度标准差来看，混凝土生产质量水平达到了优秀等级，统计结果见表 17。

表 17 碾压混凝土抗压强度统计

| 设计等级 | 试验项目 | 试验龄期 | 技术要求 | 试验组数 | 试验结果(MPa) | | | 标准差(MPa) | 保证率(%) |
|---|---|---|---|---|---|---|---|---|---|
| | | | | | 最大值 | 最小值 | 平均值 | | |
| $C_{180}$20W4F50 | 抗压 | 28 d | — | 36 | 15.8 | 11.9 | 13.7 | 1.20 | — |
| | | 180 d | ≥20 | 26 | 25.9 | 21.4 | 23.3 | 1.34 | 98.2 |

# 6 结　语

(1)本次试验采用的原材料的检验结果满足《水工碾压混凝土施工规范》(DL/T 5112—2009)及《水工混凝土试验规程》(SL 352—2006)要求。倒流河墨鱼尖筛分拌和系统生产的人工骨料，砂颗粒级配良好，石粉含量适中；在实际施工时，要尽量减少粗骨料的表面裹粉，加强粗骨料的超逊径检测频次并及时调整配合比。

(2)倒流河水库工程大坝混凝土所选用的重龙山牌P·O 42.5普通硅酸盐水泥，所检指标均满足 GB 175—2007 标准要求；但水泥富裕系数较大，在实际使用过程中应注意水泥实测强度的变化，必要时并对配合比进行相应的调整。泸州地博粉煤灰开发有限公司生产的粉煤灰能达到Ⅱ级粉煤灰的要求；KDNOF－2 缓凝高效减水剂与胶凝材料(重龙山 P·O 42.5)有良好的适应性，现场施工时需注意其波动性。

(3)现场拌制混凝土时，原材料衡量误差必须控制在规范限制的范围内(水、水泥、粉煤灰、外加剂衡量误差范围为±1%，砂石骨料衡量误差范围为±2%)。

(4)配合比试验时细骨料细度模数 2.74，推荐施工配合比中的砂率和骨料级配比例为较优砂率和最佳级配，在混凝土实际生产过程中可根据砂细度模数变化和骨料的生产情况作相应调整。砂细度模数 *F. M* 每增减 0.2，砂率相应增减 1%；碾压混凝土 $V_C$ 值每增减 1

s,用水量相应减增 2 kg/m$^3$。

(5)本配合比报告中混凝土含气量控制范围:3% ~5%,在实际生产过程中应根据含气量变化调整引气剂掺量。

(6)施工现场原材料品种和产地发生变化时,必须重新进行混凝土配合比试验。

## 参考文献

[1] 张严明,王圣培,判罗生. 中国碾压土坝[M]. 北京:中国水利水电出版社,2006.
[2] 顾志康,张东成,罗红卫. 碾压混凝土坝施工技术[M]. 北京:中国电力出版社,2007.
[3] 杨康宁. 碾压混凝土施工[M]. 北京:中国水利水电出版社,1993.

# 秘鲁 Cerro Del Águila 重力坝的设计与施工

Sayah S. M.[1], Bianco V.[2], Ravelli M.[1], Bonanni S.[2]

(1. Lombardi 工程有限公司，瑞士；
2. Astaldi SpA，意大利)

**摘要**：秘鲁 Cerro Del Águila 项目是曼塔罗河大型水电计划梯级开发的最后一步。该水电站装机容量为520 MW，目前正在建设中，将包括一个88 m高、270 m长的碾压混凝土重力坝，装备有6个活动闸门，溢洪道总泄洪能力约为7 000 $m^3/s$。泄水底孔使该坝的总泄洪能力增加至12 000 $m^3/s$。该坝的体积约为0.5 $Mm^3$，振实混凝土比例较高，因为6个泄水底孔较大，故需要高强度混凝土。实际上，泄水底孔的设计目的是方便水库每年的排沙工作，因为该水库每年的泥沙产量约为3.5 $Mm^3$。我们还特别注意该坝上游面的设计，从而证实该坝在地震中的表现，因为该坝所在地区的地震活动非常频繁。该坝布置有廊道，用于坝基固结灌浆。这些廊道设计的目的是加速施工进程，能够在不干扰施工活动的情况下对坝基进行处理。我们还应用了其他若干概念来快速填筑碾压混凝土。我们主要使用高容量索道起重机、运输卡车以及钢制溜槽来填筑混凝土。采用全尺寸测试段优化碾压混凝土配料设计。由于火山灰含量较低(最高达20%左右)，所以混凝土水化期间的温度上升是一个问题。因此，研究者进行了广泛研究来以在降低水泥含量的同时满足设计强度。本文概述了该坝的主要设计特征，并描述了优化后配合比设计、施工过程和混凝土填筑的主要亮点。

**关键词**：重力坝，碾压混凝土配合比设计，泄水底孔

## 1 项目背景

秘鲁的 Cerro Del Águila 水电站项目是曼塔罗河大型水电计划梯级开发的第三步。它坐落于 SAM/ Restitucion 水电站的下游。最初，我们规划了另一个项目，准备开发第二弯道，向下几乎到达其与阿普里马克河的汇流处。该项目本来包括一个较长的低压隧道和一个250 m高的大坝，坐落于科尔卡班巴河汇流处下游，从而涵盖额外集水区的泄洪量，以及 SAM HPP 尾水位和曼塔罗河之间的额外水头。

考虑到1974年 Mayunmarca 地区发生过超大规模滑坡，以及山谷一侧稳定性的明显脆弱性，建造极高大坝的想法被摒弃，被以下项目部分替代：

(1) Restitucion 项目，开发 SAM HPP 尾水渠与曼塔罗河之间的剩余水头；

(2) Guitarra 项目，位于所谓的 Guitarra 弯道下游不远处。经过约25年的考虑，Guitarra 项目(1983年)已经被重新定义，并更名为 Cerro Del Águila 项目。

该项目的当前开发商为 Kallpa Generacion S. A. 公司，是 IC Power 公司的子公司。该项目采用设计采购施工总承包(EPC)方案。2011年11月，Astaldi S. p. A 公司及其合资伙伴

图1　77 m 高的塔布拉查卡重力坝，位于曼塔罗河 Cerro Del Águila 坝上游约 100 km 处，建于 20 世纪 70 年代

Graña y Montero SAA 公司赢得了合同。Lombardi SA 公司被随后选为项目设计方。2012 年初，开始开挖通道。2014 年中期，坝基准备工作结束，开始大坝施工。

## 2　大坝地质

Cerro Del Águila 坝位于较高的山区环境，峡谷坡度陡峭(平均 30°，局部超过 60°)，距离亚马逊地区上游约 50 km，主要基岩岩性为花岗岩/花岗闪长岩(Villa Azul 基岩)。曼塔罗河侵蚀了现在的河床，直接到达基岩。左手侧和右手侧斜坡显示有不同的第四纪沉积物：左手侧更陡峭，直接显示基岩，上覆盖一层薄薄的崩积物，局部可见落石/泥石流堆积物(见图2)。在右手侧，坝址位于混合来源的扇形梯田以及阶梯状近期冲击物/冰碛堆积物上。由于曼塔罗河的侵蚀环境，现在的河床周围仅有很少的冲积物。

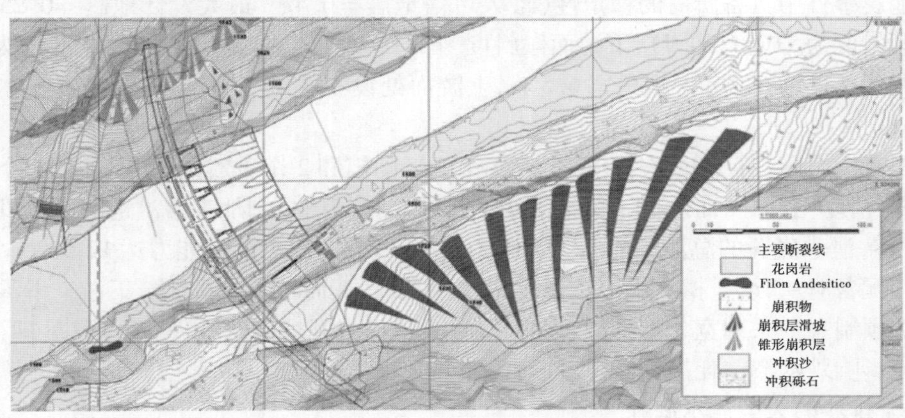


图2　Cerro Del Águila 坝址的地质情况

## 3 Cerro Del Águila 坝的设计

### 3.1 大坝特点

下文和图 3 描述了新坝的主要特点：

(1)水文和地貌：

——集水面积：28 096 $km^2$；入水口处排水量：9.04 L/(s · $km^2$)；

——防洪工程(坝址)：$Q_{1\,000}$ = 6 125 $m^3$/s；

——新水库的假定泥沙产量：1 至 3 ~ 4 $Mm^3$/年；

(2)人工水库和水坝：

——坝型：碾压混凝土重力坝(拱形)；

——坝高：距离坝基 88 m(高程 1 560.00 m，高程 1 472.00 m)；

——坝顶长度：270 m；坝顶高程：1 560.10 m；

——非常运行水位：高程 1 560.00 m；

——正常运行水位：高程 1 556.00 m；

——总蓄水量：~37 $Mm^3$

——泄水底孔：6 × 2 滑动闸门；宽 × 高 = 4.60 m × 6.00 m；岩床水平：高程 1 495.00 m；

——溢洪道：4 × 弧形闸门，宽 × 高 = 12.40 m × 16.00 m；2 舌瓣闸门，宽 × 高 = 12.00 m × 5.20 m；

——溢洪道顶岩床水平：高程 1 544.50 m(弧形闸门)；高程 1 551.50 m(舌瓣闸门)；

——导流：340 m 长有压隧道；导流能力 715 $m^3$/s。

### 3.2 大坝布局和典型截面

图 4 展示了新坝的典型截面。该坝为碾压混凝土重力坝，有 18 个独立坝段，每个坝段约 16 m 长。该坝长 270 m，有一个稍微弯曲的平面轴($R$ = 400 m)，坝顶高程为 1 560.10 m。在最低点，上游坝趾基础高程为 1 472.00 m。坝基处测量的最大坝高为 88 m。正常运行水位为高程 1 556.00 m，总储水容量约 37 $Mm^3$。该坝的典型横截面被设计为倾斜面，以确保该坝在地震事件中具备所需的稳定性(最大可信地震 = 0.4$g$；最大设计地震 = 0.25$g$)。上游坝面倾斜度为 1∶0.1($V$∶$H$)，下游面倾斜度为 1∶0.75 ($V$∶$H$)。坝基最大宽度约为 70 m。拱冠的典型宽度为 6.2 m。坝顶宽 6.5 m，上游面处设有胸墙 。该坝的总混凝土体积约为 450 000 $m^3$。

该坝有一个闸门控制地表溢洪道，有 4 个弧形闸门和 2 个舌瓣闸门，还具备 6 个泄水底孔，配备有滑动闸门，从而确保了极端洪水的排泄。该闸门控制地表溢洪道的总泄洪能力为 7 000 $m^3$/s，泄水底孔的总泄洪能力为 5 000 $m^3$/s，该方案的总泄洪能力达 12 000 $m^3$/s。

该坝配备有 45 m 长槽溢洪道和滑雪道式溢洪道，从而将洪水排泄至下游。滑雪道式溢洪道末端预制有一系列宽 3 m、高 3 m 的导流片，从而打开液压水脉，便于加气处理，有助于在水射流影响跌水潭前耗散其能量。

### 3.3 用于排沙的大型泄水底孔

Cerro Del Águila 坝的长期运行状况将显著取决于泥沙的正确管理，这些泥沙来自曼塔罗河水流，至少部分泥沙是在汛期沉积在水库底部的。据估算，该水库的年平均泥砂产量高达 2 ~ 4 $Mm^3$。因此，每年都需要进行排沙工作。为了优化排沙过程，缩短排沙时间，从而避

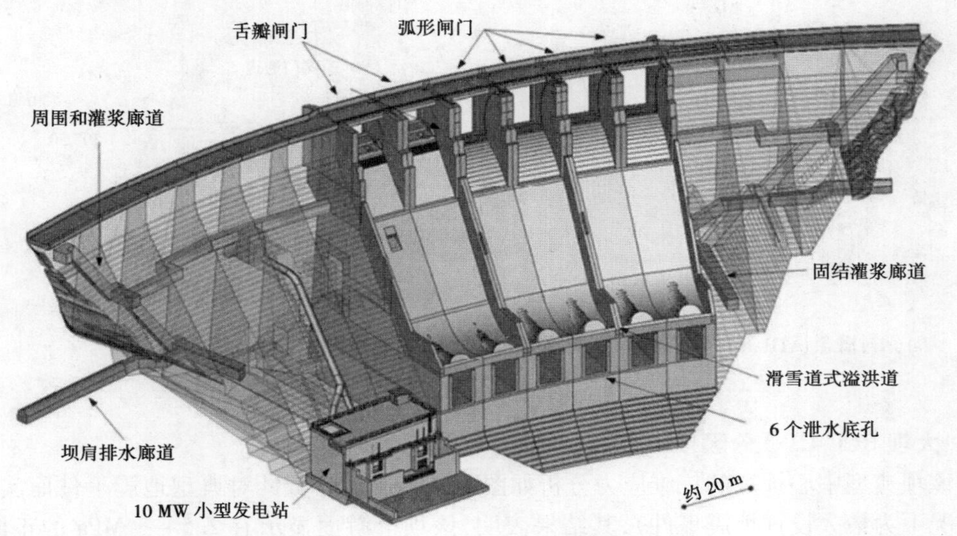


图3　Cerro Del Águila 坝的总体布局

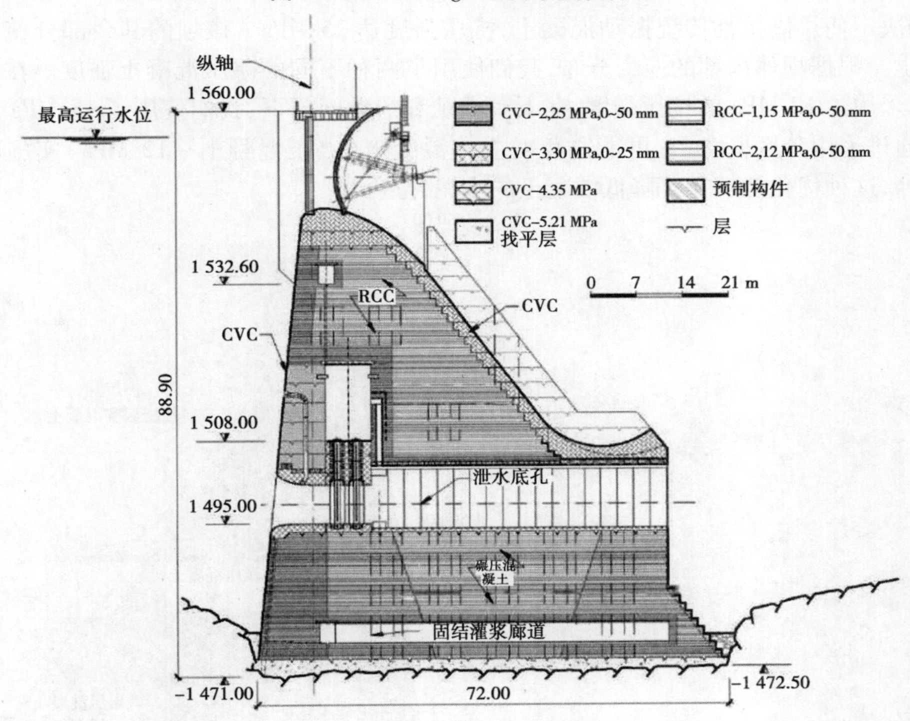


图4　中心坝段的典型截面

免对发电量造成显著损失，我们计划使用6个泄水底孔（见图5）。

每个泄水底孔都有两个滑动闸门，能够部分开启，进行部分排沙工作。当这些闸门完全开启时，可能会使水库排空，对所有淤积的泥沙进行彻底清理。基于物理和数字建模，估计几天的排沙周期就已经足够。所有泄水底孔都有钢衬，而且完全充气，能够在水坝排空期间允许自由表面流动（见图5）。

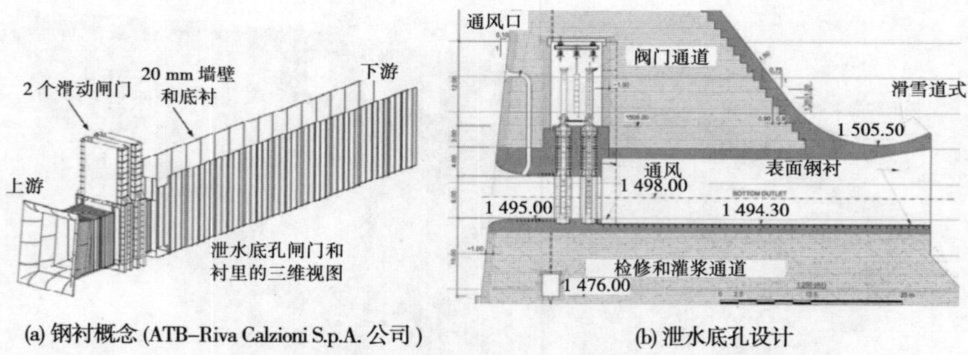


(a) 钢衬概念 (ATB–Riva Calzioni S.p.A. 公司)　(b) 泄水底孔设计

图 5

## 3.4　大坝 RCC-CVC 分区

该坝典型中心坝段的三维应力分析如图 6 所示。该分析针对典型地震事件而实施（在本情况下为最大设计地震事件），其结果表明，该坝上游面显示有 2.5 ~ 3 MPa 的正向拉伸应力，然而，在该上游面底部，该拉伸应力可能高达 6 ~ 7 MPa。对于处理较高的拉伸应力值，我们决定使用高抗性传统振动混凝土，抗压强度达 25 MPa。该坝的其余部分使用了碾压混凝土。根据坝体内部的应力分布，我们使用了两种不同的碾压混凝土强度。在坝体中心，我们采用了 12 MPa 的抗压强度，在下游坝趾和滑动闸门下，我们使用了 15 MPa 的抗压强度。通过采用分区概念，有可能避免对主体混凝土（碾压混凝土 - 12 MPa）实施冷却处理。此外，这种优化能够显著降低混凝土的水泥含量。

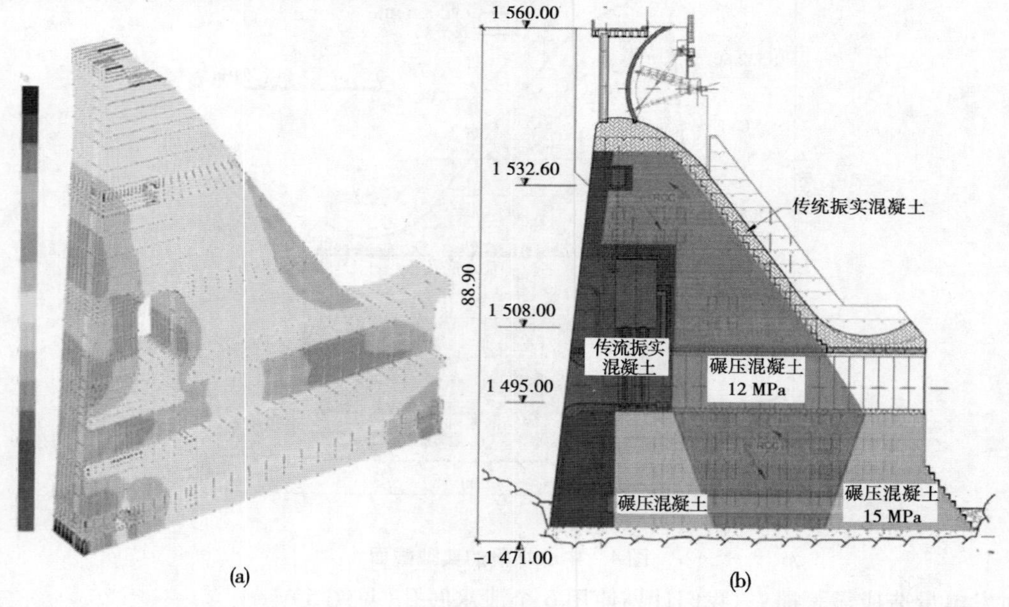


(a) 针对最大设计地震的典型中心坝段应力分析；(b) 坝体分区，作为混凝土类型和强度的函数[1]

图 6

# 4　大坝施工

## 4.1　配合比设计和全尺寸测试坝段

2014年初，我们开始对传统振实混凝土和碾压混凝土的配合比设计进行综合研究。图7展示了碾压混凝土的全尺寸测试坝段（左图），其约为4 m宽、10 m长。该图还展示了用于系统分析和后续实验室分析的钻芯过程。我们实施了典型的实验室试验，例如压缩和拉伸强度（主坝混凝土和层缝面）、渗透性、密度、vebe数、导热性、水化热等。表1给出了Cerro Del Águila坝施工过程采用的不同配料设计的主要特征。

图7　为研究大坝混凝土配合比设计而修建的全尺寸测试坝段

表1　用于建设Cerro Del Águila坝的碾压混凝土（RCC）和传统振实混凝土（CVC）配料设计[2]

| 混凝土类型 | 碾压混凝土1 | 碾压混凝土2 | 传统振实混凝土1 | 传统振实混凝土2 |
|---|---|---|---|---|
| 施工方法 | 碾压 | 碾压 | 传统大体积 | 传统大体积 |
| 混凝土的规定抗压强度（MPa） | 15 | 12 | 15 | 25 |
| 混凝土的平均抗压控制强度（MPa） | $15 < f_{cj} < 19$ | $12 < f_{cj} < 14$ | $15 < f_{cj} < 19$ | $25 < f_{cj} < 30$ |
| 龄期（d） | 180 | 180 | 180 | 180 |
| 一致性/坍落度 | Vebe (20 ± 5) s | Vebe (20 ± 5) s | 坍塌度（100 ± 25）mm | 坍塌度（100 ± 25）mm |
| 水泥（kg/m³） | 130 | 100 | 200 | 280 |
| 水（kg/m³） | 130 ± 2 | 132 ± 2 | 190 ± 5 | 185 ± 5 |
| 砂（kg/m³） | 1 095 | 1 104 | 985 | 948 |
| 骨料（25 ~ 5 mm）（kg/m³） | 795 | 815 | 605 | 565 |
| 骨料（50 ~ 25 mm）（kg/m³） | 275 | 275 | 400 | 380 |
| 外加剂 | 缓凝剂/减水剂 | 缓凝剂/减水剂 | 缓凝剂/减水剂 + 超增塑剂 | 缓凝剂/减水剂 + 超增塑剂 |
| 理论密度（kg/m³） | 2430 ± 20 | 2430 ± 20 | 2380 ± 20 | 2380 ± 20 |

## 4.2　混凝土运输、填筑和压实

我们主要使用索道起重机来填筑混凝土，该设备由意大利 Agudio S. p. A 公司设计，运输能力约为 9 $m^3$（见图 8）。考虑到水坝廊道的几何形状相当复杂，该坝中心坝段施工期间记录的平均填筑体积介于 100～120 $m^3$/h。混凝土填筑和延展后，我们使用 12 t 的振动滚筒来压实碾压混凝土，平均压实 7 次。为了加快运输和填筑速度，我们还在右坝肩安装了一个钢制溜槽，作为索道起重机的补充装置。通过这种方法，在多种环境下的填筑速度可达约 210 $m^3$/h。尽管碾压混凝土层厚度为 30 cm，但是我们认为，对于传统振实混凝土来说，60 cm 的层厚度就已经足够。如图 4 和图 8 所示，我们在该坝所有廊道周围采用了 1 m 宽的周边振实混凝土层（传统振实混凝土 15 MPa），碾压混凝土随后被填筑在该层上。这样可以防止碾压混凝土与空气直接接触，为廊道墙壁和地基提供更高的光洁度。为了避免使用模板进行廊道屋顶建设，我们根据各个廊道的宽度使用了几种预制钢筋梁（见图 8）（最大屋顶梁为 9 m 长，布置在泄水底孔处）。通过这种方式，有可能避免长时间的施工延迟。

图 8　使用索道起重机填筑通往闸门室的斜线廊道的周边传统振实混凝土

## 4.3　层面处理方法

我们特别注意处理相邻两层之间的层面。由于大坝设计复杂，而且廊道的集中有时会产生复杂的几何形状，所以在多种情况下有时不可避免的需要暂停混凝土填筑达 24 h 以上。由于层面对碾压混凝土坝的拉伸和黏结强度十分重要，所以明智的做法为：在填筑下一层之前，应使用高压水/空气仔细清理旧的层表面，之后添加专门设计的垫层砂浆（见图 9）。通过对大坝的几个位置的钻芯进行实验室测试，我们得出结论，该处理方法是成功的。

## 4.4　固结灌浆和灌浆帷幕

我们使用各坝段上下游方向预制的特殊廊道来对坝基进行固结和接触灌浆相关的工作。这些廊道的截面为 3 m×3 m（见图 10）。通过这种方式，可以使灌浆工作独立于坝体

图 9 碾压混凝土层面的特殊处理

施工和混凝土填筑,从而避免相互延误。

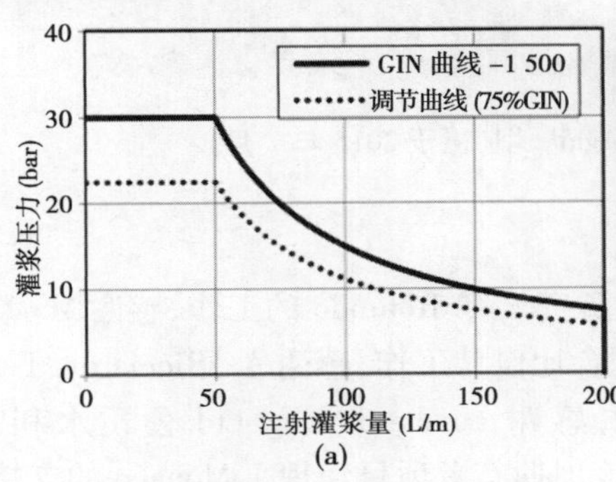

(a)用于灌浆帷幕的 GIN 曲线(左图);(b)各坝段预制的固结和接触灌浆廊道

图 10

图 11 描述了该坝初次和二次灌浆的灌浆帷幕。所有灌浆工作都遵循 GIN 曲线(见图 10),GIN 数值约为 1500[3]。考虑到坝基的平均岩石质量,我们认为该数值已经足够。各孔的灌浆压力各不相同,最大为 30 bar(坝基下方约 40 m),最小为 5 bar(坝基附近)。

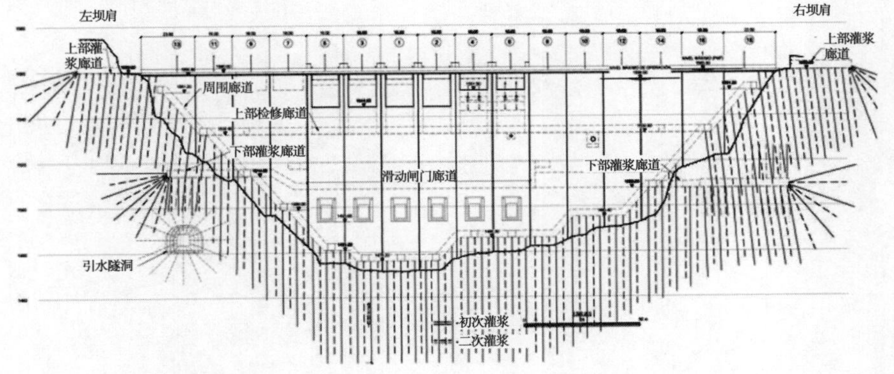


图 11 Cerro Del Águila 坝的灌浆帷幕

## 5 结 论

目前,该坝距离竣工还有约 30% 的施工进度(见图 12)。坝基固结和接触灌浆几乎已经结束。灌浆帷幕工作仍在进行中。估计在 2015 年底将对大坝进行首次蓄水。

图 12　正在建设中的 Cerro Del Águila 坝(摄于 2015 年 7 月)

## 致　谢

笔者感谢 Astaldi S. p. A 公司现场办公技术负责人 G. Rotundo 的工作,感谢 M. D'arrigo 对施工方法所做的贡献,感谢 F. Andriolo 参与配合比设计工作,感谢 A. Ricciardi, F. Tognola 和 J. Arboli 在大坝设计工作中的辛勤工作,感谢 Lombardi Eng. Ltd 公司水利部主任 M. Braghini 的支持,最后但同样重要的是,感谢该坝拥有者项目经理 J. Monaco 的支持。

## 参考文献

[1] Lombardi SA 公司. 大坝安全评估、整体稳定性和应力分析,2013.
[2] CRM SA 公司. Informe tecnico caracteristicas de los concretos colocados en la presa,2015.
[3] G. Lombardi,D. Deere. 使用 GIN 原则的灌浆设计和控制,1993.

# 碾压混凝土坝体层间缝渗(漏)水水泥灌浆施工技术

李　焰　陈伟烈　李　耕　岳明涛

(葛洲坝集团试验检测有限公司　湖北　宜昌　443002)

**摘要**:混凝土层间缝渗(漏)水是水工碾压混凝土坝体常见的病害缺陷之一。解决碾压混凝土坝体层间缝渗(漏)水的处理方案有多种。其中“截水帷幕”方案、在坝体迎水面沿层间缝灌浆+凿槽封闭处理方案,以及将前两者结合,即“帷幕+灌浆+凿槽封闭”的处理方案较为多用。笔者结合多年的工作经验将几种方案中的关键工艺施工进行总结介绍和叙述,并提出了注意事项,意为同类工程的设计、施工等提供技术参考。

**关键词**:碾压混凝土,层间缝,渗(漏)水,处理,关键工艺

## 1　引　言

混凝土层间缝渗漏是水工混凝土坝体常见的病害缺陷之一。我国已建的碾压混凝土大坝中因层间缝渗漏带来的运行安全隐患和经济损失不乏其数。究其原因主要与混凝土配合比设计、施工工艺、运行管理不善等有关;该病害按发生时间通常在运行后发生,按表现形式有点渗漏(集中渗漏)、线渗漏(帘状渗漏)、射流(可分点射或线射)等。渗漏量与水头压力大小、渗漏路径长短、截面面积等因素有关。

坝体层间缝渗漏的存在,将使建筑物内部产生较大的渗透压力,有时甚至影响到建筑物的稳定安全。如果有浸蚀性的水,还会产生浸蚀破坏作用,使混凝土强度降低。即使不具有浸蚀性,长期渗漏水泥结石中的$Ca(OH)_2$会不断从水泥结石中溶出而使浓度降低,硅酸盐水化物的CaO也会逐渐溶出,如果渗漏水愈来愈多,则其内部空隙会增多增大,使结构疏松,强度降低,长期流水不止,加剧恶化循环,最终可能导致整个建筑物遭到破坏。若在寒冷地区,渗漏水在露头处冻结成冰堆,如图1所示,可能会使混凝土建筑物受到冻融破坏。

总之,碾压混凝土坝体层间缝渗(漏)水对大坝安全运行的危害是不可忽视并应及时处理的工程病害问题。对此问题我国当前主要采用水泥灌浆、化学材料灌浆或水泥+化学灌浆的处理方式,部分工程还辅以大坝表面涂刷防渗材料(如聚脲等)的形式进行防渗。本文仅介绍水泥灌浆施工技术。

## 2　主要技术方案

解决碾压混凝土坝体层间缝渗漏的处理方案有多种。一是“截水帷幕”,如图2所示;二是在坝体迎水面沿层间缝灌浆+凿槽封闭处理,如图3所示;三是将前两者结合的处理方

图1　渗(漏)水在露头处冻结成冰堆

案,即帷幕+灌浆+凿槽封闭。

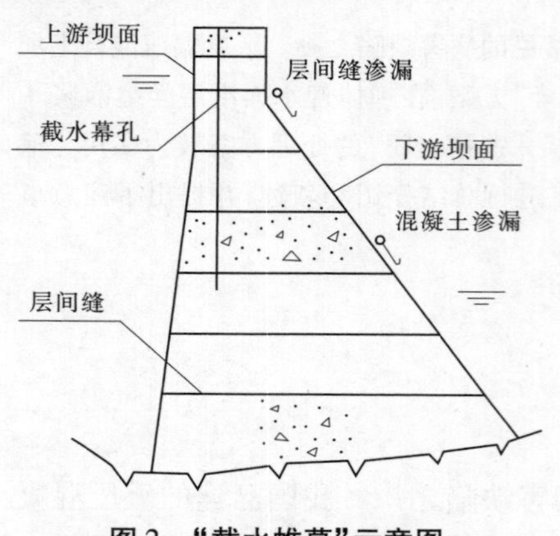


图2　"截水帷幕"示意图

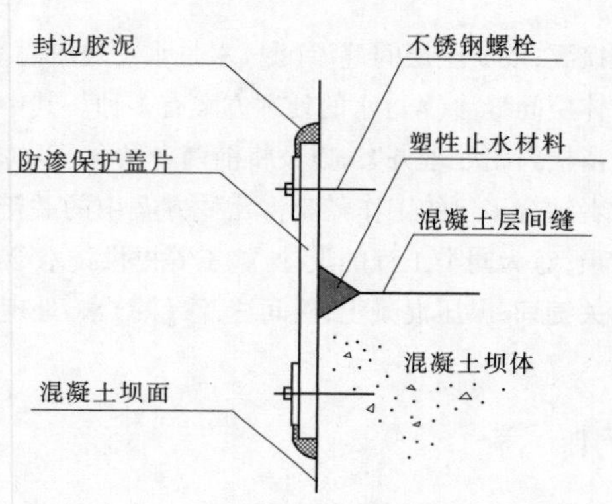


图3　迎水面层间缝止水示意图

(1)"截水帷幕"。即在碾压混凝土坝体内建造一道连续、完整的,比混凝土渗透性低、平面上呈条带状、立面上形似舞台上的帷幕的防渗结构,利用这一结构进行坝体防渗和截水堵漏。为实现该结构即可采用灌浆方法,因此简称"截水帷幕"。

(2)在大坝有放空库水的条件时,可在混凝土迎水面沿层间缝灌浆+凿槽。即先沿层间缝骑缝钻孔,采用化学浆材进行控制性灌浆,结束后再沿层间缝凿槽用堵漏材料进行封缝止水。

(3)在大坝有放空库水的条件和工期允许的条件下,可考虑"帷幕+灌浆+凿槽封闭"处理方案。

## 3　关键工艺施工

### 3.1　"截水帷幕"施工

#### 3.1.1　钻孔、风水联合冲洗、简易压水、吹风赶水

##### 3.1.1.1　钻孔

应采用回转式钻机、金刚石或硬质合金钻头钻进,不得使用无芯钻进方式施工,直至到达设计深度。钻孔时,必须留意观察周边有无漏水现象。

##### 3.1.1.2　风水联合冲洗

钻孔风水联合冲洗的目的:一是将残存在孔底和黏附在孔壁处的粉、碎屑等杂质冲出孔

外；二是兼作串通性检查。钻孔钻到预定孔段的深度并取出岩芯后，将钻具下入至孔底，用大流量清水进行冲洗，直到回水变清，当孔内残存杂质沉积厚度小于 10 ~ 20 cm 时，结束冲洗。若孔深较大，杂质颗粒难以冲出孔外，可在钻具上安装打捞管，便于捞取沉淀的残渣。

3.1.1.3　简易压水

各序灌浆孔灌浆前根据需要可进行简易压水试验，如果渗漏明显也可直接灌浆不压水。压水的目的是了解层间缝渗漏情况，包括渗漏量、串通性等。宜采用颜色水压水。要求是：

(1)试验压力为灌浆压力的 80%，并不大于 1 MPa。地下水位假定为干孔。

(2)压水时间为 20 min，每 5 min 测读一次压入流量，取最后的流量值作为计算流量。

(3)简易压水试验成果以透水率 $q$ 表示，单位为吕荣(Lu)。

应注意的是，过长时间的冲洗或压水会注入大量的水，反而有害，应避免。

3.1.1.4　吹风赶水

压水完成后，将进浆管连接到空压机上，间歇性开启空压机，利用高压空气将孔内积水从回浆管口排出，尽量排尽孔(混凝土内)积水。间歇时间据现场观察确定，前期较短，后期加长。吹风时，必须留意观察周边有无冒风现象。

3.1.2　灌浆、抬动观测、封孔

“截水帷幕”的灌浆应按设计规定的孔排序，逐排、逐序加密。多排孔时，先钻灌下游排，再钻灌上游排，最后钻灌中间排；同一排孔多按 Ⅱ ~ Ⅲ个次序钻灌，先Ⅰ序，后Ⅱ序，再Ⅲ序。

3.1.2.1　灌浆

(1)灌浆方法根据工程要求可采用孔口阻塞、自上而下分段、孔内循环法灌浆，或采取孔内卡塞、孔内循环法灌浆。

(2)灌浆段长。应根据混凝土浇筑层厚度和渗漏高程设定。当层间缝不漏时，若采用自上而下分段、孔口封闭、孔内循环法灌浆，终孔位置宜在碾压层之间；若采用自上而下分段、孔内卡塞循环法灌浆，卡塞应尽量在层间缝 1/2 处。当层间缝渗漏时，该缝应在灌浆段内。

(3)灌浆压力。按设计规定执行，或根据灌浆段坝前水位静水压力以及混凝土浇筑质量等边界条件，综合计算作用在孔段内的全压力。

(4)水泥水灰比。按设计规定执行或通过试验确定。灌浆压力控制以孔口回浆管路压力表指针摆动中值控制，压力表指针摆动幅度按小于灌浆压力的 20% 控制。自动记录仪应测记间隔时段内灌浆压力的平均值和最大值，记录的时段平均压力读数应按峰值的 90% 控制。应逐级升压到设计压力，防止混凝土结构抬动。

(5)灌浆结束标准。按设计规定执行。

(6)特殊情况处理。灌浆过程中混凝土可能有冒浆和漏浆，根据具体情况采用嵌缝、表面封堵或是低压、浓浆、限流、限量、间歇、待凝等方法进行处理；灌浆过程中发生相邻孔串浆时，如串浆孔为待灌浆孔，且具备灌浆条件，可一泵一孔同时进行灌浆。如串浆孔正在钻进或是不具备灌浆条件，则停止钻进，塞住串浆孔，待灌浆孔灌浆结束后，再对串浆孔进行扫孔、冲洗和灌浆，或继续钻进；灌浆应连续进行，若因故中断时间小于 30 min，尽快恢复灌浆；中断时间超过 30 min 时，立即冲洗钻孔，再恢复灌浆；如时间过长，无法冲洗或冲洗无效，则进行扫孔到底，重新阻塞，恢复灌浆。恢复灌浆时，使用开灌比级的水泥浆进行灌注，如注入率与中断前相近,即可采用中断前水泥浆的比级继续灌注;如注入率较中断前减少较多,逐级加浓浆液继续灌注;如注入率较中断前减少很多,且在短时间内停止吸浆,采取补救措施,如扫孔重灌等;灌浆中出现失水回浓情况,当浆液浓度达到下一个比级时,需将浆液调回到原比级继续灌浆,如效果不明显,则重新拌制浆液继续灌注,至灌浆结束。

3.1.2.2 绝对抬动观测

压水和灌浆时,抬动值均不允许超过设计规定值。装置如图4所示。

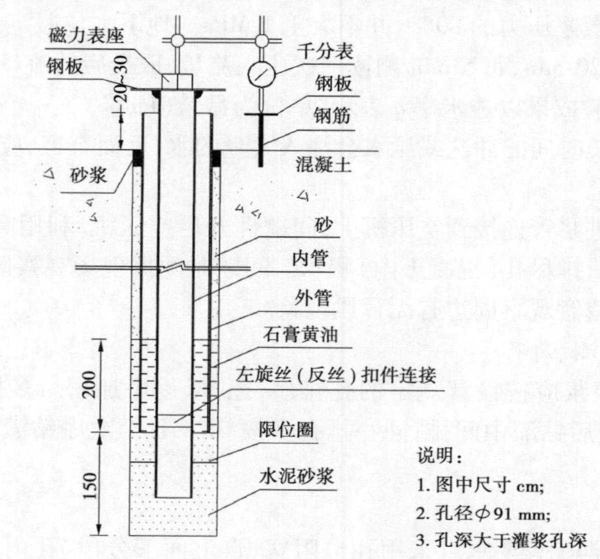


图4 抬动装置示意图

3.1.2.3 灌浆结束和封孔

灌浆结束标准:在设计压力下,当单孔吸浆量不大于0.4 L/min,群孔不大于0.8 L/min时,续灌40 min可结束灌浆。

3.1.2.4 封孔

采用浓浆全孔压力灌浆封孔法封孔。

3.1.3 灌浆材料

3.1.3.1 水泥

灌浆应采用新鲜无结块42.5 MPa强度等级的普通硅酸盐水泥或硅酸盐大坝水泥或超细水泥。其中,普通硅酸盐和硅酸盐大坝水泥细度要求通过80 μm的方孔筛的筛余量不大于5%。超细水泥为42.5级普通硅酸盐磨细水泥,要求比表面积大于6 500 $cm^2/g$,$D_{50}$ = 8~12 μm,$D_{max} \leqslant 40$ μm。

3.1.3.2 水泥浆液

1)普通硅酸盐水泥浆液

可采用新鲜无结块42.5 MPa强度等级的普通硅酸盐水泥,经高速搅拌机搅拌配制水灰比1:1、0.8:1、0.5:1的水泥浆液。

2)湿磨细水泥浆液

可采用新鲜无结块42.5 MPa强度等级的普通硅酸盐水泥或硅酸盐大坝水泥经三台湿磨机连磨制成。制浆程序为:配浆—高速搅拌—湿磨—普通搅拌。细度要求为:采用胶体磨

为 $D_{97}\leqslant40\ \mu m$,$D_{50}\leqslant12\ \mu m$。浆液使用前应过筛,湿磨细水泥浆液自制备至用完的时间宜小于 2 h。使用水灰比根据现场要求调配。

3)超细水泥浆液

可采用 42.5 级普通硅酸盐磨细水泥经高速搅拌机搅拌而成。水灰比小于等于 1∶1的浆液宜掺高效减水剂,掺量应通过室内试验选定,并应以水溶液状态加入。浆液马氏漏斗黏度宜控制在 30 s 左右。使用水灰比为 3∶1、2∶1、1∶1和 0.5∶1(质量比)四个比级,也可根据现场要求调配使用。

### 3.2　迎水面凿槽封闭 + 灌浆处理施工

具体工序为:灌浆—凿槽—内填止水材料—外贴防渗保护盖片止水。

#### 3.2.1　灌浆

对应下游坝体层间缝渗漏水的上游坝体同高程层间缝,沿层间缝骑缝钻孔、埋嘴,采用控制性灌浆法进行灌浆堵漏。灌浆材料宜选用化学浆液如聚氨酯等,当有混凝土架空缺陷时也可选用水泥浆液进行灌浆。钻孔间距视吃浆量大小确定。原则是吃浆量大时,可大间距布置,反之可小间距布置。灌浆压力经验值一般为 0.2 ~0.5 MPa。

#### 3.2.2　凿槽

灌浆完成,可采用图 2 所示进行凿槽。槽型可选"三角"槽也可选"U"槽。无论什么槽,其宽、深尺寸以槽深大于槽宽为宜。

#### 3.2.3　槽内填止水材料、槽外贴防渗保护盖片

凿槽完成后,按照设计规定的止水材料进行槽内填止水材料和槽外贴防渗保护盖片安装。该工艺可参照《水工混凝土建筑物修补加固技术规程》(DL/T 5315—2014)执行。

### 3.3　帷幕 + 灌浆 + 凿槽封闭施工

该方案施工流程为:坝顶(或廊道内)灌浆完成后,放库水,进行迎水面灌浆 + 凿槽封闭处理。关键工艺在于,在坝顶钻孔压水(压气)时,在该处附近留心查找漏水(漏风)通道,一旦发现立即按串通孔进行灌浆处理。

## 4　工程案例分析

某电站为碾压混凝土双曲拱坝,坝顶高程 620.0 m,最大坝高 84.5 m,顶宽 6.0 m,底宽 21.5 m,坝面弧线长 143.49 m,厚比高 0.24,装机容量 2 × 15 MW,工程等级为Ⅲ等。

2006 年 11 月水库正常蓄水后,非溢流坝体下游壁面局部出现渗漏水现象。表观检查,凡坝体外部漏水部位均有游离钙质析出。

截水帷幕孔布置为单排、Ⅲ序,孔距 1 m,终孔偏斜率应不大于 1% 。Ⅰ、Ⅱ序孔采用 42.5 级普通硅酸盐水泥灌注,浆液水灰比采用 2、1、0.8、0.6(或 0.5)四级。Ⅲ序孔如灌浆前压水注入率大于 15 L/min,仍采用上述浆液灌注;若小于 15 L/min,则采用超细水泥浆灌注。超细水泥浆水灰比采用 2、1、0.8、0.6 四级。

灌浆采取孔口封闭、孔内循环法灌注。段长一般为 3 m,终孔段长不大于 5 m。钻孔过程中遇到不返水或返水明显减少时,应停止钻进,单作一段进行灌浆。

各段灌浆时,Ⅰ、Ⅱ序孔在孔内无水条件下,孔口压力不大于 0.5 MPa;Ⅲ序孔压力不大于 0.6 MPa。在孔内有水(水库蓄水)时,相应增加适当的压力。

各灌浆段灌浆前进行钻孔冲洗,结合冲洗兼作简易压水试验,压水压力采用灌浆压力的

80%且不大于1 MPa。

灌浆结束标准:在设计最大灌浆压力下,注入率不大于1 L/min,延续60 min,结束灌浆。

封孔:应采用全孔压力灌浆封孔法。

灌浆后声波测试平均波速大于3 750 m/s,且小于或等于3 000 m/s的测点控制在3%以内。目测坝后渗漏点除极少数有潮湿现象外,其他大面积消失。混凝土透水率满足$q \leq 3$ Lu,合格率不小于85%(或80%),不合格孔段的透水率宜小于5 Lu的合格标准。工程竣工已安全运行近10年。

## 5 结 语

(1)在坝体迎水面沿层间缝凿槽封闭+灌浆处理方案,同上述"在坝体上游整面浇筑防渗面板,或涂(喷)防水材料(如聚脲等)进行防渗堵漏"方案优缺点一样,工程也往往难以做到。当有条件采用该方案时,笔者认为控制性灌浆是最关键工艺,涉及孔距布置、灌浆压力大小和浆液的选择(水泥或化学浆液),以及灌浆结束标准等,是堵漏成败之关键。

(2)"截水帷幕"是碾压混凝土坝体层间缝渗(漏)水处理的优先方案。关键工艺中笔者认为最核心的一道工艺是"风水联合冲洗"。只有通过联合冲洗摸清渗漏的串通通道的相互关系,包括坝体的上游面、下游面等周边,再进行个性化的制定灌浆方案,方可最大程度的达到封堵通道之目的。

(3)根据《水工混凝土建筑物修补加固技术规程》(DL/T 5315—2014)规定,混凝土的渗漏处理应遵循"上堵下排、堵排结合"原则。因文章篇幅所限,本文仅介绍了如何"堵",对如何"排"未进行介绍。

# 碾压混凝土拱坝的新型施工技术

Chongjiang Du , Bernhard Stabel

(德国 Lahmeyer 国际有限责任公司,德国)

**摘要**:尽管碾压混凝土正在全球范围内越来越多地被用于建造重力坝,但是对水坝建设者来说,其在拱坝中的应用仍然是一项复杂和艰巨的任务。在过去 30 年里,水坝建设者进行了基础研究、试验和实践,成功发明了将碾压混凝土应用于拱坝的新方法。研究者已经开发了多项创新技术,并将其成功应用于碾压混凝土拱坝的工程设计和施工中。本文回顾了关于这个主题的最新知识和技术。简要回顾碾压混凝土拱坝的发展之后,本文展示了拱的构成特性,以及与传统混凝土坝的性能差异。本文总结了碾压混凝土拱坝建设中的关键技术和程序。特别的一点是,本文强调和讨论了这些技术的几个关键方面,包括横向收缩缝的形成和灌浆、碾压混凝土坝的后冷却、在陡坡坝肩上运输碾压混凝土混合料的可选选择,这些方面被认为是建造碾压混凝土拱坝的必要步骤。本文以巴基斯坦 133 m 高的高摩赞碾压混凝土拱形重力坝为例展示了所描述的技术。

**关键词**:碾压混凝土坝,碾压混凝土拱坝,横向收缩缝的形成,横向缝灌浆,碾压混凝土坝的后冷却

## 1　引　言

在世界范围内,碾压混凝土(RCC)在水坝建造方面的应用正在快速增加。但是,碾压混凝土主要用于建造重力坝,对于水坝建造者来说,碾压混凝土在拱坝(包括拱形重力坝)方面的应用仍然是一个挑战。在 2013 年底世界范围内完成的 637 座碾压混凝土坝中,碾压混凝土拱坝仅有 35 座。之所以出现这种现象,主要原因包括碾压混凝土材料的固有性质、施工方法和环境条件。因此,对于碾压混凝土拱坝来说,除了常规拱坝的基本要求,特殊工艺和施工方法也是必需的。

30 年来,研究人员、设计师和承包商都在积极思考可能的解决方法。在这个领域的不懈努力、创新和合作终于使该问题的解决看到了曙光,许多创新技术和施工程序被开发出来。新技术如雨后春笋,接踵而出。作者相信,随着科技的创新进步,碾压混凝土拱坝将为水坝建设提供新的前景,开启一个水坝建设的新时代。

## 2　碾压混凝土拱坝的发展

碾压混凝土技术在拱坝建设方面的开发和应用开始于 20 世纪 80 年代,该技术十分有吸引力,引起了人们的高度关注,并带来了高水平的创新,而此时碾压混凝土重力坝的开发建设也刚刚起步。第一个碾压混凝土拱坝为拱形重力坝,由南非水坝建设者建造于 20 世纪 80 年代末期。70 m 高的沃维丹斯坝和 50 m 高的克涅布特碾压混凝土拱形重力坝是该领域

的先驱之作[7, 10]。

此后，中国一举超越了南非，进行了系统的技术开发，并建成了世界上大部分的碾压混凝土拱坝，下文将重点描述中国的132 m高沙牌单曲拱坝[2,3]。中国的技术发展也使得中国以外的项目受益，包括巴基斯坦133 m高的高玛赞大坝[6]和老挝99 m高的南俄5水电站，这两个项目都是碾压混凝土拱形重力坝。除了南非和中国，一些国家和组织也进行了技术研发。2013年底完成的波图格斯碾压混凝土拱坝是一个重要里程碑，标志着碾压混凝土技术向美国的延伸。

这些研究和实践深化了人们对碾压混凝土材料性能和碾压混凝土拱坝特性的理解，使得创新技术和施工方法的开发成为可能，大坝所有者已经认识到了其中的益处。由于碾压混凝土拱坝建设者的卓越开拓工作和持续艰苦努力，碾压混凝土拱坝的高度已经从20世纪80年代的50 m增加到了2006年的134.5 m（大花水水电站）。正在建设中的万家口子双曲碾压混凝土拱坝已经创纪录地达到了167.5 m的高度。迄今为止，碾压混凝土已经被应用于所有类型的拱坝中，包括拱形重力坝和双曲薄拱坝[13]。

## 3　碾压混凝土拱坝的特殊特性

拱坝为拱形外形的水坝，主要利用拱圈作用和水坝材料强度来支撑作用于水坝的负荷。拱坝最适合也最常建于狭窄和陡峭的峡谷或岩层稳定的峡谷，用于支撑结构和荷载。对于拱坝来说，拱圈作用至关重要，可将负荷传导至坝基和坝肩，所以拱坝需要完全统一的结构。

传统混凝土拱坝通常成段建造。在初次水库蓄水之前，坝段之间的收缩缝需进行灌浆，需要使用后冷却技术将坝段冷却至最终稳定温度。接缝灌浆后，相应的坝块被集中为一个整体结构，以获得必要的拱圈效应。冷却和灌浆的另一个作用是迫使大坝两侧与峡谷岩壁紧密接触。

碾压混凝土拱坝在原理上类似于传统混凝土拱坝。主要的不同之处在于施工。碾压混凝土拱坝作为一个单一整体结构而建设，即坝体高度以大概一致的速度加高，而不是分段加高。与碾压混凝土施工技术一致，收缩缝和接缝灌浆的设计和施工以及相关的水坝后冷却也需要开发并应用特殊的技术。此外，由于施工差异，碾压混凝土拱坝的应力分布与传统混凝土拱坝不同。

对于只有诱导缝的碾压混凝土拱坝，横缝在开启前不会进行灌浆，因此后冷却系统并非绝对必要。由于这种碾压混凝土拱坝被均匀加高，没有明确的收缩缝，所以其拱圈在施工过程中形成，可高达该坝的最终高程，从而获得拱圈作用，而且随着时间推移，混凝土的强度和弹性模量都会上升，所以其潜能也会上升。

对于有传统的全横向收缩缝的碾压混凝土拱坝，其接缝条件如下所述：

（1）对于低于横缝起始高程的部分，拱圈在施工过程中形成，与接缝打开前的诱导缝一样，如前文所述。

（2）对于高于横缝起始高程的部分，拱圈首先在碾压混凝土填筑时形成，获得拱圈作用。但是，在水库蓄水前，坝体通过后冷却技术被冷却至最终稳定温度，横缝张开，最初形成的拱圈作用消失。只有在横缝灌浆后，整个大坝的拱圈作用才重新出现，之后，碾压混凝土拱坝横缝的工作原理与传统混凝土拱坝一致。然而，碾压混凝土拱坝的横缝形成、灌浆系统以及后冷却系统与传统混凝土拱坝有很大差异，原因为推土机和振动压路机被用于碾压混凝土的快速施工和薄层填筑，这些工作必须与碾压混凝土填筑同步进行。

由于碾压混凝土拱坝的施工步骤和拱圈形成机制，温度变化和混凝土自生体积变化而导致的应力可能仍然存在，并在坝结构中积累[3]，混凝土自身重量导致应力非线性分布。拱坝中的剩余应力有些类似于钢结构焊接过程导致的残余应力。出于这个原因，必须进行详细的有限元分析，并逐层进行施工过程模拟，从而正确评估碾压混凝土拱坝中的应力。

由于拱坝依靠拱圈作用和坝体材料的强度来支撑负荷，所以拱坝的应力水平通常高于重力坝，因此通常需要更高强度的碾压混凝土，从而导致水泥含量较高。

此外，在陡峭坝肩上运送碾压混凝土混合料也是一项艰巨的建设任务。为了克服这个困难，人们已经在碾压混凝土拱坝的施工过程中开发了各种施工方法。

实际上，碾压混凝土拱坝在运行方面与传统混凝土拱坝有相同的优点，如果地形和地质条件允许建设拱坝，拱坝往往优于重力坝和传统混凝土拱坝。首先，拱坝的混凝土体积远远小于重力坝，碾压混凝土施工通常快于传统混凝土填筑。这些特点使得碾压混凝土拱坝可在一个或两个低温季节完成。较快的施工速度和较短的施工时间还能够简化河流引水工程，使项目更早投产。所有这些因素都能显著降低项目成本。

## 4　横缝形成技术

### 4.1　横向收缩缝的类型和间隔

与碾压混凝土重力坝的接缝形成不同，碾压混凝土拱坝的横缝形成需要进行深思熟虑，与施工步骤和所使用的灌浆系统一同建设。有多种横缝设计技术可供使用。因此，研究者对各种横缝类型和横缝形成技术进行了研究，并将其成功应用于碾压混凝土拱坝的建设中。本文首席作者先前的一篇论文[4]描述了这些技术，现总结如下：

(1)诱导横向收缩缝；

(2)传统横向收缩缝；

(3)短结构缝；

(4)铰链缝。

在这些系统中，诱导横向收缩缝和传统横向收缩缝最常用于碾压混凝土拱坝，可单独或联合使用。在下文中，我们将详细讨论这两种收缩缝。

众所周知，拱坝很容易出现失控开裂。无灌浆的横向裂纹可能会破坏拱形结构的整体性质，从而削弱拱圈作用，影响坝的稳定性。因此，控制裂纹是碾压混凝土拱坝设计和施工中的首要任务。横向收缩缝可视为安排在坝体中的人工可控裂纹，从而避免不可控裂纹。

研究和经验表明，温度变化和混凝土自生体积变化产生的应力是关键因素，需要在横缝布置和横缝类型选择中仔细考虑[14,15]。对于无传统收缩缝的 70 m 以下碾压混凝土拱坝来说，此类应力不会影响其稳定性，但是对于超过此高度的碾压混凝土拱坝来说，应建造传统收缩缝或与诱导缝结合来避免过多的应力，从而确保坝体的整体性。

原则上，碾压混凝土拱坝的横向收缩缝数量应限制在最低限度，其距离地基水平的起始高程应尽量高一点，从而降低施工成本，因为接缝施工会影响碾压混凝土施工过程。换句话说，横向收缩缝的间距应尽可能大，无横向收缩缝的坝体下部应尽可能填筑得高一点。因此，碾压混凝土填筑应当安排在低温季节开始，从而增加无收缩缝的坝体距离地基的高度。

在对坝体进行详细的热学研究之后，应当分别决定横缝的确切间距和起始高程。通过审查大部分已完成的碾压混凝土拱坝,研究者发现,诱导收缩缝的间隔介于 10 ~ 40 m,传统收缩缝的间隔介于 30 ~ 70 m。值得注意的是,横缝的间隔常常根据温度控制措施、施工程序和规定的施工进度而调整。此外,对于碾压混凝土拱坝来说,纵缝是没有必要的。

### 4.2 诱导横向收缩缝

诱导缝的定义为:通过在预先安排的位置添加防黏结材料而制作弱面,从而减少坝体的有效横截面面积,使得弱面附近的抗拉强度显著低于其他位置的抗拉强度。因此,当拉伸应力诱导的拉力超过弱面附近的混凝土受拉承载能力时,裂缝将沿着弱面出现。在弱面被拉断之前,含有该弱面的结构可正常传递力量。一旦弱面被打开,其他坝体混凝土部位的拉力将被释放,从而避免开裂。

经验表明,诱导缝应布置在拉伸应力可能较高的区域,如果没有通过诱导缝而释放应力,则这些区域可能出现裂缝[8,16]。作为一般规则,诱导缝处的横截面应被缩小,缩小幅度大致为其全截面面积的 1/6 至 1/3。在碾压混凝土拱坝的发展历程中,人们已经开发了多种缝诱导系统。

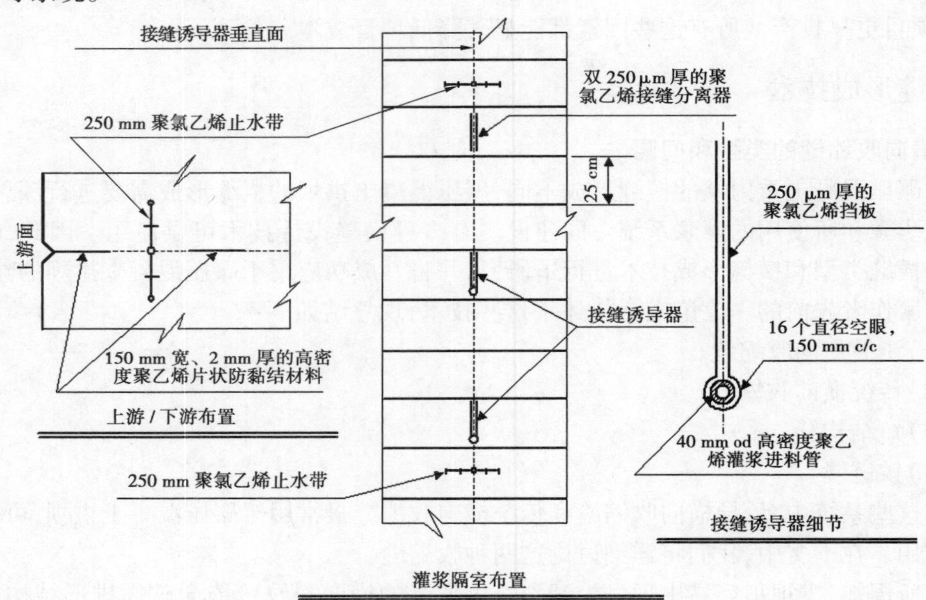


图 1　沃维丹斯碾压混凝土拱形重力坝中使用的诱导缝和灌浆系统

在沃维丹斯碾压混凝土拱形重力坝中,缝诱导器和灌浆入料/返回管由高密度聚乙烯片材和管材制成[11, 12],如图 1 所示。一个灌浆间室包含 8 层 25 cm 厚的碾压混凝土层,其中 3 层安装有接缝诱导器,垂直间隔为 50 cm(2 层)。灌浆系统被布置在缝诱导器的下面两层。在上游和下游饰面混凝土中,150 mm 宽、2 mm 厚的高密度聚乙烯片材被布置在聚氯乙烯止水带两侧,以确保形成的横缝可穿过止水带的中心。横截面面积大约减少 35%。

在中国,水坝建设者更青睐使用有预制混凝土块的系统来创建诱导缝[19]。预制混凝土块与用于形成传统收缩缝的预制混凝土块一样,我们将在 4.3 节对此进行描述。不同之处仅在于布置的混凝土块数量。通常,每隔 2 或 3 层将布置一次预制混凝土块,净间距为 0.5 ~ 1.0 m。中国建造的大部分碾压混凝土拱坝都使用这种系统。诱导缝具备所谓的可再注射灌浆系统(见第 5 节)。显然,形成诱导收缩缝所需的工作量显著低于形成传统收缩缝的工作量。

一旦诱导缝被打开,应为该接缝进行接触灌浆。在水坝的运行过程中,填有水泥的接缝可能被再次打开,因此应使用可再注射的灌浆技术。实践证明,碾压混凝土拱坝的大部分诱导缝都未被打开。但是,也可能存在例外,即裂缝出现于没有布置诱导缝的部位,即使诱导缝仍然是闭合的。如果诱导缝间隔过大,则可能出现这种情况。

### 4.3 传统横向收缩缝

"传统横向收缩缝"这个词是用于定义碾压混凝土拱坝中完全断开的缝。其功能与传统混凝土拱坝中的功能一样。对于大型碾压混凝土拱坝(高度超过 70 ~ 100 m),一般认为有必要使用传统收缩缝。迄今为止,几乎只有在中国建造的碾压混凝土拱坝中才能找到传统收缩缝的应用,因为所有大型碾压混凝土拱坝都是中国人建造的。

Zhu[19]提出了一种使用预制混凝土块的接缝形成系统。研究者使用两种(A 型和 B 型)预制混凝土块来制作横缝,这些预制混凝土块的长度为 1 m,高度为 0.3 m(等于层厚度),底宽为 0.3 m。倾斜的薄侧具有"齿状物",可促进与碾压混凝土的结合。对于 A 型预制混凝土块,用于安装灌浆进料管和通气管的孔洞是额外建造的。这两种预制混凝土块将交替填筑。钢筋用来将这些混凝土块固定在坝段内,与收缩缝对齐。每五层或六层都要布置一层 A 型混凝土块,其他层将使用 B 型混凝土块,与收缩缝对齐,如图 2 所示。

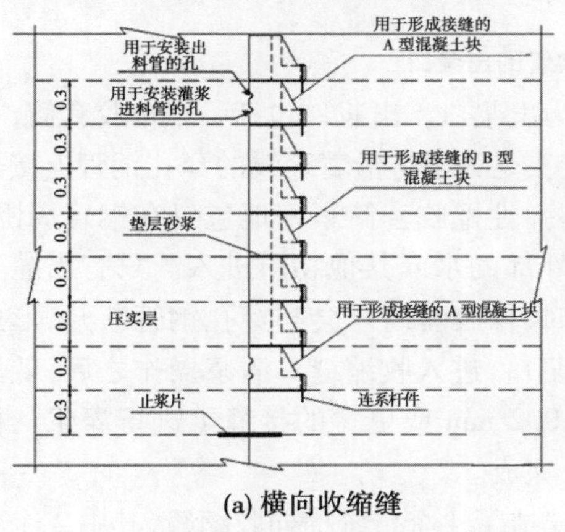


(a) 横向收缩缝

(b) 预制混凝土块

图 2 横向收缩缝和预制混凝土块

混凝土块下使用了垫层砂浆来提高其黏结效果和抗渗性。灌浆管道在施工现场安装。之后进行碾压混凝土填筑。

和传统混凝土拱坝一样,碾压混凝土拱坝的传统收缩缝应当在初次水库蓄水前灌浆。为了这个目的,常常需要后冷却系统。

## 5 横缝灌浆技术

横缝灌浆的主要目标为均匀地填充横向收缩缝,从而将拱坝坝段结合为一个整体结构,以恢复水坝的拱圈作用。在碾压混凝土拱坝的发展过程中,建造者开发了许多策略和方法。在必要时,可主要使用以下三种系统[4]:

(1)带冷却的一次性灌浆系统;

(2)双灌浆系统;

(3)可再注射灌浆系统。

原则上,如果碾压混凝土拱坝安装有后冷却系统,传统收缩缝可能仅需要一次性灌浆。碾压混凝土拱坝的灌浆系统和步骤相关规定与传统混凝土拱坝十分类似。

对于诱导缝来说,应安装双灌浆或可再注射灌浆系统,谨慎而言,传统收缩缝也是如此。正如其名称所暗示的,双灌浆系统指在一个收缩缝内安装两个独立的灌浆系统。第一个系统用于首次灌浆,第二个系统用于以后的灌浆(若需要)。作为一种替代方法,中国开发了一种新型可再注射灌浆系统,专门用于碾压混凝土拱坝横向收缩缝的灌浆[1]。这种可再注射灌浆系统可用于多次收缩缝灌浆。其原理与欧洲使用的可再注射灌浆系统(即 FUKO 系统)类似(见图 3)。

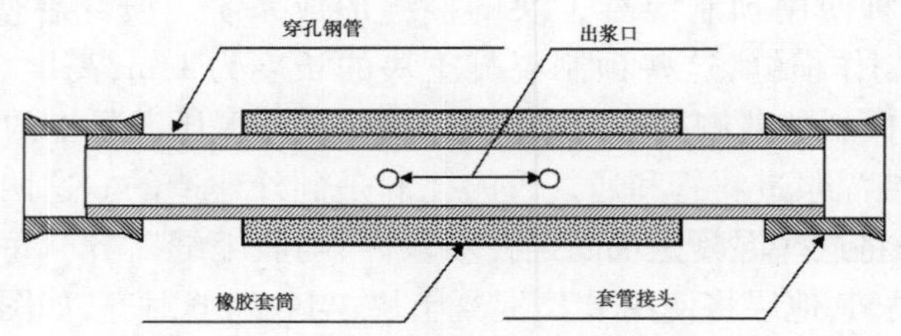


**图 3　可再注射灌浆管的出浆口**

如图 3 所示,可再注射灌浆系统的关键部件为出浆口。出浆口包括一个橡胶套筒,一根穿孔钢管,以及该钢管两端的套管接头,该套管接头是为了将沿着缝线的穿孔钢管连接至一系列串联的入料/返回管,从而形成灌浆系统。高弹性橡胶套筒紧密地包裹在钢管周围,其作用相当于一个不可逆的阀门,防止灌浆管系统外部的水或其他物质进入。只有当灌浆管内部压力超过约 60 ~ 150 kN/m$^2$(0.6 ~ 1.5 bar)时,橡胶套筒才会与穿孔钢管断开,形成一条开放通道,使得入料管内的灌浆料能够穿过出浆口,进入收缩缝。灌浆操作之后,低压水被用于清洗灌浆管系统,以备下次使用。开口为 0.2 mm 或更宽的接缝可进行灌浆。横向收缩缝的灌浆操作应当在水库开始蓄水前一个月完成。

在高玛赞碾压混凝土拱形重力坝中,施工者建造了 4 个传统横向收缩缝,其中 2 个位于中心部分,进行了灌浆操作,另外 2 个位于较高平面的坝肩上,一直保持打开状态,以减少部分拱圈作用,从而增加重力作用,以平衡坝踵处的过大竖直拉应力。每个灌浆间室 6.0 m 高,含有 20 层,每层 0.3 m 厚。止浆片形成了该间室的边界。图 4 和图 5 展示了接缝形成系统示意图。两个收缩缝的灌浆工作在水库蓄水前一个月完成。

## 6　碾压混凝土坝的后冷却系统

人们已经证实,在填筑碾压混凝土坝时,通过埋入式管道循环冷却水来进行后冷却比传统混凝土坝的后冷却难度更大,因为:

(1)碾压混凝土施工期间安装冷却管不可影响碾压混凝土的快速填筑操作;

(2)在碾压混凝土混合料的填筑和压实过程中,压路机和/或其他重型机器不可损坏埋入的薄壁管。

最近,碾压混凝土施工技术的研究和实践出现了新进展,所以可通过适当的设计和施工

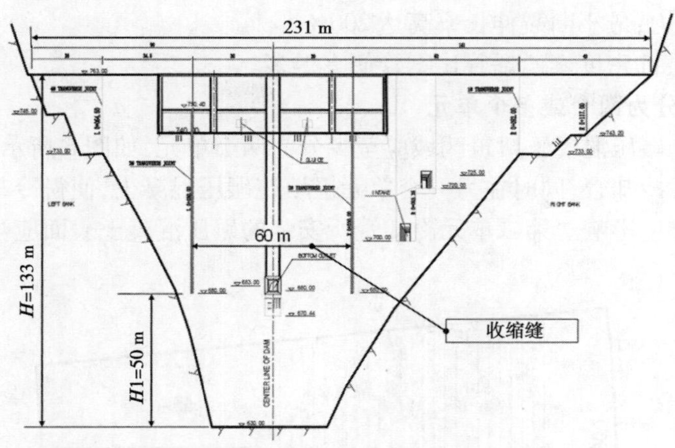


图 4　高玛赞碾压混凝土拱形重力坝的收缩缝布局

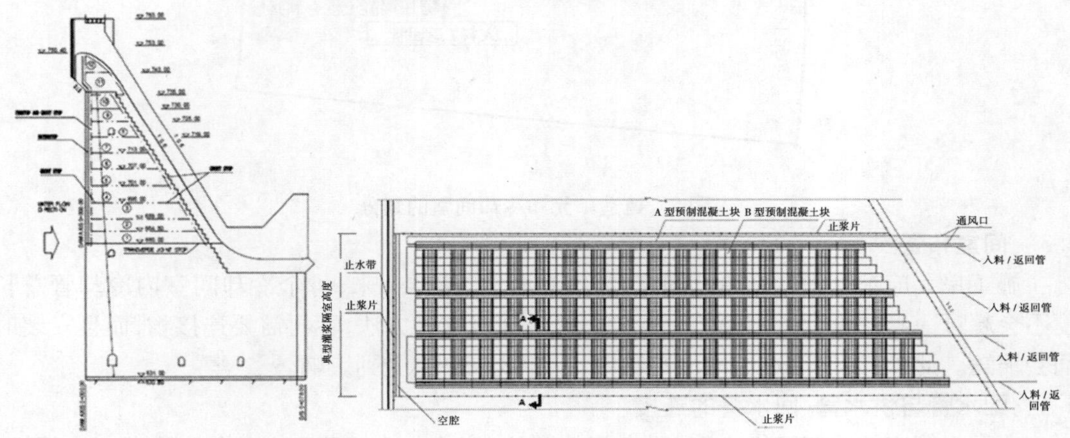


图 5　高玛赞碾压混凝土拱形重力坝的传统横向收缩缝

管理，以及选择合适材料的冷却管来满足上述先决条件。本文首席作者[5]先前的一篇论文中展示了该技术的细节。在下文中，将逐项描述成功用于建造 Gomal Zam 碾压混凝土拱形重力坝的后冷却系统的关键内容。

## 6.1　管材的选择

冷却管应选择高密度聚乙烯（HDPE）管，钢管并不合适，因为所有钢部件的安装很花费时间（管件、配件、弯管和连接物等）。高密度聚乙烯管的重要特点是：

（1）重量轻：高密度聚乙烯管的比重仅为 860 ~ 1 000 kg/m$^3$。因此，一根 200 m 长高密度聚乙烯管的重量仅为 35 ~ 40 kg。这个特点十分便于运输和现场快速安装。

（2）灵活可盘绕：高密度聚乙烯管的最小弯曲半径为 20 ~ 25 cm，因此其截面能够充分满足冷却管的灵活性要求。

（3）单卷长度长：一卷高密度聚乙烯管约为 200 ~ 250 m 长，因此冷却管之间很少需要连接物。

（4）高强度：高密度聚乙烯冷却管具有相当高的拉伸强度，断裂强度超过 20 ~ 25 MPa，而且其马伦破裂强度很高，不低于 3　~ 10 MPa。

(5)高延伸能力:最小断裂伸长率高达200%。

(6)性价比高:高密度聚乙烯管比钢管便宜得多。

### 6.2 将施工区域分为两个或多个单元

计划中的整个碾压混凝土填筑区域应至少分为两个单元,如图6所示。这样的话,可以在一个单元里安装冷却管,同时在另一个单元里填筑碾压混凝土,使得冷却管的安装不会对碾压混凝土施工产生影响。第二单元冷却管所安装的碾压混凝土表面应当比第一单元的高2~3层。

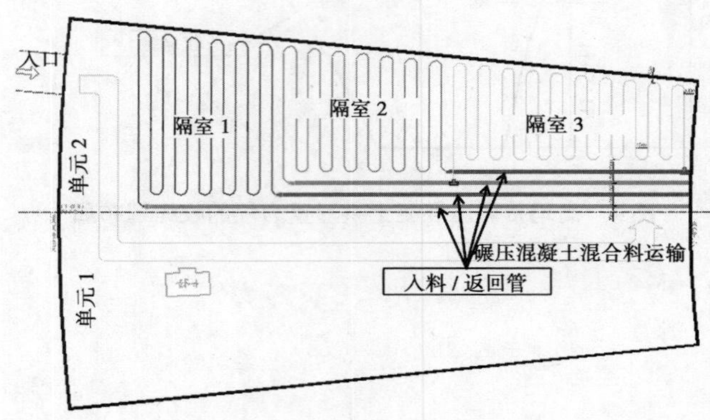


图6 建造单元和冷却间室的划分

### 6.3 间室布置

施工单元应被分为几个冷却间室,如图6所示,这样一来,每个冷却间室内冷却管总长度不会超过一卷的长度(高玛赞坝为240 m)。通过这种方法,不再需要连接物,而且安装时间会缩短。此外,当使用过长的冷却管时,冷却效果不会受到影响。

### 6.4 配水管与供水管/回水管的连接

在配水管应被连接至供水管/回水管的部位,应将一个三通(Tee)钢管插入三个管端。高密度聚乙烯管管端应首先加热,例如使用喷灯。然后使用导线将软化管端固定在三通管件上。此外,应使用若干层聚四氟乙烯(PTFE)螺纹密封带对连接区域进行包裹。

### 6.5 冷却管的架设

安装前,覆盖一层碾压混凝土混合料之后(30 cm厚),应检查高密度聚乙烯管有无泄漏,检查方法为:以0.1 MPa(1 bar)的压力通过水或空气。该检查为检查程序的一部分,若出现任何泄露,应进行修复。高玛赞坝的一个连接接头处出现了冷却管冷却水泄露,造成了轻微混凝土损伤,因此,连接程序进行了改良,如6.4节所述。

在刚刚压实但还没有硬化的碾压混凝土层表面上,工程师对冷却管进行运输和架设。4~6 mm直径的U形钢筋可用于将冷却管固定至新鲜的碾压混凝土表面,直线部分的间距为2~4 m,各个弯曲部分使用3件U形钢筋。

### 6.6 已安装管道的覆盖

安装完成后,应使用一层厚度不小于25~30 cm的重叠碾压混凝土混合料来覆盖冷却管网。应从冷却管网的一侧开始倾倒和摊开碾压混凝土混合料。之后才允许重型机械操作,如推土机、卡车和压路机,绝不允许重型机械直接在裸冷却管上操作,如图7所示。

这一步骤十分关键,关系到管道系统在碾压混凝土坝中的成功应用。除非管道已经被

图7　重型机械在已覆盖的冷却管上施工

碾压混凝土混合料覆盖，否则重型机械可能导致严重的管道塑性变形，从而导致流经管道的冷却水泄漏或停滞。

在高玛赞坝，冷却管的水平和垂直间距为1.5 m×1.5 m。由于倾斜层法被用于碾压混凝土填筑，所以可以将冷却管轻松安装在平坦层和倾斜层上。两种典型管道被用于水坝混凝土的后冷却，外直径为32 mm且壁厚为2.0 mm的管道用作配水管，外直径为40 mm且壁厚为3.0 mm的管道用作供水管/回水管。

### 6.7　冷却管的运行

在高玛赞坝，碾压混凝土层压实6 h后开始在冷却管网中循环14 ℃的冷却水，持续14 d。在横向收缩缝灌浆操作前至少1个月，应实施后冷却的最后阶段，使得碾压混凝土温度降低至指定的封闭温度。在某些区域，也可在中秋季节使用冷却系统，以加速碾压混凝土的冷却，从而降低内部混凝土和饰面混凝土之间的温度差，降低坝内部的热应力，同时保持碾压混凝土的较低弹性模量。此外，一个冷却阶段之后，冷却水可留在冷却管内，持续多日，从而充分利用水的残余冷却效果。

单个管道系统的流速约为0.8～1.2 $m^3$/h。每12 h或24 h，水流方向会进行反转，以降低冷却时每个扬水泵内的温度梯度。可接受的温度下降速度不应超过24 h/℃。碾压混凝土和流经管道冷却水之间的温度差不应超过25 ℃，这样的话，当循环冷却水时，可以减少对接触冷却管的混凝土的所谓热冲击。不过，还没有证据证明这种效应可造成损害。

## 7　在陡坡坝肩上运输碾压混凝土混合料

### 7.1　碾压混凝土混合料的特殊运输方法

由于拱坝通常位于狭窄和陡峭的峡谷或山谷，所以在陡坡坝肩上运输碾压混凝土混合料是水坝建设者面临的一个难题。迄今为止，对于碾压混凝土重力坝，后卸式卡车将碾压混凝土混合料从混凝土配料机运至填筑地点，从而建造碾压混凝土拱坝的主要工具，后卸式卡车常常和其他运输工具联合使用，例如各种皮带输送系统、缓降象鼻管、真空溜槽、全管导管、M－Y箱和M－Y箱管系统。原则上，缓降象鼻管、真空溜槽、全管导管，M－Y箱和M－Y箱管系统是依靠重力运输混凝土混合料的设备，所以消耗的能量很少，成本较低。所有这些方法依赖于当地的条件,而且各有优点和缺点。选择方法和设备的重要标准是,碾压混凝土混合料的分离应降至最低,应当以最低的成本快速、可靠、有效地运输碾压混凝土混合料。

坝址地形是影响运输方法选择的关键因素。作为经验法则,通常可以用卡车将碾压混凝土混合料运输至坝的下部。若坝肩不是很陡时(即坡度在约40°以下),可将坝座下游和/或上游的护堤切割成斜坡,从而使用卡车和/或传送带进入每个高程。

缓降象鼻管是一种柔性橡胶软管,可安装在传送带的出口端,从而垂直运输碾压混凝土混合料。但是,使用缓降象鼻管运输混凝土混合料的运输高度最高为15~20 m。当坝肩坡度介于40°~70°时(理想坡度为45°~55°),真空溜槽或全管导管可能是最佳选择,而M－Y箱或M－Y箱管系统应用于非常陡峭的坝肩,坡度为60°~90°(垂直)。对于碾压混凝土拱坝的建造,这些运输方法往往结合使用。

## 7.2　M－Y箱和M－Y箱管系统

M－Y箱也叫作M－Y搅拌机,是一种垂直下降——湿润和混合箱,该装置由日本研发,首先用作混凝土搅拌机和运输装置,用于持续搅拌和运输混凝土混合料。该装置有一系列的箱形单元,包括两个对准的扭箱。M－Y箱的每个单元有两个平行垂直入口和两个平行水平出口,由钢板隔开。从入口到出口,横截面的垂直尺寸逐渐减小,而水平尺寸以相同的比例增加,从而导致全程的横截面面积相等。当材料被排出至箱单元,M－Y箱的内部结构使得材料在穿过各个箱单元时受到重力的揉搓,从而能够在非常陡峭甚至垂直的斜坡上运输混凝土混合料,同时还能够持续搅拌混凝土混合料[9,18]。期间,混凝土混合料的下落速度会逐渐降低。

M－Y箱管系统是M－Y箱的改良版,代表着M－Y箱的进一步发展,该系统专门用于垂直运输混凝土混合料。在该系统中,一系列M－Y箱和6~15 m长的钢管(取决于斜坡陡度)交替串联连接。穿过M－Y箱的混凝土混合料被摩擦并重新混合,降低了下降速度,并能够防止分离[18]。然后混凝土混合料穿过钢管部分。该过程在混凝土混合料的运输过程中重复进行,直至混合料向下到达出口。现在,M－Y箱和M－Y箱管系统越来越多地用于传统混凝土混合料、碾压混凝土混合料、水泥土或水泥砂石的垂直运输。施工实践证明了其适用性和性能表现。该设备具有较高的性价比,并且可以重复使用。有人认为,使用M－Y箱或M－Y箱管系统来建造碾压混凝土拱坝是最佳选择,可在狭窄山谷的极陡峭坝肩上运输碾压混凝土/混凝土混合料。关于该设备的更多细节,请参阅相关文献[9,18]。

## 7.3　真空溜槽和全管导管

真空溜槽是一种封闭的半圆形导管系统,带有必要的配件,主要包括:

(1)一个有径向阀的进料斗:该料斗体积通常为6~10 $m^3$,可存放碾压混凝土混合料,并调整混合料运输强度至填筑位置;

(2)一个中转部分:该部分不受柔性盖的限制,以加速碾压混凝土混合料的处理;

(3)有柔性盖的溜槽体:该部分为真空溜槽的主体,可在运输碾压混凝土混合料的过程中形成真空;

(4)一根出口弯管:出口弯管的功能是改变碾压混凝土混合料的方向,降低其速度,使得碾压混凝土混合料能够被排放至下方的卡车。

整个真空溜槽系统由钢制刚性框架柱支撑,如图8所示。碾压混凝土混合料首先被倾倒至料斗中。通过打开该阀,碾压混凝土混合料依靠重力向下滑动到中转部分,混合运动被加速。当混合料进入有柔性盖的溜槽体,其速度会因重力而进一步加快。同时,封闭溜槽内的压力会下降,形成真空。溜槽内部和外部的压力差反过来会抵消混合运动,从而减慢速度。当碾压混凝土混合料沿着溜槽向下滑动时,该过程会重复进行,产生一种波浪状场景,从而使碾压混凝土混合料的下降速度控制在合理范围内(通常为10~15 m/s)。真空度和混合运动速度可通过调整阀门开度而调整。通过使用真空溜槽来运输碾压混凝土混合料,可避免混合料分离。真空溜槽垂直运输碾压混凝土混合料的效率很高,运输能力为每小时200~550 $m^3$。此外,其制造成本较低,便于操作和维护。

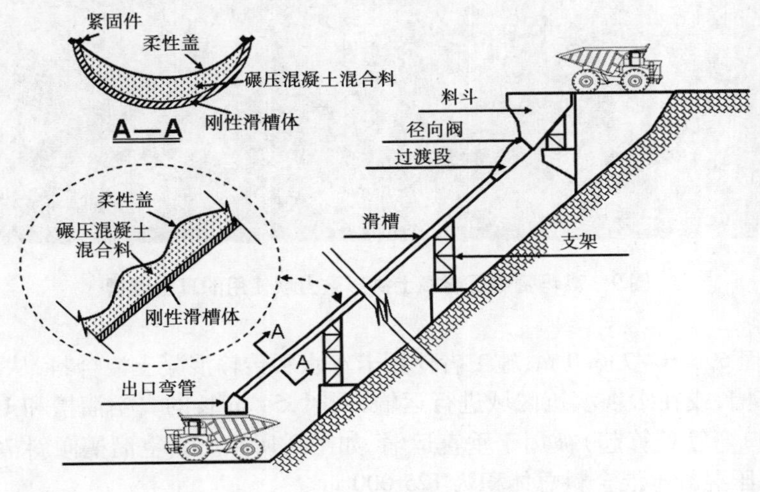


图8　真空溜槽

全管导管(也叫作整仓系统)[17]是真空溜槽的进一步发展。与真空溜槽类似,全管导管有一个进料斗、全管导管主体、径向阀和出口弯管。与真空溜槽一样,全管导管由斜坡上的钢制刚性框架柱支撑。全管导管主体有方形或圆形横截面,尺寸为40 cm×40 cm~80 cm×80 cm或$\phi$40 cm~$\phi$80 cm。径向阀安装在溜槽下部出口附近,以控制混合运动,这一点与真空溜槽不同。在运输过程中,混凝土混合料被完全填充在管中。通过调节径向阀的开度,可调节混凝土混合料的速度,使得混合料下降速度逐渐变慢,从而防止分离。全管导管的应用条件与真空溜槽相同。两种设备在垂直运输混凝土混合料方面都有很高的效率,都被广泛用于建造坝肩比较陡峭的碾压混凝土坝。

## 7.4　示　例

从低地基水平高程630.0 m算起,高玛赞碾压混凝土拱形重力坝高133 m,高程763.0 m处的坝顶长度为231 m。基部最大宽度达到78 m。坝的中心部分有一个四分隔栏溢洪道,每个长17.5 m,紧靠两侧的非溢流坝段。坝中心建有一个泄水底孔,直径3.0 m,在高程680.0 m处有一个反转,该泄水底孔的建造是为了排沙。该坝位于800 m长的Khajuri峡谷。该坝址的峡谷为V字形,底部宽度为25~40 m。该峡谷比较狭窄,略微对称,有非常陡的侧面,左侧的平均坡度为75°,右侧的平均坡度为65°,其上侧比较平坦,平均坡度为40~45°。该坝的碾压混凝土总体积为408 760 $m^3$,还额外使用了84 660 $m^3$的传统混凝土。

为了建造该拱形重力坝,施工者成功应用了多种运输方法:

(1)从高程630.0 m至高程696.6 m的坝基交界处,施工者使用后卸式卡车运输混凝土

图9　高玛赞碾压混凝土拱形重力坝使用的真空溜槽

混合料。

(2)从高程696.6~736.0 m,施工者使用卡车水平传输混凝土混合料,从混凝土配料机运输至真空溜槽,或在水坝填筑区域进行运输,同时,54 m长的真空溜槽和10 m长的缓解象鼻管(从出口弯管处算起)被用于垂直运输,如图9所示。真空溜槽倾斜70°。通过真空溜槽运输的碾压混凝土混合料总体积为125 000 $m^3$。

(3)从高程736.0 m至坝顶,皮带运输机和卡车一起使用,以克服溢洪道部分的瘀滞。

(4)传统混凝土通过塔式起重机和混凝土泵运输。

## 8　结　论

碾压混凝土拱坝的成功建设实践证明,对于拱坝建设来说,碾压混凝土是一种合适的材料和技术,其成本较低,而且节约时间。关于该技术的关键议题包括:横向收缩缝的形成与灌浆、通过冷却系统对碾压混凝土拱坝进行温度控制、在陡峭的坝肩斜坡上将碾压混凝土混合料运输至水坝、根据站点的特定环境条件在有限的空间内实施施工管理。本文总结了最先进的知识和最实用的技术,为碾压混凝土技术向拱坝的扩展应用铺平了道路。根据合理预期,该技术将会有更多的创新发展,从而使碾压混凝土技术更多地用于拱坝建设。

### 参考文献

[1] G. X. Chen, G. J. Ji, G. X. Huang. 碾压混凝土拱坝的重复灌浆[J]. 碾压混凝土坝,西班牙马德里,2003:421-426.

[2] Q. H. Chen. 碾压混凝土高拱坝的新设计思路[J]. 碾压混凝土坝,西班牙马德里,2003:427-430.

[3] Q. H. Chen, Y. T. Ding. 沙牌碾压混凝土拱坝的结构缝设计研究[C]//碾压混凝土坝国际研讨会会议记录,中国成都,1999:560-571.

[4] C. J. Du. 碾压混凝土拱坝的横向收缩缝和灌浆系统[J]. 国际水电与大坝,2006(1):82-88.

[5] C. J. Du. 使用埋入式冷却管系统对碾压混凝土坝进行后冷却[C]//国际水电与大坝,2010(1):93-99.

[6] C. J. Du. 高玛赞碾压混凝土拱形重力坝的结构特点[C]//第六届碾压混凝土(RCC)坝国际研讨会会议记录,西班牙萨拉戈萨,编号 C008,2012.

[7] J. J. Geringer. 沃维丹斯坝可灌浆裂缝的设计和施工[C]//第一届碾压混凝土坝国际研讨会会议记录,西班牙桑坦德,1995:1015-1036.

[8] A. J. Gu,等. 碾压混凝土拱坝诱导缝有效性分析[J]. 扬州大学学报,2003,6(2):66-70.

[9] T. R Gyawali, K. Yamada, M. K. Maeda. 高效率连续混凝土混合系统[C]//第 17 届 ISARC 会议记录,台湾台北,2000:MA3. doc - 1-6.

[10] L. C. Hattingh, W. F. Heinz, C. Oosthuizen. 碾压混凝土拱坝/重力坝的接缝灌浆:实践[C]//碾压混凝土坝国际研讨会会议记录,西班牙桑坦德,1995:1037 - 1052.

[11] F. Hollingworth, D. J. Hooper, J. J. Geringer. 碾压混凝土拱坝[J]. 国际水力发电与大坝建设,1989:29-34.

[12] R. E. Holderbaum, D. P. Roarbaugh. 碾压混凝土坝设计和施工趋势与创新[J]. 国际水电与大坝 2001(3):63-69.

[13] 国际大坝委员会. 碾压混凝土坝——最新技术和案例分析. 法国巴黎:国际大坝委员会,公告 126,2003.

[14] G. T. Liu, P. H. Li, S. N. Xie. 碾压混凝土拱坝:中国的研究与实践[J]. 国际水电与大坝,2002(3):95-98.

[15] G. T. Liu, P. H. Li, S. N. Xie. 碾压混凝土拱坝的研究和实践[C]//中东碾压混凝土坝建设国际会议会议记录,约旦,2002:68-77.

[16] G. S. Sarkaria, F. R. Andriolo, M. A. C. Juliani,等. 碾压混凝土拱坝的收缩缝和整体性[C]//第 22 届美国大坝协会年会会议记录,美国加利福尼亚州,2002:47-57.

[17] X. R. Wu, Z. R. Chen. 光照水电站项目使用整仓系统垂直运输混凝土的新技术[C]//第 6 届碾压混凝土坝国际研讨会会议记录,西班牙 Zarokoza,2012,论文编号 C0005.

[18] W. H. Zhong, G. Yu. 新型碾压混凝土运输设备及其施工技术[J]. 水利电力机械,2005,127(3):23-27.

[19] B. F. Zhu. 碾压混凝土拱坝:温度控制和接缝设计[J]. 国际水力发电与大坝建设,2003:26-30.

# 鲁地拉水电站大坝碾压混凝土原材料选择及温度控制设计

冀培民　黄天润　王天广　杨鑫平　康文军

（中国电建西北勘测设计研究院有限公司　陕西　西安　710065）

**摘要：**金沙江鲁地拉水电站碾压混凝土重力坝最大坝高 140 m，大坝碾压混凝土采用砂岩骨料，通过采用优质缓凝高效减水剂、引气剂、PL（磷矿渣 + 石灰岩粉）掺合料、中热水泥，优化配合比设计，改善了混凝土工作性能。通过控制碾压混凝土出机口温度和浇筑温度，上游面布设防裂钢筋网，采取保湿措施、改善仓面小环境、分区智能通水冷却和大坝三维应力场仿真反馈分析，实现了高性能大坝混凝土实时温控和防裂的目标。

**关键词：**鲁地拉水电站，干热河谷，碾压混凝土坝，实时温控防裂技术，磷矿渣，PL 掺合料

## 1　工程概述

### 1.1　枢纽概况

鲁地拉水电站枢纽建筑物主要由左右岸挡水坝、河床溢流表孔、底孔、右岸引水发电系统组成。电站总装机容量 2 160 MW，最大坝高 140 m，坝顶长 622 m。5 个溢流表孔集中布置于河床中间，右岸地下厂房内布置 6 台水轮发电机组，枢纽区基本地震烈度为Ⅷ度，设防烈度为Ⅸ度；工程采用枯水期隧洞导流、汛期导流洞和大坝缺口过水联合泄流的导流方式。大坝混凝土总量 200.84 万 $m^3$，其中碾压混凝土 157.71 万 $m^3$。

### 1.2　气象条件

鲁地拉水电站位于金沙江中游，属干热河谷，年平均气温 21.9 ℃，极端最高气温 46.5 ℃，极端最低气温 -2.57 ℃，5 月份最大日温差 20.4 ℃。多年年最大风速 34.4 m/s。多年平均相对湿度 63%，年最小相对湿度 12%。鲁地拉坝址气象站气象要素统计见表 1。

**表 1　鲁地拉坝址气象站气象要素统计表**

| 月份 | 1 月 | 2 月 | 3 月 | 4 月 | 5 月 | 6 月 | 7 月 | 8 月 | 9 月 | 10 月 | 11 月 | 12 月 | 年均 |
|---|---|---|---|---|---|---|---|---|---|---|---|---|---|
| 年平均气温（℃） | 15.6 | 18 | 22.7 | 25.5 | 25.3 | 27.5 | 25.9 | 24 | 24 | 22.2 | 18.1 | 15 | 22 |
| 年极端最高气温（℃） | 27 | 30.5 | 33.9 | 36.4 | 38.1 | 40.3 | 38.2 | 38.6 | 38.5 | 34.7 | 30.1 | 27.6 | 40.3 |
| 年极端最低气温（℃） | 6.3 | 8.4 | 10.6 | 15.9 | 4 | 20.4 | 19.5 | 19.6 | 17.2 | 13.1 | 8.1 | 6.1 | 4 |
| 年平均水温（℃） | 10.2 | 12.2 | 14.8 | 16.7 | 18.5 | 20.8 | 20.7 | 20.1 | 19.8 | 17.7 | 13 | 10 | 16.2 |

## 2　混凝土原材料选择

根据工程等别，工程混凝土总量和高峰强度及混凝土高峰时段，结合工程周边混凝土原

材料实际情况及原材料性能，通过配合比和碱活性抑制性试验，按就近取材、技术可靠、经济合理，生产规模、产品数量和质量满足工程要求的原则进行选择。

### 2.1　水泥

为降低混凝土内水化热温升，水泥主要选择云南滇西水泥厂和永保水泥厂两个厂家生产的42.5级中热硅酸盐水泥。MgO 含量控制在3% ~5%之间，产品实际的 MgO 含量在3% ~4%之间，其微膨胀性能有利于混凝土防裂；7 d 水化热 238 kJ/kg，比表面积 343 $m^2/kg$，可降低混凝土早期发热速率和发热量。

### 2.2　掺合料

鲁地拉工程对周边的粉煤灰、火山灰、微矿粉进行了试验研究结果表明，质量和产量均可满足工程要求。在掺量大于25%以上时，均可对鲁地拉砂岩骨料的疑似碱活性反应起到抑制作用。但由于运距较远，为降低工程造价和保证施工期的掺合料供应，经进一步对工程周边适宜作为碾压混凝土掺合料的磷矿渣进行调研和试验研究，最终大坝碾压混凝土采用了攀枝花磷矿渣(P)和永保水泥厂石灰岩粉(L)混合的掺合料(PL 料)，其性能指标满足工程技术要求，经济指标优于其他掺合料。磷渣粉和石灰石粉均由永保水泥厂加工。在掺量大于50%以上时，均可对鲁地拉砂岩骨料的疑似碱活性反应起到抑制作用。磷渣粉按比表面积控制在350 $m^2/kg$ 以上。石粉的细度用45 μm 的筛余量控制，控制在20%以下。在保证两种掺合料分别满足品质要求后，按1:1混合出厂。由于 PL 掺合料呈弱碱性，而粉煤灰呈酸性，因此 PL 掺合料对骨料碱活性抑制的效果低于粉煤灰，但仍具有较好的抑制作用。当 PL 掺合料掺量为50%以上时，试件膨胀率已低于限值。碾压混凝土初选配合比的总碱含量较低，在0.567 ~0.685 kg/ $m^3$ 之间，低于《水工混凝土耐久性技术规范》(2010年报批稿)规定的2.5 $kg/m^3$ 限定值。质量控制指标见表2。

**表2　PL 掺合料质量控制指标**

| 掺合料 | 复合比例 | 密度($kg/m^3$) | 细度 45 μm 筛余量(%) | 需水量比(%) | 28 d 抗压强度比(%) | 含水量(%) |
|---|---|---|---|---|---|---|
| PL | 1:1 | ≥2 750 | ≤25 | ≤103 | ≥75 | ≤1.0 |
| Ⅱ级粉煤灰 | — | — | ≤25 | ≤105 | — | ≤1.0 |

### 2.3　骨料

工程所需碾压混凝土骨料采用人工骨料，料源为地下厂房砂岩开挖料和正长岩料场。经试验研究，地下厂房开挖的砂岩渣料具有疑似碱活性有害反应；正长岩料场人工骨料为非活性骨料。为有效抑制碱活性反应，除采用掺合料有效抑制碱活性外，混凝土细骨料采用正长岩，以降低骨料单位混凝土砂岩骨料用量和砂岩骨料的比表面积。

### 2.4　外加剂

经试验比选，碾压混凝土外加剂采用江苏博特生产的 JM－Ⅱ缓凝高效减水剂和 GYQ 引气剂，以有效控制混凝土的初凝时间和削减混凝土水化热峰值。

### 2.5　设计配合比

鲁地拉水电站原材料经比选确定后，通过南科院的试验研究，其配合比见表3。

表 3　碾压混凝土(PL 掺合料)初选配合比

| 序号 | 混凝土类型 | 编号 | 掺合料掺量(%) | 水胶比 | 水(kg/m³) | 水泥(kg/m³) | 磷渣粉(kg/m³) | 石灰石粉(kg/m³) | 砂(kg/m³) | 石(kg/m³) | 减水剂(%) | 引气剂(‰) | $V_C$ 值(s) | 坍落度(mm) | 含气量(%) | 密度(kg/m³) |
|---|---|---|---|---|---|---|---|---|---|---|---|---|---|---|---|---|
| 1 | $C_{90}25$(三)碾压 | L3RA0 | 55 | 0.40 | 83 | 93 | 57 | 57 | 684 | 1 521 | 1.20 | 0.45 | 4.6 | — | 3.7 | 2 490 |
| 2 | $C_{90}20$(三)碾压 | L3RA1 | 55 | 0.45 | 84 | 84 | 51 | 51 | 689 | 1 533 | 1.20 | 0.45 | 4.5 | — | 3.5 | 2 500 |
| 3 | $C_{90}15$(三)碾压 | L3RA2 | 55 | 0.50 | 86 | 77 | 47 | 47 | 691 | 1 539 | 1.20 | 0.45 | 4.3 | — | 3.7 | 2 500 |
| 4 | | L3RB1 | 60 | 0.45 | 84 | 75 | 56 | 56 | 688 | 1 532 | 1.20 | 0.45 | 4.3 | — | 3.6 | 2 490 |
| 5 | $C_{90}25$(二)碾压 | L2RA1 | 50 | 0.45 | 100 | 111 | 56 | 56 | 750 | 1 392 | 1.20 | 0.40 | 4.0 | — | 3.8 | 2 450 |
| 6 | $C_{90}25$(三)常态 | L3NB3 | 30 | 0.50 | 108 | 151 | 32 | 32 | 653 | 1 454 | 1.00 | 0.012 | — | 59 | 3.8 | 2 450 |
| 7 | | L3NC2 | 35 | 0.45 | 106 | 153 | 41 | 41 | 649 | 1 445 | 1.00 | 0.012 | — | 63 | 3.5 | 2 440 |
| 8 | $C_{90}20$(三)常态 | L3NB4 | 30 | 0.55 | 110 | 140 | 30 | 30 | 656 | 1 460 | 1.00 | 0.012 | — | 67 | 4.0 | 2 430 |

## 3　温度场及应力场的有限元理论及仿真计算成果

### 3.1　温度场基本方程

在混凝土坝仿真分析中，温度是基本作用荷载。由热传导理论可知，大体积均匀、各向同性混凝土非稳定温度场在某一区域 R 内应满足下列微分方程(1)及相应的边界条件：

$$\frac{\partial^2 T}{\partial x^2} + \frac{\partial^2 T}{\partial y^2} + \frac{\partial^2 T}{\partial z^2} + \frac{1}{a}\left(\frac{\partial \theta}{\partial \tau} - \frac{\partial T}{\partial \tau}\right) = 0 \tag{1}$$

边界条件：

$$T = \overline{T},\ -\lambda\frac{\partial T}{\partial n} = q,\ -\lambda\frac{\partial T}{\partial n} = \beta(T - T_a)$$

式中：$\tau$ 为时间，h；$\lambda$ 为导热系数，(kJ/m·h·℃)；$\beta$ 为放热系数，kJ/(m$^2$·h·℃)；$\theta$ 为绝热温升，℃。

### 3.2　应力场基本方程

当混凝土温度场 $T$ 求解后，需进一步求出各部分的温度应力。计算温度应力时首先计算出温度引起的变形 $\varepsilon_0$，进而求得相应的初应变引起的等效结点温度荷载 $P_{\varepsilon 0}$，然后按通常的求解应力方法求得由于温度变化引起的结点位移，然后求得温度应力 $\sigma$。

$$P_{\varepsilon_0}^e = \iiint_{\Delta R} B^T D \varepsilon_0 dR \tag{2}$$

$[B]$为应变与位移的转换矩阵；$[D]$为弹性矩阵。

可以将温度变形引起的等效结点荷载 $P_{\varepsilon_0}$ 与其他荷载项加在一起，求得包括温度应力在内的总应力。

应力－应变关系中包括初应变项：

$$\sigma = D(\varepsilon - \varepsilon_0) \tag{3}$$

混凝土是弹性徐变体，在仿真计算过程中需要考虑混凝土的徐变影响。混凝土的徐变柔度为：

$$J(t,\tau) = \frac{1}{E(\tau)} + C(t,\tau) \tag{4}$$

式中：$E(\tau)$为混凝土瞬时弹性模量；$C(t,\tau)$为混凝土徐变度。

仿真应力用增量法求解，把时间 $\tau$ 划分成一系列时间段：$\Delta\tau_1, \Delta\tau_2, \cdots, \Delta\tau_n$，在时段 $\Delta\tau_n$ 内产生的应变增量为：

$$\{\Delta\varepsilon_n\} = \{\varepsilon_n(\tau_n)\} - \{\varepsilon_n(\tau_{n-1})\} = \{\Delta\varepsilon_n^e\} + \{\Delta\varepsilon_n^c\} + \{\Delta\varepsilon_n^T\} + \{\Delta\varepsilon_n^0\} + \{\Delta\varepsilon_n^s\} \tag{5}$$

式中：$\{\Delta\varepsilon_n^e\}$为弹性应变增量，$\{\Delta\varepsilon_n^c\}$为徐变应变增量，$\{\Delta\varepsilon_n^T\}$为温度应变增量，$\{\Delta\varepsilon_n^0\}$为自生体积变形增量，$\{\Delta\varepsilon_n^s\}$为干缩应变增量。

相应得到由以上因素引起的节点荷载增量进行整体的单元集成，可得整体平衡方程：

$$[K]\{\Delta\delta_n\} = \{\Delta P_n\}^L + \{\Delta P_n\}^C + \{\Delta P_n\}^T + \{\Delta P_n\}^0 + \{\Delta P_n\}^S \tag{6}$$

式中：$\{\Delta P_n\}^L$ 为外荷载引起的结点荷载增量，$\{\Delta P_n\}^C$ 为徐变引起的结点荷载增量，$\{\Delta P_n\}^T$ 为温度引起的结点荷载增量，$\{\Delta P_n\}^0$ 为自生体积变形引起的结点荷载增量，$\{\Delta P_n\}^S$ 为干缩引起的结点荷载增量。

由$\{\Delta\delta_n\}$与$\{\Delta\sigma_n\}$的对应关系，累加后得到各个单元 $\tau_n$ 时刻的应力。

$$\{\sigma_n\} = \sum\{\Delta\sigma_n\} \tag{7}$$

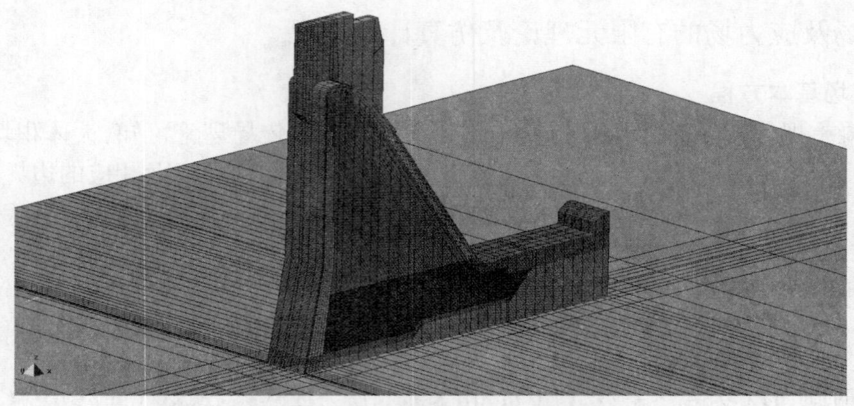

图 1　15 号溢流坝段有限元计算模型

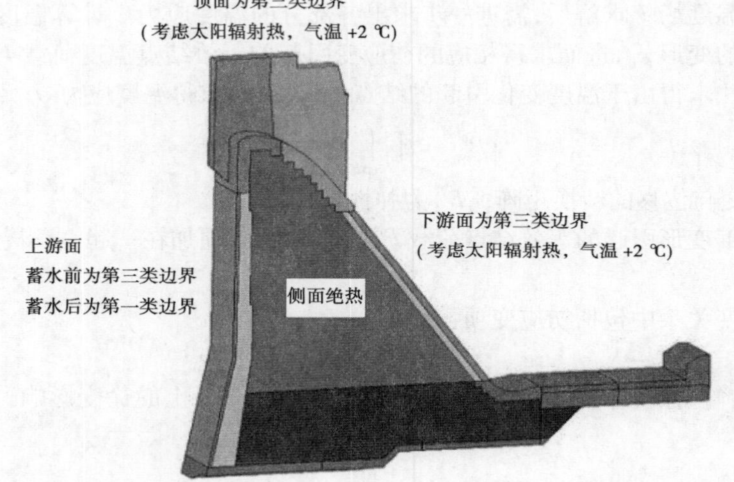


图 2　15 号溢流坝段稳定温度场计算边界条件示意图

图 3　12 号底孔坝段有限元计算模型

### 3.3　仿真计算成果

通过对鲁地拉碾压混凝土大坝溢流坝段不同开工时间(2 月、5 月和 10 月),施工期防止基础温差导致的裂缝,内外温差导致的表面裂缝和上游劈头裂缝,以及上下层温差导致的水平缝和汛期过流、侧面长期暴露过冬和初次蓄水冷击所可能导致的裂缝等的工况仿真计算分析,基础垫层最高温度可控制在 36 ℃以内,基础碾压混凝土最高温度可控制在 31 ℃以下。从应力来看,基础垫层顺河向最大应力在 0.8 ~ 1.1 MPa 左右(容许应力 1.44 MPa),基础区碾压混凝土最大顺河向应力可控制在 1.0 ~ 1.5 MPa 左右(容许应力 1.6 MPa),均出现在坝体温度达到稳定温度场时,基础顺河向应力基本都能够满足混凝土抗裂要求,安全系数都在 1.8 以上。在没有长间歇等现象出现的前提下,非约束区顺河向应力大都可控制在 0.3 ~ 0.8 MPa左右,能够满足温控设计抗裂要求;上游表面最大轴向应力为 1.2 MPa,最大竖向应力为 1.0 MPa 以下,从容许拉应力及设计要求安全系数来看,都在 1.5 以上,基本满足混凝土设计抗裂要求。为降低混凝土开裂风险,在大坝缺口过水、蓄水或入冬前,中期降温的目标温度可按 20 ~ 23 ℃控制。大坝混凝土可采用 3.0 m 以上的浇筑层厚方案,施工应尽可能采用短间歇、连续上升方案。寒潮冷击对应力的影响主要是上、下游表面,施工仓面和侧面,施工期大坝遭遇 3 d 10 ℃温度变幅的寒潮时,上下游表面将出现超标应力。因此,出现寒潮天气时,要在常规保温措施的基础上,加强表面保温工作,可满足设计温控防裂要求。

## 4　混凝土浇筑温控技术要求

### 4.1　混凝土拌和及制冷系统

混凝土拌和采取粗骨料二次风冷、加冰、加制冷水等技术措施,控制混凝土出机口温度。基础约束区碾压混凝土最低出机口温度按 12 ℃控制,各月出机口温度见表 4。

**表 4　大坝碾压混凝土出机口温度参考控制表**

| 区域 | 月份 | | |
|---|---|---|---|
| | 4 ~ 9 月 | 3 月、10 月 | 11 月、12 月、1 月、2 月 |
| 基础约束区 (0 ~ 0.4)$L$ | 12 ℃ | 14 ℃ | 常温 |
| 上部非约束区 0.4 $L$ 以上 | 14 ℃ | 16 ℃ | 常温 |

### 4.2　引起大体积碾压混凝土裂缝的主要因素

引起大体积碾压混凝土裂缝的主要因素为:混凝土基础温差、混凝土内外温差、混凝土干缩变形、原材料性能、配合比、混凝土龄期和弹性模量等。鲁地拉工程所处地区为金沙江干热河谷,有气温高、温差大、蒸发量大等特点,因此工程采取了优化配合比,控制混凝土浇筑温度,降低混凝土基础温差、内外温差,减小混凝土干缩变形,改善施工方法,拌制制冷混凝土,运输和入仓保温,仓内喷雾,仓面覆盖,通水冷却,流水养护和混凝土暴露面覆盖保温材料等工程措施,以控制大体积混凝土裂缝。由于内部混凝土在水化热的作用下,温度升高,体积膨胀;表面混凝土的温度由于受环境温度影响而下降,体积收缩,在这种内膨胀、外收缩的应变状态下,将在混凝土表层产生拉应力。混凝土在浇筑初期(1 ~ 3 d)没有完全形成刚体,弹性模量很小,还具有一定的塑性,拉应力将得到释放,一般不会出现温度裂缝;在

3～28 d内，混凝土已完全凝为刚体，随着混凝土内部水化热的加剧，混凝土的抗拉强度及弹性模量虽得以提高，但可能会出现混凝土的抗拉强度不足以抵抗由温度产生的拉应力，这样混凝土表层将会在拉应力的作用下产生裂缝，随着裂缝的纵深发展，可能会出现危害大坝安全的深层裂缝或贯穿性裂缝。据统计资料显示，所有大坝的温度裂缝有70%以上都是在该时段产生的，所以加强混凝土的早期温度控制，是控制混凝土温度裂缝的关键。

## 4.3 混凝土温度设计控制标准

### 4.3.1 浇筑温度

浇筑温度要求控制混凝土从出机口至上坯混凝土覆盖前的温度回升值：4～10月不超过5 ℃，其他月份不超过3 ℃，浇筑温度按不超过表5所示值控制，确保混凝土最高温度满足设计要求。

**表5 大坝混凝土浇筑温度控制表**

| 区域 | 月份 | | |
|---|---|---|---|
| | 4～9月 | 3月、10月 | 11月、12月、1月、2月 |
| 基础约束区(0～0.4)$L$ | 17 ℃ | 17 ℃ | 常温 |
| 上部非约束区0.4$L$以上 | 19 ℃ | 19 ℃ | 常温 |

### 4.3.2 基础温差及上、下层温差

#### 4.3.2.1 基础温差

鲁地拉基础容许温差见表6。

**表6 鲁地拉基础容许温差** 单位(℃)

| 强约束区允许温度 | | 重力坝段 | | 溢流坝段 | | 底孔坝段 | |
|---|---|---|---|---|---|---|---|
| | | (0～0.2)$L$ | (0.2～0.4)$L$ | (0～0.2)$L$ | (0.2～0.4)$L$ | (0～0.2)$L$ | (0.2～0.4)$L$ |
| 内部碾压混凝土 | 通仓 | 14 | 16 | 14 | 16 | 14 | 16 |

#### 4.3.2.2 上下层温差

在老混凝土面上浇筑混凝土时，老混凝土面以上$L$/4范围内的新浇混凝土应按上下层温差控制，温差标准为15.0 ℃。老混凝土面以上新浇混凝土应短间歇均匀上升，避免再次产生老混凝土。

### 4.3.3 内、外温差及允许最高温度

根据温差标准和坝体稳定温度确定的允许最高温度见表7。对于有的孔口坝段，孔口底板以下15 m至顶板以上15 m范围内混凝土容许最高温度均按33 ℃控制。一般情况下相邻坝段高差不宜大于10～12 m，浇筑时间不宜间隔太久，侧向暴露面应保温过冬。

**表7 碾压混凝土允许最高温度及允许内外温差** （单位:℃）

| 温控分区 | 允许温差 | 稳定温度 | 最高温度 | 允许内外温差 |
|---|---|---|---|---|
| 强约束区(0～0.2)$L$ | 14 | 17 | 31 | 12 |
| 弱约束区(0.2～0.4)$L$ | 16 | 18 | 33 | 14 |
| 非约束区0.4$L$以上 | 18 | 18 | 36 | 16 |

注：当浇筑部位出现老混凝土时，最高温度还应满足上下层温差控制标准。

## 5　坝体混凝土浇筑温控要求及技术措施

### 5.1　坝体混凝土浇筑温控技术要求及措施

碾压混凝土浇筑块最大长度按通仓控制，最大的块长102 m。工程采用的主要温控技术措施如下所述。

#### 5.1.1　各季节碾压混凝土浇筑方案

(1)4～9月浇筑层厚3.0 m(压实层厚度0.3 m，连续碾压10层)，间歇7 d，浇筑温度不大于17.0 ℃，初期通10 ℃制冷水冷却20 d，采取仓面喷雾和仓面保温措施。

(2)10月～翌年3月浇筑层厚3.0 m(压实层厚度0.3 m，连续碾压10层)，间歇7 d，浇筑温度不大于19.0 ℃，初期通天然河水冷却20 d。

(3)水管布置形式均为1.5 m×1.5 m。单根循环蛇型水管长度要求不大于250 m。水管中水流方向应每24 h调换一次，混凝土每天降温不超过1 ℃。

#### 5.1.2　缺口过水部位温控要求

(1)溢流坝预留缺口过水前，需将过水高程以下至少20 m范围的混凝土冷却至20～23 ℃。

(2)缺口过水前，对底孔侧面迎水部位过水高程以上要求至少20 m范围的混凝土冷却至23 ℃。

(3)溢流坝缺口过水面表面下铺设两层限裂钢筋网。

#### 5.1.3　混凝土表面养护

(1)高温季节仓面采用表面流水养护，流水时间至混凝土最高温度出现1～2 d，以后可换成洒水养护。

(2)洒水养护应在混凝土浇筑完毕后6～18 h内开始进行，其养护期时间在干燥、炎热气候条件下，应养护至少28 d以上。水平施工缝则应养护到浇筑上层混凝土时为止。

(3)在施工过程中，碾压混凝土的仓面应保持湿润。正在施工和碾压完毕的仓面应防止外来水流入。

#### 5.1.4　混凝土表面保温

(1)在混凝土浇筑过程中，混凝土坯层面上应立即覆盖等效热交换系数$\beta \leqslant 20$ kJ/($m^2$·h·℃)的保温材料进行隔热，直至上坯混凝土开始铺料或安装冷却水管时才能逐步揭开。

(2)11月～翌年3月，混凝土仓内卸料堆、平仓后仓面盖EPE卷材保温，$\beta = 20$ kJ/($m^2$·h·℃)；混凝土仓面喷雾。浇筑混凝土收仓后，混凝土层面上应立即覆盖等效热交换系数$\beta \leqslant 8$ kJ/($m^2$·h·℃)的保温材料；冬季长间歇的浇筑层面，所有混凝土外露表面和所有孔洞部位，也应采用覆盖等效热交换系数$\beta \leqslant 8$ kJ/($m^2$·h·℃)的保温材料方法进行保温。一期水管通河水冷却20 d。气温骤降时表面保温$\beta \leqslant 8$ kJ/($m^2$·h·℃)。

(3)混凝土拆模时间不得早于7 d，气温骤降期间不允许拆模。

(4)气温骤降频繁季节加强气象预报，气温骤降来临对28 d以内浇筑的新浇混凝土表面和坝体下游面进行表面保护，保温标准$\beta \leqslant 8$ kJ/($m^2$·h·℃)。

(5)为避免气温骤降等温差对上游坝面造成劈头裂缝，应对坝体上游面部位全年挂贴保温材料，保温材料应紧贴被保护面，保温标准$\beta \leqslant 8$ kJ/($m^2$·h·℃)。保温材料可粘贴聚苯乙烯泡沫塑料板，保温板厚度约为 25 mm。

(6)4～9 月，制冷混凝土出机温度≤12 ℃；混凝土仓内卸料堆、平仓后仓面盖 EPE 卷材保温，$\beta = 20\ kJ/(m^2 \cdot h \cdot ℃)$。浇筑时混凝土仓面喷雾，仓面流水养护，侧面花管喷水养护，一期水管通 10 ℃冷水冷却 20 d，必要时仓面搭设凉棚。

图 4 现场大坝施工面貌图(2013 年 1 月)

### 5.2 坝体混凝土智能通水冷却及防裂仿真反分析

为更好地解决金沙江干热河谷混凝土温控防裂，鲁地拉碾压混凝土坝在施工过程中采用了温控智能控制系统的探索性应用，2012 年 12 月份在工程中投入使用，该系统已成功实现以下功能并对施工现场温控措施进行了有效的指导：

(1)通水资料及混凝土温度实时监测资料能够实现自动测量、无线传输、自动入库及自动分析，及时预警混凝土温度状态。

(2)大坝混凝土内部温度沿着预想的方向发展，预测温度曲线与实测温度曲线基本一致，为大坝的施工质量安全提供了保障。

(3)首次在碾压混凝土坝中实现冷却通水的智能化控制。

(4)成功实现了碾压混凝土连续上升 21 m，混凝土温度全面满足温控技术要求且无危害性裂缝的产生。

(5)通过全面掌握现场碾压混凝土气温、浇筑时间、浇筑温度、通水冷却、通水温度、通水时间和流量与温度的实时关系、混凝土温度检测的有关数据，现场跟踪混凝土浇筑块温度和温度应力信息，通过施工期温度应力动态仿真反分析，实时计算坝段温度场、应力场，提出预防温控措施，适时进行温控措施反馈调整，为防止大坝混凝土出现危害性裂缝，取得了预期效果。为工程初次蓄水、竣工验收提供了参考依据。

## 6 结 论

鲁地拉水电站位于金沙江中段，为干热河谷。大坝碾压混凝土采用砂岩骨料，砂岩骨料具有疑似碱活性反应，通过采用优质缓凝高效减水剂、引气剂、PL(磷矿渣 + 石灰岩粉)掺合料、中热水泥，粗骨料采用砂岩、细骨料采用无碱活性的正长岩和优化配合比设计，有效地解

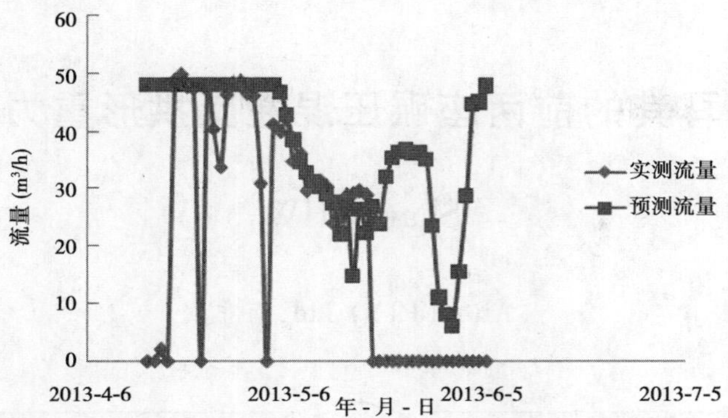


图 5　10 号-4-2 预测流量实测流量成果图

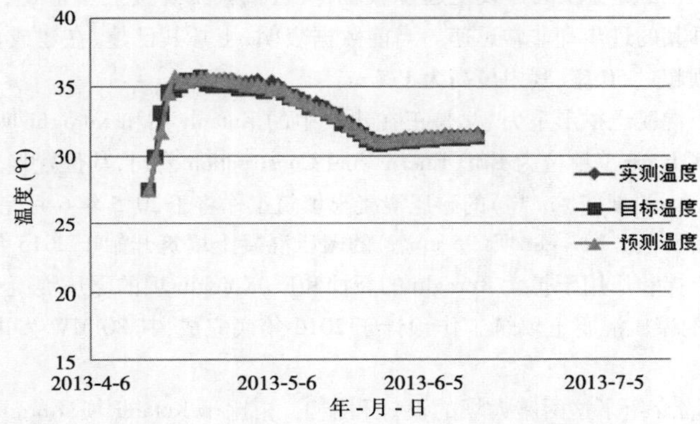


图 6　10 号-4-2 预测温度、目标温度及实测温度成果图

决了工程碾压混凝土的碱活性抑制、粉煤灰掺合料运距远、成本高、难以保证供应的问题，改善了混凝土工作性能。通过控制碾压混凝土出机口和浇筑温度，上游面、大坝过水缺口布设防裂钢筋网，采取保湿措施、改善仓面小环境、分区智能通水冷却和大坝三维应力场仿真反馈分析，大坝没有出现危害性裂缝，实现了大坝混凝土实时温控和防裂的目标，可为其他干热河谷地区工程碾压混凝土掺合料选择和温控防裂起到借鉴作用。

## 参考文献

[1] 朱伯芳，大体积混凝土温度应力与温度控制[M]. 北京：中国电力出版社，1999.

[2] DL 5108—1999　混凝土重力坝设计规范[S].

[3] 鲁地拉水电站施工详图阶段碾压混凝土重力坝温控设计专题报告[R]. 中国水电顾问集团西北勘测设计研究院，2010.

[4] 陆采荣，等. 金沙江鲁地拉水电站工程新型 PL 掺合料混凝土试验与运用研究报告[R]. 南京水利科学研究院，2010.

[5] 张国新，等. 鲁地拉碾压混凝土重力坝技施阶段三维温度应力仿真分析与温控标准、温控措施深化研究[R]. 中国水利水电科学研究院，2010.

# 土耳其的前两座碾压混凝土拱形重力坝

Shaw QHW

（ARQ（PTY）Ltd，南非）

**摘要**：土耳其在碾压混凝土坝的建设上起步较晚，其首批碾压混凝土坝完成于过去10年的中期，尽管如此，土耳其的进步却非常迅速。当前数据表明，土耳其已建、在建或正在规划和设计中的碾压混凝土坝超过50座，其中最高为177 m。

其中两座碾压混凝土拱形重力坝，是正在建设中的Kotanli坝和Köroğlu坝，它们位于土耳其东北部的库拉河上，施工单位为EBD Enerji Ünal Construction公司，其位置接近格鲁吉亚和亚美尼亚的边界。Kotanli坝（75 m高）的碾压混凝土填筑工作将于2015年6月完成，其50 MW发电站将于7月开始发电。Köroğlu坝（95 m高）的碾压混凝土填筑开始于2015年5月，一旦Kotanli的碾压混凝土拌和厂用于扩大Köroğlu的新拌和厂，Köroğlu坝的碾压混凝土填筑速度就会加快。Köroğlu坝的碾压混凝土填筑工作预计于2016年底完成，其80 MW发电站能够在2017年早期开始发电。

在本文中，笔者介绍了这两座大坝的设计和施工，相比于Kotanli坝，Köroğlu坝的拱形作用更显著。设计和建造的特殊挑战为该地区的极端气候条件，每年11月至翌年3月的碾压混凝土填筑工作都要中断，并需要对拱坝设计进行创新以解决显著的温降荷载。

**关键词**：碾压混凝土，拱坝，重力坝，土耳其

## 1 背景和简介

### 1.1 土耳其的碾压混凝土拱坝和碾压混凝土坝

世界上第一批碾压混凝土坝于20世纪80年代晚期建成后，该技术仅仅在中国获得了显著关注和发展，中国在随后20年里建造了超过40座碾压混凝土拱坝和碾压混凝土重力坝；其中最高达147 m[1]。21世纪10年代的早期，中国以外的国家也建造了碾压混凝土拱坝，包括巴拿马的昌金努拉1大坝，巴基斯坦的高玛赞大坝和波多黎各的波图格斯大坝。

尽管土耳其在碾压混凝土坝的建设上起步较晚，但是土耳其最近几年建造了很多碾压混凝土坝，大部分用途为水电生产，表明碾压混凝土坝建设现在已经比较普遍。2015年，土耳其有大约25座碾压混凝土坝正在运行中，许多水电站位于该国东北部的深山峡谷中，很多坝址在地形上非常适合建造拱坝和拱形重力坝。

### 1.2 Köroğlu 和 Kotanli 水电站

人们在库拉河发现了两个地形上非常适合建造拱坝和拱形重力坝的坝址，该坝址比较接近阿尔达罕，位于库拉河流入格鲁吉亚的上游不远处。在该位置，库拉河穿过了一个峡谷（深约200 m）的起伏地形，从而具有显著的发电潜能。Köroğlu和Kontanli水电开发项目本

来为同一个项目，只有一座大坝和一条长隧道，但是人们发现隧道沿线存在一个重大缺陷，因此决定将该项目分为两个项目，每个项目都将建造一座大坝，每座大坝的坝趾处都有一个发电站。

两个方案的设计排水量都约为100 $m^3/s$，Köroglu 水电站水头较高，装机容量为80 MW，Kotanli 水电站的装机容量为50 MW。

## 2　气候条件

Köroglu 坝的最大高程为海拔1 723 m，Kontanli 坝的最大高程为海拔1 635 m，该地区的冬季极端寒冷，11/12 月至3 月期间的白天气温一般不超过0 ℃。

表1展示了一些具有参考性的月平均气温。

**表1　Köroglu 坝址的典型月平均气温**

| 月份 | 1 | 2 | 3 | 4 | 5 | 6 | 7 | 8 | 9 | 10 | 11 | 12 | 平均 |
|---|---|---|---|---|---|---|---|---|---|---|---|---|---|
| 平均气温(℃) | -9.9 | -8.3 | -2.4 | 5.8 | 10.2 | 14.0 | 17.8 | 17.8 | 13.8 | 7.3 | 0.3 | -6.4 | 5.0 |

从上文可以看出，每年只有4～11月期间可以实施碾压混凝土填筑，其他时间都不现实。11月下半月，由于气温寒冷，夜间填筑也无法实施。极低的气温也对拱坝设计产生了显著影响，典型热分析表明，坝体上部中心的长期冬季温度介于5.5～7 ℃，下部中心的长期冬季温度约为8 ℃。如果实际可实现的最大碾压混凝土填筑温度为15 ℃，且考虑应力松弛蠕变的影响，则允许净温度下降应为7～10 ℃。

## 3　影响大坝设计的因素

### 3.1　Kotanli 坝

#### 3.1.1　地形

Kotanli 坝位于库拉河峡谷的一个对称截面上，其左坝肩倾斜相对较缓，右坝肩则非常陡峭。其右坝肩下部有坡地侵蚀堆积物覆盖的斜坡，非常适合布置发电站。最终大坝设计为：总坝顶长度为201 m，高度为72 m，坝顶长度和高度的比例较低，可能会使得拱圈的作用效果更好，底部峡谷宽度和岩土条件则没那么理想(图1)。

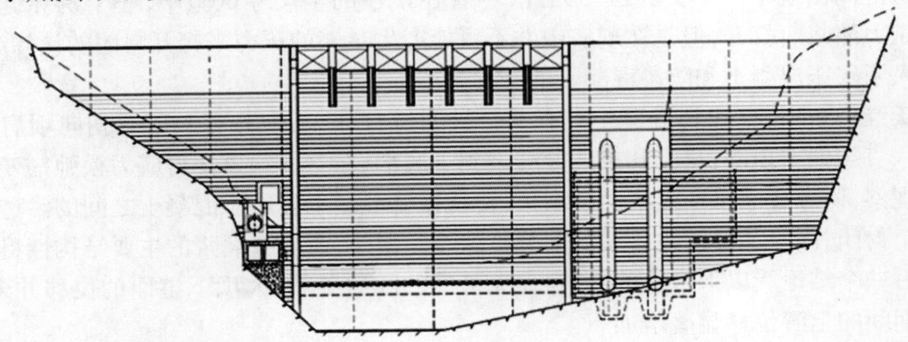

图1　Kotanli 坝的下游立面图(一)

3.1.2　岩土工程条件

Kotanli 水电站的地质为火山岩类型，主要为玄武岩的形式；多孔和裂隙玄武岩层相互交错，有强度很低的红玄武岩朝向右坝肩顶部和左坝肩中部。该项目的岩土工程勘察调查表明，多孔和裂隙玄武岩的变形模量大约为 6 GPa，而红玄武岩的等效值估计为 1.28 GPa。

3.2　Köroǧlu 坝

3.2.1　地形

尽管 Köroǧlu 坝址的地形更对称，但是坝顶长度和高度之间的比例约为 4(372 m/93.5 m)，表明其拱的作用效果将不太有效。此外，两岸连续的缓坡，使得可布置发电站的空间较小。

3.2.2　岩土工程条件

在 Köroǧlu 坝，库拉火山岩分化成两种特别的岩土单位。单位 1 可描述为纹理致密的玄武岩岩体，单位 2 为接缝稀疏至大体积玄武岩岩体。地质情况一般是，坝址河段由单位 2 岩体构成，而两个坝肩由单位 1 岩体构成。岩土工程勘察表明，单位 2 岩体的变形模量超过 17 GPa，但是单位 1 的变形模量仅为 3.3 GPa(见图 2)。

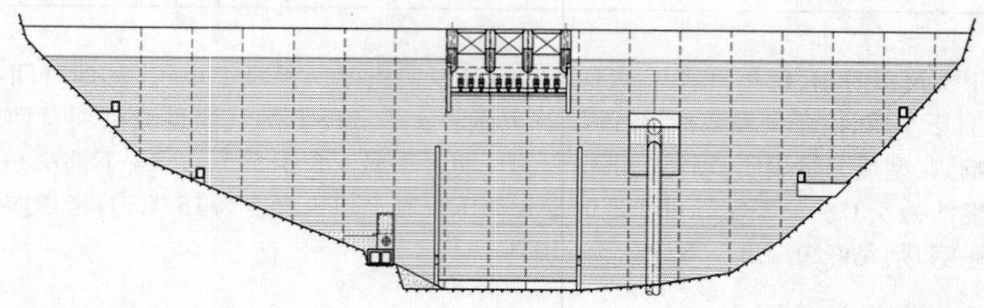

图 2　Köroǧlu 坝的下游立面图(二)

3.3　碾压混凝土坝的诱导缝灌浆

中国和巴基斯坦高玛赞大坝显然已经成功地对碾压混凝土诱导缝进行了灌浆。但是，南非的结果却不完美。沃维丹斯坝竣工 3 年后，施工者在冬季完成了诱导缝灌浆，期间，该坝的水位被降低，意图为消除拱圈作用。在灌浆的时候，由于碾压混凝土的低应力松弛蠕变，重要的中部诱导缝没有一条裂至坝顶。此外，碾压混凝土和作为防渗层的传统振捣混凝土(CVC)之间出现了一个交界区。因此，尽管在该坝的全尺寸试验中，一个诱导缝在灌浆期间因压力灌浆而打开，但是在现实中并不可能产生足够的压力来打开封闭的诱导缝，因为灌浆进入了碾压混凝土和防渗混凝土的交界区。

在沃维丹斯坝，27 个诱导缝中只有 5 个被明显打开，其中只有一条石朝向坝肩顶部的诱导缝一直裂到了顶部，只有几条诱导缝裂到了底部，在这里约束使得应力松弛蠕变达到最大。据观察，诱导缝灌浆产生了两种结果：传统振捣混凝土和碾压混凝土之间的渗透区的泄漏被完全封闭，同时诱导缝被打开的部分被填充。但是，诱导缝灌浆的主要结构性目的没有达到。后一个结论受以下事实的支持：在灌浆后的随后冬季，大坝下游面的位移并未改变，而夏季期间的上游位移显著增加[2]。

自从沃维丹斯坝的建造以来，诱导缝灌浆系统的应用和安装已经出现了显著改善，毫无疑问，变态混凝土的使用完全消除了过渡渗漏区的相关问题。尽管昌金努拉 1 坝安装的系统仅对蓄水后无法接近的区域进行了局部灌浆，但是在持续高压力下该灌浆系统并未出现问题。

### 3.4　低应力松弛蠕变的影响

尽管低应力松弛蠕变有显著的益处，例如降低长期温缩荷载的影响，但是可能造成危险的中期温度荷载情况。由于水化反应的扩张作用，且典型较薄坝顶区域的冷却速度快于体积更大的坝基，如果在大坝竣工后2～3年前没有对上部拱形接缝进行灌浆，则可能导致持荷结构的上游面出现垂直拉应力。相反，如果在这个时候对接缝进行灌浆，拱圈关键部位的压应力会随着底部大体积混凝土的冷却而上升。

## 4　水泥材料

土耳其东北部无法生产粉煤灰，使用粉煤灰需要很长距离的运输；在某些情况下，还需要公路—船运—公路联合运输。但是，该区域的火山地质表明存在着很好的天然火山灰。尽管其中一个此类火山灰产区与该坝址近在咫尺，但是考虑到只有所述两座大坝的建设规模，开发该资源在经济上并不可行。埃尔祖 AŞkale 水泥厂的水泥生产过程中使用了高质量粗面凝灰岩火山灰，这种材料可进行散装输送。AŞkale 粗面凝灰岩的比重较低，为2.38，活性 $S_iO_2$ 含量较高，火山灰强度活动指数非常高，达9.6 MPa。尽管该材料被研磨为 Blaine 值达5 650 $cm^2/g$，但是该材料并不具有高质量粉煤灰固有的施工性能优点。

对于 Kotanli 和 Köroğlu 坝，施工者将粗面凝灰岩与 AŞkale CEM I(42.5)水泥混合，其 Blaine 值通常为3 800 $cm^2/g$。用85 $kg/m^3$ 的水泥、130 $kg/m^3$ 的粗面凝灰岩和114～118 L 水进行测试，试验结果显示有大致等同的加速凝固，365 d 抗压强度超过20 MPa。

## 5　大坝结构设计

### 5.1　综　述

Kotanli 和 Köroğlu 坝的岩土工程条件和地形条件都不是很理想，不利于拱作用的有效发挥，而且还存在固有的恶劣气候条件，所以对大坝结构进行了优化设计，尝试寻找有价值的补救措施，假设拱形结构可能需要对碾压混凝土进行额外的预冷却和后冷却。尽管弯曲的平面布置创造了更多的空间来容纳发电站和溢洪道，但是通过拱形结构带来的关键益处为总混凝土量的降低，同时可降低投入成本，并能够提早发电。

真正算作成功的碾压混凝土坝施工，其简便性是一个关键因素，因此 Kotanli 和 Köroğlu 坝的明确设计目标为确保施工的简便性。这反过来又要求，从重力坝转为拱坝带来的混凝土方量减少的益处，不会因任何复杂的施工要求或复杂的后冷却系统而被打折。此外，如果大坝结构冷却的要求（或人工冷却以允许接缝灌浆）导致水库蓄水延期，则这种延期也不应损害碾压混凝土填筑提前完成所带来的益处。迄今为止，通过使用低应力松弛蠕变的碾压混凝土和良好的填筑温度控制，在相对较温和的气候条件下，我们在拱坝上成功实现了这些目标。尽管在平缓曲线上的碾压混凝土施工，以及可灌浆接缝的安装已经被证明不会影响方案或成本，但是在恶劣气候下，需要适应的长期质量梯度温差十分显著，因此有关后冷却和接缝灌浆的问题和要求变得更加重要，更具影响力。

### 5.2　地震荷载

Kotanli 和 Köroğlu 水电站最大设计地震的峰值地面加速度分别为0.341$g$ 和0.310$g$。

尽管在坝体设计方面这些地震加速度完全可以应付,但是考虑到闸门控制溢洪道确保了最低洪水上涨,所以显而易见的是,最大设计地震载荷将是这两座大坝的关键结构设计荷载。

## 5.3　温度荷载

在 Köroglu 和 Kotanli 水电站的严寒气候中,表面温度梯度和坝体内温度梯度效应都十分关键,尽管任何碾压混凝土坝的表面梯度效应相关问题都没有差异,但是坝体内温度梯度效应的影响在拱坝中十分关键。

假设碾压混凝土最高填筑温度为 15 ℃,绝热温升为 20 ℃(测量曾建议 <18 ℃),我们进行了等同于 20 年的热分析,每月时间步长和外部气温和水温都根据当地记录估算。该分析表明,Köroglu 坝结构需要约三年零六个月的时间(见图 3)来完全消散所有水化热并达到最终稳定温度,随后的温度变化仅由外部气候条件控制。

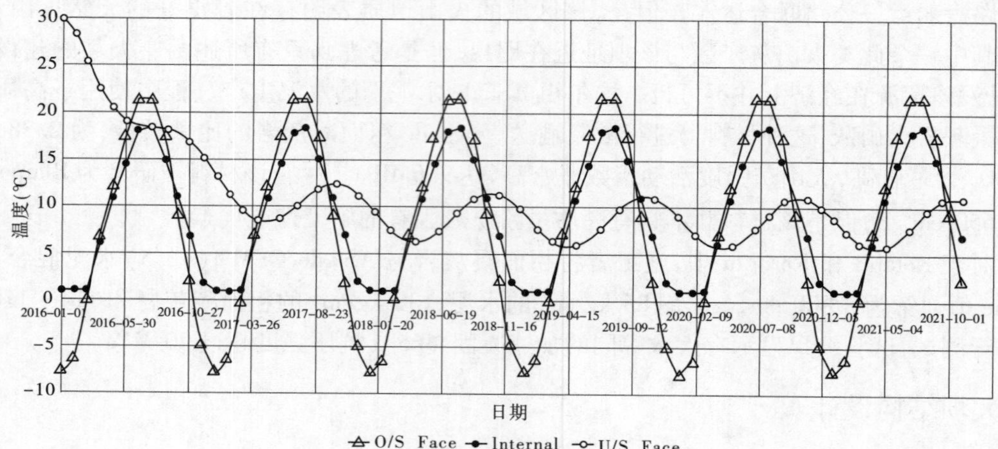


图 3　Köroglu 坝的典型内冷却

进行这种分析是为了确定坝体各部分预期可达到的最大温度范围,从而能够评估和优化预冷却、后冷却和接缝灌浆。该热分析表明,最低坝核温度出现于 3 月。

## 5.4　碾压混凝土的早期应力松弛蠕变性能

刚开始,施工者就计划先建造较小的 Kotanli 水电站,其施工会立即持续至 Köroglu 坝。通过使用较小的坝,能够通过仪器采集粗面凝灰岩火山灰碾压混凝土混合料的应力松弛蠕变性能信息,对于较传统的设计方法,该信息不易采集。通过所获取的信息,我们对预期的性能有了更大的信心,从而可以更大胆地设计规模更大、量级更高的 Köroglu 坝。

现在的经验能够使我们合理地理解水化周期中,富含粉煤灰的碾压混凝土预期会出现的典型应力松弛蠕变性能。但是天然或其他火山灰含量很高的碾压混凝土的此类信息尚不可得。通过使用各种不同类型碾压混凝土在水化作用下的应变性能数据库,我们审查了在 Kotanli 坝测量的碾压混凝土混合料性能,并结合了该区域使用相同水泥材料的碾压混凝土混合料建造的其他碾压混凝土坝所测量的性能。这些评估表明,碾压混凝土能够吸收水化温升下的压缩应变,而且表明碾压混凝土在达到稳定温度后,没有后续的应变松弛。

这一观察提供了强有力的证据表明,Kotanli 和 Köroglu 坝的碾压混凝土都呈现较低的应力松弛蠕变,且低至与富含粉煤灰的碾压混凝土已没有什么区别的程度,而富含粉煤灰的碾压混凝土已知具有很低的应力松弛蠕变。但是必须考虑以下事实,只有应变可以测量,应力是无法测量的，而且使用特殊火山灰/水泥混合物制造的碾压混凝土浆或碾压混凝土还没有进行相关实验室测试。所有与应力松弛蠕变性能相关的设计假设都需要在一定程度上持保守态度，这被视为权宜之计。

## 5.5　Kotanli 坝

考虑到相对较差的岩土条件、比较普通的地形条件、寒冷的气候条件，并考虑到含有粗面凝灰岩火山灰的碾压混凝土的应力松弛蠕变性能并不确定，而且该坝址的尺寸相对较小，是土耳其的第一座碾压混凝土拱坝，因此，Kotanli 坝采用了比较保守的设计。为此，我们采用了依靠拱圈作用来获得附加安全性因素和地震荷载下稳定性的设计方案（见图4）。

图4　Kotanli 拱形重力坝——2015 年 5 月

我们在二维模型中分析并证实了所有净水荷载和运行基准地震荷载下的稳定性。随后，我们在三维模型中使用有限元（FE）方法分析了所有适用荷载下的大坝稳定性和结构功能，但是有一个特殊要求为满足最大设计地震（MDE）的设计标准。此外，考虑到填筑温度相关的长期冬季温度分布，在假设应力松弛蠕变为 50 微应变，但假设无接缝灌浆的情况下，我们分析了显著结构温缩下的大坝结构。

此外，Kotanli 坝的溢洪道顶使用传统振捣混凝土建成，高 3.5 m，长度超过约 88 m，我们使用钢制冷却管和循环冷却河水来对相关混凝土进行后冷却。剪力榫和可重复灌浆接缝系统被用于两层传统振捣混凝土之间的接缝，因此接缝在混凝土冷却之后灌浆，从而在坝顶关键部位创造了一个结构支撑物，不会因随后的大坝冷却而收缩。该设施进一步确保了一旦碾压混凝土充分冷却，就能够对拱圈结构上部进行灌浆。通过使用该附加设施，我们已证明该坝体能够轻松满足所有可能条件下的设计标准，并满足所有可能的应力松弛蠕变发展下的设计标准。

Kotanli 水电站的坝体，如果采用一种简单的重力坝型式则总混凝土方量约为 290 000 $m^3$，转换为拱坝之后，有可能节省超过 50 000 $m^3$ 的混凝土，节省混凝土体积约 17%。由于每年的施工时间仅限于 8 个月，平均每月的碾压混凝土填筑量约为 25 000 $m^3$，因此这种碾压混凝土体积减少能够提前 2 个月完成施工和调试，并可带来间接的经济效益。

## 5.6　Köroğlu 坝

Köroğlu 水电站的地形和岩土条件都不适合建造薄拱坝，经证实，最佳选择为一个有垂直上游面的简单结构,上游面圆半径为 200 m( =2.14 $H$),下游面斜率为 0.6($H$):1($V$)。Köroğlu 坝使用的拱形方案能够显著减少混凝土用量;完成该坝需要 580000 立方米混凝土,比同等重力坝所需的混凝土量少约 30%。这个优点能够使工程提前一年完成,以及减少对混凝土配料、运输和填筑系统的 30% 的能力需求。

在所有工况下,Köroğlu 坝的结构型式都呈现出三维拱圈作用,因此我们使用有限元分析和全三维模型完成了所有结构分析,界面元素代表坝段之间的诱导缝,如图 5 所示。

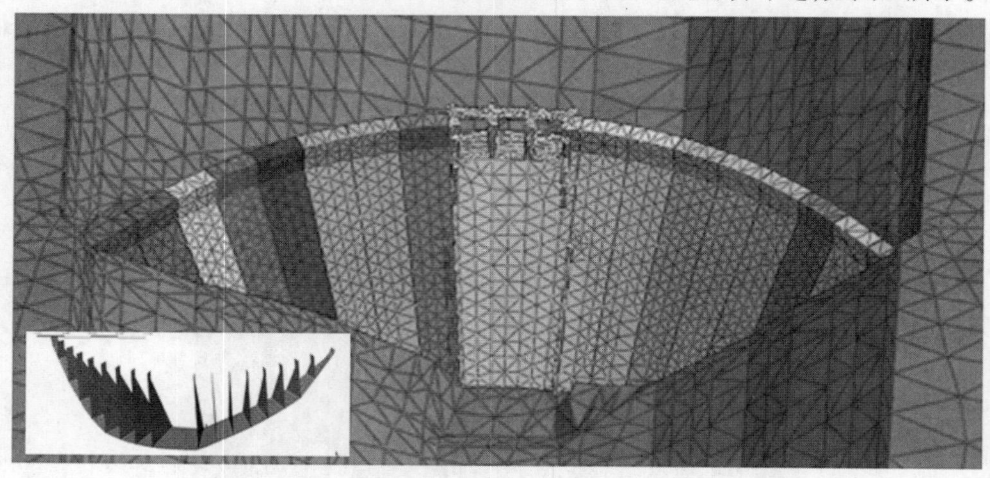

图 5　Köroğlu 坝——通过有限元模型展示其基本布局(包括接缝元素)

从图 6 中可以看出,Köroğlu 坝结构显示出了高效的拱圈作用,但显而易见的是高中央悬臂的下端部分则没有一点拱圈作用。

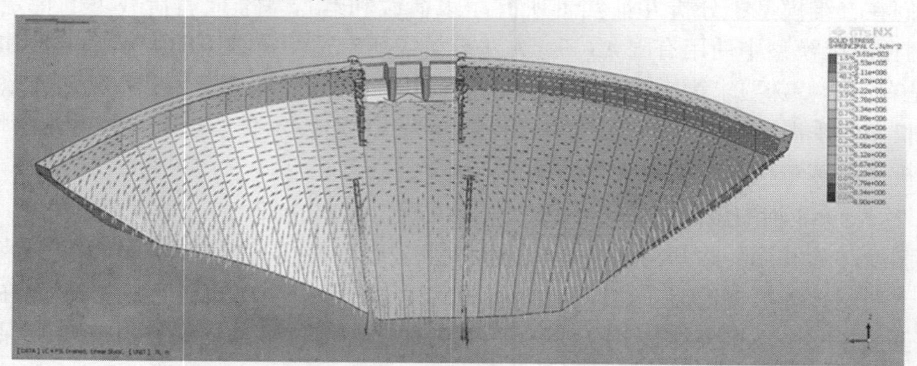

图 6　Köroğlu 坝——正常静水荷载下的下游面主应力矢量图

结构和温度分析表明,15 ℃碾压混凝土填筑温度所适用的温缩、50 微应变的应力松弛蠕变以及 3 月份的长期温度都会影响拱圈作用。如图 7 所示,坝体上方的压缩应力区域被显著抬高,两侧悬臂内的应力则显得过于垂直。

尽管我们能够明显注意到,结构分析与这种荷载情况下的非线性分析有一定趋同性,但是相关的结构性能并不理想,因为最大坝顶位移增加了近 120%。因此,我们认为可取且必要的方法为:在拱形结构中比较重要的上部进行后冷却和灌浆,从而确保在大坝蓄水和最终最冷条件下立即可产生强力的拱圈作用,而无需过多位移。

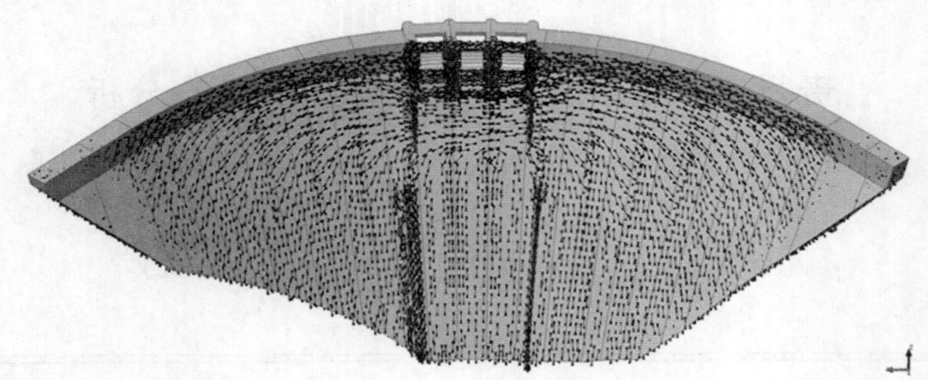

图 7　Köroglu 坝——正常静水荷载和极端缩温情况下的下游面主应力矢量图

分析表明，所要求的条件可以通过一定策略性的后冷却和 16 ℃下的接缝灌浆来实现。蓄水前，仅冷却大坝结构的上部，可打开该部分的接缝，此处需要拱圈作用，而下部部分是一直加热且膨胀的。一旦冷却，大坝结构下部的接缝将会打开，但是该结构区域无需拱圈作用，因此，无需相关灌浆工作。

根据当前规划，Köroglu 坝的碾压混凝土填筑将于 2016 年 11 月之前完成，这意味着 2016 年夏季填筑的碾压混凝土需要后冷却至 15 ℃，而且该后冷却应当为策略性后冷却，一般在冷却前允许进行约 4 周的水化作用。我们将使用一个温度模型，模拟实时的实际施工程序，以确保热膨胀和最大效力后冷却的最大益处。

## 6　总结和结论

拱形重力坝结构的应用具有显著的益处。然而，必须认识到，Kotanli 和 Köroglu 大坝设计的一个特别重要的部分是保持施工的简便性，从而确保不会影响或丢失碾压混凝土坝施工固有的快速优势。避免结构缝、后冷却系统的全面应用、延期蓄水的需求（以完成后冷却和接缝灌浆）消除了对碾压混凝土施工计划和成本的间接影响，从而确保实现碾压混凝土拱坝的全部益处。

由于 Kotanli 坝的混凝土体积减少仅为 17%，因此我们认为有一点十分重要，就是要确保采用拱坝方案后，不会失去固有的施工简便性和速度。这个目标已经成功实现，没有二次成本或时间影响可损害混凝土方量减少的益处。另一方面，对于 Köroglu 坝，所获得的益处显著更大，为了确保有效技术性能而进行的相应调整也同样更为显著。但是，通过使用策略性方法，可以只对必要的坝体部位进行冷却和灌浆，从而显著减少其他必然因素的影响。

### 参考文献

[1] Dunstan, M. R. H. . 2014 年世界地图集和工业指南[J]. 国际水电和大坝，Aqua – Media 国际公司，英国萨里郡沃灵顿，2014.

[2] Shaw, QHW. 大坝中碾压混凝土早期性能的新理解[D]. 南非比勒陀利亚大学，2010.

# 贵州光照碾压混凝土重力坝运行性态分析

杨宁安

（贵州黔源电力股份有限公司　贵州　贵阳　550002）

**摘要**：光照水电站大坝为全断面碾压混凝土重力坝，最大坝高200.5 m，坝顶全长410 m，是目前世界上已建、在建中最高的碾压混凝土重力坝。为了解和掌握光照水电站碾压混凝土重力坝运行状态，在坝体不同部位埋设了变形监测、应力应变监测、渗流渗压监测等监测仪器，监测大坝运行状态。本文通过对光照碾压混凝土重力坝变形、应力应变、渗流渗压、接缝等运行初期监测资料分析，大坝的水平变形及沉降变形很小，远小于设计计算值，应力应变监测表明，应力、应变测值很小，大坝稳定。坝段间横缝整体上呈张开状态，起到了坝体设计时诱导开缝的作用，效果较好。坝体与两岸坡基岩以及齿槽混凝土与基岩接合状态良好，接触缝状态稳定。坝前主排水孔前的扬压力强度系数介于0.042～0.134，下游残余扬压力强度系数介于0.031～0.214，上、下游防渗帷幕和排水孔的效果良好。坝基扬压力、坝体渗流量和库水位关系不明显。总量水堰实测最大流量为21.10 L/s，远小于大坝估算渗流量。大坝运行状态良好。

**关键词**：重力坝，运行，性态分析

## 1　工程概况

贵州北盘江光照水电站大坝为全断面碾压混凝土重力坝，坝顶全长410 m，坝顶高程750.50 m。最大坝高200.5 m，是目前世界上已建、在建中最高的碾压混凝土重力坝。其共分为20个坝段，即4个溢流坝段及底孔坝段、1个电梯井坝段和15个岸坡挡水坝段，大坝混凝土总量约280万$m^3$，其中碾压混凝土约240万$m^3$、常态混凝土约40万$m^3$。非溢流坝段坝顶宽12 m，溢流坝段坝顶平台宽度33 m，坝体最大底宽159.05 m，坝顶全长410 m，由左右岸非溢流坝和河床溢流坝组成，其中左右岸非溢流坝段分别长163 m和156 m。河床溢流坝和底孔坝段长91 m。大坝典型断面图见图1、图2。

## 2　观测设施

### 2.1　变形监测

变形包括水平位移、竖向位移、倾斜、接触缝和裂缝开合度等，主要的监测手段有视准线法和前方交会法、坝顶和坝体内的水准线路和真空激光准直系统、坝体内的正倒垂线、静力水准系统、真空激光准直系统、诱导缝和接触缝的测缝计。

### 2.2　渗流监测

渗流监测包括坝基渗漏量观测、坝体渗流压力及坝基渗流压力监测、绕坝渗流监测、扬压力监测等，主要监测手段有量水堰、埋入式渗压计和扬压力计等。

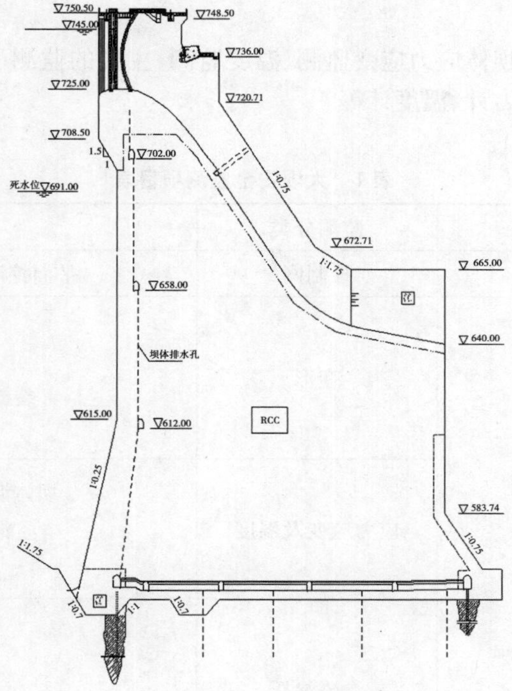


图 1 溢流坝段剖面图

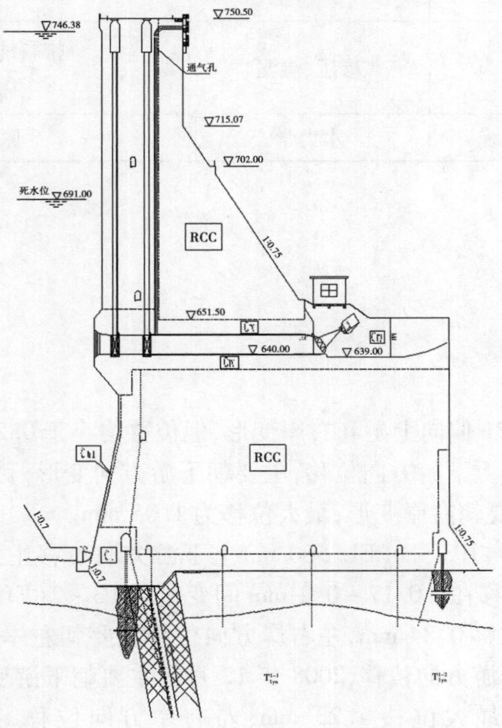


图 2 底孔坝段剖面图

### 2.3 应力应变监测

应力应变监测包括坝体应力应变监测、温度监测，主要的监测手段均为埋入式仪器，有测温光缆、应力计、无应力计、温度计等。

大坝监测项目见表1。

表1　大坝安全监测项目表

| 序号 | 部位 | 监测分类 | 监测项目 |
|---|---|---|---|
| 1 | 枢纽 | 控制网 | 平面控制网、水准控制网 |
| 2 | 大坝 | 变形 | 坝体变形<br>倾斜<br>裂缝及接缝变化<br>坝基位移 |
| | | 应力应变及温度 | 坝体混凝土应力应变<br>混凝土温度<br>坝基温度 |
| | | 渗流渗压 | 渗流量<br>扬压力<br>渗透压力<br>绕坝渗流 |
| 3 | 帷幕 | 渗压、渗漏 | 帷幕线后特殊地质渗压<br>帷幕端点渗压 |
| 4 | 泄洪消能系统 | 水力学 | 原因量、效应量 |

## 3　运行性态分析

### 3.1 大坝变形

#### 3.1.1　水平变形

##### 3.1.1.1　垂线监测

1#垂线(左坝肩):IP1 偏向上游和右岸变形,但位移均小于0.2 mm。

2#垂线(5 号坝段):上下游方向位移,主要朝下游方向变形,目前坝顶最大位移为6.13 mm;左右岸方向位移主要朝右岸变形,最大位移为1.05 mm。

3#垂线(10 号坝段):IP3－1(EL.560 m)上下游方向位移主要朝上游变形,最大位移2.05 mm,左右岸方向位移在－0.17～0.2 mm 间变化。IP3－2(EL.560 m)上下游方向位移主要朝上游变形,最大位移0.84 mm,左右岸方向位移主要朝左岸变形,最大位移0.2 mm。PL3－4(EL.612 m)上下游方向位移,2008 年12 月前主要朝下游变形,最大位移0.53 mm,此后主要朝上游变形,最大位移1.23 mm;左右岸方向位移－0.2～0.70 mm。PL3-3(EL.658 m)上下游方向位移主要朝下游变形,最大位移2.39 mm,左右岸方向位移－0.3～0.78 mm。PL3-2(EL.702 m)上下游方向位移,08 年12 月前主要朝下游变形,最大位移

2.56 mm,此后主要朝上游变形,最大位移5.04 mm;左右岸方向位移 -1.1 ~0.24 mm。PL3 -1(EL.750m)上下游方向位移主要朝上游变形,最大位移8.1 mm,左右岸方向位移主要朝右岸变形,最大位移1.06 mm。

4#垂线(16号坝段):IP4(EL.560 m)上下游方向位移主要朝上游变形,最大位移0.34 mm,左右岸方向位移 -1.19 ~0.74 mm。EL612 ~750 m上下游方向位移主要朝下游变形,各测点最大位移为1.6 ~6.81 mm,左右岸方向位移主要朝左岸变形,最大位移6.39 mm。

5#垂线(右坝肩):IP5上下游方向位移主要偏向上游,但最大值只有0.5 mm。

3.1.1.2　真空激光准直监测

1)658 m高程真空激光准直

LA1 ~LA8上下游方向位移测值规律差,所有测点测值都在 -1.5 ~0.5 mm间变化,变形方向均偏向下游。

2)坝顶真空激光准直

LA -D1 ~LA -D11上下游方向位移测值规律差,安装后均偏向下游变形,2010年3月10日前各测点偏向下游的最大位移分别为1.38 mm、5.04 mm、6.16 mm、7.35 mm、7.68 mm、9.45 mm、10.98 mm、8.25 mm、7.20 mm、5.63 mm和2.52 mm。从LA -D1 ~LA -D11的测值可以看出,越靠近河床中心部位,位移值越大,越靠近岸坡,位移值越小。

3.1.2　垂直位移

3.1.2.1　坝基多点位移计

1)10#坝段坝基多点位移计

M10 -1蓄水前沉降位移很小,变化范围不超过 ±0.3 mm,大坝蓄水后沉降位移缓慢增加,目前最大沉降位移为1.97 mm,发生在L3测点。

M10 -2的L1和L4测点变化规律与M10 -1相似,蓄水前沉降位移很小,几乎为0,蓄水后逐渐缓慢增加,目前沉降位移都为1.2 mm左右;L2蓄水前沉降位移很小,几乎为0,蓄水后至2008年7月间,周期性变化,变幅为 ±1.2 mm,目前沉降位移很小,几乎为零。

M10 -3的L3测点蓄水后沉降位移缓慢增大,2008年底增大至2.53 mm,此后沉降位移值逐渐减小,目前为0.49 mm;其余测点安装逐渐缓慢抬升,目前L2测点的抬升位移最大,为1.59 mm。

M10 -4蓄水前沉降位移很小,变化范围为 -0.5 ~0 mm,大坝蓄水后沉降位移缓慢增加,目前最大沉降位移为2.76 mm,发生在L3测点。

2)11#坝段坝基多点位移计

M11 -1的L1测点位移值很小,安装后缓慢抬升,目前抬升位移为0.5 mm;L2测点蓄水前位移几乎为零,蓄水后沉降位移缓慢增长,2008年底达到最大值2 mm,目前沉降位移值为1.5 mm;L3测点已坏;L4测点安装后缓慢沉降,目前沉降位移为0.5 mm。

M11 -2的测值很小,各测点的位移变化范围为 -0.9 ~0.4 mm,目前各测点主要为抬升变形,L1的抬升位移最大,为0.94 mm。

M11 -3蓄水前各测点的测值为 -0.7 ~ -0.2 mm,变形状态为抬升,蓄水后逐渐转为沉降变形,目前L1测点沉降位移最大,为2 mm。

M11 -4蓄水前沉降位移很小,几乎为零,大坝蓄水后沉降位移缓慢增加,目前最大沉降位移为3.85 mm,发生在L4测点。

总体上，坝基变形以沉降为主，下游沉降位移略大与上游沉降位移，可能与蓄水后坝趾压力增大，坝踵压力减小有关；目前最大沉降位移只有 3. 85 mm，各测点的测值变幅基本都小与4 mm，测点之间的沉降位移差异也不大，不均匀沉降值很小，说明坝基固结灌浆效果很好，坝基岩体的抗压能力很高，有利于坝体的整体稳定。

3. 1. 2. 2 静力水准

1）大坝基础廊道（560 m 高程）静力水准

坝纵方向：由于静力水准基准点的双金属标测值有较大的系统误差，本次分析，以 LA1 为基准点，其他测点的测值均为相对于 LA－1 的变化量。LA－2～LA－7 安装后均以沉降变形为主，在沉降过程中随季节变化呈一定的周期性变化，12 月至次年的 5 月沉降值逐渐增大，6 月至 11 月沉降值逐渐减小。LA－2～LA－7 的最大沉降位移分别为 2. 29 mm、3. 13mm、2. 04 mm、2. 55 mm、1. 43 mm 和 1. 30 mm，目前沉降位移分别为 1. 06 mm、2. 41 mm、1. 92 mm、1. 58 mm、0. 57 mm 和 0. 33 mm。从沉降值分布看，坝基部位沉降值略大于帷幕灌浆隧洞的沉降值。

坝横方向：以双金属标 SJ3－1 为基点，各测点的沉降位移均为以双金属标测值修正后的位移值。LSB－0 呈周期性变化，测值变化范围为 ±0. 6 mm；LSB－1 在 2009 年 5 月前以沉降变形为，最大沉降值为 0. 8 mm 左右，此后沉降位移呈周期性变化，变化幅度为－0. 7～0. 5 mm；LSB－2 安装后沉降位移缓慢增加，目前沉降位移为 1. 5 mm；LSB－3 以沉降为主，沉降位移呈周期性变化，目前最大沉降值为 0. 6 mm 左右；LSB－4 安装后沉降位移缓慢增加，目前沉降位移为 2. 5 mm。从沉降值分布看，下游侧沉降位移略大于上游沉降位移。坝横方向静力水准系统测值分布与该坝段坝基多点位移计沉降值分布规律基本一致，测值相差也不大，两套系统测值相互印证说明大坝基础沉降变形小，坝基条件较好，有利于坝体稳定。

2）702 m 高程坝体廊道静力水准系统

以 LS3－1 为基准点，其他测点的测值均为相对于 LS3－1 的变化量。

LS3－2～LS3－8 的测值均呈周期性变化，以沉降变形为主，变幅范围分别为－1. 11～1. 13 mm，－1. 86～2. 34 mm，－0. 94～2. 58 mm，－0. 56～3. 31 mm，－0. 40～3. 01 mm，0. 00～2. 83 mm 和－0. 03～2. 48 mm。从测值分别看，越靠近河床部位沉降值越大。

3. 1. 2. 3 真空激光准直

1）658 m 高程真空激光准直系统

LA1～LA8 上下游方向位移测值规律差，其观测成果仅供参考，所有测点测值都在－0. 7～1. 2 mm 间变化，垂直位移较小。

2）坝顶真空激光准直系统

LA－D1～LA－D11 上下游方向位移测值规律差，其观测成果仅供参考，LA－D1～LA－D11 安装后逐渐沉降，2010 年 3 月 10 日前各测点最大沉降位移分别为 0. 59 mm、1. 6 mm、1. 94 mm、2. 09 mm、2. 21 mm、1. 67 mm、1. 67 mm、2. 14 mm、2. 24 mm、2. 01 mm 和 0. 75 mm。从 LA－D1～LA－D11 的测值分别可以看出，河床部位沉降位移比靠近岸坡部位沉降位移大。

垂线和真空激光准直系统监测成果表明，蓄水后，大坝的水平变形很小，最大水平位移只有 8～10 mm，远小于典型坝段三维非线性计算值 93. 1 mm（正常蓄水位工况），大坝的稳定性很好。

#### 3.1.3　接触缝及结构缝开合度

##### 3.1.3.1　接触缝

大坝在574.80 m、615.30 m、645.00 m和696.00 m高程坝体与两岸坡基岩接触缝上布置裂缝计，进行接触缝开合度监测。

从裂缝计测值过程线和其对应的坝体温度曲线可以看出，裂缝开合度主要受坝体温度变化的影响。裂缝计测值与混凝土温度变化呈负相关性，初期坝体混凝土温度较高，混凝土膨胀，裂缝呈压性闭合特征；后期坝体温度下降，混凝土收缩，裂缝呈张性展开状态。

对观测成果分析表明，受坝体混凝土自身重力影响，低高程接触缝比高高程接触缝状态好。低高程接触缝多呈闭合或受压状态；部分高高程接触缝呈微张状态，但张开值均很小，且张开过程发生于仪器埋设初期，现均处于稳定状态。说明坝体与两岸坡基岩以及齿槽混凝土与基岩接合状态良好，接触缝状态稳定。

##### 3.1.3.2　结构缝

测缝计测值过程线和其对应的坝体温度曲线表明，横缝开合度同样主要受坝体温度变化的影响。测值与混凝土温度变化呈负相关性，当坝体混凝土温度升高时，混凝土膨胀，裂缝呈压性闭合；反之，当坝体温度下降时，混凝土收缩，裂缝呈张性展开状态。

通过对观测成果分析表明，坝段间横缝整体上呈张开状态，起到了坝体设计时诱导开缝的作用，效果较好，目前横缝趋于稳定状态。

### 3.2　应力应变监测

#### 3.2.1　单向应变计

(1)目前，应变计实测应力应变均处于受压状态(应变计已扣除混凝土自生体积变形)，符合目前大坝的工况，目前最大压应变为268.00 με。

(2)应变计埋设初期由于受混凝土水化热的影响，混凝土温度上升阶段应变计基本处于受拉状态；待混凝土温度逐步下降时，拉应变减小压应变增大，故最大拉应变基本发生在2006年2月初。

(3)从特征值统计表可以发现：2006年3月份至今，最大拉应变为37.4 με，仪器编号SB2-6，高程555.75 m，坝纵0+142.05 m，坝右0+010.25 m，出现日期2006年2月8日。最大压应变为279.40 με，仪器编号SB2-7，高程559.50 m，坝纵0-012.00 m，坝右0+010.25 m，出现日期2008年1月4日。

(4)应变计测值与温度变化以及库水位变化有关，具体为应变计的测值，随混凝土温度的升高，拉应变有一定程度的增大，温度降低，压应变有一定程度的增大；应变计的测值，随库水位的升高，压应变增大，反之则拉应变增大。

#### 3.2.2　五向应变计组

应变计组的测值大部分为压应变。从空间分布的角度来看，普遍规律为高程越低应变计组受压越大、受拉越小，高程越高则相反；蓄水后，受水位上升影响，坝踵受拉，坝趾受压，符合一般规律。从时间分布的角度来看，普遍在应变计组埋设初期受拉，后随时间推移，拉应变有不同程度的减小，压应变有不同程度的增大，分析其原因为应变计埋设完以后受混凝土水化热的影响，混凝土温度上升阶段应变计基本处于受拉状态；待混凝土温度逐步下降时，压应变也随之增大。此外，后期下闸蓄水上游库水位升高也是导致这一现象的原因之一。

## 3.4　渗流渗压监测

### 3.4.1　坝基扬压力

由坝基渗压计与上游水位的过程曲线可以看出：

（1）渗压计埋设初期，其测值受施工的影响较大，大部分测点测值有变小的趋势。

（2）坝基扬压力测值在蓄水前后变化不明显，大部分测点受上游水位影响很小，其测值也较小，说明坝帷幕及排水效果好。

由10#、11#两个典型坝段段坝基扬压力（见图3）分布图可知：上游在主排水处的扬压力经上游防渗帷幕及排水孔后的作用后急剧下降，上游防渗帷幕及排水效果良好；下游残余扬压力经下游渗帷幕及排水孔后的作用后也有明显下降，说明下游防渗帷幕及排水效果良好。

（3）在上、下游防渗帷幕外侧坝基扬压力较大，在两道帷幕之间的各点扬压力差别很小。

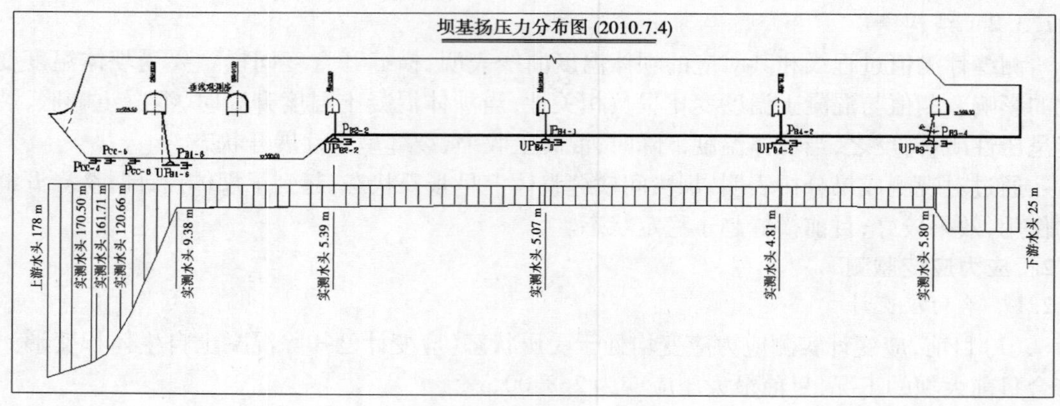


**图3　典型扬压力分布图**

坝基扬压力系数是判断帷幕效果的一个重要因素，坝基扬压力系数的按以下方法计算：

上游测点：

$$扬压力系数\ \alpha_1 = \frac{实测水头}{上游水位 - 仪器埋设高程}$$

下游测点：

$$扬压力系数\ \alpha_2 = \frac{实测水头}{下游水位 - 仪器埋设高程}$$

上游帷幕后测点为 PB1－1～PB1－10，各测点在上游防渗帷幕作用下的折减系数见表2。

**表2　坝基上游各测点渗压系数表**

| 测点编号 | 渗压系数($\alpha_1$) | 测点编号 | 渗压系数($\alpha_1$) |
|---|---|---|---|
| PB1－1 | 0.281 | PB1－6 | 0.053 |
| PB1－2 | 0.060 | PB1－7 | 0.071 |
| PB1－3 | 0.042 | PB1－8 | 0.131 |
| PB1－4 | 0.134 | PB1－9 | 0.061 |
| PB1－5 | 0.099 | PB1－10 | 0.050 |

从表 2 可以看出，坝前主排水孔前的扬压力强度系数 $\alpha_1$ 除 PB1－1 为 0.281 外，其余均介于 0.042～0.134 之间，对比《水工建筑物荷载设计规范》（DL5077—1997）建议的主排水孔前的扬压力强度系数，说明大坝上游防渗帷幕和排水孔的效果良好。

下游帷幕后测点为 PB3－1～PB3－7，各测点在下游防渗帷幕作用下的折减系数见表 3。

**表 3　坝基下游各测点渗压系数表**

| 测点编号 | 渗压系数（$\alpha_2$） | 测点编号 | 渗压系数（$\alpha_2$） |
|---|---|---|---|
| PB3－1 | 0.053 | PB3－5 | 0.167 |
| PB3－2 | 0.214 | PB3－6 | 0.031 |
| PB3－3 | 0.170 | PB3－7 | 0.142 |
| PB3－4 | 0.187 | | |

从表 3 可以看出，下游残余扬压力强度系数 $\alpha_2$ 介于 0.031～0.214 之间；对比《水工建筑物荷载设计规范》（DL 5077—1997）建议的残余扬压力强度系数，说明大坝下游防渗帷幕和排水孔的效果极好。

### 3.4.2　大坝渗流监测

大坝渗流量通过量水堰进行监测，在 559.50 m 廊道的大坝左、右岸各布置 1 个量水堰观测左、右岸基础渗漏量，在 559.50 m 廊道坝基集水井前设 1 个量水堰，观测坝基渗漏总量。

水库蓄水前，左、右岸量水堰测值较小，水库蓄水后，左、右岸量水堰测值上升，但后期变化与库水位不一致；右岸测值有明显的季节变化性，左岸测值无明显规律，测值较平稳；总堰测值也表现有季节变化性。

监测成果表明，坝基渗漏量受库水位变化影响，但滞后于库水位变化。

### 3.4.3　绕坝渗流

绕坝渗流主要受降雨及山体渗水的影响，渗压计实测水头随降雨量的增大而上升，减小而下降。

## 4　结　语

通过对大坝变形、应力应变及渗流渗压等监测资料分析，可得出大坝运行特征：

（1）河床坝段水平变形略大于两岸坡坝段，上部变形大于下部变形；河床部位沉降位移略大于岸坡坝段沉降位移，下游沉降位移略大于上游沉降位移。大坝变形符合重力坝变形的一般规律。大坝最大水平位移介于 8～10 mm，远小于设计计算值；基础最大沉降变形 3 mm 左右，不均匀沉降量很小，大坝变形值在设计允许范围内。

（2）大坝变形主要受时效、气温变化因素影响，水位影响较小。目前，时效是影响坝体变形的主要因素；坝顶测点（靠下游面）水平变形受坝体热胀效应明显，温度上升坝体水平向变形向下游，垂直向变形为抬升；反之，温度下降坝体水平向变形向上游，垂直方向变形为沉降。变形滞后温度变化 2～3 个月。

（3）坝体低高程接触缝多呈闭合或受压状态，高高程除个别接触缝呈微张状态外，其余均处于受压状态；张开测缝计张开值均很小，且张开过程均发生于仪器埋设初期的调整期。坝体诱导缝测缝计整体上呈张开状态，说明诱导缝效果较好，起到了诱导缝的作用。

（4）坝前主排水孔前的扬压力强度系数 $\alpha_1$ 除 PB1 − 1 为 0.281 外，其余介于 0.042 ~ 0.134 之间；下游残余扬压力强度系数 $\alpha_2$ 介于 0.031 ~ 0.214 之间。从扬压力实测水头和库水曲线及回归成果看，坝基扬压力和水头关系不明显；上、下游防渗帷幕和排水孔的效果良好。坝体渗压计除 599.0 m 高程渗压计外，其余部位测值随纵向埋深（距坝面距离）迅速折减，在 7.5 m 处基本为零，说明坝体碾压层面胶结良好，防渗层厚度和材料选用较为合理。599.0 m 高程渗压计的渗压系数较大，其埋设层面连通性性较好，后期应加强对该部位的观测。

（5）下闸蓄水后，坝体渗流量和库水位关系不明显，总量水堰实测最大流量为 21.10 L/s，远小于大坝估算渗流量。两岸帷幕后渗压计除 PMR1 − 2 外，其余测点的渗压系数在 0.063 ~ 0.442 之间，帷幕折减作用明显。PMR1 − 2 位于帷幕端部，其渗压系数达 0.745。另外，左岸 F1 断层附近渗压系数也相对较大，其测值变化规律同库水位一致，对该处应加强观测。

（6）坝踵布置的单位应变计实测应力均为压应力，其应力范围为 −0.33 ~ −2.13 MPa；应变计组监测成果表明，垂直方向应力均为压应力，下部应力大、上部小；上下游方向受坝体温度下降的影响，混凝土收缩产生拉应力；实测应力在设计范围之内。大坝各部位的混凝土压应力变化规律总体正常，未发现异常迹象。

# 碾压混凝土坝接缝的原位抗拉强度与成熟度因子和试验龄期之间的关系

Malcolm Dunstan[1], Marco Conrad[2]

(1. Malcolm Dunstan 及合伙人,英国;2. 瑞士 AF-咨询有限责任公司,瑞士)

**摘要**:受取样界限和混凝土浇筑进度的影响,芯样通常取自不同龄期。因而取自芯样的试件通常在变化较大的龄期进行试验。在考虑层间接缝的芯样的抗拉强度时,有两个变量:第一个是修正的成熟度因子(规定了层间暴露时间以及当时的环境温度,而这两个因子都影响接缝的强度),第二个是试验龄期。对于高火山灰含量的碾压混凝土坝,强度会随着龄期显著增大。因此,开发了一个三维模型,将接缝的轴心抗拉强度与修正的成熟度因子和试验龄期联系起来。这些模型已经应用于东南亚的4个大坝,得到了数百个可用结果。这4个大坝的形状曲线完全不同,其中两个抗拉强度并没有如预期那样随接缝处成熟度的增加而减少。确定每个大坝的3D模型形状是非常重要的,这样可以为特殊的大坝开发提供最经济的解决方案。

**关键词**:碾压混凝土,大坝,芯样,成熟度因子,试验龄期,抗拉强度

## 1 概 述

试验可以在大约90 d到几年中的任何龄期从碾压混凝土坝中取芯样(例如美国的Upper Stillwater坝,芯样取自14年龄期[1])。然而大多数的试验都是在碾压混凝土达到100~1 000 d龄期时进行的。但是在这两个龄期之间,原位强度(既包括抗压强度也包括较小程度上的抗拉强度)能够增加50%到100%,而且在极限情况下(例如澳大利亚的New Victoria坝)能够增加三四倍。

此外,同时存在接缝成熟度的影响。随着成熟度增加(在时间和温度两方面),接缝的抗拉强度通常会降低,最终会需要处理接缝(包括使用或不使用垫层料,后者可以导致垂直原位抗拉强度出现完全不同的变化模式[2])。从而对碾压混凝土坝水平接缝的性能产生较大影响。为了研究这些影响,MD&A研发了一种三维模型,将接缝的原位垂直轴心抗拉强度与试验龄期和接缝的成熟度联系起来。

## 2 修正的成熟度因子

为了能够反映碾压混凝土坝的接缝处理,实践者一直采用成熟度因子,即温度与暴露时间(也就是层间时间差)的乘积。可是采用这些因子存在很多问题。首先,既采用了摄氏度(℃)也采用了华氏度(℉)。这两个单位是不相容的。例如,如果温度是10 ℃(50 ℉),而且确定暴露时间为24 h,那么成熟度因子为240摄氏度或1 200华氏度。如果温度增加到20 ℃(68 ℉),成熟度因子为240摄氏度,那么暴露时间为12 h,而成熟度因子为1 200华氏

度时,暴露时间变成 17.6 h。因此,这两种体系都不正确。此外,碾压混凝土可以在 0 ℃以下浇筑。例如,在 Platanovryssi,碾压混凝土浇筑的最低温度为 -8 ℃(18 ℉)。迄今为止,与其他混凝土坝相比,碾压混凝土很可能具有最佳的原位性能[3]。在这种浇筑温度下,当使用摄氏度单位时,成熟度因子可能为负。

有关成熟度因子的这些问题可以通过以下方式进行讨论。-12 ℃(10.5 ℉)以下,混凝土的强度不会随着时间的延长而增加[4]。因此,该温度可作为起始温度。为了计算混凝土修正的成熟度因子(MMF),将混凝土温度增加 12 ℃(或者减去 10.5 ℉)。

所以,如果碾压混凝土温度为 10 ℃(50 ℉),暴露时间为 24 h,那么修正的成熟度因子为[24 × (10 + 12)] = 528 摄氏度或为[24 × (50 - 10.5)] = 948 华氏度。假定温度增加到 20 ℃(68 ℉),在同一修正的成熟度因子下,暴露时间变为[528/(20 + 12)] = 16.5 h 或[948/(68 - 10.5)] = 16.5 h。

## 3 模型形状

### 3.1 热接缝

碾压混凝土坝中绝大多数接缝都是(或者肯定是)“热”接缝,因此除保持表面干净和潮湿外,还应进行微小处理。不应使用垫层料处理,因为垫层料价格昂贵,而且更重要的是它们可能会减慢浇筑速率。

因此,基于热接缝的试验结果,研发出碾压混凝土坝的基本 3D 模型。其他形式接缝处理的性能都可以与基本模型进行比较。

### 3.2 Yeywa

位于缅甸的 Yeywa 碾压混凝土坝,在 2006 年 2 月到 2008 年 12 月期间进行浇筑。碾压混凝土的体积为 2.473 $Mm^3$,配合比为硅酸盐水泥 75 $kg/m^3$,当地天然火山灰 145 $kg/m^3$[5]。使用缓凝剂将初凝时间延缓到(21 ± 3) h。

图 1 为含有热接缝芯样抗拉强度试验结果的 3D 模型。

对于 Yeywa 芯样的大多数试验都是在 400 ~ 1 000 d 龄期进行的,也就是在 365 d 的设计龄期之后。可以看出,龄期超过 400 d,强度增加很少,这可能是因为在胶凝材料中使用了天然火山灰。MMF 的范围是从零(即无接缝的本体碾压混凝土)到 750 摄氏度(在 30 ℃的平均气温下大约 18 h 的暴露时间)。

有关图 1 中模型形状的可能意外发现:随着 MMF 的增加,接缝的垂直原位轴心抗拉强度的下降率减少,而不是传统所认为的增加(参见 3.4 节)。

### 3.3 Son La

位于越南的 Son La 碾压混凝土坝,在 2008 年 1 月到 2010 年 8 月期间进行浇筑。碾压混凝土的体积为 2.677 $Mm^3$,配合比为硅酸盐水泥 60 $kg/m^3$,低石灰含量粉煤灰 160 $kg/m^3$,其较大比例取自灰泻湖[6,7]。使用缓凝剂将初凝时间延缓到(21 ± 3) h。

图 2 为含有热接缝芯样抗拉强度试验结果的 3D 模型。

对于 Son La 芯样的大多数试验都是在 100 ~ 500 d 龄期进行的,即包含 365 d 的设计龄期。可以看出,在该阶段,强度明显增加。MMF 的范围是从零到 750 摄氏度。

尽管形状更加平坦且处于更高的层面上,图 2 模型的形状与图 1 基本相同。

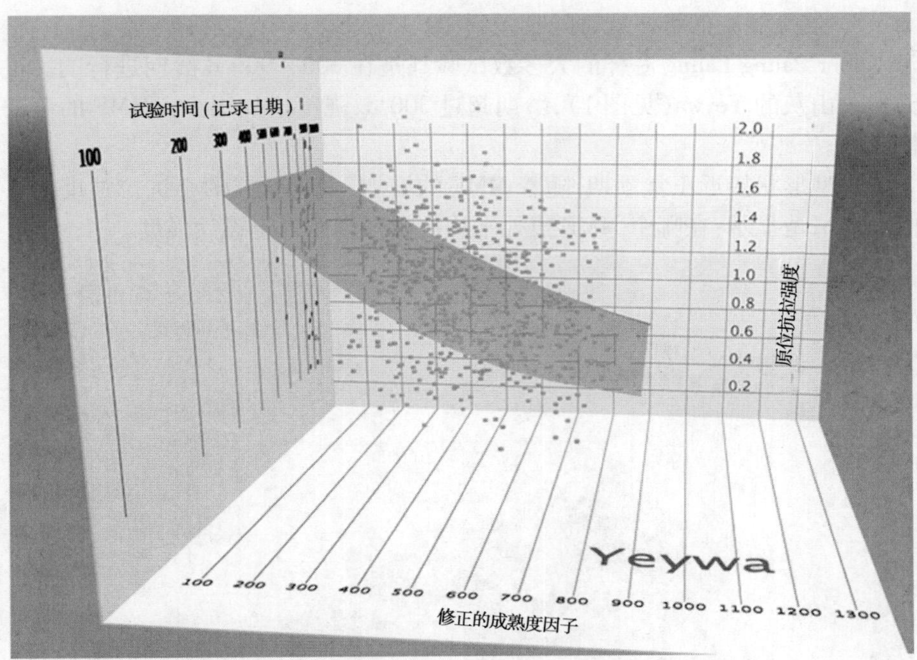


图1　Yeywa 热接缝的原位垂直轴心抗拉强度与试验龄期和修正的成熟度因子相关联的3D模型

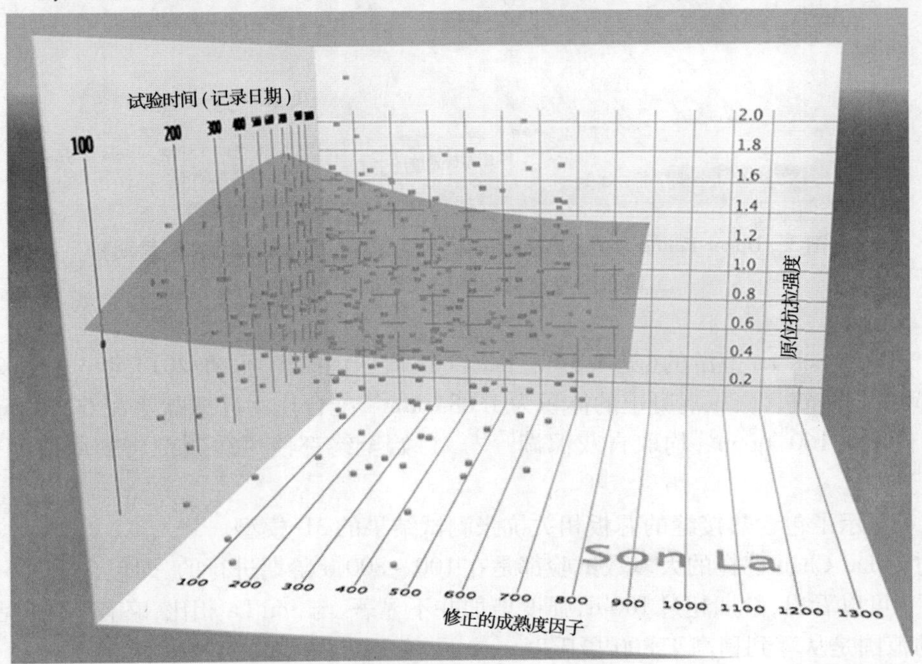


图2　Son La 热接缝的原位垂直轴心抗拉强度与试验龄期和修正的成熟度因子相关联的3D模型

### 3.4　Upper Paung Laung

位于缅甸的 Upper Paung Laung 碾压混凝土坝，在2011年1月到2013年12月期间进行浇筑。碾压混凝土的体积是0.936 $Mm^3$，配合比为硅酸盐水泥90 $kg/m^3$，本地天然火山灰

140 kg/m³[6]。使用缓凝剂将初凝时间延缓到(21 ±3) h。

对于 Upper Paung Laung 芯样的大多数试验都是在 300 ~ 900 d 龄期进行的。正如使用了相同天然火山灰的 Yeywa(见图 1),龄期超过 300 d,强度增加很少。MMF 的范围是从零到 600 摄氏度。

图 3 中模型形状接近正常预期,随着 MMF 的增加,垂直原位轴心抗拉强度的下降率增大。该曲面能清楚显示:在哪个 MMF 值处平均抗拉强度相当于设计强度。

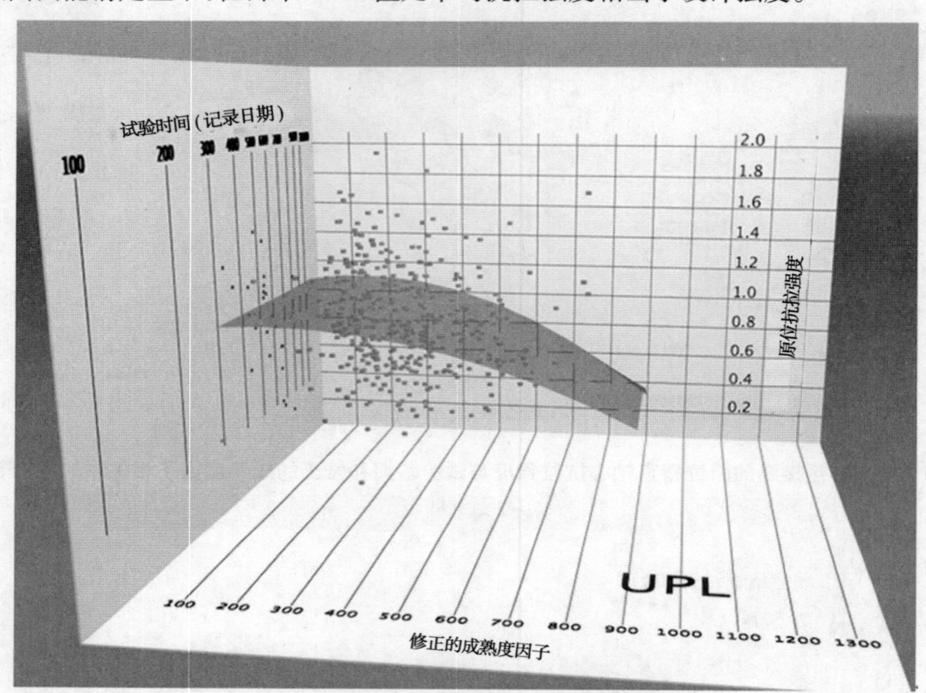


**图 3　Upper Paung Laung 热接缝的原位垂直轴心抗拉强度与试验龄期和修正的成熟度因子相关联的 3D 模型**

### 3.5　Lai Chau

位于越南 Son La 上游的(见 3.3 节)Lai Chau 碾压混凝土坝,在 2013 年 3 月到 2015 年 5 月期间进行浇筑。碾压混凝土的体积为 1.884 Mm³,配合比为硅酸盐水泥 60 kg/m³,低石灰含量粉煤灰 160 kg/m³,均取自灰澙湖[7,9]。自始至终都使用缓凝剂将初凝时间延缓到(21 ±3)h。

图 4 显示了包含热接缝的芯板相关抗张测试结果的 3D 模型。

对于 Lai Chau 芯样的大多数试验都是在 100 ~ 800 d 龄期进行的,即包含了 365 d 的设计龄期。可以看出,龄期超过 100 d,强度增加并不显著,与 Son La 相比,略有不同(见图 2)。MMF 的范围是从零到稍高于 800 摄氏度。

图 4 中的模型形状显示,随着 MMF 的增加,强度并没有下降多少,实际上整个模型形状几乎是水平的。与本体无接缝亦不受接缝处理影响的碾压混凝土抗拉强度相比,水平接缝的平均垂直原位抗拉强度降低了不到 10%[8]。这对于碾压混凝土坝来说是一个理想的方案。

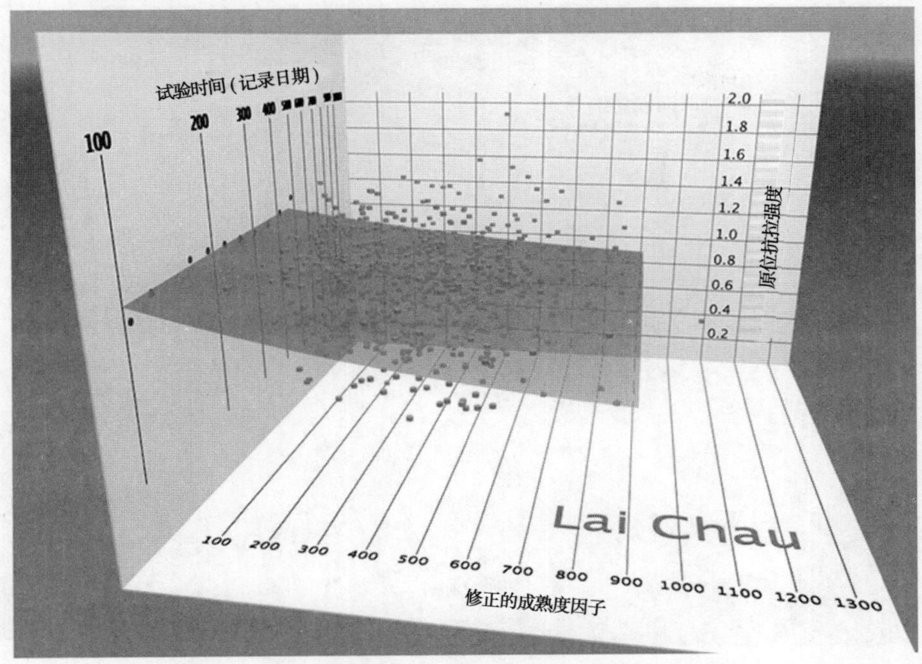


图4　Lai Chau 热接缝的原位垂直轴心抗拉强度与试验龄期和修正的成熟度因子相关联的3D模型

## 4　其他接缝

### 4.1　概　述

作为从热接缝到冷接缝的过渡，暖接缝是碾压混凝土坝最难进行的接缝处理。尽管非常昂贵而且耗时，冷接缝的处理也相对容易些。通常使用高压水使接缝表面骨料外露。只要设计了冷接缝，就不应该影响到进度，但是如果没有设计，则对进度产生重大影响。超级冷接缝是使用了某种形式垫层料的冷接缝。本文讨论的暖接缝和冷接缝，均不具有垫层料。

### 4.2　暖接缝

尽管本文提到的4个大坝使用了路刷来刮刺表面，但是对于暖接缝还有多种不同的处理方法。对于刚进行了热接缝之后的接缝，采用带有塑料齿梳的刷子，对于冷接缝之前的接缝，采用带有钢制齿梳的刷子。

图5是Yeywa含有暖接缝芯样的试验结果，图6是Son La的测试结果（Upper Paung Laung和Lai Chau都没有足够的暖接缝试验可供分析）。在图5、图6中，设计强度显示为一个穿过模型的水平面。从图5、图6中可以看到具有相对较低强度的早龄期暖接缝（即在热接缝的最后），它们具有相同的形状，实际上在低于设计强度的Yeywa——虽然只是非常少的结果——较长龄期的暖接缝具有更高的强度。在这两种情况下，随着MMF的增加，暖接缝的垂直原位抗拉强度也增加。

### 4.3　冷接缝

在4个碾压混凝土坝上开展的为数不多的冷（及超级冷）接缝试验，结果显示，接缝的垂直原位抗拉强度接近本体（无接缝）的碾压混凝土的强度。

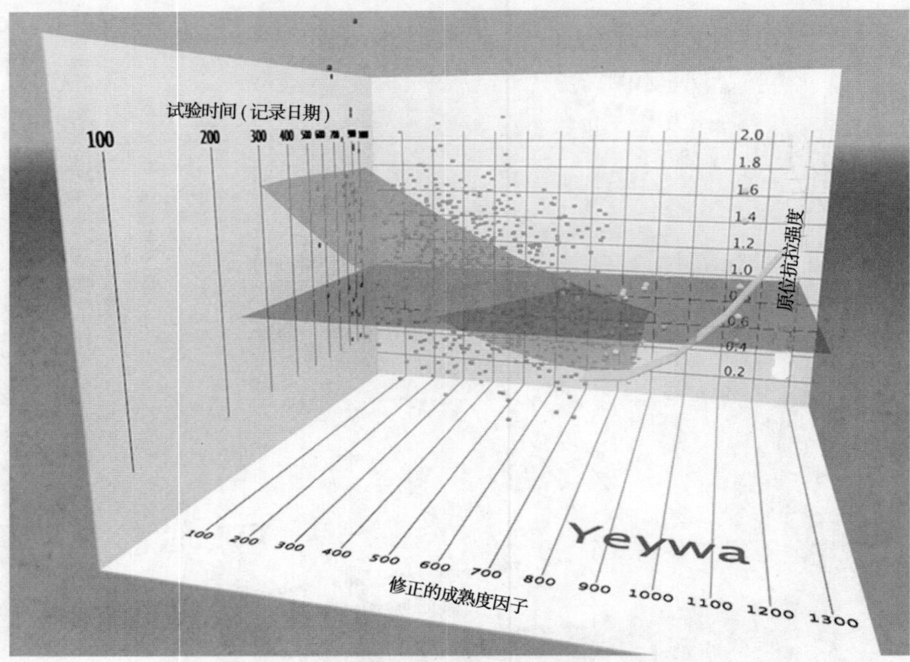


图5　热接缝试验结果创建的3D模型与Yeywa暖接缝的原位垂直轴心抗拉强度的比较

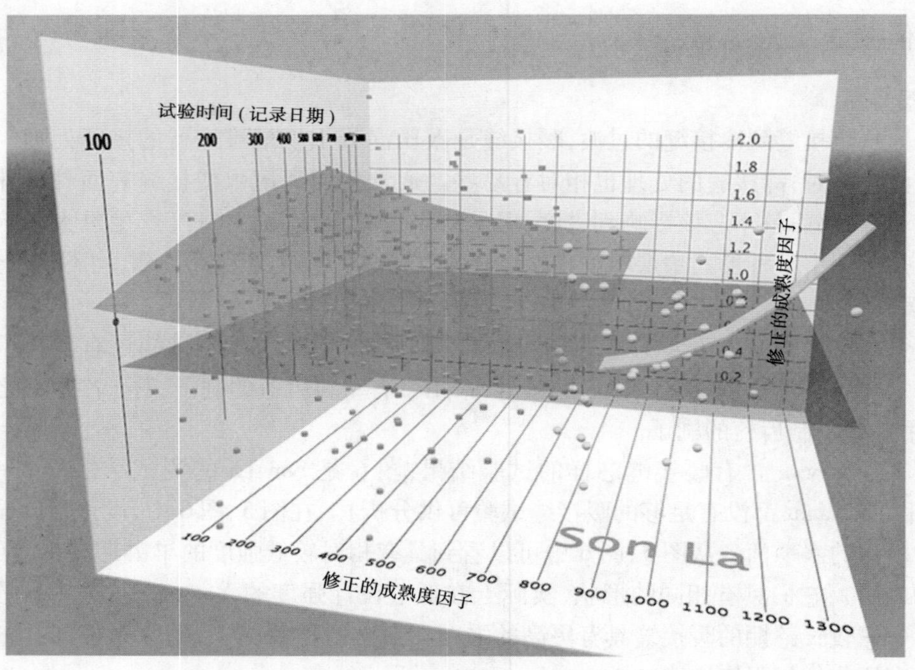


图6　热接缝试验结果创建的3D模型与Son La暖接缝的原位垂直轴心抗拉强度的比较

## 5 结果讨论

根据东南亚 4 个最近建成的碾压混凝土坝的综合芯样试验数据组，创建了 3D 模型，将接缝与无接缝芯样的垂直原位轴心抗拉强度，修正的成熟度因子（MMF）以及试件龄期相关联，其中两个在胶凝材料中使用了天然火山灰，两个使用了处理过的潟湖灰（含部分减碳粉煤灰）。与接缝原位垂直轴心抗拉强度和修正的成熟度因子（MMF）之间的 2D 关系相比，这些 3D 模型使接缝原位轴心抗拉强度视图更加完善。

本文中的 3D 模型显示了与试验龄期和修正的成熟度因子（MMF）相关联的热接缝性能的三种不同的趋势：

（1）试验龄期超过 365 d，接缝的原位轴心抗拉强度增加很少，随着修正的成熟度因子（MMF）的增大，接缝的原位轴心抗拉强度递减下降；

（2）试验龄期超过 365 d，接缝的原位轴心抗拉强度大幅增加，随着修正的成熟度因子（MMF）的增大，接缝的原位轴心抗拉强度递减下降；

（3）试验龄期超过 365 d，接缝的原位轴心抗拉强度增加很少，随着修正的成熟度因子（MMF）的增大，接缝的原位轴心抗拉强度递增下降。

尽管三种不同趋势能够反映碾压混凝土坝层间接缝的真实性能，但是要注意芯样试验数据的实际解译，因为芯样钻取的质量、芯样的储存、试件的制备以及抗拉强度试验设备的尺寸和硬度，对轴心抗拉强度试验结果都有重大影响。然而，存在两个主要影响，能够解释热接缝性能的三种不同趋势；首先是缓凝剂性能（即初凝和终凝时间的延长），其次是碾压混凝土拌和物中火山灰材料的类型（即天然火山灰和低石灰含量粉煤灰）。

如果有害材料比如黏土出现在碾压混凝土拌和物中，则碾压混凝土中缓凝剂对于扩大修正的成熟度因子（MMF）限制来满足有关层面接缝的设计轴心抗拉强度，其作用的有效性将会减小。就 Upper Paung Laung 来说，部分芯样数据代表了大坝的一部分，这一部分由于含有粉质黏土骨料而出现问题。这些粉末也导致出现实际初凝时间短于规定值。亦可与硅酸盐水泥和天然火山灰的水化特性共同起作用，来很好地促进热接缝垂直原位轴心抗拉强度，随着修正的成熟度因子（MMF）增长到 400 ~ 500 摄氏度以上，而递增下降（直到缓凝明显起作用）。对于其他三组数据，缓凝非常有效，且这可能刚好导致热接缝原位轴心抗拉强度随修正的成熟度因子（MMF）增长而递减下降，因而可以通过规定修正的成熟度因子（MMF）范围而非不同的修正的成熟度因子（MMF）值，来满足层间接缝的设计轴心抗拉强度。修正的成熟度因子（MMF）范围的扩大，使得暖接缝处理的时间和方法更加复杂，当层面接缝仍为热接缝时，可能开始暖接缝处理。因此，当大范围缓凝有效时，早龄期暖接缝性能大幅下降，如 Yeywa 与 Son La 的少量数据所示。

随着碾压混凝土龄期延长，其强度增大，以及热接缝原位轴心抗拉强度在减少之前随着修正的成熟度因子（MMF）增大的下降速率，二者都可归因于胶凝材料中的火山灰材料的类型。Yeywa 的数据与 Son La 和 Lai Chau 的数据之间的对比表明，天然火山灰（取自 Popa 山）的热接缝原位轴心抗拉强度的下降比低石灰含量的粉煤灰的更急剧。与天然火山灰相比，已处理的潟湖灰（和减碳粉煤灰）导致热接缝与暖接缝之间更大范围的修正的成熟度因子（MMF），且对层间接缝性能提高具有显著影响。然而，尽管 Son La 和 Lai Chau 的数据显示接缝原位轴心抗拉强度与热接缝修正的成熟度因子（MMF）极限值之间有着非常稳定的相关性,但是修正的成熟度因子(MMF)一旦超出热接缝对应的范围,强度将明显下降。

## 6 结 论

注重于快速碾压混凝土浇筑与最大化碾压混凝土坝中热接缝的比例,可以得出以下基本结论:

(1)有效的大范围缓凝剂的应用是相当有利的。

(2)应在碾压混凝土材料鉴别过程中及碾压混凝土试拌期,找到开展大范围缓凝工作的方法,因为这减小了意外暖接缝(可能变成意外冷接缝)出现的可能性,从而减少了大坝建设期间层面接缝处理的时间和成本。

(3)通过对接缝芯样轴心抗拉强度试验的评价,得出随着修正的成熟度因子(MMF)增长,热接缝原位轴心抗拉强度的性能变化,以理解早龄期暖接缝处理的时间和方法对层面接缝性能的影响。

(4)基本实现修正的成熟度因子(MMF)热接缝限值内的碾压混凝土浇筑,或者通过指定一简单的碾压混凝土浇筑方法以及通过考虑初凝时间,修正的成熟度因子(MMF),碾压混凝土浇筑区域以及设备容量,来确定修正的成熟度因子(MMF)范围。

## 致 谢

感谢越南电力,Son La 管理委员会,PECC1 以及缅甸电力部的水力发电执行部门对于发表本文的许可。本文献给在文章准备期间去世的越南电力集团副主任 Nguyen Hong Ha 先生,感谢他坚持不懈的领导,推动 Son La 和 Lai Chau 碾压混凝土坝提前高标准地建成。同时,由于时任副部长的 H. E. U. M. Myint 阁下的能力和毅力,碾压混凝土坝被引入缅甸,且耶瓦 Yeywa 的碾压混凝土浇筑得以提前完成。

## 参考文献

[1] T. P. Dolen. Long－term performance of Roller－Compacted Concrete at Upper Stillwater dam[C]// Utah, USA, Proceedings of 4th International Symposium on Roller－Compacted Concrete (RCC) Dams, Madrid, Spain, November 2003.

[2] M. R. H. Dunstan , R. Ibáñez－de－Aldecoa. Quality Control in RCC dams using the direct tensile test on jointed cores[C]// Proceedings of 4th International Symposium on Roller－Compacted Concrete (RCC) Dams, Madrid, Spain, November 2003.

[3] J. Stefanakos, M. R. H. Dunstan. Performance of Platanovryssi dam on first filling[J]. Proc Hydropower and Dams, London, 199,6(4).

[4] A. M. Neville. Properties of Concrete[J]. Pitman, London,1977(2):274.

[5] H. E. U. M. Myint, U. M. Zaw, A. Dredge ,et al.. Yeywa Hydropower Project, Myanmar － Current developments in RCC dams, Q. 88－R. 3, XXIIIth ICOLD Congress, Vol. 1, Brasilia, 2009.

[6] U. M. Zaw, O. Voborny, N. H Ha, D. Morris ,et al.. Choice of pozzolans for use in the cementitious content of large RCC dams[C]// Proceedings of 6th International Symposium on Roller－Compacted Concrete (RCC) Dams, Zaragoza, Spain, October 2012.

[7] M. R. H. Dunstan, N. H. Ha , D. Morris. The major use of lagoon ash in RCC dams[C]// Proceedings of 7th International Symposium on Roller－Compacted Concrete (RCC) Dams, Chengdu, China, September

2015.

[8] M. Conrad, D. Morris, M. R. H. Dunstan. A review into the tensile strength across RCC lift joints – Case studies of some RCC dams in Southeast Asia[J]. International Journal on Hydropower and Dams, 2014,21(3).

[9] N. H. Ha, N. P. Hung, D. Morris, et al.. The in–situ properties of the RCC at Lai Chau[C]// Proceedings of 7th International Symposium on Roller–Compacted Concrete (RCC) Dams, Chengdu, China, September 2015.

# 某碾压混凝土拱坝质量缺陷分析及修补加固处理

胡国平[1,2]　傅琼华[1,2]　周永门[1,2]

(1. 江西省水利科学研究院　江西　南昌　330029;
2. 江西省水工安全工程技术研究中心　江西　南昌　330029)

**摘要:**碾压混凝土拱坝因采用大仓面分层碾压连续上升的工艺,其本身的结构特殊性和复杂性导致部分坝体施工时存在诸多质量缺陷,如对刚施工完毕的某碾压混凝土拱坝坝体取芯检测,发现坝体混凝土透水率不满足设计要求,同时在施工及试蓄水期间在大坝上下游发现多处裂缝。本文基于拱坝整体安全度考虑,对坝体出现的渗漏及裂缝质量缺陷成因进行分析、评价,对所发现的各缺陷按不同类型分别进行修补处理。

坝体裂缝主要采用化学灌浆进行处理,针对坝体渗漏量较大的情况,对坝体进行补充灌浆和搭接防渗帷幕灌浆,同时对大坝上游面实施喷涂层聚脲弹性体防渗涂料。经修补加固处理后,结合观测资料分析,经处理的裂缝未发现继续向周围扩展现象,廊道渗漏量明显降低,表明修补处理取得了较好效果。本案例可为类似工程施工措施及方案提供参考。

**关键词:**碾压混凝土拱坝,检测结果,质量缺陷,成因,修补加固

## 1　概　况

工程坝址以上控制集雨面积为 230 $km^2$,正常蓄水位 244.00 m,库容为 1.048 1 × $10^8$ $m^3$,是一座以供水、防洪为主,兼顾发电、灌溉等综合利用的大(2)型水利枢纽工程。大坝采用碾压混凝土双曲拱坝,坝顶高程为 247.6 m,坝基最低开挖底高程为 148.50 m,最大坝高 99.1 m,坝底最大宽度 30 m,坝顶宽度 5.0 m,坝顶长度为 268.232 m,大坝上游面设置 $R_{90}$200 二级配碾压混凝土防渗层,防渗层顶宽 2.0 m,底宽为 8.2 m,大坝混凝土采用 $R_{90}$200 三级配碾压混凝土。溢流堰对称布置在拱冠梁处,共 3 孔,每孔净宽 8.0 m,堰顶高程 237.0 m,溢流堰采用 WES 实用堰型,弧形闸门控制泄流,出口为挑流消能。为大坝检修和放空水库,在大坝 0 + 090.772 m 桩号处设置一放空孔,放空孔断面尺寸为 1.6 m × 2.0 m(宽 × 高),进口中心线高程 191.0 m,出口为挑流消能。

大坝的上游面设防渗层,防渗层采用 $R_{90}$200 二级配碾压混凝土,为满足其抗渗要求,其抗渗等级采用 W8,大坝防渗层混凝土底宽 8.2 m,顶宽 2.0 m。大坝碾压混凝土采用 $R_{90}$200 三级配碾压混凝土,抗渗等级为 W6。基础垫层混凝土设 1 m 厚 C20 常态混凝土,在岸坡部位采用 1 m 厚变态混凝土。溢流堰堰体混凝土采用三级配 C20 常态混凝土,为满足堰面混凝土抗冲刷耐磨要求,堰面混凝土采用二级配 C35 常态混凝土,闸墩混凝土采用三级配 C25 混凝土。大坝上、下游面均采用 0.5 m 厚变态混凝土。大坝放空洞、坝后交通桥、启闭闸房及排架等部位混凝土采用 C25 常态混凝土,放空洞挑流鼻坎处采用 C35 常态混凝土;廊道、

放空孔、溢流堰等常态混凝土与碾压混凝土结合处采用0.5 m厚变态混凝土。

大坝于2008年12月30日开始进行浇筑基础垫层混凝土施工。截至2014年2月20日，大坝左右岸挡水坝段及溢流坝段浇筑至坝顶EL.247.6 m高程。

## 2　大坝质量缺陷及处理

### 2.1　坝体渗漏处理

#### 2.1.1　质量检测

2011年7月13日~8月1日进行坝体取芯，主要是对坝体212.0~162.55 m高程二、三级配碾压混凝土进行深层次质量检查。经检查，芯样表面光滑、骨料分布均匀、整体质量较好，个别部位存在有骨料集中、浆液离析、成蜂窝状现象。芯样总长98.16 m，采取率97.9%，获得率94.2%。芯样外观质量评定为：二级配优良率为77%，三级配优良率为51%。依据取芯检测数据，混凝土取芯芯样外观及力学各项指标除透水率外均符合规范及设计要求（共进行压水试验34段次，其中有30段次未达到规范要求）。

#### 2.1.2　缺陷处理

经参建各方共同协商，决定对不满足规范要求透水率的坝体进行补充灌浆处理。灌浆参数定为：孔间排距3 m×3 m，自上而下进行灌浆，每个灌区高为6.0 m；灌浆压力第一段为0.4 MPa，第二段以下（含第二段）各段均为0.65 MPa；灌浆水灰比分为1:1、0.8:1、0.5:1，三级逐级进行。

补充灌浆于2011年11月6日完成，累计钻孔363个，进尺9 507.1 m，水泥注入量957.63 t，平均注入量为100.73 kg/m。

#### 2.1.3　补充灌浆处理后检测

已灌浆完成部分进行了压水试验及声波测试。根据对现场确定的12个检查孔进行压水试验检测，共做压水试验91段次，结果为：最大透水率为9.38 Lu，最小0.51 Lu，平均2.93 Lu。其中透水率小于1 Lu的10段，占11%；透水率为1~1.5 Lu的3段，占3.3%；透水率为1.5~2.5 Lu的22段，占24.1%；透水率为2.5~3.5 Lu的31段，占34.1%；透水率为3.5~5 Lu的20段，占22%；透水率大于5Lu的5段，占5.5%。透水率小于5 Lu的孔段占总数量94.5%。

针对灌浆后坝体混凝土透水率仍达不到规范要求（小于1 Lu要求）的情况，建设单位于2012年5月16日，在工程现场组织召开了大坝162.55~212 m高程坝体混凝土透水率问题技术咨询会，参加咨询会的特邀专家作出的咨询意见为：鉴于补充灌浆已经取得明显成果，检查孔透水率小于5 Lu的占90%以上，借鉴国内类似工程经验，防渗补充灌浆可不再进行；建议对大坝上游面喷涂防渗层。

### 2.2　坝体上游面渗漏处理

针对大坝一定高程范围内的碾压混凝土透水率偏大的缺陷，为提高大坝上游面碾压混凝土的防渗性能，根据专家咨询意见，对大坝上游面实施了喷涂防渗层处理。喷涂防渗层高程范围为162~244 m，涂层材料为聚脲弹性体防渗涂料，设计提出的主要技术要求为：应能与坝面混凝土牢固黏结，抗渗、抗拉、抗冻、抗腐蚀及耐久性应满足大坝运行管理要求；主要技术指标为：固含量100%、拉伸强度大于16 MPa、扯断伸长率大于400%、撕裂强度大于50 kN/m、附着力（潮湿面）大于2 MPa、不透水性（0.6 MPa，24 h）不透水。

喷涂聚脲防渗层主要施工工序及技术要求为：基面处理（表面平整、粗糙度符合 SP3～SP4 标准）、滚涂高渗透环氧底漆 2 遍（80～120 μm）、喷涂聚脲弹性防渗材料 1 遍（≥1.5 mm）、喷涂耐候性脂肪族面漆 1 遍（60～80 μm）。对施工缝等部位进行了特殊处理。

防渗层实施后，据观测资料分析，廊道渗漏量明显降低（库水位为 219 m 时，高程 195 m 廊道渗漏量总共仅为 1.29 L/s），表明喷涂聚脲防渗层及防渗灌浆技术取得了较好防渗效果。

## 2.3 坝体裂缝处理

### 2.3.1 坝体裂缝基本情况

大坝从开工至 2014 年 3 月 20 日共发生 6 次裂缝，具体情况如下：

（1）大坝浇筑至 152.5 m 高程时由于受寒潮影响，于 2009 年 2 月在大坝右岸坝面发现 2 条裂缝；

（2）大坝浇筑至 162.5 m 高程时，发现 46 条裂缝；

（3）大坝浇筑至 180.5 m 高程时，发现 14 条裂缝；

（4）大坝浇筑至 212 m 高程时，大坝表面发现 10 条裂缝；

（5）大坝浇筑至 222 m 高程时，大坝表面发现 4 条裂缝；

（6）大坝浇筑至 231.6 m 高程时，大坝表面发现 6 条裂缝。

### 2.3.2 裂缝成因分析

检查发现大坝不同高程和部位的裂缝约 82 条。根据探测的裂缝深度，将裂缝分为 3 类：深层裂缝（深度大于 1 m）、浅层裂缝（深度大于 0.2 m，小于 1 m）、表层裂缝（深度小于 0.2 m）。经统计，深层裂缝 16 条，占 19.5%；浅层裂缝 50 条，占 61%；表层裂缝 16 条，占 19.5%。除个别外，深层裂缝缝宽一般为 0.4～0.5 mm，缝长介于 9～28 m 间；浅层裂缝缝宽一般为 0.2～0.3 mm，缝长介于 2～22 m 间；表层裂缝缝宽一般为 0.1～0.2 mm，缝长介于 0.5～14 m 间。经研究出现裂缝的成因如下所述。

（1）162.5 m 高程裂缝成因为：大坝 160.6～162.5 m 高程碾压混凝土在 6 月中旬施工，最高气温高达 33°C，据温度监测数据分析，大坝 160.6～162.5 m 高程碾压混凝土内部的温度超过 40 ℃，洪水漫过上游围堰浸泡大坝混凝土时河水温度在 20 ℃左右，与此高程间混凝土内部温度之差大于 20 ℃，而本工程允许该部位与水平上表面的温差为 15 ℃，内外温差超过了允许温差，同时此阶段碾压混凝龄期才 17 d，大坝右岸 162.5 m 高程常态混凝龄期也只有 10 d，该部位碾压混凝土和常态混凝土均远未达到设计龄期，其抗拉强度较低，不能抵抗混凝土内外温差所产生的拉应力，导致混凝土表面产生裂缝。

（2）上下游面裂缝成因为：上下游坝面为 500 mm 厚的变态混凝土，变态混凝土水泥含量较高，水化热大，混凝土水化热温升较高，同时由于变态混凝土自身体积变形及干缩较大，形成表面微裂缝，外界气温受季节影响，温度变化大，在冬季外界气温较低，表面混凝土内外温差较大，表面温度梯度较大，导致变态混凝土表面微裂缝进一步扩展。

（3）其他高程裂缝主要产生原因为：浇筑间歇期过长，混凝土发生的干缩裂缝、入仓温度过高、未通水冷却、夏天表面未采取保温措施防止温度倒灌、冬天遭遇寒潮时表面未采取较好的保温措施。

### 2.3.3 裂缝处理

为防止坝面裂缝进一步扩展并确保大坝安全运行，对所发现的全部裂缝按不同类型分别进行修补处理，包括灌浆和设置并缝钢筋等。对裂缝进行详细检查，采用光电自动裂缝检测仪检查裂缝宽度，用钻孔简易压水法检测裂缝的深度。

根据探明的裂缝情况，分类对裂缝进行处理：

（1）表层裂缝处理（深度小于0.2 m）：采用开5 cm×3 cm"U"形槽嵌填微膨胀环氧砂浆处理。

（2）浅层裂缝处理（深度大于0.2 m但小于1 m）：化学灌浆，灌浆材料为LW－HW混合浆液，采用化学灌浆针头配合K6灌浆机进行，灌浆压力为0.2～0.5 MPa。

（3）深层裂缝处理（深度大于1 m）：化学灌浆，灌浆材料为CW改性环氧树脂，采用专业化学灌浆泵，纯压式灌浆工艺进行，灌浆压力为1.0～1.5 MPa。

（4）裂缝并缝处理：为防止现有裂缝进一步向上发展，对于坝面水平裂缝（深层及浅层裂缝）除化学灌浆外还对其进行了并缝处理，并缝处理采用在裂缝处布设骑缝钢筋的方式。对拱冠梁处深层裂缝，骑缝钢筋采用Φ28，间距200 mm，钢筋长9 m（缝两侧各4.5 m），分布筋采用Φ12，间距300 mm；大坝两岸裂缝纵横均有分布，该部位裂缝处骑缝钢筋采用纵横均为Φ28，间距200 mm钢筋网方式；其余部位裂缝骑缝钢筋采用Φ28间距200 mm，钢筋长4.5 m（缝两侧各2.25 m），分布筋采用Φ12间距300 mm；骑缝钢筋分两层布置，层间间距250 mm，保护层厚度150 mm。

深层裂缝采用纯压式，埋设灌浆管择期采用专业化学灌浆泵进行灌浆，灌浆压力为1.0～1.5 MPa。浅层裂缝采用化学灌浆针头，配合K6灌浆机进行灌浆，灌浆压力为0.2～0.5 MPa。浅层裂缝以裂缝充填浆液，缝面看到浆液为准，深层裂缝灌浆注入率≤0.05 L/min或单孔注入量达100 kg/m即可停止灌浆。

施工工艺为：裂缝开槽→清洗裂缝→钻孔埋设灌浆嘴→封槽抹面→灌前通水→化学灌浆→封孔等。

## 3　结　语

对坝体出现的渗漏及裂缝质量缺陷，按设计要求进行了处理，坝体裂缝主要采用化学灌浆进行处理。针对坝体渗漏量较大的情况，对大坝坝体进行补充灌浆和搭接防渗帷幕灌浆，对大坝上游面实施了喷涂层聚脲弹性体防渗涂料，防渗层实施后，据观测资料分析，廊道渗漏量明显降低（包括防渗灌浆技术效果），表明喷涂聚脲防渗层取得了较好防渗效果。

### 参考文献

[1] 王洪建，张研宇．基于RCD碾压混凝土坝坝体渗漏的探究[J]．黑龙江水利科技，2013（12）：38-40.

[2] 熊图耀．万家口子水电站碾压混凝土拱坝回填混凝土裂缝成因分析及处理[J]．红水河，2011，30（5）：29-53.

[3] 汤洪洁，张江红，陈景富．安徽流波水电站碾压混凝土拱坝裂缝处理[J]．水利水电技术，2012（7）：72-74.

[4] 叶源新，刘光廷．溪柄碾压混凝土薄拱坝坝体渗漏处理[J]．水利水电科技进展，2005，25（3）：27-31.

# 一些碾压混凝土坝在运行中吸取的经验教训

François Delorme

（法国电力公司（EDF）水电工程中心，法国）

**摘要**：本文主要介绍由法国电力公司设计、施工及运行的国内外 RCC 工程经验（例如法属圭亚那的 Riou 和 Petit Saut 坝，老挝 Nakai 坝以及 Rizzanese 坝），以及针对首次蓄水期间和运行 3 至 24 年时间里出现的各类问题进行评判分析。本文陈述了从这些工程案例中获得的经验教训。文章建议所有在 RCC 坝领域工作的专家，包括业主、工程师、顾问、承包商和运营商，应就 RCC 坝的运行性能进行更多交流，提供有用信息并从这些问题中获益。

**关键词**：性能，防渗，渗漏

## 1　介　绍

RCC 坝在 20 世纪 80 年代早期就已开始显著增多。据国际大坝委员会统计，已有近 700 个大型 RCC 坝（$H > 15$ m）建成或在建。使用不同的材料、设计及施工方法导致 RCC 结构的多样性。大多数 RCC 坝在首次蓄水期间甚至在运行数年后，其运行性能未必都在技术类出版物中出现，尤其是用来论证这些不同方法可靠性的建筑物排水系统渗漏以及集水的焦点问题。此外，施工结束后为局部或整体改善这些结构的防渗问题所实施的补救工程也有待进一步说明。

以下是 4 座由 EDF 设计、拥有和运行的 RCC 坝的运行状况。监测数据来自首次蓄水和运行 3 年至 24 年期间以及补救工程阶段，为每一种选择的 RCC 设计方案提供了新的观点。

## 2　Riou 坝（法国）

### 2.1　介　绍

Riou 坝是 EDF 建造的第一座 RCC 坝，法国第二座 RCC 坝。也是首座采用裸露土工膜施工的 RCC 坝。Riou 坝于 1991 年投入使用。该坝高 26 m，坝顶长 322 m。总混凝土方量为 16 000 $m^3$（89% 的 RCC 仅有一个尺寸的骨料级配，MSA 63 mm 以及 120 $kg/m^3$ 专用道路胶结材料，BARLAC：85% ~60% 矿渣 +20% ~35% 褐煤 C 级粉煤灰 +0% ~5% 填充剂）。RCC 仅确保坝的稳定性，防水由一个裸露的 PVC－P 土工膜提供，该土工膜是由 CARPI CNT2800（2 mm 厚）和无纺土工布（200 $g/m^2$）组成。RCC 坝体无施工缝，该坝主要用于水力发电、灌溉和娱乐。

其正常水位(NWL)为638.4 a.s.l.,通常情况下是恒定的,仅有很小的变化(大约20 cm)。大坝经历了两次正常的行政大坝安全评估程序,首次蓄水后5年(1996年)以及11年后(2007年)完全放空水库。

图1　下游全视图

图2　加土工膜之前的上游坝面图

图3　CARPI剖面图附带的钢模以及排水设施

图4　2007年土工膜视图

从该坝运行6年后的状态中所吸取的经验教训已在成都1999年RCC会议上[1]阐述。关于水力性能,止水和排水系统通常能够正确完成使命。测压管水位恰好在坝稳定性计算假定范围之内。自土工膜排出的水由中心部位的4个竖井(1～4号井)以及右岸下游坝面的5个管道(M1～M5)和左岸的6个管道(M6～M11)收集。34个基础排水通道被钻孔(23个来自检修廊道,11个来自坝趾)。

排水系统的集水总量在首次蓄水正常水位为2.9 m时达到700 L/min,在8个月后由于沉积(尤其是淤泥)逐步减少至210 L/min。之后保持恒定,目前已达到45 L/min。基础排水通道的集水为10 L/min(基本上来自DR14排水通道,7 L/min)。来自土工膜面面板的水流,右坝肩为3 L/min,左坝肩为0 L/min,中心部位为32 L/min(1号井为2 L/min,2号井为10 L/min,3号井为15 L/min,4号井为5 L/min)。这主要是因为靠近上游趾板之间没有完全的止水,只有固定的土工膜和基础内从坝的控制廊道施工的灌浆帷幕。与预期一样,大坝开裂(热力和基础原因),但是未造成与渗漏和安全相关的任何后果。[2]

在 2007 年安全审查中取了了 4 个土工膜样品。上游坝面观察和试验结果表明土工膜表现良好。仅在上部 638.2 和 638.3 之间的以及临近每个坝肩处有少量修补(5 个裂口:(1 ~ 3 cm) +22 个分开焊接点:(5 ~ 15 cm) +1 个孔眼(10 $cm^2$))。

### 2.2 经验教训

Riou 坝在运行 24 年后,其裸露的土工膜防渗仍表现良好,仅在 2007 年有极少维修(那是运行后的第 16 年)。对 4 000 $m^2$ 的上游面板和 22 m 的最大水头,上游面的渗漏限制在 35 L/min。可以通过运用更精确的设计确保趾板和帷幕灌浆的连续性来降低这些数值,这也是目前推荐的设计应用。

该设计成功用于 15 座 RCC 坝,其中哥伦比亚的 Miel 1 坝(是2002 年世界最高的 RCC 坝,高 188 m)性能良好[3],所记录的首次蓄水期间 31 500 $m^2$ 土工膜的最大流量为 120 L/ min。

## 3 Petit Saut 坝(法属圭亚那)

Petit Saut 坝是由 EDF 修建的第二个 RCC 坝,法国第四座,却是处于潮湿的热带环境中的法属圭亚那的首座 RCC 坝。Petit Saut 坝仍是法国最高的 RCC 坝,拥有最大的 RCC 方量和最大的水库蓄水量(3.5 $km^3$)。Petit Saut 坝于 1994 年 1 月投入使用,由于土填副坝出现问题,18 个月后才达到正常水位(35 a. s. l.)。该坝 51 m 高,坝顶长 740 m,总混凝土量为 410 000 $m^3$(61% 的 RCC 以及 4 个尺寸的骨料级,MSA 50 mm 以及 120 kg/$m^3$专用道路胶结材料,LRCC:86% 矿渣 +1% ~2% CaO +12% ~13% $CaSO_4$)。RCC 仅确保坝的稳定性,防渗由之前在 RCC 上浇筑的传统钢筋混凝土(CRC)上游面板提供。这是第一座按这种设计施工的 RCC 坝,1.2 m 厚的墙体作为模板,在一些部位超过 40 m 高,墙壁与 CRC 检修廊道相连,单止水缝确保了墙砌块(37)缝隙的防渗,间距 12 ~ 27 m 不等。RCC 坝体共有 20 个施工缝,上游墙体 CRC/RCC 交接处有 266 个垂直排水通道,且与检修廊道相连。从检修廊道向岩石基础内钻 292 个 30°倾斜的排水孔。

该坝主要用于水力发电,库水位年变化 5 m,大坝经历了两次正常的行政大坝安全评估程序,首次蓄水(2002 年)后 7 年以及 10 年后(2012 年)遥控潜水器(ROV)水下检查。

首次蓄水之前,需要对上游墙体(2.6 km)的许多裂缝进行修复,这些裂缝是 CVC 浇筑时减少了 MSA (25 mm 取代 50 mm)以及由于混凝土浇筑是采用混凝土泵施工而不是起重机施工造成的水过量的结果(工人活动造成的损毁)。采用环氧基树脂将氯磺化聚乙烯(Hypalon)土工膜件贴在墙体裂缝处,这些补救工作很有效,因为这些区域的上游坝墙体已没有观测到裂缝(除了坝终端以外,坝面已被黏土填充物覆盖)。此外,水下墙体检查未见损毁,在 2012 年,50% 的坝段出现损伤,但是未见开裂或缺口。

图 5　施工中的下游左岸全视图

图 6　上游面 hypdon 修复

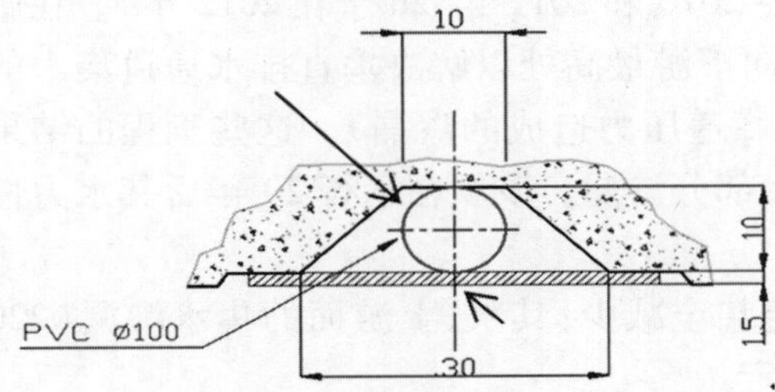


图 7　上游墙排水详图

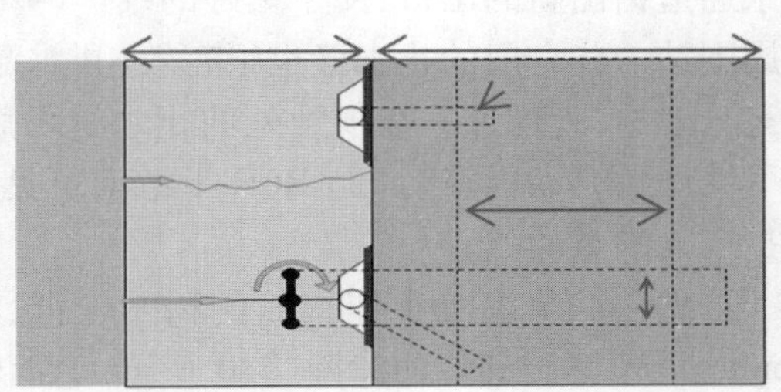

图 8　上游墙和廊道渗漏途径与排水

从该坝运行情况得到的经验教训,是在首次蓄水 2 年后,在成都 1999 年 RCC 会议[1]中被提出。在 1995 年 7 月,正常水位下的总集水量为 750 L/min,其中 25% 与上游面板有关。

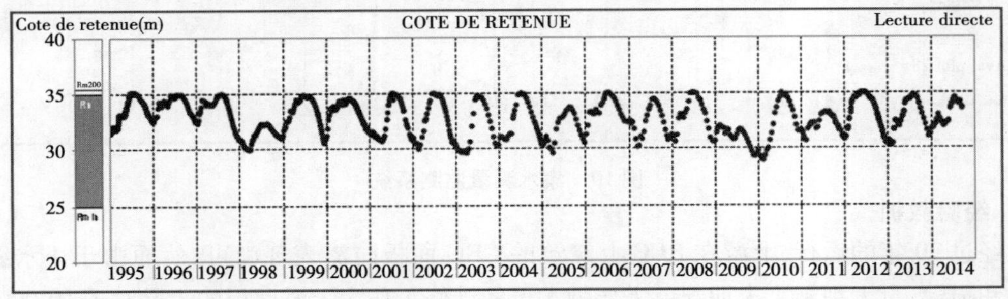


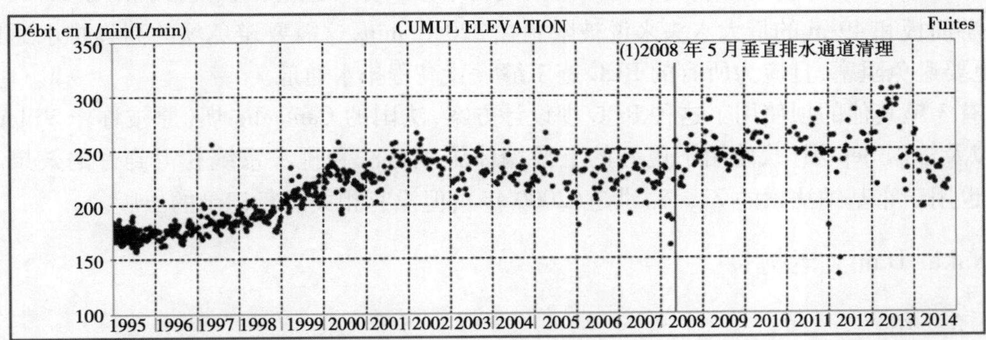


图 9　库水位(顶部)演变以及上游面板(底部)的总渗漏量

在 1995 年至 2002 年期间(见图 9),上游坝面总渗漏量以 15 L/min/年的速度增长。RCC 坝体的下游也观测到几处渗漏(见图 10)。下游坝面的大多数渗漏都位于 RCC 横向施工缝或在其附近。这些渗漏与一些防渗缺陷或上游墙体的损毁相关。但是这种情况从长远看并不认为是可接受的,因为来自水库的水的酸度(pH = 5)可造成 RCC 严重风化。

另一个需要引起大坝运行人员关注的重要方面是位于上游坝壁和 RCC 连接处的大量垂直排水通道被 RCC 材料阻塞(起保护作用的石棉水泥板太脆弱可能在 RCC 浇筑时被损毁),或者被施工中无教养的工人丢弃的各种废料阻塞。在 2008 年对垂直排水通道清扫之后,仍可见 25% 的墙面排水通道不起作用,且下游止水带 60% 的内部排水通道不起作用。之后按要求进行了大量的维护工作,清扫并修复这 264 个垂直排水通道(2010 年、2011 年和 2012 年),并且钻了 4 个新的排水通道(2 个在 2010 和 2011 年,2 个在 2012 年),还对一些排水通道钻出新的出口,便于更好的维护(42 个在 2010 和 2011 年,26 个在 2012 年)。在廊道周围钻一些专门的止水缝也很有效(止水缝通向下游最高处以解决垂直排水通道集水的不充分渗透,就像那些在坝趾处的止水缝可解决廊道压力造成的渗漏)。这些工程的结果是下游低抬升,并可以抑制 RCC 下游面可见的大部分渗漏。该坝在运行 20 年后其水力性能是令人满意的。

首先,基岩/混凝土连接面的抬升较低、稳定甚至减少;其次,上游面的集水渗漏(220 L/min)以及基础部位的渗漏(280 L/min)整体稳定。

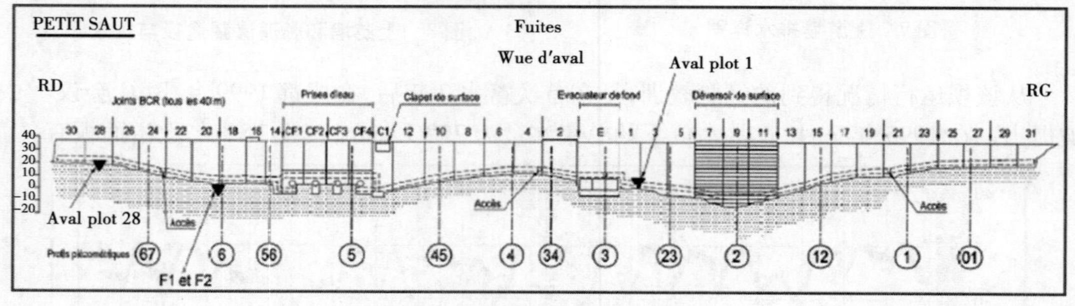


图 10　集水测量监测系统

## 3.2　经验教训

经过 20 年的运行,上游在 RCC 上浇筑的 CRC 面板防渗表现尚可,然而由于止水缝的缺陷和损毁,自大坝施工末期起就需要做大量的维修工作。上游面板的渗漏对于 19 000 $m^2$ 的上游面板和 49 m 的最大水头来说被限制在 220 L/min,这需要避免坝的高程排水通道弯曲,更要避免阻塞,且应为所有的 RCC 施工缝设置高程排水通道。

有 3 座其他的坝使用了这种 RCC 坝设计方案,法国的 Cantache 坝(原被称作 Villaumur 坝)以及法国 Sep 坝[1],使用了更好的上游墙体施工方法和排水系统并得到好的效果。该方法也用于布基纳法索的 Ziga 溢洪道(2000 年),但没有相关运行记录的出版。

# 4　Nakai Dam (老挝)

## 4.1　介　绍

Nakai dam 是 EDF 修建的第三座,也是老挝的第一座 RCC 坝。它是老挝国家电力公司(NTPC)的南屯 II 水电工程(Nam Theun 2 HPP)的一部分,而且拥有一个较大的库容(3. 53

km³)。该工程于2008年5月投入运行,17个月后达到正常水位(538 a. s. l.)。该坝高39 m,坝顶长415 m。总混凝土量为210 000 $m^3$(71%的RCC有4个尺寸的骨料级配,MSA50 mm以及100 kg/$m^3$水泥和100 kg/$m^3$F级粉煤灰)。防渗由与RCC同时施工的传统振实混凝土(CVC)的上游面板提供。这个0.9 m宽的CVC上游面板每隔22-24 m在双止水缝处增大到1.3 m(每个止水带有16个坝段接缝(MJ)及2个相关排水通道)。坝面用V型切口裂缝诱导器施工,间距6 m,以便达到热裂解。在RCC(RD)中钻了34个垂直排水通道,基础部位从坝内廊道起钻了56个排水通道,见设计和施工详图[4,5]。该坝用于水力发电且按照EPC合同框架进行设计和施工,年水量变化在6~10 m之间。

在首次蓄水期间,坝内廊道出现渗漏。来自横跨上游面板通过RCC钻孔的不可控裂缝的渗漏是很小的(总量小于60 L/min,每一个裂缝小于2 L/min),证实了裂缝诱导体的有效性。混凝土面板上所有的热裂解都位于裂缝诱导体的底部,且均被恰当封闭[5]。基础排出的水流被限制在20 L/min,除了洪水期间排水通道受尾水位影响(最大流速为200 L/min)。相关的基岩/混凝土界面的抬升量很小并在设计假设范围内。

在一些坝段接缝处观察到局部渗漏(见图11)。渗漏主要是由于垂直PVC止水带周围的缺陷以及与趾板结合处的缺陷引起的。坝段接缝排水通道的流速在2009年5月正常水位为0.75 m时达到680 L/min,总流速大约为820 L/min。在2008年11月和2010年3月,经潜水员勘查后分别进行了整改:坝顶卸土,使用不同水下密封剂(SIKA和SCUBAPOX),由潜水员散播水稻粉以及经过一系列水中试验后最终对4个右岸坝段接缝的上游排水通道进行灌浆。2009年7月的洪水带来了大量细粒料,暂时轻微降低了渗漏。坝段接缝的水流最终在2010年中期减少到小于150 L/min,之后直到2012年中期总流量不可逆地以每年100 L/min的速度增长。

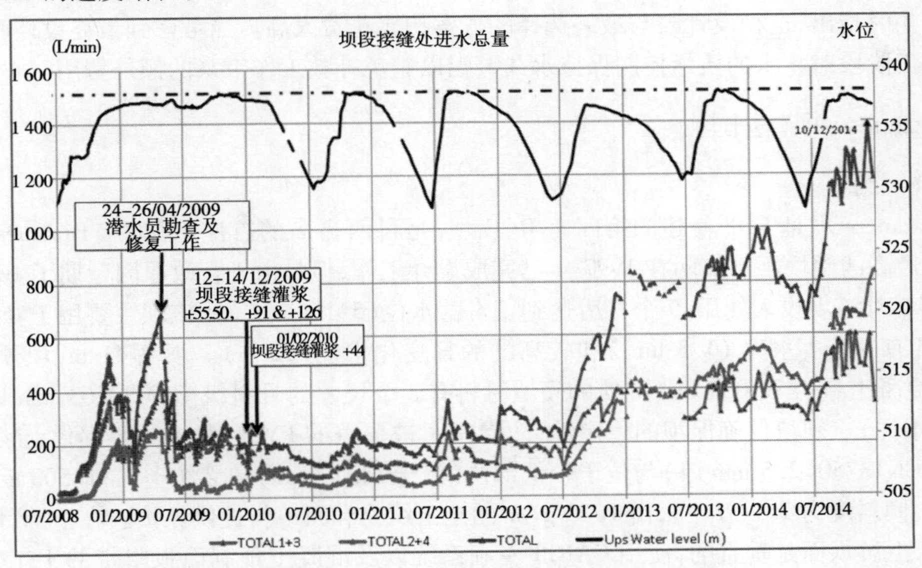


图3 2008~2014年间库水位和坝段接缝点排水通道总渗漏量变化

然而,先前的这些修复不够充分也不持久,自2012年中期起,渗漏再次不可逆地以每年550 L/min的速度增加,到2014年末达到1 500 L/min的总量(1 400 L/min来自坝段接缝排水通道,1 100 L/min来自裂缝或寄生浸润)。

2014 年 2 月进行了新的勘查以求证造成这些渗漏的最关键原因。经查明主要是由于 CVC 溢洪道结构的 5 至 7 个坝段接缝以及上游面右岸底部 2 个施工缺陷造成(见图 12),决定通过使用 CARPI 研制的水下专利法对这些区域进行修复,该方法是采用 PVC - P 土工膜打补丁(2002 年 Platanovryssi 坝),此法已应用于许多座坝。

在通过使用防渗树脂填充水下钻孔实现补丁与止水缝良好连接的测试之后,进行水下作业。该工程三周后直到 2015 年 6 月中旬成功完工,每日跟踪修复功效,最终,坝段接缝的总流速显著地从先前的大约 1 500 L/min 减至大约 100 L/min。

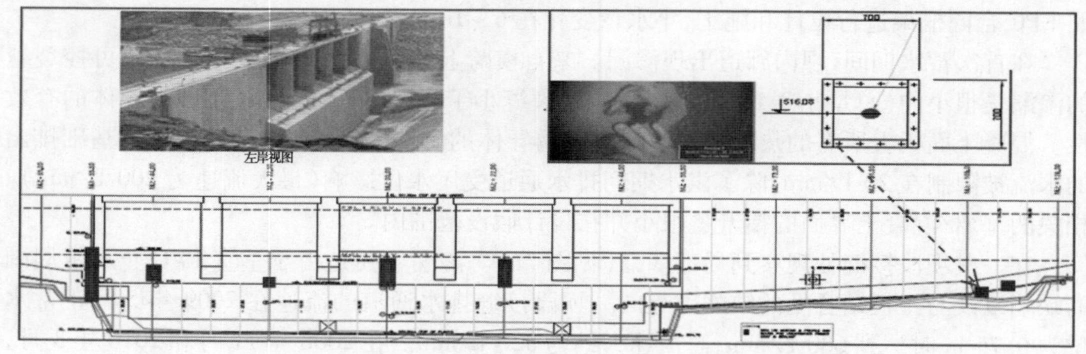


图 12　7 个水下 CARPI 补丁位置以及其中一个补丁案例

## 4.2　经验教训

由于 V 形切口裂缝诱导体的良好设计和施工,CVC 上游面板与 RCC 同时可提供良好防渗。然而正如此类工程和结构中所常见的,在坝段施工缝处的止水出现缺陷和损伤时会发生问题。在投标期间为 EPC 候选者提供的最初设计方案是基于裸露的土工膜防渗。EPC 承包商当时指出,这种设计与与最终选择的方案相比花费太高。当考虑到最终设计时,需在整个施工阶段对止水的质量控制保持永久警惕以避免补救工作带来的额外费用。

# 5　Rizzanèse 坝(法国)

## 5.1　介　绍

Rizzanèse 坝是 EDF 修建的第四座 RCC 坝,是科西嘉岛的首座 RC 坝。Rizzanèse 坝也是法国最高的硬填坝。实际在 1997 年已完成设计工作,但是由于行政原因延期了 10 年[6]。2012 年 5 月该坝投入使用,5 个月后达到正常蓄水位(541 a. s. l. )。该坝主要用于峰荷水力发电,拥有一座小水库 (1.3 $hm^3$)和较高的的日变化水位(12 m)。坝高 41 m,坝顶长 140 m。总混凝土量为 72 000 $m^3$(89% 的硬填材料有 2 个尺寸的骨料级配,MSA 63 mm 以及 80 $kg/m^3$ 水泥)。硬填仅确保坝的稳定性,防渗是由被覆盖的 PVC - P 土工膜提供,土工膜由 CARPI CNT3750(2.5 mm 厚)与位于较低部位(低于 EL. 520 m)的无纺土工布(500 $g/m^2$)联合组成,倾斜度为 1∶1($H$∶$V$),由 1000 $g/m^2$的土工织物和回填料提供保护。在上部,EL. 520 m 以上,上游坝面是垂直的,使用 CARPI 专利系统以及混凝土预制面板附带的土工复合材料 CNT2800[6,7],见设计和施工细节。面板的直接下游,排水由 1 000 $g/m^2$的土工织物保证,同时也可用作土工膜的防刺层。

承包商通过在下游加置 60 cm 的 CVC 以加强排水能力,以保证施工期间预制构件的保守稳定性以及尽可能使施工设备远离预制面板以保证工程安全。排水土工织物的集水通过位于每列预制板后的垂直的300 mm半圆管控制，每3 m一个。这些半圆管与通向排水廊道的管道相连，或是单个或成组设置在坝肩上。这种“加强排水收集”的安全理念并不适用之前的项目，实际上这是一个不健全的设计，因此会在首次蓄水期间出现问题。

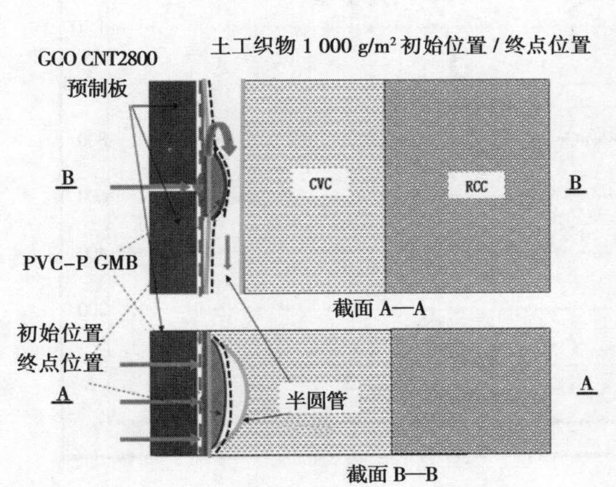


图 13　土工膜在半圆管内在水压的作用下变形

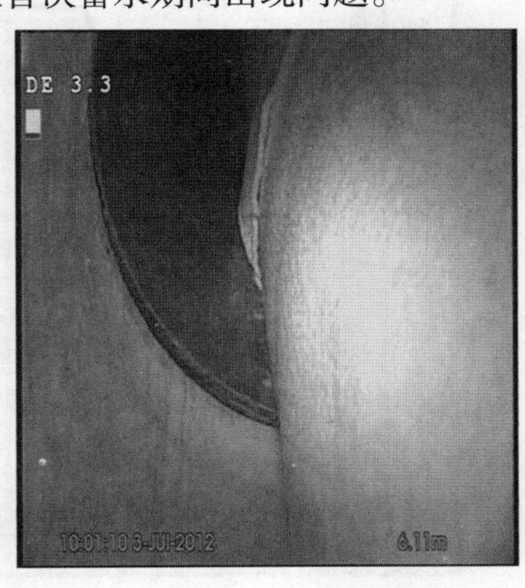


图 14　一个在水压作用下的半圆管的内窥镜视图

半圆管为无支撑的土工膜提供有限的区域。水压施加在土工膜上，确保两个预制板与土工复合材料之间的连接。在上游的压力下，土工膜有移至半圆管的空隙的倾向（见图13、14），且在一些案例中（并非所有），土工膜有将土工复合材料从预制板上带走的倾向。在一些案例中，土工复合材料占据了排水收集器的所有空隙。在一些案例中，土工复合材料和土工膜之间的起拉伸剥离作用的水平焊缝不够强，当排水收集器内发生渗漏时焊缝就会开。随着压力上升，开口像“拉链”般扩大，放出巨大水流。尽管坝自身没有安全风险，这似乎属于一般问题，但依然决定在首次蓄水至 El. 529. 5 m 时停止（见图15，土工膜水流的总量为1 650 L/min）。在降低库水位以后，在2012年7月进行了首次快速修复（一个月），方法是用水泥浆填充半圆管收集器缺陷部位，或用砂砾填充未渗漏部位，因此，土工膜可恢复刚性支持作用。岸上作业较简单，由于可直接接触及收集器，但是在溢洪道，需要在预制板顶部钻孔以切开土工膜之后填充收集器，之后再修补。水库再次蓄水，达到第一级水位时（530. 3）出现新的缺陷。在水下用环氧基树脂堵塞预制板之间的缺口，然后用聚氨酯水合树脂进行灌浆。之后土工膜总流量由1 200 L/min减少到200 L/min。为确保止水的耐久性，决定对这12个可见缺陷进行直接干燥修复。方法是先在预制板上钻孔，随后，在证实土工膜是完整的或损毁的，以及支撑是否存在之后，清扫土工膜并焊接其首层和次层，之后如果有必要，修复损坏的焊缝（见图16）。预制板的孔最终用不收缩的 SELTEX 砂浆填充。这些工作在2013年9月三周内进行，再次蓄水后，土工膜的总流量稳定在大约50 L/min。

## 5.2　经验教训

最初设计的排水加固最终产生了止水的薄弱区域，这种排水设计应避免用于今后的工程。这些事件表明，一旦缺陷定位，很容易修复覆盖下的止水结构且最终达到可接受的渗流量。过去大部分采纳这种设计的坝并未遇到这些问题，因为仅仅是土工织物就能保证排水，除 Urugua - I 坝之外，该坝可见相似的大渗漏量可能有相似的起因[8]。

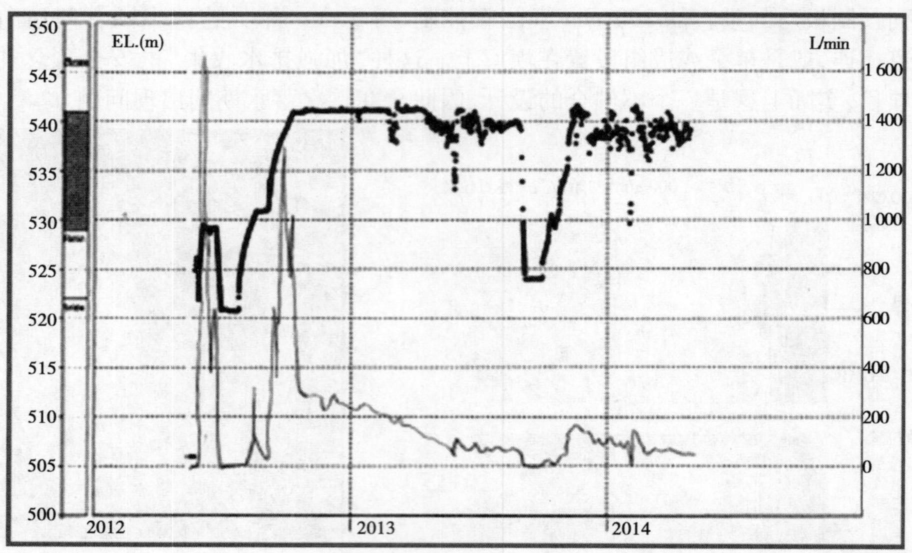


图15　水库水位和土工膜总渗漏变化

(a) 打孔后

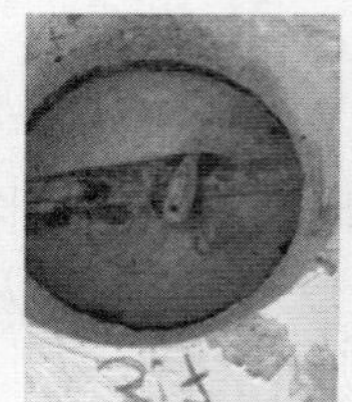

(b) 焊接失败

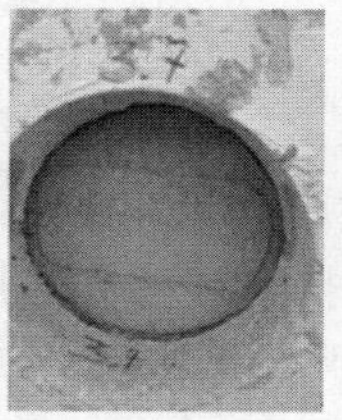

(c) 首次GMB修复

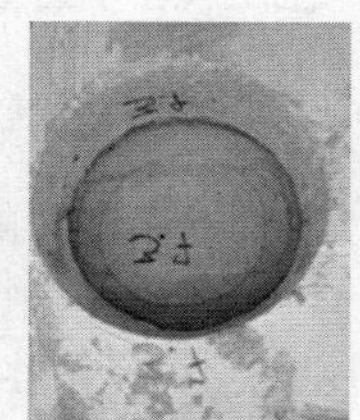

(d) 二次GMB修复

图16　预制板上粘贴的土工膜损毁最终修复案例

## 6　结　论

上述四个不同的RCC坝表明,我们不仅应学习RCC混合设计方法、RCC设计和施工方法(大量有关技术论文至今仍有发表),还应学习这些设计在实际使用中出现的问题。

所有工作在RCC坝领域的的专业人员,包括业主、工程师、顾问、承包商和运营商,应就RCC坝的运行状况进行更多交流以便从这些问题中得到有用的信息并从中获益。

### 参考文献

[1] J. P. Becue,等. 法国1987年至1994年修建的RCC坝运行状况[C]//第三届碾压混凝土坝国际研讨会. 成都:1999:933-949.

[2] B. Denis,等. 法国RCC坝建筑中的热力学方法——Riou坝的试验应用[C]//第一届碾压混凝土坝国际研讨会. 北京:1991:198-207.

[3] M. Jiménez Garcia,等. Miel 1 188 m高的RCC坝:监测使用11年后裸露的土工膜系统[J]. ICOLD Q99R32,2015.

[4] G. Stevenson,等. Nakai RCC坝设计和施工[C]//第六届碾压混凝土坝国际研讨会. 萨拉戈萨:2012.

[5] A. Rousselin,等. 不仅仅是尺寸问题:老挝南屯2工程的Nakai RCC坝[C]//第六届碾压混凝土坝国际研讨会. 萨拉戈萨;2012.

[6] F. Delorme,等. Rizzanèse RCC 坝:厚剖面的低成本 RCC 使用[C]//第六届碾压混凝土坝国际研讨会. 萨拉戈萨,2012.
[7] A. Lochu,等. Rizzanèse RCC dam 坝设计和施工[C]//第六届碾压混凝土坝国际研讨会. 萨拉戈萨,2012.
[8] A. C. Lorenzo,等. Urugua－I 坝的运行状况[C]//第一届碾压混凝土坝国际研讨会. 北京,1991.

# 电厂灰渣作为观音岩电站碾压混凝土掺合料的研究及应用

徐　旭[1]　易俊新[1]　李小群[2]　刘英强[2]

（1. 中国电建集团昆明勘测设计研究院　云南　昆明　650051；
2. 大唐观音岩水电开发有限公司　四川　攀枝花　617000）

**摘要**：金沙江观音岩电站混凝土重力坝最大坝高 159 m，坝体混凝土工程量约 $875\times10^4$ $m^3$，其中碾压混凝土约 $458\times10^4$ $m^3$，共需掺合料约 $70\times10^4$ t。在工程建设过程中，为提高掺合料的供应保证性，节省投资，就地取材对攀钢 504 电厂麻地湾堆灰场的电厂灰渣开展了作为 RCC 掺合料的可行性研究。通过开展电厂灰渣的质量均匀性研究、较优粉磨细度研究、掺磨细灰渣的碾压混凝土配合比及性能试验研究、碾压混凝土温度控制标准及措施研究、经济分析研究等，综合认为 504 电厂麻地湾堆灰场电厂灰渣经烘干、粉磨，满足一定控制指标后，配制出的 RCC 各项性能均满足工程要求，混凝土各项性能指标与掺Ⅱ级分选粉煤灰无明显差异，其温控标准和措施没有本质差别。目前观音岩电站大坝浇筑完成，坝体采用电厂灰渣粉作为掺合料的总量约为 $60\times10^4$ t。本项研究和应用具有较好的技术、经济和环保效益。

**关键词**：电厂灰渣，掺合料，碾压混凝土，混凝土配合比，温度控制，观音岩电站

## 1　概　述

观音岩水电站位于云南省丽江市华坪县（左岸）与四川省攀枝花市（右岸）交界的金沙江中游河段。大坝为混合坝，由左岸及河中碾压混凝土重力坝及右岸心墙堆石坝组成。混凝土坝最大坝高 159 m，顺河向最大底宽 150.5 m，坝体混凝土工程量约 $875\times10^4$ $m^3$，其中碾压混凝土约 $458\times10^4$ $m^3$。工程混凝土需掺合料约 $70\times10^4$ t，掺合料需求量巨大。工程建设初期，坝体混凝土掺合料采用 F 类分选Ⅱ级粉煤灰，但在建设过程中，考虑到攀钢 504 电厂粉煤灰供应可能会比较紧张，为提高本工程掺合料供应的保证性，并降低工程投资，开展了攀钢 504 发电厂麻地湾堆灰场电厂灰渣作为坝体混凝土掺合料的研究及应用工作。

攀钢 504 电厂位于四川省攀枝花市西区，装机容量 300 MW，年产Ⅱ级灰约 $20\times10^4$ t。麻地湾堆灰场是攀钢发电厂从 1994 年投产以来电厂灰渣的堆积场地，距离观音岩坝址公路里程约 30 km，设计库容 $912\times10^4$ t，每天进灰 600～800 t。根据电厂出灰工艺，该堆灰场灰渣为由烟囱排出的等级外粉煤灰和跌入炉膛底部经水冷却破碎脱水排出的渣两部分组成的混合灰渣。[1]

## 2　技术路线

本研究主要技术路线如下[1-3]：①电厂灰渣的质量均匀性研究：由于麻地湾电厂灰渣堆存方式没有事先受控，故需对灰场灰渣进行取样检测，从而对灰场灰渣的质量均匀性作出判

断;②电厂灰渣较优细度研究:将电厂灰渣和炉底渣磨成不同细度,以需水量比和活性指数为主控指标,确定较优细度;③进行采用电厂灰渣和炉底渣的混凝土配合比及其性能试验,以混凝土性能验证其作为掺合料的可行性;④对采用电厂灰渣的混凝土进行温控研究,提出温控标准和温控措施,并用于工程实践。

## 3　电厂灰渣的质量均匀性研究

质量均匀性研究共布置钻孔 20 个,共取样 120 组,重约 4 200 kg。样品化学分析试验成果见表 1,磨细灰渣的细度、需水量比及 28 d 活性指数检测结果见表 2[1]。

表 1　504 电厂灰渣化学分析统计结果

| 项目 | 检测项目(%) | | | | | | | | | |
|---|---|---|---|---|---|---|---|---|---|---|
| | $SiO_2$ | $Fe_2O_3$ | $Al_2O_3$ | CaO | MgO | $K_2O$ | $Na_2O$ | 碱含量 | $SO_3$ | 烧失量 |
| 检测组数 | 24 | 24 | 24 | 24 | 24 | 24 | 24 | 24 | 24 | 48 |
| 平均值 | 52.47 | 3.92 | 28.80 | 2.72 | 3.63 | 1.02 | 0.38 | 1.05 | 0.17 | 3.48 |
| 最大值 | 53.67 | 7.46 | 29.84 | 3.45 | 3.91 | 1.08 | 0.43 | 1.11 | 0.25 | 4.86 |
| 最小值 | 51.54 | 2.43 | 26.33 | 2.34 | 3.40 | 0.96 | 0.32 | 1.00 | 0.05 | 2.88 |
| 标准差 | 0.49 | 1.64 | 1.07 | 0.29 | 0.14 | 0.05 | 0.03 | 0.04 | 0.05 | 0.51 |

表 2　磨细灰渣细度、需水量比及 28 d 活性指数检测结果

| 项目 | 需水量比(%) | 密度(g/cm³) | 胶砂抗折强度(MPa) | | 胶砂抗压强度(MPa) | | 胶砂活性指数(%) | 细度(%) | |
|---|---|---|---|---|---|---|---|---|---|
| | | | 7 d | 28 d | 7 d | 28 d | 28 d | 0.08 mm 筛余 | 0.045 mm 筛余 |
| 检测组数 | 60 | 24 | 60 | 58 | 60 | 58 | 58 | 36 | 36 |
| 平均值 | 100.4 | 2.40 | 4.5 | 7.2 | 20.0 | 36.1 | 72.1 | 1.0 | 14.8 |
| 最大值 | 102.4 | 2.43 | 4.9 | 7.8 | 21.9 | 38.4 | 76.8 | 3.2 | 22.7 |
| 最小值 | 99.2 | 2.38 | 4 | 6.6 | 17.8 | 33.5 | 67.0 | 0.5 | 6.9 |
| 标准离差 | 0.7 | — | 0.2 | 0.3 | 0.8 | 1.2 | 2.4 | 0.6 | 3.5 |

由表 1 和表 2 可见:

(1)各样品化学成分较为稳定。其中,样品的烧失量最大值为 4.86,最小值 2.88,平均值 3.48,低于规范中Ⅱ级灰烧失量的规定值(≤8%),样本标准差为 0.51,表明含碳量较为稳定,均匀性较好。

(2)所检测 24 组灰渣密度的最大值为 2.43 g/cm³,最小值为 2.38 g/cm³,平均值为 2.40 g/cm³。从密度来衡量,电厂灰渣的质量均匀性较好。

(3)对 60 组样品(总取样组数的 50%)按Ⅱ级粉煤灰细度要求磨细后,进行需水量比、胶砂强度、28 d 活性指数进行检测。需水量比在 99.2%~102.4%之间,平均值为 100.4%;

28 d 活性指数在67% ~76.8%之间,平均值为72.1%。从物理力学性能指标看,灰渣的均匀性较好。

(4)对504电厂灰渣样品总量的5%进行放射性检测,放射性合格。

综上,通过化学分析、烧失量、密度、放射性、需水量比和活性指数等方面综合评价,504电厂麻地湾堆灰场电厂灰渣质量均匀性较好,可继续开展下一步研究工作。

## 4 电厂灰渣较优细度研究

将电厂灰渣粉磨成5个不同细度样品,研究不同细度时的需水量比、抗压强度及活性指数等指标,结果见表3[2]。

表3 不同细度电厂灰渣检测成果

| 样品编号 | 细度(0.045 mm筛筛余,%) | 比表面积($m^2/kg$) | 玻璃体含量(%) | 需水量比(%) | 抗压强度(MPa) | | | | 活性指数(%) | | | |
|---|---|---|---|---|---|---|---|---|---|---|---|---|
| | | | | | 7 d | 28 d | 90 d | 180 d | 7 d | 28 d | 90 d | 180 d |
| 灰渣-1 | 23.2 | 382 | 72 | 100.4 | 17.4 | 30.4 | 50.7 | 62.6 | 56.1 | 62.0 | 81.3 | 91.9 |
| 灰渣-2 | 17.8 | 395 | 69 | 98.0 | 18.2 | 32.4 | 52.8 | 64.3 | 58.7 | 66.1 | 84.6 | 94.4 |
| 灰渣-3 | 10.4 | 465 | 67 | 99.6 | 18.5 | 33.3 | 55.3 | 65.8 | 59.7 | 68.0 | 88.6 | 96.6 |
| 灰渣-4 | 6.3 | 510 | 70 | 100.4 | 19.2 | 34.4 | 56.4 | 65.8 | 61.9 | 70.2 | 90.4 | 96.6 |
| 灰渣-5 | 3.7 | 538 | 72 | 100.4 | 19.7 | 36.5 | 58.3 | 70.7 | 63.5 | 74.5 | 93.4 | 103.8 |

对不同细度的样品开展扫描电镜(SEM)检测结果表明:5个不同细度灰渣颗粒形状基本相同,主要由球形和不规则块状颗粒组成,只是所含玻璃体的含量和颗粒大小有所不同,但差别不大。图1为灰渣-4在不同放大倍数下的扫描电镜照片。

表3的试验数据显示:①灰渣、炉渣细度越小,比表面积越大,活性指数越高;②不同细度灰渣需水量比在98.0% ~100.4%之间;③灰渣比表面积在500 $m^2/kg$以上,28 d活性指数大于70%,90 d活性指数大于90%。

《高强高性能混凝土用矿物外加剂》(GB/T 18736-2002)中对磨细粉煤灰活性指数作出了规定:Ⅱ级磨细粉煤灰7d活性指数不小于75%,28 d活性指数不小于85%,按照此标准,当灰渣磨细至538 $m^2/kg$时,仍不能达到Ⅱ级磨细粉煤灰的标准。但研究中的电厂灰渣粉为等级外粉煤灰与炉底渣的混合物,不完全等同于磨细粉煤灰,且本工程碾压混凝土设计龄期主要为90 d或180 d,为充分利用灰渣掺合料的后期活性,不宜将灰渣磨得过细。因此,根据试验成果,结合本工程的特点,拟定电厂灰渣的较优粉磨细度为:比表面积500 ~600 $m^2/kg$,28 d活性指数≥65%,90 d活性指数≥85%。同时对磨细灰渣的其他指标要求如下::$SO_3$≤3%,烧失量≤8%,$Cl^-$≤0.02%,f-CaO≤1%,含水量≤1%,需水量比≤105%。

## 5 混凝土配合比及其性能试验

采用按照上述指标加工磨细的电厂灰渣开展混凝土配合比及其性能试验验证研究,试验条件为:42.5级中热硅酸盐水泥+较优细度的电厂灰渣粉(攀钢504电厂Ⅱ级粉煤灰作

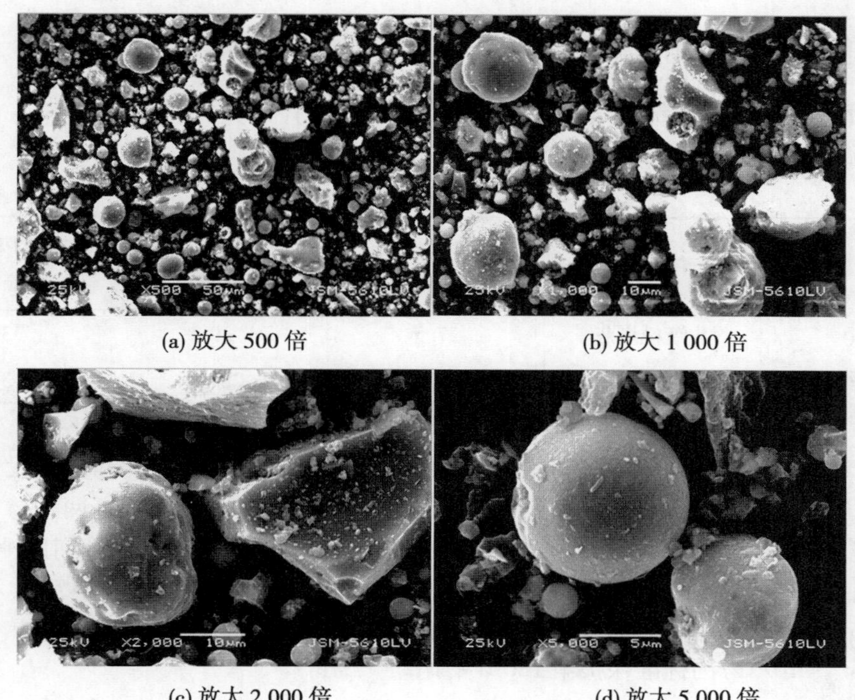


(a) 放大 500 倍　(b) 放大 1 000 倍

(c) 放大 2 000 倍　(d) 放大 5 000 倍

图 1　灰渣 –4（细度 5% ~10%）颗粒 SEM 照片

为对比）+ 龙洞料场灰岩骨料，混凝土配合比及主要试验成果见表 4[2]。

表 4　混凝土配合比及性能成果

| 强度等级 | 水胶比 | 掺合料 | | 材料用量（kg/m³） | | | 混凝土性能（90 d 龄期） | | | | | | |
|---|---|---|---|---|---|---|---|---|---|---|---|---|---|
| | | 名称 | 掺量（%） | 水 | 水泥 | 掺合料 | 抗压强度（MPa） | 抗拉强度（MPa） | 静压弹模（$\times10^4$ MPa） | 抗渗等级 | 抗冻等级 | 极拉值（$\times10^{-6}$） | 线胀系数（$\times10^{-6}$/℃） |
| 碾压三级配 $C_{90}15$ | 0.5 | 攀钢Ⅱ级灰灰渣 | 60 | 80 | 64 | 96 | 34.7 | 2.68 | 4.397 | W6 | >F100 | 76.1 | 4.824 |
| | | | | 80 | 64 | 96 | 35.7 | 2.96 | 4.346 | >W6 | F100 | 75.6 | 5.140 |
| 碾压三级配 $C_{90}20$ | 0.5 | 攀钢Ⅱ级灰灰渣 | 50 | 80 | 80 | 80 | 34.9 | 3.38 | 4.555 | >W6 | >F100 | 85.8 | 5.318 |
| | | | | 80 | 80 | 80 | 39.0 | 3.24 | 4.594 | >W6 | >F100 | 81.1 | 5.113 |
| 碾压二级配 $C_{90}20$ | 0.5 | 攀钢Ⅱ级灰灰渣 | 50 | 92 | 92 | 92 | 36.6 | 3.61 | 4.513 | W8 | >F100 | 88.2 | 5.236 |
| | | | | 92 | 92 | 92 | 38.2 | 3.86 | 4.544 | >W8 | >F100 | 82.9 | 4.888 |

对比两种掺合料试验成果：①电厂灰渣粉混凝土和Ⅱ级粉煤灰混凝土的用水量相同，三级配和二级配碾压混凝土用水量为 80 kg/m³ 和 92 kg/m³。②在水胶比、掺合料掺量及各主要材料用量相同的情况下，各强度等级的混凝土抗压强度、抗渗和抗冻指标均能满足设计要求，且 90 d 龄期的混凝土强度、弹模、抗冻抗渗性能、极限拉伸值和线膨胀系数均无太大差异，仅电厂灰渣粉混凝土的极限拉伸值略低于Ⅱ级粉煤灰混凝土。总体来说，电厂灰渣粉混凝土性能与Ⅱ级粉煤灰混凝土相比，无明显的规律性差异，满足设计对坝体碾压混凝土的性能要求[5,6]。

## 6 混凝土温控标准和措施

对采用电厂灰渣和Ⅱ级粉煤灰的坝体混凝土进行温控研究[4]，提出采用电厂灰渣粉和Ⅱ级粉煤灰混凝土的温控标准如表5所示[3]。

**表5 坝体混凝土温控标准** （单位：℃）

| 混凝土 | 掺合料 | 强约束区容许最高温度 | 弱约束区容许最高温度 | 脱离约束区容许最高温度 |
|---|---|---|---|---|
| $C_{90}20$ 碾压三级配 | Ⅱ级粉煤灰 | 27.5 | 29 | 31 |
| | 电厂灰渣粉 | 27 | 28.5 | 31 |

可见，磨细电厂灰渣与Ⅱ级粉煤灰拌制的混凝土相比，其温控标准和措施没有本质的差别。电厂灰渣粉混凝土容许最高温度比Ⅱ级粉煤灰混凝土低0.5 ℃。两种掺合料配制的坝体混凝土均需进行骨料预冷和通水冷却，电厂灰渣粉混凝土的水管间距略微加密；另外，表面保护标准略有差别：当掺合料为粉煤灰时，需采用等效热交换系数不大于10 kJ/($m^2$·h·℃)的标准保护至90 d龄期；当采用灰渣做掺合料时，需采用等效热交换系数为8 kJ/($m^2$·h·℃)的标准保护至180 d龄期。

## 7 结 语

通过上述研究，504电厂麻地湾堆灰场电厂灰渣经烘干、粉磨，且满足一定生产控制指标要求后，作为观音岩工程坝体混凝土掺合料是可行的。目前观音岩电站大坝基本浇筑到顶，坝体混凝土采用电厂灰渣粉作为掺合料的总量约为60余万t。

分选粉煤灰已经在水电工程和工民建中得到广泛应用，磨细粉煤灰也在水电工程中得到了一定程度的应用；而电厂堆灰场的灰渣尚未见用作大型水电工程大体积混凝土掺合料。麻地湾堆灰场的电厂灰渣用作掺合料具有较好的技术、经济和环保意义，既扩大了水电工程的掺合料选择范围，提高了火电厂灰渣的利用率，节省水电工程投资，还可以节约堆渣土地，有利环保。虽然工业废渣在使用的时候需要磨细，消耗了一定的能源，但综合比较利大于弊。

### 参考文献

[1] 徐旭，等．攀钢504电厂麻地湾堆灰场电厂灰渣拟作为大坝混凝土掺合料的可行性研究——电厂灰渣质量均匀性研究报告[R]．昆明：中国水电顾问集团昆明勘测设计研究院，2009.

[2] 张虹，等．攀钢504电厂麻地湾堆灰场电厂灰渣拟作为大坝混凝土掺合料的可行性研究——掺合料及混凝土试验研究报告[R]．昆明：中国水电顾问集团昆明勘测设计研究院，2010.

[3] 徐旭，等．攀钢504电厂麻地湾堆灰场电厂灰渣拟作为大坝混凝土掺合料的可行性研究——坝体混凝土温度控制及技术经济比较研究报告[R]．昆明：中国水电顾问集团昆明勘测设计研究院，2010.

[4] 朱伯芳．大体积混凝土温度应力与温度控制[M]．北京：中国电力出版社，2003.

[5] 方坤河．碾压混凝土材料、结构与性能[M]．武汉：武汉大学出版社，2004.2.

[6] A. M. 内维尔（著），刘数华，冷发光，李新宇，陈霞（译）．混凝土的性能[M]．北京：中国建筑工业出版社，2011.

# 碾压混凝土坝土工膜:运行 13 年的工程实例

Scuero A[1], Vaschetti G[1], Jimenez M J[2], Cowland J[3]

(1. Carpi Tech 公司,瑞士;2. Isagen 公司,哥伦比亚;
3. Carpi 亚太公司,香港,中国)

**摘要:**本文论述一个碾压混凝土坝工程,该工程于 2002 年安装了一个暴露的土工膜系统,迄今为止,已成功运行 13 年。该坝名为 Miel Ⅰ坝,位于哥伦比亚,坝高 188 m,刚完工时曾为世界上最高的碾压混凝土坝,该坝的用途为发电。Miel Ⅰ坝碾压混凝土混合料的水泥含量为 85 ~ 160 $kg/m^3$。原设计上游面为钢筋混凝土面板,用滑模施工,后为满足合同进度,将钢筋混凝土面板改为暴露的聚氯乙烯土工膜系统,铺设在 0.4 m 厚的富浆并振实的碾压混凝土区域。在水平段布置土工膜系统后,大坝开始蓄水,而较高高程上仍可进行碾压混凝土施工。该土工膜系统在 2002 年完工,之后完成了补充混凝土施工。该坝的拥有者 ISAGEN 对坝及其土工膜系统进行了持续监测。测得的渗漏值从未超过历史值,或设计允许的最大排水值。持续 11 年的良好运行后,ISAGEN 在 2013 年决定对该土工膜系统的普遍状况和风化性状进行一次全面监测,旨在评估已发现并修复的小缺口的形成原因(在 11 年里,31 000 $m^2$ 表面上共出现了 15 个小缺口)、评估 PVC 土工膜的状况、探讨其特性在使用过程中发生了何种程度的变化,并评估其风化情况是否与预期的耐久性一致。先对上游面和排水廊道进行了检查,之后对暴露土工膜进行了采样,并在实验室中试验。将从坝上采集的老化土工膜试样的物理和化学性质与刚生产的同型土工膜进行比较。最后,依据土工膜风化机理的最新研究,评估试验结果。结果证实,PVC 土工膜的性能非常好,完全符合预期。使用土工膜 13 年之后,该坝在 2015 年的表现仍然令人非常满意。本文描述安装在 RCC 坝上的土工膜系统,讨论调查的所有步骤,并详述试验结果和结论。

**关键词:**防水,土工膜,PVC,RCC 坝

## 1　引　言

第一座碾压混凝土(RCC)坝在 20 世纪 80 年代初期建成。1984 年出现了采用土工膜作为上游防水层的工程。2003 年[3]和 2012 年[4],本研讨会的一些作者讨论了关于现有的覆盖的和暴露的土工膜系统,探讨了这些土工膜系统用于新建筑物时所具备的优点,提及了部分工程实例。从那时起,人们一直在使用上游土工膜,并将土工膜用于修复已建的碾压混凝土(RCC)坝(用于无水状态和水下)。

本文给出 2002 年完工的一项工程实例,报告了运行 13 年的上游暴露土工膜系统的监测结果。

## 2　Miel Ⅰ坝:2000 ~ 2002 年

Miel Ⅰ坝的业主为 ISAGEN,该坝是一座高 188 m,长 354 m 的 RCC 坝,用途为发电。

2002 年完工时,其为世界上最高的 RCC 坝。

### 2.1 大 坝

哥伦比亚的 Miel Ⅰ坝高程为 EL. 455 m,位于降雨量很大的热带地区的一个狭窄峡谷中。该坝为 Miel Ⅰ水电工程的主要组成部分,包括一座 375 MW 的发电厂房,年平均发电量 1 460 GW · h。该坝混合料的水泥含量为低到中等,85 ~ 160 kg/m$^3$,填筑层高 30 cm。关于大坝设计和施工的更多信息,可参阅 Marulanda 等人的论文[2]。

该坝设计有滑模钢筋混凝土面板。为了满足合同进度,修改了上游防渗面板设计:钢筋混凝土面板被 0.4 m 厚的富浆 RCC 替代,在该混凝土上铺设聚氯乙烯复合土工膜系统,以增加防水性。由于坝的暴露面高达 188 m,所以双重防渗是必要的。

该坝的施工始于 2000 年 4 月,26 个月后完成。

### 2.2 防渗系统

防水衬垫为 SIBELON® 土工复合材料,由聚氯乙烯土工膜,层压在 500 g/m$^2$ 的无纺聚丙烯土工布上。在大坝的最下部,从高程 268 m 至高程 330 m,聚氯乙烯土工膜厚 3 mm;从高程 330 m 至高程 450 m,聚氯乙烯土工膜厚 2.5 mm。整个上游面为 31 500 m$^2$。

该土工复合材料通过平行垂直拉紧型材(Carpi 公司专利)固定在坝面上,间距 3.70 m。该拉紧型材包括两个主要组件:第一组件是镀锌钢型材,由承包商在施工时将型材嵌入 RCC 铺筑层内。第二组件被设置在已安装的土工膜上方,连接至第一组件,可将土工复合材料拉紧固定在上游面上。第二组件由不锈钢型材制成,由 Carpi 公司放置在已安装的土工复合材料片材上方。由于这两种型材的几何形状互相匹配,所以使用连接器可以将这两种型材结合在一起,从而将土工复合材料拉紧固定在上游面上。为了避免连接器处渗水,采用 SIBELON® 覆盖条防水(见图 1,摘自国际大坝委员会公告 135[1])。

从海拔 268 m 至 358 m,对不锈钢型材进行了中心加固,使其能够承受高水压力。

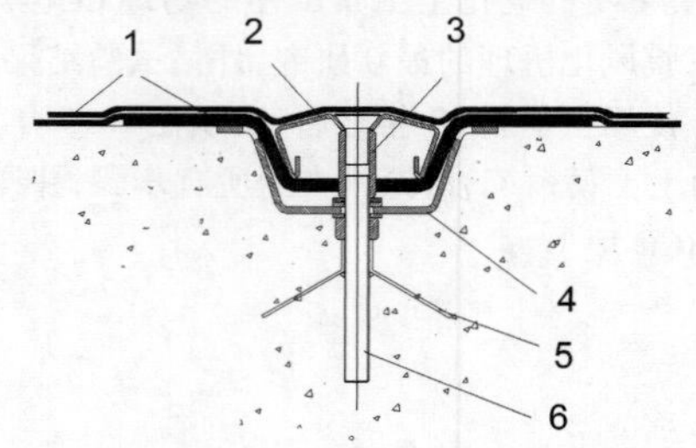


1—聚氯乙烯土工复合材料;2—拉紧不锈钢 SS 型材;3—连接器;
4—嵌入式镀锌钢型材;5—镀锌钢锚翼;6—锚杆

**1 将土工复合材料固定在坝面上的拉紧系统示意图(Carpi 公司专利)**

图 2 展示了该系统的安装。该系统为 21 世纪初最先进的配置,将拉紧型材的 U 形组件连接到框架上,嵌入 RCC 填筑层,然而在本工程中,该组件是在 RCC 施工完成后铺设的。

土工复合材料后设有一个全坝面综合排水系统。该排水系统包括:土工复合材料与坝面之间的缝隙,用于设置坝面固定系统;层压在聚氯乙烯土工膜上的土工布;拉紧型材组成的垂直导管;嵌入 RCC 周边的收集器;横向排水管,用于将水排至廊道;可确保在大气压力下排水的通风管道。排水系统分为 4 个水平段(隔室),用于将水排放至其下方廊道。每个

(a)

(b)

(c)

(a)连接至框架的U形型材和排水收集器被嵌入RCC中；
(b)嵌入后的U形型材看上去像竖向排水槽；(c)拉紧型材用聚氯乙烯覆盖条防水

图2

水平隔室又分成垂直隔间，单独排水。

总共有45个独立的隔间，能够精确地监测防水系统的性状。在收缩缝处，两层土工复合材料为衬垫提供支撑，如图3(a)所示。土工复合材料系统安装在6个水平段上，安装采用可移动轨道系统，与RCC施工同时进行，但是独立的。在坝基上方约90 m处，轨道系统与坝体连接，然后移至坝基上方约140 m处。所有操作都在移动平台上实施，该平台悬挂在轨道系统上。

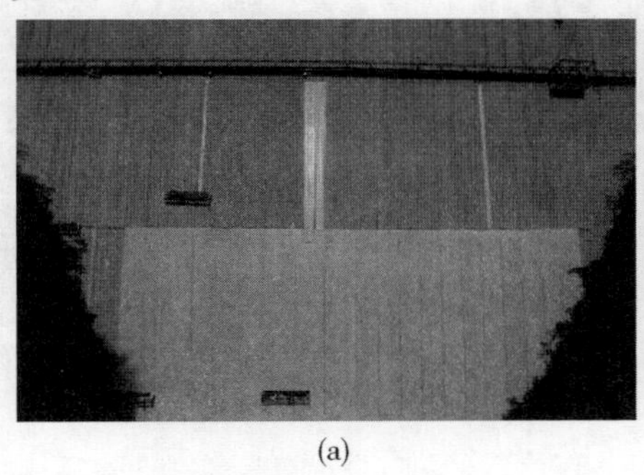
(a)

(b)

(a)土工复合材料已安装在下部，正在从左侧平台上将支撑土工复合材料安装在收缩缝上；
(b)施工者使用悬挂在高程407 m处可移动轨道系统上的平台安装土工复合材料，同时轨道系统上方的RCC填筑正在进行中

图3

RCC铺筑后，浇筑灌浆趾板。将SIBELON®牌土工复合材料铺设在完成的RCC层和天然开挖岩石上，使灌浆趾板不透水。使用机械密封件将趾板的防水衬垫与上游面防水衬垫连接在一起。密封件(见图4)为80 mm×8 mm的不锈钢板条，将土工复合材料压入混凝土中，用环氧树脂防水；橡胶垫圈和调节板可确保这种压力均匀分布。这种密封件在2.4 MPa下进行了测试，也被布置在坝顶，以防止漫溢的水渗透。

31 453 $m^2$暴露土工复合材料的安装开始于2001年10月8日，完成于2002年9月7日。分期安装土工复合材料防水系统能够在大坝施工期间提前蓄水(见图5)。这种设计变更能够满足合同进度，同时节省了几千万美元，其能够更快完工，提前发电。

在图5中，(a)为RCC施工与土工复合材料安装同时进行，能够缩短施工时间。(b)为已经安装在下部的土工复合材料能够支持水库提前蓄水，并测试设备，同时，上方的RCC施

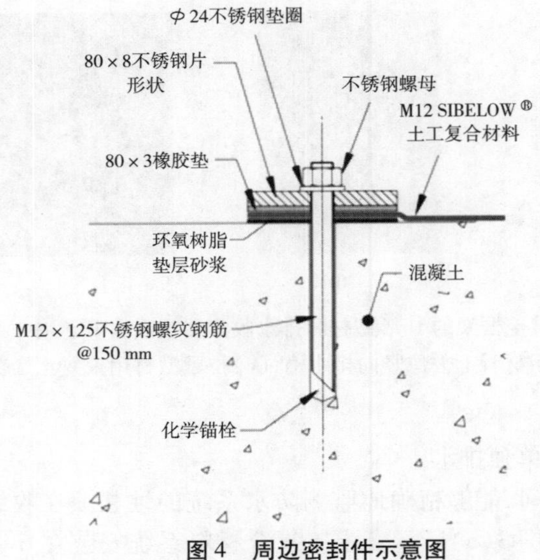


图4　周边密封件示意图

(a)　　(b)

图5

工和防水工作仍在进行。

## 3　Miel Ⅰ坝:2002～2015年

### 3.1　监测系统

如前述,设在土工复合材料后的全坝面排水系统主要用于监测土工复合材料系统的性能。45个排水隔室分别将水排至廊道9(最下部隔室)和廊道8、4、1(上部三个隔室)。在最下部,排水系统非常精确:大坝中央部分的每条垂直拉紧型材线都有一个隔间,每个坝肩都有一个隔间。在上面三个隔室中,大坝中央部分的每个混凝土坝块都有一个隔间,每个坝肩都有一个隔间。

采用这么多独立的隔间,是为了通过监测各个隔间(共45个)的排水量来定位系统的故障位置。另外,如果土工复合材料出现故障,该系统能够保证可检测到并控制渗透水。通过土工复合材料缺损处渗透的水能够被上游面的坝面排水系统截住,并从该处将渗透水排至最近的廊道,避免其渗入坝体。能否控制渗透水(让水通过固定的路径流动)是大坝稳定或溃坝的关键。

ISAGEN 制定的土工复合材料系统监测方法为：确定每个排水管的相对稳定“正常”流量后，在旱季水库水位较低时，每月测量一次所有排水管的流量；在雨季每月测量两次，如果水库水位高达 439.00 m，则每周测量两次。除这些惯例外，还要对入流量和土工仪器性状进行分析。

### 3.2　监测结果

从 2002 年起，ISAGEN 一直在监测该坝和土工复合材料的性能。维护组在不断寻找任何偏离“正常”流量的现象，这被视为异常的信号。

2003 年水库蓄水后，根据记录，整个土工膜系统的渗漏率为 3.89 L/s，该数值记录于 2003 年，水库水位为 446.47m。从那时起，记录的土工复合材料排水系统的平均渗漏率一直为 2 L/s，坝肩的平均渗漏率为 25 L/s。此类数值低于设计值，即土工复合材料系统的平均渗漏率 9.7 L/s，坝肩的平均渗漏率为 30 L/s。所测量的渗漏率从未超过历史值（13 年记录稳定），也从未超过设计规定的最大允许排水值。

由于排水流量异常并不一定意味着衬垫或其紧固件系统出现了损坏（如国际大坝委员会公告 135 所述[1]：“……泄漏速度异常可能表明土工膜出现了缺损，然而在现实中，排水系统主要采集来自其他水源的水，而不是土工膜缺损部位，如通过裂缝渗透的水、绕过周边密封件的水、从坝基渗透的水、从坝顶渗透的水。因此，有可能出现这种情况：排水点的水量很高，但是坝体却是干燥的。”）。因此，除了监测入流率，ISAGEN 还对土工膜进行外部目视检查。每当水库水位变化超过 3 m，就会进行一次检查。这种目视检查能够使维护组发现土工膜的任何问题。少数小型缺口主要出现于雨季，水上的杂物会冲击大坝，碎木等其他材料会导致缺口的出现。

### 3.3　2013 年的额外监测行动

截至 2013 年，ISAGEN 在 31 000 多 $m^2$ 的上游面仅发现并修复了 15 个小型缺口。最大的缺口 5 mm 宽，15 cm 长。这些缺口没有对土工复合材料系统产生危害，也没有影响其稳定性。由于有全坝面排水系统，所以该坝未受影响。此外，所测量的泄漏量从未超过历史值（11 年记录稳定），也从未超过设计规定的最大允许排水值。

尽管如此，为了对该系统的性能有更广泛的了解，ISAGEN 在 2013 年夏天决定，除了常规监测行动，将实施一项更全面的监测行动，评估 Miel Ⅰ水电站防水土工复合材料的一般状况和防水情况。该监测不仅包括站点检查，还对该坝使用了 11 年的土工复合材料样品以及新生产的样品进行了采集和实验室测试，以评估土工复合材料的老化过程。

2013 年 9 月，ISAGEN 和 Carpi 公司人员在乘坐一条小船接近上游面土工复合材料，对其进行了目视检查。执行该检查时，水库水位为 428 m（距离坝顶 26 m）。调查者一致同意，如果发现任何问题，将对上游面其余部分进行水下检查。在检查过程中，土工复合材料系统的总渗漏率为 0.41 L/s，这个数值相当低，因为过去 11 年里记录的平均值为 2 L/s。除了对土工膜进行目视检查和触摸检查，调查者还对廊道状况、排水系统和下游面进行了检查。廊道、排水系统和下游面都是干燥的，证实了几乎没有水渗入坝体。在这些年发现并修复的所有小型缺口/孔洞中，8 个在水平面以上，在检查中完全可见。修复工作的目视检查表明，这些缺口被正确修复，2002 年安装的土工膜片材和表面之间没有断点或热融合问题。防水性得到了很好的维护。由于检查期间测到的泄漏量很少（0.41 L/s），而且下游面外观干燥，所以调查者得出结论，水位 428 m 以下没有缺损。根据这个证据，调查者认为没有必要在水位 428 m 以下立即实施水下检查。

在检查期间,调查者在消落区水面上方 1 m 处剪下一块 50 cm × 50 cm 的 SIBELON® CNT 3750 样品,位于上游面右端侧,靠近坝基趾板。剪下样品后,用一块 SIBELON® 土工膜片材焊接在采样处,以恢复不透水性。调查者在 ISAGEN 仓库采集了安装时留下的土工复合材料 SIBELON® CNT 3750 样品。由于在过去 11 年里,该样品完全没有受到紫外线照射,所以其性状被认为与新生产的材料相同。该样品用于在实验室测试其物理和化学性质,将坝上游面采集的已使用 11 年的 CNT 3750 土工复合材料样品与新生产的 CNT 3750 土工复合材料进行对比。

图 6　干燥的下游面与上游面的土工复合材料采集

### 3.4　测试结果

调查者在意大利 CESI(前 Enel. Hydro 公司)土工复合材料实验室进行了试验。该公司与 ISAGEN 或 CARPI 公司没有任何隶属关系,被视为独立的信息源。测试目标为确定大坝上游面采集的 SIBELON® CNT 3750 样品(老化材料,已使用 11 年)与该坝拥有者仓库内采集的 SIBELON® CNT 3750 样品(新材料)的主要物理和化学性质,并比较所获得的数值,以探查该坝上游面安装的已使用 11 年的土工复合材料的防水性能。表 1 展示了测试结果。

表 1　测试结果

| 测试类型<br>测量属性 | 标准 | 单位 | Sibelon® CNT 3750<br>老化样品 | Sibelon® CNT 3750<br>新样品 |
|---|---|---|---|---|
| 拉伸<br>纵向直接<br>抗拉强度<br>断裂伸长率<br>横向直接<br>抗拉强度<br>断裂伸长率 | UNI 8202/8:<br>1988 | <br><br>kN/m<br>%<br><br>kN/m<br>% | <br><br>15.11<br>244.4<br><br>13.05<br>223.7 | <br><br>13.32<br>246.4<br><br>11.73<br>234.5 |
| 增塑剂提取物<br>增塑剂 | UNI ISO<br>6427:2001 | %  | 25.73 | 29.17 |

续表1

| 测试类型<br>测量属性 | 标准 | 单位 | Sibelon® CNT 3750<br>老化样品 | Sibelon® CNT 3750<br>新样品 |
|---|---|---|---|---|
| 水蒸汽渗透性<br>渗透量<br>渗透系数 | UNI 8202/23:<br>1988 | $g/(m^2 \cdot d)$<br>m/s | 0.984<br>$1.38 \times 10^{-13}$ | 1.262<br>$1.83 \times 10^{-13}$ |
| 厚度<br>标称厚度<br>变化系数 | UNI 8202/6:<br>1988 | mm<br>% | 2.61<br>2.48 | 2.71<br>0.43 |
| 密度<br>密度 | UNI 27092:<br>1972 | $g/cm^3$ | 1.286 | 1.271 |
| 肖氏硬度 | UNI 4916:<br>1984 | n° | 86.8 | 81.6 |
| 低温弯折性<br>纵向<br>横向 | UNI 8202/15:<br>1984 | ℃<br>℃ | -40<br>-35 | -40<br>-40 |
| 尺寸稳定性<br>纵向重量变化<br>横向重量变化 | UNI 8202/23:<br>1988 | %<br>% | -2.53<br>-1.37 | -0.92<br>0.37 |

能够决定安装在水工建筑物上的聚氯乙烯土工膜衬垫的性能和效率的最重要属性为拉伸性能、增塑剂含量与肖氏硬度、渗透性、厚度和密度。老化样品的拉伸性能非常好，变化极小：断裂伸长率为244.4%（纵向）和223.7%（横向）；新样品分别为246.4%和234.5%。增塑剂含量是老化过程中的最重要参数之一，老化样品的增塑剂含量出现了略微下降（从29.17%至25.73%），肖氏硬度相应略有增加。另一种类似产品在使用相同时间后（11年），增塑剂含量下降约80%以上。据其他产品应用约10年后的记录，增塑剂含量下降放缓，例如：在10～23年和16～29年的使用时间内，所记录的增塑剂含量下降介于4%～7%。因此，在未来几年，与增塑剂含量下降相关的土工膜性能应该会更好。关于防水性，水蒸气渗透性试验的结果显示渗透系数略有下降，表明土工膜的防水性增加。厚度下降幅度很小（从2.71 mm至2.6 mm），其厚度仍然超过土工膜组分的标称最小厚度（2.5 mm）。密度值（从1 271 $g/m^3$ 至1 286 $g/m^3$）也基本保持稳定。

### 3.5　最后评估

该土工复合材料的物理外观与预期一致。与土工复合材料老化情况最相关的属性变化与标准情况完全一致，与其他坝的暴露位置安装的SIBELON® CNT 3750暴露土工复合材料的统计值完全一致。考虑到使用年数和上游面的总面积，其损伤数量和程度都被认为是极低的，不会对该土工复合材料的使用寿命产生任何危害。关于损伤的原因，小缺口的位置和外观似乎表明，这些缺口可能由机械事件造成，例如混凝土松动部分从溢洪道跌落，或大型尖锐漂浮物的冲击。没有理由或证据表明这些缺口与该土工复合材料的显著属性变化有关。修复工作检查证实，维修人员所使用的方法完全正确，能够定位并正确修复任何缺损。

## 4　Miel Ⅰ水电站的现状和结论

从2013年起，该坝未进行任何其他修复工作。廊道检查、上游面附近压强计和其他水坝测量仪器显示无任何渗透区域、泄漏迹象或其他问题。

该工程事例进一步证实了暴露土工复合材料系统作为碾压混凝土坝防水护面的有效性。

### 参考文献

[1] ICOLD——国际大坝委员会，公告135，土工膜大坝密封系统——设计原则和经验回顾，法国巴黎，2010.

[2] A. Marulanda, A. Castro, N. R. Rubiano. Miel Ⅰ水电站：一座188米高的哥伦比亚碾压混凝土坝[J]. 水电与大坝，2002(3).

[3] A. M. Scuero, G. L. Vaschetti. 碾压混凝土坝合成土工膜：1984年以来的一种可靠且经济的防泄漏方法[C]//第四届碾压混凝土(RCC)坝国际研讨会会议记录，2003.

[4] A. Scuero, G. Vaschetti. 新碾压混凝土坝的三个近期土工膜项目[C]//第六届碾压混凝土(RCC)坝国际研讨会会议记录，2012.

# 单掺火山灰碾压混凝土配合比试验与研究

侯　彬

（中国水利水电第三工程局有限公司　河南　开封　475200）

**摘要**：依托某工程《碾压混凝土单掺火山灰试验研究及应用》科研项目，进行了单掺火山灰碾压混凝土配合比的试验与研究，通过对火山灰掺合料及室内拌和物性能指标的试验，又经现场优化后确定了单掺火山灰碾压混凝土配合比。配合比试验及应用的成功，可简化碾压混凝土拌和生产工艺、减小拌和系统的建厂投入、降低碾压混凝土原材料成本，特别是对盛产火山灰地区流域的水电站建设，可以提供新的掺和料选择。

**关键词**：单掺火山灰，碾压混凝土，配合比，试验研究

## 1　前　言

某水电站工程位于云南省德宏州龙江—瑞丽江中段的的干流上，电站以发电为主，兼顾防洪、灌溉，总装机 180 MW，属Ⅱ等大（2）型工程。水库总库容 2.32 亿 $m^3$。拦河坝为碾压混凝土重力坝，最大坝高 90.5 m。坝体常态混凝土约 5.3 万 $m^3$，坝体碾压混凝土 29.76 万 $m^3$。

由于当地无粉煤灰，电站可研阶段及招标设计阶段混凝土胶凝材料均为硅酸盐水泥 + 双掺料（50%凝灰岩灰、50%磷矿渣灰）。因磷矿渣需从昆明采购，运距远，供应不稳定，经测算较难保证高峰期施工强度的需要，而且施工现场无掺合料掺合设施，如采用双掺料方案，拌和系统需增加储料、衡量，增加难度大、费用高。

针对上述难题，科研人员对周边的原材料产地进行了调研，腾冲县盛产火山石（凝灰岩）且储量丰富。根据已施工的本流域其他水电站常态混凝土单掺火山灰的成功经验，与某大学共同对加工后的火山灰进行了深入研究，提出了碾压混凝土单掺火山灰的思路。

## 2　火山灰掺合料性能试验

本次配合比试验所用掺合料为云南省腾冲县某公司生产的火山灰。选取褐色的火山灰块石，经破碎机破碎后，由球磨机磨至所需粒径。掺和料的化学成分分析结果见表 1。

**表 1　火山灰化学成分分析结果**

| 样品名称 | 化学成分及含量（wt%） | | | | | | | | | | | |
|---|---|---|---|---|---|---|---|---|---|---|---|---|
| | $SiO_2$ | $Al_2O_3$ | $Fe_2O_3$ | CaO | MgO | $K_2O$ | $Na_2O$ | $TiO_2$ | $P_2O_5$ | MnO | $SO_3$ | F | 烧失量 |
| 火山灰 | 56.95 | 19.4 | 6.26 | 5.6 | 2.31 | 3.49 | 3.43 | 1.13 | 0.50 | 0.11 | 0.03 | — | 0.54 |

### 2.1　火山灰品质检验结果及火山灰细度与强度比关系

火山灰品质检验结果及火山灰细度与强度比关系见表2。

表2　火山灰品质检验结果及火山灰细度与强度比关系

| 样品编号 | 生产厂家 | 需水量比（%） | 细度（%） | 密度（$g/cm^3$） | 含水量（%） | 强度比（%） | | | |
|---|---|---|---|---|---|---|---|---|---|
| | | | | | | 7 d | | 28 d | |
| | | | | | | 抗折 | 抗压 | 抗折 | 抗压 |
| H－1 | 腾冲华辉石材 | 100 | 10.9 | 2.70 | 0.2 | 75.1 | 61.3 | 75.6 | 67.7 |
| H－2 | 腾冲华辉石材 | 100 | 13.0 | 2.71 | 0.2 | 74.2 | 61.1 | 72.6 | 65.0 |
| H－3 | 腾冲华辉石材 | 100 | 17.0 | 2.72 | 0.2 | 66.7 | 55.6 | 70.7 | 63.6 |

### 2.2　火山灰细度与强度比关系分析

从以上试验结果可以看出，该细度段不同细度的火山灰在短龄期（7 d）抗压和抗折强度比相差都不大，并且没有明显的规律性；而28 d抗压和抗折强度比相差较大，规律性也很好。这说明在短龄期内，由于水泥及火山灰水化不充分不彻底，强度还没有完全被激发和提高。

### 2.3　火山灰细度与活性关系研究总结

经过对火山灰细度与活性关系试验结果的分析可以得出在该细度段的以下几个关系：

（1）该细度段的火山灰细度由大到小发生变化，其强度比是一个由小到大的发展趋势。

（2）该细度段不同细度的火山灰随着龄期的增长其强度比也随之增大。

（3）该细度段的火山灰细度越小强度比越大，也就是说火山灰越细它的活性也越高，而且随着龄期的增长其强度也呈增长趋势。

## 3　单掺火山灰碾压混凝土配合比及性能试验

### 3.1　碾压混凝土设计技术指标

碾压混凝土设计技术指标见表3。

表3　碾压混凝土设计技术指标表

| 设计指标 | 下部RⅠ（碾压混凝土） | 上部RⅡ（碾压混凝土） | 上游面RⅢ（碾压混凝土） |
|---|---|---|---|
| 设计强度等级 | C15 | C10 | C20 |
| 180 d强度指标（MPa）（保证率80%） | 15 | 10 | 20 |
| 抗渗等级（180 d） | W4 | W4 | W8 |
| 抗冻等级（180 d） | F50 | F50 | F100 |
| 极限拉伸值（$\varepsilon_p$）（180 d） | $0.8\times10^{-4}$ | $0.75\times10^{-4}$ | $0.8\times10^{-4}$ |
| $V_C$值（s） | 5～7 | 5～7 | 5～7 |
| 最大水胶比 | <0.5 | <0.5 | <0.45 |

续表 3

| 设计指标 | | 下部 RⅠ（碾压混凝土） | 上部 RⅡ（碾压混凝土） | 上游面 RⅢ（碾压混凝土） |
|---|---|---|---|---|
| 层面原位抗剪断强度（180 d，保证率 80%） | $f'$ | 1.0～1.1 | 1.0～1.1 | 1.0 |
| | $C'$（MPa） | 1.9～1.7 | 1.4～1.2 | 2.0 |
| 容重（$kg/m^3$） | | ≥2 400 | ≥2 400 | ≥2 400 |
| 相对压实度 | | ≥98.5% | ≥98.5% | ≥98.5% |

注：90 d 强度指标是指按标准方法制作养护的边长为 150 mm 的立方体试件，在 90 d 龄期用标准试验方法测得的具有 80% 保证率的抗压强度标准值。

凡采用变态混凝土的部位，其 90 d 龄期的有关强度和技术指标应满足下列要求：

原上部 RⅡ 的变态混凝土不低于表中Ⅱ的要求；原下部 RⅠ 的变态混凝土不低于表中Ⅲ的要求。

大坝碾压混凝土参考配合比见表 4。

表 4　大坝碾压混凝土参考配合比

| 项目 | 下部 RⅠ（碾压混凝土） | 上部 RⅡ（碾压混凝土） | 上游面 RⅢ（碾压混凝土） |
|---|---|---|---|
| 设计强度等级 | C15 | C10 | C20 |
| 水胶比 | 0.42 | 0.51 | 0.42 |
| 最大骨料粒径（mm）/级配 | 80/三 | 80/三 | 40/二 |
| 粉煤灰掺量（$kg/m^3$） | 110 | 105 | 140 |
| 水泥用量（$kg/m^3$） | 90 | 60 | 100 |
| $V_C$ 值（s） | 5～7 | 5～7 | 5～7 |

注：1. 变态混凝土现场掺入的水泥及掺和料浆液体积为该部位二级配碾压混凝土体积的 5%～10%。

2. 可参考上表的有关数据进行试验，通过试验择优选择配合比参数。

### 3.2　碾压混凝土配制强度

碾压混凝土配制强度见表 5。

表 5　碾压混凝土配制强度

| 强度等级 | 强度保证率 $P$(t)（%） | 与要求保证率对应的概率度 $t$ | 标准平均偏差 $\sigma_0$ | 配制强度 $f_h = f_d + t\sigma_0$（MPa） |
|---|---|---|---|---|
| $C_{180}10$ | 80 | 0.84 | 3.5 | 12.9 |
| $C_{180}15$ | 80 | 0.84 | 3.5 | 17.9 |
| $C_{180}20$ | 80 | 0.84 | 4.0 | 23.4 |

### 3.3　碾压混凝土配合比试验

在进行碾压混凝土配合比参数选择时，必须根据实际工程和施工条件，以及设计要求的技术指标，选定混凝土拌和物稠度（即 $V_C$ 值）的控制范围、骨料级配、混凝土的保证强度等基本配合条件，据此来确定混凝土的单位用水量、水胶比、砂率等参数。

3.3.1　砂率与 $V_C$ 值的关系

碾压混凝土砂率与 $V_C$ 值的关系见表6。

表6　碾压混凝土砂率与 $V_C$ 值的关系

| 级配情况 | 砂率(%) | $V_C$ 值(s) | 备注 |
|---|---|---|---|
| 三级配 | 28.5 | 9.48 | 用水量为 89 kg/m³，火山灰掺合料比例为55% |
| | 29.7 | 3.5 | |
| | 30.7 | 4.6 | |
| 二级配 | 36 | 21.6 | |
| | 34 | 16.6 | |
| | 32 | 12.3 | |
| | 30 | 29.1 | |

从表6可以看出砂率对 $V_C$ 值的影响，因此，对于二级配碾压混凝土，砂率选用32%；对于三级配碾压混凝土，砂率选用30%。

3.3.2　单位用水量与 $V_C$ 值的关系

影响碾压混凝土单位用水量的因素较多，如骨料品种、级配、吸水率、细骨料的细粉含量、掺和料的品种及细度等。碾压混凝土用水量与 $V_C$ 值的关系见表7。

表7　碾压混凝土用水量与 $V_C$ 值的关系

| 级配情况 | 用水量(kg/m³) | $V_C$ 值(s) | 备注 |
|---|---|---|---|
| 三级配 | 83 | 25.0 | 砂率30.7% |
| | 89 | 4.6 | |
| | 97 | 4.5 | |
| 二级配 | 86.5 | 21.6 | 砂率32%，火山灰掺合料比例为55% |
| | 89 | 12.3 | |
| | 99 | 4.8 | |

从表7可以看出，三级配单位用水量为89 kg/m³ 时，$V_C$ 值比较合适，因此确定碾压混凝土三级配单位用水量为89 kg/m³；二级配碾压混凝土单位用水量定为99 kg/m³。

3.3.3　$V_C$ 值经时损失

碾压混凝土拌和后停放时间与 $V_C$ 值的关系见表8。

表 8　碾压混凝土 $V_C$ 值经时损失

| 停放时间(h) | $V_C$ 值(s) | 备注 |
|---|---|---|
| 0 | 3 | 环境温度 18 ℃ |
| 0.5 | 5 | |
| 1 | 9 | |
| 2 | 15 | |
| 3 | 26 | |

另外,环境温度升高、阳光直射均会导致 $V_C$ 值的增大。因此,施工现场应根据具体的施工条件,得出碾压混凝土 $V_C$ 值经时损失规律,用以指导碾压混凝土的施工安排。阳光直射下混凝土失水可导致 $V_C$ 值迅速增大,需要采取必要的措施,比如喷雾补水、保温覆盖等。

3.3.4　三级配碾压混凝土($C_{90}15W_{90}4F_{90}50$)

三级配碾压混凝土($C_{90}15W_{90}4F_{90}50$)试验配合比见表 9。

表 9　碾压混凝土试验配合比表

| 编号 | 水胶比 | 外加剂(%) | 引气剂(%) | 掺合料比例(%) | 砂率(%) | 单位材料用量($kg/m^3$) | | | | | | | |
|---|---|---|---|---|---|---|---|---|---|---|---|---|---|
| | | HC-3 | HC-9 | | | 水 | 水泥 | 火山灰 | 磷矿渣 | 砂 | 小石 | 中石 | 大石 |
| $C_{90}15W_{90}4F_{90}50-1$ | 0.53 | 0.7 | 0.02 | 60 | 29.8 | 88 | 67 | 99 | — | 645 | 456 | 609 | 456 |
| $C_{90}15W_{90}4F_{90}50-2$ | 0.53 | 0.7 | 0.02 | 55 | 29.8 | 88 | 75 | 91 | — | 645 | 456 | 609 | 456 |
| $C_{90}15W_{90}4F_{90}50-8.7$ | 0.49 | 0.7 | 0.02 | 58 | 30 | 79 | 68 | 48 | 48 | 654 | 457 | 609 | 457 |
| $C_{90}15W_{90}4F_{90}50-8.22$ | 0.49 | 0.7 | 0.02 | 58 | 30.7 | 79 | 68 | 96 | — | 669 | 452 | 604 | 452 |

混凝土拌和物及抗压、劈拉强度等性能测试结果见表 10。

表 10　三级配碾压混凝土($C_{90}15W_{90}4F_{90}50$)性能测试结果

| 强度等级及性能要求 | $V_C$ 值(s) | 抗压强度(MPa) | | | | 劈拉强度(MPa) | | | | 抗渗等级 | 抗冻等级 |
|---|---|---|---|---|---|---|---|---|---|---|---|
| | | 7 d | 28 d | 60 d | 90 d | 7 d | 28 d | 60 d | 90 d | 90 d | 90 d |
| $C_{90}15W_{90}4F_{90}50-1$ | 5.9 | 9.5 | 14.1 | — | 19.1 | 0.66 | 1.02 | — | 1.26 | W4 | F50 |
| $C_{90}15W_{90}4F_{90}50-2$ | 5.5 | 10.7 | 15.5 | — | 21.5 | 0.84 | 1.23 | — | 1.39 | W4 | F50 |
| $C_{90}15W_{90}4F_{90}50-8.7$ | 6.5 | 11.6 | 17.1 | 22.5 | 26.7 | 0.72 | 1.18 | 1.29 | 1.80 | W4 | F50 |
| $C_{90}15W_{90}4F_{90}50-8.22$ | 7.0 | — | 14.9 | 18.7 | 22.2 | — | 0.85 | 1.12 | 1.40 | W4 | F50 |

3.3.5　二级配碾压混凝土($C_{90}20W_{90}8F_{90}100$)

二级配碾压混凝土($C_{90}20W_{90}8F_{90}100$)试验配合比见表 11。

表 11 碾压混凝土试验配合比表

| 编号 | 水胶比 | 外加剂(%) | 引气剂(%) | 掺合料比例(%) | 砂率(%) | 单位材料用量($kg/m^3$) | | | | | | | |
|---|---|---|---|---|---|---|---|---|---|---|---|---|---|
| | | HC-3 | HC-9 | | | 水 | 水泥 | 火山灰 | 磷矿渣 | 砂 | 小石 | 中石 | 大石 |
| $C_{90}20W_{90}8F_{90}100-1$ | 0.5 | 0.7 | 0.03 | 57 | 32 | 94 | 82 | 107 | — | 678 | 685 | 756 | — |
| $C_{90}20W_{90}8F_{90}100-2$ | 0.5 | 0.7 | 0.03 | 57 | 32 | 94 | 82 | 53 | 53 | 678 | 685 | 756 | — |
| $C_{90}20W_{90}8F_{90}100-8.8$ | 0.48 | 0.7 | 0.03 | 60 | 34 | 80 | 68 | 74 | 25 | 733 | 676 | 746 | — |
| $C_{90}20W_{90}8F_{90}100-8.23$ | 0.45 | 0.7 | 0.03 | 58 | 34 | 98 | 91 | 126 | — | 710 | 654 | 723 | — |

混凝土拌和物及抗压、劈拉强度等性能测试结果见表 12。

表 12 二级配碾压混凝土($C_{90}20W_{90}8F_{90}100$)性能测试结果

| 强度等级及性能要求 | $V_C$ 值(s) | 抗压强度(MPa) | | | | 劈拉强度(MPa) | | | | 抗渗等级 | 抗冻等级 |
|---|---|---|---|---|---|---|---|---|---|---|---|
| | | 7 d | 28 d | 60 d | 90 d | 7 d | 28 d | 60 d | 90 d | 90 d | 90 d |
| $C_{90}20W_{90}8F_{100}-1$ | 6.2 | 11.2 | 17.3 | — | 22.9 | 0.56 | 1.29 | — | 1.63 | W8 | F100 |
| $C_{90}20W_{90}8F_{100}-2$ | 6.0 | 13.3 | 19.5 | — | 26.8 | 0.82 | 1.52 | — | 1.91 | W8 | F100 |
| $C_{90}20W_{90}8F_{100}-8.8$ | 5.7 | — | 18.2 | 22.5 | — | — | 1.35 | 1.76 | — | W8 | F100 |
| $C_{90}20W_{90}8F_{90}100-8.23$ | 3.9 | — | 16.7 | 22.4 | — | — | 1.30 | 1.82 | — | W8 | F100 |

### 3.3.6 混凝土极限拉伸与轴拉强度

混凝土极限拉伸采用 100 mm×100 mm×515 mm 试件进行试验,变形用电测千分表测得,试验结果见表 13。

表 13 混凝土极限拉伸与轴拉强度

| 编号 | 配合比情况 | 极限拉伸($\times10^{-4}$) | 轴拉强度(MPa) |
|---|---|---|---|
| | | 28 d | 28 d |
| $C_{90}15W_{90}4F_{90}50-1$ | Rcc15 T60% | 0.79 | 1.27 |
| $C_{90}15W_{90}4F_{90}50-2$ | Rcc15 T55% | 0.78 | 1.42 |
| $C_{90}20W_{90}8F_{100}-1$ | Rcc20 T57% | 0.74 | 1.49 |

### 3.3.7 混凝土干缩

混凝土干缩采用 100 mm×100 mm×515 mm 试件进行试验,试验结果见表 14。

表 14　混凝土干缩试验结果

| 试验编号 | 配合比情况 | 不同龄期干缩率（$\times 10^{-6}$） | | | | | | | | | | | |
|---|---|---|---|---|---|---|---|---|---|---|---|---|---|
| | | 1 d | 2 d | 3 d | 5 d | 7 d | 14 d | 19 d | 21 d | 24 d | 27 d | 28 d | 41 d |
| $C_{90}15W_{90}4F_{90}50-2$ | Rcc15T55% | 32.26 | 60.22 | 81.72 | 126.88 | 146.24 | 197.85 | 236.56 | 268.82 | 266.67 | 292.47 | 320.43 | 341.94 |
| $C_{90}15W_{90}4F_{90}50-1$ | Rcc15T60% | 38.71 | 55.91 | 55.91 | 141.94 | 148.39 | 247.31 | 258.06 | 270.97 | 292.47 | 309.68 | 341.94 | 376.34 |
| 试验编号 | 配合比情况 | 1 d | 3 d | 5 d | 7 d | 14 d | 18 d | 21 d | 28 d | 35 d | | | |
| $C_{90}20W_{90}8F100-1$ | Rcc20T56.6% | 47.31 | 68.46 | 113.98 | 144.09 | 245.16 | 260.22 | 339.78 | 348.39 | 359.14 | | | |
| $C_{90}20W_{90}8F100-2$ | Rcc20T28.3% +P28.3% | 40.86 | 64.46 | 113.98 | 150.54 | 238.71 | 292.47 | 307.53 | 311.83 | 346.24 | | | |

注：混凝土干缩龄期以试件成型后 2 d 为基准。

由表 14 的试验结果可见，混凝土 7 d 的干缩率在（144.09～150.54）$\times 10^{-6}$之间，28d 的干缩率在（311.83～348.39）$\times 10^{-6}$之间。双掺磷矿渣和火山灰碾压混凝土干缩与单掺火山灰碾压混凝土的干缩未见明显差别。可见，单掺火山灰没有明显加大碾压混凝土的干缩。

### 3.3.8　混凝土的热学性能

（1）导温系数。

导温系数的测定结果见表 15。

表 15　混凝土导温系数测定结果

| 编　号 | 配合比情况 | 导温系数（$m^2/h$） |
|---|---|---|
| $C_{90}15W_{90}4F_{90}50-1$ | Rcc15　T60% | 0.003565 |
| $C_{90}20W_{90}8F100-1$ | Rcc20　T56.6% | 0.003532 |

（2）平均比热。

比热试验结果见表 16。

表 16　比热测定结果

| 编　号 | 配合比情况 | 平均比热（kJ/（kg·℃）） |
|---|---|---|
| $C_{90}15W_{90}4F_{90}50-1$ | Rcc15　T60% | 0.951 7 |
| $C_{90}20W_{90}8F100-1$ | Rcc20　T56.6% | 0.976 1 |

（3）导热系数。

通过试验测得混凝土导温系数、比热和容重后，可通过式（1）计算导热系数：

$$\alpha = \frac{K}{\rho C} \tag{1}$$

式中：$\alpha$ 为混凝土导温系数，$m^2/h$；$K$ 为混凝土导热系数，kJ/（m·h·℃）；$\rho$ 为混凝土容重，$kg/m^3$；$C$ 为混凝土比热，kJ/（kg·℃）。

各项结果表 17。

表 17　导热系数计算结果

| 编　号 | 配合比情况 | 导温系数 ($m^2/h$) | 比热 (kJ/(kg·℃)) | 容重 ($kg/m^3$) | 导热系数 (kJ/(m·h·℃)) |
|---|---|---|---|---|---|
| $C_{90}15W_{90}4F_{90}50-1$ | Rcc15　T60% | 0.003 565 | 0.951 7 | 2 420 | 8.21 |
| $C_{90}20W_{90}8F100-1$ | Rcc20　T56.6% | 0.003 532 | 0.976 1 | 2 402 | 8.28 |

(4)绝热温升。

$C_{90}15W_{90}4F_{90}50-1$ 与 $C_{90}15W_{90}4F_{90}50-2$ 相比，$C_{90}15W_{90}4F_{90}50-2$ 水泥用量稍大，故对 $C_{90}15W_{90}4F_{90}50-2$ 进行绝热温升试验。结果见图 1 及图 2。

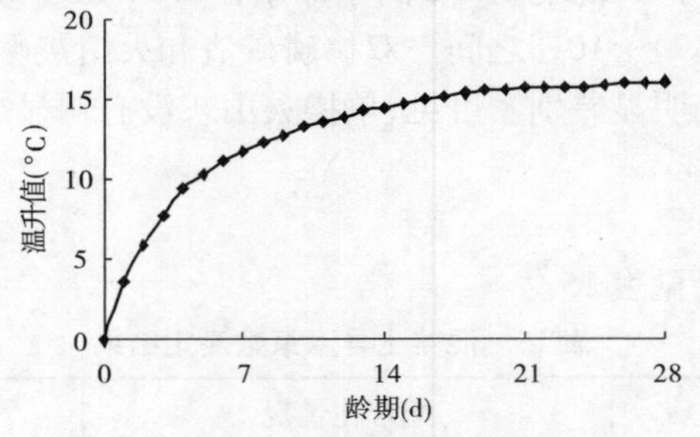


图 1　$C_{90}15W_{90}4F_{90}50-2$ 绝热温升随龄期变化曲线

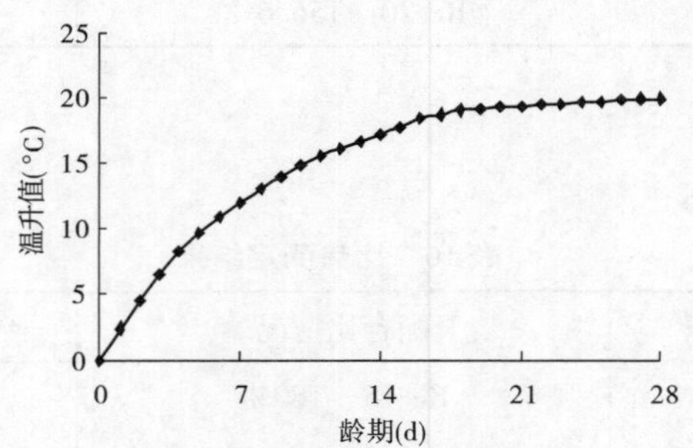


图 2　$C_{90}20W_{90}8F100-1$ 绝热温升随龄期变化曲线

从图 1、图 2 可以看出，C15 碾压混凝土绝热温升在 14 d 龄期后趋于平缓，C20 碾压混凝土绝热温升在 20 d 龄期后趋于平缓，二者 28 d 绝热温升值均在 20 ℃以内。

在前期混凝土配合比工作的基础上，水泥调整为奥环水泥，对碾压混凝土配合比进行了复核，结合现场碾压情况，对部分配合比进行了适当调整及优化，推荐用于现场施工(表 18)。

**表 18　单掺火山灰碾压混凝土配合比**

| 强度等级及性能要求 | 水胶比 | 砂率(%) | 掺合料比例(%) | 外加剂(%) | | 单位材料用量($kg/m^3$) | | | | | | | |
|---|---|---|---|---|---|---|---|---|---|---|---|---|---|
| | | | | HC－3 | HC－9 | 水 | 水泥 | 火山灰 | 火山灰代砂 | 砂 | 小石 | 中石 | 大石 |
| $C_{180}$10W4F50 | 0.55 | 30 | 65 | 0.8 | 0.02 | 87 | 55 | 103 | 10 | 638 | 458 | 612 | 458 |
| $C_{180}$15W4F50 | 0.49 | 30 | 55 | 0.8 | 0.02 | 79 | 73 | 88 | 30 | 624 | 458 | 610 | 458 |
| $C_{180}$20W8F100 | 0.45 | 32 | 50 | 0.8 | 0.03 | 98 | 109 | 109 | — | 668 | 674 | 745 | — |

**注**：1. 砂为中砂，细度模数 2.9；小石：中石＝47.5：52.5。现场应根据原材料级配情况做适当调整。砂细度模数变化±0.2，混凝土砂率按±(1～2)%调整。

2. 减水剂 HC－3 的掺量可视 $V_C$ 值要求在胶凝材料用量的 0.7%～1.2% 范围内适当调整；引气剂 HC－9 的掺量根据现场混凝土含气量变化适当调整。

### 3.4　碾压混凝土性能试验结果

混凝土拌和物及抗压、劈拉等性能试验结果见表 19。

**表 19　碾压混凝土性能测试结果**

| 强度等级及性能要求 | $V_C$ 值(s) | 抗压强度(MPa) | | | 劈拉强度(MPa) | | | 抗渗等级 | 抗冻强度 | 极限拉伸($\times10^{-4}$) |
|---|---|---|---|---|---|---|---|---|---|---|
| | | 28 d | 90 d | 180 d | 28 d | 90 d | 180 d | 90 d | 90 d | 90 d |
| $C_{180}$10W4F50 | 5.5 | 7.8 | 10.2 | — | 0.59 | 0.85 | — | W4 | F50 | 0.79 |
| $C_{180}$15W4F50 | 4.2 | 11.7 | 16.1 | 22.6 | 1.02 | 1.31 | 1.87 | W4 | F50 | 0.90 |
| $C_{180}$20W8F100 | 5.3 | 14.4 | 20.1 | 26.6 | 0.88 | 1.47 | 1.91 | W8 | F100 | 0.93 |

## 4　现场单掺火山灰碾压混凝土配合比优化

根据现场原材料以及现场施工情况对原碾压混凝土配合比进行了复核试验，并在此基础上对配合比中的掺合料掺量和砂率做了相应的调整。从已有的试验结果可以看出，调整后的配合比能够满足设计要求。具体试验结果见表 20。

**表 20　单掺火山灰碾压混凝土现场优化配合比及试验结果**

| 强度等级 | 水胶比 | 减水剂 HC－3(%) | 引气剂 HC－9(%) | 火山灰掺量(%) | 水泥掺量(kg) | 砂率(%) | 水(kg) | $V_C$ 值(s) | 抗压强度(MPa) | | | |
|---|---|---|---|---|---|---|---|---|---|---|---|---|
| | | | | | | | | | 7 d | 28 d | 90 d | 180 d |
| $C_{180}$10W4F50 | 0.55 | 0.8 | 0.03 | 70 | 43 | 32 | 80 | 5.5 | — | 7.0 | 10.6 | — |
| $C_{180}$15W4F50 | 0.50 | 0.8 | 0.03 | 60 | 64 | 32 | 80 | 8.6 | — | 13.0 | 17.4 | — |

从上述试验结果可以看出，单掺火山灰碾压混凝土配合比仍然有一定的优化空间，在以后的碾压混凝土施工仍需作进一步的试验研究工作，为以后的推广应用提供依据。

在混凝土配合比优化试验中还进行了砂率与 $V_C$ 值的关系、单位用水量与 $V_C$ 值的关系、

$V_C$ 值经时损失、混凝土极限拉伸与轴拉强度、混凝土干缩及混凝土的热学性能等试验研究。通过试验均满足设计要求。目前,优化后的混凝土配合比已成功应用于弄另电站的碾压混凝土施工中。

## 5　结束语

单掺火山灰碾压混凝土配合比在某水电站大坝工程中成功浇筑碾压混凝土 29.76 万 $m^3$。从室内配合比试验以及现场取样检测结果来看,单掺火山灰碾压混凝土各项性能指标均能够满足设计及现场施工要求。现场碾压效果良好,能够达到“有泛浆、有弹性、有光泽”,压实度合格率达到了 100%。碾压混凝土大坝内部最高温度 32.2 ℃,对应的自然温度 29.0 ℃;趋于稳定温度 25.6 ℃;设计单位提供的坝内极限温度≤34 ℃;经检查目前大坝碾压混凝土未发现裂缝。

单火山灰碾压混凝土配合比试验及应用的成功,可简化碾压混凝土拌和生产工艺、减小拌和系统的建厂投入、降低碾压混凝土原材料成本,特别是对滇西南的中、小水电站和怒江流域的水电站建设,可以提供新的掺合料选择。该电站的上一级电站已采用单掺火山灰碾压混凝土进行施工。因腾冲县火山灰矿产资源丰富,可就地取材、充分利用现有资源,对拉动当地经济建设起到积极作用,社会效益显著。

## 参考文献

[1] 梁文泉,何真. 天然火山灰在碾压混凝土中的凝结特性[J]. 硅酸盐建筑制品,1995(4).

[2] 毕亚丽,彭乃中,冀培民,等. 掺粉煤灰与天然火山灰碾压混凝土性能对比试验[N]. 长江科学院院报,2012(06).

# 俄罗斯碾压混凝土坝施工技术特征

Vadim Sudakov, Alfons Pak

(Vedeneev VNIIG,俄罗斯)

**摘要**:20 世纪 70 年代,在 Toktogulskaya 水电站的建设中,施工者使用了逐层施工技术,并形成了以下观点:在该坝的内部区域填筑特殊混凝土和混凝土混合料在技术上和经济上都是可行的。这种混合料与振实混凝土的主要区别是:在填筑和压实后,此类混凝土混合料能够承载施工荷载,同时能够与逐层填筑技术完美结合。

此类混凝土和混合料的研究、实验室测试和现场测试持续了多年,主要涉及超硬混凝土混合料。

**关键词**:坝,碾压混凝土,技术,施工,水力发电厂

在 Toktogulskaya 水电站(215 m 高)的建造过程中使用了逐层施工技术,施工者也认为,从技术经济可行性观点看,在大坝的内部区域填筑特殊混凝土和混凝土混合料是有用的。这种混凝土和混凝土混合料与振实混凝土的主要区别是:铺填工作刚刚结束之后,此类混凝土混合料就能够承受现代施工荷载,同时能够与逐层填筑技术完美结合。

对此类混凝土和混合料的研究、实验室测试和现场测试持续了多年[1, 2],主要研究了高硬度混凝土混合料。采用了本国大坝施工的现有经验数据(Bukharminskaya 水电站[3]等水电站)。

在 1985 年的文献中,人们使用经碾压的超硬低水泥含量混凝土填筑了两座小水坝的内部区域——22 m 高、115 m 长的接合挡水墙(见图 1),以及 18 m 高、300 m 长的溢流墙[4-6]。

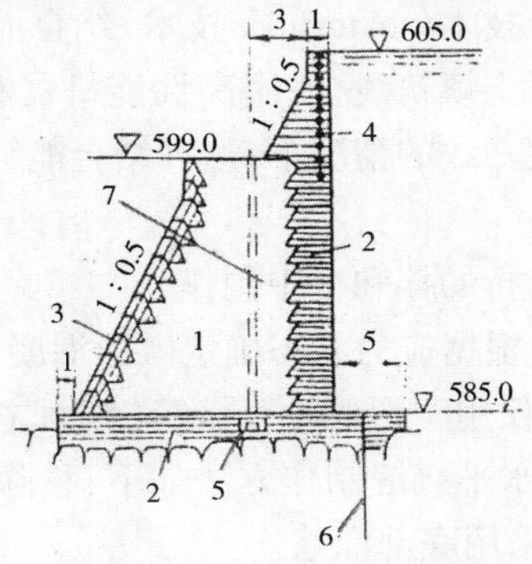


1—碾压混凝土 M 100(水泥用量 80 ~ 120 kg/m³);2—振实混凝土 M200, B – 4 (水泥用量 220 kg/m³);3—模块化钢筋混凝土梁式元素;4—钢筋网;5—用于采集排水的水槽;6—水泥帷幕;7—排水道

**图 1　Tashkumirskaya 水电站的挡水墙**

该挡水墙建造于1985年5月，当时的气温为35～36 ℃。该混凝土混合料的温度在17～24 ℃范围内，混凝土温度不高于30 ℃[5]。

12月时，该接合墙的水头为18 m。填筑6个月后，从墙中钻取的混凝土芯样测试表明，平均强度为12.7 MPa。而溢流墙建于1985年7～9月，位于Kureiskaya水电站径流式坝的底部[6]。1986年6月，洪峰流量为220 $m^3/s$ 的洪水流过了该墙。

Tashkumirskaya水电站（见图2）（装机容量400 MW）的75 m高重力坝的建造代表着俄罗斯碾压混凝土坝的建设发展又迈出了重要一步。

混凝土填筑指：1—混凝土拌和料输送车；2—电动推土机M663B；
3—振动压路机Riomag200；4—电动振捣车

**图2 施工中的Tashkumirskaya水电站大坝**

Tashkumirskaya水电站的混凝土技术以及碾压混凝土技术的其他改进都基于使用超硬低水泥含量混凝土拌和料的单层坝段填筑。但是，这种改进与其他改进有很多显著差异（见图2）。

（1）Tashkumirskaya水电站的混凝土技术是由填筑内部区域的碾压混凝土技术，以及用于建造外部保护区的逐层填筑技术（toktogulsk技术）结合而成的。

这两者的结合能够统一混凝土填筑线，使用高性能机器和机械填筑整个大坝区域。在振实混凝土和碾压混凝土层厚度一致的情况下，这种结合能够使二者之间实现更可靠、致密和强力的结合。

（2）混凝土拌和料在连续运行的拌和楼中制作。

（3）在Tashkumirskaya坝中，根据应力状态确定碾压混凝土在高度上的分布。

（4）易于组装的模块化结构仅用于形成垂直接缝（截面之间和接缝切口）。

（5）外部区域的振实混凝土水平接缝制作方法如下：移除水泥膜，清理表面的污垢和碎屑，用水和压缩空气冲洗。没有采用底部灌浆。

制作内部区域的碾压混凝土水平接缝时，没有移除水泥膜。所有其他操作和振实混凝土相同。没有使用底部灌浆。

（6）混凝土填筑为单层填筑，截面为35 m×35 m。

(7)在 Tashkumirskaya 水电站重力坝的施工过程中,我们将振动碾 Riomag(型号:Bomag BW－200)纳入技术生产线。该振动碾使碾压混凝土层厚度可能增加至 50 cm。

(8)对所填筑的碾压混凝土表面进行了持续润湿。对于外部区域的混凝土,通过浇水进行了有计划的表面冷却。该重力坝没有出现温度缝。

这些结构的施工经验,如设计更复杂的碾压混凝土重力坝水利设施:Bureisk、Katunsk、Turukhansk 等水电站[7-9]。

Bureiskaya 水电站的混凝土重力坝高 140 m,坝顶长度 780 m,混凝土量为 350 万 $m^3$,所建造地区的年平均气温为－5 ℃,最高气温为 41 ℃ ,最低气温为－58 ℃。

该坝使用了分季节混凝土填筑技术,所有部分(溢洪道和发电站)的设计都相同,包括两个部分:顶柱和低楔(见图 3)。

图 3　Bureiskaya 水电站的碾压混凝土坝

顶柱宽 14 m,能够保证大坝和低楔的水密性 ——稳定性。顶柱由 3～6 m 高的柱体构成,低楔由 0.4～0.5 m 厚的单层混凝土段构成,该混凝土段内部区域为碾压混凝土,下游侧保护区为振实混凝土。

现场研究表明,已蓄水水库的挡水墙混凝土处于受压状态,下游侧横向接缝的开口可以忽略不计,开口深度不超过 5 m。

需要指出的是,Bureiskaya 水电站重力坝的下游侧坡度为 0.7,对该坝使用这种混凝土填筑方法能够避免裂缝形成和横向接缝渗漏。

碾压混凝土坝的主要特点和俄罗斯的碾压混凝土坝施工技术如下:

(1)所有大坝的混凝土都要分区分布;

(2)根据规定,混凝土逐层填筑,厚度为 0.5 m;

(3)大坝温度应力状态的主要调节方法为混凝土块表面冷却;

(4)下一个更高的混凝土层在 3～5 d 后填筑;

(5)已填筑的混凝土层表面应防止水分蒸发,并在下一层混凝土填筑前不断润湿其表面。

已竣工大坝的状态一直在接受长期现场调查(从 1985 年起)。

根据现有的碾压混凝土坝设计、施工和运行经验，俄罗斯工程师们制定了规范性文件[10,11]，提供了本国大坝施工可能用到的振实混凝土和碾压混凝土的基本参数计算值和技术特征。

## 参考文献

[1] 水利工程ICC.用于水利工程构造物的低水泥含量混凝土[J].全苏水利科学研究院,L.,Energy杂志,1978年 - Ed.121.

[2] 水利工程ICC.碾压混凝土重力坝施工方法[J].全苏水利科学研究院,L.,Energy杂志,1981.

[3] 世界水电和大坝地图集,2010.

[4] 建议,25-85页,碾压混凝土在水利工程施工中的应用建议[J].全苏水利科学研究院,L.,Energy杂志,1985.

[5] Shangin V.S..碾压混凝土接合挡水墙[J].电力建设,1986(1).

[6] Zaltsman O.M., Anikanov K.A., Deryugin E.P., et al..Kureiskaya水电站的低水泥含量碾压混凝土使用经验[J].电力建设,1986(11).

[7] Sudakov V.B..碾压混凝土大坝建设综述[J].M., Informenergo,1988.

[8] Sudakov V.B., Tolkachev L.A..高坝混凝土填筑的现代方法[J].M., Energoatomizdat,1988.

[9] Sudakov V.B., Marchuk A.N., Yepifanov A.P..气候恶劣以及极恶劣地区的混凝土坝施工和运行特征[R].全苏水利科学研究院,SPb, 2014.

[10] SNiP 2.06.06-85(2012) -《混凝土和钢筋混凝土坝》(SP40.13330.2012).

[11] SNiP 2.06.08-87(2012) -《水利工程建筑的混凝土和钢筋混凝土结构》(SP41.13330.2012).

# 磨细天然火山灰作为碾压混凝土掺合料的可行性试验研究

毕亚丽　何慧英　陈倩慧　胡　炜　张　勇　孙宇飞

（中国电建集团西北勘测设计研究院有限公司　陕西 西安　710043）

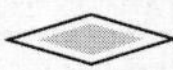

**摘要：**随着国家大开发战略的实施，以及水电建设行业投入的加大，我国西南部地区在建和即将开工建设的大中型水电站非常多，对粉煤灰的需求越来越大，尤其是多个项目工期重叠，进一步加大了保障粉煤灰供应的难度。寻求优质掺合料——粉煤灰的替代品显得更加的迫切。

本文开展了火山灰替代粉煤灰作为碾压混凝土掺合料的试验研究工作，结果表明：水胶比相同时掺火山灰碾压混凝土较掺粉煤灰碾压混凝土胶材用量增加、强度降低，干缩变形增大、绝热温升提高，火山灰对混凝土长龄期性能指标改善劣于粉煤灰。火山灰掺量超过掺合料总量50%（火山灰与粉煤灰复掺比例大于5:5）会引起碾压混凝土单位胶凝材料强度及单位造价强度急速降低。由此，本文提出碾压混凝土掺合料不宜采用单掺火山灰方案，可考虑粉煤灰和火山灰复合掺加，且火山灰的掺加量不超过掺合料总量的50%建议。

**关键词：**天然火山灰，碾压混凝土，掺合料，可行性，试验研究

## 1　引　言

我国有12个省拥有火山灰资源，并且储量丰富[1]，但由于不同地域火山灰成因各异，其化学成分、矿物组成和物理性能差别较大，对混凝土性能的改善效果也不尽相同，所以火山灰仅在火山灰含量丰富的地区有少量应用，利用水平低[2]。随着国家大开发战略的实施，以及水电建设行业投入的加大，我国西南部地区在建和即将开工建设的大中型水电站非常多，对粉煤灰的需求越来越大，尤其是多个项目工期重叠，更进一步加大了保障粉煤灰供应的难度。寻求优质掺合料——粉煤灰的替代品显得更加的迫切。

本文开展了火山灰替代粉煤灰作为碾压混凝土掺合料的试验研究工作，通过碾压混凝土单掺粉煤灰、单掺火山灰、粉煤灰与火山灰复合掺时胶凝材料用量、造价、强度、极限拉伸值、凝结时间、干缩变形性能、热学性能等指标的对比，来论证火山灰作为碾压混凝土掺合料的可行性，对粉煤灰和火山灰的最佳复掺比例作以探讨性研究、分析。

## 2　试验原材料

水泥：云南丽江永保水泥股份有限公司生产的中热42.5水泥，各项性能指标满足《中热硅酸盐水泥、低热硅酸盐水泥、低热矿渣硅酸盐水泥》（GB 200—2003）要求。

粉煤灰：昆明环恒Ⅱ级粉煤灰，各项指标满足《用于水泥和混凝土中的粉煤灰》（GB/T 1596—2005）指标要求。

火山灰：云南大理附近某天然火山灰，其矿物组成经X衍射分析为斜长石、透辉石、钾

长石及非晶相,矿石构造特征有气孔、杏仁状或致密构造。将火山灰粉磨成比表面积为412 $m^2/kg$ 的细粉后进行混凝土性能试验。火山灰各项性能指标满足《用于水泥中的火山灰混合材料》(GB 2847—2005)要求。

骨料:细骨料由正长岩加工而成,细度模数为2.68,石粉(0.16 mm以下颗粒)含量为18.6%,粗骨料由石英粉细砂岩破碎而成。

粉煤灰和火山灰的物理、化学性能测试结果见表1。可以看出:火山灰需水量较粉煤灰的大,碱含量较粉煤灰的高,抗压强度较粉煤灰的低,这将会对混凝土的胶材用量及其他性能产生影响。

**表1　粉煤灰、火山灰的物理化学性能测试结果**

| 掺合料 | 物理性能 | | | | 化学成份(%) | | | | | | | | |
|---|---|---|---|---|---|---|---|---|---|---|---|---|---|
| | 比表面积($m^2/kg$) | 细度(45μm方孔筛筛余)(%) | 需水量比(%) | 28d抗压强度比(%) | $SiO_2$ | $Al_2O_3$ | $Fe_2O_3$ | CaO | fCaO | $SO_3$ | MgO | Loss | 碱含量 |
| 粉煤灰 | 289 | 21.6 | 88 | 75.8 | 54.19 | 24.66 | 12.93 | 2.26 | 0.28 | 0.31 | 1.94 | 1.09 | 0.74 |
| 火山灰 | 412 | — | 102 | 67.7 | 59.12 | 13.59 | 5.43 | 4.59 | — | 0.08 | 1.96 | 7.55 | 5.09 |
| GB/T 1596—2005 F类Ⅱ级粉煤灰 | — | ≤25 | ≤105 | ≥70 | — | — | — | — | ≤1.0 | ≤3.0 | — | ≤8.0 | — |
| GB/T 2847—2005 火山灰 | — | — | — | ≥65 | — | — | — | — | — | ≤3.5 | — | ≤10 | — |

## 3　试验研究方案

通过碾压混凝土单掺粉煤灰、单掺火山灰、粉煤灰与火山灰复合掺时各项性能指标的对比分析来论证火山灰作为碾压混凝土掺合料的可行性,通过单位胶材对混凝土强度的贡献和单位造价对混凝土强度贡献两项指标的探讨性分析提出掺合料的最佳复掺比例。

## 4　掺天然火山灰和粉煤灰碾压混凝土性能对比

### 4.1　拌和物性能

碾压混凝土拌和物性能主要从拌和物和易性、$V_C$ 值、含气量以及凝结时间等指标进行考察。碾压混凝土在单掺粉煤灰(以下简称“全F”)、单掺天然火山灰(以下简称“全H”)及粉煤灰和火山灰复合掺(以下简称“F+H”)时,拌和物性能对比见表2。

可以看出:3种掺合料碾压混凝土拌和物和易性差别不大,但要达到相同的含气量,掺火山灰混凝土引气剂掺量需提高,这主要是火山灰的多孔颗粒结构,对气泡有吸附作用。最明显差别是混凝土的凝结时间,全H碾压混凝土凝结时间较全F碾压混凝土凝结时间急剧缩短,这和文献[3]结论一致。该文认为,天然火山灰产生“促凝”的原因并不是化学反应活性特别大而导致初期形成大量水化产物,而是其特殊的结构属性(即热力学不稳定性),对初始结构形成起到重要作用,而天然火山灰的化学反应活性居次要地位。另外,天然火山灰的碱含量比粉煤灰的碱含量高很多,在火山灰的溶出、黏结及水泥水化的共同作用下,单掺火山灰混凝土体系很快到达初凝时间。

表2　不同掺合料碾压混凝土拌和物性能及胶材用量

| 水胶比 | 掺合料 | 掺合料比例 | 胶材比例(%) | | | 级配 | 用水量(kg/m³) | 胶材用量(kg/m³) | 减水剂(%) | 引气剂(1/万) | $V_C$ 值(s) | 含气量(%) | 凝结时间(h:min) | | 胶材相对值(%) |
|---|---|---|---|---|---|---|---|---|---|---|---|---|---|---|---|
| | | | C | F | H | | | | | | | | 初凝 | 终凝 | |
| 0.63 | F=65% | F:H=10:0 | 35 | 65 | — | 三 | 102 | 162 | 0.75 | 2.0 | 3.2 | 2.6 | 28:30 | 44:15 | 100% |
| | F+H=65% | F:H=5:5 | 35 | 32.5 | 32.5 | 三 | 115 | 183 | 0.75 | 2.2 | 4.5 | 2.5 | 12:03 | 22:48 | 113% |
| | H=65% | F:H=0:10 | 35 | — | 65 | 三 | 131 | 208 | 0.75 | 2.5 | 3.0 | 2.7 | 8:30 | 19:20 | 128% |
| 0.55 | F=55% | F:H=10:0 | 45 | 55 | — | 二 | 115 | 209 | 0.75 | 2.5 | 4.5 | 2.9 | 25:00 | 41:47 | 100% |
| | F+H=55% | F:H=5:5 | 45 | 27.5 | 27.5 | 二 | 125 | 227 | 0.75 | 2.8 | 4.6 | 3.3 | 19:20 | 30:55 | 109% |
| | H=55% | F:H=0:10 | 45 | — | 55 | 二 | 139 | 253 | 0.75 | 3.0 | 4.5 | 3.0 | 9:46 | 21:07 | 121% |

注：表中C代表水泥，F代表粉煤灰，H代表火山灰，F+H代表粉煤灰和火山灰复合掺。

## 4.2　胶材用量

如表2所示，在3种掺合料碾压混凝土的工作性一致的情况下，全H碾压混凝土胶材用量较全F碾压混凝土增加21%~28%，F+H碾压混凝土(F:H=5:5)胶材用量较全F碾压混凝土增加9%~13%。引起胶材用量较大差别的主要原因是：掺合料比表面积和颗粒形状的影响[4]（见图1）。粉煤灰是完美的球状颗粒，粉煤灰玻璃微珠在新拌混凝土浆体中，使水泥颗粒“解絮”扩散，使混凝土减水，胶凝材料用量减少，粉煤灰的润滑作用，改善了混凝土的工作性[5]。而火山灰不规则的多孔结构，对水的吸附能力强，导致需水量的增加，从而使混凝土胶凝材料用量提高，火山灰保水的不稳定，对混凝土的性能产生负效应。

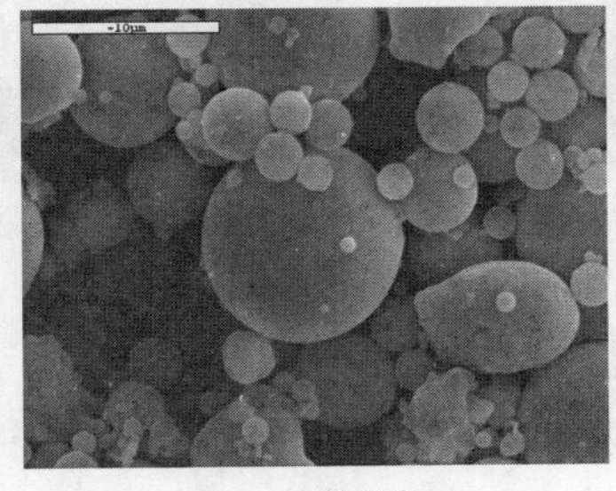

(a) 粉煤灰

(b) 火山灰

图1　掺合料细观形貌(×4000)

## 4.3　力学性能

全F、全H及F+H碾压混凝土力学性能对比见表3。强度对比见图2，强度增长率对比见图3，混凝土90d拉伸断面微观形貌(×2000)见图4。

表3　不同掺合料碾压混凝土力学性能

| 水胶比 | 掺合料 | 掺合料比例 | 强度(MPa) | | | 强度相对值(%) | | | 强度增长率(%) | | | 极限拉伸值(×10⁻⁴) | | | 轴拉强度(MPa) | | |
|---|---|---|---|---|---|---|---|---|---|---|---|---|---|---|---|---|---|
| | | | 28 d | 90 d | 180 d | 28 d | 90 d | 180 d | 28 d | 90 d | 180 d | 28 d | 90 d | 180 d | 28 d | 90 d | 180 d |
| 0.63 | F=65% | F:H=10:0 | 8.0 | 12.2 | 16.6 | 100 | 100 | 100 | 100 | 153 | 208 | 0.51 | 0.62 | 0.82 | 0.85 | 1.39 | 2.14 |
| | F+H=65% | F:H=5:5 | 9.0 | 12.6 | 15.9 | 113 | 103 | 96 | 100 | 140 | 177 | 0.54 | 0.65 | 0.80 | 0.93 | 1.48 | 1.95 |
| | H=65% | F:H=0:10 | 9.6 | 11.6 | 13.5 | 120 | 95 | 81 | 100 | 121 | 141 | 0.62 | 0.71 | 0.76 | 1.05 | 1.44 | 1.61 |

续表 3

| 水胶比 | 掺合料 | 掺合料比例 | 强度（MPa） | | | 强度相对值（%） | | | 强度增长率（%） | | | 极限拉伸值（$\times10^{-4}$） | | | 轴拉强度（MPa） | | |
|---|---|---|---|---|---|---|---|---|---|---|---|---|---|---|---|---|---|
| | | | 28 d | 90 d | 180 d | 28 d | 90 d | 180 d | 28 d | 90 d | 180 d | 28 d | 90 d | 180 d | 28 d | 90 d | 180 d |
| 0.55 | F = 55% | F: H = 10: 0 | 12.5 | 19.5 | 26.5 | 100 | 100 | 100 | 100 | 156 | 212 | 0.65 | 0.78 | 0.91 | 1.12 | 1.96 | 2.80 |
| | F + H = 55% | F: H = 5: 5 | 13.0 | 18.6 | 24.1 | 104 | 95 | 91 | 100 | 143 | 185 | 0.68 | 0.83 | 0.87 | 1.32 | 1.93 | 2.49 |
| | H = 55% | F: H = 0: 10 | 13.8 | 18.0 | 20.7 | 110 | 92 | 78 | 100 | 130 | 150 | 0.69 | 0.79 | 0.86 | 1.49 | 1.97 | 2.35 |

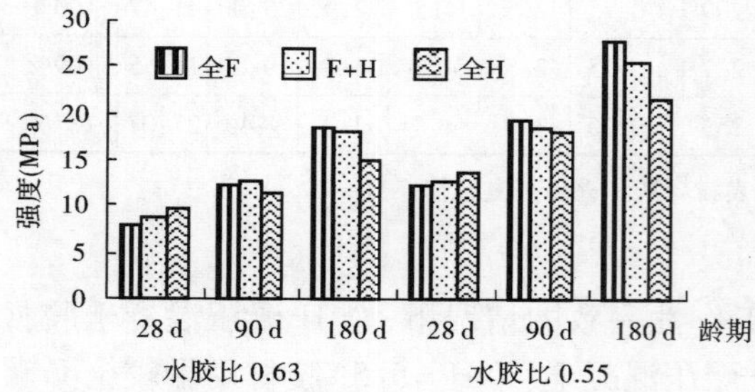


图 2　不同掺合料碾压混凝土强度对比

图 3　不同掺合料碾压混凝土强度增长率对比

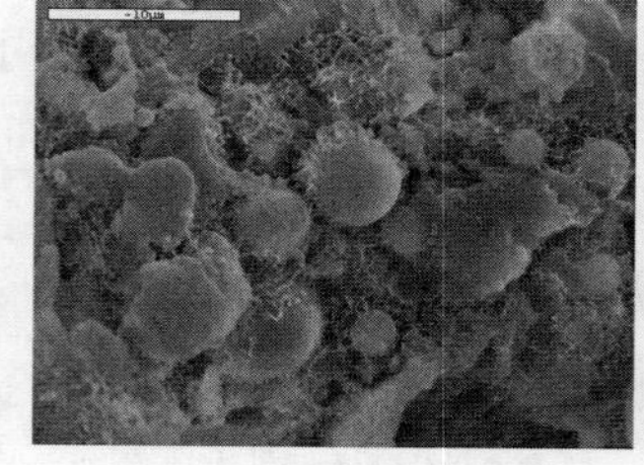

(a) 全 F 混凝土

(b)F+H 混凝土

(c) 全 H 混凝土

图 4　不同掺合料碾压混凝土拉伸断面细观形貌( ×2000)

可见，在早龄期，全 F 混凝土的强度要略低些，而后期，全 F 混凝土强度要高于 F + H 碾压混凝土和全 H 碾压混凝土；掺粉煤灰混凝土比掺火山灰的混凝土强度随时间能获得较好的发展，掺粉煤灰混凝土强度后期效应较掺火山灰混凝土高。分析原因可能是：在常温水化初期，粉煤灰和火山灰这两种掺合料主要起物理填充作用，化学反应活性居次要地位，相对而言，具有多棱状外形的火山灰颗粒由于其特殊的结构属性对初始结构的作用，以及高碱含量加速了早期水化速度和水化程度，使得掺火山灰混凝土产生了较好的早期强度效应。在水化后期，粉煤灰的火山灰活性效应发挥作用，浆体结构逐步密实，强度逐步提高，而火山灰中活性物质——无定型或玻璃体物质以及沸石类化合物含量较少，在水泥水化反应基本结束后，浆体强度发展较为缓慢，随着火山灰的掺量增大，后期的强度发展与掺粉煤灰混凝土差别越大[6]。另外，由于粉煤灰的形态效应、火山灰效应、微集料效应三重效应，使粉煤灰对混凝土强度的影响过程是随龄期的增长从负效应逐渐向正效应转变，后期强度显著增加，其活性明显优于火山灰[7]。

由图 4 可见：经过长龄期的水化后，全 F 混凝土（图 4(a)）表面覆盖一层较为致密的水化产物层，而全 H 混凝土（图 4(c)）在胶凝材料内部也形成了水化产物，但结构显得较为疏松。

### 4.4　干缩变形性能

全 F、全 H 及 F+H 碾压混凝土干缩变形试验结果见表 5。从试验结果可以看出：不同掺合料碾压混凝土干缩变形值差别不大，相对而言，全 F 碾压混凝土干缩变形最小，F+H 碾压混凝土干缩值较大，全 H 碾压混凝土干缩值最大。这是因为：与含有大量致密球形玻璃体颗粒的粉煤灰不同，表面粗糙、多孔的天然火山灰具有很大的比表面积，对水的吸附能力大，所配制的混凝土用水量大，过多的水不仅使混凝土的性能受到影响，而且未水化的吸附水会逐渐蒸发，造成水化面的收缩，所配制的混凝土干缩性将较大[8]。

**表 5　不同掺合料碾压混凝土干缩变形试验结果**　　（$\times 10^{-4}$）

| 龄期(d) | 3 | 7 | 14 | 28 | 60 | 120 |
|---|---|---|---|---|---|---|
| 全 F | −0.35 | −0.69 | −1.07 | −1.95 | −2.46 | −3.36 |
| F+H | −0.37 | −0.70 | −1.15 | −2.06 | −2.49 | −3.54 |
| 全 H | −0.46 | −0.80 | −1.30 | −2.19 | −2.60 | −3.77 |

### 4.5　耐久性能

全 F、全 H 及 F+H 碾压混凝土抗冻性能试验结果见表 6。可以看出：由于在试验过程中控制不同掺合料碾压混凝土含气量相同，全 F、F+H 和全 H 碾压混凝土的抗冻性能无明显差别。

**表 6　不同掺合料碾压混凝土抗冻性能试验结果**

| 水胶比 | 掺合料 | 掺合料比例 | 胶材比例（%） | | | 引气剂（$\times 10^{-4}$） | *N* 次冻融循环后相对动弹（%） | | | | *N* 次冻融循环后质量损失（%） | | | |
|---|---|---|---|---|---|---|---|---|---|---|---|---|---|---|
| | | | C | F | H | | 25 | 50 | 75 | 100 | 25 | 50 | 75 | 100 |
| 0.63 | F=65% | F:H=10:0 | 35 | 65 | — | 1.8 | 92 | 88 | 86 | 82 | 0.86 | 1.58 | 1.79 | 1.96 |
| | F+H=65% | F:H=5:5 | 35 | 32.5 | 32.5 | 2.0 | 88 | 85 | 82 | 79 | 0.63 | 1.23 | 1.92 | 2.18 |
| | H=65% | F:H=0:10 | 35 | — | 65 | 2.5 | 88 | 86 | 80 | 76 | 0.53 | 1.85 | 2.13 | 2.34 |
| 0.55 | F=55% | F:H=10:0 | 45 | 55 | — | 2.5 | 97 | 96 | 94 | 92 | 0.19 | 0.30 | 0.46 | 0.89 |
| | F+H=55% | F:H=5:5 | 45 | 27.5 | 27.5 | 3.0 | 95 | 93 | 92 | 90 | 0.05 | 0.10 | 0.70 | 1.02 |
| | H=55% | F:H=0:10 | 45 | — | 55 | 3.5 | 97 | 93 | 92 | 89 | 0.19 | 0.45 | 0.76 | 1.03 |

### 4.6　绝热温升值

全 F、全 H 及 F+H 碾压混凝土（水胶比 0.63，掺合料掺量 65%）绝热温升试验结果见表 7 及图 5。可以看出：全 F 碾压混凝土绝热温升值最小，复合掺碾压混凝土绝热温升值较大，全 H 碾压混凝土绝热温升值最大。F+H 碾压混凝土 28 d 绝热温升值比全 F 碾压混凝土提高 16%，全 H 碾压混凝土 28 d 绝热温升值全 F 碾压混凝土提高 31%。也就是说，全 H 混凝土胶材用量的增加，使得混凝土的绝热温升值有较大提高。

表 7　不同掺合料碾压混凝土绝热温升试验结果

| 龄期(d) | 1 | 3 | 7 | 14 | 28 | 28 d 温升相对值(%) |
|---|---|---|---|---|---|---|
| 全 F | 0.4 | 1.3 | 6.9 | 10.4 | 12.3 | 100 |
| F + H | 3.3 | 7.0 | 10.0 | 12.0 | 14.2 | 116 |
| 全 H | 4.7 | 8.6 | 11.8 | 14.1 | 16.1 | 131 |

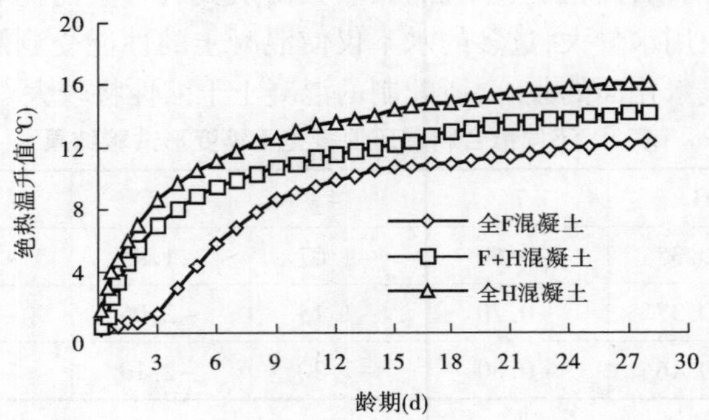


图 5　不同掺合料碾压混凝土绝热温升图

## 5　火山灰和粉煤灰复掺比例的选择

由于每方混凝土中砂石组成及总量变化不大,其成本主要受水泥及掺合料价格的影响。经咨询原材料生产(供应)厂家,送达工地每吨水泥的价格约为 450 元,每吨粉煤灰的价格约为 370 元,每吨火山灰价格为 200 元,则有:

单位胶凝材料混凝土强度: $M = \dfrac{\text{混凝土强度 } R \times 100}{1\ \text{m}^3\ \text{胶凝材料总量 } B}$

单位造价对混凝土强度: $N = \dfrac{\text{混凝土强度 } R \times 100}{1\ \text{m}^3\ \text{混凝土总造价 } Z}$

其中: $B = C + F + H \qquad Z = C \times K_C + F \times K_F + H \times F_H$

式中:$B$ 为 1 $\text{m}^3$ 混凝土总胶凝材料;$Z$ 为 1 $\text{m}^3$ 混凝土总造价;$C$ 为 1 $\text{m}^3$ 混凝土水泥用量;$F$ 为 1 $\text{m}^3$ 混凝土粉煤灰用量;$H$ 为 1 $\text{m}^3$ 混凝土火山灰用量;$K_C$ 为水泥价格;$K_F$ 为粉煤灰价格;$K_H$ 为火山灰价格。

拟从碾压混凝土单掺粉煤灰、单掺火山灰及粉煤灰和火山灰复合掺时单位胶凝材料混凝土强度 $M$ 和单位造价混凝土强度 $N$ 的对比分析来对粉煤灰和火山灰的最佳复掺比例作以选择。当单位胶凝材料混凝土强度 $M$ 和单位造价混凝土强度 $N$ 同时相对较高的掺量为最优掺量。对比分析结果见表 8。

表 8 结果表明:粉煤灰和火山灰复掺比例为 7∶3、5∶5、3∶7时单位胶凝材料混凝土强度分别为单掺粉煤灰混凝土的 89%、83%、72%,也就是说分别降低了 11%、17%、28%。单位造价混凝土强度分别为单掺粉煤灰混凝土的 97%、95%、89%,也就是说分别降低了 3%、5%、11%。随着火山灰复掺比例的增加,单位胶凝材料混凝土强度和单位造价混凝土强度指标均逐渐降低,且从 5∶5到 7∶3时降幅更快。也就是说,控制火山灰掺量不超过掺合料总

表8　不同掺合料碾压混凝土单位胶凝材料混凝土强度、单位造价混凝土强度对比

| 水胶比 | 掺合料 | 复掺比例 | 用水量 (kg/m³) | 胶凝材料量(kg/m³) | 胶凝材料相对值 | 180 d龄期 | | | |
|---|---|---|---|---|---|---|---|---|---|
| | | | | | | *M* | 相对值 | *N* | 相对值 |
| 0.63 | F=65% | F∶H=10∶0 | 102 | 162 | 100% | 12.41 | 100% | 31.21 | 100% |
| | F+H=65% | F∶H=7∶3 | 113 | 179 | 110% | 11.09 | 89% | 30.43 | 97% |
| | | F∶H=5∶5 | 115 | 182 | 112% | 10.35 | 83% | 30.19 | 95% |
| | | F∶H=3∶7 | 119 | 189 | 117% | 8.89 | 72% | 27.72 | 89% |
| | H=65% | F∶H=0∶10 | 131 | 208 | 128% | 7.45 | 60% | 25.92 | 83% |
| 0.55 | F=55% | F∶H=10∶0 | 115 | 209 | 100% | 13.68 | 100% | 33.69 | 100% |
| | F+H=55% | F∶H=5∶5 | 125 | 227 | 109% | 11.26 | 82% | 31.37 | 93% |
| | H=55% | F∶H=0∶10 | 139 | 253 | 121% | 8.23 | 60% | 26.33 | 78% |

量的50%(粉煤灰和火山灰复掺比例为5∶5)时,单位胶凝材料混凝土强度*M*及单位造价混凝土强度*N*较单掺粉煤灰时降低不多,超过50%后,单位胶凝材料混凝土强度*M*及单位造价混凝土强度*N*急速降低。

## 6　结　论

通过以上的试验研究可知:

(1)当水胶比、减水剂掺量一致时,全H混凝土胶材用量较全F混凝土增加21%~28%;F+H混凝土胶材用量较全F混凝土增加10%~17%。

(2)全F、全H及F+H碾压混凝土拌和物和易性差别不大,但要达到相同的含气量掺火山灰混凝土引气剂掺量需提高,全H碾压混凝土凝结时间较全F碾压混凝土急剧缩短。

(3)全F碾压混凝土后期强度效应要明显高于F+H和全H混凝土。

(4)全F、全H及F+H碾压混凝土干缩变形值差别不大,相对而言,全F碾压混凝土干缩变形最小,F+H碾压混凝土干缩值较大,全H碾压混凝土干缩值最大。

(5)控制全F、F+H和全H碾压混凝土含气量相同时,其抗冻性能无明显差别。

(6)火山灰的掺入使得碾压混凝土胶材用量增加,绝热温升值提高。水胶比相同时,F+H碾压混凝土28 d绝热温升值比全F碾压混凝土提高16%,全H碾压混凝土28 d绝热温升值较全F碾压混凝土提高31%。

(7)随着火山灰复掺比例的增加,单位胶凝材料混凝土强度和单位造价混凝土强度指标均逐渐降低。粉煤灰和火山灰复掺比例为7∶3、5∶5、3∶7时单位胶凝材料混凝土强度M分别较单掺粉煤灰混凝土降低11%、17%、28%。单位造价混凝土强度分别较单掺粉煤灰混凝土降低3%、5%、11%。

(8)火山灰掺量超过掺合料总量50%(火山灰与粉煤灰复掺比例大于5∶5)后,单位胶凝材料混凝土强度及单位造价混凝土强度急速降低。

综上所述:对于不同掺合料的碾压混凝土,当控制水胶比和减水剂掺量相同时,掺火山灰碾压混凝土较掺粉煤灰碾压混凝土胶材用量增加,凝结时间急剧缩短,后期强度活性效应

较低,干缩变形值、绝热温升值增大,建议碾压混凝土不采用单掺火山灰方案。考虑到火山灰掺量超过掺合料总量50%(火山灰与粉煤灰复掺比例大于5:5)后,单位胶凝材料混凝土强度及单位造价混凝土强度急速降低等多种原因,如果确实由于西南地区粉煤灰资源过于紧张,掺合料需要粉煤灰和火山灰复合掺加,建议火山灰的掺加量不超过掺合料总量的50%。

## 参考文献

[1] 蒋明镜,郑敏,王闯,等. 不同颗粒某火山灰力学性质研究[J]. 岩土力学,2009,30(2):64-66.

[2] 张众,李春红. 天然火山灰掺合料在水电工程中的应用[J]. 云南水力发电,2009,25(1):67-71.

[3] 梁文泉,何真. 天然火山灰在碾压混凝土中的凝结特性[J]. 硅酸盐建筑制品,1995,4:11-15.

[4] Sidney Mindess, J. Francis Young, David Darwin. 混凝土[M]. 北京:化学工业出版社,2005,83-96.

[5] 王福元,吴正严. 粉煤灰利用手册[M]. 北京:中国电力出版社,1997:124-132.

[6] 阎培渝,张庆欢. 含有活性或惰性掺合料的复合胶凝材料硬化浆体的微观结构特征[J]. 硅酸盐学报,2006,34(12):1491-1496.

[7] 冯乃谦. 高性能混凝土结构[M]. 北京:机械工业出版社,2004.

[8] 万志华,李斌怀. 粉煤灰及其对水泥和混凝土性能的影响[J]. 培训与研究(湖北教育学院学报),2003,20(5):39-41.

# Kahir 大坝:伊朗首座面板对称硬填方坝的经验

Ebrahim Ghorbani[1], M. Lackpour[2], A. Mohammadian[3]

(1. 独立混凝土专家,伊朗;2. Pajouhab 咨询工程公司,伊朗;
3. Abfan 咨询工程公司,伊朗)

**摘要**:Kahir 大坝是即将在伊朗东南部建造的第一个面板对称硬填方坝(FSHD),最大高度为 54.5 m,坝顶长度 370 m,上下游坡度为 1(*V*):0.8(*H*)。据 Kahir 大坝设计人员介绍,由于软土地基和高动态载荷,所需 180 d 抗压强度为 7 MPa。同样,参照有关岩相学长期和短期的测试结果,采料区具有碱硅反应。二者都增加了配合比设计中的水泥用量,然而,低水泥含量是硬填坝的一个基本特征。所以在本文中,在介绍项目的基本情况以及 Kahir 大坝主要设计特点之后,提出进行低水泥含量而且经济的配合比设计程序。

第一步,为了简化施工程序并缩减总生产过程和成本,研究了一种配比的骨料使用(0~50 mm)。一方面,由于在本材料加工方法中,每批的含沙量可能有所改变,所以推导出含沙量的变化。另一方面,测试和研究含沙量的增加对混凝土机械性能的影响。结果显示由于强度上的大幅波动,可能无法仅使用一种配比,而且需要添加更多的水泥。所以,利用两种配比的骨料进行配合比设计。

第二步,补充试验结果显示 15% 火山灰足够用于 ASR 控制。

在第三步中:测试了几种含有不同水泥和外加剂(缓凝剂和减水剂)比例的配比设计以获得最优配合比设计。假定在配料设计中的水泥含量为 90 kg/m$^3$、100 kg/m$^3$、110 kg/m$^3$ 和 120 kg/m$^3$。为了确保所有空隙都填满,认为 Vp/Vm 比例大于 0.42。结果显示利用两种粒径配比的骨料(0~12 mm、12~50 mm)和 15% 火山灰水泥,水泥含量约为 100 kg/m$^3$ 的配合比设计满足强度和经济性要求。

**关键词**:FSHD,设计,一种配比的骨料级配,ASR,配合比设计

## 1 项目的基本情况

Kahir 大坝是即将在伊朗东南部建造的第一个面板对称硬填方坝(FSHD)。坝体正在建造中,建基面以上坝体高度为 54.5 m,上游面和下游面(见图 1 和见图 2)的对称,斜率为 0.8(*H*):1.0(*V*)。

Kahir 大坝土建工程实施包括以下项目:临时导流工程,从河床修筑高 20 m 的围堰,大坝以及所有相关水工建筑物,进场公路,辅助设施。

Kahir 大坝直立式重力结构长 370 m,包括 160 m 长的自由表面溢洪道。

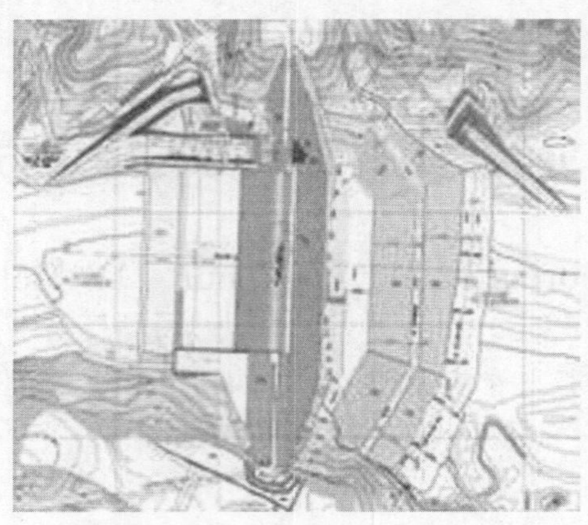

图 1 Kahir 大坝平面图

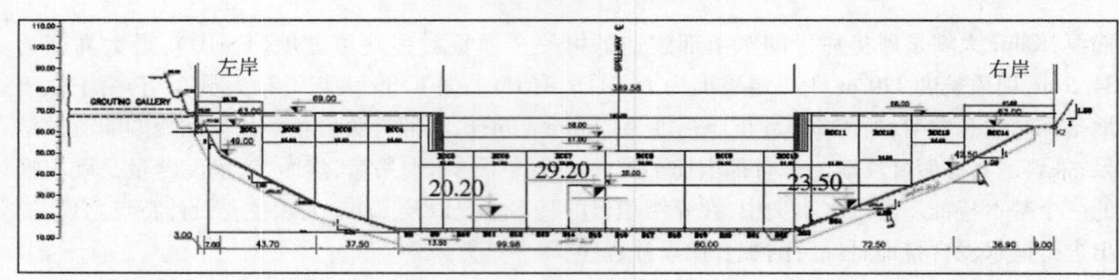


LEFT BANK 左岸　　　RIGHT BANK 右岸

图 2 上游面的立视图

表 1 中总结了项目涉及的主要工程量。

表 1 项目主要工程量

| 挖方 | 12 000 $m^3$ | 建基面以上高度 | 54.5 m |
|---|---|---|---|
| 钢筋 | 6 140 t | 水库库容 | 314 000 000 $m^3$ |
| 普通混凝土 | 179 000 $m^3$ | 坝顶长度 | 370 m |
| 模架 | 76 600 $m^2$ | 坝顶宽度 | 5 m |
| RCC(硬填方) | 485 000 $m^3$ | 溢洪道宽度 | 160 m |

## 2 Kahir 大坝的主要设计特点

### 2.1 简 介

硬填方坝 FSHD 是一种非常新型的大坝，最初在 1992[1,2] 年提出，在日本被称为 CSG（胶凝砂砾石）。这种类型的大坝利用一种价格低廉的被称为胶结砂和砂砾石所建造。硬填方坝 FSHD 具有几个优点，包括：高安全度，强抗震性，对地基要求低（适于不良地基），简单快速建造以及对于环境影响最小。

世界上所建的硬填方坝太少以致很难为其地基建立一般标准，但是在仍然缺乏经验的基础上,可以提出一些指导方针和理论思考。

在 Kahir 大坝,调查显示地基条件很差,弹性模量为 0.5 ~ 0.8 GPa 之间(即 5 000 ~ 8 000 kg/cm$^2$)。因此,硬填方坝 FSHD 对于 Kahir 大坝是一个很好的选择。

## 2.2　压力分析

本项目主要挑战之一是对于详尽研究的需求,这些详尽研究是为了界定其几何结构以保证其稳定性以及抵抗多变的应力条件,其中包括其自重、水压、地震荷载以及热力作用。在这方面,利用两个二维有限元模型(用 ANSYS 软件建立),就静态、伪静态、动态以及热力工况进行了几项分析。对于每项分析,考虑了大坝几何结构,最高和三种不同混凝土构成的溢流和非溢流坝段(CVC1(下游面),CVC2(上游面和水平面)以及硬填方)的边界条件以及应力荷载。图 3 显示了在分析中使用的 Kahir 大坝几何结构的布局。

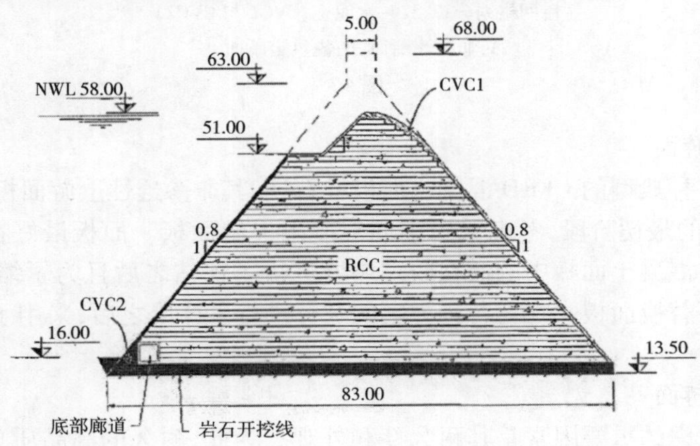


**图 3　典型剖面**

同样,考虑了两个级别的地震 DBE(包括 Kahak, Sibsooran 和 Silkahor 地震记录)以及 MCE(包括 Manjil, Bam 和 Montenegro 地震的记录)以研究其抗震性能。结构设计考虑了设计基准地震(DBE)0.221 g 的峰值加速度,相当于大坝使用寿命期间预期发生的地震,以及考虑最大概率地震(MCE)0.753 g 的峰值加速度。

假设混凝土坝的坝体和地基的性能为平面应变而且构建坝体,地基和水库使用四点等参平面单元。在溢洪道和非溢流模型中有限单元网格的平面单元的总数分别等于 1 153 单元和 1 180 单元。

图 4 显示了溢流坝段和非溢流坝段中硬填方,CVC1 以及 CVC2 的计算网格,最大主应力。

通过考虑荷载和安全系数下不同组合的结构分析确定混凝土强度要求,确定硬填料 180 d 龄期抗压强度的最大值为 7 MPa, CVC1 和 CVC2 28 d 强度分别为 25 MPa 和 20 MPa。然而,由于该值仅在大坝的一个极特别局部中产生,所以水泥土相应的设计最大抗拉强度被界定为 0.62 MPa。

结果显示在 DBE 和 MCE 地震条件下,坝顶最大绝对水平位移分别为 3.09 cm 和 7.16 cm。对于 54.5 m 高的混凝土坝,这些值是可以接受的。

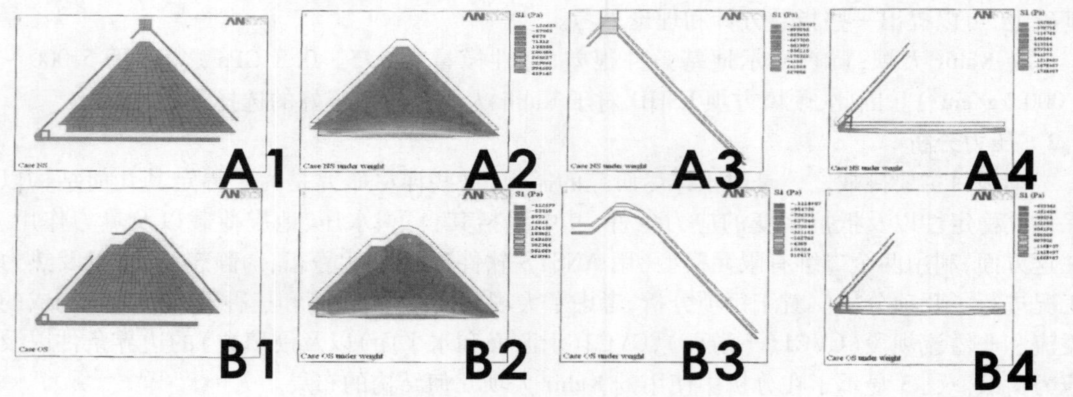


（1:网格划分;2,3,4:水泥土;CVC1 与 CVC2）

A:非溢流断面,B:溢洪道断面

图 4

2.3　**硬填坝的上游面**

硬填坝作为一种典型的 CFRD 混凝土面板堆石坝,其非渗透性上游面板系统至关重要。在设计 Kahir 大坝的最初阶段,考虑采用钢筋混凝土上游面板。面板最好在硬填坝完成之后进行。但是在对混凝土面板中的潜在收缩裂缝进行了评估之后且为了缩短实施时间,尝试了三种不同的可替换面板。在对各种方案的利弊进行了评价之后,采用了 PVC 薄膜混凝土面板。

2.4　**硬填坝的下游面**

对于下游面考虑的重要因素是其耐久性和外观。为此,耐久的高品质现浇混凝土被用于大坝下游面板中。

2.5　**最高铺设温度**

坝址的年平均气温为 27.7 ℃,最低月平均温度为 18 ℃,出现在 1 月;最高月平均温度为 37 ℃,出现在 6 月。在该工程中,RCC 将利用对于 RCC 大坝来说是传统的 0.3 m 升降机铺设。

RCC 大坝中有两种主要开裂类型,包括坝坡面板开裂和坝体破裂。由于热带地区覆盖整个上游面,所以坝坡面板开裂没有风险,所以坝坡面板破裂还没有被研究。在这方面,利用了两个二维有限元模型(ANSYS 5.4)进行了几项分析。结果显示,在 Kahir 大坝,最高温度已经被限制到 30 ℃以控制坝坡面板破裂。

2.6　**收缩缝**

取代采用模板,也就是说,将坝体分成块,对于 RCC 技术并不是有利的,正如当前我们所做的;在 RCC 碾压之后,通过安装振动锤和刀刃的打洞机切割新浇混凝土,每间隔 36 m 切割一条收缩缝。切割之后,将塑料片材手动敲进形成的狭槽中(见图 5)。

2.7　**层面配合比**

在 FSH 坝中,在形成冷缝后的区域或在上游坝区[3],不需要提供层面配合比。然而,在上游和下游区域中规定的有限范围内的所有层面都要说明配合比(见图 6)。其配合比设计包括 350 kg/m$^3$ 卡什火山灰水泥,242 L/m$^3$ 水,1 640 kg/m$^3$ 砂子(0～5 mm)以及 2.1 L/m$^3$ 添加剂(Tard CHR)。

图5　收缩缝筑造程序(插入塑料元件)

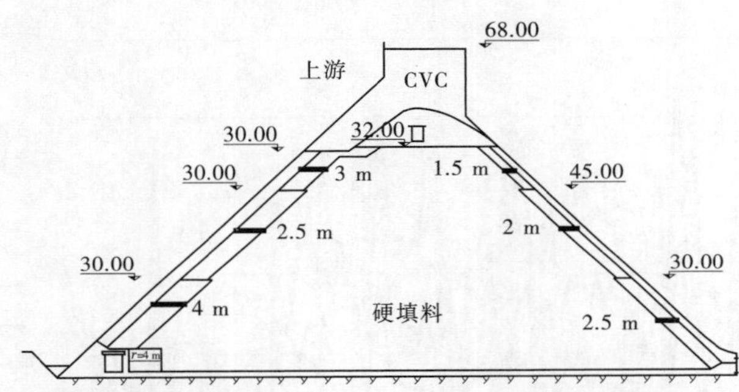


图6　上游和下游区域中规定的有限范围内的层面配合比

## 3　替代方案研究

### 3.1　使用一种配比骨料的可行性研究

应承包人的要求,为了简化施工程序并减少骨料生产过程和成本,对一种配比骨料(0~50 mm)的使用进行了研究。对于围堰中一种配比骨料的使用以及含沙量的增加对混凝土测试的机械性能的影响进行了研究。围堰的 RCC 面在 28 d 时所需的抗压强度为 10 MPa。其配合比设计包括 160 kg/m$^3$ 卡什火山灰水泥,112 L/m$^3$ 水,2 197 kg/m$^3$ 一种配比的骨料以及 1 L/m$^3$ 添加剂。

由于在本材料加工方法中,每批的含沙量可能变化,如果骨料的沙比例小于规定值(43%),则在混凝土配料机中添加所缺少的沙子。

使用骨料(MSA)的最大尺寸为 50 mm。图7 给出了一种配比的骨料(0~50 mm)级配曲线。表2 给出了每个月每个等级的沙子(0~5mm),细砾石(5~25mm),粗碎石(25~50mm)以及合格# 200 的浮动范围。从表2 中可以看出,最小和最大沙含量(0~5mm)分别为 25%和48%。并且细砾石,粗碎石和合格# 200 的最大和最小含量之间可以看出明显区别。

图8 显示了骨料级配(0~50 mm)的大浮动对围堰中使用的混凝土的抗压强度的影响。表3 给出了7 d、28 d、90 d 以及180 d 的混凝土强度的最大,平均,最小以及标准偏差。

根据表2 和表3,似乎骨料级配(0~50 mm)以及混凝土强度的波动都非常大。

因此,评价在 Kahir 大坝的建造中使用一种配比骨料(0~50 mm)并不适合,取而代之的是使用两种配比骨料包括(0~12 mm)和(12~50 mm)。

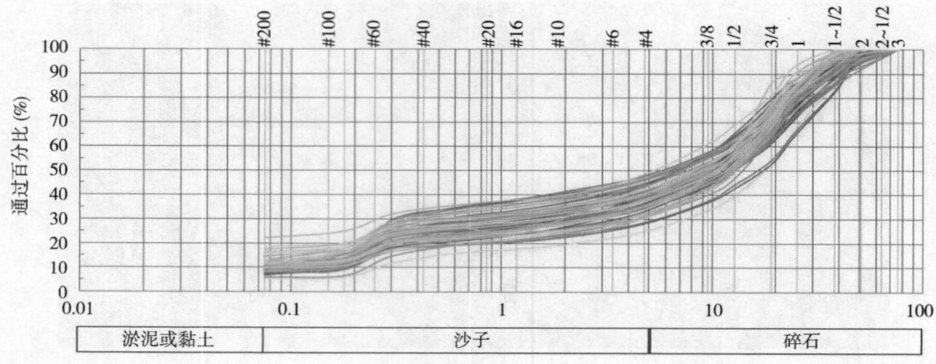


图 7 一种配比骨料(0 ~ 50 mm)的级配曲线

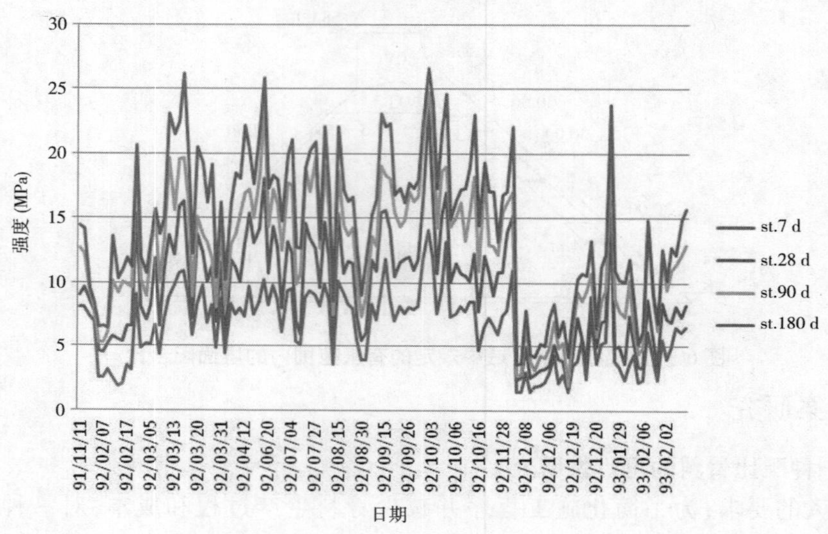


图 8 围堰中使用的混凝土抗压强度的波动

表 2 沙子、细砾石、粗碎石和合格#200 的波动范围

| 日期 | 样本数量 | 曲线的波动范围 | | | | |
|---|---|---|---|---|---|---|
| | | 沙子(%)<br>(0 ~ 5 mm) | 细碎石(%)<br>(5 ~ 25 mm) | 粗碎石(%)<br>(25 ~ 50 mm) | 通过#200 | 43% 的沙子<br>增长百分比 |
| 2013-01 | 3 | 28 ~ 38 | 36 ~ 41 | 20 ~ 36 | 8 ~ 9 | 5 ~ 1 |
| 2013-02 | 9 | 25 ~ 48 | 34 ~ 41 | 14 ~ 34 | 5 ~ 11 | 3 ~ 18 |
| 2013-03 | 2 | 31 ~ 37 | 41 ~ 47 | 22 ~ 23 | 6 ~ 7 | 6 ~ 12 |
| 2013-05 | 6 | 33 ~ 41 | 36 ~ 47 | 14 ~ 25 | 7 ~ 11 | 2 ~ 10 |
| 2013-06 | 9 | 34 ~ 45 | 38 ~ 41 | 16 ~ 24 | 7 ~ 11 | 1 ~ 9 |
| 2013-07 | 9 | 40 ~ 48 | 33 ~ 42 | 12 ~ 27 | 8 ~ 10 | 1 ~ 3 |
| 2013-09 | 2 | 40 ~ 45 | 38 ~ 40 | 15 ~ 23 | 10 | 3 |

续表 2

| 日期 | 样本数量 | 曲线的波动范围 | | | | |
|---|---|---|---|---|---|---|
| | | 沙子（0～5 mm） | 细碎石（5～25 mm） | 粗碎石（25～50 mm） | 通过#200 | 到43%的沙子增长百分比 |
| 2013-10 | 3 | 36 | 36～46 | 18～28 | 8～10 | 7 |
| 2013-11 | 6 | 35～46 | 36～44 | 12～28 | 9～13 | 1～8 |
| 2013-12 | 5 | 31～42 | 40～50 | 16～22 | 9～12 | 1～12 |
| 2014-01 | 5 | 30～36 | 46～53 | 15～18 | 9～11 | 7～13 |
| 2014-02 | 1 | 40 | 44 | 16 | 14 | 3 |
| 2014-03 | 5 | 40～48 | 41～47 | 7～19 | 12～22 | 2～3 |
| 2014-04 | 4 | 35～41 | 47～55 | 10～15 | 12～18 | 3～8 |
| 2014-05 | 3 | 34～42 | 46～50 | 10～16 | 11～16 | 1～9 |
| 最小到最大 | 70 | 25～48 | 33～55 | 7～36 | 5～22 | 1～18 |
| 平均值 | 70 | 39 | 42 | 20 | 10 | 6 |

表 3　混凝土强度的最大强度、平均强度、最小强度以及标准偏差

| 项目 | 强度 | | | |
|---|---|---|---|---|
| | 7 d | 28 d | 90 d | 180 d |
| 最大强度 | 15.16 | 23.61 | 24.79 | 26.64 |
| 平均强度 | 6.8 | 9.8 | 12.8 | 15.2 |
| 最小强度 | 1.45 | 1.66 | 1.94 | 3.55 |
| 标准偏差 | 2.9 | 4.3 | 5.1 | 5.7 |

### 3.2　缩减火山灰的可行性研究

在研究的第二阶段，岩相学长短期测试（根据 ASTM C1260 与 ASTM C1293）的结果表明采料区的河流骨料具有碱硅反应（ASR），并且短期测试结果显示，添加 30% 的天然火山灰对于 ASR 膨胀的控制很有效。图 9 和图 10 显示了添加或不添加 30% 天然火山灰的 7 d、14 d、28 d、56 d、90 d 和 180 d 的长期测试以及短期测试的结果。从图 10 中可以看出，在 6 个月时的膨胀远远超过 0.04%（膨胀标准）。在施工阶段，对客户实验室抽样方法（根据 ASTM C1293）进行了复审而且我们发现抽样方法存在一些问题。所以，决定在修正了抽样方法之后重新进行长期和短期测试，图 11 和图 12 给出了测试结果。结果表明，新样品的膨胀百分比大大低于旧样品。另外，添加 15% 天然火山灰便足够有效地控制 ASR 膨胀。

此外，在施工阶段，含有 30% 火山灰的水泥的制备并不容易。在锡斯坦和俾路支州，只有两个水泥厂，包括距离 Kahir 大坝 900 多 km 的扎博勒水泥以及距离 Kahir 大坝 450 多 km 的卡什水泥。两个工厂都生产含有 15% 卡什火山灰的水泥而且不倾向于生产含有 30% 火山灰的水泥。所以，必须在有某些经营问题的配料场所添加。然而，由于不需要供应 30% 火山灰水泥，所以将火山灰的量从 30% 缩减到 15% 有助于项目的执行。

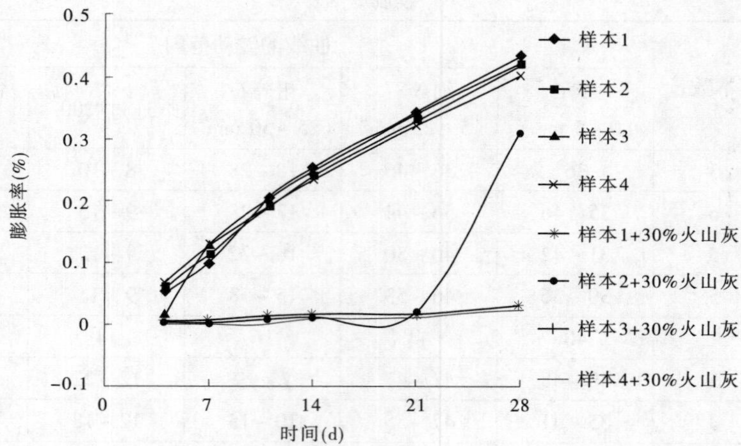


图9　短期结果(ASTM C1260)

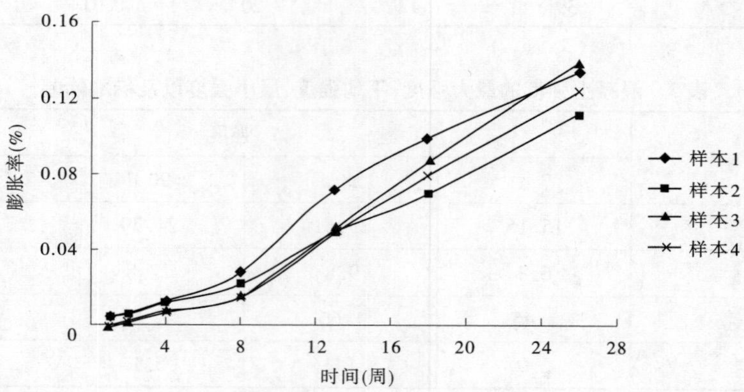


图10　长期结果(ASTM C1293)

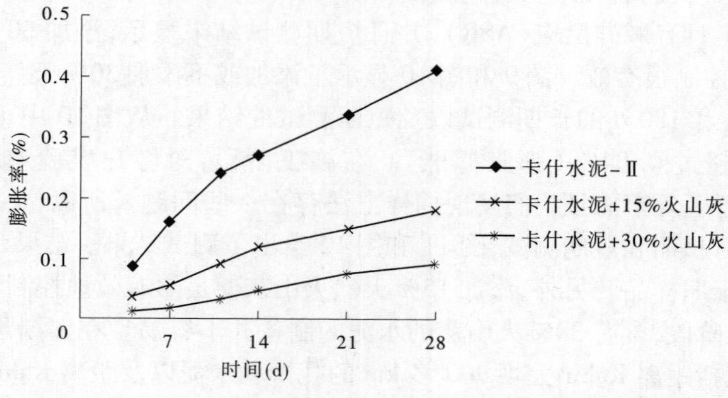


图11　短期结果(新测试)

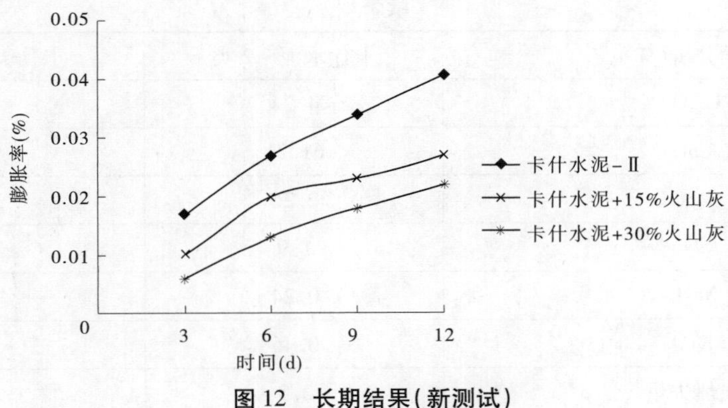


图12　长期结果(新测试)

## 4　硬填配合比设计

在确定了含有15%火山灰水泥的使用以及不使用一种配比骨料(0~50 mm)之后,客户要求承包商开发一个试拌项目。该项目的目的是找到能够满足设计标准的最佳硬填配合比。下面介绍一下硬填配料设计程序现状的一些详细情况。

### 4.1　设计标准

180 d硬填方的平均抗压强度应该至少为7 MPa。180 d的实验室平均目标抗压强度假定为10 MPa。在稳定性分析中假定的最小原位密度为2 400 kg/m$^3$。

### 4.2　材料研究

配合比设计项目的第一步是可用材料的性能分析。对于细骨料(0~12 mm)的比重和吸收百分率为2.57%和3.38%,同样地,对于粗骨料(12~50 mm)为2.67%和0.5%。

使用符合ASTM C 618-03 N类标准的从位于伊朗东南部的火山灰沉积物中获取的哈什天然火山灰。表4给出了天然火山灰的物理和化学性质。火山灰的火山灰活动也根据ASTM C 311进行了测量而且显示在表4中。

表4　水泥和火山灰性质

| 物理测试项目 | 卡什水泥-2类 | 卡什天然火山灰 |
|---|---|---|
| 纯度 | | |
| 布莱恩(m$^2$/kg) | 3 030 | |
| 通过45 mm(%) | | 87.5 |
| 51 m$^3$ 的抗压强度 | | |
| 3 d(MPa) | 14.8 | |
| 7 d(MPa) | 23.7 | |
| 28 d(MPa) | 34 | |
| 化学分析(%) | 卡什水泥-2类 | 卡什天然火山灰 |
| $SiO_2$ | 21.82 | 60.5 |
| $Al_2O_3$ | 5.28 | 18 |

续表 4

| 化学分析(%) | 卡什水泥 - 2 类 | 卡什天然火山灰 |
|---|---|---|
| $Fe_2O_3$ | 4.24 | 5 |
| CaO | 61.21 | 6.75 |
| MgO | 2.26 | 2.75 |
| $SO_3$ | 1.9 | 0.1 |
| $Na_2O$ | 0.24 | 1.6 |
| $K_2O$ | 0.46 | 1.4 |
| 强热失量 | 2.3 | 2 |
| $C_3S$ | 36.3 | |
| $C_2S$ | 35.2 | |
| $C_3A$ | 6.8 | |
| $C_4AF$ | 12.9 | |
| 与硅酸盐水泥的火山灰活性 | | 92 |

### 4.3　级配曲线

骨料的规格已经重新适应了 Kahir 项目采料区骨料的天然级配。为每种规格设定了新的级配范围而且规定了硬填方的新复合级配(图 13)。满足最佳密度范围内级配曲线的骨料粒度组合为 52% 的 0 ~ 12 mm 和 48% 的 12 ~ 50mm。

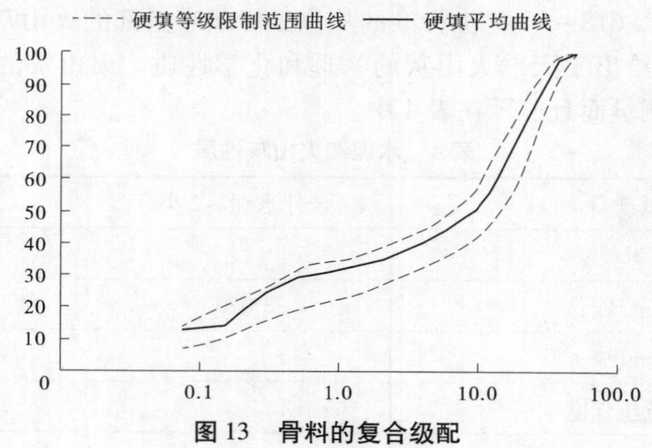


图 13　骨料的复合级配

### 4.4　净浆的设计

在硬填料配合比中的净浆数量被设计为最小净浆/砂浆比 0.42。在测试了相容性与强度之后计算了该净浆的组成。

选择了可接受范围在 92 ~ 102 L/m$^3$ 的 97 L/m$^3$ 的自由水含量。图 9 给出了圆柱体抗压强度的初步结果。预计含有 93 kg/m$^3$ 水泥和 17 kg/m$^3$ 卡什天然火山灰的 RCC 配料将满足 180 d 的所有设计要求。

## 4.5　实验室试验

低水泥含量是硬填方的一个基本特点。自从2013年中期经历四个阶段对120多种配合比进行了评估,寻找VeBe时间在10～20 s之间的硬填方配合比,以及优良数量的净浆和砂浆。

假定配合比设计中含有15%卡什天然火山灰含量的水泥用量为90 kg/m³、100 kg/m³、110 kg/m³和120 kg/m³。含有90 kg/m³和100 kg/m³火山灰水泥的配合比设计中采用55%(0～12 mm)和45%(12～50 mm),同样地,含有110 kg/m³和120 kg/m³火山灰水泥的配合比设计中采用52%(0～12 mm)和48%(12～50mm)。

在下文中,制作了无添加剂的一些样品和带有减水剂(Plast 209)和缓凝剂(Tard CHR)添加剂的一些样品并且在图14中给出了他们的结果。

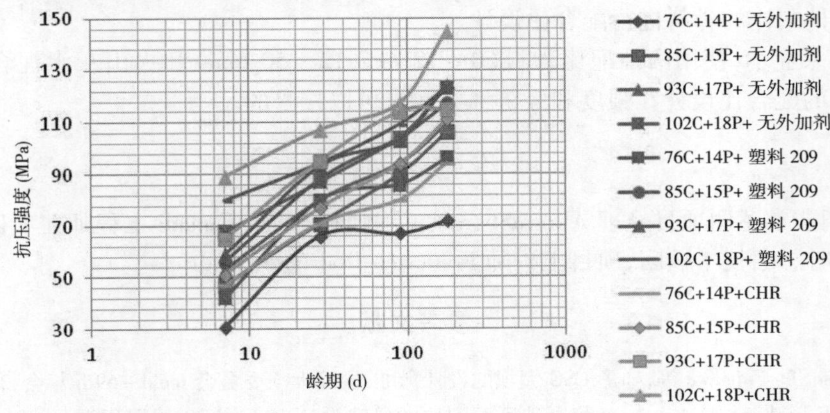


图14　不同配合比的抗压强度测试的初步结果

最终选择出了缓凝剂(CHR0.6%)的类型和计量,使混凝土在3～5 h之间进行了初凝并且在20多h之后终凝。外加剂将用在所有已选配合比中。在温暖月份,为了防止RCC的施工性能急剧下降,缓凝剂的剂量增加到1%,且在寒冷月份下降到0.5%。表5中给出了所有配料设计连同其结果。

在Kahir大坝混凝土开始凝固时,选择了配合比设计CK3,并且4个月之后,火山灰水泥的量下降到100 kg/m³(CK2)。

表5　添加缓凝剂添加剂阻滞CHR(0.6%)的配料设计和结果

| 调拌料编号 | 水泥 | 火山灰 | $W/C$ | (0～12 mm)/(12～50 mm) | $V_p/V_m$ | VeBe | 抗压强度(MPa) | | | |
|---|---|---|---|---|---|---|---|---|---|---|
| | kg/m³ | | | (%)/(%) | | (s) | 7 d | 28 d | 90 d | 180 d |
| CK1 | 76 | 14 | 0.93 | 55/45 | 0.42 | 13 | 47 | 71 | 80 | 94 |
| CK2 | 85 | 15 | 0.88 | 55/45 | 0.43 | 12 | 51 | 77 | 94 | 111 |
| CK3 | 93 | 17 | 0.8 | 52/48 | 0.443 | 14 | 65 | 95 | 114 | 116 |
| CK4 | 102 | 18 | 0.8 | 52/48 | 0.457 | 14 | 89 | 107 | 117 | 145 |

## 4.6　全面试验

在实验室测试阶段之后,将为12层全面试验(FST)的设计选择最佳的RCC配合比。

这将是一个很好的机会来现场培训设备和人员，并且找出计划用于主坝的机械设备在 RCC 制造、运输、浇筑和碾压时所获得的原位性能。结果表明单静态水口，两个轻振动水口以及单重度振动水口的所有配比设计都达到了规定的目标密度。

## 5 结 论

伊朗的第一个面板对称硬填方坝目前正在建设中。在大坝设计与配比设计程序中获得的首要目标是：

（1）面板对称硬填方坝建于软土地基以及高动态荷载条件下，使得大坝的体积增加和所需抗压强度增强。所以，在这种条件下，与更坚固地基相比，存在增加水泥含量的可能性。

（2）结果显示由于强度的较大波动而不可能仅使用一种配比并且需要添加更多水泥。所以，用两种配比的骨料进行配合比设计。

（3）结果显示，使用两种配比骨料（0 ~ 12 mm，12 ~ 50 mm）和火山灰水泥含量大约为 100 $kg/m^3$ 的配合比设计在强度和经济性方面是可以接受的。

## 致 谢

作者们非常感谢项目经理 AlirezaShariat 工程师和 Saeed Samadi 工程师在项目期间的技术支持，同时感谢技术顾问，项目工程师 Francisco Rodrigues Andriolo。

### 参考文献

[1] T. Hirose，T. Fujisawa 等，梯形 CSG 大坝的设计标准，国际大坝委员会 Icold－69th 年会，2001.

[2] F. Wei，J. Jinsheng，M. Fangling，胶凝砂砾石配比的研究设计［C］// 第六届碾压混凝土大坝国际研讨会，2012 年西班牙.

[3] 国际大坝委员会 Icold 公报 126，碾压混凝土大坝，2003.

[4] Andriolo，F. R，碾压混凝土的使用［M］. 1998.

# 碾压混凝土重力坝层面抗剪断研究

张建国　周跃飞　肖　峰

（中国电建集团中南勘测设计研究院有限公司　湖南　长沙　410014）

**摘要：**碾压混凝土由于成层体系的存在，其强度特性与常态混凝土有所不同，层面抗剪断强度通常低于本体的强度，层面往往成为大坝抗滑稳定的控制截面，由此现行碾压混凝土重力坝断面设计仍沿用常态混凝土重力坝的处理方法便值得商榷。本文针对碾压混凝土的力学特性，对可靠度理论为基础的分项系数极限状态设计过程进行重新梳理，通过工程调研、专家评估和龙滩等已建工程试验资料的统计分析，重点研究碾压混凝土层面抗剪断参数的概率分布形式、特征值选取原则、材料分项系数计算和结构系数套改，拟定适合于碾压混凝土重力坝层面抗滑稳定承载能力极限状态设计表达式，并在统计分析影响重力坝可靠度的基本变量统计特征的基础上，对拟定表达式设计的各类重力坝典型断面进行可靠度校准，依据分析计算成果，来确定碾压混凝土重力坝坝体层面抗滑稳定的目标可靠指标，判定拟定抗滑稳定承载能力极限状态设计表达式的合理性。

**关键词：**碾压混凝土，层面抗剪断，分项系数，可靠度校准

## 1　研究背景

20 世纪 70 年代以来，碾压混凝土筑坝技术因其施工快、工期短、造价低而在世界范围内得到迅速发展，碾压混凝土坝已成为当前最具竞争力的坝型之一，其筑坝技术在水电工程建设中得到广泛应用。我国自 1986 年建成了第一座碾压混凝土重力坝——福建坑口坝至今，国内已建、在建碾压混凝土坝近百座，特别是以龙滩、光照碾压混凝土重力坝为标志，我国碾压混凝土筑坝技术在引进、消化吸收的基础上再创新，已经取得新的突破，形成了中国特色碾压混凝土筑坝技术，为世界坝工界所肯定。

目前，水电行业碾压混凝土重力坝设计主要沿用常态混凝土重力坝设计原则，侧重于常态混凝土重力坝和碾压混凝土重力坝设计中共性方面，而对碾压混凝土本身的特点反应不足。为了满足高碾压混凝土坝建设的需要，反映碾压混凝土筑坝技术的进步，需针对碾压混凝土重力坝筑坝特点，进行碾压混凝土重力坝断面设计专门研究。

## 2　研究内容和方法

碾压混凝土重力坝由于成层体系的存在，层面常常是控制坝体抗滑稳定的关键，国内外均对此进行了大量的试验研究。本文按照《水工统标》[1]的要求，沿用概率极限状态设计原则，以分项系数极限状态设计表达式进行碾压混凝土坝体断面设计计算。主要针对坝高在 200 m 以下的碾压混凝土重力坝的层面抗剪断设计，研究提出其概率极限状态设计表达式

及相应的分项系数。主要研究内容包括:

(1)明确承载力极限状态设计表达式;

(2)层面抗剪断材料分项系数取值;

(3)层面结构系数推求;

(4)试设计碾压混凝土重力坝层面可靠度复核。

研究方法为通过调研、专家评估确定混凝土层面抗剪断参数分布模型及特征值分位,按照《水工统标》规定确定抗剪断材料分项系数;分别按可靠度理论进行多种坝高级别的碾压混凝土重力坝断面设计,再按极限状态设计理论进行结构系数套改,并与相关行业规范抗滑安全系数进行对照校准;然后拟定极限状态设计式中相关系数;最后以拟定表达式对各种级别坝高碾压混凝土重力坝进行断面试设计,并用可靠度进行校准。

## 3　承载力极限状态设计

在进行碾压混凝土重力坝层面抗滑稳定承载力极限状态设计过程中,沿用《水工统标》和《混凝土重力坝设计规范》(DL 5108—1999)确定的计算原则,承载能力极限状态设计表达式[2]可表示为:

$$\gamma_0 \psi S_{\mathrm{d}}(\cdot) \leqslant \frac{1}{\gamma_{\mathrm{d}}} R_{\mathrm{d}}(\cdot) \tag{1}$$

式中:$\gamma_0$为结构重要性系数;$\psi$ 为设计状况系数;$S_{\mathrm{d}}(\cdot)$为作用组合的效应设计值函数;$R_{\mathrm{d}}(\cdot)$为结构抗力设计值函数;$\gamma_{\mathrm{d}}$为结构系数。

承载能力极限状态基本组合的作用效应设计值及结构抗力设计值应按下式计算

$$S_{\mathrm{d}}(\cdot) = S(\gamma_{\mathrm{G}} G_{\mathrm{k}}, \gamma_{\mathrm{P}} P, \gamma_{\mathrm{Q}} Q_{\mathrm{k}}, a_{\mathrm{k}}) \tag{2}$$

$$R_{\mathrm{d}}(\cdot) = R(\frac{f_{\mathrm{k}}}{\gamma_{\mathrm{m}}}, a_{\mathrm{k}}) \tag{3}$$

式中:$G_{\mathrm{k}}$为永久作用的标准值;$P$ 为预应力作用的有关代表值;$Q_{\mathrm{k}}$为可变作用的标准值;$f_{\mathrm{k}}$ 为材料性能的标准值;$\gamma_{\mathrm{G}}$为永久作用的分项系数;$\gamma_{\mathrm{P}}$为预应力作用的分项系数;$\gamma_{\mathrm{Q}}$为可变作用的分项系数;$\gamma_{\mathrm{m}}$为材料性能分项系数;$a_{\mathrm{k}}$为几何参数的标准值(可作为定值处理)。

从以上设计表达式可以看出,承载能力极限状态设计表达式是采用六个分项系数,即结构重要性系数 $\gamma_0$、设计状况系数 $\psi$、永久和可变作用分项系数 $\gamma_{\mathrm{G}}$ 和 $\gamma_{\mathrm{Q}}$、材料性能分项系数 $\gamma_{\mathrm{m}}$、结构系数 $\gamma_{\mathrm{d}}$,以及各设计变量的标准值表示的。

其中,结构重要性系数 $\gamma_0$、设计状况系数 $\psi$、永久和可变作用分项系数 $\gamma_{\mathrm{G}}$和 $\gamma_{\mathrm{Q}}$与是否是碾压或常态筑坝技术无关联,所以本文研究的重点是:

(1)材料分项系数 $\gamma_{\mathrm{m}}$,反映材料实际强度对所采用的材料强度标准值的不利变异;

(2)结构系数 $\gamma_{\mathrm{d}}$,反映作用效应计算模式的不定性和材料抗力计算模式的不定性,以及考虑上述作用分项系数和材料性能分项系数未能反映的其他不定性的。

## 4　材料分项系数研究

在极限状态设计中,通过材料分项系数实现着标准值和设计值之间的转换,材料分项系数的取值与材料强度的概率模型、变异性、标准值及设计值的分位选取直接相关。

### 4.1　特征值确定

根据《水工统标》规定,考虑抗剪断参数 $f$、$c$ 的离散程度,结合坝基抗剪断参数概率分布模型选取，混凝土层面抗剪断参数 $f$、$c$ 概率分布分别选用正态分布、对数正态分布。

标准值的选定涉及了不同的数理统计方法，相关规范中明确的数理统计方法包括平均值、小值平均值、0.2 分位值、优定斜率法下限等。而在实际操作过程中发现，各种数理统计获取的标准值均存在一定的差异，由于这种不一致，给设计人员在参数选用上带来了相当的不便。根据混凝土重力坝设计规范编制经验和专家评估意见，并参考《混凝土重力坝设计规范》(SDJ 21—78)抗剪断参数取值原则[3]，本文选用峰值强度小值平均值作为标准值。

设计值一般宜在设计验算点附近选用，当在设计验算点附近选用存在困难时，可参考以往经验选定其概率分布的某一分位值，本文综合考虑选 0.977 3 的分位值(所谓的"$2\sigma$"准则)。

## 4.2　变异系数统计

本次碾压混凝土坝体层面抗剪断 $f$、$c$ 变异系数的统计整理，数据主要源于龙滩水电站碾压混凝土抗剪断试验数据，试验数据根据混凝土不同标号、不同养护条件的引航道、左右岸等 19 类碾压混凝土试块进行统计，抗剪断参数 $f$、$c$ 变异系数均值分别为 0.117、0.212。

考虑龙滩水电站的特例，通过和岩滩[4]、等壳[5]等水电站碾压混凝土重力坝层面抗剪断变异系数的比对，碾压混凝土层面抗剪断变异系数选用龙滩碾压混凝土 19 类试块变异系数统计值的 0.2 分位值，层面抗剪断参数 $f$、$c$ 变异系数统计值 0.17、0.32。

## 4.3 材料性能分项系数

材料性能分项系数，用来考虑材料性能对其标准值的不利变异，它是从材料试件的试验统计资料出发，考虑试件材料性能本身的变异性，反应材料性能变异的系数。材料分项系数按下式计算确定：

$$\gamma_m = \frac{f_k}{f_d} \tag{4}$$

式中：$f_k$ 为材料性能的标准值；$f_d$ 为材料性能的设计值。

由于标准值、设计值并不是单一的常数，简单的按照上述公式难以求解出材料分项系数，需根据概率模型确定特征值分位，其中以小值平均值考虑的标准值是推求的关键。

### 4.3.1　抗剪断摩擦系数 $f$ 标准值相应分位值

抗剪断摩擦系数 $f$ 按正态分布，其密度函数为：

$$f(x) = \frac{1}{\sqrt{2\pi}\sigma} e^{-\frac{(x-\mu)^2}{2\sigma^2}} \tag{5}$$

考虑到摩擦系数 $f$ 按正态分布，均值以下累计概率为 50%，故小值平均值理论上可表示为：

$$E(x') = \int_{-\infty}^{\mu} \frac{x' f(x')}{0.5} dx \tag{6}$$

求解摩擦系数 $f$ 的小值平均值分位值为：

$$\alpha_f = \phi\left(\frac{2}{\sqrt{2\pi}}\right) \tag{7}$$

推求结果表明摩擦系数 $f$ 的小值平均值保证率是一定值，不受其他因素影响，故知摩擦系数 $f$ 的小值平均值对应的分位值为 $\alpha_f = 0.212$。

### 4.3.2　抗剪断凝聚力 $c$ 标准值相应分位值

抗剪断凝聚力 $c$ 按对数正态分布[6]，其密度函数为：

$$f(x) = \int \frac{1}{\sqrt{2\pi}\sigma_1} e^{-\frac{(\ln x-\mu_1)^2}{2\sigma_1^2}} \tag{8}$$

抗剪断凝聚力 $c$ 小值平均值对应分位值可化解为：

$$\alpha_c = \phi\left(\frac{\ln(\sqrt{1+\delta^2} \cdot \gamma(\delta))}{\sqrt{\ln(1+\delta^2)}}\right) \tag{9}$$

其中：

$$\gamma(\delta) = \phi\left(\frac{\ln\left(\frac{1}{\sqrt{1+\delta^2}}\right)}{\sqrt{\ln(1+\delta^2)}}\right) \Bigg/ \phi\left(\frac{\ln\sqrt{1+\delta^2}}{\sqrt{\ln(1+\delta^2)}}\right) \tag{10}$$

由推导结果可知，凝聚力 $c$ 小值平均值对应分位值仅与样本变异系数有关，与均值无关。根据碾压混凝土凝聚力变异系数统计值，凝聚力 $c$ 小值平均值对应分位值 $\alpha_c = 0.260$。

在确定小值平均值相应分位值的基础下，层面抗剪断相应材料分项系数可按照《水工统标》规定，拟定碾压混凝土层面抗剪断 $f$、$c$ 材料分项系数分别为 1.3、1.5。

## 5 结构系数推求

结构系数在极限状态设计中是反映计算模式不定性的一个综合系数，坝体层面抗滑稳定计算结构系数推求原则，暂以《水工统标》规定的结构构件持久状况目标可靠度为设计准则，进行结构体型设计，并与《混凝土重力坝设计规范》(SDJ 21—78)安全系数进行复核对比。

具体结构体型设计采用不同坝高、结构安全级别、层面富贫胶凝材料，拟定 14 组达目标可靠度指标的大坝断面进行结构系数套改，统计成果参见表 1。

**表 1 碾压混凝土重力坝坝基抗滑稳定极限状态设计式结构系数的确定**

| 序号 | 坝高 | 结构安全级别 | 结构重要性系数 | 胶凝材料型式 | 坝体结构断面 | | 设计对比 | | 结构系数 |
|---|---|---|---|---|---|---|---|---|---|
| | | | | | 上游坡比 | 下游坡比 | 目标可靠度 | SDJ 21—78 安全系数 | |
| 1 | 200 | Ⅰ | 1.1 | 富胶凝 | 0.15 | 0.67 | 4.2 | 2.329 | 1.53 |
| 2 | 200 | Ⅰ | 1.1 | 贫胶凝 | 0.15 | 0.84 | 4.2 | 2.379 | 1.56 |
| 3 | 170 | Ⅰ | 1.1 | 富胶凝 | 0.15 | 0.65 | 4.2 | 2.445 | 1.56 |
| 4 | 170 | Ⅰ | 1.1 | 贫胶凝 | 0.15 | 0.82 | 4.2 | 2.491 | 1.6 |
| 5 | 150 | Ⅰ | 1.1 | 富胶凝 | 0.12 | 0.63 | 4.2 | 2.474 | 1.62 |
| 6 | 150 | Ⅰ | 1.1 | 贫胶凝 | 0.12 | 0.79 | 4.2 | 2.502 | 1.6 |
| 7 | 120 | Ⅰ | 1.1 | 富胶凝 | 0.10 | 0.55 | 4.2 | 2.497 | 1.57 |
| 8 | 120 | Ⅰ | 1.1 | 贫胶凝 | 0.10 | 0.69 | 4.2 | 2.494 | 1.58 |
| 9 | 100 | Ⅰ | 1.1 | 富胶凝 | 0.05 | 0.5 | 4.2 | 2.501 | 1.57 |
| 10 | 100 | Ⅰ | 1.1 | 贫胶凝 | 0.05 | 0.64 | 4.2 | 2.538 | 1.6 |

续表 1

| 序号 | 坝高 | 结构安全级别 | 结构重要性系数 | 胶凝材料型式 | 坝体结构断面 | | 设计对比 | | 结构系数 |
|---|---|---|---|---|---|---|---|---|---|
| | | | | | 上游坡比 | 下游坡比 | 目标可靠度 | SDJ 21—78 安全系数 | |
| 11 | 70 | Ⅱ | 1 | 富胶凝 | 0 | 0.34 | 3.7 | 2.164 | 1.48 |
| 12 | 70 | Ⅱ | 1 | 贫胶凝 | 0 | 0.43 | 3.7 | 2.164 | 1.49 |
| 13 | 50 | Ⅱ | 1 | 富胶凝 | 0 | 0.27 | 3.7 | 2.134 | 1.44 |
| 14 | 50 | Ⅱ | 1 | 贫胶凝 | 0 | 0.34 | 3.7 | 2.134 | 1.45 |

注：1. 本表中体型设计仅限于层面抗滑稳定极限状态设计；

2. 层面抗剪断强度均取《混凝土重力坝设计规范》(DL 5108—1999)贫、富胶凝材料强度下限值。

从表 1 中不同类型的 14 组达目标可靠度指标断面设计成果反映：

(1)从与《混凝土重力坝设计规范》(SDJ 21—78)对比来看，若沿用行业规范安全系数法进行碾压混凝土重力坝断面层面设计富裕较大，尤其是坝高低于 100 m 的碾压混凝土重力坝；

(2)不同类型坝高、结构安全级别和胶凝材料设计断面套改的结构系数均集中在 1.44～1.62，表明采用一个定值结构系数来替代各种计算模式的不定性是基本可行的。

## 6 可靠度校准

综合以上研究成果，可以根据碾压混凝土重力坝的特性，拟定层面抗剪断承载能力极限状态计算表达式及相关系数如下：

$$\gamma_0 \psi S_d(\gamma_G G_k, \gamma_Q Q_k, \alpha_k) \leqslant \frac{1}{\gamma_d} R_d\left(\frac{f_k}{\gamma_m}, \alpha_k\right) \tag{11}$$

式中：$\gamma_0$为结构重要性系数，对应结构安全级别为Ⅰ级、Ⅱ级、Ⅲ级的结构或结构构件分别取 1.1、1.0、0.9；$\psi$ 为设计状况系数，对应于持久状况取用 1.0；$\gamma_m$为材料性能分项系数，其中，层面抗剪断摩擦力 $f$ 分项系数取 1.3，凝聚力 $c$ 分项系数取 1.5；$\gamma_d$为结构系数，综合统计取 1.6。

为分析本文拟定分项系数设计的重力坝具有多高的可靠度水平，首先用结构工作安全系数等于 1，拟定各类不同条件下的重力坝剖面尺寸，然后应用可靠度理论计算相应剖面重力坝的可靠度指标。

在进行可靠度校准过程中，选用不同坝高、层面抗剪断材料、结构安全级别进行综合统计分析，统计成果参见表 2。

表 2　可靠度校准成果统计

| 序号 | 坝高 | 结构安全级别 | 结构重要性系数 | 上游坝坡 | 满足拟定表达式下游坡比 | 可靠度 | 满足 SDJ 21—78 规范下游坡比 | 材料用量之比值 |
|---|---|---|---|---|---|---|---|---|
| 1 | 190 | Ⅰ | 1.1 | 0.20 | 0.76 | 4.17 | 0.92 | 83.41% |
| 2 | 170 | Ⅰ | 1.1 | 0.18 | 0.71 | 4.18 | 0.87 | 82.75% |
| 3 | 150 | Ⅰ | 1.1 | 0.15 | 0.67 | 4.2 | 0.82 | 83.53% |
| 4 | 130 | Ⅰ | 1.1 | 0.12 | 0.63 | 4.24 | 0.76 | 85.16% |

续表 2

| 序号 | 坝高 | 结构安全级别 | 结构重要性系数 | 上游坝坡 | 满足拟定表达式下游坡比 | 可靠度 | 满足 SDJ 21—78 规范下游坡比 | 材料用量之比值 |
|---|---|---|---|---|---|---|---|---|
| 5 | 110 | Ⅰ | 1.1 | 0.10 | 0.58 | 4.27 | 0.70 | 85.99% |
| 6 | 90 | Ⅱ | 1 | 0.05 | 0.50 | 3.93 | 0.66 | 80.82% |
| 7 | 70 | Ⅱ | 1 | 0 | 0.45 | 4.05 | 0.58 | 80.84% |
| 8 | 50 | Ⅱ | 1 | 0 | 0.348 | 4.10 | 0.44 | 82.74% |

注:表中材料用量之比值为本文拟定设计表达式设计断面面积与 SDJ 21—78 规范设计断面面积之比。

从按拟定的层面抗剪断承载能力极限状态设计表达式设计的断面来看,结构安全级别为Ⅰ的试设断面可靠度均在4.2附近,结构安全级别为Ⅱ级的试设断面可靠度均超过3.7,整体上按拟定承载力极限状态设计表达式设计的断面满足可靠度要求;通过与《重力坝设计规范》(SDJ 21—78)材料用量比对,按拟定承载力极限状态设计明显更为经济。

## 7 总　结

针对碾压混凝土重力坝的特点,依托龙滩等已建工程试验数据,整理出一套新的适用于碾压混凝土重力坝层面抗剪断极限状态设计相关参数,再基于拟定的相关系数通过试设计进行碾压混凝土重力坝层面抗滑可靠度校准,验证了拟定承载力极限状态设计式是满足《水工统标》结构构件可靠度要求的。

通过与《混凝土重力坝设计规范》(SDJ 21—78)抗剪断设计相比较,表明采用坝基抗剪断进行层面稳定复核是偏保守的,不够经济。但由于本文暂收集层面抗剪断试验数据有限,后期通过继续收集已建工程层面碾压材料试验数据进行相关系数修正,拟定适合于碾压混凝土重力层面设计的极限状态设计表达式是有必要的。

## 参考文献

[1] GB 51099—2013　水利水电工程结构可靠性设计统一标准[S].北京:中国计划出版社,2013.
[2] DL 5108—1999　混凝土重力坝设计规范[S].北京:水利电力出版社,2000.
[3] SDJ 21—78　混凝土重力坝设计规范[S].北京:水利电力出版社,1979.
[4] 苗琴生.混凝土重力坝的坝基、坝体层面及岩体与混凝土接触面抗剪断参数值的统计分析和确定[J].水利水电勘测设计标准化,2000.
[5] 朱俊松,訾进甲,等.等壳碾压混凝土重力坝层面抗滑稳定可靠度分析[J].中国农村水利水电,2011.
[6] 河海大学.水工钢筋混凝土结构学[M].3版.北京:中国水利水电出版社.1996.
[7] 李同春.基于材料力学法的高重力坝静力可靠度校准研究报告[R].河海大学,2009.

# 土耳其 Beyhan 一级碾压混凝土坝的设计与施工

Ersan YILDIZ，　A. Fikret GÜRDÍL，　Nejat DEMÍRÖRS

（Temelsu 国际工程服务公司，土耳其）

**摘要**：本文介绍了 Beyhan 一级碾压混凝土坝的设计和施工情况，该坝位于土耳其埃拉泽省帕卢地区的穆拉特河上，最大坝高 97 m，坝顶长度为 365 m。该坝地处东安纳托利亚断层带，与主要活动断层距离很近。因此，这里重点关注坝址区的地震危险性，对活动断层和地表破裂危险的确切位置和特征进行了详细研究。基于对坝址地震危险性评估的研究结果，大坝设计采用了对称体型，坡度为 1(*V*)∶0.7(*H*)。这种体型常用于强度较低的 hardfill 坝，这里用于抗压强度相对较高(15 MPa)的碾压混凝土坝，利用水的重量来增加稳定性，以降低动拉应力。动拉应力为地震活跃地区大坝设计的重要控制标准。本文在传统的拟静力方法的基础上，运用时程分析方法模拟大坝的动力性能。这里应用有限差分代码 FLAC 进行了线性和非线性瞬态分析，计算地震期间的应力水平，评估地震后的破坏程度。大坝施工开始于 2012 年 5 月，结束于 2014 年 7 月。混凝土总方量为 148 万 $m^3$，碾压混凝土平均填筑速度为每天 2 250 $m^3$，最大填筑速度为每天 6 100 $m^3$。大坝于 2015 年 3 月开始运行。已有监测数据表明，设计假定与实际情况一致，大坝目前的工作性态是令人满意的。

**关键词**：碾压混凝土，地震，对称体型

## 1　引　言

本文介绍了土耳其埃拉泽省 Beyhan 一级碾压混凝土坝的设计和施工相关的简要情况。表 1 列举了工程相关的特征参数。

**表 1　工程参数**

| 大坝类型 | 碾压混凝土 |
|---|---|
| 用途 | 发电 |
| 距离坝基最大高度 | 97 m |
| 坝顶宽度 | 10 m |
| 坝顶长度 | 360 m |
| 溢洪道闸门数量/宽度 | 6 × 11.5 m |
| 发电容量 | 550 MW |
| 年度总发电量 | 1 253 GW · h |

## 2 坝址的地震活跃程度

该坝所处位置十分接近东安纳托利亚断层带(EAFZ)的主要活动断层。图1展示了坝址周围的活动断层。针对这一点,我们特别注意对该站点进行地震危险性评估。相关专家已经进行了详细研究和现场调查,包括现场测绘和挖沟检查,以确定活动断层的位置和特点,以及该坝址的潜在地表破裂危险。基于这些研究,我们得出结论,没有活动断层穿过坝轴线,所以该坝址没有地表破裂风险。

图1 Beyhan 一级坝的位置和活动断层

经测定,该坝址的控制震源为东安纳托利亚断层带的 Gökdere - Kırkbulak 断层段,距离该坝址的最小距离为1.7 km。据估算,该走滑断层段可产生的最大地震震级 $M_w = 6.8$。此次详细研究还确定了该坝周围的其他断层段及其特点和估计最大震级。

基于上述震源数据,我们实施了地震危险性分析,经计算,运行基准地震(OBE)和安全评估地震(SEE)的峰值地面加速度(PGA)水平分别为0.40$g$和0.88$g$。这两个加速度水平显著高于常见值,所以从地震安全性来讲,坝体抗震设计十分重要。

## 3 坝体设计

### 3.1 坝 基

我们实施了详细的地质调查来研究基岩条件,包括现场观察、钻孔、现场和实验室测试。根据获得的数据,基岩包括安山岩、泥岩和页岩。根据该地区的构造运动,坝体下有不同质量的岩体,我们将其分为三类:PQR(构造破碎的泥岩和页岩混合物,不适合作为碾压混凝土坝基)、MQR(构造上有扰动的安山岩岩体,通过灌浆改善可作为碾压混凝土坝基)和 HQR(相对未扰动的安山岩岩体,适合作为碾压混凝土坝基)。

大坝布局和基础标高已经确定,大部分基岩由 HQR 构成。对于局部存在 PQR 材料的区域,我们通过挖掘和回填混凝土已经去除了 PQR。我们在 MQR 岩体中使用了固结灌浆,以增加该岩体的强度和刚度。通过这些措施,我们获得了强度和刚度合适的碾压混凝土坝体基岩。

### 3.2 设计参数和大坝体型

根据预测,碾压混凝土体的设计抗压强度为 $\sigma_c$ = 15 MPa。由于垫层砂浆被强制性用于两层之间的冷接缝,所以根据 USACE 建议(2000),垂直方向上的拉伸强度假定为抗压强度的 5%。同样,母体碾压混凝土的拉伸强度被视为抗压强度的 9%。根据文献中的惯例,考虑到该材料的动态响应,地震荷载的拉伸强度增加了 35%。

基于对坝基的地质和岩土工程评估,基岩的弹性模量估计为 5 GPa。据估计,该岩石的抗剪强度高于碾压混凝土内岩石——碾压混凝土接触面或层接缝的抗剪强度。因此,我们仅对坝体实施了应力和稳定性检查。

考虑到该坝址的地震活动性较高,我们采用了剖面对称的坝体外形(见图 2),坡度为 0.7($H$): 1($V$)。这种几何外形通常用于强度较低材料建造的 hardfill 坝,我们将其用于强度较高的材料,以应对动态加载期间的较高剪切力和拉伸应力。

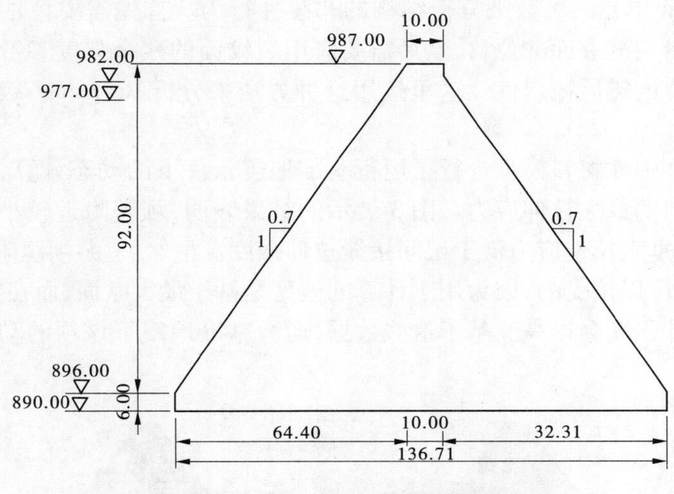


图 2 Beyhan 一级坝的典型横截面

使用较平上游面的优点是可增加初始抗压应力,利用水库水的重量增加稳定性,并降低多地震区域的动态拉伸应力水平。

### 3.3 稳定性分析

我们通过传统稳定性分析对坝体进行了初步设计。我们考虑了三种不同的荷载条件,分别命名为“普通”“异常”和“极端”,分别使用了 3.0、2.0、1.0 的安全系数。我们将运行条件视为普通,运行基准地震的地震荷载视为异常,安全评估地震的洪水和地震荷载视为极端。我们通过更严格的数值分析评估了碾压混凝土应力情况和坝体的实际动态性能,详情如后所述。

### 3.4 抗震分析

ICOLD(Bulletin 72,1989)和 USACE(2007)提出了大坝抗震设计中需要考虑的两种不同的地震荷载水平,命名为运行基准地震 OBE 和最大设计地震 MDE(或称为安全评估地震 SEE,ICOLD, Bulletin 72, 2010)。在运行基准地震条件下,大坝、附属构筑物和设备应保持运转,所产生的损伤应易于修复。USACE(1995)认为,在运行基准地震情况下,碾压混凝土坝体内的应力水平应维持在弹性区间内。在安全评估地震级别的条件下，只要避免溃坝或生命损失的灾难性事故，大坝应力水平可以超过弹性极限，并产生损伤。

时程分析被认为是分析结构动态性能的最有效方法（USACE,2007），通过模拟地震全过程中的大坝抗震性能，可以考察到应力和变形的时域变化过程。通过模拟坝基、库水和大坝之间的相互作用，有可能对结构的抗震性能进行更接近于实际的评估。该方法不仅能在弹性范围给出较为准确可靠的结果，也可以用于大坝抗震设计进行非线性损伤评估（FEMA,2005;USACE,2007）。

高强度的地面运动会使得大坝的水平层面接缝、混凝土—岩石接触面、应力集中部位等区域受拉开裂（USACE,2007）。由于大部分变形将集中于裂缝附近，高震级地震中会出现若干条关键裂缝（Wieland,2008）。因此，通常有两种方法可研究坝体的非线性抗震性能，即弥散裂缝模型和分离裂缝模型。

在分离裂缝模型中，在层间缝或预期开裂区域采用 joint 单元模拟裂缝面的张开和滑移。通过设定 joint 单元的参数来分析结构的非线性行为。首先需要评估受裂缝切割的块体在地震过程中沿裂缝表面的位移，然后需要应用裂纹面的残余强度参数和扬压力的不利分布检查这些块体的震后稳定性。这里运用这种方法来分析 Beyhan 一级大坝的非线性性能是合理的。

我们使用线性弹性材料模型进行了运行基准地震条件下的动态计算，得到了地震期间垂直方向和主方向的最大拉伸应力。图 3 展示的结果表明，坝基附近较小区域内产生了垂直拉伸应力，最大垂直拉伸应力低于层间接缝拉伸强度。虽然，上游坝踵附近主拉应力超过了拉伸强度，但是可以接受的，因为用于计算的模型是基于最大断面，而在实际工程中，这一区域的混凝土设计强度会提高。基于这些数据，运行基准地震下该坝的动态性能可以认为是令人满意的。

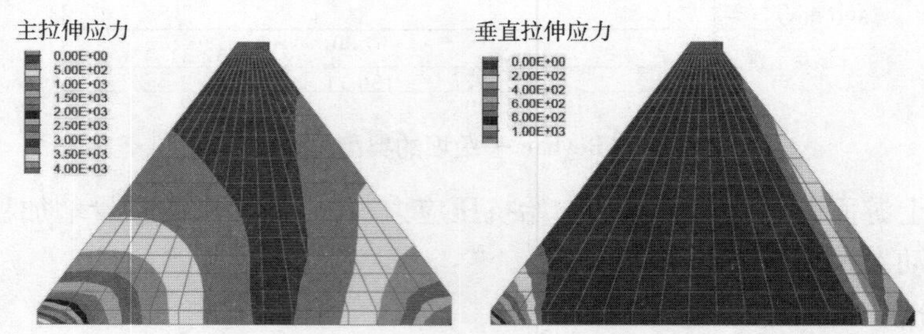


**图 3　运行基准地震下的最大拉伸应力分布**

我们首先使用线弹性材料模型评估了安全评估地震的动态响应，图 4 展示了所获得的最大垂直方向和主方向拉伸应力。可以看出，上游坝踵和下游坝址区域的应力计算值已经超过了材料的抗拉强度。这表明，在这种高强度地震条件下，上述区域很可能出现裂缝，可能的开裂区域为沿坝基方向的水平接缝。类似地，上部高程的应力过大区域也表明坝体的这些部分也有可能开裂。为了检查应力过大区域开裂时大坝的动态性能，这里运用分离裂缝模型进行分析，假设有三个水平接缝开裂，一个位于坝基，另一个高 25 m（从坝基算起），最后一个高 50 m（从坝基算起）。通过该接缝模型，我们研究了地震中和地震后的位移。

计算结果表明，坝体和基岩之间存在永久相对位移，坝基上方 25 m 和 50 m 上部高程的接缝之间也存在永久相对位移。坝基接缝、距离坝基 25 m 处接缝和距离坝基 50 m 处接缝的下游侧永久水平相对位移分别为 30 cm、10 cm 和 12 cm，导致基岩和坝顶之间的总相对位移约为 50 cm。该分析表明，地震期间和地震后，尽管假设的开裂接缝产生了较大的相对位移，但是该坝能够维持其稳定性。

为了研究该碾压混凝土坝体的震后安全性，我们评估了所假设的开裂接缝上方的坝段稳定性，方法为检查沿着裂缝的完全扬压力和零凝聚力。我们发现，最低安全系数为 $F_S=2.81$，表明即使在完全扬压力的情况下，该坝的安全性也令人满意。这些结果表明，安全评估地震下该坝的动态响应是令人满意的。

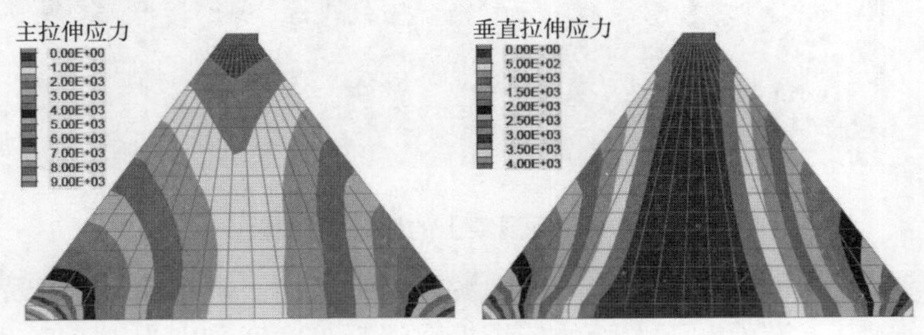


**图 4　安全评估地震下的最大拉伸应力分布**

## 4 大坝施工

该碾压混凝土坝的坝体施工开始于 2012 年 5 月，完成于 2014 年 4 月。总碾压混凝土体积为 148 万 $m^3$。所记录的日平均碾压混凝土产量为 2 250 $m^3$。所记录的日最大碾压混凝土产量为 6 100 $m^3$。

我们使用塔式配料机对碾压混凝土材料进行混合，使用 4 跨距输送机系统对其进行运输。输送带宽 800 mm，厚 15～20 mm，承重能力为 80 $kg/cm^2$。自卸卡车用于碾压混凝土的内部分配。图 5 展示了输送带和碾压混凝土填筑场景。

**图 5　使用输送带运输碾压混凝土**

2D5N 推土机用于摊铺碾压混凝土。2 个 15 t 的振动压路机用于压实碾压混凝土。3

个 3 t 压路机用于局限区域的碾压混凝土压实。图 6 展示了碾压混凝土的摊铺和压实。

图 6　碾压混凝土的摊铺和压实

我们使用传统振实混凝土建造该坝的上游面和下游面。滑动模板用于完成传统振实混凝土和斜面的施工。上游面和下游面的传统振实混凝土宽度分别为 1.5 m 和 1.0 m。碾压混凝土体和传统振实混凝土内设有垂直缝(间隔约 20 m),可预防热开裂,传统振实混凝土的接缝内使用了两层聚氯乙烯阻水片。在两个一级垂直缝之间,我们仅在使用了一层聚氯乙烯阻水片的传统振实混凝土面上布置了二级垂直缝。图 7 展示了使用模板的传统振实混凝土填筑。

图 7　使用模板的坝面传统振实混凝土填筑

## 4　仪器监测和大坝工作性态

我们采用了详细的仪器方案对碾压混凝土坝体进行严密监测和检查。所安装的仪器如下:

(1)坝基布置了渗压计(共 40 个)来观察坝基沿顺河向孔隙水压力的空间变化;

(2)沿横河向在上游坝踵和下游坝址布设压应力计(共 10 个);

(3)沿横河向在上游坝踵和下游坝址混凝土内布置有应变计(共 10 个);

(4)基岩内布置有引张位移计(共4个),目的是观察坝基变形(倾斜安装,从基础廊道朝向上游和下游方向);

(5)坝段间横缝处布置有测缝计(共14个),目的是观察坝段之间的相对运动;

(6)RCC坝体中部布置有一套垂线系统,以观察坝体的运动和旋转;

(7)所有渗压计、压应力计和应变计附近都布置有温度传感器,以观察温度变化;

(8)坝基处布置有长期温度传感器(共53个),RCC坝体中部有2个更高精度的温度传感器。

在水库蓄水期间,所有的仪器设备工作良好。监测结果表明设计假定与实际情况一致。

在第一次蓄水期间,该坝右岸出现了一些小规模渗漏,但是随着时间增长渗漏消失,可能是由于渗漏水中的析钙和细粒材料阻塞作用所造成的。没有出现其他如开裂、渗漏等问题,该坝的性能令人满意。

## 参考文献

[1] 联邦应急管理局.联邦大坝安全指南,地震分析和大坝设计,2005.

[2] 联邦应急管理局.美国国家地震减灾计划建议的新建筑物及其他构筑物防震措施,2009:750.

[3] 国际大坝委员会.公告72,大坝抗震参数的选择,1989.

[4] 国际大坝委员会.公告72修订版,大坝抗震参数的选择,2010.

[5] Şaro lu F.,和 Perinçek D.土耳其东部 Beyhan 一级和 Beyhan-2 坝和 HEPP(帕卢-埃拉泽)的地表破裂危险性调查,FNÇ Petrol Madencilik San. ve Tic. A.Ş., 2010.

[6] 美国陆军工兵部队.重力坝设计,EM 1110-2-2200,1995.

[7] 美国陆军工兵部队.碾压混凝土,EM-1110-2-2006, 2000.

[8] 美国陆军工兵部队.混凝土水工建筑物的抗震设计和评估,EM-1110-2-6053, 2007.

[9] Wieland, M.遭受强烈地震的大坝分析要素.国际水电与大坝建设,2008.

# 龙滩碾压混凝土大坝工程材料与试验应用实践总结及建议

宁　钟

（四川二滩国际工程咨询有限责任公司　四川　成都　610000）

**摘要**:龙滩碾压混凝土大坝工程技术难度高、施工复杂,在工程材料与试验研究方面也超出了以往的认知,建设期间在这些方面做了有益的实践与探索,通过细化原材料的使用标准和加强材料的管理,配合比试验研究及实践,对今后类似工程的建设积累了有益的经验。

**关键词**:龙滩,碾压混凝土,工程材料,配合比试验

## 1　前　言

龙滩碾压混凝土大坝最大坝高216.5 m,坝顶长849.44 m,分两期建设,是目前最高的碾压混凝土重力坝。龙滩大坝的建设难度高、技术含量大,无类似工程经验可参考,且位于高温多雨条件气候的广西北部,气象条件恶劣。龙滩工程经过大量的技术攻关和试验,采用了新的技术和管理模式,实现了全年气候条件下施工,月平均浇筑强度达20.2万$m^3$,最高月浇筑强度达31.6万$m^3$。其中,在工程材料与试验方面有许多成功之处,并制定了《龙滩工程RCC施工质量控制标准》,对工程材料、试验、质量控制标准等方面做了精确化的要求,值得总结和借鉴。

## 2　原材料的选择与应用

对原材料进行有效的选择和应用,最终的主要目的就是对混凝土配合比进行优化,从而降低混凝土的绝热温升,改善混凝土性能,提高混凝土抗裂能力。

### 2.1　水泥

目前对于碾压混凝土大坝的水泥选择基本已经比较成熟,主要选用符合国家规范GB 200—2003的中热硅酸盐水泥,对于龙滩碾压混凝土而言,除了满足国家规范外,还根据工程的实际情况,要求厂家对水泥产品做一定的细化要求和改进。

#### 2.1.1　化热和MgO含量

水化热是大坝混凝土对水泥的一项重要技术控制指标,现国内中热水泥生产厂家,出厂水泥的水化热已完全满足或低于中热水泥水化热指标。供应龙滩水电站工程的广西柳州水泥厂和三峡水泥厂两生产厂家生产的中热水泥经现场抽样检测结果显示7 d水化热分别为268 kJ/kg、271 kJ/kg,低于中热水泥293 kJ/kg的标准。在水泥供应商的选择上面,为了尽量降低绝热温升带来的温控难度,应尽可能考虑有较低水化热指标的厂家。大坝混凝土中尤其担心产生重大裂缝破坏整个大坝的整体安全性,而水工混凝土的自生体积变形一般在

$(-100\sim100)\times10^{-6}$，这实际相当于温度变化10 ℃所引起的温度变形，这说明自生体积变形对混凝土的抗裂性有相当大的影响。而水泥中的MgO具有独特的延迟性膨胀变形的特点，正好符合大坝混凝土散热慢、降温收缩变形迟缓的特点，可以抵消部分混凝土的降温收缩变形，防止大坝由于温度应力产生的裂缝。龙滩工程使用的鱼峰中热42.5水泥，MgO含量在4.09%～4.22%之间，符合规范的要求。不过，对于水泥是否具有膨胀性的变形，必须还要对混凝土的变形情况进行测定，才能确定MgO含量是否合适。如果水泥中的MgO含量不能满足要求，可以考虑外掺MgO进行解决，在这方面，龙滩做了一些有益的探索，在下游围堰碾压混凝土施工中，外掺了14 $kg/m^3$ 的特性MgO（MgO的含量60%）材料。外掺MgO的应用在龙滩工程做了探索性的研究和应用，考虑到龙滩大坝工程的重要性和风险程度，并未应用到大坝主体工程上，具备条件的工程，可在这方面做进一步的研究和应用。

#### 2.1.2　水泥的细度

水泥颗粒越细，碾压混凝土的返浆效果越好，水化反应进行得越快，强度提高越快，但由于碾压混凝土本身的特性，其早期强度低，容易受温度影响产生裂缝。因此，需要对水泥的细度指标有所控制，防止水化反应过快，发热提前。龙滩大坝工程对中热水泥的比表面积的上限作了规定，比表面积控制在300 $m^2/kg$ 左右，将有利于温控，而又不过多降低混凝土的早期强度。

### 2.2　粉煤灰

粉煤灰掺入混凝土中，它的颗粒形态效应产生减水势能，微集料效应产生致密势能，火山灰效应产生活化势能。从而起到减少用水量；降低水泥用量，提高密实性，减少泌水，降低内部温升，提高抗拉强度，提高耐久性，抑制碱－骨料反应等多方面的作用。

粉煤灰是碾压混凝土的主要材料之一，龙滩碾压混凝土粉煤灰采用Ⅰ级灰，最高掺量达到66%。粉煤灰是电厂生产当中产生的附属产品，不是作为专门的产品进行生产，品质受到煤源、煤灰收集方式、存储方式等多方面的影响，而对于大坝施工来说，粉煤灰目前已经成为一种极为重要的原材料，其品质和供应情况将对工程施工质量和进度产生极大影响。

根据龙滩的粉煤灰应用当中的一些经验，碾压混凝土在粉煤灰应用方面要关注以下几点。

#### 2.2.1　细度、烧失量和需水量比

粉煤灰的主要作用是在混凝土中起到微集料效应，提高混凝土的性能，因此粉煤灰的细度指标是这个效应的重要参考数据，一般来说粉煤灰越细，比表面积越大，粉煤灰的活性就越容易被激发，因此所用粉煤灰越细，混凝土早期强度越高、耐久性越好。另外，由于碾压混凝土是干硬性混凝土，施工和易性在混凝土控制中是关键环节，保证混凝土在碾压过程中容易返浆，才能确保混凝土层间结合的效果，粉煤灰只有在足够细的条件下，其火山灰活性作用才能够充分发挥，除了作为填充材料外，粉煤灰中的玻璃微珠能够在微细颗粒中起到滑动作用，提高混凝土的返浆能力和可碾压性能。在粉煤灰的选择和质量控制中，绝对不能选用细度超标的粉煤灰，细度指标宜越小越好。

粉煤灰的烧失量指标其实质就是粉煤灰中还含有一部分没有烧尽的物质的含量，主要成分是碳，粉煤灰烧失量对需水性影响显著，随粉煤灰烧失量增加，粉煤灰的需水量增加，烧失量宜≤5 %。当烧失量大于10%时，粉煤灰对流动扩展度无有利作用；粉煤灰含碳量增高，烧失量增大，在混凝土搅拌、运送、成型过程，粉煤灰更容易浮到表面，影响混凝土的外观

与内在质量。另外,由于烧失量增大,还会降低减水剂的使用效果,会增加混凝土自由水用量,在碾压混凝土碾压过程中极易出现泌水情况。

对于重要的碾压混凝土工程,可以参考龙滩工程,优先选择Ⅰ级粉煤灰,如果在供应方面有难度,或考虑节约成本的条件下,我们认为采用准Ⅰ级粉煤灰同样能够满足设计指标的要求,准Ⅰ级粉煤灰的指标是除需水量比放宽到不大于100%,其他品质指标仍然符合Ⅰ级粉煤灰的要求。

### 2.2.2 粉煤灰质量管理、存储方面的建议

粉煤灰作为电厂附属产品,电厂对其质量谈不上有严格的管理,很多电厂仅仅做了简单检测,检测方法、设备、频率等都不能达到规范要求,导致很多粉煤灰在进场检测中达不到所需的指标。因此,建议类似工程在粉煤灰招标前需要对供应厂家进行详细的考察,必要时在供应期间可以设置专门的检测站或派员驻场巡查抽检,确保运输到工地的粉煤灰质量,避免出现不合格的现象,导致处理起来费工费时。

龙滩工程由于工程量巨大、施工强度高,最多选择了15家粉煤灰供应商,而不同供应厂家的粉煤灰品质、化学成分、颜色等往往有较大的差别,对配合比的相容性也略有不同,对混凝土的质量控制带来很大难度,也往往由于某一个厂家(批次)产品质量问题,影响到整个储罐的煤灰使用。

为了更好地进行质量控制,在施工过程中可以根据不同粉煤灰进行配合比的微调,同时也便于查找由于粉煤灰源头可能出现的质量问题,建议采购时尽量减少供应商的数量,尽量避免粉煤灰混罐储存。

## 2.3 混凝土外加剂

外加剂是现代水工混凝土必不可少的又一功能材料,在碾压混凝土大坝工程的混凝土中,将主要使用到以下两种外加剂:一种为高效缓凝减水剂,它集减水缓凝功能于一体;另一种为引气剂,它主要功能是掺入混凝土起引气作用,提高混凝土的抗渗、抗冻性能,其次也略有减水作用和改善混凝土拌合物的和易性。当前的高效缓凝减水剂又分两类:一类为萘系;另一类为聚羧酸类,该类外加剂减水效果大,一般减水率均大于30%,通常在高标号常态混凝土中使用,在碾压混凝土中一般不选用。

高效缓凝减水剂品质除要满足技术标准的各项指标外,还须满足施工要求,其中混凝土凝结时间在碾压混凝土施工时特别重要,高效缓凝减水剂技术标准中凝结时间以掺入水泥净浆中测试的时间差表示,与在混凝土中的凝结时间存在一定差异,且同样混凝土的凝结时间又随气候气温而变化。在2005年龙滩碾压混凝土刚进入夏季施共区间,由于对高效缓凝减水剂和现场施工认识不足,混凝土凝结时间常常难以满足现场施工的要求。由于刚进入夏季施工,外加剂还在使用冬季期间的配方,混凝土初凝时间难以满足夏季需要,经与厂家研究后,由厂家根据不同季节按混凝土凝结时间的要求提供冬季型、夏季型两种类型,问题才得到解决。这给类似工程提供了参考,也应要求厂家根据不同季节供应不同凝结时间的高效缓凝减水剂。

混凝土初凝时间是碾压混凝土施工层间间歇时间确定的主要依据,而通常按照《水工碾压混凝土试验规程》,在采用不同资料处理得出的初凝时间有相当大的差别,为此龙滩工程在工地现场进行了研究试验,得到了确定碾压混凝土初凝时间比较适合现场和实际情况的测试指标,认为贯入阻力在5~6.5 MPa较合适,能够反映碾压混凝土真实初凝的特性。

为了指导现场施工、以及外加剂厂家的配方选择，以便确定适合的高效缓凝减水剂，不同工程应有针对性的进行这方面的试验和研究。

鉴于碾压混凝土中粉煤灰的吸附作用，还需掺入优质引气剂以提高碾压混凝土的抗渗性能等效用。龙滩大坝碾压混凝土经试验后选用浙江龙游外加剂厂的 ZB－1RCC15 缓凝高效减水剂和 ZB－1G 引气剂，江苏建筑科学研究院博特新材料有限公司的 JM－Ⅱ缓凝高效减水剂。

## 2.4　混凝土骨料

### 2.4.1　粗骨料

混凝土中的粗骨料占混凝土比重约 60%，是关系混凝土性能至关重要的因素。骨料是混凝土强度的重要组成因素，一般而言，低等级混凝土（小于 40 MPa）的薄弱环节是骨料之间胶结面，骨料一般不会受到大的破坏。但在表孔溢流面混凝土方面，应该对骨料有所选择，尽管本工程的溢流面混凝土等级为 C35，强度不高，但需要其满足一定的抗冲耐磨性能，从龙滩、瀑布沟等工程的配合比研究得出的结论，由于骨料所占混凝土比重大，是混凝土抗冲耐磨的主要质量损失因素，建议在配制溢流面混凝土前，对骨料做一定的深入试验，选择的骨料才能保证混凝土在满足强度指标的条件下，具有更好的抗冲磨能力。

采用人工加工的粗骨料，在运输（特别是皮带机运输）、存储过程中的骨料之间磨擦，粗骨料表面容易产生裹粉情况。在龙滩、百色的碾压混凝土施工中，都有裹粉情况的产生，这将降低骨料与砂浆之间的胶结强度，碾压混凝土的特点就是胶材少、干硬性，骨料之间的砂浆包裹程度较低，裹粉的影响较普通混凝土更大。包裹在粗骨料表面的石粉会降低碾压混凝土的抗压强度、劈拉强度和轴拉强度，并且从百色水电站、龙滩工程对裹粉的研究中发现，这也将对混凝土抗冻性能有所降低，胶结面将在不断冻融循环下产生破裂，使得混凝土不容易达到相应的抗冻指标。龙滩大坝工程混凝土拌和系统增加了二次筛分和冲洗过程，检测统计骨料的裹粉含量从最高的 2.02%，降低到冲洗后最高含量仅 0.34%，骨料的品质指标得到很大改善，保证了进入拌和楼系统的骨料质量。

### 2.4.2　细骨料

碾压混凝土对用砂有较高的质量要求，砂的主要质量指标包括细度模数、石粉（≤0.16 mm 的颗粒）含量、微粒（＜0.08 mm 的颗粒）含量，龙滩、三峡等工程一般要求的细度模数在 2.4～2.8 之间。碾压混凝土所用的人工砂对石粉含量要求比常态混凝土高而且更为严格，石灰岩石粉（0.08 mm 以下）具有一定的活性，可能参与胶凝材料水化反应。同时，石粉微粒能发挥微集料作用，充填水泥颗粒之间的空隙和优化细粉料（包括水泥和活性混合料）的级配，由于其形貌为多棱体，浆体之间的结合力好，机械咬合力高。因此，它们能改善碾压混凝土的工作性和可碾压性，并对混凝土的强度有贡献。龙滩工程要求的碾压砂质量标准为"石粉含量在 18%～22% 之间，其中 $d \leqslant 0.08$ mm 的微粒含量应占石粉含量的 50% 以上"。在龙滩工程建设过程中，曾经出现由于设备问题导致碾压砂的石粉含量不足，从而混凝土的可碾压性能严重降低，返浆效果不理想，层面处理难的问题。根据大多数工程碾压混凝土用砂的质量情况，碾压混凝土用砂品质要求可参考龙滩碾压混凝土用砂的标准制定，这是一个比较成熟的碾压混凝土用砂质量标准，有利于工程的施工。

### 2.4.3　关于骨料含水问题

对很多工程而言，骨料含水不是一个难题，但是对于高强度生产的碾压混凝土大坝来说，骨料含水问题必须得到高度重视。在龙滩碾压混凝土浇筑过程中，多次出现骨料含水超标的情况，由于碾压混凝土本身用水量较少，如龙滩的用水量在 80 $kg/m^3$ 左右，骨料用量在 2200 $kg/m^3$，骨料平均含水率有 1% 的变化，拌制水就将少加入 22 $kg/m^3$，如果在算上外加剂溶液的含水，混凝土拌制加入的自由水将更少，这对混凝土的质量控制和稳定生产不利，尤其是高温季节生产加冰混凝土，可能造成无法加入冰或者加冰量很少的情况。如果含水量较大的小石进入风冷料仓，还容易产生骨料结冰冻仓的情况。因此，在骨料生产、筛分、冲洗的各个环节，要充分估计到高峰期的骨料需求情况，要给骨料足够的调节料仓容量，保证细骨料至少一周的脱水时间，粗骨料至少 3 d 的脱水时间，保持骨料有一个含水率较低的稳定质量状况，这是混凝土稳定生产的重要前提。

## 3 龙滩碾压混凝土配合比设计

拥有优良混凝土施工配合比是大坝混凝土施工顺利开展的必要前提，良好的施工配合比要求能够满足设计指标要求，有良好的可施工性能，良好的质量控制性，并且能够达到良好的经济控制指标。

由于混凝土本需要较长的龄期才能达到相应的性能指标，设计院已经在这方面做了较为深入的研究，给出参考配合比，而一旦在施工现场开展施工配合比的设计，将需要较长的过程，必须提前做好周密配合比试验计划，防止出现配合比跟不上施工需要的情况发生。

根据龙滩碾压混凝土大坝工程配合比设计的应用，提出以下几点看法。

### 3.1 碾压混凝土强度等级的设计龄期

龙滩碾压混凝土大坝采用 28 d、90 d 龄期的双控指标，由于粉煤灰掺量较高，后期强度增加较多，结果是 90 d 龄期的混凝土强度指标普遍富余。大坝混凝土浇筑周期较漫长，至少都在混凝土浇筑完成半年以后才能投入正常运行。因此，我们认为碾压混凝土的设计龄期宜设计为 180 d 龄期，90 d 龄期也可作为一个中间控制标准，90 d 龄期设计主要是方便混凝土的质量控制。这种长龄期设计有利于温控，也有利于节约成本。

### 3.2 关于 $V_C$ 值指标

$V_C$ 值是反应碾压混凝土施工过程中可塑性的指标，是碾压混凝土施工性能的重要参数，也是混凝土配合比设计的控制目标之一。现在的碾压混凝土多采用低 $V_C$ 值设计，一般 $V_C$ 值控制在 5 ~ 7 s 范围内，这个指标的碾压混凝土施工性能最好，但由于 $V_C$ 值对碾压混凝土的用水变化非常敏感，一般在配合比设计时为保证混凝土生产控制有较大的调整幅度，以便适应不同条件（高温、小雨等）下的施工，$V_C$ 值设计幅度宜较宽，如龙滩工程碾压混凝土 $V_C$ 控制范围为：机口为(5 ~ 7)s ± 2 s，施工仓面的 $V_C$ 控制为(5 ~ 7)s ± 3 s。

### 3.3 胶材用量

以龙滩大坝 RⅢ（C9015W4F50）碾压混凝土为例，龙滩的这个等级碾压混凝土胶材用量为水泥 56 $kg/m^3$，粉煤灰 109 $kg/m^3$，胶材用量一共 165 $kg/m^3$。根据国内 113 座碾压混凝土大坝的统计，胶凝材料在 160 ~ 189 $kg/m^3$ 之间占 46.9%。龙滩工程碾压混凝土中三级配胶凝材料在 165 ~ 195 $kg/m^3$ 之间，二级配碾压混凝土胶材用量为 220 $kg/m^3$。从龙滩的碾压试验和实际施工中反映，碾压混凝土胶材用量过少，$V_C$ 控制较大时，返浆会比较困难，施工性不良，加上碾压混凝土实际施工过程中各种影响因素比较多，其中直接反映的后果就是层间结合不良。为此，建议一般碾压混凝土坝的胶材用量至少应控制在 160 $kg/m^3$，最好能有适当提高,同时可适当提高粉煤灰掺量,是确保良好层间结合的最有效措施之一。龙滩碾压混凝土粉煤灰掺量最高为66%,在满足混凝土设计等级的前提下,还必须确保碾压混凝土良好的返浆能力,才能保证碾压混凝土层面结合的质量。具体的最佳胶材用量必须通过室内配合比试验以及现场碾压试验才能确定。

### 3.4 关于碾压混凝土浆砂比指标

浆砂比指标就是碾压混凝土中浆体与砂浆的比值,这是反映碾压混凝土内部实际返浆能力和可碾性的经验数据,国内大多数碾压混凝土浆砂比都在0.3～0.39范围内,龙滩工程在通过专家咨询后,建议碾压混凝土的浆砂比在0.42较为合适,龙滩碾压混凝土浆砂比采用两种算法,其一是纯胶材计算的浆砂比不到0.42,其二就是将人工砂中的0.08 mm粒径的微粉作为胶材加入计算,浆砂比将超过0.42,最后专家咨询讨论配合比期间,认为第二种算法是合适的,0.08 mm粒径的颗粒由于表面效应,已经具有一定的活性,也是构成混凝土返浆的物质之一。通过龙滩工程的实践,碾压混凝土的0.42的浆砂比指标是合适的,可类似工程参考。

### 3.5 建议进行碾压混凝土原位抗剪试验

原位抗剪试验是对碾压混凝土在实际碾压工况下模拟施工区域做的混凝土坝体层面之间的真实抗剪性能试验,龙滩的原位抗剪试验是在碾压混凝土工艺试验区上进行的,分别可以检测不同碾压遍数、不同层间间歇时间、不同层间处理(冲毛后铺砂浆、冲毛后铺一级配混凝土)等不同组合的层间抗剪切能力,根据试验结果的$f'$、$c'$值以及抗剪断强度指标,对指导碾压混凝土的施工,保证坝体的抗剪抗滑能力有重要作用。

## 4 结 论

(1)龙滩大坝是国内200 m级的第一座碾压混凝土坝,在碾压混凝土技术和管理很多方面开创了国内先例,在材料和试验研究方面很重视,制定了适合龙滩大坝工程的标准。

(2)碾压混凝土性能对所用材料质量状况、成分构成敏感性较高,因此需要采取有效的措施确保材料质量,对部分指标方面做针对性的细化。

(3)碾压混凝土施工和配合比设计时,要考虑在性能、温控以及施工方面(保证层间结合质量)的平衡,以浆砂比为内在实际指标,校对配合比设计。

# 刚果民主共和国英加项目:促进本迪坝两阶段建设的设计要素

Arnaud ROUSSELIN

(法国电力公司(EDF)水电工程中心,法国)

**摘要**:20世纪初,人们已经发现了刚果河英加河段的水能资源。英加是刚果河的部分河段,长32 km,位于刚果民主共和国(DRC)金沙萨市下游约280 km。该河段天然海拔落差达97 m,创造了一连串壮观的天然瀑布。年平均流量为每秒40 800 m$^3$,总水头可高达150 m,该河段的水电潜力相当大,总装机容量超过44 000 MW。如今,建于20世纪70年代和80年代的英加1和英加2水电站的容量分别为350 MW和1 400 MW。

本文基于AECOM－EDF联合体在2013年完成的可行性研究结果。为充分应对刚果(金)和非洲子区域国家的短期和长期能源需求,本研究提出了一个站点分阶段发展计划。

本迪碾压混凝土坝是大英加工程的一个重要组成部分,该坝用于封闭刚果河右岸的本迪谷。考虑到该坝的规模,该坝将分两阶段施工建设。

在站点的第一发展阶段(低水头阶段),本迪坝浇筑至坝顶高程172.5 m需要约500万m$^3$混凝土。该水库通过一条12 km长的渠道供水,每秒能将6 000 m$^3$的水输送至本迪谷。由于位于坝趾的装机4 800 MW的英加3发电站,大坝和进水口采用一体化建设。

在该站点的高水头发展阶段,为建成大英加工程的最终水库,将该坝加高37.5 m,将配备7个发电站,总发电量超过40 000 MW。

本迪坝浇筑至最终坝顶高程210 m时,混凝土方量将达到900万m$^3$,成为世界上最大的碾压混凝土坝。

本文将重点讨论该坝的技术设计特征,以便于将来加高该坝并尽量减少该加高过程对英加3发电工作的影响。

**关键词**:刚果民主共和国,英加,本迪坝,加高

## 1 简　介

20世纪50年代进行第一批研究之后,研究者发现,对于水能潜力超过4万MW的发电站来说,其建造必须分阶段连续进行,才能满足能量需求。大英加项目旨在充分利用该河段的潜能,其关键阶段为建造一个横跨刚果河的大坝。该阶段是该项目的难题,是实现该项目的一道难关,因为需要大量的投资和巨大的能源市场才能使该项目在财政方面具有可行性。

## 2 研究背景

英加河段的前两个发展阶段为英加1项目(350 MW)和英加2项目(1 400 MW),分别于1971年和1982年竣工。从那以后,该国家还没有建造其他新的大型发电站。因此,刚果

民主共和国如今面临着能源短缺问题，这一问题因英加 1 和 2 发电站设备的老化和取水渠道的泥沙沉积问题而显著。为了解决这个问题，并为了推动该国经济的发展，刚果政府计划启动英加河段的下一发展阶段，命名为英加 3 项目。正是在这一背景下，在非洲开发银行的资助下，刚果金国家电网 SNEL 公司委托 AECOM - EDF 联合体重新评估现有研究，并为该站点的长期发展提出优化方案。

## 3　英加站点的特点

### 3.1　站点位置

图 1 展示了刚果河英加站点的位置。

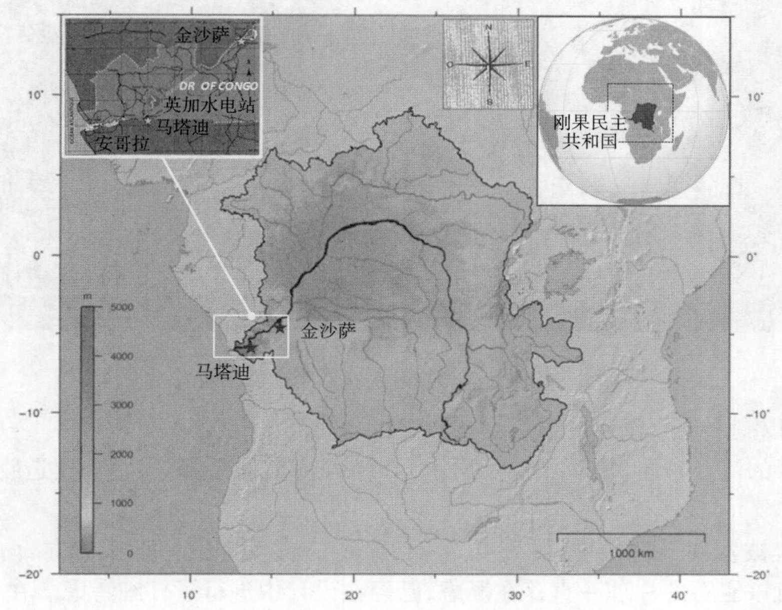


图 1　刚果河集水盆地(维基百科)和英加站点位置

刚果河流域面积约为 370 万 $km^2$，其中心区域为大面积的赤道森林。

### 3.2　地形

图 2 展示了英加水电站的地形，其特点为三个主要凹陷，整体布局以这三个凹陷为中心：(a)刚果河低水河槽；(b)三个峡谷(Grande 谷，Sikila 谷和 Nkokolo 谷)，形成了刚果河的冲积平原；(c)本迪河谷，这是刚果河西岸的一条支流。该地区的数字高程模型展示了预期将被大英加水库淹没的丘陵和山谷。

### 3.3　水文学

鉴于刚果河流域规模巨大，而且均匀跨越赤道，英加站点的流量根据年份而自然调节。根据一百年水文数据，平均年流量为 40 800 $m^3/s$，历史最小和最大流量分别为 22 300 $m^3/s$ 和 85 100 $m^3/s$。

### 3.4　地质学

英加地区的基岩主要为五种岩石：花岗岩、花岗片麻岩、绿岩、流纹片岩，以及云母和绢云母石英岩。这些岩石呈带状，沿着东北—西南方向分布。刚果河冲刷掉了河床上最不坚

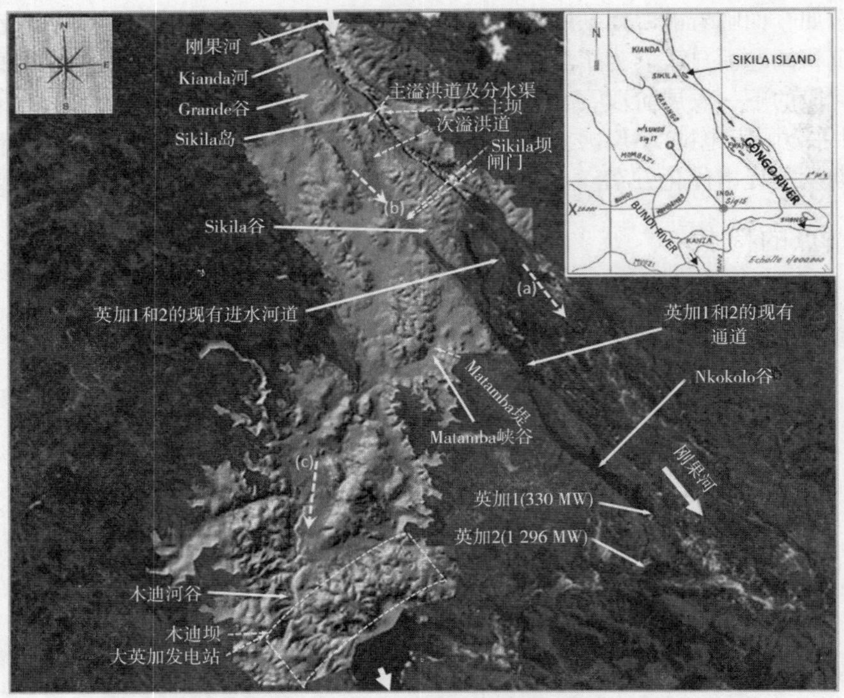


图 2　英加站点地形和主要水利建造物位置

硬的岩石，所以剩余岩石仅存在于两个花岗岩带之间。

西南地区的流纹片岩(图 4 中照片所示)和绿岩特别重要，因为水利建造物将构建在这些岩层上面。

流纹片岩被发现于地层中，厚度 0.5 ~ 1.0 m，方向为东北—西南方向，向西南方向倾斜。研究者对该岩石的片理一直存在疑虑，已经在设计中进行了仔细考虑。在本迪谷中，绿岩从东北方向流纹岩交界处的片岩地层转变为西南方向花岗岩交界处的更坚固地层。此外，关于绿岩的承载力和该地层上混凝土坝的建设仍存在疑虑。

由于这些地质学疑虑和要素，许多关于该站点发展的研究都支持建造地上发电站和开放式引水渠道。

## 4　英加站点的拟定发展方案

先前研究和地质数据的审查和分析证实，有必要以低水头阶段为起点来发展大英加项目，从而尽量降低第一阶段的成本，同时为输出项目提供足够的容量。图 3 展示了 AECOM - EDF 拟定的方案，该方案具有经济方面的优势，提议对该站点进行分阶段连续建设。

AECOM - EDF 所提议方案的一般原则为：首先，为未来的主坝的上游建造一个横向进水口，该进水口能够将水通过输水渠道而转移至低水头碾压混凝土本迪坝和建于本迪谷的英加 3 发电站。英加 3 发电站的电力装机容量将取决于输水渠道的规模；目前保留的参考方案(名为英加 3 低水头阶段)将保证 4 800 MW 的发电量，从而满足预期的能源需求。在低水头阶段，如果刚果河周围没有任何坝，本迪水库的水位将与横向进水口处的天然河流水位一致，英加 3 发电站将作为径流式水电站而运行，水库平均水位高程为 160 m。

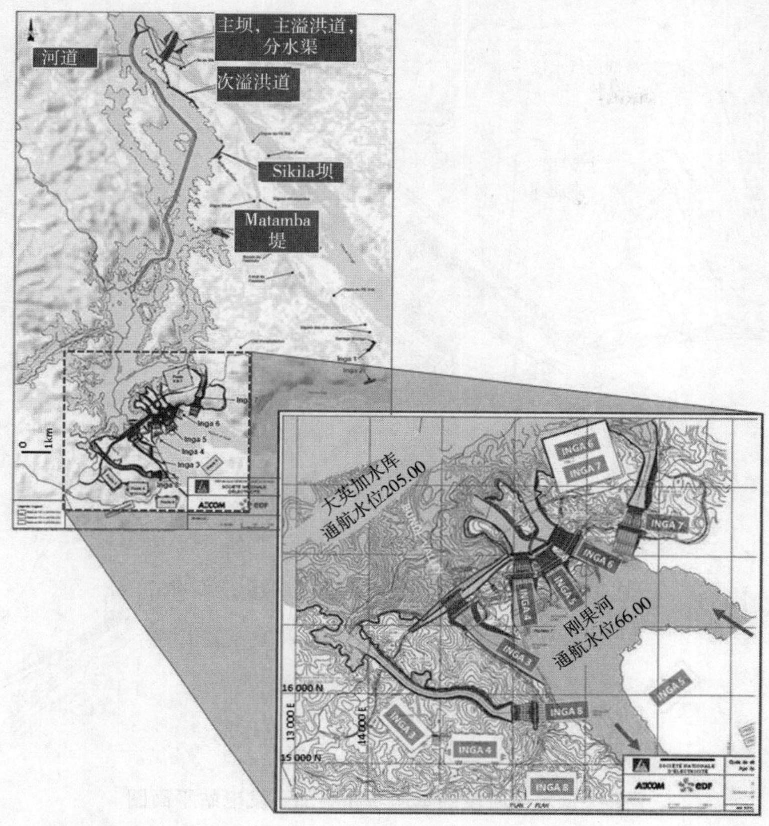


图3　AECOM－EDF 提议的总体方案布局

后续发展阶段(名为英加3高水头阶段)为加高本迪坝，通过一个大土坝拦截刚果河，抬高水库水位至最终高度205 m。无任何新的涡轮发电机组的情况下，英加3发电站的容量将自动增加2 500 MW的保证功率。

在未来发展阶段，英加4、5、6、7等发电站将会围绕着本迪坝而建造，从而逐步增加功率容量，直至实现该站点的全部潜力。

尽管英加3机组必须被设计为从低水头向高水头运行，但是随后的大英加发电站将仅进行高水头阶段设计。

在该站点的最后发展阶段，累计装机容量将超过44 GW，年发电量将达到335 TWh。

本文重点关注本迪坝，一个分两阶段建造的非常巨大的碾压混凝土坝。

低水头阶段的本迪坝平面图如图4所示。

图5展示了低水头和高水头阶段横切进水口和碾压混凝土坝的本迪坝典型剖面图。

## 5　促进本迪坝加高的设计要素

本迪碾压混凝土坝将分两个阶段建造。在低水头阶段，该坝将被建造至坝顶海拔高程172.5 m，在高水头阶段，该坝将被加高至海拔高程210 m。该坝将加高37.5 m，即该坝初始高度的34%。两个阶段之间可能会有一个较长的时间间隔。

该坝及其进水口经过特殊设计，以尽量减少加高该坝对英加3发电能力的影响。发电

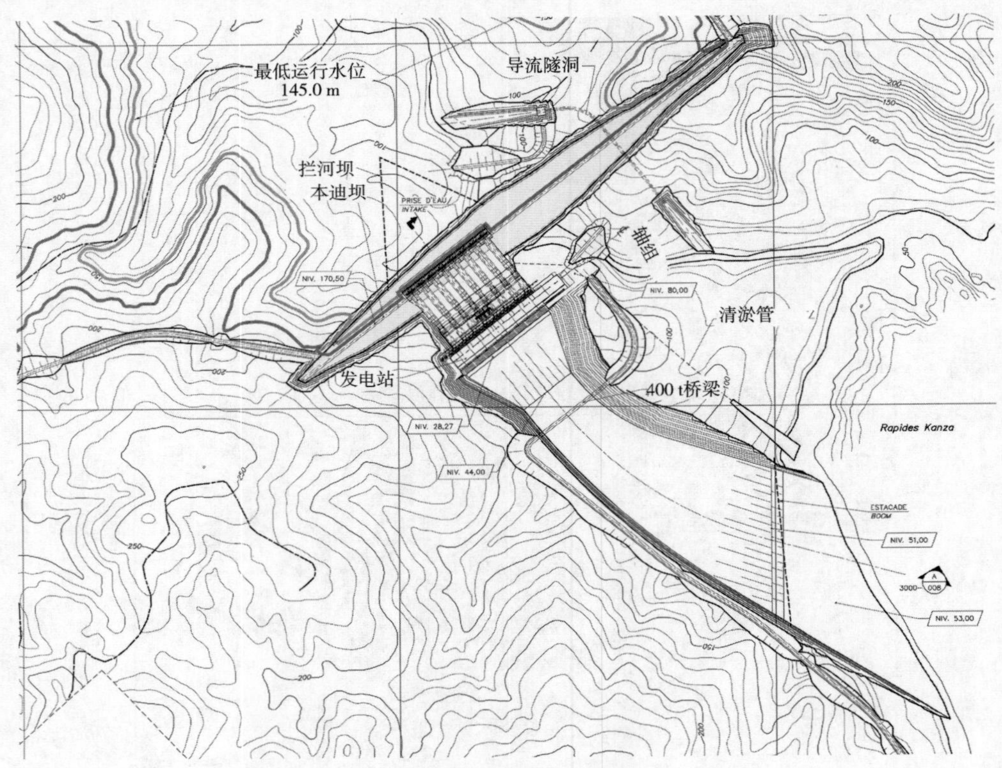


图 4 低水头阶段的本迪坝和英加 3 发电站平面图

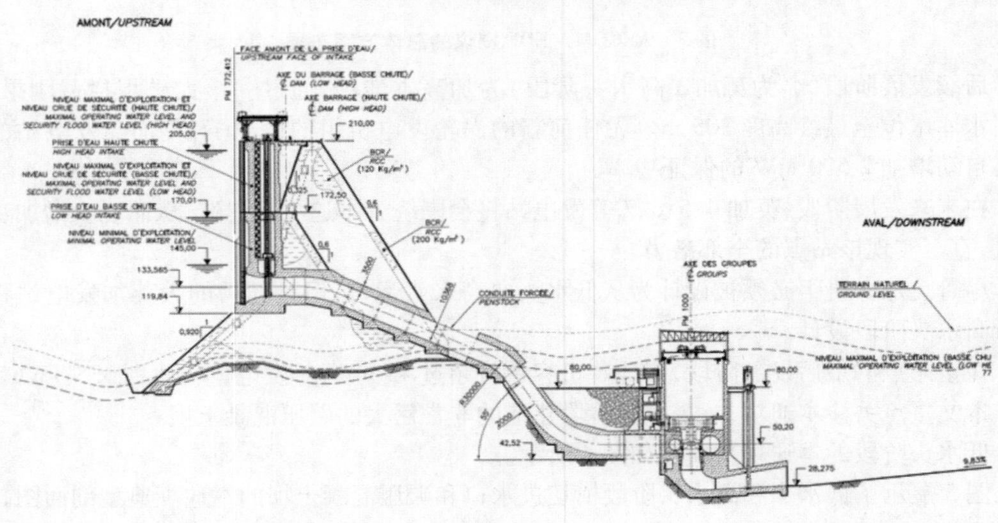


图 5 低水头和高水头阶段的英加 3 进水口和发电站横剖面

站的涡轮机、交流发电机和所有辅助系统都被设计为可在全水头范围中运行，该范围涵盖大坝加高直至最终高程的整个过程。

为确保在该坝在加高过程中能够持续发电，下文总结了所设想主要规定。

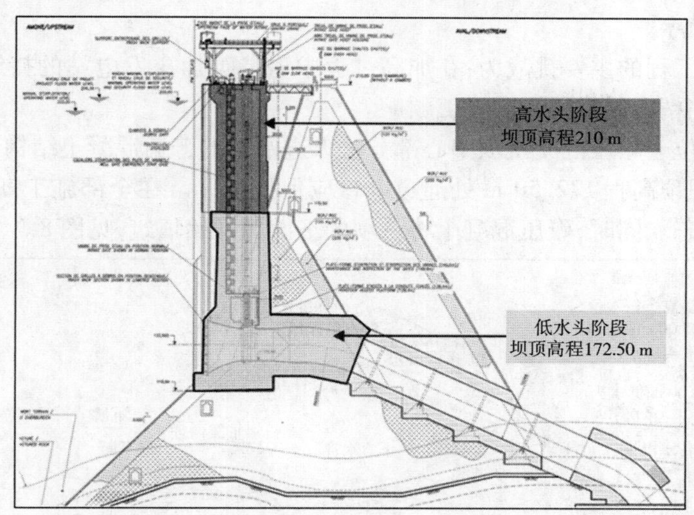


图6 低水头和高水头阶段的英加3进水口横截面

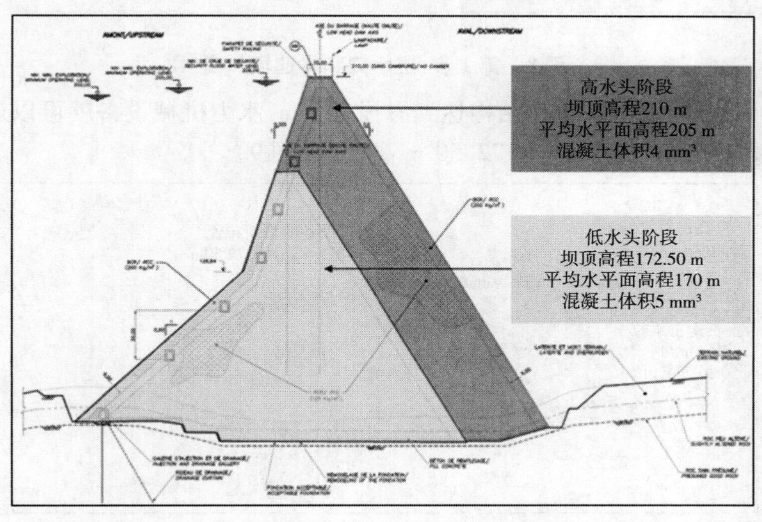


图7 低水头和高水头阶段的本迪坝横截面

## 5.1 大坝剖面

我们对大坝剖面进行了选择，以确保两阶段施工期间的大坝稳定性，同时尽量减少混凝土总体积。我们假设岩石和碾压混凝土的交界处是无黏性的，摩擦角为39°。上游面是倾斜的（低高程为0.92（$H$）:1（$V$），高程128 m以上为0.525（$H$）:1（$V$）），目的为保持绿岩地基上的压应力小于2.5 MPa，并发挥沉积物的稳定作用。由于上游面是倾斜的，所以下游面相当陡峭（0.6（$H$）:1（$V$）），因此，加高该坝所需的坝趾下游水平距离被降至最低。坝趾下游保留了足够的距离，从而便于在加高该坝期间填筑碾压混凝土。由于该坝的压应力较低，所以拌制坝体碾压混凝土所用水泥量较低（水泥浆120 kg/m³），而拌制坝面碾压混凝土所用水泥量较高（200 kg/m³）。

### 5.2　大坝加高顺序

本迪坝加高工程的主要挑战为:在加高过程中保持英加3发电站的持续运行。为了实现这一目标,我们精心制定了加高施工顺序。

加高工程从位于碾压混凝土坝中心部分法人进水口的普通混凝土结构开始。在第一阶段施工过程中,坝顶高程172.50 m处通道入口应保持敞开。在全部施工期间,进水口闸门都将保持运行状态。同时,碾压混凝土将从坝的下游面开始填筑,见图8。

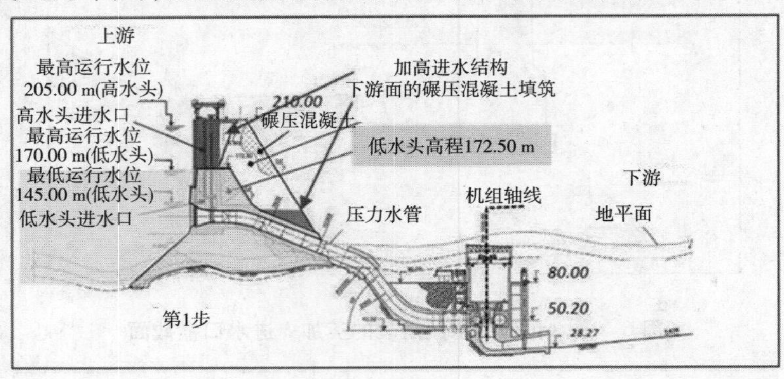


图8　第1步:进水口和本迪坝加高

在第二步中,一旦进水口土建结构达到海拔210 m,水力机械设备就可以运至进水口顶部。同时,继续填筑碾压混凝土至172.50 m高程(见图9)。

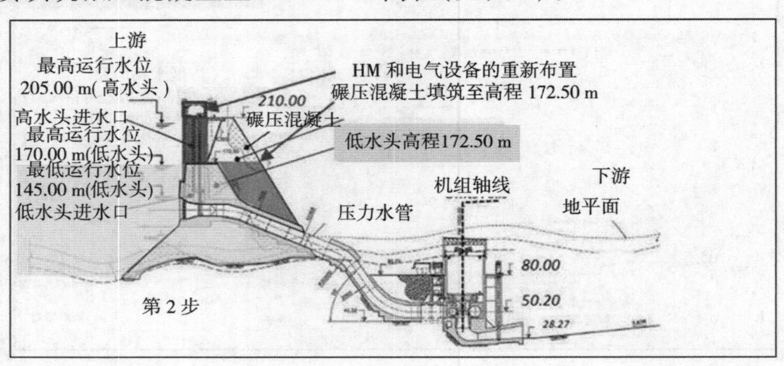


图9　第2步:进水口和本迪坝加高

第三步为填筑碾压混凝土至其最终海拔高程210 m。当大坝填筑至177 m,导流建筑物将有足够的能力排泄该水位下的施工期洪水,同时本迪坝没有漫顶的风险,可以最终封闭刚果河(见图10)。

当刚果河大坝和溢洪道1建造完毕,且本迪坝被加高至海拔210 m时,导流闸门便可关闭,水库开始蓄水至205 m高程(见图11)。

此时,英加3发电站机组将开始在高水头下发电,英加3发电量将自动从4 800 MW提高到7 300 MW。

### 5.3　进水口流体力学设备的具体规定

在进水口加高过程中,门式起重机将被拆卸。将需要临时抬升设备来清理拦污栅或安装叠梁元件(若需要)。位于高程170 m上方工作室的进水闸提升系统将在这个过程中保

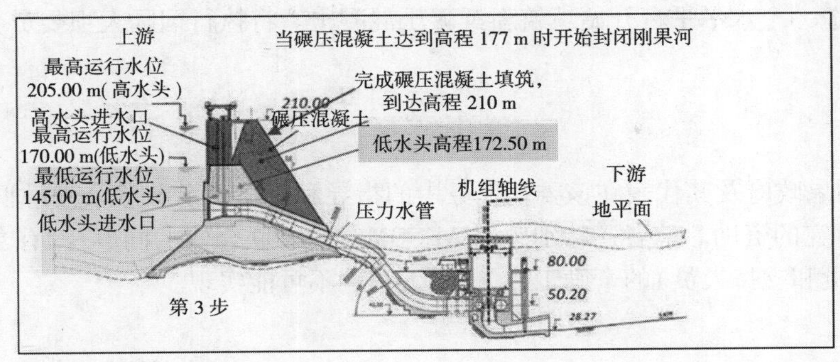


图 10　第 3 步:本迪坝加高

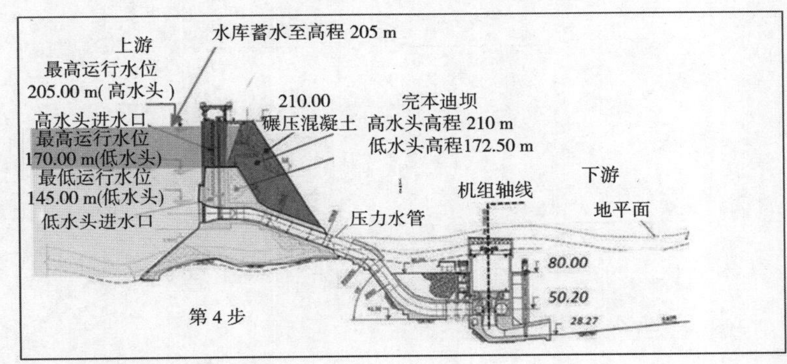


图 11　第 4 步:本迪坝填筑

持完全运行状态。该闸门提升系统的电气线路将完全嵌入海拔 170 m 上方混凝土内,不会受到施工的影响。进水口混凝土结构和大坝碾压混凝土填筑完成之后,将在海拔 210 m 处设置两个桥梁连接进水口顶部和坝顶。作为第一步,门式起重机将会在该顶部重新组装。机电设备将逐步转移,使其可用于海拔 210 m。转移设备需要机组一个个停机,并在进水口闸门提升系统改造过程中安装叠梁。

所有机组的机械和电气设备改造完成之后,只要上游工程完成,水库就可以开始蓄水。

### 5.4　土木工程的具体规定

碾压混凝土坝加高工程的最重要一方面为确保该坝下游面通道入口的通畅和高效。为了方便施工,应遵守以下规定:

(1)坝趾和发电站上游面之间要保留足够大的区域,便于重型车辆移动和输送带安装。

(2)将建造一座横跨尾水渠 400 t 的专用桥梁,使卡车能够从下游进入工作区域。

(3)左岸的进场道路将逐步加高,与碾压混凝土坝的加高同步进行。

(4)用于建造低水头本迪坝的下游围堰将在该工程中再次使用。为了避免下游围堰在低水头和高水头阶段间隔期毁坏,将进行回填处理以此保护该围堰不受侵蚀。

(5)进水口常规混凝土结构顶部的连接件将被特制。此类连接件可简化加高混凝土结构所需竖向钢筋的安装。

(6)低水头坝和新鲜碾压混凝土交界处的碾压混凝土表面处理包括:修复所有表面缺损、高压水清洗、摊铺浇筑新鲜碾压混凝土之前填筑一层水泥砂浆。坝顶的混凝土护栏将被拆除,用于建造一个水平平台开始填筑新鲜碾压混凝土。将执行国际大坝委员会 64 号公告的建议。

## 致　谢

笔者对刚果政府及其代表在该委托任务中的指导和帮助表示敬意。感谢非洲开发银行(ADB)对本研究的资助。笔者还特别感谢 AECOM－EDF 联合体的同事;没有专业人员(工程师、技术人员和支持人员)的辛勤工作,这项工程就不可能实现。

# 天然火山灰作为碾压混凝土掺合料的粉磨细度研究

毕亚丽　陈倩慧　何慧英　胡　炜　张　勇　孙宇飞

（中国电建集团西北勘测设计研究院有限公司　陕西　西安　710043）

**摘要**:在我国作为碾压混凝土优质掺合料的粉煤灰具有分布不均的特点,在粉煤灰资源相对匮乏的地区,天然火山灰替代粉煤灰作为掺合料在越来越多的工程中运用。一般来说,经粉磨加工的天然火山灰颗粒越小,表面积越大,则活性越高。但当比表面积达到某一数值后,要进一步提高其数值,生产成本会大大增加。火山灰粉磨到什么细度对混凝土性能有显著改善作用而又不会加大粉磨成本呢？本文选取4个比表面积(300～500 $m^2/kg$)的天然火山灰,分别等质量取代水泥,研究其对水泥胶砂性能及其碾压混凝土性能的改善和影响。结果表明:随着火山灰比表面积的增加,水泥胶砂用水量和碾压混凝土胶材用量逐步增加,强度逐步提高,但增幅由快变缓,比表面积在360～440$m^2/kg$的火山灰,水泥胶砂和碾压混凝土性能最好,强度增幅最快且强度最高。最终认为天然火山灰作为碾压混凝土掺合料的最佳粉磨细度为(400±40)$m^2/kg$,为天然火山灰的粉磨加工提供理论指导和技术支持。

**关键词**:天然火山灰,碾压混凝土,掺合料,粉磨细度,研究

## 1　引　言

在我国作为碾压混凝土优质掺合料的粉煤灰具有分布不均的特点,在粉煤灰资源相对匮乏的地区,天然火山灰替代粉煤灰作为掺合料被越来越多的工程运用。一般来说,经粉磨加工的天然火山灰颗粒越小,比表面积越大,则活性越高。但当比表面积达到某一数值后,要进一步提高,生产成本会大大增加。火山灰粉磨到什么细度对混凝土性能有显著改善作用而又不会加大粉磨成本呢？本文选取4个比表面积(300～500 $m^2/kg$)的天然火山灰,分别等质量取代水泥,研究其对水泥胶砂性能及其碾压混凝土性能的改善和影响,为天然火山灰的粉磨加工提供理论指导和技术支持。

## 2　试验原材料

### 2.1　水泥

水泥采用云南丽江永保水泥股份有限公司生产的中热42.5水泥,水泥主要性能测试结果见表1,其各项性能指标满足《中热硅酸盐水泥》(GB 200—2003)要求。

### 2.2　火山灰

选用云南大理附近天然火山灰,火山灰主要指标检测结果见表2。其各项性能满足《用于水泥和混凝土中火山灰混合材》(GB 2847—2005)的要求。

**表 1　水泥物理力学性能测试结果**

| 项目 | 比表面积 ($m^2$/kg) | 凝结时间 (h:min) | | 抗压强度 (MPa) | | | 抗折强度 (MPa) | | | 水化热 (kJ/kg) | |
|---|---|---|---|---|---|---|---|---|---|---|---|
| | | 初凝 | 终凝 | 3 d | 7 d | 28 d | 3 d | 7 d | 28 d | 3 d | 7 d |
| GB 200—2003 | ≥250 | ≥1:00 | ≤12:00 | ≥12.0 | ≥22.0 | ≥42.5 | ≥3.0 | ≥4.5 | ≥6.5 | ≤251 | ≤293 |
| 实测值 | 288 | 3:10 | 4:15 | 20.7 | 30.2 | 48.3 | 4.4 | 6.1 | 7.6 | 242 | 265 |

**表 2　火山灰主要性能检测成果**

| 项目 | 烧失量 | $SO_3$ | 火山灰性 | 水泥胶砂 28 d 抗压强度比 | 放射性 |
|---|---|---|---|---|---|
| GB 2847—2005 | ≤10% | ≤3.5% | 合格 | ≥65% | 符合 GB 6566 规定 |
| 实测值 | 7.6% | 0.2% | 合格 | 70% | 合格 |

### 2.3　骨　料

胶砂强度试验用砂为 ISO 标准砂，厦门爱思欧标准砂有限公司生产。混凝土试验用骨料为鲁地拉水电站工程拟用人工骨料，细骨料为正长岩，细度模数为 2.7，粗骨料为石英粉细砂岩。

## 3　试验研究方案

通过 4 种不同比表面积（322 $m^2$/kg、363 $m^2$/kg、425 $m^2$/kg、513 $m^2$/kg）火山灰对胶砂性能影响和对碾压混凝土性能影响两方面的对比试验研究来确定火山灰的最佳粉磨细度。

### 3.1　不同比表面积火山灰对胶砂性能影响研究方案

由于火山灰的粉磨细度不同，当其等量取代水泥进行胶砂试验时，如果取用水量相同，就会出现胶砂扩散度不同，进而导致胶砂强度的差异；如果控制胶砂扩散度相同，由于比表面积的不同，胶砂用水量必定不同，胶砂强度也会不同。因此，胶砂性能试验方案从固定扩散度和固定水胶比两个角度进行。

#### 3.1.1　固定扩散度时

取 4 种比表面积的火山灰，分别等量取代水泥 30%，控制胶砂扩散直径均在 125 ~ 135 mm，来比较胶砂用水量和强度。

#### 3.1.2　固定水胶比时

试验选择胶凝材料总量为 450 g，火山灰分别占胶凝材料的 20%、40%、50% 和 60%，用水量为 225 mL，也就是水胶比固定为 0.50（由于不同细度火山灰的需水量不同，这种试验条件下，胶砂扩散度将不同），来成型胶砂试体，比较不同比表面积的火山灰掺入水泥后对胶砂强度的影响。

### 3.2　不同比表面积火山灰对碾压混凝土性能影响研究方案

不同粉磨细度的火山灰对碾压混凝土胶凝材料用量和强度影响试验方法是：在火山灰占胶凝材料的百分比固定时，控制碾压混凝土的 $V_C$ 值一致，来比较不同比表面积火山灰混凝土胶凝材料用量和强度。

# 4　试验研究结果

## 4.1　不同比表面积火山灰对胶砂性能影响

### 4.1.1　固定扩散度时

表3是固定扩散度时,不同比表面积火山灰胶砂用水量和强度试验结果。图1是不同比表面积火山灰胶砂用水量对比柱状图,图2、图3是不同比表面积火山灰胶砂强度对比柱状图和折线图。

**表3　固定扩散度时,不同比表面积火山灰胶砂用水量和强度试验结果**

| 编号 | 比表面积($m^2$/kg) | 水泥(g) | 火山灰(g) | 用水量(mL) | 用水量相对值 | 抗压强度(MPa) | | 抗压强度相对值 | | 抗折强度(MPa) | | 抗折强度相对值 | |
|---|---|---|---|---|---|---|---|---|---|---|---|---|---|
| | | | | | | 28 d | 90 d | 28 d | 90 d | 28 d | 90 d | 28 d | 90 d |
| 1# | 322 | 315 | 135 | 225 | 100% | 24.6 | 31.9 | 100% | 100% | 4.00 | 5.78 | 100% | 100% |
| 2# | 363 | 315 | 135 | 227 | 101% | 26.4 | 35.1 | 107% | 110% | 4.52 | 6.14 | 113% | 106% |
| 3# | 425 | 315 | 135 | 230 | 102% | 28.4 | 36.7 | 115% | 115% | 4.90 | 6.58 | 123% | 114% |
| 4# | 513 | 315 | 135 | 233 | 104% | 27.8 | 36.9 | 113% | 116% | 4.32 | 6.52 | 108% | 113% |

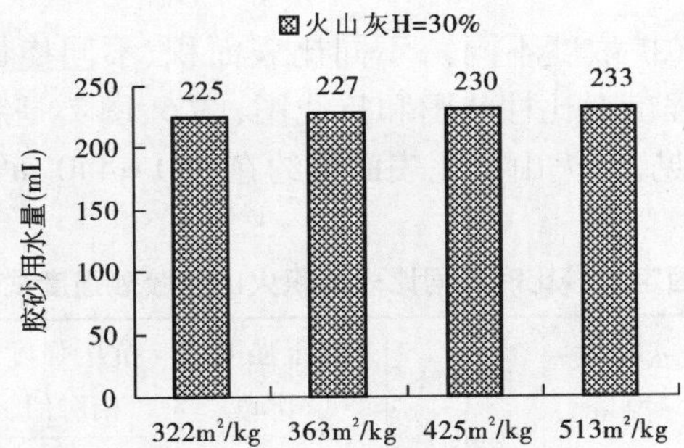


**图1　固定扩散度时,不同比表面积火山灰胶砂用水量对比**

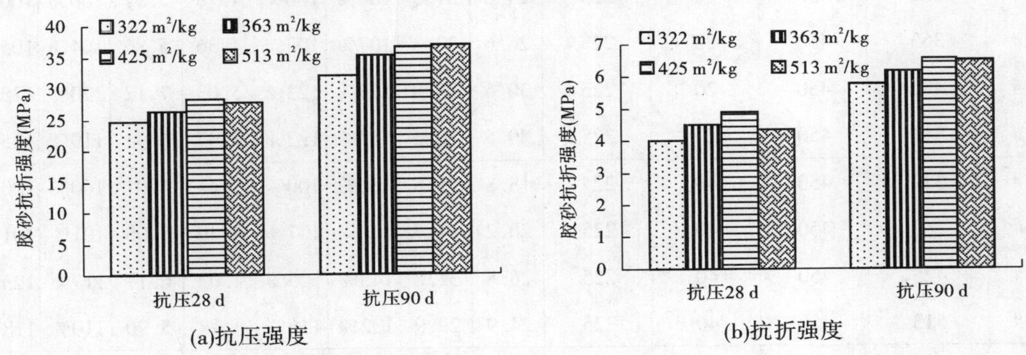


**图2　固定扩散度时,不同比表面积火山灰胶砂强度对比柱状图**

由表3及图1可见,在固定扩散度时,随着火山灰比表面积的增加,胶砂用水量增大,当比表面积从322 $m^2$/kg增加到513 $m^2$/kg时,用水量增加约4%。

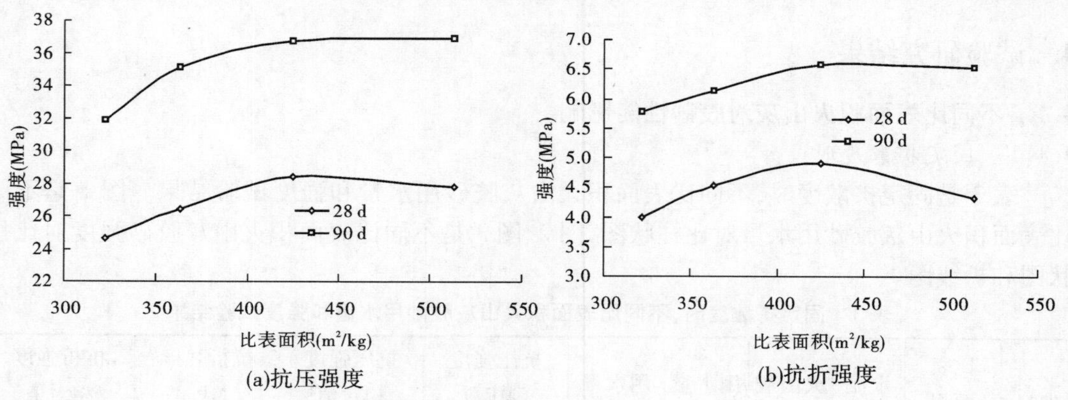


图3 固定扩散度时,不同比表面积火山灰胶砂强度对比折线图

由表3、图2和图3可见:在胶凝材料用量一致,固定扩散度时,随着比表面积的增加,胶砂强度增大,但当比表面积超过425 m²/kg后,胶砂强度的增幅减小。比表面积为425 m²/kg的火山灰较322 m²/kg的火山灰28 d胶砂抗压强度增加约15%,抗折强度增加约23%;90 d胶砂抗压强度增加约15%,90 d抗折强度增加约14%。比表面积在360~440 m²/kg间时,胶砂强度增幅最快,胶砂强度较高。

4.1.2 固定水胶比时

表4是固定水胶比时(扩散度不同),不同比表面积、不同掺量火山灰胶砂强度试验成果,图4、图5是胶砂抗压强度对比柱状图和折线图,图6、图7是胶砂抗折强度对比柱状图和折线图。由试验成果可见,当火山灰比表面积约在360~440 m²/kg时,胶砂强度最高,胶砂强度增幅较大。

表4 固定水胶比时不同比表面积火山灰胶砂强度试验结果

| 编号 | 比表面积(m²/kg) | 胶凝材料(σ) | 火山灰掺量(%) | 用水量(mL) | 抗压强度(MPa) | | 抗压强度相对值 | | 抗折强度(MPa) | | 抗折强度相对值 | |
|---|---|---|---|---|---|---|---|---|---|---|---|---|
| | | | | | 28 d | 90 d | 28 d | 90 d | 28 d | 90 d | 28 d | 90 d |
| 1# | 322 | 450 | 20 | 225 | 24.8 | 31.5 | 100% | 100% | 4.18 | 5.57 | 100% | 100% |
| 2# | 363 | 450 | 20 | 225 | 26.6 | 32.3 | 107% | 103% | 4.36 | 5.86 | 104% | 105% |
| 3# | 425 | 450 | 20 | 225 | 30.6 | 38.8 | 123% | 123% | 5.03 | 7.12 | 120% | 128% |
| 4# | 513 | 450 | 20 | 225 | 30.5 | 38.4 | 123% | 122% | 4.97 | 6.95 | 119% | 125% |
| 1# | 322 | 450 | 40 | 225 | 18.8 | 25.8 | 100% | 100% | 3.44 | 5.01 | 100% | 100% |
| 2# | 363 | 450 | 40 | 225 | 20.2 | 27.7 | 107% | 107% | 3.49 | 5.08 | 101% | 101% |
| 3# | 425 | 450 | 40 | 225 | 26.8 | 31.8 | 143% | 123% | 4.02 | 6.17 | 117% | 123% |
| 4# | 513 | 450 | 40 | 225 | 24.9 | 29.9 | 132% | 116% | 3.78 | 5.90 | 110% | 118% |
| 1# | 322 | 450 | 50 | 225 | 15.9 | 19.8 | 100% | 100% | 2.36 | 4.24 | 100% | 100% |
| 2# | 363 | 450 | 50 | 225 | 16.4 | 20.1 | 103% | 102% | 2.39 | 4.30 | 101% | 101% |

续表 4

| 编号 | 比表面积（$m^2/kg$） | 胶凝材料（$\sigma$） | 火山灰掺量（%） | 用水量（mL） | 抗压强度（MPa） | | 抗压强度相对值 | | 抗折强度（MPa） | | 抗折强度相对值 | |
|---|---|---|---|---|---|---|---|---|---|---|---|---|
| | | | | | 28 d | 90 d | 28 d | 90 d | 28 d | 90 d | 28 d | 90 d |
| 3# | 425 | 450 | 50 | 225 | 21.7 | 26.9 | 136% | 136% | 3.56 | 5.09 | 151% | 120% |
| 4# | 513 | 450 | 50 | 225 | 19.7 | 26.0 | 124% | 131% | 2.91 | 4.29 | 123% | 101% |
| 1# | 322 | 450 | 60 | 225 | 10.2 | 14.8 | 100% | 100% | 1.82 | 3.14 | 100% | 100% |
| 2# | 363 | 450 | 60 | 225 | 10.8 | 15.3 | 106% | 103% | 2.16 | 3.55 | 119% | 113% |
| 3# | 425 | 450 | 60 | 225 | 13.4 | 17.9 | 131% | 121% | 2.22 | 3.70 | 122% | 118% |
| 4# | 513 | 450 | 60 | 225 | 11.6 | 16.4 | 114% | 111% | 2.06 | 3.81 | 113% | 121% |

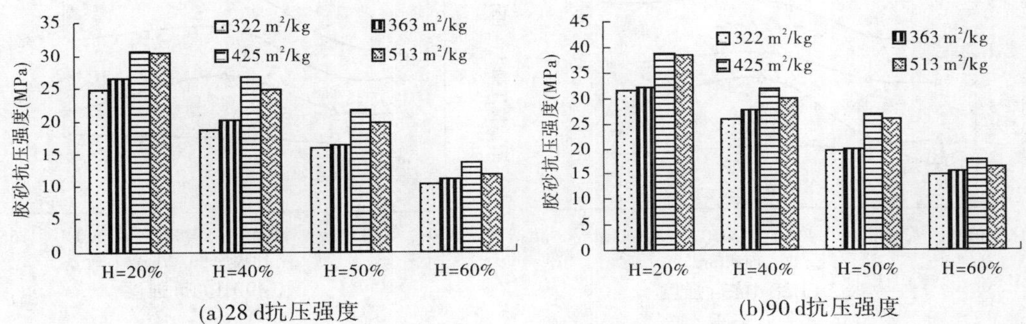


**图 4　固定水胶比时不同比表面积火山灰胶砂抗压强度对比柱状图**

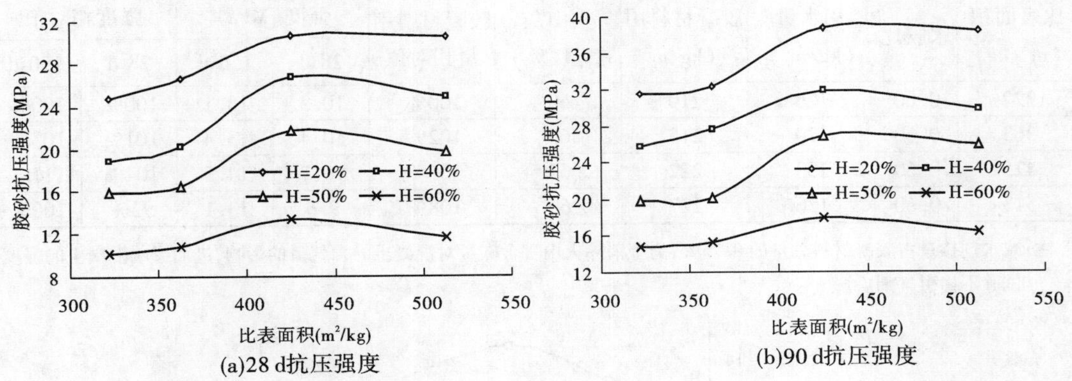


**图 5　固定水胶比时不同比表面积火山灰胶砂抗压强度对比折线图**

## 4.2　不同比表面积火山灰对碾压混凝土性能影响

不同粉磨细度火山灰碾压混凝土用水量和强度试验结果见表 5 及图 8。

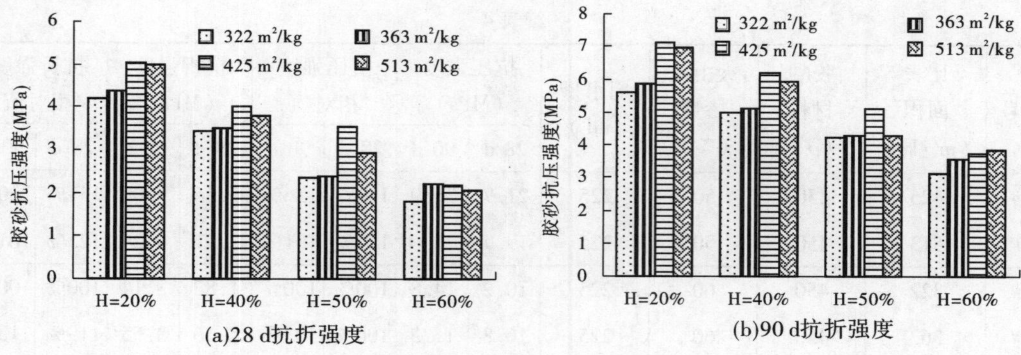


(a)28 d抗折强度　(b)90 d抗折强度

**图6　固定水胶比时不同比表面积火山灰胶砂抗折强度对比**

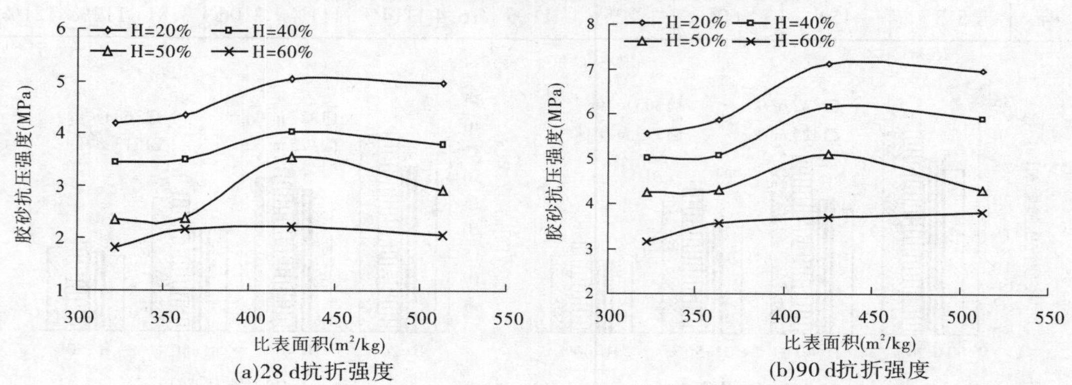


(a)28 d抗折强度　(b)90 d抗折强度

**图7　固定水胶比时不同比表面积火山灰胶砂抗折强度对比折线图**

**表5　不同比表面积火山灰对碾压混凝土胶凝材料用量(用水量)及强度对比表**

| 比表面积 ($m^2$/kg) | 水胶比 | 用水量 (kg/$m^3$) | 胶凝材料用量(kg/$m^3$) | 火山灰掺量(%) | 胶凝材料用量相对值 | 强度(MPa) | | 强度相对值 | |
|---|---|---|---|---|---|---|---|---|---|
| | | | | | | 28 d | 150 d | 28 d | 150 d |
| 322 | 0.60 | 126 | 210 | 60 | 100% | 10.3 | 13.1 | 100% | 100% |
| 363 | 0.60 | 129 | 215 | 60 | 102% | 10.4 | 13.4 | 101% | 103% |
| 425 | 0.60 | 133 | 222 | 60 | 106% | 10.7 | 14.5 | 104% | 111% |
| 513 | 0.60 | 136 | 227 | 60 | 108% | 9.5 | 13.1 | 92% | 100% |

注:减水剂掺量占胶凝材料总量的0.75%,为了消除火山灰含碳量对混凝土的含气量的影响,进而影响混凝土的强度,试验不掺引气剂。

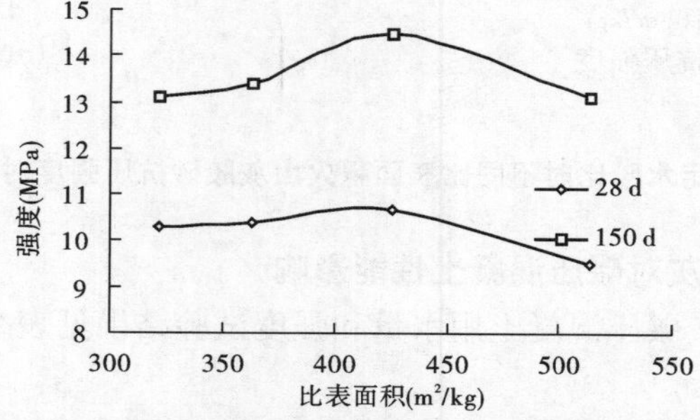


**图8　不同比表面积火山灰碾压混凝土强度折线图**

由试验结果可见，随着火山灰比表面积的增加，碾压混凝土用水量（胶凝材料用量）提高，强度增大，比表面积从322 $m^2/kg$ 增至513 $m^2/kg$ 时，碾压混凝土胶凝材料用量增幅约为8%，150 d强度增加约为10%．比表面积在360～440 $m^2/kg$ 范围内，碾压混凝土强度最高。

## 5　试验研究成果分析

表3、表4和表5的试验成果表明了：火山灰的粉磨细度对胶砂和混凝土的用水量和强度有较大影响，火山灰粉磨细度越高，比表面积越大，胶砂和混凝土用水量越大，强度相对较高。对于胶砂和碾压混凝土，当火山灰比表面积在360～440 $m^2/kg$ 范围内，强度均较高。

这是因为：火山灰的颗粒形状大部分呈蜂窝状或扁平状，随着粉磨细度的增加，可进行反应的火山灰的比表面积也就增大，在保持不同比表面积火山灰的胶砂（或混凝土）工作性一致的条件下，导致了用水量较大。火山灰反应的速率与可进行反应的表面积成比例[1]，火山灰比表面积越大，反应的速率就越快，胶砂强度就越高。另一方面，粉磨使得火山灰粗大多孔的颗粒微细化，破碎的火山灰表面有较高的活化能，从而使火山灰活性增加[2]。，当火山灰比表面积在360～440 $m^2/kg$ 范围内时，对于胶砂和碾压混凝土，合适的用水量和胶凝材料用量，使得拌合物各项性能达到最佳，呈现出较高的强度。

## 6　结　论

（1）火山灰比表面积对胶砂用水量和胶砂强度有较大影响。在固定扩散度时，随着火山灰比表面积的增加，胶砂用水量增大，当比表面积从322 $m^2/kg$ 增加到513 $m^2/kg$ 时，用水量增加约4%；比表面积为420 $m^2/kg$ 的火山灰较320 $m^2/kg$ 的火山灰28 d胶砂抗压强度增加约15%，抗折强度增加约23%；90 d胶砂抗压强度增加约15%，抗折强度增加约14%。比表面积在360～440 $m^2/kg$ 间时，胶砂强度增幅最快，胶砂强度较高。固定水胶比时（扩散度不同）当火山灰比表面积约在360～440 $m^2/kg$ 时，胶砂强度最高，胶砂强度增幅较大。

（2）火山灰比表面积对碾压混凝土用水量和强度影响显著。随着火山灰比表面积的增加，碾压混凝土用水量（胶凝材料用量）提高，强度增大。比表面积从322 $m^2/kg$ 增至513 $m^2/kg$ 时，碾压混凝土胶凝材料用量增幅约为8%，150 d强度增加约为11%，比表面积在360～440 $m^2/kg$ 范围内，碾压混凝土强度最高。

根据以上试验成果，最终选择火山灰最适宜的粉磨细度为（400±40） $m^2/kg$。

### 参考文献

［1］［加］SidneyMindess，［美］J. FrancisYoung，DavidDarwin. 混凝土［M］. 北京：化学工业出版社，2005.
［2］阮燕，吴定燕，高琼英. 粉煤灰的颗粒组成与磨细灰的火山灰活性［J］. 粉煤灰综合利用，2001(2).

# 老挝 Nam Ngiep 1 水电工程设计特征

Makoto ASAKAWA , Mareki HANSAMOTO

(关西电力株式会社,日本)

**摘要**:位于老挝人民民主共和国的 Nam Ngiep 1 水电工程的任务是发电,建有一座主坝和一座再调节坝。该工程包括一个主发电站和一个再调节发电站。主坝高 148 m,形成一座水库,通过该水库,主发电站可发电 272 MW。再调节坝高 20.6 m,根据计划,再调节发电站用于调节和稳定来自主发电站的最大发电流量(230 $m^3/s$),从而保护再调节坝下游区域的安全。本文介绍该工程的设计特点,包括水文、地震分析、坝体稳定性分析和溢洪道设计。使用“皮尔逊Ⅲ”频率分布曲线计算可能的洪水流量。设计洪水采用千年一遇洪水,流量 5 210 $m^3/s$。此外,经计算,可能最大洪水流量为 9 050 $m^3/s$。根据运行基准地震(OBE)和最大可信地震(MCE)研究大坝的地震稳定性。根据全球地震灾害评估地图(GSHAP)确定运行基准地震的设计地震强度,从该图估算的 Nam Ngiep 1 区域的地震强度为(0.041 ~ 0.082)$g$。因此,Nam Ngiep 1 水电站运行基准地震的设计地震强度保守地设置为 0.10$g$。为计算最大可信地震,根据历史地震数据建立震源模型。根据衰减关系模型和震源模型计算峰值地面加速度(PGA),经计算,最大可信地震为 0.2$g$。主坝为碾压混凝土坝。进行了刚性静态分析和动态弹性分析以确认大坝的稳定性。在最大可信地震条件下,开裂和滑动破坏相当有限,坝体的稳定性得到证实。碾压混凝土拌和试验正在进行,将根据试拌和结果修改设计。主坝和再调节坝的溢洪道为滑雪道式和迷宫式。每个结构的细部均根据水力模型试验确定。两种类型溢洪道的适用性已得到证实。

**关键词**:洪水分析,地震分析,水力模型试验

## 1 概 述

Nam Ngiep 1 水电工程(下文简称为“NNP 1 工程”)位于 Nam Ngiep 河沿岸,老挝首都万象东北方向 145 km 处,帕克桑城以北 50 km 处,如图 1 所示。

工程由一座主坝和一座再调节坝构成。主坝为碾压混凝土(RCC)重力坝,坝顶长 530 m,坝高为 148 m。主坝形成的水库库容约 100 亿 $m^3$,最大发电量 272 MW,发电量将出口至泰国。再调节坝为混凝土重力坝,位于主坝下游 6.5 km 处,坝顶长 252.6 m,坝高为 20.6 m,设有迷宫式溢洪道。表 1 列出该工程的主要特征。

**表1 主要工程特征**

| 设施 | 项目 | 单位 | 规格 |
|---|---|---|---|
| 主水库 | 有效库容 | $10^6$ $m^3$ | 1 192 |
| | 流域面积 | $km^2$ | 3 700 |
| | 年均入流量 | $m^3/s$ | 148.4 |

续表1

| 设施 | 项目 | 单位 | 规格 |
|---|---|---|---|
| 主坝 | 类型 | — | 混凝土重力坝 RCC |
| | 坝高 | m | 148.0 |
| | 坝顶长度 | m | 530.0 |
| | 大坝体积 | $10^3$ $m^3$ | 2 245 |
| 溢洪道（滑雪道式） | 闸门型式 | — | 弧形闸门 |
| | 闸门数 | — | 4 |
| | 设计洪水 | $m^3/s$ | 5 210（1 000 年） |
| 水轮发电机 | 最大发电流量 | $m^3/s$ | 230.0 |
| | 有效水头 | m | 130.9 |
| | 额定出力 | MW | 272（变电站处） |

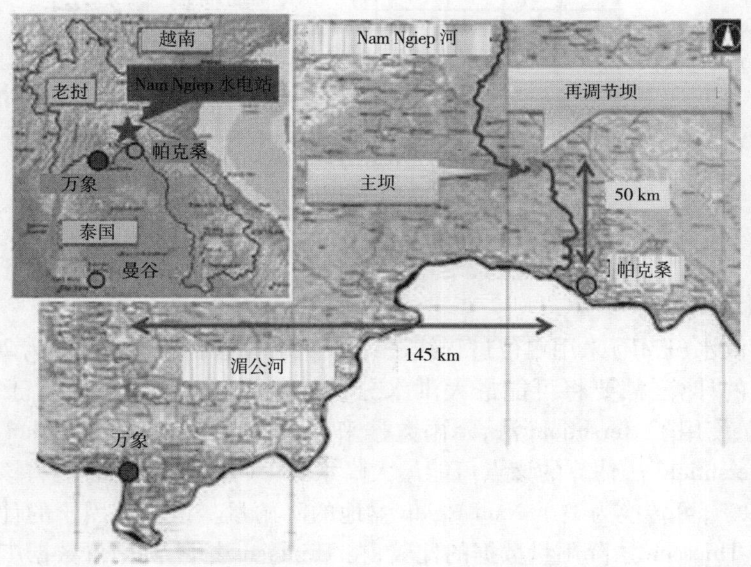


图1　工程位置

## 2　水　文

### 2.1　设计洪水

根据1978～2000年期间在Muong Mai G/S（R3）处观测到的洪水流量数据，计算了各个重现期的可能洪水流量。图2示出Muong Mai G/S的每年最高日洪水流量。使用“皮尔逊Ⅲ”频率分布曲线估算洪峰流量，在所有频率分布曲线中，“皮尔逊Ⅲ”频率分布曲线是最合适的。千年一遇洪水被选为设计洪水，经计算为5 210 $m^3/s$。

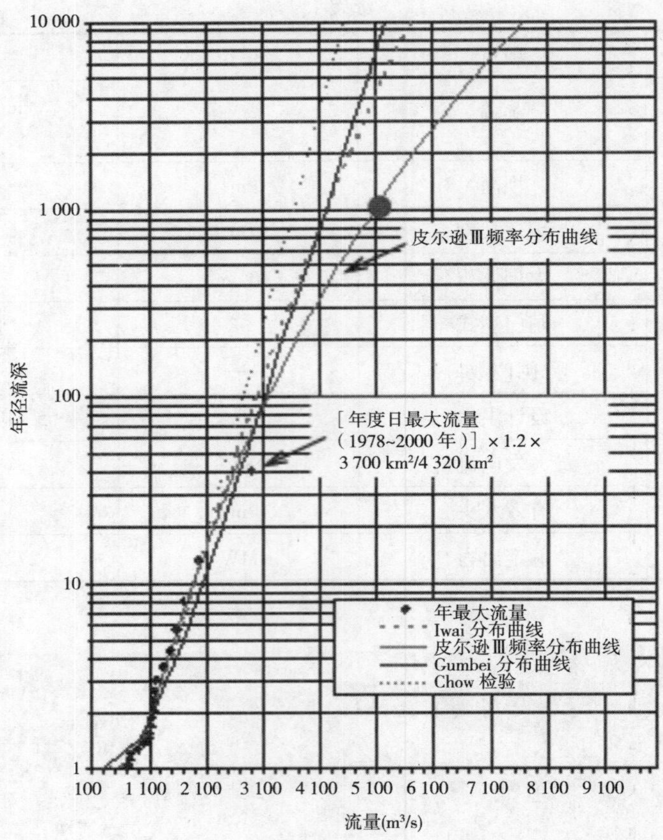


图2 频率分布曲线

### 2.2 可能最大洪水

可能最大洪水(PMF)采用单位过程线法计算。雨季基础流量估算值为267 $m^3/s$。对于可能最大洪水的计算,需要将可能最大洪水分析加入到基础流量中。对于可能最大降水(PMP)的计算,使用了Hershfield法,降雨数据来自NN 1工程以南约50 km处的帕克桑雨量站。通过Hershfield法估算的该点可能最大降水为1 072 mm(72 h)。将该点的降雨量乘以区域因子39%,可转换为整个Nam Ngiep盆地的降雨量。该区域因子的计算基于帕克桑降雨量数据和Thiessen法降雨量数据的比较,在Thiessen法中,降雨量数据广泛采集自Nam Ngiep集水区。使用单位过程法进行洪水分析,滞后时间18 h,根据优化斯奈德方程计算。上游区域(几乎为Nam Ngiep盆地的中心)峰值降雨量与坝址附近水文测站的峰值流量之间的滞后时间被用来验证该数值。经计算,可能最大洪水为9 050 $m^3/s$。

### 2.3 坝高和超高

主坝坝顶高程的确定是根据USBR千年一遇洪水(5 210 $m^3/s$)期间的高水位(EL 320.00 m)再加超高。通过将有效波高(1%最高波的平均值)与相关因素广义关联,获得风成波的高度,其中有效吹程为1 312 m,1 min平均风速为20 m/s;$h_w$ = 0.93 m。用于计算地震所致波高的方程为:$h_e = (1/2) \times (KT)/\pi \, (gH_o)^{1/2}$;当设计地震强度为0.10$g$,地震周期为1 s,主坝深度($H_o$)为148.0 m时,$h_e$ = 0.61 m。现在,通过增加超高(考虑因风和地震而引起的波浪)，坝顶高程设为 EL 322.00 m。即使考虑到风和地震引起的波浪，设计洪水和地震情况下的坝顶高程也足够高。此外，确认即使在可能最大洪水情况下，主坝也不会溢流。

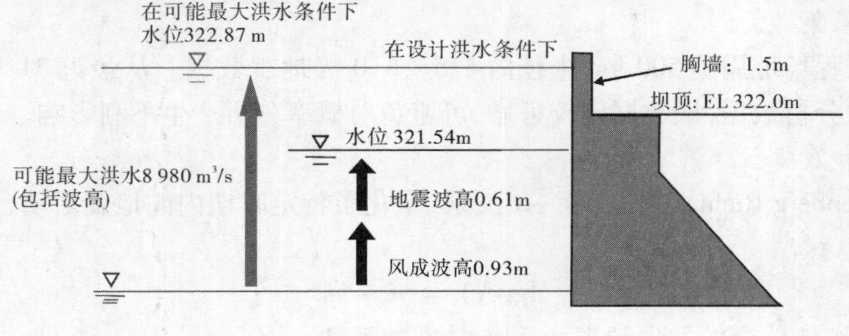


图 3　波高的计算

## 3　地　震

研究了在运行基准地震(OBE)和最大可信地震(MCE)下大坝的稳定性。运行基准地震的定义为地震后大坝无大损伤，仍可使用。最大可信地震的定义为：地震后大坝可能受损，但是灾害性的不可控的库水外溢必须避免。

### 3.1　运行基准地震

根据全球地震灾害评估地图(GSHAP)测定运行基准地震的设计地震强度，如图 4 所示。该图显示出 475 年重现期的地震分布，意味着 50 年内出现运行基准地震的概率超过 10%。在老挝境内，南部区域的地震强度较高，北部区域较低。从地图估算的 NNP 1 工程区域的地震强度介于(0.041 ~ 0.082)$g$。因此，NNP 1 工程区域运行基准地震的设计地震强度被保守地设置为 0.10$g$。此外，通过一些衰减模型，Okamoto，Esteva，Iwasaki 和 Fukushima-Tanaka 模型，估算了 NNP 1 工程区域的地震强度。设定的运行基准地震的设计地震强度 0.10$g$(98gal)远大于任何其他估算的地震强度，如图 5 所示。

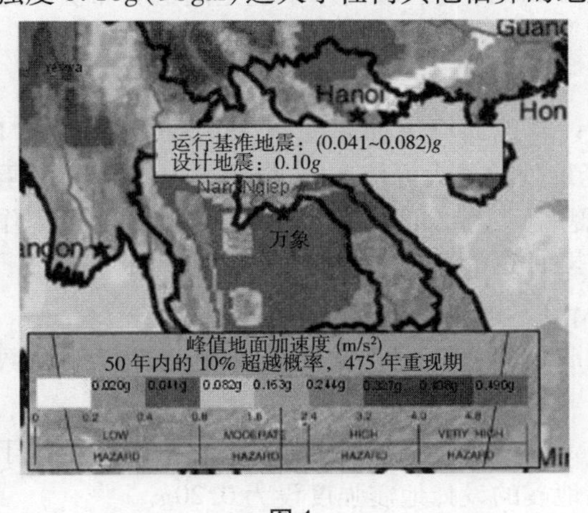


图 4

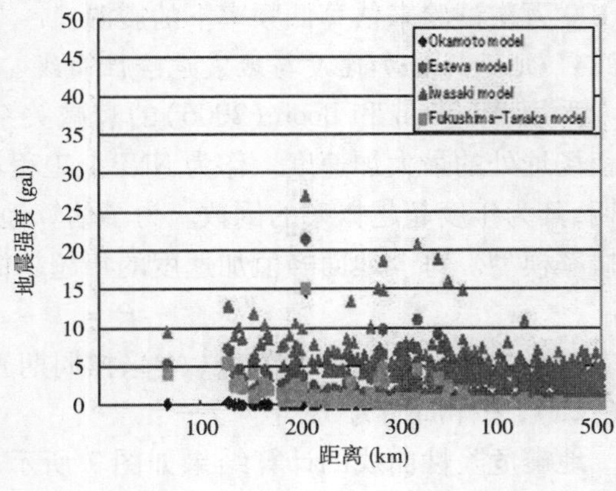


图 5

### 3.2　最大可信地震

利用地震幅度和发生概率之间的关系，进行地震危险性分析，预测大坝的性状。根据地震危险性分析，最大可信地震被用于特定发生概率的地表运动。确定最大可信地震的能量，以避免灾难性溃坝。进行动态分析,以确认所需的抗震能力。地震危险性分析步骤如下所述。

3.2.1　数据采集

采集了工程场址周围500 km半径内4.5～8.0级地震数据。从最近31年资料中提取了地震危险性分析数据,该数据比较可靠,可避免对概率分析产生不利影响。

3.2.2　频率和震级

使用Gutenberg Richter关系(G～R关系)量化了特定时期内的地震活动,例如震级和发生频率。

$$\lg(N) = a - bM \tag{1}$$

式中,$N$是震级$M$地震的发生频率,$a$和$b$是常数系数。

根据图6所示的历史地震观测数据(总数225),$a$和$b$被分别设定为6.59和0.94。

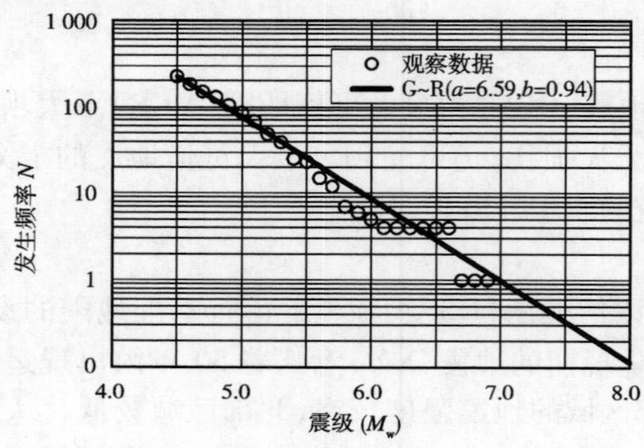


图6　G～R关系

3.2.3　震源建模(Randum Trial)

地震源在NNP 1工程中心500 km半径和20 km深度区域内基本上是随机分布。实施了100万次试验来估算低频率下的震源。

3.2.4　地面峰值加速度与地震危险性曲线

采用Atkinson和Boore(2006)的衰减关系计算地面峰值加速度(PGA),以估算NNP 1工程场址处的最大加速度。作为NNP 1工程场址处的最大可信地震,使用了10 000年的重现期,其为年度超越概率的倒数。为了估算地震的固定和随机发生率,使用平稳泊松过程作为概率模型。每个地面峰值加速度的年超越概率计算方法如下:

$$P = 1 - \exp(-\nu)$$

式中:$\nu = (1 - n_1/1\ 000\ 000) \times (N/\text{采样周期})$,$n_1$为加速情况下的发生频率,$N$为总观测数据(225),采样周期为31年。

地震危险性曲线的计算结果如图7所示。10 000年重现期的地面峰值加速度对应于192.2 cm/s$^2$。据此,NNP 1水电站的最大可信地震的设计地震强度设为0.20$g$。

## 4　大坝稳定性

因为大坝典型断面上游侧顶部有一个顶点,主坝设计采用稳定性分析。使用试错法研究了坝体设计(下游坡度、贴角坡度、贴角挠曲和顶点高程),以确定最经济的混凝土体积。

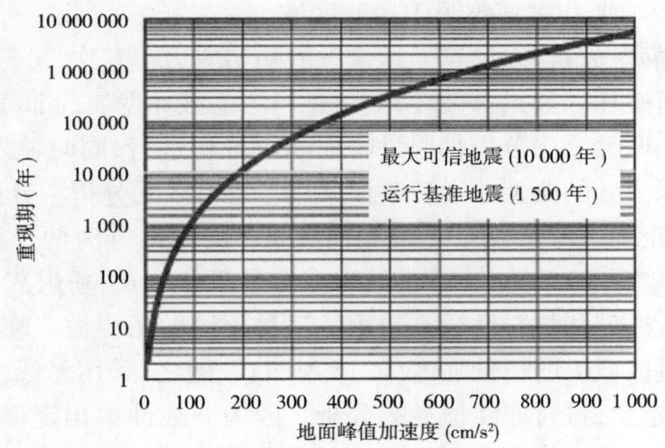


图7　地震危险性曲线

经测定，下游坡度为0.73。坝体设计基本上考虑了四种荷载组合，包括普通和罕见组合（洪水、运行基准地震、最大可信地震）。使用适当的安全系数对普通组合、洪水和运行基准地震条件进行了刚性静态分析，对最大可信地震进行了动态分析。图8显示出最大可信地震条件下的动态分析流程，从而证实了坝体的非弹性性状，没有灾难性破坏，如下所述。此外，对主坝进行了验证，证明其在结构上有足够的安全性，即使出现水位为EL 322.944 m的可能最大洪水，或水位EL 320.290 m时一个闸门失效的情况，也不会失事。该分析是基于地质调查结果和RCC混合料试验进行的。

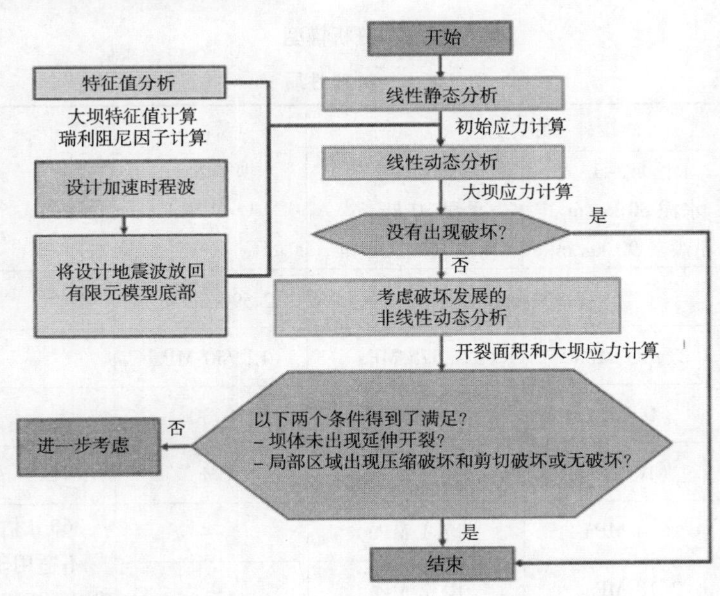


图8　最大可信地震下的动态分析流程

进行了刚性静态分析和动态弹性分析。本文将动态非线性分析作为重点。通过非线性动态分析并考虑破坏发展，针对最大可信地震中所需的抗震能力，对以下项目进行了检查：

(1)裂缝未沿着大坝延伸；

(2)压缩破坏和/或剪切破坏仅限于局部区域。

首先,进行线性静态分析,以计算无地震波的初始应力。其次,进行线性动态分析,预测坝体内是否出现任何破坏。如果有破坏,则将进行考虑破坏发展的非线性动力分析,以确认坝体内的开裂区域。两种动态分析都通过时程响应分析进行,同时输入水平和垂直设计加速度时程波。最大坝高处的典型非溢流断面采用二维有限元分析。分析模型尽量扩展至坝基足够大面积,以便正确地考虑坝基处的大坝性状。将坝体分为两个区域,区域1:水泥含量80 $kg/m^3$,粉煤灰含量90 $kg/m^3$;区域2:水泥含量70 $kg/m^3$,粉煤灰含量80 $kg/m^3$。图9和表2分别示出分析模型和材料性质。采用了三种不同的历史波。在所有情况下,上游坝基的拉伸应力均超过区域1的拉伸强度(2.18 MPa)。随之,采用与线性动态分析相同的条件,考虑非线性本构定律,进行非线性动态分析。因为非线性本构定律,非线性动态分析中混凝土应力再分配后的最大拉应力小于线性动态分析的拉应力。另一方面,拉应变的积聚可能形成开裂区域,即使再分配的拉应力小于拉伸强度。

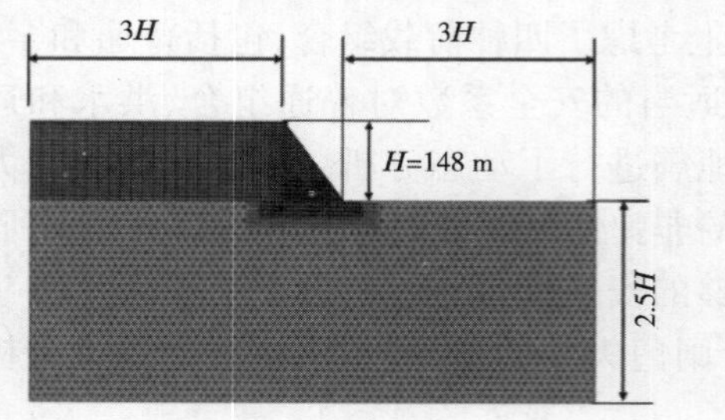


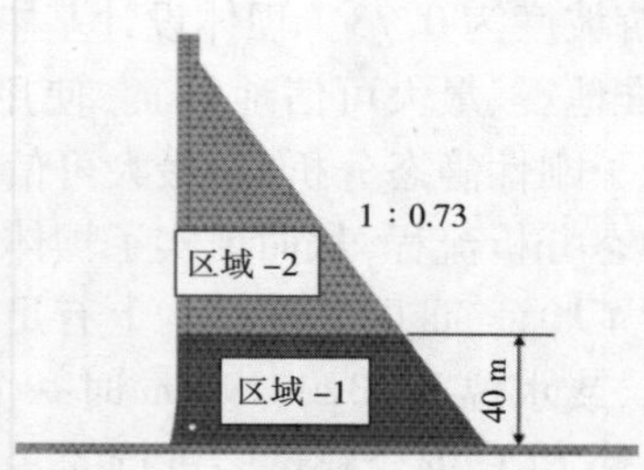


图9　分析模型

表2　材料性质

| 项目 | 混凝土 | | 坝基岩石（CM级） | 备注 |
|---|---|---|---|---|
| | 区域-1<br>水泥80 $kg/m^3$<br>粉煤灰90 $kg/m^3$ | 区域-2<br>水泥70 $kg/m^3$<br>粉煤灰80 $kg/m^3$ | | |
| 单位重量 | 2 300 $kg/m^3$ | | 2 590 $kg/m^3$ | |
| 动态弹性模量 | 27 459 MPa | 21 575 MPa | 12 750 MPa | |
| 动态泊松比 | 0.20 | 0.20 | 0.30 | 惯用量 |
| 阻尼系数 | 10% | 10% | 5% | 惯用量 |
| 静态抗压强度 | 28.4 MPa | 17.1 MPa | — | 365 d估计值 |
| 静态拉伸强度 | 2.18 MPa | 1.32 MPa | — | 不适用于动态/静态拉伸强度比 |
| 内聚力 | 2.84 MPa | 1.71 MPa | 2.01 MPa | |
| 内摩擦角 | 45° | 45° | 42.5° | |
| 断裂能量 | 248 N/m | 174 N/m | — | |

然而,上游坝基的模拟开裂区域十分有限,如图10所示。在所有情况下,最大压应力小于抗压强度(28.4 MPa)。对于剪切破坏,安全系数小于1.0的区域仅限于上游坝基,如图11所示。因此,从有限的剪切破坏区域来看,大坝稳定性几乎不受影响。即使出现最大可信地震,并未出现穿过坝体的裂缝延伸,剪切破坏仅限于局部区域。RCC试拌和正在进行中,大坝设计将通过实验室试验更新。

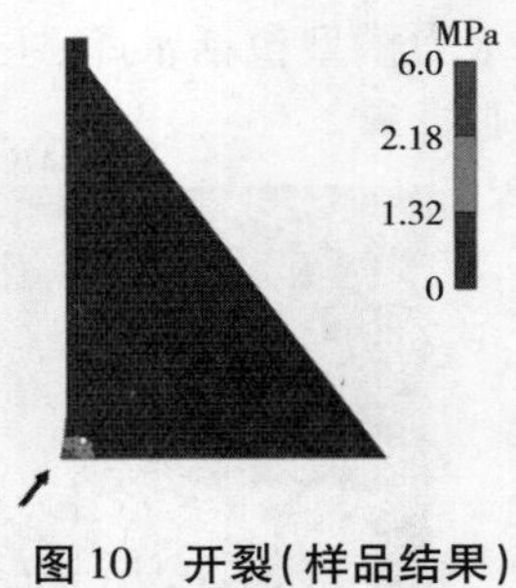


图10　开裂(样品结果)

## 5　溢洪道

考虑到现场地形特征,该工程采用了滑雪道式溢洪道。根据水力模型试验进行了溢洪道设计,如图12所示。

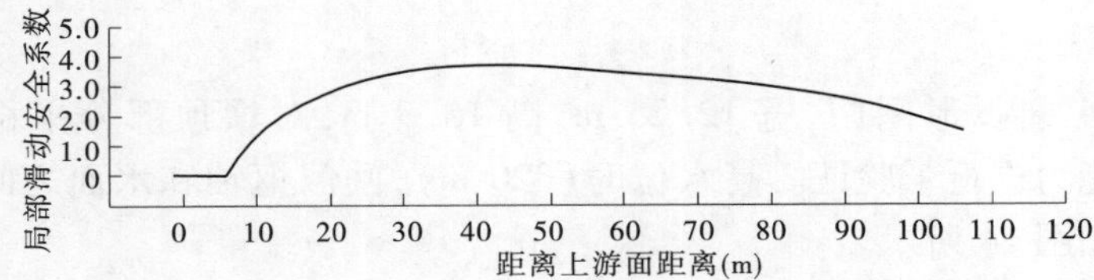


图11　局部滑动安全系数

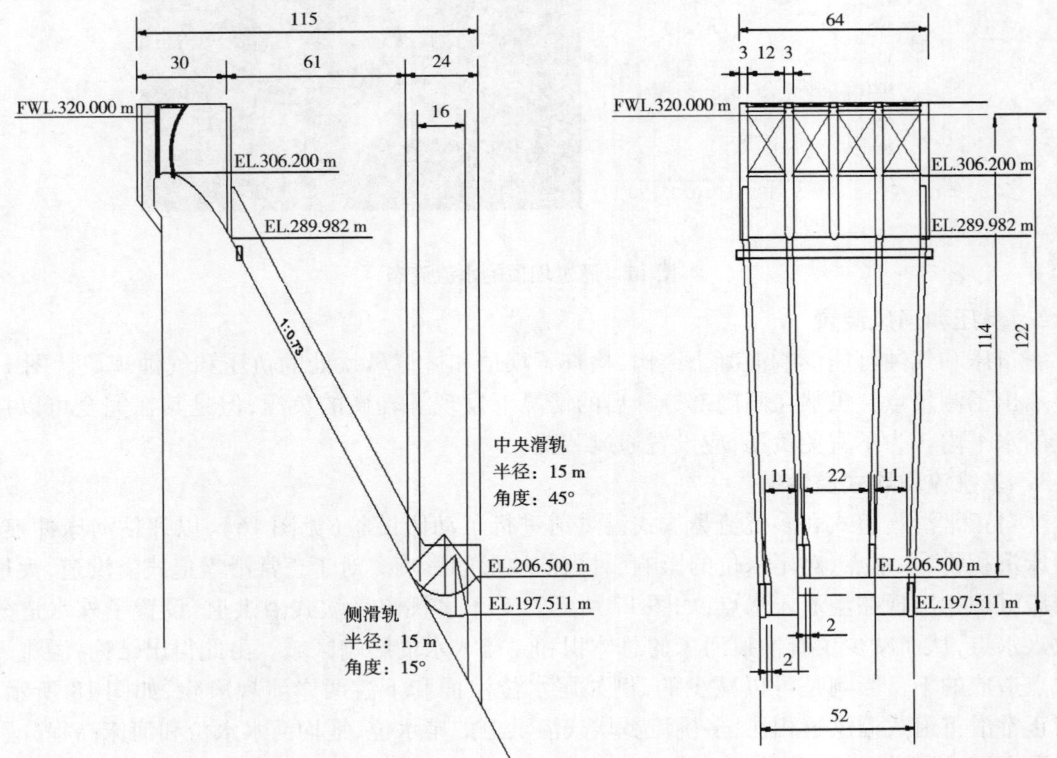


图12　当前溢洪道设计

水力模型包括水库、主坝、溢洪道、下游河床，如图 13 所示。模型比例为 1∶65，根据流体规则计算。

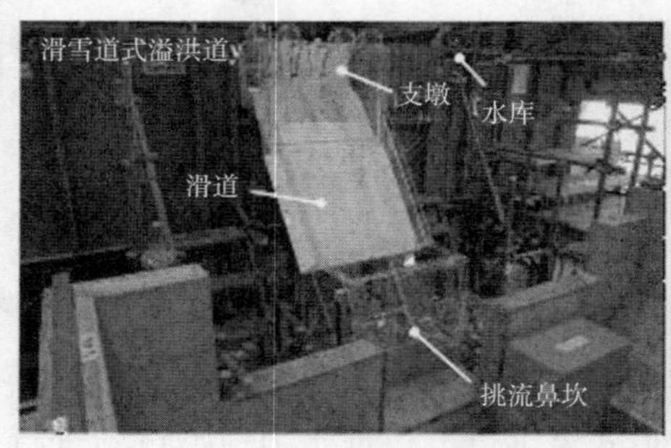

**图 13　模型结构**

## 5.1　容　量

溢洪道安装 4 扇弧形闸门，宽 12.25 m，高 16.9 m，对坝顶部分平稳宣泄设计洪水（5 210 $m^3/s$）的能力进行了验证。高水位时（320 m），闸门枢轴和水面之间的充分距离（3 m）得到了保证，如图 14 所示。

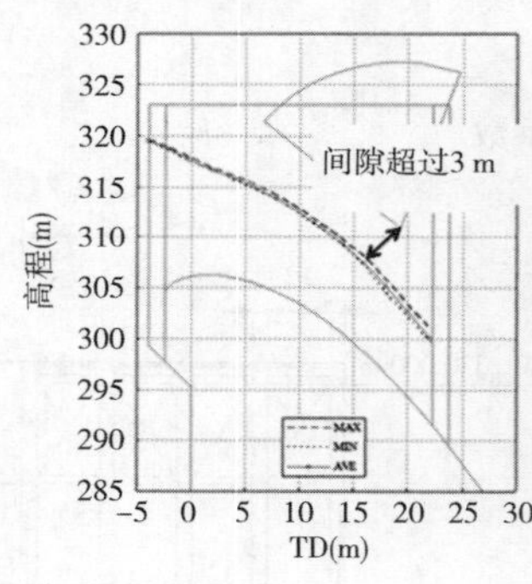

**图 14　通过坝顶的水流流态**

## 5.2　负压和通风装置

负压和气蚀可能影响混凝土结构，检查了坝顶和挑流鼻坎处的负压和气蚀现象。图 15 显示出了测量点。虽然在闸门部分开启的情况下发现了轻微的负压，但是其在完全可以接受的水平内。为了避免负压，应设置通风装置。

## 5.3　多挑流鼻坎式溢洪道

对正常滑雪道式和多挑流鼻坎式溢洪道进行了动床试验（见图 16），以评估河床冲痕、河床沉积物、入水点、对尾水位的影响、对当前地形的影响。对于正常滑雪道式溢洪道，大量河床沉积物出现在溢流入水点，如图 17 所示。对于多挑流鼻坎式溢洪道，设置了外水道分散入水点，从而减少了有冲痕河床的总体积和溢流入水的影响区域。由此得出结论，溢流入水点造成的不良影响是可以减少的，例如尾水位浪涌和下游两岸溃坝风险，如图 18 所示。与正常滑雪道式溢洪道相比，多挑流鼻坎式溢洪道的尾水位、平均河水水位和河床高程分别较滑雪道式溢洪道低 6.7 m、3.0 m 和 0.5 m。通过测量下游水流流速，证实了消能工的效果。主坝下游的水流量被充分分散，水流速度等于非均匀流的计算结果。

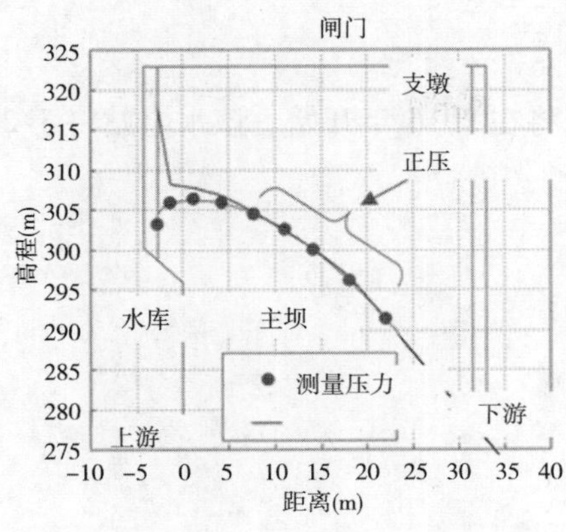


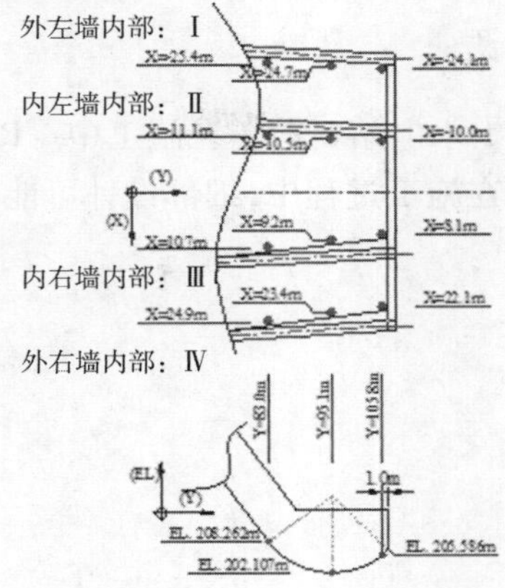


图 15　负压测量

(a)正常滑雪道式

(b)多挑流鼻坎式

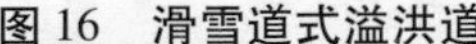

图 16　滑雪道式溢洪道

图 17　水力模型试验

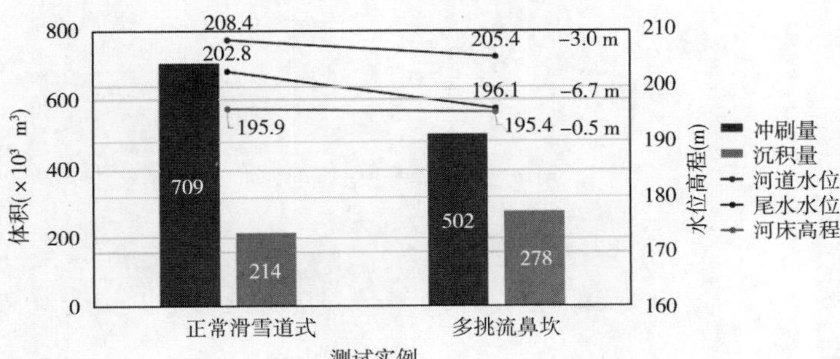


图 18　正常滑雪道式和多挑流鼻坎式溢洪道的比较

## 6 结 语

NNP 1 水电站目前正在施工中。RCC 填筑将在 2016 年开始。该水电站将于 2019 年投入运行。在施工过程中,细部设计可能有更改。

# 热带地区额勒赛下电站碾压混凝土重力坝温控设计与研究

张怀芝　谭红强

（中国电建集团北京勘测设计研究院有限公司　北京　100024）

**摘要**：东南亚属于热带地区，一方面气候炎热，年平均气温高达27～30 ℃，太阳辐射强度大，不利于大体积混凝土重力坝温度控制；另一方面，气温变幅很小，年平均气温变幅最大仅为2～3 ℃，利于大体积混凝土重力坝温度控制，因此，对于热带地区的大体积混凝土重力坝温度控制如何进行设计值得研究。

本文以热带地区的额勒赛下电站碾压混凝土重力坝为研究对象，结合其施工及当地气候特点，借助于三维有限元仿真计算方法，以挡水坝段为例分析了无温控措施方案下大坝混凝土温度场和温度应力场，论证了采取温控措施的必要性；并且针对挡水坝段无温控方案条件下的坝体温度和应力情况，采取了必要的措施，初步拟定了推荐的温控设计方案：坝体垫层及基础约束区布置1.5 m×1.5 m的冷却水管，通水取中、底层河水，控制浇筑层1.5～2.0 m，在日照时段采取喷雾的措施降低仓面环境温度。通过开展挡水坝段、底孔坝段和表孔坝段在推荐温控方案条件下的仿真计算分析，从而论证了推荐温控方案的合理性，指导了现场施工，目前看效果良好。本文可为热带地区同类工程的设计、施工提供参考或借鉴。

**关键词**：碾压混凝土，重力坝，热带地区，温度场，温度应力场

## 1　工程概况

额勒赛下电站位于柬埔寨王国戈公省以北20 km的额勒赛河下游，电站装机容量为132 MW，电站正常蓄水位为108 m，正常蓄水位以下库容为0.156亿$m^3$。大坝为碾压混凝土重力坝，最大坝高58.5 m，坝顶宽6.0 m，坝体最大底宽52.0 m，坝轴线长322.0 m，坝体碾压混凝土约23.0万$m^3$。

本工程地处于东南亚热带地区，年平均气温为27.3 ℃，各月之间的平均气温波动非常小（不大于2.3 ℃）。极端最高气温为38.2 ℃，极端最低气温为14.3 ℃，多年平均相对湿度为80.5%，最小相对湿度为18%。多年平均风速为0.89 m/s，月蒸发量在99.5～155.9 mm之间变化，多年平均蒸发量为1 504 mm，多年平均降水量2 690 mm。

## 2　计算理论与方法

### 2.1　温度场计算原理

重力坝温度场计算属于三维问题，瞬态温度场变量$T(x,y,z,\tau)$在直角坐标系求解域$\Omega$中满足固体热传导基本方程见式（1）：

$$a\left(\frac{\partial^2 T}{\partial x^2}+\frac{\partial^2 T}{\partial y^2}+\frac{\partial^2 T}{\partial z^2}\right)+\frac{\partial \theta}{\partial \tau}=\frac{\partial T}{\partial \tau} \tag{1}$$

式中：$\theta$ 为混凝土绝热温升，℃；$a$ 为导温系数，$m^2/h$，$a = \lambda / c\rho$；$\lambda$ 为导热系数，kJ/(m · h · ℃)；$T$ 为温度函数；$\tau$ 为时间，h。

弹性混凝土在复杂应力状态下有限元求解的基本方程见式(2)：

$$[K]\{\Delta\delta_n\} = \{\Delta P_n\} + \{\Delta P_n^c\} + \{\Delta P_n^T\} + \{\Delta P_n^R\} \tag{2}$$

式中：$[K]$为整体刚度矩阵；$\{\Delta P_n\}$，$\{\Delta P_n^c\}$，$\{\Delta P_n^T\}$，$\{\Delta P_n^R\}$分别为外荷载、徐变、温度和自生体积变形引起的荷载增量。

### 2.2　徐变温度应力场计算原理

对于采用增量法的变应力作用下混凝土徐变应力计算，文献[1]给出了隐式解法(图1)，该法假定在每一时段内应力呈线性变化，应力对时间的导数为常量，与初应变法相比计算精度大大提高。隐式解法可采用较大的时间步长，而且计算中徐变度采用指数函数形式，利用指数函数的特点，不必记录应力历史，这不仅节省了大量的存储容量，也减少了计算工作量。

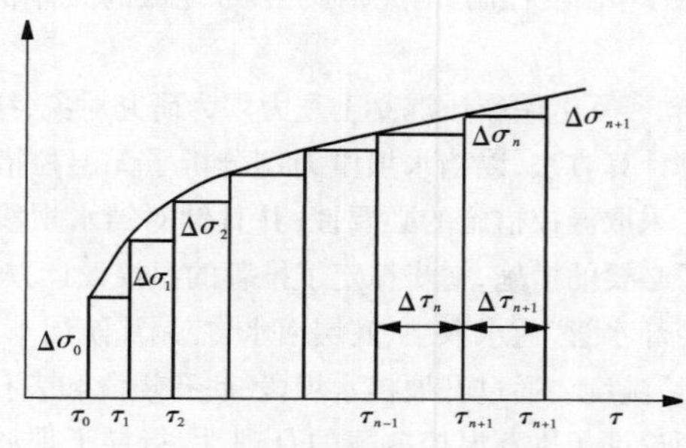


图1　徐变应力

有限元基本方程见式(2)。

其中：

$$[\overline{D}_n] = \overline{E}_n\,[Q]^{-1} \tag{3}$$

$$\overline{E}_n = \frac{E(\overline{\tau}_n)}{1 + E(\overline{\tau}_a)C(t_n, \overline{\tau}_n)} \tag{4}$$

徐变度计算：

$$C(t_n, \tau_n) = \sum_j \psi_j(\tau)\left[1 - e^{-r_j(t-\tau)}\right] \tag{5}$$

$$\{\eta_n\} = \sum_j (1 - e^{-r_{jn}\Delta\tau_n})\{\omega_{jn}\} \tag{6}$$

逐时段累加后，得到应力如下：

$$\{\sigma_n\} = \{\Delta\sigma_1\} + \{\Delta\sigma_2\} + \cdots + \{\Delta\sigma_n\} = \sum_{i=1}^{n}\{\Delta\sigma_i\} \tag{7}$$

## 3　基本资料及计算参数

### 3.1 气象资料

额勒赛下电站地处东南亚热带地区，降雨充沛，年平均气温为27.3 ℃，月平均气温最大值与最小值差仅为2.3 ℃，气温变幅非常小。极端最高气温为38.2 ℃，极端最低气温为14.3 ℃，多年平均相对湿度为80.5%。多年平均风速为0.89 m/s，多年平均蒸发量为1 504 mm，多年平均降水量2 690 mm。各月气温、湿度具体见表1。

表1　水电站坝址处气象资料

| 月份 | 1 | 2 | 3 | 4 | 5 | 6 | 7 | 8 | 9 | 10 | 11 | 12 | 年平均 |
|---|---|---|---|---|---|---|---|---|---|---|---|---|---|
| 气温(℃) | 26.4 | 27.3 | 28.1 | 28.7 | 28.4 | 27.3 | 27.0 | 26.9 | 26.9 | 26.9 | 27.3 | 26.7 | 27.3 |
| 湿度(%) | 71 | 76 | 77 | 79 | 82 | 86 | 86 | 87 | 86 | 94 | 74 | 68 | 80.5 |

### 3.2　混凝土材料及分区

坝体上游面及下游水面以部位采用二级配富胶凝碾压混凝土(C20W6F50)作为主要防渗体,中部及下游水面以上部位采用三级配碾压混凝土(C7.5W4F50);考虑到大坝碾压混凝土施工期比较长、承受荷载晚的特点,混凝土强度设计龄期采用180 d。基础垫层采用2.0m厚的三级配常态混凝土($C_{90}$20W6F50)。

### 3.3　混凝土及基岩物理参数

根据额勒赛下电站工程混凝土试验资料和类似工程经验,温度场仿真计算采用的物理参数试验值见表2。

表2　温度场及温度应力场仿真计算参数

| 部位 | 大坝内部碾压混凝土 | 外部防渗碾压混凝土 | 垫层常态混凝土 | 基岩 |
|---|---|---|---|---|
| 混凝土种类 | $C_{180}$7.5W4F50 | $C_{180}$20W6F50 | $C_{90}$20W6F50 | |
| 导温系数 $\alpha$($m^2$/d) | 0.072 | 0.075 | 0.076 | 0.09 |
| 导热系数 $\lambda$ (kJ/(d·m·℃)) | 207 | 209 | 210 | 216 |
| 比热 $C$ (kJ/(kg·℃)) | 0.97 | 0.97 | 0.97 | 0.95 |
| 热交换系数 (kJ/($m^2$·d·℃)) | 840 | 840 | 840 | 960 |
| 线膨胀系数 $\alpha$ ($\times10^{-6}$/℃) | 8.64 | 8.71 | 8.75 | 10.0 |
| 混凝土绝热温升公式 | $\theta=16.6\tau/(2.5+\tau)$ | $\theta=23.9\tau/(3+\tau)$ | $\theta=32.6\tau/(3.5+\tau)$ | |
| 密度 $\rho$(kg/$m^3$) | 2 400 | 2 400 | 2 420 | 2 500 |
| 弹性模量 $E$ (GPa) | $E=28.5(1-e^{-0.4t^{0.37}})$ | $E=30.8(1-e^{-0.4t^{0.37}})$ | $E=32.0(1-e^{-0.4t^{0.37}})$ | 21 |
| 泊松比 $\nu$ | 0.167 | 0.167 | 0.167 | |

### 3.4　施工进度安排

按设计阶段施工进度计划安排,坝体采用通仓浇筑,于第2年1月中旬开始浇筑基础部位混凝土，除结构需要或特殊情况外，碾压层厚度采用每层 30 cm 的通仓薄层连续铺碾，一般约束区连续升程为 1.5 m，非约束区连续升程为 3.0 m，层间间歇为 5～7 d。第 2 年 7 月底完成浇筑，第 3 年 6 月导流隧洞下闸封堵蓄水。

### 3.5 混凝土温度及应力控制标准

依据本工程的试验资料及《混凝土重力坝设计规范》（DL/T 5108—1999），大坝混凝土最高允许温度及最大允许拉应力控制标准见表 3、表 4 所示。

表 3 最高允许温度控制标准 （单位：℃）

| 部位 | 常态混凝土区域 | | | 碾压混凝土区域 | | |
|---|---|---|---|---|---|---|
| | 允许温差 | 稳定温度 | 允许最高温度 | 允许温差 | 稳定温度 | 允许最高温度 |
| 基础强约束区（0～0.2）$L$ | 16.5 | 20.5 | 37 | 14.5 | 22.0 | 36.5 |
| 基础弱约束区（0.2～0.4）$L$ | | | | 16.0 | 24.0 | 40.0 |
| 非约束区>0.4$L$ | | | | 18 | 26.9 | 44.9 |

表 4 混凝土允许抗拉应力

| 序号 | 混凝土类型（设计龄期） | 允许抗拉应力（MPa） | | | |
|---|---|---|---|---|---|
| | | 7 d | 28 d | 90 d | 180 d |
| 1 | C7.5W4F50 碾压（180 d） | 0.70 | 0.81 | 0.86 | 0.96 |
| 2 | C20W6F50 碾压（180 d） | 0.97 | 1.15 | 1.22 | 1.23 |
| 3 | C20W4F50 常态（90 d） | 1.08 | 1.31 | 1.40 | — |

## 4 温度场及温度应力场仿真分析

### 4.1 计算模型

选取额勒赛下电站碾压混凝土重力坝 5#挡水坝段、6#底孔坝段和 8#表孔坝段建立三维有限元模型，见图 2。参照同类型工程的经验，有限元模型的范围：大坝上游、下游、左右岸拱端及底部地基取 1.5 倍坝高。采用 8 节点 6 面体等参单元对坝体及基础进行有限元离散。其中 5#挡水坝段共有节点数 8 106，单元数 6 312；8#表孔坝段共有节点数 14 193，单元数 11 346；6#底孔坝段共有节点数 15 794，单元数 12 993。

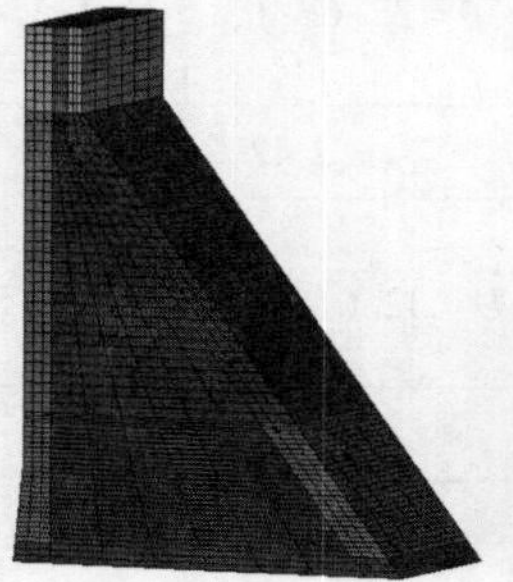

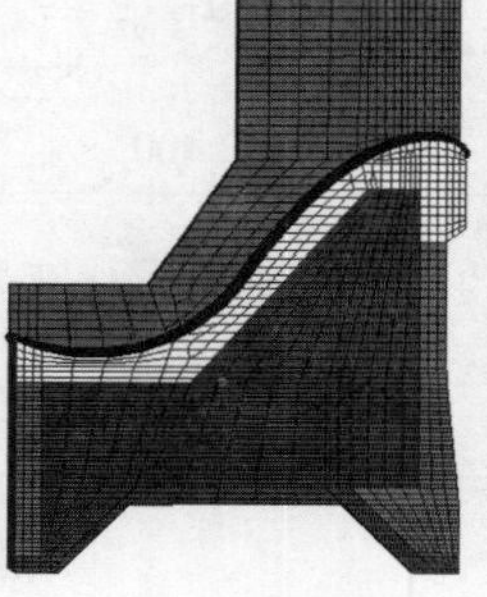

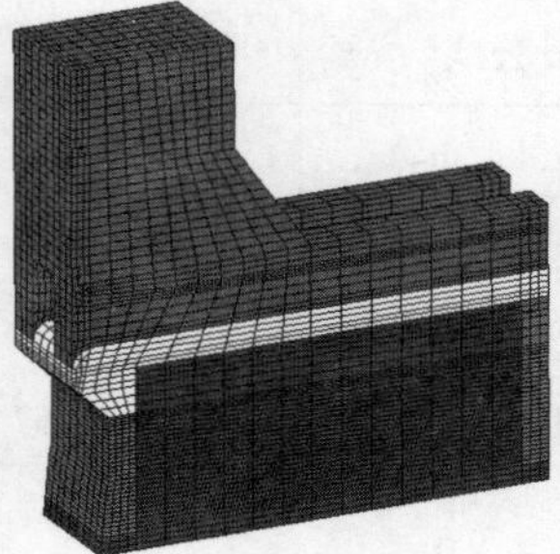

图 2 额勒赛下电站典型坝段三维有限元模型

### 4.2　温控措施必要性分析

由于额勒赛下电站地处东南亚热带地区，气温波动很小，气温条件利于大体积混凝土温控防裂，因此根据施工条件拟定了无温控措施方案：①垫层部位 2 m/层，基础约束区部位 1.5 m/层，非约束区 3.0 m/层；②垫层部位长间歇 30 d，其余各层间歇 7 d；③浇筑温度：自然入仓（考虑辐射热影响，浇筑温度数值取当月平均气温 +2 ℃）。

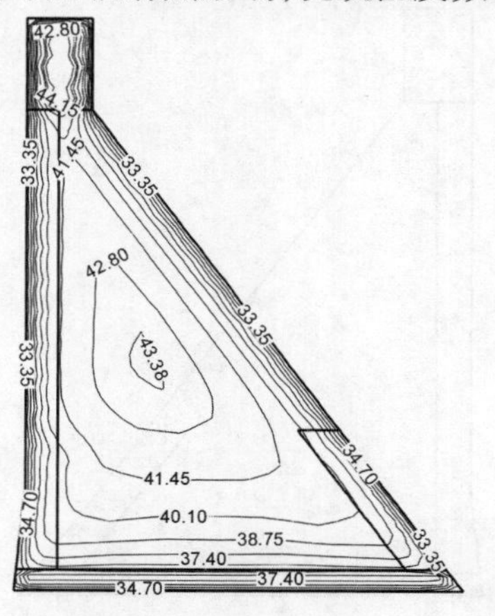


图3　挡水坝段最高温度包络图　（单位：℃）

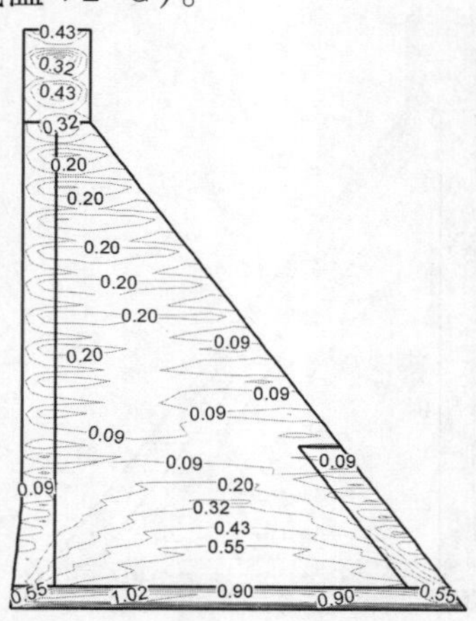


图4　挡水坝段顺河向温度应力包络图　（单位：MPa）

以挡水坝段为对象进行仿真计算，由图 3 可知：坝体内中部及中上部出现高温区，处于非约束区，最大为 43.4 ℃，小于本部位的 44.9 ℃的最高温度控制标准；强约束区最高温度为 40.1 ℃，超过了该区最高允许温度控制标准；弱约束区最高温度为 42.4 ℃，也超过了该区最高允许温度控制标准。由图 4 可知，坝体内温度应力大面积比较小，为 0.09～0.43 MPa，满足混凝土拉应力控制标准，但由于基础约束效应，在坝体下部区出现高拉应力区，拉应力为 0.43～1.02 MPa，存在拉应力超标现象。经分析，无温控措施方案下，坝体温度及温度应力在基础约束区均存在超标现象，需采取相应的温控措施。

### 4.3　推荐温控措施的仿真计算分析

#### 4.3.1　推荐的温控措施

根据 4.2 节的分析，针对性对温度及温度应力超标区采取温控措施，具体为：①基础约束区采取通水冷却，为高密度聚乙烯水管，布置 1.5 m×1.5 m，控制水管长度小于 250 m，通水流量为 21.6 $m^3$/d，通天然河水（中、底层河水），一期冷却 18～20 d。②垫层部位 2 m/层，基础约束区部位 1.5 m/层，非约束区 3.0 m/层；③垫层部位长间歇 30 d，其余各层间歇 7 d；④浇筑温度：自然入仓（考虑辐射热影响，浇筑温度数值取当月平均气温 +2 ℃），仓面喷雾。

#### 4.3.2　挡水坝段仿真分析

以挡水坝段为对象进行仿真分析，由图 5 可知，坝体内部高温区最高温度为 38.1 ℃，坝体基础部位温度为 33.3～36.7 ℃，与图 3 比较发现，通水降温效果明显。由图 6 可知，坝体内温度应力大面积仍比较小，基础部位拉应力为 0.31～0.67 MPa，对比图 4 发现，通水冷却对于消减坝体基础部位的温度应力效果明显。分别选取挡水坝段强约束区、弱约束区和非约束区的最高温度及最大拉应力计算值与控制标准对比，见表 5，采取推荐温控措施后挡水坝段各区域均能满足温度及温度应力控制标准。

#### 4.3.3　表孔坝段仿真分析

以表孔坝段为对象进行仿真分析，由图 7 可知，坝体内部高温区最高温度为 44.4 ℃，出现在表孔顶部非约束区常态混凝土部位，坝体内部碾压混凝土 33.9 ~ 42.3 ℃。由图 8 可知，坝体内温度应力大面积较小，基础部位拉应力为 0.52 ~ 1.04 MPa，坝体内部拉应力为 0.25 ~ 0.52 MPa。分别选取挡水坝段强约束区、弱约束区和非约束区的最高温度及最大拉应力计算值与控制标准对比，见表 6，采取推荐温控措施后表孔坝段各区域均能满足温度及温度应力控制标准。

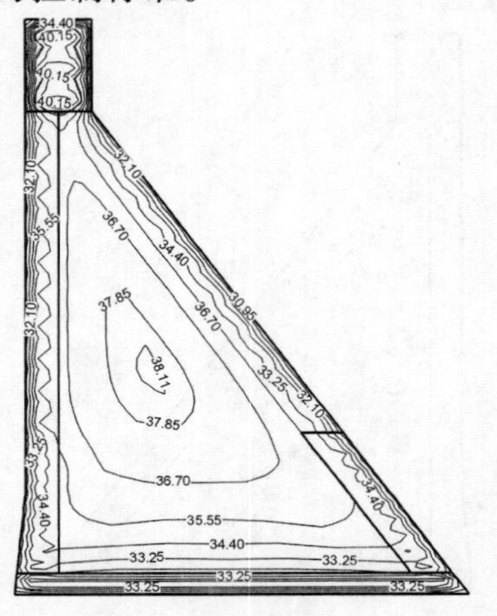


图 5　挡水坝段最高温度包络图　（单位：℃）

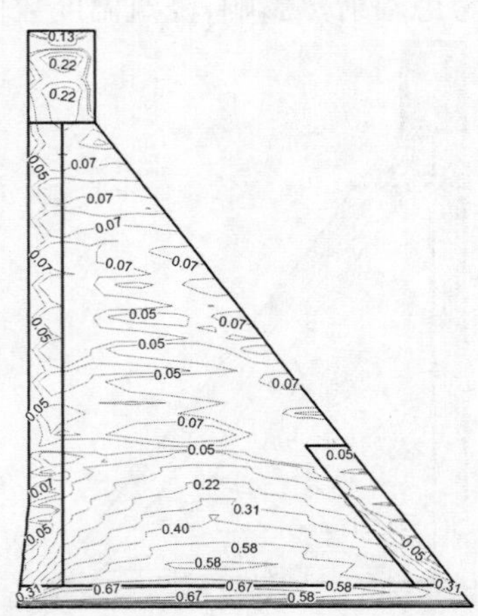


图 6　挡水坝段顺河向温度应力包络图　（单位：MPa）

表 5　挡水坝段最大温度及最大温度应力结果与控制标准对比表

| 部位 | 温度(℃) | | | 温度应力(MPa) | | |
|---|---|---|---|---|---|---|
| | 出现区域 | 最大数值 | 最高允许温度 | 出现区域 | 最大数值 | 允许抗拉应力 |
| 基础强约束区(0 ~ 0.2)$L$ | C20W4(常态) | 34.9 | 37 | C20W4(常态) | 0.73 | 1.23 |
| | C7.5W4(碾压) | 35.3 | 36.5 | C7.5W4(碾压) | 0.61 | 0.96 |
| 基础弱约束区(0.2 ~ 0.4)$L$ | C7.5W4(碾压) | 38.1 | 40 | C7.5W4(碾压) | 0.37 | 0.96 |
| 非约束区 >0.4$L$ | C7.5W4(碾压) | 41.3 | 44.9 | C7.5W4(碾压) | 0.09 | 0.96 |

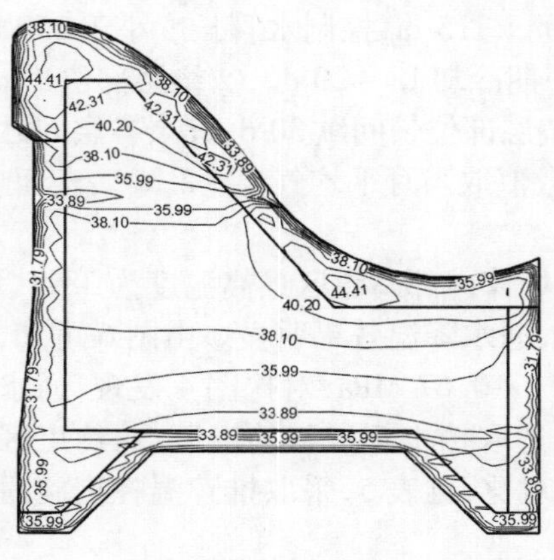


图 7　表孔坝段最高温度包络图　（单位：℃）

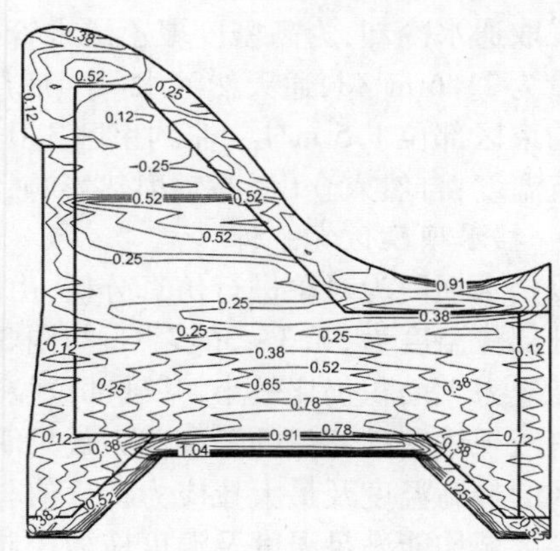


图 8　表孔段顺河向温度应力包络图　（单位：MPa）

表6　表孔坝段最大温度及最大温度应力结果与控制标准对比表

| 部位 | 温度(℃) | | | 温度应力(MPa) | | |
|---|---|---|---|---|---|---|
| | 出现区域 | 最大数值 | 最高允许温度 | 出现区域 | 最大数值 | 允许抗拉应力 |
| 基础强约束区(0～0.2)L | C20W4(常态) | 36 | 37 | C20W4(常态) | 1.15 | 1.23 |
| | C7.5W4(碾压) | 34.5 | 36.5 | C7.5W4(碾压) | 0.81 | 0.96 |
| 基础弱约束区(0.2～0.4)L | C7.5W4(碾压) | 37.8 | 40 | C7.5W4(碾压) | 0.66 | 0.96 |
| 非约束区>0.4L | C20W4(常态) | 44.4 | 44.9 | C20W4(常态) | 0.91 | 1.23 |

### 4.3.4　底孔坝段仿真分析

以底孔坝段为对象进行仿真分析，由图9可知，坝体内部高温区最高温度为44.6 ℃，出现在底孔顶部非约束区常态混凝土部位，底孔周边常态混凝土最高温度41.1 ℃，坝体内部碾压混凝土34.6～44.6 ℃。由图10可知，坝体内温度应力大面积较小，基础部位拉应力为0.39～0.78 MPa，坝体内部拉应力为0.04～0.39 MPa。分别选取挡水坝段强约束区、弱约束区和非约束区的最高温度及最大拉应力计算值与控制标准对比，见表7，采取推荐温控措施后底孔坝段各区域均能满足温度及温度应力控制标准。

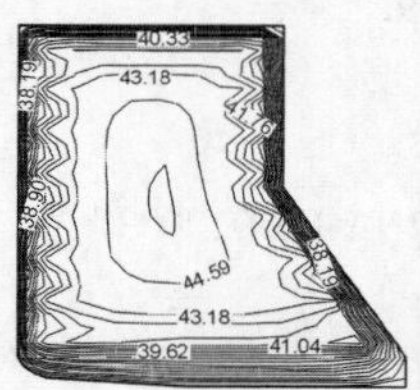


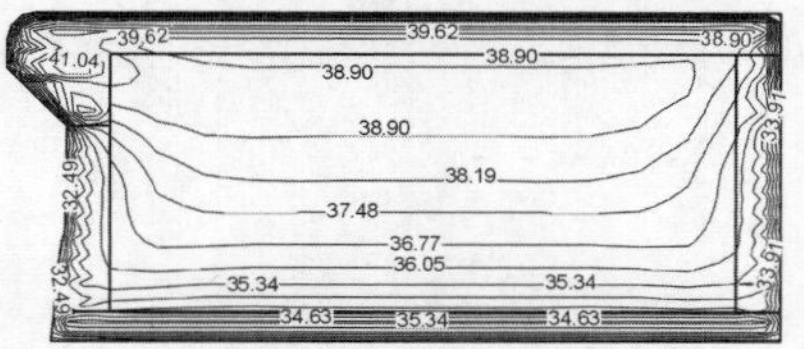


图9　底孔坝段最高温度包络图　（单位：℃）

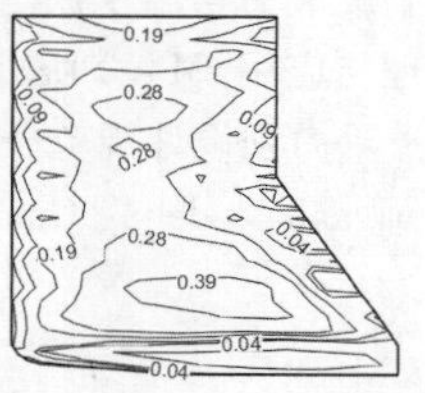


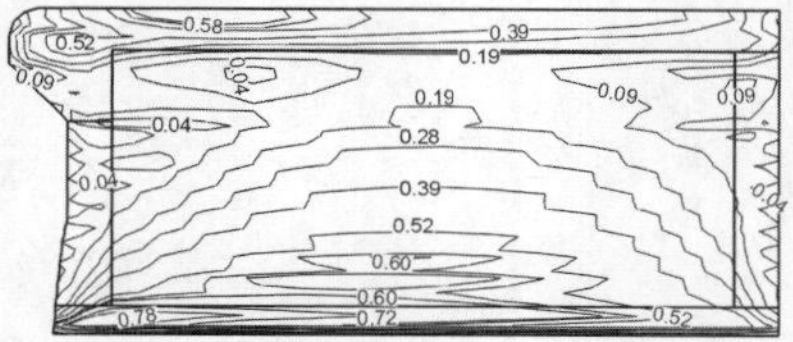


图10　底孔坝段顺河向温度应力包络图　（单位：MPa）

表7　底孔坝段最大温度及最大温度应力结果与控制标准对比表

| 部位 | 温度(℃) | | | 温度应力(MPa) | | |
|---|---|---|---|---|---|---|
| | 出现区域 | 最大数值 | 最高允许温度 | 出现区域 | 最大数值 | 允许抗拉应力 |
| 基础强约束区(0～0.2)L | C20W4(常态) | 35.4 | 37 | C20W4(常态) | 0.93 | 1.23 |
| | C7.5W4(碾压) | 36.2 | 36.5 | C7.5W4(碾压) | 0.72 | 0.96 |
| 基础弱约束区(0.2～0.4)L | C7.5W4(碾压) | 39.2 | 40 | C7.5W4(碾压) | 0.54 | 0.96 |
| 非约束区>0.4L | C7.5W4(碾压) | 44.6 | 44.9 | C20W4(常态) | 0.61 | 1.23 |

总之,经对推荐的温控措施条件下挡水坝段、表孔坝段和底孔坝段的温度场及温度应力场仿真分析,推荐的温控措施方案是合理可行的。

## 5　结论与建议

本文以额勒赛下电站碾压混凝土重力坝为研究对象,借助于三维有限元仿真计算方法,仿真分析了垫层混凝土温度场和温度应力场,探讨采取温控措施的必要性,并推荐了合理的温控措施,具体结论及建议如下:

(1)额勒赛下电站地处东南亚热带地区,虽然气温变幅非常小(仅为2.3 ℃),利于坝体混凝土温控,但经仿真分析,无温控措施条件下,坝体基础部位温度及应力存在超标现象,因此需对基础约束区部位混凝土采取必要的温控措施。

(2)经对额勒赛下电站典型坝段仿真分析可知,推荐的温控措施是合理可行的,具体为:①基础约束区采取通水冷却,布置1.5 m×1.5 m,水管长度≤250 m,通水流量为21.6 $m^3$/d,通天然河水,一期冷却18~20 d。②垫层部位2 m/层,基础约束区部位1.5 m/层,非约束区3.0 m/层;③垫层部位长间歇30 d,其余各层间歇7 d;④浇筑温度:自然入仓。

(3)本工程的温控设计与研究可为热带地区同类工程的建设、设计提供参考。

### 参考文献

[1] 朱伯芳.大体积混凝土温度应力与温度控制[M].北京:中国电力出版社,1999.

[2] 朱伯芳.有限单元法原理与应用[M].2版.北京:中国水利水电出版社,1998.

[3] DL 5108—1999　混凝土重力坝设计规范[S].

[4] K. J. Bathe. ADINA Theory and Modeling Guide Volume Ⅱ:ADINA - T[R]. ADINA R&D,2003.

# 新一代碾压施工质量监控系统的研究与应用

林恩德

（武汉英思工程科技股份有限公司　湖北　武汉　430071）

**摘要**：基于高精度差分定位技术与传感技术的碾压施工实时监控是实现碾压施工过程质量控制的重要手段。本文针对水电工程不同坝型碾压施工的特点，研究并提出了新一代碾压施工质量监控系统的组成与主要分析指标及方案，系统创新实现了包括北斗定位、司机操作指引与离线运行、动态激振力监控与CMV分析、斜层碾压、基于虚拟现实场景的动态监控与三维重建等功能，并支持运输车辆跟踪定位及PDA测量手薄放样程序集成等，必将更好地服务于碾压坝的施工过程质量监控中。

**关键词**：碾压施工，北斗定位，激振力，质量控制

## 1　引　言

碾压施工是当地材料坝、RCC混凝土坝工程建设的重要内容之一。压实度是碾压施工质量与成果评价的核心指标，而碾压层厚、碾压遍数等是碾压施工过程质量控制的关键控制指标。传统的监控手段是采用人工测量碾压层厚、翻牌记录碾压遍数，碾压完成后再组织抽样测试压实度的质量控制方法，工作效率低、无法全面评价碾压质量。近年来基于GPS差分定位技术实现的碾压监控数字化产品与解决方案逐步兴起，形成了大量的应用案例，但其对激振力分析、现场操作便利性、环境适用性等方面还存在较大的提升空间。主要表现在：只监控振动档位及振动开关状态，无法实现激振力的精确监控；碾压机只负责数据采集，司机室无导航监控终端，无法对司机进行动态操作指引；不支持离线运行模式，一旦断网影响施工，无法事后分析等问题。

为了解决上述问题，更好地满足碾压施工监控需求，本文提出了新一代碾压监控系统的实现方案。其利用我国自主研发的北斗全球卫星定位系统，通过高精度差分定位技术及物联网传感技术，实现对碾压填筑施工过程的全方位数字化监控、动态分析与评价。系统的研究目标是紧密围绕土石方碾压、混凝土碾压施工的业务需求，实现包括高精度碾压轨迹监控、碾压速度分析、碾压遍数分析、碾压层厚分析、碾压振动状态及激振力监控、连续压实度分析及碾压过程异常预报警；实现二维、三维空域形象展示、设备运行与振动状态时域分析、压实度频域分析等，多维度、多层次实现一体化监控；支持碾压质量指标的自动统计、分析评价及成果报告的自动生成；实现碾压速度、铺料厚度、振动开启状态等指标的预报警。

## 2　系统原理与组成

系统的基本原理是通过在碾压机上安装有北斗定位监测设备装置、工业显示装置、振动

频率采集装置等,对仓面碾压施工机械进行实时监控,获取与碾压质量相关的关键性信息,实现自动化分析,并上传到监控中心,实现对工程质量的远程实时监控与量化评价。

其中碾压速度、遍数及层厚分析是根据定时采集的高精度定位数据形成的一系列点,连成线形成碾压轨迹、方向与速度,并结合碾压设备宽度,形成碾压覆盖区域,分析某个位置区域的覆盖次数,进而得出碾压遍数;通过分析某个部位的高程信息,结合作业面的起始高程(上一个面的截止高程),就可以分析碾压坯层的层厚信息。

连续压实度监测技术指标是基于分析某种工程材料的压实度与碾压设备在一定振动参数(振动质量、振动频率、振动幅度)下的振动信号特征的相关性关系来分析得出的,通过前期的试验确定次谐振的频率与幅度与压实度的对应关系,可以根据实际频率特征推算出材料的相对压实度水平。

系统由硬件与软件两个部分组成,其整体拓扑结构如图 1 所示。

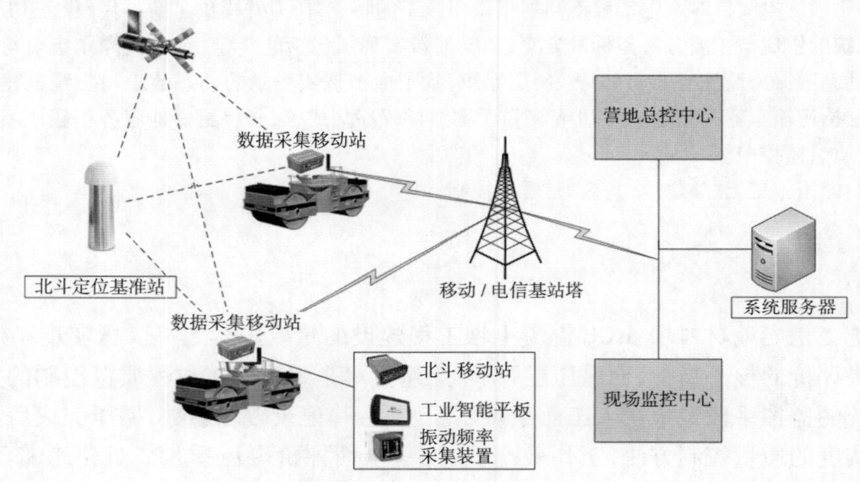


**图 1　系统拓扑结构图**

系统硬件主要由北斗基准站、北斗移动站、数字电台、加速度传感器与采集器、司机端工业智能平板、监控中心服务器、监控客户端等组成,其中北斗移动站安装在碾压机上,与基准站联合实现实时差分解算(RTK),提供水平 ±1 cm,垂直 ±2 cm 的高精度定位坐标,作为碾压速度、层厚与遍数分析的基础;加速度传感器与采集器实现对碾压设备振动状态的采集,在此基础上通过快速傅里叶变换等算法,得到其振动频域特征,进而分析激振力,碾压压实度指标。

大坝填筑碾压质量实时监控系统作为针对碾压过程监控的软件,既可以独立运行,也可以接入大坝施工过程管理平台进行联合运行。根据监控平台的运行特点及功能需求,软件系统分为 4 个部分。分别是监控中心、车载终端软件、监控工作站软件及集成于大坝施工过程管理系统的碾压质量分析平台。

软件的整体结构及关系如图 2 所示。

其中,监控服务是运行在施工现场监控中心的后台服务,由采集服务、归档服务、分发服务等组成,并通过消息总线连接,实现远程的监控、归档与信息实时分发,负责接收前端硬件发送过来的数字信号,进行转换和初步处理后存储。监控中心还可以从大坝施工过程管理

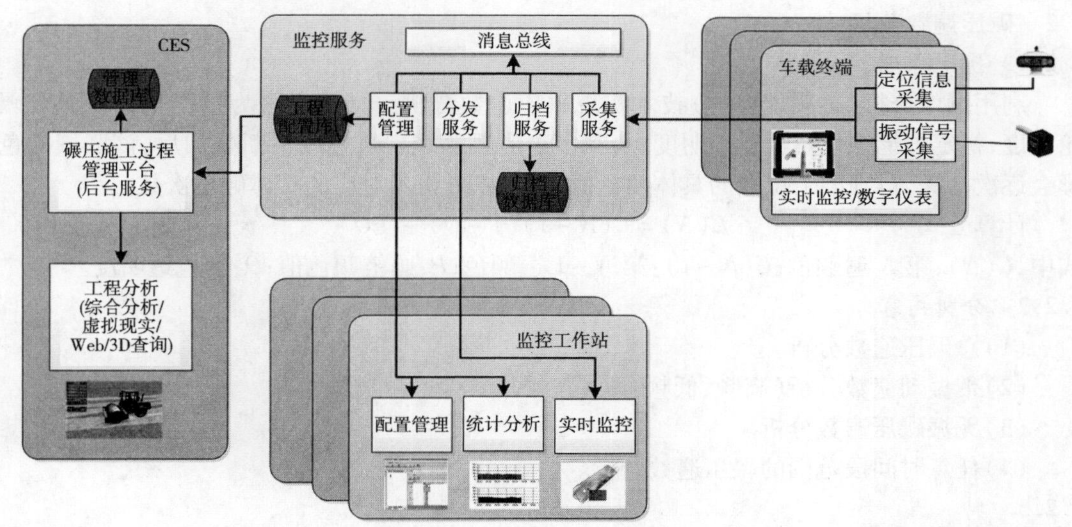


**图2　软件整体结构图**

平台下载并管理工程属性、设计参数(如:仓面控制点范围等),为监控数据分析提供基础。

车载终端是安装在工业平板上的专用软件,部署在碾压设备司机操作室。软件与采集器硬件的连接,支持3G网络传输,支持本地监控与数字仪表,可实现司机登录、碾压任务下达、碾压轨迹、振动状态、覆盖区域的实时跟踪显示与实时上传,并提供施工引导与碾压速度、层厚超标等信息异常预警,辅助司机驾驶操控。

监控工作站运行在施工现场或后方营地监控室内的集中、实时监控程序,它通过与监控服务中心进行通讯,获取监控中心实时采集的信息,通过网络实时监控一个或多个施工单元、一个或多个碾压设备的运行状态及质量指标,支持质量指标动态分析与评判、分析成果报告的自动生成与成果输出,必要时发出预警信号或提示,指导动态纠偏,进而提高现场施工管理水平,保证施工质量。

碾压质量分析平台是与大坝施工过程管理平台相结合的综合质量分析与成果发布平台,包括后台系统与前台系统,实现与监控中心的数据通讯,碾压过程的综合监控成果的动态分析,三维可视化查询、历史回溯与质量数据统计。

## 3　主要分析指标

本系统的分析指标包括轨迹与速度分析,碾压遍数分析,振动状态分析,碾压层厚分析及压实度分析等。各项指标的分析原理及内容如下文所示。

### 3.1　轨迹与速度分析

(1)实现原理。利用每隔一秒采集的高精度差分定位坐标数据,形成运行轨迹,实现动态分析。

(2)分析指标。①实时位置与轨迹:碾压设备的位置及运动轨迹线绘制有效碾压轨迹与所有轨迹(区域外)。②实时速度:5 s移动平均后的速度。③平均速度:碾压设备运行的平均速度(有效区域范围内)。④超速预警:记录超速时间、时长、超速距离等异常情况信息。

### 3.2 碾压遍数分析

#### 3.2.1 实现原理

利用图像分析（透明度叠加）技术实现碾压遍数分析。具体方法为根据轨迹坐标及碾轮宽度，指定画笔颜色及颜色透明度，绘制多边形轨迹线。轨迹线不断叠加后，该区域的色彩会逐次变深，得到某个位置的具体颜色值，就可以分析其对应的具体碾压次数。

计算公式为：
$$C(N) = C(N-1)(1-O) + PO$$
式中，$C(N)$：第 $N$ 遍颜色；$C(N-1)$：第 $N-1$ 遍颜色；$P$：画笔颜色值；$O$：颜色透明度。

#### 3.2.2 分析内容

（1）总碾压遍数分析。

（2）带振动遍数分析（高频、低频）。

（3）无振碾压遍数分析。

（4）任意时间段范围的碾压遍数分析。

#### 3.2.3 特　点

（1）实时分析，分析精度高。

（2）任一点（部位）碾压遍数查询。

（3）可自动剔除涵洞、埋件、边角等不便机械碾压区域，统计更加准确。

（4）支持缓存与轨迹优化技术，支持长达 200 h 的不间断实时监控。

### 3.3 振动状态分析

#### 3.3.1 实现原理

利用加速度传感器与采集器获取振动波形，通过快速傅里叶变换及相关算法分析其频域特征，获取一次主振动频率及二次谐振频率，并验证是否符合设计要求。

#### 3.3.2 分析内容

（1）振动状态及频率：根据振动波形分析获取其主频率特征，辨别其振动状态。

（2）振动档位：根据振动碾压机的标称振动频率与实际监测频率，分析当前的振动档位。

（3）振动幅度：根据加速度、频率与幅度的关系，计算出碾压振动幅度。

（4）激振力：根据力矩与波形频率。幅度、振动部件之间的关系，算出激振力相关公式为：$F = m(2\pi f)^2 d$，其中 $md$ 又称为力矩，是设备的特征值。

### 3.4 碾压层厚分析

#### 3.4.1 实现原理

根据碾压轨迹跟踪中获取的高精度高程信息，分析碾压层厚特征。本次碾压高程减去原始设计起高程或上层碾压后的高程，得到本次碾压层厚。

#### 3.4.2 碾压层厚分析

（1）碾压高程：直接取碾压轨迹中的高程坐标，按碾压轨迹分布与覆盖。

（2）压实厚度：碾压轨迹高程坐标减去起始高程值，得到碾压层厚。

（3）铺料厚度（第一遍碾压过后的层厚）：第一次碾压过后的高程值减去起始高程，作为摊铺厚度判断的参考。

（4）平整度：通过分析不同部位层厚信息，分析得出其平整度指标，包括：层厚极值、中位数，标准差及是否达标等。

(5)层厚超标预警:层厚超过设计指标时,自动预警或报警。

### 3.5　压实度(CMV)分析

#### 3.5.1　实现原理

试验并测算土石料的压实度,与特定频率、激振力下振动的二次谐波的特征关系,根据二次谐波的频率与幅度特征来分析其压实度水平。

$$CMV\text{ 值} = \text{二次谐波加速度}/\text{主振动加速度} \times 100$$

#### 3.5.2　连续压实度(CMV)分析

(1)实时监控模式:只要碾压时开启振动模式,就可以随时、动态分析其 *CMV* 值及其分布情况。

(2)质量检查模式:在碾压施工完成前,按指定速度、振动频率组织一次碾压质量检查,全面获取指定区域的 *CMV* 值,完成后得出分析结论并打印检查报告。

## 4　特色与创新

### 4.1　采用国产先进的高精度定位技术与传感技术

本系统基于国家自主知识产权的北斗定位系统,三频高精度差分定位解决方案,测量级差分定位设备,定位精度为高程 ±2 cm,水平 ±1 cm,环境适用能力强;基于工业级高精度加速度传感器及采集器,加速度范围达 ±8*g*,频率分析精度 ±0.5 Hz,采用智能 DTU,支持本地测量与实时运算。

### 4.2　系统部署模式灵活、适应性强

监控中心系统采用采集服务、归档服务、分发服务、配置服务分离的方式设计、并采用消息总线连接,支持集中或分布式部署模式,灵活性强、适用性好,可扩展性好。与前端采集服务配合支持负载均衡与故障切换,实现高可用性,避免监控中断造成信息不完整。支持海量原始跟踪记录、定位数据的集成管理、存储备份、高效利用及事后分析。系统既可以独立运行,也可以与大坝过程管理平台集成运行,灵活性较好。

### 4.3　实现高效分析算法与丰富的分析功能

系统支持基于图形图像分析原理的模糊碾压遍数与碾压分析厚度计算方法,相对于传统的基于网格分区的分析模式,分析精度进一步提高,且分析精度可调。通过定位轨迹优化,支持长达 200 h 的工作数据的实时分析。支持速度、层厚、CMV、遍数等多视角实时监控;支持空(间)域、频域、时域等多维度分析方法;支持基于虚拟现实(VR)场景的设备运行状态实时监控;支持模板化的报表格式定义及分析报告自动生成,支持碾压速度、层厚等信息的达标情况的预报警;基于碾压监控成果的施工进度动态查询及大坝 BIM 模型的数字化重建。

### 4.4　支持司机端实时可视化跟踪与操作指引

研发基于工业平板的碾压监控前端系统,实现碾压状态数据的实时采集与本地可视化监控,帮助司机动态评价碾压施工状态,指导操作手合理规划碾压路径,科学组织施工,提高施工效率,保证施工质量。司机端程序支持离线运行模式,支持网络及采集状态的自动诊断与修复、支持本地数据缓存及历史数据自动上传,系统稳定性与现场环境适用性好。

### 4.5　实现测量监控一体化

基于 PDA 测量手簿,实现一体化的碾压单元控制边界放样程序,实现施工单元的测量

放样过程的数字化管理，可集成车辆运输与空满载监控系统，实现卸料跟踪与管理，实现碾压数字化施工一条龙解决方案。

### 4.6 利用三维虚拟现实技术，实现施工现场的实时、可视化监控，支持桌面、移动与 Web 发布模式

传统的施工动态采用的是基于二维图形的监控，本系统除了实现基于二维平面的可视化监控外，还利用先进虚拟现实技术，根据各类传感器采集的动态信息，实时跟踪模拟现场工地场景与工程进度形象，作业面边界信息、设备的工作运转情况及碾压轨迹等信息，直观、真实反映现场工作场景，并支持桌面、移动端、Web 端的监控模式，满足不同的应用监控需求。

### 4.7 系统功能灵活、可配置性好，支持多种碾压工艺与设备

系统支持土料、石料、混凝土碾压施工过程监控；支持斜层碾压、自动分层、多仓同碾、离线运行等模式，满足不同的碾压施工工艺要求；支持羊角碾、气胎碾等碾压机具，支持振动碾压、无振动碾压等工作模式，并可针对施工工艺要求与施工特点实现专题分析。

## 5 系统应用成果

本系统在国网新源绩溪抽水蓄能电站等项目中开展应用，为碾压施工过程的精细化质量监控提供了有效的手段，取得了较好的应用成果。图 3 ~ 图 9 为系统典型的应用成果界面。

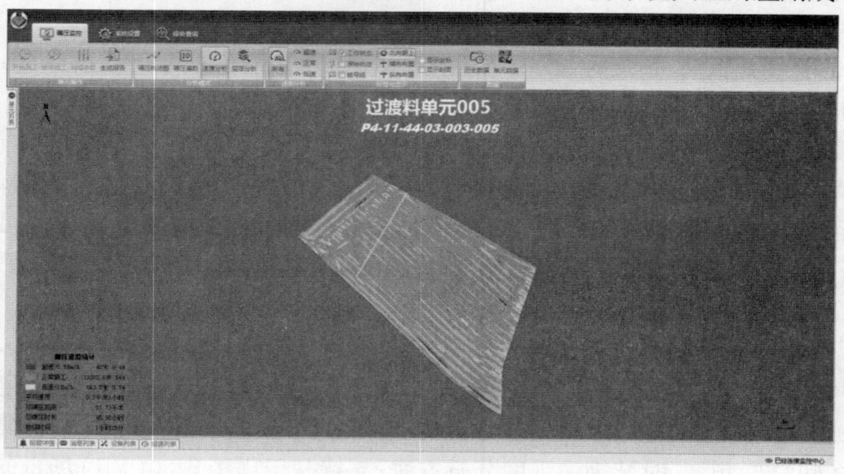


图 3 碾压速度分析

## 6 展 望

综合利用物联网、数字化技术，建设“数字大坝”，实现数字化施工是水电工程施工过程精细化管理发展的必然趋势。碾压作为重要的施工环节，一直作为当地材料坝、碾压混凝土坝数字化工程建设的核心，相关技术也不断得到发展，持续引领着数字化施工的发展方向。以本文的研究成果为基础，下一步还需要围绕整个填筑施工环节，开展包括运输、摊铺、碾压施工、质检等的全过程一条龙自动化监控与质量控制，进一步发挥“科技服务工程”的价值。

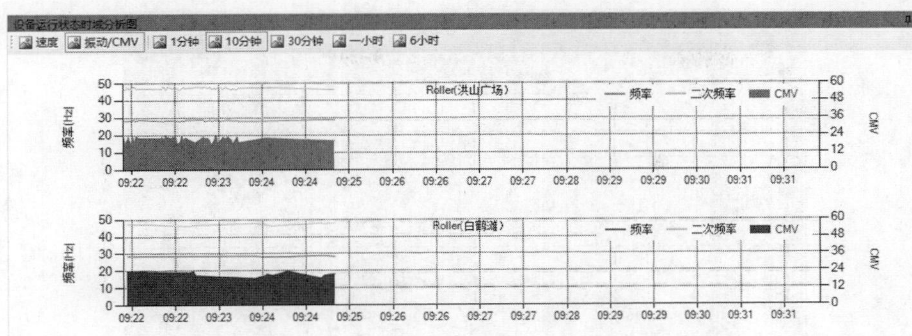


图4　碾压速度、频率分析时域图

图5　碾压轨迹图

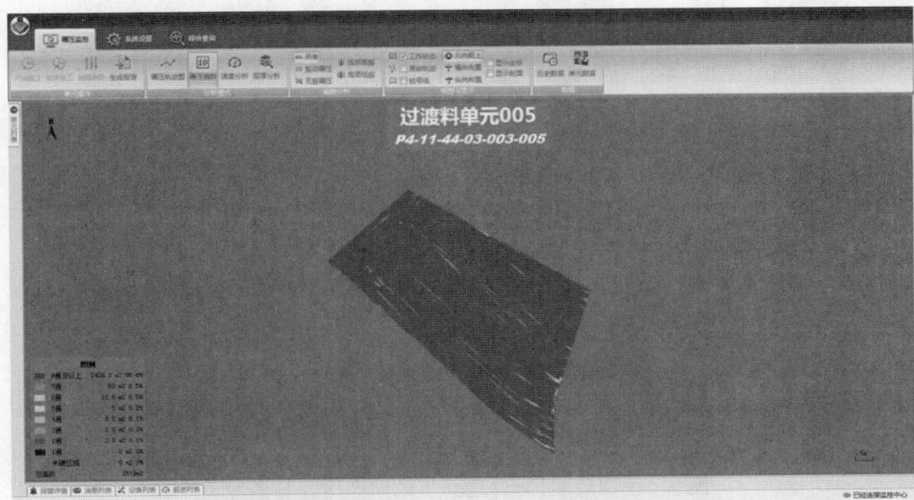


图6　碾压遍数分析图

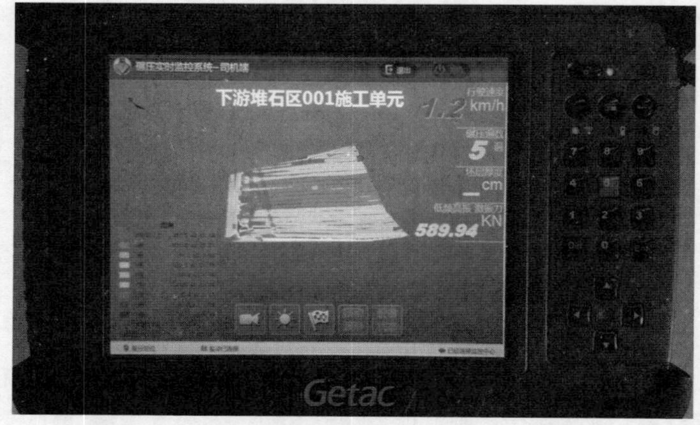


图 7　司机端监控界面

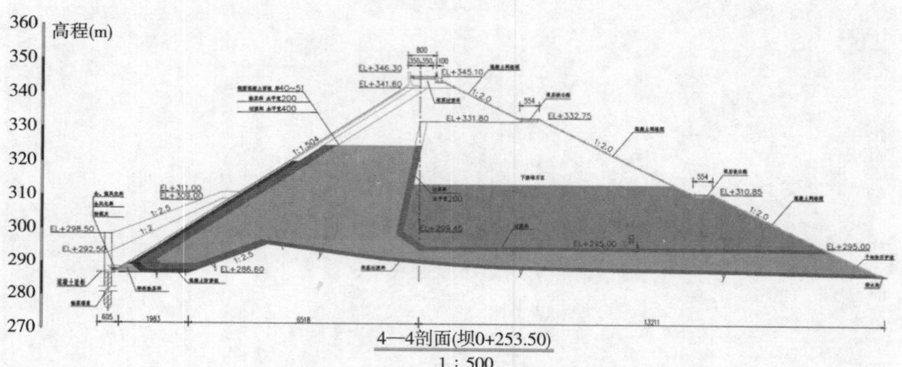


图 8　施工二维进度形象展现

图 9　虚拟现实（VR）场景下的动态跟踪与监控

# 考虑大坝、水库和湖泊互动效应的布什尔 Baghan 碾压混凝土坝二维(2D)和三维动态(3D)分析

Majid Gholhaki[1], Ali Mohammad Mahan Far[2], Seyed Taher Esmaili[3], Fereidoon Karampoor[4], Seyed Morteza Rad[4]

(1. 塞姆南大学土木工程学院,伊朗;2. 伊斯兰阿萨德大学扎黑丹分校,伊朗;3. Absaran 咨询工程公司,伊朗;4. 布什尔地区水务局,伊朗)

**摘要:**对于大坝而言,承载未来负荷的稳定性和安全性十分重要,考虑到这一点,选择合适的结构作为坝基十分重要。布什尔 Baghan 碾压混凝土坝的坝基下有两种不同的巴赫蒂亚里结构。

这两种结构之间存在很多不同之处,人们越来越注重大坝动态分析的重要性和 2D、3D 分析的结果比较。分析结果表明,在最终负荷下,这两种结构的坝顶最大水平位移存在重大差异。

2D 和 3D 性能比较表明,在类似负荷下,由于张力分布、调整和替换的原因,三维状态下的坝基沉降和张力小于 2D 状态。

**关键词:**碾压混凝土坝,大坝相互作用,二维和三维动态分析

## 1　引　言

一直以来,水是人类最重要的需求,人们一直支持在河流中构建一些障碍物(例如大坝)来储存水源,以供干旱时期使用,并利用水来获得能量。大坝由于多种多样的原因具有独一无二的地位,例如对实现建设目标具有十分重要的意义,以及大坝溃决带来的危险、危害和损害程度和强度可能十分严重。

在过去,混凝土坝的分析和设计往往是静态的,没有在计算中考虑湖泊状态。为了在美国设计大坝,Westergard 在解决这个问题方面走出了第一步,通过考虑水的压缩系数和坝的刚性定理和假设,他从理论分析上解决了 2D 问题,通过求解亥姆霍兹方程,其在计算中考虑了水动力载荷因素。1959 年,Kotsubo 指出,Westergard 方案仅仅对于频率低于正常水库频率的振动是正确的。Zangar(1952 年)也发明了一种快捷的方法来关联坝体重量与水荷载,即通过考虑库水位位置来计算水动力载荷。在这种方法中,液体被认为是不可压缩的,其延伸自拉普拉斯方程的表面波影响和水动力载荷。其他研究者(如 Chopra)继续通过假设大坝刚性来研究水动力载荷分布的二维问题。Chopra 扩展了 Westergard 方案,表明对应于土体水平振动的水动力载荷通常取决于不同的值。

Pal 在 1974 年首次进行了混凝土大坝有限元素的非线性分析。1982 年,Haul 和 Chopra 使用有限元方法对库水影响进行了设计和模拟。上述方法包括 2D 模型中的坝—库相互作用。1983 年,Hall 和 Chopra 继续进行研究(继续其 1982 年的研究),将 2D 有限元方法扩展

为3D分析。Bhattacharjee 和 Le′ger(1993年和1994年)进行了广泛的研究,以分析非线性坝—库重量关联混凝土坝,并使用“分布裂缝模型”来检查大坝溃决响应,他们还使用了库水附加质量。1995年,Tan 和 Chopra 扩展了 EACA－3D 项目中的现有方法,从而考虑地基的动态交互效果。1990年,Ghaemian 和 Chopra 展示了重量关联混凝土坝的二维非线性振动分析,考虑了坝和库的相互作用。在这项研究中,分布裂缝模型被用来显示坝的响应及其结构开裂。2002和2003年,Le′ger 及其同事使用计算机软件(例如 CADAM 和 RSDAM)完成了重量关联混凝土坝的稳定性分析。2003年,Chuhan、Guanglun 和 Shaomin 展示了碾压混凝土样本实验室测试结果,以及碾压混凝土坝非线性溃决分析结果。Ghaemian 和 Moeini(1382年)展示了混凝土坝的非线性振动分析,包括库与坝的相互作用。Ghaemian 和 Fazeli(1383年)展示了分布裂缝非线性模型参数研究和重量关联混凝土坝分析中的溃决机制。Ghaemian 和 Mazloomi(1385年)展示了 kooyan 和 pineflat 重量关联混凝土坝和 Jegin 碾压混凝土坝的非线性振动分析,考虑了库与坝的相互作用。

在完成的研究中,在当地进行用于大坝建设和施工的岩石的选址,坝基的岩石质量和类型不仅令人满意,质量很高,而且坝的结构比较统一。但是在所有研究中,不相容地基和不同建筑结构的存在仍然是一个不可避免的问题。因此,在本文中,我们使用2D和3D动态分析研究了 Baghan 坝的不同碾压混凝土框架结构。

## 2 建模(模型制作)

Baghan 碾压混凝土坝填筑在两个不同的巴赫蒂亚里结构上,其地址位于布什尔省东部,海拔57 m。BK1结构为粗颗粒至中等颗粒的砾岩型结构,包括石灰质和陶土质灰,其内部或里面的沙层为石质的,可见于右侧、地基和左侧下方走向中。BK2结构也有年代不久的非常脆弱的粗颗粒砾岩结构,具有陶土质灰,塞满了淤泥的砂质脉石,颗粒尺寸为碎石或更粗。该单元在坝的左侧和向斜轴内延伸。大坝优势地点的坡度为0.05(垂直于水平面1),下部的坡度为0.85(垂直于水平面1)。

对于 Baghan 坝的建模(模型制作),建设者使用了4个模型,包括3个2D模型和1个3D模型。2D模型含有溢流单元,布置在BK1结构上,还含有2个非溢流单元,布置在BK1和BK2结构上。为了选择非溢流单元,我们考虑了该单元坝体最大纬度或高度的规定和条件。在2D模型中,为了考虑坝—地基—水库(蓄水池)的相互关系,除了大坝框架或坝体,我们还对地基和水库进行了建模。为了模拟大坝框架和地基,我们使用了 CPE4R,对于液体建模,我们使用了 AC2D4 单元,其为一个声学单元(在 ABAQUS 软件中)。波浪分布仅存在于可压缩液体中,鉴于这种波浪扩散,需要合适的边界条件来吸收水库末端和底部的波浪。在这些模型中,我们考虑了压缩效应和湖水的影响,描述了 Balk 模型和液体密度,其可导致声音在水中的传播。此外,我们在该模型中展示了有团块的坝基,从而研究坝基中波浪分布的性质和质量。

在2D模型中,坝基深度被延长了坝高和纬度的约2.5倍(距离最低大坝框架和坝体水平150 m),其长度也向坝的上方和下方进行了类似的延长(300 m)。Baghan 坝三维模型 $X$ 轴方向的坝基深度和长度是大坝纬度的2.5倍,朝向坝轴线的坝基尺寸是坝顶长度的2倍,湖水的深度是坝长度的2倍。另外,我们还考虑了无任何坡度的水库底部。在三维模型中,我们在坝基建模中考虑了两种结构。图1～图3展示了坝框架和坝基的2D和3D图像。

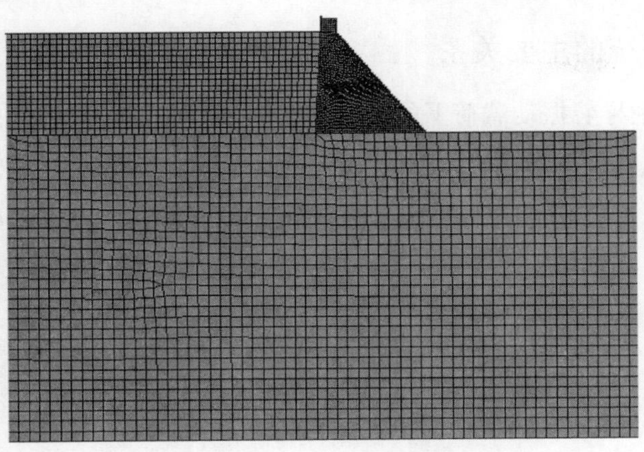

图1　Baghan 坝非溢流单元的二维有限元模型

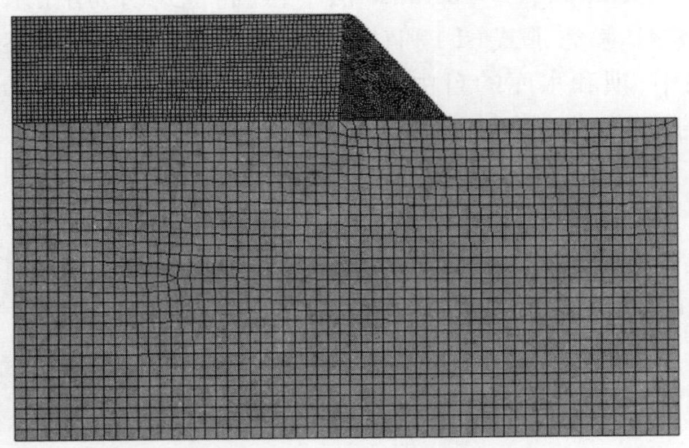

图2　Baghan 坝溢流单元的二维有限元模型

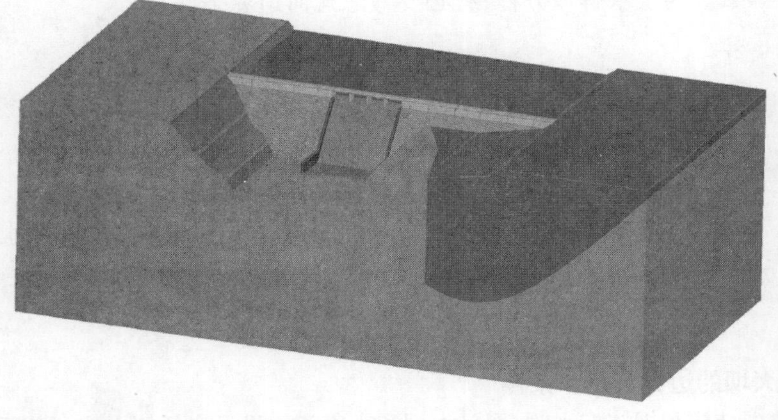

图3　Baghan 坝三维模型

## 3　大坝和水库系统的主要关系

动态平衡方程主导着振动载荷下的结构和湖泊,根据关系式(1)和式(2),有:

$$[M]\{\ddot{u}\}+[C]\{\dot{u}\}+K\{u\}=\{f_1\}-\{M\}\{\ddot{u}_g\}+\{Q\}\{P\}=\{F_1\}+\{Q\}\{P\} \quad (1)$$

$$[G]\{\ddot{P}\}+[C']\{\dot{P}\}+[K']\{P\}=\{F\}-\rho[Q]^T\{\ddot{u}\}+\{\ddot{u}_g\}=\{F_2\}-\rho[Q]^T\{\ddot{u}\} \quad (2)$$

其中$[M]$、$[C]$、$[K]$分别为质量、阻尼和硬度或结构和坝基模型的刚度,$[G]$、$[C']$、$[K']$分别为质量当量、阻尼和硬度或湖泊的刚度。$[Q]$为耦合矩阵,$[F_1]$为坝体和框架功率矢量和液压功率,$\{P\}$、$\{u\}$为位移矢量湖节点和施工节点的水动力荷载,$\{\ddot{u}_g\}$为地球速度和加速度矢量。

主导坝和库交互系统的动力学方程可表达为两种类型和方式,即 Lagrange - Lagrange 和 Oiler - Lagrange。在 Lagrange - Lagrange 法中,我们将式(1)用于水库和坝体结构,我们在 Oiler 和 Lagrange 法中考虑了式(1)和(2)的现代和同步解决方案。换句话说,在 Lagrange - Lagrange 法中,坝和水库的自由度都是替换型的,但是在 Oiler - Lagrange 法中,坝的自由度是替换型的,水库自由度被视为负载型的。

## 4　建模边界条件

一般而言,主导液体边界的方程为 Navier - Stocks 方程。假设液体可压缩性表示为式(3),使用连接方程并考虑小幅度速度,并假定液体是非旋转的,则主导水库或蓄水池的方程为波动方程。

$$\Delta^2 P-\frac{1}{c^2}\ddot{P}=0 \quad (3)$$

上述方程被称为亥姆霍兹方程,$c$ 为液体中的负载波速度,$P$ 为液体负荷,$\ddot{P}$ 是相对于时间$\left(\frac{\partial^2 P}{\partial \tau^2}\right)$的二阶导数。为了求解该方程,有必要考虑几何边界条件。

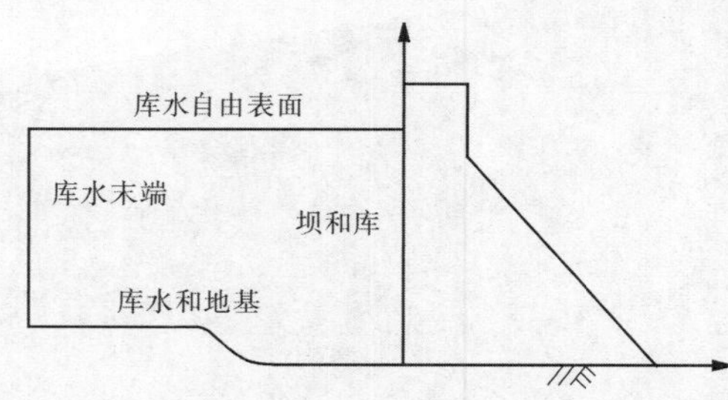


图 4　大坝和湖泊系统的边界

### 4.1　湖泊和大坝的边界规定和条件

考虑到大坝结构和坝体像水闸,而且大坝和水库间边界没有任何水流,所以可确定垂直于共同边界的液体和结构的速度是类似的。这表明混凝土坝表面是不可渗透的。通过求解上述方程,将 $a_{nd}^{s}$ 视为垂直于大坝和湖泊共同截面内施工面的速度或加速度,我们可使用式(4)作为大坝上表面的边界规定和条件,其中 $n$ 是指朝向湖泊的大坝上表面的正常单位矢量:

$$\frac{\partial p}{\partial n} = -\rho a_{\mathrm{nd}}^{\mathrm{s}} \tag{4}$$

### 4.2　湖泊和地基的边界规定和条件

如果水库底部或下部是坚硬的，我们就可以再次使用式(4)作为水库和蓄水池之间以及周围的壁和底部之间的边界条件和规定。水库底部坚硬意味着水库内部及周围有波吸收或水渗透，但是我们应当注意，水库内总是有类似沉积物或沉淀物，导致水力波 的部分吸收。假设波冲击或碰撞水库底部之后，只有垂直纵波在地基中传播，则该部分水库的已利用边界条件可表示为式(5)：

$$\frac{\partial p}{\partial n} = -\rho a_{\mathrm{nr}}^{\mathrm{g}} - q\frac{\partial p}{\partial \tau} \tag{5}$$

与式(4)相比，式(5)中多余和额外的方程和术语表达了水力波的吸收。$q$ 是波吸收系数，其值(就 $\alpha$ 而言)为波反射系数，即后倾水力波振幅和范围与初始波范围的比例。从式(6)我们可以得到：

$$q = \frac{1}{c}\,\frac{1-\propto}{1-\propto} \tag{6}$$

从理论上说，波反射系数值介于 +1 和 -1 之间。显而易见的是，在推定湖底为坚硬的情况下，波吸收系数值将等于零。总之，选择合适的 $\alpha$ 取决于水库底部沉积条件，对于新坝，通常我们使用0.9 ~1 的值，对于建造了一定时间的坝，我们使用 0.75 ~0.9 的值，导致沉积物和沉淀物的出现。

### 4.3　湖自由表面的边界条件

无论是浅波还是表面波，水库自由表面的边界条件都可表达为式(7)：

$$P = 0 \tag{7}$$

### 4.4　湖周围端点的边界条件

由于要承载波的创造物和这些波的传输(在可压缩条件下)，大坝和水库的相互作用被视为半无限元，以限制和避免波反射。在这种条件下，我们仅仅使用频率限制下的分析方法，如果我们想在有限时间里进行检查，我们应为断开和切断末端的大坝思考一个适当的边界条件。通过这种方式，从结构发出的波被远端端点完全吸收。当前最常见的波为 Summerfield 边界条件，见式(8)：

$$\frac{\partial p}{\partial n} = -\frac{1}{c}\,\frac{\partial p}{\partial \tau} \tag{8}$$

在物理解释中，Summerfield 边界条件是许多布置在水库上边界的负载波均摊因素。

## 5　大坝框架、坝体和坝基的建筑材料特点

表 1 展示了用于建模的 Baghan 坝框架和坝基建筑材料的属性和特点。

**表 1　Baghan 框架和坝基建筑材料的属性**

| 大坝建筑材料属性 | 单位 | 数值 |
|---|---|---|
| 体积传质 | kg/m$^3$ | 2 400 |
| 弹性模量 | | 26.3 |
| Poason 系数 | GPa | 0.2 |

续表 1

| 坝基建筑材料属性 | 单位 | 数值 |
|---|---|---|
| 阻尼系数 | | 3 |
| 碾压混凝土圆柱体 90 d 耐负荷能力 | MPa | 14 |
| 混凝土圆柱体表面 90 d 耐负荷能力 | MPa | 25 |
| 毒物系数 | | 0.3 |
| BK1 结构转变模数 | GPa | 3 |
| BK2 结构变形模数 | GPa | 1 |

## 6 载荷条件

为了分析模型的张力，我们根据表 2 使用了三个载荷组合。

表 2 Baghan 坝动态分析中使用的载荷组合

| 输入载荷类型 | | 1 | 2 | 3 |
|---|---|---|---|---|
| 坝体质量 | | * | * | * |
| 正常水平水静力载荷 | | | * | * |
| 输沙量 | | | * | * |
| 动载荷 | | | * | * |
| 上部 DBE 表面横向振动载荷 | | * | | |
| 下部 DBE 表面横向振动载荷 | | | * | |
| 下部 MCE 表面横向振动载荷 | | | | |
| 载荷类型 | 正常 | | | |
| | 异常 | | * | |
| | 最终 | * | | * |

对于 Baghan 坝的非线性动力分析，我们对设计基准地震和最大可信地震水平分别使用了 Elcentro 和 Tabas 地震矢端曲线（见图 5 和图 6），对于设计基准地震水平，我们将其与 Baghan 坝结构的最大水平速度（0.24$g$）进行了比较，对于最大可信地震水平，我们将其与坝结构的最大水平速度 0.46$g$ 进行了比较。

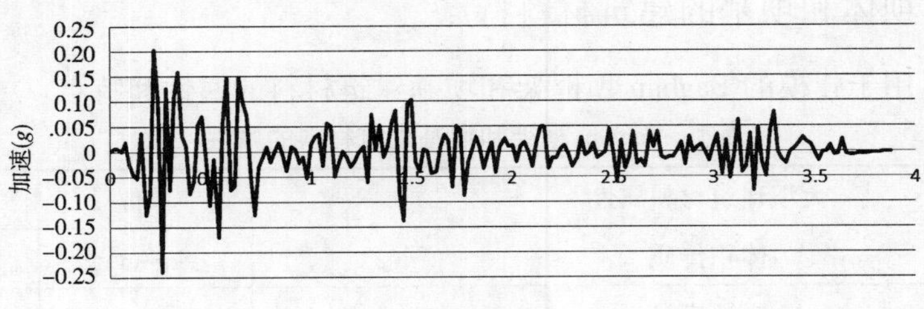


图 5 Elcentro 地震中的测速仪水平指针

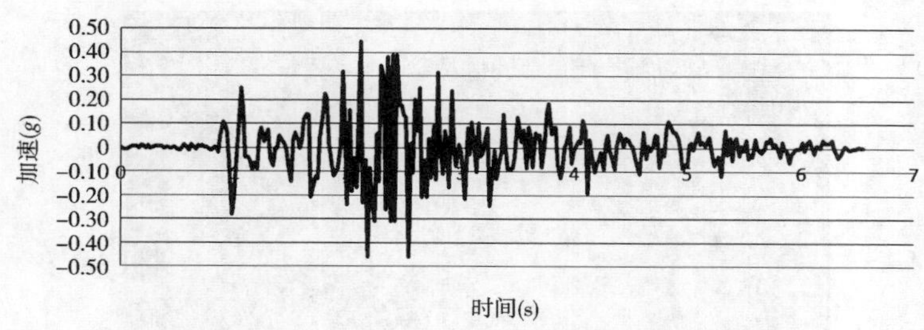


图 6　Tabas 地震中的测速仪水平指针

## 7　分析结果

图 7 ~ 图 11 展示了载荷组合 3 下 BK1 和 BK2 结构的非溢流和溢流水平的牵引张力轮廓 $\sigma_1$（Tabas 地震最大可信地震水平）。

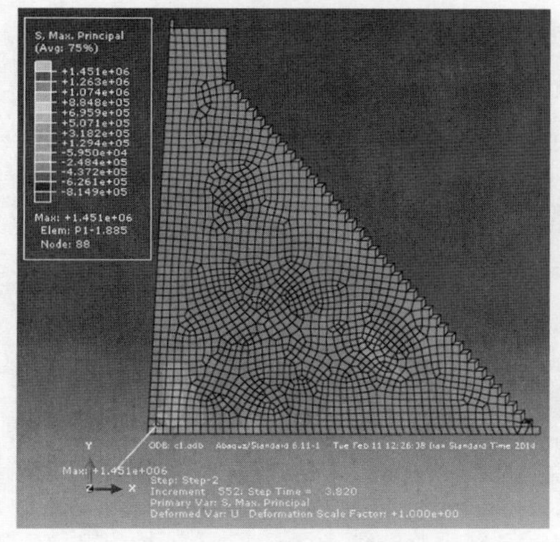

图 7　载荷组合 3 下 BK1 结构上非溢流截面的主要和基本张拉状况

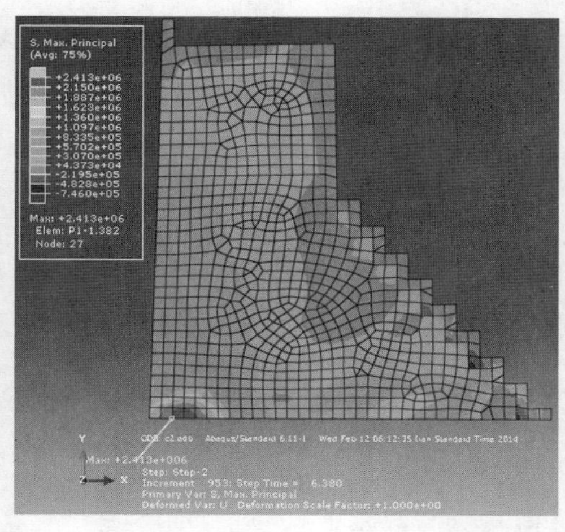

图 8　载荷组合 3 下 BK2 结构上非溢流截面的主要张力状况

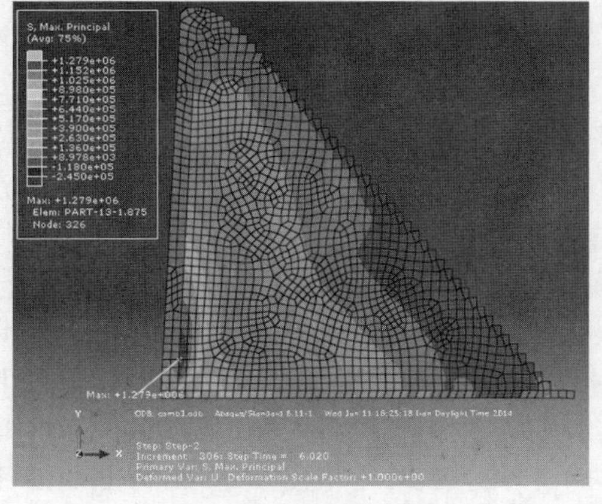

图 9　载荷组合 3 下 BK1 结构上溢流截面的主要和基本张力状况

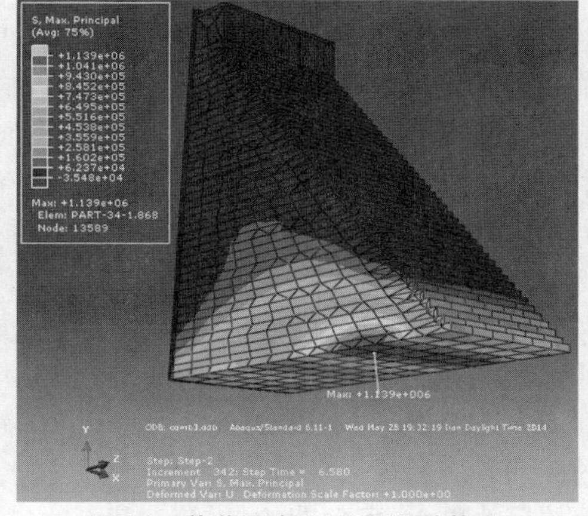

图 10　载荷组合 3 下 BK1 结构上非溢流截面的主要张力状况

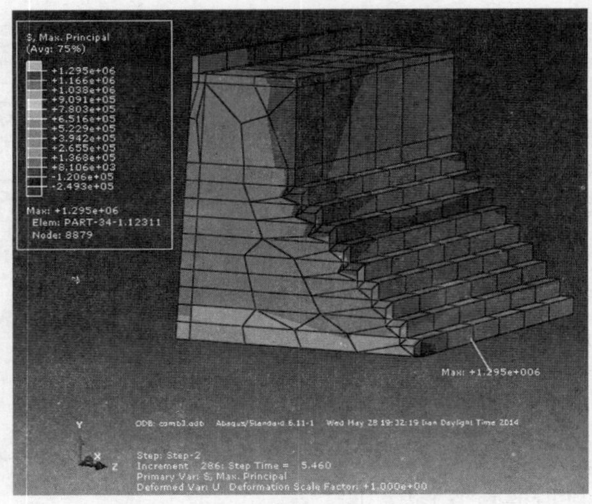


**图 11　载荷组合 3 下 BK2 结构上非溢流截面的主要张力状况**

另外，图 12 展示了载荷组合 1 下 BK2 结构上非溢流层面的大坝位移时间关系曲线图。

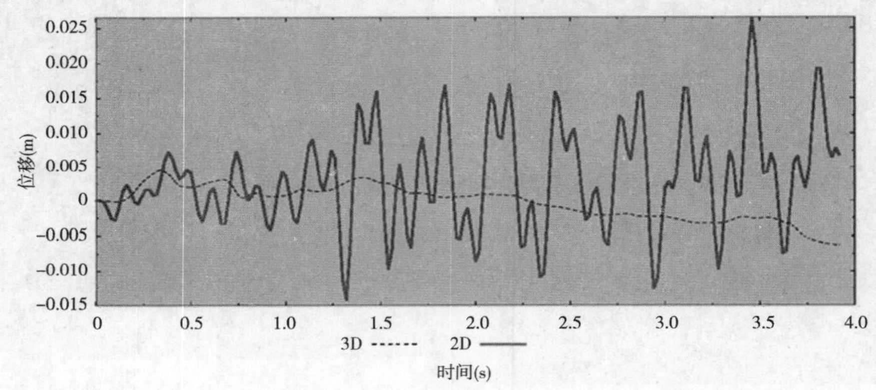


**图 12　载荷组合 1 下 BK2 结构上非溢流截面的坝顶位移时间关系曲线图**

根据表 3 和表 4，与 BK1 和 BK2 上非溢流截面的动态分析结果相比，坝基和大坝框架接触面的最大下沉与载荷混合物类似，因为 BK1 结构上的填筑截面远远大于 BK2 结构上的填筑截面，BK2 结构较弱，从而接近类似载荷的最大下沉数值。举例来说，BK1 结构上非溢流截面的载荷编号 3 的该值为 0. 010 3 m，BK2 弱结构上非溢流截面的该数值在坝顶最大位移中十分明显，BK1 和 BK2 结构的上述两个截面的载荷状态编号 3 中坝顶最大水平位移分别为 0. 031 4 m 和 0. 048 3 m，表明 BK2 的结构弱点对获得的结果产生了消极影响。通过与 2D 和 3D 截面结果的比较，我们确定，在以下三种载荷情况下，3D 截面都低于 2D 截面：包括最大载荷和牵引张力，坝基坝接触面下沉和坝顶位移和速度。根据表 5 举例，对于载荷 1，2D 条件下溢流截面的最大载荷和牵引张力分别为 1. 346 MPa 和 3. 02 MPa，在 3D 条件下分别为 1. 14 MPa 和 1. 49 MPa。之所以 3D 截面出现数值下降，我们认为是 3D 截面相邻截面的互动效应和输入载荷分布造成的。如上文所解释的，与 BK2 相比，BK1 结构上非溢流截面的尺寸更大，可预期的是，第一截面的分析结果比形成比较结果的第二截面更多，可看到这种情况的相反情况。BK2 结构弱点对大坝 3D 特点的影响与 2D 截面类似，与 BK1 和 BK2

两个非溢流截面的最大牵引张力进行比较可以看出，BK1 和 BK2 结构分别等于 1.354 MPa 和 1.331 MPa。

**表 3　Baghan 坝 BK1 结构上非溢流截面的动态分析结果**

| 截面名称 | 结构类型 | 载荷 | 描述 | 单位 | 二维分析结果 | | 三维分析结果 | |
|---|---|---|---|---|---|---|---|---|
| | | | | | 数值 | 发生时间 | 数值 | 发生时间 |
| 非溢流 | BK1 | 1 | 坝框架和坝体之间的最大扭转张力 | MPa | 1.354 | 2.98 | 0.885 | 3.89 |
| | | | 坝框架和坝体的最大载荷张力 | MPa | 2.812 | 3.66 | 0.639 | 0.38 |
| | | | 坝顶的最大水平位移 | m | 0.011 2 | 1.94 | 0.007 2 | 0.37 |
| | | | 坝顶的最大水平速度 | $m/s^2$ | 4.52 | 0.08 | 2.51 | 0.73 |
| | | | 坝体和坝基的最大接触面沉降 | m | 0.003 735 | 1.18 | 0.000 17 | 0.37 |
| | | | 坝体和坝基接触面的最大裁断力 | N | $7.328\times10^6$ | 1.6 | $13.47\times10^6$ | 3.89 |
| | | 2 | 坝框架和坝基的最大扭转张力 | MPa | 1.402 | 2.8 | 0.883 | 3.89 |
| | | | 坝框架和坝基的最大载荷张力 | MPa | 5.147 | 3.6 | 0.51 | 0.36 |
| | | | 坝顶的最大位移 | m | 0.018 6 | 3.76 | 0.025 | 3.89 |
| | | | 坝顶的最大水平速度 | $m/s^2$ | −16.53 | 0.08 | 3.02 | 0.025 |
| | | | 坝体和坝基的最大接触面沉降 | m | 0.002 581 | 3.7 | 0.000 121 | 0.21 |
| | | | 坝体和坝基接触面的最大裁断力 | N | $6.54\times10^6$ | 0.02 | $13.58\times10^6$ | 3.89 |
| | | 3 | 坝框架和坝体的最大扭转张力 | MPa | 1.451 | 3.82 | 1.139 | 6.58 |
| | | | 坝框架的最大载荷张力 | MPa | 10 | 3.66 | 0.411 | 6.42 |
| | | | 坝顶的最大水平位移 | m | 0.031 4 | 4.22 | −0.058 | 6.58 |
| | | | 坝顶的最大水平速度 | $m/s^2$ | −11.21 | 0.08 | 3.77 | 1.14 |
| | | | 坝体和坝基的最大接触面沉降 | m | 0.010 3 | 4.88 | 0.000 48 | 6.58 |
| | | | 坝体和坝基接触面的最大裁断力 | N | $18.88\times10^6$ | 4.28 | $22.85\times10^6$ | 6.58 |

## 8　结　论

在本文中，我们使用 ABAQUS 有限元分析软件对布什尔 Baghan 碾压混凝土坝进行了建模，并在载荷混合下对其进行了分析。我们使用时间关系曲线图进行了动态分析，同时考虑了坝——水库和湖泊的互动效应。

对于 BK1 和 BK2 结构的两个 2D 尺寸上的非线性动力分析结果显示，BK2 结构并没有明显增加坝体张力和位移。

通过将 2D 与 3D 分析结果进行比较，在类似或相等载荷下，3D 截面分析结果中的张力和位移值出现了下降，原因为横截面的输入张力分布不同以及动态分析中的 3D 性状。因此，当坝基中有不同的结构，导致有不同的应答可能时，有必要对大坝进行 3D 分析，尤其对坝基不对称的大坝来说更是如此。

表4　Baghan 坝 BK2 结构上非溢流截面的动态分析结果

| 截面名称 | 结构类型 | 载荷 | 描述 | 单位 | 二维分析结果 | | 三维分析结果 | |
|---|---|---|---|---|---|---|---|---|
| | | | | | 数值 | 发生时间 | 数值 | 发生时间 |
| 非溢流 | BK2 | 1 | 坝框架与坝体之间的最大扭转张力 | MPa | 1.331 | 3.46 | 1.156 | 3.89 |
| | | | 坝框架与坝体的最大载荷张力 | MPa | 0.907 | 3.36 | 1.475 | 0.7 |
| | | | 坝顶的最大水平位移 | m | 0.026 3 | 3.44 | 0.007 | 3.89 |
| | | | 坝顶的最大水平速度 | $m/s^2$ | -6.35 | 1.44 | 2.11 | 0.75 |
| | | | 坝体和坝基的最大接触面沉降 | m | 0.002 3 | 2.96 | 0.000 12 | 0.71 |
| | | | 坝体和坝基接触面的最大裁断力 | N | $1.1\times10^6$ | 2.84 | $6.69\times10^6$ | 3.86 |
| | | 2 | 坝框架和坝基的最大扭转张力 | MPa | 1.344 | 2.94 | 1.15 | 3.89 |
| | | | 坝框架和坝基的最大载荷张力 | MPa | 1.483 | 3.56 | 0.06 | 3.89 |
| | | | 坝顶最大位移 | m | 0.023 6 | 3.62 | 0.025 | 3.89 |
| | | | 坝顶最大水平速度 | $m/s^2$ | 6.43 | 1.44 | 1.74 | 0.23 |
| | | | 坝体和坝基的最大接触面沉降 | m | 0.002 961 | 2.44 | 0.009 9 | 0.23 |
| | | | 坝体和坝基接触面的最大裁断力 | N | $1.82\times10^6$ | 3.44 | $7.91\times10^6$ | 0.37 |
| | | 3 | 坝框架和坝体的最大扭转张力 | MPa | 2.413 | 6.38 | 1.295 | 5.46 |
| | | | 坝框架的最大载荷张力 | MPa | 3.769 | 6.38 | 1.37 | 6.58 |
| | | | 坝顶最大水平位移 | m | 0.048 3 | 4.44 | -0.058 | 6.58 |
| | | | 坝顶最大水平速度 | $m/s^2$ | -16.54 | 4.46 | -2.7 | 1.03 |
| | | | 坝体和坝基最大接触面沉降 | m | 0.007 593 | 4.9 | 0.003 | 6.58 |
| | | | 坝体和坝基接触面的最大裁断力 | N | $3.42\times10^6$ | 5.56 | $4.52\times10^6$ | 6.58 |

表5　Baghan 坝 BK1 结构上溢流截面的动态分析结果

| 截面名称 | 结构类型 | 载荷 | 描述 | 单位 | 二维分析结果 | | 三维分析结果 | |
|---|---|---|---|---|---|---|---|---|
| | | | | | 数值 | 发生时间 | 数值 | 发生时间 |
| 溢流 | BK1 | 1 | 坝框架和坝体之间的最大扭转张力 | MPa | 1.346 | 3 | 1.14 | 0.7 |
| | | | 坝框架和坝体的最大载荷张力 | MPa | 3.02 | 3.66 | 1.49 | 0.76 |
| | | 2 | 坝顶最大水平位移 | m | 1.198 | 1.74 | 1.02 | 0.22 |
| | | | 坝顶最大水平速度 | $m/s^2$ | 5.51 | 3.62 | 1.22 | 0.36 |
| | | 3 | 坝体和坝基的最大接触面沉降 | m | 1.28 | 6.02 | 1.273 | 6.58 |
| | | | 坝体和坝基接触面的最大裁断力 | N | 1.27 | 6.38 | 3.54 | 3.84 |

## 参考文献


[1] Westergard, H. M. . 地震中大坝的水压力. 美国土木工程师协会,1933.

[2] Kotsubo S. . 地震中大坝的动态水压力. PROC,第二版,世界地震工程大会,1960.

[3] Zangar C. M. . 水平地震对大坝造成的动水压力. Proc. Soc. Exper. 应力分析,1953. 10.

[4] Chopra A. K. . 地震中大坝的动水压力. PROC,美国土木工程师协会,1967,93,NO Ems.

[5] Pal, N. 混凝土重力坝的地震裂缝[J]. 构造划分杂志,美国土木工程师协会,1976,102(9):1 827-1 844.

[6] Fok, K. L. , Hall, J. F. , Chopra, A. K. EACD－3D:一款混凝土坝三维分析计算机软件[R]. 加州大学伯克利分校,1986.

[7] Bhattacharjee S. S. , Leger P. 使用 NLFM 模型预测混凝土重力坝的裂缝[J]. 结构工程杂志,美国土木工程师协会,1994,120(4):1255-1271.

[8] Ghaemian, M. , Ghobarah, A. 混凝土重力坝的非线性地震响应与水坝——水库相互作用[J]. 工程结构,1999(21):306-315.

[9] Leclerc M, Le′ger P, Tinawi R. 混凝土坝的 RS－DAM 地震晃动和滑坡:用户手册[M]. 加拿大魁北克省蒙特利尔综合理工学校土木工程系,2002.

[10] Leclerc M, Le′ger P, Tinawi R. 计算机辅助重力坝稳定性分析——CADAM:用户手册[M]. 加拿大魁北克省蒙特利尔综合理工学校土木工程系,2002.

[11] Leclerc M, Le′ger P, Tinawi R. 计算机辅助重力坝稳定性分析——CADAM[J]. 国际先进工程软件杂志,2003,34:403-20.

[12] Chuhan, Z. , Guanglun, W. , Shaomin, W. ,et al. . 碾压混凝土实验测试和碾压混凝土坝非线性断裂分析[J]. 土木工程材料,2002,14(2):108-115.

[13] Tan, H. ,Chopra, A. K. EACD－3D－96:一款混凝土坝三维地震分析计算机软件[R]. 加州大学伯克利分校,1996.

[14] Mirza-Bozorg, Hassan. 考虑水坝——湖泊相互作用的混凝土重力坝三维非线性地震分析[R]. 谢里夫大学建筑与 derievilent 工程学院.

[15] Rastegarfar, Asghar,Moeini, et al. . 轻质混凝土坝平面张力和二维平面垮塌的三维和二维分析方法比较. Ghaloos Azad 大学施工、道路和建筑全国代表大会,2011.

[16] Moeini, Mohsen,Ghaemian,et al. . 包含大坝和湖泊相互作用的混凝土重力坝非线性地震反应损伤力学分析[C]//第四届地震学和地震工程国际会议,2003.

[17] Fazeli, Meisam, Ghaemian, Mohsen. 混凝土重力坝非线性分析中因地震造成的分布开裂非线性模型参数研究[C]//第二届土木工程全国代表大会,1383.

[18] Mazloomi－Balsini, Arash. 包含大坝和湖泊相互作用的分布开裂法碾压混凝土坝非线性地震分析[D]. 水利建设资深专家论文,谢里夫大学土木工程学院,2006.

[19] Mahmoodian shooshtari, Mohammad, Sadeghi Chikani, Pooriya. 强调稳定性标准的包含大坝和水库相互作用的混凝土重力坝非线性地震分析[C]//第七届土木工程全国代表大会,Sistan 和 Baloochestan 大学,Shahid Nikbakht 工程部,2013.

[20] Omidi. 碾压混凝土坝分析.

[21] Cheraghi, Nader. 考虑大坝和水库相互作用的混凝土重力坝动态分析[D]. 建筑学资深专家论文,谢里夫大学土木工程系,1998.

[22] Moradi－Moghadam, Mohammad－Reza. 考虑大坝和湖泊相互作用的坝基对拱形混凝土坝地震表现的影响分析[D]. 水利建设资深专家论文,谢里夫大学土木工程系,2004.

[23] Heirani, Zahra, Razm－khah , Arash, Vosooghi－far, Hamid－Reza. 设计 RCC 和 RMD 抗震坝的必要

安排和准备[C]//第一届地震和建设风格设计国际会议,Ghom 大学工程技术系,2005.

[24] Esmail, Nia Omran, Mohammad, Mahdilu – Torkamani, Hamed. 与静态与动态载荷相比的 chegin 碾压混凝土坝稳定性评估[C]//第一届大坝和水电建设者国际会议和第三届大坝和水电建设者全国会议,2011.

[25] Farhad – Abadi, Chia, and Hassanloo, Mahmood. 重力坝动态分析中 ANSYS 和 ABAQUS 有限元软件的应用及其最佳影响的检查[C]//第一届大坝和水电建设者国际会议和第三届大坝和水电建设者全国会议,2011.

[26] Bagheri, Seyyed – yaser, Ghaemian, Mohsen. 低水泥含量碾压混凝土坝的动态非线性分析[C]//第九届土木工程国际会议,伊斯法罕工业大学,2012.

[27] Moghaddam, Haman. 动态分析方法. 谢里夫大学手册.

[28] Mahan – Far. 碾压混凝土坝三维形态的不对称坝基检查和调查,以及布什尔 Baghan 坝的二维和三维形态分析,2014.

# 马马崖一级水电站大坝全断面超高掺碾压混凝土施工过程管理

张　斌　杨文杰　李　宇　徐　洲

（贵州黔源北盘江马马崖电站建设公司　贵州　贵阳　561300）

**摘要**：贵州北盘江马马崖一级水电站碾压混凝土重力坝坝顶高程 592 m，坝底高程 483 m，坝高 109 m。坝顶宽 12 m，挡水坝段下游坡比为 1:0.75，溢流坝段最大坝底宽为 100.50 m。坝体中间设横缝，大坝混凝土方量约 71 万 $m^3$，其中常态混凝土 26.5 万 $m^3$，碾压混凝土 44.7 万 $m^3$。

电站通过室内试验研究，由设计单位提出满足要求的超高掺灰碾压混凝土配合比；通过现场生产性试验复核优化碾压混凝土配合比，对比研究超高掺灰碾压混凝土与常规掺灰碾压混凝土在施工工艺、混凝土性能方面的差异，为超高掺灰碾压混凝土在马马崖一级水电站中的应用提供技术指导，并最终实现上坝应用。马马崖一级水电站大坝首次在国内采用全断面超高掺粉煤灰碾压混凝土，粉煤灰的掺量高达 60% ~70%，通过参建各单位的共同努力及现场质量管控，电站已于 2014 年 11 月 10 日成功下闸蓄水，大坝各项监测指标良好，坝后基本无渗水，大坝裂缝较少，取芯压水试验结果较好，应用取得了成功。

**关键词**：大坝，全断面，超高掺，碾压混凝土，施工管理

## 1　工程概况

马马崖一级水电站位于贵州省关岭县与兴仁县交界的北盘江中游，是北盘江干流水电梯级开发的第二级。工程开发任务以发电为主，装机容量 558 MW，安装 3 台单机容量为 180 MW 的水轮发电机组和一台单机容量为 18 MW 的生态流量机组，年发电量 15.61 亿 kWh；水库正常蓄水位 585 m，相应库容 1.365 亿 $m^3$，死水位 580 m，调节库容 0.307 亿 $m^3$，具有日调节性能。

电站枢纽工程由碾压混凝土重力坝、坝身开敞式溢流表孔、坝身放空底孔、左岸引水系统、左岸地下厂房等主要建筑物组成。碾压混凝土重力坝坝轴线方位为 N46.89°E，坝基高程 483.00 m，坝顶高程 592.00 m，最大坝高 109 m，坝顶宽度 10 m，最大坝底宽度 100.5 m，坝顶全长 247.2 m，分为左、右岸非溢流坝段和河床溢流坝段。左岸非溢流坝段长 129.55 m，右岸非溢流坝段长 55.15 m，河床溢流坝段长 59.5 m。坝体基本断面为：坝体上游面从坝顶至 525 m 高程为垂直，525 m 高程至坝基为 1:0.25 斜坡，下游坝坡为 1:0.75。

## 2　百米级全断面三级配超高掺粉煤灰筑坝课题研究概述

20 余年来，国内以粉煤灰掺用量为重要指标的水工混凝土技术几乎没有重大突破。如何充分发挥我国水电资源优势，全面提升混凝土筑坝材料性能，是一项值得深入研究的重大

课题。为此，业主单位贵州北盘江电力股份有限公司联合设计单位中国水电顾问集团贵阳勘测设计研究院，以马马崖一级水电站大坝工程为依托，成立科研小组，从结构、试验和施工工艺和施工质量控制三个方面开展超高掺碾压混凝土筑坝技术研究。课题小组自 2012 年 7 月开展相关研究工作，2013 年 3 月完成阶段研究成果，2013 年 4 月对阶段成果进行了专家会议咨询，2013 年 4 月开始上坝应用，2014 年 5 月超高掺碾压混凝土全部施工完成。马马崖一级水电站超高掺碾压混凝土筑坝课题研究推荐配合比见表 1。

**表 1　超高掺碾压混凝土筑坝课题研究推荐配合比**

| 编号 | 混凝土强度及部位 | 级配 | 水胶比 | 砂率（%） | 各材料用量（$kg/m^3$） | | | |
|---|---|---|---|---|---|---|---|---|
| | | | | | 水 | 水泥 | 粉煤灰 | |
| | | | | | | | 用量 | 掺量 |
| RⅡ | $C_{90}20W8F100$ 迎水面防渗碾压混凝土 | 三 | 0.46 | 33 | 70 | 60.9 | 91.3 | 60% |
| RⅠ | $C_{90}15W6F50$ 坝体内部碾压混凝土 | 三 | 0.5 | 33 | 70 | 42 | 98 | 70% |
| CbⅡ | $C_{90}20W8F100$ 迎水面防渗变态混凝土（浆液） | 三 | 0.46 | — | 27.3 | 23.7 | 35.6 | 60% |
| CbⅠ | $C_{90}15W8F100$ 迎水面防渗变态混凝土（浆液） | 三 | 0.5 | — | 28 | 16.8 | 39.2 | 70% |

## 3　超高掺灰碾压混凝土原材料检测及配合比

### 3.1　原材料检测

#### 3.1.1　水泥

混凝土配合比试验水泥采用贵州台泥（安顺）水泥有限公司生产的 P · O 42.5 水泥，该水泥的化学参数及物理力学各项性能均符合国标《通用硅酸盐水泥》（GB 175—2007）的要求，水化热符合《中热硅酸盐水泥　低热硅酸盐水泥　低热矿渣硅酸盐水泥》（GB 200—2003）的要求。具体检测情况见表 2 ~ 表 4。

**表 2　“台泥”牌 P · O42.5 水泥物理力学性能检测结果**

| 检测项目 | | 检测结果 | GB 175—2007 |
|---|---|---|---|
| 密度（$g/cm^3$） | | 3.06 | — |
| 比表面积（$m^2/kg$） | | 345 | ≥300 |
| 细度（%） | | — | — |
| 标准稠度（%） | | 26.8 | — |
| 安定性 | | 合格 | 合格 |
| 凝结时间（min） | 初凝 | 185 | ≥45 |
| | 终凝 | 275 | ≤600 |

续表 2

| 检测项目 | | 检测结果 | GB 175—2007 |
|---|---|---|---|
| 抗压强度（MPa） | 3 d | 34.3 | ≥17.0 |
| | 28 d | 54.3 | ≥42.5 |
| 抗折强度（MPa） | 3 d | 4.7 | ≥3.5 |
| | 28 d | 6.8 | ≥6.5 |

表 3　"台泥"牌 P·O 42.5 水泥化学分析检测结果

| 检测项目 | $SO_3$（%） | 烧失量（%） | CaO（%） | MgO（%） | $Na_2O$（%） | $K_2O$（%） |
|---|---|---|---|---|---|---|
| 检测结果 | 2.48 | 3.14 | 58.99 | 0.94 | 0.15 | 0.45 |
| GB 175—2007 | ≤3.5 | ≤5.0 | — | ≤5.0 | $Na_2O+0.658K_2O\leq0.60$ | |

表 4　"台泥"牌 P·O 42.5 水泥水化热检测结果

| 检测项目 | | 水化热（kJ/kg） | | |
|---|---|---|---|---|
| | | 3 d | 7 d | 28 d |
| 检测结果 | | 240 | 304 | — |
| GB 200—2003 | 中热 | ≤251 | ≤293 | — |
| | 低热 | ≤230 | ≤260 | — |

3.1.2　粉煤灰

试验所用的粉煤灰采用贵州黔西南州卓圣环保建材有限公司生产的粉煤灰，该粉煤灰细度、烧失量、含水率等各项指标均达《水工混凝土掺用粉煤灰技术规范》（DL/T 5055—2007）中Ⅱ级粉煤灰的要求。具体检测情况见表 5、表 6。

表 5　"卓圣"牌Ⅱ级粉煤灰粉煤灰物理力学性能检测结果

| 检测项目 | | 密度（$g/cm^3$） | 细度（%） | 需水量比（%） | 含水量（%） | 抗压强度比（%） | |
|---|---|---|---|---|---|---|---|
| | | | | | | 7 d | 28 d |
| 检测结果 | | 2.54 | 2.7 | 92 | 0.4 | 68 | 75 |
| DL/T 5055—2007 | Ⅰ级 | — | ≤12 | ≤95 | ≤1.0 | — | — |
| | Ⅱ级 | — | ≤25 | ≤105 | ≤1.0 | — | — |
| | Ⅲ级 | — | ≤45 | ≤115 | ≤1.0 | — | — |

**表 6 “卓圣”牌Ⅱ级粉煤灰化学成分检测结果**

| 检测项目 | | CaO(%) | $SO_3$(%) | MgO(%) | $Na_2O$(%) | $K_2O$(%) | 烧失量(%) |
|---|---|---|---|---|---|---|---|
| 检测结果 | | 2.23 | 1.37 | 0.86 | 0.85 | 2.05 | 5.98 |
| DL/T 5055—2007 | Ⅰ级 | — | ≤3.0 | | — | — | ≤5.0 |
| | Ⅱ级 | — | ≤3.0 | — | — | — | ≤8.0 |
| | Ⅲ级 | — | ≤3.0 | | — | — | ≤15.0 |

3.1.3 *砂石骨料*

砂石骨料采用砂石系统提供的人工砂石料,现场取样的人工砂石粉含量偏低、小骨料超径含量偏大、中骨料逊径含量偏大,超过规范要求,人工砂和粗骨料的其它物理性能满足《水工混凝土施工规范》(DL/T 5144—2001)的要求。具体检测情况见表 7 ~ 表 10。

**表 7 细骨料物理性能检测结果**

| 检测项目 | 表观密度 ($kg/m^3$) | 堆集密度 ($kg/m^3$) | 紧密密度 ($kg/m^3$) | 面干密度 ($g/cm^3$) | 面干吸水率(%) | 泥块含量 (%) | 云母含量 (%) | 含泥量 (%) | MB (g/kg) |
|---|---|---|---|---|---|---|---|---|---|
| 检测结果 | 2 730 | 1 500 | 1 720 | 2.65 | 2.50 | — | 0 | — | 0.5 |
| DL/T 5144—2001 | ≥2 500 | — | — | — | — | 不允许 | ≤2 | ≤3 | — |

**表 8 细骨料颗粒级配检测结果**

| 筛孔尺寸 公称粒径(mm) | 5.00 | 2.50 | 1.25 | 0.63 | 0.315 | 0.160 | 石粉含量 (%) | 细度模数 (*F. M*) |
|---|---|---|---|---|---|---|---|---|
| 筛余率(%) | 0.0 | 10.2 | 23.8 | 32.0 | 16.0 | 5.5 | 12.3 | 2.80 |
| 累计筛余(%) | 0 | 10.2 | 34 | 66 | 82 | 87.5 | | |

**表 9 粗骨料物理性能检测结果**

| 粒径 (mm) | 表观密度 ($kg/m^3$) | 堆集密度 ($kg/m^3$) | 紧密密度 ($kg/m^3$) | 面干密度 ($g/cm^3$) | 面干吸水率 (%) | 泥块含量 (%) | 超逊径(%) | | 针片状 (%) | 压碎指标 (%) | 坚固性 (%) | 有机质 |
|---|---|---|---|---|---|---|---|---|---|---|---|---|
| | | | | | | | 超径 | 逊径 | | | | |
| 5 ~ 20 | 2 740 | — | — | 2.71 | 0.81 | — | — | — | — | | — | 浅于标准色 |
| 20 ~ 40 | 2 740 | — | — | 2.71 | 0.70 | — | — | — | — | — | — | 浅于标准色 |
| 40 ~ 80 | 2 740 | — | — | 2.72 | 0.45 | — | — | — | — | | — | 浅于标准色 |

表 10　粗骨料颗粒级配检测结果

| 骨料粒径（mm） | 5～20 | | | | | | 20～40 | | | | | | 40～80 | | | | | |
|---|---|---|---|---|---|---|---|---|---|---|---|---|---|---|---|---|---|---|
| 筛孔径（mm）公称直径 | 25 | 20 | 16 | 10 | 5 | <5 | 50 | 40 | 31.5 | 25 | 20 | <20 | 100 | 80 | 63 | 50 | 40 | <40 |
| 分计筛余（%） | 0 | 20.2 | — | 70.6 | 7.4 | 1.8 | 0 | 5.4 | — | 50.5 | 19.0 | 25.1 | 0 | 8.3 | 45.3 | 26.5 | 11.2 | 8.7 |
| 累计筛余（%） | 0 | 20 | — | 91 | 98 | 100 | 0 | 5 | — | 56 | 75 | 100 | 0 | 8 | 54 | 80 | 91 | 100 |

3.1.4　外加剂

试验所用的减水剂采用南京瑞迪高新技术有限公司生产的 HLC－NAF 缓凝高效减水剂，引气剂采用石家庄长安育才建材公司生产的 GK－4A 引气剂，两种外加剂均符合国标《混凝土外加剂》（GB 8076—2008）中的要求。具体检测情况见表 11、表 12。

表 11　外加剂匀质性检测结果

| 外加剂名称 | $K_2O$（%） | $Na_2O$（%） | pH | 表面张力（mN/m） |
|---|---|---|---|---|
| 南京高新技术有限公司生产的 HLC－NAF 缓凝高效减水剂 | 0.58 | 13.02 | 11.49 | 72.46 |
| 石家庄长安育才建材有限公司生产的 GK－9A 引气剂 | 0.0 | 2.40 | 8.52 | 33.41 |

表 12　掺用外加剂混凝土物理、力学性能试验成果表

| 序号 | 外加剂名称、掺量 | | 减水率（%） | 含气量（%） | 泌水率比（%） | 凝结时间差（min） | | 抗压强度比（%） | |
|---|---|---|---|---|---|---|---|---|---|
| | | | | | | 初凝 | 终凝 | 7 d | 28 d |
| 1 | 南京高新技术有限公司生产 HLC－NAF 缓凝高效减水剂 | 0.70 | 14.5 | 1.4 | 46 | 186 | 155 | 135 | 124 |
| | | 0.80 | 16.2 | 1.4 | — | 192 | 167 | 140 | 130 |
| | | 0.90 | 18.1 | 1.5 | — | 205 | 175 | 148 | 136 |
| | | 1.00 | 19.9 | 1.6 | — | 218 | 188 | 156 | 141 |
| 2 | 石家庄长安育才建材有限公司生产的 GK－9A 引气剂（0.01%） | | 6.2 | 3.2 | 42 | －28 | －73 | 95.6 | 98.7 |
| GB 8076—2008 | 缓凝高效减水剂 | | ≥14 | ≤4.5 | ≤100 | >＋90 | — | ≥125 | ≥120 |
| | 引气剂 | | ≥6.0 | ≥3.0 | ≤70 | －90～＋120 | | ≥95 | ≥90 |

## 3.2 超高掺灰配合比设计

针对本工程的超高掺灰碾压混凝土配合比设计,采用了"三低一高"的配合比设计思路,即:低水胶比、低用水量、低水泥用量、高粉煤灰掺量。由于本次试验的 HLC－NAF 缓凝高效减水剂减水率有所下降,经试验当减水剂掺量为胶凝材料的 1.0%,用水量为 75 kg/m³ 时,砂率为 33.5%～34.5%时,碾压混凝土的 $V_C$ 值为 2～5 s,黏聚性和可碾性都较好,适合碾压混凝土施工。超高掺灰混凝土抗压强度与水胶比关系、配合比设计等相关性能见表 13～表 17。

表 13 碾压混凝土抗压强度与水胶比关系

| 级配、掺灰量 | 龄期(d) | 抗压强度(MPa) 水胶比 0.70 | 0.60 | 0.50 | 0.40 | 回归方程 | 相关系数 |
|---|---|---|---|---|---|---|---|
| 三级配、掺灰量 72% | 7 | 5.2 | 6.1 | 8.0 | 11.2 | $R_7=5.6930x-3.1849$ | 0.996 0 |
| | 28 | 9.7 | 11.1 | 14.2 | 19.0 | $R_{28}=8.8473x-3.2994$ | 0.996 8 |
| | 90 | 14.6 | 18.0 | 22.3 | 26.9 | $R_{90}=11.4191x-1.2326$ | 0.994 5 |

表 14 超高掺灰碾压混凝土配合比

| 编号 | 混凝土设计强度 | 配合比参数 水胶比 | 掺灰量(%) | 砂率(%) | HLC－NAF 缓凝高效减水剂(%) | GK－9A 引气剂(%) | 灰代粉(体积比)(%) | 单位体积材料用量(kg/m³) 水泥 | 粉煤灰 | 砂 | 5～20(mm) GS | 20～40(mm) Gm | 40～80(mm) GL | 水 | 灰代粉 | $V_C$(S) | 含气量(%) | α | β | 浆砂比 |
|---|---|---|---|---|---|---|---|---|---|---|---|---|---|---|---|---|---|---|---|---|
| 1 | $C_{90}15$ W6F50 | 0.50 | 60 | 34.5 | 1.0 | 0.08 | 2.0 | 60 | 90 | 747 | 447 | 596 | 447 | 75 | 15 | 2～5 | 2～4 | 1.35 | 1.91 | 0.39 |
| 2 | | 0.50 | 72 | 34.5 | 1.0 | 0.08 | 2.0 | 42 | 108 | 746 | 447 | 596 | 447 | 75 | 15 | 2～5 | 2～4 | 1.36 | 1.92 | 0.40 |
| 3 | | 0.50 | 80 | 34.5 | 1.0 | 0.08 | 2.0 | 30 | 120 | 745 | 446 | 595 | 446 | 75 | 15 | 2～5 | 2～4 | 1.37 | 1.93 | 0.40 |

表 15 超高掺灰碾压混凝土性能及硬化物力学性能

| 编号 | 水胶比 | 掺灰量(%) | 容重(kg/m³) | 凝结时间(h:min) 初凝 | 终凝 | 抗压强度(MPa) 7 d | 28 d | 90 d | 劈拉强度(MPa) 7 d | 28 d | 90 d |
|---|---|---|---|---|---|---|---|---|---|---|---|
| 1 | 0.50 | 60 | 2 477 | — | — | 10.9 | 16.6 | 24.2 | 0.87 | 1.34 | 1.99 |
| 2 | 0.50 | 72 | 2476 | 21:20 | 30:58 | 7.2 | 13.0 | 20.9 | 0.56 | 1.07 | 1.69 |
| 3 | 0.50 | 80 | 2 472 | — | — | 4.0 | 8.4 | 13.4 | 0.33 | 0.70 | 0.97 |

相关方程

| 水灰比 | 0.50 |
|---|---|
| 强度与掺灰量关系 | $R_7=-34.5x+31.5167, r=0.9992$<br>$R_{28}=-41x+41.3667,\ r=0.9976$<br>$R_{90}=-54x+57.3000,\ r=0.9758$ |

表 16　混凝土配合比试验力学和变形性能

| 编号 | 静力抗压弹性模量( $\times 10^4$ MPa) | | | | 轴心抗拉强度(MPa) | | | 极限拉伸( $\times 10^{-4}$ ) | | |
|---|---|---|---|---|---|---|---|---|---|---|
| | 7 d | 28 d | 90 d | 180 d | 7 d | 28 d | 90 d | 7 d | 28 d | 90 d |
| 1 | — | 2.20 | 3.29 | — | — | 1.25 | 1.83 | — | 0.76 | 0.88 |
| 2 | — | 1.62 | 2.72 | — | — | 1.08 | 1.61 | — | 0.62 | 0.75 |
| 3 | — | 0.98 | 1.86 | — | — | 0.65 | 0.98 | — | 0.42 | 0.52 |

表 17　碾压混凝土耐久性能

| 编号 | 设计强度 | 级配 | 抗渗强度(90 d) | 抗冻强度(90 d) | | | |
|---|---|---|---|---|---|---|---|
| | | | | 冻融次数 $N$ | 相对动弹性模数 $P$(%) | 重量损失率(%) | 抗冻标号评定 |
| 1 | $C_{90}$15W6F50 | 三 | >W6 | 25 | 85.8 | 0.35 | >F50 |
| | | | | 50 | 74.6 | 1.23 | |
| 2 | | 三 | >W6 | 25 | 74.9 | 0.98 | >F50 |
| | | | | 50 | 62.4 | 3.56 | |
| 3 | | 三 | >W4<br><W6 | 25 | 51.3 | 4.78 | <F25 |
| | | | | 50 | — | — | |

## 4　拌和物质量控制性能控制

### 4.1　拌和运转试验

拌和设备:右岸 1 座 $2\times4.5\ m^3$ 强制式拌和楼拌制。

拌和时间:试验拌和时间为 50 s、60 s、70 s。

投料顺序:砂→水泥 + 粉煤灰→(水 + 外加剂)→小石→中石→大石。

拌和楼超高掺灰碾压混凝土均匀性试验见表 18。

表 18　拌和楼超高掺灰碾压混凝土均匀性试验

| 拌和时间(s) | 混凝土取样位置 | $V_C$ 值(s) | 骨料比例 | | 砂浆容重(kg/m³) | | DL/T 5112—2000 |
|---|---|---|---|---|---|---|---|
| | | | 骨料比例(%) | 骨料比例差(%) | 砂浆容重 | 误差 | |
| 50 | 盘首 | 3.6 | 47.1 | 8.3 | 2 360 | 20 | 骨料比例差≤10%;砂浆容重≤30 kg/m³,抗压强度误差达到最小 |
| | 盘尾 | 4.9 | 55.3 | | 2 340 | | |
| 60 | 盘首 | 3.8 | 55.6 | 5.4 | 2 350 | 10 | |
| | 盘尾 | 4.0 | 50.2 | | 2 340 | | |
| 70 | 盘首 | 3.6 | 51.5 | 4.2 | 2 360 | 10 | |
| | 盘尾 | 3.9 | 55.7 | | 2 350 | | |
| 结论 | 拌和时间为 60 s 时,混凝土拌和均匀性能满足要求且较好,故拌和时间取 60 s | | | | | | |

## 4.2 机口 $V_C$ 值及温度

机口 $V_C$ 值及温度检测统计见表19。

表19 机口 $V_C$ 值及温度检测统计表

| 浇筑部位 | 混凝土标号 | 控制标准 | 测试项目 | 检测次数 | 不合格次数 | 平均值 $X$ | 最大值 | 最小值 | 合格率(%) |
|---|---|---|---|---|---|---|---|---|---|
| 大坝碾压混凝土 | $C_{90}$15W6F50 | 4～6 s | $V_C$ 值(s) | 1 468 | 51 | 4.6 | 6.5 | 3.0 | 96.5 |
| | | — | 气温(℃) | 1 468 | — | 21.3 | 37.0 | 4.0 | — |
| | | — | 混凝土温(℃) | 1 468 | — | 22.3 | 32.0 | 9.0 | — |

## 4.3 仓面 $V_C$ 值及温度

仓面 $V_C$ 值及温度检测统计见表4-20。

表20 仓面 $V_C$ 值及温度检测统计表

| 浇筑部位 | 混凝土标号 | 控制标准 | 测试项目 | 检测次数 | 合格次数 | 平均值 $X$ | 最大值 | 最小值 | 合格率(%) |
|---|---|---|---|---|---|---|---|---|---|
| 大坝碾压混凝土 | $C_{90}$15W6F50 | 4～6(s) | $V_C$ 值(s) | 1 707 | 1 644 | 4.8 | 7.0 | 3.0 | 96.3 |
| | | — | 气温(℃) | 1 707 | — | 21.2 | 38.0 | 4.0 | — |
| | | — | 混凝土温度(℃) | 1 707 | — | 22.7 | 32.0 | 9.0 | — |
| | | — | 浇筑混凝土温度(℃) | 2 625 | — | 22.6 | 34.0 | 10.0 | — |

## 4.4 含气量检测

机口含气量检测统计见表21。

表21 机口含气量检测统计表

| 工程部位 | 混凝土标号 | 抽检地点 | 控制要求(%) | 检测次数 | 合格次数 | 最大值(%) | 最小值(%) | 平均值(%) | 合格率(%) | 备注 |
|---|---|---|---|---|---|---|---|---|---|---|
| 大坝 | $C_{90}$15W6F50 | 机口 | — | 901 | — | 3.6 | 2.7 | 3.0 | — | 高掺灰 |
| | $C_{90}$20W8F100 | 机口 | — | 364 | — | 3.7 | 2.8 | 3.2 | — | |

## 4.5 凝结时间及容重测试

超高掺灰碾压混凝土拌和物凝结时间及容重试验见表22。

# 5 超高掺灰碾压混凝土性能试验研究

## 5.1 RCC 性能室内试验

RCC 性能室内试验结果见表23～表25。

**表 22　超高掺灰碾压混凝土拌和物凝结时间及容重试验**

| 编号 | 容重（$kg/m^3$） | 凝结时间（h:min） | |
|---|---|---|---|
| | | 初凝 | 终凝 |
| 1 | 2 477 | 20:15 | 27:46 |
| 2 | 2 476 | 21:20 | 30:58 |
| 3 | 2 472 | 22:10 | 30:25 |

**表 23　超高掺灰碾压混凝土性能及硬化物力学性能**

| 编号 | 水胶比 | 掺灰量（%） | 容重（$kg/m^3$） | 凝结时间（h:min） | | 抗压强度（MPa） | | | 劈拉强度（MPa） | | |
|---|---|---|---|---|---|---|---|---|---|---|---|
| | | | | 初凝 | 终凝 | 7 d | 28 d | 90 d | 7 d | 28 d | 90 d |
| 1 | 0.50 | 60 | 2 477 | — | — | 10.9 | 16.6 | 24.2 | 0.87 | 1.34 | 1.99 |
| 2 | 0.50 | 72 | 2 476 | 21:20 | 30:58 | 7.2 | 13.0 | 20.9 | 0.56 | 1.07 | 1.69 |
| 3 | 0.50 | 80 | 2 472 | — | — | 4.0 | 8.4 | 13.4 | 0.33 | 0.70 | 0.97 |

相关方程

| 水灰比 | 0.50 |
|---|---|
| 强度与掺灰量关系 | $R_7 = -34.5x + 31.5167$，　$r = 0.9992$<br>$R_{28} = -41x + 41.3667$，　$r = 0.9976$<br>$R_{90} = -54x + 57.3000$，　$r = 0.9758$ |

**表 24　混凝土配合比试验力学和变形性能**

| 编号 | 静力抗压弹性模量（$\times 10^4$ MPa） | | | | 轴心抗拉强度（MPa） | | | | 极限拉伸（$\times 10^{-4}$） | | | |
|---|---|---|---|---|---|---|---|---|---|---|---|---|
| | 7 d | 28 d | 90 d | 180 d | 7 d | 28 d | 90 d | 180 d | 7 d | 28 d | 90 d | 180 d |
| 1 | — | 2.20 | 3.29 | — | — | 1.25 | 1.83 | — | — | 0.76 | 0.88 | — |
| 2 | — | 1.62 | 2.72 | — | — | 1.08 | 1.61 | — | — | 0.62 | 0.75 | — |
| 3 | — | 0.98 | 1.86 | — | — | 0.65 | 0.98 | — | — | 0.42 | 0.52 | — |

**表 25　碾压混凝土耐久性能**

| 编号 | 设计强度 | 级配 | 抗渗强度（90 d） | 抗冻强度（90 d） | | | |
|---|---|---|---|---|---|---|---|
| | | | | 冻融次数 N（次） | 相对动弹性模数 P（%） | 重量损失率（%） | 抗冻标号评定 |
| 1 | $C_{90}$15W6F50 | 三 | >W6 | 25 | 85.8 | 0.35 | >F50 |
| | | | | 50 | 74.6 | 1.23 | |
| 2 | | 三 | >W6 | 25 | 74.9 | 0.98 | >F50 |
| | | | | 50 | 62.4 | 3.56 | |
| 3 | | 三 | >W4<br><W6 | 25 | 51.3 | 4.78 | <F25 |
| | | | | 50 | — | — | |

### 5.2 RCC 性能现场试验

RCC 性能现场试验结果见表 26、表 27、图 1。

**表 26 混凝土强度检测统计表**

| 工程部位 | 设计标号 | 龄期(d) | 检测组数 N(组) | 检测值(MPa) | | | 方差 σ | 保证率 p(%) | 合格率 $P_s$(%) | 备注 |
|---|---|---|---|---|---|---|---|---|---|---|
| | | | | 平均 | 最大 | 最小 | | | | |
| 大坝碾压混凝土 | $C_{90}$15W6F50 三级配 (粉煤灰掺量 72%) | 7 | 1 | 7.6 | 7.6 | 7.6 | — | — | — | — |
| | | 28 | 528 | 12.7 | 21.9 | 9.9 | 1.53 | — | — | |
| | | 90 | 456 | 20.0 | 27.2 | 16.1 | 1.85 | 99.7 | 100 | |
| | | 90 L | 218 | 1.75 | 2.98 | 1.40 | 0.23 | — | — | |
| | | 120 | 12 | 23.3 | 25.1 | 20.3 | — | — | — | |
| | | 180 | 16 | 26.2 | 28.3 | 23.3 | — | — | — | |
| | | 7 | 7 | 7.8 | 13.3 | 5.4 | — | — | — | 微膨胀 |
| | | 28 | 373 | 12.8 | 18.1 | 8.5 | 1.83 | — | — | |
| | | 90 | 299 | 19.7 | 25.0 | 15.7 | 1.98 | 99.1 | 100 | |
| | | 90 L | 172 | 1.74 | 2.33 | 1.42 | 0.19 | — | — | |

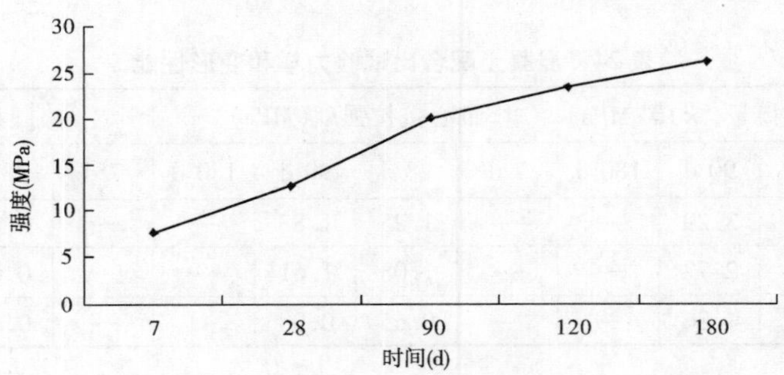


**图 1 超高掺灰强度增长线**

**表 27 超高掺灰碾压混凝土特殊性能检测统计表**

| 工程部位 | 设计强度 | 水胶比 | 抗渗 | | 抗冻 | | 90 d 静力弹模 (×$10^4$ MPa) | | 90 d 极限拉伸值(×$10^{-4}$) | | 备注 |
|---|---|---|---|---|---|---|---|---|---|---|---|
| | | | 设计 | 实测 | 设计 | 实测 | 设计 | 实测 | 设计 | 实测 | |
| 4# ~7# 坝段碾压混凝土 | $C_{90}$15W6F50 (高掺灰) | 0.50 | ≥W6 | >W6 | ≥F50 | ≥F50 | — | 2.57 | ≥0.65 | 0.72 | 掺 MgO |
| 2# ~8# 坝段碾压混凝土 | $C_{90}$15W6F50 (高掺灰) | 0.50 | ≥W6 | >W6 | ≥F50 | ≥F50 | — | 2.63 | ≥0.65 | 0.71 | — |
| 1# ~8# 坝段碾压混凝土 | $C_{90}$15W6F50 (高掺灰) | 0.50 | ≥W6 | >W6 | ≥F50 | F50 | — | 2.57 | ≥0.65 | 0.70 | — |

### 5.3　混凝土芯样试验

碾压混凝土芯样物理力学性能检测统计见表28。

表28　碾压混凝土芯样物理力学性能检测统计表

| 工程部位 | 设计标号 | 检测项目 | 龄期(d) | 检测组数 N(组) | 检测值 | | | 备注 |
|---|---|---|---|---|---|---|---|---|
| | | | | | 平均 | 最大 | 最小 | |
| 大坝碾压混凝土 | $C_{90}$15W6F50 三级配（粉煤灰掺量72%） | 密度（kg/m³） | 90 | 8 | 2 457 | 2 463 | 2 459 | — |
| | | 抗压强度（MPa） | 90 | 14 | 21.5 | 24.7 | 18.5 | — |
| | | 劈拉强度（MPa） | 90 | 8 | 2.02 | 2.40 | 1.62 | — |
| | | 轴拉强度（MPa） | 90 | 8 | 2.41 | 2.63 | 2.26 | — |
| | | 极限拉伸（$\times10^{-4}$） | 90 | 8 | 78 | 83 | 74 | — |
| | | 静压弹性模量（$\times10^{4}$ MPa） | 90 | 6 | 3.35 | 3.54 | 3.11 | — |
| | | 抗拉弹性模量（$\times10^{4}$ MPa） | 90 | 8 | 3.49 | 3.98 | 3.04 | — |
| | | 抗渗强度 | 90 | 8 | ≥W6 | ≥W6 | ≥W6 | — |
| | | 抗冻强度 | 90 | 8 | ≥F50 | ≥F50 | ≥F50 | — |

## 6　超高掺灰碾压混凝土温控

### 6.1　内部温升变化规律

内部温升变化规律见表29。

表29　内部温升变化规律

| 龄期(d) | 0 | 1 | 3 | 5 | 7 | 10 | 11 | 14 | 21 | 28 |
|---|---|---|---|---|---|---|---|---|---|---|
| 60%掺量 | 0 | 4.5 | 10.07 | 13.07 | 14.97 | 16.57 | 16.79 | 17.09 | 17.4 | 17.5 |
| 72%掺量 | 0 | 4.2 | 8.29 | 11.39 | 13.29 | 14.89 | 15.09 | 15.4 | 15.7 | 15.8 |
| 80%掺量 | 0 | 3.9 | 6.5 | 9.5 | 11.45 | 13.05 | 13.25 | 13.55 | 13.9 | 14.2 |

根据表29数据得出，72%掺量的混凝土内部温升较常规掺灰的混凝土温升低1.6℃以上。

### 6.2　冷却通水

对已安装好的冷却水管进行通水检查，在下层碾压混凝土摊铺碾压后进行通水试验，如发现堵塞及漏水现象，应立即处理。在碾压混凝土施工过程中，注意避免水管受损或堵塞。为便于转换冷却水管内冷水的流向，在每对支管的首部均设置了一套换向装置，每12 h变换通水方向。冷却通水时间为20 d，通水情况见表30。

表30　冷却通水情况统计表

| 编号 | 通水日期 | 平均进水温度(℃) $C_{90}$15W6F50 碾压区 | 平均出水温度(℃) $C_{90}$15W6F50 碾压区 | 平均温差(℃) $C_{90}$15W6F50 | 流量 (L/min) |
|---|---|---|---|---|---|
| 1 | 8月24日 | 26.4 | 26.4 | 0 | 21.2 |
| 2 | 8月25日 | 29.7 | 30.4 | 0.7 | 21.5 |
| 3 | 8月26日 | 27.7 | 28.1 | 0.4 | 21.5 |
| 4 | 8月27日 | 28.2 | 30.9 | 2.7 | 21.2 |
| 5 | 8月28日 | 28.9 | 30.7 | 1.8 | 21.4 |
| 6 | 8月29日 | 28.5 | 29.9 | 1.4 | 21.1 |
| 7 | 8月30日 | 29.1 | 30.2 | 1.1 | 22.2 |
| 8 | 8月31日 | 29.1 | 30.4 | 1.3 | 22.1 |
| 9 | 9月1日 | 28.5 | 30.3 | 1.8 | 21.7 |
| 10 | 9月2日 | 28.1 | 29.8 | 1.7 | 21.2 |
| 11 | 9月3日 | 28.3 | 29.4 | 1.1 | 21.4 |
| 12 | 9月4日 | 27.2 | 29.7 | 2.5 | 21.5 |
| 13 | 9月5日 | 25.8 | 28.2 | 2.4 | 21.2 |
| 14 | 9月6日 | 25.0 | 25.9 | 0.9 | 21.4 |
| 15 | 9月7日 | 25.5 | 27.3 | 1.8 | 21.1 |
| 16 | 9月8日 | 26.0 | 27.7 | 1.7 | 22.3 |
| 17 | 9月9日 | 25.4 | 27.4 | 2.0 | 22.1 |
| 18 | 9月10日 | 25.7 | 27.5 | 1.8 | 21.5 |
| 19 | 9月11日 | 25.4 | 27.3 | 1.9 | 21.6 |
| 20 | 9月12日 | 25.8 | 26.9 | 1.1 | 21.4 |
| 合计 | | | | 1.5 | |

## 6.3　温度监测

试验块温度监测统计见表31。

表31　试验块温度监测统计表

| 温度计编号 | 混凝土入仓温度(℃) | 初始值 | | 最大值 | | 最大温升 | | 备注 |
|---|---|---|---|---|---|---|---|---|
| | | 温度(℃) | 埋设日期(年/月/日) | 温度(℃) | 最大值日期(年/月/日) | 历时(h) | 温度(℃) | |
| T1 | 23.4 | 23.85 | 2012/8/23 | 32.70 | 2012/8/26 | 68 | 9.3 | 常规掺灰混凝土 |
| T2 | 24.2 | 24.65 | 2012/8/24 | 34.65 | 2012/8/27 | 78.5 | 10.45 | |
| T3 | 24.6 | 25.05 | 2012/8/24 | 34.75 | 2012/8/27 | 80.5 | 10.15 | |
| T4 | 23.4 | 23.85 | 2012/8/23 | 29.80 | 2012/8/26 | 71 | 6.4 | 超高掺灰混凝土 |
| T5 | 24.2 | 24.65 | 2012/8/24 | 32.90 | 2012/8/27 | 78.5 | 8.7 | |
| T6 | 24.6 | 25.05 | 2012/8/24 | 33.00 | 2012/8/27 | 62.5 | 8.4 | |

根据试验块温度计监测数据显示,超高掺灰碾压混凝土较常规掺灰碾压混凝土最高温

升低 1.6 ℃以上。

大坝共安装埋设 131 支温度计,2014 年 11 月 11 日监测报告数据显示,大坝基础混凝土平均温度为 24.66 ℃,大坝 490 m 高程混凝土平均温度为 28.53 ℃,大坝 495 m 高程混凝土平均温度为 28.91 ℃,大坝 500 m 高程混凝土平均温度为 26.57 ℃,大坝 506 m 高程混凝土平均温度为 25.81 ℃,大坝 508 m 高程混凝土平均温度为 27.10 ℃,大坝 512 m 高程混凝土平均温度为 25.57 ℃,大坝 513 m 高程混凝土平均温度为 26.42 ℃,大坝 518 m 高程混凝土平均温度为 26.10 ℃,大坝 528 m 高程混凝土平均温度为 25.07 ℃,大坝 535 m 高程混凝土平均温度为 25.95 ℃,大坝 540 m 高程混凝土平均温度为 24.31 ℃,大坝 545 m 高程混凝土平均温度为 27.10 ℃之间,大坝 550 m 高程混凝土平均温度为 24.31 ℃,大坝 555 m 高程混凝土平均温度为 25.53 ℃,大坝 560 m 高程混凝土平均温度为 23.04 ℃,大坝 565 m 高程混凝土平均温度为 25.10 ℃,大坝 570 m 高程混凝土平均温度为 25.59 ℃,大坝 575 m 高程混凝土平均温度为 25.58 ℃,大坝 580 m 高程混凝土平均温度为 23.63 ℃,大坝 583 m 高程混凝土平均温度为 21.4 ℃,大坝 585 m 高程混凝土平均温度为 26.27 ℃。大坝混凝土埋设的温度计监测数据显示,大坝整体混凝土内部温度呈下降趋势。

根据获取的最新数据(2015 年 1 月 24 日)显示,当前温度测值在 13.34 ~ 31.60 ℃之间,温度变幅为 -2.15 ~ -4.25 ℃,平均温度 21.86 ℃。监测数据统计表见表 32。

表 32 温度测值监测数据统计表

| 仪器位置 | 1 月 18 日温度(℃) | 1 月 24 日温度(℃) | 周变化量(℃) | 平均温度(℃) | 数量(支) |
|---|---|---|---|---|---|
| 大坝基础 | 18.55 ~ 29.05 | 17.90 ~ 29.00 | -0.65 ~ 0.05 | 23.95 | 18 |
| 490 m 高程 | 19.80 ~ 31.00 | 19.80 ~ 31.00 | 0.00 ~ 0.00 | 27.55 | 4 |
| 495 m 高程 | 21.2 ~ 31.70 | 21.05 ~ 31.60 | -0.15 ~ -0.1 | 27.50 | 4 |
| 500 m 高程 | 20.9 ~ 30.75 | 20.65 ~ 30.75 | -0.55 ~ 0.50 | 25.69 | 13 |
| 506 m 高程 | 18.50 ~ 26.15 | 13.35 ~ 26.15 | -0.15 ~ 4.25 | 22.78 | 5 |
| 508 m 高程 | 16.85 ~ 24.55 | 17.45 ~ 24.80 | -0.6 ~ -0.2 | 22.06 | 7 |
| 512 m 高程 | 20.15 ~ 30.70 | 19.95 ~ 30.70 | -0.20 ~ 0.25 | 24.83 | 6 |
| 513 m 高程 | 16.45 ~ 19.4 | 16.40 ~ 19.00 | -0.40 ~ -0.05 | 17.92 | 3 |
| 518 m 高程 | 15 ~ 28.25 | 15.45 ~ 28.05 | -0.90 ~ 0.45 | 22.85 | 11 |
| 528 m 高程 | 12.95 ~ 29.95 | 15.25 ~ 29.95 | -0.60 ~ 3.95 | 22.50 | 12 |
| 535 m 高程 | 0.00 ~ 27.65 | 23.89 ~ 27.60 | -0.15 ~ 3.75 | 20.20 | 6 |
| 540 m 高程 | 13.75 ~ 25.20 | 14.20 ~ 25.10 | -0.75 ~ 0.45 | 21.26 | 9 |
| 545 m 高程 | 25.85 ~ 26.55 | 25.80 ~ 26.50 | -0.05 ~ -0.05 | 26.15 | 2 |
| 550 m 高程 | 13.20 ~ 26.50 | 15.0 ~ 26.45 | -0.65 ~ 1.80 | 20.26 | 7 |
| 555 m 高程 | 16.65 ~ 29.00 | 16.55 ~ 29.00 | -0.10 ~ 0.00 | 24.25 | 3 |
| 560 m 高程 | 16.35 ~ 25.80 | 16.50 ~ 26.10 | -0.10 ~ 0.30 | 21.25 | 6 |
| 565 m 高程 | 18.15 ~ 22.80 | 17.90 ~ 20.65 | -2.15 ~ -0.25 | 19.53 | 3 |
| 570 m 高程 | 14.50 ~ 26.80 | 14.55 ~ 25.65 | -1.15 ~ 0.05 | 19.07 | 3 |
| 575 m 高程 | 17.30 ~ 25.20 | 17.00 ~ 24.75 | -0.45 ~ -0.30 | 20.88 | 2 |
| 580 m 高程 | 13.65 ~ 17.30 | 15.50 ~ 17.35 | 0.05 ~ 1.85 | 16.43 | 2 |
| 583 m 高程 | 15.70 | 16.80 | 1.10 | 16.80 | 1 |
| 585 m 高程 | 15.10 ~ 21.90 | 15.95 ~ 21.15 | -1.15 ~ 0.85 | 19.27 | 3 |

## 7 超高掺灰碾压混凝土施工过程管理

### 7.1 拌 和

拌和设备：由右岸1座 $2\times4.5\ m^3$ 强制式拌和楼拌制。

拌和时间：拌和时间为60 s。

投料顺序：砂→水泥+粉煤灰→(水+外加剂)→小石→中石→大石。

### 7.2 运 输

运输采用15 t自卸车直接运输，经洗车台、碎石脱水带后直接入仓。

### 7.3 卸料、平仓

卸料：15 t自卸汽车直接进仓卸料，采用退铺法进行卸料，卸料方式为两点卸料法，卸料时自由落差不得大于1.5 m（见图2），对运至现场试验块区域后卸落的混凝土拌和物进行骨料分离情况评价、骨料包裹情况评价。

图2 自卸车卸料

平仓设备：平仓设备采用SD13型平仓机。

平仓机平仓时，摊铺层厚为34±2 cm，并保持条带前部略低，以降低汽车卸料略低，达到减少骨料分离的目的。仓面平仓后要求做到基本平整，无显著坑洼。在摊铺完成后，进行碾压，压实厚度控制为30 cm，碾压后10 min开始压实容重检测（见图3）。

图3 平仓

## 7.4 碾　压

碾压设备:振动碾采用 BW202AD 型。振动碾相关技术参数见表 33。

表 33　BW202AD 振动碾技术参数表

| 振动碾重量(t) | 钢轮宽度(mm) | 外边距(mm) | 行驶速度(km/h) | 振动频率(Hz) | 振动幅度(mm) | 离心力(每个钢轮)(kN) |
|---|---|---|---|---|---|---|
| 11.8 | 2 135 | 2 295 | 0 ~ 6/<br>0 ~ 11 | 40/50 | 0.83/0.35 | 130/78 |

碾压机行走速度选择 1 km/h、1.5 km/h 做试验。碾压作业要求条带清楚,行走偏差距离应控制在 10 cm 范围内,相邻条带碾压必须搭接 20 cm,同一条带分段碾压时,其接头部位应重叠碾压 1 m。两条碾压条带间因碾压作业形成的高差,一般应采用无振慢速碾压 1 ~ 2 遍压平处理。由于第一层底部为实地,相关数据无法模拟大坝现场浇筑工况,因此在第二、三层进行碾压遍数的试验,在不同碾压条带进行,先以无振碾压 2 遍、然后有振碾压 4 ~ 9 遍,在各自碾压遍数组合完成后进行压实容重检测,振动碾碾压现场图片见图 4。

(a)

(b)

图 4　振动碾碾压现场照片

碾压行走速度下不同碾压遍数与压实容重的关系见表 34,碾压遍数与压实度关系曲线图见图 5,现场压实度检测成果见表 35。

表 34　现场工艺试验压实度检测情况统计表

| 混凝土种类 | | $C_{90}$20W8F100 三级配(超高掺灰) | | | | | | $C_{90}$15W6F50 三级配(超高掺灰) | | | | | |
|---|---|---|---|---|---|---|---|---|---|---|---|---|---|
| 碾压遍数 $n$ | | 2 + 4 | 2 + 5 | 2 + 6 | 2 + 7 | 2 + 8 | 2 + 9 | 2 + 4 | 2 + 5 | 2 + 6 | 2 + 7 | 2 + 8 | 2 + 9 |
| 行走速度(km/h) | 试验次数 | 压实容重(kg/m³) | | | | | | | | | | | |
| 1.0 ~ 1.5 | 1 | 2 396 | 2 432 | 2 437 | 2 455 | 2 422 | 2 452 | 2 416 | 2 429 | 2 466 | 2 470 | 2 484 | 2 491 |
| | 2 | 2 385 | 2 394 | 2 423 | 2 440 | 2 442 | 2 450 | 2 396 | 2 450 | 2 441 | 2 451 | 2 479 | 2 501 |
| | 3 | 2 376 | 2 427 | 2 436 | 2 435 | 2 451 | 2 435 | 2 433 | 2 417 | 2 456 | 2 467 | 2 480 | 2 481 |
| | 4 | 2 401 | 2 426 | 2 420 | 2 413 | 2 452 | 2 435 | 2 390 | 2 455 | 2 465 | 2 493 | 2 505 | 2 487 |
| | 平均值 | 2 390 | 2 420 | 2 429 | 2 436 | 2 442 | 2 443 | 2 409 | 2 438 | 2 457 | 2 470 | 2 487 | 2 490 |

表 35　超高掺灰碾压混凝土现场工艺试验压实度测试成果

| 浇筑层 | 测试深度(cm) | 测试项目 | $C_{90}15W6F50$(三级配) | | | | | $C_{90}20W8F100$(三级配) | | | | |
|---|---|---|---|---|---|---|---|---|---|---|---|---|
| | | | 测点数 $n$ | 平均值 $X$ | 最大值 $X_{max}$ | 最小值 $X_{min}$ | 合格率(%) | 测点数 $n$ | 平均值 $X$ | 最大值 $X_{max}$ | 最小值 $X_{min}$ | 合格率(%) |
| 第1层 | 30 | 压实容重($kg/m^3$) | 3 | 2 473 | 2 488 | 2 460 | 100 | 3 | 2 438 | 2 440 | 2 434 | 100 |
| | | 密实度(%) | 3 | 99.3 | 99.8 | 98.7 | — | 3 | 99.8 | 99.9 | 99.6 | — |
| 第2层 | 30 | 压实容重($kg/m^3$) | 3 | 2 487 | 2 489 | 2 483 | 100 | 3 | 2 440 | 2 444 | 2 437 | 100 |
| | | 密实度(%) | 3 | 99.8 | 99.9 | 99.6 | — | 3 | 99.9 | 100.0 | 99.7 | — |
| 第3层 | 30 | 压实容重($kg/m^3$) | 3 | 2 473 | 2 486 | 2 459 | 100 | 3 | 2 439 | 2 446 | 2 433 | 100 |
| | | 密实度(%) | 3 | 99.2 | 99.8 | 98.7 | — | 3 | 99.8 | 100.1 | 99.6 | — |
| 第4层 | 30 | 压实容重($kg/m^3$) | 3 | 2 467 | 2 473 | 2 458 | 100 | 3 | 2 431 | 2 434 | 2 429 | 100 |
| | | 密实度(%) | 3 | 99.0 | 99.2 | 98.6 | — | 3 | 99.5 | 99.6 | 99.4 | — |
| 第5层 | 30 | 压实容重($kg/m^3$) | 3 | 2 484 | 2 485 | 2 482 | 100 | 3 | 2 435 | 2 438 | 2 432 | 100 |
| | | 密实度(%) | 3 | 99.7 | 99.7 | 99.6 | — | 3 | 99.7 | 99.8 | 99.6 | — |
| 第6层 | 30 | 压实容重($kg/m^3$) | 3 | 2 481 | 2 482 | 2 479 | 100 | 3 | 2 432 | 2 433 | 2 431 | 100 |
| | | 密实度(%) | 3 | 99.6 | 99.6 | 99.5 | — | 3 | 99.5 | 99.6 | 99.5 | — |
| 第7层外 | 30 | 压实容重($kg/m^3$) | 3 | 2 480 | 2 482 | 2 479 | 100 | 3 | 2 433 | 2 434 | 2 431 | 100 |
| | | 密实度(%) | 3 | 99.5 | 99.6 | 99.5 | — | 3 | 99.8 | 99.9 | 99.6 | — |
| 第7层内 | 30 | 压实容重($kg/m^3$) | 3 | 2 482 | 2 486 | 2 478 | 100 | 3 | 2 433 | 2 435 | 2 431 | 100 |
| | | 密实度(%) | 3 | 99.6 | 99.8 | 99.4 | — | 3 | 99.6 | 99.7 | 99.5 | — |

根据表 34 数据可以看出，两种混凝土均在无振 2 遍 + 有振 8 遍后，测试的最大容重平均值分别为 2 487 $kg/m^3$ 和 2 442 $kg/m^3$，其压实度分别为 99.8% 和 100%，均已达到规范要求。

## 7.5　切　缝

每层碾压混凝土碾压完成后，采用切缝机进行切缝，切缝缝宽、缝距、深度、方向按设计要求进行控制，切缝面积是缝面积的 2/3，保证成缝质量。

切缝时先拉线定出横缝线位置后再进行切缝，然后用切缝机将隔缝材料（彩条布）平顺的切入缝内，完成后再用振动碾进行补碾。

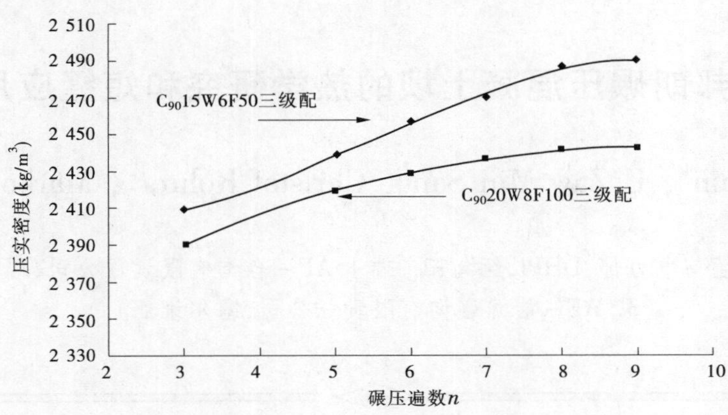


**图5　碾压遍数与压实度关系曲线图**

### 7.6　变态混凝土

变态混凝土加浆采用插孔法，先在摊铺好的碾压混凝土面上用$\phi$10的造孔器进行造孔，插孔按梅花形布置，孔距为30 cm，孔深20 cm。采用"容器法"人工定量加浆，浆液由灰浆运输车运至仓面，由人工手提统一容量的皮桶控制加浆量，加浆量为混凝土体积的5%，灰浆洒铺均匀、不漏铺，振捣采用$\phi$110高频振捣器或$\phi$70软轴式振捣器。

## 8　结束语

贵州北盘江马马崖一级水电站采用全断面三级配超高掺碾压混凝土筑坝，在施工中强化全过程管理，成功上坝浇筑掺灰量为60%～70%的碾压混凝土42.3万$m^3$，创国际国内超高掺灰碾压混凝土浇筑纪录。与同级配同标号碾压混凝土相比较，胶凝材料用量不变，降低水泥用量20～30 kg/$m^3$。在相同的胶凝材料用量的情况下，超高掺粉煤灰碾压混凝土绝热温升值比常规掺灰碾压混凝土略低1.6～2.4 ℃，有利于大坝温控。混凝土取芯检测各项指标均满足设计要求，大坝自2014年11月下闸挡水，截至目前，各项监测数据良好，坝后基本无渗水，大坝裂缝较少，取芯压水试验结果较好，应用取得了成功。

# 上邦朗碾压混凝土坝的热学研究和短缝应用

U Aye Sann[1], U Zaw Min San[1], Christof Rohrer[2], Marko Brusin[3]

（1. 缅甸电力部,DHPI,缅甸;2. 瑞士 AF - 咨询有限责任公司,瑞士;
3. AF - 能源咨询有限责任公司,塞尔维亚）

**摘要**:本文简要概述了缅甸上邦朗水电站项目和碾压混凝土坝的布局,并重点关注短缝研究。由于建筑材料、碾压混凝土混合料组成和建筑设备的变化,原设计方案的热开裂风险出现了增加,所以必须采取缓解措施。由于详细/施工设计已经进行,施工已经开始,所以在寻找解决方案时不得不考虑很多限制。解决热开裂问题的一个简单且经济的方法为:在坝体上游面碾压混凝土坝段中部添加短缝。我们对两个碾压混凝土坝段进行了有限元热分析,第一个坝段为 20 m 宽的普通坝段,第二个坝段为布置有短缝的坝段。有限元分析结果表明,大坝上游面的热应力下降,所以上游面的热开裂风险降低。本文将展示该热学分析的结果。本文的最后部分展示了施工现场的短缝安装方式,并展示了施工结束后最终完成的碾压混凝土重力坝外观。

**关键词**:碾压混凝土重力坝,短缝,热学有限元分析

## 1 引 言

上邦朗水电站项目位于缅甸曼德勒省内比都市(首都)以东约 50 km 的邦朗河上。该项目的拥有者为电力部,主要用途为国家电网发电。140 MW 上邦朗水电站项目包括一个碾压混凝土重力坝,高 103 m,坝顶长度 530 m。该重力坝被分为 27 个混凝土坝段,最宽 20 m,总混凝土体积为 950 000 $m^3$。上邦朗坝是缅甸的第二个碾压混凝土坝项目,是当地承包商建造的第一座碾压混凝土坝。该碾压混凝土坝在 2013 年底完成施工,发电所安装在 2014 年底完成。

## 2 设计阶段工程

根据设计,该碾压混凝土坝有 27 个坝段,最宽 20 m。该碾压混凝土坝包含了泄水底孔结构、水电站进水口、压力水管和溢洪道。此外,该碾压混凝土坝长 530 m,其布局特征为 4 个弯曲部分。在施工前,我们在实验室中分多个阶段对碾压混凝土混合料进行了设计。所设计的碾压混凝土混合料包括 4 部分:最大尺寸为 40 mm 的骨料,每立方米 70 kg 的水泥,每立方米 160 kg 的天然火山灰,以及每立方米 120 kg 的水,以满足设计强度要求。我们曾考虑再利用耶瓦水电站的混凝土混合机、运输系统和设备来制造和填筑碾压混凝土。

### 2.1 碾压混凝土坝块宽度

我们根据热学分析和其他项目的设计经验,这些项目与该项目有类似的气候条件和类似的碾压混凝土混合料,评估了碾压混凝土坝段的最大宽度。我们根据总体布局的边界条

件、弯曲部分的存在，以及包含的结构确定了上邦朗碾压混凝土坝的各个坝段。图1展示了该碾压混凝土坝的布局和坝段设计。

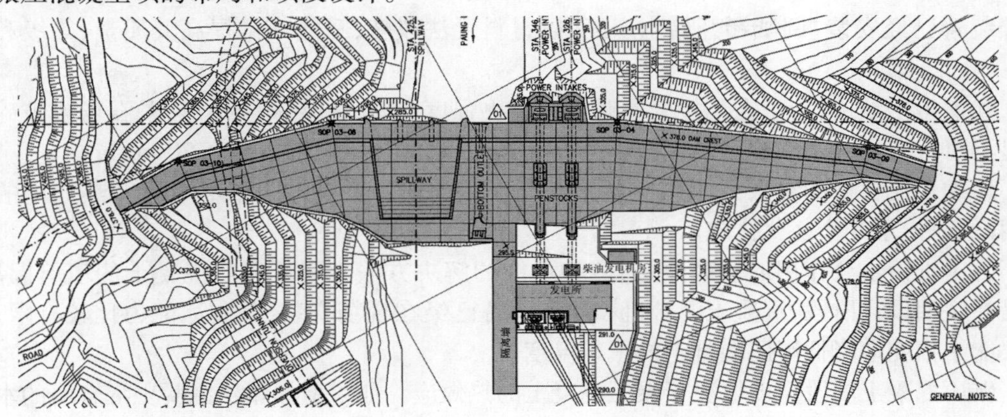


图1　上邦朗碾压混凝土坝的布局

为确保碾压混凝土坝的四个弯曲部分建立在良好的岩石上，水电站进水口和压力水管的规定宽度和位置、溢洪道位置、泄水底孔和隔离墙，使得坝段缝间距仅允许小范围变化和优化，以下章节描述了部分限制。

## 2.2　水电站进水口、压力水管和发电所

厂房单位间距为20 m，完全匹配碾压混凝土坝的最大坝段间距，因此水电站进水口/压力水管——坝段之间的间距也保持为20 m。坝段宽度确定为20 m之后，水电站进水口、压力水管和厂房入口在一条直线轴上，无需对压力水管进行额外弯曲。

## 2.3　溢洪道

溢洪道应设置在河流中心，从而获得理想的上游水库水流和下游能量消散。由于该山谷比较狭窄，所需的溢洪道宽度占据了大部分影响面积，所以溢洪道的位置是固定的。我们已经在水力模型试验中证实了溢洪道设计、排水性能和能量消散能力，所以其设计不应变更。

## 2.4　隔离墙和泄水底孔

隔离墙应邻近发电所厂房，根据稳定性和安全性确定宽度。厂房和溢洪道之间的间距很窄，隔离墙和泄水底孔不得不匹配这两种结构。因此，根据设计，泄水底孔被合并入一个15 m宽的碾压混凝土坝段中。泄水底孔配备有两个维修(阀盖)闸门和两个工作(径向)闸门。

## 2.5　碾压混凝土坝的坝基

由于突发地质状况，在设计阶段和施工早期，该碾压混凝土不得不进行转移和弯曲。该碾压混凝土坝的坝基、左岸下部、上左坝肩和河床为花岗岩侵入岩，右坝肩为变质砂岩。在近地表上层，我们发现该变质砂岩为块状，不均匀，中度至高度风化。只有挖到更深地层，坝基才改善为轻至中度风化的变质砂岩。为了限制开挖深度，该碾压混凝土坝被完全转移到一个地基良好的山脊上。

# 3　晚期设计阶段的混合料属性变更

在碾压混凝土坝的晚期设计阶段，该项目结构已经开始施工，我们得出结论，使用实际

破碎装置生产的采石场石料，碾压混凝土的365 d设计强度无法实现。使用规定混合比例在现场制造的材料无法重现早期阶段在实验室制造的混合料性能。由于采石场已经建造，破碎装置已经安装、调试和开始生产，所以材料无法改变，只能略微提高其质量、等级和外形。

我们得出结论，为了在可接受的时间里解决强度问题，改变大坝外形、采石场或破碎装置是不可行的。为了实现碾压混凝土的设计强度，水泥含量不得不提高20 kg/m³。

增加水泥含量的结果是碾压混凝土水合作用的热量更高。为了尽量降低热效应的风险，我们讨论了几个替代措施。

为了抵消水合作用的较高热量，一种可能的解决方法为降低碾压混凝土的填筑温度。但是在晚期设计阶段，混凝土混合机和制冰设备已经在现场安装，其制冰能力比较有限，所以仅能小幅度地降低碾压混凝土的填筑温度。

碾压混凝土坝段宽度取决于碾压混凝土的热效应。如果增加碾压混凝土混合料的水泥含量，则大体积混凝土的最大温度会上升，热开裂的风险会增加。因此，我们不得不证明坝段宽度适合新的碾压混凝土混合料，或不得不减低坝段宽度来尽量减小热负荷造成的拉伸应力。

到了项目的这个阶段，减小坝段宽度不是一个实用的解决办法。太多限制使得减小碾压混凝土坝的坝段宽度变得不可行，例如施工已经开始、设备制造已经开始，以及上文所述的设计问题。

唯一实用且经济的解决方案为：在碾压混凝土坝段中心线上游面处设置短缝，以减小热拉伸应力。

## 4 碾压混凝土坝段热学分析

热学分析旨在研究20 m宽碾压混凝土坝段的应力是否在使用20 kg/m³以上水泥含量的混合料的应力限值内研究使用20 kg/m³以上水泥含量的混合料，20 m宽碾压混凝土坝段的应力是否在应力限值内。根据预期，情况不如人意，该应力将超过最大设计强度，所以我们考虑将短缝纳入模型中进行热学分析。

### 4.1 热学分析方法

我们使用实际三维单成岩模型进行热量和应力模拟，以真实地分析横河向应力，该应力可能导致拉伸强度超标。该分析分为四个阶段：

(1)根据所使用的实际边界条件，对坝体随时间推移形成的温度场进行增量计算；

(2)根据第一阶段产生的空间和瞬态温度差，计算坝体内的热应力；

(3)计算自重载荷产生的应力—应变状态；

(4)计算因正常运行条件下静水压力和水位抬升所产生的应力—应变状态。

我们使用增量瞬态程序进行了前三个阶段分析，使用了足够小的时间步长。所有三个分析步骤使用了线弹性各向同性材料，而热应力和自重分析使用了时间变量弹性模量来模拟随时间推移碾压混凝土刚度的增加(硬化过程)。通过使用有效弹性模量或持续弹性模量，我们研究了碾压混凝土的徐变和应力松弛。该分析利用了坝体内生死单元来模拟大坝施工进度，并正确的计算时间激活热传导性、刚度和热容量。

第四阶段为完工后大坝的线性静态分析。

我们将热应力与自重产生的应力在合适的时间步骤叠加,以获得大坝施工期间的完整应力—应变状态。静水载荷产生的应力仅仅与先前三项分析的结果进行了叠加,所使用的时间步骤对应于水库水位到达正常运行高程后的时间。

## 4.2　热学三维模型

有限元网格中,采用 30 cm 厚的单元,该厚度对应于填筑在该坝的碾压混凝土层厚度。离散化概念需要使用 8 节点(二维)和 20 节点(三维)的二次等参元。上游面和下游面区域使用了更精细的网格,以模拟温度变化造成的陡峭热梯度以及所产生的应力,坝体中心使用了较粗的网格。

我们将坝基岩体模拟为一个足够大的域,以处理碾压混凝土产生的热量,以及传导入坝基的热量(不稳定热量积累最小化),并充分考虑坝基交接的约束变形。UPL 模型所考察的岩石域距离上游面 40 m,距离下游面 40 m,位于坝基交界处下方 82 m,使用了比坝体更粗的网格,以减少单元数量。

图 2 代表了 UPL 碾压混凝土坝模拟坝段的热学和应力分析中使用的三维数字模型。

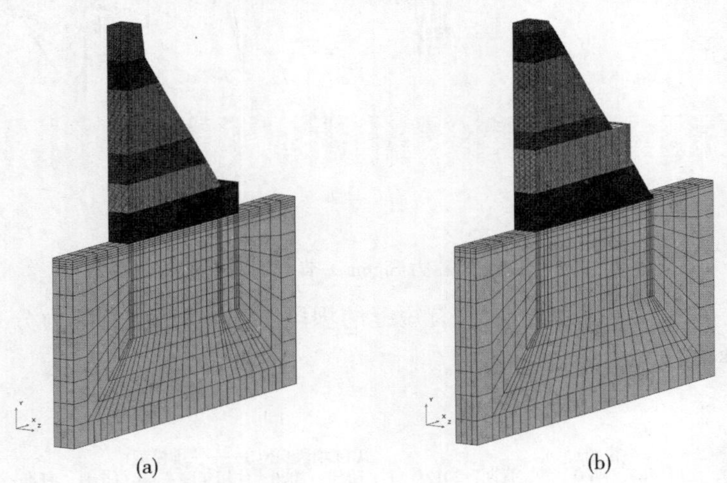


**图 2　坝段 14(a)和坝段 18(b)的三维模型,包括坝体施工阶段和坝基**

## 4.3　短缝模拟

数字三维模型利用了坝段关于垂直于坝轴线的中心面对称的性质,仅模拟一半的坝段,从而减少计算量。这导致收缩缝处碾压混凝土出现了自由变形,对称面在平行于坝轴线的横向出现了完全受限变形。为了模拟坝段中心线处的短缝,特定位置的支撑件类型和条件不得不更改。

因此,对于典型的非溢流坝段 14,上述热应力计算的第二步使用不同的边界条件进行了两次。

## 4.4　结　果

本文的重点在于探讨表面开裂的风险,在大坝施工时期,该风险最高。如果暴露坝面出现温度骤降,在内部约束下可产生表面裂纹。

温度时间历程曲线图(见图 3)表明,当暴露于外部环境时,临近表面的温度快速下降,并接近外界环境温度循环。由于远离表面的温度较高,而且较稳定(缓慢下降),所以朝向冷却表面的热梯度比较陡峭。这些梯度逐渐在表面产生了显著的热拉伸应力,可能会造成表面开裂。

对于坝段 14,我们在 1 月和 12 月记录到了上游面表面温度梯度的最高值。图 3 展示了普通坝段 14 的 El. 341.0 m 处节点的时间历程温度图。

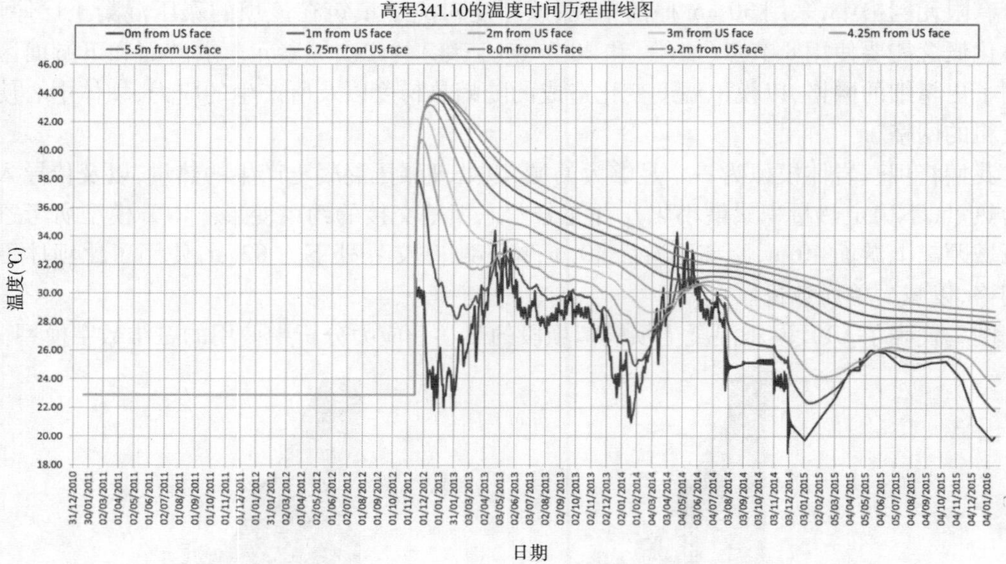


图 3 坝段 14 最大应力 Sigma z 节点的时间历程曲线图

图 4 和图 5 展示了普通坝段 14 和有短缝的坝段 14 的横河向的应力分布,并展示了上游面观察到的峰值。

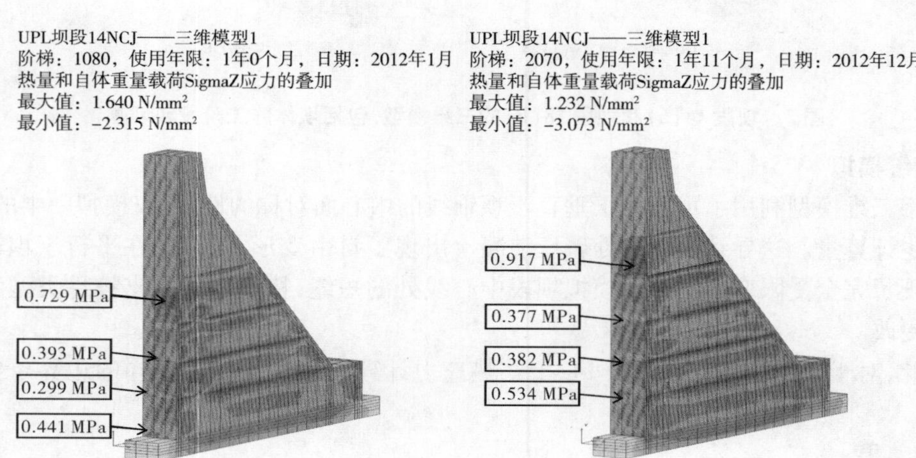


图 4 关键施工阶段期间在坝段 14(无短缝)上游面观察到的最大拉伸应力

由此可以看出,使用短缝能够缩小拉伸应力区域,减小最大拉伸应力值。

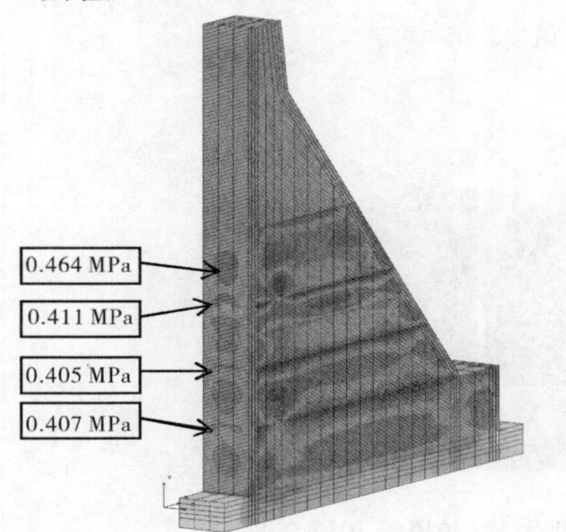


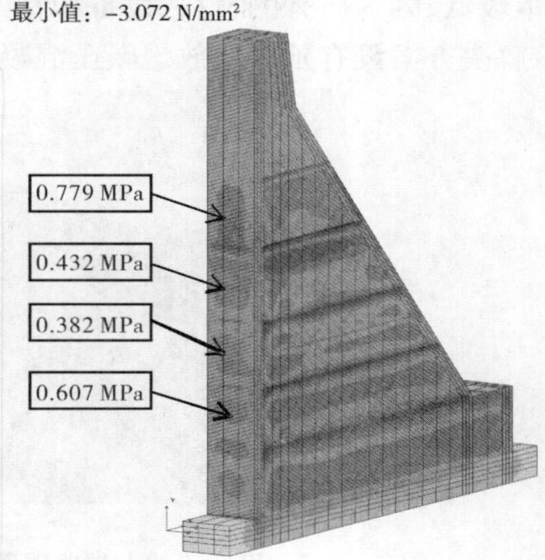


**图5 关键施工阶段期间在坝段14(有短缝)上游面观察到的最大拉伸应力**

## 5 短缝的应用

该河段所有宽度超过18 m的坝段都使用了短缝。短缝的布置和特性与普通坝段接缝完全相同,但是从上游面(见图6)至混凝土内部的距离被限制为3 m。短缝布置有上游模板处的诱导缝、双层聚氯乙烯、300 mm宽止水带、预制排水管、止水带周围的改良碾压混凝土(变态混凝土)。如前文所述,短缝的设置位置为坝段中心线。

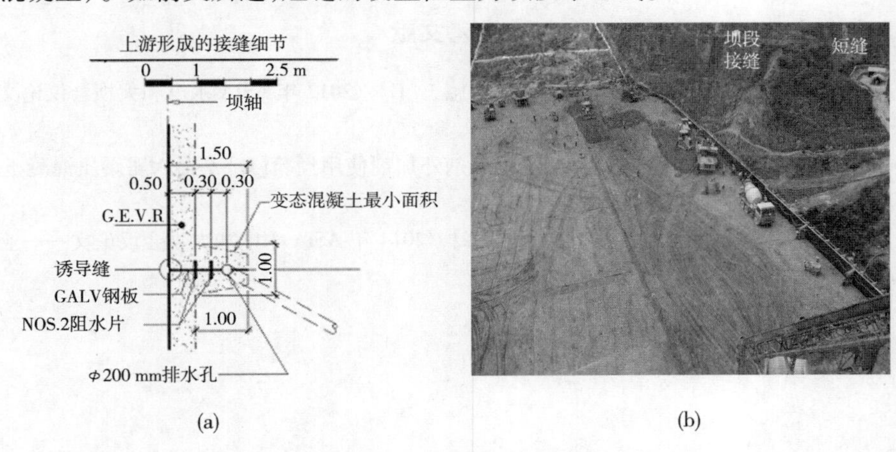


(a)上游面成型接缝细节,适用于短缝和普通接缝;

(b)所述短缝照片

**图6**

## 6 结 论

热学分析显示,在上邦朗碾压混凝土坝工程(见图7)的后期规划阶段,引入短缝降低了大坝上游面热量引起的拉伸应力，最大程度降低了表面开裂的风险。短缝在施工中的应用方便而快捷，因为对碾压混凝土以及结构设计没有重大影响。购买相关材料和执行相关工作的成本较低，因为所有的材料、设备和专门技术都和普通坝段接缝一样。最后但同样重要的是，该解决方案没有延迟或放缓碾压混凝土的填筑。

7 已完工的上邦朗碾压混凝土坝照片(拍摄于2015年)

现在，上邦朗碾压混凝土重力坝已经建成两年，我们没有检测出任何泄露现象，而且没有短缝延伸到检修通道。

## 致 谢

我们非常感谢 MOEP(电力部)和 AF－瑞士咨询有限责任公司允许本文的发表，但是本文所描述的内容纯属笔者的观点。我们还非常感谢施工现场的 DHPI(水电工程部)工程师对成功完成本项目所作的贡献，我们还感谢我们的碾压混凝土专家 M. Dunstan.

### 参考文献

[1] Ch. Rohrer，等. 上邦朗碾压混凝土坝的设计与施工[C]//2012 年 ASIA 水电和大坝会议论文——亚洲水资源和可再生能源发展，2012.

[2] Ch. Rohrer，等. 两座缅甸碾压混凝土坝的缓凝剂外加剂使用经验[C]//第六届碾压混凝土(RCC)坝国际研讨会论文，萨拉戈萨，2012.

[3] Ch. Rohrer，等. 上邦朗碾压混凝土坝的完成[C]//2014 年 ASIA 水电和大坝会议论文——亚洲水资源和可再生能源发展，2014.

# 超高掺粉煤灰碾压混凝土在工程中的应用

刘先江

（四川二滩国际工程咨询有限责任公司　四川　成都　611130）

**摘要**：马马崖一级水电站工程大坝为碾压混凝土重力坝，在施工过程中，设计对大坝混凝土材料及配合比进行了调整，将坝体 EL. 489.5 m 高程以上防渗区二级配 C20 碾压混凝土（掺灰 50%）调整为三级配 C20 碾压混凝土（掺灰 60%），坝体内部三级配 C15 碾压混凝土（掺灰 60%）调整为三级配 C15 碾压混凝土（掺灰 70%）。由于混凝土粉煤灰掺量增加、水泥掺量减少，混凝土材料成本下降，同时可有效减低混凝土水化热温升。本文主要针对混凝土配合比调整后超高掺碾压混凝土施工期物理力学性能及抗渗抗冻性能试验指标以及通过坝体内部温度计监测水化热绝对温升情况，与调整配合比前相关检测指标进行对比分析。

**关键词**：碾压，超高掺，性能

## 1　工程概述

马马崖一级水电位于贵州北盘江中下游，为北盘江干流梯级的第二个水电站。枢纽工程由碾压混凝土重力坝、坝身溢流表孔、坝身放空底孔、左岸引水系统及左岸地下厂房等主要建筑组成。碾压混凝土重力坝坝顶高程为 592.0 m，最大坝高 109.0 m，坝顶宽度 10.0 m，最大坝底宽度 100.5 m。坝体自左向右分 8 个坝段，各坝段间设置横缝。大坝主体建筑物混凝土方量约为 71.26 万 $m^3$，其中常态混凝土 26.56 万 $m^3$，碾压混凝土 44.70 万 $m^3$。在施工过程中，设计经过试验专门论证，将大坝混凝土材料及配合比进行了调整，将坝体 EL. 489.5 m 高程以上防渗区二级配 C20 碾压混凝土（掺灰 50%）调整为三级配 C20 碾压混凝土（掺灰 60%），坝体内部三级配 C15 碾压混凝土（掺灰 60%）调整为三级配 C15 碾压混凝土（掺灰 70%）。

20 世纪 90 年代初期，普定水电站碾压混凝土拱坝“八五”科技攻关项目高掺粉煤灰方面取得成效，其坝体内部混凝土掺用 II 级粉煤灰达到 60% 左右，外部碾压混凝土达到 50% 左右，将我国水工混凝土材料技术提升到一个新的水平。我国水电科技工作者中不断研究探索高掺粉煤灰在碾压混凝土的应用，其中龙滩水电站碾压混凝土粉煤灰掺量最高为 66%，贵州光照水电站大坝 13# ~ 16# 坝段 EL. 745.50 ~ EL. 748.90 m 高程碾压混凝土粉煤灰掺量最高为 65%，均取得了良好效果。

马马崖一级水电站在 EL. 489.5 ~ EL. 590.5 m 高程段全坝段采用高掺粉煤灰施工，粉煤灰掺量突破规范要求达到 70%，在国内工程应用中尚属首次。

## 2　碾压混凝土主要技术指标

根据马马崖一级水电站《大坝混凝土施工技术要求》，大坝碾压混凝土主要设计指标如

表 1 所示。

表 1　马马崖一级水电站大坝碾压设计指标

| 混凝土种类 | 工程部位 | 强度等级 | 级配 | 抗渗等级 | 抗冻等级 | 混凝土容重（kN/m³） |
|---|---|---|---|---|---|---|
| 碾压混凝土 | 迎水面 | $C_{90}20$ | 二 | W8 | F100 | ≥2 350 |
| 碾压混凝土 | 迎水面 | $C_{90}20$ | 三 | W8 | F100 | ≥2 350 |
| 碾压混凝土 | 坝体内部 | $C_{90}15$ | 三 | W6 | F50 | ≥2 350 |

## 3　原材料性能检测

### 3.1　水泥

马马崖一级水电站工程大坝混凝土使用的水泥为贵州安顺水泥有限公司生产的“台泥”牌 P · O 42.5 普通硅酸盐水泥，使用前对其进行物理力学性能指标进行了检测，结果如表 2 所示。

表 2　“台泥”牌 P · O 42.5 水泥物理力学性能检测结果（GB 175—2007）

| 项目 | 标准稠度（%） | 比表面积（m²/kg） | 凝结时间（min） | | 抗折强度（MPa） | | 抗压强度（MPa） | | 安定性 | 比重 |
|---|---|---|---|---|---|---|---|---|---|---|
| | | | 初凝 | 终凝 | 3 d | 28 d | 3 d | 28 d | | |
| 测值 | 25.5 | 351 | 154 | 195 | 6.1 | 8.5 | 29.1 | 50.2 | 合格 | 3.04 |
| 标准 P · O 42.5 | — | ≥300 | ≥45 | ≤600 | ≥3.5 | ≥6.5 | ≥17.0 | ≥42.5 | 合格 | — |

根据对贵州安顺水泥有限公司生产的“台泥”牌 P · O 42.5 水泥抽检结果分析，表明其各项性能均符合《通用硅酸盐水泥》（GB 175—2007）的要求。

### 3.2　粉煤灰

马马崖一级水电站工程大坝混凝土使用的的粉煤灰（F 类）为贵州卓圣丰业环保新型材料开发有限公司生产的Ⅱ级灰，使用前对粉煤灰物理力学性能以及热学性能进行了检测，其结果如表 3 所示。

表 3　“卓圣”牌粉煤灰力学性能检测结果

| 检测标准 | 细度（%）（45μm） | 需水量比（%） | 烧失量（%） | 含水率（%） | $SO_3$（%） | 比重 |
|---|---|---|---|---|---|---|
| “卓圣”粉煤灰 | 10.0 | 95 | 7.2 | 0.4 | 1.43 | 2.52 |
| DL/T 5055—2007 Ⅰ级灰要求 | ≤12 | ≤95 | ≤5 | ≤1 | ≤3 | — |
| DL/T 5055—2007 Ⅱ级灰要求 | ≤25 | ≤105 | ≤8 | ≤1 | ≤3 | — |

在初期进行配合比试验时，对不同掺量（0%、30%和60%）粉煤灰水泥热学性能进行了检测，其检测结果如表4所示。

**表4　不同掺量粉煤灰水泥热学性能检测**

| 检测项目 | 水化热（kJ/kg）（水化热比） | | |
|---|---|---|---|
| | 3 d | 7 d | 28 d |
| 100%水泥 | 279（100%） | 305（100%） | 339（100%） |
| 70%水泥+30%粉煤灰 | 233（84%） | 263（86%） | 314（93%） |
| 40%水泥+60%粉煤灰 | 154（55%） | 176（58%） | 233（69%） |

根据对贵州卓圣丰业环保新型材料开发有限公司生产的Ⅱ级灰检测结果分析，表明其各项性能指标均达到《水工混凝土掺用粉煤灰技术规范》（DL/T 5055—2007）中Ⅱ级粉煤灰的要求。

### 3.3　砂石骨料

马马崖一级水电站工程大坝混凝土使用的砂石骨料为工程右岸砂石料场生产的灰岩人工骨料，该灰岩骨料为非碱活性骨料。现场加工的骨料分级为大石（80～40 mm）、中石（40～20 mm）、小石（20～5 mm）、人工砂。分别对其性能检测结果如表5～表7所示。

根据对右岸砂石系统生产的人工砂检测结果分析，该人工砂为中砂。

**表5　人工砂的颗粒级配试验结果**

| 项目 | 筛孔尺寸（mm） | | | | | | | | 石粉含量（%） | 细度模数 |
|---|---|---|---|---|---|---|---|---|---|---|
| | >5 | 2.5 | 1.25 | 0.63 | 0.315 | 0.160 | 0.08 | <0.08 | | |
| 分计筛余（%） | 0 | 18.50 | 21.90 | 22.40 | 13.80 | 7.00 | 8.10 | 8.30 | 16.40 | 2.82 |
| 累计筛余（%） | 0 | 18.50 | 40.40 | 62.80 | 76.60 | 83.60 | 91.70 | 100 | | |

**表6　人工砂的物理性能试验结果**

| 试验项目 | 饱和面干密度（$kg/m^3$） | 饱和面干吸水率（%） | 泥块含量（%） | 坚固性（%） | 堆积密度（$kg/m^3$） | 紧密密度（$kg/m^3$） | 有机质含量（%） | 云母含量（%） |
|---|---|---|---|---|---|---|---|---|
| 检测结果 | 2 650 | 1.9 | 0 | 1.8 | 1 530 | 1 764 | 浅于标准色 | 0 |
| DL/T 5144—2001 要求 | — | — | 不允许 | ≤8 | — | — | 浅于标准色 | ≤2 |

**表7　人工粗骨料的物理性能试验结果**

| 试验项目 | 饱和面干密度（$kg/m^3$） | 饱和面干吸水率（%） | 含泥量（%） | 泥块含量（%） | 超径（%） | 逊径（%） |
|---|---|---|---|---|---|---|
| 小石（5～20 mm） | 2 710 | 0.65 | 0.25 | 0 | 7.8 | 1.1 |
| 中石（20～40 mm） | 2 710 | 0.50 | 0.06 | 0 | 7.3 | 0 |
| 大石（40～80 mm） | 2 710 | 0.38 | 0.02 | 0 | 4 | 0 |
| DL/T 5144—2001 要求 | ≥2550 | ≤2.5 | 小石、中石≤1，大石≤0.5 | 不允许 | <5 | <10 |

续表 7

| 试验项目 | 压碎指标（%） | 针片状（%） | 坚固性（%） | 堆积密度（$kg/m^3$） | 紧密密度（$kg/m^3$） | 有机质含量（%） |
|---|---|---|---|---|---|---|
| 小石（5～20 mm） | 7.6 | 4.0 | 0.6 | 1 425 | 1 640 | 浅于标准色 |
| 中石（20～40 mm） | | 2.8 | 0.2 | 1 396 | 1 610 | 浅于标准色 |
| 大石（40～80 mm） | | 6.0 | 0.1 | 1 344 | 1 560 | 浅于标准色 |
| DL/T 5144—2001 要求 | ≤12 | ≤15 | ≤8 | — | — | 浅于标准色 |

根据对人工粗骨料的性能试验结果分析，表明现场取样的小石和中石的除超径含量偏大外，其他物理性能满足《水工混凝土施工规范》（DL/T 5144—2001）的要求。

### 3.4　外加剂

马马崖一级水电站工程大坝混凝土使用的引气剂选用的是石家庄长安育才建材公司生产的 GK－9A 引气剂，掺量按施工配合比执行。选用的减水剂选用的是南京瑞迪高新技术有限公司生产的 HLC－NAF 萘系高效减水剂，掺量按施工配合比执行。分别对其进行检测，其结果如表 8 和表 9 所示。

表 8　GK－9A 引气剂的性能试验结果

| 引气剂名称 | 掺量 | 减水率（%） | 含气量（%） | 泌水率比（%） | 凝结时间差（min） | | 抗压强度比（%） | | 耐久性指标 |
|---|---|---|---|---|---|---|---|---|---|
| | | | | | 初凝 | 终凝 | 7 d | 28 d | |
| 长安育才 GK－9A | 0.8/万 | 6.1 | 3.3 | 53 | ＋33 | ＋9 | 100 | 110 | 200 次快冻后相对动弹模数为 88.2% |
| GB 8076—2008 要求 | — | ≥6 | ≥3.0 | ≤70 | －90～＋120 | | ≥95 | ≥90 | 200 次快冻后相对动弹模数≥85% |

表 9　HLC－NAF 减水剂的性能试验结果

| 减水剂名称 | 掺量（%） | 减水率（%） | 含气量（%） | 泌水率比（%） | 凝结时间差（min） | | 抗压强度比（%） | |
|---|---|---|---|---|---|---|---|---|
| | | | | | 初凝 | 终凝 | 7 d | 28 d |
| 南瑞 HLC－NAF 萘系 | 0.8 | 21.7 | 1.7 | 38 | ＋857 | ＋844 | 162 | 155 |
| GB 8076—2008 要求 | — | ≥14 | ≤4.5 | ≤100 | ＞＋90 | — | ≥125 | ≥120 |

根据对掺用引气剂和减水剂的试验结果分析，表明 GK－9A 引气剂和 HLC－NAF 减水剂（萘系）符合《混凝土外加剂》（GB 8076—2008）中的要求。

## 4　碾压混凝土施工配合比

施工单位根据大坝碾压混凝土主要设计指标通过试验提出碾压混凝土施工配合比，经监理工程师审批同意使用的施工配合比如表10所示。

表10　大坝碾压混凝土施工配合比表

| 编号 | 混凝土种类 | 级配 | 配合比参数 | | | | | 单位体积材料用量($kg/m^3$) | | | | | | | $V_C$ (s) |
|---|---|---|---|---|---|---|---|---|---|---|---|---|---|---|---|
| | | | 水胶比 | 掺灰量(%) | 砂率(%) | 减水剂(%) | 引气剂(%) | 水泥 | 粉煤灰 | 砂 | 5~20 (mm) $G_S$ | 20~40 (7mm) $G_m$ | 40-80 (mm) $G_L$ | 水 | |
| 1 | $C_{90}$15W6F50 | 三 | 0.55 | 60 | 35 | 0.7 | 0.06 | 56 | 84 | 780 | 446 | 595 | 446 | 77 | 4~6 |
| 2 | $C_{90}$20W8F100 | 二 | 0.50 | 50 | 39 | 0.7 | 0.08 | 86 | 86 | 839 | 539 | 808 | — | 86 | 4~6 |

在大坝碾压施工过程中，设计单位通过室内试验论证，将坝体EL.489.5 m高程以上防渗区二级配C20碾压混凝土(掺灰50%)调整为三级配C20碾压混凝土(掺灰60%)，坝体内部三级配C15碾压混凝土(掺灰60%)调整为三级配C15碾压混凝土(掺灰70%)，通过试验并提出推荐施工配合比，具体如表11所示。

表11　超高掺大坝碾压混凝土施工配合比表

| 编号 | 混凝土种类 | 级配 | 配合比参数 | | | | | 单位体积材料用量($kg/m^3$) | | | | | | | $V_C$ (s) |
|---|---|---|---|---|---|---|---|---|---|---|---|---|---|---|---|
| | | | 水胶比 | 掺灰量(%) | 砂率(%) | 减水剂(%) | 引气剂(%) | 水泥 | 粉煤灰 | 砂 | 5~20 (mm) $G_S$ | 20~40 (7mm) $G_m$ | 40~80 (mm) $G_L$ | 水 | |
| 1 | $C_{90}$15W6F50 | 三 | 0.50 | 70 | 33 | 0.8 | 0.06 | 42 | 98 | 735 | 458 | 610 | 458 | 70 | 4~6 |
| 2 | $C_{90}$20W8F100 | 三 | 0.46 | 60 | 33 | 0.8 | 0.08 | 60.9 | 91.3 | 727 | 453 | 604 | 453 | 70 | 4~6 |

## 5　碾压混凝土性能检测

### 5.1　抗压强度及劈拉强度检测

通过对坝体碾压混凝土配合比调整前后监理工程师取样试验检测抗压强度和劈拉强度结果进行统计分析，具体情况如表12所示。

表12　碾压混凝土抗压强度及劈拉强度性能检测结果

| 编号 | 混凝土种类 | 级配 | 掺灰量(%) | 强度 | 龄期(d) | $N$ | 最小值 | 最大值 | 平均值 $\bar{x}$ |
|---|---|---|---|---|---|---|---|---|---|
| 1 | $C_{90}$15W6F50 | 三 | 60 | 抗压强度 | 28 | 25 | 8.1 | 14.3 | 11.3 |
| 2 | $C_{90}$15W6F50 | 三 | 60 | 抗压强度 | 90 | 25 | 16.5 | 23.9 | 20.6 |
| 3 | $C_{90}$15W6F50 | 三 | 60 | 劈拉强度 | 90 | 5 | 1.70 | 2.20 | 1.97 |
| 4 | $C_{90}$15W6F50 | 三 | 70 | 抗压强度 | 28 | 52 | 9.9 | 21.9 | 12.7 |
| 5 | $C_{90}$15W6F50 | 三 | 70 | 抗压强度 | 90 | 45 | 16.1 | 27.2 | 20.0 |
| 6 | $C_{90}$15W6F50 | 三 | 70 | 劈拉强度 | 90 | 14 | 1.42 | 2.98 | 1.80 |
| 7 | $C_{90}$20W8F100 | 二 | 50 | 抗压强度 | 28 | 8 | 18.2 | 22.8 | 20.9 |
| 8 | $C_{90}$20W8F100 | 二 | 50 | 抗压强度 | 90 | 6 | 23.1 | 28.6 | 24.9 |

续表 12

| 编号 | 混凝土种类 | 级配 | 掺灰量(%) | 强度(MPa) | 龄期(d) | $N$ | 最小值 | 最大值 | 平均值 $\bar{x}$ |
|---|---|---|---|---|---|---|---|---|---|
| 9 | $C_{90}$20W8F100 | 二 | 50 | 劈拉强度 | 90 | 2 | 2.15 | 2.99 | 2.57 |
| 10 | $C_{90}$20W8F100 | 三 | 60 | 抗压强度 | 28 | 20 | 13.4 | 23.0 | 17.8 |
| 11 | $C_{90}$20W8F100 | 三 | 60 | 抗压强度 | 90 | 17 | 20.7 | 30.2 | 25.1 |
| 12 | $C_{90}$20W8F100 | 三 | 60 | 劈拉强度 | 90 | 15 | 1.66 | 2.82 | 2.13 |

通过对表 12 的统计结果分析,超高掺粉煤灰碾压混凝土力学性能(抗压强度、抗拉强度)和普通粉煤灰掺量的碾压混凝土相差不大,均属同等水平,无明显差异,均能满足设计要求。

## 5.2　抗渗抗冻性能检测

通过对坝体碾压混凝土配合比调整前后监理工程师取样试验检测抗渗和抗冻性能结果进行统计分析,具体情况如表 13 所示。

表 13　碾压混凝土抗渗及抗冻性能检测结果

| 编号 | 混凝土种类 | 级配 | 掺灰量(%) | $N$ | 抗渗 | | 抗冻 | |
|---|---|---|---|---|---|---|---|---|
| | | | | | 设计 | 实测 | 设计 | 实测 |
| 1 | $C_{90}$15W6F50 | 三 | 60 | 1 | ≥W6 | >W6 | ≥F50 | >F50 |
| 2 | $C_{90}$20W8F100 | 二 | 50 | 1 | ≥W8 | >W8 | ≥F100 | >F100 |
| 3 | $C_{90}$15W6F50 | 三 | 70 | 3 | ≥W6 | >W6 | ≥F50 | >F50 |
| 4 | $C_{90}$20W8F100 | 三 | 60 | 3 | ≥W8 | >W8 | ≥F100 | >F100 |

通过对上表统计结果分析,由于监理工程师抽检样本组数偏少,无法对其高掺灰前后碾压混凝土抗渗及抗冻性能进行比较,但抽样试验结果表明,超高掺粉煤灰碾压混凝土防渗及抗冻性能均能够满足设计要求。另外,通过工程蓄水运行后对坝体上游防渗区排水孔检查,孔内汇流较少,防渗效果满足设计要求。

## 5.3　绝热温升性能检测

混凝土的绝热温升是指在绝热条件下,混凝土胶凝材料在水化过程中的温度变化及最高温升值。通过设计对普通粉煤灰碾压混凝土和高掺灰碾压混凝土调整前后绝热温升进行试验,其结果如表 14 所示。

通过对室内绝热温升试验结果分析表明,在相同胶凝材料用量的情况下,超高掺粉煤灰碾压混凝土的绝热温升值比普通粉煤灰掺量的碾压混凝土略低 1.5 ℃左右。

通过对碾压混凝土大坝内部埋设温度计温升情况进行统计分析,各高程坝体内部温度计平均温升情况如表 15 所示。

表 14　普通粉煤灰掺量和高掺粉煤灰的碾压混凝土绝热温升

| 编号 | 混凝土种类 | 级配 | 绝热温升(℃) | | | | | | | | 拟合公式 |
|---|---|---|---|---|---|---|---|---|---|---|---|
| | | | 1 d | 3 d | 5 d | 7 d | 10 d | 14 d | 21 d | 28 d | |
| 1 | $C_{90}$20W8F100（掺灰 50%） | 二 | 6.3 | 9.7 | 12.1 | 14.3 | 16.4 | 18.0 | 19.1 | 19.8 | $T=22.3d/(d+3.6)$ |
| 2 | $C_{90}$15W6F50（掺灰 60%） | 三 | 4.2 | 7.0 | 9.4 | 11.3 | 13.4 | 15.0 | 16.0 | 16.8 | $T=20.3d/(d+4.7)$ |
| 3 | $C_{90}$20W8F100（掺灰 60%） | 三 | 4.3 | 6.8 | 9.4 | 11.5 | 13.9 | 15.3 | 16.4 | 17.0 | $T=20.1d/(d+4.9)$ |
| 4 | $C_{90}$15W6F50（掺灰 70%） | 三 | 2.9 | 5.7 | 8.2 | 9.9 | 12.1 | 13.4 | 14.8 | 15.4 | $T=19.0d/(d+6.2)$ |

表 15　碾压混凝土大坝内部各高程(部分)温度计温升情况统计表

| 编号 | 高程（m） | 数量 | 平均温升（℃） | 施工时段 | 编号 | 高程（m） | 数量 | 平均温升（℃） | 施工时段 |
|---|---|---|---|---|---|---|---|---|---|
| 1 | 483 | 5 | 12.8 | 1月 | 5 | 500 | 10 | 9.9 | 6月 |
| 2 | 485 | 3 | 11.9 | 4月 | 6 | 506 | 10 | 11.3 | 7月 |
| 3 | 490 | 3 | 11.3 | 5月 | 7 | 512 | 7 | 10.6 | 7月 |
| 4 | 495 | 2 | 10.8 | 5月 | 8 | 518 | 7 | 11.4 | 8月 |

坝体内部埋设温度计温升情况虽受入仓温度、浇筑时段以及混凝土绝热温升等诸多因素影响，但通过对 EL. 485 ~ EL. 500 m 高程相同施工外界条件分析，超高掺粉煤灰碾压混凝土内部温升值较普通粉煤灰碾压混凝土温升值低。

## 6　技术的经济适用性

(1)由于采用超高掺粉煤灰全断面三级配施工技术及施工配合比调整，坝体内部 C15 碾压混凝土每立方米水泥节省 14 kg，粉煤灰增加 14 kg，节约投资 3.22 元。坝体上游面 C20 碾压混凝土每立方米水泥节省 25.1 kg，粉煤灰增加 5.3 kg，节约投资 9.73 元，为工程直接投资节省约 165 万元。

(2)由于采用超高掺粉煤灰施工技术，设计对坝体内部温控措施进行了简化。原坝体内部冷却水管布设间排距为 1.5 m×1.5 m，简化后坝体 EL. 530 ~ EL. 560 m 冷却水管间排距为 2.0 m×2.1 m，坝体 EL. 560 ~ EL. 578 m 冷却水管间排距为 3.0 m×3.0 m。由于简化了冷却水管布设，一方面减少了碾压混凝土施工过程中的干扰，另一方面减少了冷却水管通水及维护工作量。

(3)采用超高掺粉煤灰碾压混凝土施工技术，一方面可以减少水泥用量，另一方面可以大量利用固体废弃物，产生的节能减排等生态和环境效益明显。

## 7 结　语

马马崖一级水电站于 2014 年 11 月 10 日顺利实现下闸蓄水,库区上游水位持续在 EL. 580 m 以上。通过对坝体上游区内部排水孔检查情况来看,坝体上游防渗效果良好。大坝施工完成后,对高掺粉煤灰区域进行钻孔取芯,在 J2 - 2 孔连续获得 12. 50 m 和 15. 38 m 长芯样。通过对芯样进行容重、抗压强度、劈拉强度、弹性模量、极限拉伸和抗渗等试验指标检测,均满足设计要求。2015 年初高掺粉煤灰碾压混凝土施工技术已通过中国电建集团专家评审。

结合普通粉煤灰碾压混凝土与超高掺粉煤灰碾压混凝土性能分析情况,超高掺粉煤灰碾压混凝土与普通粉煤灰掺量的碾压混凝土相比具有一定的经济优势,其力学性能和耐久性能相当,水化热温升值略低,且有利于碾压混凝土快速施工。因此,相比普通粉煤灰掺量的碾压混凝土,超高掺粉煤灰的碾压混凝土具有一定的优势,值得在工程实践中进行推广应用。

# 不同水泥含量和外加剂的碾压混凝土脉冲速度变化研究

Shabani, N.[1], Araghian H. R.[2]

**摘要**:碾压混凝土坝在水资源项目中的应用越来越多,需要新方法对这种混凝土进行评估。其中一种评估方法为脉冲速度测量,用于评估碾压混凝土的质量和均匀性。在本研究中,通过脉冲这种非破坏性测试方法测量了经过碾压混凝土的脉冲速度,并对其变化进行了检测。为了实现这个目的,在试验室制作了20种不同设计配比的试件,并进行了90 d水养护,这些试件采用相同骨料不同含量胶结料(100 kg、125 kg、150 kg、175 kg和200 kg)及3种化学外加剂(缓凝剂、增塑剂和超增塑剂)。在15×30圆柱形试件中测量脉冲速度后,进行了其他力学试验,如抗压强度、间接抗拉强度、静态与动态弹性模量、样本渗透性,对结果进行了评估。

**关键词**:脉冲速度测量,碾压混凝土,外加剂

## 1　引　言

无损检测是对构造物进行技术检查和评估的措施之一。正如其名称所示,用无损测试方法对构造物进行评估,对构造物没有任何损害。在一般情况下,通过对混凝土结构进行非破坏性测试,能够对其重要特征进行评估,例如均匀性、均质性、表面裂纹深度和弹性模量。

超声波是无损检测方法之一。通过使用超声波,可测量混凝土结构中各部分的脉冲速度,从而获得有价值的信息。考虑到碾压混凝土(RCC)和传统混凝土在硬化状态方面的相似性,以及其在水资源项目中的广泛使用和其他优点,正在研究用新的方法评估RCC,例如超声波速度。

考虑到RCC的具体情况、干燥状态,以及零坍落度的性质,本研究尝试通过脉冲速度法来检查RCC的质量和均匀性。在本研究中,制作了20种不同的混凝土拌和料,这些拌和料中骨料含量是固定的,水泥含量不同(分别为每立方米100 kg、125 kg、150 kg、175 kg和200 kg),采用3种化学外加剂(包括增塑剂、超增塑剂、缓凝剂),有的不含外加剂,这些混凝土在试验室中养护90 d。之后,测定圆柱形试样(300 mm×150 mm)的脉冲速度、抗压强度、劈裂拉伸强度(巴西)、弹性模量(静态和动态)和渗透性。

## 2　理论研究

超声波脉冲速度法的基本内容为测量脉冲速度,该脉冲由一个发射器发出,由混凝土另一侧的接收器接收。混凝土中的声音速度与混凝土的弹性模量和密度有关,受许多因素的影响,包括水泥类型、混凝土龄期、水灰比、混凝土骨料比、混凝土养护条件[3]。脉冲速度可用于测量混凝土均匀性、估算混凝土强度、弹性模量、测量混凝土性质随时间的变化、水泥水化程度、混凝土耐久性,可用于估算裂缝深度[4,5]。脉冲速度法是近年开发的方法,设备可

移动是其优点之一。

混凝土力学脉冲波包括三种波:纵波(压缩)、剪切波(横向)和面波。纵波是最快的波,适用于测试。速度、弹性模量和混凝土密度的关系如式(1)所示:

$$V = \sqrt{\frac{(1-\mu)E_d}{\rho(1+\mu)(1-2\mu)}} \tag{1}$$

式中:$V$ 为纵波速度;$E_d$ 为动态弹性模量;$\rho$ 为密度;$\mu$ 为混凝土泊松比[6]。

由于不同类型混凝土的泊松比范围(0.15~0.25)和密度变化,可以说,脉冲速度($V$)和动态弹性模量($E_d$)是相互关联的,弹性模量变化,脉冲速度也会变化。

## 3 材料和方法

本研究方法基于试验室试验,制作 RCC 拌和料的材料为骨料、胶结材料、水和外加剂。骨料包括三个类别:0~5 mm 轧制砂,0~20 mm 圆砂和 20~50 mm 轧制砂,其来源为 CHAMSHIR 坝取土区。对骨料进行了质量控制测试,例如测定比重(体积、实际饱和面干)和吸水性。混合料的骨料比例为 30%(0~5 mm 砂)、45%(0~20 mm 砂)和 25%(20~50 mm 砂)。图 1 展示了混合骨料粒径分布曲线。

使用的水泥为 2 型水泥,并已经对水泥进行了物理和化学测试,证实其符合 ASTM C150 标准。RCC 混合料所用的水为饮用水。对本研究所用的外加剂进行了密度测定和干残渣试验。物理和化学测试结果分别示于表 1 和表 2。外加剂测试结果示于表 3。

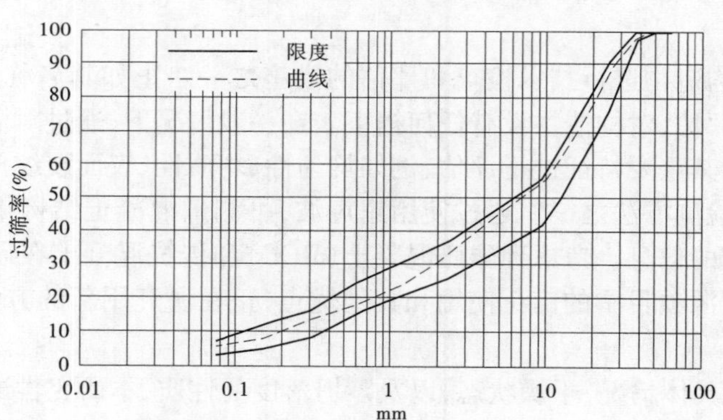


**图 1 组合颗粒级配(红色破折号线表示混合物总级配)**

**表 1 水泥物理试验结果**

| 试验 | 正常一致性 | 热压膨胀 | 密度 | 细度 | 凝固时间(维卡) | | 抗压强度 |
|---|---|---|---|---|---|---|---|
| | | | | | 最终 | 初始 | (28 d) |
| | % | % | g/cm³ | cm²/g | min | min | psi |
| 结果 | 21.2 | +0.08 | 3.17 | 3 100 | 170 | 230 | 3 200 |

**表 2 水泥化学测试结果**

| 组合 | $SiO_2$ | $Al_2O_3$ | $Fe_2O_3$ | CaO | MgO | $Na_2O$ | $K_2O$ | $SO_3$ | $C_3S$ | $C_2S$ | $C_3A$ | $C_4AF$ |
|---|---|---|---|---|---|---|---|---|---|---|---|---|
| % | 21.36 | 5.30 | 4.70 | 62.30 | 1.75 | 0.27 | 0.61 | 2.12 | 42.90 | 28.90 | 6.09 | 14.3 |

表3　化学外加剂测试结果

| 外加剂 | 超增塑剂 | | 增塑剂 | | 缓凝剂 | |
|---|---|---|---|---|---|---|
| 试验 | 密度（$g/cm^3$） | 干燥残余物（%） | 密度（$g/cm^3$） | 干燥残余物（%） | 密度（$g/cm^3$） | 干燥残余物（%） |
| 结果 | 1.20 | 49.05 | 1.14 | 29.8 | 1.12 | 27.9 |

使用了五种不同重量的水泥制作RCC混合料，即100 kg、125 kg、150 kg、175 kg和200 kg。试样中还使用了三种外加剂，包括增塑剂、超塑剂和缓凝剂。采用20种不同的混合料，包括对照混合料。表4示出本研究采用的每立方米混合料中的成分。

表4　不同水泥含量和外加剂的混合料配比

| ID | RCC－100 | | | | RCC－125 | | | | RCC－150 | | | | RCC－175 | | | | RCC－200 | | | |
|---|---|---|---|---|---|---|---|---|---|---|---|---|---|---|---|---|---|---|---|---|
| | Tes | Ret | Pls | Spl | Tes | Ret | Pls | Spl | Tes | Ret | Pls | Spl | Tes | Ret | Pls | Spl | Tes | Ret | Pls | Spl |
| 骨料（kg） | 2 150 | | | | 2 150 | | | | 2 150 | | | | 2 150 | | | | 2 150 | | | |
| 水泥（kg） | 100 | | | | 125 | | | | 150 | | | | 175 | | | | 200 | | | |
| 水（kg） | 110 | 100 | 93.5 | 88 | 113 | 105 | 97 | 90 | 115 | 108 | 100 | 93 | 127 | 118 | 110 | 104 | 135 | 127 | 120 | 113 |
| $W/C$ | 1.10 | 1.00 | 0.94 | 0.88 | 0.90 | 0.84 | 0.78 | 0.72 | 0.77 | 0.72 | 0.67 | 0.62 | 0.73 | 0.67 | 0.63 | 0.59 | 0.68 | 0.64 | 0.60 | 0.57 |

注：Tes－测试剂，Ret－缓凝剂，Pls－增塑剂，Spl－超塑剂，下同。

制备最终混合料后，细心称量制作0.1 $m^3$ 混凝土所需的骨料和其他成分。骨料先倒入拌和机中，相互混合。然后，向混合骨料内加入水泥，再次拌和。最后，向混合物中添加水外加剂，持续拌和3～4 min。为了测定每种混合物的水灰比（$W/C$），依据Vebe时间，使用试错法获得最佳Vebe时间（10～14 s）的最佳含水量。

根据ASTM C 1170标准，测定了12.5 kg新鲜混凝土的比重和Vebe时间。根据ASTM C1176标准，使用9.1 kg材料和振动台制作了一个300 mm×150 mm的圆柱形试样。24 h后，将试样从模具中取出，放入养护池中90 d。根据ASTM C 39标准制作90 d抗压强度试样，根据ASTM C－496标准进行巴西抗拉强度试验，根据ASTM C－469标准进行弹性模量试验，根据EN 12390－08标准进行渗透性试验，根据ASTM C－597标准进行脉冲速度测试。通过每个试样的脉冲速度、泊松比和密度，采用式（1）获得了动态弹性模量。

使用图2所示设备测定超声波脉冲速度。该设备由电子脉冲发生器、放大器以及测量发射器和接收器之间脉冲传导时间的电子仪器组成。通常使用25～100 kHz频率的发生器在混凝土上进行测试。如果脉冲传导距离较短，或混凝土截面较薄，可使用高频发生器，如果脉冲传导路径较长，或混凝土截面较厚，则使用低频脉冲发生器。但在大多数情况下，50～60 kHz频率的发生器比较合适。本研究使用的发生器频率为54 kHz。

图 2　本研究使用的脉冲速度测量仪器

## 4　试验室结果分析

图 3(a)显示,如果其他组分不变,而仅仅增加水泥含量的话,则所有混合料的超声波脉冲速度都会增加。与缓凝剂相比,使用增塑剂能够更有效地增加 RCC 的超声波脉冲速度。与其他两种外加剂相比,在固定胶结材料中使用超塑剂,能够更有效地增加混凝土中的脉冲速度。这可能是因为:水泥颗粒分散性良好和水灰比降低能够使混凝土更致密,从而增加脉冲速度。

有趣的是,使用增塑剂的混合料脉冲速度略高于有固定胶结材料且使用缓凝剂的混合料脉冲速度。研究者认为这是因为使用外加剂的混合料水灰比较低,水泥颗粒分散性较好。在较低抗压强度下(10 ~ 20 MPa),缓凝剂是所研究混合料的最佳外加剂。如果抗压强度在 17 ~ 25 MPa 之间,则增塑剂和超塑剂对脉冲速度的作用相同。但是如果抗压强度超过 25 MPa(150 kg 胶结材料),超塑剂在 RCC 混合料配比中最为有效。这可能是因为 RCC 中水泥含量较高。

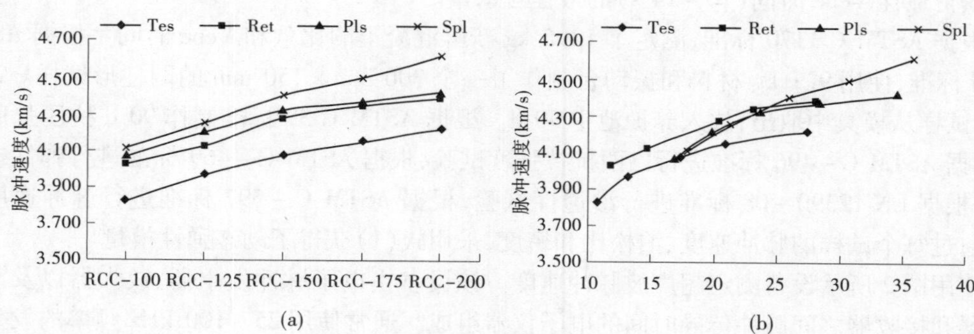


(a)脉冲速度随不同水泥含量和不同类型外加剂的变化;
(b)脉冲速度与抗压强度的关系

图 3　脉冲速度随水泥含量和外加剂类型的变化及其与抗压强度的关系

注:Tes—测试剂,Ret—缓凝剂,Pls—增塑剂,Spl—超塑剂。

纵波速度弹性模量的一个函数，取决于 RCC 的弹性性能，与抗压强度有关。因此，如图 3(b)、4(a)和图 4(b)所示，增加抗压强度、抗拉强度和弹性模量，超声波脉冲速度也会增加。

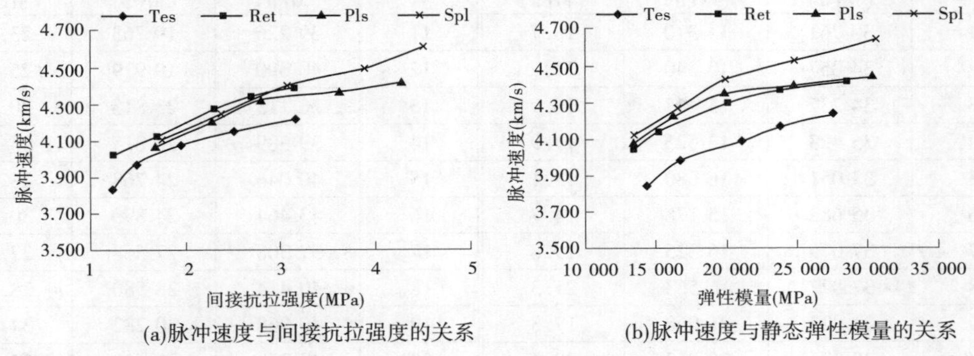


(a)脉冲速度与间接抗拉强度的关系　(b)脉冲速度与静态弹性模量的关系

**图 4　脉冲速度与间接抗拉强度和静态弹性模量的关系**

图 5 表示超声波脉冲速度与渗透性及孔隙率的关系。脉冲速度增加意味着 RCC 的孔隙率低，也意味着渗透性低。使用增塑剂和超塑剂会增加 RCC 的密度，随之增加 RCC 中脉冲速度。缓凝剂会导致水泥颗粒水化更慢、晶体更小、更稳定、更紧密，从而降低孔隙率和渗透率，提高 RCC 中脉冲速度。

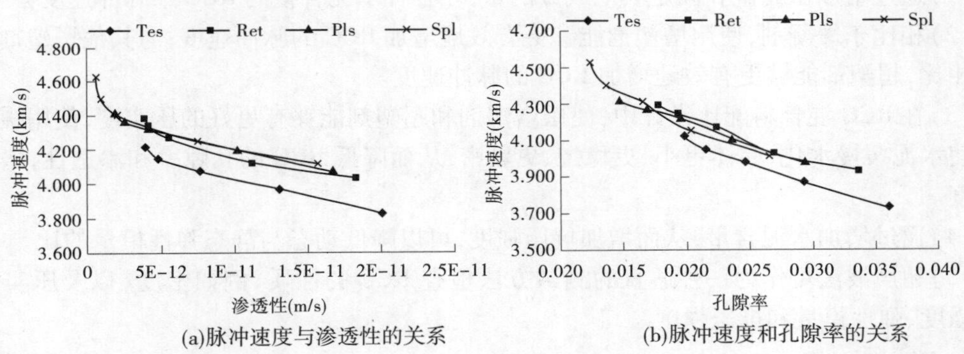


(a)脉冲速度与渗透性的关系　(b)脉冲速度和孔隙率的关系

**图 5　脉冲速度与渗透性和孔隙率的关系**

## 5　动态弹性模量计算

混凝土动态弹性模量与很小点的应变有关。动态弹性模量($E_d$)与静态弹性模量的比并不固定。对于普通混凝土，BS8110：第 2 部分说明了上述弹性模量之间的关系，如式(2)所示：

$$E_c = 1.25E_d - 19 \tag{2}$$

对于可能受地震荷载影响的大坝的应力分析，应采用动态弹性模量，可通过式(2)或超声波试验确定。在本研究中，根据 ASTM C-597 标准，使用超声波脉冲速度检测了试验室制作的圆柱体 RCC 试样的动态弹性模量。无损测试后，还根据 ASTM C-469 标准进行了静态弹性模量试验，试验结果的对比见表 5。对于动态弹性的计算，可考虑 0.2 的泊松比。

表 5　抗压强度、静态和动态弹性模量

| 编号 | $E_d$ (MPa) | $E_c$ (MPa) | $f_c$ (MPa) | 编号 | $E_d$ (MPa) | $E_c$ (MPa) | $f_c$ (MPa) |
|---|---|---|---|---|---|---|---|
| 1 | 30 761 | 14 310 | 10.7 | 11 | 39 226 | 19 763 | 23.7 |
| 2 | 34 057 | 13 340 | 11.7 | 12 | 40 690 | 19 979 | 25.9 |
| 3 | 34 737 | 13 447 | 16.9 | 13 | 36 115 | 23 818 | 20.9 |
| 4 | 35 423 | 13 525 | 17.9 | 14 | 39 589 | 23 815 | 23.1 |
| 5 | 33 051 | 16 680 | 13.1 | 15 | 40 046 | 24 768 | 28.4 |
| 6 | 35 682 | 15 178 | 14.7 | 16 | 43 464 | 24 890 | 30.7 |
| 7 | 37 079 | 16 325 | 19.8 | 17 | 37 308 | 27 568 | 27.4 |
| 8 | 37 877 | 16 563 | 21.3 | 18 | 40 414 | 28 580 | 28.1 |
| 9 | 34 822 | 21 068 | 17.3 | 19 | 40 968 | 30 282 | 34.5 |
| 10 | 38 324 | 20 063 | 20.4 | 20 | 44 759 | 30 628 | 35.8 |

根据表 5，动态与静态弹性比在 1.35～2.62 之间。显然，动态与静态弹性模量比随着试样抗压强度的增加而下降。

## 6　结　论

（1）通过增加水泥量和固定其他成分的量，在各种水泥含量的 RCC 中脉冲速度会上升。

（2）相比于缓凝剂，使用增塑剂能够更有效地增加 RCC 的脉冲速度；与其他增塑剂和缓凝剂相比，超塑剂能够更有效地增加 RCC 的脉冲速度。

（3）在 RCC 混合料配比设计中，使用增塑剂和超塑剂能够有更好的压实度，使用缓凝剂能够使水泥缓慢水化，晶体更小、更稳定、更紧密，从而降低 RCC 的孔隙率和渗透性，增加脉冲速度。

（4）通过增加水泥含量，从而增加抗压强度，可以降低动态与静态弹性模量的比。

（5）超声波法可作为一种适宜的测试方法检查 RCC 的性质，例如密度（以及压实度）、抗拉强度、弹性模量和抗压强度。

## 参考文献

[1] ACI. 大体积碾压混凝土. ACI 委员会 207 报告，ACI 207.5R－11，2011.

[2] 美国陆军工程兵团. 工程和设计手册. EM 1110－2－2006，2000.

[3] Bungey. J. H.，Millard. S. G.. 结构混凝土试验[M]. 3 版. 布莱卡学院和专业出版社.

[4] Krautkramer J.，Krautkramer M.. 超声波材料检测[M]. 柏林：斯普林格出版社，1990.

[5] Blitz J.，Simpson G.. 超声波无损检测. 伦敦：查普曼和霍尔公司，1996.

[6] ASTM C597. 混凝土脉冲速度标准测试方法（2009）.

[7] K. B. Sanish，Manu SANTHANAM. 使用超声波方法表征混凝土强度发展[C]//第 18 届无损检测世界大会，南非，德班，2012.

# 用两种方法对碾压混凝土坝施工缝抗剪强度和抗压强度成熟度和凝结时间进行实验室研究

Sayed Bashir Mokhtarpouryani , Shahram Mahzarnia

(伊朗水力资源开发公司,伊朗)

**摘要**:在碾压混凝土坝中,碾压混凝土层的填筑厚度各不相同,介于30~35 cm,该厚度取决于混凝土来源、可用设施、施工方法、假设和确定的碾压混凝土密度。碾压混凝土的填筑,尤其是在水工建筑物中的填筑,应确保有连续坝段来实现预期目标。

显而易见,混凝土层之间的边界特点和条件是决定混凝土层边界的最有效参数。与传统混凝土坝相比,这种填筑有更快的填筑速度,而且还会显著减少大体积混凝土相关的问题,但是需要特别注意大坝在侧向力中的稳定性问题,因为两层接缝处的抗剪强度较弱,对于大坝设计者来说,这是一个重要的考虑因素。

根据碾压混凝土坝技术规范,接缝被分为四组:热、温、冷和极冷。根据接缝类型,应实施必要的处理工作。定义这些接缝的标准为成熟度,成熟度是混凝土表面温度和时间的乘积,温度为华氏温度,由试验研究和限定时间确定。

这种定义似乎过于宽泛,最重要的问题是,计算中没有涉及混凝土凝结时间,对于任何接缝的时间跨度测定来说,混凝土凝结时间都是一个重要因素。在本文中,研究者尝试根据规范来提出验证该议题的方法,并尝试寻找新方法来对这些接缝进行分类,从而提高真实条件下接缝处的抗剪强度和抗压强度。

**关键词**:碾压混凝土,成熟度,凝结时间,抗剪强度,抗压强度

## 1　引　言

碾压混凝土坝可视为过去40年里大坝施工技术的最重要进展,其认知可追溯至20世纪70年代,1970年和1972年,美国加利福尼亚阿西洛玛州召开了两次会议,主题为“混凝土坝的经济性建设”[1],在这两次会议期间,人们认识到了碾压混凝土坝的概念。这两次会议的专家探索了用于建设大坝的新材料,能够满足混凝土坝的安全性要求,还能够拥有土石坝的施工速度。这可能导致1974年人们创造了新型水坝——碾压混凝土坝。

碾压混凝土不仅是一种新材料,还是一种现代施工方法,与传统混凝土坝有类似的安全性。该方法能够降低混凝土坝的施工成本,并能够加快施工速度[2]。在过去这些年里,碾压混凝土得到了广泛应用,用于铺设道路、高速公路、机场,并用于其他行业,如石化、装饰、港口等。现在,该技术在不同的建筑领域里具有特殊的地位。

对于此类大坝的施工来说,碾压混凝土坝的渗透性一直是主要挑战之一。对于接缝来说,这个问题尤为重要,因为会增加横向接缝的数量。因此,这些接缝的渗透性会对此类大

坝的渗透性产生相当大的影响。

根据现有的碾压混凝土坝技术规范,接缝可分为四组:热、温、冷和极冷,应根据接缝类型来决定并调整填筑下一层所需的条件。决定这些接缝的一般标准为成熟度(中国建造的部分大坝除外),成熟度的定义为混凝土表面温度(华氏度)与时间的乘积。在实验室条件下对接缝进行测试后,应测定时间限制,并对其进行命名。

成熟度的定义是广义的,其最重要的缺点是没有在计算中考虑混凝土的凝结时间,而凝结时间可能被视为测定各种接缝时间周期的最重要因素之一。

Mokhtar Pouryani、Siose marde 和 Mikail Zadeh(2013)[3]研究了碾压混凝土坝施工缝的分类方法,其依据为三种不同环境模式下施工样品的凝结时间(包括养护室内、普通室内和室外)和成熟度。其试验结果表明,不同环境条件下混凝土的凝结时间也不相同。这可能表明,混凝土表面湿度比混凝土表面温度更重要。关于这个物理问题,不同环境条件下的混凝土转变温度可能导致了这种模式。此外,其研究结果表明,在混合模式不变的情况下,初次凝结时可能获得不同的成熟度。换句话说,不仅温度和时间会影响接缝的凝结时间和成熟度,湿度也发挥着重要而关键的作用。该研究表明,基于凝结时间的接缝分类方法可在不同环境条件下产生更可接受的结果。

考虑到这些研究结果,在本研究中,我们在现有规范框架下提供了一系列新的检查方法,用于仔细地研究和比较这两种观点,并研究凝结时间在接缝分类中的作用,从而能够在两种分类系统中评估两种不同含量的水泥材料的接缝间隙抗剪强度和抗压强度。此外,为了使该研究具有适用性,我们将其中一个碾压混凝土坝所用的材料用于建设伊朗西部的一个碾压混凝土坝。

## 2 混合碾压混凝土模型

### 2.1 水泥材料

主要通过使用火山灰材料和水泥超重,可以实现大体积混凝土的低放热作用。在本研究中,我们使用了来自库尔德斯坦水泥厂(Bijar)的25%火山灰含量的II型火山灰水泥。此外,为了提高比较的有效性,我们使用了两种含量的水泥材料:125 kg/m$^3$和150 kg/m$^3$。

### 2.2 骨料

我们考虑了4种骨料的岩石材料,包括一组细骨料,两组粗骨料和一组粗细结合的骨料,如表1所示。所考虑的最大骨料尺寸为50 mm[4]。

**表1 本研究所用碾压混凝土的配合比方案**

| 水泥类型 | 水泥 (kg/m$^3$) | 水灰比 | $D_{max}$ (mm) | 骨料比例(%) | | | | Vebe 时间 (s) | 容重 (kg/cm$^3$) | $V_p/V_m$ (平均) |
|---|---|---|---|---|---|---|---|---|---|---|
| | | | | 0~3 (mm) | 0~5 (mm) | 5~25 (mm) | 25~50 (mm) | | | |
| 特殊火山灰 Bijar | 125 | 0.9 | 50 | 13.5 | 31.5 | 27.5 | 27.5 | 15 | 2 455 | 0.45 |
| | 150 | 0.9 | 50 | 13.5 | 31.5 | 27.5 | 27.5 | 15 | 2 455 | 0.45 |

根据研究课题,接缝的黏结力极为重要。黏结力较弱的碾压混凝土层的填缝质量和抗剪强度都较低。关于这个问题,在1980年,日本岛地川坝首次对两层接缝使用了垫层砂

浆[1]。在本研究的第一系列检查中，我们在两层间隙中使用了4种砂浆配料方案，用于探讨增加层间砂浆水泥材料含量对接缝质量的影响，如表2所示。但是，在第二组检查中，根据本研究的主要目的（接缝分类），有必要使用统一的配料方案来实现所期望的目标，所以我们假设水泥材料的含量是固定的。

表2　第一和第二系列检查中使用的垫层砂浆配料方案

| 系列 | 水泥 (kg/m³) | 水灰比 | 骨料比例（%） | | 空气 (%) | 新鲜混凝土 | | 抗压强度（kg/cm²） | |
|---|---|---|---|---|---|---|---|---|---|
| | | | 0～3 (mm) | 0～5 (mm) | | 坍塌度 (cm) | 密度 (kg/m³) | 7 | 28 |
| 第一系列 | 400 | 0.7 | 30 | 70 | 2.5 | 17 | 2 230 | 118 | 180 |
| | 450 | 0.63 | 30 | 70 | 2.5 | 21 | 2 240 | 130 | 183 |
| | 500 | 0.59 | 30 | 70 | 2.5 | 16 | 2 200 | 178 | 241 |
| | 550 | 0.56 | 30 | 70 | 2.5 | 16 | 2 200 | 181 | 245 |
| 第二系列 | 400 | 0.66 | 0 | 100 | 2.5 | 20 | 2 240 | 130 | 236 |

## 3　制作样品

碾压混凝土样品可根据不同目的而制作，并可制造成多种形式。在本研究中，在所有实施的测试中，我们使用15 cm×15 cm的正方形框架制作了34个样品（2个作为对照样品），根据欧洲EN－12390－8标准用于测试渗透深度。另外，我们还使用30 cm×15 cm的圆柱形框架制作了样品，根据ASTM C1245标准用于来测定黏结强度。

根据接缝类型，我们测量了样品密度，使用的2个直角正方形超负荷，重量分别为9.1 kg和11.6 kg（超负荷重量的选择依据web时间测定中产生的应力）。

因为测试的性质，为了研究两层之间的接缝，我们对每个样品的热缝进行了测试，分别在两层厚度7.5 cm的正方形框架和两层高度15 cm的圆柱形框架中实施。对于其他类型的接缝，该测试在每个样品的正方形框架中实施，两层厚度为7 cm，并在两层高度为14.5 cm的圆柱形框架中实施，有一层垫层砂浆，厚度为1 cm。

图1　正方形和圆柱形框架中的第一层混凝土

在填筑第二层之前，为了优化暖、冷和极冷接缝的表面，应采取以下措施：

(1)表面打毛:根据给出的从接缝表面移除砂浆相关的解释,我们在表面打毛,如图2所示。

(2)垫层砂浆填筑:打毛后,再次固定框架,先根据混合料类型填筑一层1 cm厚的垫层砂浆,然后填筑第二层。

图2　层表面打毛

在本研究中,为了使用成熟度法测定各种接缝的时间周期,我们根据表3第二行使用了某大坝技术规范中规定的范围,该大坝位于伊朗西部,目前正在建设中。

此外,为了根据凝结时间进行分类,我们根据表3第三行使用了Mokhtar Pouryani等(2013年)提议的数值。

在开始制作样品并使用ASTM C403测试之前,我们测定了各个配料方案的最初和最终凝结时间。根据最初和最终凝结时间的测试结果,以及两个混合含量值的适当估计,我们认为初次凝结时间为5 h,二次凝结时间为12 h,通过研究这些数值,我们也进行了测试。

表3　根据两种分类系统的接缝类型定义

| 接缝类型 | 接缝定义依据 | | 填筑下一层的条件 |
|---|---|---|---|
| | 成熟度(°F · hr) | 凝结时间 | |
| 热接缝 | <1 022 | 初次凝结前 | 无需处理,即可实施 |
| 暖接缝 | 1 022 ~ 2 012 | 最终凝结前 | 应使用水压或风压来去除已填筑层表面的薄弱区,无需打毛 |
| 冷接缝 | 2 012 ~ 3 994 | 比初次凝结长4倍 | 应使用水压或风压来去除混凝土表面的薄弱区,可进行打毛,可填筑约2 cm厚的水泥砂浆 |
| 极冷接缝 | >3 994 | 比初次凝结长8倍 | 与冷接缝类似 |

# 4　结　果

## 4.1　根据成熟度指标的测试结果

图3展示了实验室抗压强度测试结果。获得的结果符合成熟度法则。N. J. Carino和H. S. Lew(2001)引用了Saul (1951)的观点:“配料方案和成熟度一致的混凝土有一致的强度,成熟时,温度和时间在什么水平并不重要”[6]。正如所预期的,只有提高水泥材料含量,才能一定程度的增加抗压强度,如图3所示。

根据图4可知,抗剪强度结果如下:

(1)当使用垫层砂浆时,砂浆可决定接缝的抗剪强度。无打毛样品的平均抗剪强度约为3% ~7%,据观察,打毛样品的抗压强度约为7% ~12%。

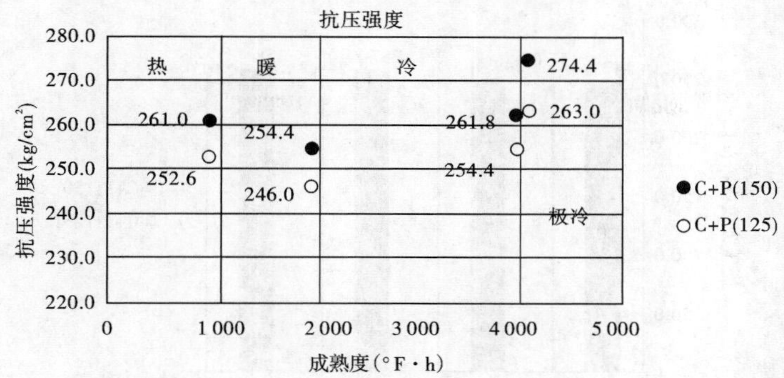


图3　接缝处样品抗压强度图

(2)相比于无砂浆的模型,使用垫层砂浆有助于增加层间层强度。

(3)样品渗透深度和抗剪强度的比较表明,在一些可渗透样品中,抗剪强度甚至低于预期水平。

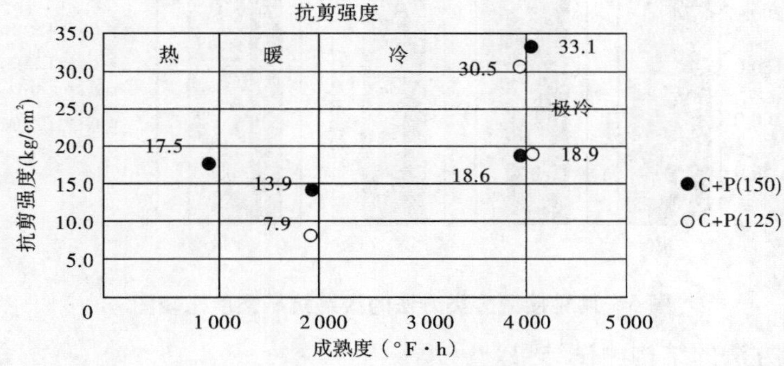


图4　接缝处样品抗剪强度图

### 4.2　根据凝结时间指标的结构测试结果

针对两个混合料含量值的所有试验中,初次凝结时间为3 h,二次凝结时间被认为等于12 h,根据这些假设,我们进行测试。

图5展示了基于凝结时间的结构样品抗压强度测试。显而易见,碾压混凝土水泥含量增加25 kg对混凝土的抗压强度无明显影响。

此外,图6展示了以下项目:

(1)所获得的无打毛样品的平均抗剪强度为3%～12%,在打毛样品中,获得的抗压强度为12%～21%。

(2)在混凝土配料方案中,增加水泥材料含量能够增加接缝的抗剪强度,可能是因为增加了混凝土的抗压强度。

(3)在混凝土混合料中,水泥材料含量增加25 kg/m³后,无打毛样品中混凝土块的抗剪强度平均值达到约40%,在打毛样品中,该值提高至60%。

## 5　两种接缝分类方法的比较

### 5.1　两种接缝分类方法在抗压强度方面的比较

180 d湿养护后,我们在15 cm×15 cm正方形样品上进行了抗压强度测定。图6展示

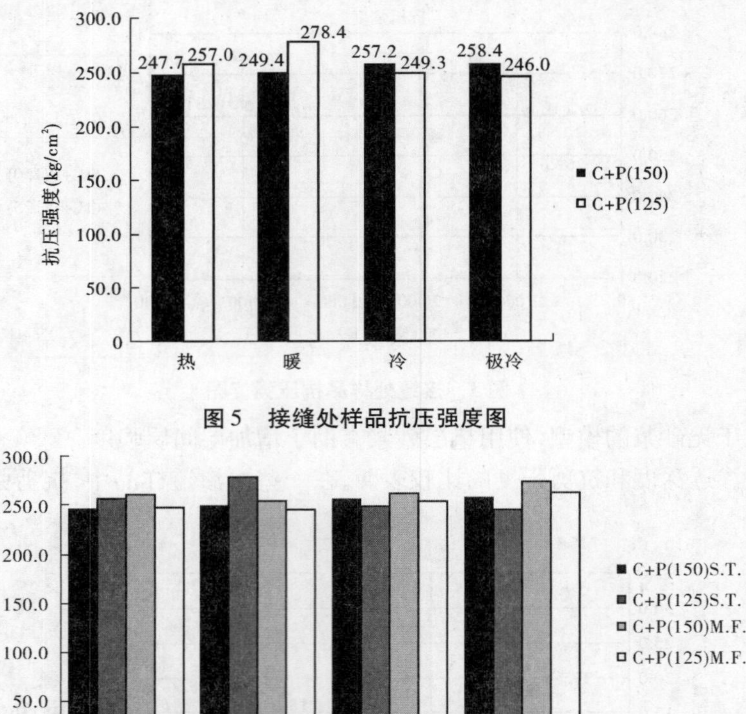


**图5　接缝处样品抗压强度图**

**图6　两种接缝分类方法的接缝抗压强度比较图**

了根据两种分类方法的结构测试结果。

由于本研究中混合料的比例是固定的,实施抗压强度测试的目标为控制结构化混合料的一致性,并研究测试期间制芯所造成的损伤。一些因素可造成强度变化,例如水灰比变化、所需水量的变化、混凝土组分特征的变化、不恰当的采样方法、施工方法的变化、培养条件的变化以及所实施测试的缺点。正如所预期的,根据成熟度法则,这两种方法没有出现特别的变化。

根据图7,我们比较了使用这两种分类方法的接缝处抗剪强度测试结果平均值,结果表明:

当使用垫层砂浆时,砂浆可决定接缝的抗剪强度。使用成熟度法时,无打毛样品的平均抗剪强度约为3%~7%。此外,使用基于凝结时间的接缝分类方法时,该数值约为3%~12%。使用成熟度法时,打毛样品的该数值为7%~12%,使用基于凝结时间的接缝分类方法时,该数值约为抗压强度的12%~21%。这表明,基于凝结时间的分类系统的表现更好。

在基于凝结时间的分类方法中,当把混凝土混合料中的水泥材料含量增加25 kg/m³时,无打毛样品中混凝土块的抗剪强度平均值为40%,在打毛样品中,该数值增加至60%。但是,在成熟度法中,无打毛样品的该数值增加至60%,打毛样品无显著变化。这表明,成熟度法在抗剪强度方面的表现更好。

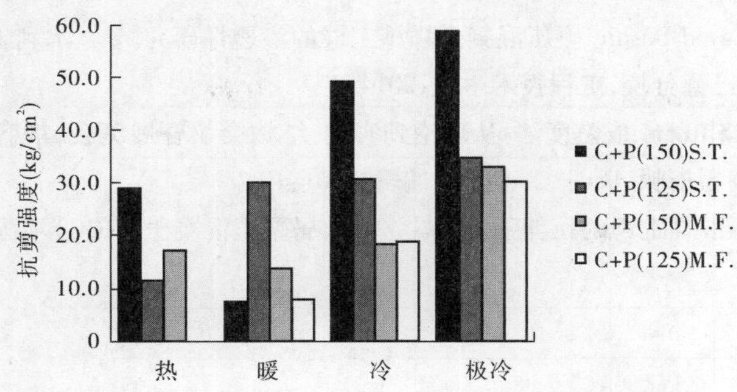


图7　两种分类方法的接缝抗剪强度比较图

## 6　结　论

从本研究中获得的结果和发现如下：

(1)根据成熟度法则，两种方法的抗压强度图中没有发现特别的变化。

(2)相比于成熟度因子，采用定义接缝的图表法代替凝结时间法，能够实现更高的抗剪强度值。

(3)两种方法的暖接缝抗剪强度值存在显著差异，这可能是因为暴露于层表面造成的。更长时间的工作时间延误可导致层表面干燥，因此可导致水分下降超过最佳湿度比（根据各模型中砂浆水灰比的固定值），并导致孔隙度的上升。根据成熟度法给出的图，该值为29 h，凝结时间法的该值为12 h。

(4)在凝结时间法中，热接缝和暖接缝的抗剪强度高于成熟度法，可能是因为层间接缝内现有砂浆的渗透性更好造成的。

(5)所获得的结果表明，暖接缝的定义和暖接缝条件下用于混凝土填筑的所需布置不可能充分。因此，可能有必要修订暖接缝的定义及其布置。Dunsten 等（2012）[7]也曾提议在暖接缝层表面使用扫帚来进行翻松。

## 致　谢

我们使用土壤力学技术实验室设备来实施本研究，因此笔者感谢该实验室管理人 Vakili Ayyob 先生及其同事在本研究所有步骤中对笔者的协助。

### 参考文献

[1] Warren hard Henson. 碾压混凝土坝[J]. 电力部，伊朗国家大坝委员会，1997(14)：283.

[2] Chasemi Hooman. 碾压混凝土渗透性的影响因素研究[D]. 德黑兰大学土木工程技术学院，2001.

[3] Mokhtar Pouryani Sayed Bashir, Siose Marde. 基于凝结时间的碾压混凝土坝施工缝分类方法[C]//第七届国家土木工程大会，扎黑丹大学 Shahid Nikbakht 工程学院，2014.

[4] Mokhtar Pouryani Sayed bashir. Siose Marde, maroof. 碾压混凝土坝混合料类型以及对平均水泥材料水坝的态度[C]//第七届国家土木工程大会，扎黑丹大学 Shahid Nikbakht 工程学院，2013.

[5] Moukhtar Pouryani Sayed Bashir. 碾压混凝土坝施工缝的渗透性研究[D]. 水利土木工程硕士论文,伊斯兰阿萨德大学马哈巴德分校,工程技术学院,2014.

[6] N. J. Carino and H. S. Lew. 成熟度法:从理论到实践,结构会议暨展览会,华盛顿特区,美国土木工程师协会,弗吉尼亚州雷斯顿,Peter C. Chang 编辑,2001:19.

[7] Dunsten, et al.. 碾压混凝土坝的拉伸强度[C]//第六届碾压混凝土(RCC)坝国际研讨会,西班牙萨拉戈萨,2012.

# 大数据理念下的碾压混凝土坝施工质量智能控制研究

钟桂良　邱向东　尹习双　刘金飞

（中国电建集团成都勘测设计研究院有限公司　四川　成都　610072）

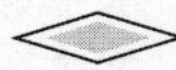

**摘要**：碾压混凝土坝施工工艺复杂、施工强度大、技术要求高，其施工质量控制倍受重视。针对碾压混凝土坝传统施工质量控制方法信息采集实时性差、数据应用程度低、易形成信息孤岛、难以满足高标准的施工质量综合控制要求的问题，结合大数据理念，开展碾压混凝土坝施工质量智能控制方法研究。基于物联网技术设计开发了混凝土运输过程实时监控系统，并在此基础上提出了基于大数据技术的海量施工质量监控数据清洗方法、施工质量与效率的评价及分析优化方法，通过对混凝土运输和仓面作业全过程实时监控数据的智能采集、大数据清洗与综合分析应用，为碾压混凝土坝施工质量事前、事中、事后的精细化控制和施工工艺优化提供了有效技术支撑，促进了碾压混凝土坝施工管理水平的提升。

**关键词**：碾压混凝土坝，质量控制，大数据技术，混凝土运输

## 1　引　言

随着混凝土筑坝技术的发展，碾压混凝土坝已成为最具有竞争力的坝型之一。碾压混凝土坝施工工艺复杂、施工强度大、技术要求高，其施工质量控制倍受重视。为有效管控碾压混凝土坝施工质量，业界已有碾压混凝土坝仓面施工质量实时监控方法的研究案例[1]并在多个工程成功应用[2,3]。这些研究成果关注仓面碾压质量控制、施工小气候监测等方面，实现了对碾压混凝土坝仓面施工过程质量的精细化、全天候实时监控和对仓面施工信息的动态高效集成管理与分析，以点带面促进施工质量控制水平提升。但从碾压混凝土坝施工全过程来看，混凝土运输过程施工质量的控制是不可或缺的，采用先进的技术手段实现混凝土运输过程的实时监测与控制亟待研究。

同时，碾压混凝土坝传统施工质量控制方法信息采集实时性差、数据应用程度低、易形成信息孤岛、难以满足高标准的施工质量综合控制要求。在施工质量实时监控基础上，结合应运而生的大数据技术，将碾压混凝土坝施工全过程的质量信息全面智能采集、清洗和综合分析应用，研究碾压混凝土坝施工质量智能控制方法，是克服常规施工质量控制方法弊端、提升施工质量控制水平的急切需要。

本文结合混凝土运输过程实时监控系统和仓面施工质量实时监控系统，研究基于大数据技术的海量施工质量监控数据清洗方法、施工质量与效率的评价及分析优化方法，探讨对混凝土运输和仓面作业全过程实时监控数据的智能采集、大数据清洗与综合分析应用，以提升碾压混凝土坝施工管理水平。

## 2 碾压混凝土坝混凝土运输过程实时监控

### 2.1 碾压混凝土坝混凝土运输过程控制环节

碾压混凝土坝混凝土的运输过程是指混凝土从拌和楼出机口卸入运输工具,经水平和垂直运输送到浇筑仓面的过程。碾压混凝土坝混凝土运输中常用机械为自卸汽车、缆机、胶带机等。其中,常用的自卸汽车与缆机联合运输的方式,自卸汽车自拌和楼出机口接料后,至将混凝土运至卸料平台、然后卸至缆机料罐、最后返回拌和楼,完成混凝土的水平运输过程;料罐在装载混凝土后,缆机起吊料罐,经垂直提升、水平移动、垂直下降过程,将料罐运送至浇筑仓面、卸载混凝土后,再经垂直提升、水平移动、垂直下降过程将空料罐运送至卸料平台,完成混凝土的垂直运输过程。自卸汽车直接入仓的运输方式和自卸汽车联合胶带机运输方式的过程相对简单,碾压混凝土坝混凝土运输过程实时监控技术以自卸汽车联合缆机运输的方式开展研究。

碾压混凝土坝混凝土运输过程控制包括混凝土材料匹配(拌和楼生产指定级配混凝土)、装料匹配(自卸汽车在指定出机口装料)、转运匹配(自卸汽车车转运至指定料罐或至指定胶带机或指定仓面)、运输匹配(缆机运输料罐或胶带机运输混凝土至指定仓面)及卸料匹配(混凝土卸料至指定位置)五大环节。若混凝土运输过程控制不力,会带来混凝土特性变化过大、入仓温度超标、混凝土用料错误等质量缺陷和问题,引起混凝土结构物的破坏、影响结构物的功能使用,甚至带来严重的安全隐患。

### 2.2 混凝土运输过程实时监控技术架构

以自卸汽车联合缆机运输的方式为例,在碾压混凝土坝混凝土运输过程中,常常通过规划自卸汽车经过的车道、车道对应拌和楼出机口、自卸汽车对应缆机吊罐的方式保证混凝土用料准确,通过监测缆索伸缩长度、吊运起点(卸料平台)与目的地(施工仓面)指挥人员口令、结合缆机操作人员的操作经验来推定吊运物空间位置以保证缆机卸料准确与运行安全。这种以人工为主的管理方式,使得装料过程、转运过程、卸料过程、缆机运行状态、缆机碰撞风险、运输所耗时间等关键信息往往缺乏有效管理,处于非受控状态,存在施工质量与运输安全风险。

针对上述情况,提出了如图 1 所示的混凝土运输过程实时监控技术方案,在施工现场对拌和楼、自卸汽车、缆机进行监测与识别,将获取到的实时监测数据以无线通信的方式发送到后方服务器进行数据的在线智能分析,再将分析结果依托有线与无线通讯方式进行实时预警与质量控制。

碾压混凝土坝混凝土运输过程实时监控对现场混凝土运输过程的施工质量开展精细化实时监控,对影响施工质量的各种关键控制参数进行智能跟踪分析与预警,及时预警施工人员及管理人员采取工程措施确保施工质量,指导现场施工,使得工程建设管理者能全过程、实时、有效控制工程施工质量,确保工程建设过程质量可靠。

## 3 碾压混凝土坝施工质量监控的大数据特征

"大数据"是需要新处理模式才能具有更强的决策力、洞察发现力和流程优化能力的海量、高增长率和多样化的信息资产。简言之,从各种各样类型的数据中,快速获得有价值信息的能力,就是大数据技术。通常认为,大数据技术具有数据量庞大,数据类别多且侧重数

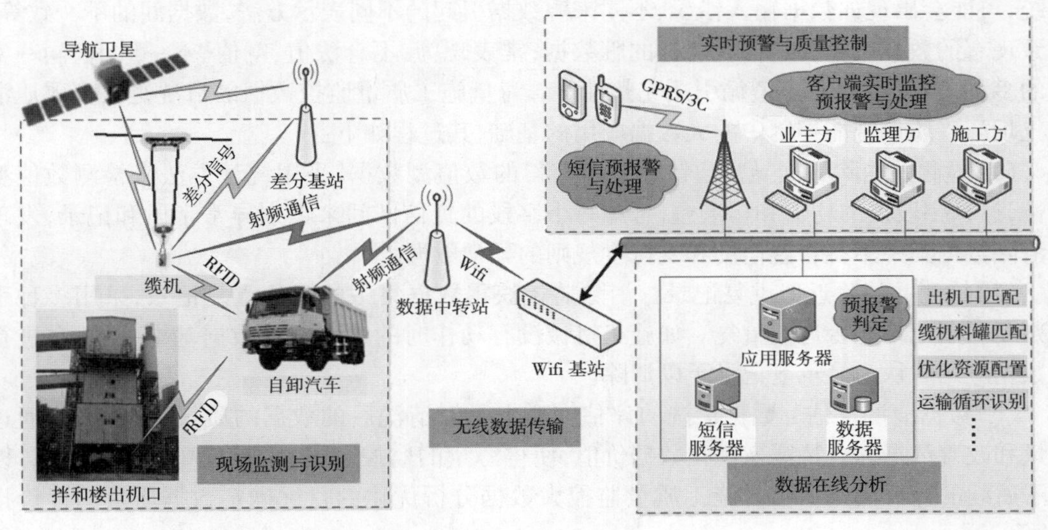


图1　混凝土运输过程实时监控技术方案

据集的全体而非样本,数据之间具有关联性、单个数据可能无价值或价值微小、但数据的集合所表现出的关联性规律可能价值巨大等主要特征[4]。

通过混凝土运输过程实时监控系统和仓面施工质量实时监控系统获得的海量碾压混凝土坝施工质量监控数据,数据量庞大、数据种类多且完整、单条数据价值小但数据集合的价值巨大,具有典型的大数据特性。

(1)数据量庞大,数据种类多且完整。

碾压混凝土坝施工质量监控数据来源于在混凝土生产系统、自卸汽车、缆机、平仓机、碾压机等主要施工主体设备上安装的传感设备通过无线通信网络实时获取的数据,获取了以往水电施工中无法获取的大坝施工全过程、各种类型的数据,足以真实记录大坝混凝土施工全过程。利用智能传感设备采集的施工过程数据,采集成本低、数据准确,且获取的数据并非抽样数据,而是完整反映施工过程的全体数据。据分析,以某水电工程为例,利用施工质量监控系统全程监控大坝施工全过程,获取的混凝土施工数据可高达数亿条。

(2)数据关联性强,数据价值大。

大数据时代,数据蕴藏着巨大财富。通过施工质量监控系统获取的数据涵盖了碾压混凝土坝混凝土施工全过程,完整记录了稍纵即逝的大坝混凝土施工过程信息,这些数据为混凝土施工历史的评价、当前的分析和未来的预测,提供了前所未有的数据基础。

## 4　碾压混凝土坝施工质量智能控制中的大数据应用

碾压混凝土坝施工质量监控获得的海量数据,通过数据清洗、施工质量与效率的评价及分析优化,智能反馈至施工现场与管理人员进而实现施工质量智能控制,为碾压混凝土坝施工质量事前、事中、事后的精细化控制和施工工艺优化提供了有效技术支撑。

### 4.1　海量施工质量监控数据清洗

数据清洗(Data Cleaning)的目的是检测数据中存在的错误和不一致,剔除或者改正它们,以提高数据的质量[5]。碾压混凝土坝施工质量监控获得的海量数据,因其来源于多个系统，可能会出现如数据输入错误、不同来源数据引起的不同表示方法，数据间的不一致等，导致现有的数据中存在这样或那样的脏数据，常表现为：不合法值、空值、不一致值、同一实体的多种表示（重复）、不遵循引用完整性等。海量施工质量监控数据的清洗是实现碾压混凝土坝施工质量智能控制中的大数据应用的基础，其过程如下：

（1）检测并消除数据异常。针对监控获得的数值型数据，采用统计方法来检测数值型属性，计算字段值的均值和标准差，考虑每个字段的置信区间来识别异常字段和记录，发现并清除数据集中不符合置信度和支持度规则的异常数据。

（2）检测并消除近似重复记录。消除监控获得数据集中的近似重复记录，采用多种手段判断两条记录是否近似重复。如施工机械没有动作时的状态监控数据基本一致，在进行大数据应用时认为是重复记录予以清除。

（3）数据清洗评估。数据清洗的评估实质上是对清洗后的数据的质量进行评估，通过测量和改善数据综合特征来优化数据价值，使得海量的监控数据是精简、高质量的数据，以便于后续的分析优化。结合施工质量监控大数据分析优化的目标确定数据质量的评价指标。

### 4.2　施工机械效率分析与优化

在碾压混凝土坝工程中，施工机械的效率是影响大坝浇筑进度的关键之一。常规管理手段对施工机械效率的评价缺乏准确数据支撑，往往是通过宏观指标如浇筑强度等来评价，或者通过人工观察机械运行、以类似于随机抽样检查的方式，分析施工机械运行存在的问题。同时，即便发现了施工机械效率存在改善空间，但由于缺乏对具体运行数据的采集和分析，往往难以发现关键环节和主要制约因素。碾压混凝土坝施工质量监控技术，可以以秒级为间隔记录施工机械的实时运行数据，采集施工机械运行的各个环节的状态和位置、时间，可真实还原施工机械工作全过程。

以缆机为例，可准确分辨吊罐起吊、重罐提升、重罐水平运动、重罐复合运动、重罐下降、仓面对位、仓面卸料、空罐提升、空罐复合运动、空罐下降、供料平台对位、等待装料、装料的全过程。利用这些数据，可进行缆机施工机械效率分析与优化，如图2所示。

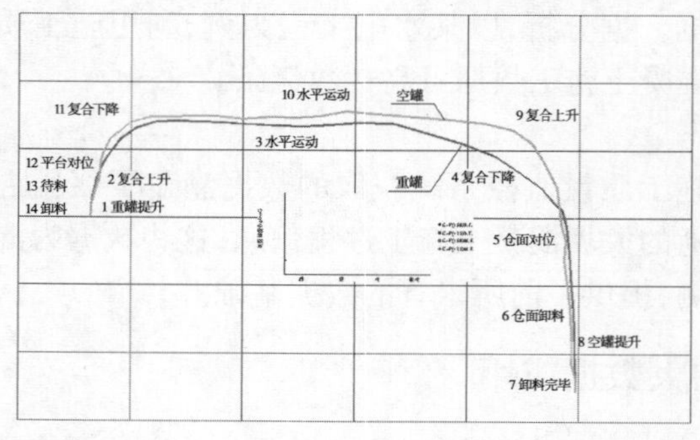


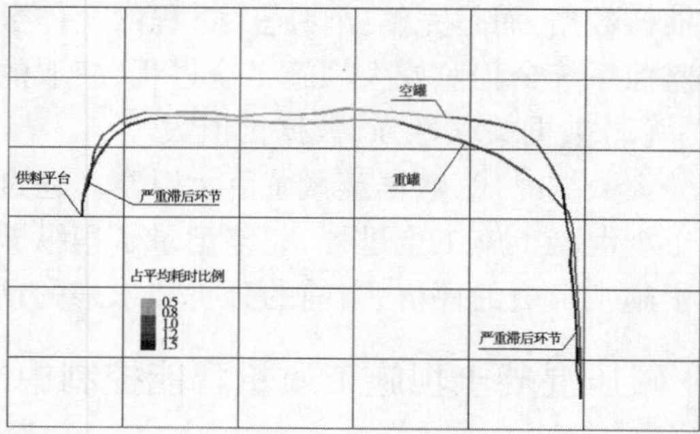


**图2　缆机各环节平均耗时及效率滞后环节分析示例**

（1）各环节效率。以往一般采用小时入仓强度、日浇筑强度、月浇筑强度、年浇筑量等宏观强度指标，侧面反映缆机的运行效率。而通过实时监控数据，可分析各环节的平均耗时。通过与缆机额定运行效率对比，可发现当前工程实际运行效率的水平。

（2）发现制约效率的因素。通过实时监控数据分析各环节的实际耗时与额定耗时、先进水平的耗时参数进行对比，可发现有改进潜力的环节，有针对性的采取措施，改善具体某环节的效率。

(3)预测效率变化的趋势。根据历史施工效率参数，分析各环节耗时的变化趋势，分析其与设备磨合、施工时段、施工部位的关系，可预测后续施工中的运行效率，为后续施工进度制定提供准确参数。

### 4.3　施工环节无缝衔接

碾压混凝土坝施工从混凝土生产、水平运输、垂直运输到仓面浇筑，各环节之间的衔接是提高施工效率、节约施工成本的关键，各环节直接的无缝衔接是施工全过程调度的终极目标。但混凝土拌和系统等自卸汽车、自卸汽车等系统拌料，自卸汽车等垂直运输吊罐或吊罐等自卸汽车，仓面平仓与碾压机械空闲等卸料或吊罐在仓面等待卸料，这些种种等待现象在工程实践中非常常见。这种等待造成的后果，一方面是大坝整体施工效率的降低和进度的迟缓，一方面是施工资源的闲置浪费。碾压混凝土坝施工质量监控技术及对其获取数据的深入应用，推动施工环节的无缝衔接。

(1)发现等待现象出现在哪个环节。监控系统数据真实的记录了主要运输设备的实时位置和状态信息，从中可以发现各环节的等待时间。比如，记录每辆自卸汽车进入拌和楼、装料完成、离开拌和楼各状态的时间，其在拌和楼的停留时间若高于平均水平或其他工程经验水平，说明存在“车等料”的现象。若某个时段中“车等料”现象出现的频率过高，说明可能存在拌合楼系统的生产能力不足、水平运输车配置过多的可能，再对照实际配置情况，即可采取相应的措施。

(2)针对性的采取改进措施。如上所述，在找出各环节衔接中存在的问题和出现概率之后，可发现出现问题的主要环节，在此基础上即可采取有针对性的措施。

### 4.4　仓面施工资源配置优化

碾压混凝土坝仓面作业资源包括施工人员、入仓设备(自卸汽车、缆机等)和浇筑设备(平仓机械、碾压机械等)等。人员与设备的合理配备，关系到施工效率的提高和施工资源的节约。碾压混凝土坝施工质量监控技术及对其获取数据的深入应用，辅助仓面施工资源配置的优化。

以浇筑设备(碾压机械)与入仓设备(缆机)为例，通过碾压机械实际碾压效率(即一定时间内碾压施工的混凝土方量)与该仓面对应的缆机吊运效率对比，对运输、碾压的各自资源匹配合理性进行综合分析，判断各资源配置是否合理、工序之间协调是否有序，实时对各施工环节资源配置合理性予以评价，作为施工方案优化的依据和基础。再以碾压机械工作间歇为例，通过碾压机械设计工作时间(碾压方量/碾压效率)与实际工作时间的对比、碾压机械闲置时间和频率、碾压机械有效利用率，分析缆机与碾压机械的匹配关系。

## 5　结　论

针对碾压混凝土坝传统施工质量控制方法信息采集实时性差、数据应用程度低、易形成信息孤岛、难以满足高标准的施工质量综合控制要求的问题，结合大数据理念，研究碾压混凝土坝施工质量智能控制方法，基于物联网技术设计开发了碾压混凝土坝混凝土运输过程实时监控系统。并在此基础上提出了基于大数据技术的海量施工质量监控数据清洗、施工质量与效率的评价及分析优化方法，通过对混凝土运输和仓面作业全过程实时监控数据的智能采集、大数据清洗与综合分析应用，为碾压混凝土坝施工质量事前、事中、事后的精细化控制和施工工艺优化提供了有效技术支撑，促进了碾压混凝土坝施工管理水平的提升。本文研究的大数据理念下的碾压混凝土坝施工质量智能控制，解决了碾压混凝土坝施工质量精细化控制的难题，具有广阔的应用前景。

## 参考文献

[1] 钟桂良. 碾压混凝土坝仓面施工质量实时监控理论与应用[D]. 天津:天津大学. 2011.

[2] 卢吉，崔博，吴斌平，等. 龙开口大坝浇筑碾压施工质量实时监控系统设计与应用[J]. 水力发电，2013, 39(2):53-56,63.

[3] 马志峰，崔博，钟桂良. 碾压混凝土坝施工质量与进度实时控制系统在官地水电工程中的应用[J]. 水利水电技术，2013,44(2):75-77,81.

[4] 维克托 · 迈尔 - 舍恩伯格(ViktorMayer - Schönberger)，肯尼思 · 库克耶(KennethCukier)，盛杨燕(译)，周涛(译). 大数据时代:生活、工作与思维的大变革[M]. 杭州:浙江人民出版社，2013.

[5] 陈孟婕. 数据质量管理与数据清洗技术的研究与应用[D]. 北京:北京邮电大学. 2013.

# PDCA 模式下的碾压混凝土质量控制

戴国强[1]　傅琼华[2]

（1. 江西省水利科学研究院　江西　南昌　330029；
2. 江西省水工安全工程技术研究中心　江西　南昌　330029）

**摘要**：当前，对碾压混凝土的研究主要围绕施工技术的相应措施，碾压混凝土施工技术水平正逐步提高，技术上应该是成熟的、有保证的。然而对碾压混凝土施工管理的研究并不多。我国碾压混凝土施工管理水平滞后于施工技术水平，造成质量或进度问题往往不是由于技术原因造成的，很多时候是因为管理不当、管理水平落后。PDCA 循环法管理模式是一种全过程、动态的管理方法。通过计划、准备—执行、实施—检查、检测—处理、提升四个阶段的不断循环运转，解决在运行过程中出现的质量问题，并保证质量管理水平的逐步提高。江西省浯溪口水利枢纽工程碾压混凝土施工质量管理体系就基于 PDCA 模式建立，探索高水平的碾压混凝土施工管理方法。该体系的主要内容包括：成立由各参建单位负责人组成的 QC 质量小组，分不同的阶段确定不同的运行主体，建立 PDCA 运行体系质量目标，监督运行过程中质量目标的实现。当发现运行过程中潜在的不合格因子，由 QC 质量小组负责分析产生问题的原因、提出处理措施、监督在下一个 PDCA 循环中改进提高。PDCA 质量管理体系较好的促进浯溪口水利枢纽工程碾压混凝土施工质量，此管理模式第一次在碾压混凝土工程中运用实施，还在进一步完善提高中，也希望该种模式可在其他工程管理中得到运用。

**关键词**：碾压混凝土，管理模式，PDCA，质量目标

## 1　引　言

目前，随着我国大型水利枢纽工程的实施，碾压混凝土施工技术已在很多工程中成功运用。对碾压混凝土施工工艺的研究也主要围绕施工中易出现的问题，如碾压混凝土的层间结合问题，碾压混凝土施工技术各参数的确定，坝体渗流问题以及温控等问题。就技术角度而言，碾压混凝土施工技术是一种非常成熟、稳定的工艺。但造成施工质量问题，很多时候并不是技术原因，而是由于管理水平底下造成的。高水平的管理模式可以提高生产效率，改善施工工艺，促进质量向上发展。

PDCA 循环是由美国著名质量管理专家戴明首先提出的，又称“戴明环”，是全过程、动态的质量管理活动与管理方法。PDCA 是的解释为 Plan（计划）、Do（执行）、Check（检查）与 Action（行动），其意义为遵循这样的顺序进行质量管理，循环不止地进行下去。引用于工程质量管理中，可以理解为计划与准备—执行与实施—检查与检测—纠正与提高四个阶段。浯溪口碾压混凝土质量控制体系就是基于 PDCA 循环建立的。

江西省景德镇市浯溪口水利枢纽工程为碾压混凝土重力坝，最大坝高低于 70 m，属中坝。左、右岸两边布置碾压混凝土非溢流坝段，电站坝段、泄水建筑物坝段集中布置，减少挡

水坝段对碾压混凝土快速施工的干扰。涪溪口水利枢纽工程碾压混凝土所用骨料为人工骨料,施工工艺采用薄层通仓浇筑,大坝上游面 2 m 范围为防渗区,上游面采用 0.5 m 厚度变态混凝土的防渗处理措施。

## 2 PDCA 管理方法在碾压混凝土施工技术中的运用

任何管理体系都要求建立组织构架,涪溪口水利枢纽工程碾压混凝土 PDCA 管理体系的组织框架主要为参建各方单位负责人,即 QC 质量小组成员。在 PDCA 管理模式的不同阶段,确定不同的责任主体。计划、准备阶段的质量主体为业主方、监理方及施工方;执行、实施阶段的质量主体为监理方、第三方检测单位、施工方;检查、检测阶段的质量主体为监理方、第三方检测方;纠正、提高阶段的质量主体为业主方、监理方及施工方。QC 质量小组通过制定质量目标,在过程中进行确认、标识和可追溯性,以消除不合格因子,防止不合格现象再次发生,并消除潜在不合格,持续改进。

涪溪口水利枢纽工程碾压混凝土 PDCA 管理方法中,实施阶段不同则主要的工作内容不同。第一个阶段的主要工作内容为施工方负责碾压混凝土相关计划方案的报批,业主方、监理方负责方案的审核、审查。在计划阶段还包括监理方制定的检查、检测工作计划;第二个阶段主要的任务是施工方负责碾压混凝土的浇筑,监理方负责过程中的检查,第三方检测单位根据检测计划检测原材料品质与中间产品质量;第三个阶段主要的任务是监理联合第三方检测单位检测碾压混凝土实体质量,以验证碾压混凝土实体质量;第四个阶段的主要工作内容为根据监理检查发现的问题、第三方检测单位检测报告,QC 质量小组,即业主、监理、设计、第三方检测单位、施工方分析问题产生的因素,并提出处理措施。在下一个 PDCA 质量循环中根据处理措施改进施工工艺或提高原材料、中间产品品质。

### 2.1 计划准备(P)阶段

这一阶段的运行主体为业主单位、监理单位与施工单位。涪溪口水利枢纽工程施工单位碾压混凝土施工计划主要包括碾压混凝土施工技术方案、碾压混凝土开仓计划、碾压混凝土施工自检计划、碾压混凝土开仓报批计划等。监理单位编制的计划主要有:根据施工单位的自检计划,监理编制相应的平行检测计划,并由第三方进行实施,检测频率为施工单位自检的 10% 左右。检测的内容为原材料、中间产品以及碾压混凝土实体质量的检测。碾压混凝土实体质量检测以季度为周期,为第三个阶段的主要工作内容。此计划阶段还包括监理对施工工序的检查计划,仓面检查:基础面、缝面处理、模板架立、预埋件安装。原材料的检查:粗、细骨料、掺合料等原材料备料是否充足;浇筑仓面预埋件、监测设备是否符合设计要求;混凝土拌和、运输、浇筑、变态砼制浆人员及设备情况;施工方案(浇筑要领图)是否理解;仓面冲洗干净、无积水杂物等。在碾压混凝土的执行实施阶段,各计划也在执行实施。

### 2.2 执行实施(D)阶段

这一阶段的运行主体为监理单位、第三方检测单位及施工单位。这一阶段,施工单位根据批准的计划安排浇筑碾压混凝土,负责施工自检。监理单位监督、检查实施过程中是否不规范操作。涪溪口水利枢纽工程在浇筑碾压混凝土之处由于堆料仓未搭建挡雨棚,骨料含水率不稳定,雨季时含水率大。监理检查过程中发现混凝土运输时间过长。浇筑过程中,变态混凝土加浆量难以控制,防渗区浇筑质量难以保证。碾压混凝土骨料为人工骨料,第三方检测资料发现人工砂细度模数偏高,粗骨料超、逊径未能够满足规范要求,碾压混凝土局部碾压压实度未能够满足设计要求，$V_C$ 值检测时常超出设计要求。施工单位与第三方检测单位依据各自的检测频次对碾压混凝土中间产品的抗压强度与耐久性指标取样检测。涪溪口水利枢纽工程内部碾压混凝土采用 C15 等级混凝土、抗渗区域采用 C20 变态混凝及 1.5 m 厚度的 C20 碾压混凝土防渗区域。标准立方体抗压强度及耐久性指标都能够满足设计要求。

## 2.3 检查检测(C)阶段

这一阶段的运行主体为监理单位、第三方检测单位。根据在计划阶段的计划内容，涪溪口水利枢纽工程每个季度实施对碾压混凝土实体质量检测，以验证施工工艺及层间结合质量。实体检测部位包括了 C15 坝体内部部位、上游侧 2m 区域碾压混凝土防渗区部位以及上游 50 cm 变态混凝土部位。目前已检测 5 个坝段、8 个检测孔共 15 段次压水试验。实体取芯共检测 5 个坝段、8 个检测孔的芯样混凝土抗压强度与抗渗等级检测。压水试验成果与芯样检测结果见下表 1。

表 1 涪溪口水利枢纽工程压水试验成果

| 序号 | 坝段 | 孔号 | 压水试验编号 | 透水率 | 备注 |
|---|---|---|---|---|---|
| 1 | 20 | J1 | 1－1 | 0.4 | 坝体内部 |
| 2 | | | 1－2 | 3.6 | |
| 3 | | | 1－3 | 1.3 | |
| 4 | | J2 | 2－1 | 7.4 | |
| 5 | 6 | J3 | 3－1 | 3.0 | 坝体内部 |
| 6 | | | 3－2 | 1.3 | |
| 7 | | J4 | 4－1 | 1.7 | 内部碾压混凝土防渗区 |
| 8 | | | 4－2 | 1.0 | |
| 9 | | | 4－3 | 1.7 | |
| 10 | 7 | J5 | 5－1 | 1.4 | 50 cm 变态混凝土防渗区 |
| 11 | | J6 | 6－1 | 0.3 | |
| 12 | 5 | J7 | 7－1 | 0.4 | |
| 13 | | | 7－2 | 0.4 | |
| 14 | 21 | J8 | 8－1 | 0.7 | |
| 15 | | | 8－2 | 1.0 | |

根据压水试验成果分析，20 坝段、6 坝段透水率较大，其他坝段透水率基本可以满足规范要求。芯样的抗压强度与抗渗等级可满足要求。

## 2.4 纠正提高(A)阶段

这一阶段的运行主体为业主单位、监理单位、第三方检测单位及施工单位。根据在运行过程中发现的不合格因子或潜在因素。涪溪口水利枢纽工程碾压混凝土已施工近一年，QC 质量小组提出的处理措施主要有以下几方面内容：

(1)左右岸搭建骨料仓挡雨篷，并严格按照规范要求跟踪检测骨料含水率，并由监理负责监督；

(2)变态混凝土初期采用的是加浆法，由于其浇筑质量难以保证，故 QC 质量小组提出将加浆法工艺变为浇筑常态二级配混凝土。

(3)对于骨料细度模数偏大、粗骨料逊径的现象，要求施工方增加骨料生产系统人员与资金上的投入，生产合格的骨料。

(4)要求施工方增加运输、入仓方面的管理工作,严格禁止混凝土运输时间及摊铺过程中骨料分离的现象。

(5)由监理单位制定奖惩措施,对发现在 PDCA 循环中不整改、整改不到位的现象进行惩罚;对在循环中没发现不合格项的现象进行奖励。

(6)要求第三方检测单位加大检测频率,以保证原材料品质、混凝土中间产品品质。

(7)要求施工单位联合监理、设计及第三方检测单位制定实体检测不合格透水区域的处理措施。

(8)要求监理单位监督层间结合部位浇筑工作及变态混凝土的监督检查工作,并制定工作计划。

## 3　下一阶段 PDCA 循环

以上减述了涪溪口碾压混凝土施工质量管理工作过程的一个大而完整的 PDCA 循环。在上述循环中出现的问题,在下一循环中采取措施提高或者补救。以骨料为例,在下一循环中,粗骨料逊径、细骨料细度模数偏高问题若没有解决,则 QC 质量小组要求监理开处罚单且不允许开仓;对于透水率未满足要求的坝段,根据施工方提出的措施,第三方再进行检测,若透水率能够满足要求,则允许进入下一个环节,若不能够满足则该坝段不得浇筑下一仓混凝土。

## 4　结　语

PDCA 循环模式是大循环当中包含对碾压混凝土每个施工工序事前、事中及事后阶段的 PDCA 小循环。每个小循环总结为 PDCA 循环大循环,以此形成了 PDCA 理论中的大环套小环系统,以此每一个链接下去。

涪溪口水利枢纽工程碾压混凝土 PDCA 模式的优点在于将参建各方纳入系统中,明确各参建方的工作内容与职责,各方共同推动质量向上运行。常规的质量行为是由监理进行质量监督检查,施工单位被动接受。在此种模式下,施工单位也成为 QC 质量小组的成员,有主动的质量行为,从管理的手段提高参建各方的主动性、积极性。现该模式已在涪溪口水利枢纽工程运行近一年,碾压混凝土质量未发现大的质量问题,证明该种模式是可以得到推广运用的。

## 参考文献

[1] 于涛,申时钊. 干热河谷地区碾压混凝土施工技术[J]. 水利水电技术,2013(44)12:72-74.

[2] 孟宪魁. PDCA 风险管理在工程施工中的应用[J]. 铁道工程学报,2006(7)4:101-104.

[3] 白海萍,来延肖,等. 混凝土质量相关因素分析及施工过程控制[J]. 西北建筑工程学院学报,1999(6):16-18.

[4] 周灿,傅娟伟. 三里坪大坝碾压混凝土施工质量监理[J]. 人民长江,2012(6):17-19.

[5] 徐永明,王继荣. PDCA 循环法在公路施工质量控制中的应用[J]. 人民长江,2010(5)3:55-57.

[6] 于涛,申时钊. 干热河谷地区碾压混凝土施工技术[J]. 水利水电技术,2013(12)44:72-75.

[7] 吴斌平,崔博等. 龙开口碾压混凝土坝浇筑碾压施工质量实时监控系统研究与应用[J]. 水利水电技术,2013(1)44:62-65.